plurall

Parabéns!
Agora você faz parte do **Plurall**, a plataforma digital do seu livro didático!
Acesse e conheça todos os recursos e funcionalidades disponíveis para as suas aulas digitais.

Baixe o aplicativo do **Plurall** para Android e IOS ou acesse **www.plurall.net** e cadastre-se utilizando o seu código de acesso exclusivo:

AAAPV2EXM

Este é o seu código de acesso Plurall.
Cadastre-se e ative-o para ter acesso aos conteúdos relacionados a esta obra.

@plurallnet

@plurallnetoficial

SOMOS EDUCAÇÃO

BIOLOGIA

ENSINO MÉDIO
VOLUME ÚNICO

SÉRGIO LINHARES

- Bacharel e licenciado em História Natural pela Universidade do Brasil (atual UFRJ).
- Foi professor de Biologia Geral na Universidade do Brasil (atual UFRJ) e de Biologia no Colégio Pedro II, Rio de Janeiro (Autarquia Federal – MEC).

FERNANDO GEWANDSZNAJDER

- Licenciado em Biologia pelo Instituto de Biologia da Universidade Federal do Rio de Janeiro.
- Mestre em Educação pelo Instituto de Estudos Avançados em Educação da Fundação Getúlio Vargas do Rio de Janeiro.
- Mestre em Filosofia pela Pontifícia Universidade Católica do Rio de Janeiro.
- Doutor em Educação pela Faculdade de Educação da Universidade Federal do Rio de Janeiro.
- Foi professor de Biologia e Ciências no Colégio Pedro II, Rio de Janeiro (Autarquia Federal – MEC).

HELENA PACCA

- Bacharela e licenciada em Ciências Biológicas pelo Instituto de Biociências da Universidade de São Paulo.
- Possui experiência como editora de livros didáticos de Ciências e Biologia.

editora ática

editora ática

Direção geral: Guilherme Luz
Direção editorial: Luiz Tonolli e Renata Mascarenhas
Gestão de projeto editorial: Viviane Carpegiani
Gestão e coordenação de área: Isabel Rebelo Roque (ger.) e Fabíola Bovo Mendonça (coord.)
Edição: Bruno Vieira, Carlos Eduardo de Oliveira, Flávio Gomes-Silva e Priscylla Moll Nihei
Assistência editorial: Aline Tiemi Matsumura, Allan Saj Porcacchia e Mariana Amélia do Nascimento
Gerência de produção editorial: Ricardo de Gan Braga
Planejamento e controle de produção: Paula Godo, Roseli Said e Marcos Toledo
Revisão: Hélia de Jesus Gonsaga (ger.), Kátia Scaff Marques (coord.), Rosângela Muricy (coord.), Ana Curci, Ana Paula C. Malfa, Arali Gomes, Brenda T. M. Morais, Carlos Eduardo Sigrist, Célia Carvalho, Cesar G. Sacramento, Claudia Virgilio, Daniela Lima, Gabriela M. Andrade, Heloísa Schiavo, Hires Heglan, Lilian M. Kumai, Luciana B. Azevedo, Luís M. Boa Nova, Luiz Gustavo Bazana, Maura Loria, Patrícia Travanca, Paula T. de Jesus, Raquel A. Taveira, Rita de Cássia C. Queiroz e Sueli Bossi
Arte: Daniela Amaral (ger.), André Gomes Vitale (coord.) e Lourenzo Acunzo (edição de arte)
Diagramação: Grapho Editoração
Iconografia: Sílvio Kligin (ger.), Roberto Silva (coord.), Karina Tengan (pesquisa iconográfica)
Licenciamento de conteúdos de terceiros: Thiago Fontana (coord.), Luciana Sposito (licenciamento de textos), Erika Ramires, Luciana Pedrosa, Luciana Cardoso Sousa e Claudia Rodrigues (analistas adm.)
Tratamento de imagem: Cesar Wolf e Fernanda Crevin
Ilustrações: Adilson Secco, Alex Argozino, Daniel das Neves, Eber Evangelista, Felipe Murro, Hiroe Sasaki, Ingeborg Asbach, Joel Bueno, Julio Dian, Luiz Iria, Luis Moura, Maspi, Mauro Nakata, Osni de Oliveira, Paulo Manzi, Rodrigo Pascoal e Rodval Matias
Cartografia: Eric Fuzii (coord.), Robson Rosendo da Rocha (edit. arte)
Design: Gláucia Correa Koller (ger.), Aurélio Camilo (proj. gráfico e capa), Gustavo Vanini e Tatiane Porusselli (assist. arte)
Foto de capa: Dirk Ercken/Shutterstock

Avenida das Nações Unidas, 7221, 3º andar, Setor A
Pinheiros – São Paulo – SP – CEP 05425-902
Tel.: 4003-3061
www.atica.com.br / editora@atica.com.br

Dados Internacionais de Catalogação na Publicação (CIP)
(Câmara Brasileira do Livro, SP, Brasil)

Linhares, Sérgio
Biologia volume único / Sérgio Linhares, Fernando Gewandsznajder, Helena Pacca. -- 2. ed. -- São Paulo : Ática, 2018.

Suplementado pelo manual do professor.
Bibliografia.
ISBN 978-85-08-18999-1 (aluno)
ISBN 978-85-08-19000-3 (professor)

1. Biologia (Ensino médio) I. Gewandsznajder, Fernando. II. Pacca, Helena. III. Título.

18-17616 CDD-574.07

Índices para catálogo sistemático:
1. Biologia : Ensino médio 574.07

Maria Alice Ferreira - Bibliotecária - CRB 8/7964

2025
Código da obra CL 740243
CAE 628217 (AL) / 628218 (PR)
2ª edição
10ª impressão

Impressão e acabamento: Gráfica e Editora PifferPrint

OP: 283769

Uma publicação SOMOS EDUCAÇÃO

APRESENTAÇÃO

A Biologia, como as demais Ciências da Natureza, está em toda parte. Enquanto você troca mensagens ou fotos com alguém, seu organismo inteiro trabalha de maneira integrada para que você se mantenha vivo, pense e mexa os dedos de forma sincronizada para produzir e enviar as informações que deseja.

É por isso que podemos dizer que compreender algo de Biologia é ampliar muito o entendimento que temos do mundo. A influência cada vez maior das ciências em nosso cotidiano exige que estejamos bem informados para acompanhar as descobertas científicas e as novas tecnologias, avaliando os impactos dessas novidades sobre a sociedade e sobre a vida particular.

Neste livro, apresentamos os conceitos fundamentais da Biologia, muitos dos quais relacionados às demais Ciências da Natureza, à nossa cultura e a outras áreas do conhecimento.

A leitura dos textos e boxes, a interpretação de imagens e gráficos, bem como a realização das atividades e pesquisas propostas, serão ferramentas essenciais para o seu desenvolvimento como estudante. E, acima de tudo, serão ferramentas para sua formação como cidadão em um mundo globalizado, em que sua participação é cada vez mais importante.

Os autores

SUMÁRIO

UNIDADE 1
VISÃO GERAL DA BIOLOGIA

UNIDADE 2
CITOLOGIA

UNIDADE 3
REPRODUÇÃO, DESENVOLVIMENTO E TECIDOS

UNIDADE 10
EVOLUÇÃO

UNIDADE 11
ECOLOGIA

UNIDADE 1

VISÃO GERAL DA BIOLOGIA

A ciência nos permite descobrir explicações para uma série de fenômenos, compreender melhor o que está acontecendo no mundo e participar, de forma esclarecida, de decisões que afetam a todos.

A Biologia é a ciência que estuda os seres vivos e suas interações entre si e com o meio ambiente.

Decidir sobre questões que envolvem a destruição dos ecossistemas, o aquecimento global, a perda da biodiversidade, o destino do lixo ou os alimentos transgênicos, por exemplo, exige um conhecimento básico de Biologia. Esse conhecimento também nos torna aptos a tomar decisões que podem melhorar nossa saúde, como iniciar a prática de atividades físicas e ter uma alimentação equilibrada.

Nesta unidade você vai ter uma visão geral do que a Biologia estuda, das características dos seres vivos e de como os cientistas trabalham.

LightField Studios/Shutterstock

Cientista analisa amostras utilizando microscópio óptico.

Tui De Roy/Getty Images

Olinguito (*Bassaricyon neblina*; cerca de 40 cm de comprimento, fora a cauda) fotografado na Reserva Bellavista, Equador.

CAPÍTULO 1

O FENÔMENO DA VIDA

Não se sabe exatamente quantas espécies de seres vivos existem no planeta. Com o desenvolvimento de novas pesquisas científicas, espécies continuam sendo descobertas. Em 2013, por exemplo, foi descoberto o olinguito, a primeira espécie de mamífero carnívoro descrita nos últimos 35 anos. Apesar da enorme diversidade de organismos existente, todos possuem propriedades em comum. Em conjunto, essas propriedades nos ajudam a identificá-los como seres vivos.

- **Você sabe quais são as principais características de um organismo vivo?**
- **Como os seres vivos crescem e se multiplicam?**
- **Como você explicaria a existência de organismos tão diferentes uns dos outros?**
- **Como são feitas as investigações na ciência?**
- **Você sabe o que são leis e teorias científicas?**

1. PROPRIEDADES DOS SERES VIVOS

Definir o que é vida é um assunto polêmico, entretanto, podemos considerar algumas características comuns à maioria dos seres vivos, descritas a seguir.

COMPOSIÇÃO QUÍMICA COMPLEXA

Para compreender essa característica, é preciso saber um pouco de Química. Essa é a ciência que estuda, entre outras coisas, a composição, a estrutura e as propriedades da matéria.

Toda matéria é feita de **átomos**. Se representarmos o átomo como uma pequena esfera, seu diâmetro será, em média, 10 milhões de vezes menor que 1 milímetro.

De acordo com um dos modelos de átomo que usamos comumente, no centro (ou núcleo) de um átomo há partículas com carga elétrica positiva, os **prótons**, e partículas sem carga elétrica, os **nêutrons**. Ao redor dessa região central estão os **elétrons**, que apresentam carga elétrica negativa. Como a quantidade de prótons é igual à de elétrons, o átomo é eletricamente neutro (**figura 1.1**).

A principal diferença entre os átomos está no **número atômico** (**Z**), que é o número de prótons. O número atômico identifica cada tipo de átomo. Assim, todos os átomos de hidrogênio têm um próton em seu núcleo ($Z = 1$), todos os átomos de carbono têm seis prótons em seu núcleo ($Z = 6$), e assim por diante.

Os átomos podem se ligar uns aos outros formando **moléculas**. Você já deve conhecer, por exemplo, a fórmula molecular da água: H_2O. Essa representação significa que cada molécula da água é formada por dois átomos de hidrogênio ligados a um átomo de oxigênio. Em 1 grama da substância água, há 30 sextilhões (3×10^{22}) dessas moléculas. A força que mantém os átomos unidos é chamada **ligação química**.

ACESSE E SAIBA MAIS

Animação feita de átomos
<http://revistagalileu.globo.com/Revista/Common/0,,EMI337034-17770,00-MENOR+FILME+DO+MUNDO+ANIMACAO+FEITA+DE+ATOMOS+APONTA+PARA+O+FUTURO+DA+TECNO.html> Acesso em: 17 jul. 2018.

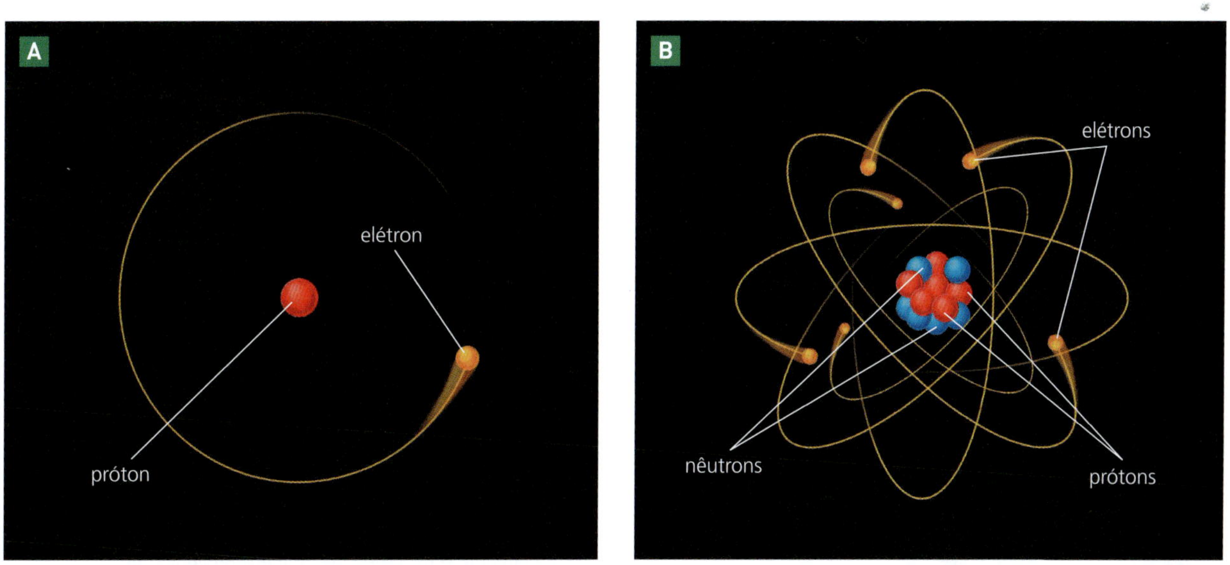

Luis Moura/Arquivo da editora

Figura 1.1 Representação esquemática de modelo de átomo de hidrogênio (**A**) e de carbono (**B**). Os componentes do modelo não estão na mesma escala. As cores que você vê na figura não correspondem às reais: trata-se de um recurso didático que facilita a compreensão de esquemas. O uso dessas cores é indicado nesta obra pela expressão "cores fantasia".

Ao longo do estudo da Química, você vai aprender mais sobre átomos, moléculas e ligações químicas (**figura 1.2**). Os modelos espaciais mostram a posição relativa dos átomos no espaço, e os traços, nos chamados modelos com pinos, indicam as ligações entre os átomos. Na fórmula estrutural, os traços indicam as ligações químicas entre os átomos. A fórmula molecular indica apenas o número de cada átomo por molécula.

Luis Moura/Arquivo da editora

	Modelos espaciais		Fórmula estrutural	Fórmula molecular
Água			O / \ H H	H_2O
Gás carbônico			O═C═O	CO_2
Gás oxigênio			O═O	O_2

Figura 1.2 Modelos e fórmulas de moléculas da água, do gás carbônico e do gás oxigênio. O átomo de carbono está representado por uma esfera azul; o de oxigênio, por esferas vermelhas; o de hidrogênio, por esferas verdes (os elementos não estão na mesma escala; cores fantasia).

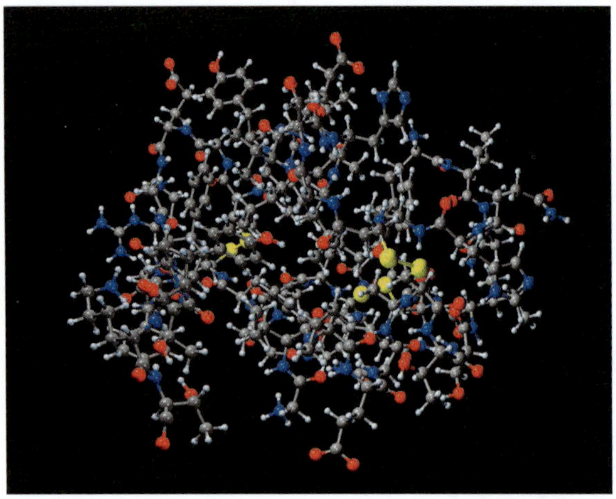

Dr. Mark J. Winter/SPL/Latinstock

Figura 1.3 Modelo espacial da insulina, hormônio que controla a taxa de açúcar no sangue. O carbono está representado na cor cinza; o hidrogênio, em branco; o oxigênio, em vermelho; o nitrogênio, em azul; o enxofre, em amarelo; estão representadas também as ligações entre os átomos (os elementos não estão na mesma escala; cores fantasia).

Na matéria bruta, como na areia, os átomos estão agrupados em compostos relativamente simples, formando as **substâncias inorgânicas** (também chamadas substâncias minerais), como a água, vários sais e gases e os cristais de rocha. Nos seres vivos, além de substâncias inorgânicas, há **substâncias orgânicas** (**figura 1.3**), formadas por átomos de carbono que se unem entre si podendo constituir longas cadeias. Átomos de hidrogênio, de oxigênio e de nitrogênio, entre outros, podem estar ligados a essas cadeias. A expressão "substância orgânica" foi criada em uma época em que se pensava que essas substâncias só poderiam ser produzidas por organismos vivos. Hoje, inúmeras substâncias orgânicas são fabricadas em laboratório.

Para você ter uma ideia, um grão de areia mede entre 0,25 mm e 0,5 mm, bem maior, portanto, que uma bactéria, que mede apenas alguns milésimos de milímetro (**figura 1.4**). Mesmo assim, apesar de seu tamanho reduzido, uma bactéria é muito mais complexa que um grão de areia.

Para enxergar uma bactéria, é necessário o uso de **microscópios** (*mikrós* = pequeno; *skopeo* = examinar – em Biologia, diversos termos são formados a partir de radicais gregos ou latinos; ao longo da obra, serão indicados os significados dos elementos que compõem os principais termos), aparelhos capazes de formar uma imagem ampliada dos objetos.

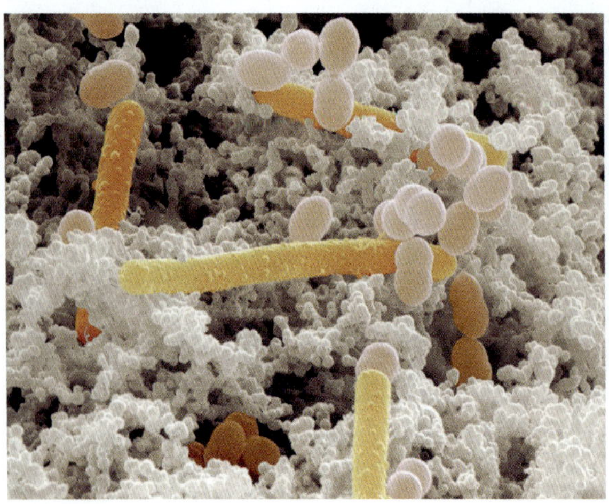

Power And Syred/SPL/Latinstock

Figura 1.4 *Lactobacillus bulgaricus*, espécie de bactéria que transforma o leite em iogurte. Cada bactéria tem a forma de um bastão que mede cerca de 1 centésimo de milímetro. Foto obtida por microscopia eletrônica; a ampliação é de aproximadamente 6 mil vezes. As imagens provenientes de microscópio eletrônico são frequentemente coloridas por computador: a parte branca é o iogurte e os bastonetes amarelados são as bactérias.

ALTO GRAU DE ORGANIZAÇÃO

Além de toda a sua complexidade química, os seres vivos têm um nível de organização muito maior do que aquele encontrado na matéria bruta. Essa matéria é constituída por átomos que se reúnem formando moléculas e, às vezes, cristais. Nos seres vivos, a organização vai muito além do nível molecular: uma enorme quantidade de moléculas inorgânicas e orgânicas interage, formando a **célula**. Conhecida como unidade fundamental dos seres vivos, essa estrutura é capaz, por exemplo, de se nutrir, crescer e se reproduzir. A maioria das células, como vimos no caso da bactéria, só pode ser vista ao microscópio.

As bactérias, os protozoários (como as amebas) e alguns outros tipos de seres vivos são formados por uma única célula. Esses organismos são conhecidos como **unicelulares**. Contudo, muitos seres vivos são compostos de mais de uma célula. Esses são os organismos **pluricelulares**, como os animais.

Em nosso corpo, como na maioria dos organismos pluricelulares, as células se reúnem em grupos e formam um **tecido**. Os tecidos podem se reunir formando **órgãos**, que se organizam em **sistemas** (**figura 1.5**).

O conjunto de sistemas forma um **organismo**. O corpo humano, por exemplo, é formado pelos sistemas nervoso, digestório (ou digestivo, na terminologia mais antiga), respiratório, cardiovascular (ou circulatório), urinário, genital, muscular, esquelético, entre outros.

A organização dos seres vivos não termina com a formação de um organismo. Se considerarmos todo o sistema de vida no planeta, podemos perceber graus ainda mais complexos de organização. Sabemos que os seres vivos interagem entre si e com o ambiente. Assim, indivíduos da mesma espécie agrupam-se em determinada região, formando uma **população**. O conjunto de macacos-verdes da savana africana, por exemplo, forma uma população desses macacos.

Uma população mantém relações com populações de outras espécies que habitam o mesmo local, formando uma **comunidade**. Uma comunidade pode ser representada pelo conjunto de todas as espécies que habitam determinado ambiente, como uma floresta ou uma lagoa.

A comunidade influi nos fatores físicos e químicos do ambiente em que se encontra – como a chuva e a temperatura –, e esses fatores também influem na comunidade. Desse modo, forma-se um conjunto – constituído por seres vivos e fatores físicos e químicos – chamado **ecossistema** (*oíkos* = casa, ambiente; *systema* = reunião, grupo). A reunião de todos os ecossistemas do planeta forma a **biosfera** (*bios* = vida; *sphaîra* = esfera, globo), ou seja, o conjunto de todas as regiões da Terra habitadas por seres vivos.

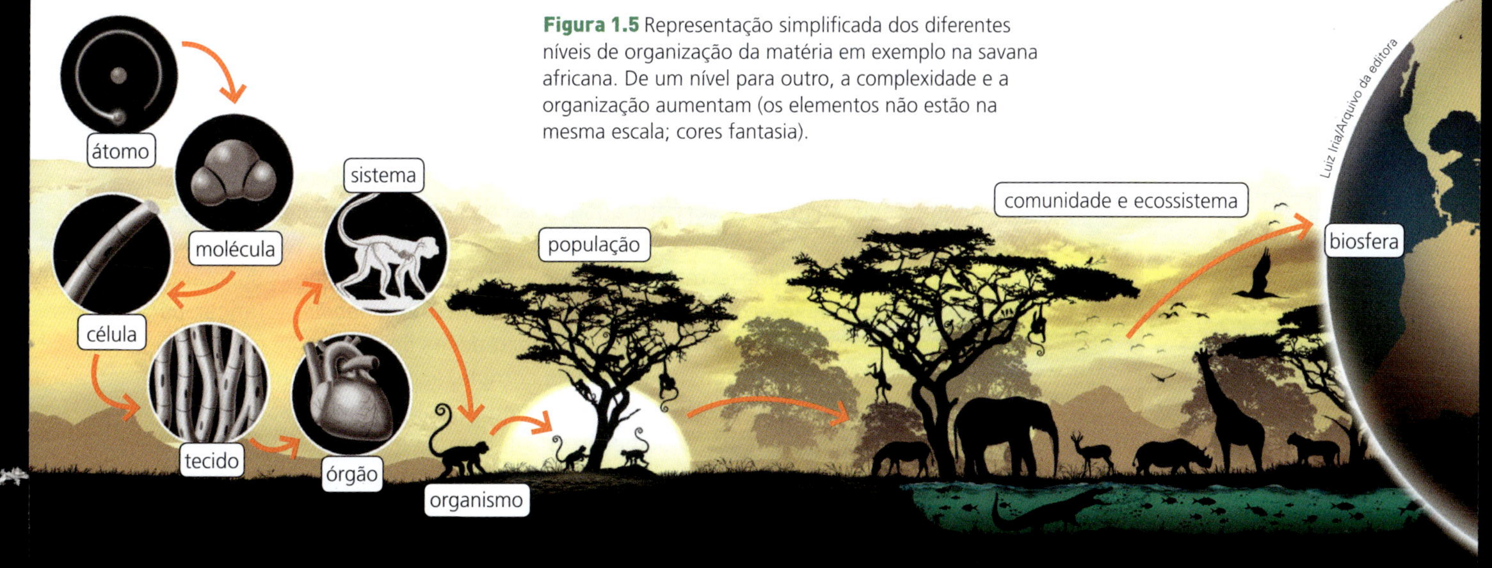

Figura 1.5 Representação simplificada dos diferentes níveis de organização da matéria em exemplo na savana africana. De um nível para outro, a complexidade e a organização aumentam (os elementos não estão na mesma escala; cores fantasia).

TRANSFORMAÇÕES DA MATÉRIA E DA ENERGIA

Quando uma substância se transforma em outra, dizemos que ocorre uma **reação química**. É o caso, por exemplo, da queima de uma vela: quando a parafina, substância que compõe a vela, queima, ela se transforma em novas substâncias, como gás carbônico e vapor de água.

Durante algumas transformações químicas, pode ocorrer liberação de energia. No exemplo da vela, a energia química da parafina é transformada com a queima, liberando energia na forma de **luz** (energia luminosa) e de **calor** (energia térmica). É importante compreender como funcionam as reações químicas porque é por meio delas que substâncias retiradas do ambiente se transformam em outras substâncias presentes no organismo.

Estamos falando da **nutrição**. Esse processo garante ao ser vivo a multiplicação de células no interior do corpo durante o período de crescimento e também a reconstrução das partes desgastadas. Além de matéria, os alimentos fornecem a energia necessária para a realização de nossas atividades diárias.

Várias moléculas orgânicas de alimento podem ser utilizadas como fonte de energia; a principal substância para esse fim é um tipo de **açúcar** conhecido como **glicose**. Se você está habituado a ler rótulos de alimentos industrializados, certamente já conhece esses termos. Entretanto, o que chamamos popularmente de açúcar em geral é a sacarose, produzida no Brasil principalmente a partir da cana-de-açúcar.

A maioria dos seres vivos obtém energia por meio de uma reação química envolvendo a glicose ($C_6H_{12}O_6$) e o gás oxigênio (O_2). Essa reação tem como produtos o gás carbônico (CO_2) e a água (H_2O). Nesse processo, chamado **respiração celular aeróbia** (*aér* = ar; *bios* = vida), a molécula de glicose é decomposta, liberando energia (**figura 1.6**).

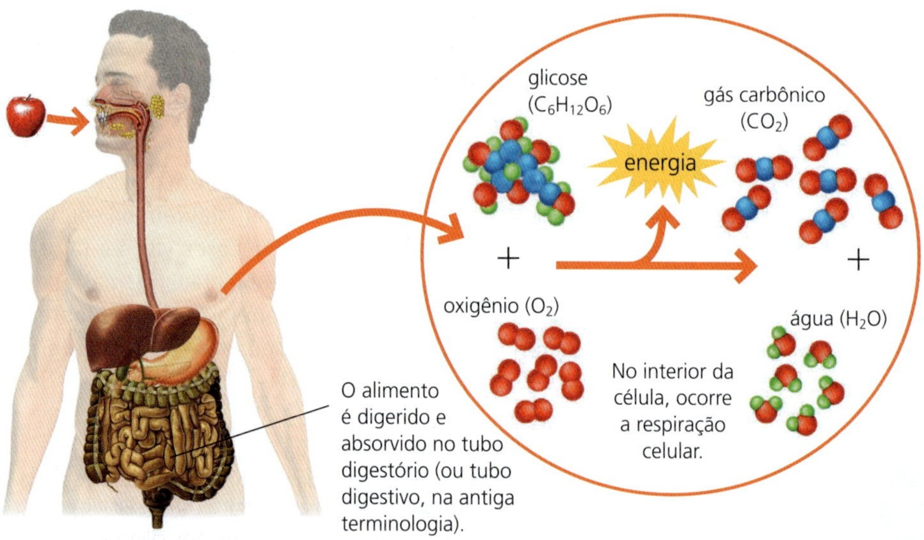

Figura 1.6 O ser vivo libera a energia da glicose e outras substâncias químicas do alimento na respiração celular. Essa energia é utilizada nas atividades do corpo (os elementos não estão na mesma escala; cores fantasia).

A energia dessa reação é utilizada em todas as atividades do organismo: movimento, construção de grandes moléculas orgânicas durante o processo de crescimento ou de reconstrução do corpo; transmissão de impulsos nervosos, etc.

A todo momento, dois processos ocorrem no organismo:

- construção de moléculas formadoras de partes das células a partir de substâncias mais simples – esse processo é chamado **anabolismo** (*anabolé* = lançar para cima; *bollein* = projetar) e engloba as transformações de síntese ou construção;
- degradação (quebra) de substâncias mais complexas em outras mais simples, com liberação de energia – processo denominado **catabolismo** (*katabolé* = lançar para baixo) e engloba as transformações de decomposição.

O conjunto de todas as transformações químicas do organismo é chamado **metabolismo** (*metabolé* = transformar).

A nutrição pode ser dividida em dois tipos. Na **autotrófica** (*autós* = si próprio; *trophé* = nutrição), realizada apenas pelas plantas, pelas algas e por certas bactérias, o organismo é capaz de produzir a glicose a partir de substâncias inorgânicas que retira do ambiente, como gás carbônico, água e sais minerais. As plantas fazem isso por meio de um processo denominado **fotossíntese** (*photos* = luz; *synthesis* = composição). Elas usam a energia luminosa do Sol, que é absorvida pela clorofila, produzindo glicose e gás oxigênio ao final da reação (**figura 1.7**). A partir dos açúcares e de outros compostos, os seres autotróficos produzem novas substâncias orgânicas.

Os animais, os protozoários, os fungos e a maioria das bactérias não fazem fotossíntese. Esses seres precisam ingerir moléculas orgânicas prontas: é a nutrição **heterotrófica** (*hétero* = diferente; *trophé* = nutrição).

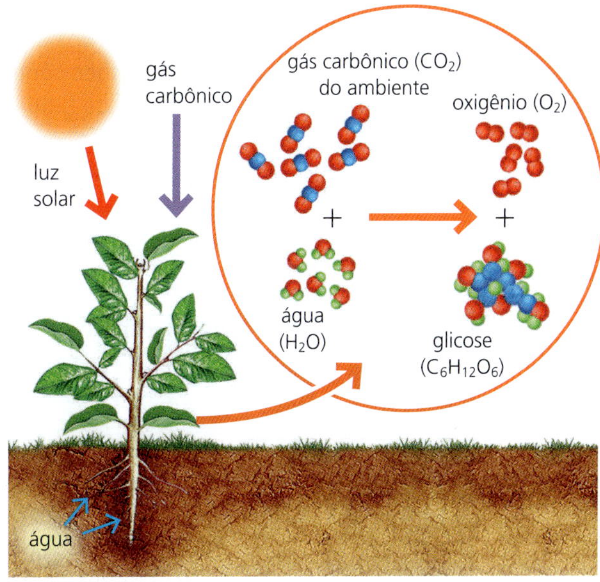

Figura 1.7 Na fotossíntese, a planta fabrica açúcar usando gás carbônico, água e energia da luz. No detalhe, um esquema simplificado, com modelos das moléculas envolvidas no processo (os elementos não estão na mesma escala; cores fantasia).

REAÇÃO AO AMBIENTE E HOMEOSTASE

Ao contrário da matéria bruta, todos os seres vivos possuem **irritabilidade**, ou seja, são capazes de reagir a estímulos e modificações do ambiente.

No caso dos vegetais, essas reações costumam ser mais lentas que nos animais, manifestando-se, por exemplo, no crescimento do caule em direção à luz ou no crescimento das raízes em direção ao solo.

Apesar das transformações do metabolismo, o ser vivo se mantém em equilíbrio, isto é, ele não modifica muito sua composição química e suas características físicas. Essa propriedade do ser vivo de manter relativamente constante o interior de seu organismo (seu meio interno) é chamada **homeostase** (*homoios* = o mesmo; *stásis* = parada).

A homeostase é importante para a manutenção da vida. Se o nosso ambiente interno mudar muito, ficando, por exemplo, excessivamente quente ou frio, ou, então, muito ácido ou alcalino, as reações químicas podem parar e corremos o risco de morrer.

REPRODUÇÃO E HEREDITARIEDADE

Em geral, percebemos que filhos costumam ter algumas características físicas do pai e outras da mãe.

As características de um indivíduo, como cor dos olhos ou dos cabelos, forma do nariz e até mesmo a predisposição a desenvolver algumas doenças, são influenciadas por informações contidas em suas células, mais exatamente, nos seus **genes.** De forma simplificada, podemos dizer que os genes são formados por segmentos de uma molécula orgânica, o ácido desoxirribonucleico ou **DNA** (sigla do nome em inglês ***d****eoxyribo****n****ucleic* ***a****cid*). Essas moléculas formam filamentos que ficam localizados, principalmente, no núcleo das células.

Os genes atuam em conjunto com certas moléculas orientando a produção de proteínas, as quais promovem determinadas transformações químicas no organismo.

As características de um organismo não dependem apenas do DNA. Elas são o resultado de uma ação conjunta do gene e do ambiente. Por exemplo, duas pessoas que tenham os mesmos tipos de genes para altura poderão ter alturas diferentes por causa das diferenças na alimentação durante o período de crescimento. Portanto, em vez de dizer que os genes determinam nossas características, o mais adequado é afirmar que os genes, em interação com o ambiente, influenciam nossas características.

A reprodução dos seres vivos envolve a divisão celular. É durante esse processo que as informações contidas nos genes são transmitidas de uma célula para a outra e dos pais para os filhos. Quando a célula se prepara para se dividir, os filamentos de DNA que contêm os genes se condensam e são vistos ao microscópio como bastões: os **cromossomos** (**figura 1.8**).

Cromossomos humanos vistos ao microscópio (seu comprimento varia de 0,001 mm a 0,005 mm) e organizados em pares.

SPL/Latinstock

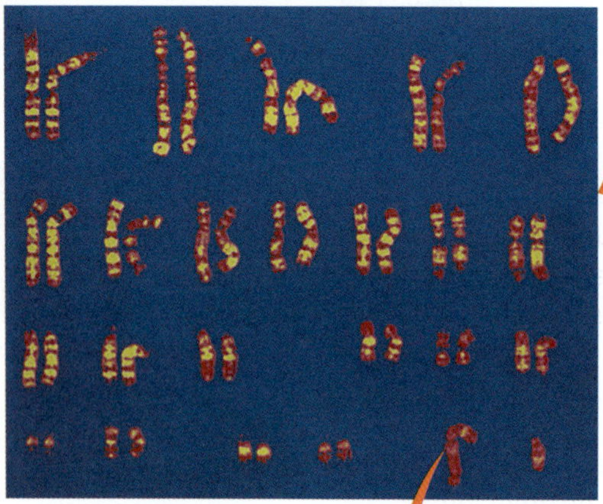

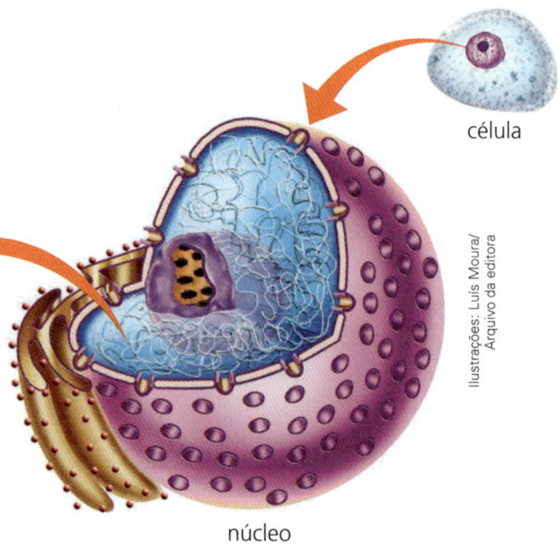

Ilustrações: Luís Moura/Arquivo da editora

Peter Menzel/SPL/Latinstock

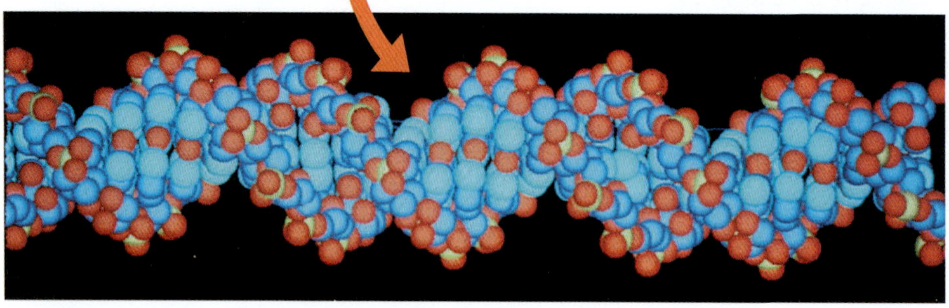

O DNA é a substância química que forma o gene. Nesta imagem, um modelo de DNA desenvolvido e colorizado em computador.

Figura 1.8 Uma célula, o núcleo celular, os cromossomos humanos e o DNA, a substância química formadora do gene (os elementos não estão na mesma escala; cores fantasia).

Em muitos organismos unicelulares, a **reprodução assexuada** é a principal forma de reprodução e equivale a uma simples divisão celular (**figura 1.9**): os descendentes recebem cópias iguais do DNA do indivíduo original e, por consequência, são geneticamente idênticos.

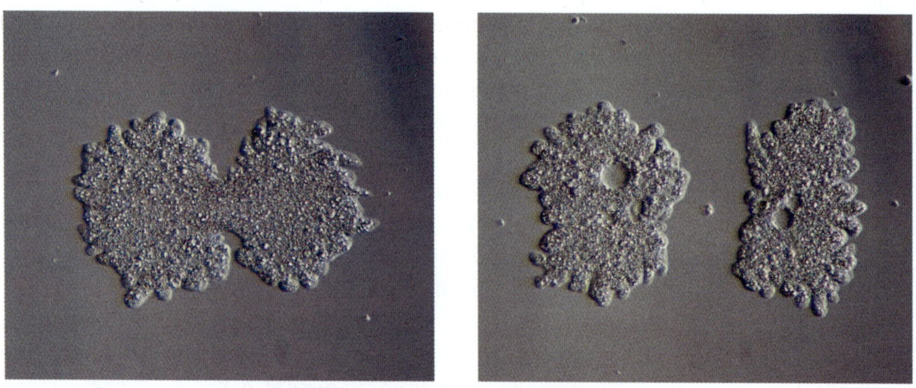

Fotos: Carolina Biological/Visuals Unlimited/Glow Images

Figura 1.9 Divisão celular simples realizada por uma ameba. Esse organismo unicelular mede entre 0,2 mm e 0,5 mm de diâmetro (fotos ao microscópio óptico, com uso de corante; aumento de cerca de 100 vezes).

No entanto, na maioria dos seres vivos, mesmo entre os mais simples, ocorre também outra forma de reprodução, a sexuada.

A **reprodução sexuada** é realizada pela união de células especializadas, denominadas **gametas** (*gametés* = o que se casa). Na maioria dos casos, a produção de gametas está ligada a uma diferença sexual entre os indivíduos adultos:

- o sexo feminino produz o **gameta feminino**, chamado **óvulo** (*ovulu* = pequeno ovo) nos animais. Como veremos no capítulo 11, porém, em muitas espécies animais o gameta feminino é uma célula chamada ovócito secundário, ou **ovócito II**;
- o sexo masculino produz o **gameta masculino**, chamado **espermatozoide** (*sperma* = semente; *zoon* = animal) nos animais.

Nos vegetais, os nomes são diferentes, como veremos mais adiante no estudo dos seres vivos.

Quando ocorre a fecundação, ou seja, a união do espermatozoide com o óvulo, forma-se a célula-ovo, que dará origem a um novo indivíduo (**figura 1.10**). Essa nova célula, também conhecida como **zigoto** (*zygos* = par, juntos), é geneticamente diferente das células dos organismos que a geraram. As características do novo indivíduo, portanto, resultarão de uma combinação de genes paternos e maternos e das influências ambientais.

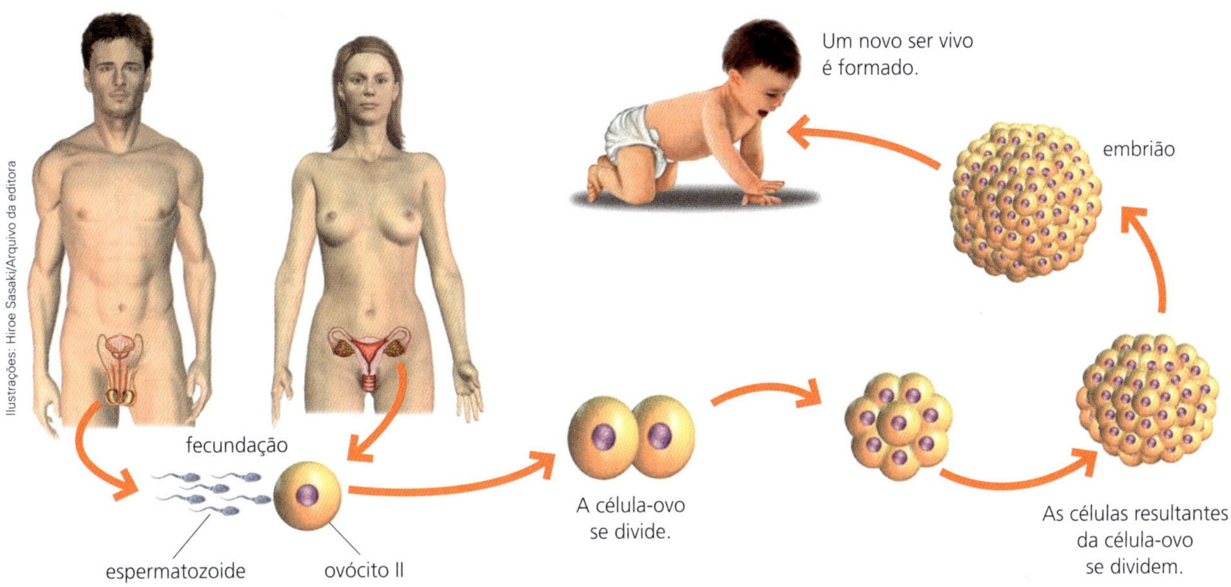

Figura 1.10 A união do espermatozoide com o ovócito II (no interior do sistema genital feminino) forma uma nova célula, a célula-ovo, que origina um novo organismo (os elementos não estão na mesma escala; cores fantasia).

Durante a produção dos gametas, ocorre um embaralhamento de cromossomos e genes, de modo que cada espermatozoide ou óvulo apresenta um conjunto diferente de genes. Por isso, os filhos não são geneticamente iguais aos pais, aos irmãos ou a qualquer outro indivíduo da família. Uma exceção é o caso dos gêmeos monozigóticos, chamados popularmente de gêmeos idênticos. A reprodução sexuada origina, portanto, seres geneticamente diferentes e uma maior variedade de indivíduos.

EVOLUÇÃO

O processo pelo qual as populações de seres vivos se transformam ao longo do tempo é chamado de **evolução**. Dois fenômenos importantes para explicar a evolução das populações são a mutação e a seleção natural.

O mecanismo da hereditariedade é o responsável pela semelhança entre pais e filhos. Como você viu, o embaralhamento de cromossomos e genes que ocorre na formação dos gametas aumenta muito as diferenças entre os genitores e seus descendentes, e isso amplia a variedade de indivíduos que se formam.

ACESSE E SAIBA MAIS

Mitos sobre a evolução
<https://ed.ted.com/lessons/myths-and-misconceptions-about-evolution-alex-gendler>
Acesso em: 17 jul. 2018.

Além disso, às vezes são produzidas cópias de DNA com erro. Essa alteração pode ser causada tanto por uma falha durante a sua duplicação como pela exposição do organismo à radioatividade ou a certos produtos químicos. Essa modificação na estrutura do DNA chama-se **mutação** e ocorre ao acaso.

A mutação faz com que a nova molécula de DNA seja diferente da original, podendo determinar uma nova característica (**figura 1.11**). Mutações que ocorrem nas chamadas **células germinativas** (células que originam gametas) podem ser passadas às gerações seguintes. Por isso representam um importante fator na evolução das populações.

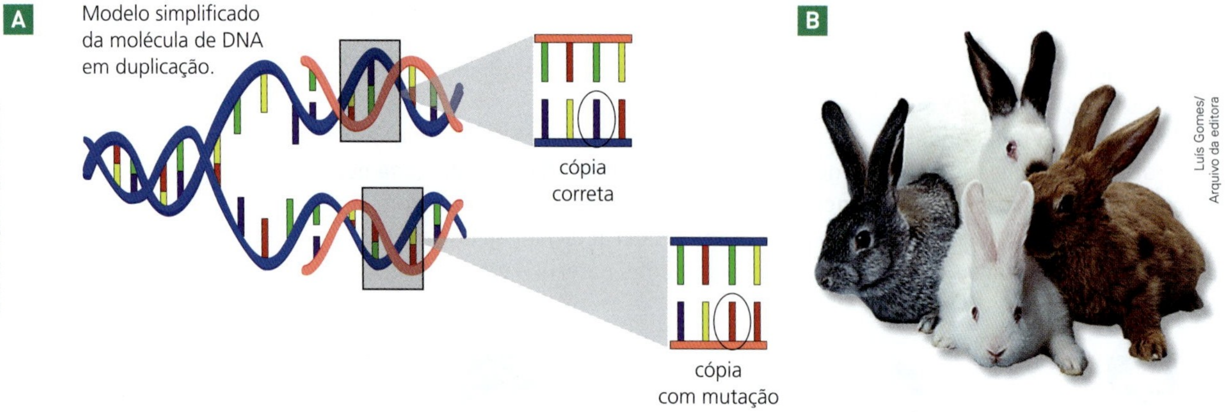

Figura 1.11 **A**: o esquema mostra como as mutações podem ocorrer durante a replicação de uma molécula de DNA. Algumas mutações podem significar o aparecimento de uma característica diferente; **B**: a foto representa a variedade da cor da pelagem em coelhos, um exemplo que surgiu por mutação de um único tipo original (coelhos adultos têm em torno de 18 cm a 30 cm de comprimento; os elementos não estão na mesma escala; cores fantasia).

> **ACESSE E SAIBA MAIS**
>
> **Resistência aos antibióticos**
>
> <https://drauziovarella.uol.com.br/infectologia/resistencia-aos-antibioticos/> Acesso em: 17 jul. 2018.

Quando é vantajosa para o ser vivo em determinado contexto ambiental, a mutação tende a se espalhar pela sua população ao longo do tempo. Isso acontece porque uma mutação vantajosa aumenta a chance de sobrevivência do indivíduo, ampliando também sua chance de gerar descendentes que também podem carregar essa mutação. Caso seja prejudicial, essa mutação tende a desaparecer da população, pois os indivíduos que a apresentam tendem a ter menores chances de sobrevivência e reprodução.

O processo pelo qual são preservadas as mutações que favorecem a sobrevivência ou a reprodução de organismos de uma população e eliminadas as mutações prejudiciais é chamado **seleção natural**, um importante conceito desenvolvido pelos cientistas britânicos Charles Darwin (1809-1882) e Alfred Russel Wallace (1823-1913), em meados do século XIX.

Um exemplo de seleção natural é a resistência de insetos a inseticidas. Em uma população de insetos surgem indivíduos com vários tipos de mutações, independentemente do uso ou não de inseticidas. Dependendo do contexto ambiental, algumas dessas mutações podem ser favoráveis à sobrevivência ou à reprodução; outras, desfavoráveis ou neutras (isto é, que não influenciam a sobrevivência ou a reprodução do indivíduo). Quando essa população é submetida a determinado inseticida por um período prolongado, os indivíduos sensíveis morrem e os mutantes resistentes sobrevivem. Gradativamente, geração após geração, diminui a quantidade de insetos sensíveis e aumenta a de resistentes por meio da seleção natural (**figura 1.12**).

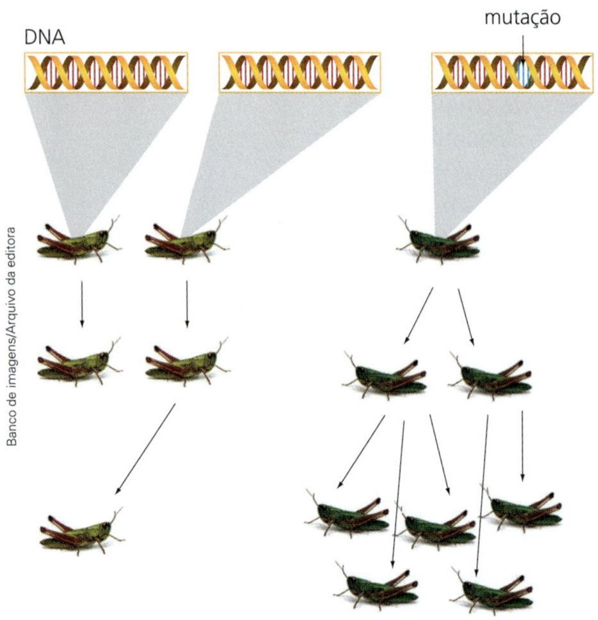

Figura 1.12 Após o uso de inseticidas, o número de insetos resistentes (representados em cor mais escura) aumenta, enquanto os insetos sensíveis são eliminados (o tamanho dos gafanhotos depende da espécie, variando em torno de 1 cm a 8 cm de comprimento; os elementos não estão na mesma escala; cores fantasia).

A teoria da evolução explica por que os seres vivos possuem **adaptações** – características que favorecem sua sobrevivência e reprodução no ambiente em que vivem (**figura 1.13**). Por exemplo, peixes possuem brânquias (que captam o gás oxigênio dissolvido na água) e nadadeiras (que os auxiliam na natação). Mas essas estruturas não funcionam para a vida terrestre, na qual os pulmões são mais adequados à respiração, e as pernas, à locomoção. No entanto, como veremos ao longo do estudo da evolução, nem todas as características de um ser vivo se devem à seleção natural e nem todas são adaptativas.

ACESSE E SAIBA MAIS

Outros exemplos de adaptações dos seres vivos
<https://escola.britannica.com.br/levels/fundamental/article/adapta%C3%A7%C3%A3o/480526>
Acesso em: 17 jul. 2018.

danishkhan/Getty Images

O bicho-folha é um inseto que mede entre 2,8 cm e 10 cm de comprimento. O formato de seu corpo e suas cores favorecem sua sobrevivência porque o tornam quase invisível para os animais que se alimentam dele.

O. Alamany E. Vicens/Corbis/Latinstock

As nadadeiras do golfinho facilitam seu deslocamento no meio aquático. Existem várias espécies de golfinho e seu comprimento pode variar de 1,30 m a 4 m.

Figura 1.13 Exemplos de adaptações em animais.

2. A INVESTIGAÇÃO CIENTÍFICA

O termo "ciência" engloba tanto o processo de aquisição de conhecimento sobre o mundo como o próprio conhecimento adquirido por meio do processo científico.

A Biologia busca, assim como outras Ciências da Natureza, como a Física e a Química, resolver problemas e encontrar explicações para os fenômenos da natureza: como a vida começou? Como nossos tecidos e órgãos podem se formar a partir de uma única célula? Por que envelhecemos?

Para explicar um fenômeno da natureza, o cientista, tendo como base um conhecimento prévio, faz observações, percebe um problema e arrisca palpites, isto é, pensa em possíveis soluções para resolver o problema. Em outras palavras, ele formula **hipóteses**.

As atividades desenvolvidas por uma equipe de pesquisadores dependem da dedicação e da criatividade dos cientistas que a integram. No entanto, há certos procedimentos que aparecem com frequência na investigação científica. Eles fazem parte do que costuma ser chamado **método científico**. Esses procedimentos, porém, variam de acordo com o tipo de pesquisa e não podem ser aplicados mecanicamente a qualquer tipo de estudo, como se fossem uma receita de bolo.

A partir de uma hipótese, o cientista pode fazer previsões e testá-las por meio de observações ou experimentos. Por fim, ele analisa os resultados dos testes e conclui se sua hipótese foi corroborada (aceita) ou refutada (não aceita). Ele pode, ainda, concluir que não é possível confirmar nem descartar a hipótese.

Em termos simplificados, podemos dizer que, nas Ciências da Natureza, o cientista muitas vezes se vale dos seguintes procedimentos:

- observação de um fato e detecção de um problema;
- elaboração de hipóteses que resolvam o problema e de previsões que possam ser testadas;
- realização de observações ou experimentos para testar as hipóteses;
- análise dos resultados das observações ou dos experimentos, seguida de conclusão: se a previsão for confirmada, a hipótese será aceita como verdadeira (pelo menos até que surja uma prova contrária); se a previsão não for confirmada, será preciso revisar a hipótese testada ou formular uma nova hipótese.

Hipótese: o magnésio é importante para o crescimento das plantas.

Ilustrações: Mauro Nakata/Arquivo da editora

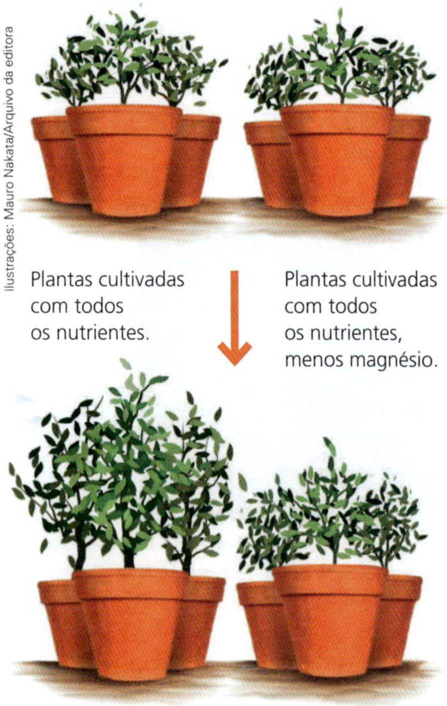

O grupo de plantas que não recebeu magnésio quase não cresceu. O grupo que recebeu todos os ingredientes cresceu, permitindo comprovar a hipótese.

Figura 1.14 Esquema de um experimento controlado. Nesse caso, as plantas que não receberam magnésio teriam o crescimento prejudicado porque o magnésio é importante para a formação da clorofila da planta (os elementos não estão na mesma escala; cores fantasia).

NLM/Science Source/Fotoarena

Figura 1.15 Retrato de Gregor Johann Mendel (1822-1884), considerado o fundador da Genética.

O TESTE CONTROLADO

Imagine que um cientista queira testar a hipótese de que o magnésio é um mineral importante para o crescimento de uma planta. Ele decide usar várias mudas de uma mesma espécie, na mesma fase de crescimento, nas mesmas condições de iluminação, etc. Algumas dessas mudas recebem todos os sais minerais necessários ao seu crescimento; outras, deixam de receber apenas o magnésio (**figura 1.14**). Se o grupo de plantas que não recebeu o magnésio não tiver crescido ou tiver seu crescimento prejudicado em relação ao outro grupo, o cientista poderá concluir que o magnésio é necessário para o crescimento, confirmando sua hipótese.

Esse tipo de experimento é chamado de **teste controlado**, pois as plantas que receberam a solução completa funcionam como **grupo de controle** ou de comparação. As demais plantas formam o **grupo experimental**.

O grupo de controle é importante para se certificar de que a falta de crescimento das plantas não teria sido ocasionada por outras variáveis que não a falta de magnésio.

No fim dos testes, os resultados podem ser publicados em revistas científicas especializadas para que outros cientistas possam tomar conhecimento e, se desejarem, repetir o experimento e avaliar os resultados.

LEIS, MODELOS E TEORIAS

Certa vez, o físico alemão Albert Einstein (1879-1955) comparou o trabalho do cientista ao de uma pessoa que tenta compreender o mecanismo de um relógio fechado. Sem abrir o relógio, ela procura imaginar um mecanismo que explique o que observa.

Do mesmo modo, embora o cientista não possa ver o que está acontecendo no átomo, por exemplo, ele pode fazer experiências e, com base nelas, construir um **modelo**. Ele pode fazer um desenho mostrando com o que se parecem as partes do átomo, por exemplo. Os modelos podem sofrer modificações ao longo do tempo, em função de novas observações ou experimentos.

Para explicar fenômenos, os cientistas valem-se também de leis e teorias.

Em ciência, **leis** são generalizações que descrevem regularidades que ocorrem em certas condições. Por exemplo, em Biologia há as leis da hereditariedade, formuladas pelo cientista austríaco Gregor Mendel (1822-1884) (**figura 1.15**), que descrevem como certas características podem ser transmitidas de pais para filhos.

Embora na linguagem coloquial a palavra *teoria* seja usada como sinônimo de *hipótese* ("eu tenho uma teoria para explicar isso"), em ciência, uma **teoria** é um conjunto de leis, conceitos e modelos com o qual se pode explicar diversos fenômenos. É o caso da teoria da evolução, que explica como as espécies se transformam ao longo do tempo. Entretanto, as leis e as teorias científicas não constituem verdades absolutas, pois podem ser modificadas e até substituídas à medida que novas observações ou experimentos são realizados.

BIOLOGIA E SOCIEDADE

Os limites da ciência

As tecnologias são práticas do conhecimento científico. A ciência e a tecnologia são "ferramentas" poderosas e eficazes, como podemos perceber em equipamentos eletrônicos, como no telefone celular, e nas máquinas que costumamos ver no nosso dia a dia. No entanto, será que a ciência e a tecnologia produzem apenas coisas boas? Lembre-se de que novas tecnologias podem salvar vidas, mas pode haver um custo muito alto, como o esgotamento de recursos naturais, a poluição e os desequilíbrios ecológicos.

Não se deve esquecer de que o progresso científico não consegue resolver todos os problemas da sociedade. Em 2015, por exemplo, um relatório da Organização das Nações Unidas (ONU) apontou que mais de 10% da população mundial, ou seja, cerca de 748 milhões de pessoas, não têm acesso a água potável. Sabemos que a tecnologia para tratar a água já está disponível há muitos anos. Então por que ainda temos tantas pessoas privadas de seu direito de acesso à água?

É preciso lembrar que o progresso científico deve ser acompanhado de progresso em várias outras áreas, como a social e a política. Além disso, princípios éticos devem nortear qualquer experimento. Nenhuma pesquisa científica pode ser desvinculada de suas aplicações práticas e de suas eventuais consequências sociais. As aplicações da ciência devem respeitar sempre os valores e os direitos humanos.

Outras áreas do conhecimento discutem questões que não podem ser testadas. É o caso da ética (que debate valores: o que é certo, o que é errado, o bem, o mal), da filosofia (que discute o que é verdade, por exemplo) e da religião (que discute questões que transcendem a ciência).

A ciência, enfim, é uma parte da cultura humana, como a arte, a filosofia, a religião e o conhecimento cotidiano.

ATIVIDADES

Questões discursivas

1. O fenômeno da respiração celular é um exemplo de anabolismo ou catabolismo? E o da fotossíntese? Justifique.
2. Por que se pode dizer que a energia que um atleta emprega durante uma corrida provém, em última análise, do Sol?
3. Um estudante afirmou que a principal diferença entre plantas e animais está no tipo de nutrição. Explique com suas palavras o que ele quis dizer com isso.
4. Se lhe perguntassem por que os filhos são parecidos com os pais, o que você diria? Redija um pequeno texto que contenha as palavras: cromossomos, fecundação, gametas, DNA e célula-ovo.
5. Por que podemos dizer que a reprodução sexuada gera maior variedade de indivíduos em relação à reprodução assexuada?
6. Muitas lagartas que vivem sobre as folhas são verdes. Que vantagem essa cor traz para a lagarta?
7. Utilizando os conceitos de "mutação" e "seleção natural", explique como uma população de bactérias pode se tornar resistente a um antibiótico.
8. (Ufop-MG) Considerando a capacidade de os seres vivos obterem alimentos, responda:
   a) As plantas continuariam a existir se todos os animais morressem? Por quê?
   b) Os animais continuariam a existir se todas as plantas morressem? Por quê?
9. (UFV-MG) Utilizando os seus conhecimentos sobre a vida do planeta Terra, responda:
   a) De onde provêm todos os açúcares naturais (carboidratos) utilizados pelos animais e vegetais?
   b) Por que se diz que, se a produção dos açúcares naturais acabasse, a vida na Terra seria extinta?

Questões objetivas

1. (Uece) Indique a opção que contém a sequência lógica dos níveis de organização dos seres vivos.
   a) organismo – população – comunidade – ecossistema
   b) organismo – comunidade – população – ecossistema

c) população – comunidade – organismo – ecossistema

d) população – comunidade – ecossistema – organismo

2. (Fatec-SP) Todos os seres vivos mantêm um ambiente interno estável, mesmo quando as condições ambientais externas apresentam variações. Essa estabilidade, denominada I, é garantida por um conjunto de reações químicas ordenadas, que constituem o II. Assim, cada ser vivo mantém a sua própria vida e, através do processo de III, garante a sobrevivência de sua espécie. Assinale a alternativa que contém os termos que preenchem, corretamente, as lacunas I, II e III.

a) I = metabolismo; II = homeostase; III = reprodução.

b) I = metabolismo; II = reação a estímulos do ambiente; III = reprodução.

c) I = reação a estímulos do ambiente; II = reprodução; III = adaptação.

d) I = homeostase; II = metabolismo; III = reprodução.

e) I = homeostase; II = reprodução; III = adaptação.

3. (UFMG) Observa-se que as bananeiras inibem o crescimento de outras espécies de vegetais plantadas próximo a elas. Para verificar se essa inibição é provocada por uma substância produzida pelas bananeiras, o melhor procedimento será:

a) comparar o crescimento das outras espécies cultivadas com extrato de bananeiras em ambiente com a mesma intensidade luminosa.

b) comparar o crescimento das outras espécies em cultivos com e sem aplicação de extrato de bananeiras.

c) comparar o crescimento das outras espécies cultivadas com extrato de bananeiras em diferentes temperaturas.

d) analisar quimicamente extratos das bananeiras e de outras espécies.

4. (UFC-CE) Existem inúmeras características que nos permitem diferenciar a matéria viva da inanimada. A característica “o ser vivo é capaz de manter a constância do meio interno” é identificada como:

a) homeostase.
b) metabolismo.
c) irritabilidade.
d) nutrição.

5. (UFPR) Por metabolismo entende-se:

a) o conjunto de processos responsáveis pela eliminação das substâncias tóxicas ao organismo.

b) o conjunto de processos através dos quais diferentes materiais são incorporados ao organismo ou usados como fonte de energia.

c) o processo pelo qual o alimento ingerido é preparado para a absorção.

d) a capacidade de os organismos reagirem a um estímulo do meio.

e) o aumento da massa protoplasmática e consequente crescimento do organismo.

6. (Acafe-SC) São afirmações sobre os seres vivos, quanto à obtenção do alimento:

I. Os seres heterotróficos têm capacidade de sintetizar seu próprio alimento, pois realizam a fotossíntese.

II. Os seres autotróficos obtêm matéria orgânica a partir da energia luminosa e moléculas simples.

III. Os seres heterotróficos dependem dos autotróficos.

Todas as afirmações acima que estão corretas se encontram na alternativa:

a) II – III.
b) II.
c) I – II.
d) I – II – III.
e) III.

7. (Fac. Med. ABC-SP) Considere a seguinte frase, a ser completada: “Sem I não há variabilidade, sem variabilidade não há II e, consequentemente, não há III”. Os termos que, substituindo as lacunas, tornam essa frase logicamente correta são:

a) I – evolução, II – seleção e III – mutação.

b) I – evolução, II – mutação e III – seleção.

c) I – mutação, II – evolução e III – seleção.

d) I – mutação, II – seleção e III – evolução.

e) I – seleção, II – mutação e III – evolução.

8. (UFMG) Um estudante decidiu testar os resultados da falta de determinada vitamina na alimentação de um grupo de ratos. Colocou, então, cinco ratos em uma gaiola e retirou de sua dieta os alimentos ricos na vitamina em questão. Após alguns dias, os pelos dos ratos começaram a cair. Concluiu, então, que essa vitamina desempenha algum papel no crescimento e manutenção dos pelos. Sobre essa experiência podemos afirmar:

a) A experiência obedeceu aos princípios do método científico, mas a conclusão do estudante pode não ser verdadeira.

b) A experiência foi correta e a conclusão também. O estudante seguiu as normas do método científico adequadamente.

c) A experiência não foi realizada corretamente porque o estudante não usou um grupo de controle.

d) O estudante não fez a experiência de forma correta, pois não utilizou instrumentos especializados.

e) A experiência não foi correta porque a hipótese do estudante não era uma hipótese passível de ser testada experimentalmente.

PESQUISEM E COMPARTILHEM

Em grupo, escolham um dos temas a seguir para pesquisar. De preferência, usem fontes variadas da internet, além de material impresso. Se necessário, peçam auxílio aos professores de outras disciplinas.

Depois, apresentem o trabalho para a classe e a comunidade escolar (alunos, professores e funcionários da escola e pais ou responsáveis); para isso, usem diferentes recursos, como galeria de imagens, vídeos, mensagens de texto ou elaboração de material colaborativo na internet.

Tema 1 Doenças como malária, leishmaniose e tuberculose são chamadas de doenças negligenciadas. Expliquem o que isso significa, por que isso acontece, como os países mais pobres são afetados e que medidas deveriam ser tomadas para resolver esse problema.

Tema 2 Notícias de jornais, revistas ou de *sites* na internet, que requeiram um conhecimento básico de Biologia para serem compreendidas. Selecionem essas notícias e, depois, apresentem um resumo de algumas delas para a classe e justifiquem, em cada caso, por que esse tipo de conhecimento é importante. Redijam também um documento defendendo por que é importante que todos tenham um conhecimento básico de Biologia.

Tema 3 O que é bioética e qual é sua importância para a sociedade. Criem sugestões de medidas que poderiam ser tomadas contra o uso indevido da ciência.

Tema 4 Exponham, em linhas gerais, como são testados os medicamentos. Expliquem também o que é um **placebo** e o que é um **teste controlado duplo-cego**.

ATIVIDADE PRÁTICA

Formem grupos de três a quatro membros para realizar a atividade a seguir.

Material

- caixas de papelão (ou de madeira) com tampa
- três objetos do cotidiano (por exemplo, lápis, caneta, bola de pingue-pongue, borracha, tesoura, colher, tampa de garrafa, etc.)

Procedimento

1. Sem que os outros grupos vejam, coloquem os objetos dentro da caixa e fechem-na bem (se for necessário, colem a tampa com fita adesiva).
2. O professor deve orientar os grupos para que sejam formadas caixas com diferentes combinações de objetos.
3. Os grupos da classe devem trocar as caixas entre si e cada componente do grupo deverá tentar descobrir – sem abrir, apenas sacudindo a caixa recebida – quais são os objetos que estão em seu interior.
4. Depois que todos tiverem feito uma tentativa de descobrir os objetos, abram a caixa e confiram se acertaram.

Conclusão

Quando todos os grupos tiverem terminado, discutam a seguinte questão:

Existe alguma semelhança entre essa atividade e o modo como o cientista trabalha? Expliquem.

UNIDADE

2

CITOLOGIA

Thomas Deerinck, NCMIR/SPL/Getty Images

Os organismos são certamente mais do que apenas uma reunião de átomos e moléculas. A complexa organização de um ser vivo e a interação entre suas partes permitem que novas propriedades, que não estavam presentes em cada parte isolada, apareçam. Nesta unidade vamos estudar a estrutura e o funcionamento da unidade básica dos seres vivos, a célula. Esse estudo é chamado de Citologia.

Células do tecido nervoso humano visualizadas em microscópio eletrônico de varredura (ampliação de cerca de 6 mil vezes, colorizada por computador). Em laranja, células da glia e, em verde, os neurônios.

Mariusz Kluzniak/Moment RF/Getty Images

CAPÍTULO

2

Flamingo-rosado (*Phoenicopterus roseus*), que tem, em média, 1,10 m de altura.

OS COMPONENTES QUÍMICOS DA CÉLULA

Um dos poucos animais que conseguem sobreviver no deserto do Atacama, no norte do Chile, é o flamingo-rosado. Essa espécie habita uma planície de sal, onde há lagos formados pela água que desce da cordilheira dos Andes. A água evapora rapidamente, restando apenas os sais. Uma das mais importantes adaptações do flamingo a esse ambiente é a capacidade de eliminação do excesso de sal por aberturas presentes na região das narinas.

- A água tem propriedades tão importantes que sem ela não haveria vida. Você conhece algumas dessas propriedades? Cite-as.
- De que forma a água e os sais minerais estão presentes em nosso corpo?
- Que funções os nutrientes desempenham em nosso organismo?
- Quais alimentos são mais ricos em carboidratos? Quais apresentam mais lipídios?
- Como as proteínas participam de processos importantes em nosso organismo?
- Quais são os principais grupos de alimentos que podem fornecer proteínas à nossa dieta?
- O que acontece com uma pessoa que apresenta uma dieta pobre em vitaminas?

1. ÁGUA

Aproximadamente 70% da superfície da Terra está coberta por água. É a substância mais abundante também nos seres vivos. Cerca de 70% da massa do corpo humano, por exemplo, é composta de água.

Essa substância dispõe de características únicas. A molécula de água apresenta uma região de carga parcial negativa – a do oxigênio – e outra de carga parcial positiva – a dos hidrogênios –, formando uma **molécula polar** (**figura 2.1**). Dessa forma, um átomo de hidrogênio da molécula atrai um átomo de oxigênio de outra, formando as **ligações de hidrogênio**. Por causa da estrutura das moléculas, a água conta com uma série de propriedades importantes para os organismos vivos, como veremos a seguir.

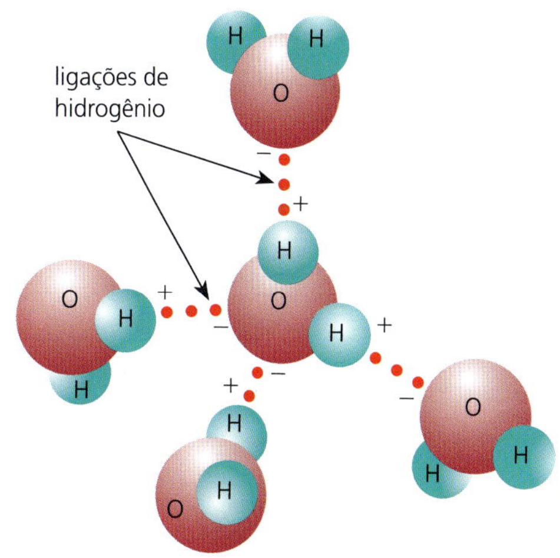

Figura 2.1 Modelo de moléculas de água formando ligações de hidrogênio (os elementos da ilustração não estão na mesma escala; cores fantasia).

Uma das propriedades mais importantes da água líquida é sua capacidade de dissolver outras substâncias. Essa propriedade está ligada à polaridade, ou seja, à atração entre as cargas parciais da molécula de água e a carga elétrica da substância a ser dissolvida (**figura 2.2**).

O aparecimento da vida em nosso planeta dependeu, entre outros fatores, dessa capacidade que a água tem de dissolver diversas substâncias, como sais, glicídios, proteínas, etc., permitindo, desse modo, as reações químicas que sustentam os sistemas vivos.

Outra propriedade da água é sua capacidade de ganhar ou perder grandes quantidades de calor sem esquentar nem esfriar muito. Como os seres vivos contêm muita água, essa característica permite que a temperatura do seu corpo não varie muito durante a entrada ou a saída de calor. Além disso, a quantidade de calor necessária para provocar a evaporação da água também é muito alta, por isso, cada vez que certa quantidade de água evapora, leva consigo muito calor. Esse fato explica a seguinte situação: quando a temperatura do ambiente ultrapassa determinados valores ou quando nosso corpo esquenta por causa da realização de um exercício físico, as glândulas sudoríparas eliminam suor; a água contida no suor absorve o calor da pele e do sangue abaixo dela e ao evaporar impede que a temperatura do corpo se eleve muito.

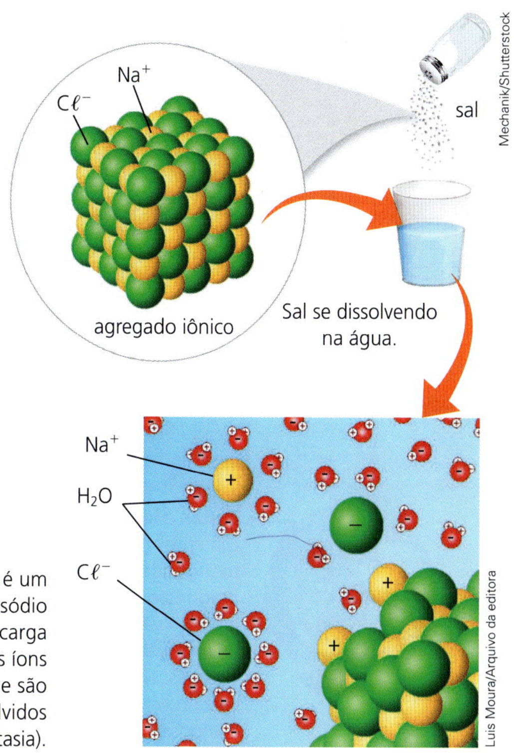

Figura 2.2 O cloreto de sódio (sal de cozinha), por exemplo, é um composto iônico formado por íons cloro (negativos) e íons sódio (positivos). Quando o cloreto de sódio é colocado em água, a carga parcial negativa da água atrai os íons sódio, e a positiva atrai os íons cloro. Com isso, esses íons ficam separados uns dos outros e são distribuídos de modo homogêneo pela água, ou seja, são dissolvidos (os elementos não estão na mesma escala; cores fantasia).

2. SAIS MINERAIS

Os sais minerais aparecem de três maneiras diferentes nos organismos: dissolvidos na forma de íons na água do corpo; formando cristais, como o carbonato e o fosfato de cálcio encontrados nos ossos que formam o esqueleto; combinados com moléculas orgânicas, como o ferro na molécula de hemoglobina (que auxilia no transporte de oxigênio para as células), o magnésio na clorofila das plantas e o cobalto na vitamina B_{12}.

A **figura 2.3** mostra algumas funções dos elementos dos sais minerais. Você vai aprender mais sobre a função desses sais ao longo do estudo da Biologia.

Figura 2.3 Alguns elementos químicos importantes para o nosso metabolismo, suas fontes e funções (os elementos não estão na mesma escala; cores fantasia).

Alex Argozino/Arquivo da editora

3. CARBOIDRATOS

Os alimentos ricos em **carboidratos** ou **glicídios** (*glykys* = doce; no entanto, nem todos os glicídios são doces) são chamados **energéticos** e, em sua maioria, são de origem vegetal:

- cereais: arroz, trigo, aveia, etc.;
- raízes e tubérculos: batata, aipim, cenoura, beterraba, etc.;
- leguminosas: feijão, ervilha, soja, etc.;
- frutas: banana, manga, maçã, etc.

Também são ricos em carboidratos os alimentos preparados com esses vegetais ou com o açúcar comum (sacarose), retirado principalmente da cana-de-açúcar.

AS FUNÇÕES DOS CARBOIDRATOS

A energia que o ser vivo utiliza para formar suas células, para movimentar-se e em todas as suas funções provém da oxidação do alimento por meio da respiração celular. O principal combustível desse processo são os carboidratos, que são oxidados mais facilmente. Proteínas e lipídios também podem ser usados como fonte de energia.

Além de sua função energética, os carboidratos participam da composição de algumas estruturas dos seres vivos, como a membrana das células e os ácidos nucleicos, participando, assim, da estrutura dos genes. Também estão presentes em substâncias localizadas entre as células de um tecido.

ACESSE E SAIBA MAIS

Dietas da moda e a saúde
<https://jornal.usp.br/atualidades/as-dietas-da-moda-podem-ser-prejudiciais-a-saude/l>
Acesso em: 17 jul. 2018.

BIOLOGIA E SAÚDE

Cuidado com o excesso de calorias!

A energia obtida pela oxidação dos alimentos pode ser medida em calorias (cal). Uma caloria é a quantidade de calor necessária para aumentar a temperatura de 1 g de água em 1 °C. Para medir a quantidade de energia gerada pelo alimento, costumamos utilizar a unidade quilocaloria (kcal), que equivale a 1 000 cal. Essa é a notação mais comum nos rótulos dos alimentos industrializados (**figura 2.4**).

Você já deve saber que quanto maior é o nível de atividade física, mais calorias são consumidas pelo organismo. Com isso, mais a pessoa precisa comer para repor as calorias perdidas.

No entanto, se você está consumindo mais calorias do que gasta, o resultado pode ser o sobrepeso e, até mesmo, a obesidade. Podem contribuir para isso o consumo excessivo de alimentos, sobretudo aqueles ricos em açúcares e gorduras, e a falta de atividade física.

Veja este exemplo: 100 g de maçã têm cerca de 63 kcal, e 100 g de banana têm aproximadamente 98 kcal. Já 100 g de bolo de chocolate ou biscoito doce têm cerca de 440 kcal, e 100 g de chocolate têm por volta de 540 kcal. Evite, portanto, consumir em demasia alimentos como balas, chocolates, refrigerantes, chicletes e sorvetes, principalmente antes das refeições.

Apesar de muito ricos em calorias, esses alimentos não possuem os demais nutrientes (vitaminas, proteínas, etc.) importantes para uma boa saúde em quantidade adequada. Seu consumo diminui o apetite temporariamente sem satisfazer as necessidades alimentares da pessoa, além de propiciar o ganho de peso e picos de glicemia no sangue (quantidade de glicose na corrente sanguínea).

O tratamento para a obesidade deve ser orientado pelo médico, que geralmente indica uma modificação na alimentação, isto é, uma reeducação alimentar, além do aumento do gasto energético com a inclusão de atividades físicas, que devem ser orientadas por especialistas.

INFORMAÇÃO NUTRICIONAL
Porção de 200 ml (1 copo)

Quantidade por porção		% VD (*)
Valor energético	67kcal = 281 kJ	3
Carboidratos	9,0 g	3
Proteínas	6,0 g	8
Gorduras totais	0,8 g	1
Gorduras saturadas	0	0
Gorduras *trans*	0	**
Fibra alimentar	0	0
Sódio	110 mg	5
Cálcio	310 mg	31

* % Valores Diários com base em uma dieta de 2.000 kcal ou 8.400 kJ. Seus valores diários podem ser maiores ou menores dependendo de suas necessidades energéticas. ** VD não estabelecido.

Rafael Schimidt/Acervo do fotógrafo

Figura 2.4 Informação nutricional presente em uma embalagem de leite desnatado. Uma caloria equivale a cerca de 4,18 joules, que é a unidade de energia no Sistema Internacional de Unidades.

TIPOS DE CARBOIDRATOS

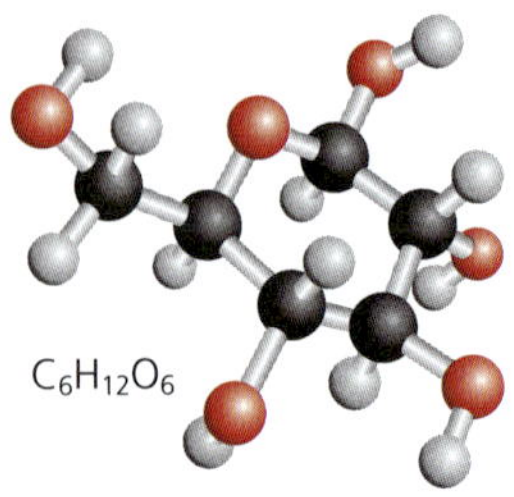

Magcom/Shutterstock

Figura 2.5 Modelo espacial de uma molécula de glicose. As esferas mais escuras representam átomos de carbono; as mais claras representam átomos de hidrogênio; as vermelhas representam átomos de oxigênio (os elementos da ilustração não estão na mesma escala; cores fantasia).

Os carboidratos podem ser classificados em **monossacarídeos** (*monos* = único; *sáccharon* = açúcar; *eidos* = semelhante), **dissacarídeos** (*di* = dois) e **polissacarídeos** (*polys* = muitos).

Monossacarídeos ou açúcares simples são os carboidratos de moléculas menores, que não são quebrados pela digestão.

A **glicose** (**figura 2.5**), composto mais utilizado pelos seres vivos como fonte de energia, é um monossacarídeo fabricado pelos vegetais por meio da fotossíntese e utilizado para formar moléculas mais complexas, que são armazenadas como reserva energética. Outro carboidrato simples, a **frutose**, encontrada no mel e nas frutas, também tem função energética, assim como a **galactose**, um monossacarídeo presente no leite.

Os dissacarídeos são carboidratos formados pela união de dois monossacarídeos. Os principais são a **sacarose**, a **lactose** e a **maltose**.

A sacarose é o dissacarídeo mais conhecido e também o mais doce. Trata-se do açúcar comum, que é adicionado a bebidas, doces, bolos, etc. Sua molécula é formada pela união de glicose com frutose. É a forma pela qual a glicose produzida nas folhas é distribuída pelo corpo dos vegetais, encontrada em grandes concentrações na cana-de-açúcar e na beterraba.

A lactose, formada pela união de glicose e galactose, é encontrada no leite e representa a principal fonte de energia para o bebê durante a amamentação. A maltose, formada pela união de duas glicoses, é produzida durante a germinação das sementes por digestão das reservas de amido, um polissacarídeo.

Os polissacarídeos são carboidratos formados pela reunião de muitos monossacarídeos. Veja alguns exemplos de polissacarídeos na **figura 2.6**.

Mauro Nakata/Arquivo da editora

Figura 2.6 Tipos e funções de polissacarídeos (os elementos da ilustração não estão em escala; cores fantasia).

BIOLOGIA E SAÚDE

A importância das fibras

Associada a outros polissacarídeos, a celulose forma as fibras vegetais. Embora o ser humano não seja capaz de digerir e aproveitar esse carboidrato, as fibras são úteis na alimentação. Por absorverem água, elas amolecem as fezes e aumentam o seu volume, estimulando as contrações musculares do intestino. Assim, o consumo delas contribui para evitar a prisão de ventre e outros problemas intestinais. Por isso, é importante comer com regularidade alimentos ricos em fibras, como verduras, frutas e legumes (alface, brócolis, maçã, manga, pera, laranja com bagaço, abóbora, cenoura, etc.).

4. LIPÍDIOS

Os **lipídios** (*lipos* = gordura) mais conhecidos são as **gorduras** e os **óleos**. Podem ser encontrados em grandes quantidades no leite e em seus derivados, na gema de ovo, nas carnes, nos óleos vegetais e em alguns frutos (**figura 2.7**).

Craevschii Family/Shutterstock

Figura 2.7 Alguns alimentos ricos em lipídios: óleo vegetal, azeitonas, abacate, salmão e sementes como nozes e avelãs.

AS FUNÇÕES DOS LIPÍDIOS

Os lipídios funcionam como uma eficiente reserva de energia: 1 g de lipídio libera 9 kcal contra 4 kcal liberadas por 1 g de carboidrato. Além disso, por serem insolúveis na água, podem ser armazenados de forma mais concentrada. Essa reserva energética geralmente é produzida a partir da gordura ingerida e do excesso de carboidratos, que pode ser transformado em gordura.

A gordura deposita-se nas **células adiposas**, também chamadas **adipócitos**. Elas se dispõem em volta dos órgãos ou na parte mais profunda da pele, onde formam uma camada protetora. Além de proteger contra impactos mecânicos, essa camada atua como isolante térmico. Essa é uma adaptação fundamental dos animais que vivem em climas frios.

Tal como as proteínas, os lipídios também participam da formação da membrana das células. Alguns lipídios constituem também hormônios e vitaminas.

TIPOS DE LIPÍDIOS

Presentes em alimentos de origem animal, como a manteiga, o leite, o queijo, os ovos e a banha, e em óleos vegetais, os **glicerídios** (ou **acilgliceróis**) são os lipídios encontrados em maior quantidade nos alimentos. São representados pelos óleos e pelas gorduras. São também os principais lipídios presentes nas células adiposas.

Os glicerídios são formados pela união de glicerol (um álcool) com **ácidos graxos** (ácidos de cadeia longa, com mais de doze átomos de carbono). Pode haver uma, duas ou, o que é mais comum, três moléculas de ácido graxo ligadas ao glicerol. Nesse caso, o composto é chamado **triglicerídio** ou **triacilglicerol**.

Alguns ácidos graxos possuem ligações químicas duplas unindo certos átomos de carbono; por isso são chamados **insaturados**. Já aqueles que possuem apenas ligações simples são chamados **saturados**. Os óleos são ricos em ácidos graxos insaturados, o que faz com que eles sejam líquidos em temperatura ambiente, ao passo que as gorduras, devido à presença de apenas ácidos graxos saturados, são sólidas (**figura 2.8**). Alguns autores, no entanto, usam indistintamente o termo gordura para se referir tanto a óleos como a gorduras; nesse caso, fazem uma distinção entre **gorduras insaturadas** (óleos ricos em ácidos graxos insaturados) e **gorduras saturadas** (gorduras ricas em ácidos graxos saturados).

Cadeia saturada: sem ligações duplas entre os carbonos.

Cadeia insaturada: com ligações duplas entre os carbonos.

Diana Taliun/Shutterstock

A forte interação entre as moléculas de ácidos graxos saturados faz com que eles sejam sólidos em temperatura ambiente, como acontece em vários tipos de carne.

ifong/Shutterstock

A presença de duplas ligações reduz a interação entre as moléculas vizinhas. Por isso, os ácidos graxos insaturados, como o azeite de oliva, são líquidos em temperatura ambiente.

Figura 2.8 Esquema mostrando características gerais dos ácidos graxos saturados e insaturados. Você aprenderá mais detalhes sobre esses compostos durante o estudo de Química (os elementos não estão em escala).

No grupo de lipídios conhecidos como **cerídios** estão as **ceras**, como a da orelha humana (ouvido, segundo a antiga nomenclatura), a da carnaúba e a do favo das abelhas. A cera da orelha, por exemplo, protege esse órgão contra germes.

As ceras dos vegetais formam camadas impermeáveis que cobrem folhas e frutos em algumas plantas, evitando ou minimizando a perda de água. Essa é uma importante adaptação à vida terrestre.

Os **fosfolipídios**, também chamados **fosfoacilgliceróis**, apresentam uma região polar, que se mistura com a água (região hidrófila), e outra apolar, que não se mistura com a água (região hidrófoba), onde estão os ácidos graxos. Isso faz com que os fosfolipídios assumam uma disposição típica na membrana das células, como veremos no estudo da membrana plasmática (capítulo 4).

No grupo dos **esteroides**, encontramos os hormônios sexuais e o colesterol. O colesterol está presente na membrana apenas da célula animal e pode ser ingerido com o alimento ou produzido no fígado. O colesterol é usado na síntese dos hormônios sexuais, da vitamina D e dos sais biliares.

ACESSE E SAIBA MAIS

Anabolizantes esteroides
<www.endocrino.org.br/anabolizantes-esteroides-e-os-jovens/>
Acesso em: 17 jul. 2018.

BIOLOGIA E SAÚDE

Colesterol e gordura *trans*

O fígado é capaz de sintetizar colesterol a partir de gorduras saturadas do alimento. Esse colesterol, combinado a proteínas e ácidos graxos (lipoproteínas), é transportado pelo sangue do fígado para outros tecidos. As lipoproteínas podem ser de baixa densidade (LDL, do inglês *Low Density Lipoprotein*) ou de alta densidade (HDL, do inglês *High Density Lipoprotein*).

As LDL são chamadas "colesterol ruim". São consideradas prejudiciais à saúde porque podem provocar acúmulo de placas de gordura nas artérias, que vão ficando endurecidas e estreitas. Com isso, o fornecimento de sangue para os órgãos do corpo diminui. Esse problema é conhecido como aterosclerose (**figura 2.9**). Essa situação também aumenta a probabilidade de formação de coágulos que podem obstruir artérias importantes, como as que irrigam o coração. Nesse caso, porções maiores ou menores do músculo cardíaco podem ser lesadas provocando o infarto do miocárdio, que pode levar à morte.

O HDL (chamado "colesterol bom") não se deposita nas artérias e transporta o colesterol não utilizado até o fígado para que seja eliminado.

O consumo excessivo de gorduras saturadas, encontradas sobretudo em alimentos de origem animal, pode provocar aumento do "colesterol ruim" no sangue.

A gordura *trans* é fabricada industrialmente por meio da hidrogenação (acréscimo de átomos de hidrogênio) dos ácidos graxos insaturados dos óleos vegetais. Nesse processo, algumas moléculas sofrem uma mudança espacial, passando para a chamada forma *trans*, pouco frequente nos alimentos naturais.

Na hidrogenação, o óleo passa de líquido a sólido pastoso, sendo usado na produção de alguns alimentos processados, como sorvetes, batatas fritas, bolos, biscoitos, chocolates, comidas de "consumo rápido" (*fast-food*), como hambúrgueres, e margarinas (algumas marcas de margarina, no entanto, não adotam esse processo). No rótulo desses alimentos, as expressões "gordura ou óleo vegetal hidrogenado" e "parcialmente hidrogenado" indicam a presença de gordura *trans*.

A gordura *trans* pode provocar aumento do "colesterol ruim" e diminuição do "colesterol bom", aumentando a chance de problemas cardiovasculares. Por isso, os médicos recomendam um consumo bem restrito desse tipo de gordura. Também por esse motivo, a Agência Nacional de Vigilância Sanitária (Anvisa) passou a exigir, desde 2006, que a presença de gordura *trans* seja discriminada no rótulo de alimentos e bebidas.

Com o objetivo de prevenir problemas cardiovasculares, o médico pode detectar, por meio de exames de sangue, se a taxa de colesterol está normal e, se necessário, prescrever medicamentos para normalizá-la. Nesse caso, é importante também diminuir o consumo de gorduras saturadas, praticar exercícios físicos (sob orientação de profissionais especializados, para evitar sobrecarga para o coração ou lesões nos sistemas esquelético e muscular), manter um peso adequado e não fumar.

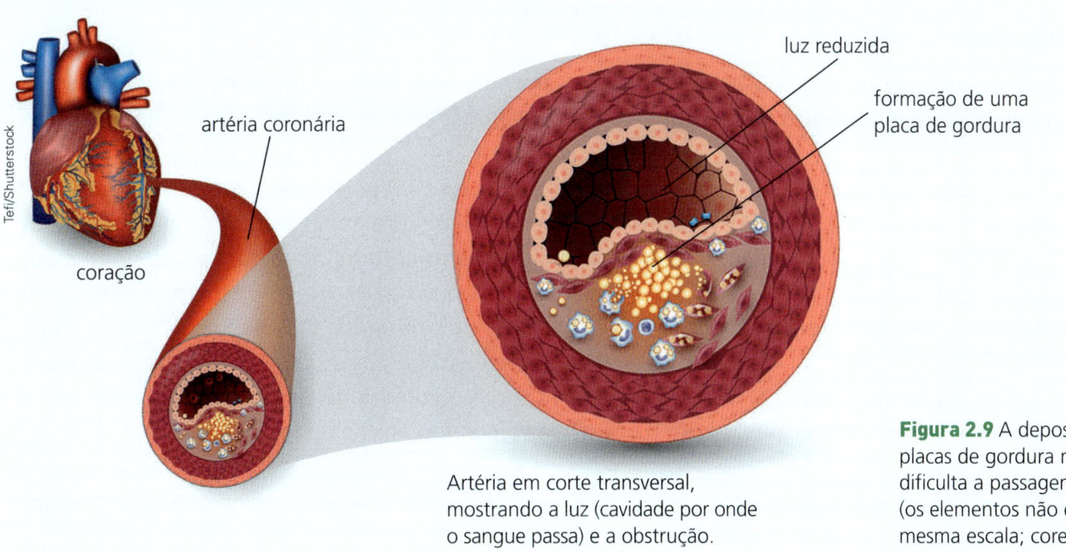

Figura 2.9 A deposição de placas de gordura nas artérias dificulta a passagem do sangue (os elementos não estão na mesma escala; cores fantasia).

5. PROTEÍNAS

ACESSE E SAIBA MAIS

Riscos dos suplementos nutricionais

<https://drauziovarella.uol.com.br/obesidade/entenda-os-mecanismos-e-riscos-dos-principais-suplementos-nutricionais-do-mercado/>

Acesso em: 17 jul. 2018.

As **proteínas** são essenciais para o funcionamento geral dos organismos. São proteínas: a maioria das enzimas, que controlam reações químicas; alguns hormônios, que controlam diferentes funções; e os anticorpos, que protegem nosso corpo contra substâncias estranhas a ele (antígenos). O transporte de oxigênio no sangue e a contração dos músculos também são realizados com a participação de proteínas.

As proteínas são moléculas grandes, ou **macromoléculas**, formadas pela união de moléculas menores, os **aminoácidos**. Por isso dizemos que as proteínas são polímeros (*polys* = muito; *meros* = parte) de aminoácidos.

Os aminoácidos são cadeias de carbono com hidrogênio, oxigênio, nitrogênio e, às vezes, enxofre. Em sua molécula, há um grupamento **carboxila** (**COOH**) – que caracteriza os ácidos orgânicos – e um grupamento **amina** (**NH_2**), vindo daí o nome aminoácido. Uma função química ou grupamento é um conjunto de substâncias com propriedades químicas semelhantes.

Na **figura 2.10** podem ser vistas as fórmulas de dois aminoácidos, a glicina e a alanina. Observe os elementos destacados em amarelo. Esses elementos variam de acordo com o tipo de aminoácido.

Banco de imagens/Arquivo da editora

glicina

alanina

Figura 2.10 Fórmulas estruturais dos aminoácidos glicina e alanina (os traços indicam as ligações químicas entre os átomos).

Os vegetais fabricam todos os aminoácidos de que necessitam a partir dos açúcares produzidos na fotossíntese e de sais minerais. Os animais podem fabricar alguns tipos de aminoácido a partir de outros que tenham obtido na alimentação. No ser humano, os chamados aminoácidos **essenciais**, como a fenilalanina, a leucina e o triptofano, devem estar presentes na dieta para suprir as necessidades do organismo.

BIOLOGIA E COTIDIANO

Arroz com feijão

Alimentos de origem animal, como carne, leite e ovos, possuem proteínas completas, também chamadas proteínas de alto valor biológico, isto é, apresentam quantidade adequada de todos os aminoácidos essenciais.

Entretanto, deve-se tomar cuidado com seu consumo em excesso, pois apresentam também altas concentrações de lipídios. Já as proteínas presentes em determinada espécie vegetal não possuem todos os aminoácidos na proporção necessária ao bom funcionamento do nosso organismo, ou seja, um único tipo de vegetal nunca possui todos os aminoácidos essenciais. Porém, uma dieta variada, com mistura adequada de certos vegetais, pode ser uma boa fonte de proteínas. É o caso do arroz com feijão: na quantidade certa – uma parte de feijão para duas partes de arroz –, essa combinação fornece energia (na forma de carboidratos) e também é uma fonte de proteína de boa qualidade e de baixo custo. Isso acontece porque os cereais, como o arroz, são ricos em aminoácidos que faltam nas leguminosas, e vice-versa.

Isso também vale para outras combinações entre cereais e leguminosas, por exemplo: macarrão com soja, fubá com lentilha, entre outras possibilidades.

A ligação entre os aminoácidos – chamada **ligação peptídica** (*pepto* = digerir) – é sempre feita entre o grupo carboxila (COOH) de uma unidade e o grupo amina (NH_2) de outra. O composto formado é um **peptídio** (**figura 2.11**): se forem apenas duas unidades, é um dipeptídio; três, tripeptídio; e assim por diante. Desse modo, formam-se cadeias mais ou menos longas, chamadas **polipeptídios**. Essas moléculas diferem entre si pelo tipo e número de aminoácidos e, principalmente, pela sequência em que eles se apresentam na cadeia. A sequência característica, chamada **estrutura primária**, é responsável pelas propriedades da molécula.

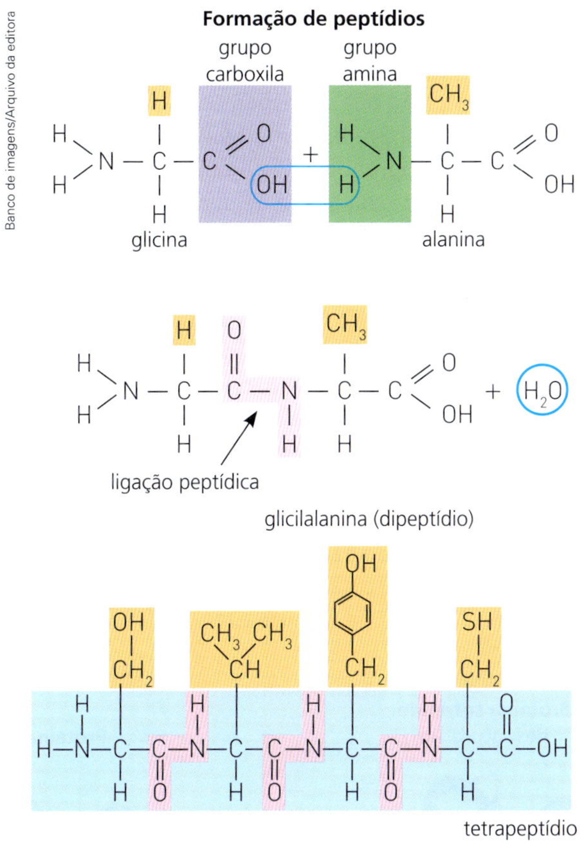

Figura 2.11 Os peptídios apresentam uma cadeia principal, na qual se ligam os grupamentos que distinguem um aminoácido de outro. Dois polipeptídios diferem entre si pelos grupos que se prendem à cadeia principal (esses grupos são destacados em amarelo).

Existem vinte tipos conhecidos de aminoácidos e com eles podemos ter um número imenso de proteínas diferentes – assim como, com vinte letras de um alfabeto, é possível criar um número muito grande de palavras.

O controle da sequência de aminoácidos depende dos genes (DNA) do organismo. Uma alteração na estrutura do DNA, conhecida como **mutação**, pode mudar a sequência de aminoácidos e, consequentemente, as propriedades da proteína.

A FORMA DAS PROTEÍNAS

Uma proteína não é apenas um fio de aminoácidos esticado no espaço. É um fio que se torce e adquire, em geral, a forma de uma hélice – semelhante a um fio de telefone fixo. Essa hélice é mantida por causa das ligações de hidrogênio. O enrolamento da cadeia polipeptídica é chamado **estrutura secundária**.

Na maior parte dos casos, a cadeia de aminoácidos se enrola mais de uma vez: a hélice descreve curvas nas três direções do espaço, dobrando-se várias vezes sobre si mesma. A proteína adquire, assim, uma estrutura tridimensional, chamada **estrutura terciária**, que lhe confere uma forma característica (**figura 2.12**).

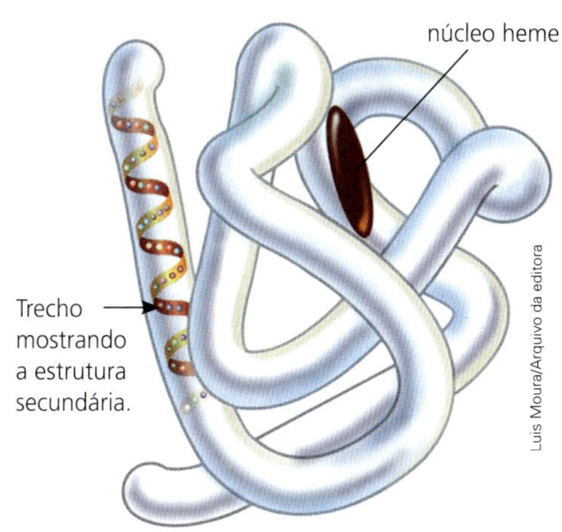

Figura 2.12 Representação esquemática simplificada da estrutura terciária da mioglobina, proteína encontrada nos músculos. Ela funciona como uma reserva de oxigênio, pois sua parte não proteica é capaz de se combinar com esse gás (os elementos não estão na mesma escala; cores fantasia).

As curvas descritas pela proteína resultam das várias atrações químicas entre aminoácidos de diferentes pontos da cadeia. Além das ligações de hidrogênio, há, entre outras, atrações elétricas entre aminoácidos.

Existem ainda proteínas formadas pela associação de várias cadeias polipeptídicas enoveladas. Essa estrutura, que consiste na associação espacial de vários novelos ou fibras, é classificada como **estrutura quaternária**.

Podemos concluir, então, que a estrutura global de uma proteína depende de sua sequência de aminoácidos. Se trocarmos um aminoácido com carga positiva por outro sem carga ou com carga negativa, por exemplo, a proteína pode deixar de se dobrar nessa região, mudando sua forma.

Por que a forma de uma proteína é importante? Por causa de sua função. Enzimas e anticorpos, por exemplo, exercem suas funções encaixando-se em outras moléculas, como acontece com uma chave em uma fechadura. Portanto, desvendar a estrutura de proteínas permite compreender sua função e seu papel nos organismos. Isso pode ser aplicado, por exemplo, na busca de cura para certas doenças.

A DESNATURAÇÃO DAS PROTEÍNAS

Da mesma forma que é importante entender a estrutura das proteínas, compreender o que pode fazer a estrutura delas se desfazer também tem muitas aplicações. Diversos fatores – calor, variação da acidez, presença de algumas substâncias químicas, etc. – podem romper as ligações que mantêm a forma da proteína, alterando sua estrutura secundária e terciária. O rompimento dessas ligações desmancha a estrutura espacial da molécula e destrói suas propriedades. Dizemos, então, que ocorreu a **desnaturação** (*des* = perda; *natura* = natureza) da proteína.

A desnaturação das proteínas pelo calor é útil, por exemplo, no preparo de alimentos. Quando cozinhamos, as proteínas desnaturadas tornam-se insolúveis e se solidificam, separando-se da água. Veja a **figura 2.13**.

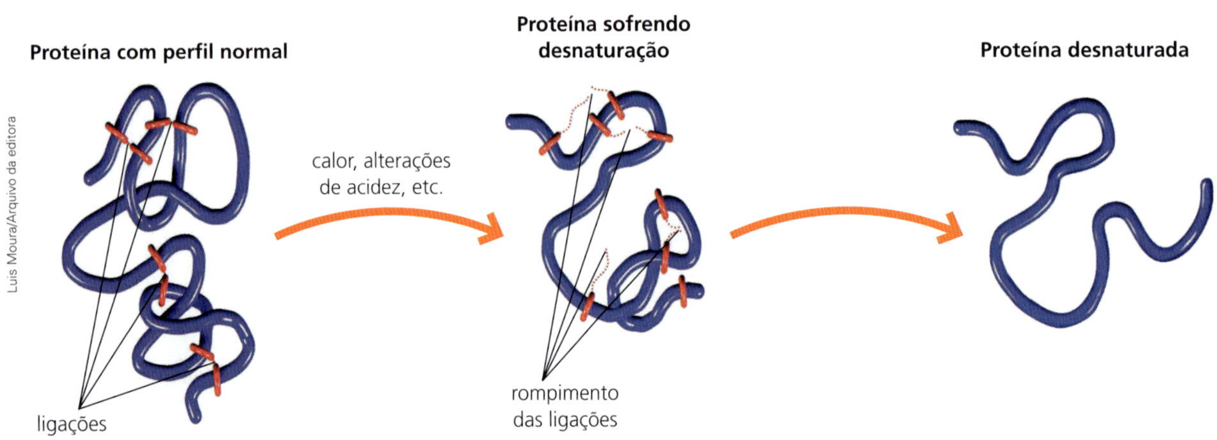

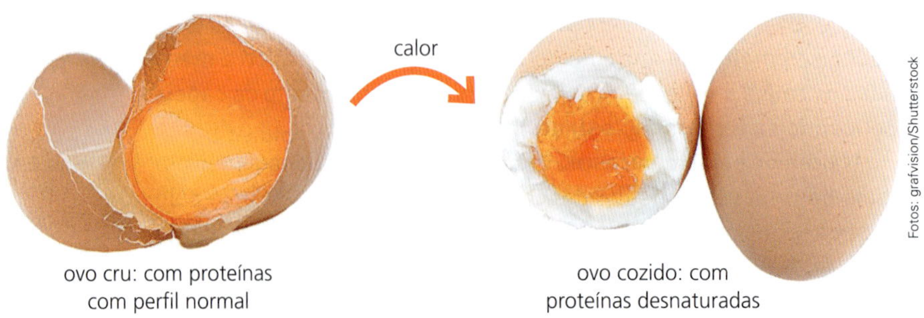

Figura 2.13 Esquema simplificado da desnaturação de uma proteína (os elementos não estão na mesma escala; cores fantasia). A albumina, proteína presente na clara do ovo, por exemplo, desnatura com o cozimento.

A desnaturação das proteínas pelo calor também é usada para esterilizar utensílios e alimentos. Isso é possível porque os microrganismos morrem quando aquecidos a altas temperaturas, pois suas enzimas perdem a forma e deixam de funcionar. A desnaturação também pode ser perigosa. Quando temos febres muito altas, a desnaturação pode inativar proteínas do sistema nervoso e causar a morte.

Além do aquecimento, outra forma de desnaturar proteínas é a alteração do pH. Para compreender o conceito de pH, vamos ver rapidamente alguns conceitos de Química. Quando dissolvidas em água, algumas substâncias, como o ácido clorídrico ($HC\ell$), liberam íons H^+ (prótons); essas substâncias são chamadas **ácidos**. Outras, como o hidróxido de sódio (NaOH), liberam íons OH^- (hidroxila) ou aceitam prótons de ácidos; são chamadas **bases** ou **álcalis**.

Dependendo das substâncias presentes na solução, ela pode apresentar acidez ou alcalinidade variável, isto é, concentração variável de prótons ou de íons hidroxila dissolvidos. A presença de um ácido, por exemplo, aumenta a concentração de H^+; a presença de uma base aumenta a concentração de OH^- ou diminui a concentração de prótons. Assim, podemos dizer que, quanto maior a concentração do ácido ou da base, ou quanto mais fortes eles forem, maior a acidez ou a alcalinidade, respectivamente.

Existe uma escala que mede essa variação, a **escala de pH** (potencial hidrogênio iônico), que vai de 0 a 14. O pH em torno de 7 indica que a solução é neutra, isto é, a concentração de H^+ é igual à de OH^-. O pH menor que 7 indica soluções ácidas, nas quais a concentração de H^+ é maior que a de OH^-. As soluções de pH maiores que 7 são básicas, com concentração de OH^- maior que a de H^+. Observe a **figura 2.14**.

ACESSE E SAIBA MAIS

Escala de pH
<https://phet.colorado.edu/pt_BR/simulation/ph-scale>
Acesso em: 17 jul. 2018.

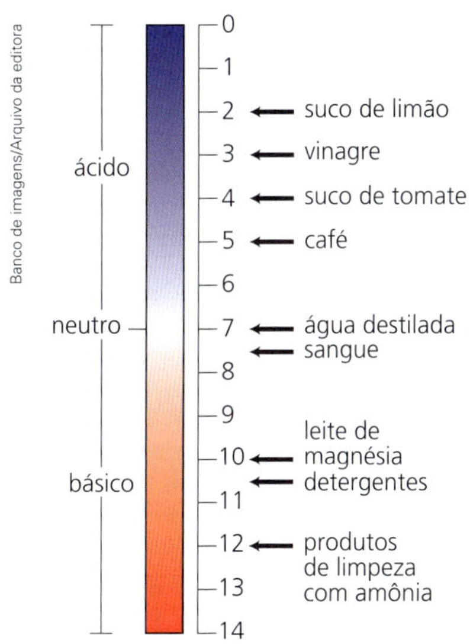

Figura 2.14 pH aproximado de algumas soluções.

6. ENZIMAS

A cada momento, milhares de reações químicas ocorrem nos seres vivos devido à ação das enzimas. Quase todas elas são proteínas, com exceção de algumas moléculas de ácido ribonucleico que também apresentam atuação enzimática. Algumas enzimas são proteínas associadas a uma parte não proteica, chamada **cofator**. O cofator pode ser um metal ou uma molécula orgânica. Nos casos em que o cofator é uma molécula orgânica, ele é chamado **coenzima**. Muitas vitaminas podem funcionar como coenzimas.

O nome de muitas enzimas é formado com o acréscimo do sufixo **-ase** ao nome do **substrato** (reagente da reação enzimática); por exemplo, a amilase age sobre o amido e a lactase atua sobre a lactose, etc. Outras enzimas têm seu nome consagrado pelo uso, não obedecendo a essa regra. É o caso da tripsina e da pepsina, que atuam na digestão de proteínas.

COMO AS ENZIMAS FUNCIONAM

> **ACESSE E SAIBA MAIS**
> **Animação sobre enzimas**
> <www.youtube.com/watch?v=tM8Fte3JBy8>
> Acesso em: 17 jul. 2018.

Muitas vezes as substâncias químicas precisam ser aquecidas para reagir, ou seja, precisam de energia para iniciar a reação. Essa energia inicial é chamada **energia de ativação**. Sem aquecimento, uma reação pode não ocorrer ou ocorrer de forma muito lenta.

As reações químicas do metabolismo precisam, em geral, de uma energia de ativação relativamente grande para ocorrerem com velocidade adequada. Se fosse fornecida na forma de calor, porém, essa energia aumentaria a temperatura da célula, provocando sua morte.

É aí que entram as enzimas: elas são proteínas que funcionam como **catalisadores**, diminuindo a quantidade de energia de ativação necessária para que as reações ocorram. Com isso, as reações passam a ocorrer mais rapidamente e em temperatura compatível com a manutenção da vida.

As enzimas apresentam uma forma especial, ou seja, um "perfil" característico. Determinada região da enzima – **centro** ou **sítio ativo** – possui um formato que lhe possibilita encaixar-se nos substratos. Quando a enzima se encaixa nos reagentes, ela é capaz de alterar a estrutura dessas moléculas, permitindo que a reação ocorra com menor energia de ativação (**figura 2.15**).

No final da reação química, a molécula do produto se separa da enzima, que permanece inalterada. Como não é gasta, a enzima pode repetir o processo com novos reagentes. Assim, podemos compreender por que é suficiente uma pequena concentração de enzimas para a reação ocorrer.

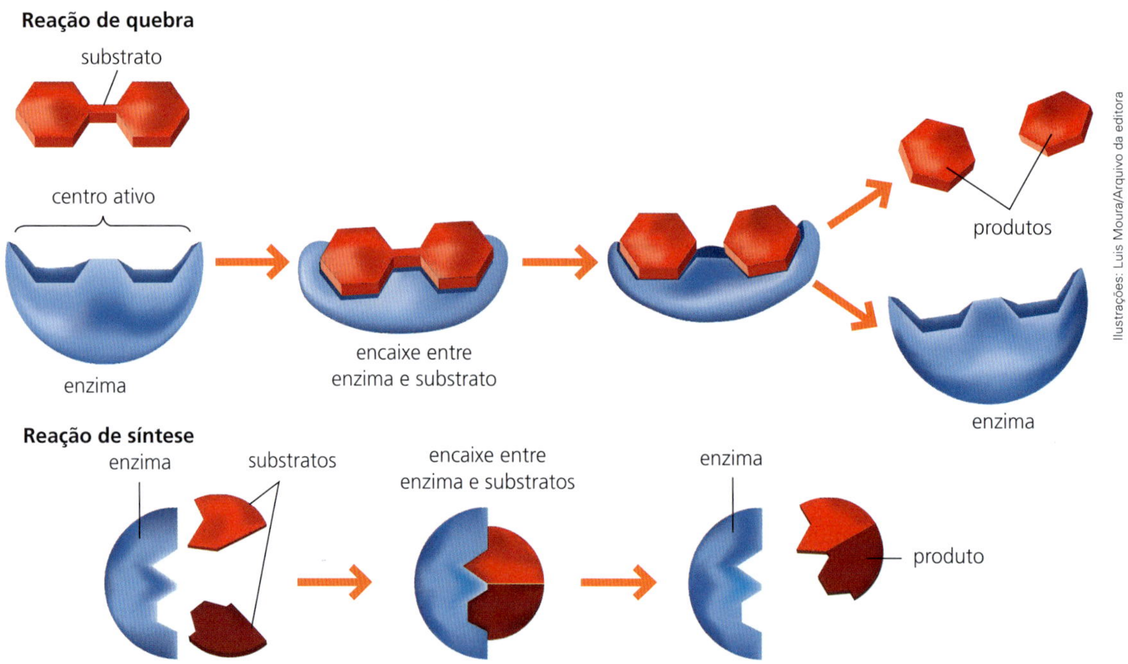

Figura 2.15 Esquema simplificado de como a enzima auxilia a ocorrência da reação química. O formato da enzima é complementar ao das moléculas que vão reagir. Com isso, ela pode encaixar-se nelas, facilitando a reação (os elementos não estão na mesma escala; cores fantasia).

Pelo que acabamos de ver, podemos concluir que uma enzima só catalisa reações cujos reagentes tenham forma complementar à sua, pois só assim pode ocorrer o encaixe entre eles. É por isso que as enzimas são ditas específicas, isto é, cada tipo de enzima funciona para determinado tipo de reação. Costuma-se dizer que o sítio ativo da enzima está para o substrato assim como uma chave está para a respectiva fechadura. Uma enzima, no entanto, é capaz de auxiliar a reação de substratos quimicamente semelhantes, desde que eles participem do mesmo tipo de reação.

FATORES QUE ALTERAM A VELOCIDADE DAS REAÇÕES ENZIMÁTICAS

Vários fatores influenciam a velocidade das reações controladas por enzimas, como os exemplos a seguir.

Concentração da enzima. Com o aumento da concentração de moléculas da enzima, a velocidade da reação aumenta, desde que haja quantidade de substrato suficiente para receber as enzimas.

Concentração do substrato. Com o aumento da concentração do substrato, aumenta-se a velocidade da reação até o momento em que todas as moléculas de enzima ficam "ocupadas". Nesse ponto, a velocidade da reação é máxima e, a partir daí, é inútil qualquer aumento de substrato, pois a velocidade permanecerá constante (**figura 2.16**).

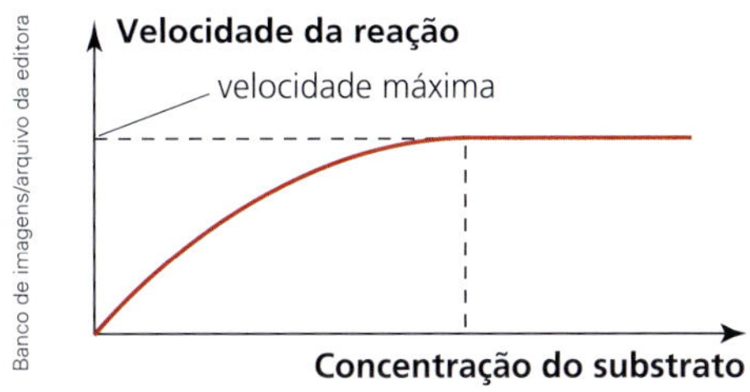

Figura 2.16 Influência da concentração do substrato na velocidade da reação enzimática.

Temperatura. Uma elevação da temperatura também aumenta a velocidade das reações químicas. Quando a reação é enzimática, porém, observamos que a velocidade aumenta até certo nível e então começa a diminuir. Esse prejuízo na velocidade a partir de determinada temperatura é consequência da desnaturação das enzimas pelo excesso de calor, pois sua forma se modifica, dificultando o encaixe do substrato. Se o problema aumentar, a reação poderá até cessar (**figura 2.17**).

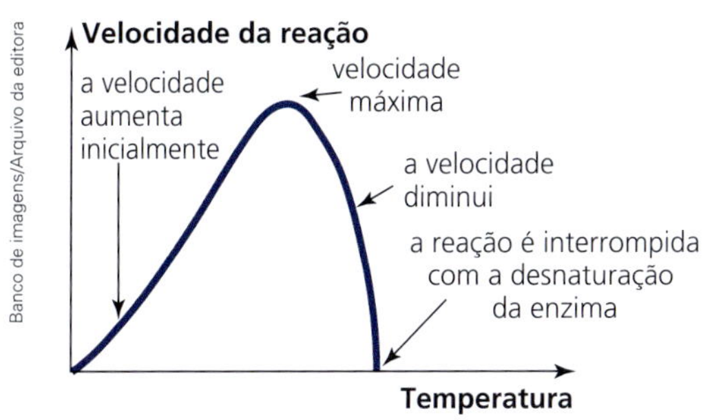

Figura 2.17 Influência da temperatura na velocidade da reação enzimática.

Grau de acidez da solução (pH). Alterações de pH também podem mudar a forma da enzima, afetando seu funcionamento.

Cada enzima tem um pH ótimo para seu funcionamento. Acima ou abaixo desse pH, sua atividade diminui (**figura 2.18**). O pH ótimo varia de acordo com a enzima. Para a pepsina, produzida no estômago, o pH da solução deve estar em torno de 2 (muito ácido), enquanto para a amilase, enzima da saliva, e para a maior parte das enzimas intracelulares, o pH deve estar entre 6 e 8 (alcalino).

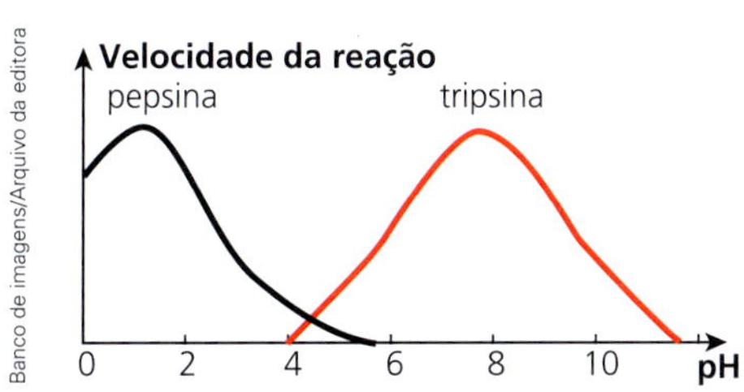

Figura 2.18 Atividade de duas enzimas, a pepsina e a tripsina, que digerem proteína em função do pH. Observe que a pepsina é mais ativa em pH ácido, e a tripsina, em pH alcalino.

7. VITAMINAS

As vitaminas são **nutrientes reguladores**, ou seja, controlam várias atividades do organismo. Elas devem ser ingeridas na alimentação, já que o organismo não produz vitaminas. No entanto, por não serem consumidas nas reações químicas do metabolismo, as vitaminas são necessárias em quantidade muito menor do que a dos demais nutrientes. Elas podem, em geral, ser obtidas por meio de uma alimentação equilibrada.

fcafotodigital/Getty Images

Figura 2.19 Cada vitamina pode ser encontrada em diferentes tipos de alimento, por isso é importante combiná-los para suprir todas as necessidades do organismo.

Não existe nenhum alimento completo em vitaminas; além disso, muitas se perdem durante o processamento dos alimentos. Alimentos muito processados ou aqueles preparados com muita água, por exemplo, perdem parte das vitaminas. Assim, o ideal é consumir vegetais frescos crus ou, ainda, cozidos por pouco tempo em pouca água, pois isso reduz a perda de vitaminas e sais minerais (**figura 2.19**).

As vitaminas são divididas em dois grandes grupos: **lipossolúveis** (solúveis em lipídios), grupo formado pelas vitaminas A, D, E e K, e **hidrossolúveis** (solúveis em água), grupo que inclui as demais vitaminas.

Problemas de saúde podem ser causados pela carência total (avitaminose) ou parcial de determinada vitamina (hipovitaminose). Problemas também podem surgir com a ingestão em excesso de vitaminas (hipervitaminose).

A **vitamina A** é também chamada **retinol** porque atua na formação de uma substância presente na retina e que participa da visão. Um dos sinais da falta dessa vitamina é a dificuldade de enxergar em ambientes pouco iluminados, distúrbio conhecido como **cegueira noturna**.

Essa vitamina é importante também para manter saudáveis os tecidos que cobrem o corpo e revestem cavidades. Como esses tecidos são barreiras contra microrganismos, a pessoa com falta de vitamina A fica mais suscetível a contrair infecções.

Outro problema grave que a falta de vitamina A provoca é a **xeroftalmia** (*xeros* = seco; *ophtalmós* = olho): a córnea (tecido transparente que cobre a parte anterior do olho) fica ressecada e com lesões que podem levar à cegueira.

A vitamina A é encontrada na gema de ovo, em laticínios, na margarina e nas vísceras, como fígado e rins. Além disso, ela é fabricada no fígado a partir do betacaroteno, composto encontrado em verduras com folhas verde-escuras e vegetais amarelos ou alaranjados (cenoura, abóbora, batata-doce, brócolis, espinafre, couve, agrião, caqui, pêssego, etc.).

A **vitamina D** facilita a absorção de sais de cálcio e fósforo no intestino e favorece o depósito desses sais nos ossos. Por isso, sua carência pode provocar alterações ou deformidades no esqueleto das crianças, caracterizando uma doença conhecida como **raquitismo**. Já a fraqueza óssea em adultos caracteriza a **osteomalacia**.

A vitamina D é encontrada em alguns alimentos gordurosos, como gema de ovo, fígado, peixes como o atum e a sardinha, e leite. O precursor da vitamina D é ativado pela ação dos raios ultravioleta do Sol, por isso é importante que crianças tomem sol regularmente, mas sem exageros. Deve-se evitar a exposição ao sol entre as 10 h e as 16 h e sempre usar protetor solar e roupas adequadas.

ACESSE E SAIBA MAIS

Consumo de complementos vitamínicos
<https://oglobo.globo.com/sociedade/saude/consumo-de-suplementos-vitaminicos-sem-necessidade-pode-prejudicar-saude-19537546>
Acesso em: 17 jul. 2018.

O termo **vitamina E** compreende vários compostos que são encontrados em muitos tipos de alimentos: óleos vegetais, cereais, leguminosas, laticínios, gema de ovo e hortaliças com folhas verdes. Por isso, é difícil que alguém tenha carência dessa vitamina. Mas, quando isso acontece, pode haver danos nos glóbulos vermelhos e anemia, além de lesões musculares e nervosas.

O termo **vitamina K** compreende um grupo de substâncias conhecidas como **quinonas**. Além de ser encontrada em muitos alimentos (folhas verdes, batata, gema de ovo, óleo de soja, tomate, fígado, leite), ela é fabricada por bactérias que vivem no intestino grosso. Como essa vitamina participa da coagulação do sangue, sua falta pode dificultar o estancamento de hemorragias.

A expressão "vitaminas do complexo B" compreende a niacina, o ácido fólico, as vitaminas B_1, B_2, B_6, B_{12}, entre outras. Elas agem em muitas reações químicas do corpo, principalmente no processo da respiração celular.

As células nervosas, que precisam de bastante energia, são as primeiras a sofrer com a falta de **vitamina B_1 (tiamina)**. A carência dessa vitamina pode provocar inflamação nos nervos, paralisia e atrofia muscular, caracterizando uma doença chamada **beribéri** (do cingalês, idioma do Sri Lanka, *beri* = fraqueza). Leguminosas, carnes, gema de ovo e cereais integrais ou enriquecidos são boas fontes dessa vitamina.

A falta de **vitamina B_2 (riboflavina)** e **B_6 (piridoxina)** também provoca lesões no sistema nervoso, inflamações e problemas na pele. Essas vitaminas são encontradas em carnes, hortaliças com folhas, em ovos, no leite e em cereais integrais ou enriquecidos.

A falta de **niacina** (também conhecida como **nicotinamida** ou **vitamina B_3**) provoca diarreia, fraqueza, lesões na pele e no sistema nervoso e desordens mentais, caracterizando um distúrbio conhecido como **pelagra** (do italiano *pelle* = pele; *agra* = enferma). Essa vitamina é encontrada no fígado, em carnes, peixes, leguminosas, no café e em cereais integrais ou enriquecidos.

A **vitamina B_{12}** e o **ácido fólico**, também conhecido como **folato** ou **vitamina B_9**, são importantes para a renovação das células do corpo, e sua falta pode causar **anemia perniciosa**. A vitamina B_{12} é praticamente exclusiva de alimentos de origem animal. O ácido fólico está presente em quase todos os alimentos, principalmente em vegetais com folhas, no fígado, em ovos, no feijão e nas frutas.

A **vitamina C**, também chamada **ácido ascórbico**, é importante para a manutenção dos tecidos conjuntivos (derme, ossos, cartilagem, etc.). Essa vitamina atua na síntese do colágeno, proteína que faz parte da substância intercelular desses tecidos e que também envolve os capilares. Por isso, na sua falta, esses tecidos ficam fracos e podem ocorrer sangramentos na pele, na gengiva e nas articulações, perda de dentes, etc., caracterizando a doença conhecida como **escorbuto**. São ricos em vitamina C: pimentão, brócolis, couve, tomate, acerola, goiaba e muitas outras frutas.

Em princípio, todas as vitaminas de que precisamos podem ser obtidas em quantidade suficiente com uma alimentação equilibrada. Para certas pessoas, porém, um médico pode indicar doses adicionais, como para mulheres grávidas.

CP DC Press/Shutterstock

Figura 2.20 Para garantir o consumo de todas as vitaminas necessárias, dê preferência a alimentos variados e não processados. Inclua sempre frutas, verduras e legumes em suas refeições.

ACESSE E SAIBA MAIS

Carência em micronutrientes
<http://bvsms.saude.gov.br/bvs/publicacoes/cadernos_atencao_basica_carencias_micronutrientes.pdf>
Acesso em: 17 jul. 2018.

ATIVIDADES

Questões discursivas

1. Algumas pessoas fazem exercícios físicos com roupas pesadas em dias quentes porque isso aumenta a transpiração. Com base nesse fato, explique:
   a) O que a pessoa perdeu pelo suor que a fez diminuir de massa?
   b) Por que essa perda "extra" de massa é temporária?
   c) Por que a prática de exercícios com roupas pesadas em dias quentes é perigosa para a saúde?
2. Um estudante afirmou que não devemos ingerir lipídios porque as gorduras são prejudiciais ao organismo. Ele está certo? Por quê?
3. Os valores abaixo (aproximados) indicam quantas quilocalorias existem em 100 g de alimento.
   - alface, pepino, agrião, berinjela, chuchu, couve-flor, tomate, brócolis, pimentão ou cenoura: 10 a 30 kcal
   - suco de laranja, mamão ou abacaxi (sem adição de açúcar): 35 a 50 kcal
   - batata cozida: 52 kcal
   - maçã: 63 kcal
   - feijão cozido: 77 kcal
   - banana-prata: 98 kcal
   - arroz cozido: 128 kcal
   - leite em pó desnatado: 362 kcal
   - açúcar comum: 387 kcal
   - biscoito doce, com recheio de chocolate: 472 kcal
   - leite em pó integral: 497 kcal
   - batata frita: 540 kcal
   - manteiga ou margarina: 720 kcal

   a) Que substâncias químicas são as principais responsáveis pelo valor calórico do açúcar comum? E da banana? E da manteiga ou margarina?
   b) Como você justifica o maior valor calórico da manteiga ou da margarina em relação ao da banana ou ao do açúcar comum?
   c) Por que o leite integral tem mais calorias do que o desnatado?
   d) Por que a batata frita tem mais calorias do que a batata cozida?
4. Duas proteínas possuem exatamente 456 aminoácidos. Com essa informação, podemos concluir que essas proteínas são iguais? Justifique.
5. Um estudante afirmou que não é necessário ingerir vitaminas porque elas não fornecem energia nem fazem parte de nenhuma estrutura do corpo. Critique essa afirmação.
6. Justifique a afirmativa: mesmo que um suplemento de vitaminas possa ser benéfico, ele deve ser considerado remédio e, portanto, tomado só com orientação médica.
7. Analisando o rótulo de uma barra de chocolate, um estudante viu que em 100 g do produto havia cerca de 8 g de proteína, 60 g de carboidratos, 30 g de gordura, 15% da necessidade diária de riboflavina, 9% da necessidade diária de cálcio e 7% da necessidade diária de ferro. Ele então se perguntou que mal haveria em se alimentar ingerindo apenas chocolate. O que você responderia a ele?
8. (UFRJ) No interior das sementes podem ser encontrados o embrião, que dará origem a uma nova planta, e uma reserva de alimento, que nutrirá o embrião no início de seu desenvolvimento. Se todos os componentes necessários para a formação de um novo vegetal já estão presentes nas sementes, por que os grãos de feijão, por exemplo, normalmente não germinam dentro das embalagens nas quais estão contidos?
9. (Vunesp-SP) Os açúcares complexos, resultantes da união de muitos monossacarídeos, são denominados polissacarídeos.
   a) Cite dois polissacarídeos de reserva energética, sendo um de origem animal e outro de origem vegetal.
   b) Indique um órgão animal e um órgão vegetal, onde cada um desses açúcares pode ser encontrado.
10. (UFPR) Um problema do estilo de vida nas grandes cidades é que as pessoas, cada vez menos, tomam banhos de sol. Dentre fatores que podem decorrer desse problema está o aumento da predisposição à osteoporose, que é a descalcificação dos ossos, ou o raquitismo, em crianças.

    Qual é a vitamina cujo precursor é ativado por luz solar, envolvida nesses processos? Qual é a função dessa vitamina na prevenção das doenças mencionadas acima?

Questões objetivas

1. (Enem-MEC) A água é um dos componentes mais importantes das células. A tabela a seguir mostra como a quantidade de água varia em seres

humanos, dependendo do tipo de célula. Em média, a água corresponde a 70% da composição química de um indivíduo normal.

Tipo de célula	Quantidade de água
Tecido nervoso – substância cinzenta	85%
Tecido nervoso – substância branca	70%
Medula óssea	75%
Tecido conjuntivo	60%
Tecido adiposo	15%
Hemácias	65%
Ossos (sem medula)	20%

(Fonte: Junqueira, L. C. e Carneiro, J. *Histologia básica*. 8. ed. Rio de Janeiro: Guanabara Koogan, 1985.)

Durante uma biópsia, foi isolada uma amostra de tecido para análise em um laboratório. Enquanto intacta, essa amostra pesava 200 mg. Após secagem em estufa, quando se retirou toda a água do tecido, a amostra passou a pesar 80 mg. Baseado na tabela, pode-se afirmar que essa é uma amostra de:

a) tecido nervoso – substância cinzenta.

b) tecido nervoso – substância branca.

c) hemácias.

d) tecido conjuntivo.

e) tecido adiposo.

2. (Enem-MEC) Defende-se que a inclusão da carne bovina na dieta é importante, por ser uma excelente fonte de proteínas. Por outro lado, pesquisas apontam efeitos prejudiciais que a carne bovina traz à saúde, como o risco de doenças cardiovasculares. Devido aos teores de colesterol e de gordura, há quem decida substituí-la por outros tipos de carne, como a de frango e a suína. O quadro a seguir apresenta a quantidade de colesterol em diversos tipos de carne crua e cozida.

Alimento	Colesterol (mg/100 g)	
	Crua	Cozida
Carne de frango (branca) sem pele	58	75
Carne de frango (escura) sem pele	80	124
Pele de frango	104	139
Carne suína (bisteca)	49	97
Carne suína (toucinho)	54	56
Carne bovina (contrafilé)	51	66
Carne bovina (músculo)	52	67

Revista *ProTeste*, n. 54, dez./2006 (com adaptações).

Com base nessas informações, avalie as afirmativas a seguir.

I. O risco de ocorrerem doenças cardiovasculares por ingestões habituais da mesma quantidade de carne é menor se esta for carne branca de frango do que se for toucinho.

II. Uma porção de contrafilé cru possui, aproximadamente, 50% de sua massa constituída de colesterol.

III. A retirada da pele de uma porção cozida de carne escura de frango altera a quantidade de colesterol a ser ingerida.

IV. A pequena diferença entre os teores de colesterol encontrados no toucinho cru e no cozido indica que esse tipo de alimento é pobre em água.

É correto apenas o que se afirma em:

a) I e II.

b) I e III.

c) II e III.

d) II e IV.

e) III e IV.

3. (Enem-MEC) A obesidade, que nos países desenvolvidos já é tratada como epidemia, começa a preocupar especialistas no Brasil. Os últimos dados da Pesquisa de Orçamentos Familiares, realizada entre 2002 e 2003 pelo IBGE, mostram que 40,6% da população brasileira estão acima do peso, ou seja, 38,8 milhões de adultos. Desse total, 10,5 milhões são considerados obesos. Várias são as dietas e os remédios que prometem emagrecimento rápido e sem riscos. Há alguns anos foi lançado no mercado brasileiro um remédio de ação diferente dos demais, pois inibe a ação das lipases, enzimas que aceleram a reação de quebra de gorduras. Sem serem quebradas elas não são absorvidas pelo intestino, e parte das gorduras ingeridas é eliminada com as fezes. Como os lipídios são altamente energéticos, a pessoa tende a emagrecer.

No entanto, esse remédio apresenta algumas contraindicações, pois a gordura não absorvida lubrifica o intestino, causando desagradáveis diarreias. Além do mais, podem ocorrer casos de baixa absorção de vitaminas lipossolúveis, como as A, D, E e K, pois:

a) essas vitaminas, por serem mais energéticas que as demais, precisam de lipídios para sua absorção.

b) a ausência de lipídios torna a absorção dessas vitaminas desnecessária.

c) essas vitaminas reagem com o remédio, transformando-se em outras vitaminas.

d) as lipases também desdobram as vitaminas para que essas sejam absorvidas.

e) essas vitaminas se dissolvem nos lipídios e só são absorvidas junto com eles.

4. (Uema) Os glicídios são as principais fontes de energia diária para seres humanos e são classificados em monossacarídeos, oligossacarídeos e polissacarídeos, de acordo com o tamanho da molécula. Polissacarídeos são polímeros de glicose constituídos fundamentalmente por átomos de carbono, hidrogênio e oxigênio que desempenham diversas funções essenciais ao bom funcionamento do organismo. Os polissacarídeos mais conhecidos são o glicogênio, a celulose, o amido e a quitina.

As funções atribuídas a essas moléculas são, respectivamente:

a) estrutural, reserva, estrutural, reserva.

b) reserva, reserva, estrutural, estrutural.

c) reserva, estrutural, reserva, estrutural.

d) estrutural, estrutural, reserva, reserva.

e) reserva, estrutural, estrutural, reserva.

5. (IFSP) Um *site* de nutrição apresenta exemplos de boas refeições que podem ser feitas antes de competições esportivas:

- Café da manhã de cereais + leite magro + frutas frescas ou em conserva
- Bolinhos + doce, geleia ou mel
- Panquecas + mel
- Tortas + feijão ou macarrão
- Sanduíches com recheio de banana
- Salada de frutas + iogurte magro
- Massa + molho de tomate
- Batata assada
- Barras nutricionais desportivas ou barras de cereais + bebida desportiva
- Vitamina de frutas (com leite com baixo teor de gordura + frutas + iogurte magro gelado)

Disponível em: <www.alimentacaosaudavel.org/refeicoes-antes-desporto.html>. Acesso em: 17 nov. 2013.

Baseando-se nas opções de refeições apresentadas, pode-se concluir que os atletas devem consumir, preferencialmente, alimentos ricos em:

a) lipídios, que contribuirão para o aumento da massa muscular.

b) proteínas, que servirão como importante fonte de açúcares.

c) proteínas, que serão armazenadas no corpo como um estoque de energia.

d) carboidratos, que fornecerão os aminoácidos necessários para o músculo.

e) carboidratos, que aumentarão a oferta de energia disponível para o organismo.

6. (Unifor-CE) Atribuíram as seguintes funções aos lipídios, grupo de substâncias sempre presentes nas células:

I. Como substâncias de reserva são exclusivos de células animais.

II. Podem ter função energética, ou seja, fornecem energia para as atividades celulares.

III. Têm função estrutural, uma vez que entram na composição das membranas celulares.

É correto o que se afirma somente em:

a) I.

b) II.

c) III.

d) I e II.

e) II e III.

7. (Enem-MEC) O milho-verde recém-colhido tem um sabor adocicado. Já o milho-verde comprado na feira, um ou dois dias depois de colhido, não é mais tão doce, pois cerca de 50% dos carboidratos responsáveis pelo sabor adocicado são convertidos em amido nas primeiras 24 horas. Para preservar o sabor do milho-verde pode-se usar o seguinte procedimento em três etapas:

1º) descascar e mergulhar as espigas em água fervente por alguns minutos;

2º) resfriá-las em água corrente;

3º) conservá-las na geladeira.

A preservação do sabor original do milho-verde pelo procedimento descrito pode ser explicada pelo seguinte argumento:

a) O choque térmico converte as proteínas do milho em amido até a saturação; este ocupa o lugar do amido que seria formado espontaneamente.

b) A água fervente e o resfriamento impermeabilizam a casca dos grãos de milho, impedindo a difusão de oxigênio e a oxidação da glicose.

c) As enzimas responsáveis pela conversão desses carboidratos em amido são desnaturadas pelo tratamento com água quente.

d) Microrganismos que, ao retirarem nutrientes dos grãos, convertem esses carboidratos em amido são destruídos pelo aquecimento.

e) O aquecimento desidrata os grãos de milho, alterando o meio de dissolução onde ocorreria espontaneamente a transformação desses carboidratos em amido.

8. (UEM-PR) A figura a seguir mostra as velocidades de reação de duas enzimas: enzima humana (A) e de bactérias de fontes termais (B).

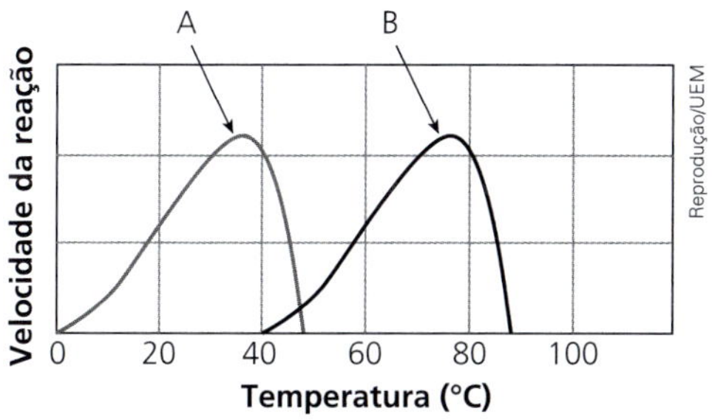

Considerando os dados da figura e a ação da temperatura na atividade enzimática, assinale o que for correto.

(01) A temperatura é um fator importante para a atividade enzimática.

(02) Dentro de certos limites, a velocidade de uma reação enzimática aumenta com o aumento da temperatura.

(04) A partir de determinado ponto, o aumento de temperatura faz com que a velocidade de reação diminua bruscamente e cesse.

(08) A temperatura ótima para a atividade de enzima humana está em torno de 37 °C.

(16) A temperatura ótima para a atividade de enzimas de bactérias de fontes termais está em torno de 78 °C.

(32) Somente na enzima humana o aquecimento acima da temperatura ótima provoca desnaturação.

(64) Para ambas as enzimas, se for ultrapassada a temperatura ótima, a agitação das moléculas se torna tão intensa que as ligações que estabilizam a estrutura espacial da enzima se rompem.

Dê como resposta a soma dos números associados às alternativas corretas.

9. (PUC-RJ) Em relação às enzimas, podemos afirmar que:

a) não podem ser reutilizadas, pois reagem com o substrato, tornando-se parte do produto.

b) são catalisadores eficientes por se associarem de forma inespecífica a qualquer substrato.

c) seu poder catalítico resulta da capacidade de aumentar a energia de ativação das reações.

d) atuam em qualquer temperatura, pois sua ação catalítica independe de sua estrutura espacial.

e) sendo proteínas, por mudança de pH, podem perder seu poder catalítico ao se desnaturarem.

10. (UPF-RS) A maioria das reações metabólicas de um organismo somente ocorre se houver a presença de enzimas. Sobre as enzimas, analise as afirmativas abaixo.

I. A ação enzimática sofre influência de fatores como temperatura e potencial de hidrogênio; variações nesses fatores alteram a funcionalidade enzimática.

II. São formadas por aminoácidos e algumas delas podem conter também componentes não proteicos adicionais, como, por exemplo, carboidratos, lipídios, metais ou fosfatos.

III. Apresentam alteração em sua estrutura após a reação que catalisam, uma vez que perdem aminoácidos durante o processo.

IV. A ligação da enzima com seu respectivo substrato tem elevada especificidade. Assim, alterações na forma tridimensional da enzima podem torná-la afuncional, porque impedem o encaixe de seu centro ativo ao substrato.

Está correto apenas o que se afirma em:

a) I, II e IV.

b) I, II e III.

c) II, III e IV.

d) III e IV.

e) I, III e IV.

11. (UnB-DF) Embora o art. XXV da Declaração Universal dos Direitos Humanos garanta que toda pessoa tem direito a adequada alimentação, em diferentes regiões do mundo há grande desigualdade social, que se manifesta de várias formas. Em muitos países, inclusive no Brasil, a escassez de alimentos leva parte da população a viver sob diversas condições de carência nutricional. Com relação a esse assunto, julgue os itens que se seguem.

1. As proteínas são constituídas por aminoácidos essenciais, não sintetizados pelo organismo, e aminoácidos não essenciais, sintetizados pelo organismo.
2. Uma população que se alimente apenas de cereais e grãos apresentará carência proteica, pois as únicas fontes de proteínas para o homem são produtos de origem animal.
3. Enzimas e vitaminas possuem papel antagônico no metabolismo.
4. Os alimentos são utilizados como fonte de energia no crescimento, na reparação dos tecidos e na manutenção da composição química tissular.

12. (UFMG) Esta tabela se refere ao teor de minerais e vitaminas, expresso em mg por 100 g de parte comestível, de alguns alimentos.

Alimento	Minerais			Vitaminas		
	Ca	P	Fe	A	B_1	C
Abacate	13	47	0,7	20	0,07	12
Couve	203	63	1,0	650	0,20	92
Goiaba	22	26	0,7	26	0,04	218
Grão-de-bico	68	353	7,0	0	0,46	5

Com base nos dados dessa tabela, assinale a alternativa que contém uma recomendação alimentar inadequada.

a) Abacate para pessoas que sofrem de beribéri.

b) Couve para alguém com osteoporose e xeroftalmia.

c) Goiaba para quem sofre de escorbuto.

d) Grão-de-bico para pessoas anêmicas.

13. (Faap-SP) A celulose é um carboidrato, um polissacarídeo de origem vegetal e com função estrutural. É um componente presente em todos os alimentos de origem vegetal. Os seres humanos não são capazes de digerir as fibras de celulose, porém elas são importantíssimas, pois:

a) fornecem energia para o corpo.

b) formam estruturas esqueléticas importantes.

c) são fontes de vitaminas.

d) facilitam a formação e a eliminação das fezes.

e) são importantes para o crescimento.

14. (UFMG) O arroz dourado – geneticamente modificado – produz caroteno (vitamina A). Assim, é correto afirmar que o uso desse grão na alimentação humana resulta em benefício para a saúde porque ele:

a) previne alguns tipos de cegueira.

b) aumenta o peristaltismo.

c) evita o aparecimento do bócio.

d) diminui a formação de coágulos.

PESQUISEM E COMPARTILHEM

Em grupo, escolham um dos temas a seguir para pesquisar. Preferencialmente, usem fontes variadas da internet, além de material impresso. Se necessário, peçam auxílio aos professores de outras disciplinas. Depois, apresentem o trabalho para a classe e a comunidade escolar (alunos, professores e funcionários da escola e pais ou responsáveis), usando diferentes recursos, como galeria de imagens, vídeos, mensagens de texto ou elaboração de material colaborativo na internet.

Tema 1 Desnutrição: tipos de desnutrição, seus efeitos sobre a saúde, situação no mundo e no Brasil, dados estatísticos, causas e soluções. Podem ser consultados professores de Biologia, História e Geografia, entre outros. Elaborem também uma campanha para mostrar à comunidade local a importância do combate à desnutrição. Proponham a realização de palestras sobre esse tema a profissionais de saúde.

Tema 2 Obesidade: diagnóstico (índice de massa corpórea), causas, consequências para a saúde, tratamentos, dados estatísticos sobre obesidade no Brasil e no mundo, sua evolução ao longo da História, crítica à automedicação e a tratamentos sem evidências científicas, efeitos de propagandas que estimulam o consumo de alimentos hipercalóricos. Podem ser consultados professores de Biologia, História e Geografia, entre outros. Elaborem também uma campanha para ajudar a conscientizar a comunidade local sobre a importância do combate à obesidade.

Tema 3 Importância de conhecimentos básicos de Bioquímica e de Biologia para profissionais de várias áreas da saúde. Pesquisem em que consiste o trabalho, qual a escolaridade requerida e qual o mercado de trabalho para profissionais da área de farmácia (farmacêutico, técnico em farmácia), enfermagem (enfermeiro, técnico em enfermagem), análises clínicas (biomédico, técnico em análises clínicas) e nutrição (nutricionista, técnico em nutrição e dietética). Se possível, entrevistem profissionais de uma dessas áreas.

Tema 4 Intolerâncias alimentares e alergias. O que é doença celíaca e intolerância a lactose? Quais são alguns dos alimentos que mais frequentemente causam reações alérgicas? Se possível, convidem profissionais da área de saúde, médicos ou nutricionistas para ministrar palestras à comunidade escolar sobre o tema.

ATIVIDADES PRÁTICAS

1. Na atividade a seguir, você identificará uma enzima presente em tecidos animais e vegetais.

Material

- água oxigenada a 10 volumes
- conta-gotas
- dois copos pequenos de vidro
- dois pedaços de fígado de boi ou de galinha, um fresco e o outro bem cozido
- pinça
- tesoura sem pontas

ATENÇÃO!

O laboratório não é lugar de brincadeiras! Não realize experimentos nem manipule produtos químicos sem o consentimento e a supervisão do seu professor. Não mexa em torneiras de gás, se houver. Não cheire nem prove produtos químicos e evite o contato deles com a pele e os olhos.

Procedimento

1. Sob a orientação de seu professor, pingue algumas gotas de água oxigenada nos dois copos.
2. Com auxílio da tesoura e da pinça, corte um pedaço bem pequeno (do tamanho de um feijão) do fígado cru e um pedaço igual de fígado cozido.
3. Utilizando a pinça e tendo cuidado para não tocar nos pedaços de fígado com os dedos, coloque o pedaço de fígado cru em um dos copos e o pedaço de fígado cozido no outro. Observe o que acontece.

Conclusão

Agora, sabendo que a enzima citada é a catalase (também conhecida como peroxidase), que decompõe a água oxigenada (ou peróxido de hidrogênio) em água e gás oxigênio, explique as diferenças entre os resultados obtidos em cada copo.

2. Observe como uma solução de iodo reage com diferentes componentes dos alimentos.

Material

- água da torneira
- amido de milho
- cinco pires
- colher de café
- conta-gotas
- sal de cozinha
- Escolha três dos seguintes alimentos: rodelas de banana, fatias de pão, arroz cozido, clara de ovo, rodelas de aipim (mandioca), biscoitos de cor clara, pedaços de carne crua e de queijo, um pouco de farinha de trigo, pedaços de batata sem casca (crua ou cozida), leite desnatado, macarrão cozido, óleo de soja, chocolate, alface. Procure variar a escolha entre alimentos de origem animal e de origem vegetal.
- Solução de iodo preparada pelo professor: tintura de iodo (comprada em farmácia) diluída em água até ficar com cor alaranjada ou castanho-clara (em torno de 5 gotas de iodo em um copinho de café com água).

Procedimento

1. Coloque uma colher de café de amido de milho sobre o pires.
2. Peça ao professor que pingue de duas a três gotas de solução de iodo.
3. Em outro pires, coloque uma colher de café de sal e, novamente, peça ao professor que pingue duas ou três gotas de iodo (tome cuidado para a solução não cair na pele ou na roupa).
4. Compare a cor das duas misturas e anote os resultados.
5. Distribua um pouco de cada um dos outros três alimentos nos pires restantes e peça ao professor que pingue duas ou três gotas de solução de iodo sobre cada um deles.

Conclusão

Anote as cores que aparecem em cada amostra, compare com a cor obtida no pires com amido de milho e no pires com sal e responda:

I. O que foi evidenciado nos procedimentos 1 e 2?
II. Que substância presente nos alimentos deve ter provocado a mudança de cor no iodo?
III. Que alimentos são ricos nessa substância?
IV. Em que tipo de alimento essa substância está ausente?

3. A maneira mais simples de identificar lipídios é observar a formação de manchas gordurosas e translúcidas em papel de embrulho. Para isso, realize a atividade descrita abaixo.

Material

- água
- conta-gotas
- leite
- ovo cozido
- maionese
- manteiga
- legumes cozidos
- óleo de cozinha
- papel de embrulho

Procedimento

1. Pingue uma gota de óleo de cozinha em um canto do papel de embrulho.
2. Em outro canto do papel, pingue uma gota de água.
3. Espere secar e examine contra a luz.
4. Repita o procedimento com os seguintes alimentos: leite; um pouco de clara e um pedaço da gema de um ovo cozido; maionese; manteiga; legumes cozidos (os alimentos sólidos podem ser esfregados com o dedo no papel).

Conclusão

Analise e explique os resultados obtidos.

CAPÍTULO

3

Hero Images/Getty Images

Pesquisadora prepara placas com meio de cultura para o desenvolvimento controlado de células.

VISÃO GERAL DA CÉLULA

Há diversos profissionais que estudam as células: biólogos, biomédicos, farmacêuticos, médicos, enfermeiros, entre outros. Com o estudo das células, os cientistas conseguem compreender melhor, por exemplo, a origem das doenças, oferecendo suporte à pesquisa de novos tratamentos.

O conhecimento básico a respeito das células e de outros conceitos da Biologia é fundamental para que todo cidadão seja capaz de participar de discussões e tomar decisões relacionadas aos indivíduos e à sociedade.

- **Como é possível estudar estruturas tão pequenas como as células?**
- **Todos os seres vivos apresentam células do mesmo tipo?**
- **Muitos vírus e bactérias causam doenças. Será que esses seres possuem estruturas iguais?**

1. O MICROSCÓPIO E A OBSERVAÇÃO DAS CÉLULAS

É difícil atribuir a uma única pessoa a invenção do aparelho hoje conhecido como **microscópio** (*mikro* = pequeno; *skopeo* = examinar). Um dos responsáveis por oferecer subsídios para o desenvolvimento desse instrumento foi o cientista Galileu Galilei (1564–1642), com a construção, em 1609, de seu aparelho para observar objetos distantes, o telescópio (*tele* = longe; *skopeo* = examinar). Posteriormente, Anton van Leeuwenhoek (1632–1723; pronuncia-se "lêvenhuk"), cientista e comerciante de tecidos holandês, desenvolveu lentes de aumento e dispositivos mais apropriados para o estudo de microrganismos.

Com suas lentes e técnicas de iluminação, Leeuwenhoek foi capaz de aumentar a imagem dos objetos em até 270 vezes. Embora as ampliações fossem muito distorcidas na forma e na cor, esse aumento representou um importante avanço.

Na mesma época, o cientista inglês Robert Hooke (1635–1703; pronuncia-se "huk", com a letra h aspirada) observou pedaços de cortiça com o auxílio de um microscópio formado por duas ou mais lentes associadas dentro de um tubo de metal. Essa estrutura corresponde ao chamado **microscópio composto**, semelhante aos microscópios atuais.

A partir de suas observações, Hooke descreveu pequenas cavidades no interior daqueles pedaços de cortiça e deu a esses espaços o nome de **células** (*cellula* = pequeno compartimento). De fato, como a cortiça é um tecido de células mortas que protege o tronco das árvores, o que Hooke viu foi apenas o envoltório da célula e o espaço vazio antes ocupado pela célula viva (**figura 3.1**).

Depois de Hooke, na década de 1820, o botânico escocês Robert Brown (1773–1858; pronuncia-se "bráun") descobriu um pequeno corpo no interior de vários tipos de células e o chamou de **núcleo**.

ACESSE E SAIBA MAIS

Teoria celular

<http://eaulas.usp.br/portal/video.action?idItem=273>

Acesso em: 17 jul. 2018.

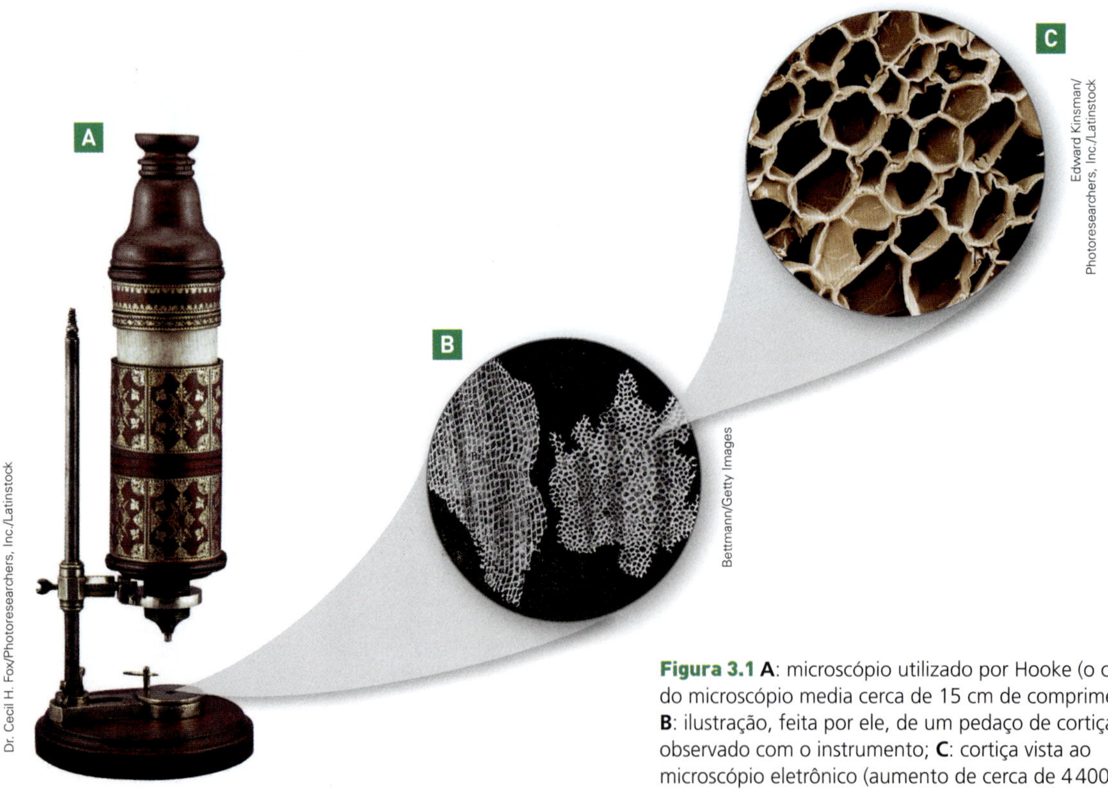

Figura 3.1 **A**: microscópio utilizado por Hooke (o corpo do microscópio media cerca de 15 cm de comprimento); **B**: ilustração, feita por ele, de um pedaço de cortiça observado com o instrumento; **C**: cortiça vista ao microscópio eletrônico (aumento de cerca de 4 400 vezes).

Já em 1838, o botânico alemão Matthias Schleiden (1804–1881; pronuncia-se "xláiden") concluiu que a célula era a unidade básica de todas as plantas. Um ano mais tarde, o zoólogo alemão Theodor Schwann (1810–1882; pronuncia-se "xvan") generalizou esse conceito para os animais. Iniciava-se assim o desenvolvimento da **teoria celular** de Schwann e Schleiden.

De acordo com essa teoria:

- a célula é a unidade morfológica dos seres vivos: todos os seres vivos são formados por células;
- a célula é a unidade fisiológica dos seres vivos: as propriedades vitais de um organismo dependem das propriedades de suas células;
- alguns seres vivos são formados por uma única célula;
- as células surgem sempre de outras células;
- cada célula contém as informações hereditárias de todo o organismo.

O TAMANHO DAS CÉLULAS

Em geral, as células são tão pequenas que não podem ser vistas a olho nu. O tamanho da maioria delas varia entre 10 μm e 100 μm, ou seja, entre 0,01 mm e 0,1 mm. Isso significa que, no ponto-final desta frase, caberiam, alinhadas, cerca de dez células grandes.

Veja, a seguir, a correspondência entre algumas unidades de medida utilizadas em Citologia:

1 micrômetro (μm) = 10^{-3} mm
1 nanômetro (nm) = 10^{-3} μm
1 angström (Å) = 10^{-4} μm

Uma célula animal típica mede entre 10 μm e 20 μm de diâmetro; ela é cerca de cinco vezes menor que a menor partícula visível a olho nu. Em um ser humano adulto, por exemplo, existem aproximadamente 65 trilhões de células.

ACESSE E SAIBA MAIS

Escala do Universo
<www.khanacademy.org/science/cosmology-and-astronomy/universe-scale-topic/modal/v/scale-of-the-large>
Acesso em: 17 jul. 2018.

2. TÉCNICAS E INSTRUMENTOS PARA O ESTUDO DA CÉLULA

Para estudar a estrutura e o funcionamento da célula, os cientistas utilizam várias técnicas e instrumentos, como diferentes tipos de microscópio. Geralmente, o material analisado nesses equipamentos é tratado com corantes e fixadores (ou outros processos) para que se possa conservar as estruturas microscópicas e melhorar sua visualização.

MICROSCÓPIO, CORANTES E FIXADORES

Se dois pontos estiverem separados por uma distância igual ou superior a 0,1 mm, seremos capazes de distingui-los a olho nu. Se a distância for menor que 0,1 mm, no entanto, veremos apenas um ponto; a imagem perde nitidez. Isso significa que o olho humano tem **poder de resolução** de 0,1 mm. Para termos uma referência, esse é o diâmetro aproximado do óvulo humano. Assim, precisamos da ajuda de um microscópio para distiguir objetos muito pequenos.

O **microscópio de luz** ou **óptico** é formado por um sistema de lentes com poder de resolução de até 0,2 μm; bem maior que o do olho humano. Com esse instrumento, podemos aumentar a imagem de um objeto cerca de 1 500 vezes sem que ela perca nitidez. O aumento do tamanho da imagem no microscópio de luz resulta de um sistema de lentes chamadas lentes convergentes, estudadas em Física.

Com o aumento obtido pelo microscópio, é possível ver as células e algumas de suas estruturas internas. As fotos obtidas com microscópios são chamadas **micrografias**. Observe a **figura 3.2**, que descreve o funcionamento de um microscópio de luz.

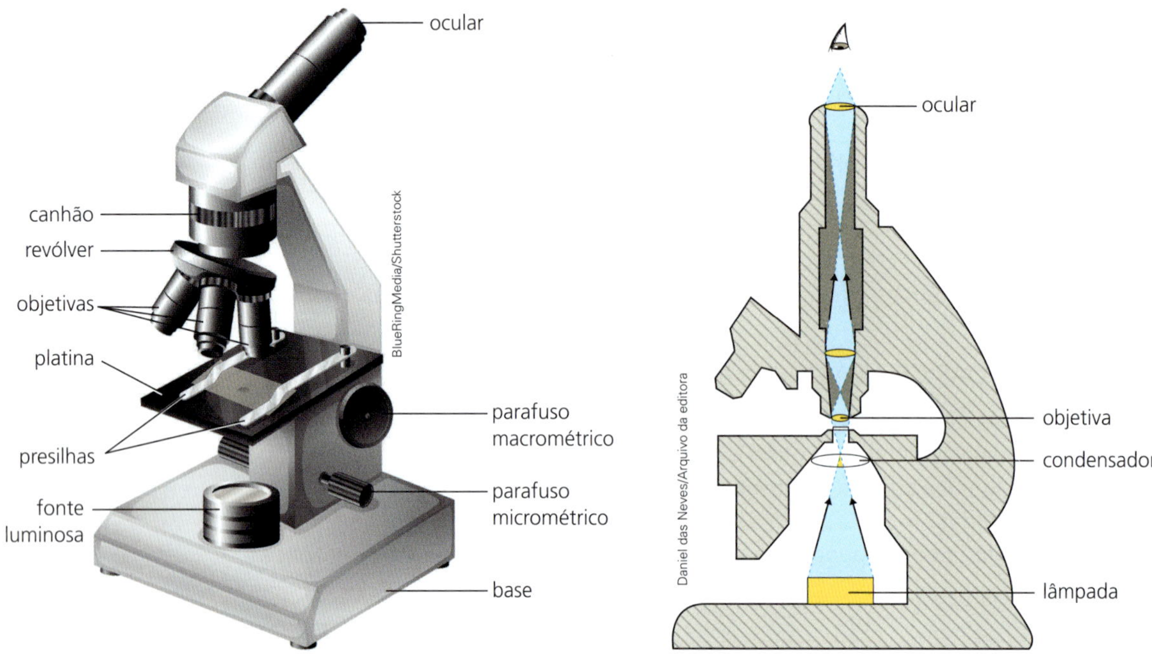

Figura 3.2 O microscópio de luz é um conjunto formado, entre outros componentes, por duas lentes (objetiva e ocular); parafusos macro e micrométrico (este com maior precisão) para ajustar o foco da imagem; fonte de luz e condensador para projetar um feixe de luz sobre o objeto; platina, que sustenta a lâmina de vidro na qual está o objeto; parte mecânica de suporte. O aumento da imagem é obtido pela multiplicação do aumento da objetiva pelo aumento da ocular.

ACESSE E SAIBA MAIS

Microscópio caseiro
<www.youtube.com/watch?v=HwHJhti5fLs>

Supermicroscópio virtual
<www.labvirtq.fe.usp.br/simulacoes/quimica/sim_qui_supermicroscopio.htm>
Acesso em: 17 jul. 2018.

O objeto a ser observado com esse aparelho precisa ser atravessado por um feixe de luz, portanto, é preciso que ele seja suficientemente fino. Para que as observações sejam precisas, o corte deve ser feito com um aparelho especial, o **micrótomo**. Para facilitar o corte, o objeto, comumente um tecido animal ou vegetal, deve ser colocado em blocos de parafina, processo conhecido como **inclusão**. A parafina é posteriormente removida do corte.

A maioria das estruturas celulares, no entanto, só pode ser vista ao microscópio comum se a célula for previamente tratada com **corantes**. Cada corante reage apenas com determinadas estruturas da célula, fornecendo um contraste que facilita sua observação (**figura 3.3**).

No caso de observações demoradas e repetidas, usam-se **fixadores**, substâncias que conservam a célula (álcool e formol, por exemplo), alterando o mínimo possível sua estrutura.

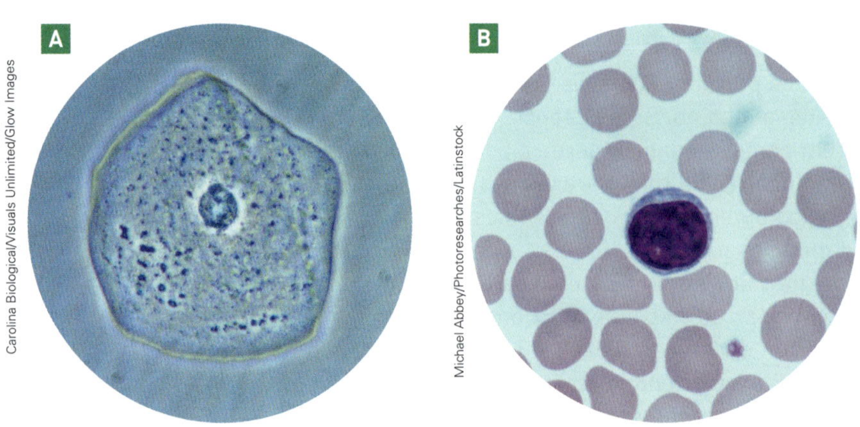

Figura 3.3 Células observadas ao microscópio óptico com auxílio de corantes: **A**: célula humana da mucosa bucal (aumento de cerca de 1 000 vezes; com uso de corante); **B**: sangue humano (aumento de cerca de 600 vezes; com uso de corantes). Os elementos mais numerosos são as hemácias. Ao centro, um glóbulo branco (linfócito).

A Citologia ganhou impulso muito grande com a produção comercial do **microscópio eletrônico de transmissão** (**figura 3.4**), a partir de 1939. Nesse microscópio, em vez de lentes de cristal, há bobinas que funcionam como eletroímãs desviando o feixe de elétrons.

A imagem pode ser observada em uma tela ou em uma micrografia. Com essa técnica, pode-se alcançar um poder de resolução de até 0,0014 µm.

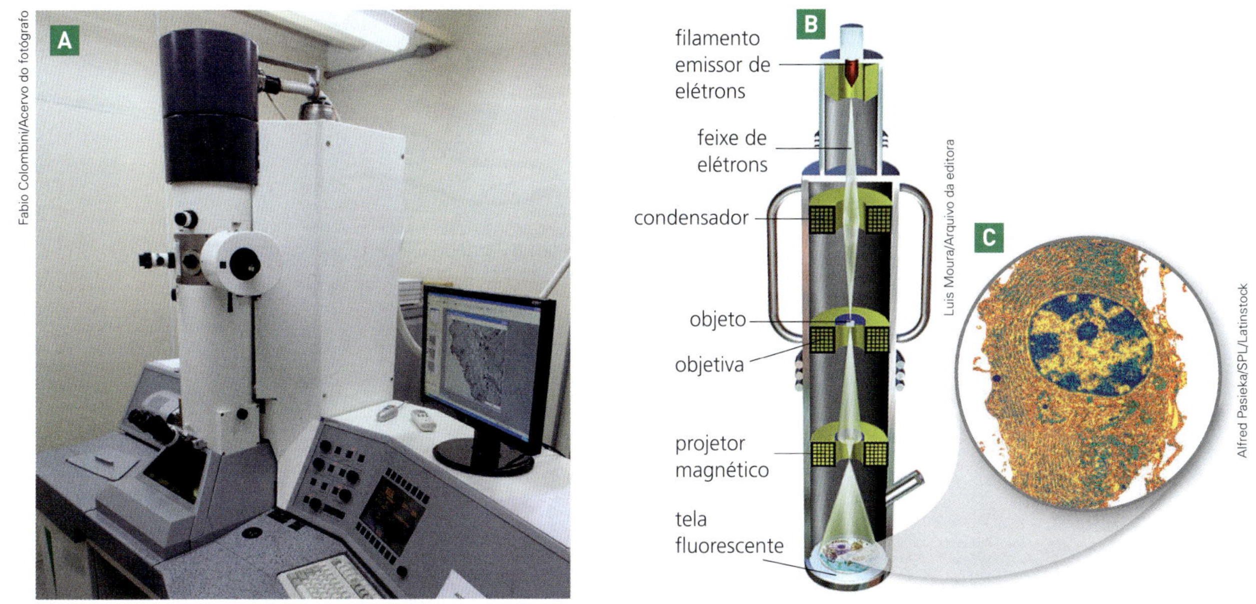

Figura 3.4 **A**: microscópio eletrônico de transmissão (Instituto Butantan, São Paulo, SP, 2012); **B**: esquema do microscópio; as lentes e os condensadores são eletroímãs para desviar o feixe de elétrons que atravessa o objeto e forma a imagem; **C**: célula humana com aumento de cerca de 8 mil vezes (imagem colorizada por computador) (os elementos não estão na mesma escala; cores fantasia).

Mais tarde, a partir da década de 1970, foi desenvolvido o **microscópio eletrônico de varredura** (**figura 3.5**), no qual um feixe de elétrons, em vez de atravessar o objeto, é refletido por ele.

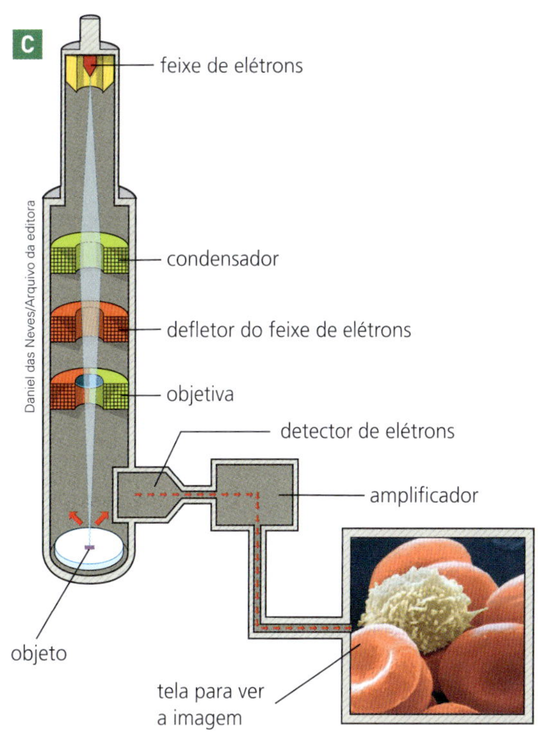

Figura 3.5 **A**: microscópio eletrônico de varredura (Instituto Butantan, São Paulo, SP, 2012); **B**: hemácias (em vermelho) e um glóbulo branco (linfócito, em amarelo) (aumento de cerca de 2 mil vezes; imagem colorizada por computador); **C**: esquema de funcionamento do microscópio (os elementos não estão na mesma escala; cores fantasia).

3. CÉLULAS PROCARIOTAS E EUCARIOTAS

Compare o esquema de uma bactéria com o de uma célula animal ou vegetal na **figura 3.6**.

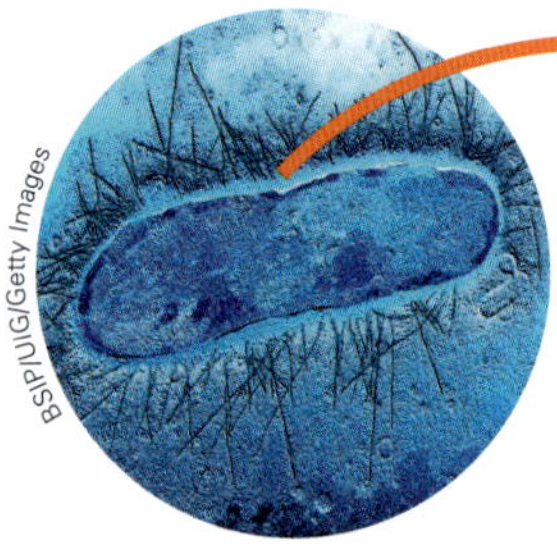

BSIP/UIG/Getty Images

Bactéria vista ao microscópio eletrônico (imagem colorizada por computador, aumento de 20 000 vezes).

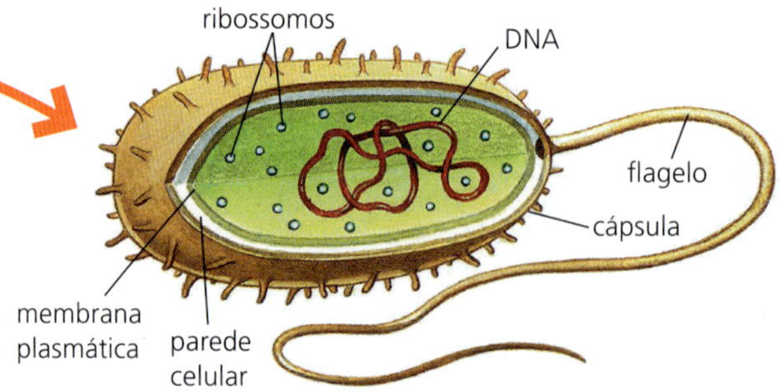

Bactéria (0,5 µm a 2 µm de diâmetro, em média)

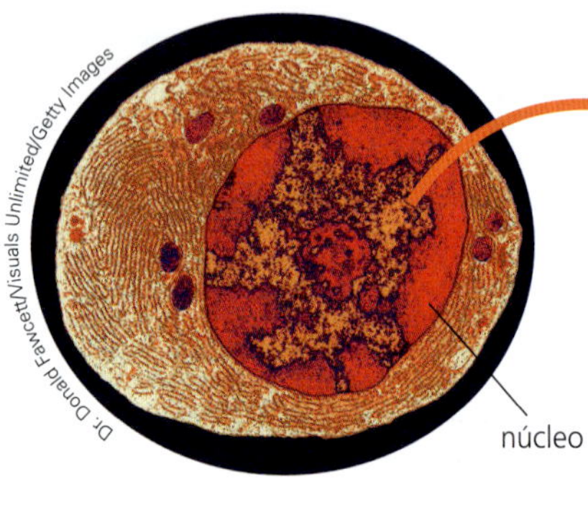

Dr. Donald Fawcett/Visuals Unlimited/Getty Images

Célula humana ao microscópio eletrônico (imagem colorizada por computador, aumento de cerca de 1000 vezes).

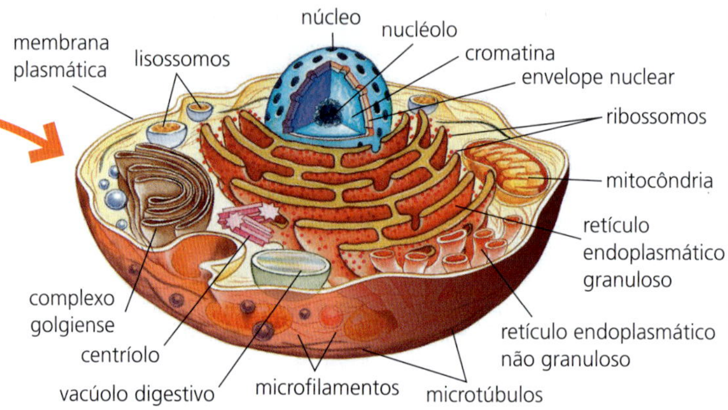

Célula animal (10 µm a 50 µm de diâmetro, em média)

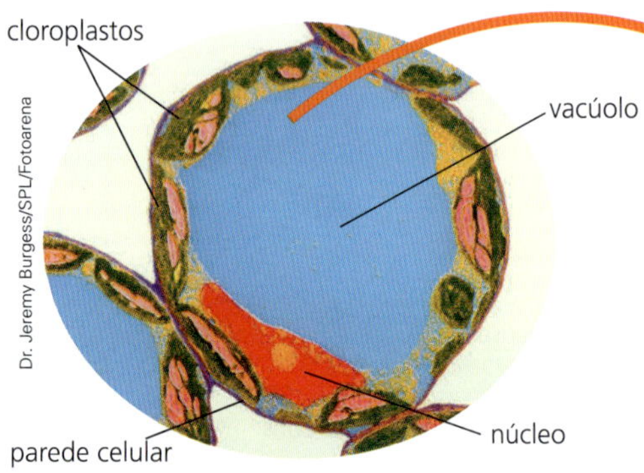

Dr. Jeremy Burgess/SPL/Fotoarena

Célula vegetal ao microscópio eletrônico (imagem colorizada por computador, aumento de cerca de 200 vezes).

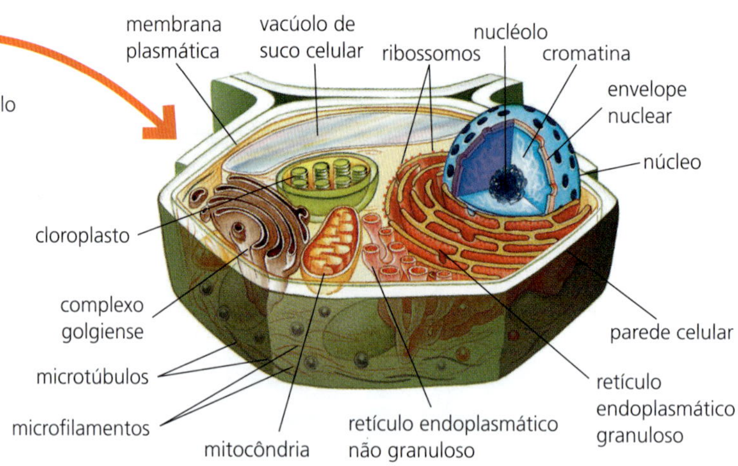

Célula vegetal (10 µm a 100 µm de diâmetro, em média)

Ilustrações: Ingeborg Asbach/Arquivo da editora

Figura 3.6 Fotos de bactéria, célula animal e célula vegetal e respectivos esquemas gerais (os elementos não estão na mesma escala; cores fantasia).

A célula da bactéria é uma **célula procariota** ou **procariótica** (*pro* = anterior; *karyon* = núcleo; *onthos* = ser): o material genético (DNA) não está envolvido por uma membrana e não há um núcleo individualizado, isto é, o material genético não está separado do resto da célula por uma membrana, mas está mergulhado em uma espécie de gelatina, formada por água e várias substâncias dissolvidas, o **citoplasma**. No citoplasma, encontramos também os ribossomos, responsáveis pela síntese de proteínas.

Todo esse conjunto é envolvido pela **membrana plasmática**, formada por lipídios e proteínas. Envolvendo essa membrana, existe ainda um reforço externo, a **parede celular**, composta de cadeias de glicídios e aminoácidos.

Os seres vivos formados por células procarióticas são chamados **procariontes**. Eles são organismos unicelulares, medindo, em geral, entre 1 µm e 10 µm de tamanho, e são representados pelas bactérias.

Já a célula **eucariota** ou **eucariótica** (*eu* = verdadeiro; *karyon* = núcleo), medindo entre 10 µm e 100 µm de tamanho, é bem maior e mais complexa que a procariótica. Seu material genético é constituído por DNA associado a proteínas – formando os **cromossomos** – e está envolvido por uma membrana, o **envelope nuclear** (também chamado **carioteca**). Forma-se, assim, um **núcleo** individualizado.

Os organismos uni ou pluricelulares formados por células eucarióticas são chamados **eucariontes**, e são representados pelos animais, plantas, fungos, algas e protozoários.

No citoplasma dos eucariontes, existe, além dos ribossomos, uma série de **organelas** (*órganon* = órgão; *ela* = indica diminutivo), envolvidas por uma membrana, que estão ausentes nos procariontes: mitocôndrias, retículo endoplasmático, complexo golgiense (antes chamado complexo de Golgi), cloroplastos, lisossomos, etc., que serão estudados nos próximos capítulos.

A EVOLUÇÃO DA ESTRUTURA DA CÉLULA

O meio científico considera que a célula eucariótica tenha surgido a partir da procariótica por dois processos:

- invaginações da membrana formaram canais e vesículas e originaram várias estruturas, como o envelope nuclear, o retículo endoplasmático, o complexo golgiense e outras, que serão estudadas adiante;
- bactérias invadiram as células primitivas e passaram a viver em seu interior, formando outras organelas, como a mitocôndria e o cloroplasto, que serão estudados mais adiante.

Surgiu, assim, uma célula dividida em compartimentos, formando diversas organelas separadas do citoplasma por membranas. Cada uma delas passou a desempenhar uma função definida. Essa divisão de trabalho permitiu que cada função fosse realizada com mais eficiência, propiciando o aparecimento de células maiores e também de seres vivos maiores, pluricelulares, que consomem mais alimento e energia e dependem de sistemas mais eficientes para essas funções.

BIOLOGIA E SAÚDE

O caso dos vírus

Uma questão polêmica entre os cientistas é a classificação dos vírus como vivos ou não vivos. Você certamente já teve alguma doença causada por vírus (*virus* = veneno). Algumas viroses comuns são gripe, sarampo, herpes, hepatite, resfriado, dengue, catapora, caxumba, rubéola e febre amarela, entre outras.

Os vírus, ao contrário de todos os seres vivos, não são constituídos por células e são inertes no ambiente. Porém, ao parasitar uma célula, adquirem capacidade de reprodução e hereditariedade. Por isso dizemos que eles são parasitas intracelulares obrigatórios. Veja a **figura 3.7**.

Embora pareça simples observar no ambiente onde há e onde não há vida, os vírus parecem ser uma forma limítrofe difícil de se encaixar em definições simples. Por isso essa discussão ultrapassa o campo da Biologia e intriga estudiosos de diversas áreas, como a Filosofia.

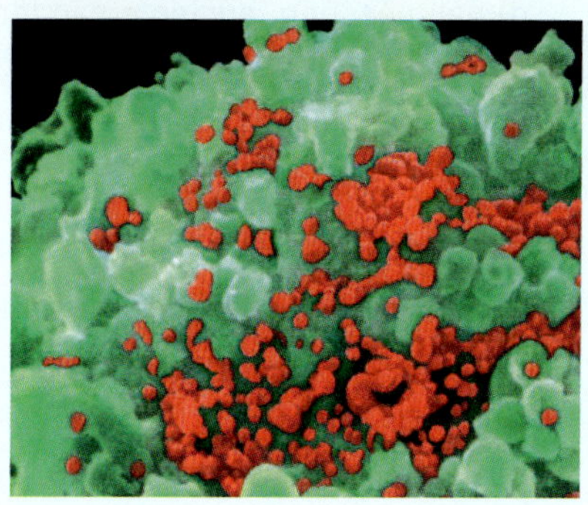

NIBSC/SPL/Latinstock

Figura 3.7 Uma célula sanguínea (linfócito T), em verde, infectado por vírus HIV (o vírus causador da aids), em vermelho (microscópio eletrônico; aumento de 11 mil vezes; imagem colorizada por computador).

ATIVIDADES

Questões discursivas

1. Ao desenhar a estrutura de uma célula, um estudante representou, ao lado do desenho, uma escala indicando a ampliação da célula: ele traçou um segmento de reta com 2 centímetros de comprimento e, abaixo dele, escreveu "2 μm". Quantas vezes a célula foi ampliada no desenho do estudante? (Dica: converta centímetros em micrômetros.)
2. Como o estudo das células pode nos ajudar a prevenir e combater doenças?
3. Com base no que você aprendeu sobre o funcionamento dos microscópios, explique por que um objeto a ser observado ao microscópio de luz ou óptico deve ser bastante fino.
4. (Fuvest-SP) Quais as diferenças existentes entre células procarióticas e eucarióticas quanto a núcleo e citoplasma?

Questões objetivas

1. (Fatec-SP) A invenção do microscópio possibilitou várias descobertas e, graças ao surgimento dos microscópios eletrônicos, houve uma revolução no estudo das células. Esses equipamentos permitiram separar os seres vivos em procariontes e eucariontes, porque se descobriu que os primeiros, entre outras características,
   a) possuem parede celular e cloroplastos.
   b) possuem material genético disperso pelo citoplasma.
   c) possuem núcleo organizado envolto por membrana nuclear.
   d) não possuem núcleo e não têm material genético.
   e) não possuem clorofila e não se reproduzem.
2. (Unifor-CE) A teoria celular proposta por Schleiden e Schwann afirmava que:
   a) toda célula provém de uma célula preexistente.
   b) todas as células vivas têm núcleo individualizado.
   c) há estreita relação entre forma e função nas células.
   d) células embrionárias multiplicam-se por mitose.
   e) vegetais e animais são constituídos por células.
3. (Vunesp-SP) Os procariontes diferenciam-se dos eucariontes porque os primeiros, entre outras características:
   a) não possuem material genético.
   b) possuem material genético como os eucariontes, mas são anucleados.
   c) possuem núcleo, mas o material genético encontra-se disperso no citoplasma.
   d) possuem material genético disperso no núcleo, mas não em estruturas organizadas denominadas cromossomos.
   e) possuem núcleo e material genético organizado nos cromossomos.
4. (UFPB) Os componentes celulares que estão presentes tanto em células de eucariontes como de procariontes são:
   a) membrana plasmática e mitocôndrias.
   b) mitocôndrias e ribossomos.
   c) ribossomos e lisossomos.
   d) lisossomos e membrana plasmática.
   e) membrana plasmática e ribossomos.
5. (UFPE) A respeito das células procarióticas, qual das afirmativas está errada?
   a) Não apresentam um núcleo verdadeiro.
   b) Não possuem um sistema de membranas internas.
   c) Não apresentam ribossomos.
   d) São representadas pelas bactérias e cianobactérias.
   e) Não apresentam cloroplastos.
6. (PUC-RJ) A chamada "estrutura procariótica" apresentada pelas bactérias indica que esses seres vivos são:
   a) destituídos de membrana plasmática.
   b) formadores de minúsculos esporos.
   c) dotados de organelas membranosas.
   d) constituídos por parasitas obrigatórios.
   e) desprovidos de membrana nuclear.
7. (UFPB) Os organismos como os cajueiros, os gatos, as amebas e as bactérias possuem, em comum, as estruturas:
   a) lisossomos e peroxissomos.
   b) retículo endoplasmático e complexo de Golgi.
   c) retículo endoplasmático e ribossomos.
   d) ribossomos e membrana plasmática.
   e) ribossomos e centríolos.

8. (UEM-PR) Considerando as características gerais dos seres vivos, assinale o que for correto.

01) Nos seres vivos, além das substâncias orgânicas, existem as inorgânicas, representadas principalmente por água e sais minerais.

02) A célula, unidade morfológica e funcional dos seres vivos, possui quatro componentes básicos: membrana plasmática, citoplasma, ribossomos e material genético (DNA), podendo ser classificada como procariótica ou eucariótica.

04) Outra característica dos seres vivos é o metabolismo, conjunto de reações químicas que ocorrem nos seres vivos e que são responsáveis pela transformação e utilização da matéria e da energia.

08) O processo de crescimento dos seres vivos pode ocorrer por aumento em peso de sua única célula, nos organismos unicelulares, e por aumento de volume e peso das células, nos multicelulares.

16) Todos os seres vivos têm capacidade de percepção de estímulos do meio, mas não têm capacidade de reagir a eles.

ATIVIDADES PRÁTICAS

1. Aprenda como manipular um microscópio de luz com a atividade a seguir.

Material

- água
- conta-gotas
- lâmina de vidro
- lamínula
- microscópio de luz
- papel-filtro
- pedaço de jornal impresso

ATENÇÃO!

Ao transportar o microscópio, você deve segurá-lo (sempre na vertical) com as duas mãos: uma segura o braço do microscópio e a outra sustenta a base. Quando o instrumento estiver sobre a mesa (ou outra base segura), a lâmpada deve ser ligada e a objetiva de menor aumento colocada em posição e bem afastada da platina. Em seguida, apoie a lâmina sobre a platina e prenda-a com as presilhas. Se o seu microscópio possuir *charriot*, utilize-o.

Procedimento

1. Faça um recorte de jornal no formato de um pequeno quadrado (cerca de 5 mm de lado), que contenha letras pequenas impressas. Coloque o recorte no centro da lâmina de vidro, com as letras voltadas para cima.
2. Em seguida, pingue uma gota de água sobre o papel e apoie a lamínula sobre a lâmina, de modo a formar um ângulo de cerca de 45° entre elas. Solte, então, a lamínula cuidadosamente sobre o material, evitando, assim, a formação de bolhas de ar. Retire o excesso de água com papel-filtro.
3. Antes de iniciar a observação pela ocular, utilizando a objetiva de menor aumento, gire o parafuso macrométrico vagarosamente, aproximando a objetiva do material (até bem perto, mas tomando cuidado para não encostar demais a objetiva na lamínula, que pode quebrar; por isso, ao realizar esse procedimento de preparação, olhe diretamente o que está fazendo, por fora do equipamento; não pela ocular). E nunca toque as lentes com os dedos.
4. Agora, olhando pela ocular, use o parafuso macrométrico para afastar lentamente a objetiva (cuidado para não se confundir e fazer o contrário, isto é, aproximar a objetiva), até conseguir enxergar alguma coisa. Em seguida, use com cuidado o parafuso micrométrico e tente focalizar uma letra do recorte de jornal (não serve a letra O). Procurando manter aquilo que quer observar no centro do campo, desenhe exatamente o que está observando.

5. Compare a posição da letra quando vista por fora do equipamento e quando vista pela ocular. Movimentando a lâmina para a direita (use o *charriot* – pronuncia-se "charriô"; do francês *chariot* = pequeno carro –, se o equipamento possuir essa peça conectada à platina, que permite prender a lâmina e movimentá-la), observe o sentido de deslocamento da imagem (no caso, a letra escolhida).
6. Para observar em aumento maior, troque a objetiva utilizando o revólver. Ajuste o foco da nova objetiva com o micrométrico e compare, em relação à objetiva anterior, o que acontece com a imagem e com o campo de observação.

Conclusão

Anote suas observações no caderno.

2. Agora que você aprendeu a manipular um microscópio, utilize-o para estudar a estrutura de uma célula.

Material

- azul de metileno ou de tintura de iodo diluída
- conta-gotas
- gomo de cebola
- papel-filtro
- pinça

Procedimento

1. O professor deverá cortar uma cebola em gomos e separar uma das camadas internas do bulbo, também conhecidas como escamas, na qual deverá fazer um pequeno corte para retirar, com auxílio de uma pinça, uma película bem fina do interior da escama, como mostra a figura abaixo.

Luis Moura/Arquivo da editora

2. Após a preparação do material realizada pelo professor, coloque a película extraída da cebola em uma lâmina. Pingue sobre o material a ser observado uma gota de azul de metileno ou de tintura de iodo diluída, preparada pelo professor. Cubra com a lamínula e encoste um pedaço de papel-filtro ao lado dela para absorver o excesso de água e corante.
3. Coloque a lâmina sobre a platina do microscópio e, seguindo as orientações do professor, regule o feixe de luz (se, para iluminar o objeto, o microscópio usar um espelho, tome muito cuidado para nunca o apontar para o Sol). Observe primeiro com a objetiva de pequeno aumento (10 vezes).
4. Olhando por fora do aparelho, gire o parafuso macrométrico e abaixe o canhão até que a objetiva fique bem perto da lâmina. Olhando pela ocular, levante o canhão até a imagem ficar em foco. Para obter um ajuste mais preciso, mexa no parafuso micrométrico (cuidado para não quebrar a lamínula ou a lâmina).
5. Depois, faça observações utilizando as objetivas de maior aumento. O aumento da imagem é obtido pela multiplicação do aumento da objetiva pelo da ocular. Você poderá observar o núcleo, que fica mais corado, a parede celular e um espaço no interior da célula.

Conclusão

I. A que organela corresponde o espaço no interior da célula?
II. Desenhe e identifique as partes da célula que você observou.

Elena Blokhina/Shutterstock

CAPÍTULO

4

Compotas e geleias conservam as frutas pela adição de açúcar em grande quantidade.

MEMBRANA PLASMÁTICA

Você já deve ter observado algumas maneiras de conservar alimentos. As carnes, por exemplo, podem ser conservadas com salgamento; a adição de grande quantidade de açúcar ajuda a conservar frutas em compotas e geleias. Também deve ter notado que uma salada de folhas preparada com sal acumula água depois de algum tempo.

Pode parecer que esses fatos não têm relação entre si. Entretanto, você vai conhecer, durante o estudo deste capítulo, um exemplo de como as explicações científicas são capazes de unificar fenômenos, isto é, de mostrar novas relações entre determinados fatos.

- **Do que é formada a membrana plasmática?**
- **Qual é o papel dessa membrana na interação da célula com seu meio?**
- **O que é osmose? E transporte ativo?**

1. A ESTRUTURA DA MEMBRANA PLASMÁTICA

A **membrana plasmática** só pode ser observada ao microscópio eletrônico, porque mede cerca de 8 nm de espessura (1 nm = 0,000001 mm). Ela é formada por uma dupla camada de lipídios com proteínas imersas nessa camada ou aderidas às faces interna ou externa da membrana. O lipídio mais comum da membrana é o fosfolipídio. Na face externa da membrana plasmática, há também alguns carboidratos, ou glicídios.

As diferentes afinidades das duas regiões dos lipídios fazem com que eles se organizem espontaneamente na membrana: a região polar dos lipídios da camada externa fica voltada para a água, substância polar, que está fora da célula. Já a região polar da camada interna volta-se para a água no interior da célula. As regiões apolares ficam voltadas umas para as outras.

A maioria das proteínas da membrana está mergulhada na dupla camada de lipídios, interrompendo sua continuidade; são as **proteínas integrais**. Outras, as **proteínas periféricas**, não estão mergulhadas na dupla camada de lipídios, mas aderidas à extremidade de proteínas integrais. A membrana fica, então, parecendo um mosaico de proteínas que se movimentam em um fluido, os lipídios. Esse modelo que descreve a membrana plasmática é conhecido como **mosaico fluido** (**figura 4.1**).

Algumas dessas proteínas atuam no transporte de substâncias para dentro ou para fora da célula. Outras são moléculas receptoras que se ligam a substâncias extracelulares, desencadeando alguma atividade dentro da célula.

A maioria dos carboidratos que fazem parte da membrana plasmática está ligada às proteínas, constituindo **glicoproteínas**, que permitem que uma célula identifique outra do mesmo tecido, promovendo a adesão entre elas, como veremos adiante.

ACESSE E SAIBA MAIS

Membrana plasmática

<https://ed.ted.com/lessons/cell-membranes-are-way-more-complicated-than-you-think-nazzy-pakpour>

<www.youtube.com/watch?v=4IF8XhkiYPc>

Acesso em: 17 jul. 2018.

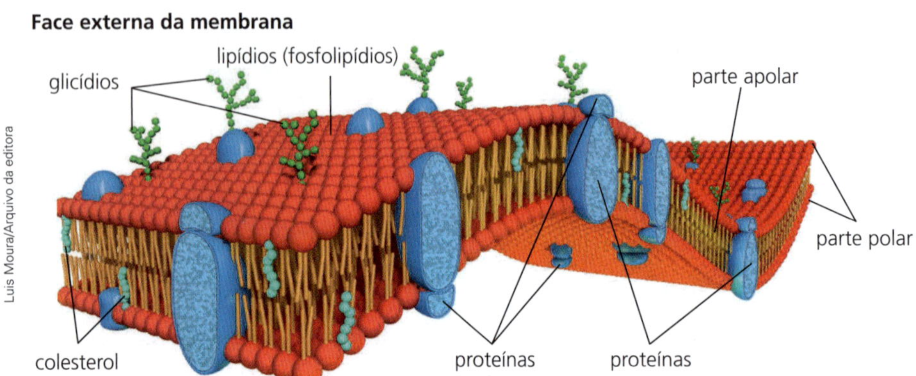

Figura 4.1 Modelo do mosaico fluido para a membrana (cerca de 8 nm de espessura; os elementos não estão na mesma escala; cores fantasia).

2. COMO AS SUBSTÂNCIAS ATRAVESSAM A MEMBRANA

Há constante troca de substâncias entre a célula e o meio externo, mas apenas as substâncias necessárias devem entrar ou permanecer na célula, enquanto as indesejáveis devem sair ou permanecer fora dela.

A membrana plasmática é uma membrana semipermeável e faz esse controle, permitindo que apenas determinadas substâncias a atravessem. Dizemos, por isso, que possui **permeabilidade seletiva**. Assim, dentro de certos limites, a membrana plasmática colabora para manter constante a composição química da célula.

Podemos dizer que as substâncias atravessam a membrana de duas maneiras: por **transporte passivo** e por **transporte ativo**. No transporte passivo, uma substância move-se de uma região em que está mais concentrada para outra em que está menos concentrada. Nesse caso, não há gasto de energia no deslocamento. No transporte ativo, ocorre o inverso: a substância move-se contra o gradiente de concentração (gradiente indica variação), e há consumo de energia pela célula.

TRANSPORTE PASSIVO POR DIFUSÃO

A **difusão** é o processo no qual partículas (átomos, moléculas ou íons) de um determinado material se distribuem uniformemente por todo o espaço disponível em um meio líquido ou gasoso.

Esse fenômeno ocorre porque o movimento das partículas em meio gasoso ou líquido é constante e aleatório. As partículas movem-se a favor de um gradiente de concentração até atingirem a mesma concentração em todos os pontos do meio em que se encontram (**figura 4.2**). O processo no qual as partículas entram e saem de uma célula através da membrana plasmática é chamado de **difusão simples**.

Veja um exemplo: a maioria das células utiliza constantemente oxigênio para obter energia na respiração celular. Assim que entra na célula, o oxigênio é consumido. Como as células estão em um ambiente com mais oxigênio que o citoplasma, esse gás entra na célula à medida que é consumido. Com o gás carbônico ocorre o inverso. Ele é produzido constantemente pela respiração celular, o que faz com que sua concentração seja maior no interior da célula do que fora dela. Por isso ele sai continuamente da célula.

Algumas proteínas da membrana facilitam a passagem por difusão de substâncias, como a glicose e os aminoácidos. Esse processo é chamado **difusão facilitada**. Como é feito de uma região de maior concentração da substância para outra de menor concentração, esse transporte é passivo e ocorre sem gasto de energia.

SPL RF/Latinstock

Figura 4.2 Difusão: o movimento das partículas de água e de tinta (em azul) faz com que a tinta se espalhe por todo o recipiente (os elementos não estão na mesma escala; cores fantasia).

TRANSPORTE PASSIVO POR OSMOSE

A passagem de água de uma solução para outra através de uma membrana semipermeável ou de permeabilidade seletiva, como a membrana plasmática, é chamada **osmose**. Veja a seguir um exemplo de osmose (**figura 4.3**).

Em um funil com a extremidade maior fechada com papel celofane, colocamos água e uma grande quantidade de açúcar. Então, mergulhamos o funil em um recipiente com água pura. Embora o açúcar possa passar pelo celofane, ele o atravessa com velocidade muito menor que a da água. Assim, na prática, podemos considerar que só a água atravessa o celofane.

Figura 4.3 Experimento para observar a osmose (os elementos não estão na mesma escala; cores fantasia).

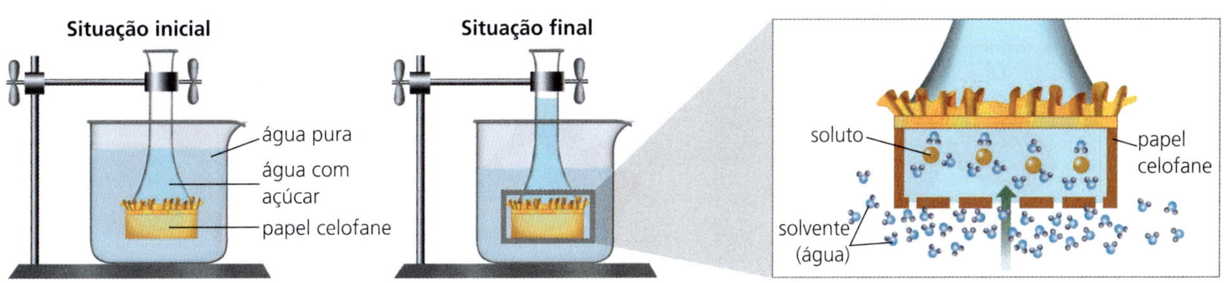

A osmose no nível molecular: um número maior de moléculas de água entra no funil, fazendo o nível da solução subir.

Ilustrações: Luis Moura/Arquivo da editora

Depois de algum tempo, verificamos que o nível da solução no funil subiu até certo ponto e estacionou. Por que isso aconteceu?

O nível da solução no funil se elevou porque houve um fluxo maior de água para dentro do funil do que para fora dele (reveja a **figura 4.3**). Isso ocorre porque parte das moléculas de água é atraída pelas moléculas de açúcar e fica ligada a elas, perdendo mobilidade. Na água pura ou em uma solução menos concentrada (com menos soluto), há mais moléculas de água com maior mobilidade, o que explica o fluxo maior de água da solução menos concentrada para a mais concentrada.

Portanto, sempre que houver diferença de concentração entre duas soluções separadas por uma membrana semipermeável, o solvente (em geral, a água) se moverá, sem gasto de energia, da solução menos concentrada para a mais concentrada.

Observe que as moléculas de água no interior do funil ficam submetidas a uma pressão maior, resultante da diferença de altura da coluna, o que compensa a tendência do fluxo de água para dentro do funil. Dessa forma, o sistema entra em equilíbrio e o nível de água no funil para de subir.

O valor da pressão que se deve aplicar sobre uma solução para impedir a osmose, isto é, o fluxo de água pura para a solução, é chamado **pressão osmótica** da solução. Quanto maior a concentração de uma solução, maior sua pressão osmótica.

Quando comparamos duas soluções com concentrações diferentes, chamamos a que tem pressão osmótica maior de **hipertônica** (*hiper* = exagerado; *tonos* = tensão). Já a solução com menor concentração de soluto é chamada **hipotônica** (*hipo* = abaixo) em relação à primeira. Quando as duas soluções apresentam a mesma pressão osmótica, dizemos que são **isotônicas** (*isos* = igual).

Se uma célula animal – por exemplo, uma hemácia – for mergulhada em uma solução hipertônica em relação ao seu citoplasma, ela perderá água por osmose e murchará. Observe na **figura 4.4** que a hemácia fica com a superfície enrugada ou crenada. O fenômeno é chamado **crenação**.

Já se a hemácia for colocada em uma solução hipotônica, seu volume aumentará por causa da entrada de água por osmose. Como a membrana é elástica, ela resistirá a esse aumento até certo ponto. E, se a solução for muito hipotônica, o volume aumentará tanto que a célula arrebentará, espalhando seu conteúdo pela solução (**figura 4.4**). Essa ruptura é chamada **plasmoptise** (*ptysein* = expulsão) ou, no caso da hemácia, **hemólise** (*haîma* = sangue; *lysis* = dissolução, destruição).

ACESSE E SAIBA MAIS

Como funciona a osmose reversa
<www.youtube.com/watch?v=fFK6T9tIIXQ>
Acesso em: 17 jul. 2018.

Para estudar ao microscópio uma célula humana viva, é muito utilizado o soro fisiológico, solução isotônica em relação às células em geral, obtida pela dissolução de 0,9 g de cloreto de sódio em 100 mL de água destilada (solução a 0,9%). Ela preserva a forma e o volume da célula, impedindo-a de arrebentar ou murchar.

No caso das células vegetais, os efeitos da osmose são diferentes. A parede celular, que reveste a membrana plasmática, é muito rígida, resistindo a qualquer pressão osmótica – mesmo quando mergulhada em água destilada. Assim, a célula vegetal nunca sofre plasmoptise.

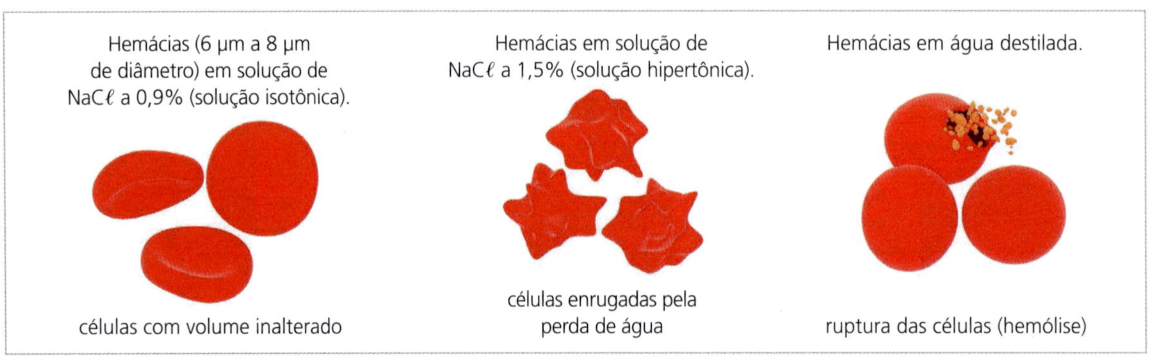

Fotos: Science Photo Library/Latinstock

Figura 4.4 Alterações na forma da hemácia por causa da osmose (os elementos não estão na mesma escala; cores fantasia).

Nas células vegetais, os fenômenos osmóticos ocorrem entre o meio e o vacúolo de suco celular, que ocupa boa parte do volume interno da célula. Quando o ambiente é hipotônico em relação ao vacúolo, este ganha água e incha; o volume da célula aumenta. Dizemos que ocorreu **turgência** (**figura 4.5**). Essa turgência força a parede celulósica para fora e, à medida que ela se distende, exerce uma força cada vez maior contrária à entrada de água. Podemos estabelecer uma analogia com o que ocorre dentro de um pneu: ao se encher a câmara de ar, ela força o pneu, e este espreme a câmara, impedindo a entrada de ar.

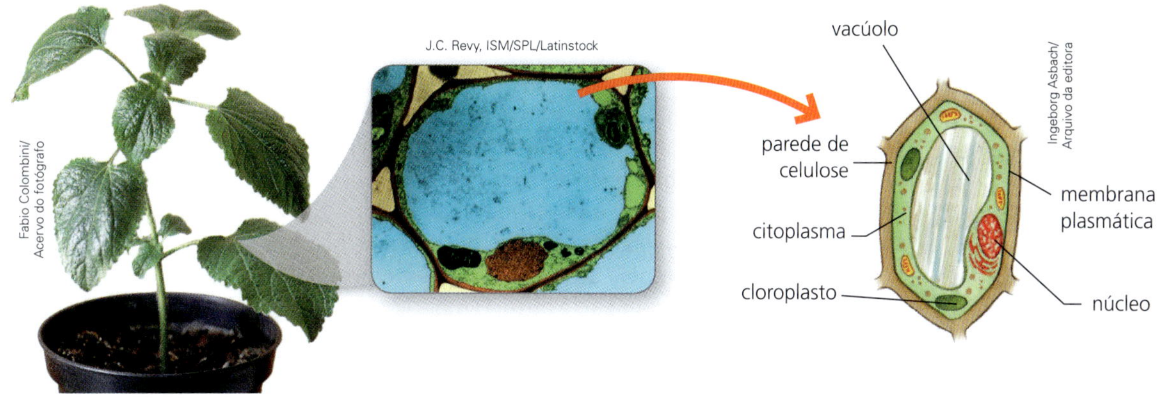

Figura 4.5 A turgência ajuda a manter a planta ereta. Em meio hipotônico, as células vegetais ficam túrgidas (microscópio eletrônico; aumento de cerca de 4 mil vezes; imagem colorizada por computador). A parede celular impede que a célula arrebente. Na ilustração, célula vegetal túrgida (os elementos não estão na mesma escala; cores fantasia).

Geralmente, as células vegetais encontram-se túrgidas, uma vez que o vacúolo acumula soluto e é hipertônico em relação ao meio extracelular. A turgência aumenta um pouco a rigidez de certos tecidos, ajudando a sustentação das folhas e das partes menos rígidas da planta (**figura 4.5**). Em um dia seco e quente, porém, a evaporação da água provoca aumento da pressão osmótica do meio extracelular, que se torna hipertônico em relação às células. Nesse caso, o vacúolo perde água e a parede celular perde pressão. Com isso, as células podem ficar flácidas e as folhas da planta murcham (**figura 4.6**). Se a planta receber água, as células voltam à sua turgência, fazendo com que as folhas se reergam.

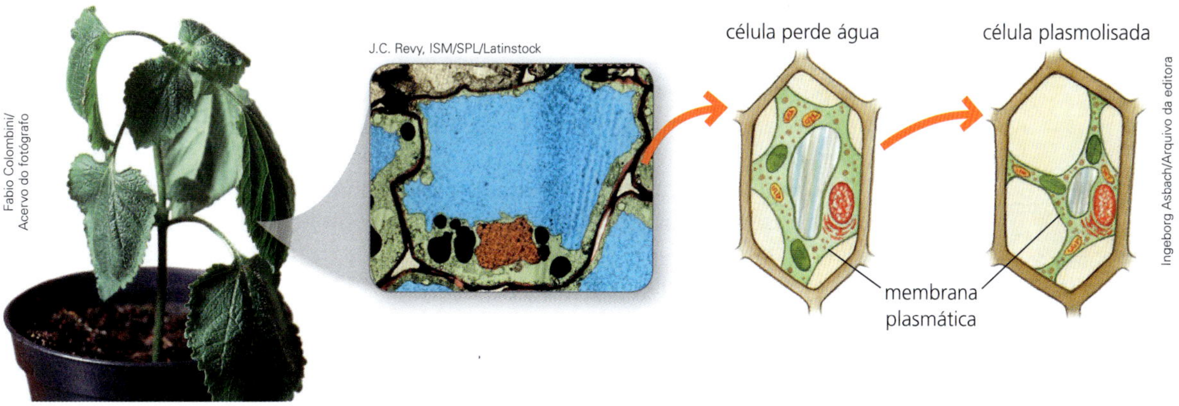

Figura 4.6 Quando a planta perde muita água pela transpiração e não a repõe com a água do solo, a perda da turgência faz essa planta murchar. Em soluções hipertônicas, as células vegetais sofrem plasmólise (microscópio eletrônico; aumento de cerca de 4 mil vezes; imagem colorizada por computador). Na ilustração, células vegetais perdendo água e sofrendo plasmólise (os elementos não estão na mesma escala; cores fantasia).

Caso a planta continue perdendo água, o citoplasma e a membrana plasmática se retraem, mas a parede celulósica, por causa de sua resistência, não acompanha essa retração. Ocorre, então, a **plasmólise** (**figura 4.6**), que, se prolongada, é fatal para a célula.

O aumento de volume da célula vegetal, quando esta passa de uma solução hipertônica para outra hipotônica, é chamado **desplasmólise** ou **deplasmólise**.

Agora você pode compreender como o salgamento ajuda na preservação de carnes, como o charque, ou como a adição de açúcar em grande quantidade auxilia a conservação de frutas em compotas e geleias.

O salgamento e a adição de grandes quantidades de açúcar criam meios hipertônicos para as células. Isso acontece tanto em células bacterianas como nas células vegetais. Nesse tipo de meio, o desequilíbrio entre a concentração de soluto dentro e fora das células faz com que elas percam água, ou seja, sofram desidratação. É por isso que uma salada temperada desidrata e murcha, acumulando água no recipiente. O salgamento e a adição de açúcar em grande quantidade constituem meios em que dificilmente os microrganismos conseguem sobreviver. Sem água, muitos microrganismos morrem.

TRANSPORTE ATIVO

ACESSE E SAIBA MAIS

Transporte pela membrana
<www.youtube.com/watch?v=4IF8XhkiYPc&t=237s>
Acesso em: 17 jul. 2018.

O movimento de substâncias através da membrana em sentido contrário à difusão e com gasto de energia é denominado **transporte ativo**. Ele depende de proteínas especiais, chamadas carreadoras, que, com consumo de energia, combinam-se com a substância de um lado da membrana e a soltam do outro lado. A proteína muda de forma, abrindo-se e deixando a substância entrar. Em seguida, ela se abre na face oposta e solta a substância do outro lado da membrana.

Há vários tipos de transporte ativo. O mais conhecido é a **bomba de sódio e potássio**, que explica a diferença de concentração desses íons dentro e fora das células: a concentração de sódio (Na^+) fora da célula é maior que em seu interior, ocorrendo o oposto com o potássio (K^+). Poderíamos esperar, então, que, por difusão, esses íons se movessem até que suas concentrações se igualassem dentro e fora da célula. No entanto, isso não ocorre porque as células estão constantemente gastando energia para bombeá-los em sentido contrário à difusão, possibilitando à célula realizar diversas funções, como a passagem do impulso nervoso na membrana do neurônio, como veremos adiante.

TRANSPORTE DE GRANDES MOLÉCULAS E PARTÍCULAS

As grandes moléculas orgânicas, como as proteínas e os polissacarídeos e mesmo outras partículas maiores, não conseguem atravessar a membrana da célula. Por isso elas não podem ser absorvidas nem eliminadas pelos processos que acabamos de ver. A entrada na célula dessas substâncias ou partículas é feita por **endocitose** (*endon* = dentro; *kytos* = célula), enquanto a saída ocorre por **exocitose** (*exo* = para fora).

Há dois tipos de endocitose: a **fagocitose** (*phagein* = comer) e a **pinocitose** (*pino* = beber).

Na fagocitose, a célula ingere partículas insolúveis relativamente grandes e visíveis ao microscópio óptico (maiores que 0,25 μm), como microrganismos ou fragmentos celulares. O citoplasma forma expansões, os **pseudópodes** (*pseudos* = falso; *podos* = pé), que envolvem o alimento e o colocam em uma cavidade no interior da célula. Nessa cavidade ocorre a digestão e a absorção dos produtos obtidos (**figura 4.7**).

Em alguns invertebrados e protozoários, a fagocitose é um mecanismo de captura de alimento e defesa, ocorrendo fagocitose até mesmo de outros organismos unicelulares (**figura 4.7**).

Figura 4.7 Fotos ao microscópio óptico (aumento de cerca de 60 vezes) de ameba se alimentando por meio de fagocitose.

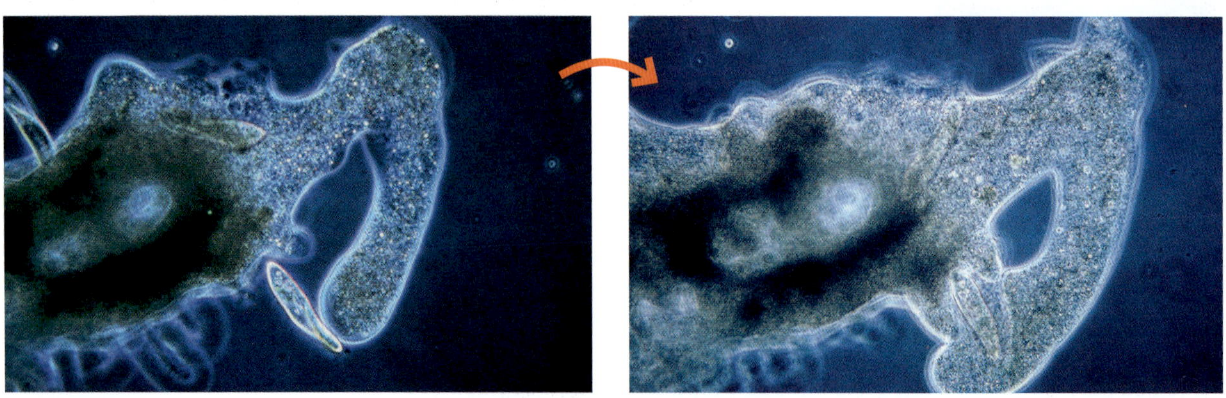

Fotos: Eric Grave/SPL/Latinstock

Nos vertebrados, a fagocitose é usada por algumas células na defesa contra a penetração de corpos estranhos e para destruir as células velhas do corpo. Ambas as funções são realizadas por um grupo de células de defesa – entre as quais os glóbulos brancos do sangue.

Na pinocitose, a célula captura líquidos ou macromoléculas dissolvidas em água através de invaginações da membrana, que formam pequenas vesículas, menores que 0,15 µm, os **pinossomos**. É assim que as células intestinais capturam gotículas de gordura do tubo digestório (**figura 4.8**).

ACESSE E SAIBA MAIS

Fagocitose
<https://vimeo.com/65763187>
Acesso em: 17 jul. 2018.

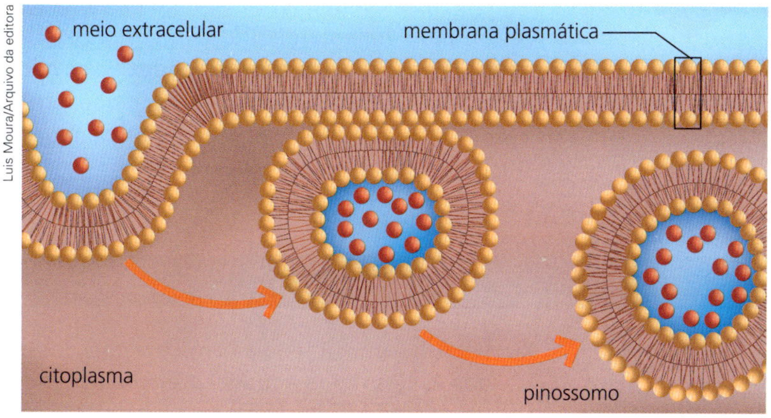

Figura 4.8 Célula realizando pinocitose (a membrana tem cerca de 8 nm de espessura; os elementos não estão na mesma escala; cores fantasia).

A **exocitose** é um processo de eliminação de produtos para o exterior da célula. Esses produtos estão no interior de vesículas que se desfazem na superfície da membrana, por um mecanismo que corresponde ao inverso da endocitose. Um exemplo é a saída para a circulação das gotículas de gordura capturadas pelas células intestinais.

3. ENVOLTÓRIOS E ESPECIALIZAÇÕES DA MEMBRANA

O conjunto de glicoproteínas e glicolipídios da face externa da membrana plasmática recebe o nome de **glicocálice** ou **glicocálix** (*calyx* = invólucro). Ele participa do reconhecimento de uma célula por outra, promovendo a adesão entre elas.

O glicocálice e as proteínas da face externa da membrana plasmática são importantes na troca de informações entre as células de um organismo. Além disso, algumas proteínas e glicídios da membrana funcionam como antígenos, permitindo que o organismo reconheça e ataque células invasoras.

Outro tipo de envoltório é a **parede celular**, que protege e sustenta a célula vegetal, além de estar presentes em bactérias. Na célula vegetal, além de celulose, há, em suas malhas, água e outros polissacarídeos adesivos (**figura 4.9**).

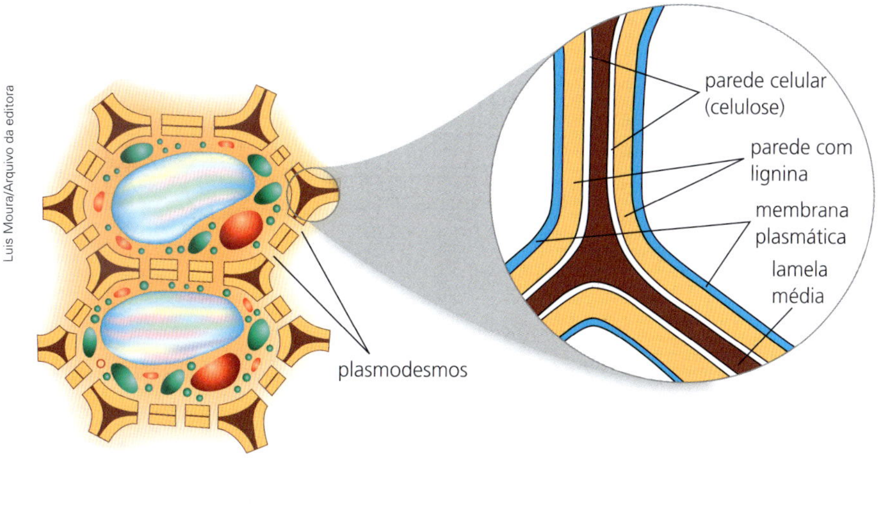

Figura 4.9 Parede celular das células vegetais e plasmodesmos (20 nm a 40 nm de diâmetro), que facilitam a comunicação entre as células (os elementos não estão na mesma escala; cores fantasia).

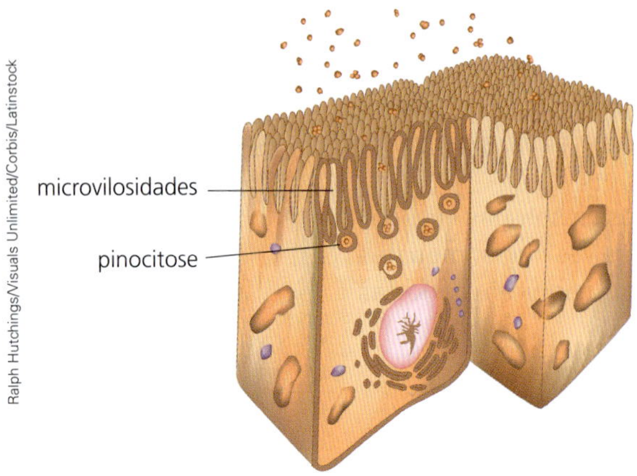

Figura 4.10 Microvilosidades nas células do intestino delgado realizando pinocitose (os elementos não estão na mesma escala; cores fantasia).

Entre as paredes de células adjacentes há a **lamela média**, camada de pectina e outras substâncias adesivas que mantém as células unidas. Além disso, entre as células aparecem poros pelos quais passam fios de citoplasma – os **plasmodesmos** (*desmos* = ligação) –, que facilitam a passagem de substâncias de uma célula para outra (**figura 4.9**).

Em algumas células, como as que revestem o intestino, aparecem dobras da membrana que se projetam para fora da célula, como se fossem dedos muito finos. São as **microvilosidades** ou os **microvilos** (*mikros* = pequeno; *villos* = peludo), que, em contato com a cavidade intestinal, aumentam a superfície de absorção dos alimentos (**figura 4.10**).

ATIVIDADES

Questões discursivas

1. Sabendo que as substâncias podem entrar na célula ou sair dela em função de seu gradiente de concentração ou do gasto de energia, responda: quais são as diferenças entre o transporte ativo e o passivo? Cite um exemplo de transporte ativo na célula.

2. Quando os cientistas querem obter pedaços de membrana plasmática de células animais para estudo, eles devem colocar as células em meio hipertônico, hipotônico ou isotônico? Justifique sua resposta.

3. Um estudante pensou que poderia destruir bactérias colocando-as em um meio hipotônico. Explique por que isso não funcionaria.

4. (Unicamp-SP) Foi feito um experimento utilizando a epiderme da folha de uma planta e uma suspensão de hemácias. Esses dois tipos celulares foram colocados em água destilada e em solução salina concentrada.
Observou-se ao microscópio que as hemácias, em presença de água destilada, estouravam e, em presença de solução concentrada, murchavam. As células vegetais não se rompiam em água destilada, mas em solução salina concentrada notou-se que o conteúdo citoplasmático encolhia.
a) A que tipo de transporte celular o experimento está relacionado?
b) Em que situação ocorre esse tipo de transporte?
c) A que se deve a diferença de comportamento da célula vegetal em relação à célula animal? Explique a diferença de comportamento, considerando as células em água destilada e em solução concentrada.

5. (UFRJ) A consistência firme (turgor) dos olhos dos vertebrados aquáticos é consequência da pressão do fluido em seu interior. A estabilidade do turgor dos olhos dos tubarões, por exemplo, se deve à elevada concentração de sais de ureia no sangue e no interior dos olhos. Explique de que maneira essa alta concentração de sais contribui para o turgor dos olhos dos tubarões.

Questões objetivas

1. (Fac. Souza Marques-RJ) O esquema abaixo representa um modelo da membrana plasmática feito por um aluno. Em relação ao modelo são feitas as seguintes afirmativas:
I. As lâminas de isopor representam proteínas fibrilares.
II. As folhas do rabanete representam polissacarídeos.
III. A face B é interna.
IV. As peras representam proteínas integrais.

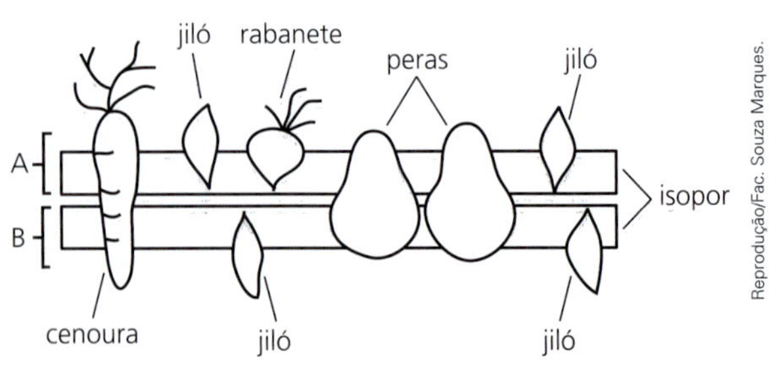

Assinale:
a) se somente as afirmativas I, II e III estão corretas.
b) se somente as afirmativas II, III e IV estão corretas.
c) se somente as afirmativas I, III e IV estão corretas.

d) se somente as afirmativas I, II e IV estão corretas.

e) se todas as afirmativas estão corretas.

2. (Fuvest-SP) Para a ocorrência de osmose, é necessário que:

a) as concentrações de soluto dentro e fora da célula sejam iguais.

b) as concentrações de soluto dentro e fora da célula sejam diferentes.

c) haja ATP disponível na célula para fornecer energia ao transporte de água.

d) haja um vacúolo no interior da célula no qual o excesso de água é acumulado.

e) haja uma parede celulósica envolvendo a célula, o que evita sua ruptura.

3. (Vunesp-SP) No início da manhã, a dona de casa lavou algumas folhas de alface e as manteve em uma bacia, imersas em água comum de torneira, até a hora do almoço. Com esse procedimento, a dona de casa assegurou que as células se mantivessem:

a) túrgidas, uma vez que foram colocadas em meio isotônico.

b) túrgidas, uma vez que foram colocadas em meio hipotônico.

c) túrgidas, uma vez que foram colocadas em meio hipertônico.

d) plasmolizadas, uma vez que foram colocadas em meio isotônico.

e) plasmolizadas, uma vez que foram colocadas em meio hipertônico.

4. (Ufscar-SP) O diagrama apresenta a concentração relativa de diferentes íons na água (barras verdes) e no citoplasma de algas verdes (barras vermelhas) de uma lagoa.

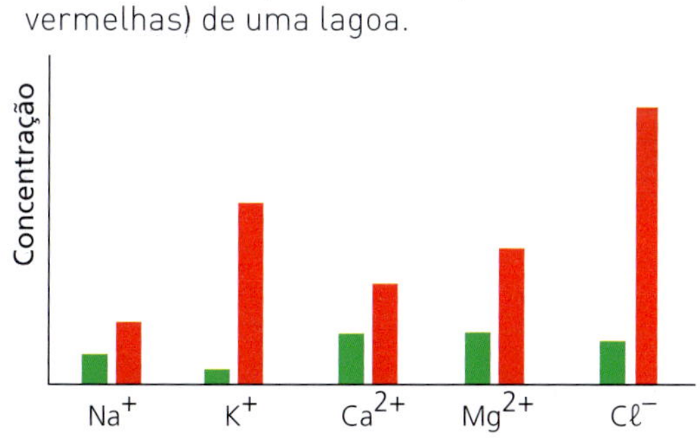

Reprodução/Ufscar, 2005.

As diferenças na concentração relativa de íons mantêm-se devido à/ao:

a) osmose.

b) difusão através da membrana.

c) transporte passivo através da membrana.

d) transporte ativo através da membrana.

e) barreira exercida pela parede celulósica.

5. (Fuvest-SP) Pesquisadores norte-americanos produziram uma variedade de tomate transgênico que sobrevive em solos até 50 vezes mais salinos do que o tolerado pelas plantas normais. Essas plantas geneticamente modificadas produzem maior quantidade de uma proteína de membrana que bombeia íons sódio para o interior do vacúolo. Com base em tais informações, pode-se concluir que plantas normais não conseguem sobreviver em solos muito salinos porque, neles, as plantas normais:

a) absorvem água do ambiente por osmose.

b) perdem água para o ambiente por osmose.

c) absorvem sal do ambiente por difusão.

d) perdem sal do ambiente por difusão.

e) perdem água e absorvem sal por transporte ativo.

6. (Enem-MEC) Para explicar a absorção de nutrientes, bem como a função das microvilosidades das membranas das células que revestem as paredes internas do intestino delgado, um estudante realizou o seguinte experimento:

Colocou 200 mL de água em dois recipientes. No primeiro recipiente, mergulhou, por 5 segundos, um pedaço de papel liso, como na figura 1; no segundo recipiente, fez o mesmo com um pedaço de papel com dobras simulando as microvilosidades, conforme figura 2. Os dados obtidos foram: a quantidade de água absorvida pelo papel liso foi de 8 mL, enquanto pelo papel dobrado foi de 12 mL.

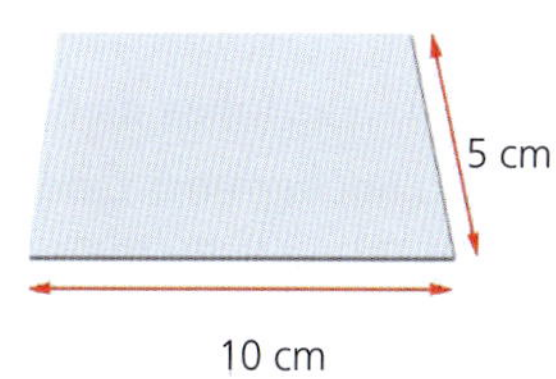

Figura 1

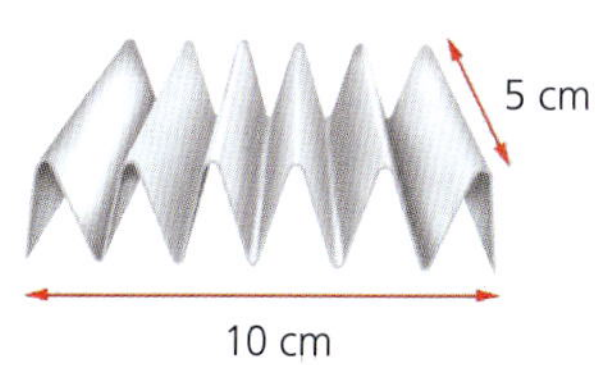

Figura 2

Reprodução/Enem, 2010.

Com base nos dados obtidos, infere-se que a função das microvilosidades intestinais com relação à absorção de nutrientes pelas células das paredes internas do intestino é a de

a) manter o volume de absorção.

b) aumentar a superfície de absorção.

c) diminuir a velocidade de absorção.

d) aumentar o tempo de absorção.

e) manter a seletividade na absorção.

ATIVIDADES PRÁTICAS

ATENÇÃO!

O laboratório não é lugar de brincadeiras! Não realize experimentos nem manipule produtos químicos sem o consentimento e a supervisão do seu professor. Não mexa em torneiras de gás, se houver. Não cheire nem prove produtos químicos e evite o contato deles com a pele e os olhos.

1. Nesta atividade, você poderá observar um dos tipos de transporte estudados neste capítulo.

Material

- água
- batata
- dois pires (ou tampas plásticas)
- sal de cozinha

Procedimento

1. Dissolva uma colher de sopa de sal em meio copo de água.
2. Peça ao professor que descasque uma batata e corte duas fatias finas.
3. Coloque um pouco da solução salina em um pires (ou uma tampa plástica) e mergulhe parcialmente uma das fatias da batata na solução, como mostrado abaixo. A outra fatia será mergulhada parcialmente em um pires ou tampa plástica com água pura.

Ilustrações: Luis Moura/ Arquivo da editora

Conclusão

I. Observe como estão as fatias da batata depois de cerca de 30 minutos e explique o que aconteceu.

II. Se no laboratório houver uma balança, você pode pesar as duas fatias e verificar que a fatia colocada em solução salina ficou mais leve após o experimento. Por quê?

2. No experimento abaixo, o mesmo fenômeno da atividade anterior poderá ser observado.

Material

- água
- beterraba grande
- colher
- sal

Procedimento

1. Peça ao professor que corte ao meio uma beterraba grande e crua e faça uma cavidade na região central de uma das metades.
2. Despeje uma colher (de café) de sal na cavidade e espere cerca de 30 minutos.

Conclusão

Observe e explique o que aconteceu.

3. Nesta atividade, será possível simular um experimento com membrana semipermeável.

Material

- açúcar
- água
- copo
- ovo
- tesoura pequena

Procedimento

1. Peça ao professor que quebre a extremidade mais estreita de um ovo e retire a clara e a gema.
2. Com a ponta de uma tesoura pequena, ele deve furar o polo oposto, com cuidado para não ferir a película que fica por dentro da casca. Essa película vai funcionar como membrana semipermeável.
3. Encha o ovo até a metade com solução concentrada de açúcar e coloque-o boiando em água pura, com o polo em que há película voltado para baixo (como mostra a figura).
4. Faça depois a experiência oposta: ponha água pura no interior do ovo e água com açúcar no copo.

Luis Moura/Arquivo da editora

Conclusão

Explique o que aconteceu em cada caso.

4. Nesta atividade, será possível observar células em uma solução hipertônica.

Material

- água
- bisturi ou lâmina de barbear
- folha colorida de alguma planta (como o abacaxi-roxo)
- lâmina de vidro
- lamínula
- microscópio

Procedimento

1. Peça ao professor que faça um corte da epiderme inferior de uma planta de folha colorida, como o abacaxi-roxo (*Rhoeo discolor*).
2. Coloque o material entre a lâmina e a lamínula, mergulhado em água salgada ou açucarada.
3. Observe ao microscópio.

Conclusão

Explique o que acontece com as células após algum tempo.

Photo Insolite Realite/SPL/Latinstock

Macrófago humano, uma célula de defesa do organismo, perfurado por fibra de asbesto (micrografia eletrônica; aumento de 7 mil vezes; imagem colorizada por computador).

CAPÍTULO

5

O CITOPLASMA E SUAS ORGANELAS

Um material conhecido como amianto, ou asbesto, foi utilizado durante décadas no revestimento de paredes, em peças de veículos, entre outras formas de utilização. Apesar de ser um material versátil, sua manipulação produz fibras microscópicas que ficam no ar e podem ser aspiradas. Nos pulmões, as fibras de asbesto aspiradas rompem a membrana das células e o conteúdo celular se espalha, destruindo também células vizinhas. O organismo, então, forma cicatrizes, prejudicando muito a elasticidade e a eficiência dos pulmões. A asbestose atingiu um grande número de pessoas, sobretudo aquelas que tinham contato com o amianto em seu trabalho. Nesse exemplo fica clara a relação entre problemas nas células e o desenvolvimento de doenças.

- **Além do núcleo, quais são as estruturas encontradas dentro de uma célula?**
- **Essas estruturas estão presentes em todas as células?**
- **Você conhece as funções de algumas dessas estruturas?**

1. O CITOESQUELETO

Na região entre a membrana plasmática e o núcleo, chamada **citoplasma** (*kytos* = célula; *plasma* = molde), há um material gelatinoso, o **citosol**, também chamado **hialoplasma** (*hyalos* = vidro) ou **matriz do citoplasma**, onde ocorrem diversas reações químicas do metabolismo. Mergulhadas nesse material, há várias organelas.

O citosol das células eucariotas contém em toda sua extensão um conjunto de fibras de proteína que dão suporte e mantêm a forma da célula, além de colaborarem para seus movimentos e o transporte de substâncias. Esse conjunto de fibras é chamado **citoesqueleto** (**figura 5.1**). Há três tipos de fibras: os **microfilamentos**, os **microtúbulos** e os **filamentos intermediários**.

Os microfilamentos ajudam a manter a forma da célula, ligando-se a proteínas da face interna da membrana plasmática. São formados pela união de várias moléculas da proteína actina. Além disso, com outras proteínas, participam da contração das células musculares, da **ciclose** (*kyklos* = circular; *osis* = estado) – corrente de citoplasma ao redor do vacúolo da célula vegetal que ajuda a distribuir substâncias pela célula –, da emissão de pseudópodes – presentes na fagocitose e no deslocamento da ameba e dos leucócitos –, e do estrangulamento do citoplasma da célula animal no fim da divisão celular (**figura 5.2**).

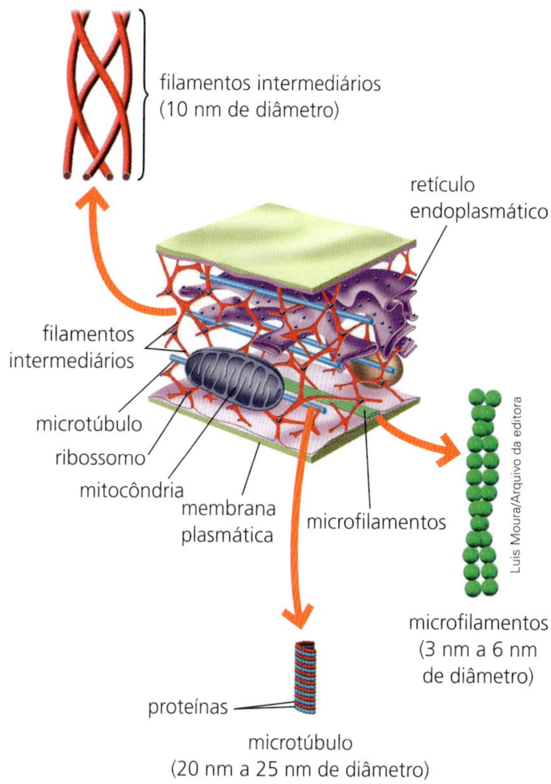

Figura 5.1 Representação dos componentes do citoesqueleto (os elementos não estão na mesma escala; cores fantasia).

Ameba (em verde) emitindo pseudópodes durante alimentação (imagem obtida em microscópio eletrônico, ampliação de aproximadamente 100 vezes; imagem colorizada por computador).

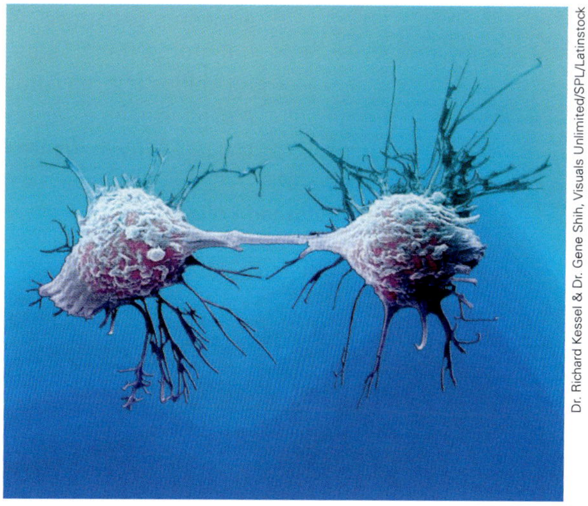

Células humanas no estágio final da divisão celular, quando ocorre o estrangulamento e a divisão do citoplasma (imagem obtida em microscópio eletrônico, ampliação de aproximadamente 1 500 vezes; imagem colorizada por computador).

Figura 5.2 Movimento ameboide e estrangulamento do citoplasma da célula animal no fim da divisão celular.

Os filamentos intermediários são constituídos de vários fios de proteínas, colaborando para a sustentação do núcleo e de outras organelas (reveja a **figura 5.1**).

Os microtúbulos atuam na sustentação e no transporte de organelas no interior da célula. São formados pela proteína tubulina. Eles atuam nos movimentos dos cromossomos durante a divisão celular e na formação dos **centríolos** (*centrum* = centro; *iolo* = indicador de diminutivo), **cílios** e **flagelos**.

Os centríolos são pequenos cilindros (cerca de 0,15 μm de diâmetro) presentes em muitas células eucariotas (com exceção de alguns organismos unicelulares, dos fungos e da maioria das plantas) em uma região do citoplasma próxima ao núcleo – o **centro celular** ou **centrossomo**. Eles são encontrados geralmente aos pares, formando um ângulo reto entre si, e cada cilindro é formado por nove grupos de três microtúbulos (**figura 5.3**).

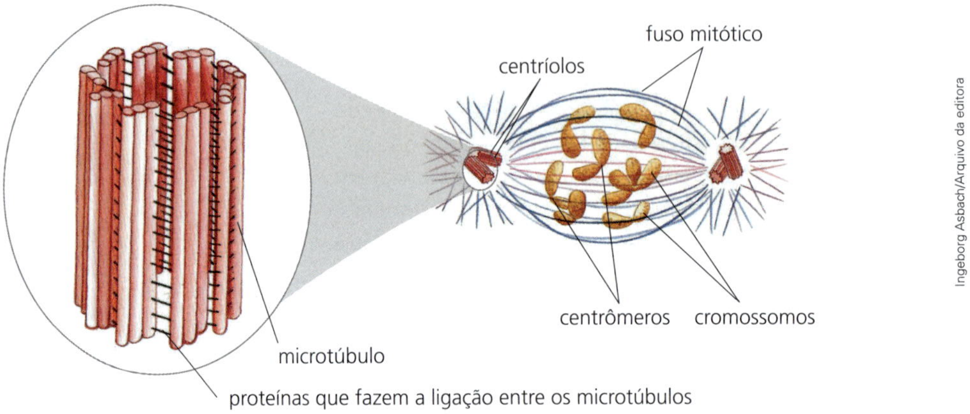

Figura 5.3 Ilustração do centríolo (cerca de 0,15 μm de diâmetro) e do fuso mitótico (os elementos da ilustração não estão na mesma escala; cores fantasia).

Os centríolos podem se autoduplicar, isto é, podem orientar a formação de novos centríolos a partir de microtúbulos do citoplasma. Eles colaboram para a formação dos cílios e dos flagelos.

O centrossomo atua na organização do **fuso mitótico** das células animais (**figura 5.3**). Esse fuso corresponde ao conjunto de fios que atua nos movimentos dos cromossomos durante a divisão celular, como veremos no capítulo 10.

Nos eucariontes, os cílios e os flagelos são encontrados em algumas algas, certos protozoários e determinadas células animais, como os espermatozoides. Tais estruturas realizam movimentos que resultam na locomoção e na captura de alimentos.

Observando os cílios e os flagelos ao microscópio eletrônico, vemos que eles têm a mesma estrutura. A única diferença é que os cílios são curtos e numerosos, enquanto os flagelos se apresentam longos e em pequena quantidade. Ambos são formados por microtúbulos envolvidos por uma projeção da membrana plasmática. A organização é característica: há sempre nove pares de microtúbulos periféricos e um par central (**figura 5.4**).

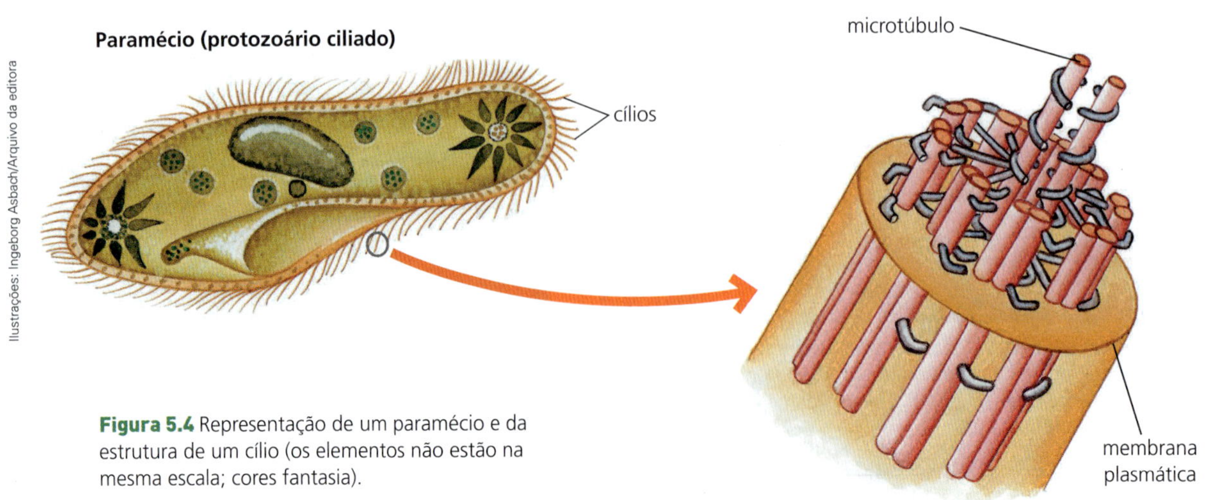

Figura 5.4 Representação de um paramécio e da estrutura de um cílio (os elementos não estão na mesma escala; cores fantasia).

2. RIBOSSOMOS E RETÍCULO ENDOPLASMÁTICO

Os **ribossomos** (de *ribo* = relativo a ácido ribonucleico; *soma* = corpo) são grãos formados por um tipo de ácido nucleico, o **ácido ribonucleico** (**RNA**), e proteínas. Cada ribossomo é formado por duas subunidades de tamanhos e densidades diferentes.

É nos ribossomos que ocorre a síntese de proteínas, por meio da união entre aminoácidos, como veremos com detalhes no capítulo 9.

O **retículo endoplasmático** é um conjunto de membranas que envolve cavidades de várias formas, isolando-as do citosol. Dentro dele ocorre a síntese e o transporte de várias substâncias.

Há dois tipos de retículo endoplasmático: o **granuloso** (também chamado **granular** ou **rugoso**) e o **não granuloso** (também chamado **agranular** ou **liso**). Veja a **figura 5.5**.

A

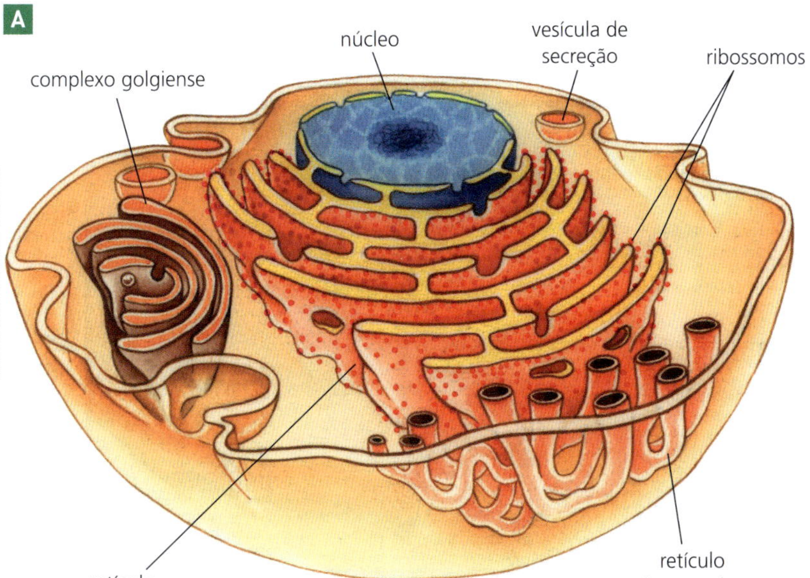

Ingeborg Asbach/Arquivo da editora

B

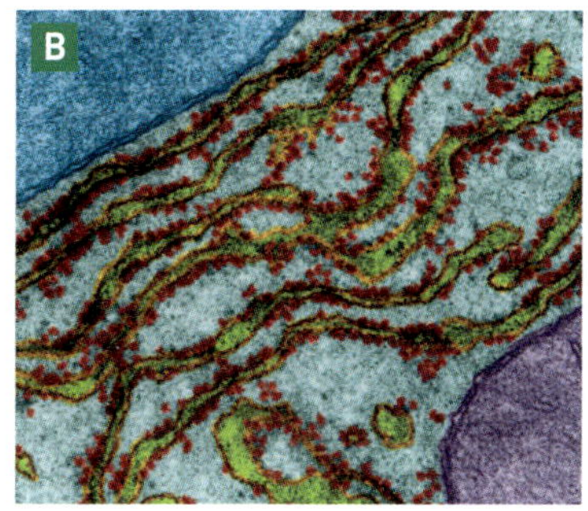

Dennis Kunkel Microscopy/SPL/Fotoarena

Figura 5.5 A: representação de estruturas celulares, com destaque para o retículo endoplasmático e o complexo golgiense (os elementos não estão na mesma escala; cores fantasia); **B**: foto de retículo endoplasmático granuloso (em verde) com ribossomos (em vermelho) ao microscópio eletrônico (aumento de cerca de 40 mil vezes; imagem colorizada por computador).

O retículo endoplasmático granuloso é formado por cavidades achatadas (cisternas) com vários ribossomos aderidos à parte externa da membrana.

As proteínas produzidas pelos ribossomos do retículo granuloso são lançadas na cavidade do retículo e envolvidas por pedaços de membrana, formando pequenas vesículas cheias de proteína. Essas vesículas são enviadas para o complexo golgiense, de onde podem ser secretadas, isto é, lançadas para fora da célula.

O retículo granuloso produz também proteínas que fazem parte da membrana plasmática e da membrana que envolve organelas. Em certos casos, ele também produz alguns glicídios, que são acrescentados às proteínas sintetizadas pelos ribossomos. Isso acontece quando a célula secreta glicoproteínas.

Os ribossomos que estão livres no citosol produzem proteínas que exercem suas funções dentro da própria célula. As células embrionárias, por exemplo, são ricas em ribossomos livres, que sintetizam grande quantidade de proteínas durante seu crescimento, e pobres em retículo granuloso.

O retículo endoplasmático não granuloso é formado por bolsas e tubos, sem ribossomos aderidos às suas membranas. Ele não atua, portanto, na síntese de proteínas. Em suas cavidades há enzimas que sintetizam diversos tipos de lipídios, como os da membrana plasmática e os esteroides (que formam, por exemplo, os hormônios sexuais). Há também enzimas responsáveis pela desintoxicação do organismo, isto é, enzimas que transformam alguns medicamentos e substâncias tóxicas em produtos menos tóxicos e de excreção mais fácil.

No fígado, esse retículo transforma glicogênio em glicose, que pode ser lançada no sangue e usada como fonte de energia.

Nos músculos, o retículo não granuloso – chamado **retículo sarcoplasmático** – é muito desenvolvido e funciona como reservatório de íons cálcio, necessários ao mecanismo de contração.

3. COMPLEXO GOLGIENSE

ACESSE E SAIBA MAIS

Complexo golgiense e secreção de proteínas
<https://www.youtube.com/watch?v=dafT1f_GQXM&t=9s>
Acesso em: 19 jul. 2018.

Em 1898, ao corar uma célula nervosa com nitrato de prata, o médico italiano Camillo Golgi (1843-1926) observou que o metal se depositava em certas regiões da célula, evidenciando uma estrutura em forma de rede, que foi chamada de **aparelho** ou **complexo de Golgi**. Hoje, pela nova terminologia, essa organela recebe o nome de **complexo golgiense**.

Com o desenvolvimento do microscópio eletrônico foi possível observar que o complexo golgiense é formado por uma pilha de sacos achatados e pequenas vesículas esféricas (**figura 5.6 A**). Ele recebe proteínas e lipídios do retículo endoplasmático e os concentra em pequenos sacos ou vesículas, que podem ser levados para outras organelas, para a membrana plasmática ou para fora da célula, conforme o tipo de proteína ou lipídio (**figura 5.6 B**).

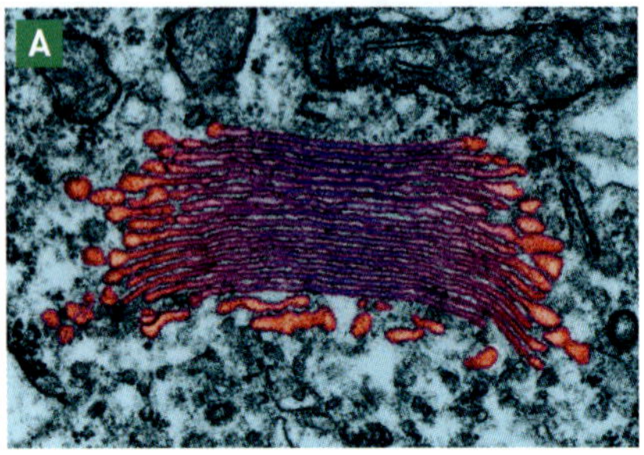

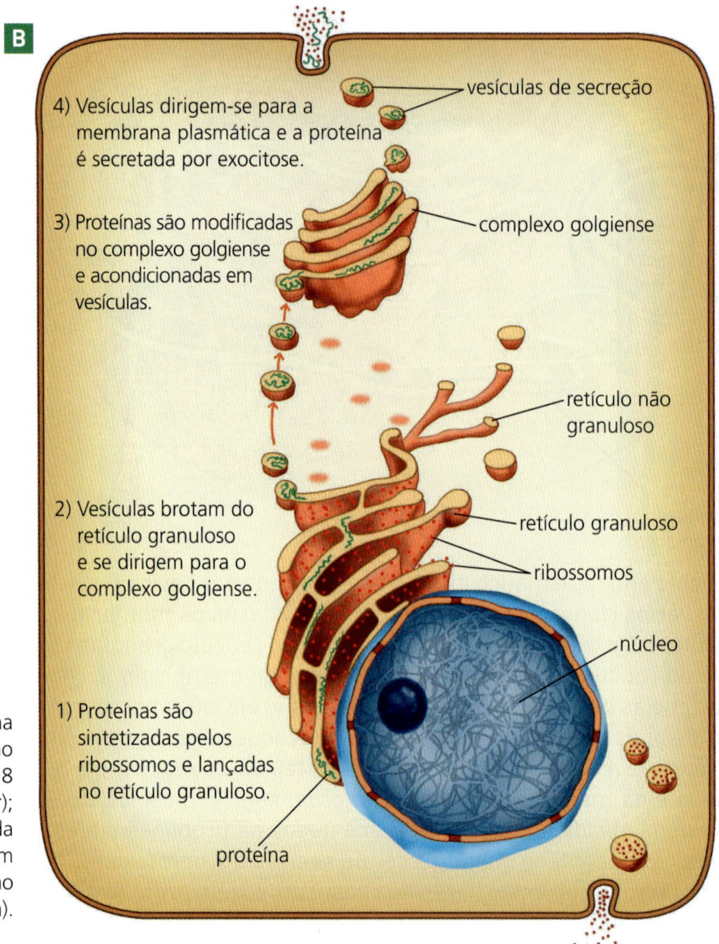

Figura 5.6 A: foto do complexo golgiense (na parte central da foto em roxo e laranja) ao microscópio eletrônico (aumento de cerca de 18 mil vezes; imagem colorizada por computador); **B**: a proteína sintetizada no retículo é encaminhada ao complexo golgiense e acondicionada em vesículas que serão secretadas (os elementos não estão na mesma escala; cores fantasia).

Além disso, o complexo golgiense é capaz de sintetizar alguns glicídios, como o ácido hialurônico. Essa substância proporciona aderência entre as células, mantendo-as juntas em alguns tecidos animais.

Nas células vegetais, o complexo golgiense exerce uma função adicional: durante a divisão da célula, produz vesículas que se fundem e formam uma nova membrana plasmática entre as duas células-filhas. Produz também glicídios que formarão a estrutura que vai separar as duas células-filhas, além dos glicídios que farão parte da parede celular.

O **acrossoma** (*akron* = extremidade; *soma* = corpo) é uma vesícula presente no espermatozoide e rica em enzimas que facilitam a penetração desse gameta no ovócito II. O acrossoma é formado a partir do complexo golgiense da célula que origina o espermatozoide.

4. LISOSSOMOS, VACÚOLOS E PEROXISSOMAS

Alguns organismos eucariontes e unicelulares, como as amebas, e também alguns invertebrados, como as esponjas, capturam seres microscópicos por fagocitose e depois fazem a digestão intracelular das moléculas orgânicas complexas que formam esses seres. As enzimas que realizam essa digestão são produzidas no retículo endoplasmático granuloso e encaminhadas ao complexo golgiense, onde são empacotadas em pequenas vesículas, os **lisossomos** (*lysis* = dissolução; *soma* = corpo). Aqueles que ainda não participaram da digestão são chamados **lisossomos primários**.

As enzimas contidas nos lisossomos são chamadas **hidrolases ácidas** porque a digestão é uma quebra de moléculas de alimento feita com moléculas de água, por isso o nome hidrolase (*hydor* = água; *-ase* = enzimas); o interior do lisossomo é ácido (pH aproximadamente igual a 5), enquanto o citosol é praticamente neutro (pH em torno de 7,2).

Durante a fagocitose e a pinocitose, desenvolve-se no interior da célula um vacúolo chamado **fagossomo** (*phagein* = comer; *soma* = corpo), que se funde com o lisossomo, formando um **vacúolo digestivo** ou **heterofágico**, ou, ainda, um **lisossomo secundário**, no qual estão a partícula ingerida e as enzimas digestivas.

À medida que ocorre a digestão, as moléculas orgânicas simples produzidas pelo processo atravessam a membrana do vacúolo e se espalham pelo citosol. Após a digestão, sobra um **corpo residual**, com material não digerido, que é eliminado posteriormente para fora da célula (**figura 5.7**).

A maioria dos animais possui determinadas células, como os leucócitos ou glóbulos brancos do sangue, que se valem da fagocitose para a defesa do organismo contra bactérias e outros microrganismos.

Os lisossomos podem também remover organelas ou partes desgastadas da célula que não são mais necessárias para o seu funcionamento. A organela é envolvida por uma membrana dupla e se une a um lisossomo primário, formando um **vacúolo autofágico** (**figura 5.7**). Por esse processo, chamado **autofagia** (*autós* = si mesmo; *phagein* = comer) ou **função autofágica**, a célula mantém suas estruturas em permanente reconstrução, podendo mesmo construir uma parte nova à custa da destruição de outra mais velha.

Luis Moura/Arquivo da editora

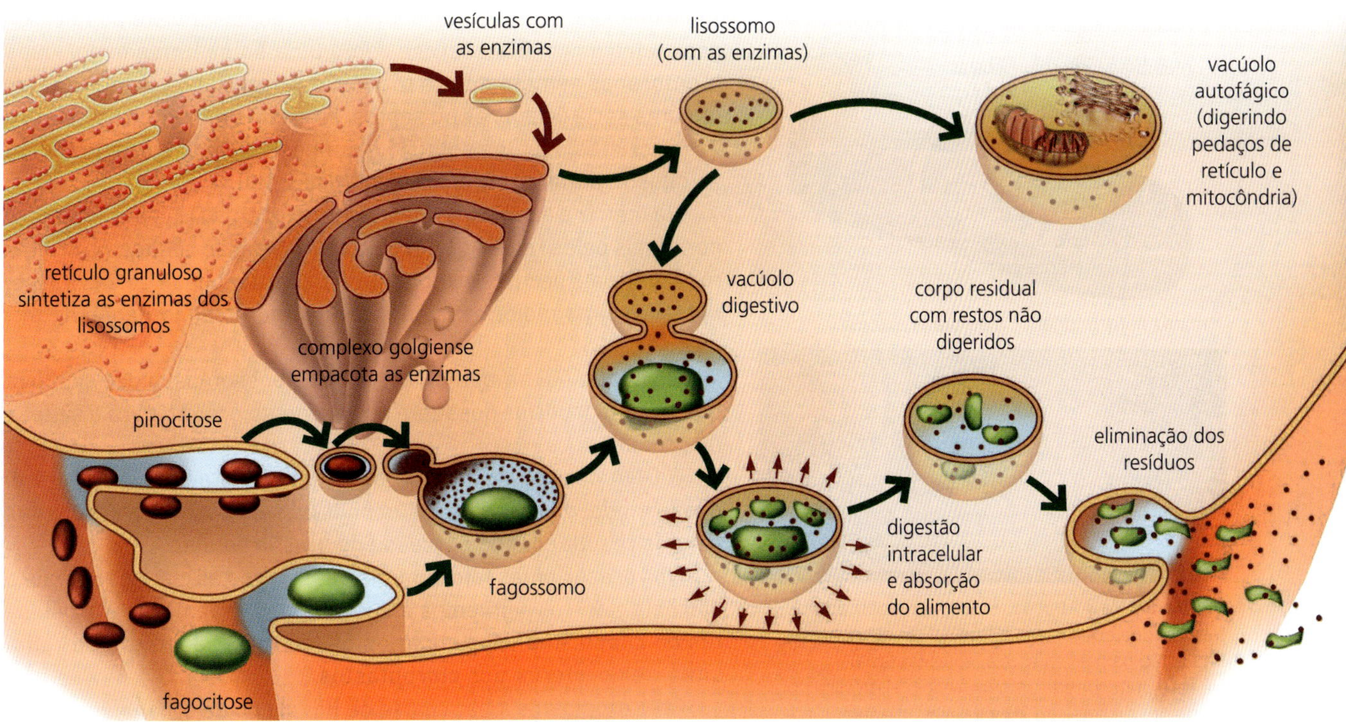

Figura 5.7 Processo de digestão intracelular (os elementos não estão na mesma escala; cores fantasia).

Os **vacúolos contráteis** ou **pulsáteis**, presentes nos protozoários e nas algas unicelulares de água doce, encarregam-se de eliminar o excesso de água das células. Estas são hipertônicas em relação ao meio em que vivem e absorvem continuamente água por osmose, resultante da diferença de pressão osmótica. A água é levada para o vacúolo contrátil, que aumenta de volume. Em seguida, ele se contrai, bombeando o excesso de água para fora. Desse modo, o vacúolo regula o equilíbrio osmótico desses organismos.

O suco de laranja que tomamos foi extraído das cavidades no interior das células da fruta, o **vacúolo de suco celular**, também chamado **vacúolo vegetal** ou **central**. Esses vacúolos costumam ocupar boa parte do volume da célula vegetal e armazenam diversas substâncias fabricadas pela célula, como alguns pigmentos que dão cor às pétalas das flores e substâncias tóxicas que funcionam como defesa contra animais herbívoros. Além disso, podem-se encontrar enzimas digestivas, semelhantes às dos lisossomos, que participam da digestão intracelular. Dessa forma, o vacúolo de suco celular das células vegetais atua como um lisossomo.

Os **peroxissomas** ou **microcorpos** são pequenas vesículas presentes em todas as células eucariotas. Eles iniciam a oxidação de lipídios (o processo termina na mitocôndria) e oxidam moléculas tóxicas, como o álcool. Nesse processo, se forma água oxigenada (ou peróxido de hidrogênio; daí o nome peroxissoma), que é decomposta em água e oxigênio pela enzima catalase, presente nessa organela. Nos vegetais, existe um tipo de peroxissoma com enzimas que transformam os lipídios armazenados nas sementes em glicídios. Durante essa transformação, forma-se o **ácido glioxílico**; por isso esse peroxissoma é chamado de **glioxissoma**.

5. MITOCÔNDRIAS E CLOROPLASTOS

Mitocôndrias e cloroplastos são responsáveis, respectivamente, pela respiração celular nos eucariontes aeróbios e pela fotossíntese das plantas. Esses dois processos serão estudados nos próximos capítulos.

O tamanho da **mitocôndria** (*mitos* = fio; *chondrios* = grão) é comparável ao das bactérias: ela tem de 0,2 µm a 1 µm de diâmetro e 2 µm a 10 µm de comprimento. Sua forma pode ser esférica, ovoide ou filamentosa.

Embora essa organela possa ser vista ao microscópio óptico com auxílio de corantes ou técnicas especiais, sua estrutura interna só pode ser vista ao microscópio eletrônico. Ela aparece como uma bolsa limitada por duas membranas semelhantes à membrana plasmática. A interna forma uma série de dobras ou septos, as **cristas mitocondriais**. Entre essas cristas, há uma solução gelatinosa de aspecto semelhante ao citosol, a **matriz mitocondrial** (**figura 5.8**).

Na matriz e na membrana interna existem várias enzimas responsáveis pelas reações químicas da respiração celular. As cristas mitocondriais permitem um aumento da quantidade de enzimas e, portanto, uma maior atividade, sem aumento do tamanho da mitocôndria.

Na matriz há também DNA, RNA e ribossomos, o que significa que as mitocôndrias possuem equipamento próprio para a síntese de proteínas.

O DNA garante também a autoduplicação dessa estrutura e, desse modo, o número de mitocôndrias se mantém constante nas células resultantes do processo de divisão celular.

Nos procariontes fotossintetizantes, como as cianobactérias, a clorofila e outros pigmentos estão aderidos a membranas existentes no citoplasma. Nos eucariontes, como as plantas, a clorofila situa-se no interior dos **cloroplastos**.

Os cloroplastos fazem parte de um grupo de organelas encontradas nas células das plantas e das algas, os **plastos** ou **plastídeos**.

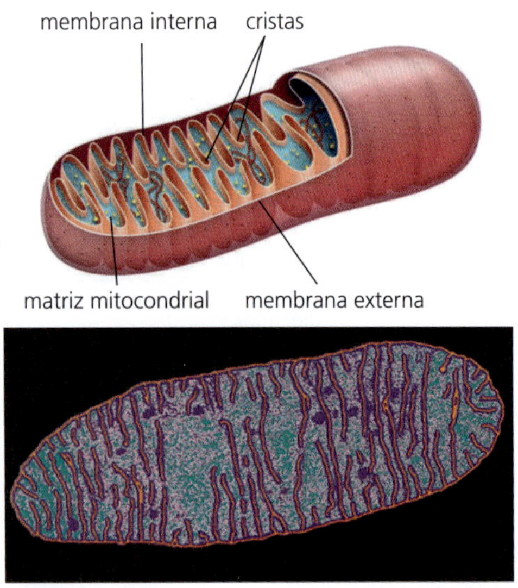

Aldona Griskeviciene/Shutterstock

Dr. Donald Fawcett/Visuals Unlimited/Getty Images

Figura 5.8 Na ilustração, esquema simplificado de mitocôndria em corte longitudinal (os elementos não estão na mesma escala; cores fantasia). Na foto, mitocôndria ao microscópio eletrônico (aumento de cerca de 20 mil vezes; imagem colorizada por computador).

Os **leucoplastos** (*leukos* = branco; *plastos* = moldado) não possuem pigmentos e não fazem fotossíntese, mas podem acumular amido (sendo chamados **amiloplastos**), proteínas ou óleos. Os amiloplastos são encontrados em muitas sementes, raízes (como a cenoura e a batata-doce), caules (como a batata) e frutos. O amido acumulado pode ser utilizado pela planta quando necessário.

Os **cromoplastos** (*khroma* = cor) podem se desenvolver de cloroplastos que perdem clorofila e acumulam carotenoides, como acontece no amadurecimento de alguns frutos, que passam a apresentar cor amarela, laranja ou vermelha, conforme o pigmento armazenado.

Nos cloroplastos (*khloros* = verde, **figura 5.9**) predomina a clorofila, mas neles existem outros pigmentos, como os carotenoides. Um deles, muito comum, é o betacaroteno, encontrado em abundância na cenoura, no tomate e no mamão.

Com tamanho médio entre 4 µm e 7 µm, os cloroplastos podem ser vistos ao microscópio óptico, geralmente na forma de grãos verdes. Ao microscópio eletrônico, podemos observar que eles são envolvidos por uma membrana dupla. Em seu interior, há uma rede de membranas nas quais estão a clorofila e outros pigmentos. Parte das membranas forma vesículas achatadas, os **tilacoides** (*thylax* = saco; *eidos* = semelhante), que ficam empilhados. Cada pilha é chamada **grano** ou ***granum*** (plural: *grana* = grão). Nas membranas do tilacoide, chamadas **membranas tilacoides**, estão concentradas as clorofilas e outras moléculas que participam do processo de absorção de luz que ocorre na fotossíntese. As membranas entre os tilacoides são chamadas **membranas intergrana** ou **lamelas**. O espaço restante do cloroplasto é preenchido pelo **estroma**, matriz semelhante ao citosol (**figura 5.9**). Nele há várias enzimas que participam da fotossíntese, como veremos adiante.

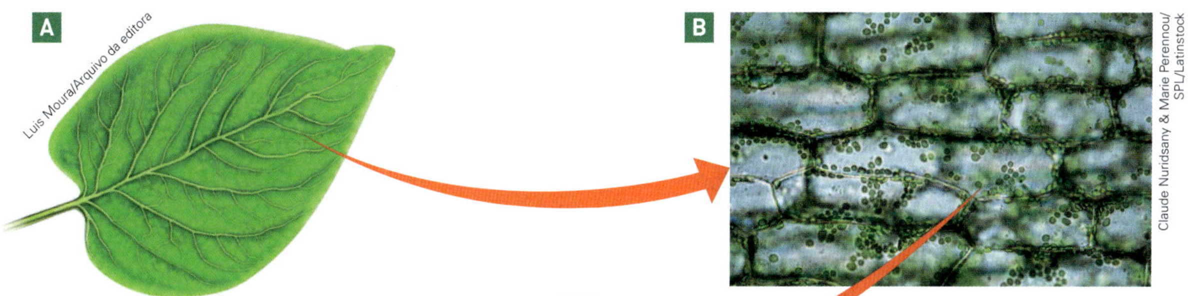

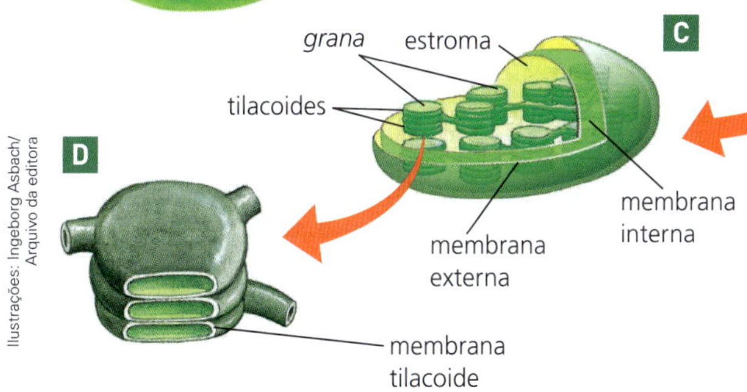

Figura 5.9 A: ilustração de folha; **B:** foto de células vegetais com cloroplastos (grãos verdes) ao microscópio óptico (aumento de cerca de 300 vezes); **C:** estrutura do cloroplasto em três dimensões (4 µm a 7 µm de comprimento), com destaque para **D:** tilacoides (os elementos não estão na mesma escala; cores fantasia).

A ORIGEM DAS MITOCÔNDRIAS E CLOROPLASTOS

Há várias evidências de que as mitocôndrias teriam surgido de bactérias aeróbias (que usam o gás oxigênio para liberar energia do alimento) que, há cerca de 2,5 bilhões de anos, foram fagocitadas por seres unicelulares maiores (que realizariam apenas um processo anaeróbio, a fermentação) e, tendo escapado dos mecanismos de digestão, passaram a viver dentro deles.

Como a respiração aeróbia libera mais energia por molécula de glicose que a fermentação, a célula hospedeira passou a contar com maior disponibilidade de energia, e a bactéria pode ter ganhado maior proteção e também parte do alimento da célula. Ao longo do tempo, a bactéria perdeu a capacidade de viver de forma independente, e a célula hospedeira também passou a depender da produção de energia pela mitocôndria.

ACESSE E SAIBA MAIS

Célula interativa 3D
<http://3d.cl3ver.com/11VrPc>
Acesso em: 19 jul. 2018.

São evidências dessa hipótese a autonomia reprodutiva das mitocôndrias e a presença de DNA circular e de ribossomos – características encontradas nas bactérias.

Essa teoria é conhecida como **teoria endossimbiótica** (ou **endossimbiôntica**) **das mitocôndrias**. Simbiose é a associação entre duas espécies diferentes de seres vivos que vivem juntas. O termo endossimbiose indica o fato de uma célula passar a viver dentro de outra.

Como as mitocôndrias, os cloroplastos são capazes de se autoduplicar, possuindo DNA próprio, RNA e ribossomos para síntese de uma parte das suas proteínas. A outra parte é produzida pelo DNA do núcleo da célula.

Esses e outros fatos evidenciam que os cloroplastos tiveram origem parecida com a das mitocôndrias. Seres procariontes autotróficos semelhantes às cianobactérias teriam sido fagocitados por procariontes maiores e, não sendo digeridos, passaram a viver dentro deles, estabelecendo uma endossimbiose (**teoria endossimbiótica dos cloroplastos**).

ATIVIDADES

Questões discursivas

1. Todos os seres vivos, sem exceção, possuem ribossomos em suas células. Por que essas organelas são tão importantes para a vida?

2. Um estudante comparou a consistência do citoplasma a uma gelatina. Outro estudante, porém, disse que essa comparação não era muito boa, pois no citoplasma da célula existe uma estrutura que lembra uma rede de fios. Qual é essa estrutura, de que é formada e que funções ela desempenha?

3. (Unicamp-SP) Imagine-se observando ao microscópio óptico comum dois cortes histológicos: um de fígado de rato e outro de folha de tomateiro. Cite duas estruturas celulares que permitiriam identificar o corte da folha do tomateiro.

4. (Unicamp-SP) Uma das hipóteses mais aceitas para explicar a origem das mitocôndrias sugere que estas organelas se originaram de bactérias aeróbicas primitivas, que estabeleceram uma relação de simbiose com uma célula eucarionte anaeróbica primitiva.
   a) Dê uma característica comum a bactérias e mitocôndrias que apoie a hipótese acima.
   b) Qual seria a vantagem dessa simbiose para a bactéria? E para a célula hospedeira?
   c) Que outra organela é considerada também de origem simbiótica?

Questões objetivas

1. (Udesc) Assinale a alternativa que faz a relação correta entre a organela celular e a sua função.
   a) Mitocôndria – Respiração celular
   b) Lisossomos – Permeabilidade seletiva
   c) Vacúolo – Armazenamento de DNA
   d) Complexo golgiense – Síntese de proteínas
   e) Cloroplastos – Transporte de aminoácidos

2. (UFMS) Qual organela citoplasmática, relacionada abaixo, contém DNA e apresenta capacidade de autoduplicação?
   a) Lisossomos.
   b) Cloroplastos.
   c) Retículo endoplasmático rugoso.
   d) Peroxissomos.
   e) Complexo golgiense.

3. (Uece) Os isótopos radioativos permitem que se marque o trajeto de uma substância no interior da célula pela técnica da radioautografia. Considerando a ordem cronológica, um aminoácido marcado radioativamente, ao ser acompanhado no interior da célula, encontrar-se-á em primeiro lugar no:
   a) lisossomo, onde o aminoácido faz parte das proteínas envolvidas na digestão celular.
   b) ribossomo, onde o aminoácido é ligado à cadeia polipeptídica da proteína.
   c) complexo de Golgi, onde o aminoácido pertence a proteínas que serão preparadas para exportação ou utilização no interior da célula.
   d) retículo endoplasmático, que realiza o transporte do aminoácido acoplado à cadeia polipeptídica da proteína.

4. (UEPB) Observe o esquema representativo de uma célula eucariótica animal, identifique as estruturas numeradas e, em seguida, estabeleça a

relação, em ordem numérica crescente, destas com a função que desempenham na célula.

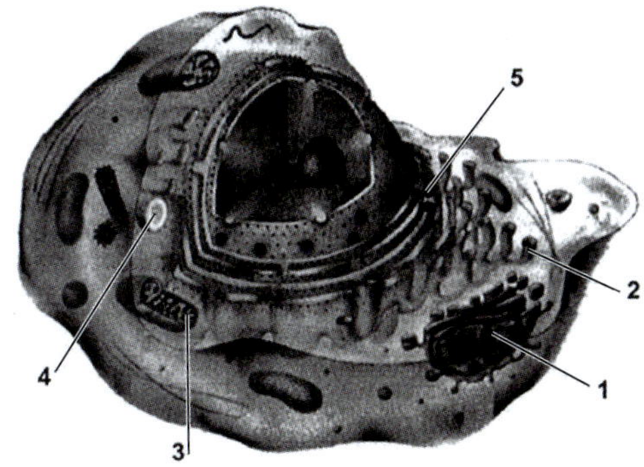

( ) Retículo endoplasmático granuloso

( ) Mitocôndria

( ) Complexo golgiense

( ) Retículo endoplasmático não granuloso

( ) Lisossomo

A. Secreção celular.

B. Digestão de substâncias orgânicas.

C. Produção de certas proteínas.

D. Respiração aeróbia.

E. Síntese de ácidos graxos, de fosfolipídios e de esteroides, além da inativação de substâncias tóxicas.

A alternativa que apresenta a relação correta é:

a) 1-C, 2-A, 3-D, 4-B, 5-E.

b) 1-A, 2-C, 3-D, 4-B, 5-E.

c) 1-B, 2-E, 3-D, 4-A, 5-C.

d) 1-E, 2-A, 3-D, 4-B, 5-C.

e) 1-A, 2-E, 3-D, 4-B, 5-C.

5. (Cesgranrio-RJ) Uma célula jovem cresce à custa de proteínas por ela sintetizadas. Essas proteínas são sintetizadas:

a) no retículo endoplasmático liso.

b) na superfície externa do retículo endoplasmático rugoso.

c) no interior do retículo endoplasmático rugoso.

d) no aparelho de Golgi.

e) nos ribossomos livres do citoplasma.

6. (Fuvest-SP) Células animais, quando privadas de alimento, passam a degradar partes de si mesmas como fonte de matéria-prima para sobreviver. A organela citoplasmática diretamente responsável por essa degradação é:

a) o aparelho de Golgi.

b) o centríolo.

c) o lisossomo.

d) a mitocôndria.

e) o ribossomo.

7. (UFMG) A doença de Tay-Sachs é hereditária e provoca retardamento mental grave e morte do paciente na infância. Essa doença é devida à incapacidade das células de digerir uma substância cujo acúmulo é responsável pelas lesões no sistema nervoso central. Com base nessas informações, pode-se afirmar que a organela celular cuja função está alterada nessa doença é:

a) a mitocôndria.

b) o complexo de Golgi.

c) o lisossomo.

d) o retículo endoplasmático rugoso.

ATIVIDADE PRÁTICA

Realize a atividade a seguir para observar uma organela.

Material

- batata
- bisturi ou uma lâmina de barbear
- lugol (água iodada)
- lâmina
- lamínula
- microscópio

Procedimento

1. O professor deve cortar uma fatia muito fina de batata com o bisturi ou a lâmina de barbear (os alunos não devem manipular instrumentos cortantes, pois é muito perigoso), colocá-la em uma lâmina e pingar duas gotas de lugol.
2. Depois de cerca de cinco minutos, o material deve ser coberto com a lamínula e observado ao microscópio com os aumentos de 4×, 10× e 40× (verifique a indicação de aumento nas objetivas do equipamento).

Conclusão

I. Desenhe e identifique as estruturas observadas com a objetiva de maior aumento (40×).

II. Qual é a função dessas estruturas?

Harry Kikstra/Getty Images

Alpinista no pico do monte Everest, 8 848 metros acima do nível do mar.

CAPÍTULO

6

RESPIRAÇÃO CELULAR E FERMENTAÇÃO

O monte Everest, na fronteira entre Nepal e Tibete, na Ásia, é a montanha mais alta do mundo. Perto do topo, a temperatura pode chegar a 70 °C negativos e há apenas 30% da concentração de gás oxigênio que existe na atmosfera no nível do mar. Sem treinamento e equipamentos adequados, como roupas especiais e cilindro de ar, uma pessoa que se aventure a chegar ao cume do Everest corre sério risco de morrer, dadas as condições adversas no topo da montanha.

- **Como a maioria dos organismos consegue energia para suas atividades?**
- **Todos os seres vivos precisam do gás oxigênio para sobreviver?**
- **Que transformações químicas ocorrem na produção de pão, iogurtes e álcool?**
- **O que são exercícios aeróbicos? E anaeróbicos?**

1. RESPIRAÇÃO CELULAR AERÓBIA

Uma das maneiras mais eficientes de retirar a energia contida nas ligações químicas de uma substância é provocar a reação de suas moléculas com oxigênio. É o que ocorre quando se queima, por exemplo, gasolina e madeira. Nesse caso ocorre um processo chamado **combustão**, no qual as ligações químicas são rompidas, liberando energia. Os átomos de carbono e de hidrogênio estabelecem novas ligações com o oxigênio, formando moléculas de gás carbônico e de água, que contêm menor quantidade de energia.

Embora a respiração celular aeróbia também produza gás carbônico e água, há muitas diferenças entre esses dois processos. Na combustão, a reação é violenta, com liberação de grande quantidade de energia em um intervalo de tempo pequeno. Na respiração, a quebra das cadeias de carbono é feita de forma gradativa, caso contrário, o calor produzido em uma combustão provocaria um aumento de temperatura que poderia inativar enzimas da célula.

A principal molécula utilizada pelas células como fonte de energia é a glicose. O processo de respiração aeróbia pode ser representado pela equação:

$$C_6H_{12}O_6 + 6\,O_2 \rightarrow 6\,CO_2 + 6\,H_2O + \text{energia}$$

A energia obtida na respiração não é usada de imediato. Cada parcela é utilizada na síntese de uma molécula de **adenosina trifosfato (ATP)** a partir de uma molécula de **adenosina difosfato (ADP)** e um íon fosfato. Essa reação se chama **fosforilação** e o ATP formado contém um fosfato rico em energia (**figura 6.1**).

Na forma de ATP, a energia que a célula utiliza em suas diversas atividades pode ser transportada de um ponto a outro e é liberada apenas quando necessário. Quando a célula precisa de energia, a molécula de ATP é quebrada em ADP e fosfato, liberando energia e o fosfato, agora pobre em energia. O ADP e o fosfato podem formar de novo ATP.

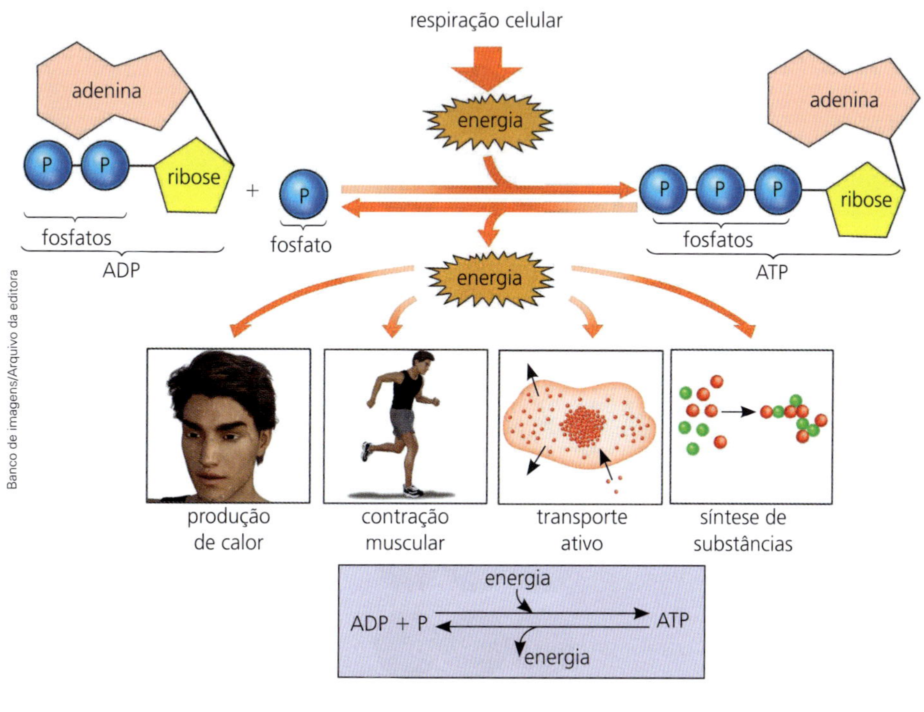

Figura 6.1 O ATP (em esquema simplificado) acumula a energia da respiração celular e é distribuído para as diversas partes da célula que consomem energia (os elementos não estão na mesma escala; cores fantasia).

A respiração consiste em oxidações sucessivas, ou **desidrogenações**, que ocorrem por meio da retirada dos átomos de hidrogênio ligados aos carbonos.

As desidrogenações são realizadas por enzimas conhecidas como **desidrogenases**, que possuem como principal coenzima o grupamento **NAD (nicotinamida adenina dinucleotídeo)**. A forma oxidada (NAD^+) pode se combinar com dois elétrons e dois íons hidrogênio (H^+) para se transformar em NADH, liberando um íon H^+, que fica em solução. Outra coenzima importante, com função semelhante ao NAD, é a **FAD (flavina adenina dinucleotídeo)**.

A respiração aeróbia pode ser dividida nas seguintes etapas: **glicólise**, **etapa intermediária**, **ciclo de Krebs** e **cadeia respiratória**. Nas células eucarióticas, a glicólise ocorre no citosol, e as demais etapas, na mitocôndria. Nas células procarióticas que realizam esse tipo de respiração, todas as etapas ocorrem no citosol, com exceção da cadeia respiratória, que ocorre na membrana plasmática.

GLICÓLISE

Esta etapa ocorre no citosol e consiste na quebra parcial da glicose em duas moléculas de ácido pirúvico (**figura 6.2**). Esse ácido aparece em solução na forma ionizada, conhecida como **piruvato**. Os hidrogênios são retirados pela NAD^+.

Durante essa quebra parcial da glicose, que envolve vários compostos intermediários, uma parte da energia da glicose é liberada e transferida para quatro moléculas de ATP. Como foram gastas duas moléculas de ATP para ativar a glicólise (energia de ativação necessária para começar a reação), o saldo, nessa etapa, é de duas moléculas de ATP.

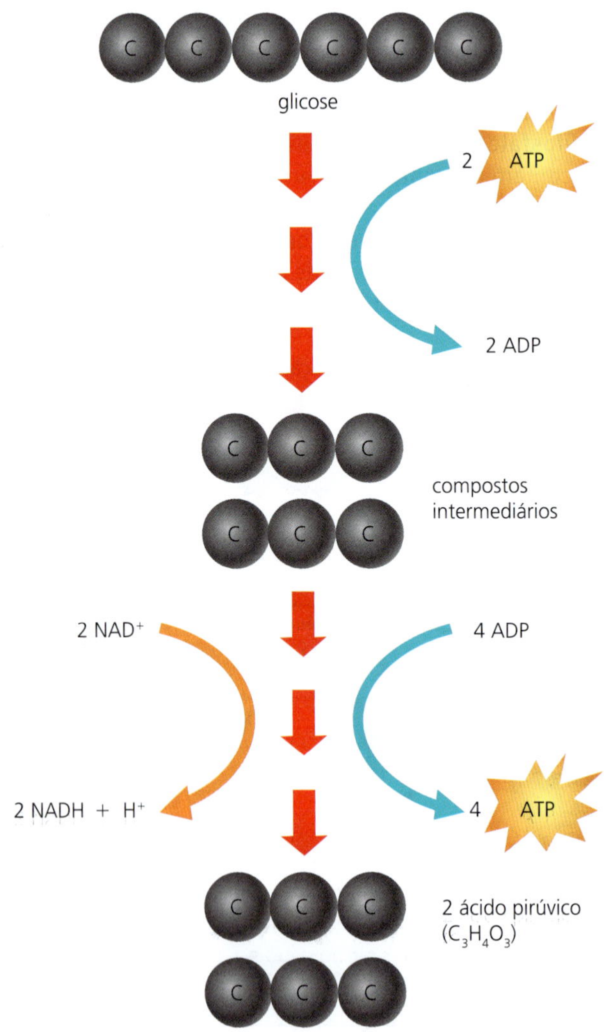

Banco de imagens/Arquivo da editora

Figura 6.2 Esquema simplificado da glicólise, em que uma molécula de glicose (representada apenas pela cadeia de átomos de carbono) origina duas moléculas de ácido pirúvico após uma série de reações que não estão representadas. Em solução, o ácido pirúvico se ioniza, formando um íon hidrogênio e um íon piruvato.

CICLO DE KREBS

Estudado em 1938 pelo bioquímico alemão Hans Krebs (1900-1981), o **ciclo de Krebs** ocorre na matriz da mitocôndria e no citosol das bactérias aeróbias.

Antes de o ciclo se iniciar, há uma **etapa intermediária** ou preparatória, na qual o ácido pirúvico é transportado para dentro da matriz mitocondrial e oxidado. Forma-se uma molécula de NADH, uma de gás carbônico (CO_2) e uma cadeia de dois átomos de carbono, o grupo **acetila**. Esse grupo se liga a uma substância chamada coenzima A (CoA) e forma a **acetil-CoA** (**figura 6.3**).

No ciclo propriamente dito, a acetil-CoA liga-se a um composto de quatro átomos de carbono, o **ácido oxaloacético (oxaloacetato)**, existente na matriz, e forma-se um composto de seis átomos de carbono, o **ácido cítrico**.

A coenzima A ajuda a acetila a se ligar ao ácido oxaloacético, mas não permanece no ciclo. Como o ácido cítrico possui três carboxilas (— COOH), o ciclo é chamado também de **ciclo do ácido cítrico (citrato)** ou **do ácido tricarboxílico**. O ácido cítrico sofre desidrogenações e perda de átomos de carbono e de oxigênio, que saem como CO_2, formando-se vários compostos intermediários. No fim do processo, o ácido oxaloacético é regenerado. Durante essas transformações, são produzidas três moléculas de NADH, uma molécula de $FADH_2$, duas de gás carbônico e uma de **guanosina trifosfato (GTP)**, que armazena energia e logo a cede ao ATP (**figura 6.3**).

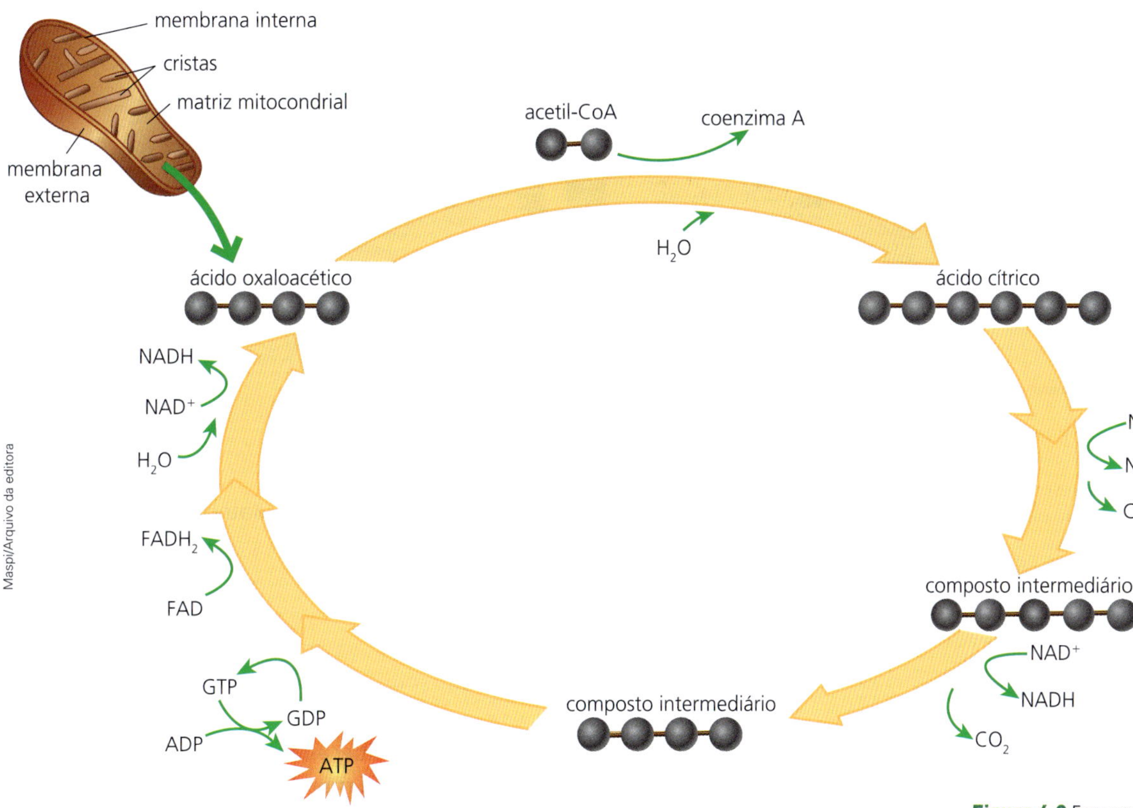

Maspi/Arquivo da editora

Resumo geral da etapa intermediária e do ciclo de Krebs

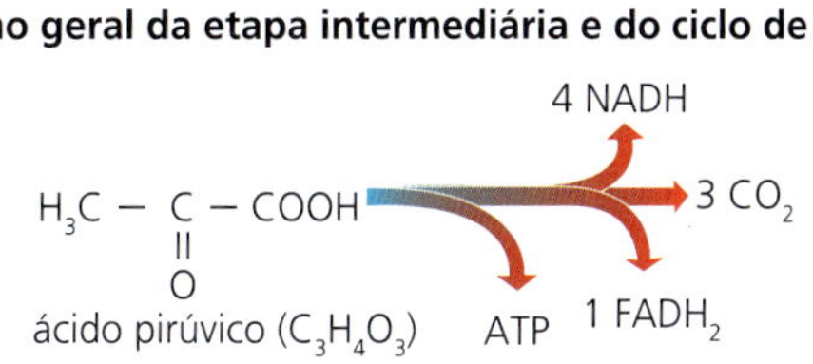

Figura 6.3 Esquema simplificado do ciclo de Krebs e resumo geral da etapa intermediária e do ciclo de Krebs. Apenas os átomos de carbono dos compostos formados estão representados por bolinhas. Os ácidos cítrico e oxaloacético estão na forma ionizada de citrato e oxaloacetato.

Os lipídios e as proteínas também podem entrar no ciclo de Krebs. Além disso, se necessário, vários produtos podem sair do ciclo e participar da síntese de substâncias. Assim, o ciclo de Krebs pode ser desviado em outras direções metabólicas, dependendo das condições do organismo, e, por isso, é chamado de "encruzilhada metabólica".

CADEIA RESPIRATÓRIA

Durante a glicólise, a etapa intermediária e o ciclo de Krebs, átomos de hidrogênio são retirados das cadeias de carbono para formar NADH e $FADH_2$. Na **cadeia respiratória**, esses compostos cedem seus elétrons, gerando íons H^+ que, por meio de uma série de transportadores de elétrons, reagem com o oxigênio, formando água e grande quantidade de moléculas de ATP (**figura 6.4**).

Decorre disso o outro nome dessa etapa: **transporte eletrônico**.

Durante o trajeto, os elétrons formam, com os transportadores, compostos cuja quantidade de energia é menor que a do transportador anterior. O último transportador passa os elétrons e os íons H^+ para o oxigênio absorvido do ambiente. Nesse processo, o oxigênio é a molécula que se reduz definitivamente, recebendo elétrons e íons H^+ da solução, formando água. A energia liberada nesse processo é usada na síntese de ATP. Essa síntese ocorre em um complexo enzimático, a ATP-sintase.

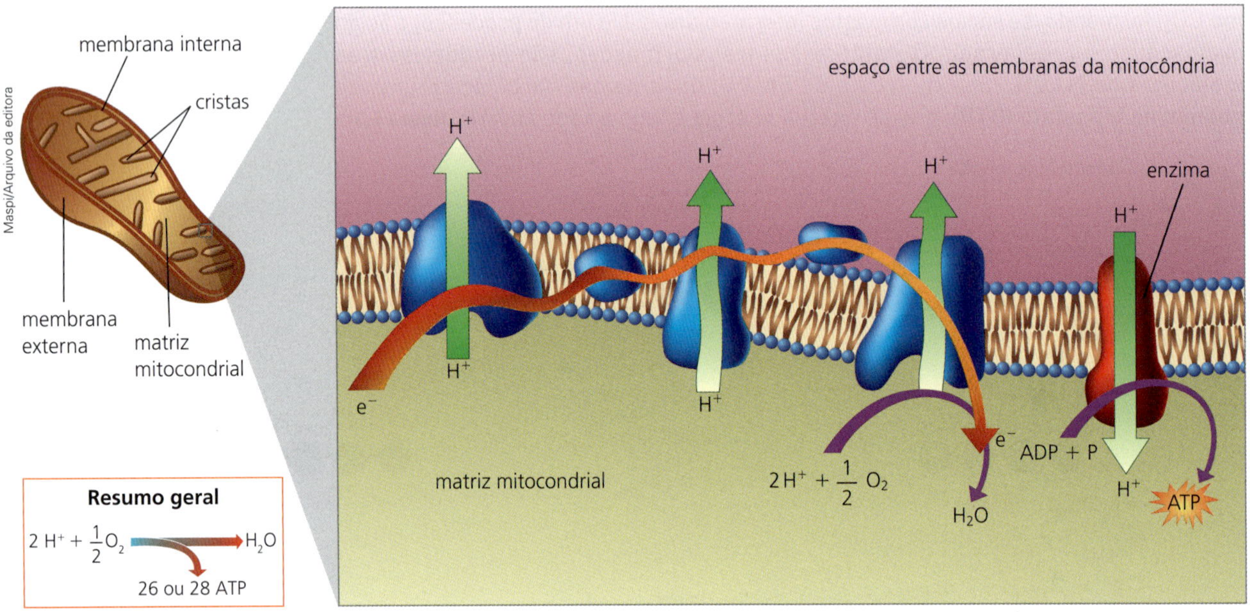

Figura 6.4 Cadeia respiratória: esquema simplificado da organização dos transportadores na membrana interna da mitocôndria e resumo geral (os elementos não estão na mesma escala; cores fantasia).

A cadeia respiratória também é chamada **fosforilação oxidativa**, porque a síntese de ATP depende da entrada de um fosfato no ADP (fosforilação) e a fosforilação é realizada com a energia proveniente de oxidações.

Nas células procariotas, como é o caso das bactérias, a respiração aeróbia pode produzir um total de 38 moléculas de ATP por molécula de glicose, mas o rendimento real da respiração é inferior a esse rendimento teórico e depende das condições metabólicas dessas células.

Nas células eucariotas, uma parte da energia liberada na cadeia respiratória é consumida no transporte das moléculas de ATP pela membrana da mitocôndria, e o saldo de moléculas de ATP pode chegar a 30 ou 32 ATP, dependendo do tipo de célula. Esses números também podem variar com as condições metabólicas da célula.

2. FERMENTAÇÃO E RESPIRAÇÃO ANAERÓBIA

A respiração aeróbia é a maneira mais eficaz para produzir energia, porém, não é a única. Os organismos **anaeróbios** (*an* = sem; *aér* = ar; *bios* = vida) **estritos** ou **obrigatórios** não possuem as enzimas responsáveis pelas reações químicas do ciclo de Krebs e da cadeia respiratória. O oxigênio é tóxico para eles; portanto, só crescem e se reproduzem em ambientes sem esse gás. É o caso da bactéria que causa o tétano e da que causa o botulismo, que veremos no capítulo 18.

Outros organismos, como o levedo de cerveja, embora possuam as enzimas do ciclo de Krebs e da cadeia respiratória e façam respiração aeróbia, podem liberar energia do alimento pelo processo de **fermentação**, caso falte oxigênio no ambiente. Eles são chamados **anaeróbios facultativos**.

A maioria dos organismos só faz respiração aeróbia e, portanto, morre quando falta oxigênio no ambiente. Esses seres são **aeróbios estritos** e estão representados, principalmente, pelos eucariontes pluricelulares, que consomem mais energia que os procariontes.

Na fermentação, a quebra da glicose termina na glicólise. Não havendo oxigênio ou não sendo possível utilizá-lo, outra molécula terá de receber os íons de hidrogênio. Essa molécula pode ser o ácido pirúvico ou outro fragmento da glicose. Desse modo, na fermentação pode ser formado, por exemplo, álcool etílico, ácido acético ou ácido láctico.

Como a glicose não é totalmente quebrada e oxidada a gás carbônico e água, a fermentação não libera toda a energia da molécula, e os produtos ainda possuem energia armazenada. Por isso o saldo energético da fermentação é de apenas duas moléculas de ATP (correspondentes à glicólise) para cada molécula de glicose.

Veja a seguir a fermentação **lática** e a **alcoólica**.

ACESSE E SAIBA MAIS

Bactérias benéficas e alimentos

<https://ed.ted.com/lessons/why-is-bread-fluffy-vinegar-sour-and-swiss-cheese-holey-erez-garty>

Acesso em: 19 jul. 2018.

FERMENTAÇÃO LÁTICA NAS BACTÉRIAS

Iogurtes são produzidos com leite e uma mistura de lactobacilos. A fermentação por essas bactérias produz o **ácido lático** ou **láctico** (daí o nome **fermentação lática** ou **láctica**), que coagula o leite, transformando-o em iogurte. Esse ácido é produzido quando os hidrogênios retirados da glicose são recebidos pelo ácido pirúvico (**figura 6.5**).

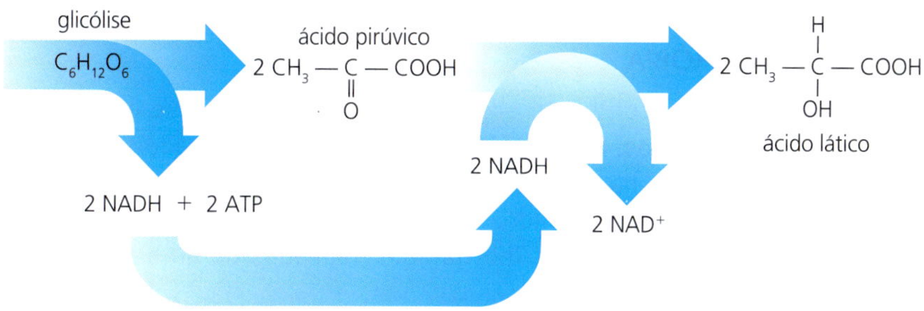

Figura 6.5 Esquema simplificado da fermentação lática, realizada por lactobacilos como o *Lactobacillus bulgaricus*. Esses microrganismos são encontrados em nosso intestino, no qual fabricam diversas vitaminas úteis ao organismo, como algumas do complexo B.

FERMENTAÇÃO LÁTICA NOS MÚSCULOS

As células musculares podem realizar tanto respiração aeróbia quanto fermentação lática. A proporção relativa desses dois processos depende da disponibilidade de oxigênio e da intensidade do exercício. Durante um esforço muscular muito intenso, o oxigênio que chega ao músculo não é suficiente para a obtenção de toda a energia necessária, fazendo com que as células musculares realizem fermentação lática (**figura 6.6**). Depois, parte do ácido produzido é conduzida pela corrente sanguínea ao fígado e transformada em ácido pirúvico, que é oxidado ou convertido em glicose. O processo é chamado gliconeogênese (*glykys* = doce; *neo* = novo; *genesis* = origem).

Quando em repouso, a célula muscular armazena certa quantidade de ATP. Parte deste passa sua energia para outro composto, a **creatina-fosfato**, que, por ser mais estável, pode ficar mais tempo armazenado na célula. Em caso de necessidade, a creatina-fosfato cede energia para a produção de ATP, e este é usado no trabalho muscular.

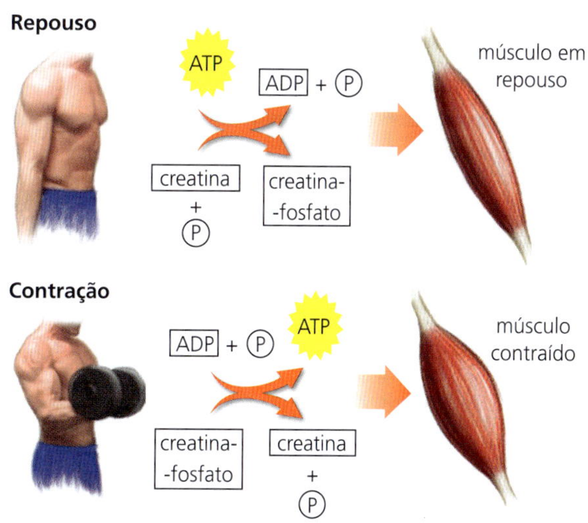

Mauro Nakata/Arquivo da editora

Figura 6.6 Além de glicogênio, o músculo tem como reserva de energia a creatina-fosfato. Na contração muscular, a creatina-fosfato transfere um fosfato com energia para o ATP. Portanto, a fonte imediata de energia para a contração é sempre o ATP (os elementos não estão na mesma escala; cores fantasia).

FERMENTAÇÃO ALCOÓLICA

A **fermentação alcoólica** é realizada por um fungo unicelular conhecido como levedo de cerveja ou fermento (*Saccharomyces cerevisiae*). Esse processo é usado na produção de álcool combustível e de bebidas alcoólicas.

Nessa fermentação, o ácido pirúvico perde um carbono e dois átomos de oxigênio antes de receber os hidrogênios. Dessa forma, são produzidos gás carbônico e álcool etílico (**figura 6.7**). O gás carbônico pode ser mantido na bebida, como nos espumantes e na cerveja.

Mas, como é um ser anaeróbio facultativo, dependendo da taxa de oxigênio presente no processo, esse fungo realizará respiração aeróbia. Por isso, se houver muito oxigênio, o fungo não produzirá álcool, mas gás carbônico e água. Nesse caso, a fermentação fica inibida pela presença de oxigênio; é o chamado **efeito Pasteur**, em homenagem ao cientista francês Louis Pasteur (1822-1895), que, entre muitas outras contribuições à ciência, estudou a fermentação.

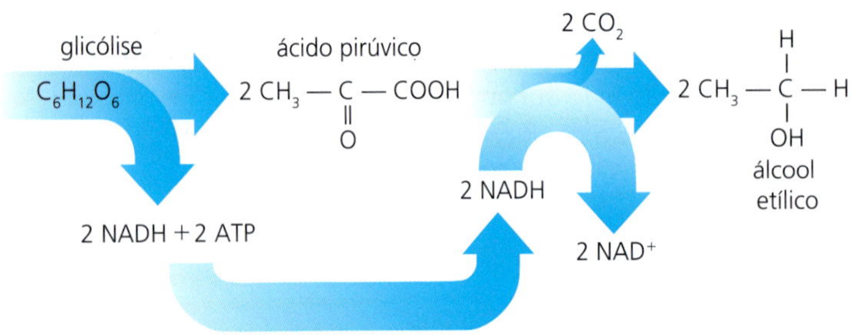

Figura 6.7 Esquema simplificado da fermentação alcoólica. Os hidrogênios retirados nesse processo não foram representados.

O fermento biológico, utilizado na produção de pães, contém o fungo *Saccharomyces cerevisiae* vivo, que, por meio da fermentação, produz também gás carbônico. É esse gás, produzido na fermentação alcoólica, que forma bolhas e aumenta o volume da massa, contribuindo para a maciez do pão. O álcool é eliminado pelo calor do forno.

RESPIRAÇÃO ANAERÓBIA

Na fermentação, um composto orgânico derivado da glicose é usado como aceptor final de hidrogênios, não havendo ciclo de Krebs nem cadeia respiratória. Na **respiração anaeróbia**, há um ciclo de Krebs e uma cadeia respiratória, mas o oxigênio não é o aceptor final dos hidrogênios retirados da glicose. Esses hidrogênios são recebidos por compostos inorgânicos retirados do ambiente (nitratos, sulfatos ou carbonatos).

A respiração anaeróbia é realizada por algumas bactérias que vivem em solos profundos, com pouco oxigênio, e produz uma quantidade menor de ATP em relação à respiração aeróbia.

ACESSE E SAIBA MAIS

Exercícios aeróbicos e anaeróbicos
<https://super.abril.com.br/comportamento/apenas-o-exercicio-aerobico-queima-gordura/>
Acesso em: 19 jul. 2018.

BIOLOGIA E COTIDIANO

Exercícios aeróbicos e anaeróbicos

Para realizar exercícios físicos por um tempo prolongado, é preciso manter um suprimento adequado do oxigênio necessário à respiração aeróbia, impedindo um acúmulo de ácido lático no músculo. Isso ocorre em caminhadas, corridas e natação realizadas de forma controlada.

Esse tipo de atividade, chamada aeróbica (ou aeróbia), aumenta o número de mitocôndrias nas fibras musculares e a quantidade de capilares que levam oxigênio e o alimento que as células recebem. Por isso, a prática constante desses exercícios aumenta a resistência à fadiga.

Os exercícios anaeróbicos (ou anaeróbios), como musculação, levantamento de peso e corridas muito rápidas, exigem esforço muscular intenso e têm curta duração. Nesse caso, o suprimento de oxigênio não é suficiente para a atividade, e as células realizam fermentação, o que provoca o acúmulo de ácido lático.

ATIVIDADES

Questões discursivas

1. Um artigo da internet, ao explicar o processo de respiração celular, simplificou o fenômeno comparando-o a um tipo de combustão, como o que ocorre no motor dos carros. Analise a afirmação, explicando uma diferença importante entre esses dois processos.
2. Existe uma molécula presente em todos os seres vivos que foi comparada a uma "moeda universal de energia". Que molécula é essa? Explique a razão dessa comparação.
3. Um estudante afirmou que o papel do gás oxigênio na respiração é se combinar com o carbono da glicose, produzindo gás carbônico. Outro estudante discordou, dizendo que ele deveria estudar mais a última etapa da respiração. Resolva essa discussão respondendo: qual é, afinal, o papel do gás oxigênio na respiração?
4. Cada célula do corpo humano contém, em média, de quinhentas a duas mil mitocôndrias. As células dos músculos esqueléticos estão entre as que possuem o maior número. Além disso, suas mitocôndrias possuem mais cristas. Como você justifica essas duas características das células musculares?
5. Qual a aplicação comercial da fermentação feita pelo lactobacilo, uma bactéria encontrada no leite? Compare esse processo ao que ocorre em nossos músculos durante uma atividade física de alta intensidade.
6. (Vunesp-SP) Uma mistura de fermento, água e açúcar foi colocada em uma garrafa térmica (I). Em outra garrafa térmica (II), foi colocada uma mistura de fermento e água. Em ambas as garrafas foi deixado um espaço de cerca de 5 cm entre o nível do líquido e a boca da garrafa. Elas foram tampadas com rolhas, em cada uma das quais se inseriu um termômetro com o bulbo imerso no respectivo líquido. Vinte e quatro horas após, foram lidas as temperaturas dos dois termômetros.
   a) Qual dos termômetros indicava temperatura mais alta?
   b) Justifique sua resposta.
7. (Ence/Uerj/Cefet-MG/UFRJ) A vantagem de a respiração ser um processo gradativo está exatamente no fato de que a energia é liberada em "pacotinhos", suscetíveis de ser aproveitados pela célula, em vez de uma liberação repentina, instantânea, que poderia danificar a célula devido à alta quantidade de calor produzido nessa liberação de energia. Por outro lado, a combustão dessa mesma molécula no laboratório acarreta sua oxidação instantânea, liberando, porém, a mesma quantidade de energia. Quais as vantagens de o processo, na célula, ser feito gradativamente?

Questões objetivas

1. (Enem-MEC) No processo de fabricação de pão, os padeiros, após prepararem a massa utilizando fermento biológico, separam uma porção de massa em forma de "bola" e a mergulham em um recipiente com água, aguardando que ela suba, como pode ser observado, respectivamente, em I e II do esquema abaixo. Quando isso acontece, a massa está pronta para ir ao forno.

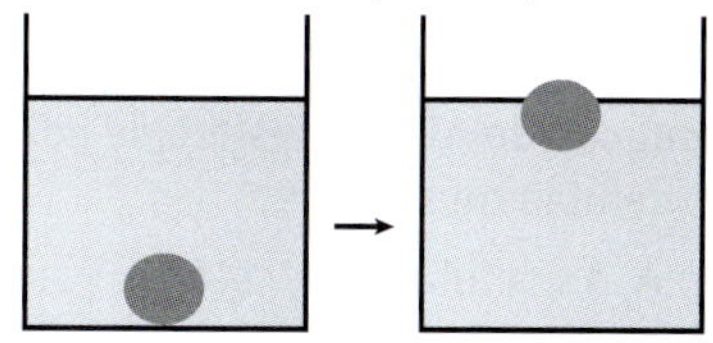

Um professor de Química explicaria esse procedimento da seguinte maneira: "A bola de massa torna-se menos densa que o líquido e sobe. A alteração da densidade deve-se à fermentação, processo que pode ser resumido pela equação $C_6H_{12}O_6$ (glicose) $\rightarrow 2\ C_2H_5OH$ (álcool comum) + + $2\ CO_2$ (gás carbônico) + energia. Considere as afirmações abaixo.

I. A fermentação dos carboidratos da massa de pão ocorre de maneira espontânea e não depende da existência de qualquer organismo vivo.

II. Durante a fermentação, ocorre produção de gás carbônico, que se vai acumulando em cavidades no interior da massa, o que faz a bola subir.

III. A fermentação transforma a glicose em álcool. Como o álcool tem maior densidade do que a água, a bola de massa sobe. Entre as afirmativas, apenas:

a) I está correta.
b) II está correta.
c) I e II estão corretas.
d) II e III estão corretas.
e) III está correta.

2. (FCC-SP) Se o microscópio eletrônico mostrar mitocôndrias agrupadas ao redor de determinada região de uma célula, pode-se concluir que essa região estava:

a) em grande atividade metabólica.
b) em degeneração.
c) lesada.
d) com carência de oxigênio.
e) sintetizando carboidratos.

3. (UEL-PR) No gráfico a seguir observa-se a produção de CO_2 e ácido lático no músculo de um atleta que está realizando atividade física.

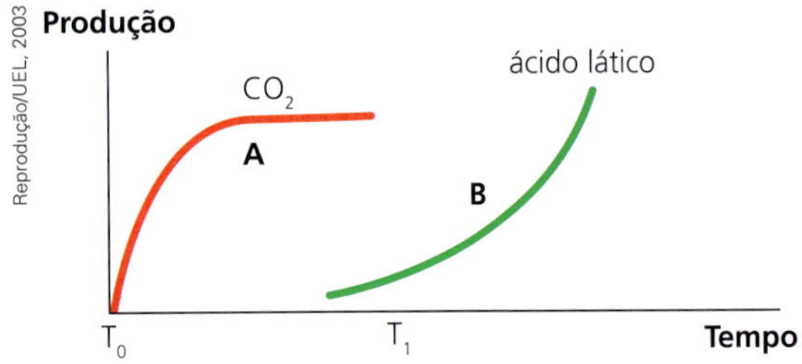

Sobre a variação da produção de CO_2 e ácido lático em **A** e **B**, analise as seguintes afirmativas:

I. A partir de T_1 o suprimento de O_2 no músculo é insuficiente para as células musculares realizarem respiração aeróbica.

II. O CO_2 produzido em **A** é um dos produtos da respiração aeróbica durante o processo de produção de ATP (trifosfato de adenosina) pelas células musculares.

III. Em **A**, as células musculares estão realizando respiração aeróbica, e em **B** um tipo de fermentação.

IV. A partir de T_1 a produção de ATP pelas células musculares deverá aumentar.

Das afirmativas acima, são corretas:

a) apenas I e II.
b) apenas III e IV.
c) apenas I, II e III.
d) apenas I, II e IV.
e) apenas II, III e IV.

4. (UFMG) Todos os processos indicados são característicos da respiração aeróbica, exceto:

a) consumo de glicose.
b) formação de ácido pirúvico.
c) produção de álcool.
d) produção de ATP.
e) produção de gás carbônico.

5. (Uerj) Para estudar o metabolismo de organismos vivos, isótopos radioativos de alguns elementos, como o ^{14}C, foram utilizados como marcadores de moléculas orgânicas.

Podemos demonstrar, experimentalmente, utilizando a glicose marcada com ^{14}C, o acúmulo de produtos diferentes da glicólise na célula muscular, na presença ou na ausência de um inibidor da cadeia respiratória mitocondrial.

Em presença desse inibidor, o metabólito radioativo que deve acumular-se no músculo é o ácido denominado:

a) lático.
b) cítrico.
c) pirúvico.
d) glicérico.

6. (UFPE) O maior rendimento energético do processo de respiração aeróbica (acoplada à cadeia transportadora de elétrons) sobre a glicólise é principalmente devido à:

a) maior atividade específica das enzimas envolvidas.
b) maior difusão das enzimas no meio de reação.
c) muito menor energia de ativação requerida.
d) completa oxidação de glicose a CO_2 e H_2O.
e) compartimentação e ordenação das enzimas envolvidas.

7. (Ufscar-SP) Os ingredientes básicos do pão são farinha, água e fermento biológico. Antes de ser levada ao forno, em repouso e sob temperatura adequada, a massa cresce até o dobro de seu volume. Durante esse processo predomina a:

a) respiração aeróbia, na qual são produzidos gás carbônico e água. O gás promove o crescimento da massa, enquanto a água a mantém úmida.
b) fermentação lática, na qual bactérias convertem o açúcar em ácido lático e energia. Essa energia é utilizada pelos microrganismos do fermento, os quais promovem o crescimento da massa.
c) respiração anaeróbia, na qual os microrganismos do fermento utilizam nitratos como aceptores finais de hidrogênio, liberando gás nitrogênio. O processo de respiração anaeróbia é chamado de fermentação, e o gás liberado provoca o crescimento da massa.
d) fermentação alcoólica, na qual ocorre a formação de álcool e gás carbônico. O gás promove o crescimento da massa, enquanto o álcool se evapora sob o calor do forno.
e) reprodução vegetativa dos microrganismos presentes no fermento. O carboidrato e a água da massa criam o ambiente necessário ao crescimento em número das células de levedura, resultando em maior volume da massa.

8. (Fuvest-SP) As mitocôndrias são consideradas as "casas de força" das células vivas. Tal analogia refere-se ao fato de as mitocôndrias:

a) estocarem moléculas de ATP produzidas na digestão dos alimentos.
b) produzirem ATP com utilização de energia liberada na oxidação de moléculas orgânicas.
c) consumirem moléculas de ATP na síntese de glicogênio ou de amido a partir de glicose.
d) serem capazes de absorver energia luminosa utilizada na síntese de ATP.
e) produzirem ATP a partir da energia liberada na síntese de amido ou de glicogênio.

PESQUISEM E COMPARTILHEM

Em grupo, escolham um dos temas a seguir para pesquisar. Preferencialmente, usem fontes variadas da internet, além de material impresso. Se necessário, peçam auxílio a professores de outras disciplinas.

Tema 1 Alimentos mal lavados ou conservados de maneira inadequada podem causar doenças. Pesquisem quais devem ser os cuidados em relação à compra e à conservação dos alimentos e também ao seu preparo e consumo. Depois, apresentem o trabalho para a classe e a comunidade escolar (alunos, professores e funcionários da escola e pais ou responsáveis), usando diferentes recursos, como galeria de imagens, vídeos, mensagens de texto ou elaboração de material colaborativo na internet. Elaborem também uma campanha para mostrar à comunidade local a importância dos cuidados em relação ao alimento. Essa campanha deverá ser composta de cartazes, folhetos e outros recursos (frases de alerta, letras de música, fotos, vídeos, etc.).

Tema 2 Neste capítulo, vocês aprenderam que a respiração e a fermentação liberam a energia contida nas ligações químicas da glicose e outros compostos orgânicos. Com o auxílio do professor de Física, pesquisem e apresentem para a classe as diversas formas em que a energia é encontrada (mecânica, térmica, de ligação química, etc.) e o princípio da conservação da energia.

ATIVIDADE PRÁTICA

ATENÇÃO!

O laboratório não é lugar de brincadeiras! Não realize experimentos nem manipule produtos químicos sem o consentimento e a supervisão do seu professor. Não mexa em torneiras de gás, se houver. Não cheire nem prove produtos químicos e evite o contato deles com a pele e os olhos.

Realize esta atividade para verificar o efeito do fermento biológico em diferentes condições.

Material

- água filtrada
- conta-gotas
- dois copos de vidro
- elásticos
- lâmina
- lamínula
- microscópio
- plástico transparente ou papel-filme
- tablete de fermento para pão (guarde o tablete na geladeira até o dia da prática)
- uma colher de sobremesa de açúcar

Procedimento

1. Coloque água filtrada até a metade de cada copo. Em um deles, coloque uma colher de sobremesa de açúcar e um quarto do tablete de fermento. No outro, coloque apenas água e um quarto do tablete de fermento.
2. Tampe os dois copos com plástico ou papel-filme e prenda-os com elásticos, deixando uma folga em cada um. Deixe os dois copos em local pouco iluminado durante um dia.
3. Enquanto isso, sob a orientação do professor, prepare uma lâmina com uma gota da mistura de fermento e água, observe-a ao microscópio e desenhe o que puder observar.
4. Veja como está o plástico em cada copo, tire o plástico e analise se há diferença no cheiro dos copos.

Conclusão

I. Explique a diferença no plástico e no cheiro entre os dois copos e nomeie o fenômeno ocorrido.

II. Por que o fenômeno só ocorreu em um dos copos?

III. Relate o que você observou ao microscópio.

IV. Se o fermento tivesse sido fervido, o fenômeno teria ocorrido? Por quê?

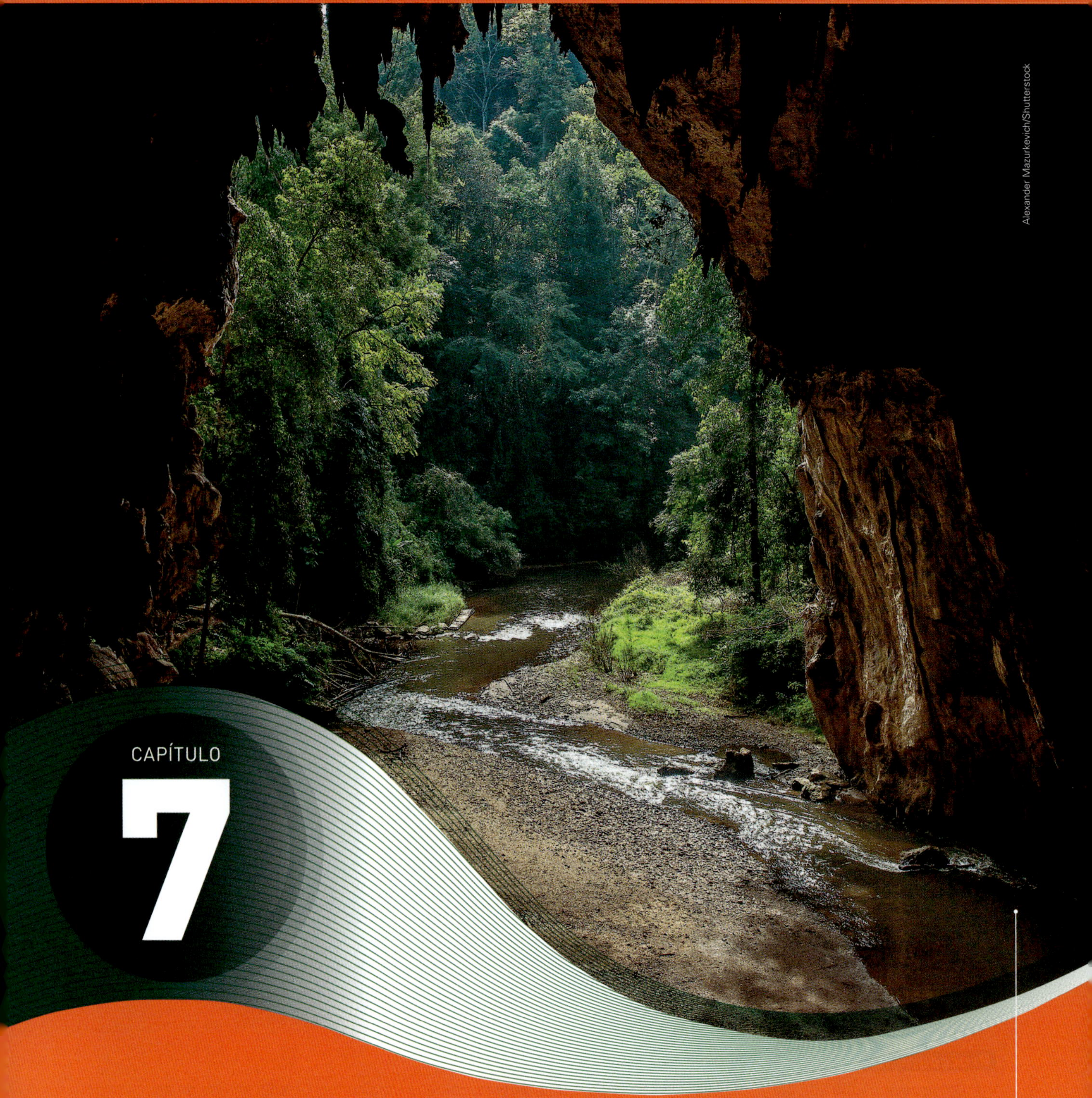

Caverna em Sappong, Tailândia.

CAPÍTULO

7

FOTOSSÍNTESE E QUIMIOSSÍNTESE

Em cavernas escuras e em regiões profundas do mar, a variedade e a quantidade de organismos costumam ser muito menores do que as encontradas em superfícies iluminadas. Isso acontece porque a presença de plantas e algas depende da presença de luz e são esses seres que, por meio da fotossíntese, fornecem matéria e energia que possibilitam a vida dos demais organismos.

- **Você sabe como as células realizam fotossíntese?**
- **Que fatores influenciam esse processo?**
- **O que é quimiossíntese? Quais são os seres vivos que produzem matéria orgânica por meio desse processo?**

1. FOTOSSÍNTESE

As plantas, algas e algumas bactérias produzem açúcares por meio da fotossíntese. Uma parte desses açúcares fica armazenada na planta ou é transformada em outras substâncias orgânicas, sendo utilizada pela planta para o seu crescimento e funcionamento adequados; outra parte pode ser usada na respiração, produzindo energia para a planta manter suas funções.

É importante compreender que as plantas e outros seres fotossintéticos realizam tanto a fotossíntese como a respiração. Não é correto, portanto, dizer que a planta faz fotossíntese durante o dia e respira apenas à noite. A fotossíntese, sim, ocorre só durante o dia, desde que haja luz suficiente, mas a respiração ocorre de dia e de noite. Durante o dia, quando há bastante luz, a produção de oxigênio é geralmente maior do que a quantidade de oxigênio empregada na respiração – o que sobra é liberado para a atmosfera.

Na fotossíntese, as moléculas de gás carbônico e de água são transformadas em açúcares com a utilização de energia luminosa. O processo pode ser resumido pela equação química simplificada:

$$6\,CO_2 + 6\,H_2O \rightarrow C_6H_{12}O_6 + 6\,O_2$$

Em 1941, dois cientistas da Universidade da Califórnia em Berkeley, Martin Kamen (1913-2002) e Sam Ruben (1913-1943), usando um isótopo de oxigênio (^{18}O), demonstraram que todo o oxigênio liberado na fotossíntese vem da água, e não do gás carbônico.

Fornecendo à planta água com o isótopo ^{18}O e gás carbônico com ^{16}O, verificamos que todo o oxigênio desprendido é formado pelo isótopo ^{18}O. Se fornecermos gás carbônico com ^{18}O, veremos que nenhum oxigênio desprendido é formado por esse isótopo.

Observe que, pela equação química, se formam seis moléculas de gás oxigênio (com um total de doze átomos de oxigênio), embora haja apenas seis moléculas de água (contendo, no total, seis átomos de oxigênio). A explicação para essa discrepância é o gasto de um número maior de moléculas de água durante o processo. No fim, formam-se novas moléculas de água a partir do gás carbônico. Por isso uma equação mais coerente com o fato de que todo o gás oxigênio se origina da água é a seguinte:

$$6\,CO_2 + 12\,H_2O \rightarrow C_6H_{12}O_6 + 6\,H_2O + 6\,O_2$$

Nos eucariontes, a fotossíntese ocorre nos cloroplastos. Nos procariontes, como as cianobactérias, a fotossíntese ocorre em um conjunto de invaginações da membrana e no citosol (**figura 7.1**).

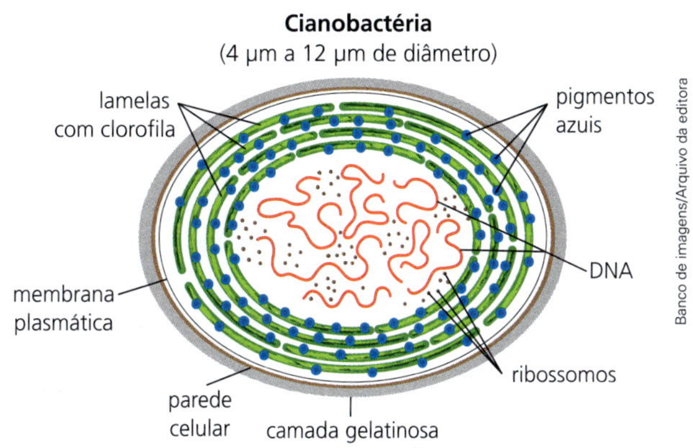

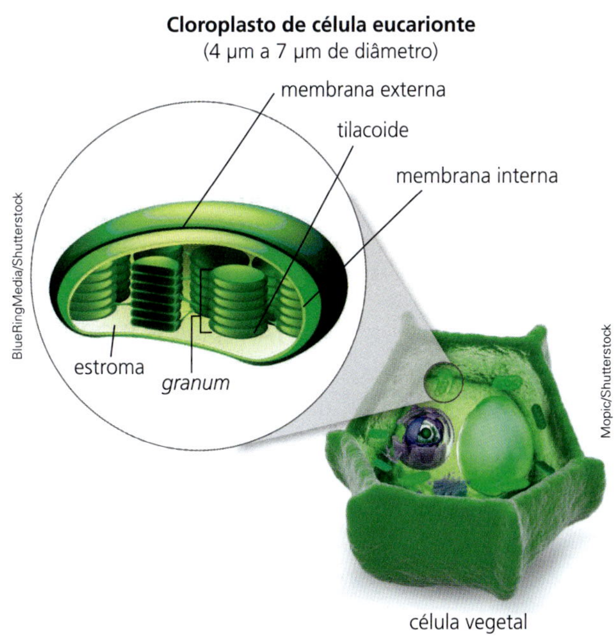

Figura 7.1 Modelo de uma cianobactéria (acima) e de um cloroplasto de célula eucarionte vegetal (os elementos não estão na mesma escala; cores fantasia).

CLOROFILA E ABSORÇÃO DE LUZ

A luz visível e branca corresponde a uma parte da energia transmitida pelo Sol. Essa luz é formada pela mistura de vários comprimentos de onda, registrados por nossos olhos como cores diferentes. É o que ocorre quando observamos um arco-íris ou quando a luz branca atravessa um prisma de vidro.

As moléculas de clorofila (veremos aqui os tipos **a** e **b**) só absorvem certos tipos de luz; elas absorvem bem as luzes vermelha, laranja, azul e violeta, e refletem grande parte da luz verde, absorvendo dela pouca energia. A cor verde que vemos nas plantas é justamente o reflexo dessa luz não absorvida.

Para comprovar isso, em 1883 o botânico alemão Theodor W. Engelmann (1843-1909) realizou o seguinte experimento: um filamento de alga (gênero *Cladophora*) foi colocado em um meio com bactérias aeróbias e o conjunto foi iluminado com as diversas cores que compõem a luz branca. Observando maior acúmulo de bactérias nas regiões iluminadas pelo vermelho (na faixa de 700 nm) e pelo azul (na faixa de 450 nm), ele concluiu que nesses dois locais havia maior desprendimento de gás oxigênio e, consequentemente, que nessas regiões ocorria mais fotossíntese (**figura 7.2**).

No entanto, a planta utiliza também em menor escala outros comprimentos de onda, visto que outros pigmentos participam do processo, liberando a energia absorvida para a clorofila.

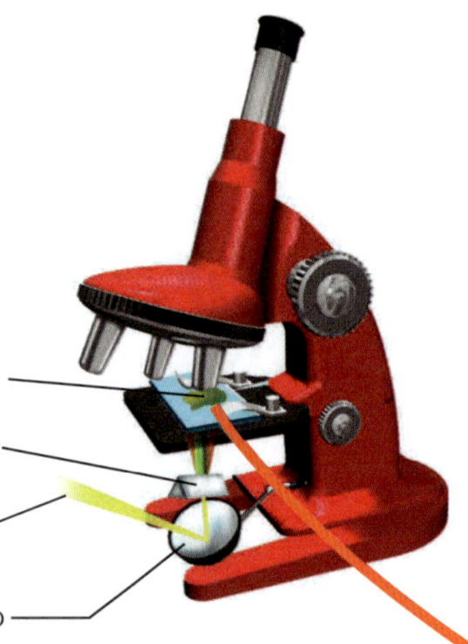

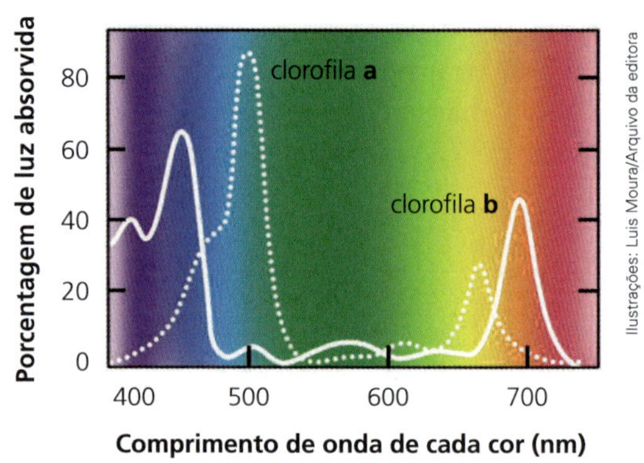

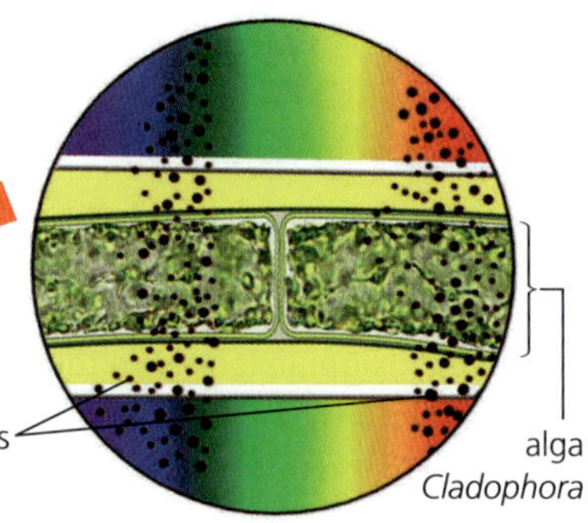

Figura 7.2 O espectro de absorção das clorofilas **a** e **b** indica que as cores mais absorvidas ficam em torno do vermelho e do azul, e a menos absorvida é o verde. O experimento comprova que as cores mais absorvidas pela clorofila são justamente aquelas para as quais há maior fotossíntese: as bactérias aeróbias se dirigem para as regiões da alga em que há maior produção de oxigênio (os elementos não estão na mesma escala; cores fantasia).

ETAPAS DA FOTOSSÍNTESE

A fotossíntese pode ser dividida em duas etapas: a **fotoquímica** (fase clara) e a **química** (fase escura).

Durante a etapa fotoquímica, a energia luminosa é absorvida pela clorofila presente nos tilacoides e armazenada em moléculas de ATP (processo chamado **fotofosforilação**, já que usa energia da luz para acrescentar um fosfato ao ADP). A transformação da energia luminosa em ATP acontece porque quando recebe luz, a molécula de clorofila perde elétrons que passam por vários transportadores, de modo parecido com o que ocorre na respiração celular. Nesse transporte, a energia promove o deslocamento de íons H^+ (prótons) para dentro dos tilacoides. Os elétrons perdidos pela clorofila são removidos de moléculas de água, transformando-as em átomos de hidrogênio e oxigênio. O processo é chamado fotólise da água (*photos* = luz; *lyse* = quebra).

A planta libera o oxigênio para o ambiente na forma de gás. Os íons H^+, juntamente com os elétrons, são combinados ao composto **NADP (nicotinamida adenina dinucleotídeo fosfato)** na forma oxidada $NADP^+$ (**figura 7.3**). O NADPH e a energia do ATP formados são usados na fase seguinte, que não usa luz, para transformar o gás carbônico em açúcares (glicídios).

A etapa química, também chamada **ciclo das pentoses**, **ciclo de Calvin** ou **ciclo de Calvin-Benson**, ocorre no estroma dos cloroplastos. Essa etapa foi estudada no final da década de 1940 pelo bioquímico estadunidense Melvin Calvin (1911-1997) e seus colaboradores, principalmente Andrew Benson (1917-2015).

Na etapa química, por meio de uma série de reações, são sintetizados glicídios a partir do gás carbônico e dos íons H^+ (produzidos na etapa fotoquímica e armazenados na forma de NADPH). A energia para essa síntese vem do ATP, também produzido na primeira etapa. A conversão do gás carbônico em um composto orgânico (um glicídio) é chamada **fixação do carbono**.

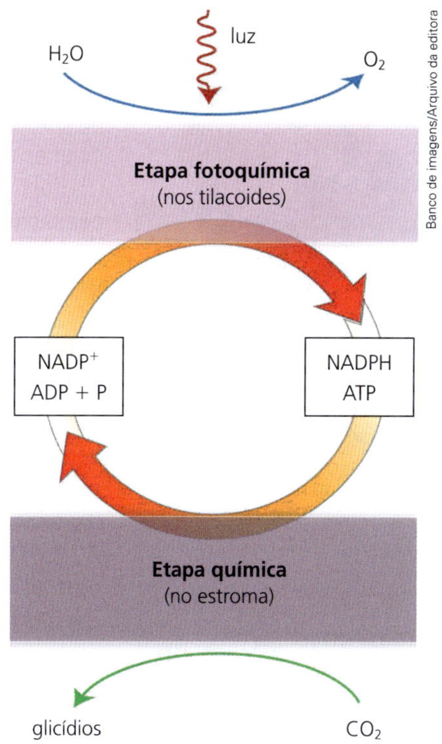

Figura 7.3 Esquema simplificado das duas etapas da fotossíntese. Elas estão relacionadas, pois os átomos de hidrogênio e a energia (ATP) necessários à etapa química foram originados na etapa fotoquímica.

VELOCIDADE DA FOTOSSÍNTESE

Em condições normais, é muito difícil que todos os requisitos necessários à fotossíntese estejam presentes nas quantidades ideais; portanto, ela não ocorre com eficiência máxima.

Analisaremos a seguir a variação da velocidade da fotossíntese em relação a três fatores: luz, gás carbônico e temperatura.

A velocidade da fotossíntese pode ser calculada medindo-se a quantidade de oxigênio liberada. Quanto maior essa quantidade, maior a velocidade do processo. Com esse procedimento, podemos construir um gráfico e chegar a algumas conclusões (**figura 7.4**).

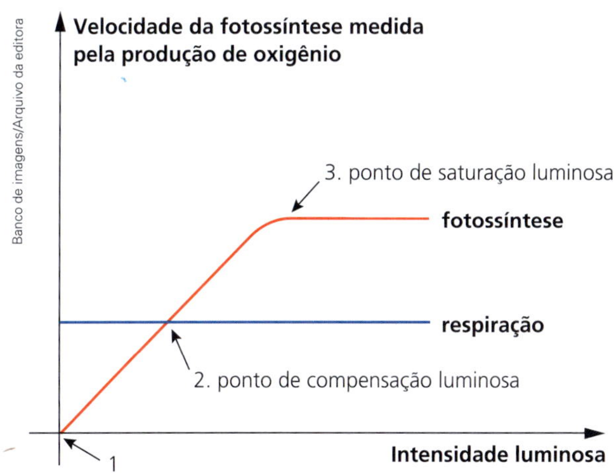

Figura 7.4 Gráfico da velocidade da fotossíntese em função da intensidade luminosa.

Quando está no escuro (ponto 1), a planta não está realizando fotossíntese, mas está respirando; ela consome oxigênio em vez de produzi-lo.

O ponto 2 indica determinado valor de iluminação no qual a quantidade de oxigênio consumida é igual à produzida. Isso significa que a fotossíntese atingiu velocidade igual à da respiração. Nesse momento, chegamos ao **ponto de compensação luminosa** ou **ponto de compensação fótica**. Quando a intensidade de luz é superior à do ponto de compensação, há saldo de oxigênio, que é liberado pela planta.

A produção de oxigênio cresce até determinado valor da intensidade luminosa (ponto 3), a partir do qual não se altera mais, mesmo se a luminosidade aumentar. Chega-se então ao **ponto de saturação luminosa**. Aí, outro fator qualquer, como o gás carbônico, pode não estar em quantidade suficiente para acompanhar o aumento da velocidade e começa a frear o processo. Nesse caso, esse fator limita o processo, sendo chamado fator limitante.

Figura 7.5 A begônia é uma planta que cresce bem à sombra.

ACESSE E SAIBA MAIS

Fase fotoquímica
<www.youtube.com/watch?v=KnOKYaQIOoc>

Ciclo de Calvin
<https://ed.ted.com/lessons/nature-s-smallest-factory-the-calvin-cycle-cathy-symington>

Plantas de sol e plantas de sombra
<http://rvq.sbq.org.br/imagebank/pdf/v7n1a04.pdf>
Acesso em: 17 jul. 2018.

Algumas plantas conseguem viver com baixa intensidade luminosa: são as plantas de sombra (umbrófitas ou umbrófilas – *umbro* = sombra; *fito* = planta; *filo* = afeito a), que crescem, por exemplo, no interior de florestas, onde há pouca luz. Essas plantas possuem folhas mais finas, com menos células, e precisam de uma quantidade inferior de energia da respiração para se manter. Veja a **figura 7.5**.

Portanto, precisam de menor intensidade de luz para ultrapassar o ponto de compensação e começar a crescer (**figura 7.6**). Se algumas espécies de plantas de sombra forem expostas por longo tempo a altos níveis de luz, seus cloroplastos serão danificados e a planta acabará morrendo.

Outras plantas estão adaptadas a ambientes bem iluminados e precisam de muita luz para crescer: são as plantas de sol (heliófitas ou heliófilas – *helios* = sol). Essas plantas têm folhas mais grossas, com mais células, e o consumo de energia da respiração para crescer e se manter é maior (o que só é possível em ambientes bem iluminados). As plantas heliófitas têm um ponto de compensação luminosa mais alto que o das umbrófitas e utilizam melhor as intensidades mais altas de luz (**figura 7.6**).

A concentração de gás carbônico na atmosfera é um fator limitante da velocidade da fotossíntese de uma planta bem iluminada. Aumentando a concentração desse gás, a velocidade aumenta até que a luz ou outros fatores passem a ser limitantes.

O aumento da temperatura acelera as reações químicas da fase escura, mas influencia pouco a fase luminosa, na qual as reações dependem apenas da luz. Por isso, se a planta estiver pouco iluminada, o aumento da temperatura terá pouco efeito, uma vez que os produtos da fase luminosa estão presentes em pequena quantidade. Se a planta estiver bem iluminada, com boa quantidade de ATP, entre outros compostos, o aumento da temperatura provocará aumento significativo na velocidade.

Observe no gráfico da **figura 7.7** que o aumento da velocidade da fotossíntese em decorrência da elevação da temperatura só ocorre até determinado ponto. A partir desse ponto, o calor desnatura as enzimas que catalisam as reações com cadeias químicas de carbono. A velocidade começa a diminuir até o processo cessar de todo, o que pode causar a morte da planta.

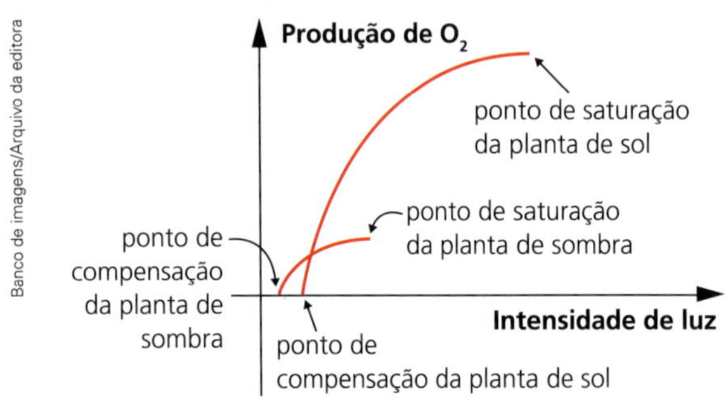

Figura 7.6 Gráfico representando a influência da luz na velocidade da fotossíntese nas chamadas "plantas de sol" e "plantas de sombra".

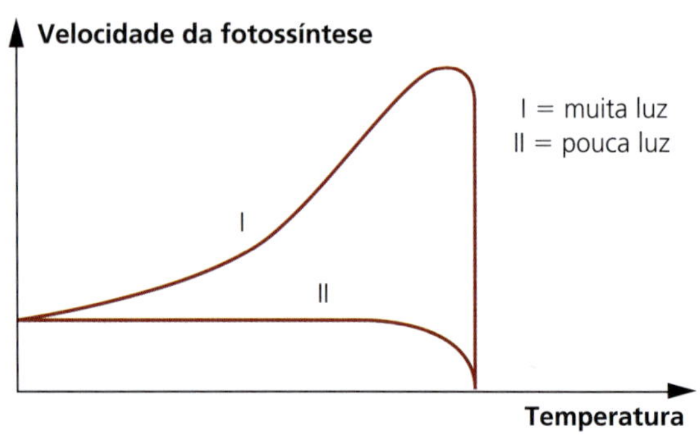

Figura 7.7 Gráfico da velocidade da fotossíntese em função da temperatura.

2. QUIMIOSSÍNTESE

Certas bactérias que vivem no solo são capazes de sintetizar substâncias orgânicas a partir de gás carbônico, água e outras substâncias inorgânicas sem utilizar energia luminosa. Elas provocam a oxidação de substâncias minerais do solo ou da água (amônia, enxofre, sais de ferro, etc.) e aproveitam a energia liberada para sintetizar açúcares. A partir desses açúcares, outras substâncias orgânicas são produzidas. Esse processo é conhecido como **quimiossíntese**.

Como veremos no estudo dos ciclos biogeoquímicos (capítulo 47), algumas bactérias quimiossintetizantes oxidam a amônia, originada da decomposição da matéria orgânica, em nitrito; outras bactérias transformam o nitrito em nitrato, que é absorvido pelas raízes das plantas e usado na síntese de proteínas. A energia liberada nesses processos é usada por essas bactérias na síntese de produtos orgânicos. Ao mesmo tempo, elas promovem a reciclagem do nitrogênio dos organismos mortos.

ATIVIDADES

Questões discursivas

1. A energia não pode ser criada nem destruída, mas uma forma de energia pode ser transformada em outra. Nos cloroplastos, ocorre uma conversão de energia que não acontece nas mitocôndrias ou em nenhuma outra estrutura da célula eucariota. Escreva uma frase que explique que conversão é essa.

2. O esquema abaixo indica dois processos fundamentais para os seres vivos, as organelas que realizam esses processos e as substâncias consumidas e liberadas em cada um desses processos.

Luis Moura/Arquivo da editora

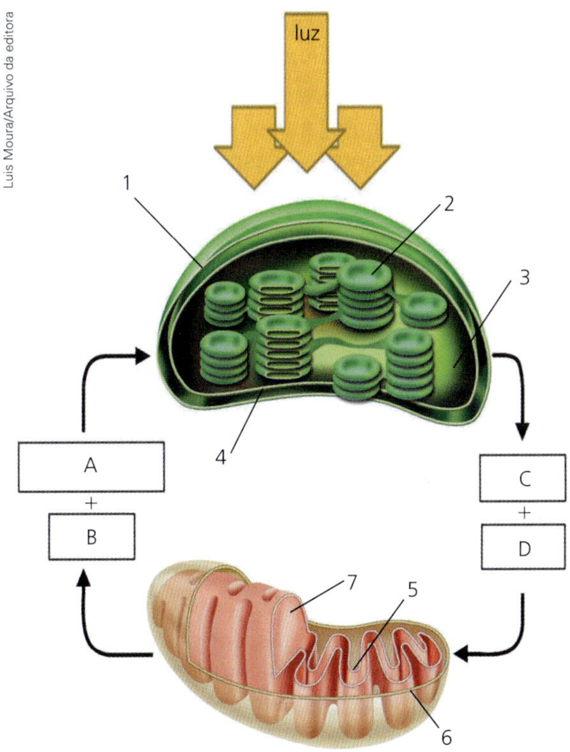

Os elementos não estão na mesma escala; cores fantasia.

a) Quais são esses processos e que organelas são responsáveis por eles nas células eucariotas?

b) Identifique a que letra corresponde cada substância envolvida nesse processo, sabendo que a letra **B** indica a substância mais encontrada no corpo dos seres vivos e a letra **C** indica uma substância orgânica.

c) Identifique a que parte da organela corresponde cada número da figura.

3. (Vunesp-SP) Melanina é um tipo de pigmento proteico produzido pelos melanócitos, células da camada basal da epiderme. Clorofila é a designação de um grupo de pigmentos presentes nos cloroplastos das plantas, conferindo-lhes a cor verde. Mutações nos genes que participam das vias biossintéticas desses pigmentos podem comprometer sua produção, resultando em indivíduos albinos. Um animal albino pode crescer e se reproduzir; uma planta albina, contudo, não pode sobreviver. Explique por que um animal albino é viável, enquanto uma planta albina não.

4. (Esal-MG) A fotossíntese é um dos mais importantes fenômenos que ocorrem na natureza, pois todos os seres vivos dependem direta ou indiretamente desse processo.
   a) Justifique a proposição acima.
   b) Qual a organela citoplasmática responsável pela fotossíntese?
   c) Quais os produtos da etapa fotoquímica da fotossíntese?

5. (UFRJ) Dois grupos de ratos, A e B, foram colocados em câmaras de vidro transparente. No grupo A, cada câmara continha uma planta verde, separada por uma tela. No grupo B, cada câmara não continha a planta verde.

Reprodução/UFRJ.

As câmaras foram, então, hermeticamente fechadas e colocadas em ambiente iluminado. Após algum tempo, os ratos de um dos grupos morreram, enquanto os ratos do outro grupo resistiram por mais tempo.

Qual dos dois grupos de ratos sobreviveu por mais tempo? Qual a explicação para esse fato?

6. (Fuvest-SP) Em seus estudos sobre fotossíntese, um biólogo colocou uma planta num sistema fechado, sujeito a diferentes intensidades luminosas. Medindo a variação do teor de oxigênio, obteve valores que lhe permitiram construir o gráfico abaixo. Qual o significado biológico dos pontos A, B e C assinalados no gráfico?

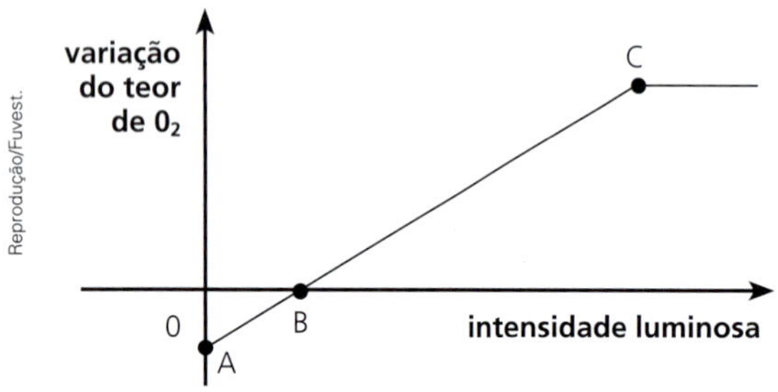

7. (UFRJ) Várias atividades biológicas dos seres vivos dependem da luz do Sol. Uma dessas atividades faz com que, a cada momento, metade da atmosfera do planeta tenha maior teor de oxigênio que a outra.
   a) Que atividade biológica é responsável por esse fato?
   b) Qual é o motivo dessa diferença no teor de oxigênio?

8. (Fuvest-SP) "Um automóvel, movido a gasolina ou a álcool, está em última análise, utilizando luz solar." Justifique essa afirmativa.

Questões objetivas

1. (UFT-TO) A aplicação de CO_2 no cultivo de vegetais vem sendo utilizada desde o final do século passado. Analise este gráfico, em que estão representados resultados da aplicação e da não aplicação desse método numa determinada plantação:

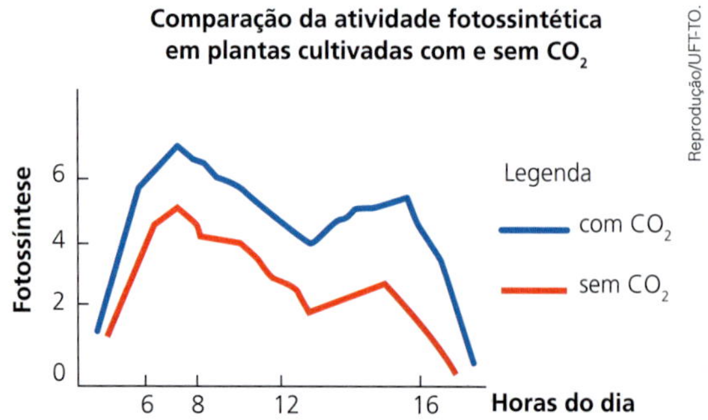

Considerando as informações desse gráfico e outros conhecimentos sobre o assunto, é correto afirmar que:
   a) a aplicação de CO_2 aumenta a produção de matéria orgânica.
   b) a aplicação de CO_2 retarda o crescimento e o desenvolvimento das plantas.
   c) a atividade fotossintética independe da concentração de CO_2 e da temperatura.
   d) a maior atividade fotossintética ocorre nas horas mais quentes do dia.

2. (Enem-MEC) A fotossíntese é importante para a vida na Terra. Nos cloroplastos dos organismos fotossintetizantes, a energia solar é convertida em energia química que, juntamente com água e gás carbônico (CO_2), é utilizada para a síntese de compostos orgânicos (carboidratos). A fotossíntese é o único processo de importância biológica capaz de realizar essa conversão. Todos os organismos, incluindo os produtores, aproveitam a energia armazenada nos carboidratos para impulsionar os processos celulares, liberando CO_2 para a atmosfera e água para a célula por meio da respiração celular. Além disso, grande fração dos recursos energéticos do planeta, produzidos tanto no presente (biomassa) como em tempos remotos (combustível fóssil), é resultante da atividade fotossintética.

As informações sobre obtenção e transformação dos recursos naturais por meio dos processos vitais de fotossíntese e respiração, descritas no texto, permitem concluir que:
   a) o CO_2 e a água são moléculas de alto teor energético.
   b) os carboidratos convertem energia solar em energia química.
   c) a vida na Terra depende, em última análise, da energia proveniente do Sol.
   d) o processo respiratório é responsável pela retirada de carbono da atmosfera.
   e) a produção de biomassa e de combustível fóssil, por si, é responsável pelo aumento de CO_2 atmosférico.

3. (PUC-MG) O CO_2 tem a propriedade de formar uma película esbranquiçada na superfície da água de cal (solução de hidróxido de cálcio) ou de torná-la leitosa quando borbulhado em seu interior, formando o carbonato de cálcio. Colocando frascos com solução de água e cal como: frasco 1 – com plantas aquáticas; frasco 2 – com animais pequenos; frasco 3 – sementes de feijão germinando; e deixados em ambiente escuro durante 10 horas, deve-se esperar que:

a) os três frascos tornem-se leitosos.

b) apenas o frasco 1 fique leitoso.

c) apenas o frasco 2 fique leitoso.

d) apenas o frasco 3 fique leitoso.

e) apenas dois deles fiquem leitosos.

4. (Ufal) Vida demanda energia. Sem energia, a organização característica dos seres vivos não consegue se manter. Com relação a esse tema, analise as proposições a seguir.

1) Na quimiossíntese, a energia utilizada na formação de compostos orgânicos provém da oxidação de substâncias inorgânicas.

2) Na fotofosforilação, a energia luminosa do sol, captada pelas moléculas de clorofila, organizadas nas membranas dos tilacoides, é transformada em energia química.

3) Na fermentação, há liberação de energia suficiente para a síntese de duas moléculas de ATP.

4) Ao final do ciclo de Krebs, os elétrons energizados e os íons H^+ produzidos são utilizados para constituir ATP, na cadeia respiratória.

Está(ão) correta(s):

a) 1, 2 e 4 apenas.

b) 2 e 3 apenas.

c) 1, 3 e 4 apenas.

d) 1, 2, 3 e 4.

e) 2 apenas.

5. (Fuvest-SP) Em determinada condição de luminosidade (ponto de compensação fótico), uma planta devolve para o ambiente, na forma de gás carbônico, a mesma quantidade de carbono que fixa, na forma de carboidrato, durante a fotossíntese. Se o ponto de compensação fótico é mantido por certo tempo, a planta:

a) morre rapidamente, pois não consegue o suprimento energético de que necessita.

b) continua crescendo, pois mantém a capacidade de retirar água e alimento do solo.

c) continua crescendo, pois mantém a capacidade de armazenar o alimento que sintetiza.

d) continua viva, mas não cresce, pois consome todo o alimento que produz.

e) continua viva, mas não cresce, pois perde a capacidade de retirar do solo os nutrientes de que necessita.

6. (PUC-RS) Baseados nos conhecimentos biológicos, pesquisadores brasileiros têm buscado converter água e luz solar em combustível. A estratégia é separar oxigênio e hidrogênio pela quebra da molécula de água, usando a energia luminosa. Para isso, um nanomaterial será usado para absorver a energia luminosa que promoverá essa reação. Oxigênio e hidrogênio gasosos serão, então, armazenados e, quando recombinados, produzirão eletricidade e água. Um processo semelhante é realizado naturalmente nos vegetais durante a fase luminosa da fotossíntese, quando há ______________ para quebrar a molécula de água e liberar ______________ gasoso. Com a luz, há transferência de ______________ para $NADP^+$ e, finalmente, é gerado(a) ______________, que atuará como combustível químico.

Assinale a alternativa que preenche corretamente as lacunas.

a) ADP – hidrogênio – oxigênio – clorofila

b) ATP – oxigênio – hidrogênio – ATP

c) ATP – hidrogênio – oxigênio – ADP

d) clorofila – oxigênio – hidrogênio – ATP

e) clorofila – hidrogênio – oxigênio – ADP

ATIVIDADES PRÁTICAS

1. Nesta atividade, utilize o microscópio óptico para analisar a estrutura de uma folha.

Material

- água
- conta-gotas
- ramo de elódea (pode ser encontrada em lojas de aquários e artigos afins)
- microscópio óptico
- lâminas de vidro
- lamínulas

Procedimento

1. Coloque uma folha da planta aquática elódea sobre uma lâmina de vidro e a cubra com uma ou duas gotas de água e, depois, com a lamínula, como mostra a figura abaixo.

2. Observe a lâmina ao microscópio. Se estiver um pouco fora de foco, você poderá, com a orientação do professor, ajustar o parafuso micrométrico.

Conclusão

I. Em seu caderno, desenhe o que observou.
II. Que estruturas responsáveis pela cor verde da planta você pode enxergar?
III. Por que a elódea não sobreviveria sem essas estruturas?

2. Na atividade a seguir você poderá visualizar um processo da planta estudado neste capítulo.

Material

- béquer com água
- bicarbonato de sódio
- colher
- funil transparente
- tubo de ensaio
- ramos de elódea

Procedimento

1. Em um vidro com água, dissolva uma colher de café de bicarbonato de sódio para aumentar a quantidade de gás carbônico e diminuir o tempo do experimento. Misture bem e espere cerca de 10 minutos. Ponha ramos de elódea e cubra com um funil, como mostra a figura ao lado.
2. Encha um tubo de ensaio com água e, tapando a boca do tubo com o dedo, inverta-o sobre o funil.
3. Exponha o conjunto ao sol e observe a formação de bolhas.

Conclusão

I. Que tipo de gás forma essas bolhas?
II. Qual o fenômeno responsável pela produção do gás?
III. O que aconteceria com a produção desse gás se o tubo fosse colocado no escuro? Por quê?

Fuse/Corbis/Getty Images

Meninas gêmeas idênticas. Elas não são apenas parecidas, mas carregam exatamente o mesmo DNA.

CAPÍTULO

8

NÚCLEO, CROMOSSOMOS E CLONAGEM

Embora todos os seres humanos tenham muitas características em comum, é possível observar em uma mesma família pessoas ainda mais semelhantes entre si. Dois irmãos, por exemplo, podem até ser iguais, como acontece com gêmeos idênticos.

Para entender o que nos faz diferentes de outros seres vivos e, ao mesmo tempo, tão semelhantes a outros seres humanos, é preciso compreender como nosso organismo funciona e interage com o ambiente. O segredo disso está no núcleo das células.

- O que nos torna semelhantes? O que nos torna diferentes?
- Como se dá a comunicação do núcleo com o restante da célula?
- Você sabe o que são clones? Podemos encontrá-los na natureza, ou a clonagem é algo criado pelo ser humano?

1. COMPONENTES DO NÚCLEO

O núcleo é composto de um **envelope nuclear** ou **carioteca** (*karyon* = núcleo; *théke* = invólucro), que envolve a **cromatina** (material genético), os **nucléolos** e o **nucleoplasma**. Veja a **figura 8.1**.

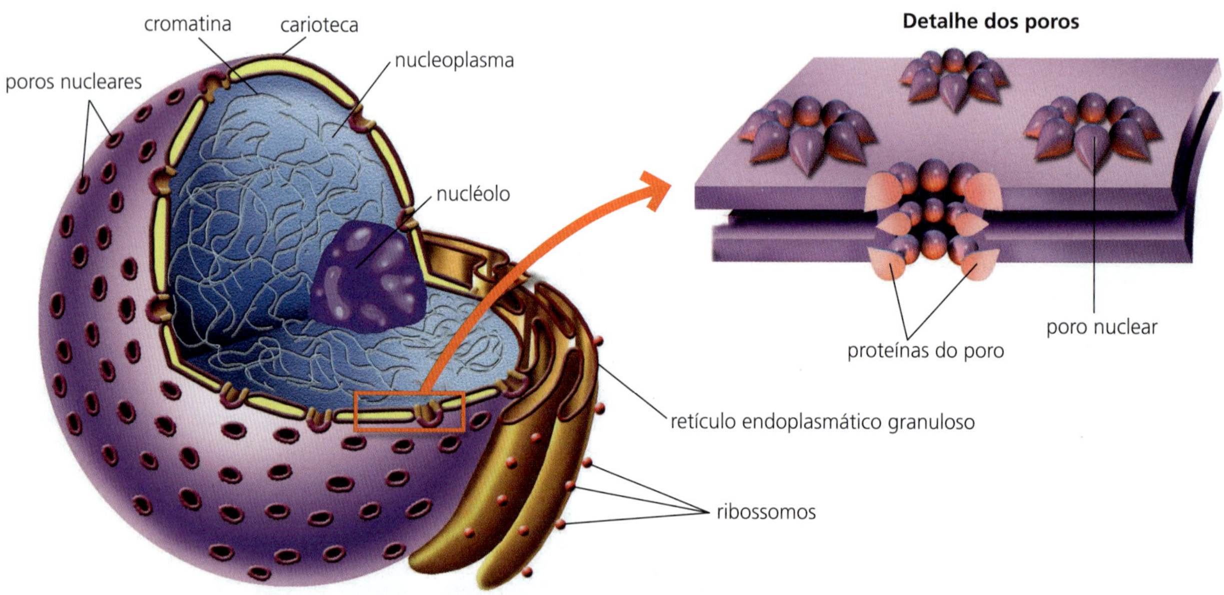

Figura 8.1 Ilustração esquemática do núcleo de uma célula. O núcleo tem cerca de 15 μm (os elementos não estão na mesma escala; cores fantasia).

O envelope nuclear apresenta membrana dupla com poros, através dos quais ocorre a troca de material entre o núcleo e o citoplasma. Dentro dele existe um líquido, o nucleoplasma ou **cariolinfa**, constituído por água, sais minerais, proteínas e materiais que participam da síntese de ácidos nucleicos.

A cromatina consiste em moléculas de DNA associadas a proteínas. O termo cromatina (*khroma* = cor) vem do fato de esses filamentos adquirirem cor visível ao microscópio óptico na presença de corantes.

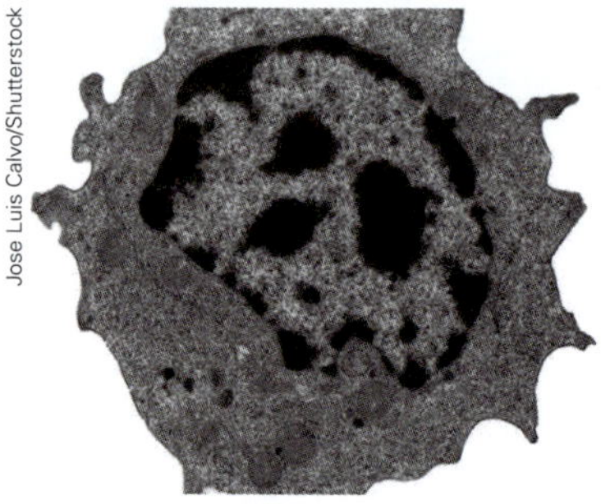

Figura 8.2 Célula do sangue (linfócito) com núcleo central ao microscópio eletrônico (aumento de cerca de 8 mil vezes).

Quando tratada com um corante básico, a cromatina aparece, ao microscópio óptico, como uma mancha irregular. Ao microscópio eletrônico, essa mancha parece conter uma fina granulação. As regiões mais densas – a **heterocromatina** (*hétero* = diferente) – correspondem às partes dos filamentos dobradas de forma compacta. Essas regiões contrastam com outras em que os filamentos, mais "esticados", aparecem menos condensados; por isso elas adquirem coloração mais fraca e são chamadas **eucromatina** (*eu* = bem, verdadeiro). Veja a **figura 8.2**.

A eucromatina corresponde a uma região do DNA em que os genes estão ativos, enquanto as regiões da heterocromatina correspondem a genes inativos ou desligados.

O nucléolo é formado por grãos com um tipo de RNA (ácido ribonucleico) e por proteínas que migram do núcleo para o citoplasma, onde vão formar os ribossomos. Esse RNA é sintetizado pelo DNA em certas regiões da cromatina.

2. CROMOSSOMOS

Quando observamos células eucariotas em processo de divisão, os filamentos de cromatina apresentam-se condensados na forma de corpúsculos compactos com aspecto de bastonete, os **cromossomos** (*khroma* = cor; *soma* = corpo). Cada um deles é formado por uma longa molécula de DNA dobrada várias vezes sobre si mesma (**figura 8.3**). Em certas regiões, essa molécula aparece enrolada em volta de proteínas chamadas **histonas**. Um conjunto de oito unidades de histonas com o DNA em volta é chamado **nucleossomo**.

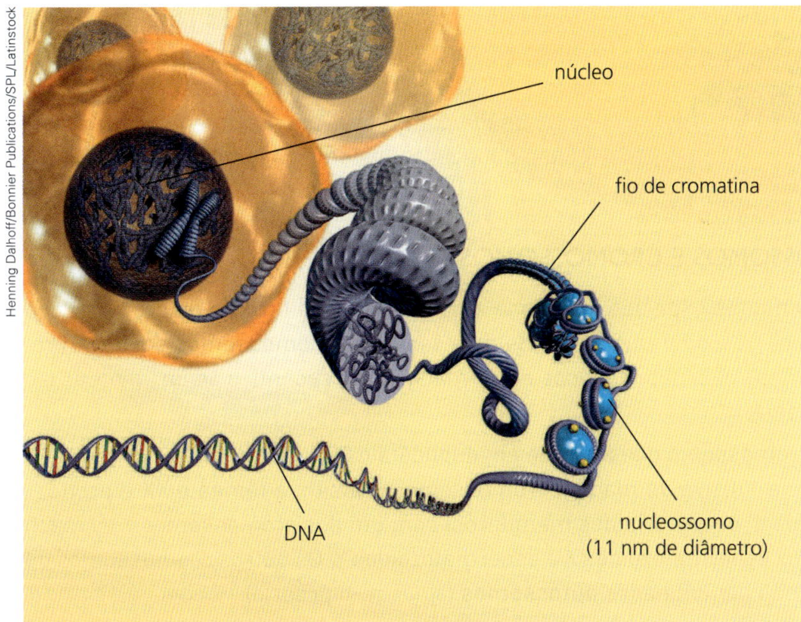

Figura 8.3 Ilustração dos diferentes níveis de compactação da cromatina e do DNA no cromossomo (os elementos não estão na mesma escala; cores fantasia).

Antes de uma célula se dividir, cada cromossomo se duplica e cada um de seus filamentos é chamado **cromátide**. As cromátides de um mesmo cromossomo são chamadas **cromátides irmãs**. Durante a divisão celular, as cromátides irmãs se separam e cada uma delas vai para uma célula-filha. No fim da divisão, o cromossomo volta a ser simples, isto é, formado apenas por um fio de cromatina enrolado (**figura 8.4**).

O cromossomo apresenta um estrangulamento, chamado **centrômero** (*kentron* = centro; *meros* = parte).

De acordo com a posição do centrômero, os cromossomos podem ser classificados em (**figura 8.5**):

- **metacêntrico** (*meta* = além de) – centrômero no meio;
- **submetacêntrico** (*sub* = abaixo) – centrômero um pouco afastado do meio;
- **acrocêntrico** (*akron* = ponta) – centrômero bem próximo de um dos polos;
- **telocêntrico** (*telos* = distante) – centrômero exatamente em um dos polos; não ocorre na espécie humana, embora possa estar presente em algumas espécies animais.

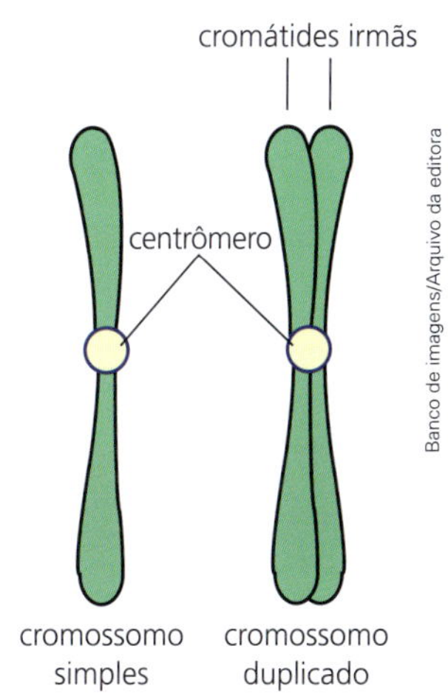

Figura 8.4 Ilustração de cromossomo simples e com duas cromátides (os elementos não estão na mesma escala; cores fantasia).

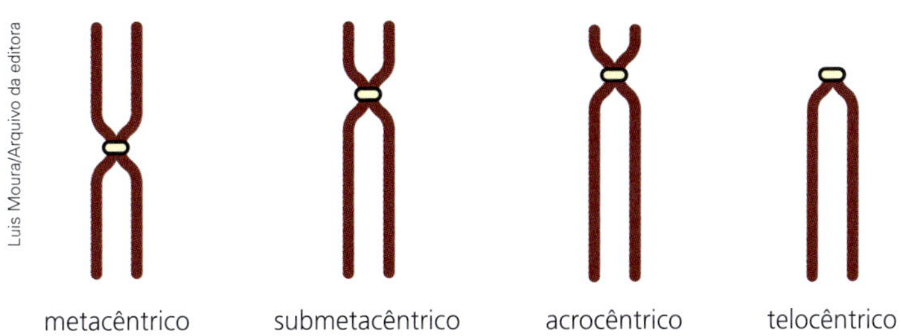

Figura 8.5 Tipos de cromossomo de acordo com a posição do centrômero (os elementos não estão na mesma escala; cores fantasia).

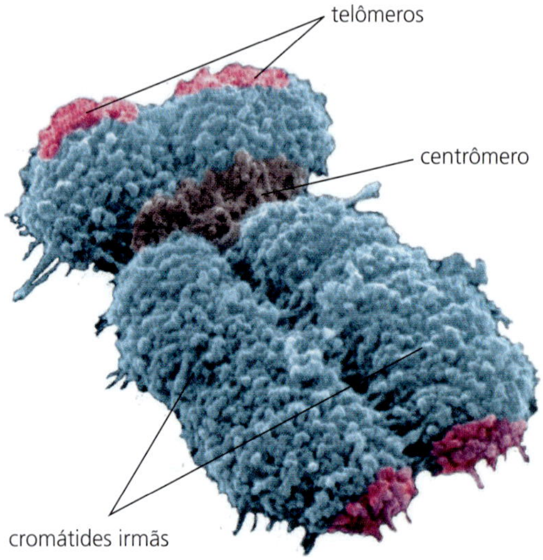

SPL/Latinstock

Figura 8.6 Foto de cromossomo humano, em que se observam as cromátides irmãs, em azul, o centrômero, em cinza, e os telômeros, em rosa (microscópio eletrônico de varredura; aumento de 12 mil vezes; imagem colorizada por computador).

No centrômero está presente o DNA e o **cinetócoro** (*kinetokos* = que gera movimento; *choris* = dispersão), um conjunto de proteínas ao qual se prendem os microtúbulos que orientam os cromossomos durante a divisão celular.

A extremidade do cromossomo, chamada **telômero**, relaciona-se ao tempo de vida de uma célula (**figura 8.6**). Os telômeros protegem o cromossomo contra danos e permitem que a duplicação do DNA ocorra corretamente. Cada vez que uma célula se divide, os telômeros tornam-se ligeiramente mais curtos e, caso se percam totalmente, a célula perde a capacidade de divisão e pode morrer. Por isso supõe-se que a diminuição dos telômeros possa estar relacionada com o número máximo de divisões que uma célula pode sofrer e com sua longevidade.

AUTOSSOMOS E CROMOSSOMOS SEXUAIS

Em muitas espécies, incluindo a humana, existe um par de cromossomos responsável pela diferença entre os dois sexos: os **cromossomos sexuais**. Em geral, nas fêmeas eles são idênticos e nos machos um é idêntico ao das fêmeas e o outro é diferente.

O cromossomo que aparece em duplicata na fêmea chama-se cromossomo X; e o que é exclusivo do macho, cromossomo Y. Assim, a fêmea é XX e produz óvulos (ovócitos II, na maioria dos mamíferos) com um dos cromossomos X. O macho é XY e produz espermatozoides X e espermatozoides Y. Os outros cromossomos do organismo são denominados **autossomos** (*autós* = si próprio).

Na mulher e em outras fêmeas de mamíferos, existe uma grande massa heterocromática com 1 μm de diâmetro, chamada **cromatina sexual** ou **corpúsculo de Barr**, descoberta em 1948 pelo médico canadense Murray Barr (1908-1995) (veja a **figura 8.7**). A explicação para isso é que a mulher possui dois cromossomos X, mas apenas um permanece condensado, formando a cromatina sexual. O homem possui apenas um cromossomo X, que permanece "desenrolado". Por isso o homem não tem cromatina sexual, o que permite identificar o sexo de um indivíduo e também certas alterações nos cromossomos sexuais, como veremos no próximo capítulo.

Lester V. Bergman/Corbis/Latinstock

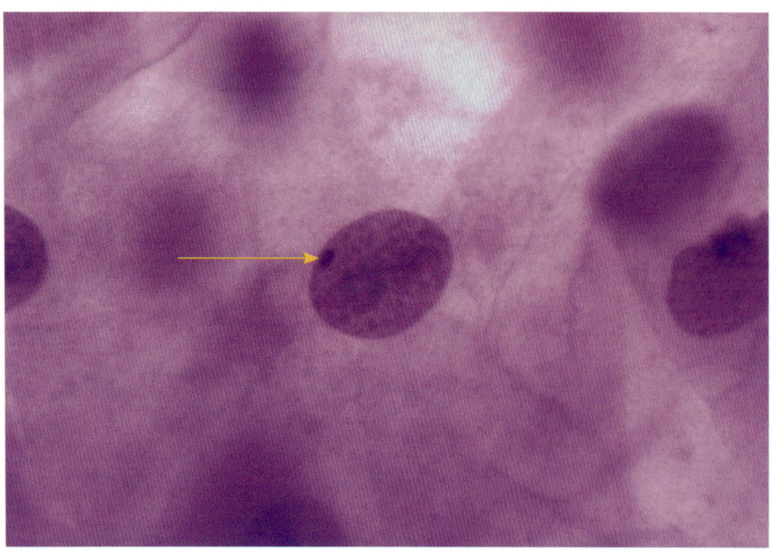

Em 1961, a geneticista britânica Mary Lyon (1925-2014) elaborou a hipótese de que a maior parte dos genes do cromossomo condensado não está em atividade na célula, ou seja, a cromatina sexual seria um cromossomo X com a maioria dos genes inativos (hipótese de Lyon).

Figura 8.7 Célula feminina ao microscópio de luz (aumento de cerca de 1 000 vezes; com uso de corante) com cromatina sexual (indicada pela seta amarela).

CARIÓTIPO: A COLEÇÃO DE CROMOSSOMOS

O conjunto de cromossomos forma um padrão que se repete em todas as células do mesmo indivíduo e também é característico de uma espécie. Cada espécie tem sua coleção particular de cromossomos, chamada **cariótipo** (**figura 8.8**).

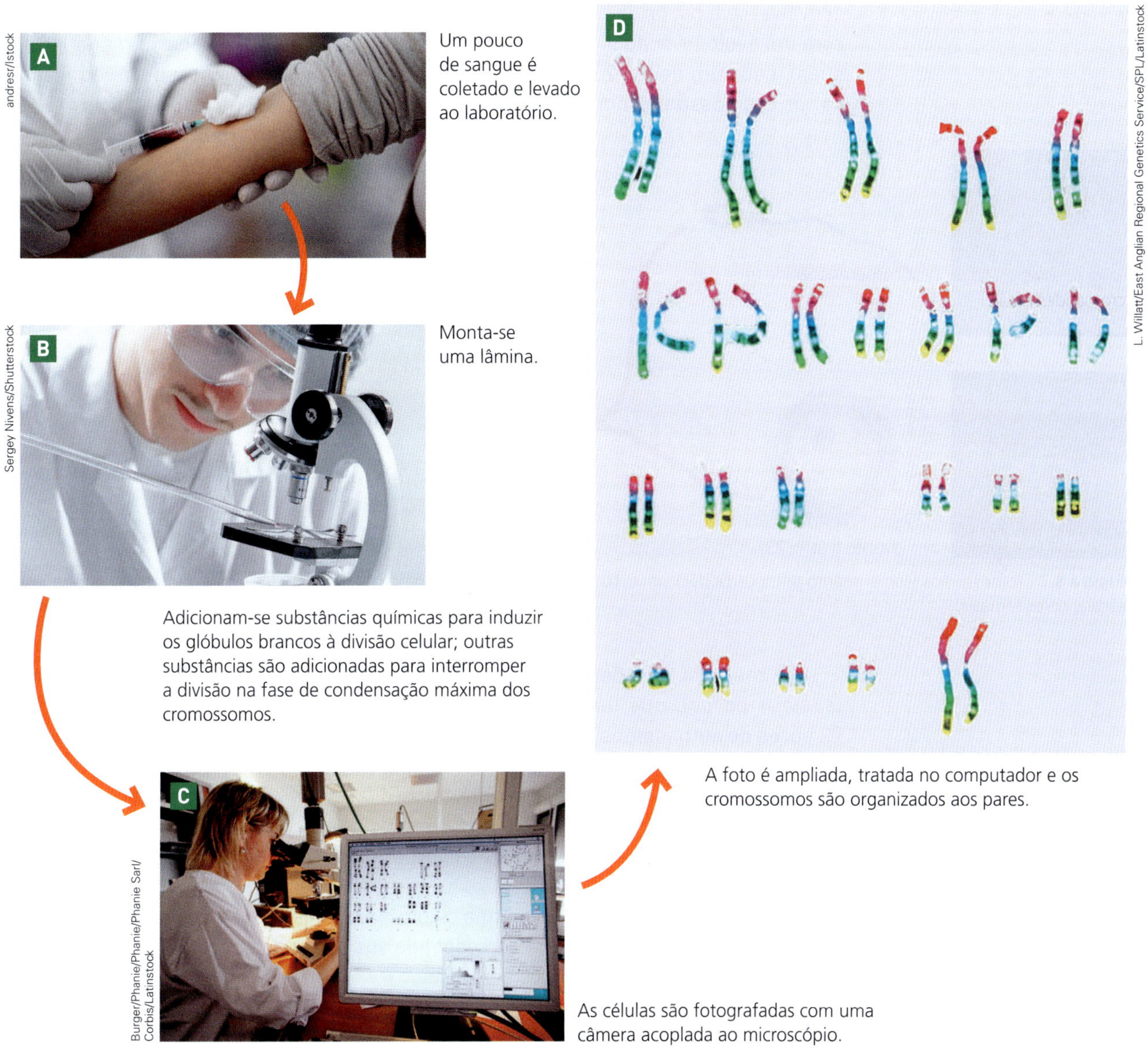

Figura 8.8 **A**, **B** e **C**: etapas da montagem de cariótipo feita em laboratório (os elementos não estão na mesma escala; cores fantasia); **D**: ideograma humano ao microscópio de luz (aumento de cerca de 2 mil vezes; imagem colorizada por computador).

Para o estudo do cariótipo humano, os autossomos são organizados de acordo com a posição do centrômero e numerados em ordem decrescente de tamanho, de 1 (o maior) a 22 (o menor). Essa forma de organização é chamada **ideograma** ou **cariograma**. Os cromossomos sexuais (**X** e **Y**) não são numerados, sendo separados dos demais.

Observe que, na espécie humana, há 44 autossomos e dois cromossomos sexuais, **XX** na mulher e **XY** no homem. Essa informação pode ser escrita assim:

- mulher: 46, **XX**.
- homem: 46, **XY**.

Há formas alternativas de escrever essas informações: "22**AA** + **XX**" ou "22**AA** + **XY**"; "2**AXX**" ou "2**AXY**", em que **A** indica um conjunto de 22 autossomos.

Outra característica visível é que os cromossomos aparecem aos pares, em que um dos cromossomos apresenta a mesma forma e o mesmo tamanho do outro, exceto os sexuais masculinos (**X** e **Y**). Cada par de determinado tipo forma um par de **homólogos**.

Por que os cromossomos aparecem aos pares? A maioria dos organismos desenvolve-se a partir de uma célula-ovo, formada pela união de um espermatozoide com um óvulo (ovócito II, na maioria dos mamíferos), que, na espécie humana, possuem, cada um deles, 23 cromossomos. Por isso a célula-ovo possui 46; em cada par de cromossomos homólogos, um foi herdado da mãe e outro do pai (**figura 8.9**).

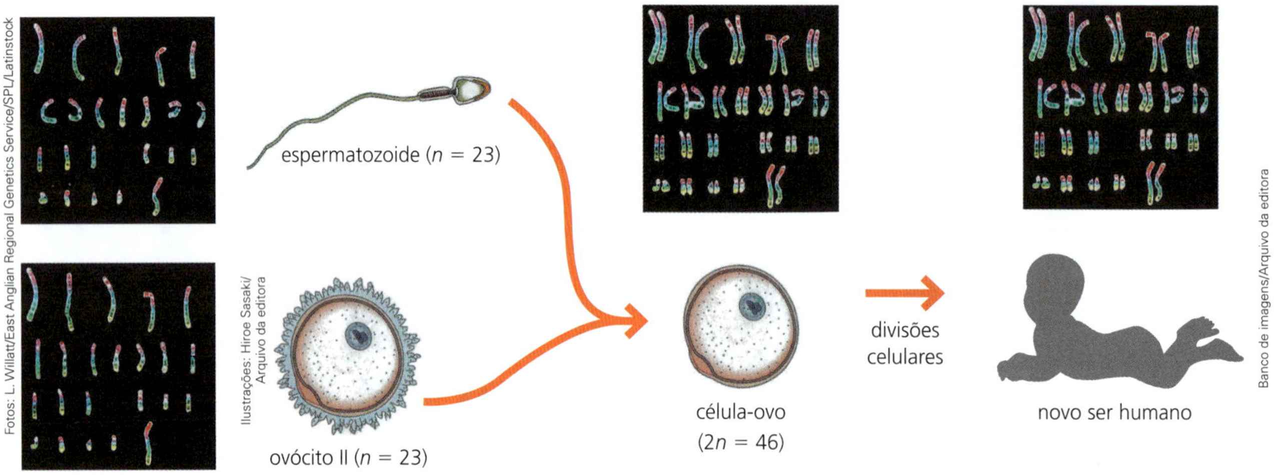

Figura 8.9 Cromossomos (comprimento entre cerca de 1 μm e 10 μm) passam dos pais para os filhos (os elementos não estão na mesma escala; cores fantasia).

Por meio de divisões celulares, a célula-ovo origina as células **somáticas** (*soma* = corpo), que formam o corpo dos seres vivos. Em cada uma delas há 22 pares de autossomos e um par de cromossomos sexuais. Os gametas possuem apenas um cromossomo de cada tipo; não há pares de homólogos.

Se chamarmos de ***n*** o número de tipos diferentes de cromossomos de uma célula, podemos dizer que as células somáticas são **diploides** (*diploos* = duplo; *eidos* = semelhante) ou **2*n***; as células reprodutoras são **haploides** (*haploos* = simples, único) ou ***n***.

A informação genética total em uma célula ou organismo é chamada **genoma**. Nos organismos diploides, o genoma corresponde aos genes de um conjunto haploide de autossomos e dos cromossomos sexuais.

3. CLONAGEM

Sérgio Lima/Folhapress

Figura 8.10 A vaca Vitória, quando bezerra, primeiro clone bovino da América Latina, nascida em 2001, em Brasília.

Clones são células ou organismos geneticamente idênticos. **Clones naturais** são muito comuns em seres unicelulares. Todas as bactérias que se originam por reprodução assexuada de uma única bactéria original, desde que não tenha sofrido mutação, são geneticamente iguais entre si, isto é, são clones. Irmãos gêmeos idênticos também são clones que se originaram de uma única célula.

A clonagem natural ocorre também entre muitas plantas, como a grama dos jardins ou o morangueiro, cujos ramos rentes ao solo formam raízes e originam novas plantas. O ser humano pode produzir clones de vegetais cortando e cultivando pedaços de plantas (mudas), que vão formar outras plantas idênticas àquelas das quais as mudas foram extraídas. Algumas plantas, como a bananeira, se reproduzem principalmente assim. No entanto, a partir dos anos 1990, foram os clones de animais, principalmente de mamíferos, produzidos pelos seres humanos, que passaram a chamar a atenção. Veja a **figura 8.10**.

Em 1996, nasceu aquele que pode ser considerado o clone mais famoso do mundo: a ovelha Dolly, primeiro mamífero clonado a partir de uma célula adulta (**figura 8.11**). Esse trabalho foi realizado pela equipe dos cientistas Keith Campbell (1954-2012) e Ian Wilmut (1944-), do Instituto Roslin, na Escócia.

O que os pesquisadores escoceses fizeram foi unir uma célula da glândula mamária de uma ovelha de "cara branca" (da raça Finn Dorsett) com um óvulo, do qual foi retirado o núcleo, de uma ovelha de "cara preta" (da raça Scottish Blackface). A célula resultante foi tratada, de modo que pudesse entrar em divisão, e implantada no útero de outra ovelha de "cara preta". Nasceu, então, Dolly, ovelha de "cara branca", clone daquela que forneceu a célula da glândula mamária.

Essa técnica é chamada **clonagem por transferência nuclear**, uma vez que o núcleo de uma célula (no caso de Dolly, uma célula da glândula mamária) foi transferido para outra célula da qual foi retirado o núcleo. Nesse caso, fala-se também em **clonagem reprodutiva**, pois o processo dá origem a um clone de um indivíduo já existente. Nesse processo, no entanto, o clone herda o DNA mitocondrial do doador do óvulo, pois dele apenas o núcleo é removido.

Com a clonagem é possível gerar cópias a partir de um único animal que tenha alguma característica de interesse científico, como algum problema genético que se queira estudar.

Também pode ser possível produzir animais resistentes a doenças, como a febre aftosa e o mal da vaca louca. Ou mesmo clonar animais em risco de extinção, com o animal se desenvolvendo no útero de outra espécie, por exemplo.

Outra aplicação é a produção de cópias de animais transgênicos, isto é, geneticamente modificados, portadores de genes de outros organismos. Esses animais podem ser usados para produzir proteínas importantes para o ser humano. Há ainda a possibilidade de realizarem transplantes de órgãos de animais geneticamente modificados, de modo que seus órgãos sejam compatíveis com os dos humanos, o que diminuiria o problema da falta de doadores de órgãos.

Outro tipo de clonagem é a **clonagem terapêutica**. Nesse caso, as células embrionárias não são implantadas em um útero, sendo utilizadas para a produção de células-tronco com o objetivo de produzir tecidos ou órgãos para transplante. Como veremos no capítulo 12, as células-tronco são células não especializadas, com capacidade de se dividir e originar outros tecidos. Elas podem ser retiradas de embriões, com poucos dias de desenvolvimento e com cerca de cem células apenas, descartados por clínicas de fertilização, por exemplo. Também são encontradas em alguns tecidos do organismo adulto, como a medula óssea, mas, a princípio, não apresentam o mesmo potencial de originar tecidos como as células embrionárias.

Figura 8.11 **A**: ilustração do processo de clonagem da ovelha Dolly (os elementos não estão na mesma escala; cores fantasia); **B**: foto da ovelha Dolly.

A formação de órgãos a partir de células-tronco para transplante também poderia resolver o problema da doação. As células-tronco utilizadas têm de ser imunologicamente compatíveis com o paciente para evitar a rejeição. Isso pode ser feito selecionando, entre as várias linhagens de células-tronco, as que são compatíveis, ou transferindo o núcleo de uma célula adulta do próprio paciente para um óvulo do qual foi removido o núcleo. Então, do embrião com cerca de 5 dias seriam retiradas as células-tronco.

Também estão sendo realizados estudos para o tratamento de diabetes, câncer, mal de Parkinson, doença de Alzheimer, etc. com essa técnica. O objetivo é transplantar células-tronco para se reproduzirem e regenerarem as áreas afetadas.

PROBLEMAS COM A CLONAGEM

Nem todos os países aceitam a clonagem de embriões humanos para fins terapêuticos, e a maioria condena a clonagem com fins reprodutivos. Mesmo na terapêutica, há problemas éticos. Embora algumas pessoas entendam que os embriões utilizados sejam apenas um aglomerado de células, outras pensam que eles devem ser considerados seres humanos, com direitos como todos nós. Para essas pessoas, ainda que as células-tronco embrionárias estivessem sendo utilizadas para salvar vidas, estariam sendo sacrificadas outras vidas para isso.

Em toda essa discussão, é importante lembrar-se de que as aplicações das descobertas científicas precisam ser discutidas por toda a sociedade e, para isso, todos devem estar bem informados sobre essas aplicações, para que possam tomar decisões sobre seu uso.

ACESSE E SAIBA MAIS

Clonagem: aspectos biológicos e éticos
<www.ufrgs.br/bioetica/clone.htm>

Clonagem humana: conhecer para opinar
<http://revistapesquisa.fapesp.br/2002/03/29/clonagem-humana-conhecer-para-opinar-2/>
Acesso em: 19 jul. 2018.

BIOLOGIA E ÉTICA

A Bioética

A Bioética é um tema que envolve diferentes áreas do conhecimento, com ênfase na Ética, que, por sua vez, é um ramo da Filosofia. Ela discute as implicações morais (o que é certo e o que é errado) das pesquisas biológicas, de modo a regular suas aplicações na Medicina, na Biotecnologia e em outras áreas relacionadas.

Assim como a sociedade, de modo geral, a comunidade científica deve estabelecer compromissos sociais e éticos, promovendo valores e respeitando os direitos humanos.

ATIVIDADES

Questões discursivas

1. Qual a diferença entre uma célula diploide e uma célula haploide?
2. Para clonar um animal, podemos usar o núcleo de qualquer célula do corpo? Justifique sua resposta.
3. Um dos animais mais famosos de todos os tempos é a ovelha Dolly, que foi obtida em um processo conhecido como clonagem reprodutiva, no qual é realizada a fusão de duas células. Um estudante quis saber se essa ovelha tinha pai. Responda ao estudante, explicando, com suas palavras, como a ovelha Dolly foi gerada.
4. (Unicamp-SP) Comente a frase: “Cromossomos e cromatina são dois estados morfológicos dos mesmos componentes celulares de eucariontes”.
5. (Vunesp-SP) Na década de 40 descobriu-se que algumas células retiradas de mulheres apresentavam, no núcleo interfásico, um pequeno corpúsculo de cromatina intensamente corado. Esse corpúsculo é conhecido hoje como cromatina sexual ou corpúsculo de Barr.
   a) A que corresponde tal corpúsculo e em que tipo de células (somáticas ou germinativas) ele aparece?
   b) Qual a sua importância e por que ele não ocorre nas células masculinas?

6. (Unicamp-SP) Uma célula que apresenta grande quantidade de síntese proteica tende, em geral, a apresentar um grande nucléolo. Explique a relação.

Questões objetivas

1. (FCC-SP) Observe o esquema abaixo.

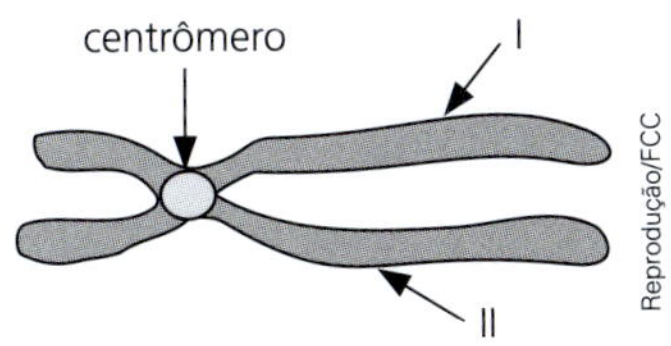

I e II indicam:

a) cromátides irmãs.
b) cromátides homólogas.
c) cromossomos homólogos.
d) cromossomos não homólogos.
e) cromossomos filhos.

2. (Enem-MEC) A sequência abaixo indica de maneira simplificada os passos seguidos por um grupo de cientistas para a clonagem de uma vaca:

I. Retirou-se um óvulo da vaca **Z**. O núcleo foi desprezado, obtendo-se um óvulo anucleado.
II. Retirou-se uma célula da glândula mamária da vaca **W**. O núcleo foi isolado e conservado, desprezando-se o restante da célula.
III. O núcleo da célula da glândula mamária foi introduzido no óvulo anucleado. A célula reconstituída foi estimulada para entrar em divisão.
IV. Após algumas divisões, o embrião foi implantado no útero de uma terceira vaca, **Y**, mãe de aluguel. O embrião se desenvolveu e deu origem ao clone.

Considerando que os animais **Z**, **W** e **Y** não têm parentesco, pode-se afirmar que o animal resultante da clonagem tem as características genéticas da(s) vaca(s):

a) Z, apenas.
b) W, apenas.
c) Y, apenas.
d) Z e W, apenas.
e) Z, W e Y.

3. (Fuvest-SP) A égua, o jumento e a zebra pertencem a espécies biológicas distintas que podem cruzar entre si e gerar híbridos estéreis. Destes, o mais conhecido é a mula, que resulta do cruzamento entre o jumento e a égua. Suponha que o seguinte experimento de clonagem foi realizado com sucesso: o núcleo de uma célula somática de um jumento foi transplantado para um óvulo anucleado da égua e o embrião foi implantado no útero de uma zebra, onde ocorreu a gestação. O animal (clone) produzido em tal experimento terá, essencialmente, características genéticas:

a) de égua.
b) de zebra.
c) de mula.
d) de jumento.
e) das três espécies.

4. (Vunesp-SP) Em julho de 2002, a Unesp tornou-se a primeira instituição brasileira a produzir um clone animal a partir do núcleo de uma célula adulta. Pesquisadores da Faculdade de Ciências Agrárias e Veterinárias, do *campus* de Jaboticabal, removeram o núcleo de uma célula obtida da cauda de uma vaca da raça Nelore (animal **A**) e injetaram-no no óvulo anucleado de uma vaca de abatedouro (animal **B**). Posteriormente, esse óvulo foi implantado no útero de uma vaca mestiça holandesa (animal **C**). Do desenvolvimento desse óvulo resultou a bezerra Penta. Nas células da bezerra Penta há:

a) DNA nuclear do animal **A** e DNA mitocondrial do animal **C**.
b) DNA nuclear do animal **A** e DNA mitocondrial do animal **A**.
c) DNA nuclear do animal **A** e DNA mitocondrial do animal **B**.
d) DNA nuclear do animal **B** e DNA mitocondrial do animal **C**.
e) DNA nuclear do animal **C** e DNA mitocondrial do animal **A**.

5. (IFSP) A raposa, o lobo e o cão doméstico pertencem a espécies biológicas distintas entre si. Suponha que o seguinte experimento tenha sido realizado com sucesso: o núcleo de uma célula do corpo de um cão tenha sido transplantado para um óvulo anucleado de uma raposa e o embrião tenha sido implantado no útero de uma loba, ocorrendo a gestação. O animal será um clone que apresentará características genéticas

a) da raposa, apenas.
b) da loba, apenas.
c) do cão, apenas.
d) da mistura do cão e da raposa.
e) da mistura da raposa e da loba.

6. (Fuvest-SP) Em determinada espécie animal, o número diploide de cromossomos é 22. Nos espermatozoides, nos óvulos e nas células epidérmicas dessa espécie serão encontrados, respectivamente:

a) 22, 22 e 44 cromossomos.
b) 22, 22 e 22 cromossomos.
c) 11, 11 e 22 cromossomos.
d) 44, 44 e 22 cromossomos.
e) 11, 22 e 22 cromossomos.

CAPÍTULO

9

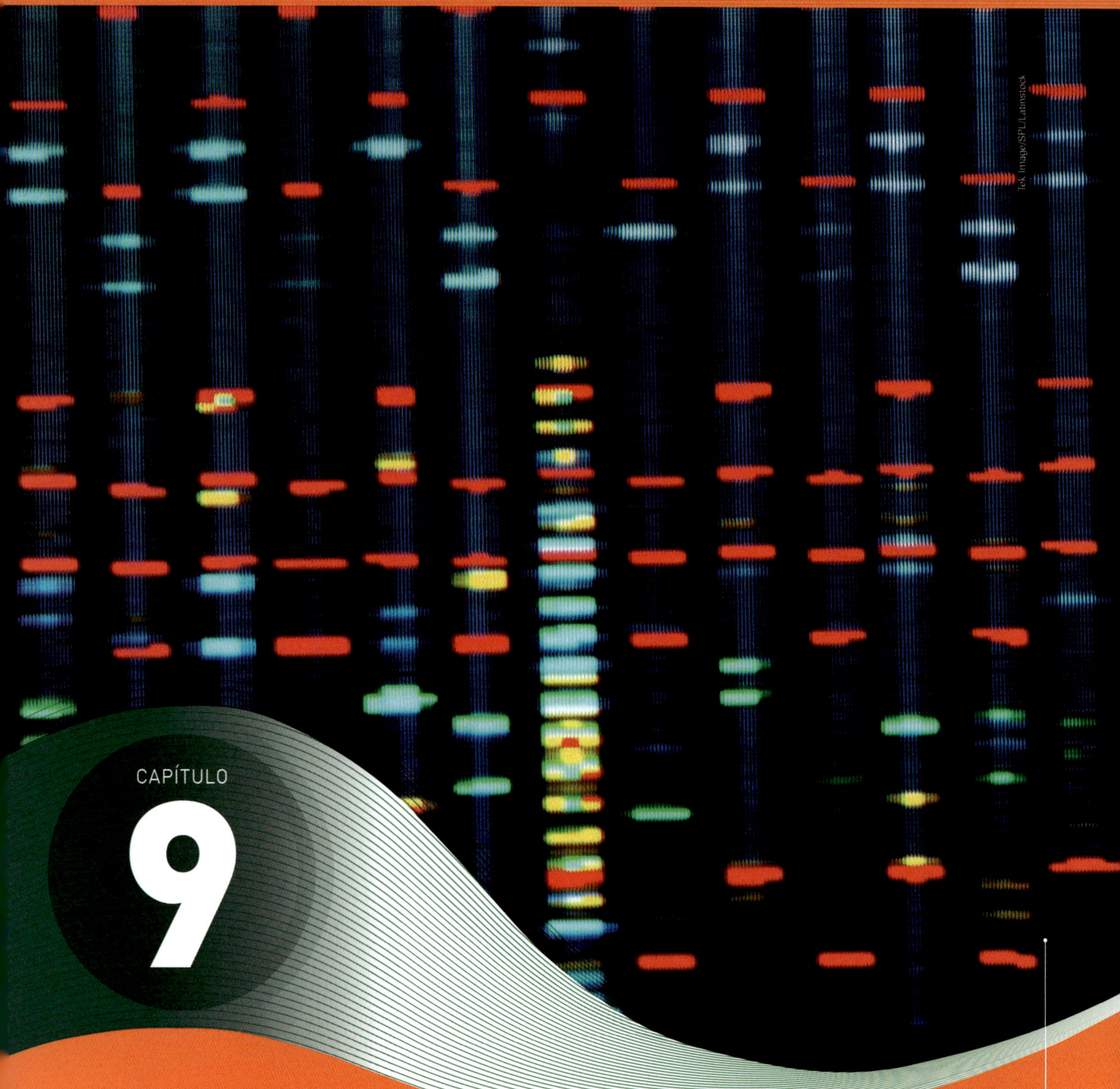

Tek Image/SPL/Latinstock

Sequência de DNA analisada em um computador.

ÁCIDOS NUCLEICOS

Ao tratar o DNA com determinadas enzimas, podemos obter fragmentos de diferentes tamanhos. Forma-se, assim, um conjunto de bandas semelhante ao código de barras utilizado na identificação de vários produtos. Como cada indivíduo possui uma coleção característica de fragmentos, é possível determinar um tipo de "código de barras" para cada pessoa, como uma impressão digital.
O que nos torna semelhantes? O que nos torna diferentes?

- Você conhece a forma da molécula de DNA?
- Como uma célula consegue se dividir em duas mantendo seu material genético?
- Como as informações do DNA terminam sendo expressas na célula?
- O que são mutações e que alterações elas podem causar em um indivíduo?

1. A ESTRUTURA DOS ÁCIDOS NUCLEICOS

O DNA e o RNA são ácidos nucleicos. O nome ácido nucleico indica que essas moléculas são ácidas e foram identificadas, a princípio, no núcleo das células eucarióticas. No entanto, além de ser encontrado principalmente no núcleo, onde forma os cromossomos e parte dos nucléolos, o DNA é encontrado, em pequena quantidade, na mitocôndria e no cloroplasto. Já o RNA é encontrado no nucléolo, nos ribossomos, no citosol, nas mitocôndrias e nos cloroplastos. Nas células procarióticas ambos são encontrados no citosol.

Tanto o DNA como o RNA são formados pelo encadeamento de grande quantidade de moléculas menores, os **nucleotídeos**, formados por três tipos de substância química (**figura 9.1**):

- uma **base nitrogenada** (uma cadeia de carbonos que contém nitrogênio);
- uma **pentose** (um açúcar simples com cinco átomos de carbono);
- um **fosfato** (PO_4^{3-}), íon do ácido fosfórico (pela retirada de três íons hidrogênio).

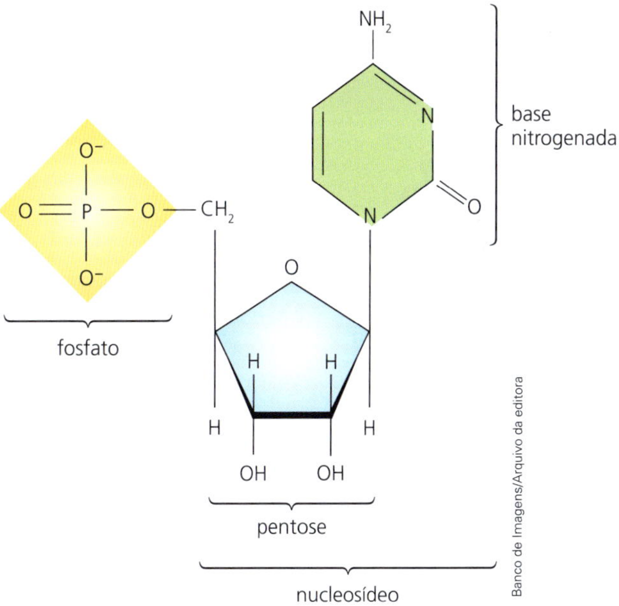

Figura 9.1 Fórmula estrutural de um nucleotídeo.

Assim, o fosfato e a base nitrogenada ligam-se à pentose para formar um nucleotídeo. A união da base nitrogenada com a pentose forma um **nucleosídeo**.

Existem cinco tipos principais de bases nitrogenadas: **adenina**, **guanina**, **citosina**, **timina** e **uracila**. As duas primeiras possuem um duplo anel de átomos de carbono e derivam de uma substância chamada **purina**, sendo, por isso, denominadas **bases purínicas** ou **púricas**. As outras três derivam de outro composto com apenas um anel de carbono, chamado **pirimidina**, e são denominadas **bases pirimidínicas** ou **pirimídicas**. Na molécula de DNA aparecem quatro tipos de base: adenina, guanina, citosina e timina. A uracila é encontrada apenas no RNA, e a timina é exclusiva do DNA.

As pentoses são de dois tipos: **ribose** e **desoxirribose** (**figura 9.2**). O DNA recebe esse nome por ter apenas desoxirribose na cadeia. O RNA contém apenas ribose.

Nos ácidos nucleicos, os nucleotídeos estão sempre unidos entre si, formando longos filamentos, os **polinucleotídeos**. A ligação é entre o fosfato de uma unidade e a pentose da unidade vizinha. Desse modo, a longa cadeia apresenta uma sequência de pentoses e fosfatos alternados, com as bases nitrogenadas ligadas às pentoses (veja a **figura 9.3**). A diferença entre duas moléculas distintas de ácidos nucleicos é a sequência em que as bases nitrogenadas estão arrumadas, como veremos a seguir.

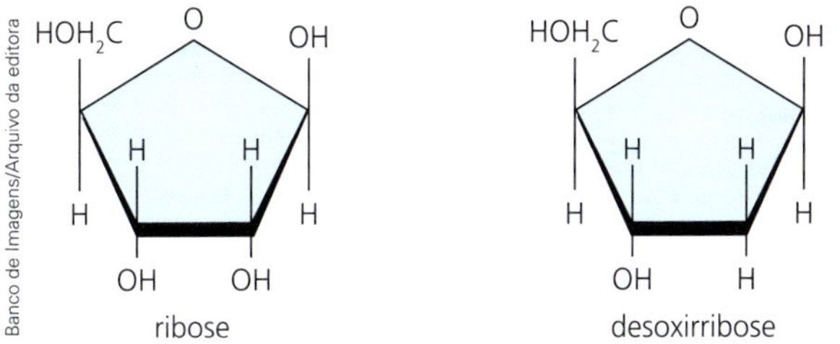

Figura 9.2 Fórmulas das pentoses.

2. ESTRUTURA E DUPLICAÇÃO DO DNA

Figura 9.3 Modelos simplificados do DNA; **A**: feito em computador e **B**: com detalhamento crescente (o diâmetro da hélice de DNA é de cerca de 2 nm; os elementos não estão na mesma escala; cores fantasia).

A

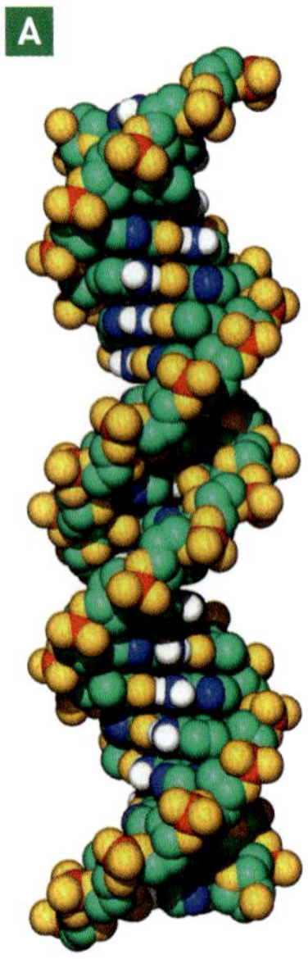

Dr. Tim Evans/SPL/Latinstock

Em 1952, na Inglaterra, os pesquisadores Maurice Wilkins (1916-2004) e Rosalind Franklin (1920-1958) obtiveram imagens do DNA com uma técnica conhecida como difração de raios X.

Utilizando essas observações, o inglês Francis Crick (1916-2004) e o estadunidense James Watson (1928-) começaram a construir um modelo para a molécula que explicasse a imagem obtida pelos raios X e também os dados obtidos da Química – como o fato, descoberto em 1952 por Erwin Chargaff (1905-2002) e seus colaboradores da Universidade de Colúmbia, de o número de adeninas ser igual ao de timinas e o de citosinas ser igual ao de guaninas.

O modelo da molécula de DNA elaborado por Watson e Crick ficou conhecido como **modelo da dupla-hélice** (**figura 9.3**). Segundo esse modelo, a molécula de DNA possui duas cadeias ou fitas de polinucleotídeos, ligadas uma à outra pelas bases nitrogenadas. Elas estão torcidas – formando uma hélice dupla – e emparelhadas em sentidos opostos – se em uma extremidade de uma fita há uma pentose, na fita oposta há um fosfato. Comparando a molécula de DNA com uma escada torcida no espaço, cada lateral da escada seria formada por uma sequência de pentoses alternadas com fosfatos, e cada degrau corresponderia a um par de bases. A ligação entre as bases das duas fitas é feita por **ligações de hidrogênio**.

Observando o modelo da molécula de DNA, notamos que a base timina (T) se liga sempre à base adenina (A) por meio de duas ligações de hidrogênio, e a base citosina (C) liga-se à base guanina (G) por meio de três ligações de hidrogênio (**figura 9.3**). Como decorrência desse emparelhamento específico, a sequência de bases de uma fita determina a sequência de bases da outra. Portanto, se em uma fita houver a sequência AATCCATGT, na outra a sequência será TTAGGTACA. Assim, as duas fitas não são iguais, mas **complementares**.

B

Ilustrações: Maspi/Arquivo da editora

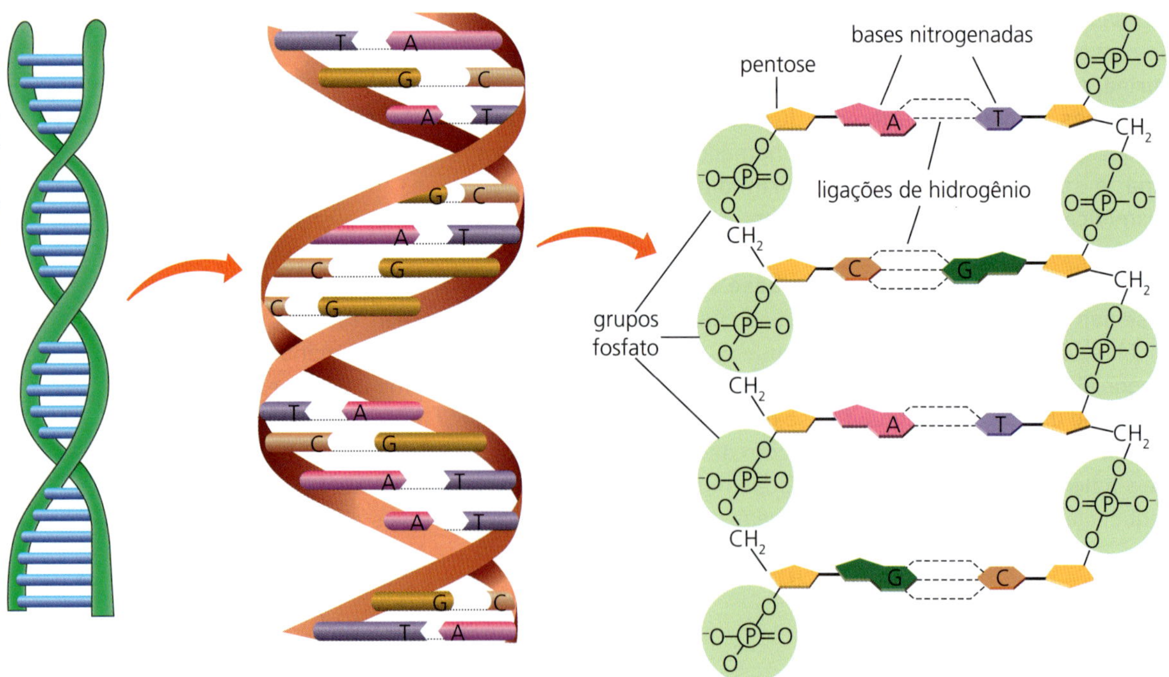

A sequência de bases no DNA é única para cada indivíduo, sendo um método seguro para identificar pessoas em cenas de crime, por exemplo.

Em relação aos genes, podemos afirmar, de forma simplificada, que a diferença entre eles está no número e na sequência de bases de cada um. Essa sequência pode ser comparada a uma "frase" em código escrita com quatro letras (as quatro bases do DNA: A, T, C, G), que simboliza a informação genética para criar uma molécula de RNA. A partir do RNA, é possível a síntese de proteínas. Mudando o número e a sequência de bases, alteramos a "frase" e, portanto, o tipo de proteína formada. O conjunto de genes de uma célula que influencia o desenvolvimento das características de um ser vivo é chamado **genoma** e varia de um organismo para outro. O conjunto de proteínas expressas pelo genoma é chamado **proteoma**.

Pelo trabalho sobre a estrutura do DNA, Watson, Crick e Wilkins ganharam o prêmio Nobel de Fisiologia ou Medicina em 1962. Rosalind Franklin faleceu em 1958 e, como o Nobel só é concedido em vida, não recebeu o prêmio (**figura 9.4**).

O DNA é duplicado na divisão celular. Esse evento é controlado por várias enzimas que promovem o afastamento das fitas, unem os nucleotídeos novos (**figura 9.5**) e corrigem erros de duplicação por um mecanismo de verificação de erros.

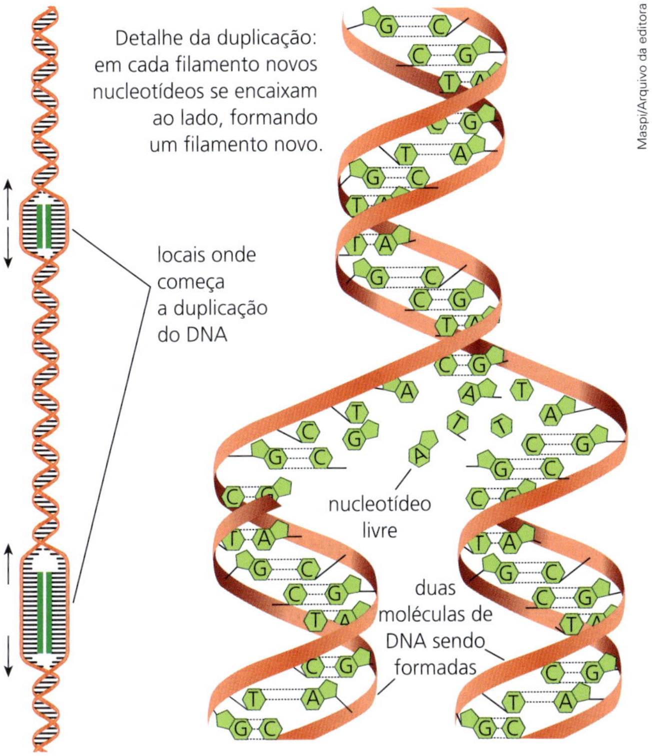

Maspi/Arquivo da editora

Figura 9.5 Duplicação do DNA (o diâmetro da hélice de DNA é de cerca de 2 nm; esquemas simplificados, com omissão das enzimas que atuam na replicação; os elementos não estão na mesma escala; cores fantasia).

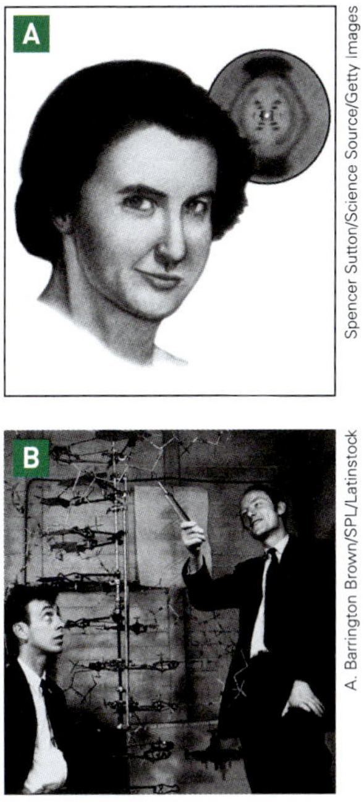

Spencer Sutton/Science Source/Getty Images

A. Barrington Brown/SPL/Latinstock

Figura 9.4 A: a cientista Rosalind Franklin, que também participou ativamente na descrição do modelo da molécula de DNA. Ela morreu de câncer no ovário quatro anos antes de seus colegas receberem o prêmio Nobel pelo modelo de dupla-hélice do DNA, em 1962. No detalhe atrás, a imagem obtida quando os raios X são desviados de cristais de DNA. **B**: foto de Watson (à esquerda) e Crick com o modelo de estrutura do DNA.

Antes da duplicação, enzimas desenrolam as duas hélices e quebram as ligações de hidrogênio. Em seguida, proteínas específicas mantêm as duas cadeias afastadas.

Em cada fita exposta, novos nucleotídeos dissolvidos no nucleoplasma começam a se encaixar, obedecendo ao emparelhamento A–T e C–G. A união entre os nucleotídeos novos é feita com a ajuda das enzimas **DNA polimerases** ou **polimerases do DNA** (o DNA é um polímero de nucleotídeos), que também verificam se o nucleotídeo encaixou na base certa, removendo os encaixes errados. Cada fio orienta a formação de outro que lhe é complementar (**figura 9.5**). Portanto, cada fita nova fica igual à antiga que ocupava aquela posição e, consequentemente, as duas moléculas resultantes serão exatamente iguais à original.

Como cada molécula-filha de DNA é formada por uma fita antiga, que veio do DNA original, e uma nova, a duplicação é **semiconservativa**.

ACESSE E SAIBA MAIS

Replicação do DNA
<www.youtube.com/watch?v=dAa_loZ6TQA&t=185s>

Reparo do DNA
<https://ed.ted.com/lessons/what-happens-when-your-dna-is-damaged-monica-menesini>
Acesso em: 19 jul. 2018.

3. A SÍNTESE DE PROTEÍNAS

As características morfológicas e fisiológicas de um ser vivo dependem dos tipos de proteína produzidos em seu organismo. A síntese dessas proteínas depende do DNA em interação com o RNA, enzimas, ribossomos e outras estruturas da célula.

Apesar de terem a mesma coleção de genes, as células de um indivíduo podem ser diferentes porque, em determinado momento, alguns de seus genes estão em atividade comandando a síntese de proteínas, enquanto outros estão inativos. Os genes ativos não são exatamente os mesmos nos diferentes tecidos. Além disso, a síntese de proteínas pode não ser contínua.

Assim, diferentes tipos de célula produzem diferentes conjuntos de proteínas, por isso elas podem apresentar diferenças morfológicas e fisiológicas. Por exemplo, os melanócitos produzem melanina, pigmento que escurece a pele; certas células do pâncreas produzem o hormônio insulina.

A SÍNTESE DO RNA MENSAGEIRO

Ao contrário da molécula do DNA, a do RNA é formada por um único filamento de polinucleotídeos. Nele, a pentose é sempre a ribose, e as bases são adenina, guanina, citosina e uracila. Como vimos, a timina não faz parte do RNA (**figura 9.6**).

O RNA é fabricado no núcleo, tendo como modelo um determinado setor da molécula do DNA, e migra para o citoplasma, onde desempenha sua função na síntese de proteínas. Há três tipos principais de RNA:

- **RNA mensageiro** ou **moldador** (**RNAm** ou **mRNA**) – é sintetizado a partir de um gene, migrando para o citoplasma, onde determina a sequência de aminoácidos da proteína;
- **RNA transportador** ou **de transferência** (**RNAt** ou **tRNA**) – transporta aminoácidos até o local da síntese da proteína;
- **RNA ribossomal** ou **ribossômico** (**RNAr** ou **rRNA**) – participa da estrutura dos ribossomos, nos quais ocorre a síntese de proteínas, e tem ação enzimática.

O controle da síntese de proteínas é feito em duas etapas: a **transcrição** e a **tradução**. Na transcrição ocorre a síntese de RNAm pelo DNA. A tradução consiste na organização dos aminoácidos soltos no citoplasma pelo RNAm, formando um polipeptídio, que pode se reunir a outros polipeptídios ou não para formar uma proteína.

Na transcrição, apenas uma das fitas de determinado trecho do DNA é usada para a síntese do RNAm. Nela atuam as enzimas **RNA polimerases** ou **polimerases do RNA**, que se ligam a uma sequência específica do DNA, chamada **promotor**.

Maspi/Arquivo da editora

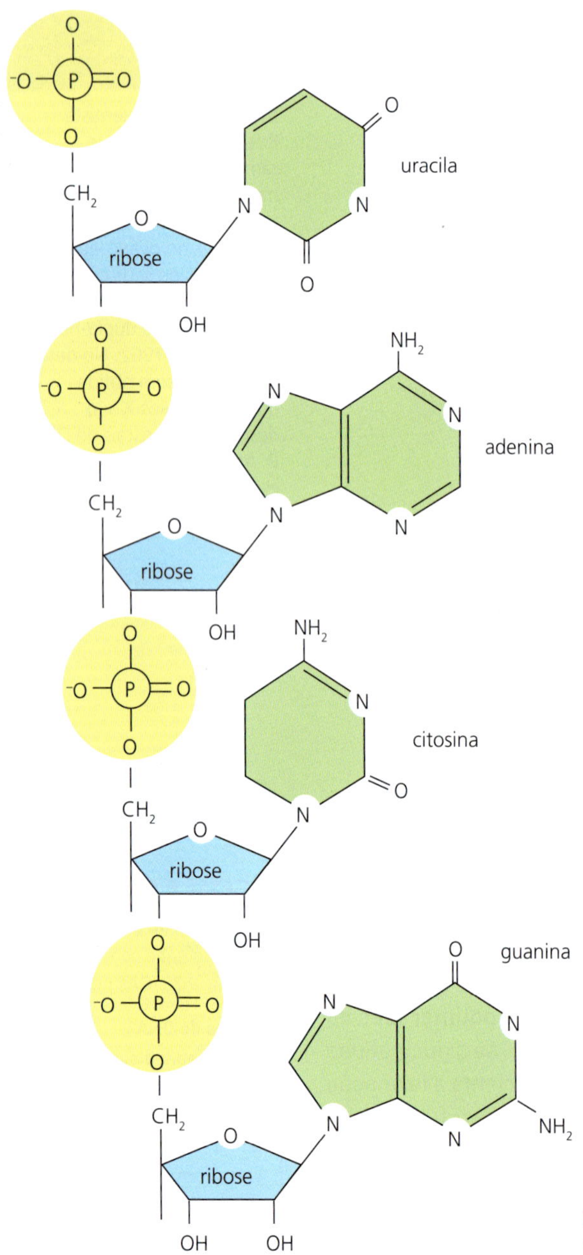

Figura 9.6 Esquema simplificado de um trecho da molécula de RNA.

Essa sequência marca o início da transcrição e define para as enzimas a cadeia que deve ser lida. As enzimas começam a encaixar os ribonucleotídeos (**figura 9.7**). O encaixe obedece à obrigatoriedade de ligação entre as bases, mas onde houver uma adenina no DNA encaixa-se uma uracila. Por exemplo, para a sequência T**A**CGG**A**CT**A** do DNA, constitui-se a sequência A**U**GCC**U**GA**U** no RNA. A transcrição termina quando se forma uma determinada sequência de bases do DNA (**sequência de término de transcrição**).

PROCESSAMENTO DO RNAm

Nos eucariontes, o RNAm transcrito de um gene ainda não está na sua forma definitiva e precisa sofrer várias modificações até se tornar funcional.

Esse pré-RNA possui trechos não funcionais, chamados **íntrons** (do inglês, ***intr**agenic regi**ons***), formados por uma sequência de bases que não codificam proteínas. Os trechos funcionais são chamados **éxons** (do inglês, ***ex**pressed regi**ons***).

No processo denominado ***splicing*** (do inglês, emenda), os íntrons são "cortados" e retirados antes de o RNA passar para o citoplasma, originando um RNAm funcional. O corte dos íntrons e a união dos éxons podem ocorrer, em certos casos, de maneiras diferentes – um processo chamado **processamento alternativo do RNA** ou ***splicing* alternativo**.

Nesse caso, um gene pode produzir diferentes tipos de RNAm e, consequentemente, mais de uma proteína diferente. Isso explica por que com apenas cerca de 20 500 genes nosso organismo pode produzir mais de 90 mil proteínas diferentes. Ainda se discute o papel dos íntrons e de outros trechos de DNA que não codificam proteínas (DNA não codificante) na célula. Alguns podem controlar a atividade dos genes; outros parecem não ter função alguma.

DO RNAm À PROTEÍNA

Na tradução, a informação contida na sequência de bases no RNAm passa para uma sequência de aminoácidos. Cada grupo de três bases consecutivas no RNAm recebe o nome de **códon** (*khodon* = código) e corresponde a um aminoácido (**figura 9.8**). Essa correspondência entre códons e aminoácidos é o que chamamos **código genético**. Desse modo, o código genético contido no DNA é expresso na forma de polipeptídios ou proteínas que afetam determinada característica.

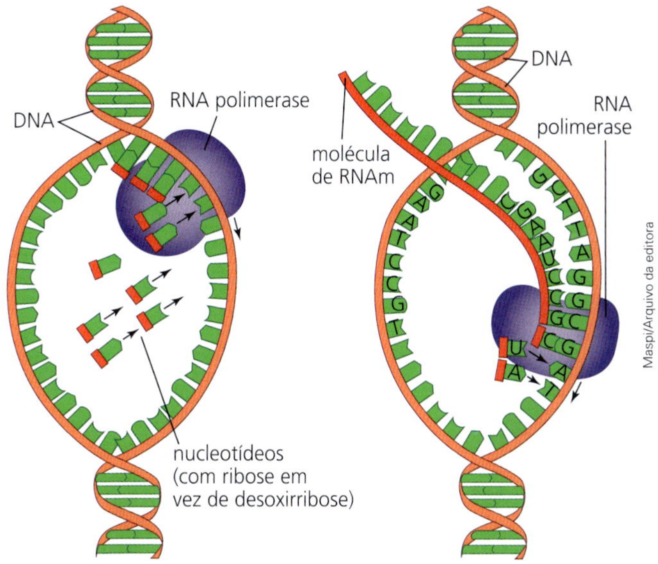

Figura 9.7 Esquema simplificado da síntese de RNA mensageiro (os elementos não estão na mesma escala; cores fantasia).

Primeira base	Segunda base				Terceira base
	U	C	A	G	
U	fenilalanina	serina	tirosina	cisteína	U
	fenilalanina	serina	tirosina	cisteína	C
	leucina	serina	fim	fim	A
	leucina	serina	fim	triptofano	G
C	leucina	prolina	histidina	arginina	U
	leucina	prolina	histidina	arginina	C
	leucina	prolina	glutamina	arginina	A
	leucina	prolina	glutamina	arginina	G
A	isoleucina	treonina	asparagina	serina	U
	isoleucina	treonina	asparagina	serina	C
	isoleucina	treonina	lisina	arginina	A
	metionina	treonina	lisina	arginina	G
G	valina	alanina	ácido aspártico	glicina	U
	valina	alanina	ácido aspártico	glicina	C
	valina	alanina	ácido glutâmico	glicina	A
	valina	alanina	ácido glutâmico	glicina	G

Figura 9.8 O código genético: os trios de bases do RNAm (códons), responsáveis pelos aminoácidos das proteínas. Cada combinação de três bases codifica um aminoácido. Por exemplo: U (primeira base), C (segunda base) e U (terceira base) compõem o aminoácido serina; UAC = tirosina; AAC = asparagina; etc.

ACESSE E SAIBA MAIS

Do DNA à síntese proteica

<www.youtube.com/watch?v=7WesB3Ll_To&t=5s>

<www.youtube.com/watch?v=uHv1KG_heJU>

Acesso em: 19 jul. 2018.

Os códons UAA, UAG e UGA não especificam nenhum aminoácido; eles indicam o fim de uma cadeia. Já o códon AUG tem duas funções: codificar o aminoácido metionina e determinar o início da síntese de um novo polipeptídio.

Analisando a tabela de códons, pode-se perceber que o código genético é "degenerado" ou "redundante", ou seja, há mais de um códon com o mesmo "significado". A alanina, por exemplo, pode ser associada a qualquer um dos seguintes códons: GCU, GCC, GCA e GCG. Assim, há 61 códons que especificam vinte aminoácidos e três que especificam o fim de uma cadeia polipeptídica. Apesar de ser redundante, o código genético não é "ambíguo", isto é, o mesmo códon não codifica dois aminoácidos diferentes.

O código genético é o mesmo para praticamente todos os seres vivos. Essa característica quase universal do código genético indica uma origem evolutiva comum.

Os códons só realizam o trabalho de identificação dos aminoácidos com o auxílio do RNAt, que é capaz de se ligar a unidades de aminoácidos dissolvidos no citoplasma e transportá-las até o RNAm. O RNAt apresenta algumas regiões com bases emparelhadas e outras com bases livres, onde se formam curvas (**figura 9.9**).

Em uma das extremidades do RNAt, aparecem as bases CCA. Em uma das curvas do filamento, há um trio de bases que varia de um transportador para outro; esse trio é chamado **anticódon**, e por meio dele o RNAt se encaixa nos códons do RNAm.

A ligação entre o transportador e o aminoácido é específica e mediada por uma enzima com formato específico que garante essa exclusividade. Se o RNAt tem o anticódon CGA, ele vai se ligar exclusivamente ao aminoácido alanina.

Modelo de RNAt feito em computador

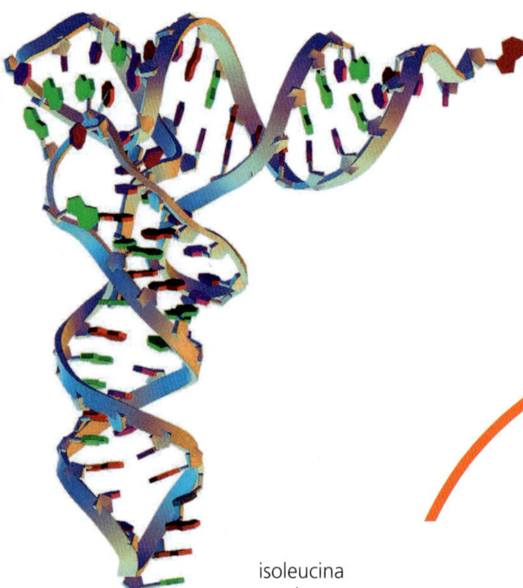

Alfred Pasieka/SPL/Latinstock

Regiões do RNAt

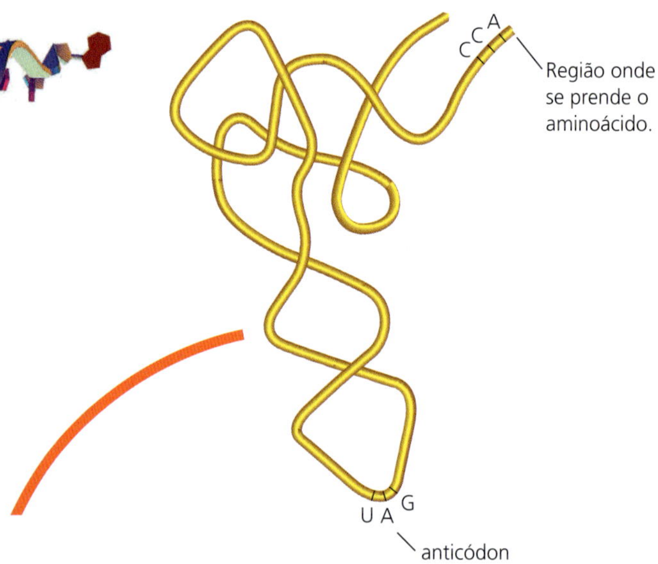

Ilustrações: Maspi/Arquivo da editora

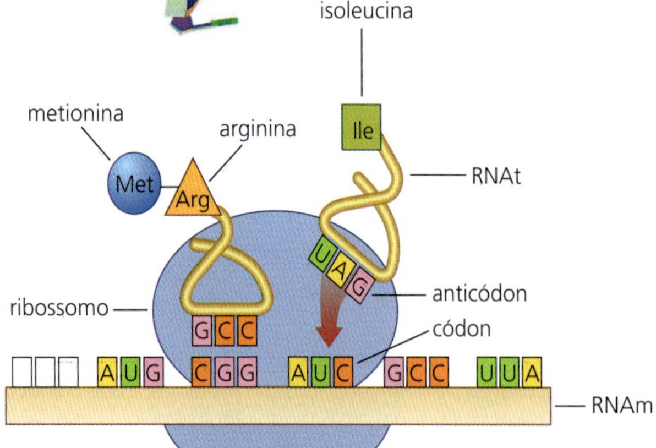

Figura 9.9 Cada RNAt se encaixa, pelo anticódon, em um ponto determinado do RNAm, levando um aminoácido específico. Desse modo, os aminoácidos são colocados na sequência correta da proteína (o RNAt tem, em média, de 74 a 95 nucleotídeos; o ribossomo tem cerca de 25 nm de diâmetro; os elementos não estão na mesma escala; cores fantasia).

A tradução da sequência de bases de RNAm para a proteína ou polipeptídio é feita nos ribossomos. Os RNAt com os respectivos aminoácidos se encaixam nos códons correspondentes do RNAm (**figura 9.10**). À medida que um grupo de ribossomos (**polirribossomo** ou **polissomo**) desliza pelo RNAm, os aminoácidos se unem e formam uma molécula de proteína ou uma cadeia polipeptídica. Enquanto isso, os transportadores se soltam e ficam livres para o transporte de outros aminoácidos.

A síntese termina quando entra em posição no ribossomo um dos três códons (UAA, UAG ou UGA), que, em vez de se ligar a um anticódon, se encaixa em uma proteína especial que libera o filamento polipeptídico (**figura 9.10**).

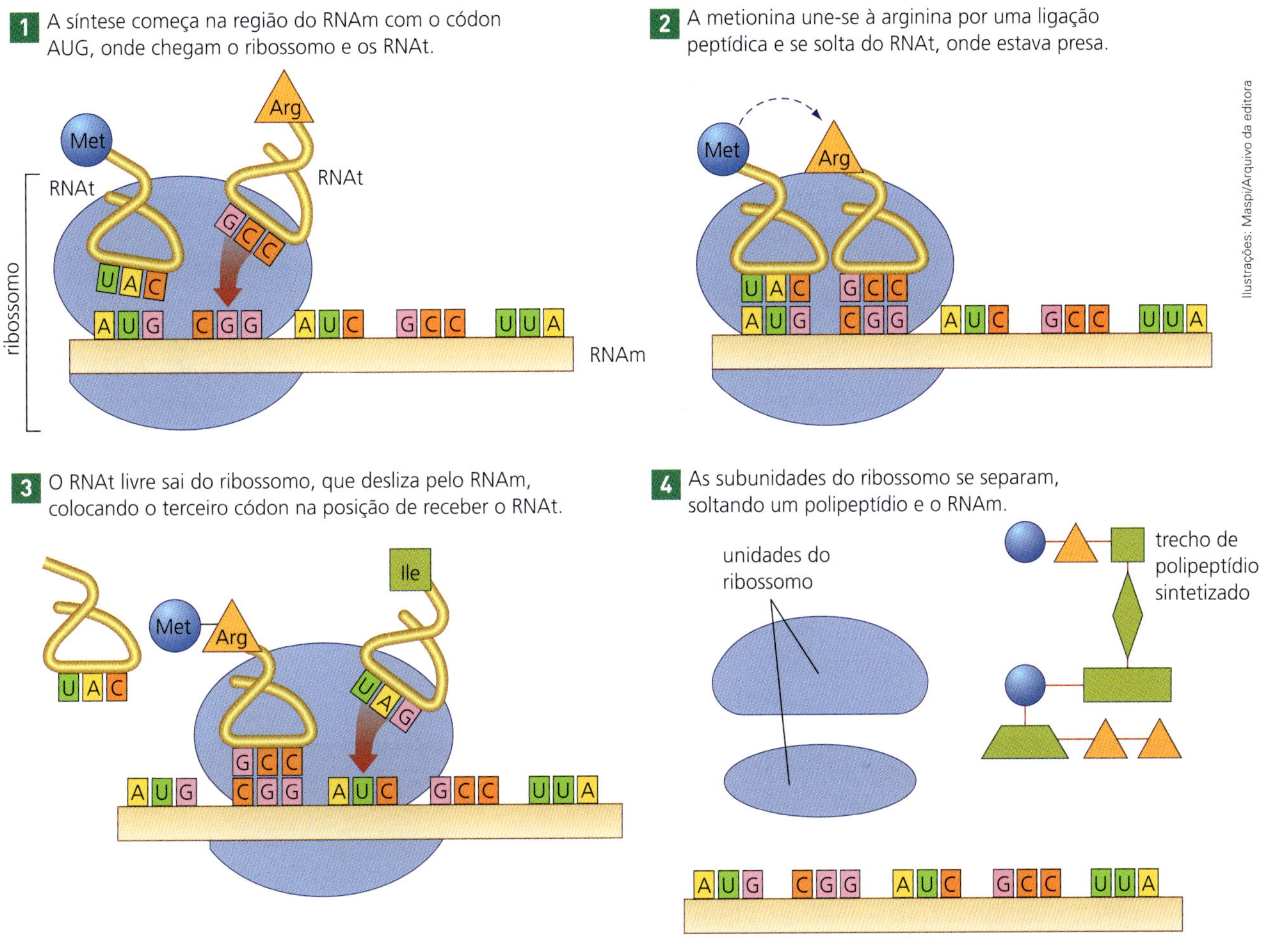

Figura 9.10 Esquema simplificado da tradução do RNAm (os elementos não estão na mesma escala; cores fantasia).

A tradução envolve mecanismos para identificar e unir aminoácidos, indicar os pontos de começo e fim da síntese, remover a metionina (que indica o início da síntese), caso ela não venha a constituir a proteína a ser formada. Parte desses mecanismos é controlada por enzimas, e outra parte, pelo RNAr, que funciona também como uma enzima. Moléculas de RNA com atividade enzimática são chamadas **ribozimas**.

4. MUTAÇÕES

Ao longo da vida, o DNA é exposto a diversos fatores externos que podem danificar sua molécula e modificar a mensagem genética inicial. Durante a duplicação, cada novo nucleotídeo que entra na cadeia é conferido pela DNA polimerase. Ela examina a molécula e pode detectar emparelhamentos errados, como A—C em vez de A—T. O nucleotídeo errado é retirado e a DNA polimerase acrescenta o nucleotídeo correto.

A falha desse mecanismo de verificação de erros acarreta uma modificação no código genético inicial. O gene modificado poderá alterar alguma função da célula e provocar até mesmo uma doença.

ACESSE E SAIBA MAIS

Somos todos mutantes
<www.youtube.com/watch?v=GsxkMl3hqh8&t=48s>

Quantas dessas mutações genéticas você tem?
<https://revistagalileu.globo.com/Ciencia/noticia/2017/10/quantas-dessas-mutacoes-geneticas-voce-tem.html>
Acesso em: 19 jul. 2018.

A mutação caracteriza-se quando uma alteração na sequência de bases nitrogenadas de um segmento do DNA não é corrigida. A chance de ocorrerem mutações aumenta quando a célula é exposta aos chamados **fatores mutagênicos**, entre os quais estão as radiações produzidas por materiais radioativos na superfície terrestre, os raios vindos do Sol e das estrelas, os raios X e diversas substâncias químicas, como as encontradas na fumaça do cigarro ou até mesmo em algumas plantas e fungos.

Esses fatores podem quebrar a molécula de DNA, acrescentando ou retirando nucleotídeos, ou alterar o pareamento normal das bases. A alteração de uma única base pode fazer surgir uma nova característica no organismo. Pode também lhe causar sérias consequências. Entretanto, pode ocorrer também a formação de um novo códon responsável pelo mesmo aminoácido. Por exemplo, o ácido glutâmico pode ser codificado tanto por GAA como por GAG. Se a mutação trocar a terceira base original A por uma nova base G, não haverá modificação nos aminoácidos da proteína. Essas mutações "silenciosas" não afetam o organismo e, por isso, muitos cientistas acham que o código degenerado (mais de um códon para o mesmo aminoácido) teria a vantagem de proteger o organismo contra um excesso de defeitos provocados por mutações.

Quando uma mutação ocorre pela adição ou retirada de uma base da sequência, o efeito é muito mais grave, pois as bases estão arrumadas continuamente, sem interrupções. Se for acrescentada ou retirada uma delas, a sequência de códons ficará completamente alterada a partir desse ponto. A proteína será, então, totalmente diferente e incapaz de realizar a sua função. A retirada ou a entrada de um códon inteiro (três nucleotídeos) pode ser menos grave, pois altera apenas um aminoácido na sequência.

A maioria das mutações é neutra e origina proteínas que não alteram o funcionamento do organismo. Quando elas alteram ao acaso um sistema vivo altamente organizado, podem ser prejudiciais ou podem torná-lo mais adaptado ao ambiente em que vive. Estas últimas podem, por seleção natural, aumentar de número ao longo das gerações, provocando a evolução das espécies, como estudaremos com mais detalhes na unidade 10.

BIOLOGIA E SOCIEDADE

Acidente com radiação em Goiânia

Em 1987, ocorreu na cidade de Goiânia (GO) um dos maiores acidentes radiológicos do mundo. A tragédia envolveu o césio-137, material radioativo usado em tratamentos contra o câncer.

A radioterapia é um método que destrói células por meio de radiação. As doses de radiação devem ser bastante controladas, já que têm um alto poder de destruição das cadeias de DNA em todas as células e não apenas nas tumorais.

Na ocasião, dois catadores de sucata entraram em uma clínica de radioterapia desativada e encontraram um aparelho de radioterapia abandonado. Como o equipamento continha aço e chumbo, os dois trabalhadores queriam vender suas peças. Dentro da máquina, o dono do estabelecimento encontrou uma cápsula cheia de um pó branco que, no escuro, adquiria um curioso brilho azul: era o cloreto de césio ($CsC\ell$). Maravilhado com a beleza do material, resultado da emissão de partículas e de energia do césio, o dono do ferro-velho chamou amigos e vizinhos para verem o que ele tinha encontrado e assim muitas pessoas tiveram contato direto com o $CsC\ell$. O grau de contato definiu a gravidade da contaminação.

No total, foram monitoradas 112 800 pessoas com diferentes graus de contaminação. Catorze pessoas em estado grave foram hospitalizadas e quatro delas morreram; catorze apresentaram falência da medula óssea e uma sofreu amputação do antebraço.

Passadas mais de três décadas, os resíduos perderam metade da radiação. No entanto, o risco completo só deve desaparecer em pelo menos 275 anos.

Fontes de pesquisa: <www.cesio137goiania.go.gov.br/o-acidente>; <www.educacaopublica.rj.gov.br/biblioteca/quimica/0018.html>. Acesso em: 7 mar. 2018.

ATIVIDADES

Questões discursivas

1. No esquema abaixo, as letras **A** e **B** indicam duas etapas do metabolismo dos ácidos nucleicos, e os números indicam substâncias e estruturas que participam dessa etapa.

A

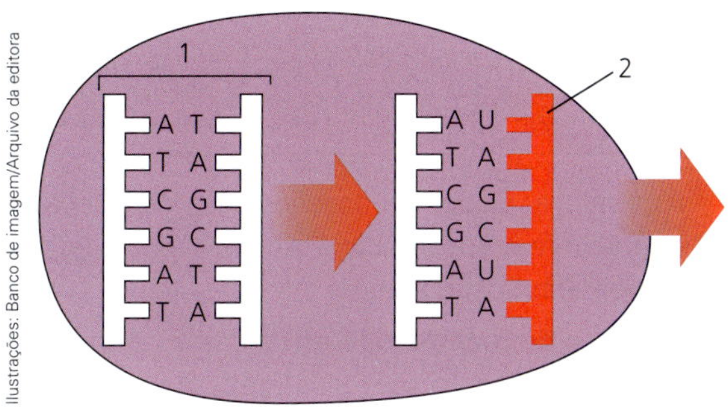

B

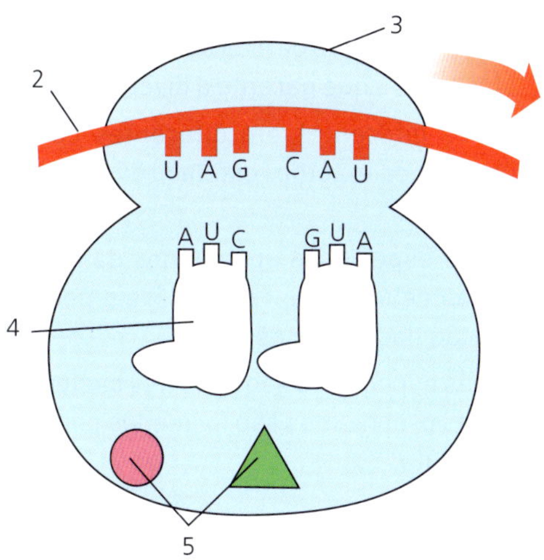

Os elementos não estão na mesma escala.
Cores fantasia.

a) O que está ocorrendo nas etapas **A** e **B**? Em que parte da célula elas ocorrem?

b) Que estruturas estão indicadas pelos números?

2. Por que no DNA a sequência de bases de uma fita determina, obrigatoriamente, a sequência de outra?

3. Imagine um RNA mensageiro formado por apenas seis nucleotídeos unidos entre si. Responda:

a) Quantas moléculas diferentes desse ácido nucleico podem existir?

b) Que fórmula matemática você usou para calcular esse número?

4. A ocitocina é um hormônio formado por nove aminoácidos unidos na seguinte sequência: cisteína – tirosina – isoleucina – glutamina – asparagina – cisteína – prolina – leucina – glicina. Consultando a tabela de códons da figura 9.8, monte uma sequência possível de bases da cadeia do DNA responsável pela síntese desse hormônio. Responda também: pode ser montada mais de uma sequência? Por quê?

5. (Unicamp-SP) Em 25 de abril de 1953, um estudo de uma única página na revista inglesa Nature intitulado "A estrutura molecular dos ácidos nucleicos", quase ignorado de início, revolucionou para sempre todas as ciências da vida, sejam elas do homem, rato, planta ou bactéria. James Watson e Francis Crick descobriram a estrutura do DNA, que permitiu posteriormente decifrar o código genético determinante para a síntese proteica.

a) Watson e Crick demonstraram que a estrutura do DNA se assemelha a uma escada retorcida. Explique a que correspondem os "corrimãos" e os "degraus" dessa escada.

b) Que relação existe entre DNA, RNA e síntese proteica?

c) Como podemos diferenciar duas proteínas?

6. (Uerj) Considere uma molécula de DNA sem qualquer mutação e que apresente 16% de bases nitrogenadas de citosina. Determine os percentuais de guanina e de timina encontrados nessa molécula, justificando suas respostas.

7. (UFJF-MG) Há xampus cujos rótulos registram a presença dos aminoácidos constituintes da seda. Muitas pessoas compram esses produtos acreditando que a disponibilidade desses aminoácidos altera a constituição proteica do cabelo, tornando-o mais saudável.

a) Supondo que os aminoácidos presentes no xampu penetrem nas células que formam o cabelo, é correto afirmar que haverá mudanças na sequência de aminoácidos das novas proteínas que forem sintetizadas? Explique.

b) Pesquisadores, estudando novos tratamentos para a calvície, observaram que algumas drogas aumentavam o tamanho do nucléolo das células do couro cabeludo. Qual é o significado disso com relação à síntese de proteínas? Explique.

8. (Fuvest-SP) O código genético está todo decifrado, isto é, sabe-se quais trincas de bases no DNA correspondem a quais aminoácidos nas proteínas que se formarão:

Sequência do DNA	Aminoácido
AGA	serina (SER)
CAA	valina (VAL)
AAA	fenilalanina (FEN)
CCG	glicina (GLI)
AAT	leucina (LEU)
GAA	leucina (LEU)

De acordo com a tabela:

a) Se um RNA-mensageiro tem sequência de trincas UUAUUUCUUGUUUCUGGC, qual será a sequência dos aminoácidos no polipeptídio correspondente?

b) Quais são os anticódons dos RNA-transportadores da leucina?

Questões objetivas

1. (PUC-RS) Adenina, guanina e citosina são bases presentes tanto na estrutura de DNA como na de RNA. Qual das moléculas abaixo também está presente em ambas?

a) Uracil.

b) Timina.

c) Ribose.

d) Fosfato.

e) Desoxirribose.

2. (Uece) A molécula de DNA armazena informação genômica que é transcrita e traduzida por mecanismos elegantes como os de transcrição e tradução. Entretanto, entre os distintos indivíduos biológicos construídos por mensagem contida no DNA, há uma singularidade biológica que se repete, mas se diferencia pelo modo como esta é organizada. Essa descrição corresponde à(s)

a) molécula de RNAr.

b) moléculas de RNAt.

c) bases nitrogenadas.

d) molécula de RNAm.

3. (Enem-MEC) A identificação da estrutura do DNA foi fundamental para compreender seu papel na continuidade da vida. Na década de 1950, um estudo pioneiro determinou a proporção das bases nitrogenadas que compõem moléculas de DNA de várias espécies.

Exemplos de materiais analisados	Bases nitrogenadas			
	Adenina	Guanina	Citosina	Timina
Espermatozoide humano	30,7%	19,3%	18,8%	31,2%
Fígado humano	30,4%	19,5%	19,9%	30,2%
Medula óssea de rato	28,6%	21,4%	21,5%	28,5%
Espermatozoide de ouriço-do-mar	32,8%	17,7%	18,4%	32,1%
Plântulas de trigo	27,9%	21,8%	22,7%	27,6%
Bactéria *E. coli*	26,1%	24,8%	23,9%	25,1%

A comparação das proporções permitiu concluir que ocorre emparelhamento entre as bases nitrogenadas e que elas formam:

a) pares de mesmo tipo em todas as espécies, evidenciando a universalidade da estrutura do DNA.

b) pares diferentes de acordo com a espécie considerada, o que garante a diversidade da vida.

c) pares diferentes em diferentes células de uma espécie, como resultado da diferenciação celular.

d) pares específicos apenas nos gametas, pois essas células são responsáveis pela perpetuação das espécies.

e) pares específicos somente nas bactérias, pois esses organismos são formados por uma única célula.

4. (PUC-RJ) Com o advento da Biologia Molecular, o ser humano conseguiu realizar inúmeras façanhas como identificar pessoas que estiveram em determinados locais, realizar testes de paternidade e determinar a relação filogenética entre diferentes seres vivos, através do sequenciamento e homologia dos ácidos desoxirribonucleicos de cada indivíduo. Esse ácido tem como característica ser uma molécula polimérica de fita

a) simples, composta por pentoses, bases nitrogenadas e fosfato.

b) dupla, composta de pentoses, bases nitrogenadas e fosfato.

c) dupla, composta por hexoses, aminoácidos e nitrogênio.

d) dupla, composta por nucleotídeos ligados por pontes de enxofre.

e) simples, composta por nucleotídeos ligados por pontes de hidrogênio.

5. (Ufla-MG) Na tabela a seguir são apresentadas as quantidades de bases nitrogenadas de quatro espécies

Espécie	A	C	G	T	U
1	20	30	30	20	–
2	10	40	30	–	20
3	15	35	35	15	–
4	30	20	20	–	30

Considerando essas informações, o tipo de ácido nucleico de cada espécie é, respectivamente:

a) DNA, RNA, DNA, DNA

b) DNA, RNA, DNA, RNA

c) RNA, RNA, DNA, DNA

d) DNA, RNA, RNA, DNA

6. (Fuvest-SP) Uma mutação, responsável por uma doença sanguínea, foi identificada numa família. Abaixo estão representadas sequências de bases nitrogenadas, normal e mutante; nelas estão destacados o sítio de início da tradução e a base alterada.

Sequência normal

...**AUG**ACGGGCGACACACAGAGCGACUGG**G**ACUGC...

Sítio de início da tradução

Sequência mutante

...**AUG**ACGGGCGACACACAGAGCGACUGG**A**ACUGC...

O ácido nucleico representado e o número de aminoácidos codificados pela sequência de bases, entre o sítio de início da tradução e a mutação, estão corretamente indicados em:

a) DNA; 8.

b) DNA; 24.

c) DNA; 12.

d) RNA; 8.

e) RNA; 24.

7. (Unisa-SP) Se fosse possível sintetizar *in vitro* uma molécula proteica, nas mesmas condições em que a síntese ocorre nas células, utilizando-se ribossomos obtidos de células de rato, RNA-mensageiro de células de sapo, RNA-transportador de células de coelho e aminoácidos ativados de célula bacteriana, a proteína produzida teria a estrutura primária (sequência de aminoácidos) idêntica à:

a) da bactéria.

b) do sapo.

c) do rato.

d) do coelho.

e) nenhuma das anteriores, pois seria uma mistura de todas.

8. (UFPI) Sabe-se que a leucina é um aminoácido que pode ser sintetizado pela sequência de bases AAC da molécula do DNA. Logo, espera-se que as sequências de base do RNAm e RNAt envolvidos na síntese sejam, respectivamente:

a) TTG e AAC.

b) UUG e AAC.

c) UTG e ACC.

d) AAC e TTG.

e) AAC e UUG.

9. (UFRGS-RS) Cinco amostras com ácidos nucleicos foram analisadas quimicamente e apresentaram os seguintes resultados:

I. 1ª amostra: ribose

II. 2ª amostra: timina

III. 3ª amostra: dupla-hélice

IV. 4ª amostra: uracila

V. 5ª amostra: 20% de guanina e 30% de citosina

Entre essas amostras, quais se referem a DNA?

a) Apenas I e II.

b) Apenas I e III.

c) Apenas II e III.

d) Apenas II e IV.

e) Apenas II e V.

10. (Enem-MEC) Analisando o DNA de um animal, detectou-se que 40% de suas bases nitrogenadas eram constituídas por adenina. Relacionando esse valor com o emparelhamento específico das bases, os valores encontrados para as outras bases nitrogenadas foram:

a) T = 40%; C = 20%; G = 40%.

b) T = 10%; C = 10%; G = 40%.

c) T = 10%; C = 40%; G = 10%.

d) T = 40%; C = 10%; G = 10%.

e) T = 40%; C = 60%; G = 60%.

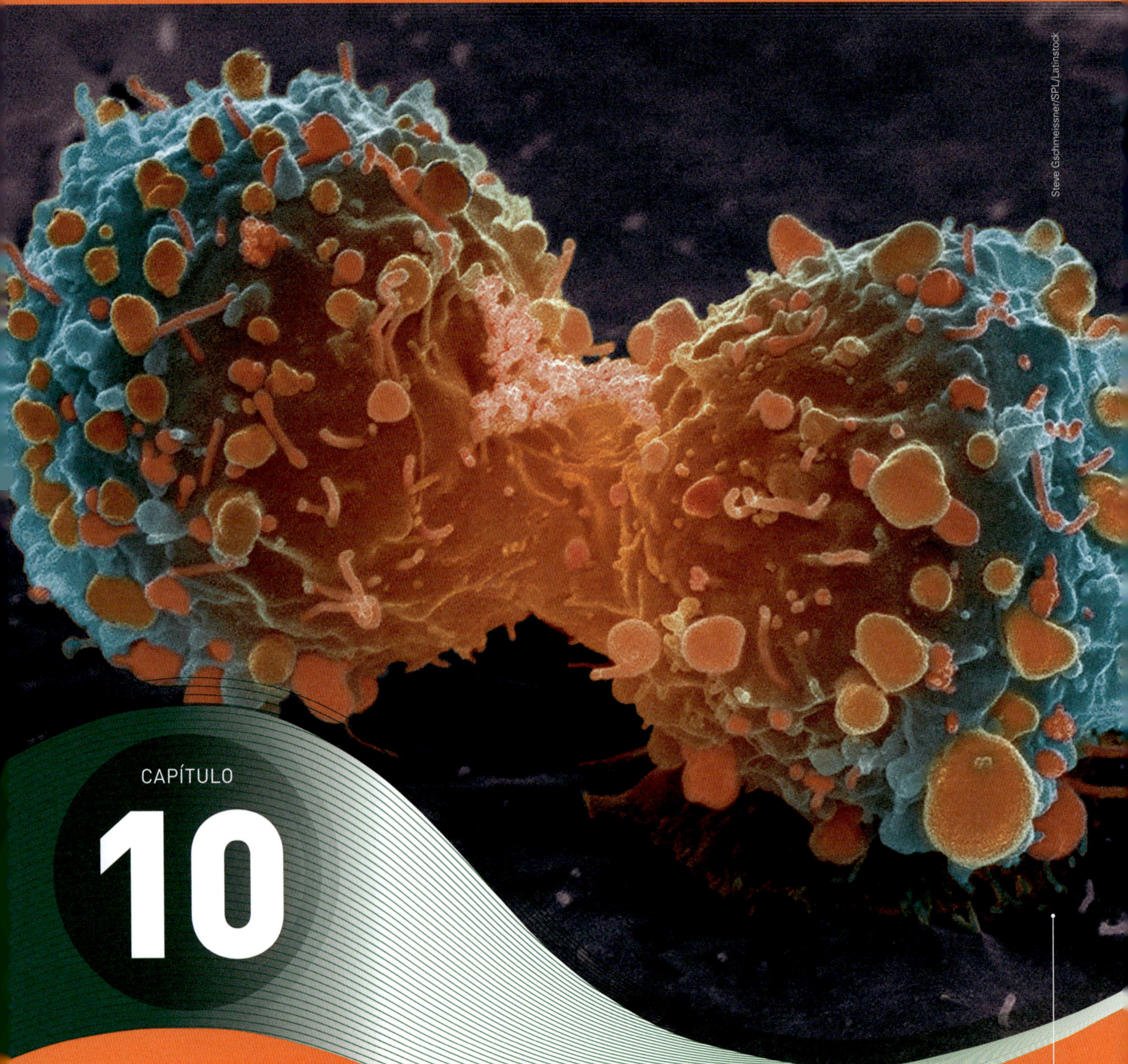

Steve Gschmeissner/SPL/Latinstock

Divisão de célula cancerosa de pulmão em micrografia eletrônica de varredura (aumento aproximado de 20 mil vezes; imagem colorizada por computador).

CAPÍTULO

10

DIVISÃO CELULAR

Como veremos neste capítulo, as divisões celulares são essenciais para a reprodução e o desenvolvimento dos seres vivos. Por meio delas, os tecidos crescem e se regeneram. Entretanto, quando não há controle nesse processo podem ocorrer problemas, como a formação de células cancerosas, que se dividem muito rapidamente, formando tumores. As células da foto são de câncer de pulmão, uma doença frequentemente associada ao hábito de fumar.

- **Qual é a importância das divisões celulares para um ser vivo?**
- **Quais são as principais diferenças entre a meiose e a mitose?**
- **O que pode acontecer quando ocorrem erros na divisão celular?**

1. DIVISÃO CELULAR: VISÃO GERAL

Nos organismos eucariotas e sexuados ocorrem dois tipos de divisão celular: a **mitose**, que forma células com o mesmo número de cromossomos e as mesmas informações genéticas da célula-mãe; e a **meiose** (*meiosis* = divisão ao meio), que reduz esse número à metade (**figura 10.1**).

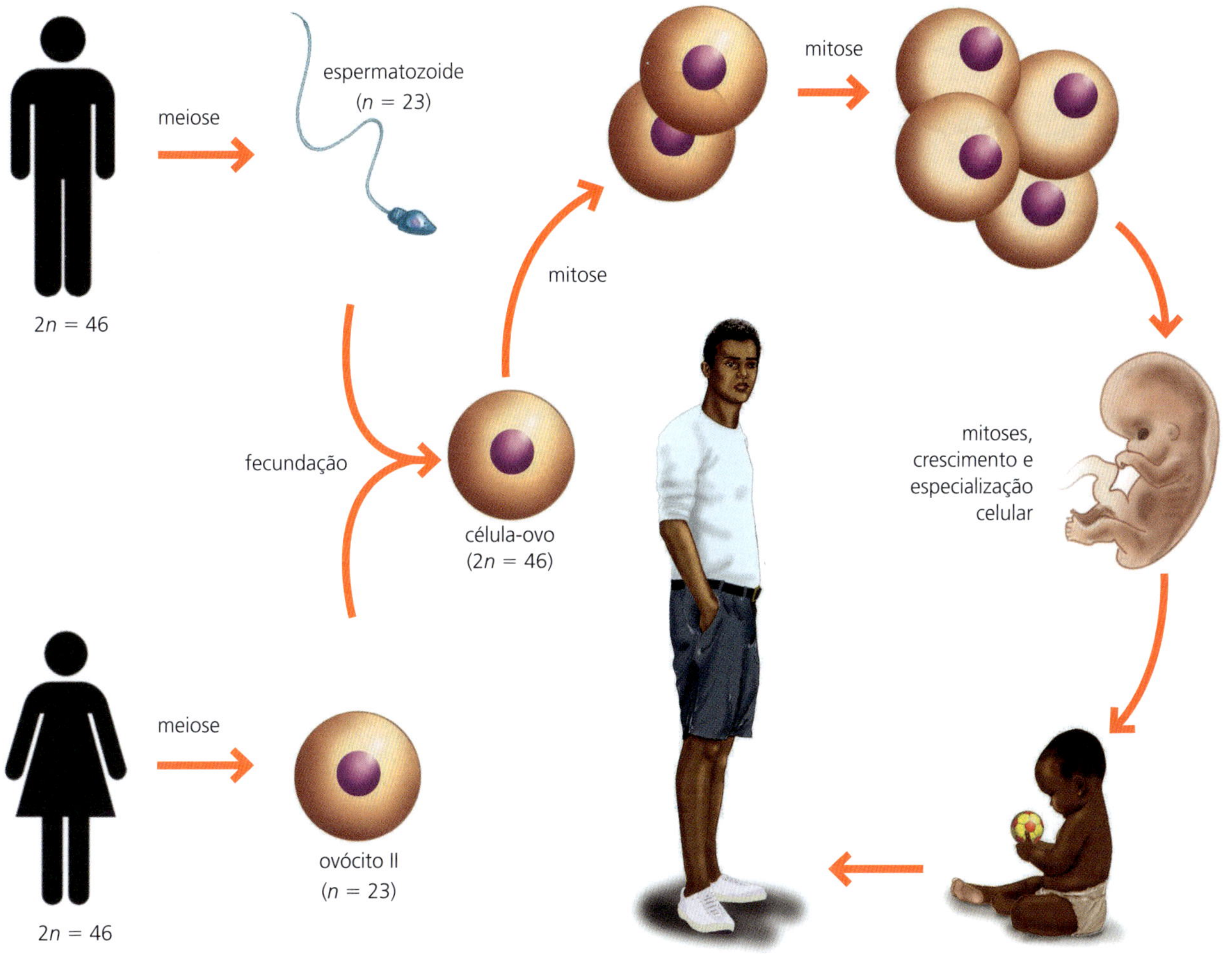

Figura 10.1 Na formação dos gametas, a meiose produz células com metade dos cromossomos. A mitose forma células com o mesmo número de cromossomos da célula original. Na espécie humana, células diploides têm 46 cromossomos ($2n = 46$), e células haploides, 23 ($n = 23$) (os elementos não estão na mesma escala; cores fantasia).

A mitose é o mecanismo mais comum de reprodução dos organismos unicelulares eucariontes. O termo mitose refere-se ao movimento dos cromossomos durante a divisão (*mitos* = fio; *ose* = estado de).

Por meio da mitose, os seres pluricelulares também podem ser formados a partir de um pedaço do corpo (reprodução assexuada). A mitose é essencial para o desenvolvimento a partir da célula-ovo ou zigoto (reprodução sexuada), para o crescimento, para a renovação das células e para a regeneração de partes do organismo.

A meiose dá origem a células haploides durante a reprodução sexuada de organismos pluricelulares diploides. A união posterior dessas células ocorre por meio da fecundação, que dará origem a um novo indivíduo.

2. MITOSE

O período que vai da origem de uma célula, a partir de outra, ao fim de uma divisão celular é chamado **ciclo celular** (**figura 10.2**). Esse ciclo inclui uma fase em que a célula não está se dividindo, chamada **interfase** (*inter* = entre, no meio), e a divisão propriamente, dividida em quatro etapas: **prófase**, **metáfase**, **anáfase** e **telófase**.

Célula em interfase representada em corte

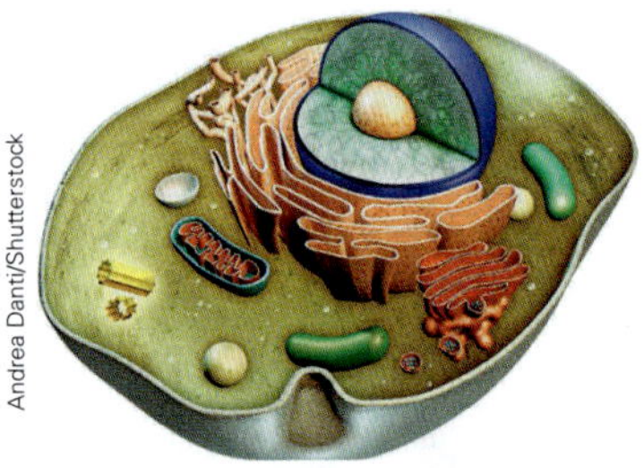

Andrea Danti/Shutterstock

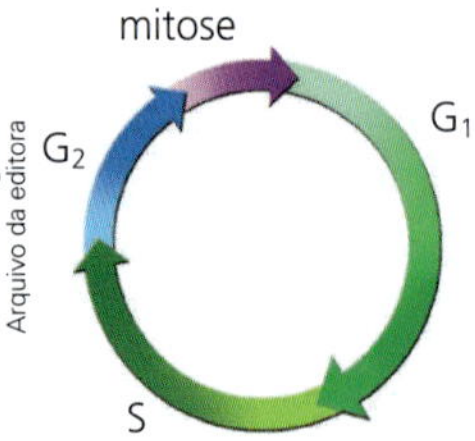

Banco de imagens/ Arquivo da editora

Quantidade de DNA por célula

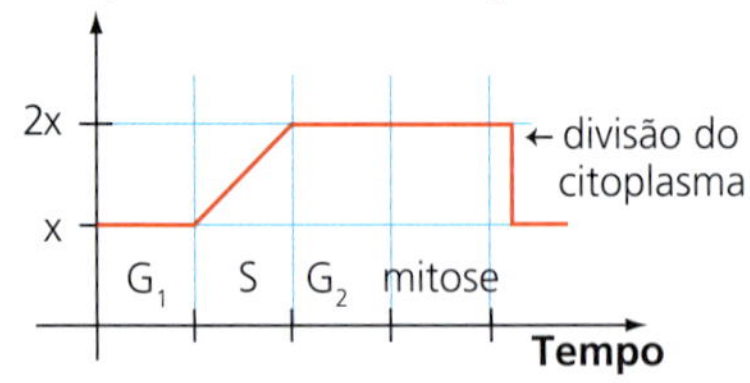

Ilustrações: Luis Moura/ Arquivo da editora

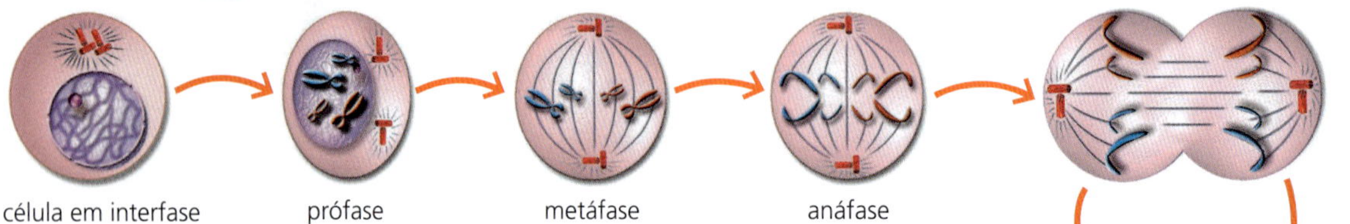

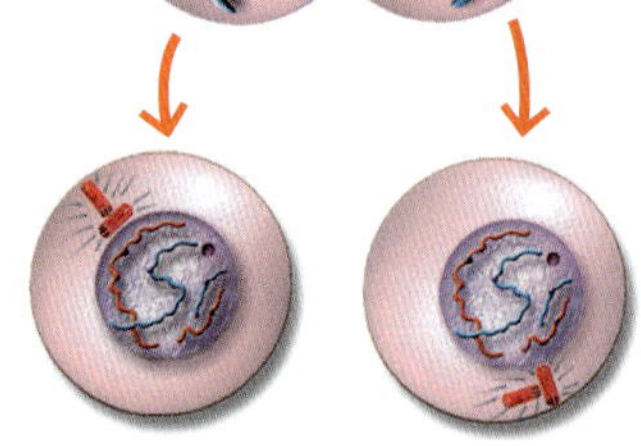

telófase e divisão do citoplasma

Figura 10.2 Ciclo celular. Observe no gráfico que, na interfase, a célula cresce e duplica seu DNA. Após a divisão do citoplasma, formam-se duas novas células, cada uma delas com a mesma quantidade de DNA da célula original (os elementos não estão na mesma escala; cores fantasia).

> **ACESSE E SAIBA MAIS**
>
> **Mitose**
> <www.youtube.com/watch?v=Jqx9hNtZaBc&t=4s>
>
> **Células cancerosas**
> <https://ed.ted.com/lessons/how-do-cancer-cells-behave-differently-from-healthy-ones-george-zaidan>
>
> **Apoptose**
> <www.youtube.com/watch?v=oLQYnlDkdZE>
> Acesso em: 19 jul. 2018.

A interfase pode ser subdividida em três períodos:

- **G_1** (**G**, de *gap* = intervalo) – compreende a fase anterior à duplicação do DNA. A célula cresce e realiza seu metabolismo normal, sintetizando RNA e proteínas, incluindo um grupo de proteínas que dão o sinal para a divisão celular começar.
- **S** (síntese) – ocorre a duplicação do DNA e, consequentemente, dos filamentos de cromatina, além da síntese de histonas (as proteínas que fazem parte dos cromossomos) e da duplicação dos centríolos.
- **G_2** – intervalo entre a duplicação do DNA e o início da divisão celular. Nele volta a ocorrer a síntese geral de proteínas, iniciada no período **G_1**, e a de moléculas necessárias à divisão.

Antes de a célula entrar em divisão, há mecanismos que verificam, por exemplo, se o DNA está danificado, ou se a célula atingiu um tamanho mínimo para entrar em divisão. Caso haja algum problema, o ciclo celular pode ser interrompido até que o problema seja corrigido. Se o problema não puder ser corrigido, deve ser acionado um mecanismo de destruição da célula, conhecido como **apoptose** (palavra de origem grega que se refere à "queda das folhas das árvores no outono"), ou morte celular programada.

A seguir, são descritas as etapas da mitose em uma célula animal (**figura 10.3**).

- **Prófase** (*pró* = anterior). Os filamentos de cromatina começam a se enrolar (o DNA fica inativo e não transcreve RNA), formando os cromossomos. Os filamentos, chamados cromátides, estão duplicados e unidos no centrômero. O conjunto de duas cromátides presas pelo centrômero é chamado **cromossomo duplicado** e suas duas cromátides são exatamente iguais ao filamento inicial de cromatina. Os centríolos, duplicados, migram para os polos rodeados por fibras, que, em conjunto, formam o **áster** (lembra os raios de uma estrela saindo do centríolo). É a partir da região em que está o centríolo, chamada **centro celular** ou **centrossomo**, que se forma o fuso mitótico.

  A carioteca começa a se fragmentar e os nucléolos desaparecem (seus grãos se espalham no citoplasma e dão origem a novos ribossomos).

Ilustrações: Luis Moura/Arquivo da editora

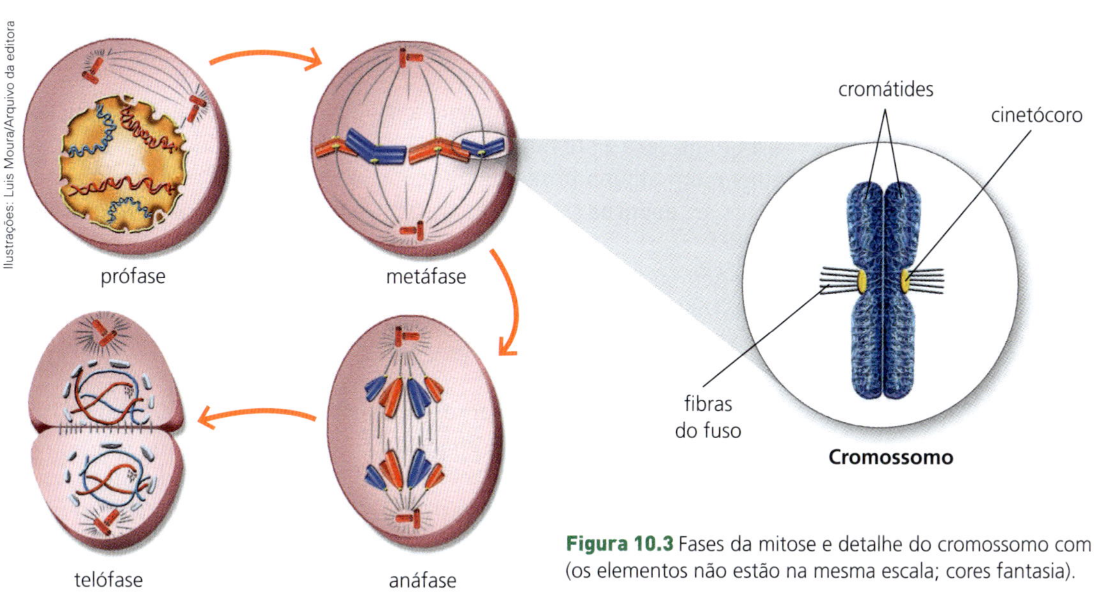

Figura 10.3 Fases da mitose e detalhe do cromossomo com cinetócoro (os elementos não estão na mesma escala; cores fantasia).

Entre a prófase e a metáfase há uma fase intermediária chamada **prometáfase**. Essa etapa começa com o rompimento da carioteca. Os microtúbulos do fuso ligam-se aos **cinetócoros** (discos de proteínas na região do centrômero). Então, os cromossomos movimentam-se para a região mediana da célula e a prometáfase termina com a chegada dos cromossomos a essa região mediana.

- **Metáfase** (*meta* = além de). Os centríolos ocupam polos opostos na célula. Cada cromátide está presa às fibras do fuso pelo cinetócoro. Os cromossomos encontram-se na região mediana da célula, formando a placa equatorial ou metafásica, e as cromátides irmãs se voltam cada uma para um polo da célula. Os cromossomos estão na condensação máxima, o que torna bem visíveis as duas cromátides.
- **Anáfase** (*aná* = para cima). As cromátides se separam (passando a ser chamadas cromossomos filhos ou irmãos) e são levadas para polos opostos da célula pelo encurtamento dos filamentos do fuso. O fato de as cromátides irmãs serem cópias uma da outra e a posição que ocupavam na metáfase garantem uma distribuição idêntica do material genético para os dois polos e, consequentemente, para as duas células que se formarão.
- **Telófase** (*telos* = distante, afastado). Os cromossomos chegam aos polos e começam a se desenrolar, readquirindo o aspecto de filamentos de cromatina. A carioteca e o nucléolo voltam a se formar.

A mitose termina quando dois núcleos são formados. Na maioria dos casos, porém, ela é acompanhada pela divisão do citoplasma, processo chamado **citodiérese** ou **citocinese** (*kytos* = célula; *diairesis* = divisão em dois; *kineim* = movimento). Os dois processos – mitose e citocinese – formam a fase mitótica (**fase M**) do ciclo celular.

Nas células animais, a membrana plasmática sofre uma invaginação no final da divisão (reveja a foto de abertura do capítulo), provocada por um anel contrátil de filamentos de actina e miosina; recomeça, então, um período de interfase para cada célula formada.

Nas células dos vegetais com semente não há centríolos e, após o afastamento dos dois grupos de cromossomos, vesículas originadas do complexo golgiense fundem-se na região mediana da célula, formando as novas membranas plasmáticas das duas células-filhas. A celulose e outros polissacarídeos são depositados até se formarem a lamela média e a parede celular, separando as células-filhas (**figura 10.4**).

Fotos: Prof. G. Gimenez-Martin/SPL/Latinstock

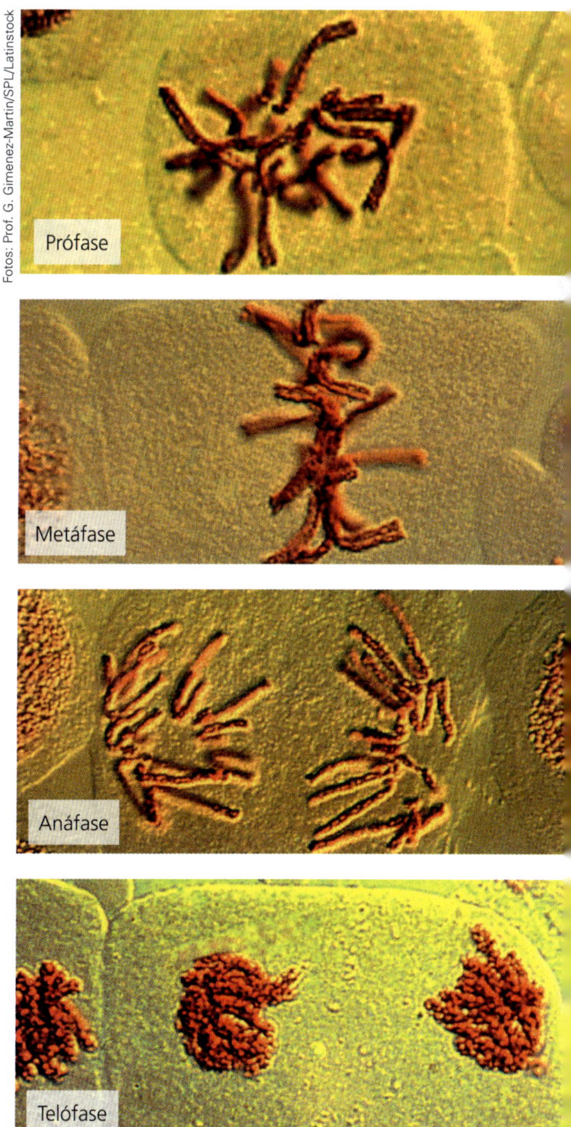

Figura 10.4 Fases da mitose fotografadas em células vegetais (microscópio óptico; aumento de cerca de 500 vezes; com uso de corantes).

3. MEIOSE

Nos animais, a meiose acontece durante a produção de gametas (a produção de gametas nos animais será vista no capítulo 11).

Nos vegetais e em alguns protistas e fungos, a meiose ocorre na formação de células especiais, os **esporos** (a reprodução dos vegetais será vista com mais detalhes na unidade 6).

Muitos dos fenômenos que ocorrem na mitose se repetem na meiose. A diferença básica entre os dois processos é que, na meiose, há duas divisões celulares seguidas, que resultam na formação de quatro células-filhas para cada célula que inicia o processo.

Durante as divisões, cada cromossomo se duplica apenas uma vez, o que explica a redução do padrão cromossomial de $2n$ para n.

Outra característica importante da meiose é que as células produzidas não são geneticamente iguais, o que aumenta a variedade genética dos indivíduos formados por reprodução sexuada.

Veja um esquema simplificado com as duas divisões da meiose na **figura 10.5**.

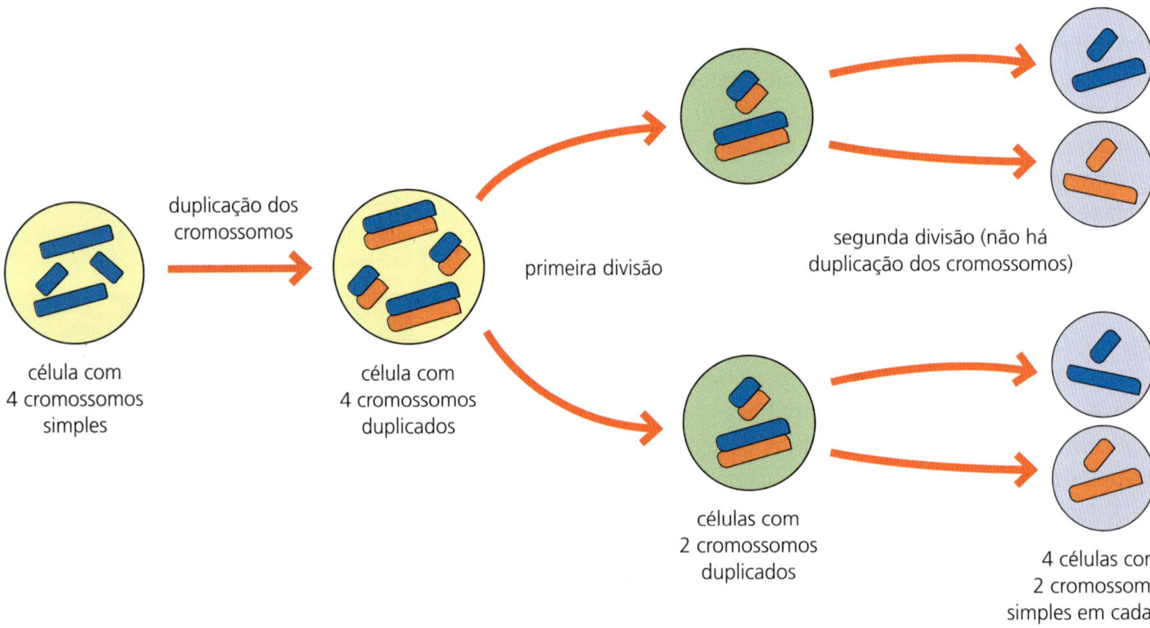

Figura 10.5 Esquema com o resumo das duas divisões da meiose. Observe que são formadas células com a metade dos cromossomos da célula original (os elementos não estão na mesma escala; cores fantasia).

PRIMEIRA DIVISÃO

Essa divisão também tem quatro etapas: prófase I, metáfase I, anáfase I e telófase I.

Observe, na **figura 10.6**, um fenômeno exclusivo da meiose: a **permutação**, processo em que as cromátides homólogas são quebradas e ocorre uma ressoldagem das partes trocadas. Na permutação, as cromátides homólogas se entrelaçam, ocorrendo um intercâmbio de genes entre os cromossomos homólogos, motivo pelo qual esse processo é chamado também de ***crossing-over*** ou **sobrecruzamento**. Em cada ponto de ressoldagem aparece uma figura em **X**, chamada **quiasma** (*chiásma* = dispositivo em cruz).

Ao terminar a primeira divisão, cada célula possui apenas um dos cromossomos homólogos; portanto, as células-filhas são haploides. Como o número de cromossomos foi reduzido à metade, essa divisão também é chamada **divisão reducional**. Embora tenha havido redução, cada cromossomo está duplicado. Isso significa que cada célula-filha possui duas cópias de uma molécula de DNA, uma em cada cromátide. Com a segunda divisão essa situação se modificará.

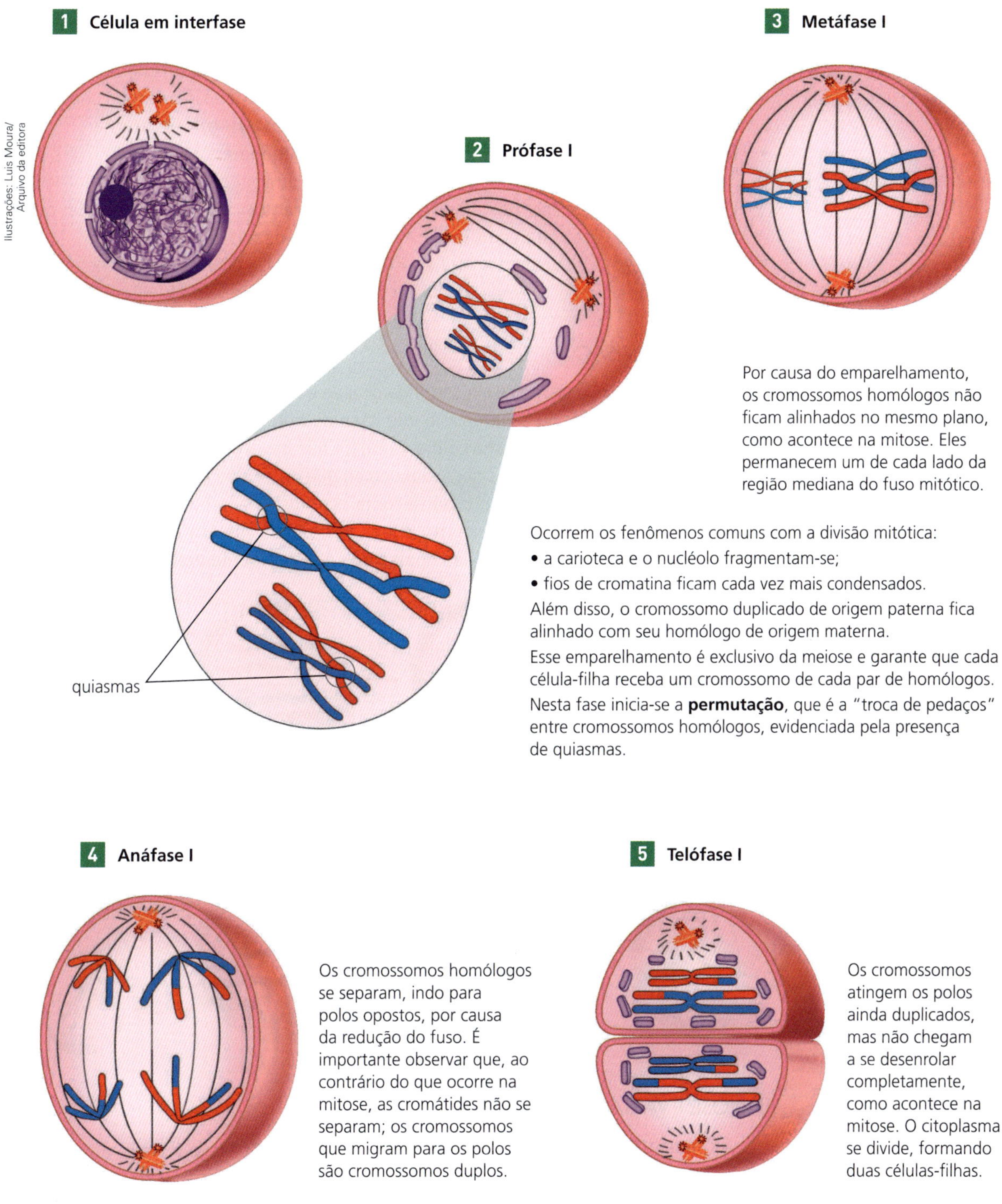

Figura 10.6 Primeira divisão da meiose (os elementos não estão na mesma escala; cores fantasia).

SUBFASES DA PRÓFASE I

A prófase I está subdividida em cinco etapas: leptóteno, zigóteno, paquíteno, diplóteno e diacinese.

- **Leptóteno** (*léptos* = fino; *tainia* = fita, filamento). Os cromossomos começam a se condensar e, apesar de estarem duplicados, a duplicação não é visível ao microscópio óptico.
- **Zigóteno** (*zygos* = par). Inicia-se o pareamento dos cromossomos homólogos, processo também chamado **sinapse**.

ACESSE E SAIBA MAIS

As fases da meiose

<www.youtube.com/watch?v=be6qnnWV3Wc&t=13s>

Acesso em: 19 jul. 2018.

- **Paquíteno** (*pachys* = espesso). Completa-se o pareamento dos homólogos, que se apresentam espessos, bastante condensados. Cada par de homólogos forma uma **díade** (*di* = dois) ou **bivalente**, com quatro cromátides. O conjunto é chamado **tétrade** (*tetra* = quatro). Aqui, inicia-se a permutação. O resultado é um intercâmbio de genes entre os cromossomos homólogos, de origem paterna e materna.
- **Diplóteno** (*diploos* = duplo). Os cromossomos começam a se separar, mas permanecem unidos nos pontos das cromátides em que ocorreram as permutações. Em cada ponto aparece um quiasma (reveja a **figura 10.6**). Os quiasmas evidenciam, portanto, que ocorreu permutação entre os cromossomos.
- **Diacinese** (*dia* = através de; *kinesis* = movimento). Os cromossomos ficam mais condensados e os quiasmas deslizam para a extremidade do bivalente.

SEGUNDA DIVISÃO

O intervalo entre a primeira e a segunda divisão é muito curto. Aqui não ocorre nova duplicação do DNA, como acontece na interfase da mitose. E, como não existem cromossomos homólogos na mesma célula, também não haverá emparelhamento. Assim, o movimento dos cromossomos será idêntico ao que ocorre na mitose (**figura 10.7**).

Ao final da segunda divisão, o número de cromossomos não se reduz. Embora não haja redução, cada cromossomo duplicado separa-se em dois cromossomos simples e, assim, não há mais duas cópias de cada molécula de DNA por célula.

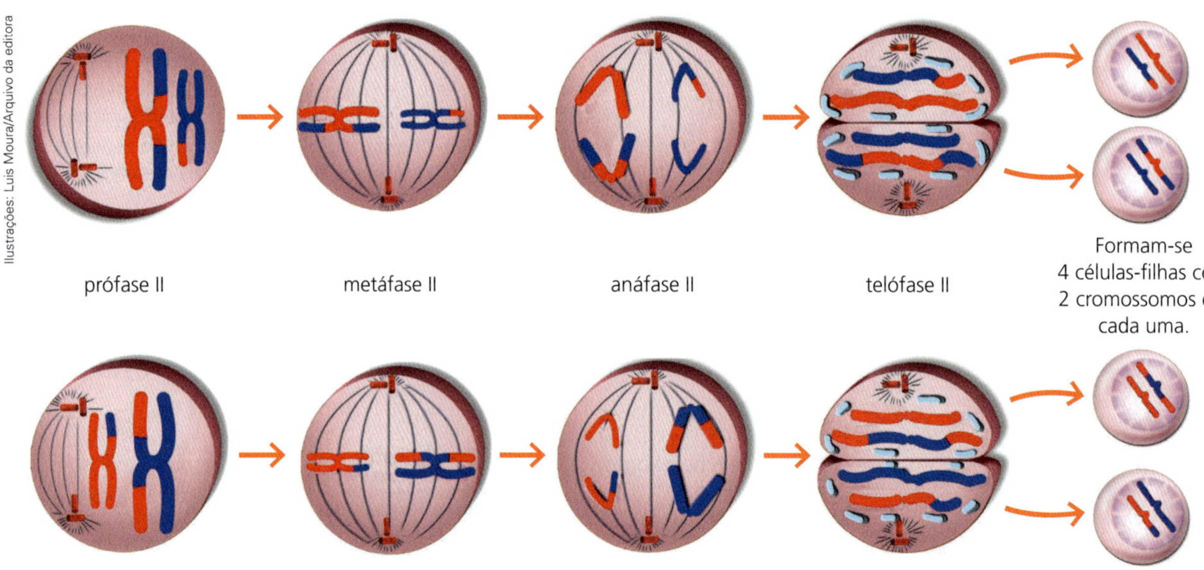

Figura 10.7 Segunda divisão da meiose (os elementos não estão na mesma escala; cores fantasia).

MEIOSE E VARIABILIDADE GENÉTICA

A meiose contribui de duas maneiras com a grande variabilidade genética de indivíduos gerados na reprodução sexuada.

A primeira ocorre na metáfase I, quando os cromossomos homólogos se emparelham, ao acaso, no equador da célula. Por isso, a partir de uma célula com apenas dois cromossomos podem surgir quatro células-filhas diferentes, de acordo com o arranjo dos cromossomos paternos e maternos na região central da célula. No caso da espécie humana, é possível a formação de mais de 8 milhões de células diferentes (2^{23}) a partir dos 23 cromossomos do pai e dos 23 cromossomos da mãe. A outra maneira é o *crossing-over* (reveja a **figura 10.6**). As cromátides homólogas são quebradas e ocorre uma ressoldagem "trocada" e em diagonal (que pode acontecer em qualquer ponto entre os cromossomos). O resultado é um intercâmbio de genes entre os cromossomos homólogos, de origem paterna e materna. Como esse fenômeno ocorre ao acaso, há muitas possibilidades de trocas de pedaços entre os cromossomos, fazendo surgir novas combinações genéticas. Isso aumenta a diversidade de gametas produzidos.

4. ALTERAÇÕES CROMOSSÔMICAS

Erros durante a divisão celular podem alterar os cromossomos da célula. Essas alterações ou **mutações cromossômicas** podem ser **numéricas** (no número de cromossomos de uma célula) ou **estruturais** (na sequência de genes de um cromossomo). Esses erros, quando ocorrem nos gametas, podem impedir o desenvolvimento do embrião ou ele pode se desenvolver com problemas genéticos.

A avaliação dos riscos que uma pessoa ou um casal corre de ter filhos com alguma doença hereditária ou congênita é feita por especialistas na área de Genética Clínica, que também podem auxiliar a pessoa ou o casal a compreender melhor a evolução do quadro, bem como o tratamento indicado, e apresentar orientações para os familiares lidarem com determinada condição.

O profissional pode analisar a história familiar de determinada doença e solicitar exames específicos, incluindo os de cromossomos e testes genéticos, com o objetivo de localizar mutações associadas à doença investigada.

ALTERAÇÕES NUMÉRICAS

As alterações numéricas podem ser classificadas em:

- **euploidia** (*eu* = bem, correto; *ploós* = número de vezes). Ocorre quando há redução ou aumento em toda a coleção de cromossomos, formando células n (**monoploidia**), $3n$ (**triploidia**), $4n$ (**tetraploidia**), e assim por diante;
- **aneuploidia** (*an* = sem). Acontece quando apenas o número de certo tipo de cromossomo sofre alteração para mais ou para menos. Nesse caso, pode haver **trissomia** (três cromossomos de determinado tipo), **monossomia** (um cromossomo apenas) e **nulissomia** (falta um par de homólogos). Veja a **figura 10.8**.

Se uma substância, como a colchicina, interferir na formação do fuso mitótico durante a divisão celular, os cromossomos podem se duplicar sem que haja migração para os polos. Forma-se, então, uma célula com o dobro do número de cromossomos.

Em outros casos, a ação de substâncias químicas, de vírus ou de radiação pode provocar ruptura apenas em determinadas fibras do fuso mitótico ou em determinado centrômero. Se isso ocorrer em células germinativas, que sofrem meiose, os cromossomos homólogos podem não se separar, deixando de migrar um para cada polo, como normalmente ocorre na meiose (**figura 10.9**). Esse fenômeno – chamado **não disjunção** – pode ocorrer também na segunda divisão da meiose: as cromátides irmãs não se separam, migrando ambas para o mesmo polo.

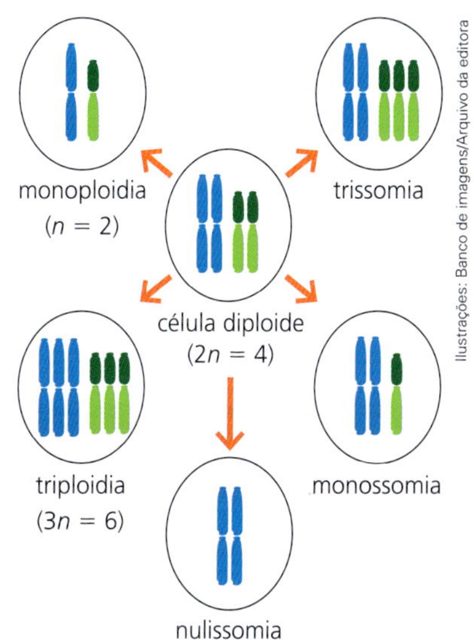

Figura 10.8 Esquema de algumas das alterações cromossômicas (os elementos não estão na mesma escala; cores fantasia).

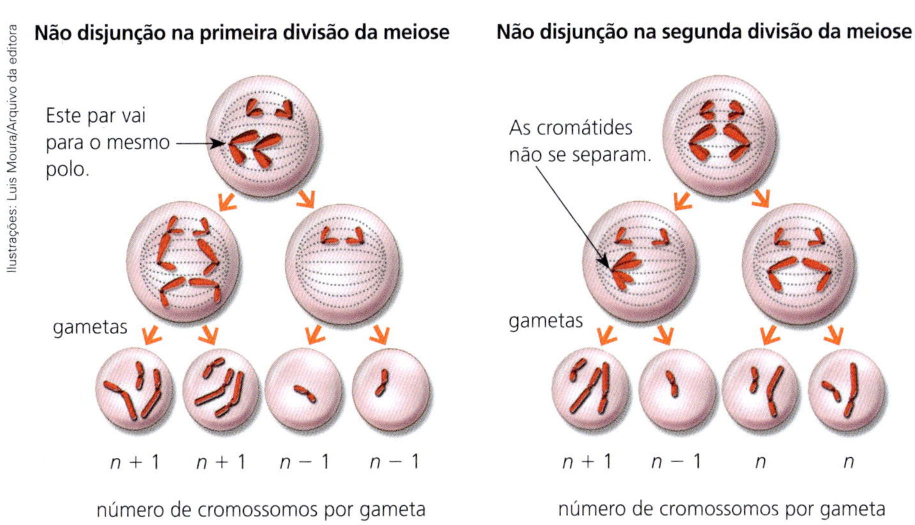

Figura 10.9 Esquemas da ocorrência de não disjunção (os elementos não estão na mesma escala; cores fantasia).

O resultado desse processo é a formação de gametas defeituosos, com falta ou excesso de cromossomos, que poderão ser responsáveis, por exemplo, pela formação de zigotos com número anormal de cromossomos e de embriões que não se desenvolvem.

Se o embrião se desenvolver, forma-se um indivíduo com número anormal de cromossomos em todas as células. O organismo poderá apresentar então alguma síndrome (*syndromé* = concurso, reunião tumultuosa), isto é, um conjunto de sintomas típicos provocados por uma única causa; neste caso, o número anormal de cromossomos. São exemplos de síndromes cromossômicas as síndromes de Down (trissomia do cromossomo 21; veja abaixo o boxe *Biologia e sociedade*), Patau (trissomia do cromossomo 13), Edwards (trissomia do cromossomo 18), etc.

Se a não disjunção for parcial, ela pode causar aneuploidia. Quando há não disjunção de todo o conjunto de cromossomos, ocorre euploidia; nesse caso, seria formado, por exemplo, um gameta $2n$, que, fecundado por um gameta normal n, resultaria em um zigoto $3n$ (triploide).

POLIPLOIDIA EM VEGETAIS

Em animais, as euploidias são raras. Elas podem ser encontradas em alguns peixes, insetos e crustáceos, mas nos mamíferos provocam geralmente um desequilíbrio genético tão grande que acarreta a morte do embrião ou, pelo menos, a esterilidade do indivíduo, por causa da meiose irregular. No ser humano é letal, causando a morte ainda no período embrionário ou, mais raramente, até um mês após o nascimento.

Entre os vegetais, no entanto, é comum haver poliploidia, presença de três ou mais conjuntos completos de cromossomos na célula. Algumas vezes é difícil distinguir, pelo aspecto, uma planta poliploide; outras, o número maior de cromossomos ocasiona tamanho maior. Justamente por isso são mais procuradas para o cultivo que as variedades normais, como acontece com as formas poliploides da maçã, do café, do morango, do trigo e da batata, entre outros. Conheceremos mais sobre reprodução de plantas na unidade 6.

BIOLOGIA E SOCIEDADE

Síndrome de Down

A mais comum das alterações cromossomiais é a síndrome de Down, que afeta um em cada mil recém-nascidos. O termo Down vem do nome do médico inglês que descreveu esse problema em 1866: John Langdom Down (1828–1896).

A síndrome de Down corresponde a uma trissomia do cromossomo 21, o menor cromossomo humano, com cerca de 1500 genes. O cariótipo dos portadores dessa síndrome é representado por 47, XY + 21 (homens) ou 47, XX + 21 (mulheres), ou, quando não se quer indicar o sexo, 47, + 21.

A alteração pode ser descoberta após o nascimento ou logo no início da gravidez, por meio de exames. Na maioria dos casos, ela acontece por falha na meiose (geralmente na primeira divisão) durante a formação do óvulo.

As pessoas com essa síndrome apresentam em geral sinais característicos, como língua para fora da boca (protrusa), altura abaixo da média, mãos curtas e largas com uma única linha palmar e olhos com uma prega cutânea na pálpebra superior, entre outras características.

Além da aparência típica, pessoas com essa síndrome costumam apresentar atraso mental em graus variáveis, com deficiência na aprendizagem, memória ou linguagem.

A qualidade de vida das pessoas com síndrome de Down e o desempenho físico e mental melhoram com inclusão social, atendimento especializado, cuidados e estímulos adequados iniciados desde o início do desenvolvimento.

A pessoa com síndrome de Down faz parte da diversidade humana e tem muito a contribuir no desenvolvimento de uma sociedade inclusiva.

Por isso, é importante que governo e sociedade lutem contra o preconceito e a discriminação, assegurando que a pessoa com síndrome de Down seja tratada e respeitada como membro efetivo da sociedade e tenha garantidas as oportunidades de interagir e desenvolver suas potencialidades. Essa é uma questão ética e de cidadania.

ALTERAÇÕES ESTRUTURAIS

Quando alterações estruturais ocorrem durante a mitose das células do corpo, seus efeitos são mínimos, pois apenas algumas células serão atingidas, embora, em alguns casos, a célula alterada possa se transformar em célula cancerosa e crescer, formando um tumor (veja o boxe *Biologia e saúde* na página seguinte).

Se essas alterações acontecem na meiose, como resultado, por exemplo, de uma permutação anormal, elas podem ser transmitidas aos descendentes, que terão cromossomos anormais em todas as células.

Existem quatro tipos de alterações estruturais: inversão, deficiência ou deleção, duplicação e translocação (**figura 10.10**).

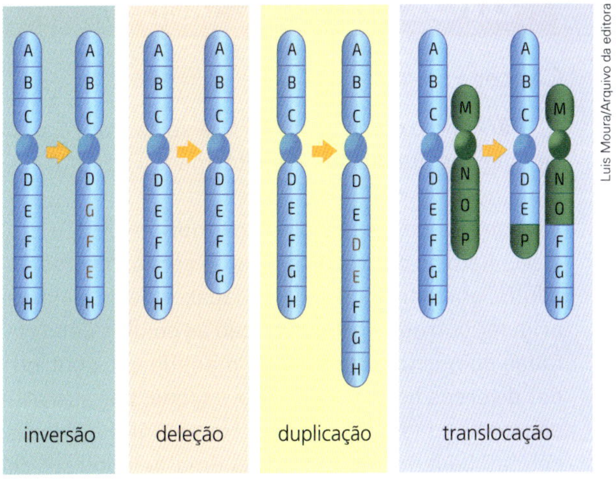

Luis Moura/Arquivo da editora

Figura 10.10 Esquemas dos quatro tipos de alterações estruturais. As letras indicam regiões dos cromossomos, com muitos genes (os elementos não estão na mesma escala; cores fantasia).

Suponha que haja ruptura (provocada por radiação, por exemplo) em determinado trecho de um cromossomo e que um pedaço desse cromossomo se solte. Se esse pedaço sofrer uma ressoldagem em posição invertida, ocorrerá **inversão** na sequência de genes.

Caso ele se desloque, fixando-se em outro cromossomo homólogo (que contém genes para as mesmas características), o cromossomo original apresentará **deficiência** ou **deleção**, e o que recebeu o novo pedaço apresentará **duplicação** na sequência de seus genes.

No caso da ligação desse pedaço ao cromossomo não homólogo, dizemos que houve **translocação**.

ALTERAÇÕES NOS CROMOSSOMOS SEXUAIS

Com o exame da cromatina sexual é possível identificar diversas alterações nos cromossomos sexuais, como as síndromes de Turner (descrita em 1938 por Henry Turner) e de Klinefelter (descrita em 1942 por H. F. Klinefelter). Veja a formação e algumas características dessas síndromes nas **figuras 10.11** e **10.12**.

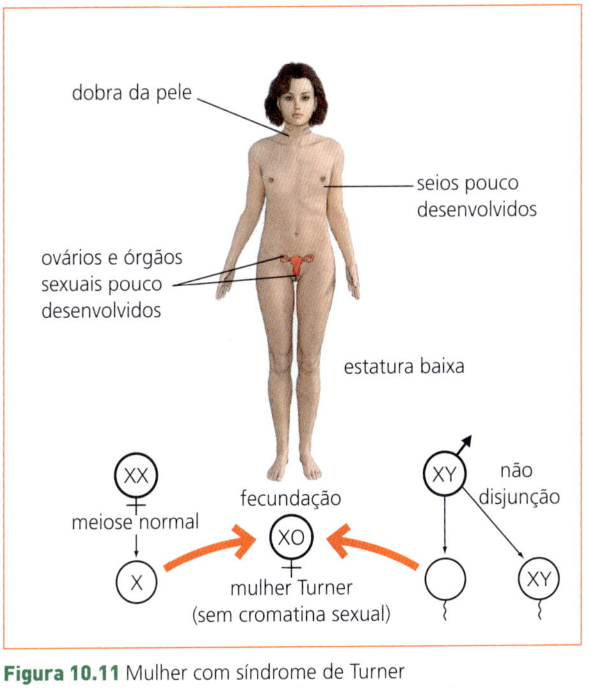

Hiroe Sasaki/Arquivo da editora

Figura 10.11 Mulher com síndrome de Turner (as células são microscópicas; os elementos não estão na mesma escala; cores fantasia).

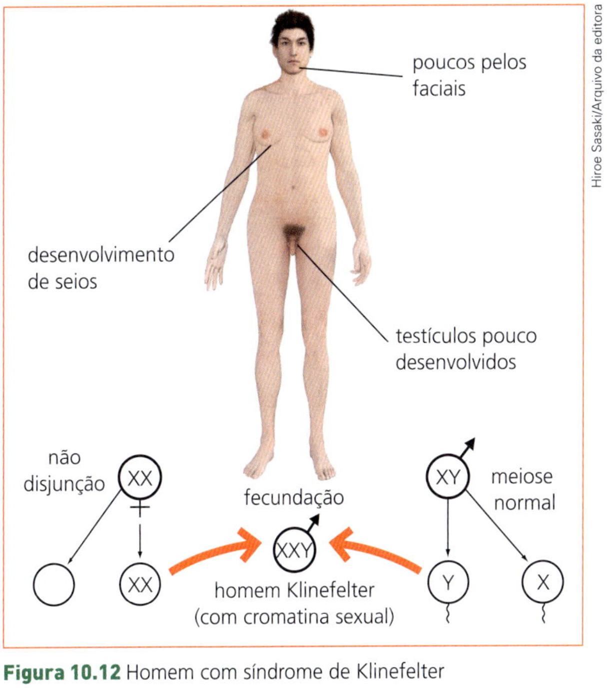

Hiroe Sasaki/Arquivo da editora

Figura 10.12 Homem com síndrome de Klinefelter (as células são microscópicas; os elementos não estão na mesma escala; cores fantasia).

BIOLOGIA E SAÚDE

Câncer

Câncer é o nome genérico que se dá a um grupo de doenças em que ocorre a formação de tumores malignos.

Como vimos, as células do embrião dividem-se e originam as diversas células do corpo. Mesmo no adulto, encontramos células capazes de se dividir e originar outras, em substituição às células desgastadas ou mortas. Tudo isso é mantido sob controle por diversos hormônios e fatores, que, por sua vez, são comandados por genes. No entanto, algumas células podem escapar do sistema de controle do corpo e começar a se dividir sem parar, produzindo tumores. Alguns deles crescem rapidamente e invadem os tecidos – são os tumores malignos. Podem ainda se espalhar pela circulação por diferentes pontos do corpo, em um processo conhecido como metástase (**figura 10.13**). Esses tumores retiram nutrientes dos tecidos ao seu redor e provocam a morte das outras células.

O câncer pode se desenvolver devido a alterações genéticas, como mutações em genes que controlam a divisão e a diferenciação celular. Essas mutações podem transformar esses genes em oncogenes e provocar o câncer.

As alterações genéticas podem ser provocadas por: radiação (raios X, ultravioleta, etc.); certos tipos de vírus (como o da hepatite B, que pode provocar câncer de fígado); substâncias químicas (como as presentes na fumaça do cigarro ou na poluição ambiental); modificações na posição dos genes, causadas pela troca de pedaços entre cromossomos (translocação).

Apesar de grave, em muitos casos – quando descoberto em tempo e devidamente tratado – o câncer pode ser curável; daí a importância do diagnóstico precoce e do tratamento adequado. O médico especialista em câncer é o oncologista (*ogkos* = tumor; *logos* = estudo).

Para detectar o câncer no início, existem diversas técnicas como a biópsia (extração de pedaços de tecidos para exame ao microscópio), o Papanicolau (exame que acusa a presença de células malignas no colo do útero), a mamografia (radiografia da mama), a punção (agulhas finíssimas retiram células dos órgãos), os testes genéticos que identificam a presença de oncogenes específicos para certos tipos de câncer e os marcadores tumorais que acusam a presença de substâncias produzidas pelas células cancerosas, indicando o grau de evolução do tumor. Todas essas técnicas são fruto do trabalho de muitos pesquisadores em várias áreas da ciência: Biologia, Física, Química, Medicina, etc.

Dependendo do tipo de câncer, pode-se recorrer à cirurgia, que retira o tumor; à radioterapia, que mata as células cancerosas com radiação; ou à quimioterapia, que mata as células cancerosas com o uso de medicamentos. Essas terapias podem ainda ser combinadas.

ATENÇÃO!

Neste capítulo são apresentadas informações sobre questões de saúde. Essas informações não podem ser usadas para diagnóstico, tratamento ou prevenção de doenças, pois não substituem orientações médicas.

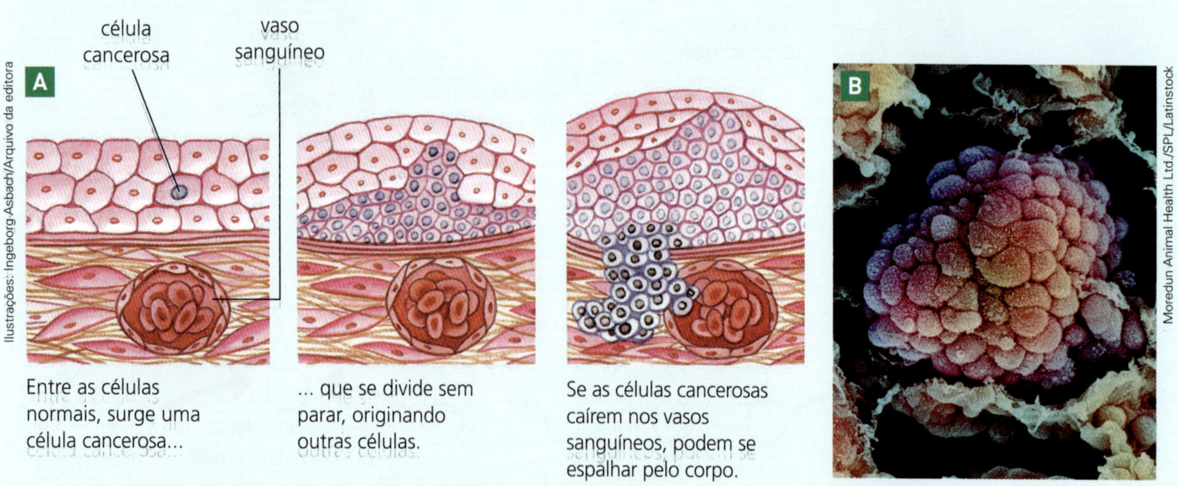

Figura 10.13 **A**: formação e crescimento de um tumor (os elementos não estão na mesma escala; cores fantasia); **B**: foto de tumor (em rosa) no pulmão ao microscópio eletrônico (aumento de cerca de 350 vezes; imagem colorizada por computador).

ATIVIDADES

Questões discursivas

1. Diferencie os processos de divisão de células eucariotas, mitose e meiose, com relação ao número de cromossomos em cada célula no fim do processo e à ocorrência nos organismos.

2. Qual é a principal diferença entre a prófase I da meiose e a prófase da mitose?

3. Quanto à disposição dos cromossomos, qual é a diferença entre a metáfase da mitose e a metáfase I da meiose? Em cada um desses processos, explique por que essa disposição é importante para o resultado final da divisão.

4. (Fuvest-SP) O sulfato de vincristina é uma substância usada para o tratamento de tumores. Esse quimioterápico penetra nas células e liga-se à tubulina, impedindo a formação de microtúbulos.
   - **a)** Que processo celular, importante para o tratamento, é bloqueado quando não se formam microtúbulos? Como os microtúbulos participam desse processo?
   - **b)** Para o tratamento, o quimioterápico pode ser colocado dentro de lipossomos, vesículas limitadas por bicamada de constituição lipoproteica. Que estrutura celular tem composição semelhante à do lipossomo, o que permite que ambos interajam, facilitando a ação do quimioterápico na célula?

5. (UFJF-MG) As divisões celulares, mitose e meiose, são processos importantes para a manutenção e perpetuação das espécies. Durante o ciclo celular, nos dois tipos de divisões celulares, o período em que a célula não está se dividindo (interfase) é conhecido como período de "repouso" celular. Com base no seu conhecimento sobre o ciclo celular responda:
   - **a)** Por que o termo "repouso" celular é inapropriado para a intérfase?
   - **b)** Em qual período da intérfase observa-se uma maior quantidade de DNA?
   - **c)** Quantas cromátides apresentam os cromossomos no período G_2 da intérfase?

Questões objetivas

1. (Vunesp-SP) O ciclo celular envolve a intérfase e as divisões celulares, que podem ser mitose ou meiose. A meiose é um tipo de divisão celular que originará quatro células com o número de cromossomos reduzido pela metade. Com base no texto e em seus conhecimentos sobre o assunto, é correto afirmar que:
   - **a)** intérfase é um período em que ocorre apenas a duplicação do material genético.
   - **b)** na anáfase I, cada cromossomo de um par de cromossomos homólogos é puxado para um dos polos da célula.
   - **c)** o *crossing-over* ocorre em todos os cromossomos não homólogos.
   - **d)** na telófase I, os cromossomos separados em dois lotes sofrem duplicação do material genético e as membranas nucleares se reorganizam.
   - **e)** quiasmas são as permutas que ocorrem entre cromátides irmãs que permitem a variedade de gametas.

2. (UFSC) O ciclo celular é dividido em duas etapas: divisão celular e intérfase. Nesta última etapa (intérfase), subdividida em G_1 – S – G_2, a célula realiza seu metabolismo e se prepara, quando necessário, para a etapa da divisão celular. É correto afirmar que:
   - (1) O tempo que as células permanecem na etapa chamada de intérfase é o mesmo entre os diferentes tipos celulares.
   - (2) No período do desenvolvimento embrionário, o ciclo celular compreende etapas de intérfases longas e etapas de divisões celulares rápidas.
   - (4) Na fase S da intérfase ocorre o processo de duplicação do DNA.
   - (8) Durante a intérfase o DNA está em plena atividade, formando o RNA com as informações para a síntese proteica.
   - (16) Em G_2 a quantidade de DNA é a mesma que em G_1.
   - (32) A frequência com que as células entram em divisão celular varia com o tipo e o estado fisiológico de cada uma delas.
   - (64) Na etapa chamada de divisão celular, pode ocorrer tanto a mitose como a meiose, em qualquer célula do corpo humano.

3. (Unemat-MT) Uma célula animal, diploide, com 20 pares de cromossomos, vai passar pelo processo de divisão celular chamado meiose.
   Assinale a alternativa que corresponde corretamente à fase da meiose com os números de cromossomos dessa célula.
   - **a)** Na fase metáfase I, a célula terá 80 cromossomos.
   - **b)** Na fase metáfase I, a célula terá 20 cromossomos.
   - **c)** Na fase anáfase I, a célula terá 20 cromossomos.
   - **d)** Na fase anáfase II, a célula terá 40 cromossomos.
   - **e)** Na fase telófase II, após a citocinese, a célula terá 20 cromossomos.

4. (Fac. Albert Einstein-SP) O gráfico abaixo refere-se ao processo de divisão celular que ocorre durante a espermatogênese humana:

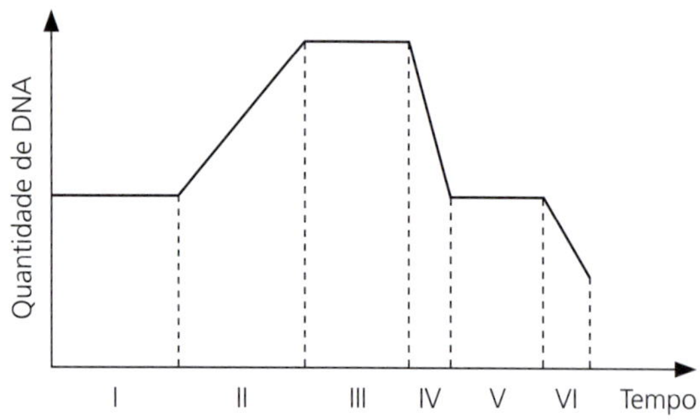

Nesse processo de divisão ocorre

a) duplicação dos cromossomos nos intervalos I e II e as fases que caracterizam esse processo ocorrem nos intervalos III, IV, V e VI.

b) duplicação dos cromossomos nos intervalos II e III e as fases que caracterizam esse processo ocorrem nos intervalos IV, V e VI.

c) separação de cromátides irmãs, levando à formação de células com 23 cromossomos simples ao final do intervalo IV e maturação dos espermatozoides nos intervalos V e VI.

d) separação de cromossomos homólogos no intervalo IV e separação de cromátides irmãs no intervalo VI.

5. (Fuvest-SP) Considere os eventos abaixo, que podem ocorrer na mitose ou na meiose:

I. Emparelhamento dos cromossomos homólogos duplicados.

II. Alinhamento dos cromossomos no plano equatorial da célula.

III. Permutação de segmentos entre cromossomos homólogos.

IV. Divisão dos centrômeros resultando na separação das cromátides irmãs.

No processo de multiplicação celular para reparação de tecidos, os eventos relacionados à distribuição equitativa do material genético entre as células resultantes estão indicados em

a) I e III, apenas.

b) II e IV, apenas.

c) II e III, apenas.

d) I e IV, apenas.

e) I, II, III e IV.

6. (Fuvest-SP) A figura abaixo representa uma célula diploide e as células resultantes de sua divisão.

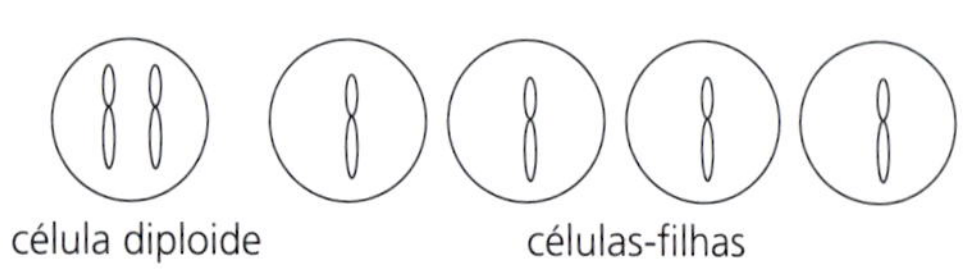

Nesse processo,

a) houve um único período de síntese de DNA, seguido de uma única divisão celular.

b) houve um único período de síntese de DNA, seguido de duas divisões celulares.

c) houve dois períodos de síntese de DNA, seguidos de duas divisões celulares.

d) não pode ter ocorrido permutação cromossômica.

e) a quantidade de DNA das células-filhas permaneceu igual à da célula-mãe.

7. (Uesc-BA)

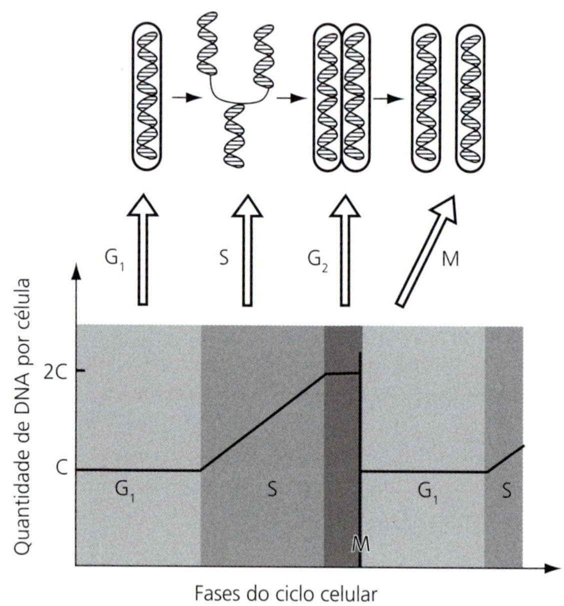

A imagem representa a variação da quantidade de DNA ao longo do ciclo celular de uma célula eucariótica.

Em relação aos eventos que caracterizam as mudanças observadas na imagem, pode-se afirmar:

a) A duplicação do DNA ocorre a partir da etapa G_1, finalizando na G_2.

b) A redução do número cromossômico é concretizada pela separação dos cromossomos homólogos na etapa M.

c) A divisão equacional da etapa M é justificada a partir dos eventos de replicação que ocorrem na etapa S.

d) A condensação do material genético é essencial para que o processo de replicação seja plenamente completado na etapa M.

e) A expressão da informação genética é garantida a partir dos eventos realizados exclusivamente na etapa S.

8. (UFU-MG) O ciclo celular é um processo fisiológico que acontece todos os dias na dinâmica de funcionamento do corpo humano. Seja na reparação, formação ou renovação de tecidos, ou ainda na formação de gametas, a atividade celular é intensa.

Neste processo, são eventos do ciclo celular:

I. Condensação máxima dos cromossomos.

II. Reorganização do nucléolo.

III. Duplicação dos cromossomos.

IV. Separação das cromátides irmãs.

Os eventos acima citados correspondem, respectivamente, a:

a) prófase, fase S da intérfase, telófase, anáfase.

b) fase S da intérfase, prófase, metáfase, telófase.

c) metáfase, telófase, fase S da intérfase, anáfase.

d) metáfase, anáfase, prófase, telófase.

9. (UFRGS-RS) Observe o quadro a seguir, referente a diferentes fases do ciclo celular de uma célula meiótica de uma determinada espécie.

	A	B	C	D	E	F
Número de cromátides por célula	20	40	40	20	20	10
Número de cromossomos por células	20	20	20	10	10	10

Com base nos dados apresentados no quadro, assinale a afirmação correta.

a) A separação das cromátides irmãs é responsável pela redução do número de cromossomos entre as fases C e D.

b) O aumento do número de cromátides em relação ao número de cromossomos na fase B é consequência da separação dos cromossomos homólogos.

c) O valor ***n*** mantém-se constante em todas as fases do ciclo celular.

d) O número de cromossomos de células haploides desta espécie é 20.

e) A redução do número de cromátides entre as fases E e F deve-se à separação das cromátides irmãs.

PESQUISEM E COMPARTILHEM

1. Em grupo, escolham um dos tipos de câncer relacionados abaixo para pesquisar (em livros ou na internet) os fatores de risco, as medidas preventivas e o tratamento.

- câncer de pele
- câncer de intestino
- câncer de mama
- câncer de útero
- câncer de pulmão
- câncer de próstata

Entrevistem um médico especialista e tentem agendar com ele uma palestra sobre o assunto. Se possível, convidem a comunidade escolar para participar da plateia.

Informem-se também se nas proximidades da escola ou da casa de vocês existe alguma universidade, centro médico ou instituição que faça pesquisas ou desenvolva atividades para educar a população sobre a prevenção do câncer. Verifiquem a possibilidade de agendar uma visita ao local.

2. É preciso muita cautela com notícias sobre supostas curas do câncer e de outras doenças graves, como a Aids. Nas revistas científicas, um pesquisador só pode publicar resultados que passaram por testes rigorosos, mas nos meios de comunicação não especializados nem sempre há esse rigor.

Levando isso em consideração, pesquisem matérias recentes que discutem a cura ou o tratamento de doenças como o câncer na internet, em revistas e jornais. Avaliem a notícia, levantem dúvidas e compartilhem com a comunidade escolar suas conclusões sobre a reportagem. Não se esqueçam de apresentar a notícia original. Procurem responder às seguintes questões:

I. Em qual veículo de comunicação a notícia foi publicada? Em *sites* de jornais e revistas ou em blogues e páginas informais da internet?

II. A notícia cita como fonte de matéria uma revista científica especializada na área em questão na qual foi publicado um artigo com o conteúdo da matéria? Em caso contrário, questione por que isso não ocorreu.

III. A matéria apresenta depoimentos de especialistas na área? Em caso afirmativo, destaquem os principais pontos desses depoimentos.

IV. O que está escrito na manchete corresponde ao conteúdo da matéria, ou há um exagero na chamada?

V. A matéria especifica alguma previsão de quando a cura ou o tratamento estarão disponíveis ao público? Informa se o tratamento é experimental, ou seja, ainda não foram feitos estudos suficientes para comprovar sua eficácia?

UNIDADE

3

REPRODUÇÃO, DESENVOLVIMENTO E TECIDOS

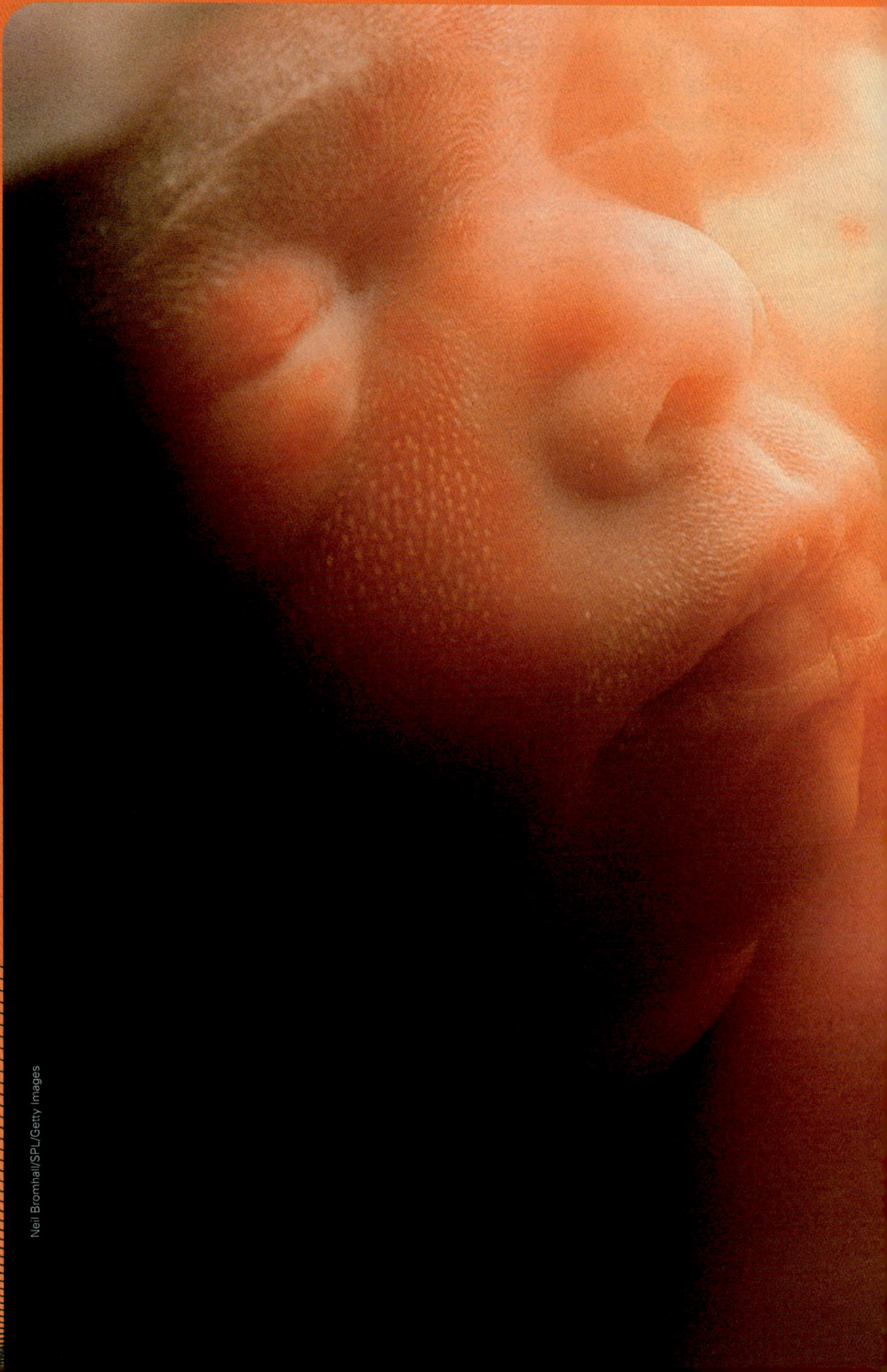

Neil Bromhall/SPL/Getty Images

Por meio da reprodução, um organismo produz descendentes e transmite para eles os seus genes. Nesta unidade, vamos conhecer os dois tipos básicos de reprodução – sexuada e assexuada –, com ênfase na dos animais e, mais especificamente, na reprodução humana. Vamos estudar também o desenvolvimento embrionário nos animais e os principais tecidos que formam o corpo humano.

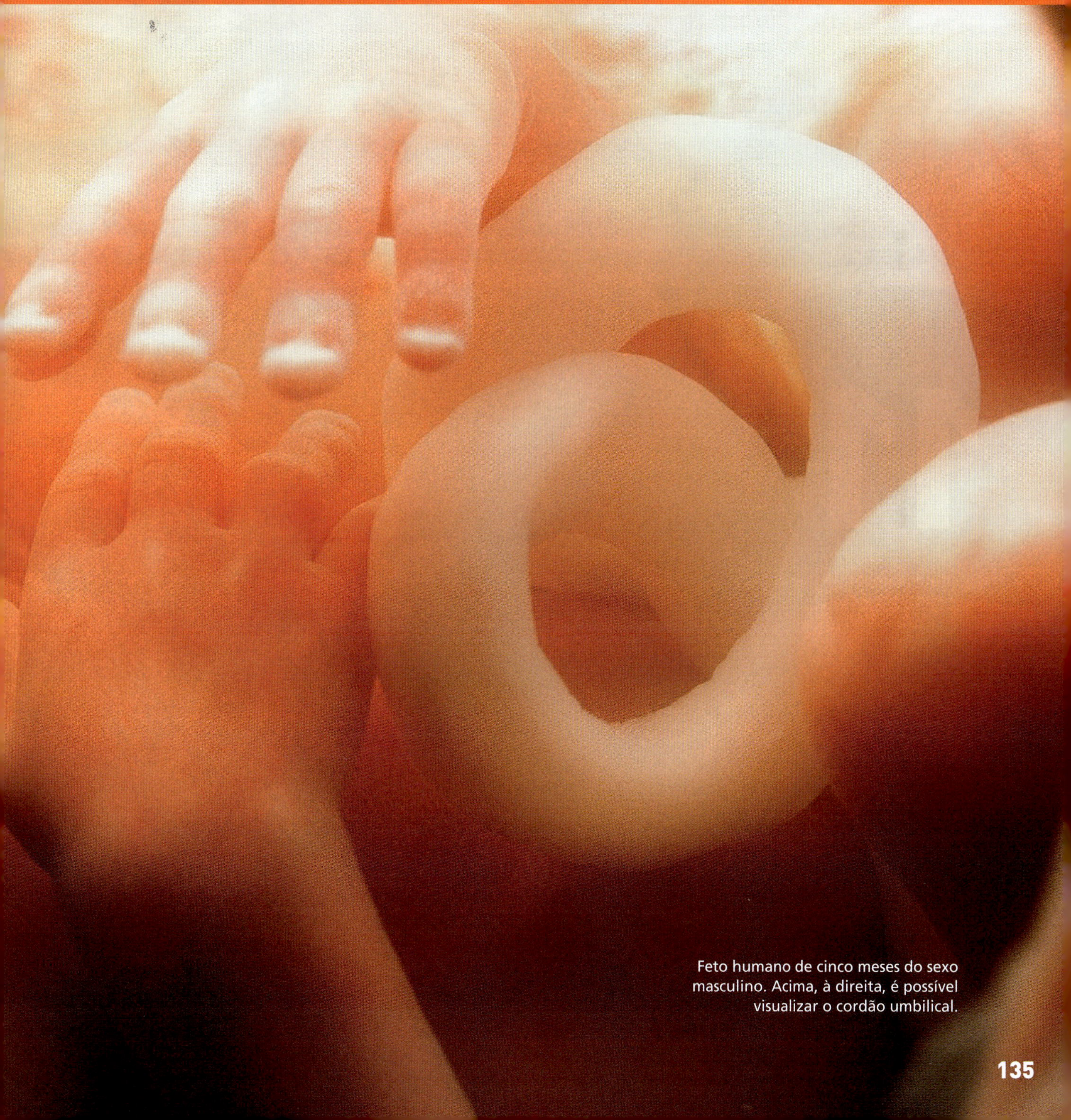

Feto humano de cinco meses do sexo masculino. Acima, à direita, é possível visualizar o cordão umbilical.

CAPÍTULO

11

Para gerar descendentes, a reprodução e as relações sexuais têm papel biológico fundamental.

REPRODUÇÃO

A reprodução é essencial a todos os seres vivos, assim como à espécie humana. Se, em algum momento da evolução humana, tivéssemos perdido a capacidade de nos reproduzir, nossa espécie seria extinta.

Nos seres humanos, as relações sexuais e a reprodução envolvem também emoções, sentimentos e comportamentos que são influenciados pela cultura. Cada pessoa tem sua maneira de pensar e de agir, seus valores éticos e espirituais, seus projetos de vida; fatores que influenciam sua personalidade e que devem ser respeitados.

- **Que diferenças existem entre a reprodução sexuada e a assexuada?**
- **Que diferenças existem entre o sistema genital masculino e o feminino na espécie humana?**
- **Ovulação e menstruação: como esses processos estão relacionados?**
- **Quais são os principais métodos anticoncepcionais?**
- **Como podemos reduzir os riscos de contrair doenças sexualmente transmissíveis?**

1. REPRODUÇÃO ASSEXUADA

Na reprodução assexuada, há a participação de apenas um indivíduo ou parte dele, e os descendentes são geneticamente iguais, pois se formam por divisões celulares como a mitose, que mantém o mesmo número e o tipo de cromossomos da célula-mãe.

Nos organismos unicelulares (que serão estudados mais adiante), essa reprodução costuma ocorrer por **divisão binária**, também chamada **bipartição** ou **cissiparidade** (*scissus* = dividido; *pari* = par; *dade* = qualidade de). Veja a **figura 11.1**.

Fotos: Carolina Biological/Visuals Unlimited/Corbis/Latinstock

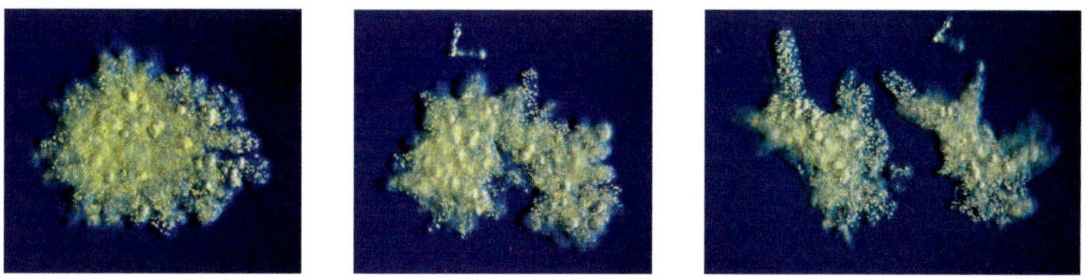

Figura 11.1 Reprodução por divisão binária de uma ameba, organismo unicelular (microscópio óptico; cerca de 0,7 mm).

Na **laceração**, também chamada **fragmentação** ou **fissão**, o corpo do ser vivo parte-se em dois ou mais pedaços e cada pedaço regenera por mitoses a parte perdida, originando dois ou mais indivíduos. Esse fenômeno ocorre em algas, plantas e grupos de animais mais simples, como poríferos, cnidários, platelmintos e equinodermos. A planária, por exemplo, é um platelminto que "estica" seu corpo e o parte em dois pedaços. Cada um deles se regenera, originando um indivíduo inteiro (**figura 11.2**).

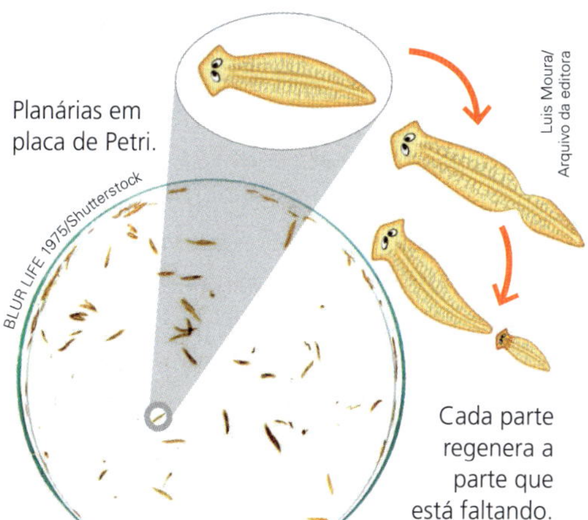

Figura 11.2 Reprodução por laceração em planárias (cerca de 15 mm de comprimento; cores fantasia).

No **brotamento** ou **gemiparidade** (*gemma* = broto; *parere* = parir; *dade* = qualidade de), ocorre um processo inverso ao da laceração. Primeiro, há um crescimento por sucessivas mitoses; depois, ocorre o corte. Observe a seguir, na **figura 11.3**, o caso da hidra (animal do grupo das anêmonas e das águas-vivas). Em uma parte do corpo, cresce um **broto**, que corresponde a um esboço de filhote. Em seguida, esse broto se desprende e continua a crescer isoladamente do indivíduo original. Algumas vezes, o broto não se desliga e, com o aparecimento de novos brotamentos, o conjunto pode formar uma **colônia**, como os corais. Esse tipo de reprodução também pode ser encontrado em fungos, algas e plantas.

Nas plantas, caules ou folhas podem originar novas plantas. Isso acontece de forma natural em caules subterrâneos e rasteiros.

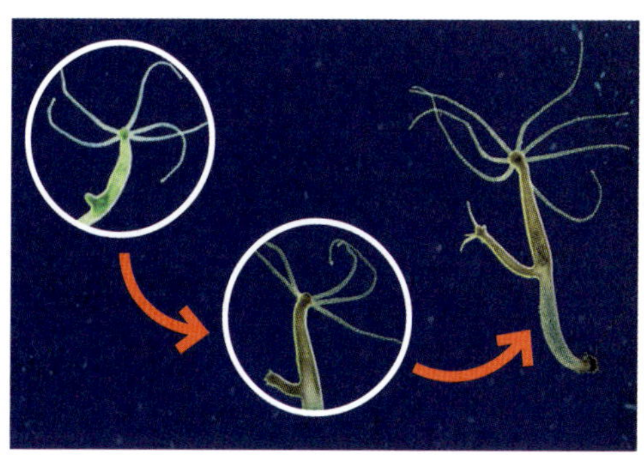

Fotos: Photoresearchers, Inc./Latinstock

Figura 11.3 Reprodução por brotamento em uma hidra (*Hydra oligactis*), um invertebrado aquático (cerca de 1 mm de comprimento). As hidras são do grupo dos cnidários, animais muito simples de aspecto gelatinoso.

2. REPRODUÇÃO SEXUADA

A reprodução sexuada está presente na maioria das espécies pluricelulares. Mesmo entre aquelas que se reproduzem de forma assexuada, quase todas apresentam, periodicamente, reprodução sexuada.

De modo geral, pode-se dizer que a reprodução sexuada se caracteriza pela **gametogênese** (formação de gametas) e pela **fecundação** ou **fertilização** (união dos gametas).

A reprodução sexuada envolve geralmente dois indivíduos, que contribuem, cada um, com um gameta, a não ser quando se trata de indivíduos hermafroditas (assunto que será explorado adiante). A união dos gametas produz um zigoto diploide que, por mitoses, forma um novo indivíduo. Na maioria das espécies de animais, os organismos masculinos produzem **espermatozoides**, gametas pequenos e móveis, e os femininos, **óvulos** (ovócitos II na maioria dos mamíferos, inclusive na espécie humana).

A gametogênese ocorre nas **glândulas sexuais** ou **gônadas** (*gónos* = geração, semente). Os espermatozoides são produzidos por espermatogênese nos **testículos** (*testis* = testemunha); os óvulos são produzidos por ovulogênese (ou ovogênese), nos **ovários**.

A espermatogênese e a ovulogênese são semelhantes e podem ser divididas, basicamente, em três fases: **multiplicação** (também chamada **fase germinativa**), **crescimento** e **maturação**. Na espermatogênese ocorre ainda a fase de **especialização** ou **espermiogênese**.

BIOLOGIA E HISTÓRIA EVOLUTIVA

Vantagem da variabilidade genética

A reprodução sexuada envolve maior gasto de tempo e de energia: o indivíduo tem de produzir gametas, encontrar parceiros e copular, além de participar do desenvolvimento do novo indivíduo, o que também implica grande gasto de energia.

A reprodução assexuada, no entanto, pode produzir grande quantidade de indivíduos em curto intervalo de tempo, geralmente com menor gasto de energia.

Por que, então, a reprodução sexuada teria aparecido na natureza e se tornado tão presente em um enorme número de espécies de seres vivos?

Para explicar esse acontecimento, é preciso refletir sobre as possíveis vantagens da reprodução sexuada sobre a reprodução assexuada. E a principal delas é a variabilidade genética dos novos indivíduos.

Enquanto pela reprodução assexuada são produzidos indivíduos geneticamente iguais (exceto quando ocorrem mutações), pela sexuada originam-se filhos com variedade genética muito grande. Isso porque os gametas são geneticamente distintos e podem associar-se de várias maneiras por meio da fecundação.

Ao longo dos anos, várias hipóteses foram propostas para explicar por que a maior variabilidade genética gerada pela reprodução sexuada é vantajosa.

Uma das hipóteses é a de que a reprodução sexuada constitui uma proteção contra doenças causadas por parasitas, por exemplo. Alguns indivíduos poderiam apresentar combinações genéticas que os tornariam mais resistentes aos parasitas que atacavam seus pais. Esses indivíduos teriam novas proteínas na membrana das células nas quais as proteínas dos parasitas não se encaixariam. Sem esse encaixe, um vírus, por exemplo, não poderia entrar na célula. Em outras palavras, as proteínas dos parasitas funcionariam como "chaves" que não poderiam mais abrir as novas "fechaduras" do organismo. Assim, ao mesmo tempo que novos vírus surgissem por evolução, novas "fechaduras" seriam sempre produzidas pelos hospedeiros. As espécies com reprodução assexuada estariam mais suscetíveis a parasitas.

A desvantagem da falta de variabilidade genética no combate a doenças fica evidente, por exemplo, nas monoculturas agrícolas, nas quais esse fator as torna vulneráveis a pragas.

ESPERMATOGÊNESE

Nos seres humanos, a fase de multiplicação começa no testículo do embrião (**figura 11.4**). Nessa etapa, células embrionárias, chamadas **células germinativas primordiais**, multiplicam-se e originam **espermatogônias**. A partir da puberdade, as espermatogônias dividem-se por mitose, aumentando de número em um processo que continua por toda a vida, garantindo grande quantidade de futuros gametas.

Algumas espermatogônias continuam se multiplicando; outras entram na fase de crescimento e se tornam **espermatócitos primários** (**de primeira ordem** ou **espermatócito I**). Estes sofrem a primeira divisão da meiose e originam duas células haploides, os **espermatócitos secundários** (**de segunda ordem** ou **espermatócito II**), que sofrem a segunda divisão da meiose, formando quatro células haploides: as **espermátides**. As duas divisões compõem a fase de maturação.

As espermátides não se dividem mais e começam a se transformar em espermatozoides: é a fase de especialização. Nesse processo, elas perdem grande parte do citoplasma e desenvolve-se uma **cauda**, ou **flagelo**, a partir do centríolo. Essas transformações produzem células móveis capazes de se deslocar em direção ao ovócito II. As mitocôndrias agrupam-se no início da cauda (na **peça intermediária** ou **colo**) e fornecem energia para o movimento da célula. Na extremidade da **cabeça**, há o **acrossoma**, vesícula originada do complexo golgiense com enzimas que facilitam a penetração do espermatozoide no ovócito II.

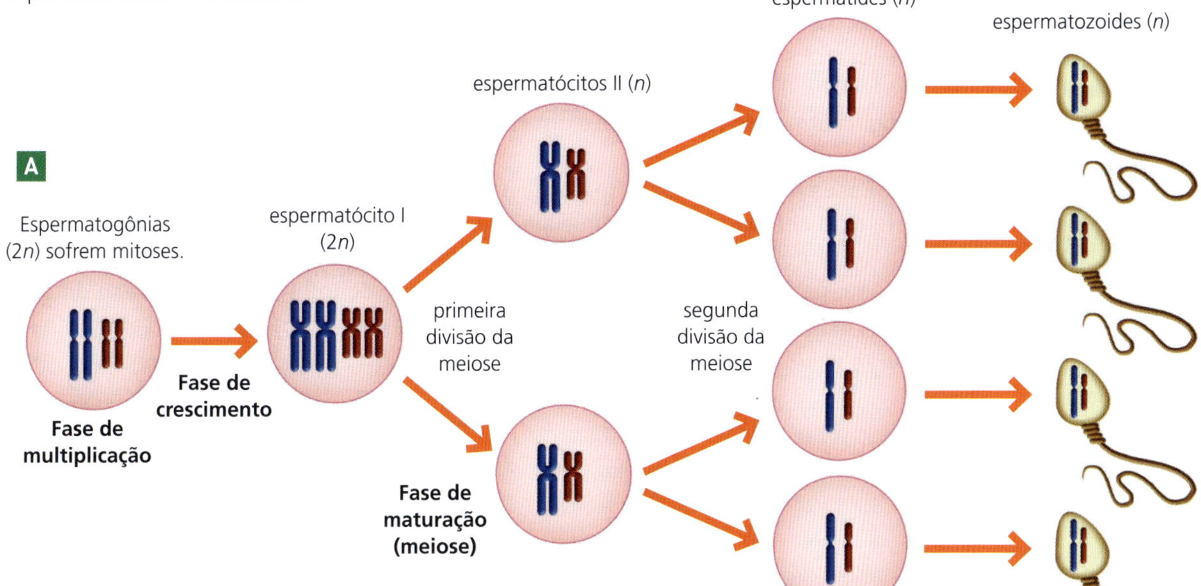

Figura 11.4 A: esquema simplificado da espermatogênese de um animal-modelo com quatro cromossomos nas células do corpo. A primeira divisão da meiose reduz o número de cromossomos à metade. Na segunda divisão, os cromossomos duplos voltam a ser simples (os elementos ilustrados não estão na mesma escala; cores fantasia). **B**: representação artística de espermatozoides; no detalhe, foto na qual podem ser vistas a cabeça, a peça intermediária e parte da cauda de um espermatozoide humano (microscópio eletrônico; aumento de cerca de 5 mil vezes; imagem colorizada por computador).

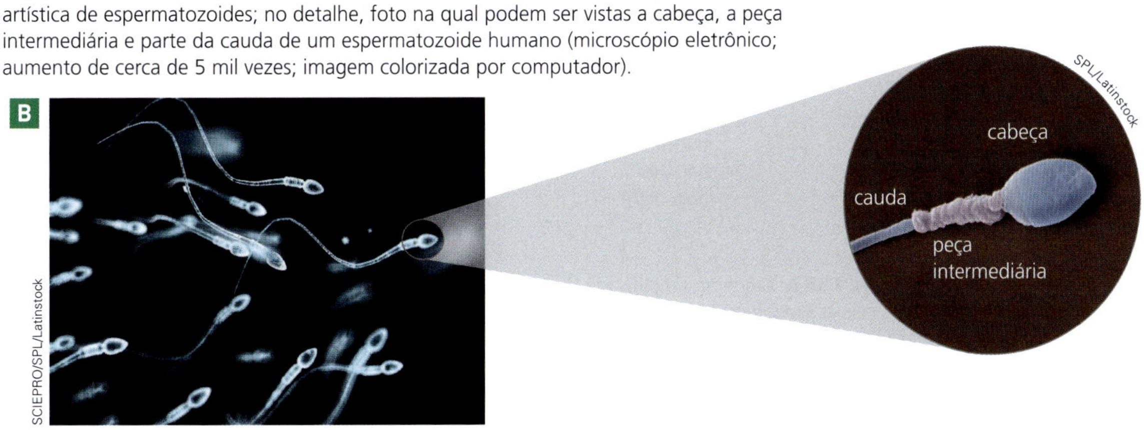

OVULOGÊNESE

Na fase embrionária, as células germinativas primordiais multiplicam-se e originam **ovogônias**, situadas no interior dos ovários (**figura 11.5**). Parte dessas ovogônias cresce e se torna o **ovócito primário** (**de primeira ordem** ou **ovócito I**), que armazena em seu citoplasma alimento que nutre o embrião no início de seu desenvolvimento. Esse alimento é chamado **vitelo** e sua quantidade varia, conforme será estudado no capítulo 12. Na maioria dos mamíferos, é pequena ou praticamente ausente (caso da espécie humana). Na gema do ovo de galinha, é tão grande que torna a célula visível a olho nu.

Quando as meninas nascem, há ovócitos I paralisados na prófase I da primeira divisão da meiose. Na puberdade, quando começam os ciclos menstruais, um ovócito completa a primeira divisão da meiose, originando duas células haploides: o **ovócito secundário** (**de segunda ordem** ou **ovócito II**) e o **primeiro glóbulo polar** (**corpúsculo polar** ou **polócito I**). Nessa divisão, diferentemente do que ocorre na espermatogênese, o emparelhamento dos cromossomos não se dá no equador da célula, mas em algum ponto de sua periferia. Por causa desse arranjo especial, aquelas duas células apresentam tamanhos diferentes. Apesar de também possuir metade dos cromossomos do ovócito I, o primeiro glóbulo polar é constituído por uma quantidade muito reduzida de citoplasma e degenera.

Na maioria dos mamíferos, a célula lançada pelo ovário na tuba uterina não é o óvulo, mas o ovócito II estacionado na metáfase II (metáfase da segunda divisão da meiose). A segunda divisão da meiose só se completa se o espermatozoide penetrar no ovócito II. Se isso ocorrer, o ovócito II completa a segunda divisão da meiose e origina um óvulo (ou **ovótide**) e um **segundo glóbulo polar** (ou **polócito II**), que também degenera.

Essas modificações da meiose na ovulogênese permitem que o citoplasma (ou vitelo), reservado às etapas iniciais da formação do embrião, em vez de ser dividido entre quatro células-filhas, fique todo concentrado em uma única (o óvulo). Assim, pela formação de glóbulos polares, o ovócito livra-se de metade de seus cromossomos (reduz sua carga cromossomial) sem comprometer o alimento reservado ao embrião.

A

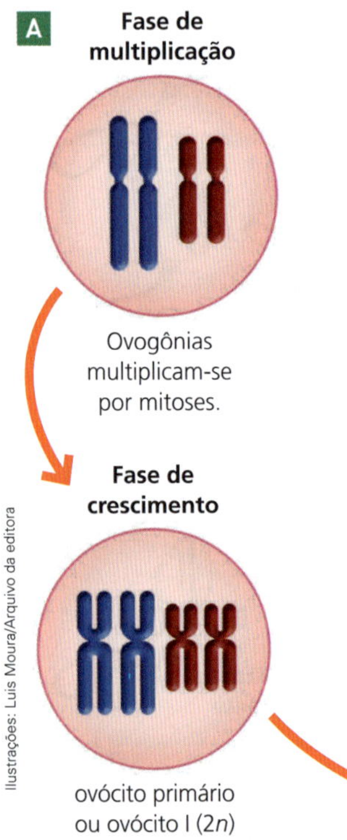

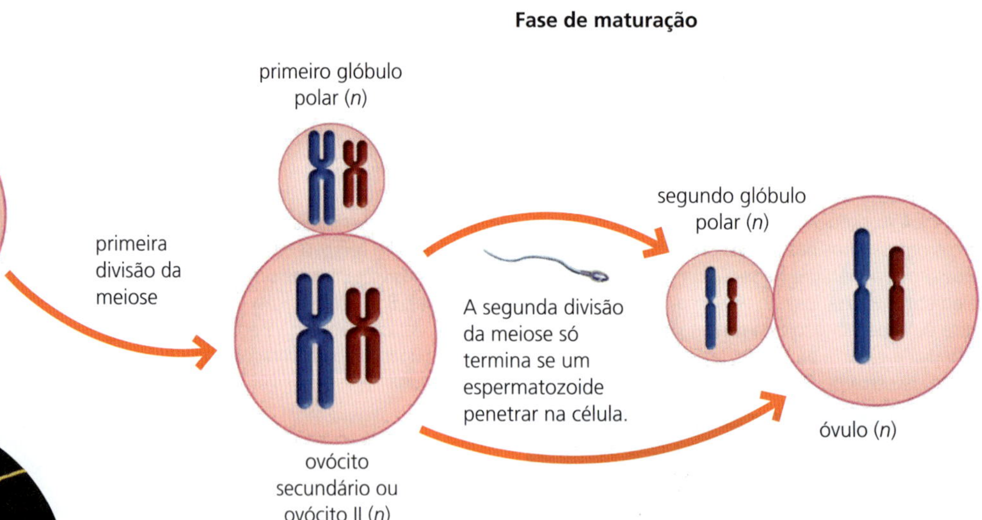

Ilustrações: Luis Moura/Arquivo da editora

B

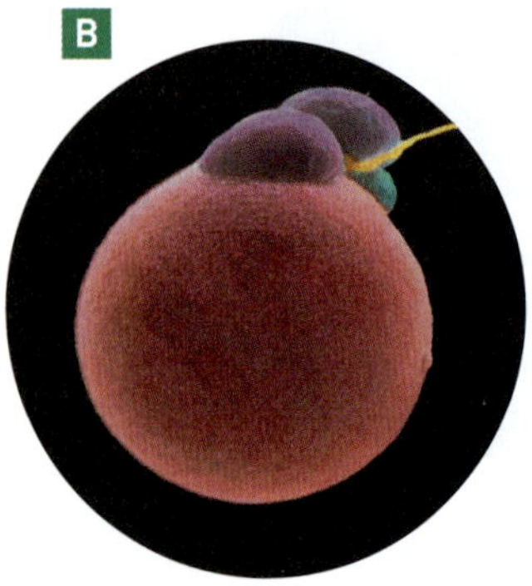

Prof. P. Motta/Dept. of Anatomy/University La Sapienza, Roma/SPL/Latinstock

Figura 11.5 **A**: esquema simplificado da ovulogênese de um animal-modelo com quatro cromossomos nas células do corpo: do ovócito primário forma-se apenas um óvulo (os elementos da ilustração não estão na mesma escala; cores fantasia); **B**: foto de espermatozoide (amarelo) penetrando no ovócito II (rosa), que se dividiu e originou um segundo glóbulo polar, que se dividiu também (os glóbulos aparecem nas cores roxa e azul) (microscópio eletrônico; aumento de cerca de 1 500 vezes; imagem colorizada por computador).

FECUNDAÇÃO

Fecundação é a penetração do espermatozoide no óvulo (ovócito II) e a união dos núcleos dos dois gametas, com a consequente formação do zigoto. O espermatozoide, em geral, penetra apenas em óvulos (ovócitos II) das fêmeas de sua espécie, por causa da presença de proteínas nas membranas dos gametas que se encaixam umas nas outras e garantem a adesão entre eles.

Na maioria dos mamíferos, o espermatozoide atravessa inicialmente as células que se desprenderam do ovário com o ovócito II, a **coroa radiada**, e uma camada de glicoproteínas, a **zona pelúcida** (**figura 11.6**). Essa passagem é facilitada por enzimas liberadas pelo acrossoma do espermatozoide. Ao entrar em contato com a membrana plasmática, há um processo de ativação do ovócito II, fazendo-o terminar a meiose e formando-se uma membrana que, em geral, impede a entrada de outros espermatozoides (polispermia).

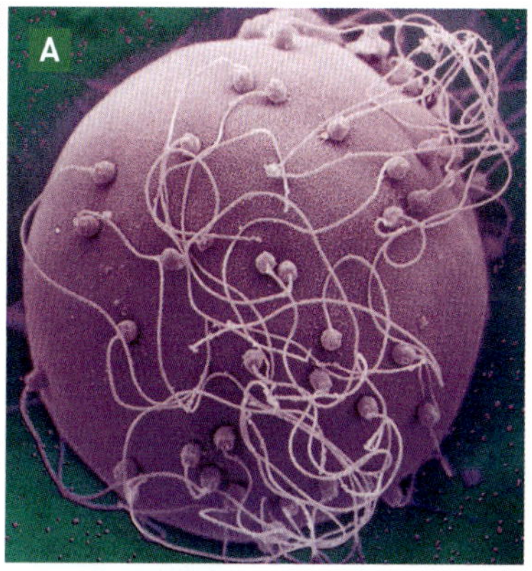

The population Council/Photo Researchers, INC./Latinstock

Espermatozoides ao redor de ovócito II humano (microscópio eletrônico; aumento de cerca de 480 vezes; imagem colorizada por computador).

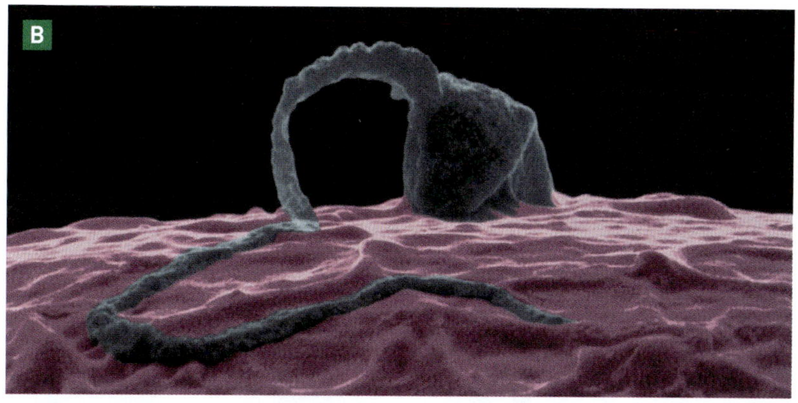

Visuals Unlimited/Corbis/Latinstock

Detalhe de um espermatozoide penetrando no ovócito II (microscópio eletrônico; aumento de cerca de 5 700 vezes; imagem colorizada por computador).

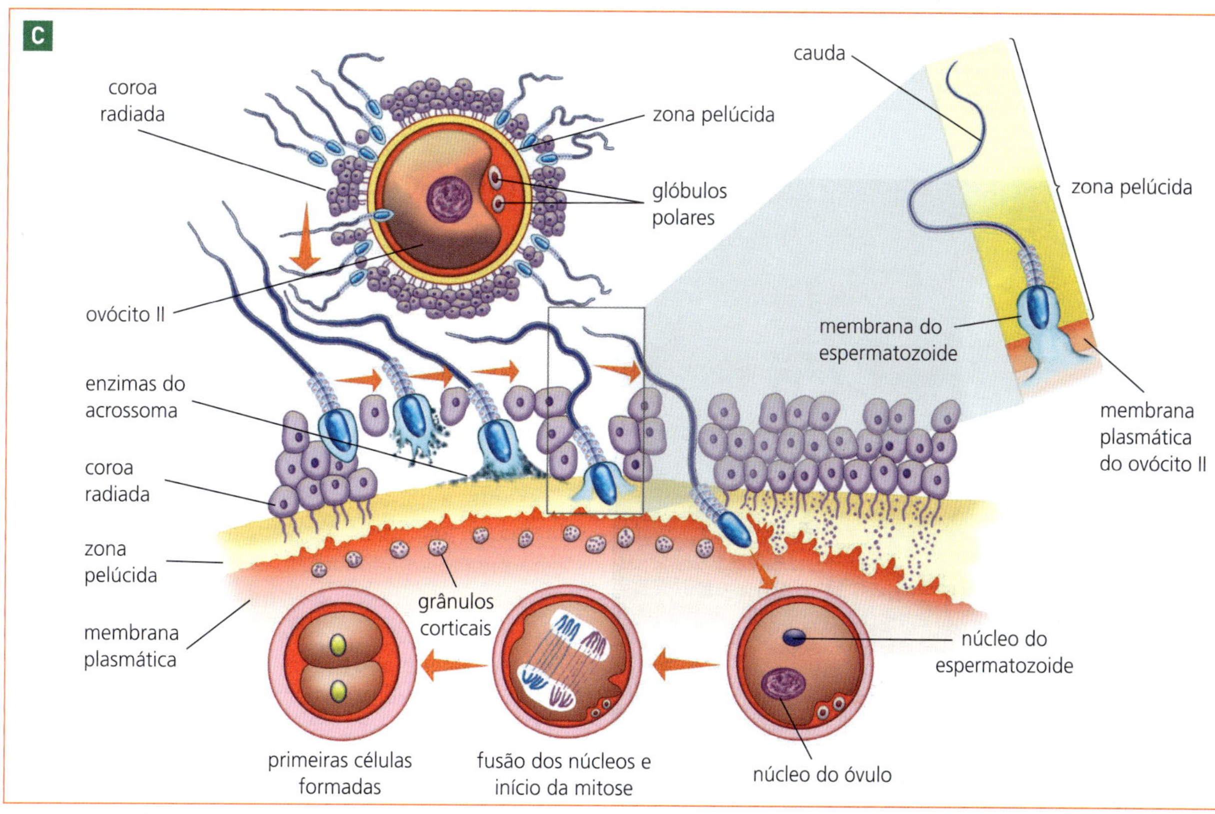

Ingeborg Asbach/Arquivo da editora

Figura 11.6 **A**: foto de espermatozoides ao redor do óvulo; **B**: foto evidenciando a penetração e **C**: ilustração das etapas de fecundação em mamíferos (os elementos não estão na mesma escala; cores fantasia).

O óvulo (ovócito II) contribui com o núcleo e o citoplasma (e suas organelas) para o desenvolvimento da célula-ovo; o espermatozoide contribui com o núcleo e os centríolos (a cauda e as mitocôndrias do colo não penetram no óvulo – ovócito II –; quando penetram, são destruídas).

A fecundação nos animais pode ser externa ou interna. Na fecundação externa, frequente em invertebrados aquáticos, peixes e anfíbios, o macho e a fêmea lançam seus gametas na água (**figura 11.7**); portanto, o encontro dos gametas masculinos e femininos ocorre fora do corpo. A quantidade de gametas produzidos é significativa, compensando a grande perda.

A fecundação interna, em que os espermatozoides são lançados no sistema genital feminino, constitui importante adaptação à vida terrestre, pois impede a desidratação dos gametas e permite economia no número de ovócitos II produzidos (**figura 11.8**). É a forma dominante de fecundação nos animais terrestres (répteis, aves, mamíferos e diversos invertebrados, como os insetos e as aranhas) e em alguns animais aquáticos, como o polvo, a lula e alguns peixes.

Fred Bavendam/Minden Pictures/Latinstock

Figura 11.7 Colônia de coral (*Acropora* sp.) liberando gametas na água. As colônias desse gênero podem atingir vários metros de extensão e são formadas por diversos indivíduos com cerca de 2 mm cada um.

Fabio Colombini/Acervo do fotógrafo

Figura 11.8 Acasalamento de besouros (cerca de 15 mm de comprimento).

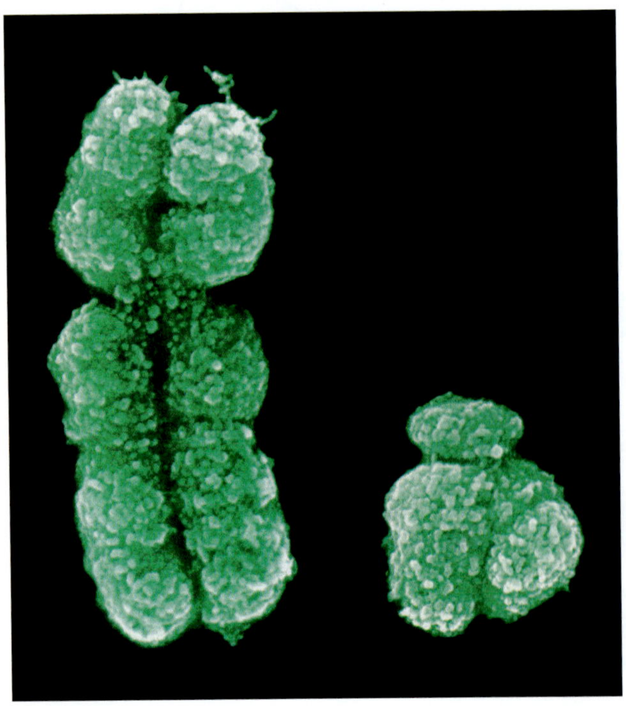
SPL/Latinstock

Figura 11.9 Cromossomos sexuais da espécie humana (heterocromossomos). O cromossomo X (à esquerda) tem cerca de 7 µm de comprimento (microscópio eletrônico de varredura; imagem colorizada por computador).

DETERMINAÇÃO DO SEXO

Como vimos no capítulo 8, na maioria das espécies, incluindo a humana, existe um par de cromossomos responsável pela diferença entre os dois sexos: os cromossomos sexuais. Em geral, nas fêmeas eles são idênticos; nos machos, um dos cromossomos é idêntico ao das fêmeas, e o outro é diferente (**figura 11.9**).

Na espécie humana, se o cromossomo Y está presente, a gônada primitiva do embrião se transforma em testículo; na ausência desse cromossomo, a gônada forma um ovário. Definido o tipo de gônada, ela produz hormônios que estimulam o desenvolvimento do sistema genital e as características sexuais secundárias, que aparecem na puberdade.

Em alguns insetos, como o gafanhoto, a fêmea possui dois cromossomos sexuais (XX) e o macho, apenas um (X0; o 0 indica a falta do cromossomo sexual). Nas aves em geral, nas mariposas, nas borboletas e em alguns peixes, a fêmea possui cromossomos diferentes (ZW), e o macho possui dois cromossomos do mesmo tipo (ZZ) (**figura 11.10**). As letras Z e W são usadas apenas para diferenciar esse sistema do sistema XY de determinação do sexo.

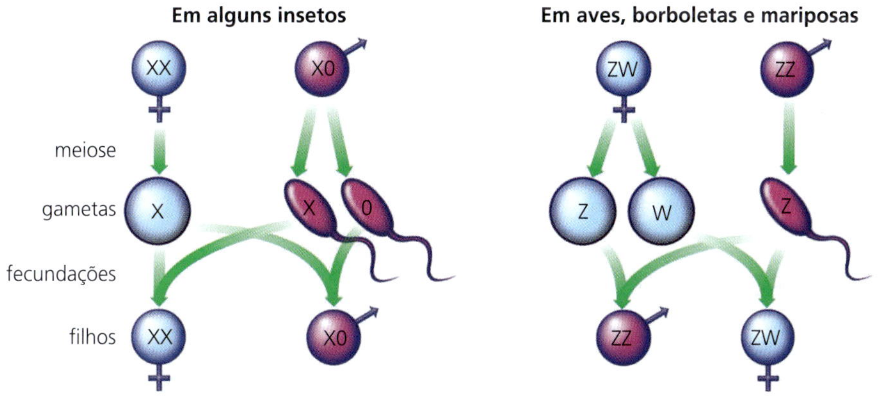

Figura 11.10 Esquema demonstrando determinação do sexo nos sistemas XX/X0 e ZW/ZZ (os elementos não estão na mesma escala; cores fantasia).

HERMAFRODITISMO

Em várias espécies de invertebrados, ocorre de um mesmo indivíduo produzir tanto espermatozoides como óvulos: é o **hermafroditismo** (palavra que se origina do nome dos deuses gregos Hermes e Afrodite). Em princípio, o ser hermafrodita pode fecundar a si próprio (**autofecundação**), mas isso só é verificado em alguns parasitas, como a solitária, e em organismos sedentários que vivem isolados. Na maioria das vezes, os hermafroditas realizam **fecundação cruzada**: um dos indivíduos funciona como macho e o outro, como fêmea. Em alguns casos (por exemplo, nas minhocas), ocorre **fecundação recíproca**, também chamada **fecundação cruzada mútua**, na qual os dois funcionam, ao mesmo tempo, como macho e fêmea, dando e recebendo espermatozoides (**figura 11.11**).

Figura 11.11 Reprodução de minhocas. Os indivíduos são hermafroditas e trocam gametas. Assim, ambos são fecundados. Existem várias espécies de minhocas e o tamanho delas pode variar, chegando a 20 centímetros de comprimento.

Se a autofecundação é uma vantagem para alguns animais incapazes de se locomover ou que vivem isolados, a fecundação recíproca ocorre quando o encontro de dois animais pode ser raro ou difícil, por causa, por exemplo, da pouca mobilidade dos indivíduos (caso das minhocas e dos caracóis) ou da pequena densidade populacional. Nesses casos, se cada indivíduo for hermafrodita, todos os encontros poderão resultar em cópula, o que não aconteceria se os dois fossem do mesmo sexo.

Existem mecanismos que dificultam a autofecundação, como o amadurecimento das gônadas do mesmo indivíduo em épocas diferentes. Esses mecanismos evitam a redução da variedade genética (na autofecundação, os filhos recebem genes de apenas um indivíduo).

PARTENOGÊNESE

Apesar de ser considerada uma forma de reprodução assexuada, a **partenogênese** (*parthenos* = virgem; *genesis* = origem) apresenta características diferentes da reprodução assexuada típica, pois há um sistema reprodutor que produz gametas femininos. Os óvulos desenvolvem-se sem a participação de espermatozoides, não havendo, portanto, mistura de genes de dois gametas diferentes. Em alguns insetos, vermes e crustáceos, é um processo comum de reprodução. Nas abelhas, todos os machos da colmeia (zangões) surgem por partenogênese e as fêmeas (operárias e rainhas), por fecundação.

Durante o voo nupcial, a rainha recebe os espermatozoides dos zangões e os armazena em uma bolsa, a **espermateca** (*sperma* = semente; *theke* = compartimento). Se a comunicação entre a espermateca e o oviduto (canal que se comunica com o ovário) estiver aberta quando os óvulos estiverem passando, os espermatozoides saem e ocorre a fecundação: o ovo resultante origina uma larva feminina. Caso esta seja alimentada durante todo o seu desenvolvimento com geleia real (secreção produzida pelas operárias), forma-se uma rainha, fértil; se receber principalmente mel comum e pólen, nasce uma operária, estéril. Com o oviduto fechado, os óvulos não são fecundados e desenvolvem-se por partenogênese, originando machos, os zangões.

Há espécies de lagartos formadas exclusivamente por fêmeas. Nesse caso, a ovulação, seguida de partenogênese, é estimulada por pseudocópula: uma fêmea monta em outra, simulando o comportamento sexual que ocorre entre macho e fêmea de outras espécies.

ACESSE E SAIBA MAIS

Caderneta do adolescente

<http://bvsms.saude.gov.br/bvs/publicacoes/caderneta_saude_adolescente_menino.pdf>

<http://bvsms.saude.gov.br/bvs/publicacoes/caderneta_saude_adolescente_menina.pdf>

Acesso em: 19 jul. 2018.

3. REPRODUÇÃO HUMANA

O ser humano torna-se apto ao ato sexual e à reprodução na puberdade. Nessa fase, o corpo sofre grandes transformações. Nos meninos, ela começa, em geral, entre 9 e 14 anos, mas essa idade pode variar. Entre outras transformações, os órgãos genitais crescem, a musculatura se desenvolve, aparecem a barba e os pelos nas axilas e no púbis (pelos púbicos), o crescimento se acelera e começa a produção de espermatozoides.

Nas meninas, a puberdade começa, geralmente, entre 8 e 13 anos, podendo variar de uma menina para outra. As mamas aumentam, aparecem pelos nas axilas e no púbis, o ritmo do crescimento se acelera e ocorrem a primeira ovulação (lançamento de um ovócito II na tuba uterina) e a primeira menstruação.

Essas mudanças são controladas por hormônios, substâncias químicas lançadas no sangue por certas glândulas do corpo, chamadas **glândulas endócrinas**. Você vai saber mais a respeito delas no capítulo 34. Mas, para compreender como funciona o sistema genital, é importante você já saber que essas transformações são controladas pela glândula hipófise e pelos hormônios produzidos nos testículos e nos ovários (**figura 11.12**).

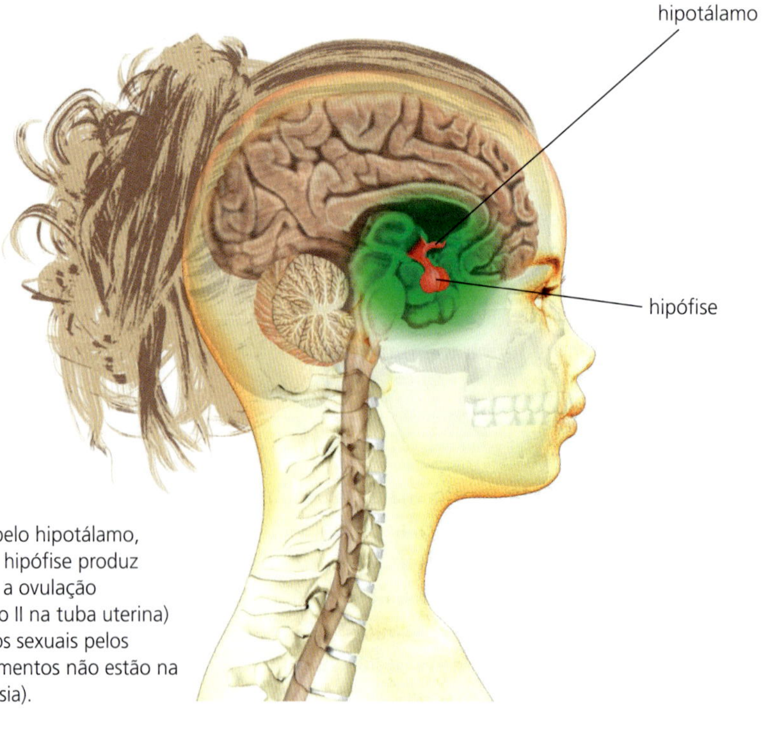

Figura 11.12 Estimulada pelo hipotálamo, uma região do encéfalo, a hipófise produz hormônios que estimulam a ovulação (lançamento de um ovócito II na tuba uterina) e a produção de hormônios sexuais pelos ovários e testículos (os elementos não estão na mesma escala; cores fantasia).

SISTEMA GENITAL MASCULINO

No embrião humano, os testículos estão localizados no interior da cavidade abdominal, próximo aos rins. Antes do nascimento, eles saem dessa cavidade e alojam-se no **escroto** (*scrotu* = bolsa) (**figura 11.13**). Isso favorece a espermatogênese, que geralmente ocorre em temperaturas mais baixas que a do interior da cavidade abdominal. No escroto, a temperatura é 1 °C a 2 °C mais baixa que a temperatura corporal.

Nos testículos, existem cerca de mil pequenos tubos enovelados, chamados **túbulos seminíferos** (*semen* = semente; *ferre* = que transporta), nos quais, a partir da puberdade, são produzidos os espermatozoides. Entre esses tubos estão as **células intersticiais**, que produzem testosterona.

Dos túbulos seminíferos, os espermatozoides são transportados pelos **ductos eferentes** para outro tubo, o **epidídimo** (*epi* = sobre; *didymos* = gêmeos, no caso, os dois testículos), no qual adquirem mobilidade (**figura 11.13**). De cada epidídimo sai um **ducto deferente**, que se une ao ducto da **glândula** (ou **vesícula**) **seminal**, formando o **ducto ejaculatório** e desembocando na uretra. Os espermatozoides ficam armazenados no epidídimo e nos ductos deferentes até serem ejaculados.

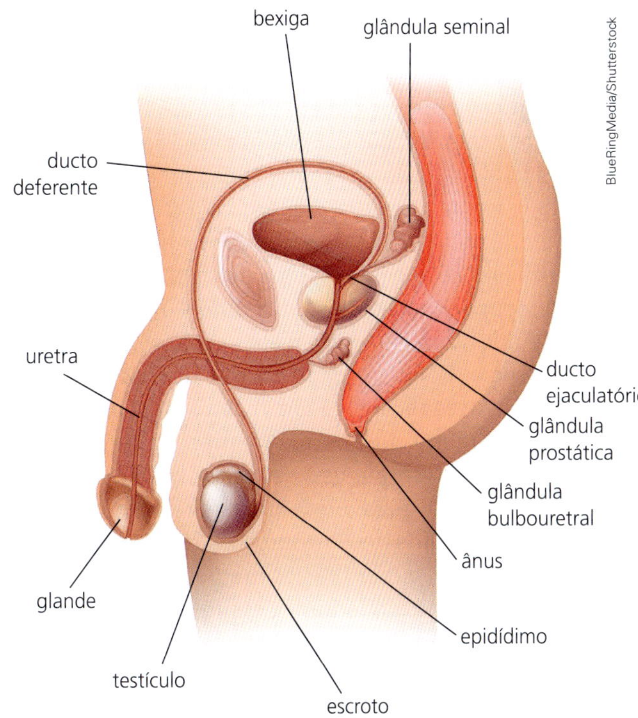

Figura 11.13 Esquema do sistema genital masculino (os elementos não estão na mesma escala; cores fantasia).

A secreção das glândulas seminais e da **glândula** (ou **vesícula**) **prostática** (**próstata**) contém substâncias nutritivas que se juntam aos espermatozoides, formando o **esperma** ou **sêmen**. Essas substâncias facilitam a sobrevivência do espermatozoide durante sua viagem em direção ao ovócito II. Por ser um líquido alcalino, o esperma neutraliza a acidez da uretra e das secreções vaginais. Embora ajude a destruir bactérias causadoras de doenças, essa acidez prejudica o movimento dos espermatozoides. As **glândulas bulbouretrais** produzem um líquido que também ajuda a neutralizar a acidez da uretra antes da passagem do esperma.

A uretra passa por dentro do pênis, que possui tecidos esponjosos ricos em vasos sanguíneos, os **corpos cavernosos** e o **corpo esponjoso**. Durante a excitação sexual, estímulos nervosos vindos do sistema nervoso parassimpático fazem com que as artérias do pênis se dilatem, acumulando sangue nesses tecidos e comprimindo as veias, o que obstrui o retorno do sangue. O resultado é a ereção: aumento do volume e enrijecimento do pênis.

Durante o ato sexual, quando os estímulos se tornam suficientemente intensos, ocorrem contrações dos músculos lisos do epidídimo, do ducto deferente, da uretra e das glândulas anexas (seminal, prostática e bulbouretral), e o esperma é lançado para o exterior (ejaculação), processo acompanhado de sensações agradáveis (orgasmo).

Durante a puberdade, os testículos são estimulados pelos hormônios **foliculestimulante (FSH)** e **luteinizante (LH)**, produzidos pela hipófise. O FSH estimula a espermatogênese. O LH (também chamado no homem de **hormônio estimulador das células intersticiais, ICSH**) estimula essas células a secretar testosterona, que reforça a ação do FSH na espermatogênese e determina o desenvolvimento dos órgãos genitais (caracteres sexuais primários), a descida dos testículos para o escroto e as características sexuais secundárias, que diferenciam os homens das mulheres, como a distribuição dos pelos, o tom da voz e o desenvolvimento muscular e ósseo.

BIOLOGIA E SAÚDE

Problemas no sistema genital masculino

Muitos distúrbios podem afetar a saúde do sistema genital masculino. Em algumas crianças, um ou os dois testículos podem não descer para o escroto, caracterizando a criptorquidia (*cripto* = escondido; *orchis* = testículo). Como há risco de esterilidade, é necessária uma avaliação médica.

A incapacidade de ter (ou manter) uma ereção por tempo suficiente para o ato sexual é chamada impotência. Pode ser causada por fatores psicológicos (estresse, ansiedade, frustrações, problemas conjugais) ou por problemas fisiológicos (doenças vasculares, uso de certos medicamentos, lesões nervosas, etc.). É necessário, portanto, um diagnóstico médico que indique o tratamento adequado. Vários medicamentos contra a impotência aumentam o efeito do óxido nítrico, gás que funciona como mensageiro químico em várias partes do corpo. Durante a estimulação sexual, ele provoca o relaxamento do músculo liso, o que aumenta o fluxo de sangue para o pênis e facilita a ereção.

Alguns homens podem apresentar problema de fertilidade. Aqueles que produzem menos de 20 milhões de espermatozoides por mililitro de esperma são provavelmente inférteis, mas esse problema pode, em geral, ser resolvido com técnicas de reprodução assistida.

O câncer de próstata é o mais frequente em homens com mais de 50 anos. O diagnóstico precoce aumenta muito as chances de cura. Por isso, homens com mais de 40 anos devem ir ao urologista anualmente. E devem procurar também o médico se sentirem dor ou ardência ao urinar, se aparecerem caroços, bolhas ou verrugas em torno dos órgãos genitais, se saírem secreções ou sangue pela uretra ou se o parceiro estiver com alguma infecção que possa ser transmitida por contato sexual.

ATENÇÃO!
As informações sobre questões de saúde deste capítulo não podem ser usadas para diagnóstico, tratamento ou prevenção de doenças, pois não substituem orientações médicas.

SISTEMA GENITAL FEMININO E CICLO MENSTRUAL

O sistema genital feminino (**figura 11.14**) é formado por um par de **ovários**, que produzem hormônios sexuais femininos e ovócitos, e um par de **tubas uterinas** (anteriormente chamadas trompas de Falópio). Essas tubas desembocam no **útero**, órgão muscular e oco. É no útero que a mulher grávida aloja o embrião.

O útero está conectado à **vagina**, que se abre nos órgãos genitais externos. A vagina recebe o pênis durante o ato sexual e é por ela que o bebê sai no momento do parto.

A abertura da vagina e da uretra é protegida por dobras de pele e pelos lábios maiores e menores (dobras de pele e mucosa). Um pouco acima do orifício da uretra está o **clitóris**, pequeno órgão formado pela união da parte de cima dos pequenos lábios, com muitas terminações nervosas (**figura 11.15**).

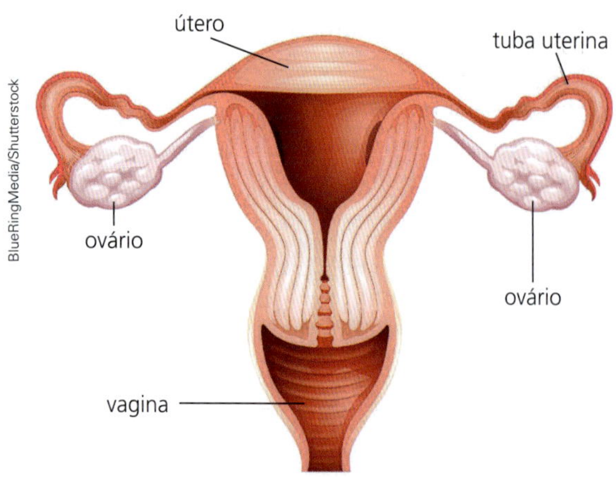

Figura 11.14 Representação esquemática do sistema genital feminino (os elementos não estão na mesma escala; cores fantasia).

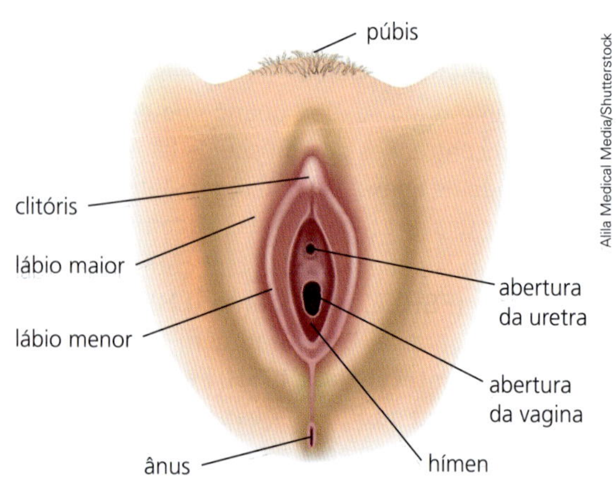

Figura 11.15 Representação esquemática da abertura da vagina (os elementos não estão na mesma escala; cores fantasia).

Em mulheres que não tiveram relações sexuais, há uma membrana perfurada (hímen) fechando parcialmente a abertura da vagina. Em geral, o hímen é rompido no primeiro ato sexual.

Os ovários começam a funcionar já na fase embrionária, estimulados pelo hormônio **gonadotrofina** (*gónos* = semente; *trophein* = nutrição) **coriônica humana** (hCG, sigla do nome em inglês), produzido pela placenta e similar ao LH. Por ocasião do nascimento, há, em cada ovário, cerca de 1 milhão de "cachos" de células, os **folículos ovarianos**. A maior parte deles, porém, degenera e, na época da puberdade, há apenas cerca de 300 mil deles. Em cada folículo, há um ovócito primário paralisado no início da primeira divisão da meiose. Na puberdade, a meiose continua e, em cada ciclo menstrual, a primeira divisão da meiose se completa e um ovócito secundário é lançado na tuba uterina. O processo continua até a **menopausa**, que é a interrupção da ovulação e da menstruação, quando todos os folículos degeneram.

De forma resumida, podemos dizer que, uma vez por mês, em média, o ovário lança um ovócito II na tuba uterina (ovulação) e o útero prepara-se para receber um embrião. Se houver fecundação, o embrião se implantará e crescerá no útero. Caso não haja, o ovócito II degenera, e a parte interna do útero desmancha-se e é eliminada pela vagina (**menstruação**). Essa série de acontecimentos no ovário e no útero é controlada pelos hormônios FSH e LH e constitui o **ciclo menstrual**. Veja a seguir as fases do ciclo, acompanhando-as na **figura 11.16**.

Ilustrações: Maspi/Arquivo da editora

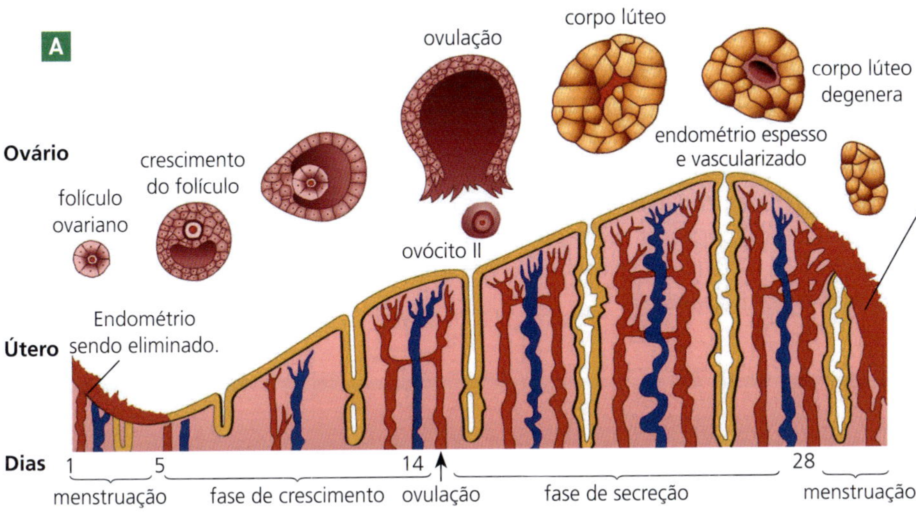

Figura 11.16 A: esquema simplificado do ciclo menstrual (os elementos não estão na mesma escala; cores fantasia) e gráficos da concentração no sangue dos hormônios da hipófise (**B**) e do ovário (**C**) ao longo desse ciclo.

- **Fase proliferativa, de crescimento** ou **folicular**. Nessa etapa, o folículo ovariano cresce e se prepara para a ovulação. Ao longo desse processo de crescimento, provocado pelo FSH, o folículo produz **estrogênios** (ou **estrógenos**, grupo de hormônios sexuais femininos, dos quais o mais importante é o **estradiol**). Por isso, essa fase é também chamada **estrogênica**. Esses hormônios provocam o crescimento do **endométrio**, membrana que forra o útero e na qual o embrião se fixará e crescerá. O útero é formado por uma camada de tecido epitelial, com glândulas produtoras de muco. Esse tecido fica apoiado em tecido conjuntivo.
  Em geral, apenas um folículo ovariano termina seu crescimento (apesar de diversos serem estimulados) e acumula um líquido em seu interior. O ovócito primário termina a primeira divisão da meiose ao mesmo tempo que o folículo crescido se rompe, lançando o ovócito secundário na tuba uterina. Com isso, termina a primeira fase do ciclo menstrual.

B Concentração dos hormônios da hipófise no sangue

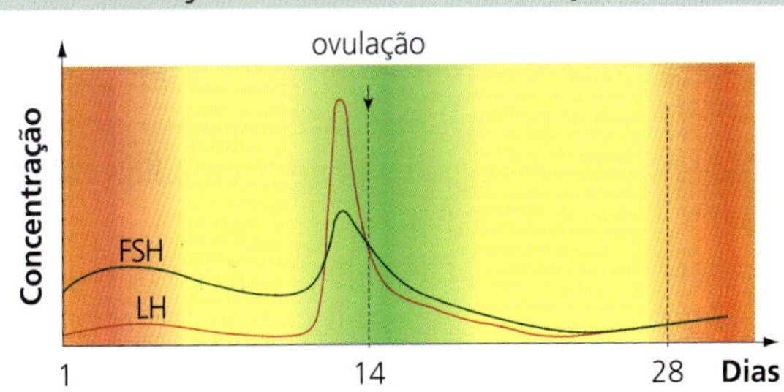

C Concentração dos hormônios do ovário no sangue

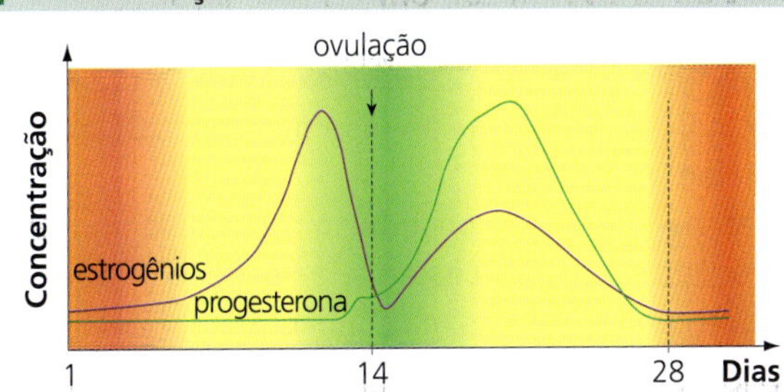

Banco de imagens/Arquivo da editora

- **Fase secretória**, **de secreção**, **lútea** ou **luteínica**. Sob ação do LH, o folículo rompido transforma-se em uma glândula, o **corpo lúteo** (*luteu* = amarelo; anteriormente também chamado **corpo amarelo**), que secreta estrogênios e **progesterona**, o principal hormônio do grupo das **progestinas** (*pro* = anterior; *gestatione* = gestação). A progesterona estimula o desenvolvimento dos vasos sanguíneos e das glândulas do endométrio, que se torna espesso, vascularizado e cheio de secreções nutritivas.
- **Fase menstrual**. Se não ocorrer fecundação até cerca de 14 dias depois da ovulação e, portanto, não chegar nenhum embrião ao útero até esse dia, o corpo lúteo degenera ao longo da segunda fase do ciclo e transforma-se em uma "cicatriz" (**corpo albicante** ou **albicans**; *albus* = branco), deixando de produzir progesterona e estrogênios. A queda daquele hormônio provoca a degeneração e a eliminação parcial do endométrio (menstruação, que dura de três a sete dias).

Por convenção, considera-se o primeiro dia de menstruação o início do ciclo menstrual. Na primeira metade do ciclo, um novo folículo é estimulado pelo FSH e começa a crescer, produzindo estrogênios, cuja concentração aumenta gradativamente e inibe a produção de FSH e LH: é o chamado **controle por *feedback* negativo**. No entanto, no meio do ciclo, a alta taxa de estrogênios passa a ter efeito contrário, estimulando a produção de LH e, em menor grau, de FSH, por meio de um ***feedback* positivo**. Observe na **figura 11.16** que, logo após o pico de estrogênios, há um pico de LH e de FSH. Com o LH alto (perto do 14º dia), ocorre a ovulação.

Assim, é o LH que provoca a ovulação e a formação do corpo lúteo. Após o pico de LH e da ovulação, a taxa de estrogênio cai. O corpo lúteo começa a secretar progesterona, e sua taxa aumenta. A concentração elevada de progesterona, associada a um pouco de estrogênio, inibe a produção de FSH e LH. Com a queda da concentração de LH, o corpo lúteo tende a regredir, e as concentrações de estrogênio e progesterona diminuem, provocando a menstruação e o desbloqueio da hipófise, iniciando-se um novo ciclo.

ACESSE E SAIBA MAIS

Cartilha dos direitos à saúde da mulher
<www.oabgo.org.br/oab/arquivos/downloads/Cartilha_dos_Direitos_a_Saude_da_Mulher_14262.pdf>

Cartilha da saúde da mulher
<www.oabsp.org.br/comissoes2010/mulher-advogada/cartilhas/Cartilha%20da%20Saude%20da%20Mulher%20-%20OAB%20SP.pdfview>
Acesso em: 19 jul. 2018.

BIOLOGIA E SAÚDE

Mulher: cuidados com o corpo

Uma vez por ano, toda mulher e toda adolescente que já tenha menstruado devem ir ao ginecologista para fazer o exame Papanicolau, que serve para verificar a existência de câncer no útero, acusar infecções e determinar o nível de hormônios relacionados ao ciclo menstrual.

O médico também poderá pedir uma mamografia, exame de raios X especial capaz de detectar tumores muito pequenos. Esse exame deve ser feito por todas as mulheres a partir dos 50 anos de idade – ou antes, de acordo com orientação médica. Para as mulheres que já tiveram casos de câncer de mama na família, por exemplo, o médico pode indicar um exame anual a partir dos 35 anos ou até antes.

Também se deve consultar o médico se houver alterações que podem estar relacionadas às doenças que conheceremos mais adiante.

A menopausa se refere à última menstruação da mulher, que ocorre por volta dos 50 anos. Esta última menstruação marca também o momento em que ela para de ovular. Já o termo climatério refere-se ao período que antecede a menopausa e que pode começar por volta dos 40 anos, quando há diminuição da atividade hormonal e dos ovários. Nesse período podem ser necessários tratamentos para evitar, por exemplo, a osteoporose (enfraquecimento dos ossos). Qualquer tratamento sempre deve ser orientado pelo médico – o que vale também para tratamentos com produtos naturais.

ATENÇÃO!

As informações sobre questões de saúde deste capítulo não podem ser usadas para diagnóstico, tratamento ou prevenção de doenças, pois não substituem orientações médicas.

FECUNDAÇÃO E GRAVIDEZ

Em uma relação sexual vaginal desprotegida, os espermatozoides depositados na vagina nadam pelo útero até a parte superior das tubas uterinas, onde pode ocorrer a fecundação. A tuba é revestida por células com cílios, cujos movimentos, juntamente com contrações musculares, levam o zigoto em direção ao útero (caso ele se forme).

Durante essa viagem, que dura cerca de três dias, o zigoto sofre mitoses, de modo que, ao chegar ao útero, já se encontra na forma de uma pequena esfera com 12 a 16 células. Cerca de uma semana após a fecundação, formado por cerca de 70 a 100 células, começa o processo de implantação no útero (**nidação**) e inicia-se a gravidez (**figura 11.17**).

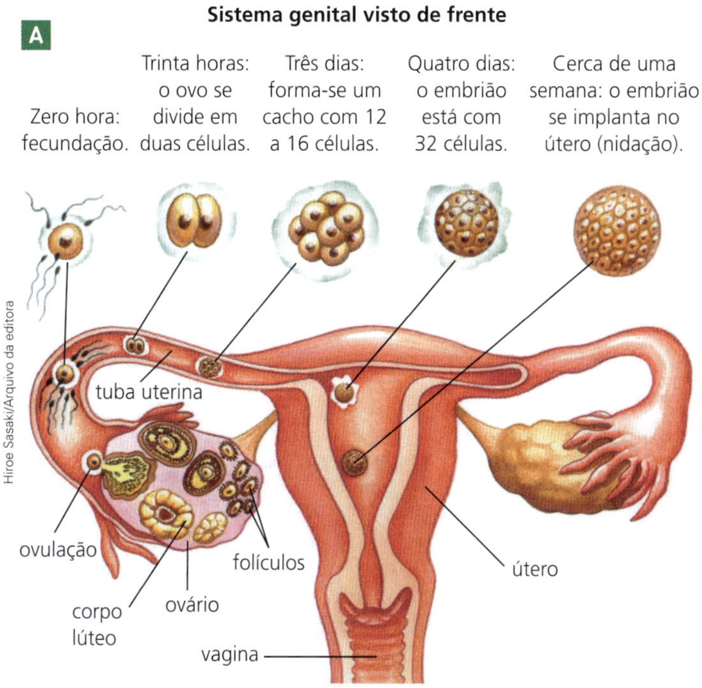

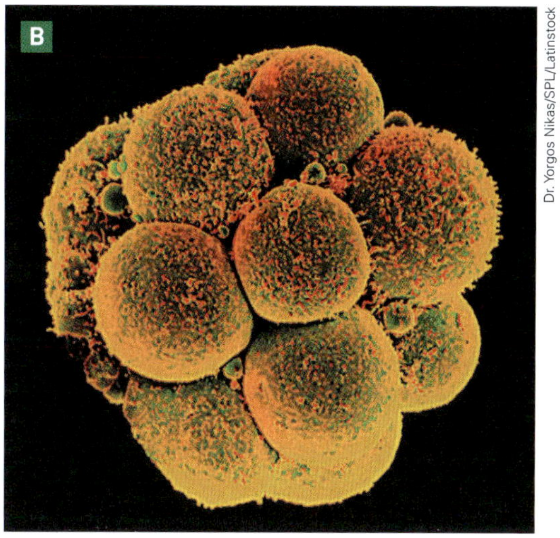

Figura 11.17 A: representação das fases iniciais do desenvolvimento embrionário no sistema genital feminino (os elementos não estão em escala; cores fantasia); **B**: foto de embrião humano com 16 células (microscópio eletrônico; aumento de cerca de 700 vezes; imagem colorizada por computador).

O ovócito II pode ser fecundado em um período de 24 a 36 horas após ter sido eliminado do ovário. Alguns espermatozoides podem permanecer vivos no sistema genital feminino por 72 horas (ou mais). Assim, uma mulher pode engravidar se tiver uma relação 72 horas antes da ovulação e até 36 horas depois.

Como a ovulação ocorre de 13 a 15 dias antes da menstruação seguinte, o período fértil está, portanto, perto do meio do ciclo. O período estéril está próximo ao início e ao fim do ciclo. É preciso lembrar, no entanto, que a duração do ciclo é variável, podendo oscilar entre 21 e 35 dias, o que torna difícil prever o período fértil.

Em caso de gravidez, a placenta produz o hormônio hCG, que mantém o corpo lúteo ativo e impede que haja menstruação e ovulação. A detecção desse hormônio na urina ou no sangue serve de método para identificar a gravidez. Os testes de gravidez comprados em farmácias detectam o hCG na urina, em geral, 14 dias depois da concepção, mas não são infalíveis. Por isso, qualquer que seja o resultado, deve-se procurar um médico, que indicará um teste mais preciso.

A partir do terceiro mês, com a produção de progesterona e estrógenos pela placenta, o corpo lúteo degenera, e o processo torna-se independente do ovário.

O fato de a menstruação não ocorrer no fim do ciclo pode indicar gravidez, mas também pode ser apenas um atraso causado por algum problema. Por isso, é preciso que o médico realize exames de sangue para verificar se a mulher está de fato grávida.

4. MÉTODOS ANTICONCEPCIONAIS

O nascimento de um filho é um momento muito especial que traz uma série de responsabilidades para as quais as mães e os pais nem sempre estão preparados.

Há vários métodos anticoncepcionais, ou contraceptivos. Esses métodos possibilitam o sexo diminuindo o risco de gravidez. Antes, porém, o casal deve consultar um médico, pois alguns contraceptivos podem trazer riscos à saúde.

CAMISINHA

O preservativo masculino (camisinha masculina) é uma membrana, geralmente de borracha fina, que deve ser colocada no pênis ereto antes da penetração (**figura 11.18**). O preservativo feminino (camisinha feminina) é um tubo de poliuretano (plástico macio e flexível) que se encaixa na vagina (**figura 11.18**).

A camisinha retém o esperma ejaculado durante a relação sexual, impedindo a fecundação. Entretanto, o uso inadequado pode ocasionar riscos, como um vazamento do esperma, que pode ocorrer, por exemplo, se o pênis for retirado da vagina depois que estiver flácido, no caso da camisinha masculina. Se isso acontecer, o médico deve ser informado para que possa dar as orientações necessárias. Não se deve aplicar vaselina nem produtos à base de óleo na camisinha porque podem enfraquecer o preservativo e fazer com que ele se rompa. Existem lubrificantes próprios para usar com a camisinha que são feitos à base de água. É preciso também verificar o prazo de validade indicado na embalagem.

A maior vantagem da camisinha sobre os demais métodos anticoncepcionais é que ela protege também contra doenças sexualmente transmissíveis, como a aids.

ATENÇÃO!
As informações apresentadas têm o objetivo de expor os diversos métodos contraceptivos. A escolha de um método para evitar a gravidez deve ser feita sob a orientação de um médico: só ele pode indicar a melhor opção para cada caso.

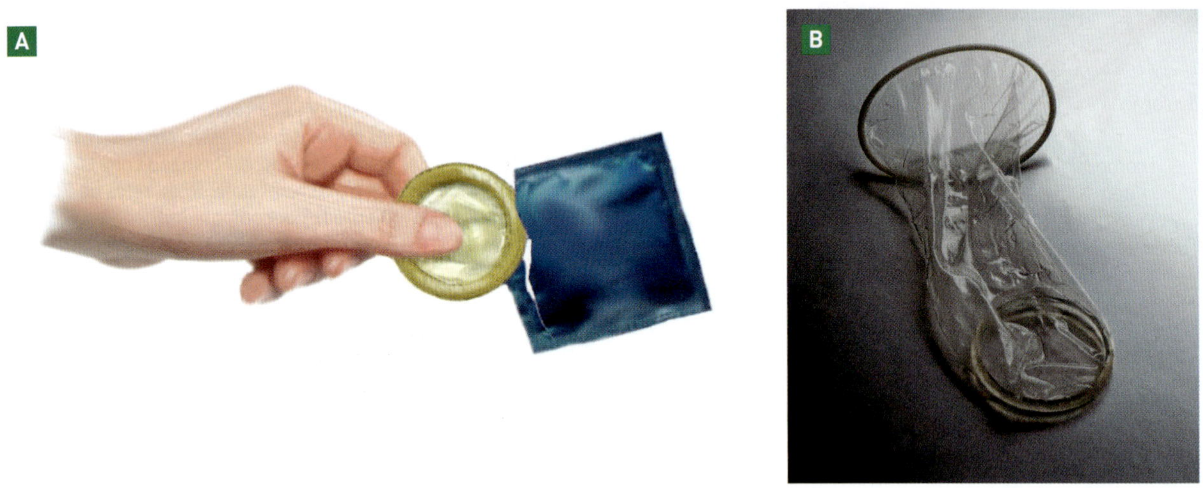

Mauro Nakata/Arquivo da editora

Reuters/Latinstock

Figura 11.18 **A**: ilustração de camisinha masculina (cores fantasia); **B**: foto de camisinha feminina (os elementos não estão na mesma escala).

MÉTODO DE ABSTINÊNCIA PERIÓDICA

Consiste em evitar relações sexuais durante o período fértil. Para isso, a mulher precisa descobrir quando ele ocorre (em geral, 14 dias antes da menstruação). Como o ciclo pode variar, é necessário determinar o dia da ovulação pelo acompanhamento diário da temperatura corporal ao acordar e do aspecto da secreção vaginal. Na época da ovulação, a temperatura aumenta cerca de 0,5 °C, e a secreção vaginal fica pegajosa, parecida com clara de ovo. Para não engravidar, a mulher deve evitar ter relações sexuais por pelo menos 48 horas desde o dia da ovulação.

Apesar de não ter efeitos colaterais para a saúde da mulher, em geral esse método apresenta baixa eficácia e é necessária uma orientação detalhada do médico e muito treinamento, disciplina e motivação por parte do casal.

MÉTODOS HORMONAIS

O principal método hormonal é a **pílula anticoncepcional**, geralmente com uma mistura de derivados sintéticos de estrogênios e progesterona que inibem o aumento de LH (responsável pela ovulação). É um método muito eficiente; se for usado corretamente, o índice de falha é muito baixo. A pílula deve ser sempre indicada por um médico, pois pode haver efeitos colaterais e nem todas as mulheres podem tomá-la.

Os hormônios de efeito prolongado baseiam-se no mesmo princípio da pílula. São aplicadas **injeções** desses hormônios mensalmente, ou a cada dois ou três meses; podem também ser implantados sob a pele do braço pequenos tubos de plástico que liberam hormônios no sangue durante cerca de três anos (**figura 11.19**). Há ainda o **adesivo transdérmico**, que libera hormônios na pele e deve ser trocado semanalmente. O índice de falhas desses métodos também é muito baixo. Da mesma forma, é necessário acompanhamento médico.

A **minipílula** contém apenas um hormônio, semelhante à progesterona. É menos eficiente que a pílula combinada, sendo indicada especialmente para mulheres que apresentam problemas com a pílula comum ou que estão amamentando. Mas é necessário tomar os mesmos cuidados.

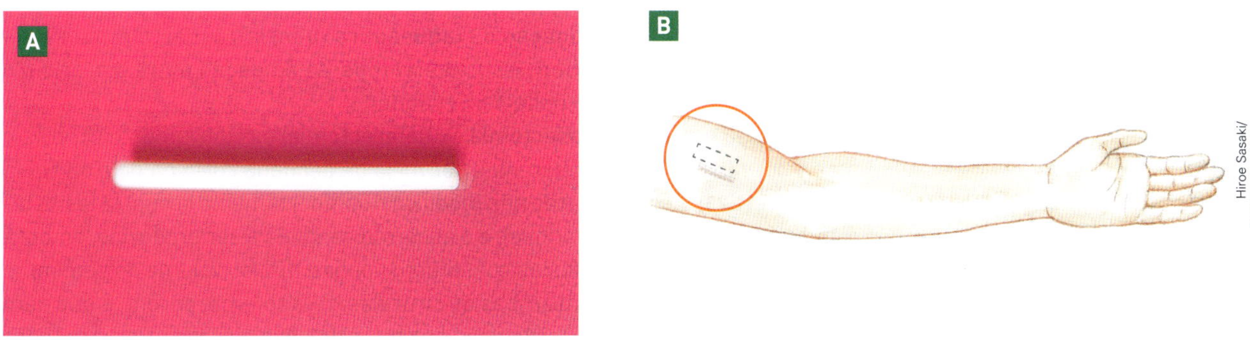

Figura 11.19 A: foto de implante hormonal (4 centímetros de comprimento e 2 milímetros de diâmetro); **B**: ele é colocado sob a pele, no lado interno do braço (os elementos não estão na mesma escala; cores fantasia).

DISPOSITIVO INTRAUTERINO (DIU)

Trata-se de uma pequena peça de plástico recoberta de cobre, colocada no útero pelo médico. Este deve ser consultado periodicamente para verificar se o dispositivo está bem adaptado (**figura 11.20**). Sua remoção também deve ser feita pelo médico. O cobre destrói parte dos espermatozoides e impede que outros cheguem ao ovócito e o fecundem. Caso haja fecundação, o DIU impedirá que o embrião se fixe no útero. É um método eficaz, mas podem ocorrer cólicas, dores e sangramentos. Às vezes, o organismo expulsa o DIU. Existe também maior risco de infecções que, se não forem logo tratadas, podem provocar esterilidade.

O DIU não pode ser usado diante de suspeita de gravidez ou de gravidez confirmada, na presença de tumores no útero ou se houver sangramentos vaginais de causa desconhecida. Por isso, é necessário consultar o médico periodicamente para verificar se não há problemas. Há ainda um DIU que libera um hormônio sintético, semelhante à progesterona (**figura 11.20**).

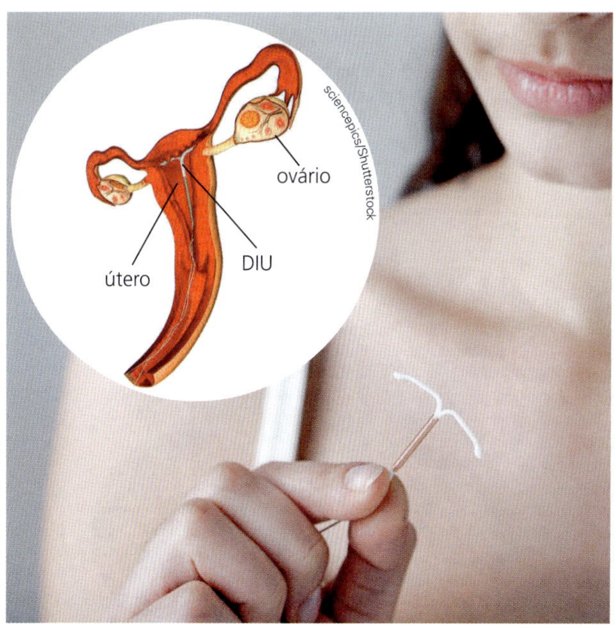

Figura 11.20 Na ilustração, posição do DIU no útero (os elementos não estão na mesma escala; cores fantasia). Na foto, DIU hormonal, que libera um hormônio sintético semelhante à progesterona.

Gary Parker/SPL/Latinstock

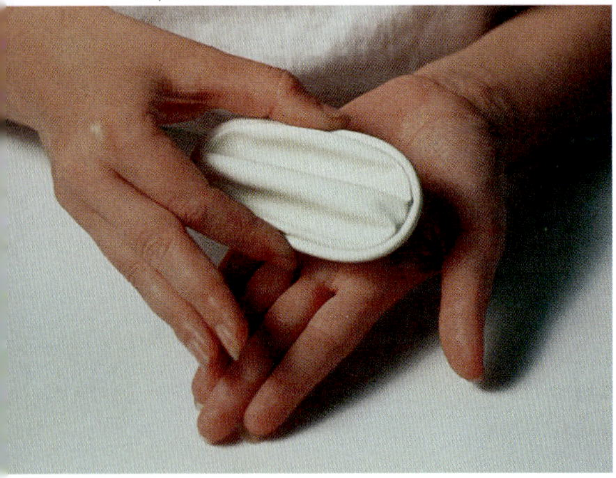

Figura 11.21 Foto de diafragma.

DIAFRAGMA

Trata-se de um capuz de borracha flexível que deve ser colocado na entrada do útero antes da relação sexual, bloqueando a passagem dos espermatozoides (**figura 11.21**). Para aumentar sua eficiência, deve-se aplicar nas bordas o gel espermicida, e o diafragma só deve ser retirado depois de passadas seis horas do ato sexual. Não se deve, porém, ultrapassar um dia, pois há risco de infecções. Se a mulher tiver outra relação duas horas depois, deve aplicar um pouco mais de espermicida na vagina, sem tirar o diafragma, pois o produto perde a eficiência com o tempo. Depois de usado, deve ser lavado com água e sabão neutro, seco e guardado no estojo para ser reutilizado em outra ocasião. Sempre se deve verificar se ele não está com furos: basta olhá-lo contra a luz ou enchê-lo de água.

Este método é menos eficiente que a pílula e o DIU. Isso porque o dispositivo pode ser colocado em posição incorreta ou pode sair da posição correta durante o ato sexual. O diafragma não costuma causar problemas no organismo, mas pode aumentar um pouco a chance de infecção urinária.

TÉCNICAS DE ESTERILIZAÇÃO

Na esterilização feminina (**ligação** ou **laqueadura tubária**), a tuba uterina é cortada e amarrada (**figura 11.22**). Com isso, interrompe-se a ligação entre o ovário e o útero e, portanto, o ovócito não pode ser fecundado.

A esterilização masculina (**vasectomia** ou **deferectomia**) é relativamente simples e consiste na secção dos ductos deferentes por meio de pequeno corte na pele da bolsa escrotal (**figura 11.23**). Essa operação não modifica o comportamento sexual (a testosterona continua a ser lançada no sangue), e o esperma continua a ser produzido, embora não contenha espermatozoides (estes constituem apenas 10% do volume do sêmen).

Há pequeno risco de falha em ambas as cirurgias. O problema, porém, é que nem sempre é possível reverter a esterilização por meio de nova cirurgia. Por isso, para fins práticos, a esterilização deve ser considerada definitiva.

Ilustrações: Science Picture Co./Corbis/Latinstock

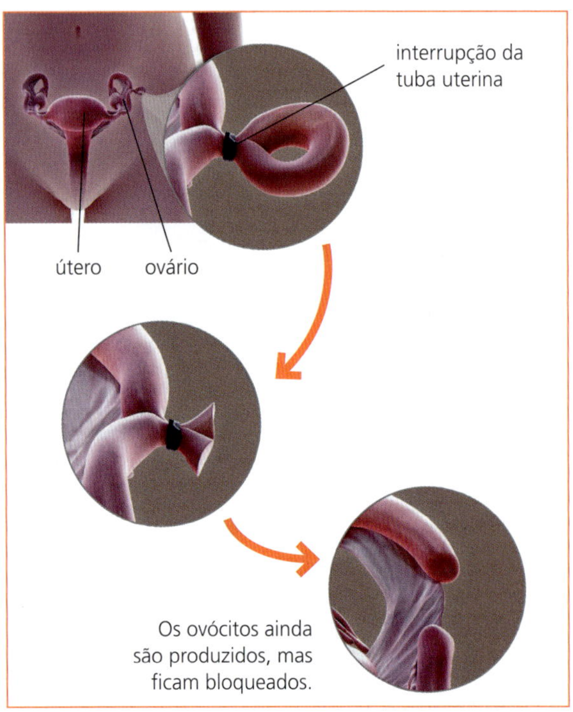

Figura 11.22 Ilustração de ligação tubária (os elementos não estão na mesma escala; cores fantasia).

SPL/Latinstock

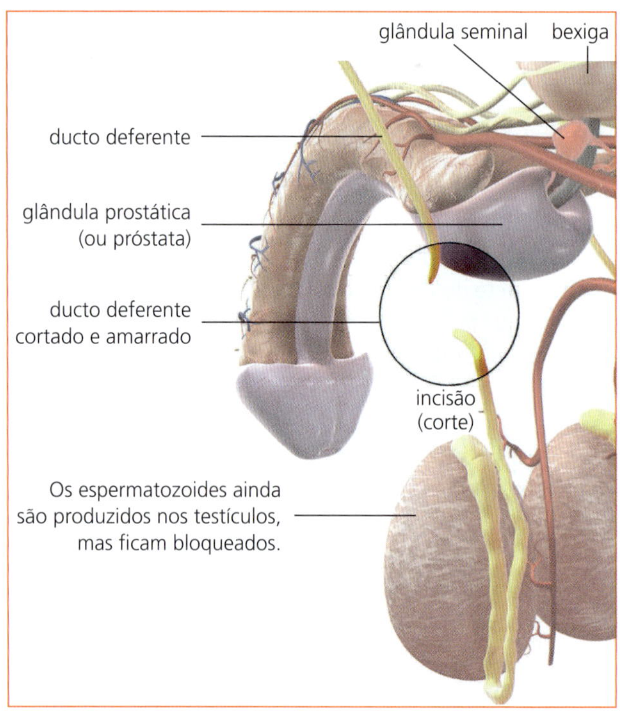

Figura 11.23 Ilustração simplificada da vasectomia (os elementos não estão na mesma escala; cores fantasia).

BIOLOGIA E SOCIEDADE

Aborto

O aborto é caracterizado pela interrupção da gestação, com saída prematura do embrião ou do feto, sem que este tenha condições de sobreviver fora do útero. Algumas doenças infecciosas, como a sífilis, e problemas no feto ou no organismo da gestante podem provocar aborto espontâneo. Há também o aborto provocado ou induzido, quando se deseja interromper a gravidez.

As leis que regulamentam o aborto variam de país para país. No Brasil, o aborto induzido é considerado crime. É permitido apenas quando não houver outro meio de salvar a vida da gestante, quando a gravidez é resultado de estupro (crime que consiste em submeter alguém a relação sexual ou ato libidinoso contra sua vontade, mediante violência ou grave ameaça) ou no caso de fetos anencéfalos (com má-formação do cérebro e do córtex), o que leva o bebê à morte logo após o parto. Apesar disso, o aborto é praticado clandestinamente no Brasil.

Quando feito sob condições de higiene precárias, eleva-se consideravelmente o risco de provocar infecções, esterilidade e, em casos extremos, até a morte da gestante. Mesmo em condições adequadas, o aborto apresenta riscos. Assim, a população precisa ter acesso a informações sobre métodos contraceptivos e deve receber orientação médica sobre as opções indicadas para cada caso.

O aborto envolve questões éticas e sociais. Algumas pessoas são contra o aborto porque consideram que ele interrompe uma vida. Essa é a posição de várias religiões. Outras pessoas acham que a mulher deve ter o direito de decidir sobre o seu corpo e de interromper uma gravidez não planejada, se for necessário. Essas questões são relevantes e pautam o debate sobre a legalização do aborto em nosso país.

5. DOENÇAS SEXUALMENTE TRANSMISSÍVEIS

Algumas infecções passam de uma pessoa para outra, principalmente pela relação sexual: são as **doenças sexualmente transmissíveis (DSTs)** ou **infecções sexualmente transmissíveis (ISTs)**, termo mais atual. Ainda que um casal seja cauteloso com relação aos métodos contraceptivos para evitar uma gravidez indesejada, é muito importante também que se protejam contra as DSTs, por meio do uso do preservativo masculino ou feminino em todas as relações.

Alguns sinais servem de alerta para procurar ajuda médica: quando houver, nos órgãos genitais ou em torno deles, na região anal ou na boca, coceira, dor, caroços, feridas, manchas avermelhadas ou escuras (elas podem aparecer também na palma da mão ou na planta do pé), bolhas, verrugas ou inflamação; íngua na virilha (nódulos linfáticos inchados); dor, ardência ou incômodo no ato sexual ou ao urinar; vontade frequente de urinar. Nos homens, podem sair também secreções ou sangue pelo pênis. Nas mulheres, pode haver mudança na cor ou no cheiro da secreção vaginal ou dor no abdome.

Às vezes, não há sintomas. Além disso, até que apareçam, podem se passar dias ou semanas: é o chamado período de incubação. Por isso, se um parceiro estiver com infecção ou mesmo suspeita, o outro deverá procurar um médico. Não se pode esquecer de avisar o parceiro caso tenha a doença ou suspeita dela, para que ele procure um médico e possa ser tratado também, se for o caso. Às vezes, os sintomas da doença desaparecem espontaneamente e a pessoa pode pensar que está curada. Mas, sem o tratamento médico, a doença pode voltar mais forte e provocar consequências sérias.

ATENÇÃO!

Apenas o médico pode fazer o diagnóstico correto e indicar o tratamento. Nunca tome remédios nem faça tratamentos por conta própria.

GONORREIA OU BLENORRAGIA

É causada pela bactéria *Neisseria gonorrhoeae*, que pode provocar inflamação da uretra, da próstata e do útero. Pode haver dor, ardência e uma secreção branca ou amarelada ao urinar. A secreção vaginal pode ficar amarelada. Em alguns casos, principalmente na mulher, não há sintomas, mas o médico pode diagnosticar a doença por meio de exames. Mesmo não apresentando sintomas, uma pessoa pode transmitir a doença. Se uma mulher grávida tiver a doença, os olhos do recém-nascido podem ser infectados durante o parto. O tratamento é feito com antibióticos e, em geral, a cura é rápida.

INFECÇÕES POR CLAMÍDIA

A bactéria *Chlamydia trachomatis* pode causar infecções na uretra (uretrite), nos olhos (tracoma) e nos linfonodos da região genital. Pode não ter sintomas. Na mulher, pode atingir também o útero e as tubas uterinas. Quando ataca a uretra, provoca dor e ardência ao urinar. Quando ataca os linfonodos, provoca inchações ("ínguas") na virilha. Na mulher, pode causar sangramento no período entre as menstruações, dor durante o ato sexual e outros sintomas. Se não for tratada adequadamente, com antibióticos tomados de acordo com prescrição médica, há risco de esterilidade.

CANDIDÍASE OU MONILÍASE

É provocada pelo fungo *Candida albicans* (monília), o mesmo que causa o "sapinho" na boca. Na mulher, aparece uma secreção esbranquiçada, acompanhada de coceira, nos órgãos genitais. No homem, pode provocar vermelhidão e coceira na área genital. O tratamento é feito com cremes ou outros medicamentos contra o fungo.

Casos de sífilis adquirida e em gestantes

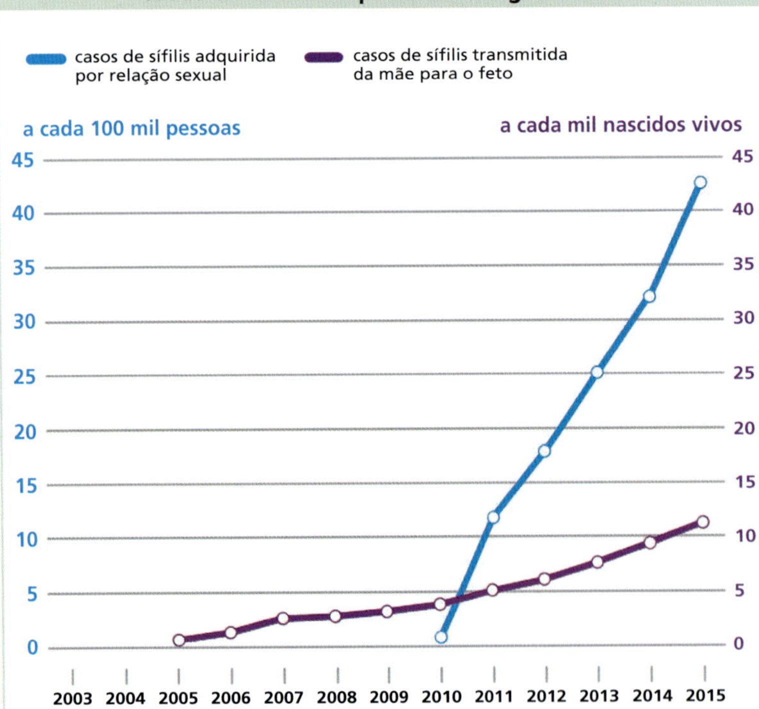

Luis Moura/Arquivo da editora

Fonte: Diretrizes para o controle da Sífilis Congênita, Ministério da Saúde e Secretaria de Vigilância em Saúde (Departamento de DST, Aids e hepatites virais). Disponível em: <www.nexojornal.com.br/grafico/2017/06/30/Os-n%C3%BAmeros-da-epidemia-de-s%C3%ADfilis-no-Brasil>. Acesso em: 12 mar. 2018.

Figura 11.24 Aumento do número de casos de sífilis adquirida por relação sexual e transmitida da mãe para o feto. Especialistas acreditam que a epidemia se deve à falta de prevenção e ao desabastecimento do antibiótico usado para tratar a doença.

SÍFILIS

Causada pela bactéria *Treponema pallidum*, essa doença pode ser fatal se não for tratada corretamente e pode ser transmitida por relação sexual, por transfusão de sangue ou da mãe para o feto, provocando problemas físicos e mentais na criança (**figura 11.24**).

O primeiro sinal é uma ferida sem dor, dura, com bordas elevadas e avermelhadas na área genital ou, às vezes, no ânus, na boca ou em outras regiões que entraram em contato com a bactéria. A ferida some em duas a seis semanas, mesmo sem tratamento, mas a bactéria continua presente no organismo. Se a pessoa não se tratar, cerca de dois a seis meses depois aparecem feridas na pele, febre baixa, dor de garganta e outros sintomas. Esses sinais também desaparecem de duas a seis semanas depois. O diagnóstico é feito por meio de exame de sangue, e o tratamento é à base de antibióticos.

HERPES GENITAL

É causado por um vírus. A região genital fica inicialmente vermelha e com coceira, surgindo depois pequenas bolhas, que arrebentam e formam feridas. Os sintomas desaparecem, em geral, em até quatro semanas, mas o vírus continua presente no organismo e, em algumas pessoas, provoca recaídas.

Uma pessoa com herpes deve evitar tocar a área contaminada; se o fizer, deve lavar as mãos para evitar contaminar outras pessoas. Não deve ter relações sexuais durante as recaídas (as fases mais contagiosas) da doença. Como o vírus pode passar para a criança durante o parto, a mulher com herpes deve informar o fato ao médico. Ele poderá optar por realizar uma cesariana para evitar que a criança entre em contato com as lesões do herpes. Há medicamentos que diminuem muito os sintomas da doença. Há também o herpes simples, causado por outro tipo de vírus, que ataca a face e os lábios.

ACESSE E SAIBA MAIS

Doenças sexualmente transmissíveis
<www.dive.sc.gov.br/conteudos/publicacoes/manuais_cartilhas/Cartilha_de_DST.pdf>
Acesso em: 19 jul. 2018.

HPV (CONDILOMA ACUMINADO)

É causado pelo papilomavírus humano, conhecido como HPV (do inglês *Human Papilloma Virus*), que forma verrugas nos órgãos genitais, no colo do útero e ao redor do ânus (popularmente conhecidas como "crista de galo").

O tratamento consiste em eliminar as verrugas. Mulheres que tiveram ou têm o vírus devem fazer exames periódicos para a prevenção do câncer de útero (**figura 11.25**). A mulher que teve condiloma e ficou grávida deve avisar ao médico, uma vez que, no momento do parto, o vírus pode passar para a criança e provocar problemas respiratórios. O médico pode indicar também a vacina que protege contra alguns tipos de HPV.

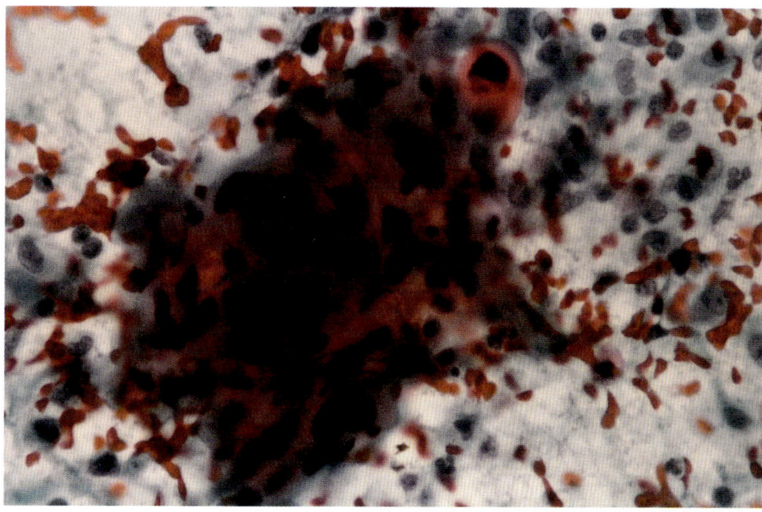

Dr. E. Walker/SPL/Latinstock

Figura 11.25 Câncer de colo de útero associado à infecção por HPV (as células cancerosas estão concentradas no centro). Imagem obtida por microscópio óptico (aumento de cerca de 1 000 vezes; com uso de corantes).

HEPATITE B

A hepatite pode ser provocada por vários tipos de vírus diferentes. Todos provocam inflamação do fígado. Os principais sintomas da hepatite B são: febre, dor de cabeça, cansaço e, geralmente, icterícia: a pele e a esclera (o branco dos olhos) ficam amarelados devido ao acúmulo de pigmentos da bile.

A hepatite B pode ser transmitida por transfusão de sangue, contato sexual ou entre tecidos que forram a boca e outras cavidades (mucosas) que tenham secreções, como a saliva e as lágrimas. Pode passar também da mãe para o filho no momento do parto. Há risco de o vírus provocar, em alguns casos, cirrose (destruição do fígado) ou câncer de fígado.

Por isso, logo ao nascer, a criança deve tomar a primeira dose da vacina, que será repetida um mês depois e, novamente, seis meses depois da primeira dose. Adultos também devem tomar a vacina.

TRICOMONÍASE

É causada pelo protozoário *Trichomonas vaginalis*, que provoca nas mulheres inflamação na vagina, com secreção branca ou amarelada e com mau cheiro. No homem pode provocar ardência ao urinar.

PEDICULOSE PUBIANA

É causada pelo piolho púbico (*Phthirus pubis*), conhecido popularmente como "chato". Em geral, fica aderido aos pelos pubianos. O tratamento é local e é necessário ferver as roupas infestadas (o piolho também pode ser transmitido pelo contato com roupas, toalhas e lençóis).

HIV E AIDS

SPL/Latinstock

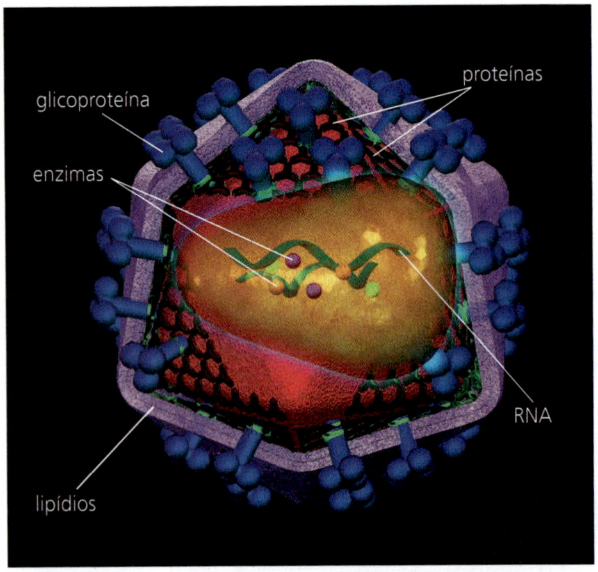

Figura 11.26 Ilustração do HIV (cerca de 0,1 μm de diâmetro; os elementos não estão na mesma escala; cores fantasia).

A aids (sigla de *acquired immunodeficiency syndrome*, ou sida, síndrome da imunodeficiência adquirida) é causada pelo **vírus da imunodeficiência humana** (HIV, do inglês *human immunodeficiency virus*). Medindo apenas 0,1 μm, ele é formado por uma cápsula esférica de glicoproteínas mergulhadas em uma dupla camada de lipídios, com RNA dentro dessa cápsula (**figura 11.26**).

A proteína mais externa do HIV, chamada de gp120, é capaz de se encaixar na proteína CD4, presente na membrana do principal glóbulo branco atacado pelo vírus, o linfócito T4, também denominado CD4+ ou auxiliar. Após o encaixe, a cápsula do vírus se funde à membrana da célula, e o material genético viral penetra no citoplasma. Com o auxílio da enzima **transcriptase reversa**, o RNA sintetiza uma fita de DNA, que lhe é complementar (o RNA é destruído). Essa fita de DNA produz outra complementar, e as duas se unem, formando uma dupla cadeia de DNA, que migra para o núcleo e se incorpora ao patrimônio genético da célula (**figura 11.27**).

Luis Moura/Arquivo da editora

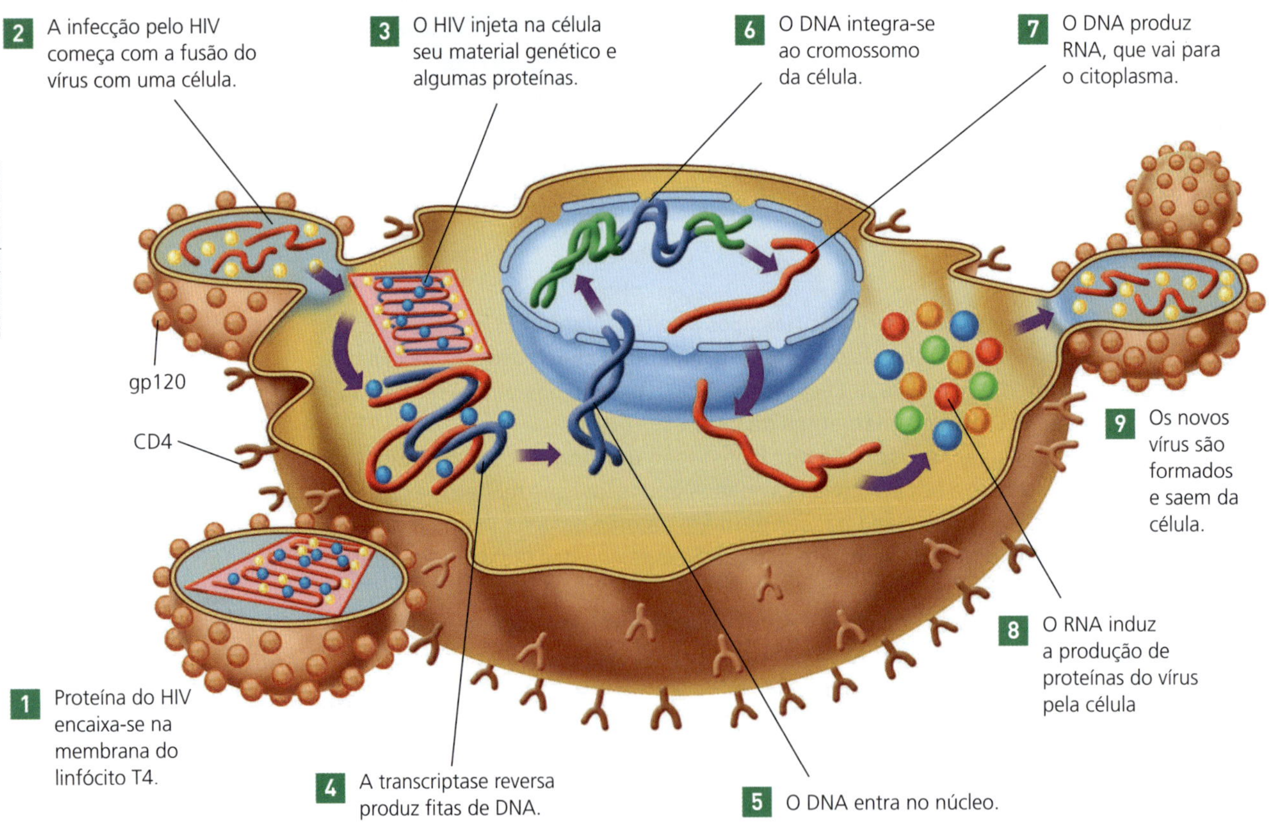

Figura 11.27 Entrada do HIV (o vírus tem cerca de 0,1 μm de diâmetro) na célula e sua multiplicação (os elementos não estão na mesma escala; cores fantasia).

Como é o RNA que sintetiza uma molécula de DNA, ao contrário do que acontece no processo de transcrição dos seres vivos em geral, o HIV é classificado no grupo dos **retrovírus** (*retro* = para trás), o que justifica também o nome da enzima que permite esse processo, isto é, a transcriptase reversa.

O DNA do vírus desencadeia a síntese de novas moléculas de RNA pela célula hospedeira, que orientam também a síntese de proteínas da cápsula e das enzimas virais. Assim, formam-se novos vírus, que migram para a periferia da célula. Eles são envolvidos pela membrana e compõem brotos que se soltam da célula (reveja a **figura 11.27**).

O resultado desse processo é a destruição e progressiva diminuição de linfócitos T4, o que, com o tempo, compromete todo o sistema imunitário. Dessa forma, o organismo fica sem defesa contra diversos agentes invasores e o doente pode morrer vítima de uma série de infecções.

O HIV pode ser transmitido por meio de vários fluidos corporais contaminados – sangue, esperma, secreção vaginal, leite materno, líquido cefalorraquidiano, líquido amniótico –, quando eles entram em contato com mucosas, como a da boca, a do ânus e a da vagina, ou com a pele, se esta apresentar cortes ou perfurações (a pele intacta é uma barreira eficiente contra a infecção de qualquer vírus).

O vírus pode ser transmitido da mãe para o filho durante a gestação, o parto ou o aleitamento. Por isso, mulheres grávidas devem fazer o teste de HIV. Sendo portadoras do vírus, o uso de medicamentos adequados diminui muito a chance de transmissão para o filho. O transplante de órgãos e a inseminação artificial também podem ser uma forma de transmissão.

Objetos que possam entrar em contato com sangue, como lâmina de barbear, tesoura, alicate de unha, instrumentos usados por médicos e dentistas (bisturis, pinças, alicates, seringas, etc.) ou em tatuagens e acupuntura, podem transmitir o vírus se tiverem sido utilizados em pessoas infectadas.

Para evitar a contaminação pelo HIV, é preciso usar camisinha em todas as relações sexuais, exigir a esterilização de objetos que possam entrar em contato com o sangue e também de instrumentos usados por médicos e dentistas. Em relação a seringas e agulhas, deve-se usar sempre as descartáveis. Veja a **figura 11.28**.

Por meio de exames específicos, o paciente pode saber se é portador do HIV, ou seja, se é HIV-positivo (também chamado **soropositivo**). Para fazer o teste, o ideal é procurar uma unidade de saúde especializada, que dê assistência e informação. Em caso de confirmação de resultado positivo, a pessoa deve procurar o Serviço de Atendimento Especializado em HIV/AIDS – SAE, onde terá uma equipe de profissionais para orientá-la.

O resultado positivo indica apenas que a pessoa é portadora do HIV. Muitos portadores do vírus, porém, não apresentam nenhum sintoma da aids após a contaminação e podem ficar assim por longo tempo. Ainda assim, podem transmitir o vírus a outras pessoas, até para o filho, no caso de uma mulher soropositiva que engravide.

Com a contínua multiplicação do vírus, pode chegar um momento, que pode demorar muitos anos, em que o número de linfócitos diminui muito e começam a aparecer infecções causadas por microrganismos oportunistas: tuberculose, pneumonia, diarreias crônicas provocadas por amebas, giárdia e outros parasitas, meningites, herpes cutâneo, candidíase oral (sapinho).

Embora não destruam completamente os vírus, os medicamentos atuais podem retardar a evolução da doença e combater as infecções oportunistas. Além de medicamentos que atacam as infecções oportunistas, existem os chamados antirretrovirais, que inibem a reprodução do HIV no sangue.

Um dos maiores problemas para o desenvolvimento de uma vacina é a capacidade de o vírus sofrer mutações muito rapidamente. Como a vacina tem de ser específica, ela poderia não atuar sobre todas as variedades.

ACESSE E SAIBA MAIS

Diferenças entre HIV e aids
<www.youtube.com/watch?v=-N3iytVuiGw>

Vídeo mostra como infecção por HIV acontece por via sexual
<https://nacoesunidas.org/video-mostra-como-infeccao-por-hiv-acontece-por-via-sexual/>

ONU quer fim da epidemia de aids até 2030
<www.youtube.com/watch?v=Gt3rVdJUGec>
Acesso em: 19 jul. 2018.

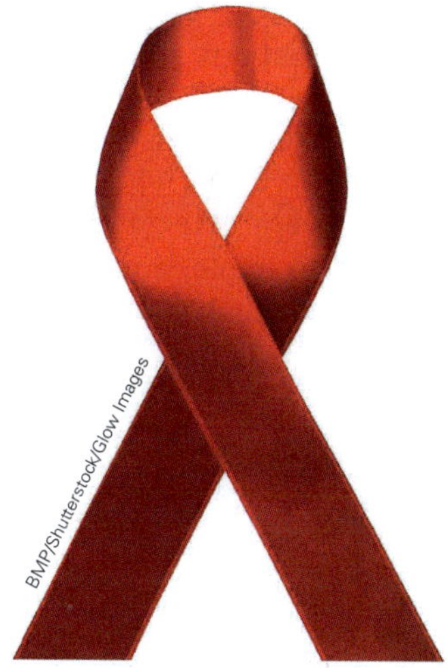

Figura 11.28 Dia 1º de dezembro é o Dia Mundial de Luta Contra a Aids. Esse dia foi criado pela Assembleia Mundial de Saúde para divulgar a importância da prevenção, realizar campanhas de solidariedade em prol dos portadores do vírus e combater o preconceito contra eles.

BIOLOGIA E SAÚDE

É preciso ser responsável

Mesmo assintomático, um adulto soropositivo deve ser sexualmente responsável, uma vez que pode transmitir o vírus. Ele deve sempre usar camisinha ou pedir ao parceiro que use, além de avisar as pessoas que possam ter sido infectadas como resultado de relações sexuais ou do uso comum de agulhas e seringas.

Da mesma forma, deve informar o médico e o dentista para garantir o melhor tratamento possível a si próprio e permitir que sejam tomadas precauções que protejam as outras pessoas. A pessoa soropositiva também não pode doar sangue, esperma ou órgãos.

Um paciente HIV positivo que toma medicamentos deve ter muita disciplina, porque o uso irregular dos antirretrovirais acelera o processo de resistência do vírus aos medicamentos, o que pode comprometer sua saúde e a de outras pessoas.

ATIVIDADES

Questões discursivas

1. Na história da vida na Terra, na passagem do ambiente aquático para o ambiente terrestre foram selecionadas algumas adaptações, por exemplo, a fecundação interna. Que vantagem adaptativa esse tipo de fecundação confere aos organismos terrestres?

2. Há vários mecanismos que impedem a penetração de mais de um espermatozoide no óvulo ou a união de dois ou mais núcleos com o núcleo do óvulo. Existe alguma vantagem adaptativa nesses mecanismos? Explique.

3. (Fuvest-SP) Um organismo apresenta reprodução sexuada durante uma fase da vida e reprodução assexuada em outra fase. Em qual dessas fases os descendentes devem apresentar maior semelhança com seus genitores? Por quê?

4. (UFC-CE) Responda o que se pede sobre os métodos anticoncepcionais.
   a) Cite dois exemplos de métodos anticoncepcionais cujo princípio básico é impedir que os espermatozoides sejam depositados na vagina da mulher ou que alcancem as porções superiores do oviduto, onde normalmente ocorre a fecundação.
   b) Descreva o modo de ação do comprimido anticoncepcional (pílula) usado pela mulher.

5. (UFRJ) O HPV (papiloma vírus humano) é um vírus sexualmente transmitido, causador do aparecimento de verrugas genitais em homens e mulheres. A infecção pelo HPV em mulheres está diretamente relacionada à incidência de um tipo de câncer que pode ser diagnosticado precocemente por meio de um teste histológico simples e barato, o teste de Papanicolau. Após a puberdade, esse teste é realizado regularmente pela maioria das mulheres em países ricos, o que não ocorre nos países pobres. Um resultado positivo no teste permite tratamento precoce e é importante para que as mulheres possam evitar a transmissão posterior do HPV. O gráfico a seguir mostra a incidência de três tipos de câncer em mulheres de países ricos e pobres.

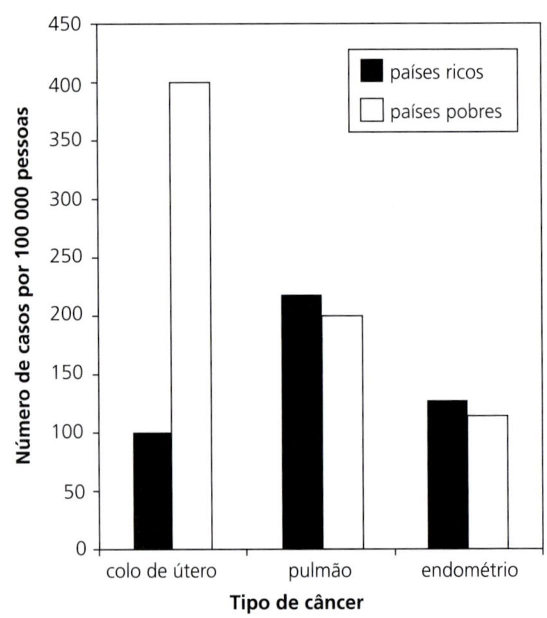

   a) Identifique o tipo de câncer causado por infecção pelo HPV. Justifique sua resposta.
   b) Indique um método eficaz para evitar a transmissão do HPV por indivíduos sexualmente ativos. Justifique sua resposta.

Questões objetivas

1. (Mackenzie-SP)

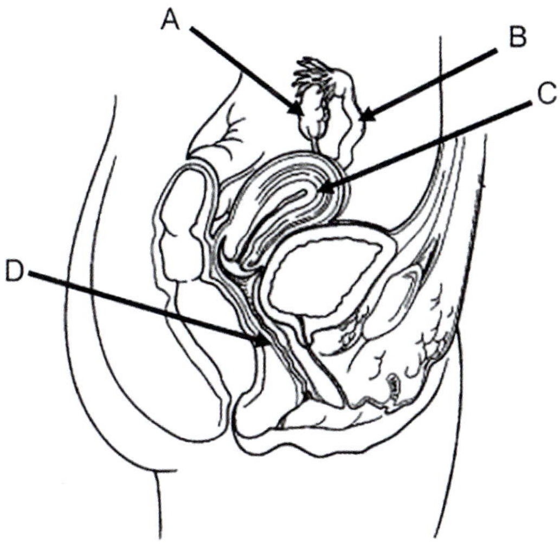

A respeito do esquema acima, assinale a alternativa correta.

a) A parede interna do órgão **B** é descamada durante o período de ovulação.

b) Estrógeno e progesterona são hormônios produzidos em **A** e agem em **C**.

c) Se em uma cirurgia o órgão **B** for removido, a mulher não menstruará mais.

d) A laqueadura é uma cirurgia em que é feita a remoção do canal indicado em **D**.

e) A produção de gametas e a fecundação são eventos que ocorrem em **A**.

2. (Uepa) A caxumba é uma doença viral que acomete as glândulas salivares parótidas, mas, em alguns homens, a infecção alcança os **testículos** e **epidídimo**, promovendo distúrbios na função destas estruturas, podendo resultar na esterilidade. Os elementos em destaque no enunciado são responsáveis, respectivamente, pelas seguintes funções:

a) produção de hormônio folículo-estimulante e ereção peniana.

b) produção de espermatozoides e armazenamento dos espermatozoides.

c) produção de hormônio luteinizante e produção do líquido seminal.

d) espermiogênese e produção do líquido prostático.

e) ejaculação e produção do hormônio luteinizante.

3. (Unifesp) Um homem dosou a concentração de testosterona em seu sangue e descobriu que esse hormônio encontrava-se num nível muito abaixo do normal esperado. Imediatamente buscou ajuda médica, pedindo a reversão da vasectomia a que se submetera havia dois anos. A vasectomia consiste no seccionamento dos ductos deferentes presentes nos testículos. Diante disso, o pedido do homem:

a) Não tem fundamento, pois a testosterona é produzida por glândulas situadas acima dos ductos, próximo à próstata.

b) Não tem fundamento, pois o seccionamento impede unicamente o transporte dos espermatozoides dos testículos para o pênis.

c) Tem fundamento, pois a secção dos ductos deferentes impede o transporte da testosterona dos testículos para o restante do corpo.

d) Tem fundamento, pois a produção da testosterona ocorre nos ductos deferentes e, com seu seccionamento, essa produção cessa.

e) Tem fundamento, pois a testosterona é produzida no epidídimo e dali é transportada pelos ductos deferentes para o restante do corpo.

4. (IFBA) Um estudo realizado com 90 jovens atendidas pelo Programa Saúde da Família de Ribeirão Preto (SP) revelou que o grupo tem pouco conhecimento sobre doenças sexualmente transmissíveis (DSTs), formas de contágio, uso do preservativo e cuidados com a saúde. Os resultados revelaram também que as jovens tinham percepção equivocada sobre o risco pessoal de adquirir essas doenças.

Disponível em: <http://portal.fiocruz.br/pt-br/node/2051>. Acesso em: 10 set. de 2013.

Sobre DSTs, analise as afirmativas.

I. O aumento da ocorrência de DSTs resulta exclusivamente de práticas sexuais cada vez mais precoces.

II. Além do HPV e do HIV, a bactéria *Neisseria gonorrhoeae* pode ser transmitida por meio de relações sexuais.

III. A sífilis, uma DST, pode ser transmitida através de uma transfusão de sangue.

A alternativa que indica a(s) afirmativa(s) verdadeira(s) é

a) I.

b) II.

c) I e II.

d) II e III.

e) I, II e III.

5. (PUC-SP) O trecho abaixo foi extraído do artigo "Desencontros sexuais", de Drauzio Varella, publicado na *Folha de S.Paulo*, em 25 de agosto de 2005.

Nas mulheres, em obediência a uma ordem que parte de uma área cerebral chamada hipotálamo, a hipófise libera o hormônio FSH (hormônio folículo-estimulante), que agirá sobre os folículos ovarianos, estimulando-os a produzir estrogênios, encarregados de amadurecer o óvulo a cada mês. FSH e estrogênios dominam os primeiros 15 dias do ciclo menstrual com a finalidade de tornar a mulher fértil, isto é, de preparar para a fecundação umas das 350 mil células germinativas com as quais nasceu.

O trecho faz referência a um grupo de células que a mulher apresenta ao nascer. Essas células são:

a) Ovogônias em início de meiose, presentes no interior de folículos ovarianos e apresentam 23 cromossomos.

b) Ovócitos em início de meiose, presentes no interior de folículos ovarianos e apresentam 46 cromossomos.

c) Ovócitos em fase final de meiose, presentes no interior de folículos ovarianos e apresentam 23 cromossomos.

d) Óvulos originados por meiose, presentes na tuba uterina e apresentam 23 cromossomos.

e) Ovogônias em início de meiose, presentes na tuba uterina e apresentam 46 cromossomos.

6. (UEG-GO) A reprodução, processo necessário a todos os seres vivos por levar à preservação da espécie, acontece desde a forma mais simples até a mais complexa. Quanto a esse processo, marque a alternativa **incorreta**.

a) A reprodução assexuada aumenta a variabilidade genética numa população de determinada espécie, porque os descendentes assim originados diferem geneticamente de seus pais.

b) Nos organismos sexuados ocorrem dois tipos de divisão celular: mitose e meiose.

c) A mitose é o mecanismo mais comum de reprodução dos organismos unicelulares eucariontes.

d) Uma vantagem evolutiva da reprodução sexuada está no fato de ela poder conferir proteção contra parasitas; alguns descendentes, por exemplo, podem apresentar combinações genéticas que os tornam mais adaptados aos parasitas do que seus pais.

e) Durante a meiose e a fecundação podem ocorrer eventos que criam variabilidade genética nos seres que se reproduzem sexuadamente.

7. (Vunesp-SP) Paula não toma qualquer contraceptivo e tem um ciclo menstrual regular de 28 dias exatos. Sua última menstruação foi no dia 23 de junho. No dia 6 de julho, Paula manteve uma relação sexual sem o uso de preservativos. No dia 24 de julho, Paula realizou um exame de urina para verificar se havia engravidado.

Em função do ocorrido, pode-se dizer que, no dia 6 de julho, Paula

a) talvez ainda não tivesse ovulado, mas o faria um ou dois dias depois. Considerando que o espermatozoide pode permanecer viável no organismo feminino por cerca de dois dias, há a possibilidade de Paula ter engravidado. O exame de urina poderia confirmar essa hipótese, indicando altos níveis de gonadotrofina coriônica.

b) já teria ovulado, o que teria ocorrido cerca de dois dias antes. Contudo, considerando que depois da ovulação o óvulo permanece viável no organismo feminino por cerca de uma semana, há a possibilidade de Paula ter engravidado. O exame de urina poderia confirmar essa hipótese, indicando redução no nível de estrógenos.

c) já teria ovulado, o que teria ocorrido há cerca de uma semana. Portanto, não estaria grávida, o que poderia ser confirmado pelo exame de urina, que indicaria altos níveis de estrógenos e LH.

d) estaria ovulando e, portanto, é quase certo que estaria grávida. Com a implantação do embrião no endométrio, ocorre um aumento na secreção de LH e diminuição nos níveis de gonadotrofina coriônica, o que poderia ser detectado pelo exame de urina já na semana seguinte à nidação.

e) ainda não teria ovulado, o que só iria ocorrer dias depois. Portanto, não estaria grávida, o que poderia ser confirmado pelo exame de urina, que indicaria altos níveis de gonadotrofina coriônica.

8. (UFU-MG) Baseado no processo da ovulogênese humana, assinale a alternativa **incorreta**.

a) A redução do número de cromossomos da espécie, à metade, ocorre devido à separação das cromátides irmãs dos cromossomos.

b) A divisão II da meiose termina se ocorrer o processo de fecundação.

c) O ovócito II tem a mesma quantidade de cromossomos que o óvulo.

d) O processo de multiplicação das ovogônias ocorre por mitose, mantendo o número de cromossomos da espécie.

e) A fase da meiose chamada anáfase I é responsável pela redução do número de cromossomos da espécie à metade.

9. (Cefet-MG) Analise a representação da sequência de eventos que ocorrem no aparelho reprodutor feminino humano.

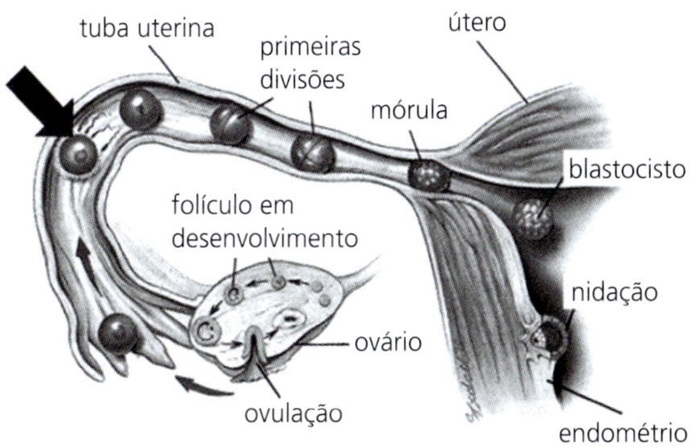

Disponível em: <https://online.science.psu.edu>. Acesso em: 30 set. de 2014. (Adaptado.)

Caso não ocorra o fenômeno indicado pela seta, o destino do ovócito II é ser

a) degenerado na tuba uterina.

b) eliminado juntamente com a menstruação.

c) mantido na tuba, aguardando outra ejaculação.

d) retornado ao ovário para ser eliminado na outra ovulação.

e) aderido ao endométrio para ser posteriormente fecundado.

10. (Uece) Diante das dificuldades impostas pelo mundo atual, a humanidade vem tentando controlar o nascimento de novos indivíduos através da utilização de métodos contraceptivos. Para tanto, muitas pesquisas têm colocado no mercado uma infinidade de produtos que podem ser bastante eficientes para o planejamento familiar. Numere a segunda coluna de acordo com a primeira, relacionando os métodos contraceptivos listados na 1ª com os modos de ação listados na 2ª.

1. Diafragma
2. Pílula anticoncepcional
3. Dispositivo intrauterino
4. Ligadura tubária

( ) Previne a ovulação.

( ) Impede a chegada do óvulo ao útero.

( ) Impede a implantação do óvulo fertilizado.

( ) Impede a entrada dos espermatozoides no útero.

Assinale a alternativa que contém a sequência correta, de cima para baixo.

a) 4, 2, 1, 3.

b) 2, 3, 4, 1.

c) 2, 4, 3, 1.

d) 3, 4, 2, 1.

11. (UFS-SE) "Considerando-se 8 ovócitos primários e 8 espermatócitos primários, obteremos I óvulos e II espermatozoides". Para completar corretamente a frase anterior, basta substituir I e II, respectivamente, por:

a) 8 e 8.

b) 8 e 16.

c) 8 e 32.

d) 32 e 8.

e) 32 e 16.

12. (UFMG) Uma mulher tem ciclo menstrual regular de 28 dias. Em 23 de novembro, após cinco dias de hemorragia, ela teve sua menstruação suspensa. O dia mais favorável para que uma relação sexual dessa mulher resulte em gravidez é:

a) 19 de novembro.

b) 23 de novembro.

c) 2 de dezembro.

d) 6 de dezembro.

e) 23 de dezembro.

13. (Enem-MEC) A Síndrome da Imunodeficiência Adquirida (aids) é a manifestação clínica da infecção pelo vírus HIV, que leva, em média, oito anos para se manifestar. No Brasil, desde a identificação do primeiro caso de aids em 1980 até junho de 2007, já foram identificados cerca de 474 mil casos da doença. O país acumulou, aproximadamente, 192 mil óbitos devido à aids até junho de 2006, sendo as taxas de mortalidade crescentes até meados da década de 1990 e estabilizando-se em cerca de 11 mil óbitos anuais desde 1998. [...] A partir do ano de 2000, essa taxa se estabilizou em cerca de 6,4 óbitos por 100 mil habitantes, sendo esta estabilização mais evidente em São Paulo e no Distrito Federal.

Disponível em: http://www.aids.gov.br. Acesso em: 01 de maio 2009 (adaptado).

A redução nas taxas de mortalidade devido à aids a partir da década de 1990 é decorrente

a) do aumento do uso de preservativos nas relações sexuais, que torna o vírus menos letal.

b) da melhoria das condições alimentares dos soropositivos, a qual fortalece o sistema imunológico deles.

c) do desenvolvimento de drogas que permitem diferentes formas de ação contra o vírus HIV.

d) das melhorias sanitárias implementadas nos últimos 30 anos, principalmente nas grandes capitais.

e) das campanhas que estimulam a vacinação contra o vírus e a busca pelos serviços de saúde.

14. (Vunesp-SP) Em relação à Aids, temos as afirmativas seguintes:

I. A doença é causada por vírus.

II. O contágio se dá, principalmente, por transfusão de sangue contaminado, contato sexual com portadores e uso em comum de agulha por viciados em drogas.

III. A convivência com a pessoa doente, em casa, no trabalho, na escola, na rua, excluídas as condições mencionadas em II, não oferece perigo de transmissão da doença.

IV. A doença atua sobre o sistema imune, diminuindo a resistência do organismo.

Considerando os conhecimentos atuais, assinale a alternativa:

a) se apenas II, III e IV são corretas.
b) se apenas II e III são corretas.
c) se apenas I, II e IV são corretas.
d) se apenas I, III e IV são corretas.
e) se I, II, III e IV são corretas.

15. (PUC-RJ) Os contraceptivos orais, as chamadas pílulas anticoncepcionais, são constituídas basicamente por dois hormônios. Escolha a opção que indica corretamente o nome desses hormônios e sua ação na anticoncepção.

a) Estrogênio e hormônio folículo-estimulante, que estimulam a perda do endométrio.
b) Progesterona e hormônio luteinizante, que inibem o crescimento do endométrio.
c) Insulina e progesterona, que inibem a maturação do folículo ovariano.
d) Progesterona e estrogênio, que interferem na maturação do folículo ovariano.
e) Testosterona e progesterona, que inibem a liberação do endométrio.

16. (UEA-AM) Pedro, casado com Fátima, adquiriu aids durante uma transfusão sanguínea. O casal mantém vida sexual ativa, mas pretende evitar filhos e evitar que Fátima, soronegativa para o HIV, adquira aids. Para que ambos objetivos sejam atingidos, utilizando-se de um único método, é aconselhável que:

a) Pedro realize uma vasectomia.
b) Fátima submeta-se a uma intervenção cirúrgica para uma laqueadura.
c) Fátima não deixe de tomar a pílula anticoncepcional.
d) Pedro não deixe de tomar o coquetel de drogas antivirais.
e) Pedro use preservativo (camisinha) em suas relações sexuais com Fátima.

PESQUISEM E COMPARTILHEM

Em grupo, escolham um dos temas a seguir para pesquisar em livros ou na internet. Depois, exponham as conclusões da pesquisa para a comunidade escolar. Por ser um tema fundamental de saúde pública, recomenda-se que as apresentações sejam feitas, sempre que possível, também fora da escola.

Como opção, vocês podem entrevistar pesquisadores da área de saúde e sexualidade e convidar esses profissionais para ministrar palestras para a comunidade escolar sobre um dos temas especificados.

Finalmente, verifiquem se na região em que vocês moram existe alguma universidade, centro médico ou instituição que desenvolva atividades para educar a população sobre contracepção e planejamento familiar e vejam se é possível agendar uma visita ao local.

Tema 1 Custos envolvidos no uso de cada tipo de anticoncepcional. Além do preço do produto, levem em consideração a frequência com que ele deve ser usado e as consultas médicas necessárias para o uso correto. Descubram o que é planejamento familiar e que países o adotaram ou adotam. Analisem as medidas tomadas e o resultado alcançado. Descubram também qual é a posição do governo brasileiro a respeito do assunto.

Tema 2 Quais são as principais formas de transmissão da aids no Brasil? Como a doença está evoluindo em nosso país? E no mundo? Em que grupos de pessoas ela está aumentando mais rapidamente? Que medidas estão sendo tomadas para diminuir a velocidade de propagação da aids em nosso país? O que é profilaxia pré-exposição e pós-exposição?

Tema 3 Quais são as principais doenças sexualmente transmissíveis em nosso país? Quais são os fatores que provocam um aumento na ocorrência dessas doenças? O que deve ser feito para combater esse problema? Quais são os exames e cuidados recomendados para os jovens se prevenirem contra as doenças sexualmente transmissíveis? Para a pesquisa deste tema, não levem em consideração a aids, que foi objeto de pesquisa no item anterior.

CAPÍTULO

12

Hxdbzxy/Shutterstock

Filhote de crocodilo saindo do ovo. O tamanho varia conforme a espécie. O crocodilo-do-nilo, por exemplo, chega a cerca de 6 m de comprimento.

DESENVOLVIMENTO EMBRIONÁRIO DOS ANIMAIS

Muitos outros animais nascem de forma semelhante à dos crocodilos, ou seja, a partir de ovos postos no ambiente. Todas as espécies de aves, por exemplo, nascem dessa forma; por outro lado, nos mamíferos isso é uma característica extremamente rara. Como veremos a seguir, os diversos grupos de animais apresentam formas diferentes de desenvolvimento embrionário.

- **Você sabe por que se diz que "a bolsa estourou" em algumas situações de trabalho de parto?**
- **Que estruturas auxiliam o desenvolvimento dos animais antes de seu nascimento?**
- **O que são células-tronco e qual é sua importância?**

1. TIPOS DE OVOS E DE SEGMENTAÇÃO

O desenvolvimento embrionário, também conhecido como **embriogênese**, corresponde aos processos de multiplicação, crescimento e diferenciação celular que levam à formação dos tecidos e dos órgãos de um embrião. O desenvolvimento do indivíduo desde a formação do zigoto até a maturidade sexual é conhecido como **ontogênese** ou **desenvolvimento ontogenético**.

As divisões iniciais da célula-ovo constituem o processo chamado **segmentação** ou **clivagem** e originam células chamadas **blastômeros** (*blastós* = germe; *meros* = parte). Uma esfera maciça de blastômeros é chamada **mórula** (*morula* = diminutivo de amora; **figura 12.1**).

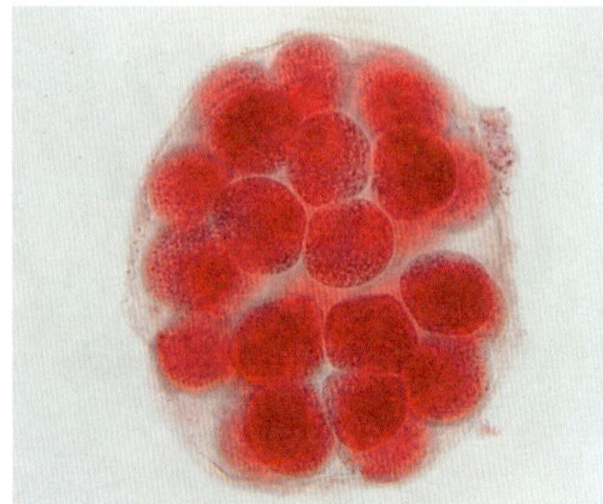

Jubal Harshaw/Shutterstock

Figura 12.1 Mórula de ouriço-do-mar ao microscópio de luz (aumento de cerca de 200 vezes).

A quantidade de vitelo contida em uma célula-ovo contribui para determinar se a segmentação será mais rápida ou mais lenta. Em relação à quantidade e à distribuição do vitelo, existem quatro tipos de ovos, que correspondem a quatro tipos de segmentação:

- **oligolécito** (*oligos* = pouco; *lekythos* = vitelo), também chamado **homolécito** ou **isolécito** (*homios* ou *isos* = igual) – possui pouco vitelo, distribuído de forma uniforme no citoplasma, e sua segmentação é **total** ou **holoblástica** (*holos* = todo; *blastós* = germe) e **igual**, pois origina uma mórula com blastômeros de tamanhos semelhantes; é o ovo de muitos invertebrados marinhos, como esponjas, corais e estrelas-do-mar (**figura 12.2**). É também o ovo de quase todos os mamíferos, mas, neste caso, o vitelo está ausente e, por isso, é chamado **alécito** (*a* = sem);

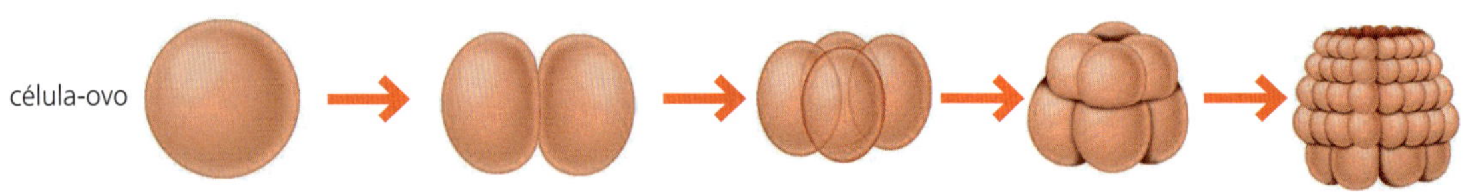

Figura 12.2 Ilustração da segmentação de um ovo oligolécito de esponja (os elementos não estão na mesma escala; cores fantasia).

Ilustrações: Luis Moura/Arquivo da editora

- **heterolécito** (*hétero* = diferente) – apresenta quantidade de vitelo intermediária entre a dos ovos oligolécitos e telolécitos (daí seus outros nomes: **mesolécito** ou **mediolécito**), concentrada mais em um dos polos (**polo vegetal** ou **vegetativo**) que no outro (**polo animal**, onde está o núcleo); a segmentação é **total** e **desigual**, pois a região superior (polo animal), por ter menos vitelo, divide-se mais rapidamente e produz células menores, chamadas **micrômeros** (*mikros* = pequeno; *meros* = parte), e mais numerosas que as produzidas no polo vegetativo, chamadas **macrômeros** (*makrós* = grande); é o ovo de anfíbios, de alguns peixes e de alguns invertebrados (maioria dos moluscos, poliquetas e platelmintos; **figura 12.3**);

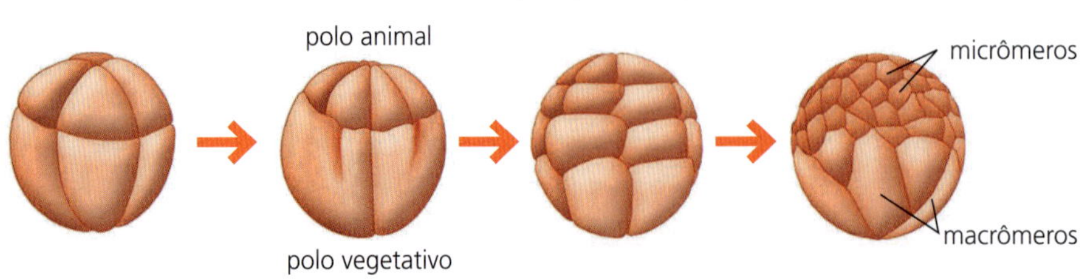

Figura 12.3 Ilustração da segmentação de um ovo heterolécito de anfíbio (os elementos não estão na mesma escala; cores fantasia).

Ilustrações: Luis Moura/Arquivo da editora

- **telolécito** (*telein* = completo), também chamado **megalécito** (*méga* = grande) – o núcleo e o citoplasma formam um pequeno disco sobre uma quantidade enorme de vitelo (neste caso, também chamado **gema**), que ocupa quase todo o volume da célula e está completamente separado do citoplasma; a segmentação é **meroblástica** (*meros* = parte) ou **parcial** e **discoidal**, pois ocorre apenas no polo animal e forma um pequeno disco de células (cicatrícula), encravado na gema; é o ovo de répteis, aves, moluscos cefalópodes (polvo, lula), mamíferos ovíparos (ornitorrinco e equidna) e da maioria dos peixes (**figura 12.4**);

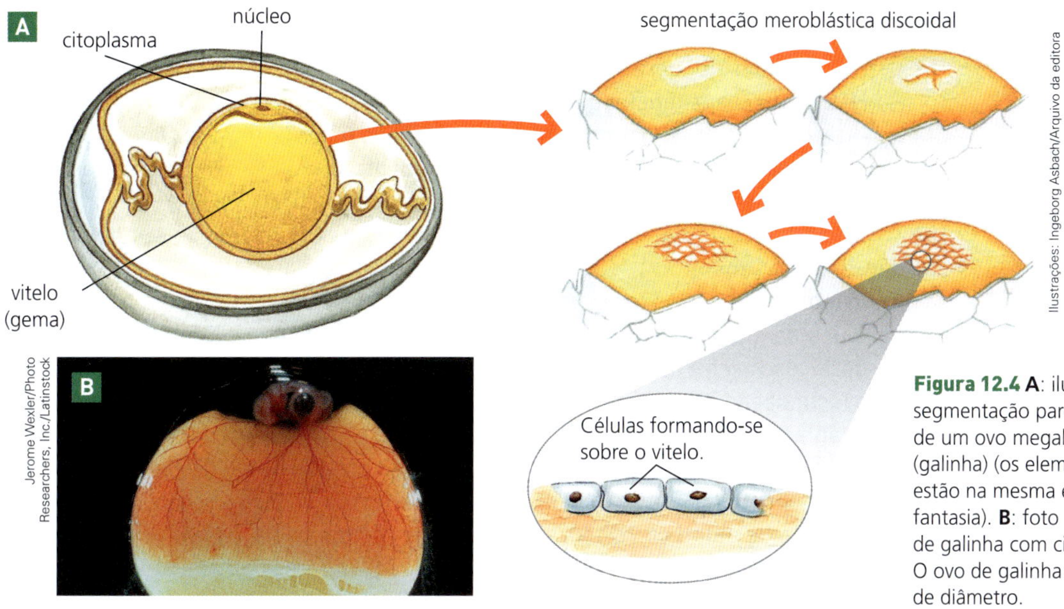

Figura 12.4 A: ilustração da segmentação parcial e discoidal de um ovo megalécito de ave (galinha) (os elementos não estão na mesma escala; cores fantasia). **B**: foto de embrião de galinha com cinco dias. O ovo de galinha tem até 6 cm de diâmetro.

- **centrolécito** – o vitelo ocupa a região central da célula e não se divide; o núcleo divide-se várias vezes no interior do vitelo e migra, depois, para a periferia, seguindo-se a divisão do citoplasma; a segmentação é **meroblástica** e **superficial**; é o ovo da maioria dos artrópodes (insetos e outros; **figura 12.5**).

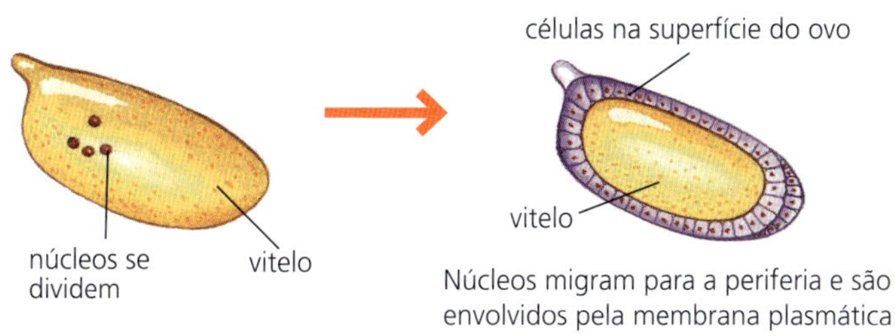

Figura 12.5 Ilustração da segmentação parcial e superficial de um ovo centrolécito de inseto (mede entre 0,02 mm e 16 mm de comprimento, conforme a espécie) (os elementos não estão na mesma escala; cores fantasia).

2. TIPOS DE DESENVOLVIMENTO

Dizemos que na maioria dos peixes, nos répteis, nas aves e nos mamíferos ocorre um **desenvolvimento direto**, ou seja, os filhotes são semelhantes aos pais e se desenvolvem principalmente aumentando de tamanho.

Outros animais, como muitos invertebrados e os anfíbios (sapos, rãs, salamandras, etc.), geram filhotes que ainda não são semelhantes aos adultos. Eles apresentam uma estrutura mais simples que depois vai se transformar no adulto. Essa fase inicial é conhecida como **larva**. As larvas são capazes de se locomover, capturar e armazenar quantidade suficiente de alimento para, então, se transformar em um animal adulto, em um processo chamado **metamorfose** (*meta* = além de; *morphé* = forma).

Esse tipo de desenvolvimento, que forma larvas, é chamado **desenvolvimento indireto**. No caso dos sapos, rãs e pererecas, a larva é conhecida como **girino**, que nada com o auxílio da cauda e respira por meio de brânquias, como veremos no capítulo 28. Em muitos grupos de insetos, também é comum a formação de larvas, como veremos no capítulo 26.

Matteo photos/Shutterstock

Figura 12.6 Sapos (*Rana temporaria*; cerca de 8 cm de comprimento) copulando e deixando ovos fertilizados na água. Sapos são animais ovíparos.

Em muitos casos, as larvas e os adultos possuem diferentes modos de vida e não competem por recursos (como espaço e alimento). Assim, um maior número de indivíduos em estágio larval consegue atingir a maturidade, enquanto um maior número de indivíduos adultos consegue se reproduzir.

Conforme estudado no capítulo anterior, em alguns animais, como na maioria dos invertebrados aquáticos, dos peixes e dos anfíbios, as fêmeas lançam óvulos na água e eles são fecundados no ambiente pelos gametas masculinos (fecundação externa; **figura 12.6**). Nesse caso, em geral são produzidos muitos óvulos, mas poucos embriões sobrevivem e completam o desenvolvimento, uma vez que ficam expostos aos perigos do ambiente sem terem, geralmente, a proteção dos pais.

Nos animais que têm fecundação interna, caso de diversos invertebrados terrestres, de alguns peixes, das aves, dos répteis e dos mamíferos, a produção de óvulos (ovócito II, na maioria dos mamíferos) é comumente menor e a proteção aos embriões costuma ser maior, aumentando a probabilidade de sobrevivência.

De acordo com o local de desenvolvimento dos embriões, os animais podem ser classificados em:

- **ovíparos** (*ovi* = ovo; *parere* = dar à luz) – o ovo se desenvolve no meio externo à custa de suas reservas nutritivas (reveja a **figura 12.6**); no caso dos répteis em geral, das aves e de vários invertebrados, a fêmea libera o ovo após a fecundação; a fecundação interna, assim como ovos com casca e anexos embrionários, é uma adaptação à vida terrestre;
- **ovovivíparos** – o ovo é retido dentro da fêmea até que o desenvolvimento se complete (sem nutrientes adicionais do organismo materno) e o filhote saia formado; é o caso de alguns invertebrados, peixes e répteis;
- **vivíparos** (*viviparu* = o que nasce já formado) – o embrião absorve diretamente do sangue materno o alimento e o oxigênio necessários e elimina suas excretas através da placenta, que se forma no útero da mãe; são representados tipicamente (mas não exclusivamente) pelos mamíferos.

3. FOLHETOS EMBRIONÁRIOS

O processo embrionário varia de acordo com o tipo de ovo e com o grupo do animal. Usaremos como exemplo o anfioxo, cujo estudo dá ideia da formação das principais estruturas embrionárias dos vertebrados em geral.

O ANFIOXO

Os vertebrados (peixes, anfíbios, répteis, aves e mamíferos) pertencem ao filo dos cordados, animais que, na fase embrionária, apresentam um bastão dorsal de sustentação, chamado **notocorda** ou **corda dorsal** (*notos* = dorso; *chorda* = cordão). Nos vertebrados, a corda dorsal é total ou parcialmente substituída pela coluna vertebral.

Além dos vertebrados, encontramos no filo dos cordados o anfioxo (*amphi* = dos dois lados; *oxus* = ponta, indicando que as extremidades são afiladas), um animal pequeno que vive no mar, quase sempre enterrado na areia (**figura 12.7**).

No anfioxo, a notocorda persiste por toda a vida e funciona como um esqueleto flexível, que serve de ponto de apoio aos músculos. Há um cordão nervoso dorsal e oco com uma dilatação anterior. As fendas na faringe (outra característica dos cordados) filtram o alimento que entra com a água e realizam a respiração.

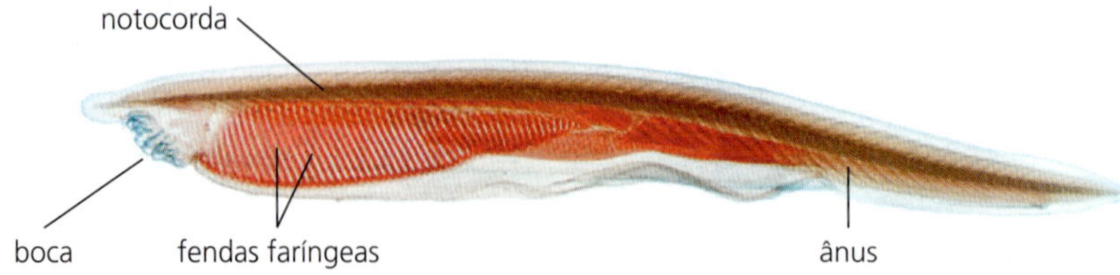

Science Stock Photography/Science Source/Fotoarena

Figura 12.7 Anfioxo do gênero *Branchiostoma*, com cerca de 6 cm de comprimento. As fendas na faringe (fendas faríngeas) desempenham função respiratória em alguns cordados, como os peixes. Em outros, a função respiratória é exercida pelos pulmões.

A segmentação do anfioxo é holoblástica e aproximadamente igual. A mórula transforma-se em um embrião oco, a **blástula** (*blastós* = broto; *ula* = sufixo diminutivo), com uma cavidade, a **blastocele** (*koilos* = cavidade). Esta sofre uma invaginação e origina a **gástrula** (*gaster* = estômago), em um processo chamado **gastrulação**. A gástrula é formada inicialmente por duas camadas de células, os **folhetos embrionários** ou **germinativos**: a **ectoderme** (*ektos* = de fora; *derma* = pele) e a **endoderme** (*endon* = interno). Esse embrião possui uma cavidade, o **arquêntero** (*arkhe* = primitivo; *entheron* = intestino), que originará o tubo digestório e que se comunica com o exterior por um orifício, o **blastóporo** (*blastós* = broto; *poro* = abertura). Veja a **figura 12.8**.

Nos **protostômios** (*protos* = primeiro; *stoma* = boca), como a maioria dos invertebrados, o blastóporo origina a boca do futuro animal. Nos equinodermos (estrela-do-mar, ouriço-do-mar, etc.) e nos cordados, que são animais **deuterostômios** (*dêuteron* = secundário), a boca forma-se mais tarde em outra região, e o ânus forma-se do blastóporo ou em uma região próxima a ele.

Em seguida, surge um terceiro folheto, a **mesoderme** (*mesos* = meio, intermediário), proveniente de uma região do folheto interno. A mesoderme origina o **celoma** (cavidade geral, onde se localizam os órgãos; *kelos* = cavidade do corpo) e a **notocorda** ou **corda dorsal**, enquanto a endoderme origina o **intestino primitivo**. Essas modificações são acompanhadas pela formação do **tubo neural** a partir da **placa neural** (originada da ectoderme). O embrião passa a ser chamado **nêurula**, começando então a fase de **organogênese**, isto é, o início da formação dos órgãos.

A notocorda e o tubo neural formam-se apenas nos cordados. A notocorda é um eixo de sustentação do embrião, que permanece na fase adulta do anfioxo, mas nos vertebrados é gradativamente substituída pela coluna vertebral. O tubo neural origina o sistema nervoso.

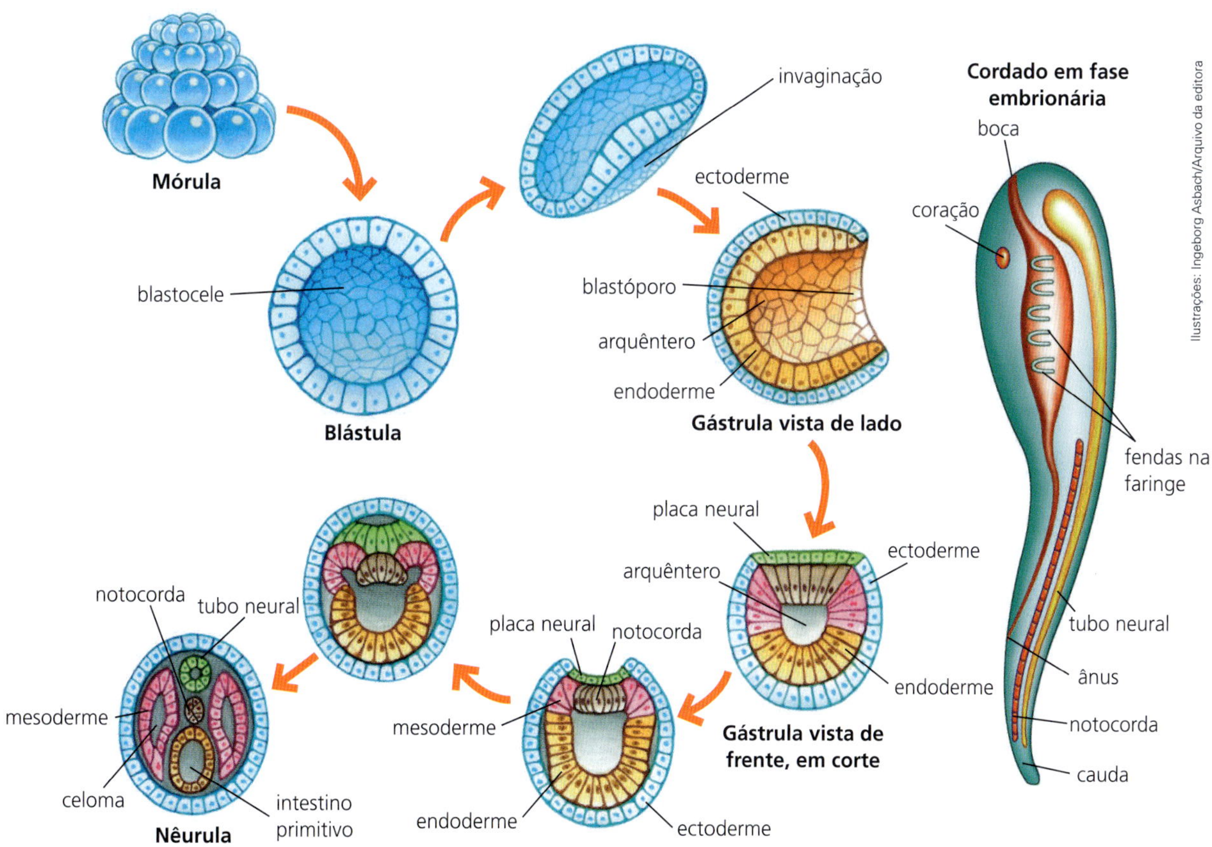

Figura 12.8 Desenvolvimento do anfioxo (a mórula tem cerca de 140 μm de diâmetro) do estágio de mórula até o de nêurula (os elementos não estão na mesma escala; cores fantasia).

Os cnidários (água-viva, coral, anêmona) permanecem com dois folhetos (ectoderme e endoderme) e são chamados **diblásticos** (*di* = dois). Os outros animais desenvolvem a mesoderme e denominam-se **triblásticos** (do grego *tri* = três). Nem todos apresentam celoma, como os platelmintos (planária, tênia), que são **acelomados** (*a* = sem), e os nematódeos (lombriga) que, por possuírem um falso celoma entre a mesoderme e a endoderme, são **pseudocelomados** (*pseudos* = falso). Os demais triblásticos (anelídeos, artrópodes, moluscos, equinodermos e cordados) são **celomados** (**figura 12.9**).

O celoma dos deuterostômios forma-se a partir de dobras do intestino primitivo do embrião, sendo, por isso, chamado **enteroceloma** (*énteron* = intestino). Nos protostômios, como vimos no anfioxo, o celoma surge de fendas que se formam na mesoderme, sendo, por isso, chamado **esquizoceloma** (*schizo* = fender, separar).

Luis Moura/Arquivo da editora

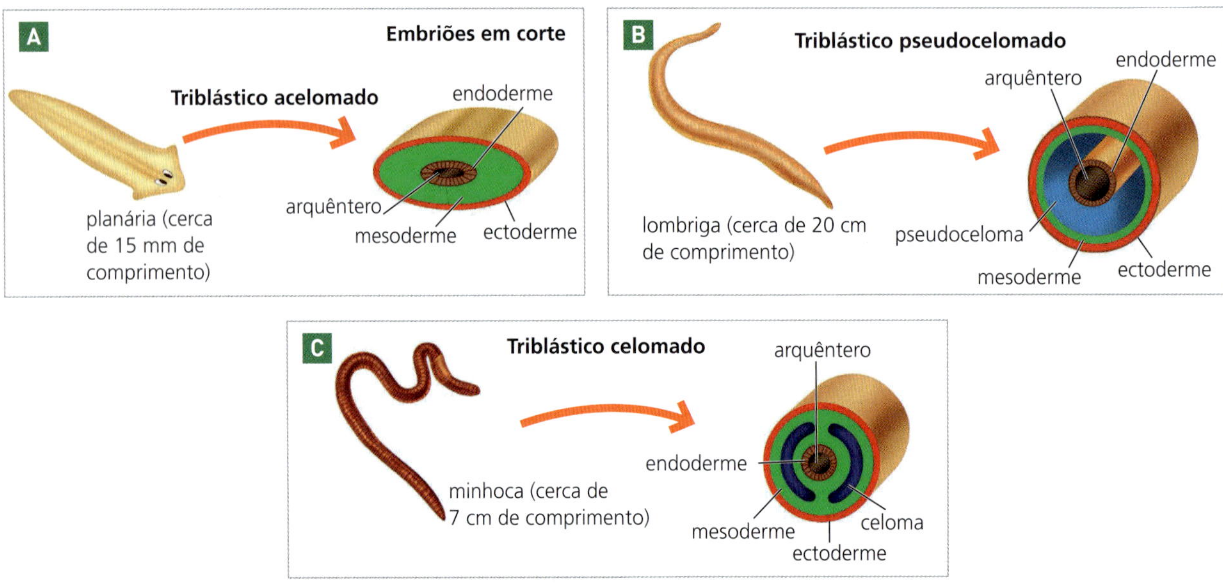

Figura 12.9 Estrutura do corpo dos embriões de um platelminto (**A**; vermes com o corpo achatado dorsoventralmente, como a planária e a tênia ou solitária), de um nematódeo (**B**; vermes com o corpo em forma de fio, como a lombriga) e de um anelídeo (**C**; vermes com o corpo segmentado, como a minhoca) (os elementos não estão na mesma escala; cores fantasia).

Veja no quadro abaixo os principais tecidos e órgãos originados de cada folheto embrionário no ser humano. Os gametas se formam a partir de células germinativas, que se desenvolvem separadamente das células somáticas (nos próximos capítulos você vai conhecer os tecidos do corpo humano).

Ectoderme	Mesoderme	Endoderme
• epiderme e anexos (pelos, unhas, chifres, penas, etc.) • glândulas sudoríferas ou sudoríparas (*sudor* = suor; *ferre* = levar; *para* = produzir), sebáceas, mamárias, lacrimais, medula da adrenal e hipófise • sistema nervoso (encéfalo, medula espinhal, gânglios e nervos) • lente (cristalino), retina e córnea • revestimento (tecido epitelial) da boca, do nariz e do ânus • esmalte dos dentes	• músculos • tecidos conjuntivos (cartilagens, ossos, derme, tecido hematopoiético, sangue) • sistemas cardiovascular e linfático • sistemas urinário e genital • pericárdio, pleura e peritônio (membranas que revestem o coração, os pulmões e os intestinos) • córtex da adrenal	• revestimento epitelial do tubo digestório e do sistema respiratório • fígado, pâncreas, glândula tireóidea e glândulas paratireóideas • revestimento da bexiga urinária

4. ANEXOS EMBRIONÁRIOS

Nos vertebrados, aparecem estruturas, os **anexos embrionários**, que auxiliam o desenvolvimento do embrião. Nos répteis e nas aves há quatro anexos:

- **âmnio** (*âmnion* = água corrente) ou **bolsa de água** – contém um líquido que protege o embrião contra choques mecânicos e evita seu dessecamento ou sua desidratação (perda de água para o meio). O âmnio permite que o desenvolvimento embrionário ocorra fora do ambiente aquático, sendo, por isso, um fator importante para a conquista do ambiente terrestre pelos répteis, pelas aves e pelos mamíferos (prevenindo a dessecação);
- **vesícula vitelínica** ou **saco vitelínico** – contém alimento (vitelo) de reserva para o embrião (esta estrutura aparece também em alguns peixes);
- **alantoide** (*allantos* = salsicha; *eidos* = semelhante) – acumula as excretas do embrião, retira oxigênio do ar, elimina gás carbônico e retira cálcio da casca do ovo;
- **córion** (*chorion* = pele) – anexo mais externo, com função de proteção; adere à casca do ovo (em répteis e aves) e participa, com a alantoide, das trocas gasosas.

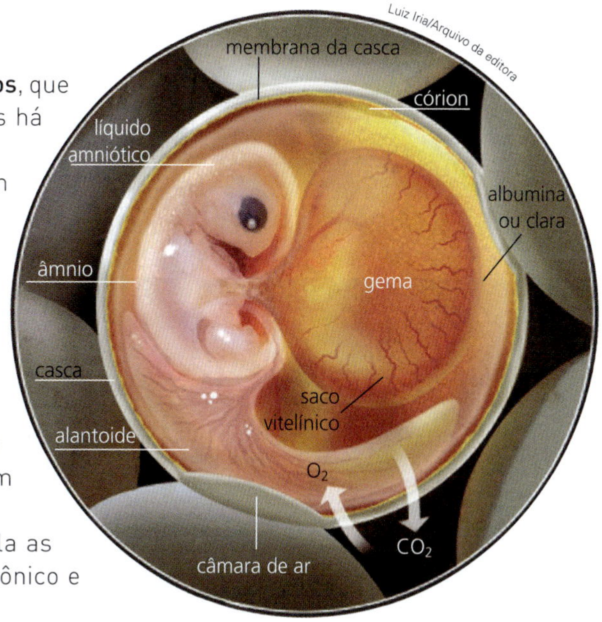

Figura 12.10 O embrião dos répteis e das aves está protegido por um ovo com casca. Em seu interior há reserva de alimento (clara e gema) e anexos embrionários (os elementos não estão na mesma escala; cores fantasia).

Além desses anexos, os ovos dos répteis e das aves possuem: casca, que fornece proteção mecânica e permite a passagem de oxigênio e gás carbônico por ela, e albumina ou clara, com água e proteína, que serve de alimento para o embrião (**figura 12.10**).

O âmnio, a alantoide e o córion estão presentes apenas nos répteis, nas aves e nos mamíferos. Por isso, esses vertebrados, adaptados ao desenvolvimento fora da água, são chamados **amniotas**; peixes e anfíbios são **anamniotas** (*an* = sem).

Na maioria dos mamíferos, além dos anexos, há a **placenta** (presente também em alguns peixes), formada pela união de vilosidades do córion com o endométrio (**figura 12.11**).

Através dela, os vasos sanguíneos da mãe e do embrião ficam próximos, o que possibilita as trocas de alimento (do sangue materno para o embrião), gases (oxigênio do sangue materno para o embrião e gás carbônico no sentido inverso) e excretas (ureia do embrião para o sangue materno). Ela tem, portanto, funções de nutrição, respiração e excreção. A placenta também produz hormônios e permite a passagem de alguns anticorpos maternos que conferem imunidade contra algumas doenças infecciosas.

A alantoide e o saco vitelínico farão parte, por um tempo, do cordão umbilical, que possui vasos sanguíneos que levam os nutrientes da placenta para o embrião e as excretas do embrião para a mãe. Na membrana do saco vitelínico surgem as primeiras células do sangue, que depois serão produzidas no corpo do embrião.

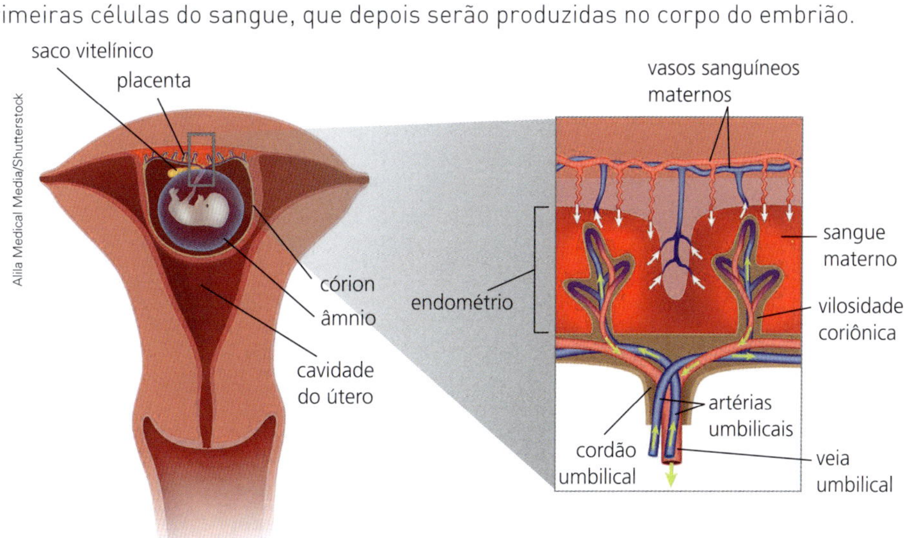

Figura 12.11 Ilustração dos anexos embrionários dos mamíferos (os elementos não estão na mesma escala; cores fantasia).

Os mamíferos que possuem placenta são chamados **eutérios** (*eu* = verdadeiro; *therion* = animal). Os que não possuem (como o ornitorrinco e a equidna, que são ovíparos) são chamados **prototérios** (*protos* = primeiro, primitivo). Os mamíferos do grupo dos marsupiais (como o canguru, o gambá e a catita) possuem uma placenta rudimentar e são chamados **metatérios** (*meta* = além de); o filhote nasce precocemente e migra para uma bolsa chamada **marsúpio** (*marsypion* = bolsa), na qual ficam as glândulas mamárias e onde ele termina o desenvolvimento (**figura 12.12**).

Robin Smith/Getty Images

Ornitorrinco (*Ornithorhynchus anatinus*; entre 40 cm e 60 cm de comprimento, fora a cauda).

Fabio Colombini/Acervo do fotógrafo

Gambá (*Didelphis marsupialis*; entre 45 cm e 50 cm de comprimento, fora a cauda).

Figura 12.12 Exemplos de prototério (ornitorrinco) e marsupial (gambá).

5. DESENVOLVIMENTO EMBRIONÁRIO HUMANO

Na espécie humana, a fecundação ocorre na tuba uterina. À medida que o zigoto desce por ela em direção ao útero (levado pelo batimento dos cílios e pelas contrações musculares da tuba), o embrião sofre segmentação. Três a quatro dias depois da fecundação, ele chega ao útero na fase de mórula, sendo formado por doze a dezesseis blastômeros. Passados mais três dias, encontra-se em estágio de blástula (também chamado **blastócito** ou **blastocisto**), com cerca de 70 a 100 células, e começa o processo de implantação no útero, feito por uma camada externa de células, o **trofoblasto** (*trophé* = nutrição), que envolve o **botão embrionário** (**figura 12.13**).

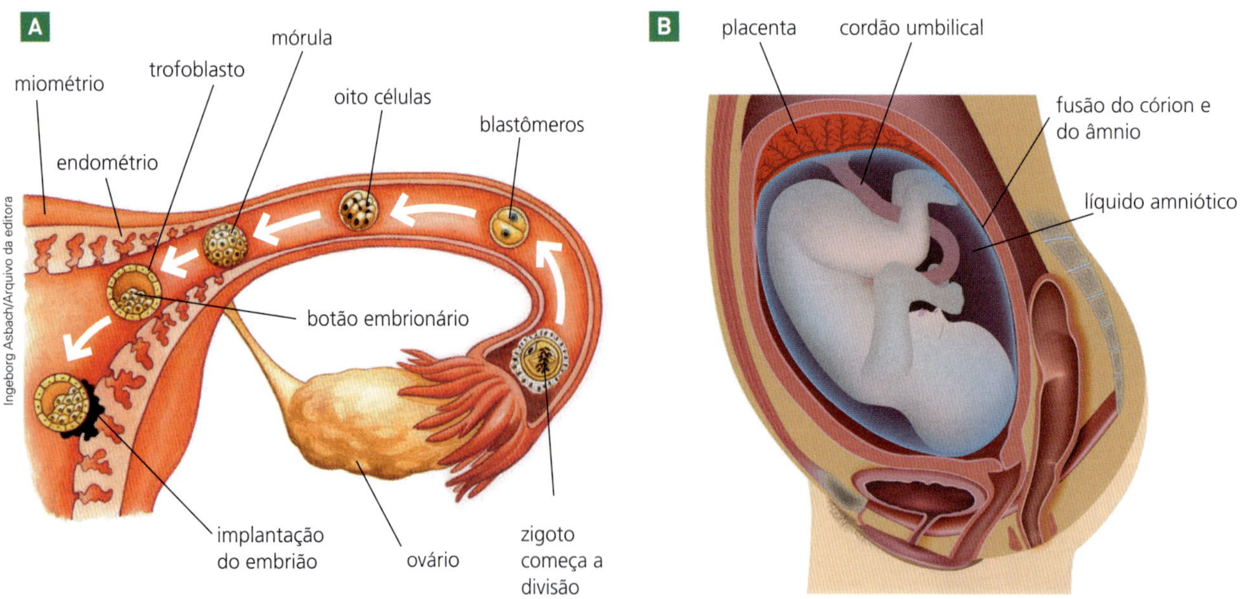

Figura 12.13 **A**: esquema de desenvolvimento inicial do embrião humano ("botão embrionário"); **B**: ilustração de feto no interior do útero com anexos embrionários (os elementos não estão na mesma escala; cores fantasia).

Por volta do 14º dia, o endométrio já cresceu em torno do embrião, isolando-o da cavidade uterina. Depois, formam-se as vilosidades do córion, que ficarão mergulhadas no endométrio, em cavidades cheias de sangue, originando a placenta.

A maior parte dos principais órgãos do embrião forma-se da terceira à oitava semana do desenvolvimento (fase de organogênese). Essa formação está completa no início da nona semana, e o embrião passa a ser chamado **feto**: já tem aparência tipicamente humana, mede cerca de 2,5 cm de comprimento e tem peso próximo a 15 g. Ele continua a crescer e a se desenvolver e, no final do terceiro mês, pesa cerca de 30 g e mede, aproximadamente, 8,5 cm de comprimento, começando a mover braços e pernas. No quinto mês (**figura 12.14**), os movimentos são mais fortes, e a mãe começa a percebê-los.

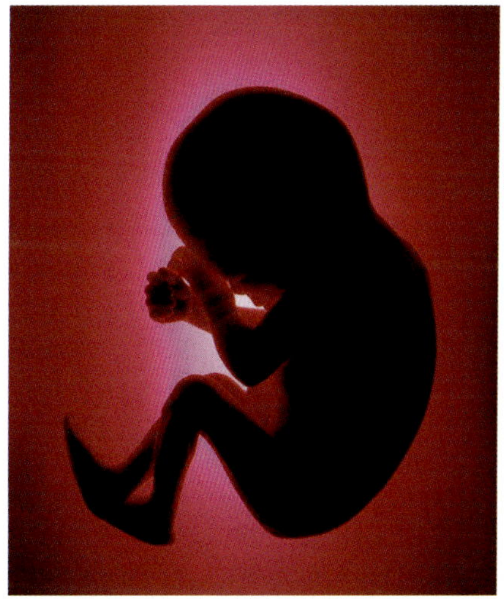
Alex Bartel/SPL/Latinstock

Figura 12.14 Feto com 5 meses (cerca de 28 cm de comprimento).

Após cerca de quarenta semanas (nove meses, ou 280 dias) depois do primeiro dia da última menstruação, ocorre o parto. As contrações da musculatura do útero indicam que o momento do parto se aproxima. A bolsa de água (âmnio) se rompe e as contrações empurram a criança para fora do corpo da mãe através da vagina. A placenta e o cordão umbilical saem do corpo da mãe junto com o bebê. O cordão é cortado e se forma uma cicatriz, o umbigo (**figura 12.15**).

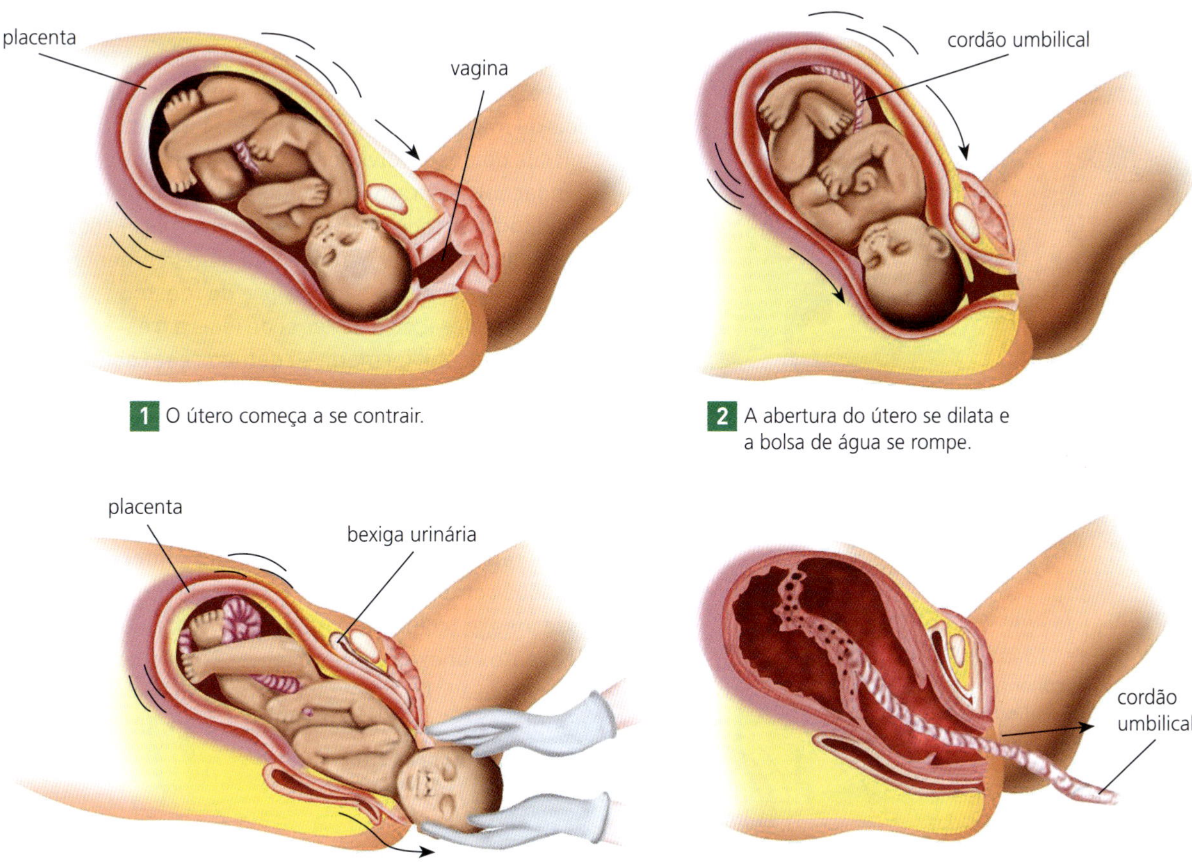

Ilustrações: Luis Moura/Arquivo da editora

1 O útero começa a se contrair.

2 A abertura do útero se dilata e a bolsa de água se rompe.

3 Normalmente, a saída do bebê começa pela cabeça.

4 Por fim, a placenta é eliminada, e o cordão umbilical será cortado.

Figura 12.15 Etapas do nascimento de uma criança (os elementos não estão na mesma escala; cores fantasia).

BIOLOGIA E SAÚDE

A importância do leite materno

O leite materno é o melhor alimento para os primeiros meses de vida do bebê, sendo mais adequado do que as fórmulas industrializadas. As vantagens são várias: a digestão é mais fácil; a probabilidade de causar reações alérgicas e prisão de ventre é menor; contém anticorpos que protegem a criança contra diversas doenças contagiosas. Além disso, em casa, no preparo do leite comercial, há mais riscos de contaminação por germes causadores de doenças, principalmente em locais sem água potável.

A amamentação também traz benefícios para a mãe. Além de aumentar o contato entre mãe e filho, o que é bom para ambos, diminui o risco de câncer de mama, acelera a volta do útero ao tamanho normal e evita hemorragias depois do parto.

Apesar de todos os benefícios do leite materno à saúde, nem sempre é possível amamentar. Às vezes, por exemplo, a mãe precisa tomar certos medicamentos que podem passar para o leite e prejudicar a saúde da criança. As mães portadoras do vírus da aids também devem evitar a amamentação, seguindo a orientação do médico para a escolha e o preparo das fórmulas para lactantes disponíveis no mercado.

A Organização Mundial da Saúde (OMS) recomenda que se alimente a criança exclusivamente com leite materno até os 6 meses de idade. A partir daí, outros tipos de alimentos podem ser oferecidos, diminuindo gradualmente a frequência da amamentação.

FORMAÇÃO DE GÊMEOS

Os gêmeos **monozigóticos** (*monos* = um; *zygos* = par; juntos), também chamados verdadeiros, **univitelinos** (*unus* = um; *vitellu* = gema do ovo) ou **idênticos**, formam-se de um único óvulo (ovócito II na espécie humana) fecundado por um único espermatozoide, mas, em vez de originar apenas um embrião, o zigoto origina dois ou mais. Isso porque as células formadas nas fases iniciais do desenvolvimento (até oito dias depois da fecundação) separam-se em dois ou mais grupos independentes, e cada grupo origina um embrião completo (**figura 12.16**). Esses gêmeos são geneticamente iguais entre si e, portanto, são sempre do mesmo sexo.

Se a separação ocorrer cedo (dois a três dias depois da fecundação), formam-se gêmeos com dois âmnios, dois córions e duas placentas (se a implantação no útero for próxima, o córion e a placenta podem fundir-se). Essa situação ocorre em cerca de um terço dos casos de formação de gêmeos univitelinos. Em cerca de dois terços dos casos, a separação ocorre depois, formando-se duas massas celulares internas. Essas massas compartilham um mesmo conjunto de células externas, o trofoblasto, que fixa o embrião no útero e origina os anexos embrionários. Nesse caso, ambos os gêmeos vão compartilhar o mesmo córion e a mesma placenta, mas cada um estará em uma cavidade amniótica (**figura 12.16**).

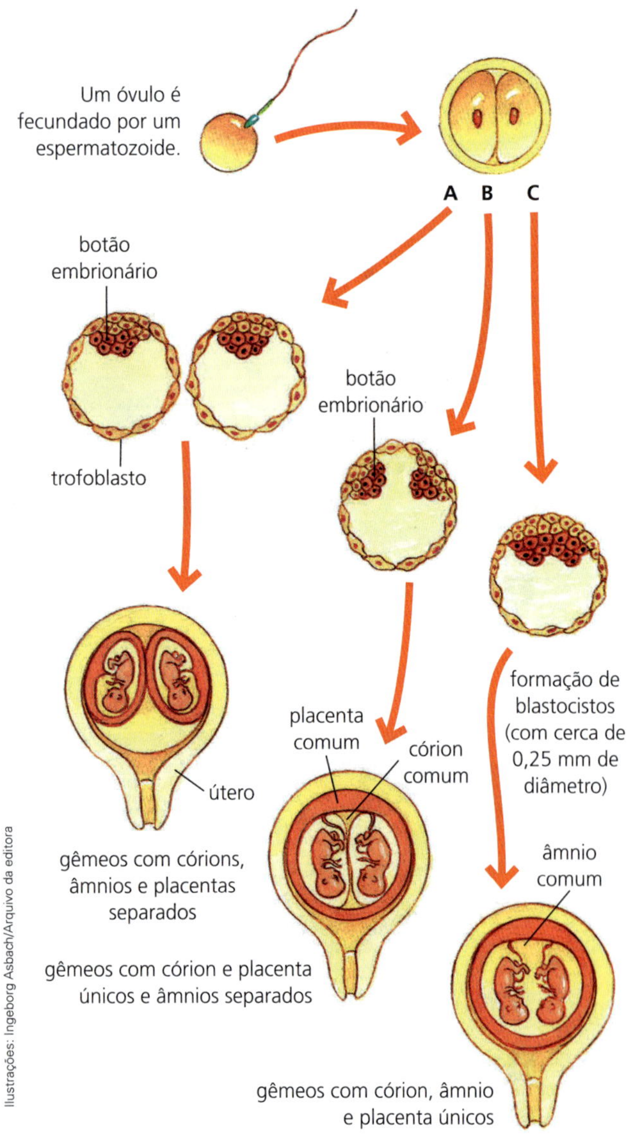

Figura 12.16 Formação de gêmeos verdadeiros: **A**, separação precoce dos blastômeros, antes da formação do trofoblasto (dois a três dias); **B**, separação da massa celular interna (primeira semana); **C**, separação tardia (nove a quinze dias) (os elementos não estão na mesma escala; cores fantasia).

Raramente, em cerca de 1% dos casos, a separação ocorre tardiamente (entre nove e quinze dias), originando embriões que compartilham o mesmo córion, o mesmo âmnio e a mesma placenta (reveja a **figura 12.16**). Nesse caso, os embriões dificilmente sobrevivem ou, se a separação não for completa, podem surgir gêmeos verdadeiros presos por uma parte comum do corpo e que compartilham órgãos: são os **gêmeos conjugados**, também chamados **irmãos siameses** ou **xifópagos** (a maioria desses gêmeos está unida na altura do apêndice xifoide, que fica no osso esterno). Em certos casos, dependendo dos órgãos que tenham em comum, é possível separá-los cirurgicamente.

A maioria dos casos de gêmeos, no entanto, corresponde aos chamados **gêmeos fraternos**, falsos ou, como vieram de zigotos diferentes, **dizigóticos** (ou **plurizigóticos**) ou **bivitelinos** (ou **plurivitelinos**). Eles ocorrem quando a mulher lança na tuba uterina dois ou mais ovócitos II no mesmo ciclo, e cada um é fecundado por um espermatozoide (**figura 12.17**). Como esses gêmeos se desenvolvem de células-ovo distintas, que vieram da união de gametas com genes diferentes (são geneticamente diferentes), eles não são tão parecidos quanto os idênticos. Podem ter ou não o mesmo sexo, por exemplo. De fato, podem ser tão diferentes quanto dois irmãos não gêmeos. Há sempre dois âmnios e dois córions, com duas placentas (se eles se implantarem em regiões próximas, pode haver fusão dos córions e das placentas).

A identificação do tipo de gêmeo pode ser feita por meio de um exame de DNA: somente os gêmeos verdadeiros terão exatamente o mesmo material genético.

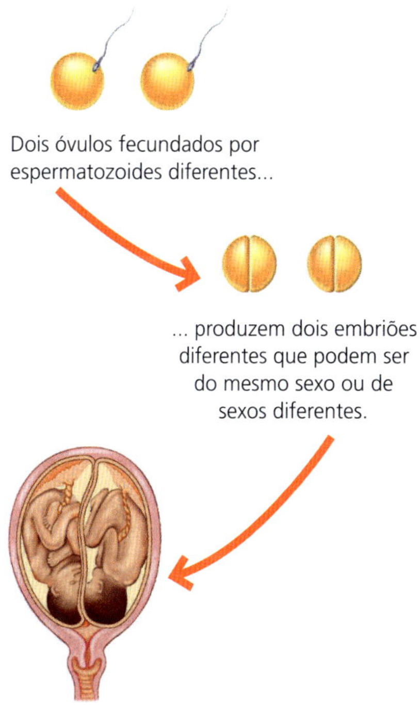

Luis Moura/Arquivo da editora

Figura 12.17 Formação de gêmeos fraternos; os óvulos têm cerca de 0,1 mm de diâmetro (os elementos não estão na mesma escala; cores fantasia).

BIOLOGIA E SAÚDE

Infecções virais e microcefalia

A microcefalia é uma condição rara caracterizada pelo tamanho reduzido da cabeça do bebê decorrente de problemas no desenvolvimento do encéfalo. Os problemas causados por essa malformação podem variar, sendo mais ou menos severos, como convulsões, atraso no desenvolvimento e dificuldade de engolir. Mas algumas crianças podem desenvolver um grau de microcefalia pequeno, sem que haja qualquer comprometimento cerebral.

No ano de 2015, houve muitos casos de microcefalia no Brasil, suspeitando-se de uma ligação entre esta e a infecção pelo vírus *zika* em mulheres grávidas – embora nem todos os bebês de mulheres infectadas sejam portadores de microcefalia. Esse vírus, reportado pela primeira vez no país em abril daquele ano, causa sintomas semelhantes aos da dengue e é transmitido pelo mesmo mosquito, o *Aedes aegypti*.

Sabe-se que infecções virais, como a rubéola, o herpes e a infecção por citomegalovírus, podem causar microcefalia quando acometem mulheres grávidas. Os vírus passam pela placenta e podem atingir o tecido cerebral do feto, desacelerando o crescimento de suas células. Isso ocorre geralmente durante o primeiro trimestre da gestação.

O diagnóstico da microcefalia envolve, entre outros fatores, a avaliação do perímetro encefálico e a proporção da cabeça em relação ao corpo. Além disso, é preciso realizar um exame neurológico para observar alterações no desenvolvimento do bebê.

Por causa da enorme gravidade do problema e do estabelecimento de uma epidemia do vírus *zika*, diversas investigações sobre o tema estão em andamento. Por enquanto, a única forma de prevenção contra o vírus é o combate ao mosquito *Aedes aegypti*. O governo e toda a população devem ficar atentos para impedir a formação de criadouros de mosquitos, como latas e pneus com água parada. Além disso, o uso de repelentes e de roupas que cubram o corpo pode ajudar a prevenir picadas. Mulheres grávidas devem redobrar os cuidados e manter o acompanhamento médico durante toda a gestação.

Fontes de pesquisa: <www.brasil.gov.br/saude/2016/01/especialistas-tiram-duvidas-sobre-zika-e-microcefalia>; <www.cdc.gov/ncbddd/birthdefects/microcephaly.html>. Acesso em: 4 jun. 2018.

6. CÉLULAS-TRONCO

ACESSE E SAIBA MAIS

O que são células-tronco?
<https://ccb.med.br/texto/celulas-tronco>

Células-tronco embrionárias
<www.youtube.com/watch?v=ZVl24Sev5hA>
Acesso em: 16 jul. 2018.

Células-tronco são células pouco diferenciadas, ou seja, ainda não especializadas. Elas podem se dividir e originar células específicas de um tecido do corpo ou manter-se indiferenciadas mesmo após muitas divisões. As células-tronco são encontradas em embriões no início do desenvolvimento, no cordão umbilical e em alguns tecidos adultos, como a medula óssea e o fígado.

As **células-tronco embrionárias** estão presentes em embriões no início do desenvolvimento e podem dar origem a qualquer tecido do corpo. Há dois tipos de células-tronco embrionárias:

- **células-tronco totipotentes** (*totus* = todo; *potens* = poderoso) podem originar todos os tipos de células e tecidos do corpo, inclusive anexos embrionários e placenta, podendo ainda originar um indivíduo completo, como ocorre no caso de gêmeos univitelinos. Elas podem ser encontradas nas primeiras divisões celulares do embrião.
- **células-tronco pluripotentes** (*pluri* = mais de um) podem também dar origem a todos os tecidos (dos três folhetos embrionários), mas não podem produzir placenta ou anexos embrionários, não sendo possível, portanto, originar um indivíduo completo. Essas células são encontradas na massa celular interna do blastocisto – embrião com cerca de 100 células – por volta do quinto dia de desenvolvimento.

Em vários órgãos do corpo, encontramos **células-tronco adultas**. São **células-tronco multipotentes**, ou seja, elas têm a capacidade de gerar apenas células dos tecidos de que são provenientes. Essas células são encontradas, por exemplo, no sangue do cordão umbilical e na medula óssea. Nos últimos anos, porém, têm sido desenvolvidas técnicas capazes de alterar geneticamente essas células (conhecidas como reprogramações celulares) e até mesmo células adultas diferenciadas, transformando-as em células pluripotentes (**figura 12.18**).

Pesquisas em laboratório têm mostrado que, com estímulos apropriados, é possível promover a diferenciação das células-tronco embrionárias em células musculares, pancreáticas, nervosas ou do tipo necessário para substituir células de órgãos comprometidos (**figura 12.19**).

Lewis Houghton/SPL/Fotoarena

Figura 12.18 Cultivo de células-tronco em meio de cultura líquido para uso na pesquisa científica.

As células-tronco poderiam ser usadas em doenças do sistema nervoso, como mal de Parkinson e paralisia por lesões na medula espinhal, na diabetes e em doenças no coração. Contudo, essas aplicações terapêuticas ainda estão em fase de pesquisa e há problemas técnicos e de segurança que precisam ser resolvidos, visto que essas células podem gerar tumores, além de problemas relacionados à compatibilidade genética e imunológica. Outro problema é de ordem ética e diz respeito ao uso de embriões humanos na fase inicial como fonte de células-tronco. Para algumas pessoas, os embriões humanos na fase inicial são apenas um aglomerado de células, não constituindo ainda propriamente um ser humano; para outras, essas células devem ser consideradas seres humanos, com direitos como todos nós – como os embriões que serviriam de fonte de células-tronco são destruídos, isso equivaleria a destruir um ser humano.

Nos países que permitem a pesquisa com células-tronco embrionárias, elas podem ser obtidas em clínicas de fertilização *in vitro* (fora do corpo), através de embriões congelados que não serão mais implantados em um útero.

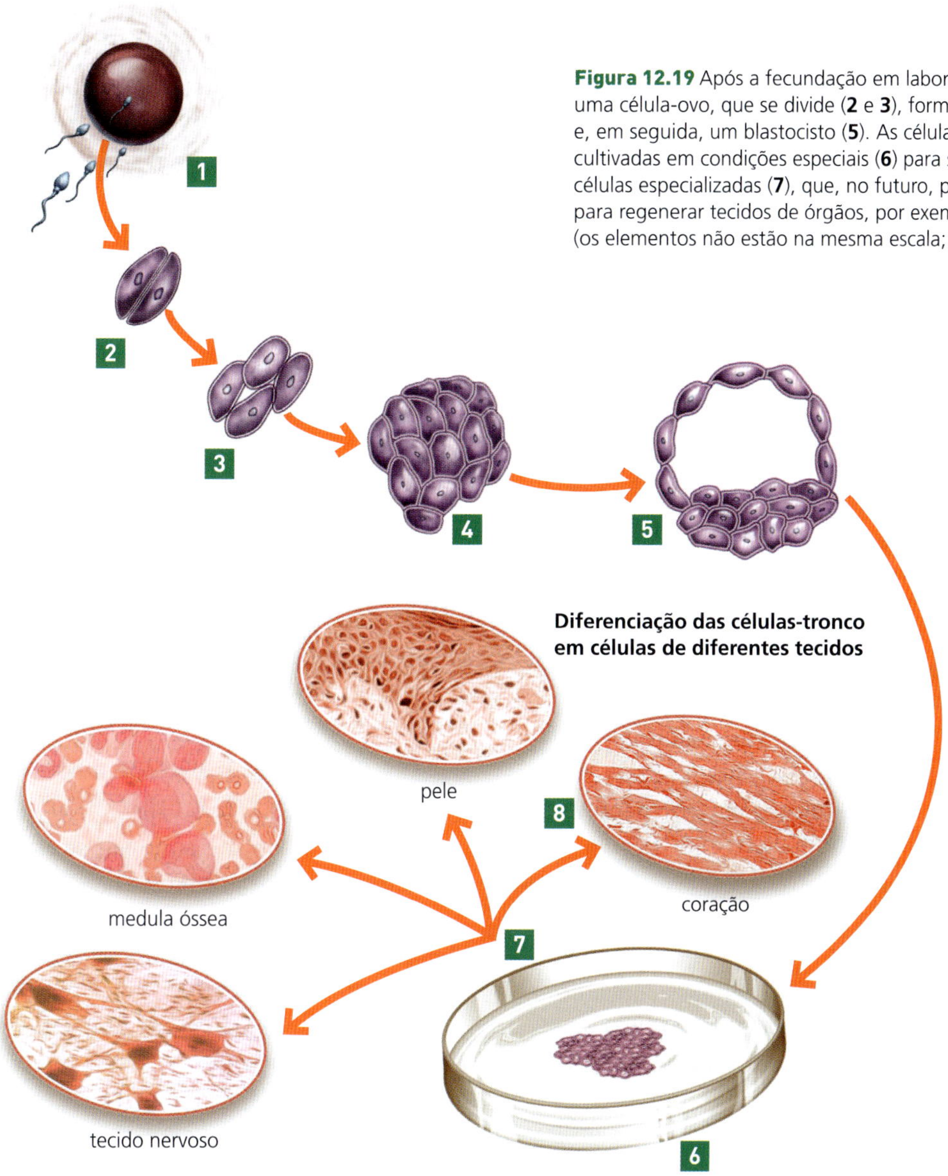

Figura 12.19 Após a fecundação em laboratório (**1**), forma-se uma célula-ovo, que se divide (**2** e **3**), formando uma mórula (**4**) e, em seguida, um blastocisto (**5**). As células do blastocisto são cultivadas em condições especiais (**6**) para se transformarem em células especializadas (**7**), que, no futuro, poderão ser utilizadas para regenerar tecidos de órgãos, por exemplo, o coração (**8**) (os elementos não estão na mesma escala; cores fantasia).

ATIVIDADES

Questões discursivas

1. De modo geral, os biólogos consideram a gástrula a etapa mais importante do desenvolvimento embrionário porque é nela que são formados três grupamentos de células (para a maioria dos vertebrados). Quais são esses grupamentos e por que eles são tão importantes?

2. Durante a gravidez humana, o embrião fica mergulhado em um líquido, o líquido amniótico, formado por água e sais minerais. Como ele consegue obter oxigênio para se manter vivo?

3. (UFRJ) No processo evolutivo, centenas de espécies podem ser criadas em um tempo relativamente curto. Esse fenômeno é conhecido como radiação adaptativa. No grupo dos répteis, ocorreu uma grande radiação adaptativa após o aparecimento da fecundação interna e do ovo amniótico; muitas espécies desse grupo surgiram e ocuparam o *habitat* terrestre. Explique por que o ovo amniótico facilitou a ocorrência dessa radiação adaptativa.

4. (Fuvest-SP) Durante o desenvolvimento embrionário das aves, o embrião é nutrido graças à grande quantidade de vitelo presente no ovo. Já nos mamíferos o ovo é pobre em vitelo. Como a grande maioria dos embriões de mamíferos consegue obter os nutrientes necessários para seu desenvolvimento?

5. (Vunesp-SP) A placenta desempenha várias funções no organismo humano, entre elas a de transporte de substâncias.

a) Cite duas substâncias que são transportadas do feto para o organismo da mãe e duas que são transportadas do organismo da mãe para o feto, considerando, neste último caso, apenas substâncias que podem causar prejuízos ao feto.

b) Além da função de troca de materiais entre o feto e o organismo materno, cite outras duas funções da placenta.

6. (Ufscar-SP) As mais versáteis são as células-tronco embrionárias (TE), isoladas pela primeira vez em camundongos há mais de 20 anos. As células TE vêm da região de um embrião muito jovem que, no desenvolvimento normal, forma as três camadas germinativas distintas de um embrião mais maduro e, em última análise, todos os diferentes tecidos do corpo. (*Scientific American Brasil*, julho de 2004)

a) Quais são as três camadas germinativas a que o texto se refere?

b) Ossos, encéfalo e pulmão têm, respectivamente, origem em quais dessas camadas germinativas?

Questões objetivas

1. (Enem-MEC) A utilização de células-tronco do próprio indivíduo (autotransplante) tem apresentado sucesso como terapia medicinal para a regeneração de tecidos e órgãos cujas células perdidas não têm capacidade de reprodução, principalmente em substituição aos transplantes, que causam muitos problemas devido à rejeição pelos receptores.

O autotransplante pode causar menos problemas de rejeição quando comparado aos transplantes tradicionais, realizados entre diferentes indivíduos. Isso porque as

a) células-tronco se mantêm indiferenciadas após sua introdução no organismo do receptor.

b) células provenientes de transplantes entre diferentes indivíduos envelhecem e morrem rapidamente.

c) células-tronco, por serem doadas pelo próprio indivíduo receptor, apresentam material genético semelhante.

d) células transplantadas entre diferentes indivíduos se diferenciam em tecidos tumorais no receptor.

e) células provenientes de transplantes convencionais não se reproduzem dentro do corpo do receptor.

2. (Vunesp-SP) A formação de um tipo de gêmeos pode ser explicada pelo seguinte esquema:

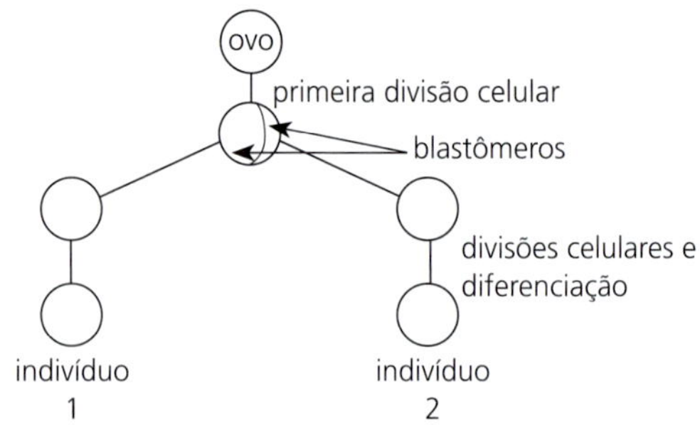

Da análise desse esquema, podemos concluir que esses gêmeos:

a) resultam da fecundação de um único óvulo por dois espermatozoides.

b) negam a possibilidade de poliembrionia humana.

c) serão siameses ou xifópagos, porque se originam de um único ovo.

d) poderão apresentar sexos iguais ou diferentes.

e) terão, obrigatoriamente, sexos iguais.

3. (Unirio-RJ) Dentre as opções abaixo, assinale a que melhor define as funções principais da placenta:

a) proteger o embrião contra choques e evitar sua desidratação.

b) proteger o embrião e produzir vilosidades que penetram no endométrio.

c) acumular excretas, retirar oxigênio do ar e devolver gás carbônico.

d) conter excretas e alimentos de reserva para o embrião (vitelo).

e) nutrir, excretar e respirar, produzindo também hormônios importantes para a gravidez.

4. (Ifsul-RS) Durante o desenvolvimento embrionário de répteis, aves e anfíbios, formam-se estruturas associadas ao corpo do embrião denominadas anexos embrionários. Desses anexos, o âmnio é a estrutura que desempenha a função de

a) nutrição do embrião.

b) armazenamento de excretas pelo embrião durante o seu desenvolvimento.

c) promoção de trocas gasosas entre o sangue embrionário e o ar atmosférico.

d) proteção do embrião contra dessecação e eventuais choques mecânicos.

5. (Enem-MEC) Os gêmeos sempre exerceram um fascínio para a maioria das pessoas, principalmente os monozigóticos ou idênticos. Parte desse interesse está relacionada ao fato de que esses indivíduos representam a manifestação natural que mais se aproxima da clonagem na espécie humana.

O mecanismo que está associado com a formação dos indivíduos citados é a:

a) divisão do feto em gestação em dois indivíduos separados.

b) divisão do embrião em dois grupos celulares independentes.

c) fecundação de um óvulo por dois espermatozoides diferentes.

d) ocorrência de duas fecundações simultâneas no útero materno.

e) fertilização sucessiva de dois óvulos por apenas um espermatozoide.

6. (UFRRJ) A seguir estão indicados os anexos embrionários que se formam durante a embriogênese da maioria dos mamíferos. O anexo embrionário exclusivo dos mamíferos e que possibilita um período mais longo de desenvolvimento do embrião no interior do organismo materno é:

a) o saco vitelino.
b) o âmnio.
c) o córion.
d) a placenta.
e) a alantoide.

7. (UFV-MG) O desenvolvimento embrionário de um ser humano se assemelha em muitos aspectos ao de um jacaré. Porém, existem diferenças importantes. Assinale a afirmativa correta.

a) No desenvolvimento embrionário do jacaré o córion foi substituído pela casca calcárea.

b) A fecundação interna ocorre no ser humano, que é vivíparo, mas não no jacaré, que é ovíparo.

c) No desenvolvimento embrionário do jacaré não há formação do âmnio, já que a ovoposição ocorre em locais úmidos.

d) No desenvolvimento embrionário humano a vesícula ou saco vitelínico está ausente, pois a nutrição é placentária.

e) A alantoide tem funções respiratória e de acúmulo de excretas no embrião do jacaré, mas não no do ser humano.

8. (Unifor-CE) A figura abaixo mostra uma fase do desenvolvimento embrionário da galinha. As estruturas numeradas encerram cavidades com diferentes funções.

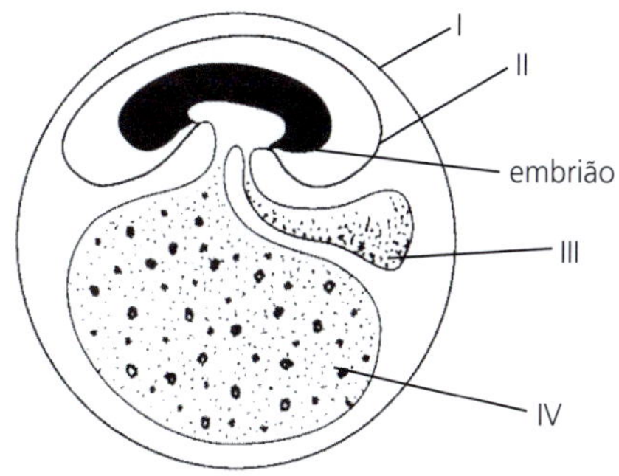

Reprodução/Unifor-CE.

O armazenamento de excretas e a nutrição do embrião são funções desempenhadas, respectivamente, por:

a) I e II.
b) II e I.
c) III e IV.
d) IV e II.

PESQUISEM E COMPARTILHEM

Em grupo, escolham um dos temas a seguir para pesquisar (em livros, na internet, etc.). Depois, exponham as conclusões da pesquisa na escola e, se possível, para a comunidade.

Procurem também entrevistar pesquisadores e outros profissionais da área de saúde sobre o tema que vocês escolheram para investigar. Verifiquem a possibilidade de convidá-los para ministrar palestras sobre o tema para a comunidade escolar.

Finalmente, verifiquem se na região existe alguma universidade, centro médico ou instituição que desenvolva atividades de educação da população sobre os cuidados na gravidez, os problemas da gravidez na adolescência e a importância das pesquisas com células-tronco e vejam se é possível visitar o local.

Tema 1 Os cuidados necessários durante a gravidez: exames médicos, tipo de alimentação, suplementos alimentares, etc.

Tema 2 Riscos de malformações provocadas por drogas ingeridas durante a gravidez.

Tema 3 Os cuidados necessários, sobretudo durante os primeiros anos do bebê: exames importantes, vacinação, primeiras consultas ao pediatra, alimentação, a importância da amamentação, higiene em geral, a importância dos banhos de sol e os cuidados relacionados, as horas de sono, etc.

Tema 4 Os problemas enfrentados por adolescentes grávidas e por seus parceiros. Pesquisem também estatísticas sobre o número de casos de gravidez na adolescência no Brasil.

Tema 5 Notícias recentes sobre pesquisas com células-tronco no Brasil e no mundo. Pesquisem também informações sobre a legislação acerca desse tema em nosso país.

O uso de filtro solar é uma das formas de proteger a pele contra os efeitos nocivos da exposição ao sol.

CAPÍTULO

13

TECIDO EPITELIAL

Uma característica importante dos seres pluricelulares é a divisão de trabalho entre suas células. No corpo humano, por exemplo, há mais de duzentos grupos de células que cooperam entre si e garantem a sobrevivência do organismo. Cada grupo de células que estão unidas e executam uma função específica é chamado tecido. Neste capítulo, vamos estudar o tecido epitelial que faz parte de órgãos como a pele.

- **Qual é o papel da pele na proteção do nosso organismo?**
- **Você está acostumado a usar protetor solar? Por que ele é tão importante?**
- **Por que a pele fica mais escura quando ficamos expostos ao sol?**

1. CARACTERÍSTICAS GERAIS DO TECIDO EPITELIAL

Um tecido não é formado apenas por células. Ele inclui o material fabricado por elas, chamado **substância intercelular** (ou **matriz extracelular**). Além dessa substância, há nos tecidos animais o **líquido intersticial**, que sai dos vasos sanguíneos e tem a função de levar alimento, oxigênio e hormônios ao tecido e remover dele o gás carbônico e os resíduos do metabolismo.

O **tecido epitelial** ou, simplesmente, **epitélio** (*epi* = acima, sobre; *thelé* = tecido que cresce) reveste o corpo humano e o de muitos outros animais. As células do tecido epitelial estão estreitamente unidas, havendo entre elas pouca quantidade de substância intercelular. Esse tecido não tem vasos sanguíneos e sua nutrição é feita pelo tecido conjuntivo abaixo dele. Em geral, possui terminações nervosas sensíveis a estímulos. Veja a **figura 13.1**.

Neste capítulo, vamos estudar os dois tipos de tecidos epiteliais: o **de revestimento** e o **glandular** ou **de secreção**.

Dr. Gladden Willis, Visuals Unlimited/SPL/Fotoarena

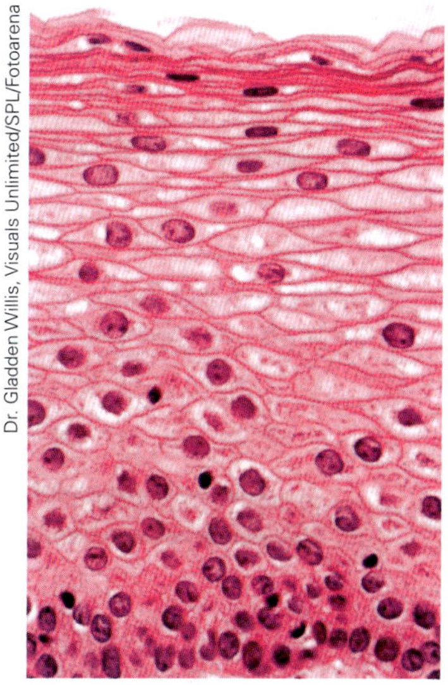

Figura 13.1 Tecido epitelial que reveste a superfície interna da boca, ao microscópio de luz. Observe a união estreita entre as células (aumento de cerca de 100 vezes; com uso de corantes).

2. EPITÉLIO DE REVESTIMENTO

Esse tipo de tecido epitelial reveste o corpo externamente e internamente (órgãos e cavidades, como as do tubo digestório e dos sistemas respiratório e urinário). O epitélio de revestimento protege o organismo contra atritos, invasão de microrganismos e contra a perda de água. Internamente, atua também na absorção de alimentos e oxigênio, entre outras funções.

Esse tecido epitelial pode ser formado por uma camada de células – **epitélio simples** – ou por várias camadas – **epitélio estratificado**. Às vezes, aparece um tecido constituído por uma camada de células com núcleos em alturas diferentes, aparentando formar várias camadas. Esse tecido é chamado **pseudoestratificado** (*pseudos* = falso). Quanto mais espesso for o epitélio, melhor será sua capacidade protetora; quanto mais fino, melhor a capacidade de absorção.

As células da superfície do tecido apresentam formas variadas. Podem ser cúbicas, cilíndricas (prismáticas) ou achatadas (pavimentosas), o que nos permite classificar os epitélios (**figura 13.2**).

O epitélio do intestino delgado, por exemplo, é constituído por uma camada simples de células cilíndricas (epitélio prismático simples), que lhe permite executar sua principal função: absorver nutrientes, como veremos no capítulo 30. Por isso, essas células possuem dobras – as microvilosidades ou microvilos – que aumentam a área de absorção do alimento. Nesse caso, a proteção do organismo contra o atrito é feita por **muco**, secreção viscosa formada por glicoproteínas e produzida por células especiais – as **células caliciformes** –, encontradas em vários órgãos.

O muco é produzido também no epitélio prismático pseudoestratificado que reveste as vias respiratórias. As partículas de poeira e as bactérias do ar inspiradas durante a respiração ficam grudadas no muco, que contém também enzimas capazes de degradar bactérias. Esse material é expulso do organismo por prolongamentos finos, os cílios, encontrados nas células cilíndricas desse tecido.

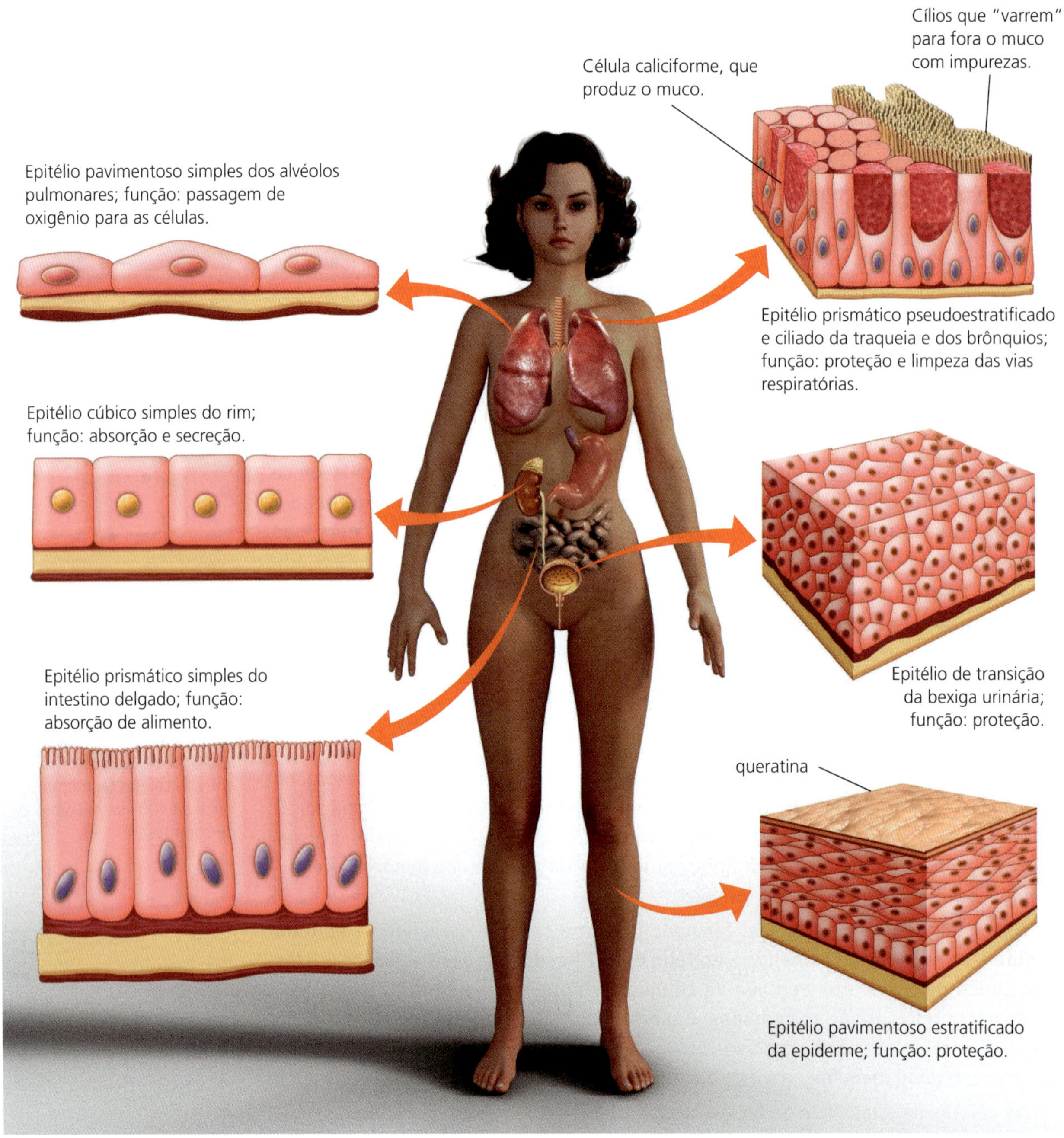

Figura 13.2 Modelo anatômico simplificado evidenciando alguns tipos de tecido epitelial de revestimento, classificados quanto à forma das células da superfície e quanto ao número de camadas de células. Observe que esse tecido repousa sempre sobre um tecido conjuntivo (em amarelo), que o sustenta e nutre (os elementos não estão na mesma escala; cores fantasia).

A epiderme é um epitélio pavimentoso estratificado que reveste externamente o corpo. Com o tecido conjuntivo subjacente, chamado **derme**, ela forma o maior órgão do corpo, a **pele**, com cerca de 2 m^2 de área e 0,5 mm a 4 mm de espessura (**figura 13.3**).

A epiderme é a primeira linha de defesa do corpo, protegendo o organismo contra a penetração de agentes estranhos e contra seu desgaste pelo atrito. A eficiência da epiderme nessa função se deve ao grande número de camadas de células superpostas que a constituem.

As células da camada mais profunda da epiderme dividem-se constantemente, substituindo as células superficiais que se desgastam. Nos vertebrados terrestres (répteis, aves e mamíferos), elas fabricam uma proteína impermeável, a **queratina**.

Após acumular boa quantidade de queratina em seu citoplasma, essas células morrem e originam uma camada impermeabilizante, que protege o corpo e evita a desidratação, uma ameaça constante aos animais terrestres.

Nas camadas profundas da epiderme, estão os **melanócitos** (**figura 13.3**), células que fabricam o pigmento **melanina**, responsável pela cor da pele e por sua proteção contra o excesso de raios ultravioleta; quanto mais melanina, maior proteção. A exposição ao sol aumenta a produção de melanina na pele.

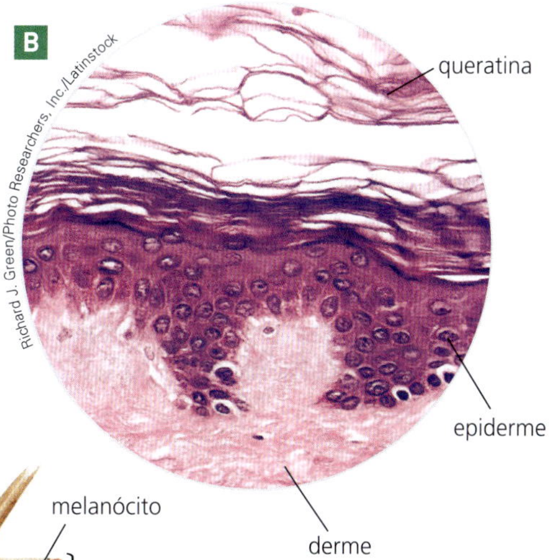

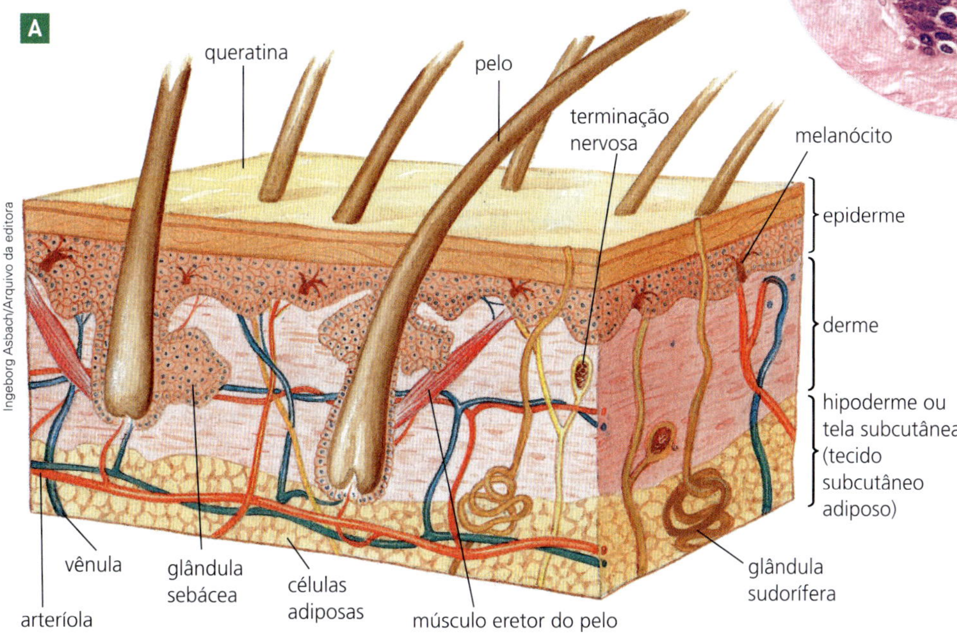

Figura 13.3 **A**: esquema de pele humana (os elementos representados não estão na mesma escala; cores fantasia). **B**: corte de pele ao microscópio óptico (aumento de 60 vezes; com uso de corantes).

ACESSE E SAIBA MAIS

Ciência da cor da pele
<https://ed.ted.com/lessons/the-science-of-skin-color-angela-koine-flynn>
Acesso em: 16 jul. 2018.

BIOLOGIA E SAÚDE

Cuidados com a exposição ao sol

Os filtros solares são classificados de acordo com uma medida de referência chamada fator de proteção solar (FPS). Por exemplo, uma pessoa que utiliza filtro solar com FPS 15 (o índice mínimo que devemos usar) leva 15 vezes mais tempo para ficar com a pele vermelha ou irritada pela exposição ao sol do que se estivesse sem ele. Quanto mais sensível a pele, maior o fator de proteção necessário.

Mesmo com filtro solar, é preciso evitar a exposição aos raios solares entre as 10 horas e as 16 horas, aproximadamente, quando a radiação ultravioleta é mais intensa. Além disso, a proteção deve ser complementada pelo uso de chapéu e óculos escuros confiáveis, que bloqueiam os raios ultravioleta. A exposição excessiva a esses raios pode causar problemas nos olhos, como a catarata.

Na embalagem dos filtros solares, costumam aparecer as siglas UVA e UVB: elas correspondem a duas faixas de comprimento de onda dos raios ultravioleta. Ambas podem provocar danos à pele, como a formação de tumores benignos e malignos (chamados carcinomas) nos epitélios. A maioria dos tumores tem cura total, mas alguns, como o melanoma, só podem ser curados em estágios muito iniciais. Por isso, além de evitar a exposição exagerada ao sol e de usar filtro solar, é preciso ir ao médico se notar: feridas que não cicatrizam; sinais com alteração de cor ou tamanho, com sangramento ou bordas mal definidas; verrugas que, mesmo com pequenos traumatismos, coçam e sangram com frequência.

ATENÇÃO!
Para mais informações, procure orientação médica.

3. EPITÉLIO DE SECREÇÃO: GLÂNDULAS

As glândulas são estruturas formadas por agrupamentos de células epiteliais que se multiplicam e penetram no tecido conjuntivo subjacente (**figura 13.4A**). O tecido epitelial glandular é especializado na produção de secreções, substâncias que serão usadas em outras regiões do corpo. Há três tipos de glândula: exócrina, endócrina e mista.

- As glândulas que eliminam substâncias para fora do organismo ou em cavidades abertas são chamadas **exócrinas** (*exo* = para fora; *krinein* = secretar) ou de **secreção externa**. Entre as células dessas glândulas, há uma cavidade que funciona como canal ou ducto, através da qual as substâncias são lançadas. Como exemplos, temos as glândulas sudoríferas (sudoríparas), sebáceas, lacrimais, salivares e mamárias (**figura 13.4B**).

  As glândulas sudoríferas produzem uma solução salina diluída que, pela evaporação, colabora para diminuir a temperatura do corpo. As glândulas sebáceas secretam lipídios que diminuem o ressecamento da pele e dos pelos, constituindo uma adaptação ao meio terrestre (**figura 13.4C**).
- Quando lança substâncias na corrente sanguínea, a glândula é dita **endócrina** (*endon* = para dentro) ou **de secreção interna**. Nessas glândulas, o cordão de células que realiza a comunicação da glândula com o exterior desaparece e ficam apenas as células mais profundas, que lançam a secreção, chamada **hormônio**, no sangue.

  É o caso da hipófise, da glândula tireóidea, das glândulas paratireóideas, das glândulas adrenais e da parte endócrina dos testículos e ovários (vistas no capítulo 11). Essas glândulas serão estudadas no capítulo 34.
- Também denominadas **mesócrinas** (*mesos* = meio) ou **anfícrinas** (*amphi* = duplo), as glândulas **mistas** lançam suas secreções tanto no sangue como em cavidades abertas. O melhor exemplo é o pâncreas, que lança no intestino delgado o suco pancreático e, no sangue, a insulina e o glucagon, hormônios que controlam a taxa de açúcar do sangue.

Luis Moura/Arquivo da editora

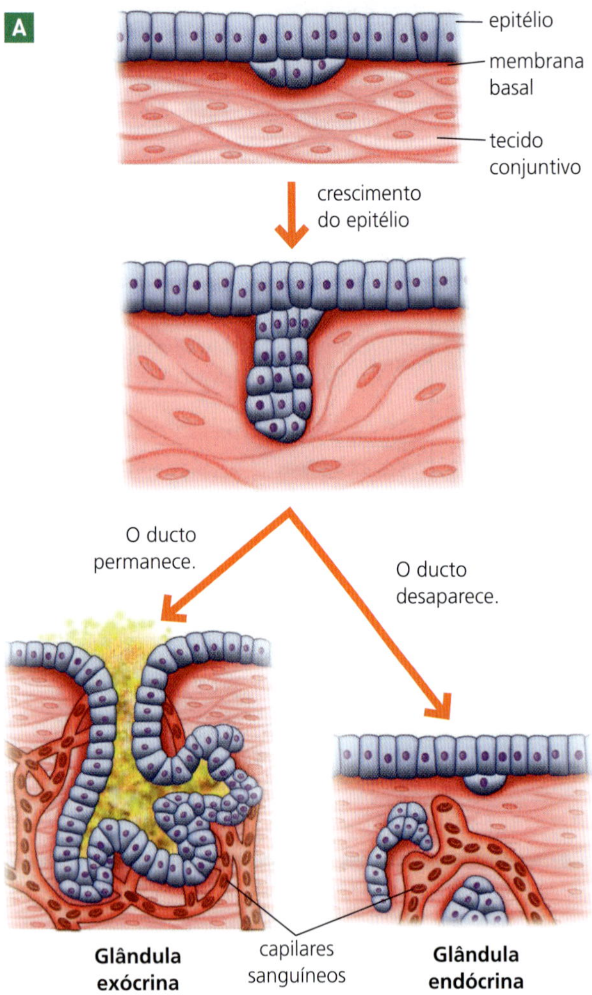

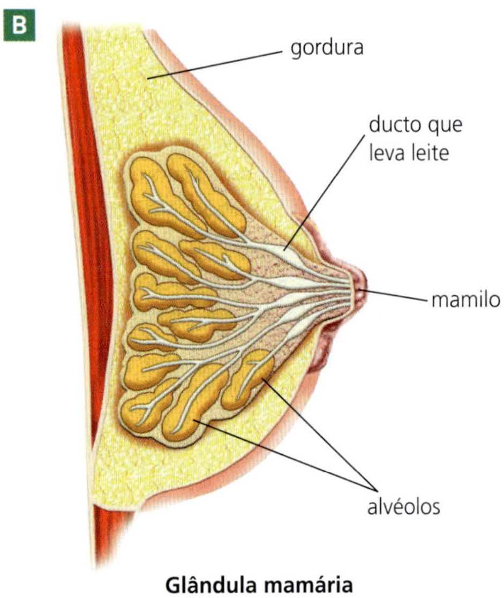

Jose Luis Calvo/Shutterstock

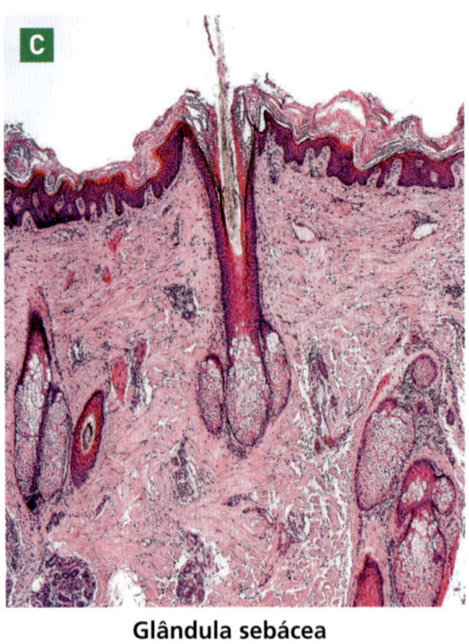

Figura 13.4 A: formação de glândulas endócrinas e exócrinas; **B**: esquema de glândula mamária (os elementos não estão na mesma escala; cores fantasia); **C**: foto de glândula sebácea, ao centro, ao microscópio de luz (aumento de cerca de 30 vezes; com uso de corantes).

BIOLOGIA E SAÚDE

Acne

Na adolescência, aumenta a produção de hormônios sexuais, que, entre outros efeitos, estimulam o funcionamento das glândulas sebáceas. Por isso, a pele fica mais oleosa nas áreas mais ricas nessas glândulas: rosto e tórax.

Em alguns casos, a gordura produzida obstrui a saída da glândula e forma-se o cravo. Em outros, bactérias podem se reproduzir no canal da glândula e provocar inflamação. Surgem as espinhas, ou seja, a acne (**figura 13.5**).

As espinhas não devem ser espremidas e não é aconselhável usar loções sem orientação médica; nem se deve confiar em tratamentos indicados por pessoas não especializadas, pois podem piorar a inflamação. O melhor a fazer é consultar um dermatologista.

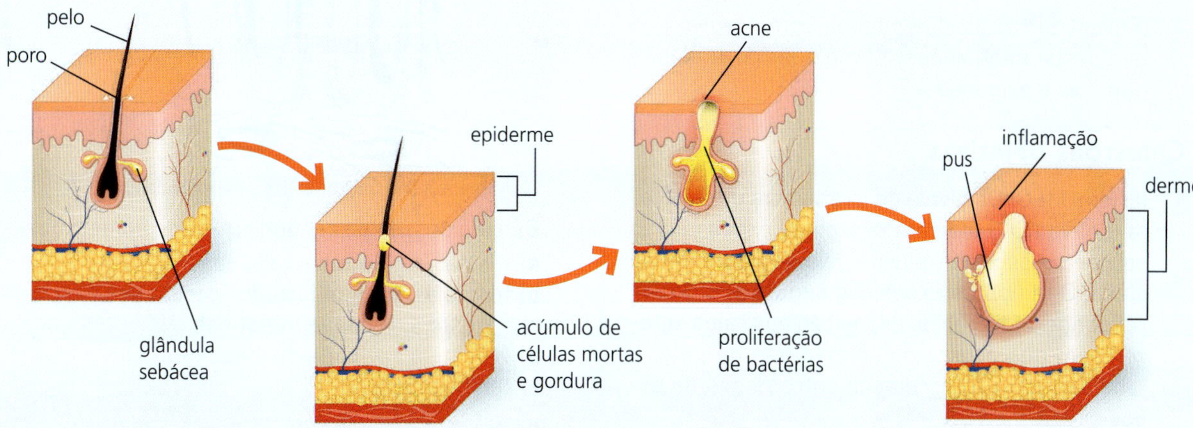

Figura 13.5 Esquema da formação de uma espinha (os elementos não estão na mesma escala; cores fantasia).

BIOLOGIA E SOCIEDADE

Cor da pele e diversidade étnica

Sabemos que as diferenças na cor da pele das pessoas se devem a fatores genéticos e também comportamentais. Já foram identificadas dezenas de genes que atuam na série de etapas envolvidas na produção de melanina, o pigmento responsável pela coloração da pele. Além disso, a exposição ao sol aumenta a produção desse pigmento, mudando o tom da pele.

Mesmo que as possibilidades de tons de pele sejam quase infinitas, é muito comum as pessoas serem identificadas socialmente por sua cor dentro de um conceito de raça. Contudo, na espécie humana a constituição genética de todos os indivíduos é semelhante. Há apenas uma porcentagem de genes que se diferenciam (aqueles ligados à aparência física, à cor da pele, etc.), não havendo, portanto, justificativa biológica para a classificação da sociedade em raças.

O conceito de raça é uma construção social historicamente usada para justificar preconceitos e discriminações que prejudicam toda a sociedade. A exploração de povos africanos pelos europeus, no Brasil e em outras regiões, é apenas um dos muitos exemplos em que o conceito de raça foi usado por um grupo para dominar outro.

Cabe aos cidadãos e à sociedade promover o convívio com as diferenças e valorizar a diversidade étnica, que, no decorrer dos séculos, contribuiu para formar o perfil da população brasileira. A cooperação entre os indivíduos é fundamental para o desenvolvimento de uma sociedade mais justa, que combata de maneira efetiva o racismo e quaisquer outros tipos de preconceito.

Fontes de pesquisa: <http://noticias.uol.com.br/ciencia/ultimas-noticias/redacao/2013/02/05/racas-humanas-nao-existem-como-entidades-biologicas-diz-geneticista.htm>; <www.planalto.gov.br/ccivil_03/LEIS/L7716.htm>. Acesso em: 30 jun. 2018.

ATIVIDADES

Questões discursivas

1. Indique três características típicas dos tecidos epiteliais.
2. Em locais sujeitos a muito atrito, como a sola do pé, a epiderme torna-se mais grossa por causa da produção de uma proteína que, pelo atrito constante, pode formar o calo. Qual é essa proteína?
3. (UFPR) Sabendo que as glândulas são um tipo de tecido epitelial, explique a diferença na formação de uma glândula exócrina e de uma endócrina.
4. (Fuvest-SP) O tecido epitelial, como regra, não tem vasos sanguíneos. Como suas células são nutridas e oxigenadas?

Questões objetivas

1. (Enem-MEC) Os níveis de irradiância ultravioleta efetiva (IUV) indicam o risco de exposição ao sol para pessoas de pele II – pele de pigmentação clara. O tempo de exposição segura (TES) corresponde ao tempo de exposição aos raios solares sem que ocorram queimaduras de pele. A tabela mostra a correlação entre riscos de exposição, IUV e TES:

Riscos de exposição	IUV	TES (em minutos)
Baixo	0 a 2	Máximo 60
Médio	3 a 5	30 a 60
Alto	6 a 8	20 a 30
Extremo	Acima de 8	Máximo 20

Uma das maneiras de se proteger contra queimaduras provocadas pela radiação ultravioleta é o uso de cremes protetores solares, cujo Fator de Proteção Solar (FPS) é calculado da seguinte maneira:

FPS = TPP/TPD

TPP = tempo de exposição mínima para produção de vermelhidão na pele protegida (em minutos).

TPD = tempo de exposição mínima para a produção de vermelhidão na pele desprotegida (em minutos).

O FPS mínimo que uma pessoa de pele tipo II necessita para evitar queimaduras ao se expor ao sol, considerando TPP o intervalo das 12 às 14 horas, num dia em que a irradiância efetiva é maior que 8, de acordo com os dados fornecidos, é:

a) 5 **b)** 6 **c)** 8 **d)** 10 **e)** 20

2. (Cesgranrio-RJ) Quando um epitélio se apresenta constituído por uma única camada de células, de formato cilíndrico, está bem adaptado à função de:

a) armazenamento.
b) absorção.
c) transporte.
d) sustentação.
e) revestimento externo.

3. (UFTM-MG) O esquema representa a superfície livre de uma célula epitelial com inúmeras microvilosidades que contribuem para o aumento da área superficial e, consequentemente, da área de absorção.

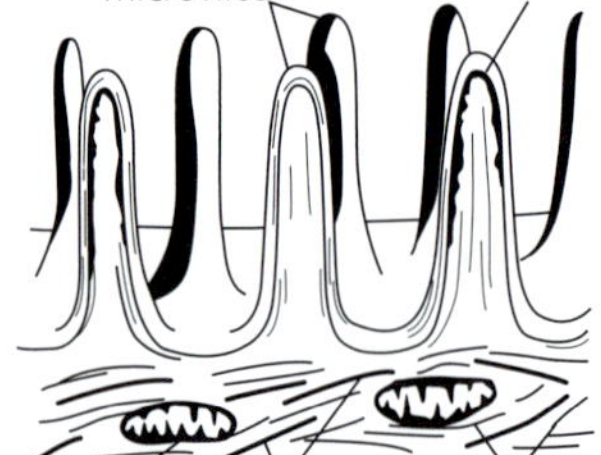

Células desse tipo encontram-se no epitélio que:

a) forma as glândulas sebáceas.
b) forma as glândulas sudoríparas.
c) reveste a cavidade intestinal.
d) reveste a cavidade da traqueia.
e) forma a pele.

4. (IFCE) O *Demodex folliculorum* é um ácaro que habita os folículos pilosos dos seres humanos, alimentando-se de pele e sebo. Algumas pessoas podem ter reações alérgicas a esse animal e desenvolver a acne. A bactéria *Propionebacterium acnes* é um ser vivo oportunista e prolifera na pele, causando inflamação.

As glândulas envolvidas nesse processo infeccioso são chamadas de:

a) sebáceas e exócrinas.
b) sudoríparas e endócrinas.
c) sebáceas e endócrinas.
d) sudoríparas e exócrinas.
e) mistas e exócrinas.

5. (Uerj) A camada de queratina da pele representa um grande fator de proteção para o homem. Entre as alternativas abaixo, aquela que justifica essa afirmativa é:

a) A camada de queratina filtra totalmente a radiação ultravioleta.
b) A camada de queratina do epitélio intestinal impede a fixação de parasitas.
c) A camada de queratina atua como primeira barreira na pele, evitando a perda excessiva de água.
d) A camada de queratina situada profundamente na pele facilita o transporte de água através da sudorese.

© CSP_Gile68/Fotosearch/Easypix Brasil

CAPÍTULO

14

Aquiles, o guerreiro de Troia. Estátua localizada na ilha de Corfu, na Grécia.

TECIDOS CONJUNTIVOS E SISTEMA IMUNITÁRIO

De acordo com a mitologia grega, o guerreiro Aquiles era praticamente imbatível. Seu único ponto fraco era o calcanhar, pois essa parte de seu corpo não havia sido banhada pelas águas do Estige, o rio da invulnerabilidade. Durante a luta contra os troianos, Aquiles foi ferido justamente em seu calcanhar e posto fora de combate. Por causa dessa história, o tendão calcâneo, formado por um tipo de tecido conjuntivo, é conhecido como tendão de Aquiles.

- Quais são as estruturas do nosso corpo que nos dão sustentação?
- Muita gente faz de tudo para perder gordura. Mas será que a gordura do nosso corpo tem alguma função?
- O que acontece quando a pele sofre ferimentos? E se um vaso sanguíneo for rompido?
- Você já quebrou algum osso? Como os ossos se recuperam de fraturas?
- Como o oxigênio é transportado dos pulmões para as outras partes do corpo?
- Como nosso corpo se defende naturalmente contra doenças?
- O que são soros? E vacinas?

1. TIPOS DE TECIDOS CONJUNTIVOS

Os tecidos conjuntivos originam-se da mesoderme. Todos apresentam grande quantidade de substância intercelular (**matriz extracelular**), formada por **fibras** que ficam imersas na **substância fundamental** (**figura 14.1**). Há vários tipos de tecidos conjuntivos.

O **tecido conjuntivo propriamente dito** sustenta e nutre tecidos, como o epitelial. É encontrado abaixo do epitélio e em volta dos órgãos, funcionando como acolchoamento, preenchendo espaços e fazendo a ligação entre dois tecidos diferentes.

A substância fundamental desse tecido é um gel formado por polissacarídeos, como o ácido hialurônico, e proteínas ligadas a glicídios, no qual estão imersos três tipos de fibras (**figura 14.1**):

- **colágenas** – feitas de um tipo de colágeno, proteína muito resistente à tração;
- **elásticas** – feitas de elastina, glicoproteína que cede à tração, mas retorna à forma original;
- **reticulares** – feitas de um tipo de colágeno associado à glicoproteína, formando uma rede de sustentação em alguns órgãos, como o baço e a medula óssea.

De acordo com a quantidade de fibras, esse tecido pode ser classificado em **tecido conjuntivo frouxo** e **tecido conjuntivo denso**.

O tecido conjuntivo frouxo possui poucas fibras e está espalhado por todo o corpo, preenchendo espaços, servindo de apoio aos epitélios e sustentando os órgãos (**figura 14.1A**), principalmente em regiões de mucosa.

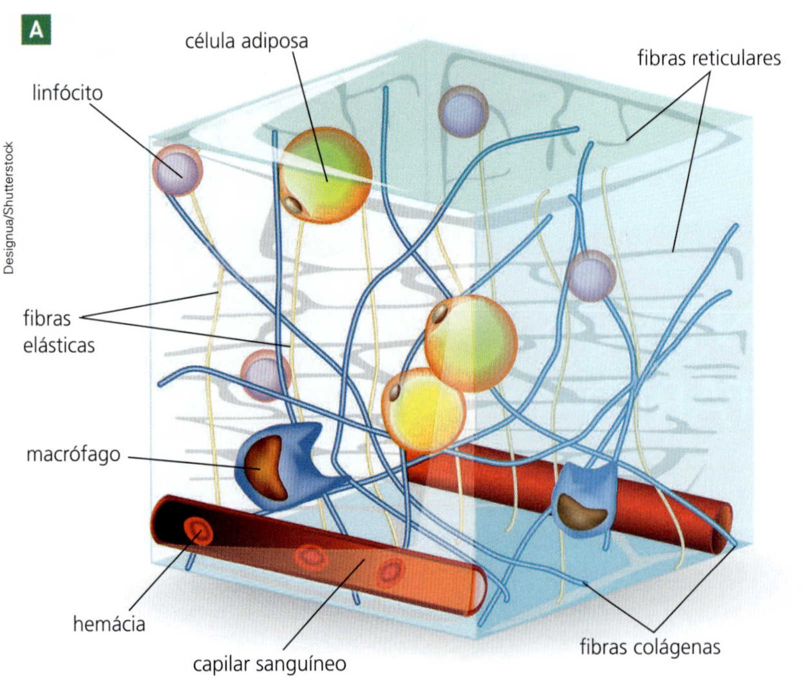

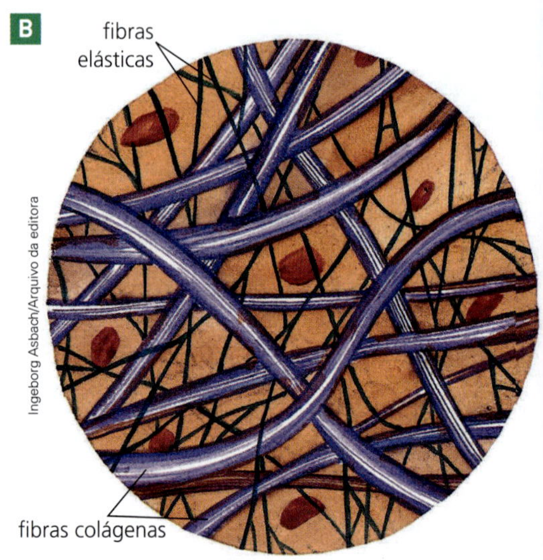

Figura 14.1 Representação do tecido conjuntivo propriamente dito frouxo (**A**) e do tecido conjuntivo denso da derme (**B**) (os elementos não estão na mesma escala; cores fantasia).

O tecido conjuntivo denso, mais resistente por causa da maior concentração de fibras, é encontrado na derme (**figura 14.1B**) e forma cápsulas em órgãos como o fígado e o baço; nos ligamentos, conecta os ossos entre si; nos tendões, liga o músculo ao osso (**figura 14.2**).

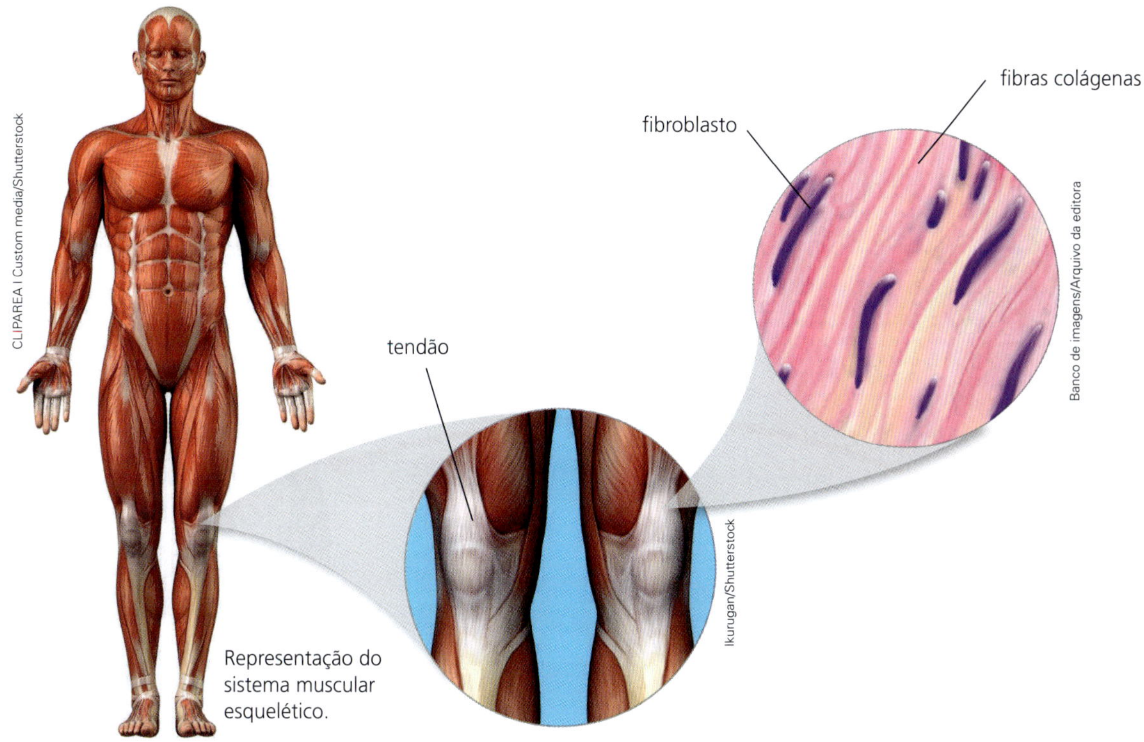

Figura 14.2 Estrutura dos tendões, outro exemplo de tecido conjuntivo denso (os elementos não estão na mesma escala; cores fantasia).

A substância intercelular do tecido conjuntivo é fabricada pelos **fibroblastos** (*blastós* = broto, gérmen), células que atuam na regeneração do tecido.

No tecido conjuntivo propriamente dito, há, entre outras células, **macrófagos** (*makrós* = grande; *phagein* = comer) – células de defesa que fagocitam microrganismos, restos de células e partículas inertes que invadem o organismo – e **plasmócitos** – responsáveis pela produção de anticorpos, proteínas que atacam os germes invasores.

O **tecido conjuntivo adiposo** é rico em células que acumulam gordura, as **células adiposas** ou **adipócitos** (**figura 14.3**). Esse tecido funciona como reserva de energia e proteção térmica contra o frio. Além disso, envolve diversos órgãos, protegendo-os contra traumatismos durante os movimentos do corpo. É encontrado também sob a pele, formando a **tela subcutânea** ou **hipoderme**.

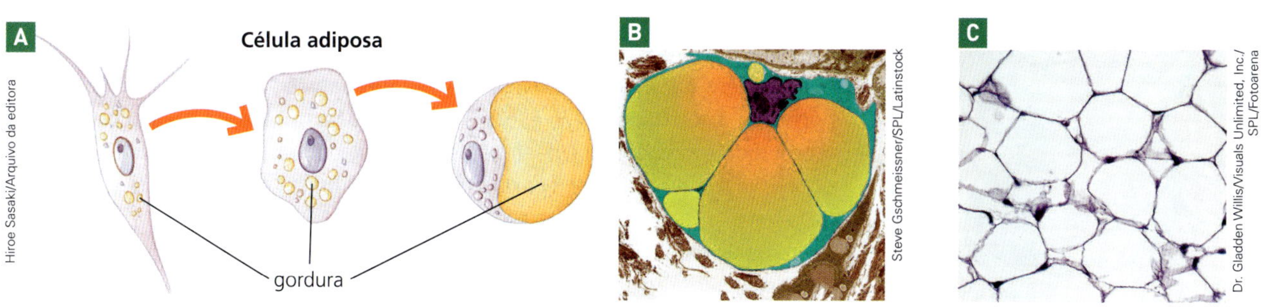

Figura 14.3 **A**: acúmulo de gordura nas células adiposas (os elementos não estão na mesma escala; cores fantasia). A quantidade de gordura em cada célula diminui ou aumenta conforme a pessoa emagrece ou engorda. **B**: foto de célula adiposa ao microscópio eletrônico (aumento de cerca de 500 vezes; imagem colorizada por computador). **C**: foto de tecido adiposo ao microscópio de luz (aumento de cerca de 100 vezes).

O **tecido conjuntivo cartilaginoso** (ou **cartilagem**) é composto de fibras colágenas e elásticas dispostas aleatoriamente na matriz extracelular e por células chamadas **condrócitos** (*chondros* = cartilagem), originadas de células jovens, os **condroblastos** (*blastós* = embrionário), e alojadas em cavidades (**lacunas**). Veja a **figura 14.4**.

Além das fibras, a presença de glicídios e glicoproteínas lhe dá consistência firme e flexível, tornando-o capaz de sustentar diversas partes do corpo e permitindo certa flexibilidade de movimento. O tecido cartilaginoso não apresenta vasos sanguíneos ou linfáticos.

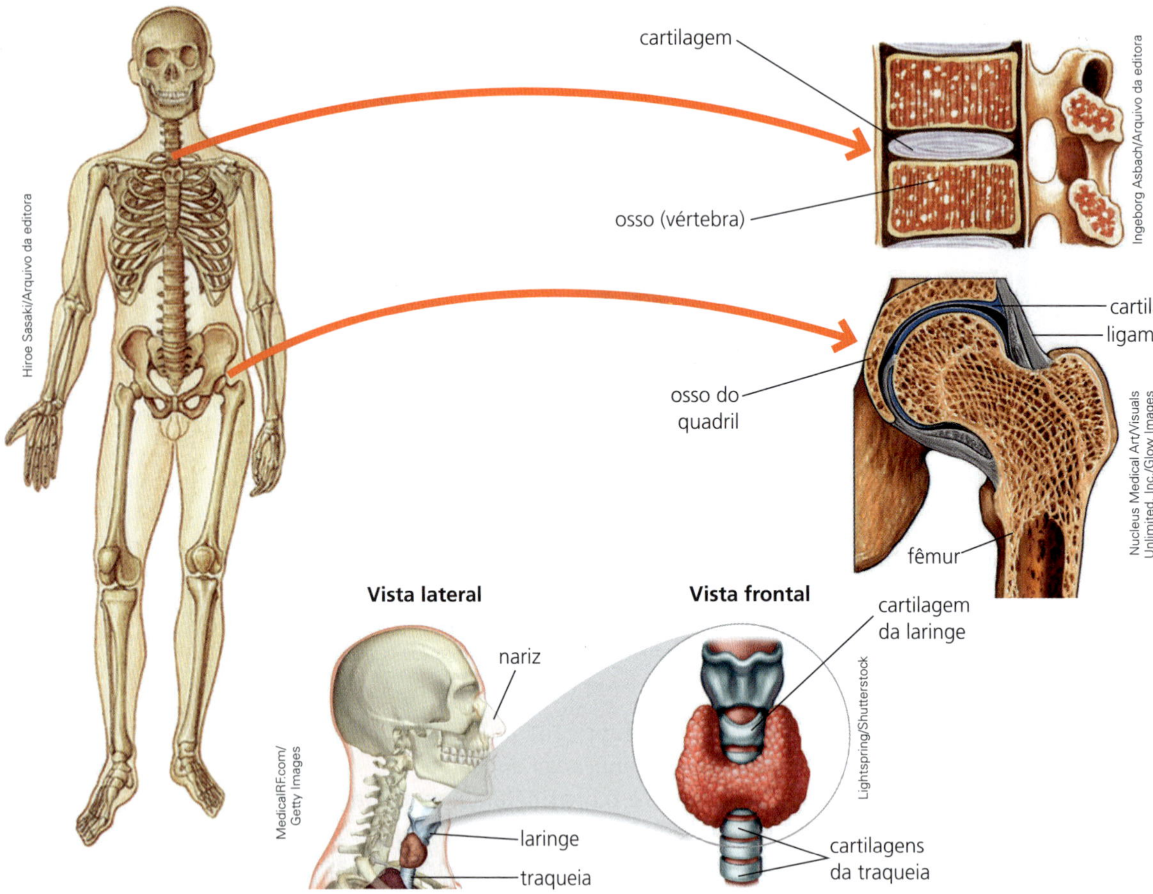

Figura 14.4 O tecido cartilaginoso é encontrado em locais em que sustentação e flexibilidade são necessárias (os elementos não estão na mesma escala; cores fantasia).

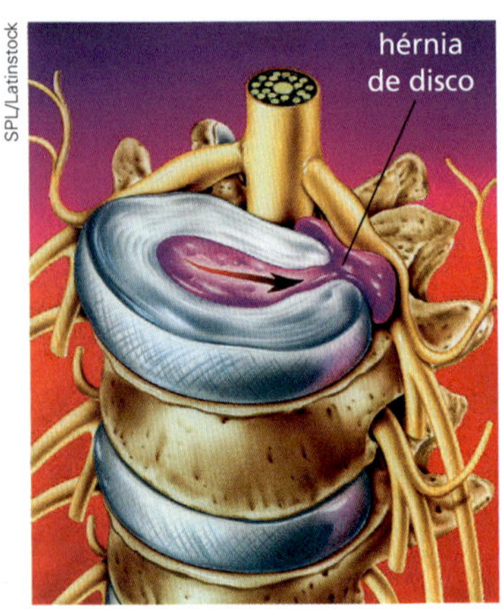

Figura 14.5 Ilustração da formação de uma hérnia de disco (os elementos não estão na mesma escala; cores fantasia).

As cartilagens são encontradas nas orelhas, no nariz, na traqueia, nos discos intervertebrais (entre as vértebras), nos brônquios e também nas articulações (onde dois ossos móveis se tocam), cobrindo a superfície dos ossos e diminuindo o atrito entre eles.

A cartilagem presente nos discos intervertebrais, por exemplo, amortece os impactos a que as vértebras são submetidas durante os movimentos do corpo. Além disso, esses discos contribuem para a flexibilidade da coluna. A hérnia de disco (**figura 14.5**) é formada quando há uma lesão no disco intervertebral, que se achata e se desloca de sua posição normal, podendo pressionar um nervo e provocar dor. A parte central e gelatinosa do disco pode se projetar para fora.

A maior parte dos ossos longos e curtos é formada a partir de um "molde" de cartilagem durante a fase embrionária. Posteriormente, há um depósito de fosfato de cálcio na matriz da cartilagem, que é então substituída por tecido ósseo.

O **tecido conjuntivo ósseo** é bem mais rígido que a cartilagem. Essa característica deve-se à sua substância intercelular, que possui, além da parte orgânica, formada por fibras colágenas e glicoproteínas, uma parte inorgânica. A parte inorgânica é composta de sais, principalmente fosfato de cálcio, que são responsáveis pela rigidez do tecido ósseo. O fosfato de cálcio forma um cristal, a hidroxiapatita. Esse cristal vem sendo pesquisado para aplicação de enxertos nas cirurgias ortopédicas.

Alojadas nas lacunas, existem células vivas – os **osteócitos** (*osteon* = osso; *kytos* = célula) –, que se formam a partir de células ósseas jovens, os **osteoblastos** (*blastós* = broto). Estes possuem finos prolongamentos de citoplasma que se ligam entre si. Desse modo, quando os osteoblastos secretam o depósito da substância intercelular, surgem na matriz óssea pequenos canais que se comunicam entre si. Através desses canalículos, as células ósseas comunicam-se com canais por onde passam vasos sanguíneos: os **canais centrais**. Em um corte de osso, podemos observar que os osteócitos formam camadas concêntricas em torno de cada canal central (**figura 14.6**).

Toda essa organização – conhecida como **ósteon** (**sistema de Havers** ou **sistema harvesiano**) – permite que os nutrientes e o oxigênio saiam dos vasos sanguíneos e cheguem pelos canalículos até os osteócitos.

Os ossos atuam na sustentação do corpo e são importantes nos movimentos, servindo de ponto de apoio para os músculos e protegendo órgãos vitais, como os contidos nas caixas craniana e torácica e no canal raquidiano (situado na coluna vertebral e por onde passa a medula nervosa). Os ossos funcionam também como reserva de cálcio no organismo.

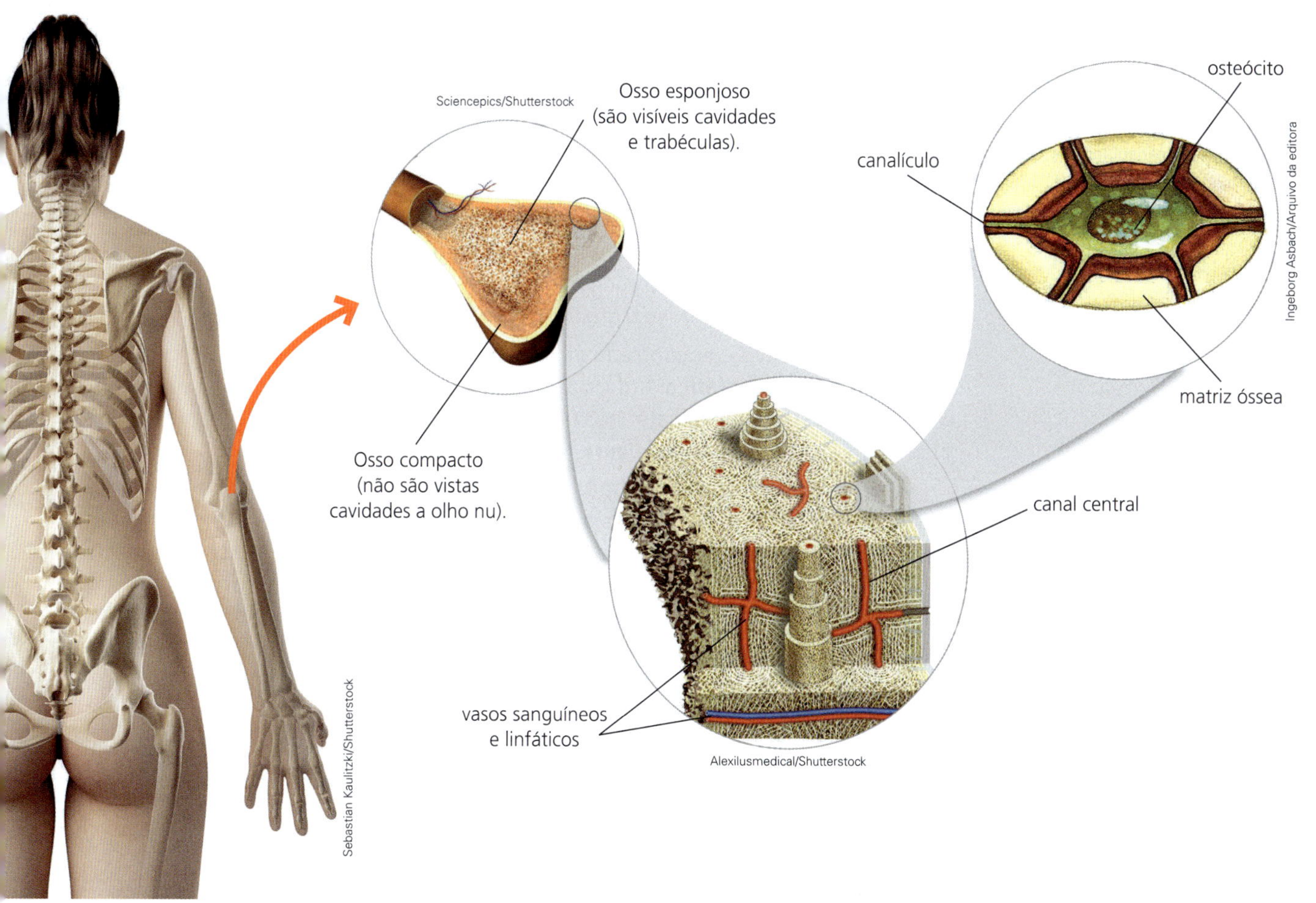

Figura 14.6 Estrutura do osso (os elementos não estão na mesma escala; cores fantasia). No interior de alguns ossos há uma cavidade onde se localiza a medula óssea.

BIOLOGIA E SAÚDE

Fraturas e outros problemas nos ossos

Quando um osso se quebra, dizemos que houve uma fratura. No local da fratura, ocorrem hemorragia, por causa de lesões dos vasos sanguíneos, destruição da matriz e morte de células ósseas.

Se houver fratura ou suspeita de fratura, não se deve tentar colocar o osso "no lugar". A vítima deve permanecer imóvel, e os primeiros socorros devem ser prestados por alguém preparado para isso. Em geral, as partes quebradas são mantidas próximas umas das outras para que o osso possa se reconstituir.

Além das fraturas, que geralmente são causadas por acidentes, outros problemas nos ossos podem ser provocados por má alimentação, sedentarismo e falta de exposição ao sol. A desnutrição é a principal causa da deficiência de crescimento. Em crianças, a falta de vitamina D, que promove a absorção do cálcio dos alimentos no intestino, leva ao raquitismo: os ossos não crescem normalmente e os ossos longos das pernas, ainda com cartilagem de conjugação, deformam-se com o peso do corpo.

ATENÇÃO!

Para mais informações, procure orientação médica.

O **tecido hemocitopoético**, **hematopoético** ou **hematopoiético** (*haîma* = sangue; *poesys* = formação) é responsável pela produção dos glóbulos do sangue. Há dois tipos desse tecido: medula óssea vermelha ou tecido **mieloide** (*myelos* = medula) e tecido **linfático** ou **linfoide**.

A medula óssea é encontrada no interior dos ossos (conhecido como tutano). Ela contém células-tronco, chamadas **células-tronco hematopoiéticas**, capazes de originar todas as células do sangue. Atualmente, sabe-se que essas células têm o potencial de originar também células de outros tecidos do corpo.

ACESSE E SAIBA MAIS

Processo de doação de medula óssea
<www.youtube.com/watch?v=ZmP_z2GPT3c>

Perguntas e respostas sobre o transplante de medula óssea
<http://redome.inca.gov.br/campanhas/perguntas-e-respostas-campanha/>
Acesso em: 16 jul. 2018.

No embrião, a maioria dos ossos possui uma medula ativa, de cor vermelha. À medida que o indivíduo cresce, a maior parte dessa medula passa a acumular gordura e para de produzir glóbulos, transformando-se em **medula amarela**. No adulto, a **medula vermelha** é encontrada nas costelas, nas vértebras, no esterno e nos ossos do crânio.

As hemácias, as plaquetas e a maioria dos glóbulos brancos são lançadas já prontas no sangue. Alguns linfócitos dirigem-se para órgãos do sistema linfático, nos quais passam por outras transformações e se multiplicam.

O tecido linfático é encontrado em certos órgãos de defesa, que, em conjunto, formam o **sistema linfático**: timo, baço, linfonodos (anteriormente chamados gânglios linfáticos) e tonsilas palatinas (antes chamadas amígdalas) e faríngeas (antes chamadas adenoides). Veja a **figura 14.7**.

As células do corpo são banhadas pelo líquido intersticial, que sai dos capilares e é formado por água, nutrientes e oxigênio. Parte desse líquido volta para os capilares com gás carbônico e outras excretas produzidas pelas células. Outra parte é recolhida por um conjunto de vasos bem finos, que se unem e formam vasos maiores, os vasos linfáticos. O excesso de líquido intersticial depois que entra nos vasos linfáticos é chamado **linfa**. Depois de circular pelos vasos linfáticos, a linfa é devolvida ao sangue por meio da veia situada sob a clavícula esquerda, logo abaixo do ombro.

Além de devolver o líquido intersticial para o sangue, os vasos linfáticos absorvem gorduras do intestino e, ao passar por linfonodos e por outros órgãos do sistema linfático, recebem linfócitos, células que auxiliam o corpo a combater, por meio da produção de anticorpos, os microrganismos causadores de doenças.

Em certas infecções, podemos sentir, dependendo do local, que os linfonodos do pescoço, das axilas ou da virilha estão inchados e doloridos; são as **ínguas**. Desse modo, os órgãos linfáticos removem bactérias e impurezas da linfa.

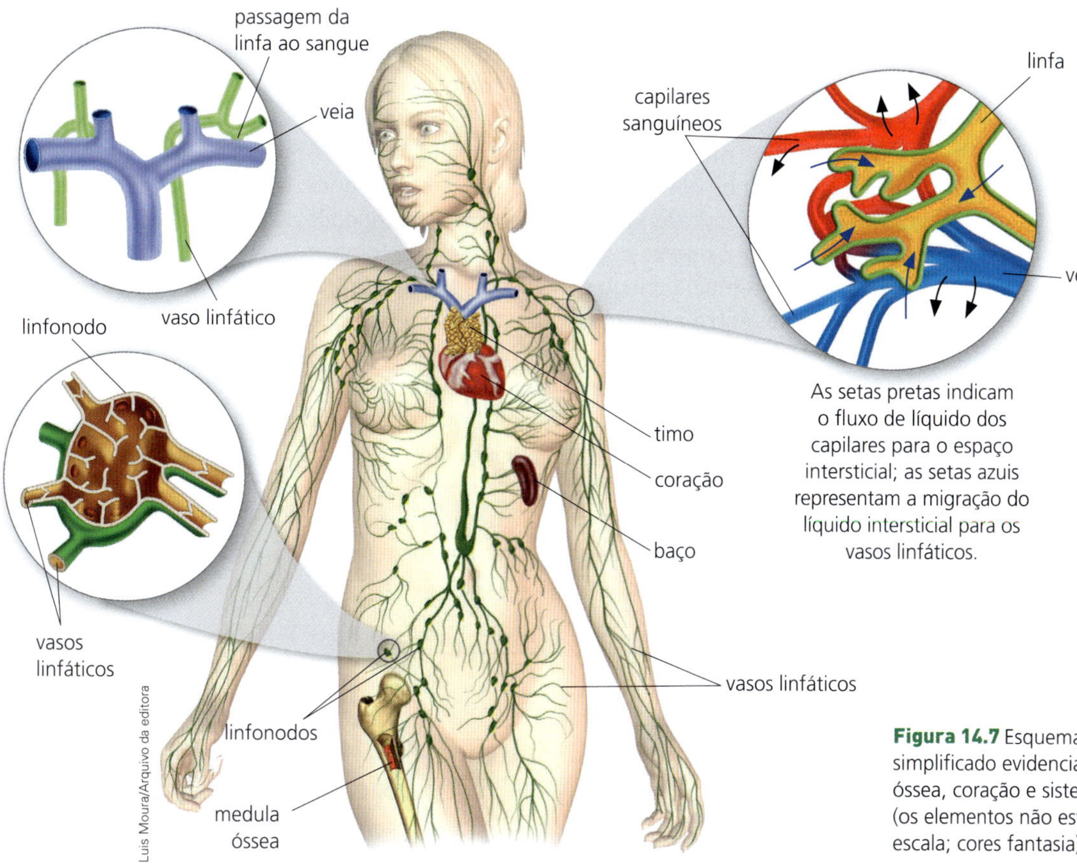

Figura 14.7 Esquema anatômico simplificado evidenciando medula óssea, coração e sistema linfático (os elementos não estão na mesma escala; cores fantasia).

2. SANGUE

O sangue é um tecido cuja substância intercelular – o **plasma** – está no estado líquido, sendo constituída de água (cerca de 92%), sais minerais e proteínas, além de diversas substâncias que são transportadas pelo sangue (alimento, oxigênio, gás carbônico, produtos de excreção, hormônios, etc.).

O plasma representa cerca de 55% do sangue. Os 45% restantes são constituídos pelos chamados **elementos figurados** (glóbulos sanguíneos): hemácias, também chamadas **glóbulos vermelhos** ou **eritrócitos** (*erythron* = vermelho; *kytos* = célula), que são a maior parte (99,9% dos elementos figurados), **leucócitos** (*leukos* = branco) ou **glóbulos brancos** e **plaquetas** ou **trombócitos** (*thrombos* = coágulo).

HEMÁCIAS

As hemácias dos mamíferos são circulares, bicôncavas e anucleadas e contêm hemoglobina, proteína com ferro responsável pelo transporte de oxigênio (**figura 14.8**).

As hemácias são constantemente formadas na medula óssea e, uma vez no sangue, duram cerca de quatro meses; depois são destruídas no fígado e no baço.

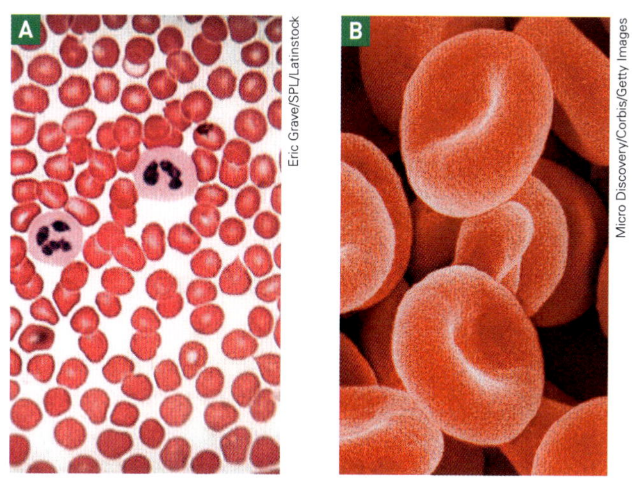

Figura 14.8 **A**: foto de hemácias e dois glóbulos brancos (próximos ao centro da imagem) vistos ao microscópio óptico (aumento de cerca de 400 vezes, com uso de corantes); **B**: foto de hemácias ao microscópio eletrônico (aumento de cerca de 5 mil vezes; imagem colorizada por computador).

ACESSE E SAIBA MAIS

Requisitos básicos para doação de sangue

<www.prosangue.sp.gov.br/artigos/requisitos_basicos_para_doacao.html>

Acesso em: 16 jul. 2018.

A baixa concentração de hemoglobina no sangue, seja pela diminuição no número de hemácias ou pela baixa concentração de hemoglobina em cada glóbulo quando o número de hemácias é normal, caracteriza a **anemia**. O aumento acima do normal no número de hemácias é chamado **policitemia** (*polys* = muito; *kytos* = célula; *haîma* = sangue).

Pessoas que moram em lugares de grande altitude, em geral, apresentam policitemia; em condições de rarefação do ar e, portanto, da baixa concentração de oxigênio, o organismo tende a produzir maior quantidade de hemácias, o que aumenta a captação de oxigênio e seu transporte às células.

Quando a hemácia chega aos vasos sanguíneos do pulmão, o oxigênio, em alta concentração, entra nela e combina-se com a hemoglobina, formando a oxigênio-hemoglobina ou oxi-hemoglobina. Nos tecidos, como a pressão de oxigênio é baixa, visto que ele é constantemente absorvido para a respiração celular, ocorre uma reação inversa: a oxi-hemoglobina libera o oxigênio para as células, transformando-se novamente em hemoglobina (**figura 14.9**).

Em relação ao gás carbônico, cerca de 23% ligam-se à hemoglobina, formando a carbamino-hemoglobina ou carbo-hemoglobina. Outros 77% são transportados dissolvidos no plasma, sendo que a maior parte (cerca de 70%) é transportada na forma de íons bicarbonato.

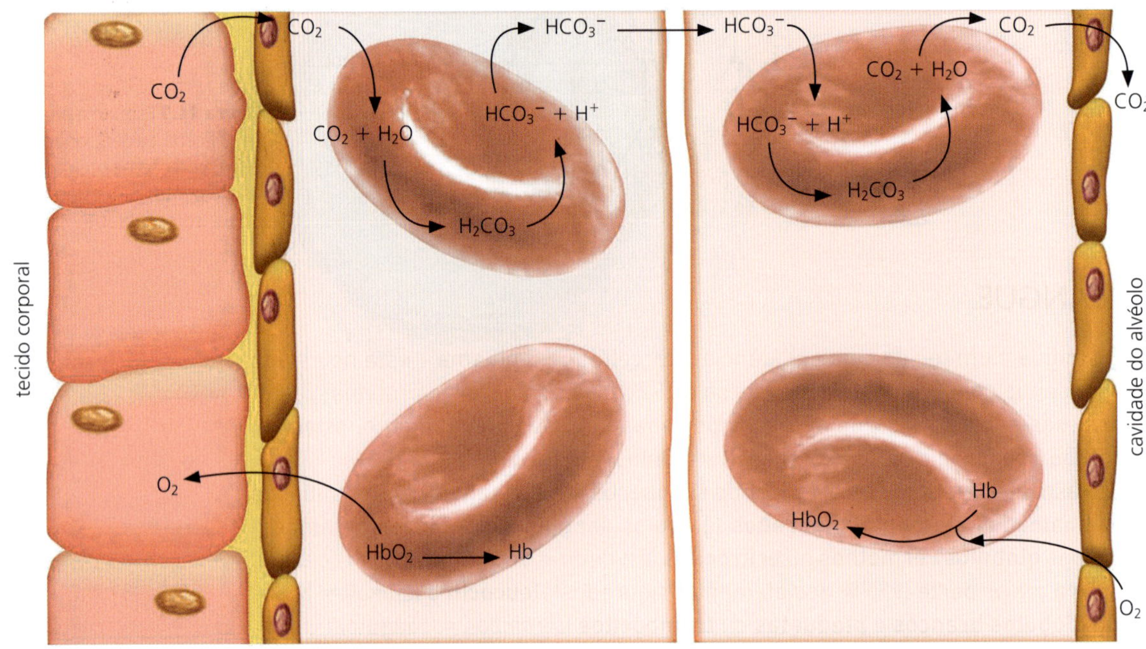

Luis Moura/Arquivo da editora

Nos tecidos, o gás carbônico combina-se com a água, formando íon bicarbonato, e a oxi-hemoglobina (HbO_2) libera oxigênio.

Nos pulmões, o íon bicarbonato libera gás carbônico e o oxigênio combina-se com a hemoglobina (Hb).

Figura 14.9 Esquema simplificado do transporte de oxigênio e gás carbônico pelas hemácias (os elementos não estão na mesma escala; cores fantasia).

O monóxido de carbono (CO), gás formado pela queima dos combustíveis fósseis (e presente também na fumaça do cigarro), é capaz de combinar-se com a hemoglobina e formar a carboxi-hemoglobina, impedindo o transporte de oxigênio. Dependendo do grau de deficiência de oxigenação dos tecidos, esse gás pode provocar desde uma simples dor de cabeça até a perda de consciência e a morte.

LEUCÓCITOS

Os leucócitos combatem microrganismos causadores de doenças e partículas estranhas que penetrem no organismo. Eles também destroem células mortas e restos de tecidos. A **leucemia** é uma forma de câncer na qual há produção descontrolada de leucócitos anormais, incapazes de defender o organismo. Atualmente, várias formas de leucemia são totalmente curáveis.

No sangue humano, há de 6 mil a 10 mil leucócitos por milímetro cúbico. O aumento no número de leucócitos, provocado por certas doenças e infecções, é chamado **leucocitose**. A diminuição é chamada **leucopenia** e pode ser provocada por radiações, certos medicamentos e produtos químicos que causam danos à medula óssea. O indivíduo fica, então, desprotegido contra infecções.

Os diversos tipos de leucócitos são:

- **Basófilos.** São encontrados em menor frequência no sangue (de 0% a 1%) e coram-se com corantes básicos. Possuem grãos ricos em histamina. Eles e os mastócitos, células encontradas no tecido conjuntivo propriamente dito, têm basicamente a mesma função nas reações alérgicas. Quando o corpo é invadido por uma proteína estranha, os plasmócitos produzem anticorpos contra essa proteína, que se fixam nos mastócitos e nos basófilos, promovendo a ruptura da membrana e desencadeando a liberação de histamina e outras substâncias que provocam as reações alérgicas.
- **Eosinófilos** ou **acidófilos.** Constituem de 2% a 4% do total de leucócitos e coram-se pela eosina, corante ácido. Defendem o corpo contra vermes parasitas e partículas invasoras de maior tamanho, liberando substâncias químicas contra eles; também fagocitam o complexo antígeno-anticorpo formado nas reações alérgicas.
- **Neutrófilos.** São encontrados com maior frequência no sangue, correspondendo a cerca de 60% a 70% do total. Recebem esse nome porque apresentam grãos que se coram por meio de corantes neutros. São os mais ativos na fagocitose e muitos de seus grãos são lisossomos, ricos em enzimas digestivas.

  Quando bactérias atravessam o tecido epitelial e atingem o tecido conjuntivo, elas e os tecidos lesados liberam substâncias que atraem os neutrófilos para o local da invasão (**figura 14.10**). Estes atravessam a parede dos vasos capilares e passam para o tecido conjuntivo. Essa passagem, chamada **diapedese** (*dia* = através de; *pedans* = saltar), é facilitada pela histamina produzida pelos mastócitos do tecido conjuntivo e pelos basófilos; a histamina provoca a dilatação dos capilares, abrindo poros que dão passagem aos leucócitos.

  Em seguida, os neutrófilos fagocitam as bactérias e as digerem nos lisossomos. Muitos leucócitos podem morrer nessa atividade, devido às toxinas liberadas pelas bactérias. Quando isso ocorre, surge o pus, que é formado por aglomerados de leucócitos mortos e bactérias.

ACESSE E SAIBA MAIS

O que é leucemia

<https://ed.ted.com/lessons/what-is-leukemia-danilo-allegra-and-dania-puggioni>

Acesso em: 16 jul. 2018.

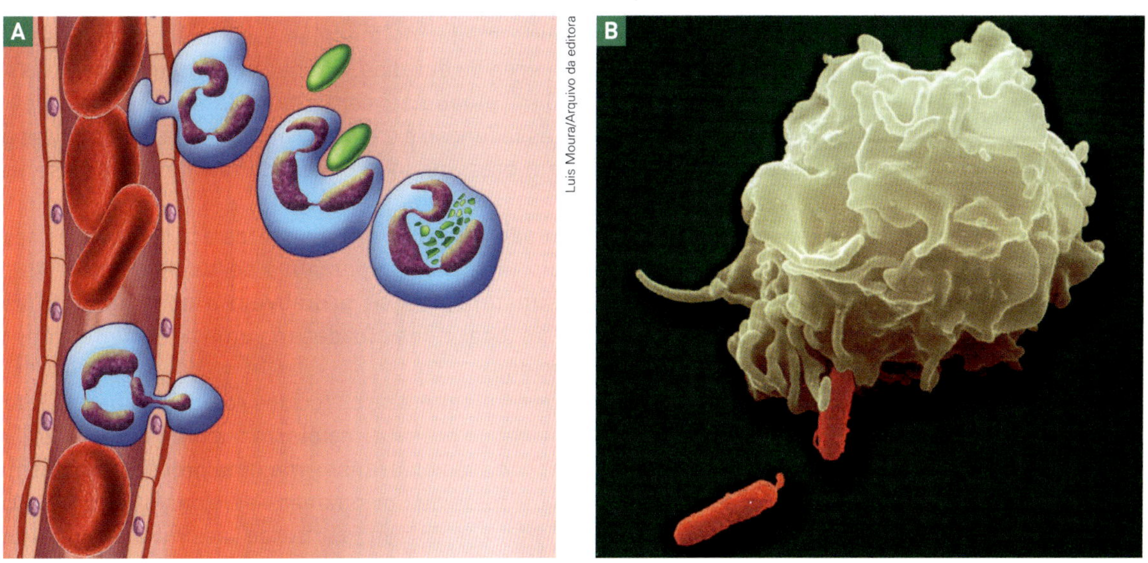

Luis Moura/Arquivo da editora

Juergen Berger/SPL/Latinstock

Figura 14.10 A: esquema da saída de um neutrófilo do sangue e fagocitose de microrganismos invasores (os elementos não estão na mesma escala; cores fantasia). **B**: foto de glóbulo branco (9 μm a 12 μm de diâmetro) fagocitando bactérias (imagem ao microscópio eletrônico; colorizada por computador).

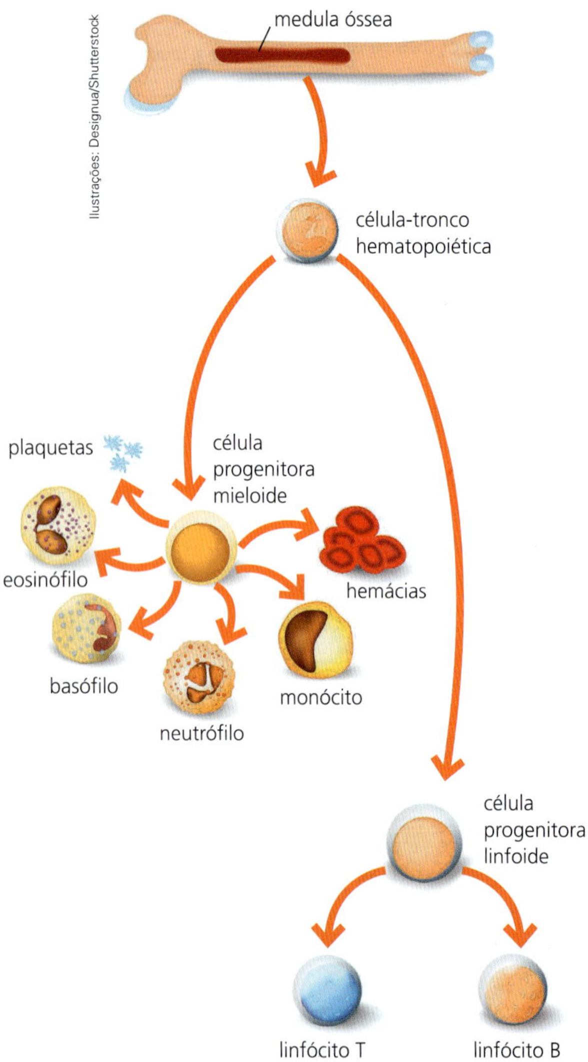

Figura 14.11 Esquema da formação e especialização dos linfócitos B e T e demais células sanguíneas (os elementos não estão na mesma escala; cores fantasia).

- **Monócitos.** São os leucócitos de maior tamanho e constituem de 3% a 8% do total. Saem do sangue e transformam-se em **macrófagos**, fagocitando microrganismos e células mortas.
- **Linfócitos.** Correspondem a cerca de 20% a 30% dos leucócitos. Como vimos, surgem inicialmente na medula e depois migram para os tecidos linfáticos. Há dois tipos: T e B.
  Os linfócitos T são assim chamados porque são produzidos a partir de células não especializadas da medula óssea (células-tronco) que passam pelo timo, no qual se tornam capazes de reagir aos antígenos. Depois, elas se dirigem para o baço, os linfonodos e outras partes do sistema linfático (**figura 14.11**).
  Os linfócitos B também são produzidos a partir de células da medula óssea. A letra B vem de bolsa de Fabricius, órgão linfático existente nas aves para o qual essas células migram, indo depois para os demais tecidos linfáticos. Nos mamíferos essa bolsa não existe, e essas células amadurecem na própria medula, indo depois para os tecidos linfáticos. Nestes, podem transformar-se em células do tecido conjuntivo, chamadas plasmócitos, e produzir anticorpos, caso entrem em contato com uma proteína estranha ou um antígeno.

PLAQUETAS

ACESSE E SAIBA MAIS

Doação de plaquetas

<www.prosangue.sp.gov.br/artigos/doacao_de_plaquetas.html>

Acesso em: 16 jul. 2018.

As plaquetas são pequenos fragmentos de citoplasma desprovidos de núcleo e em forma de disco. Elas são formadas na medula óssea e lançadas no sangue, no qual vivem e circulam por cerca de dez dias. Em cada milímetro cúbico de sangue, há cerca de 200 mil a 400 mil plaquetas, com a importante função de prevenir ou interromper hemorragias; essa função é chamada **hemostasia** (*haîma* = sangue; *stásis* = parar). Se não fossem elas, qualquer pequeno ferimento representaria sério risco de morte.

Assim que um vaso sanguíneo se rompe, as plaquetas acumulam-se rapidamente na região e formam um tampão, que diminui a perda de sangue. As plaquetas também secretam substâncias que promovem a contração do vaso, diminuindo o fluxo de sangue no local e desencadeando uma série de reações que promovem a coagulação do sangue.

A coagulação ocorre porque as plaquetas e os tecidos rompidos liberam fatores que transformam uma enzima inativa presente no plasma, a protrombina, em uma enzima ativa, a trombina, que, por sua vez, transforma uma proteína do plasma, o fibrinogênio, em fibrina. As moléculas de fibrina unem-se, constituindo uma rede tridimensional que retém os glóbulos do sangue. Surge, assim, o coágulo. Este, alguns minutos depois de formado, contrai-se, expelindo um líquido claro, chamado **soro**, que nada mais é que o plasma sem fibrinogênio e outros fatores retidos no coágulo.

3. SISTEMA IMUNITÁRIO

Cada ser vivo possui algumas proteínas diferentes das proteínas de outros seres vivos. Assim, quando uma bactéria ou outro microrganismo penetra no corpo de uma pessoa, as proteínas desse invasor não são reconhecidas e tem início a produção de **anticorpos**, proteínas do corpo invadido capazes de neutralizar as proteínas estranhas, também chamadas **antígenos**. Os anticorpos são específicos: para cada tipo de antígeno é formado apenas um tipo de anticorpo, com forma complementar à do antígeno.

Assim, o **sistema imunitário** ou **imune** produz milhões de grupos diferentes de linfócitos B, cada grupo com um anticorpo diferente em sua membrana. Quando um antígeno penetra no organismo, o anticorpo que lhe é complementar liga-se a ele, o que ativa o linfócito que traz o anticorpo em sua membrana. Os linfócitos ativados se multiplicam e se transformam em plasmócitos, produzindo anticorpos que circulam no sangue. Portanto, o antígeno vai determinar qual grupo de linfócitos será ativado (**figura 14.12**).

ACESSE E SAIBA MAIS

Como o sistema imunitário funciona
<https://ed.ted.com/lessons/how-does-the-immune-system-work-emma-bryce>
Acesso em: 16 jul. 2018.

Ilustrações: Maspi/Arquivo da editora

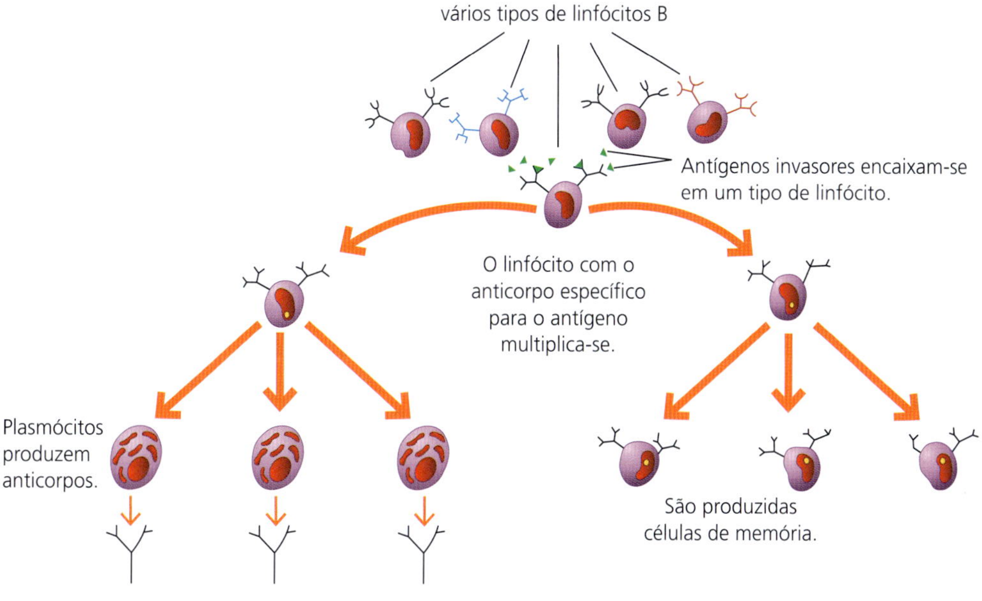

Figura 14.12 Esquema da produção de anticorpos (os anticorpos são cerca de mil vezes menores que a célula; os elementos não estão na mesma escala; cores fantasia).

A união do anticorpo com o antígeno faz com que os agentes infecciosos se aglutinem, evitando que se espalhem pelo corpo e facilitando a ação dos glóbulos brancos e dos macrófagos.

Alguns linfócitos ativados pelo antígeno transformam-se em células de memória, graças às quais o organismo se torna imune a doenças como sarampo, catapora, etc. Se o antígeno invadir o corpo novamente, algumas dessas células transformam-se em plasmócitos em poucas horas.

Enquanto os linfócitos B defendem o organismo pela produção de anticorpos que circulam no sangue, entre os linfócitos T há células que produzem substâncias que ativam outros linfócitos e células que atacam diretamente as células do corpo invadidas por microrganismos, uma espécie de combate corpo a corpo. Esse tipo de defesa é chamado **imunidade celular**.

Depois de ter fagocitado o microrganismo invasor, o macrófago e outras células do sistema imune espalhadas pelo corpo levam, aderidos à membrana, pedaços das proteínas dos antígenos do invasor. Essas células entram em contato com o **linfócito T auxiliador**, que possui em sua membrana uma proteína capaz de se encaixar nos antígenos. A partir desse momento, o linfócito T auxiliador produz substâncias que estimulam a sua multiplicação e a de outros linfócitos T e B.

No caso da aids, o vírus ataca o linfócito T auxiliador, prejudicando o sistema imune. Assim, a pessoa fica mais suscetível a infecções.

ACESSE E SAIBA MAIS

Vacinas – mitos e verdades

<www.youtube.com/watch?v=U6_lnbZ8Ea0>

Acesso em: 16 jul. 2018.

VACINAS E SOROS: DEFESAS ARTIFICIAIS

A vacina é uma forma de **imunização ativa** porque o próprio corpo fabrica os anticorpos contra o agente infeccioso. Em geral, tem a função de prevenir uma doença, embora algumas vacinas sejam dadas ao indivíduo doente para aumentar suas defesas contra microrganismos.

A **vacinação** é uma medida fundamental para promover a saúde de uma população. Ela é feita injetando no organismo agentes que estimulam a produção de defesas sem, no entanto, causar a doença. Esses agentes podem ser bactérias mortas ou suas toxinas desativadas, vírus atenuados ou partes desses vírus que possam ser reconhecidas pelo corpo como antígenos.

Às vezes, porém, é preciso uma defesa rápida, por exemplo: quando um indivíduo sofre ferimentos suspeitos de contaminação pelo bacilo do tétano ou pelo vírus da raiva ou quando é picado por serpentes peçonhentas. Nesses casos, não se deve esperar que seu corpo produza anticorpos, pois esse processo é muito lento em relação à capacidade de proliferação do microrganismo invasor ou ao alto poder tóxico da peçonha. Assim, deve-se inocular no indivíduo um líquido obtido do sangue de um animal previamente colocado em contato com a peçonha ou com o agente infeccioso – o **soro** ou **soro imune** –, com certa quantidade de anticorpos, que começam a neutralizar imediatamente os antígenos. Depois, o indivíduo passa a produzir os próprios anticorpos, impedindo a progressão da infecção ou da intoxicação.

A preparação do soro pode ser feita em cavalos, coelhos ou cabras (**figura 14.13**). O soro, portanto, tem efeito curativo e é uma **imunização passiva**, uma vez que o organismo recebe os anticorpos já prontos. Esse tipo de imunização ocorre naturalmente durante a gestação, quando os anticorpos maternos passam para o feto por meio da placenta, e também durante a amamentação.

Figura 14.13 O soro antiofídico é obtido a partir do sangue de um animal de grande porte, como o cavalo, que produz agentes de defesa contra a peçonha inoculada em seu organismo. No esquema, preparação de soro antiofídico (os elementos não estão na mesma escala; cores fantasia).

ATIVIDADES

Questões discursivas

1. Observando um tecido ao microscópio, um estudante não foi capaz de identificar os tipos de células, mas garantiu que não era tecido epitelial, e sim tecido conjuntivo. O que ele deve ter observado que lhe permitiu essa conclusão?

2. A vitamina C é importante para a síntese do colágeno. Com base nisso, explique por que a falta dessa vitamina pode ocasionar hemorragia nas gengivas e na pele (um dos sintomas do escorbuto).

3. O urso-polar possui um tecido muscular bem desenvolvido. Que outro tecido você acha que é bem desenvolvido nesse animal? Como esse tecido ajuda o urso a sobreviver no frio do Ártico?

4. Um estudante afirmou que a pele é um tecido. Ele está certo? Por quê?

5. Na tatuagem, os desenhos são feitos com pequenas gotas de tinta injetadas na pele. Observe a foto abaixo. A tatuagem é, em princípio, permanente (só pode ser removida por *laser* ou cirurgia). Pense e responda: a tinta é injetada na epiderme ou na derme? Justifique sua resposta. (Atenção: no Brasil, menores de 18 anos só podem tatuar desenhos ou outros elementos na pele com autorização, por escrito, dos pais ou responsáveis legais.)

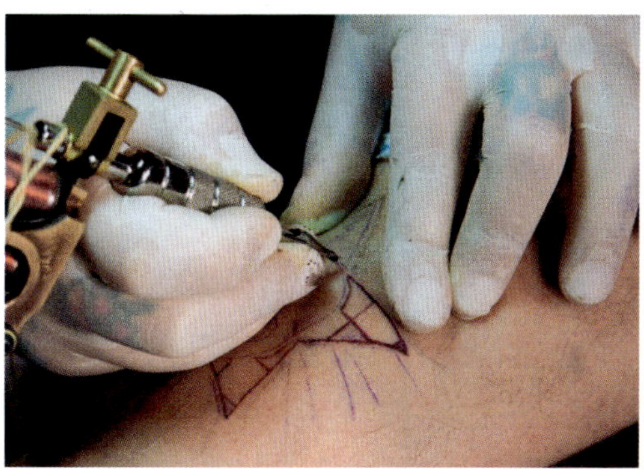

Anna Karwowska/Shutterstock

6. (Udesc) A famosa gordura localizada é uma das principais razões que levam as pessoas para academias de ginástica. Ela é formada por camadas de tecido adiposo, que se desenvolvem em certos locais do corpo (quadris, abdômen, etc.) de maneira acentuada. Contudo, todo o nosso corpo é envolvido, mais ou menos, por uma camada de gordura que fica abaixo da pele. Com base nessa afirmativa, responda:
   a) Como são denominadas as células desse tecido e qual a substância orgânica que armazenam?
   b) A presença desse tecido é importante para o metabolismo do organismo. Comente sobre uma função do tecido adiposo existente em nosso corpo.

7. Explique por que uma pessoa com anemia pode se cansar facilmente, mesmo com a realização de um esforço físico que, em condições normais de saúde, não a cansaria.

8. (UFRN) Para fazer um *piercing* é necessário saber quais são os principais cuidados apontados por especialistas, entre eles, o de optar por áreas sem cartilagens, pois pode haver o risco de infecções e formação de queloides. Considerando isso:
   a) apresente duas funções do tecido cartilaginoso no organismo humano.
   b) justifique, do ponto de vista da constituição do tecido cartilaginoso, as dificuldades para controlar uma infecção em locais que contenham cartilagens.

9. O termo leucemia se aplica a vários tipos de câncer que, apesar de afetarem o sangue, não se originam nele. Responda:
   a) Qual o tecido afetado diretamente? Por que alterações nesse tecido afetam o sangue?
   b) Quais são as células do sangue diretamente afetadas pela leucemia? Como isso ocorre?

10. (UFC-CE) Em muitas clínicas de estética e salões de beleza, podemos constatar promessas de emagrecimento rápido. Uma das técnicas erroneamente divulgadas para o emagrecimento é a massagem conhecida como drenagem linfática manual. Com base nessa informação, responda ao que se pede.
   a) Sabendo-se das funções do sistema linfático, por que a técnica de drenagem linfática manual não é vantajosa no processo de emagrecimento?
   b) Uma das indicações da drenagem linfática manual é a diminuição de edemas provocados pelo acúmulo de líquidos. Qual o papel do sistema linfático na diminuição desses edemas?

11. (FGV-SP) Os cromossomos humanos podem ser estudados em células do sangue. Essa análise pode ser feita tanto em linfócitos como em hemácias? Por quê?

12. (UFG-GO) As respostas imunológicas constituem mecanismos de defesa vitais para os organismos. A esse respeito,
   a) explique a diferença entre a resposta ativa e a passiva;
   b) apresente um exemplo de imunização ativa artificial e um de imunização passiva natural.

13. (Vunesp-SP) Em condições normais, o número de hemácias na espécie humana é aproximadamente constante: 5,5 milhões para o homem e 4,5 milhões para a mulher. Como isso pode ocorrer sendo que a duração da vida das hemácias está limitada a mais ou menos 120 dias?

14. (Vunesp-SP) No Instituto Butantan, o veneno de serpentes é injetado em cavalos, dos quais será retirado certo volume de sangue que será processado em laboratório para a produção de soro antiofídico.

a) Que elemento será produzido pelo organismo do cavalo e que irá se constituir na matéria-prima do soro antiofídico? Esse elemento presente no sangue do cavalo é um carboidrato, lipídio, proteína ou ácido nucleico?

b) O soro antiofídico produzido a partir do sangue de um cavalo no qual foi injetado veneno de jararaca (*Bothrops jararaca*) poderá proteger do veneno de qualquer outra espécie de serpente? Justifique.

Questões objetivas

1. (UFSC) No tecido conjuntivo, cada um dos elementos realiza funções específicas. Assim, as fibras colágenas orientadas paralelamente e a substância fundamental intensamente mineralizada se caracterizam, respectivamente, pelas funções de:

a) dureza e armazenamento.

b) tração e resistência.

c) defesa e preenchimento.

d) elasticidade e reserva.

e) flexibilidade e tenacidade.

2. (Unicamp-SP) A osteoporose, principal causa de quedas entre idosos, é resultado da perda gradual da densidade da matriz óssea, que é remodelada por osteoblastos e osteoclastos. Segundo os especialistas, a prevenção contra a osteoporose deve começar na infância, com alimentação rica em cálcio e em vitamina D, exposição diária ao sol e exercícios físicos. Sobre os vários fatores envolvidos na formação do osso, é correto afirmar que:

a) A fixação do cálcio no tecido ósseo depende da presença de vitamina D, cuja síntese é diminuída em indivíduos que têm o hábito de tomar sol.

b) O excesso de vitamina C pode levar à diminuição da densidade óssea, pois essa vitamina causa degradação das moléculas de colágeno.

c) Os osteoblastos e os osteoclastos são células responsáveis, respectivamente, pela captura de cálcio e pela absorção de vitamina D.

d) Os osteoblastos e os osteoclastos são células responsáveis, respectivamente, pela produção e pela degradação de componentes da matriz óssea.

3. (UFPR) Com relação a tecidos animais de sustentação, pode-se afirmar que:

(01) Os tecidos animais de sustentação são de natureza conjuntiva e caracterizam-se pela riqueza de material intercelular produzido por suas células.

(02) O tecido cartilaginoso é o mais resistente dos tecidos animais de sustentação, tendo substância intercelular calcificada, que lhe dá as características necessárias à sua função.

(04) O tecido ósseo é o constituinte principal do esqueleto dos animais, especializado em suportar pressões. Serve de suporte para as partes moles, protegendo órgãos vitais, como os contidos nas caixas craniana e torácica e no canal raquidiano.

(08) A substância intercelular do tecido ósseo não tem importância em sua função, que é executada exclusivamente por suas células chamadas osteoblastos e osteócitos.

(16) A nutrição de um osso se faz por meio de canais existentes na matriz, que permitem a comunicação dos osteócitos com seus vizinhos, com as superfícies externa e interna do osso e com os canais vasculares da matriz.

Qual é a soma dos números das afirmativas corretas?

4. (Enem-MEC)

Imunobiológicos: diferentes formas de produção, diferentes aplicações

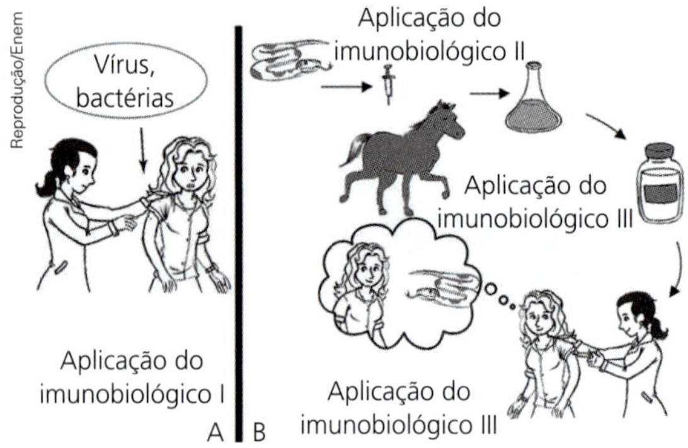

Embora sejam produzidos e utilizados em situações distintas, os imunobiológicos I e II atuam de forma semelhante nos humanos e equinos, pois:

a) conferem imunidade passiva.

b) transferem células de defesa.

c) suprimem a resposta imunológica.

d) estimulam a produção de anticorpos.

e) desencadeiam a produção de antígenos.

5. (Enem-MEC) A adaptação dos integrantes da seleção brasileira de futebol à altitude de La Paz foi muito comentada em 1995, por ocasião de um torneio, como pode ser lido no texto a seguir.

> A seleção brasileira embarca hoje para La Paz, capital da Bolívia, situada a 3 700 metros de altitude, onde disputará o torneio Interamérica. A adaptação deverá ocorrer em um prazo de 10 dias, aproximadamente. O organismo humano, em altitudes elevadas, necessita desse tempo para se adaptar, evitando-se, assim, risco de colapso circulatório.
>
> (Adaptado da revista *Placar*, fev. 1995.)

A adaptação foi necessária principalmente porque a atmosfera de La Paz, quando comparada à das cidades brasileiras, apresenta:

a) menor pressão e menor concentração de oxigênio.

b) maior pressão e maior quantidade de oxigênio.

c) maior pressão e maior concentração de gás carbônico.

d) menor pressão e maior temperatura.

e) maior pressão e menor temperatura.

6. (UFRGS) Quando uma pessoa é picada por um animal peçonhento, deve procurar socorro através de:

a) soro, que induzirá a formação de anticorpos.

b) soro, porque é composto de antígenos específicos.

c) soro, porque contém anticorpos prontos.

d) vacina, porque fornecerá ao organismo elementos de defesa.

e) vacina, para eliminar quimicamente o veneno.

7. (UFRN) Uma pessoa foi fazer um hemograma e obteve o resultado abaixo.

Hemograma		
	Valores obtidos	**Valores referenciais**
Hemácias (milhões/mm³)	5,12	4,5 a 6,5
Leucócitos (mm³)	8 100	4 300 a 10 000
Plaquetas (mm³)	90 000	150 000

Considerando os valores obtidos, apresentados no resultado do hemograma, é correto afirmar que:

a) o número de plaquetas por mm^3 favorece a ocorrência de distúrbios hemorrágicos, caracterizados por uma tendência ao sangramento fácil.

b) a quantidade de plaquetas indica a presença de anemia, associada à dificuldade em transportar o oxigênio e o gás carbônico.

c) o número de leucócitos por mm^3 sugere a presença de infecção bacteriana, caracterizada por uma tendência à hemorragia.

d) a quantidade de hemácias indica que o indivíduo encontra-se devidamente protegido contra os agentes infecciosos.

8. (Enem-MEC) O hemograma é um exame laboratorial que informa o número de hemácias, glóbulos brancos e plaquetas presentes no sangue. A tabela apresenta os valores considerados normais para adultos. Os gráficos mostram os resultados do hemograma de cinco estudantes adultos. Todos os resultados são expressos em número de elementos por milímetro cúbico de sangue.

	Valores normais para adultos
Hemácias	4,5 a 5,9 milhões/mm³
Glóbulos brancos	5 a 10 mil/mm³
Plaquetas	200 a 400 mil/mm³

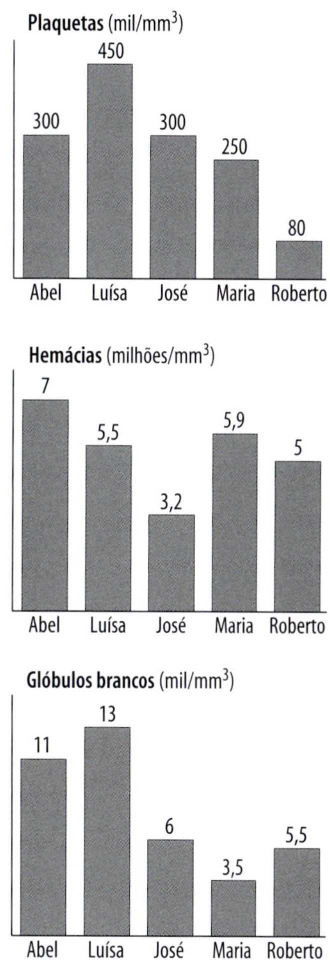

Reprodução/Enem, 2001.

Podem estar ocorrendo deficiência no sistema de defesa do organismo, prejuízos no transporte de gases respiratórios e alterações no processo de coagulação sanguínea, respectivamente, com os estudantes:

a) Maria, José e Roberto.

b) Roberto, José e Abel.

c) Maria, Luísa e Roberto.

d) Roberto,Maria e Luísa.

e) Luísa,Roberto e Abel.

9. (UFMG) A Campanha Nacional de Vacinação do Idoso, instituída pelo Ministério da Saúde do Brasil, vem se revelando uma das mais abrangentes dirigidas à população dessa faixa etária. Além da vacina contra a gripe, os postos de saúde estão aplicando, também, a vacina contra pneumonia pneumocócica. É correto afirmar que essas vacinas protegem porque:

a) são constituídas de moléculas recombinantes.

b) contêm anticorpos específicos.

c) induzem resposta imunológica.

d) impedem mutações dos patógenos.

10. (Enem-MEC) Quando o corpo humano é invadido por elementos estranhos, o sistema imunológico reage. No entanto, muitas vezes o ataque é tão rápido que pode levar a pessoa à morte. A vacinação permite ao organismo preparar sua defesa com antecedência. Mas, se existe suspeita de mal já instalado, é recomendável o uso do soro, que combate de imediato os elementos estranhos enquanto o sistema imunológico se mobiliza para entrar em ação.

Considerando essas informações, o soro específico deve ser usado quando:

a) um idoso deseja se proteger contra a gripe.

b) uma criança for picada por cobra peçonhenta.

c) um bebê deve ser imunizado contra poliomielite.

d) uma cidade quer prevenir uma epidemia de sarampo.

e) uma pessoa vai viajar para região onde existe febre amarela.

11. (Enem-MEC) A variação da quantidade de anticorpos específicos foi medida por meio de uma experiência controlada em duas crianças durante um certo período de tempo. Para a imunização de cada uma das crianças foram utilizados dois procedimentos diferentes: criança I: aplicação de soro imune; criança II: vacinação. O gráfico que melhor representa as taxas de variação da quantidade de anticorpos nas crianças I e II é:

a)
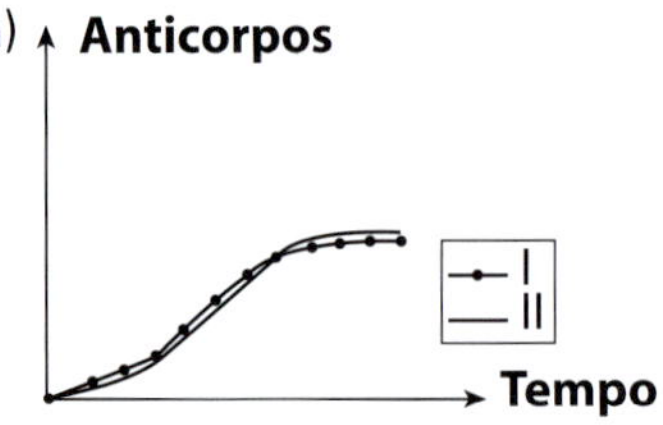

Reprodução/Enem, 1999.

b)
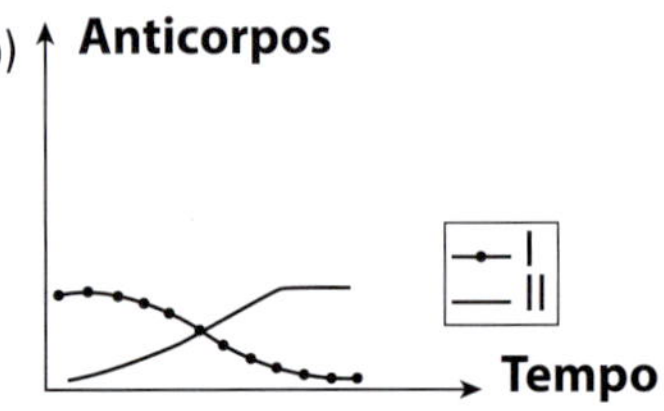

c)
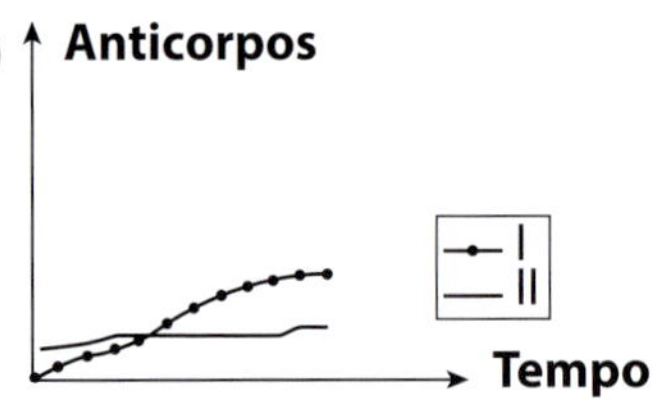

d)
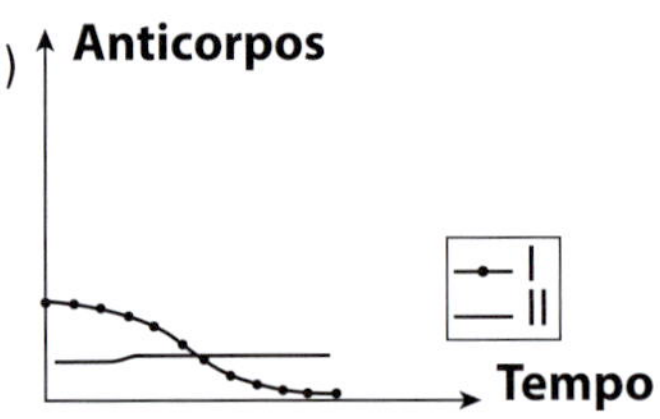

e)
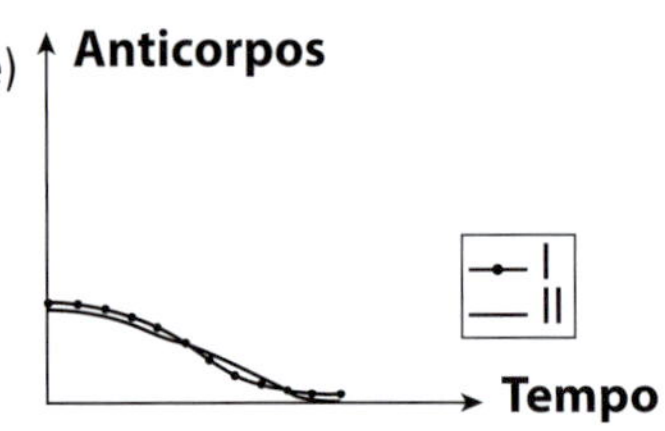

PESQUISEM E COMPARTILHEM

Em grupo, escolham um dos temas a seguir para pesquisar (em livros ou na internet). Depois, exponham o resultado da pesquisa para a classe e para a comunidade escolar. Se possível, os professores de Arte e de Língua Portuguesa podem colaborar na organização da exposição.

Tema I Lesões causadas por esforço repetitivo (LER). O resultado da pesquisa deve ser apresentado na forma de uma campanha de conscientização da população sobre essas lesões. Uma sugestão para apresentar a campanha é na forma digital, por meio de vídeos curtos que podem ser veiculados nas redes sociais. É necessário, no entanto, indicar no vídeo a fonte das informações veiculadas.

I. A sigla LER indica um conjunto de doenças. Quais são as doenças? Quais são as causas?

II. Que órgãos costumam ser afetados? Quais são os principais sintomas?

III. Quais são as formas de tratamento?

IV. Que atividades profissionais costumam apresentar maior incidência dessas doenças?

V. Pode-se dizer que essas doenças chegam a afetar a economia de um país ou de uma empresa? Por quê?

VI. Como podemos nos prevenir contra elas?

Tema 2 Que doenças podem ser diagnosticadas com o auxílio dos exames de sangue? Quais são os requisitos para que uma pessoa possa doar sangue (idade, peso, histórico de doenças, etc.)? Elaborem uma campanha, com folhetos, cartazes e frases de alerta para estimular a doação de sangue. Pesquisem também sobre o transplante de medula óssea, como ele é feito e quais os requisitos para esse procedimento.

Tema 3 Pesquisem as doenças que podem ser prevenidas por vacina, utilizando um calendário de vacinação obrigatória em postos de saúde. Façam um resumo das principais características dessas doenças. Elaborem uma campanha, com folhetos, cartazes e frases de alerta que ressaltem a importância da vacinação. A campanha pode ser veiculada na internet por meio de redes sociais, por exemplo.

Tema 4 Pesquisem como as queimaduras podem ser classificadas em relação à profundidade. As queimaduras podem ser causadas por calor, substâncias químicas ou eletricidade. Podem destruir partes da pele e até tecidos mais profundos e ser classificadas também por área da pele atingida. Apresentem algumas características de cada tipo. Se possível, tentem contatar um profissional de saúde ou um bombeiro que possa dar informações à comunidade escolar sobre noções de primeiros socorros.

ATIVIDADE PRÁTICA

Em grupo, observem a ação de uma substância química sobre um tecido animal.

Material

- dois copos
- dois ossos de coxa de galinha limpos
- filme de PVC
- luvas descartáveis
- um pouco de vinagre

Procedimento

1. Coloquem um dos ossos de galinha num copo com vinagre e o outro num copo com água. Vedem os dois copos com filme de PVC e deixem os ossos de molho por cerca de sete dias. Veja a figura abaixo.

2. Ao fim desse período, retirem os ossos dos copos e lavem bem cada um deles, em água corrente.

Conclusão

I. Tentem dobrar os dois ossos.

II. O que vocês observaram?

III. Conversem com o professor e os colegas e pesquisem (na internet, em livros, etc.) qual pode ser a explicação para o que aconteceu.

CAPÍTULO

15

Medford Taylor/National Geographic Creative/Getty Images

O futebol é uma atividade física que exercita vários grupos musculares.

TECIDOS MUSCULAR E NERVOSO

Atividades físicas melhoram a disposição e podem auxiliar na prevenção de muitos problemas de saúde. Brincadeiras, jogos, esportes e tarefas no contexto da família, da escola e da comunidade são atividades que envolvem o tecido muscular, presente nos músculos. Como veremos, tanto os músculos como os demais componentes do nosso organismo são coordenados pelo sistema nervoso, formado pelo tecido nervoso.

- Por que, quando fazemos atividades físicas, dizemos que estamos gastando energia?
- Como o tecido muscular se desenvolve quando uma pessoa faz exercícios físicos regularmente?
- O que acontece quando tomamos um pequeno choque ou colocamos a mão sobre algo muito quente?
- Quais são os efeitos do álcool sobre o comportamento de uma pessoa?

1. TECIDO MUSCULAR

O músculo é composto de feixes de células musculares envolvidos por tecido conjuntivo propriamente dito. O tecido conjuntivo leva vasos sanguíneos e nervos para as células musculares.

O tecido muscular é formado por células que possuem a capacidade de se contrair, provocando movimentos. Essa contração depende da presença de filamentos de proteínas especiais no citoplasma.

As células musculares são chamadas **fibras musculares** ou, pela terminologia atual, **miócitos** (*mys* = músculo), e os filamentos de proteínas são as **miofibrilas** ou **miofilamentos**.

TIPOS DE TECIDO MUSCULAR

Existem três tipos de tecido muscular – estriado esquelético, não estriado e estriado cardíaco – que diferem entre si pelas características de suas células e pela localização no organismo.

O **tecido estriado esquelético** forma o **músculo estriado esquelético**. Suas células são cilíndricas e muito compridas, pois se originam da fusão de um grande número de células e, por isso, são plurinucleadas, podendo conter centenas de núcleos. Suas miofibrilas apresentam faixas claras e escuras alternadas, formando estrias transversais (**figura 15.1**).

A maioria dos seiscentos músculos esqueléticos está ligada aos ossos, mas também são encontrados no abdome, sustentando as vísceras, e sob a pele do rosto, respondendo pelas expressões fisionômicas e pelo movimento dos olhos.

Quando andamos ou, simplesmente, movemos uma parte do corpo, estamos contraindo o músculo estriado esquelético. É por meio deles que reagimos aos estímulos do ambiente. Portanto, é natural que esse músculo seja capaz de contrações fortes e rápidas e que seja possível controlá-las conscientemente. Assim, dizemos que esses músculos são **voluntários**.

Tecido muscular estriado esquelético

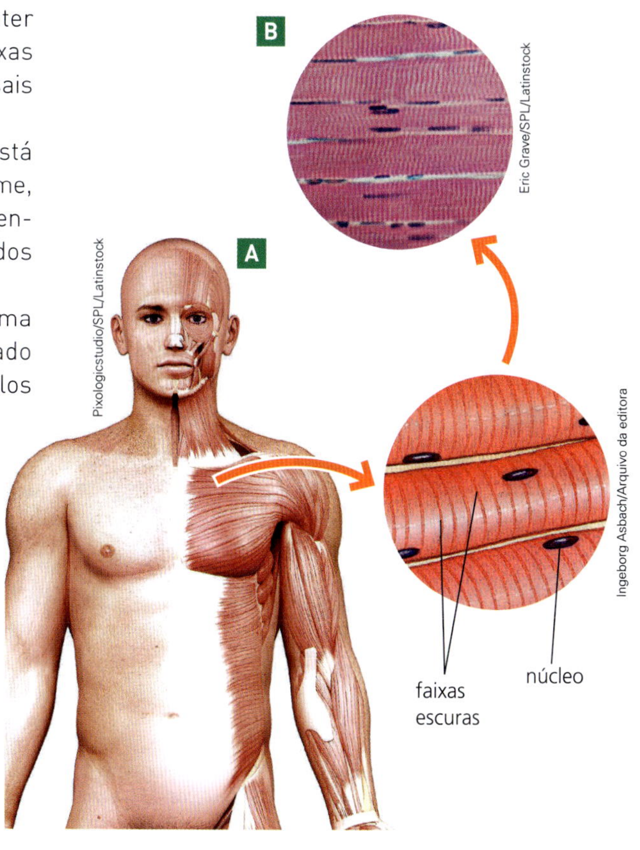

Figura 15.1 **A**: tecido muscular estriado esquelético (os elementos da ilustração não estão na mesma escala; cores fantasia); **B**: foto ao microscópio óptico (aumento de cerca de 150 vezes com uso de corantes).

O **tecido muscular não estriado** forma o **músculo não estriado** (ou **liso**). Suas células são mononucleadas, sem estrias transversais (**figura 15.2**). Está presente nas paredes dos órgãos ocos, como o tubo digestório, o útero, a bexiga, a vesícula biliar, as artérias e veias, os brônquios e bronquíolos; ao redor das glândulas, determinando a eliminação de secreções; e preso aos pelos e ao cabelo, provocando o eriçamento dos pelos aos quais estão presos em resposta a um golpe de ar ou a um susto.

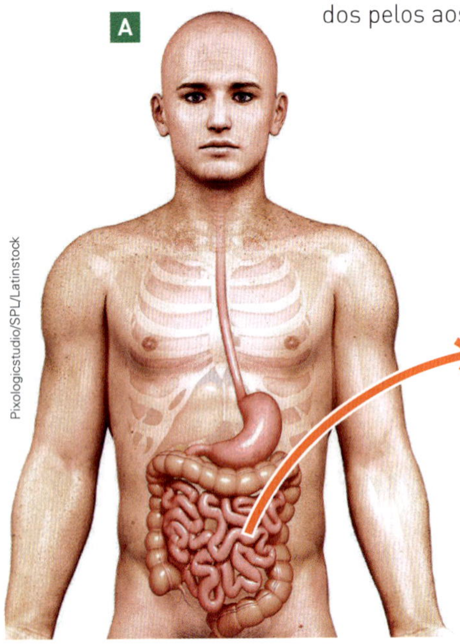

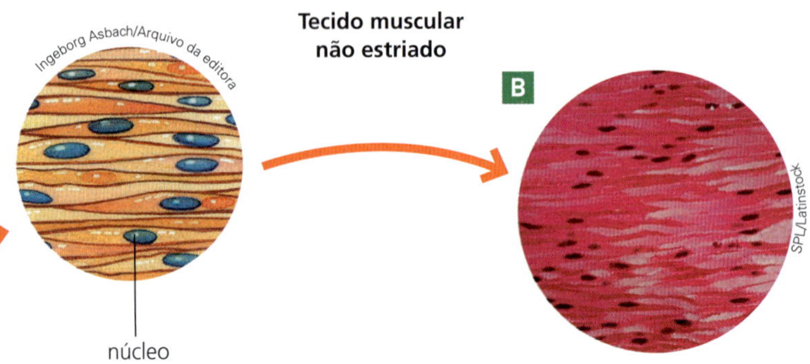

Figura 15.2 **A**: tecido muscular não estriado (os elementos não estão na mesma escala; cores fantasia). **B**: foto ao microscópio óptico (aumento de cerca de 150 vezes com uso de corantes).

Suas funções principais são: empurrar o alimento ao longo do tubo digestório; regular o fluxo de ar para os pulmões pelo controle do diâmetro dos brônquios e bronquíolos; regular o fluxo de sangue para certa região do corpo por meio do controle do diâmetro dos vasos sanguíneos; regular a intensidade de luz que chega aos olhos pelo controle do diâmetro da pupila; secretar a bile da vesícula biliar para o intestino; ajudar na contração do útero no parto; ajudar a eliminar a urina da bexiga (o que é diferente do controle exercido pelo músculo estriado esquelético no esfíncter da uretra, que é voluntário).

Portanto, esse tipo de músculo se contrai independentemente de nossa vontade; é um músculo **involuntário**.

O **tecido muscular estriado cardíaco** forma o **miocárdio** ou **músculo estriado cardíaco**, localizado no coração. Suas células são longas, ramificadas e mononucleadas, com estrias transversais (**figura 15.3**), e contraem-se de forma involuntária, rápida e ritmada.

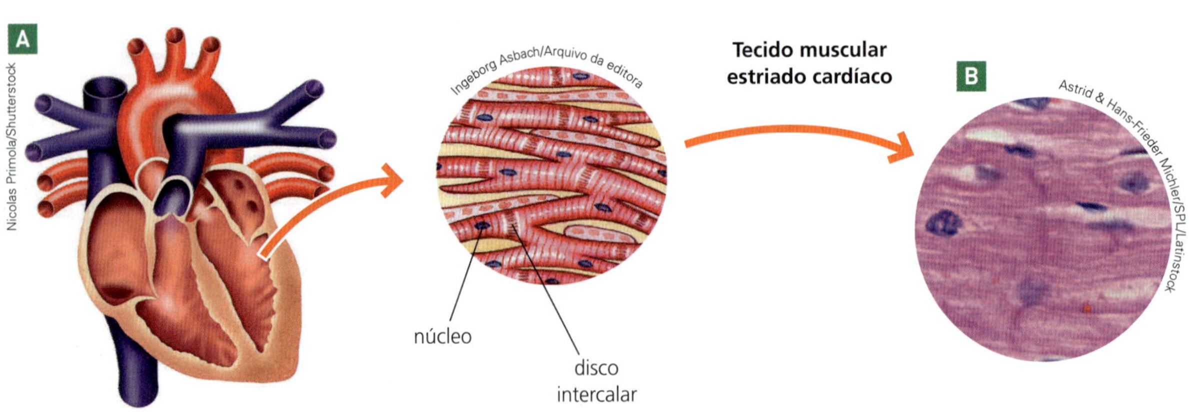

Figura 15.3 **A**: tecido muscular estriado cardíaco (os elementos não estão na mesma escala; cores fantasia). **B**: foto ao microscópio óptico (aumento de cerca de 150 vezes com uso de corantes).

CONTRAÇÃO MUSCULAR

Observando as miofibrilas dos músculos estriados ao microscópio eletrônico, nota-se que elas são constituídas, principalmente, por dois tipos de proteína: a **miosina**, mais espessa, e a **actina**, mais fina.

Nos músculos estriados esqueléticos, essas proteínas organizam-se em filamentos (**figura 15.4**), que se alinham formando regiões claras – **bandas I**, nas quais predomina a actina – alternadas com regiões escuras – **bandas A**, compostas da superposição de miosina e actina. No centro da banda A, há uma faixa um pouco mais clara – **zona** ou **banda H** –, constituída apenas por miosina. No centro da banda I, há uma linha escura – **linha Z** –, formada por outro tipo de proteína, a **alfa-actinina**. O espaço entre duas linhas **Z** é chamado **miômero** (ou **sarcômero** pela antiga terminologia).

A contração é causada pelo deslizamento dos filamentos finos em relação aos espessos, que ocorre quando a molécula de miosina forma ligações químicas com a de actina. Como resultado, a zona **H** desaparece e a distância entre duas linhas **Z** diminui.

A letra "A" em "banda A" (a região escura do miômero) vem da inicial de "anisotrópica", que indica que essa região possui propriedades diferentes (*anisos* = desigual; *tropos* = mudança) em razão da presença de filamentos grossos (miosina) e finos (actina). Já a letra "I" em "banda I" vem de "isotrópica" (*isos* = igual), pois há predominância de filamentos finos (actina).

Nos músculos lisos, os filamentos de actina e miosina formam uma rede dentro da célula, em vez de estarem alinhados. Por isso, não se veem estrias nesses músculos, e a força e a velocidade de contração apresentam-se mais fracas e lentas que nos músculos estriados. No entanto, o mecanismo é semelhante em todos os músculos e envolve o deslizamento dos filamentos de actina.

ACESSE E SAIBA MAIS

Como os músculos funcionam

<https://ed.ted.com/lessons/how-your-muscular-system-works-emma-bryce>

Acesso em: 18 jul. 2018.

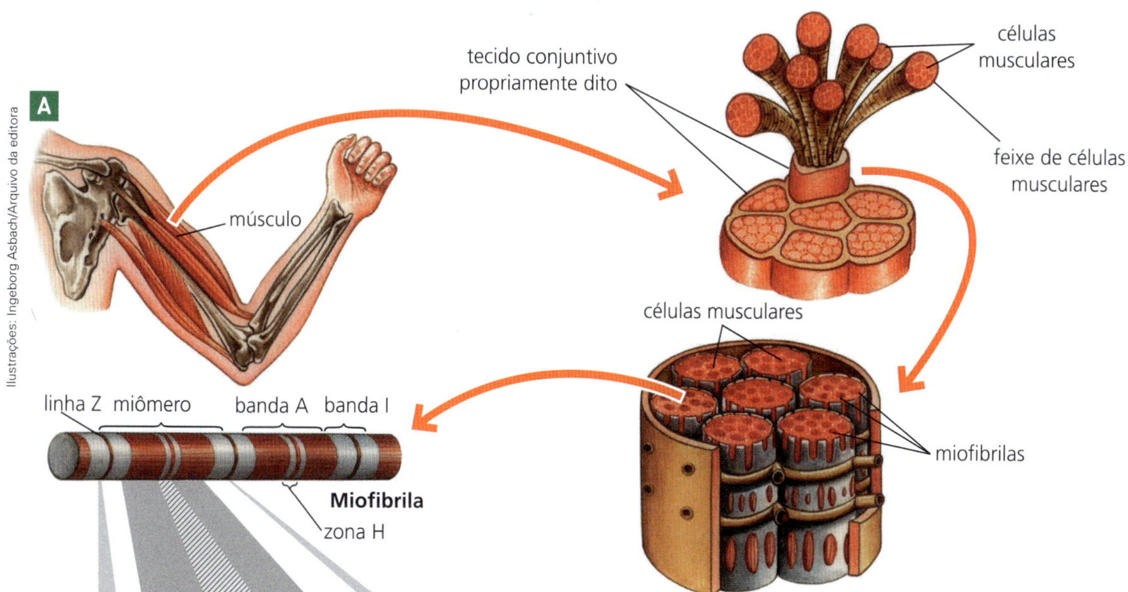

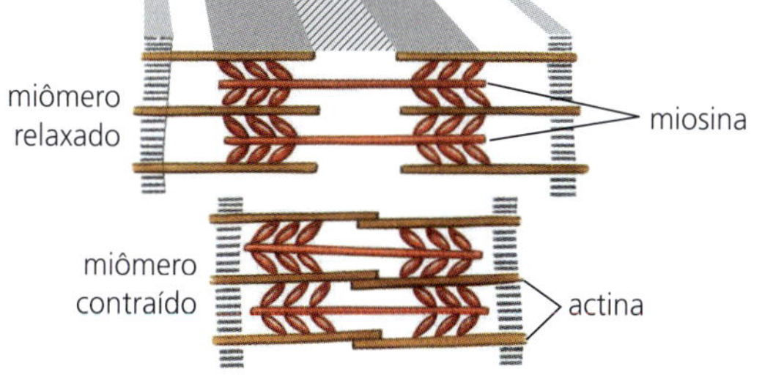

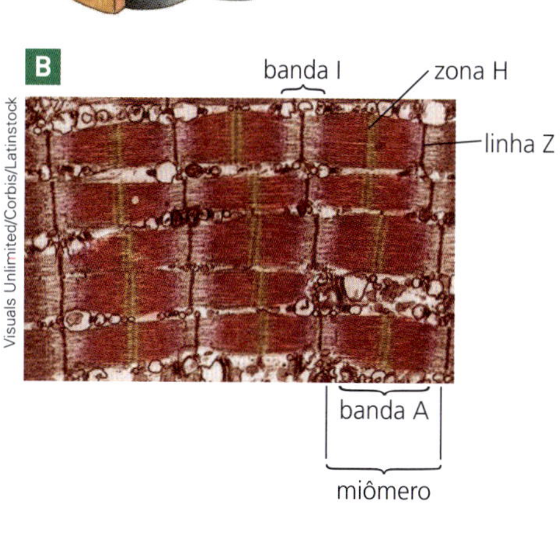

Figura 15.4 **A**: ilustração da miofibrila e da contração muscular (os elementos não estão na mesma escala; cores fantasia). **B**: foto de miômeros de músculo estriado esquelético (microscópio eletrônico; cerca de 25 mil vezes de aumento; imagem colorizada por computador).

A contração do músculo é provocada pelo sistema nervoso. O impulso nervoso, que vamos estudar neste capítulo, provoca a liberação de íons cálcio armazenados no interior do retículo endoplasmático, que, no caso do músculo, é chamado de **retículo sarcoplasmático**. Esses íons promovem a união entre as moléculas de miosina e actina. Em seguida, à custa da energia de moléculas de ATP, a miosina puxa a actina, fazendo-a deslizar. Ainda com a energia do ATP, a miosina solta-se e volta a se ligar em outro ponto da molécula de actina, puxando-a outra vez.

Desse modo, os filamentos movem-se entre si, como os dentes de duas engrenagens.

Cessado o impulso nervoso, o cálcio é bombeado por transporte ativo e armazenado novamente no retículo. As ligações entre a miosina e a actina deixam de existir e o músculo relaxa.

Exercícios de musculação exigem grande esforço muscular para mover pesos. Esse tipo de exercício aumenta o número de miofibrilas em cada célula muscular sem aumentar o número de células. Com isso, o diâmetro e a força da fibra aumentam.

BIOLOGIA E SAÚDE

O perigo do uso de anabolizantes

Os esteroides anabolizantes são hormônios sintéticos semelhantes à testosterona, um hormônio masculino. Eles são indicados por médicos em doses controladas para tratar certos problemas, como a deficiência de hormônios masculinos na adolescência e a perda excessiva da massa corpórea de pacientes com aids. O nome anabolizante indica justamente que essas substâncias estimulam o anabolismo (a produção de substâncias no organismo) e aumentam a síntese de proteínas no músculo.

O consumo de compostos anabolizantes sem prescrição médica, seja para melhorar o desempenho nos esportes, aumentar a massa muscular ou reduzir a quantidade de gordura do corpo, oferece sérios riscos à saúde, e a comercialização indevida desse tipo de medicamento é ilegal.

Em altas doses, os esteroides anabolizantes podem aumentar a irritabilidade e a agressividade, além de produzir sintomas de euforia, alteração de humor, distração, confusão, entre outros.

Além disso, podem interromper o crescimento do adolescente, provocar esterilidade no homem, câncer de fígado e danos aos rins ou ao sistema circulatório (aumento de pressão arterial e até ataque cardíaco). Na mulher, podem ainda diminuir o tamanho dos seios, desequilibrar o ciclo menstrual e desenvolver características masculinas, como pelos na face.

Fontes de pesquisa: <www2.unifesp.br/dpsicobio/cebrid/quest_drogas/esteroides_anabolizantes.htm>; <www.endocrino.org.br/anabolizantes-esteroides-e-os-jovens/>. Acesso em: 13 mar. 2018.

ATENÇÃO!

A comercialização de anabolizantes e de outras drogas é ilegal. A indicação e a prescrição de medicamentos só podem ser feitas por médicos.

2. TECIDO NERVOSO

O tecido nervoso é o principal componente do sistema nervoso, responsável por receber mensagens dos órgãos dos sentidos, armazenar informações e comandar as respostas, fazendo os músculos funcionarem. Ele é composto pelos neurônios e células da glia. Acompanhe a descrição a seguir na **figura 15.5**.

A maioria dos **neurônios** é constituída por uma região chamada **corpo celular** ou **pericário** (*peri* = em volta; *cario* = núcleo), na qual se concentram o citoplasma e o núcleo. Dele, saem várias ramificações: os **dendritos** (*dendron* = árvore; *ito* = pequeno), que recebem mensagens dos órgãos dos sentidos ou de outros neurônios. Essas informações são então passadas para um músculo, uma glândula ou outro neurônio através de um prolongamento maior do corpo celular, o **axônio** (*axon* = eixo). Essa passagem se dá pela região final e ramificada do axônio, o **telodendro**. Em cada ponta da ramificação há pequenas dilatações, os **botões sinápticos** (ou **botões terminais**), que contêm vesículas com mensageiros químicos que levam o impulso para outras células.

A maioria dos axônios é envolvida pelos **neurolemócitos** (célula do neurilema), que já foram denominados **células de Schwann**. Os neurolemócitos se enrolam várias vezes em volta do axônio, depositando diversas camadas de membrana plasmática e formando o **estrato mielínico** (ou **bainha de mielina**, pela terminologia anterior; **figura 15.5**). Nessa bainha, há um lipídio que funciona como isolante elétrico e que aumenta a velocidade de condução do impulso nervoso. Entre os neurolemócitos, há espaços sem mielina, denominados **nós neurofibrosos** (**nódulos de Ranvier**, pela terminologia antiga). O conjunto formado pelo axônio e pelas células que o envolvem é chamado **neurofibra** (ou **fibra nervosa**).

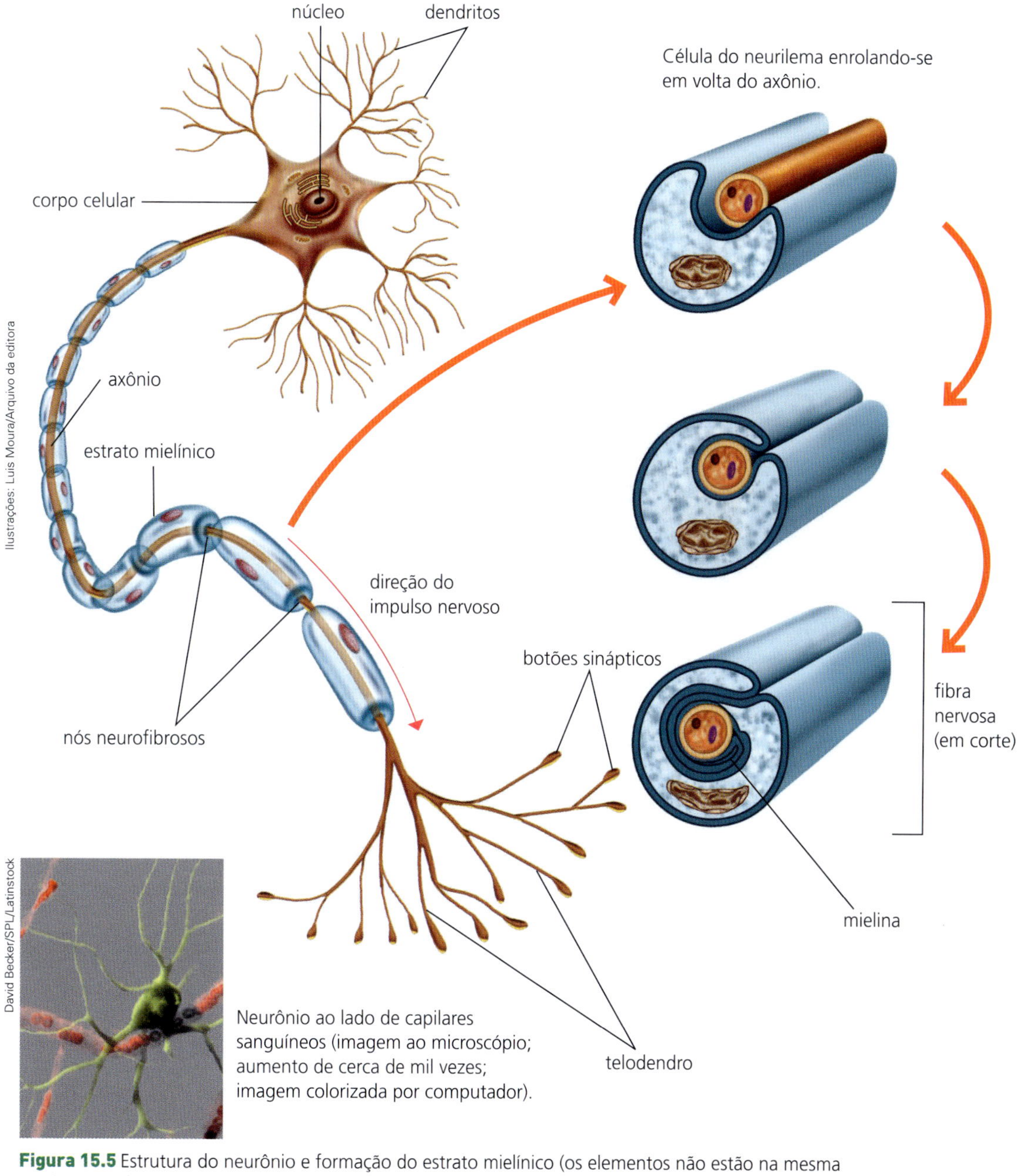

Figura 15.5 Estrutura do neurônio e formação do estrato mielínico (os elementos não estão na mesma escala; cores fantasia).

Os neurolemócitos fazem parte de um grupo de células chamadas **células da glia**, **gliócitos** ou **células gliais** (*glia* = cola, liga). Embora não conduzam mensagens nervosas, os diversos tipos de células da glia exercem funções variadas: sintetizam substâncias nutritivas e mielina, além de participar do sistema de defesa, fagocitando microrganismos.

Em alguns neurônios, o axônio pode atingir até 1 metro de comprimento. Alguns feixes de axônios envolvidos por tecido conjuntivo formam os **nervos**.

As informações recolhidas dos órgãos dos sentidos são levadas por nervos à medula espinal ou ao encéfalo, nos quais são feitas conexões entre os neurônios, e uma mensagem é enviada através dos nervos para músculos ou glândulas (**figura 15.6**).

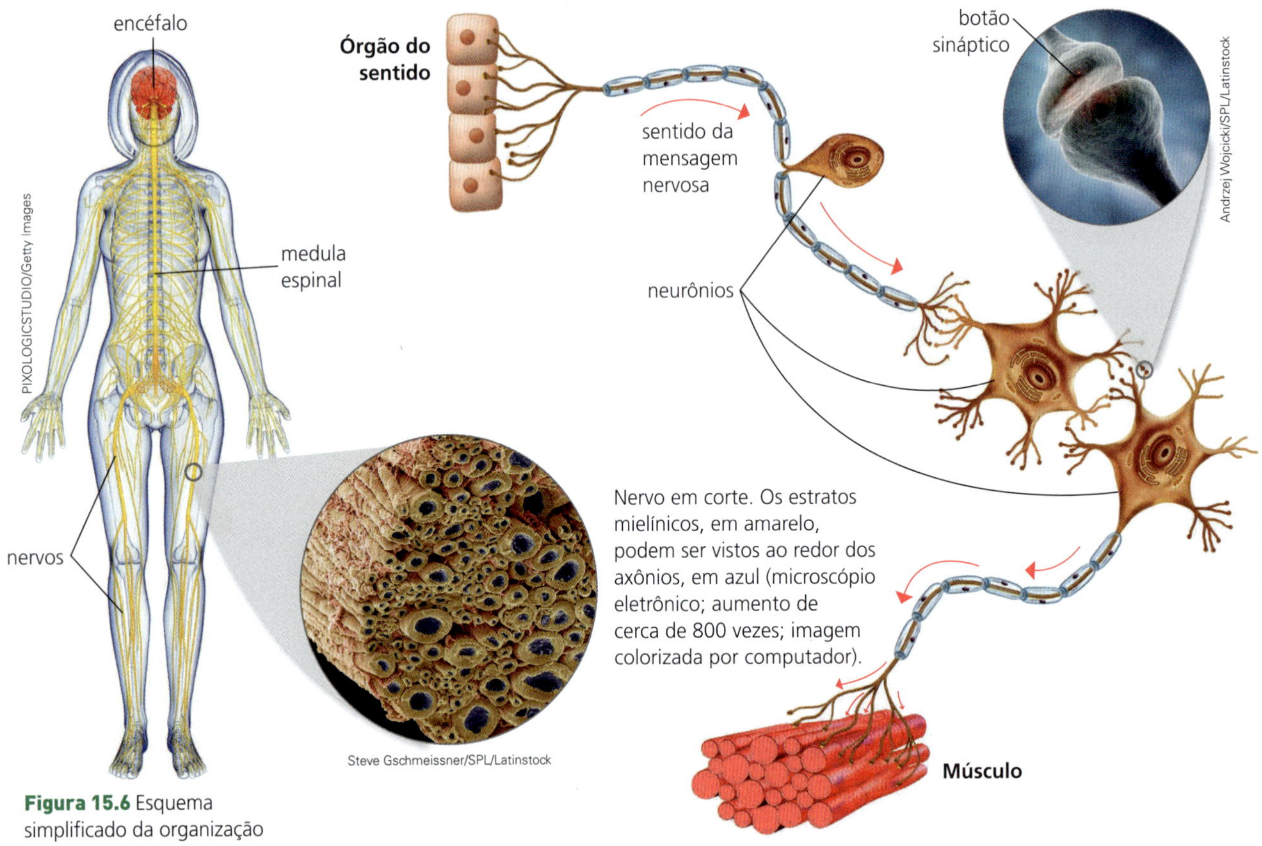

Figura 15.6 Esquema simplificado da organização do sistema nervoso (os elementos da ilustração não estão na mesma escala; um axônio tem entre 0,2 μm e 20 μm de diâmetro e até cerca de 1 metro de comprimento, e os corpos celulares têm cerca de 4 μm a 100 μm de diâmetro; cores fantasia).

O IMPULSO NERVOSO

Os animais são capazes de captar estímulos do ambiente através de estruturas especiais chamadas **receptores**, localizados nos órgão sensoriais. Há receptores adequados para cada tipo de estímulo: os olhos captam luz; as orelhas reagem às ondas sonoras, etc. Qualquer que seja o receptor, sempre há em seu interior terminações nervosas (dendritos) com a função de disparar o impulso nervoso.

Vejamos como é a sequência desse processo.

Como vimos no estudo da membrana plasmática (capítulo 4), a bomba de sódio e potássio é responsável pela diferença de concentração desses íons dentro e fora da célula. Há trinta vezes mais íons potássio dentro da célula que fora dela e quinze vezes mais íons sódio fora que dentro.

Como a quantidade de íons sódio fora da célula é maior que a de íons potássio em seu interior, a face externa da membrana apresenta carga positiva e a interna, com maior concentração de íons fosfato, bicarbonato e proteínas, negativa (**figura 15.7**). Por causa dessa diferença, a membrana fica polarizada, com diferença de potencial – **potencial de repouso** – de cerca de 70 milivolts (mV). A diferença de potencial é uma grandeza estudada em Física. Ela surge quando há uma distribuição desigual de cargas elétricas, como ocorre na membrana do neurônio. Esse é um exemplo de como a Física nos ajuda a compreender importantes fenômenos biológicos.

Quando a membrana do neurônio é atingida por um estímulo de natureza química, elétrica ou mecânica, com um mínimo de intensidade, os canais de sódio, formados por proteínas da membrana, que estavam fechados para a passagem de íons sódio, se abrem. Com isso, a membrana torna-se mais permeável a esses íons, que passam a entrar na célula por difusão, com velocidade maior que a dos íons lançados para fora pela bomba de sódio (**figura 15.7**).

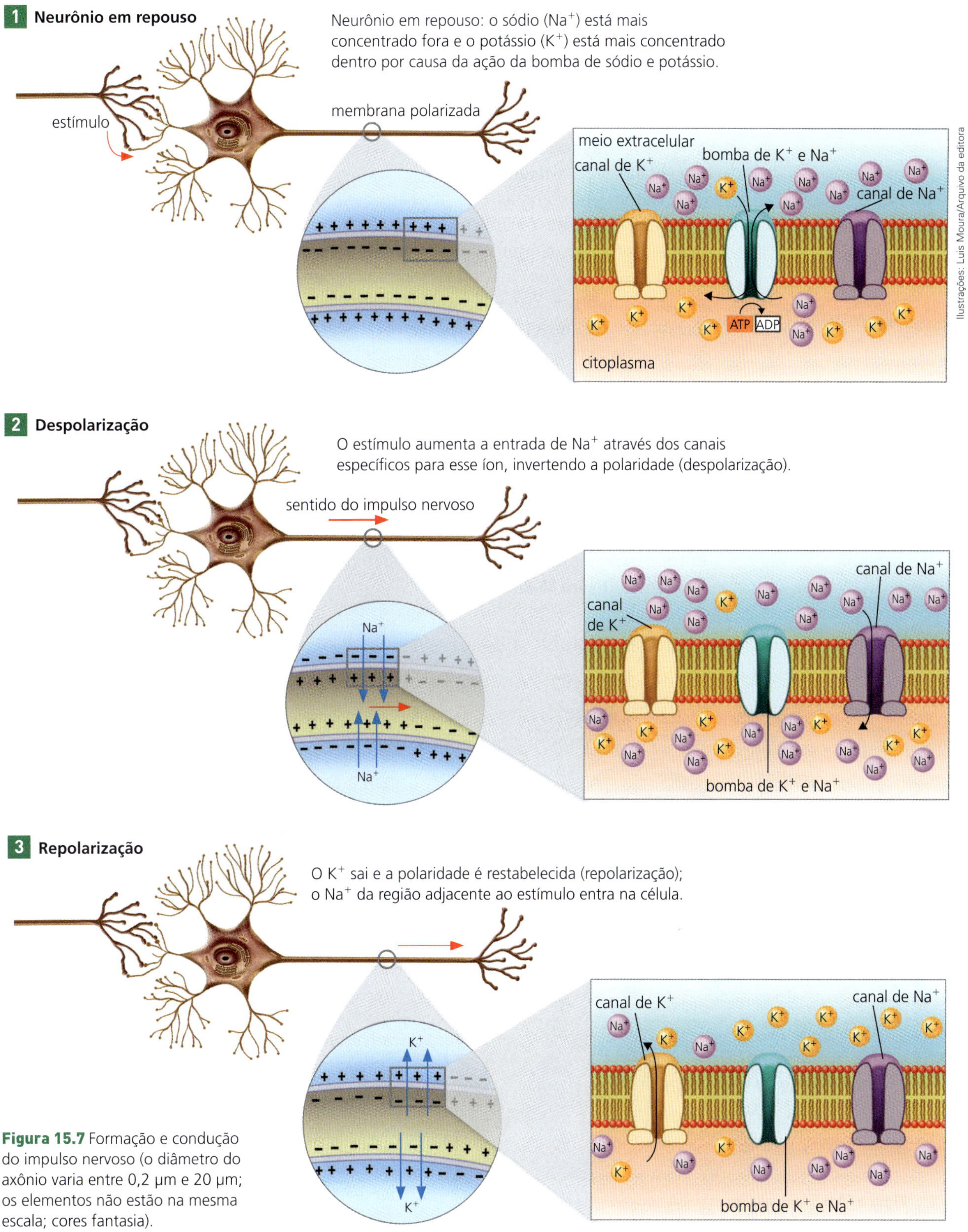

Figura 15.7 Formação e condução do impulso nervoso (o diâmetro do axônio varia entre 0,2 μm e 20 μm; os elementos não estão na mesma escala; cores fantasia).

ACESSE E SAIBA MAIS

Impulsos nervosos e sinapses

<www.youtube.com/watch?v=Kn5YajvxA2w>

Acesso em: 18 jul. 2018.

A entrada de sódio provoca inversão da carga elétrica na membrana que, então, fica negativa por fora e positiva por dentro. A diferença de potencial agora é de cerca de 35 mV. Dizemos que houve despolarização da membrana.

Essa alteração da carga elétrica – chamada **potencial de ação** – não se restringe à região estimulada do neurônio. Ela se propaga ao longo dele a uma velocidade entre 15 m/s e 120 m/s, dependendo do tipo de neurônio. Tal sequência de trocas de cargas elétricas propagando-se pelo neurônio constitui o impulso nervoso.

Logo após a entrada de sódio na célula, os canais de sódio se fecham e os de potássio se abrem. Assim, a membrana torna-se mais permeável ao íon potássio, que sai da célula, e volta a ficar positiva na face externa e negativa na interna. A diferença de potencial retorna aos 70 mV. Portanto, a saída de potássio provoca a **repolarização** da membrana, ou seja, restabelece a polaridade e o potencial originais. Desse modo, o neurônio torna-se apto a conduzir um novo impulso nervoso (reveja a **figura 15.7**).

Existem substâncias que alteram esse processo. Exemplo disso são alguns anestésicos, como a xilocaína, que fecham os canais de sódio e potássio da membrana. Com isso, o impulso nervoso não se forma e a dor não é transmitida.

Só estímulos com intensidade mínima, denominada **limiar excitatório**, podem provocar impulsos. Se o estímulo for muito fraco, com intensidade menor que o limiar excitatório, não haverá impulso nervoso. Acima do limiar, o potencial de ação será sempre o mesmo, qualquer que seja a intensidade do estímulo. Isso quer dizer que o neurônio obedece à lei ou **princípio do tudo ou nada**, isto é, ou o neurônio responde ao estímulo com capacidade máxima ou não há resposta.

No cérebro humano, cada neurônio está ligado a centenas ou milhares de outros. O ponto de contato entre dois neurônios, chamado **sinapse** (*syn* = união; *apsein* = ato de tocar), é formado pela união entre o axônio de um neurônio e os dendritos ou o corpo celular de outro. Examinando a sinapse ao microscópio eletrônico, pode-se ver um pequeno espaço (**fenda sináptica**), de cerca de 30 nm, entre o axônio e os dendritos. Não há, portanto, continuidade anatômica entre os neurônios (**figura 15.8**).

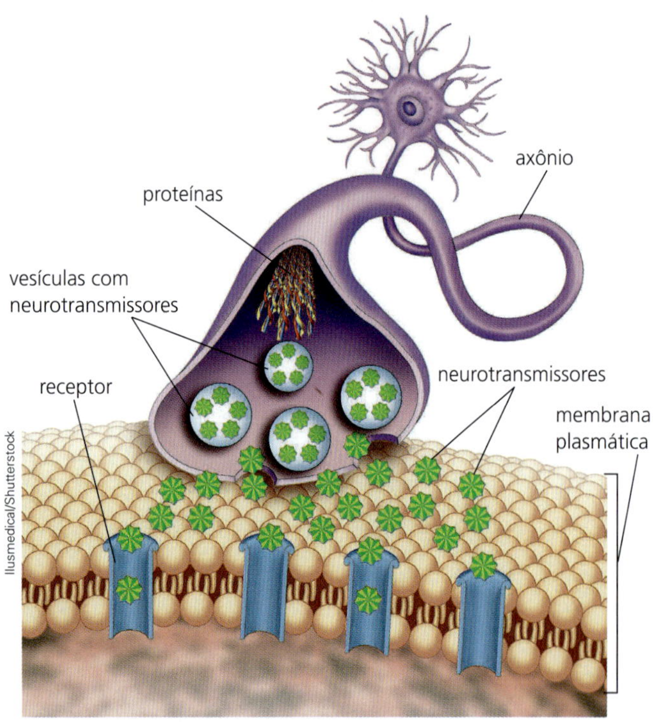

Figura 15.8 Condução do impulso nervoso pela sinapse (os elementos não estão na mesma escala; cores fantasia).

Ao atingir as ramificações finais do axônio, o impulso nervoso provoca o esvaziamento (exocitose) de várias vesículas sinápticas, com a liberação de **neurotransmissores** (também chamados mensageiros químicos, mediadores químicos ou neuro-hormônios), substâncias químicas que se difundem pela sinapse e se ligam a proteínas da membrana (receptores) de outro neurônio. A membrana torna-se mais permeável ao sódio e surge assim um potencial de ação, que se propaga pelo neurônio estimulado. Cerca de 2 a 3 milissegundos depois, essas substâncias são destruídas por enzimas ou reconduzidas para o interior do neurônio que as liberou, fazendo cessar o estímulo.

Já se conhecem centenas de neurotransmissores; dentre eles, acetilcolina, adrenalina, noradrenalina, dopamina, serotonina e ácido gama-aminobutírico.

Como os mediadores químicos estão acumulados somente no final do axônio, a sinapse faz com que o impulso nervoso ao longo do neurônio siga um caminho único: entra pelo dendrito, passa para o corpo celular e sai pelo axônio.

Alguns neurônios conduzem o impulso até o músculo através da **junção mioneural** ou **placa motora**, na qual, da mesma forma que nas sinapses entre neurônios, são liberados mediadores químicos que desencadeiam a contração muscular. Processo semelhante ocorre entre os neurônios e as glândulas, que respondem secretando substâncias.

Os neurotransmissores podem tanto estimular como inibir neurônios. Quando inibem, facilitam a saída do potássio, tornando o neurônio mais polarizado e menos excitável. Como cada neurônio recebe mensagens de centenas de outros neurônios, a resposta final depende do somatório desses impulsos: se a soma total fornecer um estímulo igual ou maior que o limiar excitatório, o impulso nervoso será deflagrado.

BIOLOGIA E SAÚDE

Problemas que afetam os neurotransmissores

Algumas doenças podem afetar os neurotransmissores. O botulismo, por exemplo, é uma intoxicação grave provocada pela bactéria *Clostridium botulinum*, que pode se desenvolver em alimentos enlatados. A bactéria produz uma toxina que impede a liberação de um neurotransmissor e consequentemente impede que o músculo se contraia. Há uma fraqueza muscular progressiva, que pode culminar em paralisia do diafragma e morte.

Para evitar o botulismo, os alimentos devem ser preparados e conservados adequadamente. Não se deve consumir alimentos com cheiro estranho ou que estejam enlatados em embalagens em mau estado de conservação ou estufadas.

O tétano é outra doença infecciosa que afeta os neurotransmissores. É causado pela bactéria *Clostridium tetani*, que pode penetrar no organismo por ferimentos na pele. A bactéria produz uma enzima que bloqueia a liberação de mensageiros químicos.

A doença de Huntington, também chamada coreia de Huntington, tem esse nome devido ao médico estadunidense George Huntington, que a descreveu em 1872. O termo "coreia" vem da palavra grega para "dança", referindo-se aos movimentos involuntários e anormais que aparecem na doença.

Trata-se de uma doença hereditária rara que começa a mostrar os primeiros sintomas entre os 35 e os 50 anos, provocando degeneração progressiva do sistema nervoso, com perda de controle dos movimentos dos membros, dificuldade de fala, perda de memória e outros problemas. Isso acontece devido à destruição de neurônios de partes do cérebro que produzem o neurotransmissor Gaba. Há medicamentos que diminuem os sintomas, mas não há cura.

Na doença de Parkinson, descrita inicialmente em 1817 pelo médico inglês James Parkinson (1755-1824), ocorre a degeneração progressiva de neurônios de uma região do cérebro que produz o mediador químico dopamina e que controla os movimentos e o equilíbrio. Assim, a doença provoca rigidez muscular ou tremores que dificultam a realização de movimentos voluntários. Há medicamentos que trazem a melhora dos sintomas, além da estimulação elétrica de alta frequência, por meio de eletrodos implantados no cérebro.

ARCOS REFLEXOS

Nos órgãos sensoriais há dendritos de neurônios especiais – os **neurônios sensitivos** ou **aferentes** –, que recebem os estímulos do ambiente e os transformam em impulsos nervosos.

Entretanto, apenas a captação de estímulos não é suficiente. Os organismos também devem ser capazes de emitir alguma resposta. Para que isso ocorra, o **neurônio sensitivo** leva o impulso até o **neurônio associativo** (ou **interneurônio**) no cérebro ou na medula. Daí, o impulso passa para outro neurônio – o **neurônio motor** ou **eferente**, que leva a resposta até um órgão efetor, representado por um músculo ou uma glândula (**figura 15.9**). Esse encadeamento de neurônios – chamado **arco reflexo** – é a base dos **atos reflexos**, respostas automáticas e involuntárias a determinados estímulos.

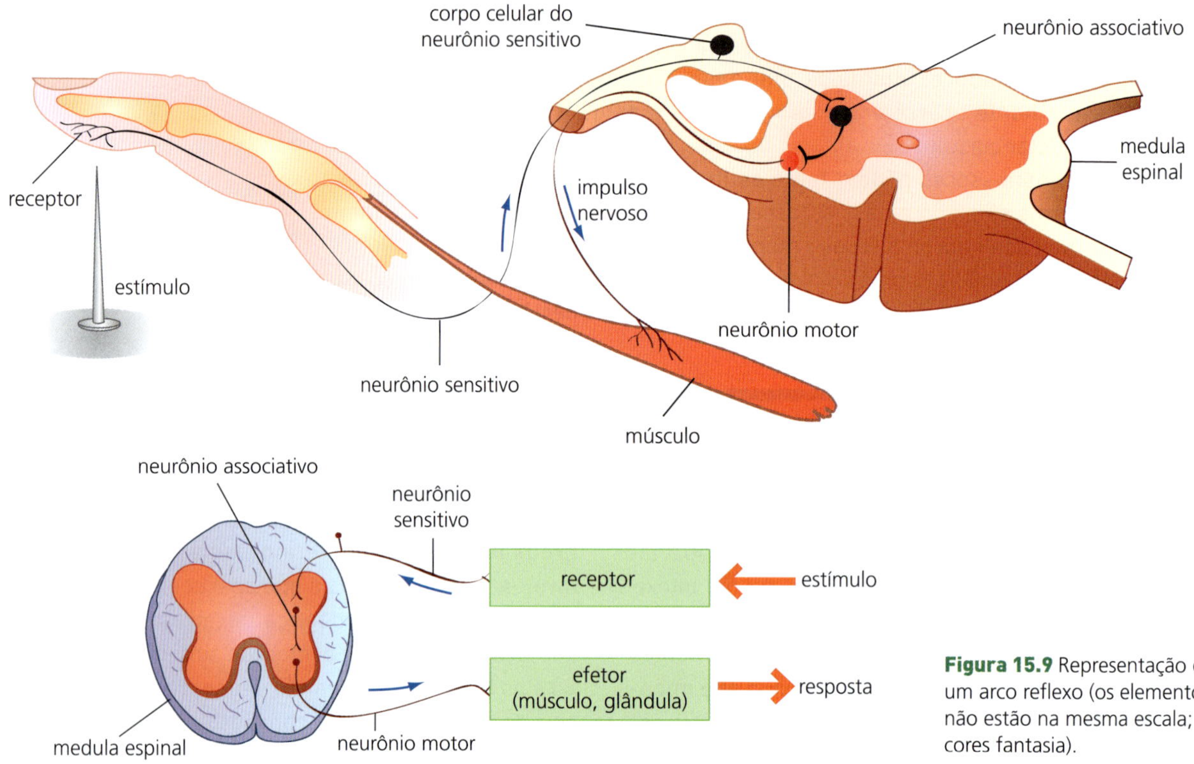

Figura 15.9 Representação de um arco reflexo (os elementos não estão na mesma escala; cores fantasia).

Para testar o reflexo do joelho (reflexo patelar), por exemplo, em geral os médicos dão uma pequena batida com um martelinho de borracha logo abaixo do joelho. Essa pancada comprime um tendão e provoca um ligeiro estiramento em um músculo, estimulando as terminações nervosas de um neurônio sensitivo, que leva o impulso até a medula. Nesta, o impulso passa para o neurônio motor e é levado até o músculo, fazendo com que se contraia. Essa contração provoca na perna um movimento semelhante ao de um pontapé. Nesse reflexo, há apenas dois tipos de neurônios encadeados, o sensitivo e o motor, formando um **arco reflexo simples**. Em todos os outros, entre os neurônios sensitivo e motor há um ou mais neurônios associativos.

BIOLOGIA E SOCIEDADE

O consumo de álcool e os reflexos

O consumo de álcool diminui os reflexos e prejudica a coordenação motora de uma pessoa, além de poder provocar sonolência. Por isso, é muito perigoso dirigir veículos sob o efeito dessa substância. A mistura de álcool e direção é uma das principais causas dos acidentes com veículos. Estudos revelam que, do total de acidentes de trânsito que resultam em internação ou morte, entre 30% e 50% foram provocados por motoristas que consumiram álcool antes de dirigir.

A lei 11.705, chamada Lei Seca, determina que é crime "conduzir veículo automotor com capacidade psicomotora alterada em razão da influência de álcool ou de outra substância psicoativa que determine dependência". Qualquer concentração de álcool no sangue, geralmente determinada pelo uso do etilômetro (popularmente chamado bafômetro), é suficiente para enquadrar o condutor. Outros sinais que indiquem embriaguez, como a coordenação motora e o equilíbrio comprometidos, também podem ser usados como prova da contravenção.

Além do risco de detenção, a multa para os infratores dobra em caso de reincidência no período de um ano. O veículo é retido até a apresentação de um condutor habilitado.

ATIVIDADES

Questões discursivas

1. Você aprendeu que há três tipos de tecido muscular no corpo: o estriado esquelético, o não estriado e o estriado cardíaco. Sabendo disso, identifique que tipo de tecido muscular realiza cada atividade abaixo. Indique também qual deles tem contração voluntária, isto é, qual deles pode ter sua contração controlada conscientemente:

   a) regular a entrada de ar nos brônquios;

   b) promover o batimento cardíaco;

   c) controlar o fluxo do sangue pelas artérias;

   d) esticar o braço;

   e) impulsionar o alimento ao longo do intestino delgado;

   f) chutar uma bola.

2. O curare, veneno que algumas populações indígenas usam em suas flechas, bloqueia os receptores de acetilcolina na membrana das células dos músculos esqueléticos, impedindo a passagem do impulso nervoso para esses músculos. Por que uma pessoa envenenada por curare acaba morrendo por asfixia?

3. (UFG-GO) Leia o texto e observe a figura a seguir.

   Brasil na copa da África

   A seleção brasileira de futebol é a única a participar de todas as copas mundiais. Sua estreia na copa da África do Sul será no dia 15 de junho contra a Coreia do Sul. Como um dos esportes-símbolos nacionais, o futebol promove um elevado desgaste físico aos seus atletas, pois é uma modalidade esportiva intermitente e de longa duração, exigindo movimentos com elevadas ações de contração muscular durante a partida, como esquematizado na figura.

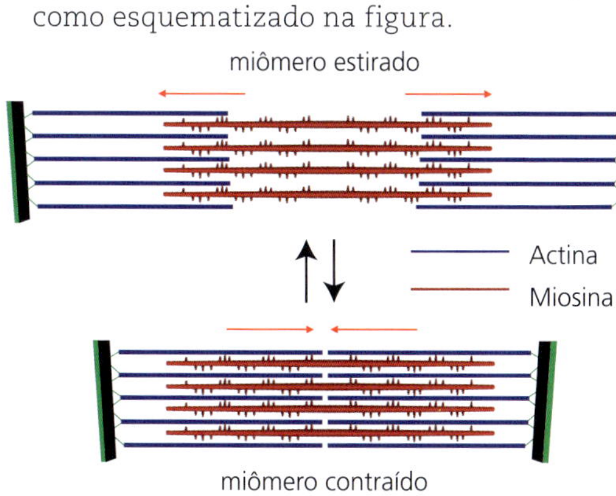

Reprodução/UFG-GO, 2010

   Considerando o exposto, explique como ocorre, no atleta, o movimento de contração da unidade representada na figura durante uma partida de futebol.

4. (Fuvest-SP) O esquema abaixo representa dois neurônios contíguos (**I** e **II**) no corpo de um animal e sua posição em relação a duas estruturas corporais identificadas por X e Y.

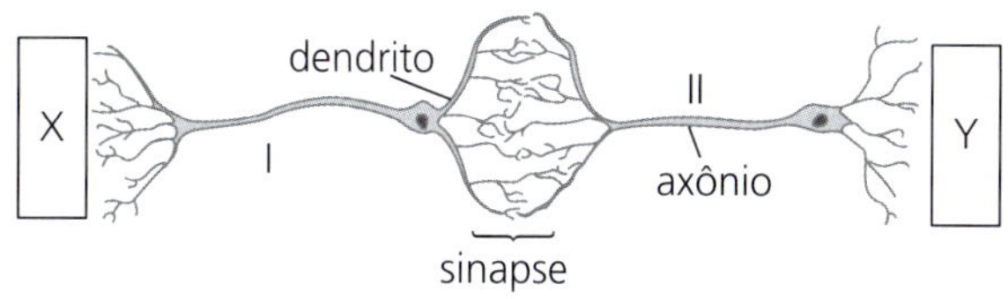

Reprodução/Fuvest-SP, 2004

   a) Tomando-se as estruturas X e Y como referência, em que sentido se propagam os impulsos nervosos através dos neurônios **I** e **II**?

   b) Considerando que, na sinapse mostrada, não há contato físico entre os dois neurônios, o que permite a transmissão do impulso nervoso entre eles?

   c) Explique o mecanismo que garante a transmissão unidirecional do impulso nervoso na sinapse.

Questões objetivas

1. (PUC-MG) São dadas abaixo algumas características de três tipos de tecido muscular animal:

   I. Possui apenas um núcleo, com contração relativamente lenta.

   II. Apresenta células cilíndricas extremamente longas, multinucleadas, de contração rápida e voluntária.

   III. Tem células normalmente mononucleadas, de contrações rápidas e involuntárias, com presença de discos intercalares.

   As características se referem, respectivamente, aos seguintes tecidos musculares:

   a) liso, estriado esquelético e estriado cardíaco.

   b) estriado esquelético, liso e estriado cardíaco.

   c) estriado cardíaco, liso e estriado esquelético.

   d) liso, estriado cardíaco e estriado esquelético.

   e) estriado cardíaco, estriado esquelético e liso.

2. (UFRGS-RS) Os músculos envolvidos no deslocamento do corpo e nos movimentos do sistema digestório são, respectivamente, dos tipos:

   a) estriado e não estriado.

   b) esquelético e estriado.

   c) não estriado e estriado.

   d) não estriado e esquelético.

   e) estriado cardíaco e não estriado.

3. (Mackenzie-SP) Alguns tipos de drogas, utilizadas no tratamento da esquizofrenia, agem bloqueando os receptores de dopamina, um tipo de neurotransmissor, nas sinapses.

A respeito desse bloqueio, é correto afirmar que

a) ocorre no axônio de um neurônio.
b) provoca a destruição dos neurotransmissores.
c) como consequência, não há impulso nervoso no neurônio pós-sináptico.
d) atrasa a condução de um impulso ao longo de um neurônio.
e) provoca a diminuição permanente da produção de ATP no neurônio pós-sináptico.

4. (PUC-SP)

Reprodução/PUC-SP

O que é mostrado na tira, de forma espirituosa, é conhecido em humanos por reflexo patelar, sendo testado por um médico ao bater com um martelo no joelho de uma pessoa. Esse reflexo envolve

a) um neurônio sensitivo que leva o impulso até a medula espinal, onde se conecta com um neurônio motor, que conduz o impulso até o órgão efetuador.
b) vários neurônios sensitivos, que levam o impulso até a medula espinal, onde fazem conexão com inúmeros neurônios, que levam o impulso até o órgão efetuador.
c) um neurônio sensitivo, que leva o impulso até o lobo frontal do cérebro, onde faz conexão com um neurônio motor, que conduz o impulso até o órgão efetuador.
d) um neurônio sensitivo, vários neurônios medulares e um neurônio motor localizado no lobo frontal do cérebro.
e) vários neurônios sensitivos localizados na medula espinal, onde se conectam com neurônios motores, que levam o impulso nervoso ao cérebro e, posteriormente, até o órgão efetuador.

5. (Uerj) O aldicarb, conhecido popularmente como chumbinho, é uma substância de alta toxicidade, derivada do ácido carbâmico. Ele age inibindo a acetilcolinesterase, enzima que, hidrolisando o mediador químico acetilcolina, desempenha um papel importante no processo de transmissão do impulso nervoso em sinapses como as encontradas nas junções neuromusculares.

Observe a concentração de Ca^{++} medida em dois compartimentos de células musculares, em repouso, na ausência de aldicarb.

Nos gráficos I a IV, representados a seguir na mesma escala, observe algumas alterações na concentração de Ca^{++} nesses compartimentos:

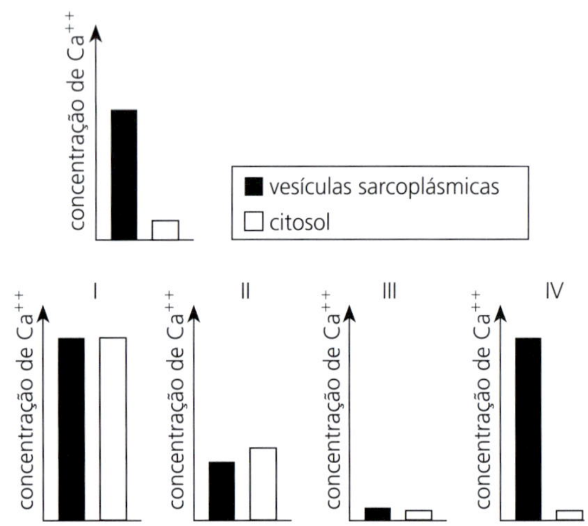

Reprodução/Uerj, 2009

O gráfico que mostra a ação do aldicarb, logo após sua penetração na junção neuromuscular, é o de número:

a) I
c) III
b) II
d) IV

6. (UFSC) Qual dos gráficos a seguir melhor representa a resposta de um único neurônio à variação da intensidade do estímulo sobre ele praticado?

Reprodução/UFSC

a)
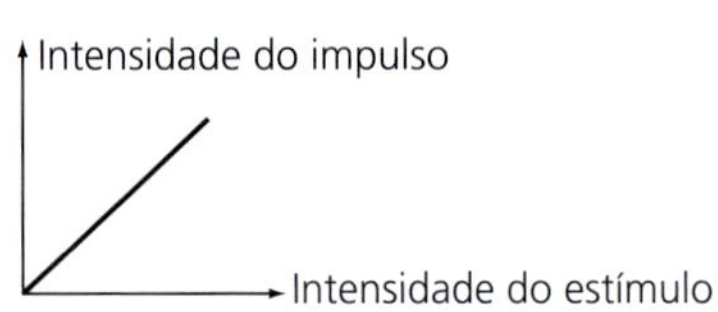

b)
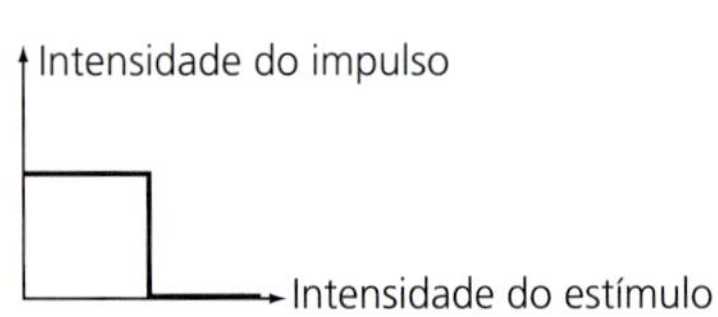

c)
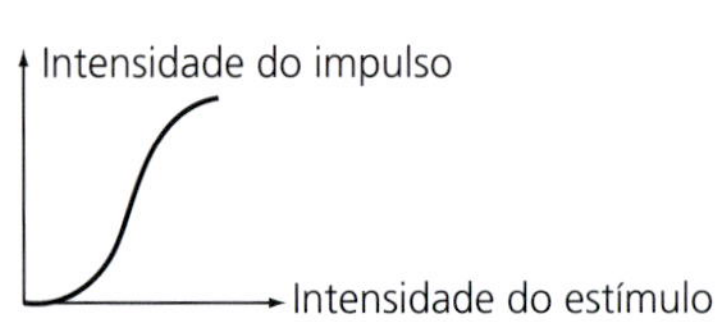

d) 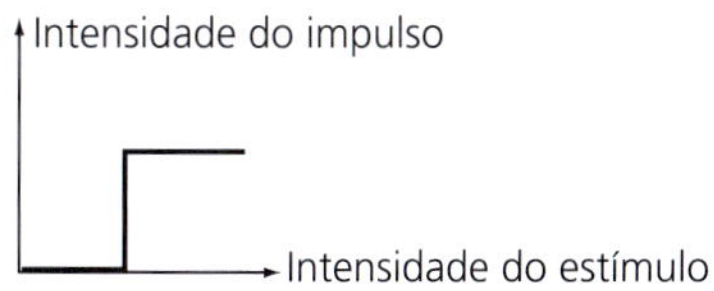

e) 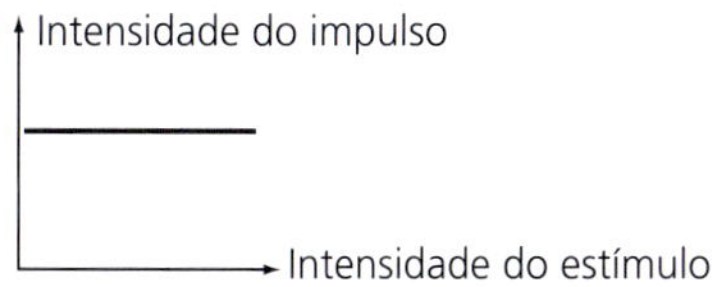

Reprodução/UFSC

7. (Enem-MEC)

A cafeína atua no cérebro, bloqueando a ação natural de um componente químico associado ao sono, a adenosina. Para uma célula nervosa, a cafeína se parece com a adenosina e combina-se com seus receptores. No entanto, ela não diminui a atividade das células da mesma forma. Então, ao invés de diminuir a atividade por causa do nível de adenosina, as células aumentam sua atividade, fazendo com que os vasos sanguíneos do cérebro se contraiam, uma vez que a cafeína bloqueia a capacidade da adenosina de dilatá-los. Com a cafeína bloqueando a adenosina, aumenta a excitação dos neurônios, induzindo a hipófise a liberar hormônios que ordenam às suprarrenais que produzam adrenalina, considerada o hormônio do alerta.

Disponível em: <http://ciencia.hsw.uol.com.br>. Acesso em: 23 abr. 2010 (adaptado).

Infere-se do texto que o objetivo da adição de cafeína em alguns medicamentos contra a dor de cabeça é

a) contrair os vasos sanguíneos do cérebro, diminuindo a compressão sobre as terminações nervosas.
b) aumentar a produção de adrenalina, proporcionando uma sensação de analgesia.
c) aumentar os níveis de adenosina, diminuindo a atividade das células nervosas do cérebro.
d) induzir a hipófise a liberar hormônios, estimulando a produção de adrenalina.
e) excitar os neurônios, aumentando a transmissão de impulsos nervosos.

8. (UFPA) Relacione:

(1) tecido nervoso	(4) hemácias
(2) tecido epitelial	(5) plaquetas
(3) tecido muscular	

( ) revestimento do corpo e dos órgãos internos
( ) transporte de oxigênio e gás carbônico
( ) transmissão de estímulos e respostas
( ) contração e distensão dos órgãos
( ) coagulação sanguínea
( ) secreção glandular

Indique a ordem correta das colunas, de cima para baixo:

a) 3 – 4 – 3 – 2 – 5 – 1
b) 3 – 2 – 1 – 3 – 4 – 1
c) 2 – 5 – 1 – 3 – 4 – 2
d) 1 – 2 – 3 – 4 – 5 – 1
e) 2 – 4 – 1 – 3 – 5 – 2

ATIVIDADE PRÁTICA

Em dupla, realizem este experimento para testar o tempo de reação das pessoas conforme as instruções a seguir.

Material

- régua

Procedimento

1. Um de vocês (pessoa **A**), em pé, segura uma régua de 25 cm a 30 cm por uma das extremidades, verticalmente, com o zero da régua voltado para baixo. O outro (pessoa **B**), sentado, deve manter o polegar e o indicador de uma das mãos esticados (com os demais dedos fechados), envolvendo, sem segurar, a outra extremidade da régua. Vejam a figura.
2. Então, de repente e sem avisar, a pessoa **A** solta a régua. A pessoa **B** deve fechar os dedos o mais rapidamente possível para tentar segurar a régua. A pessoa **A** anota em que ponto a pessoa **B** conseguiu segurar a régua.

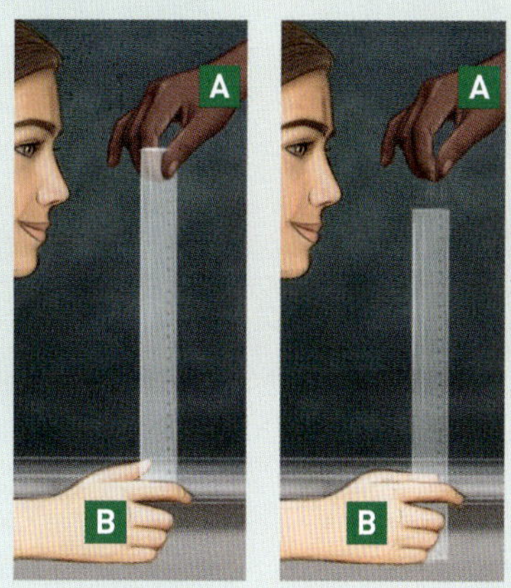

Ilustrações: Mauro Nakata/Arquivo da editora

3. Depois, troquem de posição e repitam os procedimentos.

Conclusão

I. Em que ponto da régua cada um de vocês conseguiu segurá-la? O que esse ponto indica?
II. Por que existe um tempo de reação entre a percepção de que a régua está caindo e o ato de segurá-la?

UNIDADE 4

ORIGEM DA VIDA E CLASSIFICAÇÃO DOS SERES VIVOS

Todos os organismos que formam a biodiversidade dependem uns dos outros para sobreviver. Essa é uma das razões pelas quais devemos estudar os seres vivos, pensando também em formas racionais de utilizar recursos naturais para minimizar o impacto da ação humana sobre eles. Nesta unidade, vamos compreender algumas das teorias que buscam explicar a origem da vida. Em seguida, vamos conhecer os critérios utilizados pelos cientistas para classificar os organismos e estudar os principais grupos que formam a biodiversidade de nosso planeta.

Ajay Kumar/Alamy/Fotoarena

Insetos conhecidos como moscas-das-frutas alimentam-se de frutos de determinadas espécies, como a goiabeira, e os utilizam como proteção para os ovos ali depositados e para as futuras larvas.

MasPix/Alamy/Fotoarena

CAPÍTULO

16

Representação artística da Terra primitiva no período conhecido como Hadeano (iniciado há aproximadamente 4,6 bilhões de anos).

TEORIAS SOBRE A ORIGEM DA VIDA

Vulcões jorrando lava e gases; numerosos impactos de corpos sólidos feitos de poeira cósmica e gelo, originados da formação do Sistema Solar; relâmpagos; radiações ultravioleta intensas; temperatura extremamente alta. Essas condições impediram a presença de vida na Terra por centenas de milhares de anos.

- **Você já se perguntou como surgiu o primeiro ser vivo?**
- **Quais condições possibilitaram o surgimento da vida na Terra?**
- **De onde vêm as mosquinhas que aparecem em bananas e outras frutas?**

1. TEORIA DA GERAÇÃO ESPONTÂNEA × BIOGÊNESE

Pode parecer evidente que um ser vivo origina-se sempre de outros seres vivos. Basta observar cães, gatos e outros mamíferos ao nascer ou aves ao sair do ovo.

No entanto, desde a Antiguidade até pelo menos o início do século XVII, acreditava-se que pequenos seres vivos, como moscas e girinos (larvas de sapos), podiam nascer da matéria sem vida, também chamada **matéria bruta**. Afinal, ninguém ainda havia observado o desenvolvimento desses animais a partir de seus ovos.

A ideia de que a vida pode surgir regularmente da matéria sem vida era conhecida como **teoria da abiogênese** (*a* = sem; *bios* = vida; *genesis* = origem) ou **geração espontânea**.

ACESSE E SAIBA MAIS

Origem da vida
<www.youtube.com/watch?v=xyhZcEY5PCQ>
Acesso em: 18 jul. 2018.

EXPERIÊNCIA DE REDI

No século XVII, o médico italiano Francesco Redi (1626-1697) foi um dos primeiros cientistas a questionar a teoria da geração espontânea. Em 1668, Redi reparou que pequenos seres semelhantes a vermes apareciam em lugares onde moscas voavam e pousavam, como a carne em decomposição. O italiano presumiu, então, que esses supostos vermes eram, na realidade, provenientes de ovos depositados pelas moscas adultas. Para testar sua hipótese, Redi colocou carne, peixe e outros materiais orgânicos em oito frascos de vidro: quatro cobertos com gaze e os outros abertos.

Após alguns dias, surgiram larvas apenas nos frascos que não foram cobertos com gaze (**figura 16.1**). Se a presença de matéria orgânica fosse suficiente para a formação de larvas, elas deveriam ter surgido nos oito recipientes.

O pesquisador usou dois grupos de frascos idênticos, que diferiam apenas por um fator – o fechamento ou não pela gaze. Isso permitiu a comparação dos dois grupos e a conclusão de que as larvas vieram de ovos depositados pelas moscas, e não da simples transformação da carne estragada.

O grupo de frascos abertos serviu de **grupo de controle**; e o grupo de frascos fechados, de **grupo experimental** – um grupo no qual se faz alguma alteração para testar uma hipótese. Essa comparação caracteriza um experimento controlado, característica importante da pesquisa científica.

Francesco Redi generalizou suas conclusões afirmando que todos os seres vivos vêm sempre de outros seres vivos. Assim nascia a **teoria da biogênese**.

Apesar do experimento de Redi, a teoria da abiogênese voltou a ganhar força com a descoberta dos microrganismos em 1683 por Leeuwenhoek. Na ocasião, afirmava-se que os microrganismos recém-descobertos eram tão simples que poderiam surgir da matéria sem vida.

Em 1745, já no século XVIII, o naturalista inglês John Needham (1713-1781) realizou experimentos que também vieram a reforçar a ideia da abiogênese. Em um deles, Needham aqueceu e fechou hermeticamente vários recipientes cheios de caldo de carne. Ele observou que, mesmo com os vidros fechados, se desenvolvia no caldo de carne um grande número de microrganismos (eram bactérias). Segundo ele, isso demonstrava a existência de geração espontânea.

Frascos de vidro preparados por Redi

Figura 16.1 Experimento de Redi (os elementos não estão na mesma escala; cores fantasia).

Ainda assim, cientistas da época questionaram essa conclusão. O padre e biólogo italiano Lazzaro Spallanzani (1729-1799), por exemplo, achava que, como a temperatura dos frascos de Needham não era alta o suficiente, nem todos os microrganismos haviam sido destruídos e, por isso, voltavam a se proliferar depois de um tempo. Partindo dessa hipótese, Spallanzani ferveu caldo de carne por longo tempo em vários frascos e manteve alguns abertos, enquanto o restante foi lacrado logo depois da fervura.

Ao final da experiência, ele demonstrou que os microrganismos só apareciam nos frascos abertos, pois vinham do ar, e não do líquido interno. Needham criticou o experimento de Spallanzani, argumentando que a fervura prolongada teria destruído um "princípio vital" que existiria no caldo de carne e que seria necessário para a formação de organismos por geração espontânea.

Até aquele momento, não se conseguia imaginar um experimento controlado no qual não houvesse interferência desses fatores: o ar e o "princípio vital".

EXPERIMENTO DE PASTEUR

Somente mais de cem anos depois, em 1862, o cientista francês Louis Pasteur (**figura 16.2A**) realizou um experimento que serviu de evidência importante contra a abiogênese. Ele ferveu caldo de carne em um balão de vidro aberto – que possibilitava entrada de ar –, mas com o gargalo curvado em forma de "S". O líquido permaneceu estéril (sem microrganismos) por muito tempo, pois, apesar de entrar ar, os microrganismos, vindos com o ar, ficavam retidos junto à poeira na curvatura do gargalo (**figura 16.2B**).

Para demonstrar que a ausência de microrganismos não se devia à falta do suposto princípio vital, após alguns dias Pasteur quebrou o balão de vidro de modo que o caldo estéril entrasse em contato com a poeira; depois de dezoito horas, o frasco estava cheio de bactérias. Essas experiências de Pasteur e, anteriormente, as de Redi contribuíram para a ideia da biogênese.

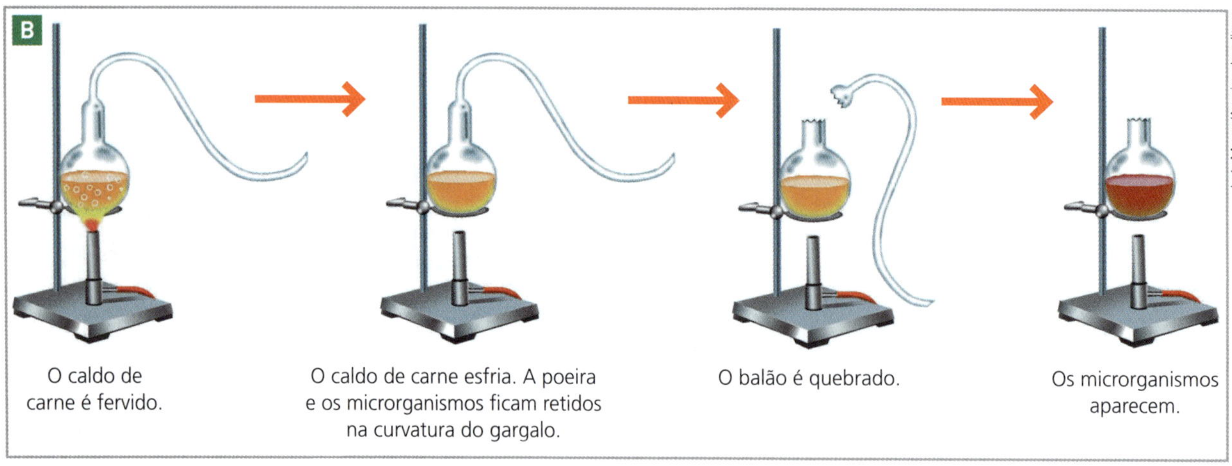

Figura 16.2 A: Louis Pasteur (1822-1895) em seu laboratório; **B**: ilustração do experimento de Pasteur, que teve o objetivo de derrubar a ideia de que os microrganismos surgem por geração espontânea (os elementos não estão na mesma escala; cores fantasia).

2. PRIMEIRAS MOLÉCULAS ORGÂNICAS

Todas as evidências indicavam que os seres vivos não surgem espontaneamente, mas sempre a partir de outros seres vivos. Então, como teria surgido a vida pela primeira vez?

Na década de 1930, dois cientistas, o russo Aleksandr I. Oparin (1894-1980) e o escocês John B. S. Haldane (1892-1964), trabalhando de forma independente, chegaram à mesma conclusão: nas condições da Terra primitiva, a vida poderia ter surgido da matéria sem vida.

Contudo, eles não estavam defendendo que a abiogênese pudesse ocorrer nas condições atuais e com regularidade, como diziam os antigos defensores dessa teoria. Apenas em condições que já não existem teria sido possível a formação de um ser vivo a partir de substâncias orgânicas – e, mesmo assim, esse processo teria levado milhões de anos para ocorrer.

ACESSE E SAIBA MAIS

De onde veio a água da Terra?

<https://ed.ted.com/lessons/where-did-earth-s-water-come-from-zachary-metz>

Acesso em: 18 jul. 2018.

ATMOSFERA PRIMITIVA

Evidências geológicas, estudos comparados da atmosfera de outros planetas e análises químicas dos gases emitidos pelos vulcões atuais permitiram aos cientistas concluir que a atmosfera da Terra primitiva era composta de gases diferentes dos encontrados nela atualmente.

Segundo Oparin, nessa atmosfera primitiva havia metano (CH_4), amoníaco (NH_3), gás hidrogênio (H_2) e vapor de água. Observe que apenas quatro tipos de átomos constituem essas substâncias: carbono, hidrogênio, oxigênio e nitrogênio – justamente os elementos básicos da constituição de todos os seres vivos, como vimos nos capítulos anteriores.

Várias evidências indicam que o oxigênio livre estaria praticamente ausente da atmosfera primitiva, embora pudesse haver uma quantidade muito pequena desse gás originado da decomposição de moléculas de água pelos raios ultravioleta. Se estivesse presente em quantidades significativas desde o início, esse gás teria oxidado e destruído os primeiros compostos orgânicos, impedindo-os de se acumular e originar os primeiros organismos vivos.

As fortes descargas elétricas das tempestades e a grande quantidade de raios ultravioleta teriam representado uma fonte de energia para promover as mais variadas reações químicas entre as substâncias da atmosfera. Como não havia seres vivos para consumir essas moléculas nem oxigênio livre em quantidade suficiente para oxidá-las, podemos supor que, ao longo de milhões de anos, uma variedade de substâncias pode ter se formado nos mares primitivos (**figura 16.3**).

Júlio Dian/Arquivo da editora

Figura 16.3 Representação artística das tempestades e vulcões em atividade por todo o planeta: dessas condições teriam surgido as primeiras moléculas orgânicas (as moléculas não são visíveis; os elementos não estão na mesma escala; cores fantasia).

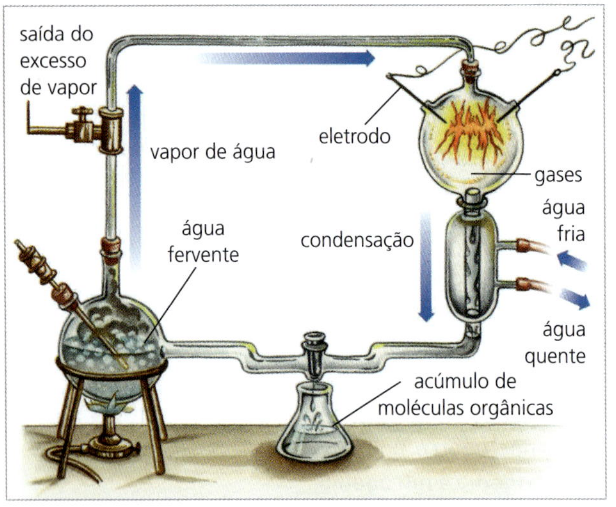

Figura 16.4 Ilustração esquemática do experimento de Miller (os elementos não estão na mesma escala; cores fantasia).

Como seria possível testar a hipótese de que as primeiras moléculas orgânicas teriam surgido dos gases da atmosfera primitiva?

Em 1953, Stanley Miller (1930-2007), estudante norte-americano da Universidade de Chicago, com a orientação de seu professor Harold Urey (1893-1981), imaginou um modo de testar essa hipótese. Ele construiu um aparelho no qual colocou hidrogênio, vapor de água, amoníaco e metano. Essa mistura foi submetida a fortes descargas elétricas, ao mesmo tempo que recebia vapor de água condensado como chuva. Após uma semana de funcionamento, constatou, no líquido formado, a presença de compostos orgânicos, até mesmo de aminoácidos (**figura 16.4**).

Miller simulou as condições que, supunha-se, ocorreram na Terra primitiva e testou experimentalmente a hipótese de Oparin e Haldane para mostrar que as primeiras moléculas orgânicas poderiam ter sido formadas a partir dos gases da Terra primitiva. No entanto, as moléculas formadas ainda eram muito simples se comparadas com a complexidade das grandes moléculas que formam os seres vivos, como as proteínas e os ácidos nucleicos.

No entanto, a atmosfera primitiva provavelmente era diferente da atmosfera de Miller. A análise dos gases eliminados por vulcões, por exemplo, leva a concluir que, além de vapor de água, metano e amônia, deve ter havido monóxido de carbono, sulfeto de hidrogênio e gás carbônico, entre outros gases.

Experimentos semelhantes aos de Miller, com outra composição atmosférica, foram realizados, produzindo também moléculas orgânicas simples.

Mesmo assim, a teoria enfrenta alguns problemas e, como veremos adiante, outras teorias também explicam a formação das primeiras moléculas orgânicas.

3. AS PRIMEIRAS CÉLULAS

Nas décadas de 1950 e 1960, o cientista norte-americano Sidney Walter Fox (1912-1998) mostrou que, em certas condições, aminoácidos podem se unir espontaneamente e formar pequenos peptídios. Posteriormente, outros cientistas mostraram que esse tipo de síntese poderia ter ocorrido com o auxílio de catalisadores minerais, como sulfetos metálicos e silicatos, na superfície de determinadas rochas ou da argila (sulfetos estão presentes em grande quantidade nas fendas hidrotermais, um possível local para a origem da vida, como veremos adiante). Essa síntese pode ter originado vários tipos de polímeros.

Figura 16.5 Ilustração de microsfera (cerca de 2 μm de diâmetro) com algumas enzimas, em que podem ocorrer reações químicas semelhantes a algumas reações do ser vivo (os elementos não estão na mesma escala; cores fantasia).

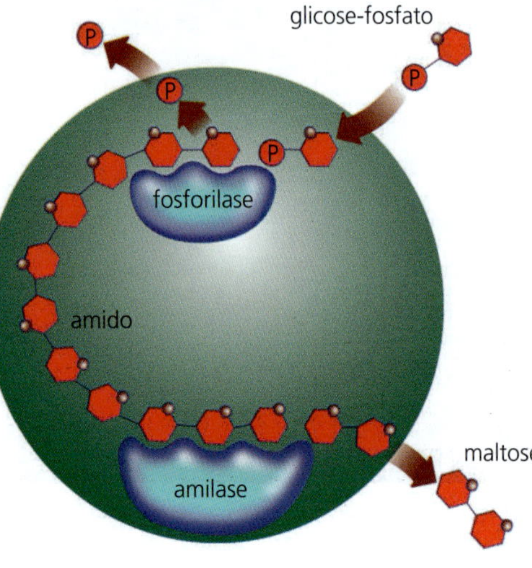

Pequenas vesículas podem se formar quando lipídios são adicionados à água, principalmente na superfície da argila. Essas vesículas, chamadas por Fox de **microsferas**, podem absorver compostos orgânicos e aumentar de tamanho ou se fundir a outras vesículas. Elas ainda apresentam complexidade muito inferior à do ser vivo mais primitivo, mas, se colocarmos em seu interior enzimas e seus substratos, começam a ocorrer reações químicas, surgindo, assim, uma espécie de metabolismo primitivo (**figura 16.5**).

A partir dessas vesículas com compostos orgânicos, pode ter sido formado um tipo de célula primitiva ou **protocélula**, que poderia apresentar algumas propriedades de vida. Essa protocélula poderia ter em seu interior enzimas que tornassem possíveis as reações químicas do metabolismo. Se, além disso, houvesse algum tipo de molécula com capacidade de se replicar e controlar a síntese das enzimas, como ocorre com o DNA e o RNA atuais, ela poderia ser capaz de se replicar e originar outras protocélulas.

No entanto, a duplicação do DNA e seu controle da síntese de proteínas são mecanismos muito complexos, que exigem a participação de muitas enzimas. Por isso, é pouco provável que os primeiros genes fossem de DNA. Alguns cientistas acham mais provável que a primeira molécula com informação genética tenha sido semelhante a um RNA.

Na década de 1980, descobriu-se que, assim como as proteínas, as moléculas de RNA também podiam funcionar como enzimas; elas foram chamadas **ribozimas**. À medida que os primeiros seres vivos se replicavam, podem ter surgido mutações ao acaso, incorporadas ao material genético. Algumas dessas mutações teriam aprimorado o processo de replicação e, assim, começava o processo de seleção natural: os seres que se reproduziam mais rapidamente ou que tinham enzimas mais eficientes para a obtenção de alimento e energia aumentavam de número ao longo das gerações.

O surgimento da molécula de DNA, mais estável, que passou a ocupar o lugar do RNA como material genético do ser vivo, pode ter sido consequência dessa evolução.

4. A HIPÓTESE HETEROTRÓFICA

Segundo a **hipótese heterotrófica**, os primeiros seres vivos deveriam apresentar **nutrição sapróbia**, ou seja, conseguiam alimento pela absorção de moléculas orgânicas simples dos mares primitivos.

Nos mares e na atmosfera primitiva, não existia gás oxigênio. Logo, é mais provável que os primeiros seres vivos conseguissem energia por meio de um processo anaeróbio, como a fermentação.

O resfriamento da Terra reduziu as tempestades, o que dificultava a produção de moléculas orgânicas na atmosfera. Além disso, o aumento da população dos seres vivos provocaria consumo maior de moléculas orgânicas simples, o que também levaria a uma escassez de alimento.

Ao longo do tempo, enquanto o ambiente se modificava, os seres vivos, como já foi dito, sofriam mutações ao acaso. As mais vantajosas, aos poucos, acumulavam-se. Dessa forma, podem ter aparecido alguns organismos capazes de obter alimento pela fotossíntese. Como não dependiam do alimento dissolvido no mar (cada vez mais escasso), esses seres teriam maior possibilidade de sobrevivência que os demais. Assim, pela seleção natural, eles seriam cada vez mais numerosos; surgiam, então, os organismos autotróficos (**figura 16.6**).

Com o aumento do número desses autotróficos, que seriam os ancestrais das atuais cianobactérias, a concentração de oxigênio aumentou na atmosfera. Análises da composição química de rochas antigas mostram que o gás oxigênio já era um componente importante da atmosfera há 2,3 bilhões de anos. Parte desse oxigênio foi transformada em ozônio, que, com o tempo, formou a camada que até hoje protege os seres vivos contra os raios ultravioleta.

Podemos supor que a respiração aeróbia surgiu como uma forma de resistência contra a ação oxidante do oxigênio, na qual ele passa a ser utilizado no metabolismo. Esses seres aeróbios, por possuir maior eficiência metabólica, podiam sobreviver por mais tempo, aumentando gradativamente em número.

A liberação de oxigênio pelos autotróficos teve outra consequência importante: a inibição das condições que permitiram o aparecimento da vida na Terra a partir da matéria bruta. Assim, mesmo que uma molécula orgânica se formasse hoje por processo semelhante ao que ocorreu na Terra primitiva, ela provavelmente seria destruída pelo oxigênio ou terminaria sendo absorvida por algum ser vivo.

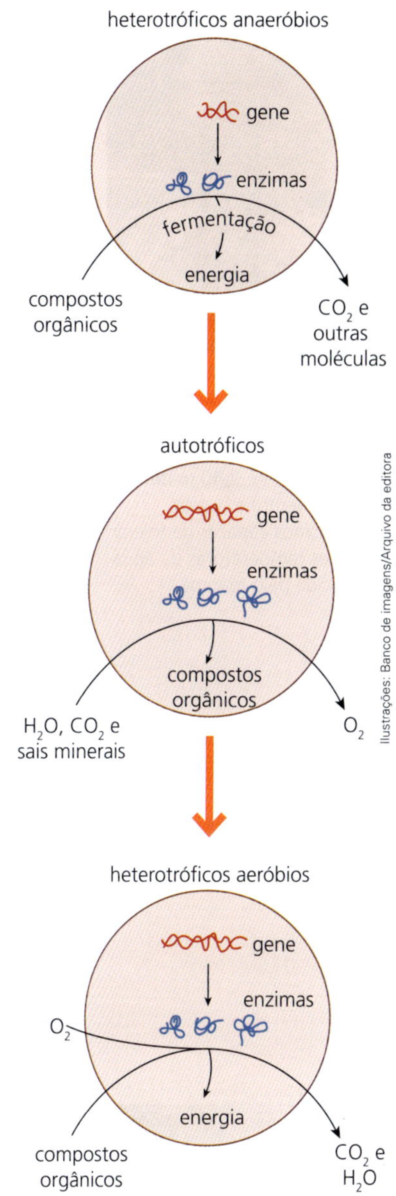

Figura 16.6 Ilustração de possível sequência na origem da vida: as primeiras protocélulas (microscópicas) teriam sido heterotróficas anaeróbias; depois, viriam as autotróficas. O aparecimento do oxigênio na atmosfera favoreceu os organismos aeróbios, cuja respiração tem maior rendimento energético que a fermentação (os elementos não estão na mesma escala; cores fantasia).

5. OUTRAS TEORIAS SOBRE A ORIGEM DA VIDA

Nem todos os cientistas consideram possível que a Terra primitiva reunisse as condições necessárias para a síntese de matéria orgânica, como ocorre no experimento de Miller.

A **teoria das fontes hidrotermais** postula que os primeiros seres vivos teriam aparecido no fundo dos oceanos, ao redor de fontes hidrotermais, que são fendas no assoalho do mar por onde saem água quente, sais minerais e gases do interior da Terra. Essas condições poderiam ter possibilitado a formação dos primeiros seres vivos. Veja a **figura 16.7**.

NOAA PMEL Vents Program/SPL/Latinstock

Figura 16.7. Fonte hidrotermal no fundo do oceano Pacífico. Atualmente, fontes como essa são habitadas por bactérias, vermes tubulares (*Riftia pachyptila*; até 2,40 m de comprimento) e outros organismos capazes de tolerar as altas temperaturas da água aquecida pelo magma.

Segundo essa teoria, os primeiros seres não eram heterotróficos, mas quimioautotróficos: a energia para a produção das moléculas orgânicas viria de reações químicas a partir de sais minerais. Esses organismos poderiam ter sido um tipo de bactéria primitiva que usava, por exemplo, gás sulfídrico como fonte de hidrogênio, em vez de água. Somente depois teriam aparecido aqueles que, por usarem água como doadora de hidrogênio, liberavam oxigênio livre na atmosfera.

Outra teoria defende a ideia de que pelo menos algumas moléculas orgânicas poderiam ter chegado à Terra trazidas por meteoritos. De fato, foram encontradas moléculas orgânicas em meteoritos que caíram na Terra. É a **teoria da panspermia** (*pan* = todo; *sperma* = semente).

Portanto, não há uma teoria que possa ser considerada definitiva para explicar a origem da vida, mas os cientistas continuam a pesquisar e a buscar evidências que corroborem ou não cada uma delas.

O estudo sobre a origem da vida ilustra, portanto, algumas características importantes da investigação científica: a busca de evidências (por meio de observações ou experimentos) a favor ou contra hipóteses e teorias; o objetivo de conseguir teorias que expliquem o maior número possível de fatos; a complexa questão de avaliar qual teoria é a mais adequada para explicar os fenômenos.

6. DE PROCARIONTES A EUCARIONTES

Os fósseis mais antigos, encontrados na Austrália e na África do Sul, indicam que os procariontes devem ter surgido antes dos eucariontes. Rochas com cerca de 3,5 bilhões de anos apresentam vestígios de células procarióticas. Eles são encontrados em rochas com várias camadas, chamadas **estromatólitos** (*strôma* = tapete; *lithos* = rocha). Essas rochas (**figura 16.8**) se formam pelo depósito e pela fossilização de determinados microrganismos, principalmente cianobactérias, e dos produtos de seu metabolismo. É possível que os primeiros seres vivos tenham sido ainda mais simples e tenham surgido até antes desse período.

Durante cerca de 2 bilhões de anos, só havia procariontes no planeta. Depois, surgiram as células eucarióticas, provavelmente devido a dois processos complementares: por meio do desenvolvimento de dobras da membrana plasmática, que originaram o retículo, o complexo golgiense e outras vesículas e canais da célula; e pela endossimbiose. Essa associação pode ter ocorrido quando uma bactéria aeróbia foi fagocitada por outro procarionte anaeróbio maior e, em vez de ser destruída, passou a viver no interior dele, recebendo proteção e alimento, ao mesmo tempo que aumentava a eficiência energética da associação por meio da respiração aeróbia. Com o tempo, essas bactérias aeróbias originariam as atuais mitocôndrias dos eucariontes.

Luc Cuyvers/Corbis/Latinstock

Figura 16.8 Estromatólitos, rochas formadas pelo depósito de bactérias. Baía dos Tubarões, Austrália.

Um processo semelhante teria ocorrido entre procariontes maiores e cianobactérias. Essa é a provável origem dos cloroplastos.

Com os eucariontes, surge uma célula de complexidade maior, capaz de acumular maior quantidade de genes e enzimas. A célula eucariótica pode também reunir-se, formando colônias com divisão de trabalho, abrindo caminho para a formação dos organismos multicelulares.

Essas colônias de seres unicelulares, formadas a partir de um agregado de células, podem ter originado seres pluricelulares, como as plantas, os fungos e os animais.

ATIVIDADES

Questões discursivas

1. Por que no experimento de Redi foi importante manter dois grupos de frascos: um aberto e um fechado?

2. Neste capítulo, você conheceu um experimento que serviu de evidência contra a teoria da abiogênese, aquele em que Pasteur ferveu caldo de carne em um balão de vidro e conseguiu conservá-lo estéril por muito tempo. Por que, nesse experimento, foi importante manter a boca do gargalo do balão aberta?

3. Leia o texto abaixo e responda à questão.

   No século XVII, a geração espontânea ainda era aceita por pesquisadores como o belga Jean Baptist van Helmont (1580-1644). Conhecido por suas experiências no campo da Fisiologia vegetal, ele costumava dizer: "Colocam-se em um canto sossegado e pouco iluminado camisas sujas e sobre elas espalham-se grãos de trigo. O resultado será que, em 21 dias, surgirão ratos".

   Como você faria para mostrar que os ratos em questão não surgem por geração espontânea?

4. Ao estudar as teorias sobre a origem da vida em nosso planeta, um estudante perguntou ao professor:

   "Se os primeiros seres vivos na Terra surgiram a partir da matéria sem vida, então a teoria da geração espontânea defendida no século XVII estava correta?"

   O que você responderia a esse estudante?

5. Muitos cientistas acreditam que, na história da vida no planeta, o RNA teria sido a primeira molécula com capacidade de se replicar, pois o DNA é uma molécula complexa que só se replica com a ajuda de enzimas. O fato de o RNA apresentar uma propriedade específica, que o DNA não apresenta, reforça essa hipótese. Qual é essa propriedade?

6. (Uerj) A procura de formas de vida em nosso sistema solar tem dirigido o interesse de cientistas para Io, um dos satélites de Júpiter, que é coberto por grandes oceanos congelados. As condições na superfície são extremamente agressivas, mas supõe-se que, em grandes profundidades, a água esteja em estado líquido e a atividade vulcânica submarina seja frequente. Considerando que tais condições são similares às do bioma abissal da Terra, aponte o tipo de bactéria que poderia ter se desenvolvido em Io e indique como esse tipo de bactéria obtém energia para a síntese de matéria orgânica.

Questões objetivas

1. (Enem-MEC) Em certos locais, larvas de moscas, criadas em arroz cozido, são utilizadas como iscas para pesca. Alguns criadores, no entanto, acreditam que essas larvas surgem espontaneamente do arroz cozido, tal como preconizado pela teoria da geração espontânea.

   Essa teoria começou a ser refutada pelos cientistas ainda no século XVII, a partir dos estudos de Redi e Pasteur, que mostraram experimentalmente que:

   a) seres vivos podem ser criados em laboratório.
   b) a vida se originou no planeta a partir de microrganismos.
   c) o ser vivo é oriundo da reprodução de outro ser vivo preexistente.
   d) seres vermiformes e microrganismos são evolutivamente aparentados.
   e) vermes e microrganismos são gerados pela matéria existente nos cadáveres e nos caldos nutritivos, respectivamente.

2. (Enem-MEC) Nas recentes expedições espaciais que chegaram ao solo de Marte, e através dos sinais fornecidos por diferentes sondas e formas de análise, vem sendo investigada a possibilidade da existência de água naquele planeta. A motivação principal dessas investigações, que ocupam frequentemente o noticiário sobre Marte, deve-se ao fato de que a presença de água indicaria naquele planeta:

   a) a existência de um solo rico em nutrientes e com potencial para a agricultura.
   b) a existência de ventos, com possibilidade de erosão e formação de canais.
   c) a possibilidade de existir ou ter existido alguma forma de vida semelhante à da Terra.
   d) a possibilidade de extração de água visando ao seu aproveitamento futuro na Terra.
   e) a viabilidade, em futuro próximo, do estabelecimento de colônias humanas em Marte.

3. (Enem-MEC)

   Na solução aquosa das substâncias orgânicas pré-bióticas (antes da vida), a catálise produziu a síntese de moléculas complexas de toda a classe, inclusive proteínas e ácidos nucleicos. A natureza dos catalisadores primitivos que agiam antes não é conhecida. É quase certo que as argilas desempenharam papel importante: cadeias de aminoácidos podem ser produzidas no tubo de ensaio mediante a presença de certos tipos de argila. [...] Mas o avanço verdadeiramente criativo – que pode, na realidade, ter ocorrido apenas uma vez – ocorreu quando uma molécula de ácido nucleico "aprendeu" a orientar a reunião de uma proteína, que, por sua vez, ajudou a copiar o próprio ácido nucleico. Em outros termos, um ácido nucleico serviu como modelo para a reunião de uma enzima que poderia então auxiliar na produção de mais ácido nucleico. Com esse desenvolvimento apareceu o primeiro mecanismo potente de realização. A vida tinha começado.

(Adaptado de: LURIA, S. E. *Vida*: experiência inacabada. Belo Horizonte-São Paulo: Itatiaia-Edusp, 1979.)

Considere o esquema abaixo:

Adaptado de: Gepeq – Grupo de Pesquisa em Educação Química-USP. *Interações e transformações III – Atmosfera*: fonte de materiais extrativos e sintéticos. São Paulo: Edusp, 1998.

O "avanço verdadeiramente criativo" citado no texto deve ter ocorrido no período (em bilhões de anos) compreendido aproximadamente entre:

a) 5,0 e 4,5.
b) 4,5 e 3,5.
c) 3,5 e 2,0.
d) 2,0 e 1,5.
e) 1,0 e 0,5.

4. (Unicamp-SP) Considerando-se a composição da atmosfera primitiva, pode-se afirmar que

a) o CO_2 presente na atmosfera primitiva pode ter se originado da degradação aeróbica da glicose.
b) a matéria precursora da vida só poderia ter se formado se houvesse enzimas para catalisar as reações entre os gases presentes na atmosfera primitiva.
c) as substâncias orgânicas formadas a partir dos gases presentes na atmosfera primitiva deram origem a proteínas e ácidos nucleicos.
d) os aminoácidos formados na Terra primitiva surgiram do aumento da interação de moléculas de ácido nucleico com proteínas.

5. (Vunesp-SP) Segundo a teoria de Oparin, a vida na Terra poderia ter sido originada a partir de substâncias orgânicas formadas pela combinação de moléculas, como metano, amônia, hidrogênio e vapor de água, que compunham a atmosfera primitiva da Terra. A esse processo seguiram-se a síntese proteica nos mares primitivos, a formação dos coacervados e o surgimento das primeiras células. Considerando os processos de formação e as formas de utilização dos gases oxigênio e dióxido de carbono, a sequência mais provável dos primeiros seres vivos na Terra foi:

a) autotróficos, heterotróficos anaeróbicos e heterotróficos aeróbicos.
b) heterotróficos anaeróbicos, heterotróficos aeróbicos e autotróficos.
c) autotróficos, heterotróficos aeróbicos e heterotróficos anaeróbicos.
d) heterotróficos anaeróbicos, autotróficos e heterotróficos aeróbicos.
e) heterotróficos aeróbicos, autotróficos e heterotróficos anaeróbicos.

6. (Cefet-CE) É incorreto em relação à teoria da Biogênese:

a) trata-se de uma teoria contrária à da geração espontânea.
b) teve como principal defensor o cientista francês Louis Pasteur.
c) comprovou que os seres vivos se originam de matéria não viva.
d) baseava-se no fato de que todo ser vivo se origina por reprodução de outro ser vivo da mesma espécie.
e) o pesquisador italiano Lazzaro Spallanzani foi um grande aliado desta teoria.

7. (Unirio-RJ) Stanley Miller, no início da década de 1950, montou um experimento que hoje é um dos suportes da hipótese de origem da vida na Terra, expondo uma mistura de gases prováveis da atmosfera primitiva a descargas elétricas. Analisou, durante esse experimento, as concentrações de determinadas substâncias dentro do sistema. O gráfico abaixo mostra a relação entre algumas dessas substâncias.

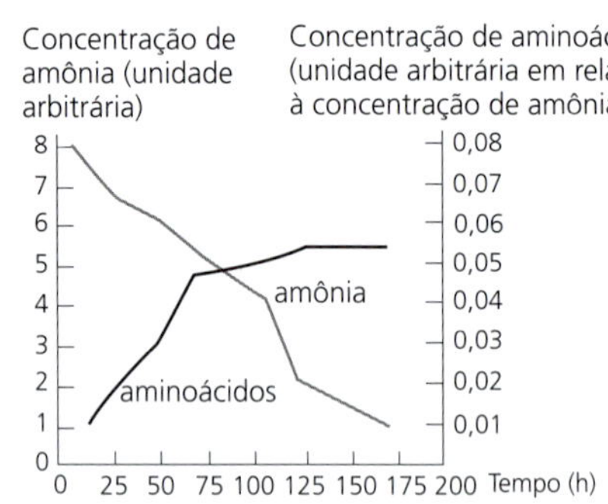

Reprodução/Unirio-RJ

A partir desses dados, Miller pôde concluir que:

a) a célula pode ser recriada atualmente a partir de compostos inorgânicos.
b) a primeira célula era procariota, semelhante às bactérias atuais.
c) a formação de compostos orgânicos depende da transformação da amônia.
d) os primeiros seres vivos eram heterótrofos.
e) na atmosfera primitiva não havia oxigênio.

CAPÍTULO

17

CLASSIFICAÇÃO DOS SERES VIVOS

Reconstituição artística de um *Velociraptor* (cerca de 1 m de altura) carregando uma presa com seus membros anteriores (cores fantasia).

Você reconhece o animal da figura acima? Ele já apareceu em alguns filmes famosos: é um *Velociraptor*, gênero de algumas espécies de dinossauros que viveram em parte do período Cretáceo. Talvez você esteja achando estranha a presença de penas. Essa reconstituição foi feita com base em estudos de fósseis que encontraram evidências de que muitas espécies de *Velociraptor* tinham o corpo coberto de penas. Esse é mais um indício de que eles são parentes evolutivos das aves atuais, o único grupo existente de animais que possui penas.

- Por que os cientistas classificam os seres vivos?
- Como é feita essa classificação?
- O que é uma espécie?

1. OBJETIVOS DA CLASSIFICAÇÃO

A área da Biologia que identifica, nomeia e classifica os seres vivos é a **Taxonomia** (*taxis* = arranjo, ordem; *nomos* = lei). O precursor da taxonomia científica foi o médico sueco Carl Linnaeus, conhecido também como Carl von Linné (1707-1778; Lineu, em português; **figura 17.1**). Lineu também propôs a **nomenclatura binomial** (composta por dois nomes) para as espécies, um sistema utilizado até hoje. Além disso, Lineu agrupou as espécies de maneira hierárquica, em grupos cada vez mais abrangentes: gêneros, famílias, ordens, classes e reinos.

Essa classificação, embora muito valiosa, nem sempre agrupava as espécies de acordo com o parentesco evolutivo, mas sim pela semelhança morfológica e anatômica. Esse critério estava de acordo com o pensamento da maioria dos naturalistas do século XVIII, que acreditava que as espécies eram imutáveis e não evoluíam.

O desenvolvimento da teoria evolucionista no século XIX, porém, permitiu a elaboração de diagramas que representam a possível sequência de origem dos diversos grupos de seres vivos, como veremos adiante. A área da Biologia que estuda as relações evolutivas entre os seres vivos, seus padrões de parentesco e de evolução é a **Sistemática**.

Sheila Terry/SPL/Latinstock

Figura 17.1 Carl von Lineu.

DA ESPÉCIE AO REINO

A categoria taxonômica básica para a classificação dos seres vivos é a **espécie**. Podemos dizer que a espécie é formada por um grupo de indivíduos capazes de cruzar entre si na natureza e originar descendentes férteis. Algumas espécies podem cruzar entre si, mas os filhos são quase sempre estéreis. É o caso do cruzamento do jumento, asno ou jegue (*Equus asinus*) com a égua (*Equus caballus*), que origina a mula (fêmea; **figura 17.2**) e o burro ou o mulo (macho).

Essa definição, chamada **conceito biológico de espécie**, tem limitações: não pode ser usada, por exemplo, para fósseis, uma vez que não podemos observar sua reprodução, nem para os organismos que possuem apenas reprodução assexuada. Nesses casos, as espécies são identificadas por semelhanças na morfologia, na anatomia, na fisiologia ou no DNA de seus indivíduos.

Espécies que são evolutivamente próximas formam um segundo grupo taxonômico, o **gênero**. Gêneros mais próximos evolutivamente formam **famílias**, e estas são agrupadas em **ordens**, que, por sua vez, são reunidas em **classes**. Várias classes constituem um **filo** e estes, os **reinos** (**figura 17.3**).

O sistema de classificação atual procura refletir o grau de parentesco evolutivo entre os grupos: espécies de um mesmo gênero, por exemplo, são parentes evolutivos mais próximos do que espécies de gêneros diferentes; organismos da mesma família são mais próximos evolutivamente do que organismos de famílias diferentes e assim por diante.

Podem ser usadas também categorias intermediárias: sub e supergêneros, sub e superfamílias, sub e superordens, etc. À medida que se afasta da espécie em direção ao reino, o grau de parentesco evolutivo entre os organismos de cada grupo diminui. Um grupo de organismos, como Mammalia (classe), Carnivora (ordem), etc., é chamado **táxon**.

Sergio Schnitzler/Shutterstock

Figura 17.2 Mula (até 1,7 m de altura).

Ilustrações: Osni de Oliveira/Arquivo da editora

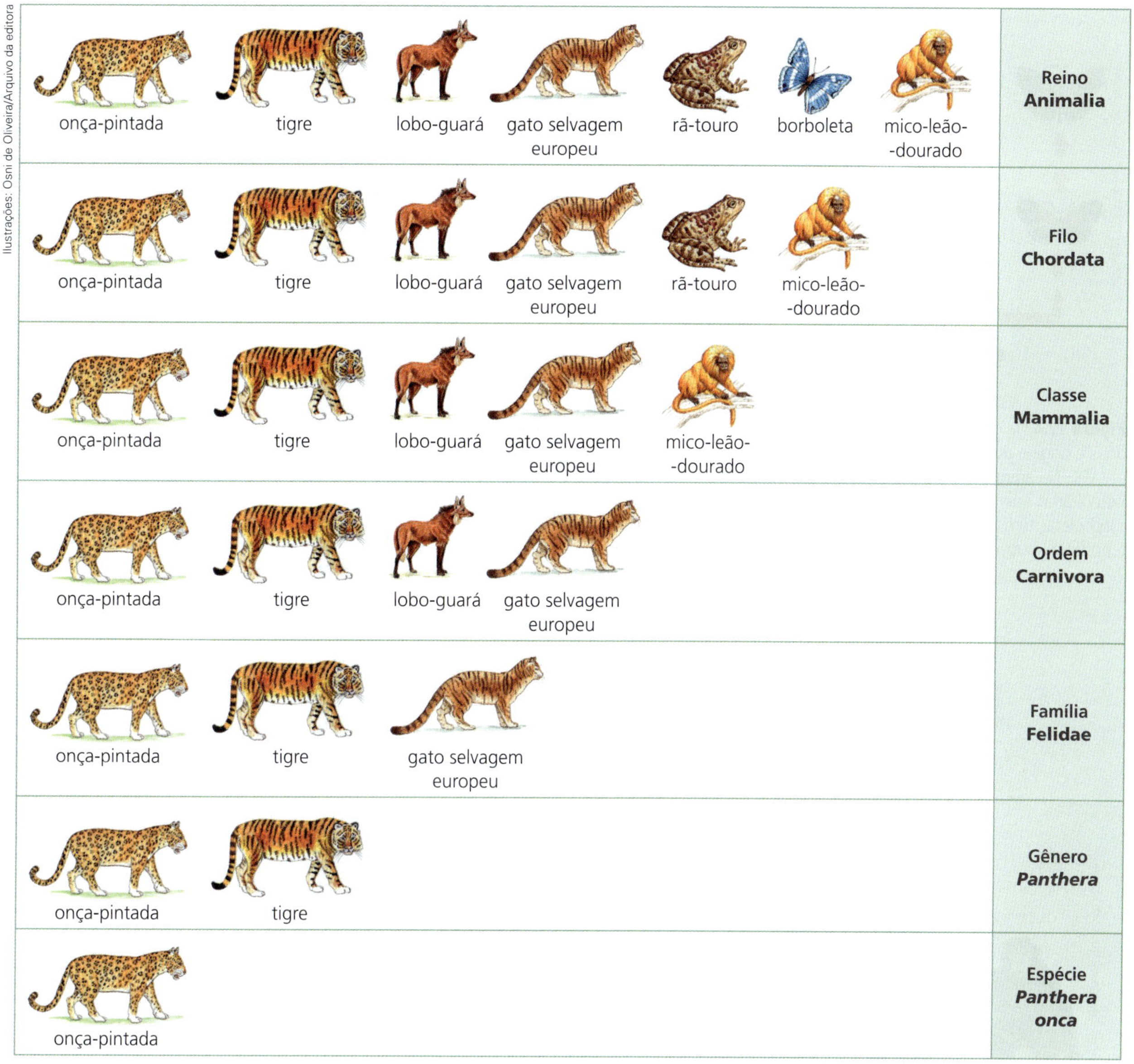

Figura 17.3 Classificação da onça-pintada (*Panthera onca*; 1,90 m a 2,10 m de comprimento). Nas ilustrações aparecem também (tamanhos aproximados): o tigre (*Panthera tigris*; 1,40 m a 2,80 m de comprimento), o gato selvagem europeu (*Felis silvestris*; 65 cm de comprimento), o lobo-guará (*Chrysocyon brachyurus*; cerca de 80 cm de altura), o mico-leão-dourado (*Leontopithecus rosalia*; 20 cm de comprimento), a rã-touro (*Rana catesbeiana*; 15 cm de comprimento) e a borboleta (*Morpho anaxibia*; 15 cm de envergadura) (os elementos não estão na mesma escala; cores fantasia).

NOMENCLATURA

A classificação dos organismos deve ser uniforme para que seja possível reconhecer seu valor evolutivo. Assim, foram convencionadas algumas regras de nomenclatura.

- Todos os nomes científicos devem ser escritos em latim. Se forem derivados de outros idiomas devem ser latinizados. Estabeleceu-se essa regra porque as línguas modernas, como o português, o inglês e o espanhol, sofrem transformações ao longo do tempo. Já o latim, por ser uma língua antiga que não possui mais falantes nativos, não se modifica mais.
- Os termos que indicam gênero, família, ordem, classe, filo e reino devem ter inicial maiúscula.
- O gênero deve ser escrito em *itálico*, quando em texto impresso, ou <u>sublinhado</u>, quando escrito à mão.
- O nome das espécies é formado por duas palavras (binomial): a primeira palavra indica o gênero, e a segunda, o termo específico (ou epíteto específico) escrito com inicial minúscula. Deve ser escrito em *itálico*, quando em texto impresso, ou <u>sublinhado</u>, quando escrito à mão, como em *Homo sapiens* (ser humano). Em um texto, a partir da segunda ocorrência, o nome da espécie pode ter o gênero abreviado (*H. sapiens*).

2. CLASSIFICAÇÃO E EVOLUÇÃO

Chama-se **cladogênese** (*klados* = ramo, divisão; *genos* = origem) o conjunto de processos que promovem a **especiação**, isto é, a separação de uma população em duas (comumente por meio de barreiras geográficas) e a subsequente formação de novas espécies. A **anagênese** (*aná* = para cima) corresponde ao acúmulo de mudanças que uma população sofre ao longo do tempo, originando uma espécie com características diferentes da população ancestral, sem que haja separação física de populações (**figura 17.4**).

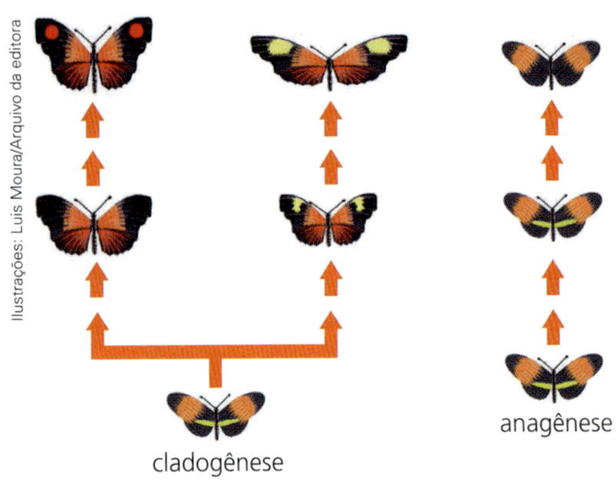

Figura 17.4 Na cladogênese, uma população se divide em duas e origina duas novas espécies que não cruzam mais entre si. Na anagênese, há um acúmulo de mudanças hereditárias que alteram as características de uma espécie (borboletas têm de 1,3 cm a 30 cm da ponta de uma asa à ponta da outra, conforme a espécie; cores fantasia).

O objetivo da classificação é identificar grupos de organismos que descendam, por evolução, de um mesmo ancestral, exclusivo de um grupo mais abrangente. Cães e lobos, por exemplo, são parentes próximos que evoluíram dos mesmos antepassados. Por esse motivo, ambos pertencem ao gênero *Canis*.

Para determinar o grau de parentesco evolutivo entre os grupos, podem ser usadas características morfológicas, anatômicas, fisiológicas, comportamentais ou moleculares.

O sistema de classificação mais aceito atualmente é a **sistemática filogenética** (*phylon* = tribo; *genos* = origem) ou **cladística** (*klados* = ramo), proposta pelo entomologista (cientista que estuda insetos) alemão Willi Hennig (1913-1976).

Seu objetivo é identificar grupos **monofiléticos** (*mono* = um), isto é, que incluam todos os descendentes de um ancestral comum exclusivo (que não é ancestral de outros grupos). Um grupo de organismos em que todos são descendentes de um único ancestral comum é chamado **clado**.

As relações evolutivas entre os grupos podem ser apresentadas em diagramas na forma de árvores, as **árvores filogenéticas**. Um dos tipos mais comuns de árvore filogenética é o **cladograma** (**figura 17.5**). Nesses diagramas, as bifurcações (ou nós) indicam o processo (cladogênese) em que uma espécie ancestral hipotética origina novas espécies (especiação) ou outros novos grupos, que ficam nos ápices (ou terminais) dos ramos. Os ramos representam as relações entre os organismos. A base de onde partem os ramos é a raiz do diagrama.

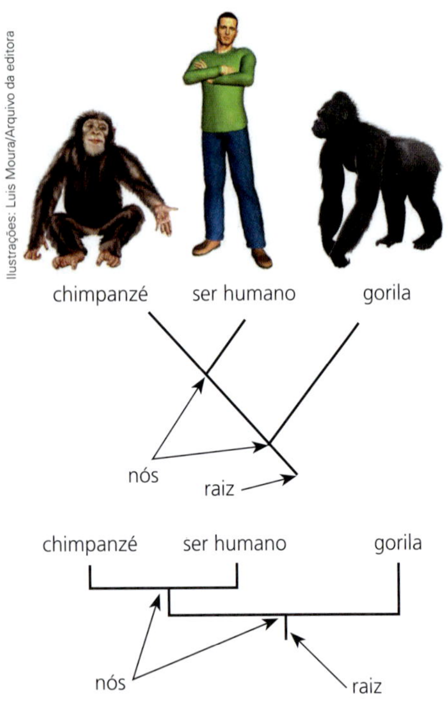

Figura 17.5 Duas formas de esquematizar um cladograma indicando o parentesco evolutivo entre a espécie humana, o chimpanzé (70 cm a 90 cm de altura) e o gorila (*Gorilla gorilla*); 1,30 m a 1,90 m de altura). Há duas espécies de chimpanzés: o chimpanzé comum (*Pan troglodytes*) e o bonobo (*Pan paniscus*) (os elementos não estão na mesma escala; cores fantasia).

O diagrama (**figura 17.5**) indica que chimpanzés e gorilas são os parentes evolutivos mais próximos da espécie humana. No entanto, análises de sequências de DNA mostram que os chimpanzés estão mais próximos de nós do que os gorilas. Atenção: isso não quer dizer que o ser humano descende dos chimpanzés atuais, e sim que ele e os chimpanzés descendem de um mesmo ancestral. A linhagem que originou o ser humano e a que originou o chimpanzé podem ter se separado há cerca de 6 milhões de anos. A partir daí, ambos evoluíram separadamente e acumularam diversas modificações ao longo desse período. Já a linhagem que daria origem ao gorila se separou da linhagem que daria origem ao chimpanzé e ao ser humano há cerca de 10 milhões de anos.

Os grupos de um mesmo clado compartilham uma ou mais "novidades evolutivas". Veja no cladograma ao lado as características que se desenvolveram ao longo da história evolutiva das plantas (**figura 17.6**). Perceba que os vasos condutores de seiva são uma novidade evolutiva porque esse caráter não estava presente no grupo ancestral e nem nas briófitas. Dizemos então que a presença de vasos condutores são uma condição **derivada**, enquanto a ausência dos vasos é a condição **primitiva**. Outro exemplo de caráter derivado é a presença de frutos, que define o grupo das angiospermas.

REINOS E SEUS REPRESENTANTES

O cientista estadunidense Robert Whittaker (1924-1980) agrupou os seres vivos em cinco reinos, com base na organização celular e no tipo de nutrição. Veja a **figura 17.7**. Você vai estudar os representantes desses reinos com mais detalhes nos próximos capítulos.

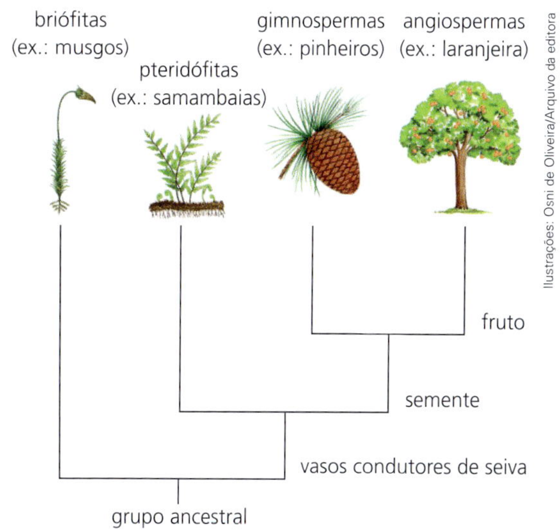

Figura 17.6 Cladograma representando prováveis relações filogenéticas entre os grupos de plantas (os elementos não estão na mesma escala; cores fantasia).

Figura 17.7 A divisão dos seres vivos em cinco reinos. São indicadas também algumas mudanças mais recentes feitas posteriormente a esse sistema (os elementos não estão em escala; cores fantasia).

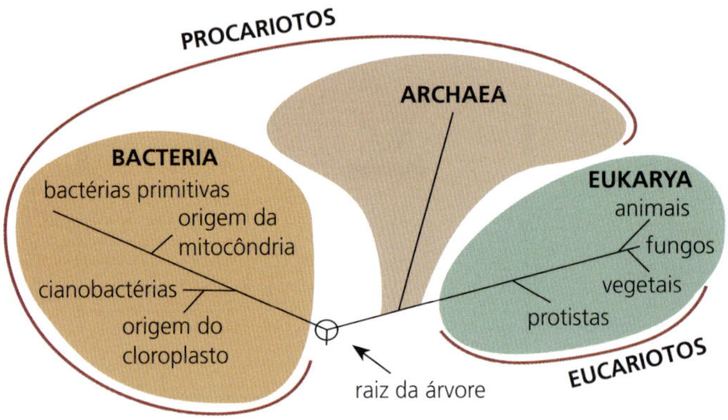

Figura 17.8 Representação gráfica da divisão dos seres vivos em três domínios. Essa divisão foi proposta em 1990 pelo microbiologista estadunidense Carl Woese (1928-2012).

OS TRÊS DOMÍNIOS

Os seres vivos têm sido agrupados, mais recentemente, em três domínios: Archaea (arqueas), Bacteria (bactérias) e Eukarya (eucariontes). Cada um desses domínios tem um nível hierárquico maior que o dos reinos. Veja a **figura 17.8**.

O **domínio Archaea** (*arkhe* = primitivo) reúne procariontes que já fizeram parte do domínio das bactérias (eram chamados arqueobactérias). Porém, em razão da composição da parede celular e de outras características bioquímicas exclusivas desse grupo, atualmente eles são classificados em domínio próprio. Muitos arqueas são encontrados em condições de temperatura, salinidade ou pH desfavoráveis à sobrevivência dos outros organismos, como veremos no capítulo 18.

No **domínio Bacteria**, estão as bactérias, incluindo as cianobactérias. Vamos estudar com detalhes as características dos organismos desse domínio também no capítulo 18.

No **domínio Eukarya**, estão as plantas, os animais, os fungos e os organismos que já foram classificados como protistas e que, por esse sistema, estão divididos em vários reinos, uma vez que o reino Protista não forma um grupo monofilético, isto é, não inclui todos os descendentes de um ancestral comum exclusivo.

Para simplificar, vamos incluir os protozoários e as algas no grupo protista – um grupo sem valor taxonômico.

ATIVIDADES

Questões discursivas

1. Qual deve ser o grupo mais heterogêneo: o de seres de uma mesma família, que reúne vários gêneros, ou o de seres de um mesmo filo, que reúne várias classes? Por quê?

2. Em termos evolutivos, o urso-polar (*Ursus maritimus*) é mais próximo do urso-cinzento (*Ursus arctos*) ou do urso panda gigante (*Ailuropoda melanoleuca*)? Justifique sua resposta.

3. Observe a árvore filogenética simplificada que relaciona os principais grupos de plantas terrestres e responda:

Ilustrações: Osni de Oliveira/Arquivo da editora

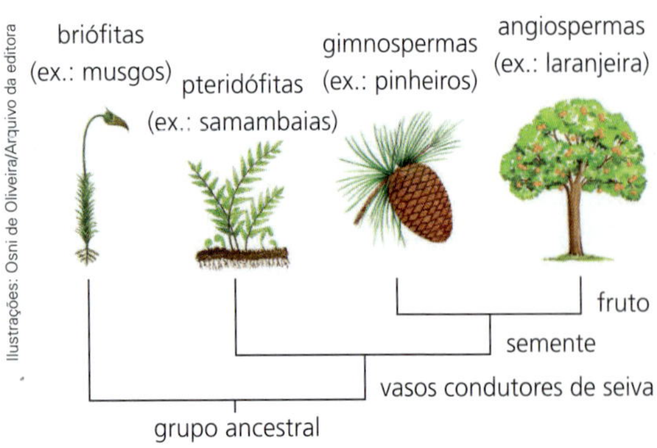

(Os elementos não estão na mesma escala; cores fantasia.)

a) As angiospermas são mais próximas das gimnospermas ou das pteridófitas? Explique.

b) Qual é a característica que reúne pteridófitas, gimnospermas e angiospermas em um único grupo?

c) Qual é a principal característica que reúne plantas angiospermas em um único grupo?

4. (Uerj) Técnicas de hibridização ou de determinação da sequência de bases do DNA permitem estimar o grau de parentesco entre espécies de seres vivos. O resumo da árvore evolutiva, esquematizado a seguir, apresenta resultados de pesquisas realizadas com primatas utilizando essas técnicas:

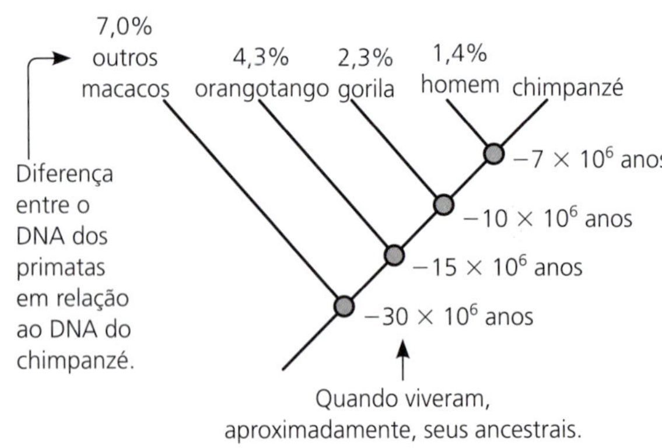

Entre os primatas citados, relacione, na ordem crescente de semelhança ao genótipo do chimpanzé, os que tiveram um ancestral que viveu há cerca de 10 milhões de anos. Indique, ainda, o percentual de semelhança.

5. (Unicamp-SP) De acordo com o sistema binomial de nomenclatura estabelecido por Linnaeus, o nome científico *Felis catus* aplica-se a todos os gatos domésticos, como angorás, siameses, persas, abissínios e malhados. O gato selvagem (*Felis silvestris*), o lince (*Felis lynx*) e o puma ou suçuarana (*Felis concolor*) são espécies relacionadas ao gato.

   a) A que gênero pertencem todos os animais mencionados?

   b) Por que todos os gatos domésticos são designados por um mesmo nome científico?

   c) Qual dos nomes a seguir designa corretamente a família a que pertencem esses animais: Felinaceae, Felidae, Felini, Felinus ou Felidaceae? Justifique.

Questões objetivas

1. (Unifesp) Em uma área de transição entre a mata Atlântica e o Cerrado, são encontrados o pau-d'arco (*Tabebuia serratifolia*), a caixeta (*Tabebuia cassinoides*) e alguns ipês (*Tabebuia aurea*, *Tabebuia alba*, *Cybistax antisyphillitica*). O cipó-de-são-joão (*Pyrostegia venusta*) é também frequente naquela região.

   Considerando os critérios da classificação biológica, no texto são citados

   a) 3 gêneros e 3 espécies.

   b) 3 gêneros e 4 espécies.

   c) 3 gêneros e 6 espécies.

   d) 4 gêneros e 4 espécies.

   e) 4 gêneros e 6 espécies.

2. (UFBA) *Crassostrea rhizophora*, *Rhizophora mangle* e *Crassostrea brasiliana* são os nomes científicos de três espécies vegetais. Com base nos princípios da nomenclatura biológica, pode-se concluir que:

   a) há maior grau de parentesco entre *Crassostrea rhizophora* e *Crassostrea brasiliana* que entre *Crassostrea rhizophora* e *Rhizophora mangle*.

   b) há maior grau de parentesco entre *Crassostrea rhizophora* e *Rhizophora mangle* que entre *Crassostrea rhizophora* e *Crassostrea brasiliana*.

   c) entre *Crassostrea brasiliana* e *Rhizophora mangle* evidencia-se uma relação de parentesco ao nível de ordem.

   d) entre *Crassostrea rhizophora* e *Rhizophora mangle* evidencia-se uma relação de parentesco ao nível de gênero.

   e) *Crassostrea brasiliana* e *Crassostrea rhizophora* são aparentadas, embora pertençam a famílias diferentes.

3. (PUC-RJ) Os três domínios da vida são conhecidos como Bacteria, Archaea e Eukarya. O domínio Eukarya inclui três reinos de eucariontes multicelulares: Plantae, Fungi e Animalia. Evidências recentes sugerem que os reinos Fungi e Animalia apresentam parentesco mais íntimo entre si do que o apresentado com o reino Plantae.

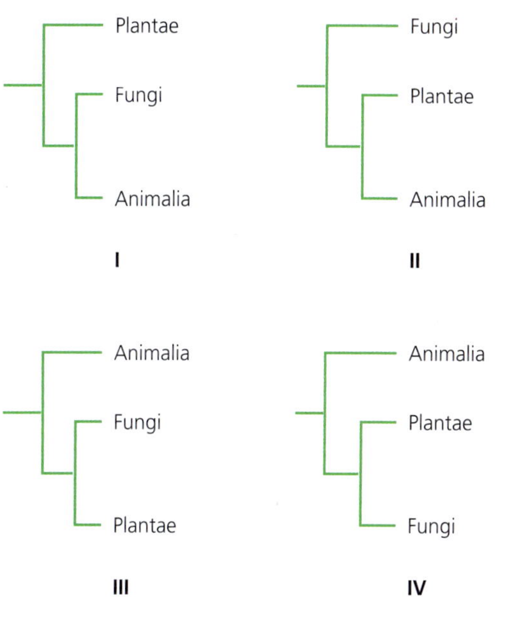

   De acordo com a figura acima, a relação de parentesco entre os reinos Fungi e Animalia é melhor representada pelo(s) cladograma(s).

   a) I.

   b) III.

   c) I e II.

   d) II e IV.

   e) I e III.

4. (UPE) Dentre as categorias taxonômicas apresentadas abaixo, assinale aquela na qual os indivíduos apresentam maior grau de características semelhantes.

   a) ordem

   b) classe

   c) família

   d) reino

   e) gênero

UNIDADE

5

VÍRUS E SERES DE ORGANIZAÇÃO MAIS SIMPLES

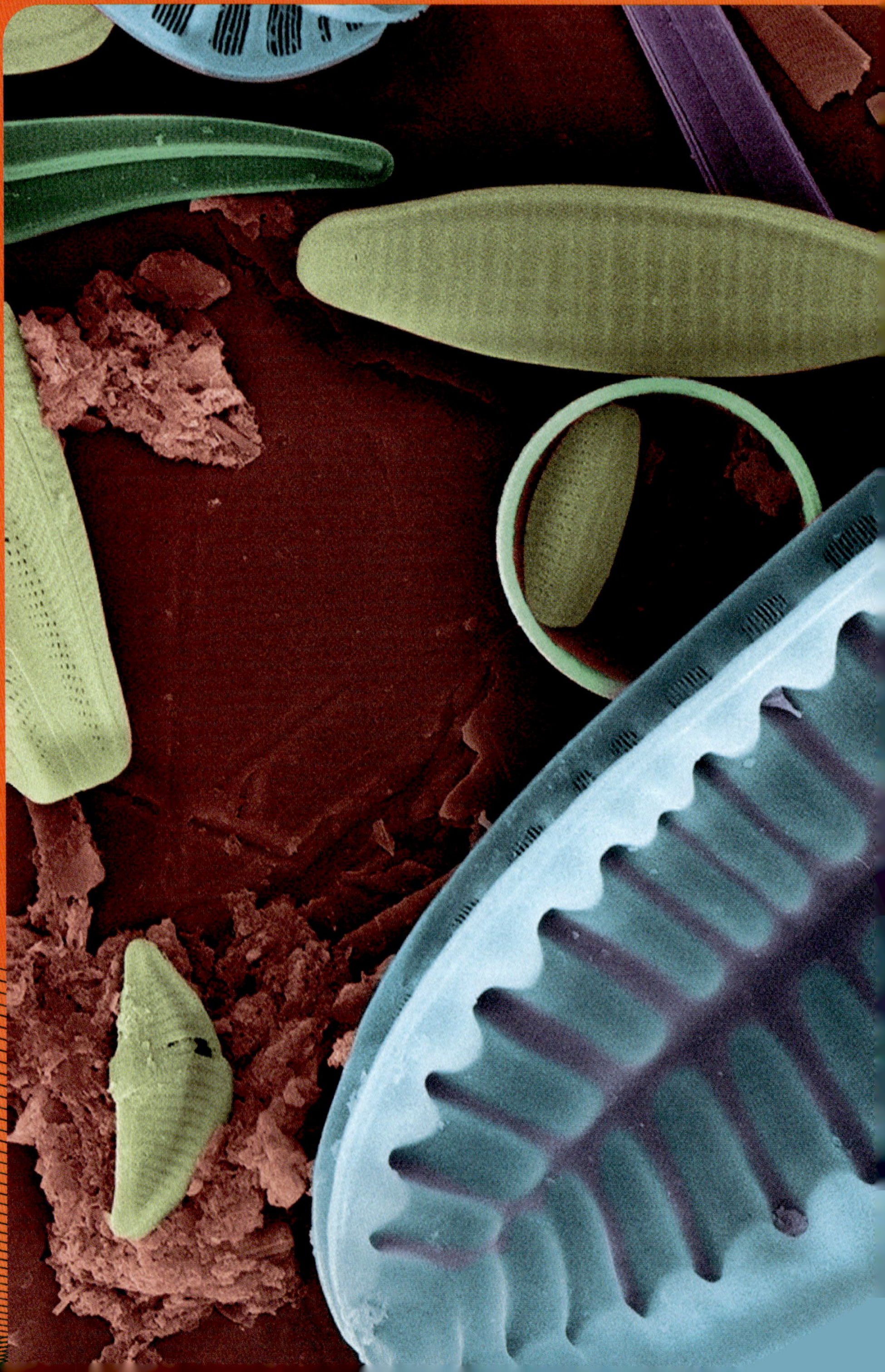

Alguns seres vivos que estudaremos nesta unidade são unicelulares; outros são pluricelulares, mas sua organização é bem simples: suas células não se reúnem formando tecidos, como ocorre nos animais e nas plantas. Alguns deles, como as bactérias e as arqueas, são procariontes; outros, como protozoários, algas e fungos, são eucariontes. Vamos estudar também os vírus, que para muitos pesquisadores não são formas de vida. No entanto, como a existência dos vírus está sempre relacionada a pelo menos uma célula viva, vamos buscar entender como esses seres interagem com organismos vivos, inclusive com o ser humano.

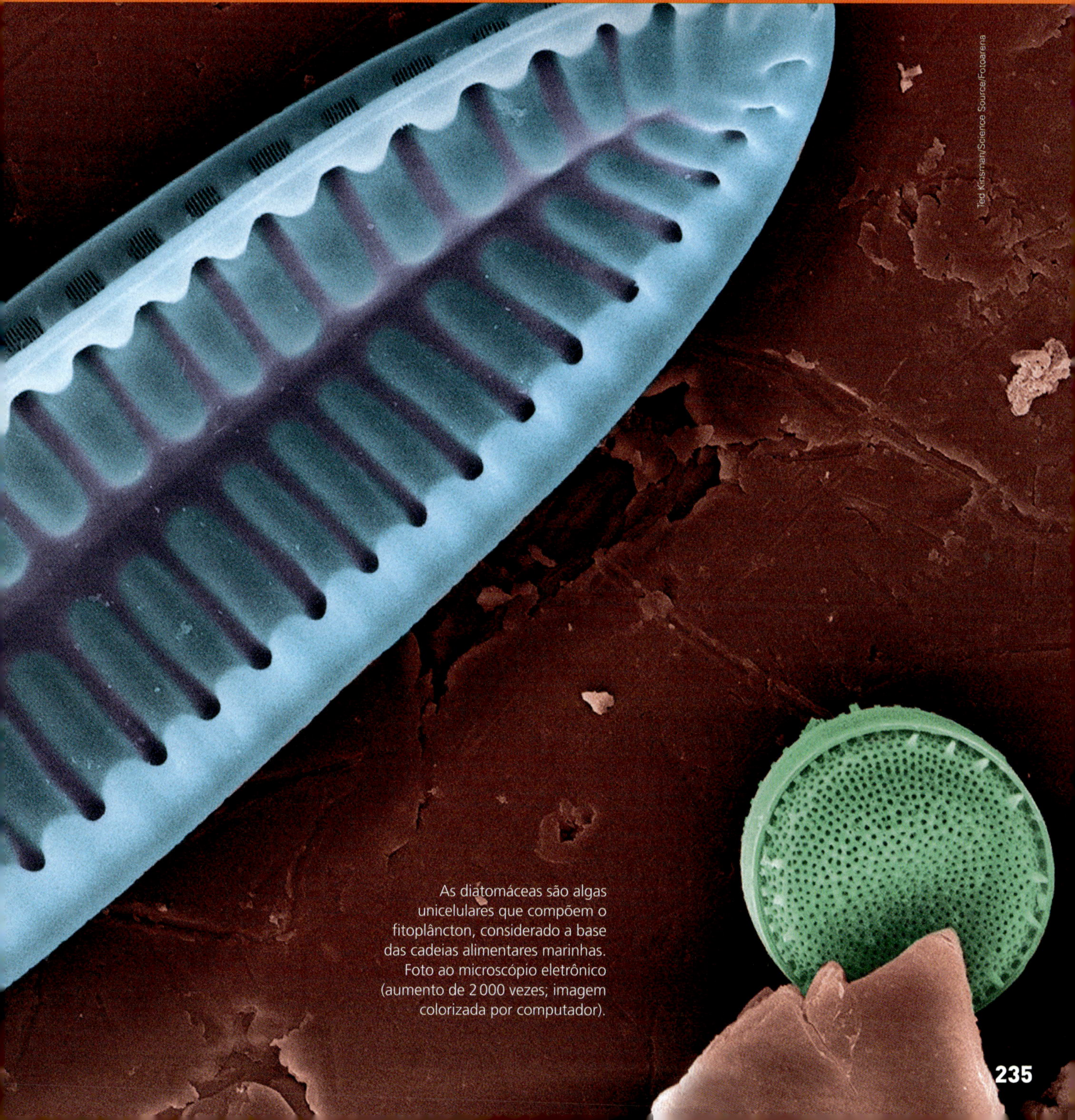

Ted Kinsman/Science Source/Fotoarena

As diatomáceas são algas unicelulares que compõem o fitoplâncton, considerado a base das cadeias alimentares marinhas. Foto ao microscópio eletrônico (aumento de 2 000 vezes; imagem colorizada por computador).

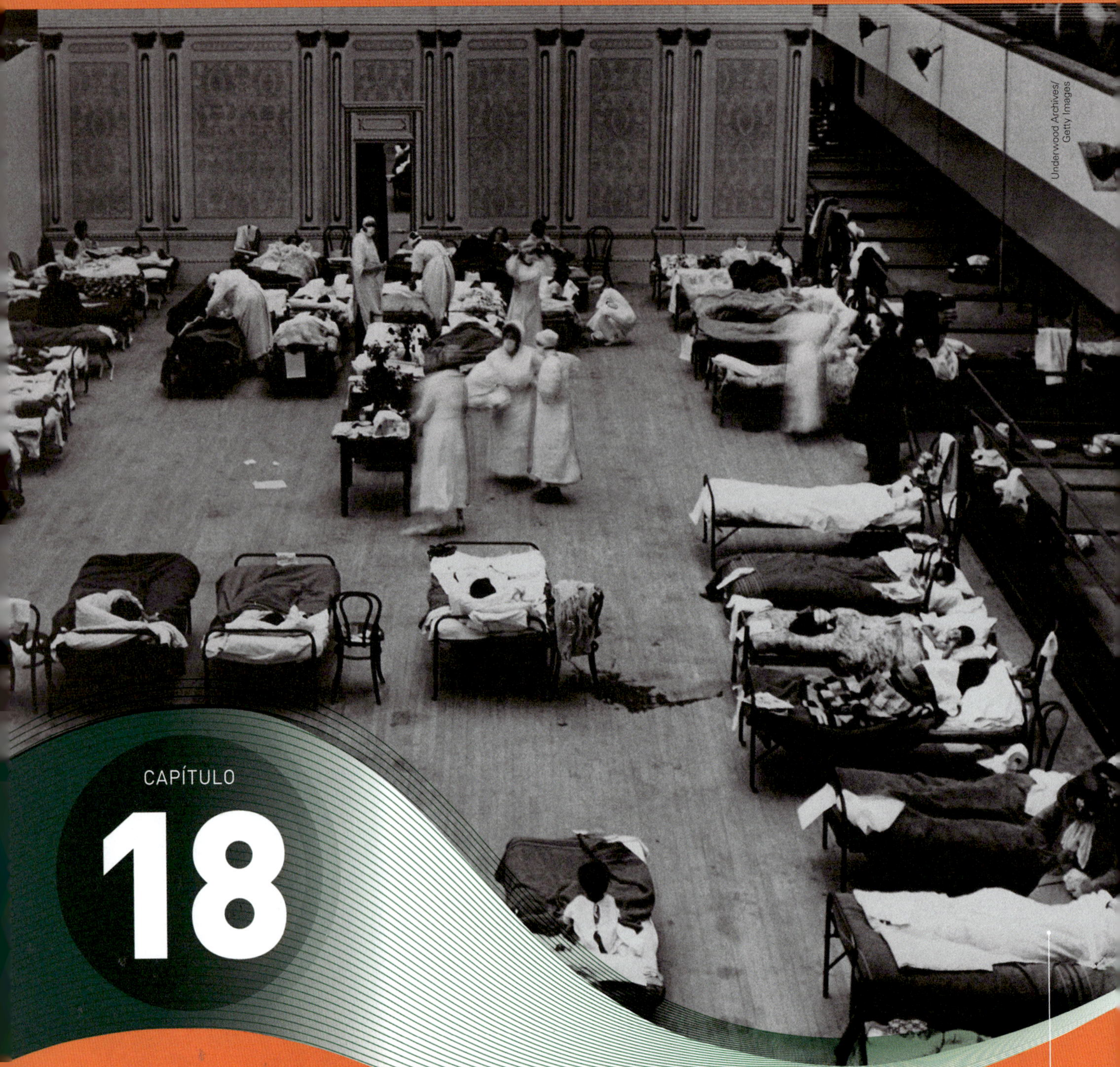

Underwood Archives/Getty Images

Durante o surto mundial de gripe espanhola, vários locais públicos foram convertidos em centros de tratamento de infectados, como o Auditório Municipal de Oakland, na Califórnia (EUA), em 1918.

CAPÍTULO

18

VÍRUS, BACTÉRIAS E ARQUEAS

Entre 1918 e 1920, a gripe espanhola, que surgiu na Ásia, espalhou-se pelo mundo e matou cerca de 40 milhões de pessoas. No Brasil, provocou aproximadamente 300 mil mortes, incluindo, em 1919, a do então presidente da República, Rodrigues Alves, que acabara de ser reeleito. Hoje dispomos de vacinas contra a gripe e contra várias outras doenças virais; porém, todos os anos surgem novas epidemias causadas por vírus, o que evidencia a importância de estudá-los.

- **Os vírus não são formados por células, mas conseguem se reproduzir dentro delas. Em sua opinião, os vírus são seres vivos? Por quê?**
- **De que modo podemos combater doenças causadas por vírus, como a dengue e a gripe?**
- **Que medidas podemos tomar para evitar doenças causadas por bactérias, como a causadora da cólera?**

1. ESTRUTURA E REPRODUÇÃO DOS VÍRUS

Os **vírus** não possuem organização celular. Por isso, eles só se reproduzem no interior de células vivas, causando, em geral, doenças aos seus hospedeiros. Diz-se, então, que os vírus são **parasitas intracelulares obrigatórios**. Quando estão fora das células, são inertes, capazes até mesmo de cristalizar-se como alguns minerais.

Os vírus não pertencem a nenhum dos reinos ou dos domínios em que os seres vivos são classificados. Para muitos cientistas, os vírus não são considerados vivos, uma vez que não possuem metabolismo próprio. Esses cientistas definem os vírus como **agentes patogênicos**, isto é, causadores de doenças. Outros pesquisadores consideram que vírus são seres vivos por apresentarem capacidade de replicação, hereditariedade e estarem sujeitos à evolução.

Os vírus medem entre 0,01 µm e 0,9 µm e são formados por uma cápsula de proteína, o **capsídeo** (*capsa* = caixa), com várias subunidades, os **capsômeros** (*meros* = parte). Veja a **figura 18.1**. No interior do capsídeo há um ácido nucleico (DNA ou RNA). Em alguns vírus, o capsídeo é coberto por uma membrana lipídica (ou envelope), constituída pela membrana plasmática da célula invadida e por proteínas sintetizadas pelo vírus.

Como não possuem todas as estruturas necessárias para a duplicação de seu ácido nucleico e para a síntese de proteínas da cápsula, os vírus usam o equipamento metabólico de uma célula viva para se multiplicar (**figura 18.2**).

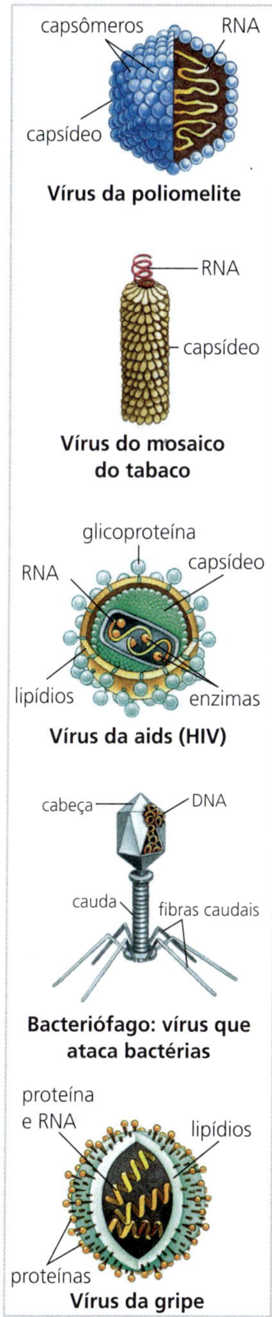

Ilustrações: Ingeborg Asbach/Arquivo da editora

Figura 18.1 Estrutura de alguns tipos de vírus (medem entre 0,01 µm e 0,9 µm; os elementos não estão na mesma escala; cores fantasia).

NIBSC/SPL/Latinstock

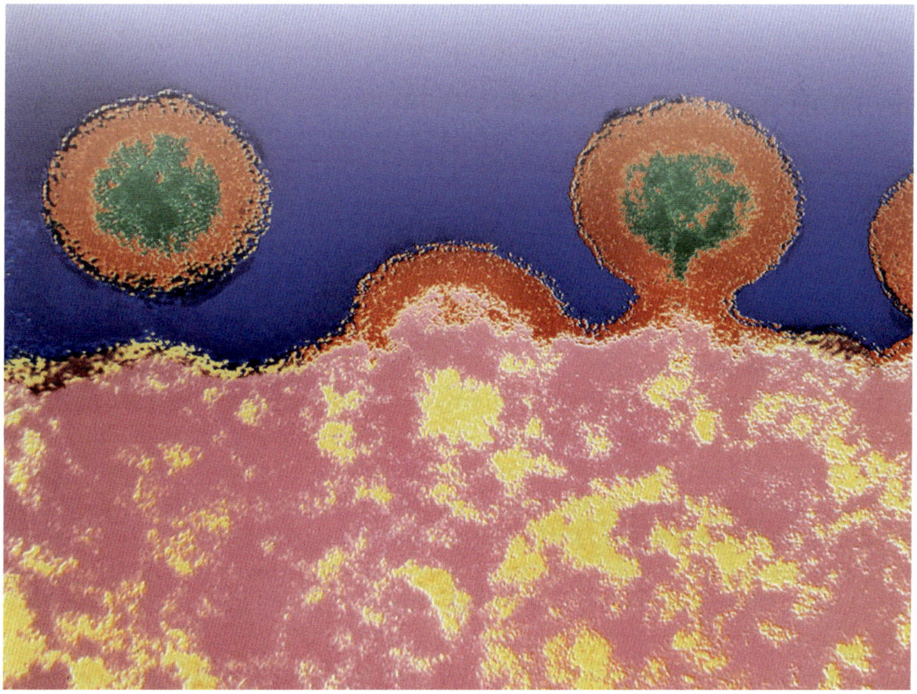

Figura 18.2 Vírus HIV emergindo de célula T em imagem de microscópio eletrônico (aumento de cerca de 160 mil vezes; imagem colorizada por computador).

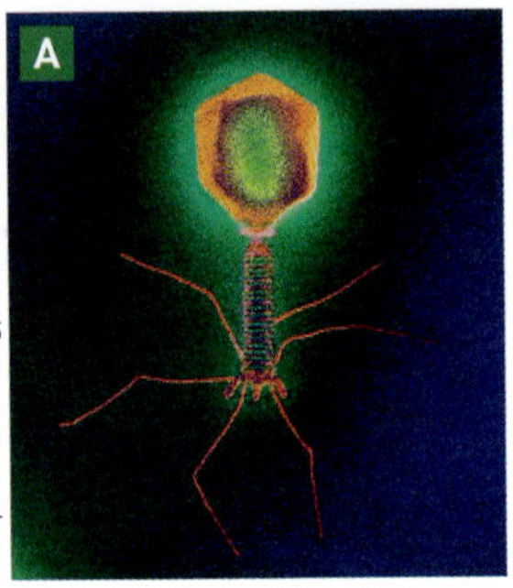

Dept. of Microbiology, Biozentrum/SPL/Latinstock

Um dos vírus mais estudados é o **bacteriófago** (**figura 18.3A**), ou **fago** (*phagein* = comer), que ataca bactérias, reproduzindo-se em seu interior.

O processo de infecção começa com o encaixe das fibras da cauda do vírus na membrana da célula bacteriana (**figura 18.3B**). A cauda se contrai e injeta o DNA viral na bactéria. A cápsula, vazia, fica do lado de fora (**1**). No interior da célula, o DNA do vírus comanda a produção de uma enzima que inativa o DNA da bactéria e assume o comando do metabolismo celular. Assim, ele utiliza os nucleotídeos e as enzimas da célula bacteriana para fabricar cópias de seu DNA, além de comandar a síntese de proteínas da cápsula viral (**2**). As novas cápsulas se associam às cópias do DNA, e novos vírus são formados (**3**). Um dos genes do vírus produz então uma enzima que digere a parede bacteriana. Isso provoca a ruptura e a morte da célula, liberando os novos vírus formados (**4**). Cada novo vírus pode então infectar uma outra bactéria.

Alguns tipos de vírus, como os vírus da gripe, do sarampo, da raiva e da poliomielite, apresentam RNA como material genético. Nesses vírus, o ácido nucleico orienta – dentro da célula hospedeira – a produção de uma molécula de RNA. Essa molécula comanda a síntese de proteínas da cápsula e de novas moléculas de RNA.

No entanto, há um outro grupo de vírus de RNA, os **retrovírus** (*retro* = atrás), em que o RNA sintetiza uma molécula de DNA. Ou seja, ao contrário do que acontece no processo de transcrição dos seres vivos em geral, nos retrovírus, o RNA é a molécula que sintetiza o DNA. O DNA, por sua vez, orienta a produção de novas moléculas de RNA virais e das proteínas da cápsula. Por isso, a enzima que permite esse processo é chamada de **transcriptase reversa**.

O vírus da imunodeficiência humana (HIV), por exemplo, é um retrovírus. Esse tipo de vírus costuma ter alta taxa de mutações, o que dificulta a produção de vacinas.

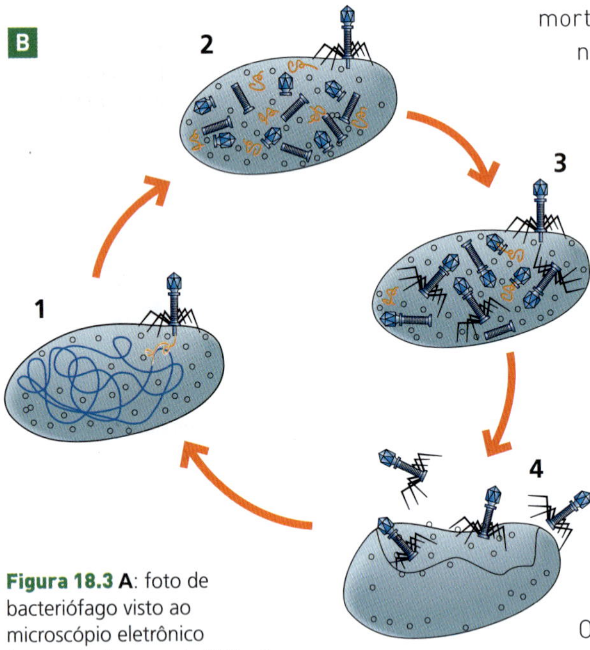

Ilustrações: Luis Moura/Arquivo da editora

Figura 18.3 A: foto de bacteriófago visto ao microscópio eletrônico (aumento de cerca de 110 mil vezes; imagem colorizada por computador). **B**: esquema que mostra a reprodução do bacteriófago (bacteriófagos medem cerca de 0,04 µm por 0,1 µm; os elementos não estão na mesma escala; cores fantasia).

2. DOENÇAS CAUSADAS POR VÍRUS

É grande o número de **viroses**, ou seja, de doenças causadas por vírus: hepatite viral, herpes, sarampo, rubéola, catapora (varicela), caxumba (parotidite), HPV, Aids, gripe, resfriado, mononucleose, entre outras.

Antes de estudarmos algumas viroses, é importante compreender alguns termos relacionados à disseminação de doenças em seres humanos:

O termo **epidemia** (*epi* = sobre; *demos* = povo) refere-se a toda doença (não necessariamente viral) que surge de forma súbita e se espalha rapidamente em uma região, acometendo, por tempo limitado, um número de pessoas maior que o habitual. É o caso da gripe. Se uma doença persiste por vários anos em um lugar, ela passa a ser considerada **endemia** (*en* = dentro). Portanto, uma endemia afeta de forma permanente um número constante de pessoas em uma determinada região. A malária, doença causada por um protozoário, é endêmica na Amazônia.

A **pandemia** (*pân* = todo) é o aparecimento de um número fora do comum de casos dessa doença em todo o mundo. Foi o que aconteceu, por exemplo, em 2009 com a gripe H1N1, também conhecida como gripe suína.

O organismo capaz de causar infecção é chamado **agente etiológico** ou **patogênico** (*pathos* = doença; *genesis* = origem); enquanto o **vetor** é o ser vivo que transmite o agente patogênico; é o caso do mosquito que transmite o vírus da dengue.

ACESSE E SAIBA MAIS

Pandemia de gripe de 1918
<www.invivo.fiocruz.br/cgi/cgilua.exe/sys/start.htm?infoid=815&sid=7>
Acesso em: 18 jul. 2018.

Reservatório é qualquer ser vivo em que um agente infeccioso vive habitualmente e se multiplica, sem causar grandes danos e do qual ele pode ser transmitido a outros organismos. Já **parasita** (*para* = ao lado; *sitos* = alimento) é um organismo que se instala no corpo de outro, o **hospedeiro**, passando a extrair alimento dele e causando-lhe prejuízos (doenças). Por fim, **profilaxia** é o conjunto de medidas para a prevenção de doenças.

Como vimos no capítulo 14, quando um vírus ou outro microrganismo invade o nosso corpo, há produção de **anticorpos** que neutralizam o microrganismo invasor. Nos organismos invasores há proteínas chamadas de **antígenos**, que ativam a produção de anticorpos específicos no organismo do hospedeiro.

Em alguns casos, os anticorpos produzidos após a primeira infecção de um vírus fornecem proteção permanente, e a pessoa dificilmente contrai a mesma doença de novo. É o que ocorre no sarampo, na rubéola e na caxumba, por exemplo.

Os vírus não podem ser combatidos por antibióticos. Para certos tipos de vírus, como o do herpes, o da gripe e o da Aids, foram desenvolvidos soros terapêuticos, vacinas e outros medicamentos específicos, chamados antivirais.

No capítulo 11, estudamos herpes genital, hpv, hepatite B e aids. Vamos conhecer agora mais algumas viroses.

ATENÇÃO!

Neste capítulo são apresentadas informações sobre algumas doenças. Essas informações não podem ser usadas para diagnóstico, tratamento ou prevenção de doenças, pois não substituem orientações médicas.

GRIPE E RESFRIADO

Embora sejam doenças causadas por vírus diferentes, há sintomas semelhantes: coriza, obstrução nasal, tosse e espirro. Em geral, febre e dores no corpo só aparecem nos casos de gripe. Em ambas as doenças, os vírus são transmitidos por gotículas eliminadas pelas vias respiratórias de pessoas contaminadas, como na fala, no espirro, na tosse, etc. Por isso é fundamental evitar o contato direto com os doentes.

A gripe, também chamada *influenza*, é causada por variedades de vírus do gênero *Influenzavirus*. Veja a **figura 18.4**.

No caso da gripe, a vacina oferece uma proteção limitada contra o vírus utilizado em sua produção, de cerca de um ano. Isso acontece porque os vírus da gripe sofrem tantas mutações que, depois de um ano, geralmente já existem novas variedades do vírus, que requerem novas vacinas.

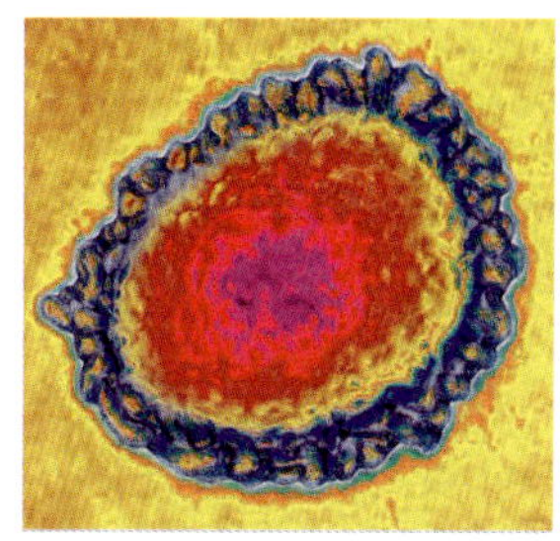

James Cavallini/Photo Researchers/Latinstock

Figura 18.4 Vírus da gripe ao microscópio eletrônico (aumento de cerca de 400 mil vezes; imagem colorizada por computador). O ácido nucleico fica no interior de um envoltório de proteínas e lipídios.

POLIOMIELITE

Na maioria das pessoas, essa virose causa apenas febre e mal-estar. Em alguns casos, porém, pode atacar o sistema nervoso, provocando paralisia, e pode, ainda, levar a pessoa à morte. O termo "poliomielite" (*poliós* = cinzento; *mielos* = medula e *ite* = inflamação) é uma referência ao fato de o vírus atacar as células na parte cinzenta da medula.

A transmissão do vírus pode ocorrer por meio de água ou alimentos contaminados ou por contato com a saliva ou as fezes de um doente. Para evitar a doença, além de medidas de higiene e saneamento básico, é essencial que todas as crianças sejam vacinadas na época indicada pelo calendário nacional de vacinação, do Ministério da Saúde.

ACESSE E SAIBA MAIS

Poliomielite
<www.youtube.com/watch?v=MORhliCcwAQ>
Acesso em: 18 jul. 2018.

RAIVA

Trata-se de uma doença que ataca o sistema nervoso central, podendo ser fatal. A contração dos músculos responsáveis pela deglutição torna muito doloroso o ato de comer e beber, daí a **hidrofobia** (*hydor* = água; *phobos* = aversão), típica da doença.

O vírus é transmitido pela mordida de animais infectados, como de cão, gato e rato. Por isso, são obrigatórios a vacinação anual dos animais domésticos e o recolhimento daqueles soltos na rua. O vírus também pode ser transmitido por animais silvestres infectados, como morcegos hematófagos (que se alimentam de sangue). Quando uma pessoa é mordida por qualquer animal, deve-se lavar a área ferida com água e sabão e procurar imediatamente um posto de saúde para, se necessário, receber soro e vacina antirrábica, entre outros medicamentos.

DENGUE

No Brasil, há 4 tipos diferentes de vírus da dengue transmitidos pela picada do *Aedes aegypti*, inseto considerado, portanto, o vetor da doença (**figura 18.5**). O mesmo mosquito também é o vetor da zika, da chikungunya e da febre amarela (forma urbana), como veremos adiante.

Martin Dohrn/SPL/Latinstock

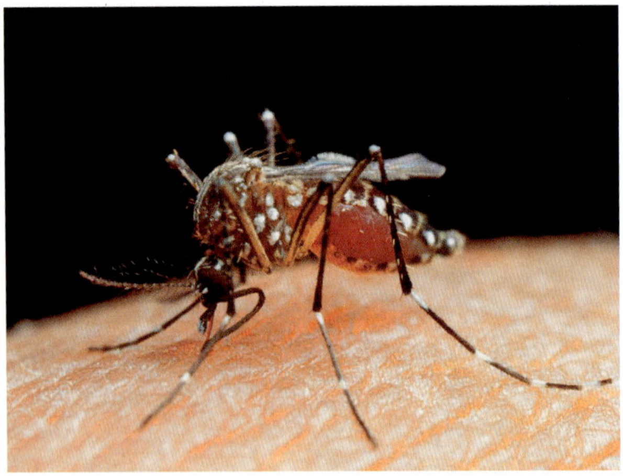

Figura 18.5 *Aedes aegypti* (4 mm a 6 mm de comprimento), mosquito transmissor (vetor) do vírus da dengue.

A dengue pode se apresentar de duas formas: clássica e hemorrágica. Na **dengue clássica**, alguns dias após a picada (período de incubação), a pessoa costuma apresentar febre alta durante quatro a sete dias, dores musculares e articulares, dores na cabeça e nos olhos, fotofobia (aversão à luz), inflamação na garganta e sangramento na boca e no nariz. Podem surgir, ainda, manchas avermelhadas na pele semelhantes às do sarampo.

Cerca de uma semana depois, essas manifestações começam a desaparecer. Ainda assim, o acompanhamento médico é necessário porque, em pessoas subnutridas e debilitadas, a doença pode levar à morte. O médico geralmente receita antitérmico, para baixar a febre, e repouso. É importante também ingerir bastante líquido e outros produtos para manter o organismo hidratado.

Quem já teve dengue, mesmo de uma forma assintomática, ou quem é portador de doença crônica, como diabetes, artrite reumatoide ou lúpus, pode contrair **dengue hemorrágica**. Essa forma começa do mesmo modo, mas, quando termina a fase febril, os sintomas se agravam, com queda da pressão arterial, hemorragias da pele, intestino e gengivas. Nesse caso, as pessoas devem permanecer em observação no hospital, uma vez que, se não houver assistência médica, a doença pode levar o paciente à morte em cerca de 10% dos casos.

ATENÇÃO!

Em caso de suspeita de dengue, não se deve tomar medicamentos à base de ácido acetilsalicílico, uma vez que essa substância favorece hemorragias.

CHIKUNGUNYA E ZIKA

A chikungunya provoca febre alta, dor muscular, dor de cabeça e erupções na pele que duram, em média, de 3 a 10 dias. O que destaca a chikungunya das demais doenças transmitidas pelo *A. aegypti* são as persistentes dores nas articulações, que podem durar meses ou anos após a fase aguda da doença.

A zika provoca manchas na pele, vermelhidão nos olhos, dor muscular e nas articulações e dor de cabeça, podendo ou não causar febre baixa. Normalmente os sintomas desaparecem entre 3 e 7 dias. No entanto, se contraída durante a gravidez, pode provocar, dentre outras alterações, microcefalia nos fetos.

Marcos Amend/Pulsar Imagens

FEBRE AMARELA

Em regiões urbanas, o vírus da febre amarela também é transmitido pela picada do mosquito *Aedes aegypti*. Já nas regiões de mata, a febre amarela é transmitida pelos mosquitos dos gêneros *Haemagogus* e *Sabethes*, que transmitem a doença também para macacos, como o bugio (**Figura 18.6**).

Figura 18.6 Muitas populações de macacos, como o bugio (*Alouatta guariba*; cerca de 60 cm de altura), são afetadas pela febre amarela, que mata muitos desses animais.

O doente apresenta febre, vômito, dor no estômago e lesões no fígado, o que torna a pele amarelada (icterícia). A doença pode se apresentar de forma leve, e até sem sintomas, ou de forma grave, podendo levar à morte. No ano de 2017 foram confirmados 779 casos de febre amarela, 262 deles resultando em mortes.

Ao contrário das demais viroses transmitidas pelo A. *aegypti*, a febre amarela pode ser evitada por meio da vacina. No Brasil, essa doença é endêmica em partes das regiões Norte e Centro-Oeste, mas, desde 2014, têm surgido diversos casos da doença na região Sudeste, por exemplo, em matas e parques próximos aos centros urbanos.

MEDIDAS DE COMBATE A MOSQUITOS VETORES

Para evitar as doenças transmitidas pelo *A. aegypti* e outros mosquitos, é necessário evitar as picadas. Isso pode ser feito com o uso de repelentes, calças e blusas de manga comprida e a instalação de telas nas janelas e mosquiteiros nas camas.

Também é necessário combater os mosquitos adultos, por meio da aplicação controlada de inseticidas, e impedir sua reprodução. Machos e fêmeas do gênero *Aedes* alimentam-se de seiva das plantas, mas a fêmea precisa de sangue para desenvolver os ovos. A postura é feita em águas paradas perto de habitações, como caixas-d'água, poços, cisternas, latas, pneus, garrafas, vasos de plantas e outros recipientes onde a água pode ficar acumulada (**figura 18.7A**). A larva do mosquito da dengue desenvolve-se nessa água parada (veja algumas formas de prevenção relacionadas a isso na **figura 18.7B**).

A

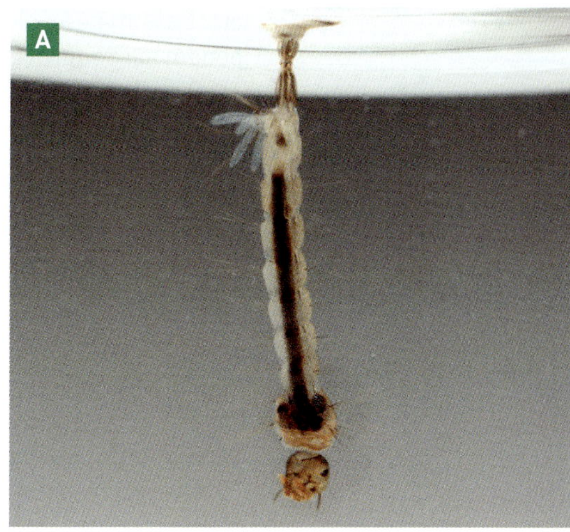

Fabio Colombini/Acervo do fotógrafo

B

Ilustrações: Luis Moura/Arquivo da editora

Figura 18.7 A: foto da larva do mosquito *Aedes aegypti* (1 mm a 6 mm de comprimento, conforme o estágio larval) na água parada; **B**: formas de prevenir seu desenvolvimento (os elementos não estão na mesma escala; cores fantasia).

3. O DOMÍNIO BACTERIA

ACESSE E SAIBA MAIS

Bactérias e digestão
<https://ed.ted.com/lessons/how-the-food-you-eat-affects-your-gut-shilpa-ravella>
Acesso em: 18 jul. 2018.

Fazem parte desse domínio as **bactérias**, seres unicelulares e procariontes. Várias espécies de bactérias vivem associadas a outros organismos causando-lhes doenças, ou seja, são parasitas. Outras bactérias, porém, associam-se a outros seres vivos e obtêm alimento sem lhes prejudicar ou beneficiar.

Há ainda associações que trazem benefícios a ambos os organismos envolvidos. Algumas bactérias que vivem em nosso intestino, por exemplo, ingerem parte de nosso alimento e produzem vitaminas do complexo B e vitamina K.

As bactérias decompositoras promovem, com os fungos, a reciclagem da matéria na natureza, realizando a decomposição da matéria orgânica de fezes, organismos mortos, etc. Essa matéria orgânica é decomposta em gás carbônico, água e sais minerais, que podem ser reaproveitados pelas plantas na produção de substâncias orgânicas.

O ser humano utiliza algumas bactérias na produção de alimentos, como as do gênero *Lactobacillus*, necessárias na produção de iogurtes e alguns queijos. Há também aquelas que são empregadas pela engenharia genética, na produção de medicamentos e de outros produtos, como veremos com mais detalhes no capítulo 41.

MORFOLOGIA E FISIOLOGIA

A maioria das bactérias mede entre 0,5 μm e 1 μm, cerca de dez vezes menos que a média das células eucariotas.

Quase todas as bactérias possuem **parede celular** envolvendo a membrana plasmática. A parede celular bacteriana é um envoltório rígido constituído de uma rede de peptídios ligados a polissacarídeos, chamada **peptidoglicano**.

No citoplasma, há apenas DNA, ribossomos e grãos de glicogênio (reserva de alimento). O DNA tem forma circular e não está ligado a proteínas, como nos eucariontes. Além desse DNA, pode haver uma ou mais moléculas menores de DNA, os **plasmídeos**. Alguns podem conter genes que conferem à bactéria resistência a antibióticos.

Muitas bactérias possuem **flagelos**, filamentos longos usados para locomoção. Além dos flagelos, pode haver filamentos de citoplasma, as **fímbrias**, que atuam na **conjugação** (troca de material genético entre duas bactérias) e ajudam na adesão da bactéria às células do hospedeiro, facilitando a infecção (**figura 18.8**).

As bactérias podem ser classificadas de acordo com a forma que apresentam: esféricas, chamadas **cocos** (*coccus* = grão); em bastonete reto, chamadas **bacilos** (*baccillus* = bastonete); em bastonete curvo, chamadas **vibriões** (*vibrare* = tremer); em hélice e com uma célula rígida, chamadas **espirilos**; e em forma de hélice, com célula flexível, chamadas **espiroquetas** (*spira* = espiral; *chaîte* = pelo). Em algumas espécies de bactérias, as células unem-se umas às outras, formando colônias típicas de cada espécie, como os **estafilococos** (*staphyle* = cacho) e os **estreptococos** (*streptós* = cadeia).

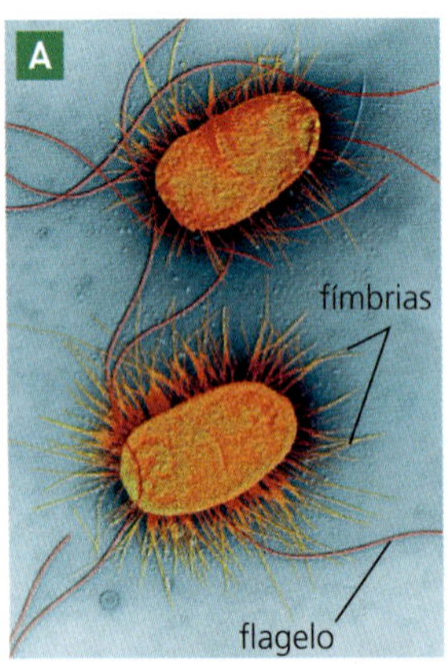

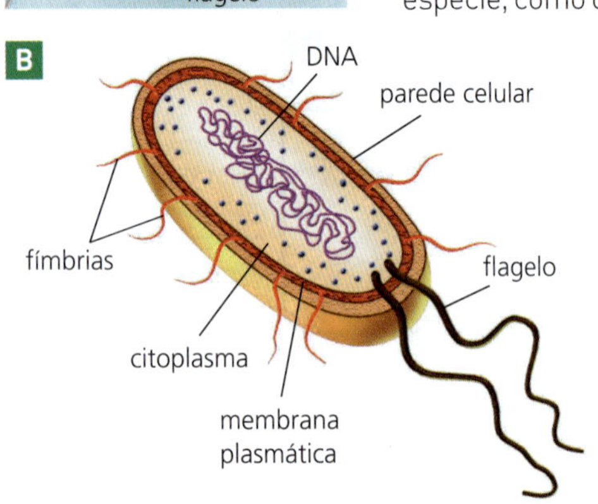

Figura 18.8 A: foto de bactérias vistas ao microscópio eletrônico (aumento de cerca de 17 mil vezes; imagem colonizada por computador); **B**: ilustração de bactéria (em média, entre 0,5 μm e 1 μm de diâmetro) com fímbrias e flagelos (os elementos não estão na mesma escala; cores fantasia).

A maioria das bactérias é heterotrófica por absorção: retira moléculas orgânicas já digeridas do ambiente ou de seres vivos parasitados. Outras são autotróficas por fotossíntese (fotoautotróficas) ou por quimiossíntese (quimioautotróficas), e usam energia luminosa ou química, respectivamente, para produzir compostos orgânicos.

Algumas bactérias conseguem utilizar o nitrogênio atmosférico fazendo-o reagir com hidrogênio para produzir amônia, que pode ser incorporada às substâncias orgânicas. Esse processo, chamado de **fixação do nitrogênio**, é realizado por bactérias do gênero *Rhizobium* e por algumas cianobactérias, entre outras. Esse assunto será detalhado no capítulo 47.

Em relação à respiração, as bactérias podem ser **aeróbias** e/ou **anaeróbias**.

As aeróbias não sobrevivem na ausência de oxigênio, pois dependem desse gás para obter energia para realizar todas as suas atividades.

Já as bactérias anaeróbias não dependem de oxigênio para sobreviver. Elas podem ser **anaeróbias facultativas**, que sobrevivem à custa de processos anaeróbios, mas podem realizar respiração aeróbia se houver oxigênio no ambiente; ou **anaeróbias obrigatórias** ou **estritas**, que não sobrevivem quando há determinada concentração de oxigênio no ambiente, porque esse gás, livre dentro da célula, pode danificar moléculas importantes, como o DNA e as enzimas.

As **cianobactérias** (*cianos* = azul), antigamente chamadas cianofíceas, vivem isoladas ou em colônias. A maioria é encontrada em água doce, mas algumas podem ser encontradas no mar, em solos úmidos e agregadas a fungos (conforme veremos no capítulo 19). Elas são autotróficas fotossintetizantes e, além da clorofila **a** (como a das plantas), possuem outros pigmentos distribuídos nas membranas que estão espalhadas no citoplasma (**figura 18.9**).

A principal forma de reprodução das bactérias é a assexuada, por **divisão binária** ou **bipartição**: a célula aumenta de tamanho e o DNA se duplica; em seguida, a célula se divide, ficando uma cópia do DNA para cada célula-filha (**figura 18.10**). Esse processo origina uma população de indivíduos geneticamente iguais, chamados **clones**.

As bactérias podem também realizar conjugação: duas bactérias se ligam pelas fímbrias e ocorre a transferência do plasmídeo de uma para a outra. Após a troca, elas se separam. Quando, posteriormente, as bactérias se dividirem, serão produzidas bactérias que também carregam novos plasmídeos. A conjugação permite, por exemplo, espalhar a resistência a antibióticos entre as bactérias. Isso acontece quando um plasmídeo com um gene que confere resistência a determinado antibiótico é transferido. Desse modo, podem surgir bactérias resistentes a vários tipos de antibióticos.

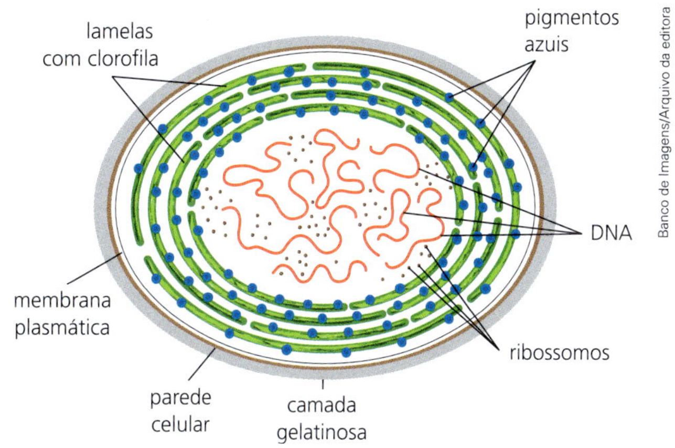

Figura 18.9 Estrutura de uma cianobactéria (em torno de 4 µm a 12 µm de diâmetro; os elementos não estão na mesma escala; cores fantasia).

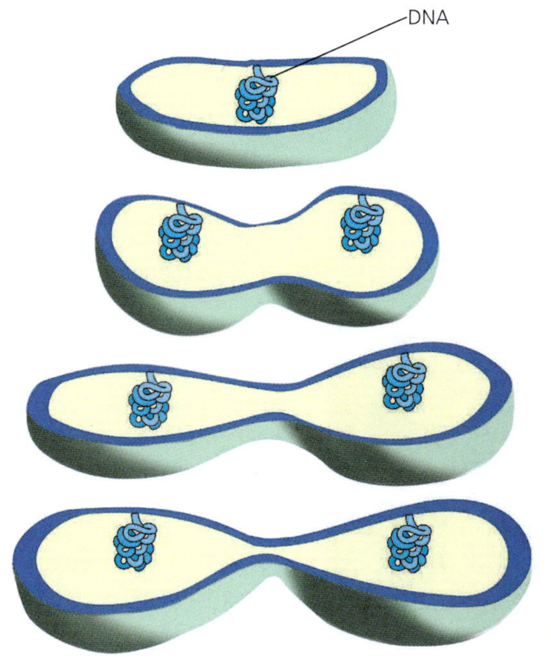

Figura 18.10 Esquema de reprodução assexuada das bactérias por bipartição (os elementos não estão na mesma escala; cores fantasia). O DNA duplica-se e passa para as duas células-filhas.

4. DOENÇAS CAUSADAS POR BACTÉRIAS

As bactérias patogênicas podem ser transmitidas de diversas maneiras: por gotículas de saliva dos doentes ou portadores (como no caso da tuberculose, lepra, difteria, coqueluche, escarlatina, pneumonia, meningite), por contato com alimento, água ou objeto contaminado (disenteria bacilar, tétano, tracoma, leptospirose, cólera, febre tifoide, botulismo) ou por contato sexual (gonorreia, sífilis).

Ao contrário dos vírus, as bactérias são sensíveis a antibióticos, que devem ser usados somente com orientação médica. Também há vacinas e soros contra alguns tipos de bactérias.

No capítulo 11, vimos algumas doenças sexualmente transmissíveis causadas por bactérias: gonorreia (blenorragia), sífilis e infecção por clamídia. Vamos conhecer agora mais algumas doenças bacterianas.

HANSENÍASE E TUBERCULOSE

ACESSE E SAIBA MAIS

Hanseníase

<www.youtube.com/watch?v=UpWIJulon1k>

Acesso em: 18 jul. 2018.

Ambas são causadas por bactérias do gênero *Mycobacterium*. A hanseníase, transmitida pelo bacilo de Hansen (*Mycobacterium leprae*), causa lesões na pele, nas mucosas e nos nervos, o que provoca falta de sensibilidade na pele. Quando o tratamento é feito a tempo, a recuperação é total.

Causada pelo bacilo de Koch (*Mycobacterium tuberculosis*), em geral a tuberculose compromete os pulmões, mas outros órgãos também podem ser afetados. O doente apresenta tosse persistente, emagrecimento, febre, fadiga e, nos casos mais avançados, hemoptise (expectoração com sangue).

Nos dois casos, a infecção pode ocorrer pela inalação de gotículas contendo bacilos expelidos pela tosse, fala ou espirro de pessoas doentes.

As medidas preventivas incluem vacinação das crianças – a vacina é a BCG (bacilo de Calmet-Guérin) – e melhorias dos padrões de vida das populações de baixa renda, mais impactadas por essas e outras doenças frequentes em condições de pobreza. O tratamento é feito com antibióticos.

MENINGITE MENINGOCÓCICA

Trata-se de uma infecção das membranas que envolvem o cérebro e a medula, as meninges, causada pelo meningococo (*Neisseria meningitidis*), embora também existam alguns vírus que provocam meningite. Os sintomas iniciais são febre alta, náuseas, vômitos e rigidez dos músculos da nuca (o doente não consegue encostar o queixo no peito).

A hospitalização deve ser imediata, pois a doença pode ser fatal. Como a bactéria é transmitida por espirro, tosse ou fala, também é importante notificar à escola, caso algum aluno a contraia. O tratamento é feito à base de antibióticos, mas alguns tipos de meningite podem ser prevenidos com o uso de vacinas.

LEPTOSPIROSE

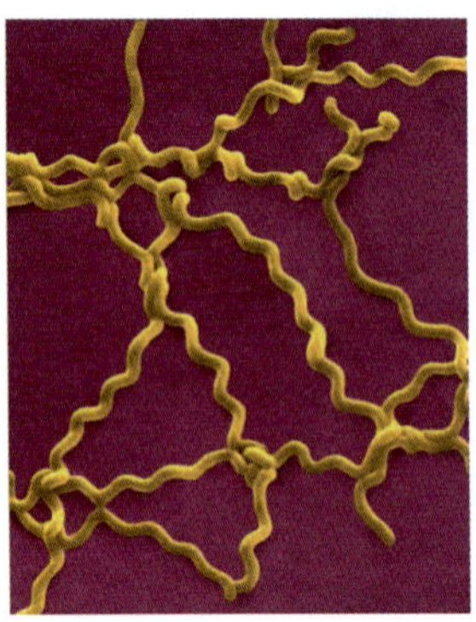

Dennis Kunkel Microscopy, Inc./Visuals Unlimited/Corbis/Latinstock

Figura 18.11 Bactéria causadora da leptospirose (microscópio eletrônico; aumento de cerca de 4 mil vezes; imagem colorizada por computador).

Doença causada pela bactéria espiroqueta *Leptospira interrogans* (**figura 18.11**), que é transmitida por água, alimentos e objetos contaminados por urina de ratos, cães e outros animais portadores da bactéria.

O doente apresenta febre alta, calafrios, dores de cabeça, musculares e articulares. É necessário atendimento médico para evitar complicações renais e hepáticas.

Existe grande risco de se contrair leptospirose nas enchentes que atingem as cidades, pois a água mistura-se à urina dos ratos que vivem nos esgotos. Como prevenção, deve-se controlar o número de ratos e melhorar o saneamento básico e as galerias pluviais.

CÓLERA

É uma doença causada pelo *Vibrio cholerae* (vibrião colérico). É causada pela ingestão de água ou alimentos contaminados, crus ou malcozidos (a bactéria morre em água fervida e em alimentos bem cozidos).

O vibrião se instala e se multiplica na parede do intestino delgado, produzindo substâncias tóxicas e provocando forte diarreia, o que pode causar desidratação: o doente pode perder até 2 litros de líquido por hora e apresentar sede, cãibras, olhos encovados e pele seca, azulada e enrugada. As fezes são aquosas e esbranquiçadas (parecem água de arroz), sem muco ou sangue. Cólicas abdominais, dores no corpo, náuseas e vômitos também são sintomas comuns. Esse quadro pode causar insuficiência renal e morte em 24 horas ou menos. Portanto, é preciso procurar atendimento médico logo, para que seja realizada reidratação endovenosa com soro e antibióticos.

Para se prevenir contra a cólera e outras doenças transmitidas pela água, deve-se evitar beber água que não tenha sido tratada, isto é, ingerir somente água filtrada e fervida ou esterilizada com produtos à base de cloro; lavar frutas, verduras e legumes que serão consumidos crus e deixá-los de molho em água com produtos à base de cloro, seguindo as instruções da embalagem; ferver o leite e deixá-lo protegido contra moscas e insetos; lavar as mãos antes de preparar ou consumir alimentos.

ACESSE E SAIBA MAIS

A história do cólera

<www.youtube.com/watch?v=rH1L07sp3YI>

Acesso em: 18 jul. 2018.

TÉTANO

É causado pelo bacilo *Clostridium tetani*. Os esporos dessa bactéria podem ser encontrados no solo, em objetos enferrujados, ou em outros locais. A bactéria penetra no organismo por ferimentos na pele. O doente apresenta dor de cabeça, febre e contrações musculares. Há casos de morte por asfixia, já que as contrações musculares atingem músculos relacionados à ventilação pulmonar. A vacinação é essencial e deve ser aplicado soro antitetânico em casos de ferimento suspeito.

ACESSE E SAIBA MAIS

Riscos do tétano
<www.youtube.com/watch?v=hKjbAG8o0lQ>
Acesso em: 18 jul. 2018.

BOTULISMO

Trata-se de uma intoxicação grave provocada pelo *Clostridium botulinum* ou por seus esporos, presentes em alimentos contaminados. Essa bactéria produz uma toxina que afeta o sistema nervoso e provoca tremores, vômitos e fraqueza muscular progressiva, que pode evoluir para paralisia respiratória e morte se não houver socorro imediato. Para evitá-la, os alimentos devem ser preparados e conservados adequadamente.

Há maior número de casos por consumo de conservas caseiras do que de alimentos industrializados. Não se deve consumir alimentos com cheiro estranho ou enlatados em que a lata esteja em mau estado de conservação. A lata estufada pode indicar que os microrganismos em seu interior estão ativos e realizaram fermentação.

5. O DOMÍNIO ARCHAEA

Fazem parte desse domínio as **arqueas**, seres unicelulares (o diâmetro da célula varia entre 0,1 μm e 15 μm), autotróficos e procariontes que compartilham algumas características com as bactérias, outras com eucariontes, e, ainda, possuem algumas características únicas desse grupo.

As arqueas não possuem peptidoglicanos em sua parede celular e os lipídios de sua membrana são diferentes dos de outros seres vivos.

Muitas arqueas vivem em condições extremas de temperatura, de salinidade ou de pH, sendo, por isso, chamadas **extremófilas** (*philein* = afinidade). As **termófilas extremas** (*thermos* = calor) podem ser encontradas, por exemplo, nas fontes hidrotermais no fundo dos oceanos, sobrevivendo em temperaturas de cerca de 100 °C, e em fontes de água sulfurosa. Elas usam a energia química do gás sulfídrico, presente nessas fontes, para sintetizar compostos orgânicos. Já as **halobactérias** ou **halófilas extremas** (*halos* = sal), vivem em regiões de alta salinidade, como o mar Morto, em Israel, ou o Grande Lago Salgado, nos Estados Unidos. Há também um grupo que vive em ambientes sem oxigênio livre, como a lama dos pântanos e o intestino dos animais herbívoros. São as arqueas **metanogênicas**, que usam hidrogênio para reduzir o gás carbônico e produzir metano.

ATIVIDADES

Questões discursivas

1. Que fato explica tanto a dificuldade de se conseguir produzir uma vacina contra o HIV como a necessidade de se repetir a vacinação contra a gripe todos os anos?

2. Como você defenderia a teoria de que vírus são seres vivos? E a posição contrária?

3. As bactérias *Clostridium botulinum* e *Clostridium tetani* são anaeróbias estritas ou obrigatórias. A primeira pode contaminar alimentos e causar botulismo em quem os ingere. A segunda causa o tétano, entrando pela pele através de ferimentos produzidos por objetos contaminados. Então, responda:

   a) Em um bolo de carne contaminado pela bactéria deve haver, a princípio, mais toxinas dela na superfície do bolo ou no meio dele? Justifique a resposta.

   b) Por que há mais risco de aparecer tétano em ferimentos profundos?

4. Coliformes fecais, como a *Escherichia coli*, são bactérias encontradas geralmente no intestino humano. A quantidade de coliformes fecais na água das praias costuma ser medida e classificada da seguinte forma:

- excelente – máximo de 250 coliformes fecais em 100 mL de água do mar;
- muito boa – máximo de 500 em 100 mL;
- satisfatória – máximo de 1 000 em 100 mL;
- imprópria – acima de 1 000 em 100 mL.

a) Como os coliformes fecais chegam até a água?

b) Por que esses coliformes podem ser usados como indicador da qualidade da água?

5. O gráfico a seguir indica o número de casos de pneumonia causada por duas espécies de bactérias, a *Streptococcus pneumonia* (curva cheia) e a *Mycoplasma pneumonia* (curva tracejada), por faixa etária, na população de uma pequena cidade. Com base no gráfico, responda:

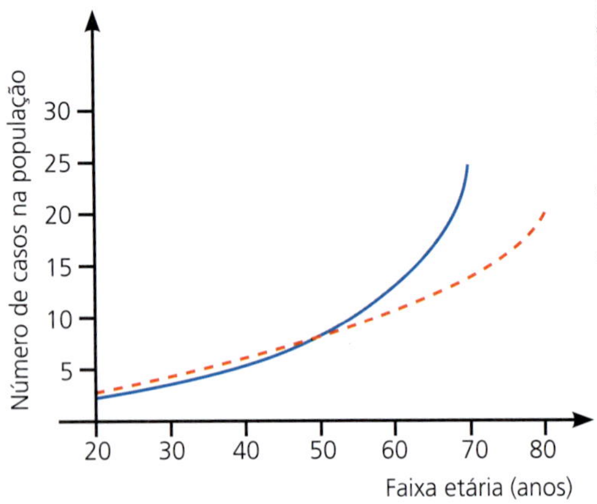

Banco de imagens/Arquivo da editora

a) Que espécie de bactéria é a principal responsável pelos casos de pneumonia em pessoas com mais de 60 anos?

b) O que acontece com o número de casos de pneumonia em função da idade? Como isso pode ser explicado?

6. (Unifesp) Cientistas criaram em laboratório um bacteriófago (fago) composto que possui a cápsula proteica de um fago T2 e o DNA de um fago T4. Após esse bacteriófago composto infectar uma bactéria, os fagos produzidos terão: a cápsula proteica de qual dos fagos? E o DNA será de qual deles? Justifique sua resposta.

7. (Fuvest-SP) Com o objetivo de promover a reprodução de certo vírus bacteriófago, um estudante incubou vírus em meio de cultura esterilizado, que continha todos os nutrientes necessários para o crescimento de bactérias. Ocorrerá a reprodução dos vírus? Por quê?

Questões objetivas

1. (UPF-RS)

Ebola já matou 3 439 na África, diz OMS

O vírus Ebola matou 3 439 pessoas no oeste da África, de um total de 7 478 casos registrados em cinco países (Serra Leoa, Guiné, Libéria, Nigéria e Senegal), segundo o último balanço da Organização Mundial de Saúde (OMS), realizado até 1º de outubro e divulgado nesta sexta, em Genebra. [...] A epidemia, a mais grave desde que o vírus foi identificado, em 1976, teve início na Guiné, no fim de dezembro de 2013. Desde então, foram registrados 2 069 mortos entre 3 834 casos na Libéria, o país mais afetado. Na Guiné, foram contabilizados 739 mortos de um total de 1 199 casos e, em Serra Leoa, 623 mortos em 2 437 casos. Trabalhadores de saúde têm sido particularmente afetados, com 216 mortos entre 377 casos confirmados.

(Disponível em: http://www.afp.com/pt/noticia. Acesso em: 4 out. 2014)

A febre hemorrágica ebola (FHE) está sendo considerada uma epidemia, porque:

a) é infecciosa e transmissível e atinge grandes proporções, se espalhando por um ou mais continentes ou por todo o mundo, matando grande número de pessoas.

b) não é infecciosa e surgiu em alguns indivíduos, sem um caráter regular.

c) é infecciosa e transmissível e surgiu rapidamente em determinada região, matando grande número de pessoas.

d) tem duração contínua, se manifesta apenas em determinada região e tem causa local.

e) não é infecciosa e transmissível e surgiu numa região, mas se espalhou rapidamente entre as pessoas de outras regiões.

2. (Enem-MEC) Durante as estações chuvosas, aumentam no Brasil as campanhas de prevenção à dengue, que têm como objetivo a redução da proliferação do mosquito *Aedes aegypti*, transmissor do vírus da dengue. Que proposta preventiva poderia ser efetivada para diminuir a reprodução desse mosquito?

a) Colocação de telas nas portas e janelas, pois o mosquito necessita de ambientes cobertos e fechados para a sua reprodução.

b) Substituição das casas de barro por casas de alvenaria, haja vista que o mosquito se reproduz na parede das casas de barro.

c) Remoção dos recipientes que possam acumular água, porque as larvas do mosquito se desenvolvem nesse meio.

d) Higienização adequada de alimentos, visto que as larvas do mosquito se desenvolvem nesse tipo de substrato.

e) Colocação de filtros de água nas casas, visto que a reprodução do mosquito acontece em águas contaminadas.

3. (Enem-MEC)

Medidas de saneamento básico são fundamentais no processo de promoção de saúde e qualidade de vida da população. Muitas vezes, a falta de saneamento está relacionada com o aparecimento de várias doenças. Nesse contexto, um paciente dá entrada em um pronto atendimento relatando que há 30 dias teve contato com águas de enchente. Ainda informa que nesta localidade não há rede de esgoto e drenagem de águas pluviais e que a coleta de lixo é inadequada. Ele apresenta os seguintes sintomas: febre, dor de cabeça e dores musculares.

Disponível em: <http://portal.saude.gov.br>. Acesso em: 27 fev. 2012 (adaptado).

Relacionando os sintomas apresentados com as condições sanitárias da localidade, há indicações de que o paciente apresenta um caso de:

a) difteria.
b) botulismo.
c) tuberculose.
d) leptospirose.
e) meningite meningocócica.

4. (Enem-MEC) Na embalagem de um antibiótico, encontra-se uma bula que, entre outras informações, explica a ação do remédio do seguinte modo: "O medicamento atua por inibição da síntese proteica bacteriana". Essa afirmação permite concluir que o antibiótico:

a) impede a fotossíntese realizada pelas bactérias causadoras da doença e, assim, elas não se alimentam e morrem.
b) altera as informações genéticas das bactérias causadoras da doença, o que impede a manutenção e a reprodução desses organismos.
c) dissolve as membranas das bactérias responsáveis pela doença, o que dificulta o transporte de nutrientes e provoca a morte delas.
d) elimina os vírus causadores da doença, pois não conseguem obter as proteínas que seriam produzidas pelas bactérias que parasitam.
e) interrompe a produção de proteína das bactérias causadoras da doença, o que impede sua multiplicação pelo bloqueio de funções vitais.

5. (Fuvest-SP) Decorridos mais de 50 anos do uso dos antibióticos, a tuberculose figura, neste final de século, como uma das doenças mais letais; isso se deve ao fato de os bacilos terem se tornado resistentes ao antibiótico usado para combatê-los. Considerando que a resistência de uma população de bactérias a um antibiótico é resultado de mutação ao acaso e que a taxa de mutação espontânea é muito baixa, foi proposto o uso simultâneo de diferentes antibióticos para o tratamento de doentes com tuberculose. Com relação a esse procedimento, foram levantados os seguintes argumentos:

I. O tratamento não será efetivo para o paciente, uma vez que a resistência ao antibiótico não é reversível.
II. O tratamento terá alta chance de ser efetivo para o paciente, pois a probabilidade de que uma bactéria seja resistente a dois ou mais antibióticos é extremamente baixa.
III. O tratamento poderá apresentar riscos para a população, pois poderá selecionar linhagens bacterianas altamente resistentes a antibióticos.

Analisando as informações contidas no texto, pode-se concluir que apenas:

a) o argumento I é válido.
b) o argumento II é válido.
c) o argumento III é válido.
d) os argumentos I e III são válidos.
e) os argumentos II e III são válidos.

6. (IFPE)

Os números de casos de dengue no Brasil em 2015 são 240% maiores em relação ao mesmo período do ano passado. Em média, 251 brasileiros contraem dengue por dia. O número de mortes por casos graves também aumentou. Foram 132 mortes em decorrência de dengue este ano, 29% a mais que em 2014.

Disponível em: <http://veja.abril.com.br/noticia/saude/casos-de-dengue-aumentam-240-em-2015-saiba-as-razoes>. Acesso em: 21 set. 2015.

A dengue é uma doença causada por vírus. Com relação aos vírus, é correto afirmar que:

a) não possuem material genético.
b) causam doenças apenas em humanos.
c) não possuem organização celular.
d) reproduzem-se dentro e fora das células vivas.
e) são parasitas intracelulares facultativos.

7. (UFRGS-RS) O domínio Archaea consiste principalmente de organismos procarióticos que vivem em ambientes extremos, como fontes termais, vulcões ou águas hipersalinas. Os Archaea são encontrados também dentro do trato digestivo de alguns animais, onde produzem metano. Os organismos metanogênicos são capazes de produzir energia segundo a seguinte reação:

$$4\,H_2 + CO_2 \rightarrow CH_4 + 2\,H_2O$$

Em relação ao seu metabolismo energético, os Archaea metanogênicos podem ser caracterizados como:

a) heterótrofos por absorção e anaeróbios.

b) autótrofos e anaeróbios.

c) heterótrofos por ingestão e aeróbios.

d) autótrofos e aeróbios.

e) heterótrofos por absorção e aeróbios.

8. (Enem-MEC) A partir do primeiro semestre de 2000, a ocorrência de casos humanos de febre amarela silvestre extrapolou as áreas endêmicas, com registro de casos em São Paulo e na Bahia, onde os últimos casos tinham ocorrido em 1953 e 1948. Para controlar a febre amarela silvestre e prevenir o risco de uma reurbanização da doença, foram propostas as seguintes ações:

I. Exterminar os animais que servem de reservatório do vírus causador da doença.

II. Combater a proliferação do mosquito transmissor.

III. Intensificar a vacinação nas áreas onde a febre amarela é endêmica e em suas regiões limítrofes.

É efetiva e possível de ser implementada uma estratégia envolvendo:

a) a ação II, apenas.

b) as ações I e II, apenas.

c) as ações I e III, apenas.

d) as ações II e III, apenas.

e) as ações I, II e III.

9. (UFPB) O texto a seguir sobre doenças infectocontagiosas foi apresentado a um estudante para que fosse interpretado, de acordo com os seus conhecimentos.

"Grande parte das doenças infectocontagiosas está intrinsecamente relacionada ao nível socioeconômico da população. Sobre a cólera, por exemplo, conhecem-se o agente causador e as formas de contágio, com detalhes. No entanto, essa doença pode levar muitos à morte nos locais onde falta política educacional e as condições sanitárias são precárias."

Interpretando o texto, o estudante depreendeu que:

I. a cólera é causada por vírus, cujo contágio é feito por ingestão de alimentos contaminados e malcozidos.

II. o fornecimento de água tratada e a construção de rede de esgotos são necessários ao combate à cólera.

III. uma política educacional, preocupada em informar sobre uso adequado dos sanitários, higiene com alimentos e conservação e utilização da água tratada, é necessária ao combate à cólera.

Está(ão) correta(s) apenas a(s) afirmação(ões):

a) I.
b) I e II.
c) II e III.
d) I e III.
e) III.

PESQUISEM E COMPARTILHEM

Em grupo, escolham um dos temas a seguir para pesquisar. Depois, apresentem o resultado do trabalho para a classe e para a comunidade escolar (alunos, professores, funcionários da escola e pais ou responsáveis). Se possível, os resultados das pesquisas devem ser expostos também fora da escola, como forma de conscientização. Eles podem ser publicados em vídeos, *blogs* ou páginas de redes sociais.

Quando fizer pesquisas na internet, dê preferência a *sites* de universidades e órgãos públicos. Sempre procure a informação em mais de uma fonte e não se esqueça de dar o crédito dos textos e das imagens apresentados em sua pesquisa.

Tema 1 A Revolta da Vacina: Qual era a situação social do Rio de Janeiro em 1904?; Quem foi o médico envolvido na campanha de vacinação?; etc.

Tema 2 Escolham uma das viroses a seguir para realizar uma pesquisa sobre o agente causador, modo de transmissão, prevenção, etc.

- Gripe aviária.
- Gripe A ("gripe suína").
- Sars.
- Varíola.

Tema 3 Higiene alimentar. Cuidados que devemos ter ao comprar e manipular os alimentos e também para conservá-los em casa para garantir a higiene.

Tema 4 Uma doença que ficou conhecida como peste negra matou milhões de pessoas durante a Idade Média. Componham uma ficha técnica que contenha informações sobre essa doença: a bactéria causadora, os sintomas, a forma de transmissão e os tipos de tratamento. Com a ajuda de livros e de *sites* de História, criem uma apresentação que descreva o contexto histórico-social em que a doença se espalhou. Considerando esse contexto, analisem também como essa doença era representada em pinturas e desenhos dessa época. Se possível, peçam orientações ao professor de História.

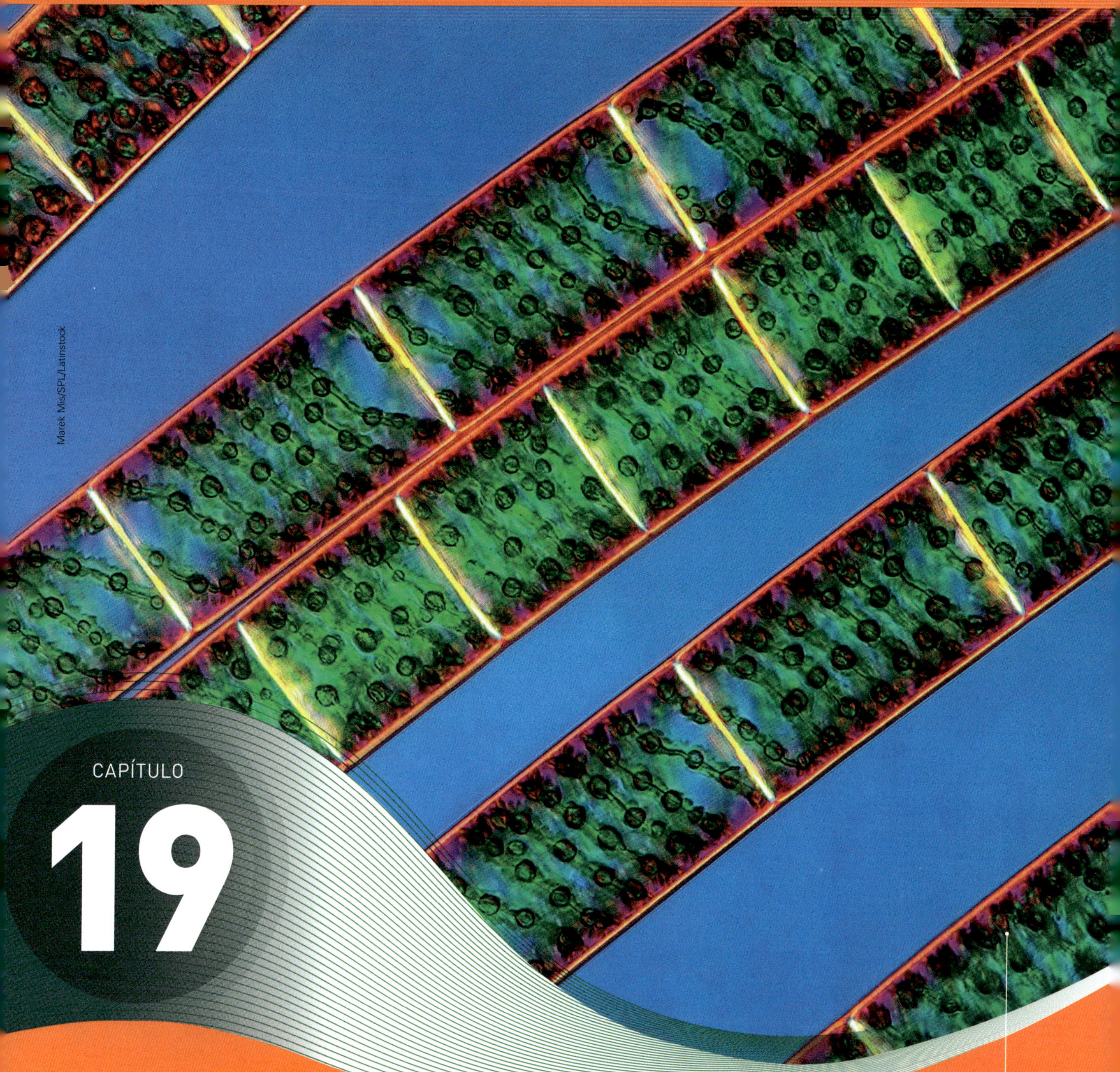

Marek Mis/SPL/Latinstock

CAPÍTULO

19

PROTOZOÁRIOS, ALGAS E FUNGOS

Alga filamentosa do gênero *Spirogyra* vista ao microscópio de luz (de 10 μm a 100 μm de largura). Esse tipo de alga verde é comumente usado em demonstrações de laboratório.

As algas são seres aquáticos que podem ser microscópicos ou macroscópicos. Esses organismos, que estudaremos neste capítulo, são responsáveis por grande parte da produção do gás oxigênio disponível no ambiente. As algas microscópicas fazem parte do chamado fitoplâncton e são importantíssimas como base da cadeia alimentar dos ambientes aquáticos. Neste capítulo vamos estudar também os protozoários, muitos dos quais podem causar doenças em seres humanos, além dos fungos, seres fundamentais para a reciclagem de nutrientes no meio ambiente.

- Você sabe o que são protozoários?
- Quais doenças algumas espécies desses microrganismos podem nos causar?
- Você sabe onde podemos encontrar algas? Por que é importante estudá-las?
- Onde podemos encontrar fungos no ambiente?
- Como os fungos podem contribuir para a produção de alimentos e bebidas?
- Qual é a importância dos fungos para a reciclagem da matéria na natureza?

1. CARACTERÍSTICAS GERAIS DOS PROTOZOÁRIOS

Esses seres habitam os mais variados tipos de ambientes, com vida livre ou em diversos tipos de associação com outros seres vivos.

Quando as condições do meio se tornam desfavoráveis, alguns protozoários podem adotar a forma de **cisto** (**figura 19.1**): o organismo perde água, diminuindo de volume, perde organelas e forma uma casca resistente. Em condições favoráveis, o protozoário dissolve o cisto, à custa de enzimas, e passa à forma ativa.

Na classificação atual, os protozoários fazem parte do domínio Eukarya (onde estão todos os eucariontes), divididos em vários grupos e subgrupos, que ainda estão em discussão.

Para simplificar, vamos falar apenas de alguns representantes desse grupo, de acordo com o tipo de locomoção e sem entrar em detalhes de classificação.

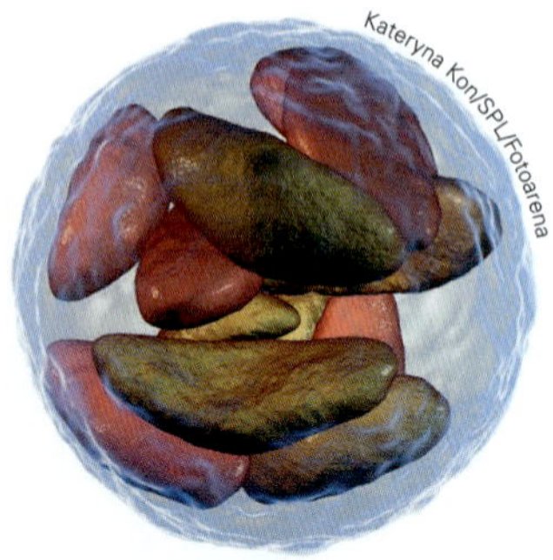

Figura 19.1 Ilustração de protozoários formando cisto, uma forma de resistência (imagem produzida por computador; cores fantasia).

PROTOZOÁRIOS COM PSEUDÓPODES

São protozoários capazes de reagir a estímulos químicos por meio da emissão de **pseudópodes**, expansões citoplasmáticas. Um exemplo desse grupo de protozoários é a ameba (**figura 19.2**), que os utiliza para aproximar-se do alimento (algas e outros seres unicelulares) e englobá-lo por fagocitose.

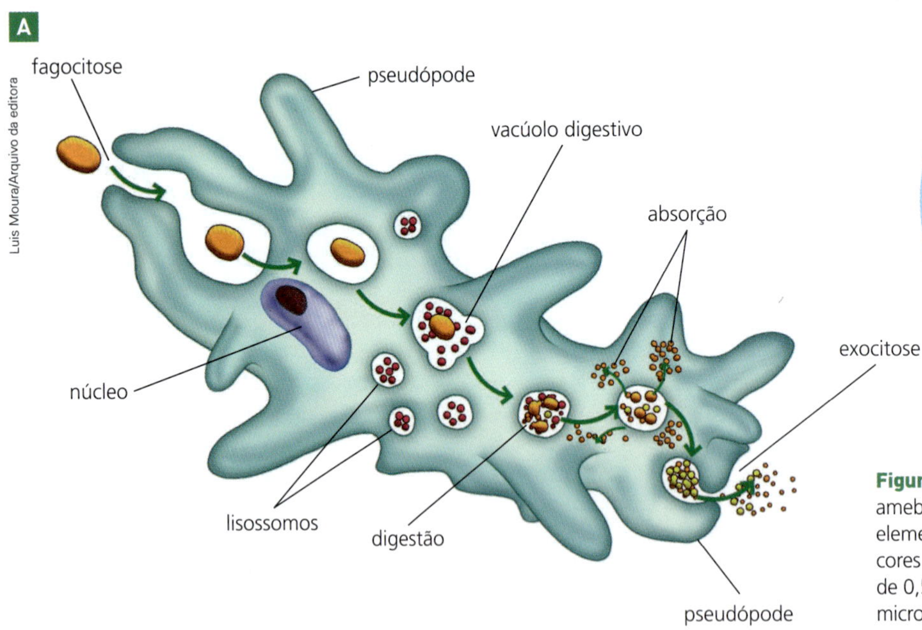

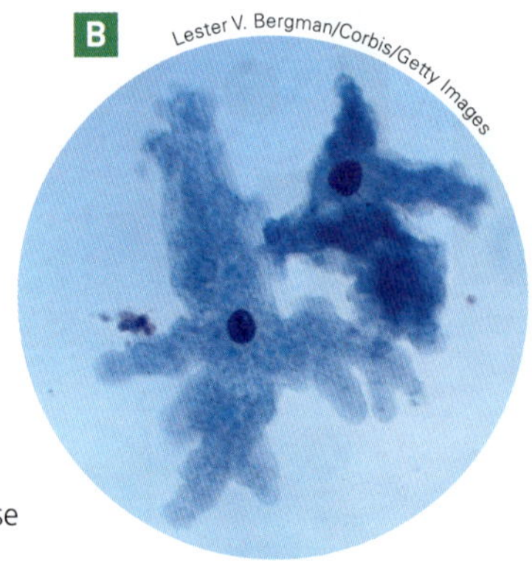

Figura 19.2 **A**: esquema de nutrição da ameba por fagocitose e exocitose (os elementos não estão na mesma escala; cores fantasia); **B**: foto de amebas (cerca de 0,5 mm de comprimento) ao microscópio de luz (com uso de corantes).

Outros protozoários com pseudópodes, como os foraminíferos, possuem carapaças resistentes de sílica ou de carbonato de cálcio, que funcionam como um esqueleto ou uma concha e dão sustentação e proteção à célula.

A forma mais comum de reprodução desses protozoários é a assexuada, que ocorre, em geral, por divisão binária. Em certos casos, a reprodução assexuada ocorre por divisão múltipla, em que uma célula origina vários indivíduos.

PROTOZOÁRIOS COM CÍLIOS

A principal característica desse grupo é a presença de cílios, filamentos de estrutura idêntica à dos flagelos, mas menores e mais numerosos. Por isso, os organismos do grupo são conhecidos como **protozoários ciliados**. Os movimentos dos cílios são usados para locomoção e, em alguns casos, para captura de alimento. São encontrados em ecossistemas aquáticos e na terra úmida.

Realizam reprodução assexuada, por bipartição, e sexuada, por conjugação (**figura 19.3**), na qual trocam material genético de seus núcleos com outro protozoário e depois se separam e se dividem, originando protozoários geneticamente diferentes dos originais.

Andrew Syred/SPL/Latinstock

Figura 19.3 Reprodução sexuada em *Paramecium caudatum*. As duas células ficam conjugadas e trocam material genético (microscópio eletrônico de varredura; imagem colorizada por computador; aumento de 500 vezes).

PROTOZOÁRIOS COM FLAGELOS

Nesse grupo estão os protozoários portadores de flagelos, filamentos em número variável (em geral, de um a quatro, embora alguns apresentem número maior), que funcionam na locomoção e na captura de alimento. São chamados **protozoários flagelados**.

A maioria é aquática e de vida livre. Alguns são parasitas e causam doenças, como veremos adiante. Outros formam associações mutualísticas, como os do gênero *Triconympha*, que vivem no intestino do cupim e digerem a celulose ingerida pelo inseto (**figura 19.4**). Os protozoários flagelados reproduzem-se por divisão binária.

Eric V. Grave/Photoresearchers, Inc./Latinstock

Eye of Science/SPL/Latinstock

Figura 19.4 Cupim (microscópio eletrônico; aumento de cerca de 10 vezes; imagem colorizada por computador) e o protozoário *Triconympha* sp. (microscópio de luz; aumento de cerca de 250 vezes).

PROTOZOÁRIOS SEM ORGANELAS DE LOCOMOÇÃO

Esses protozoários, desprovidos de organelas especializadas para locomoção, são parasitas intracelulares. A entrada do protozoário na célula parasitada é feita com o auxílio de um conjunto de organelas filamentosas presentes em uma das extremidades do protozoário, chamado **complexo apical** (**figura 19.5**).

Em referência a essa estrutura, o grupo foi denominado **apicomplexos** ou grupo dos **esporozoários** (*sporo* = semente; *zoon* = animal, termo que se refere à época em que os protozoários eram classificados no grupo dos animais) porque produzem formas chamadas **esporozoítos**, como veremos adiante, na descrição do ciclo da malária.

A reprodução dos protozoários esporozoários é assexuada, por divisão múltipla. Entretanto, em muitos ocorre alternância desse tipo de reprodução com a reprodução sexuada.

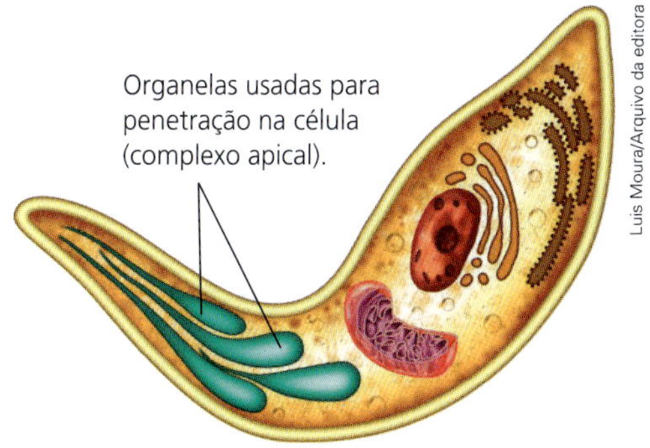

Luis Moura/Arquivo da editora

Figura 19.5 Ilustração de um esporozoário (*Toxoplasma gondii*; cerca de 10 μm de comprimento; os elementos não estão na mesma escala; cores fantasia).

2. DOENÇAS CAUSADAS POR PROTOZOÁRIOS

Entre os protozoários parasitas, destacamos aqui aqueles que podem causar doenças no ser humano, como a tricomoníase, doença sexualmente transmissível (DST) causada pelo protozoário flagelado *Trichomonas vaginalis* e estudada no capítulo 11.

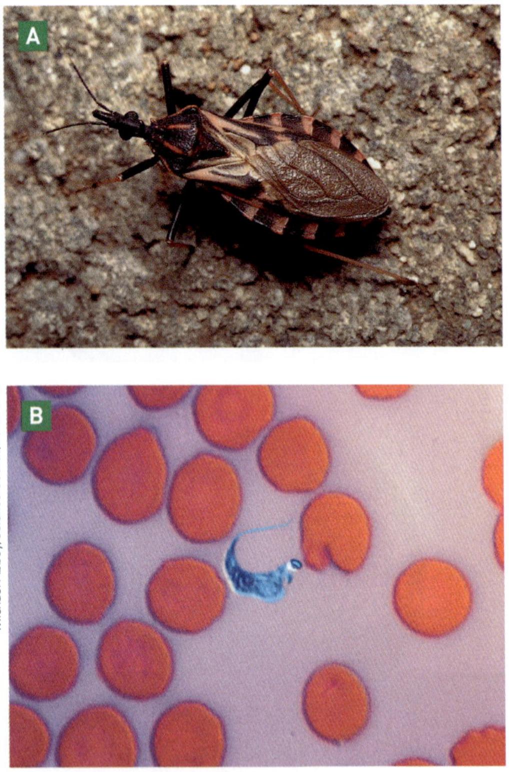

Fabio Colombini/Arquivo da editora

Michael Abbey/Science Source/Fotoarena

Figura 19.6 A: inseto barbeiro (cerca de 2 cm de comprimento) e **B**: foto do *Trypanosoma cruzi* (cerca de 20 µm de comprimento, fora o flagelo) no sangue ao microscópio de luz.

DOENÇA DE CHAGAS

Assim chamada em referência ao cientista brasileiro Carlos Chagas, descobridor do ciclo dessa doença em 1909. É provocada pelo protozoário flagelado *Trypanosoma cruzi* ("cruzi" é uma homenagem ao cientista Oswaldo Cruz), transmitido por percevejos triatomíneos (principalmente o *Triatoma infestans*), conhecidos como barbeiros, chupanças, procotós ou bichos-de-parede (**figura 19.6**).

O barbeiro contrai o protozoário de animais silvestres (chamados reservatórios naturais), como o tatu, o gambá e o macaco, ou de uma pessoa doente. Ao sugar o sangue de uma pessoa, o barbeiro defeca, liberando o protozoário, que penetra pelo orifício deixado pela picada ou pela ferida feita, quando a pessoa se coça. De início, ele aloja-se na pele, perde o flagelo e reproduz-se, dentro das células, por divisão binária. Os indivíduos resultantes dessas divisões se dirigem, através do sangue, para outros órgãos (coração, fígado, etc.), nos quais se reproduzem e provocam lesões. Há medicamentos que devem ser administrados pelo médico assim que o diagnóstico for realizado.

O ambiente ideal para reprodução e abrigo do barbeiro são as frestas das paredes de casas de sapé ou de pau a pique (casas construídas com barro socado sobre uma armação de varas e troncos), de onde o inseto sai à noite para se alimentar de sangue. O combate ao barbeiro com inseticidas e a construção de casas de alvenaria contribuíram para diminuir essa forma de transmissão em vários países. É preciso manter também a fiscalização dos bancos de sangue, para evitar a transmissão por transfusão e em transplante de órgãos. O protozoário pode passar também por alimentos contaminados pelas fezes do barbeiro e, ainda, através da placenta (contaminando o feto durante a gestação) ou pelo leite materno (contaminando o bebê durante a amamentação).

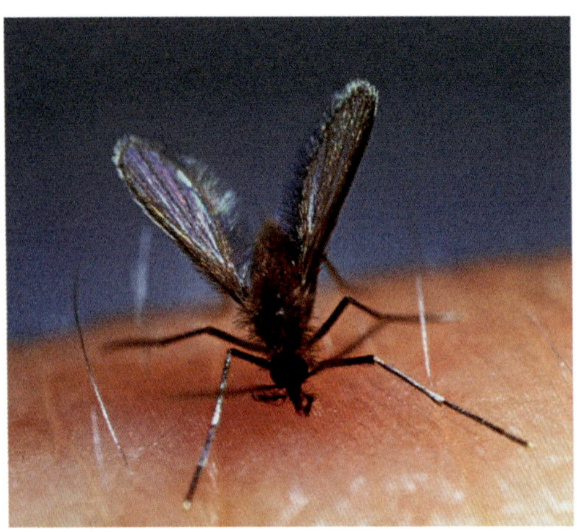

Sinelain Stammers/SPL/Latinstock

Figura 19.7 Mosquito-palha (1 mm a 3 mm de comprimento), transmissor da leishmaniose tegumentar.

LEISHMANIOSE

Também conhecida como **úlcera de Bauru**, a **leishmaniose de pele** ou **tegumentar** é causada por protozoários flagelados do gênero *Leishmania*. Esse protozoário é transmitido pela picada de mosquitos fêmeas da família dos flebotomíneos e do gênero *Lutzomya*, conhecidos como mosquitos-palha ou biriguis (**figura 19.7**), que se infectam ao sugar o sangue de pessoas contaminadas.

O protozoário penetra no ser humano pela saliva do mosquito. Isso acontece porque, ao sugar o sangue, o mosquito injeta saliva para evitar a coagulação do sangue em seu aparelho bucal. No fim de alguns dias, aparece uma lesão na pele, causada pela reprodução intensa do protozoário; mais tarde, o parasita espalha-se e causa lesões na mucosa da boca, no nariz e na faringe. Se tratada a tempo, há regressão das lesões.

Para evitar essa doença, além do diagnóstico e do tratamento dos doentes, é preciso combater o mosquito e os focos de transmissão. É recomendável também o uso de telas ou cortinados e repelentes.

A **leishmaniose visceral**, também chamada **calazar** no Brasil, é provocada pela espécie *Leishmania chagasi*. É transmitida pelas fêmeas de algumas espécies de mosquitos do gênero *Lutzomya*, que se contaminam ao picar um mamífero infectado. O doente apresenta febre, anemia e aumento do baço. Se não for tratada, pode levar à morte.

ACESSE E SAIBA MAIS

Leishmaniose visceral
<www.youtube.com/watch?v=6u5elY9rOXs>
Acesso em: 18 jul. 2018.

MALÁRIA

Todos os anos, cerca de 250 milhões de pessoas contraem malária no mundo. A maioria vive na África subsaariana. No Brasil, a malária é endêmica principalmente nos estados da Amazônia Legal, como Acre, Amazonas, Roraima e Maranhão, entre outros.

A malária é causada por um protozoário flagelado do gênero *Plasmodium* e também é conhecida como impaludismo, maleita ou sezão.

O plasmódio é transmitido pela picada da fêmea do mosquito anófeles (gênero *Anopheles*), popularmente chamado mosquito-prego. Com a saliva do mosquito penetram também formas do plasmódio, chamadas **esporozoítos** (*sporo* = semente; *zoon* = animal; *ito* indica diminutivo), que, pelo sangue, chegam ao fígado e ao baço e reproduzem-se por divisão múltipla (**figura 19.8**).

Naqueles órgãos, produzem formas denominadas **merozoítos** (*meros* = parte), que invadem as hemácias, nas quais crescem e sofrem novas divisões múltiplas, arrebentando-as. A ruptura das hemácias provoca no doente febre alta, com tremores e grande sudorese. Liberados no sangue, os merozoítos ocupam outras hemácias, que também serão destruídas. Depois de algum tempo, aparecem nas hemácias formas que não se dividem, os **gametócitos**, que, ingeridos pelo mosquito, originam gametas em seu tubo digestório.

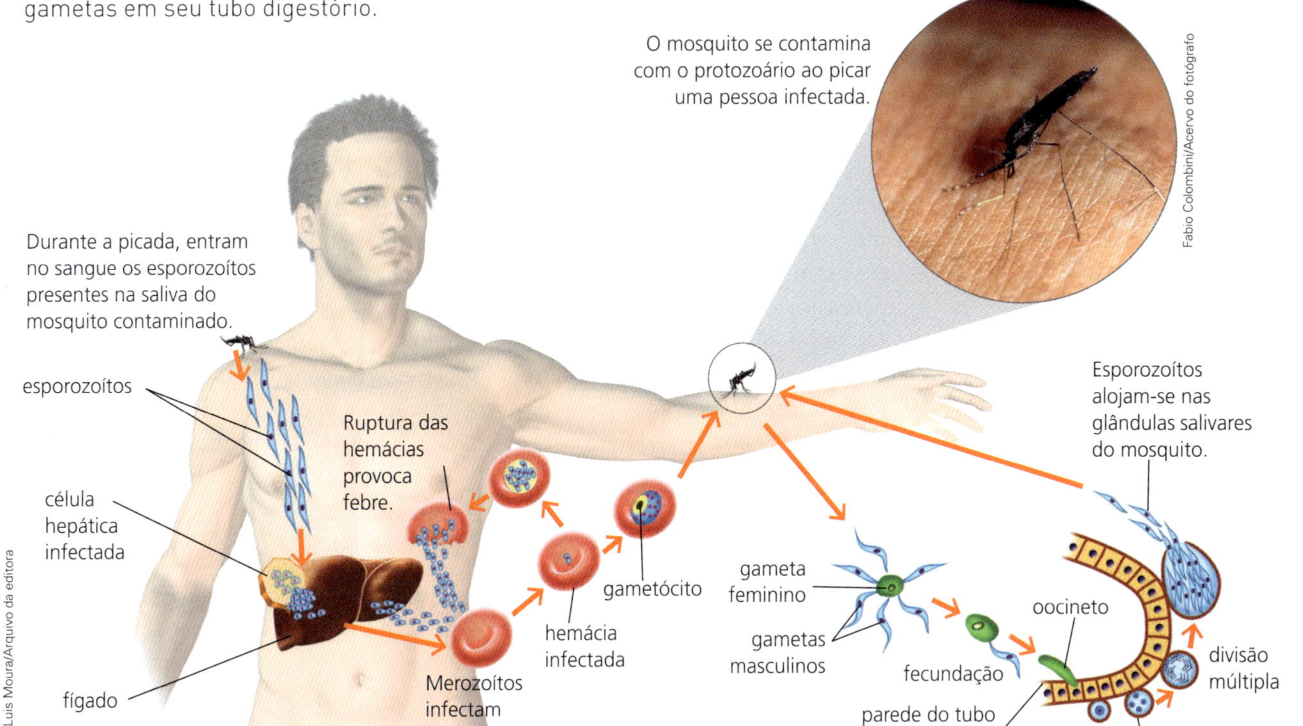

Figura 19.8 Esquema do ciclo do plasmódio (os elementos não estão na mesma escala; cores fantasia) e foto do mosquito anófeles (pouco menos de 1 cm de comprimento).

Scott Smith/Photolibrary/Getty Images

Figura 19.9 Mosquiteiro instalado sobre cama para afastar mosquitos, como o anófeles.

No mosquito, a fecundação dos gametas produz o **oocineto** (*oon* = ovo; *kinetos* = móvel), um ovo que se movimenta por pseudópodes e se fixa na parede do tubo digestório, originando um **oocisto**. Este sofre divisão múltipla e produz esporozoítos, que se dirigem para as glândulas salivares do mosquito, a partir das quais poderão ser inoculados no ser humano (reveja a **figura 19.8**).

O organismo no qual ocorre a reprodução sexuada de um parasita é chamado **hospedeiro definitivo**. O que abriga apenas a fase assexuada do parasita recebe o nome de **hospedeiro intermediário**. No caso da malária, o ser humano é o hospedeiro intermediário, e o mosquito, o hospedeiro definitivo.

A gravidade da doença depende da espécie do esporozoário: com o *Plasmodium falciparum*, o intervalo de febres varia de 36 a 48 horas, sendo esta a forma mais grave da doença, que pode provocar a morte por obstrução de vasos sanguíneos.

O tratamento é feito com medicamentos que matam as formas do parasita no fígado e no sangue. É importante também combater os insetos adultos com inseticidas. As formas larvais podem ser evitadas por meio da drenagem de regiões alagadas, do uso de larvicidas ou da criação de peixes que se alimentam de larvas. Para evitar a entrada e a circulação de mosquitos em ambientes domésticos, é necessário usar telas em portas e janelas, além de redes protetoras, chamadas mosquiteiros, ao redor das camas (**figura 19.9**). Outras medidas profiláticas envolvem cuidados com o sangue contaminado, como no caso de transfusões, uso compartilhado de agulhas e cuidados na hora do parto, caso a mãe esteja infectada.

TOXOPLASMOSE

A toxoplasmose é uma doença infecciosa causada pelo protozoário esporozoário *Toxoplasma gondii*, que infecta grande variedade de aves e mamíferos, inclusive o ser humano.

O contágio pode ocorrer principalmente de três maneiras: pela ingestão de carne crua ou malcozida de animais parasitados, sobretudo porco, boi e carneiro; pela ingestão de água e alimentos contaminados com cistos, muitas vezes provenientes das fezes de gatos; ou quando mulheres contaminadas passam o protozoário para o embrião até o sexto mês de gestação. Não é transmitida diretamente de um indivíduo a outro, exceto na gestação.

Às vezes, o doente não apresenta sintomas; em outras, há febre e aumento dos linfonodos. Em geral, a doença geralmente desaparece sem nenhuma consequência para o organismo. A prevenção consiste em evitar o consumo de carne malcozida, lavar as mãos depois do contato com animais ou com a terra por onde eles passaram, alimentá-los com comida cozida ou ração.

Mulheres que desenvolvem a doença enquanto estão grávidas correm risco de transmiti-la ao feto, que poderá apresentar lesões no cérebro e em outros órgãos. A mulher que pretende engravidar deve realizar um exame específico para a doença. Se ela convive com gatos, deve avisar o médico, para que ele possa orientá-la devidamente.

ATENÇÃO!

Neste capítulo são apresentadas informações sobre algumas doenças. Essas informações não podem ser usadas para diagnóstico, tratamento ou prevenção de doenças, pois não substituem orientações médicas.

AMEBÍASE

É causada pela *Entamoeba histolytica*, um protozoário com pseudópodes. O ser humano se contamina ao ingerir alimentos ou água com cistos da ameba, eliminados nas fezes de indivíduos portadores da ameba. Também pode ser transmitida pelo contato direto de mãos contaminadas.

No intestino grosso, o cisto libera as amebas que invadem a mucosa intestinal e provocam feridas e diarreia. Às vezes, as amebas atingem o fígado ou outros órgãos e provocam lesões. Como os cistos são eliminados pelas fezes, são importantes os hábitos de higiene pessoal (lavar bem as mãos e os alimentos) e os serviços de saneamento básico (privada, fossas ou esgoto). A doença pode ser curada com medicamentos.

BIOLOGIA E SAÚDE

Doenças negligenciadas

Muitas das doenças que vimos até aqui, como a dengue, a malária e a doença de Chagas, entre outras, são consideradas doenças negligenciadas porque são mais comuns em populações de baixa renda. Isso também acontece com as doenças conhecidas como verminoses, que estudaremos no capítulo 24.

Essas enfermidades apresentam investimentos reduzidos em pesquisas, produção de medicamentos e em seu controle, que geralmente envolve o combate ao vetor, ou investimento em saneamento básico.

Muitos afirmam que há um interesse maior em pesquisar medicamentos que atendam pessoas capazes de comprá-los e que isso pode deixar de lado pesquisas com essas doenças. São necessários, portanto, estudos e ações sociais envolvendo instituições governamentais e privadas para reverter esse quadro.

3. ALGAS

As algas (grupo sem valor taxonômico) podem ser unicelulares ou pluricelulares (multicelulares). Vivem na água doce ou salgada ou em ambientes terrestres úmidos. Fazem fotossíntese e possuem cloroplastos com clorofila e outros pigmentos.

As algas microscópicas fazem parte de uma comunidade de organismos que flutuam na água, levados pelas correntes aquáticas: o **plâncton** (*plagkton* = vagante). Essas algas formam o **fitoplâncton** (*phyton* = planta), e os seres heterotróficos dessa comunidade (protozoários, pequenos crustáceos, larvas de vários animais, etc.) formam o **zooplâncton** (*zoo* = animal). Assim, forma-se uma cadeia alimentar: as algas são os produtores da cadeia, realizando fotossíntese e sintetizando matéria orgânica. O zooplâncton (formado por consumidores primários) alimenta-se do fitoplâncton e serve de alimento para peixes e outros animais aquáticos (consumidores secundários, terciários, etc.).

Nas algas, a reprodução assexuada pode ocorrer por bipartição ou divisão binária (nas formas unicelulares), por **fragmentação** do talo (um pedaço do filamento da alga se desprende e origina outro filamento por mitose) e por **esporulação** (formação de células resistentes, os esporos).

Em muitas algas pluricelulares ocorre uma alternância de reprodução sexuada e assexuada, havendo também indivíduos haploides e diploides (**figura 19.10**). Nesses casos em que há alternância, o indivíduo diploide (2*n*) produz esporos (*n*) por meiose e, por isso, é chamado de **esporófito**. Os esporos germinam e produzem indivíduos haploides (*n*), que formam gametas. Por isso, os indivíduos haploides são chamados de **gametófitos**. A união dos gametas origina um zigoto diploide, que se desenvolve em um esporófito, reiniciando o ciclo (**figura 19.10**).

ACESSE E SAIBA MAIS

Algas invasoras
<https://ed.ted.com/lessons/attack-of-the-killer-algae-eric-noel-munoz>
Acesso em: 18 jul. 2018.

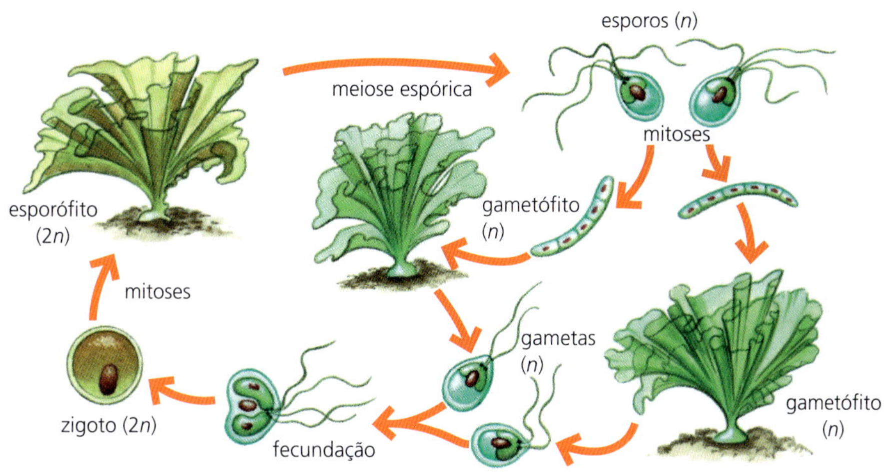

Ingeborg Asbach/Arquivo da editora

Figura 19.10 Esquema do ciclo reprodutivo da *Ulva* sp., uma alga verde (comprimento da lâmina: de 10 cm a 15 cm). Observe que indivíduos diploides (esporófitos) alternam com indivíduos haploides (gametófitos). Os esporos flagelados se chamam zoósporos (os elementos não estão na mesma escala; cores fantasia).

GRUPOS DE ALGAS

O grupo das **euglenófitas** é formado por algas unicelulares que possuem flagelos e vacúolo contrátil, além de cloroplastos e outras organelas. O gênero mais comum é a *Euglena* (**figura 19.11**), que se reproduz por divisão binária.

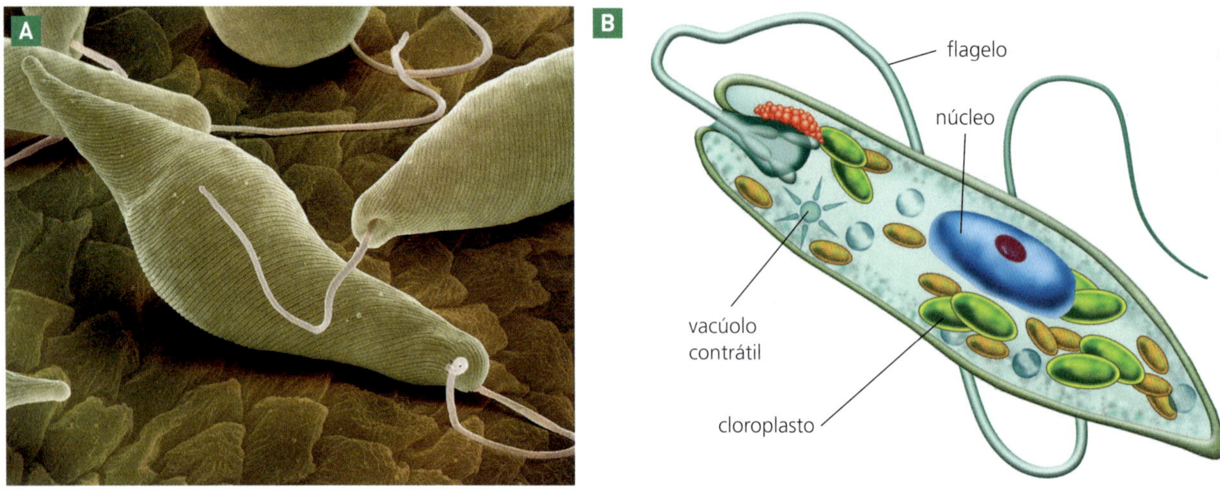

Andrew Syred/SPL/Latinstock

Luis Moura/Arquivo da editora

Figura 19.11 **A**: foto ao microscópio eletrônico (aumento de cerca de 1 500 vezes; imagem colorizada por computador); **B**: representação esquemática de uma *Euglena* sp. (cerca de 30 μm de comprimento; os elementos não estão na mesma escala; cores fantasia).

As **diatomáceas** são algas unicelulares que constituem a parte majoritária do fitoplâncton. Possuem clorofila e outros pigmentos que lhes conferem a cor dourada característica. A carapaça das diatomáceas é geralmente impregnada de sílica (**figura 19.12**).

A reprodução pode ser assexuada, por bipartição, ou sexuada, com produção de gametas.

Como as diatomáceas, os **dinoflagelados** são unicelulares e importantes representantes do plâncton. Eles apresentam dois sulcos em forma de cinta, cada um com um flagelo (**figura 19.13**). O batimento desses flagelos provoca no organismo um movimento de rotação à medida que se desloca.

A reprodução nessas algas ocorre, em geral, por divisão binária.

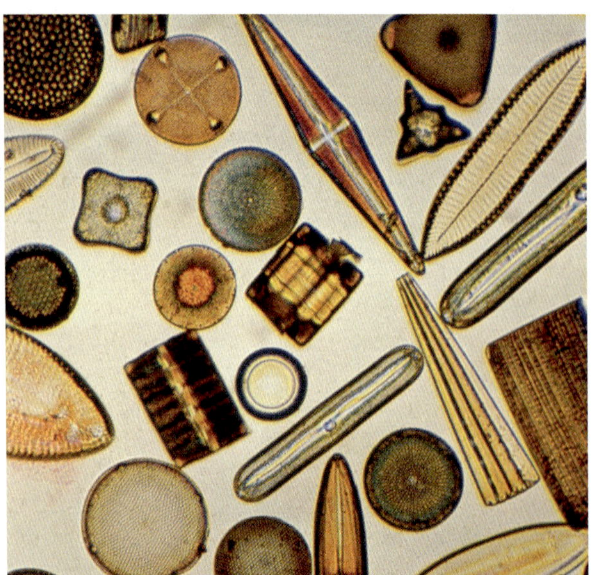

Lester V. Bergman/Corbis/Getty Images

Figura 19.12 Carapaças de diatomáceas (microscópio de luz; aumento de cerca de 700 vezes).

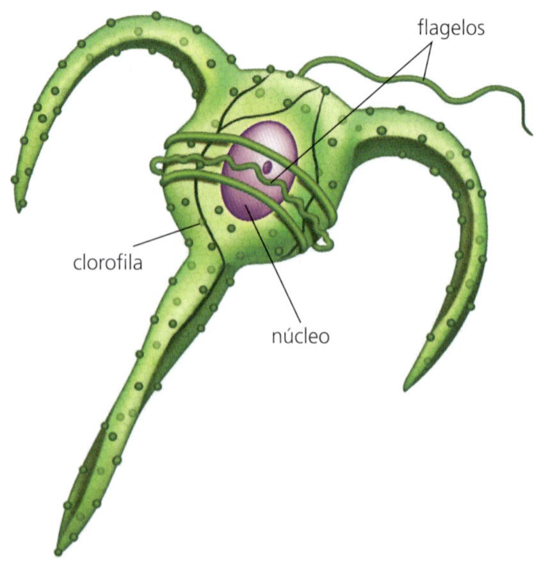

Luis Moura/Arquivo da editora

Figura 19.13 Esquema de um dinoflagelado do gênero *Ceratium* (cerca de 0,5 mm de comprimento; os elementos não estão na mesma escala; cores fantasia).

BIOLOGIA E AMBIENTE

Maré vermelha

O aumento excessivo da população de certas algas, principalmente de dinoflagelados, provoca um desequilíbrio ecológico conhecido como maré vermelha, pois a água adquire comumente coloração vermelha (**figura 19.14**). Essa denominação, no entanto, não é adequada, uma vez que as manchas podem ser de outras cores. Por isso o fenômeno é chamado também de "floração de algas nocivas".

Ele pode ser provocado por alterações na salinidade, aumento da temperatura da água do mar ou pelo excesso de sais minerais e matéria orgânica, originados do despejo do esgoto doméstico ou trazidos por correntes marinhas. O fenômeno cessa quando essas condições deixam de existir, o que pode ocorrer, por exemplo, com a formação de ventos que dispersam as algas e diminuem a temperatura da água.

O aumento da quantidade de algas é seguido de morte em grande escala dessa população. Dependendo da espécie, são liberadas substâncias tóxicas que envenenam e matam milhares de seres aquáticos. A ingestão de peixes e moluscos contaminados também pode envenenar o ser humano, que apresenta, então, diarreia e problemas respiratórios e cardiovasculares. Se a quantidade de toxinas ingeridas for muito alta, a pessoa pode morrer.

The Asahi Shimbun/Getty Images

Figura 19.14 Foto do fenômeno da maré vermelha observado no Japão.

As chamadas **algas pardas** ou **feofíceas** são quase todas marinhas pluricelulares. Além da clorofila, possui **fucoxantina** (*fucus* = alga; *xanthós* = amarelo; *phaios* = pardo), responsável pela cor marrom (**figura 19.15**). Na parede celular há celulose e outras substâncias, como as **alginas**, usadas na indústria como espessante (para dar consistência) em sorvetes, cremes, pudins, cremes dentais, etc. Algumas são comestíveis.

Nas **algas verdes**, também conhecidas como **clorofíceas**, a cor verde da clorofila predomina sobre a de outros pigmentos (*khloros* = verde). Há formas uni e pluricelulares. São mais frequentes nos ambientes aquáticos, mas há formas que vivem no solo úmido, em troncos, ou associadas a outros seres vivos, como os fungos (formando os **liquens**). Veja a **figura 19.16**.

Photo Researchers/Science Source/Getty Images

Figura 19.15 Sargaço, alga encontrada no litoral brasileiro e que pode ser usada como adubo (atinge vários metros de comprimento).

Andrew J. Martinez/Photo Researchers, Inc./Latinstock

Figura 19.16 Alga verde (gênero *Ulva*), conhecida como alface-do-mar e encontrada no litoral brasileiro (a parte em forma de lâmina tem de 10 cm a 15 cm de comprimento).

Cultivo de alga *Porphyra* sp., conhecida como nori (o comprimento varia de alguns milímetros a 3 m, dependendo da espécie).

Sushi, alimento feito com nori (parte escura), arroz e, em geral, peixe.

Figura 19.17 Exemplo de rodofícea e sua utilização na culinária (as fotos não estão na mesma escala).

As **algas vermelhas** ou **rodofíceas** possuem, além da clorofila, pigmentos responsáveis por sua cor vermelha. Quase todas são pluricelulares, marinhas e variam muito de tamanho, desde formas microscópicas até formas com 3 m de comprimento (**figura 19.17**).

Na parede celular há, além de celulose, **ágar** e **carragenina**, polissacarídeos que podem ser utilizados como estabilizante em sorvetes, ou para dar consistência a alimentos como cremes e pudins. O ágar também é usado para fazer cápsulas de medicamentos, cosméticos e moldes dentários, entre outras aplicações.

4. FUNGOS

Figura 19.18 Inseto conhecido como percevejo (cerca de 2 cm de comprimento) morto pelo fungo *Metarhizium anisopliae*.

O ramo da Biologia que estuda os fungos é a **Micologia** (*mykes* = cogumelo; *logos* = estudo). Assim como as bactérias, eles são importantes decompositores, pois se alimentam de substâncias orgânicas, de folhas mortas, de organismos mortos e resíduos, contribuindo para a reciclagem da matéria no meio ambiente. Essa capacidade de decompor matéria orgânica também pode causar alguns problemas para o ser humano, uma vez que alguns tipos de fungos destroem alimentos, roupas, papéis, couro e muitos outros produtos.

Existem muitos fungos parasitas de vegetais, que podem destruir plantações inteiras; e há também fungos parasitas de animais. Nos seres humanos, são causadas por fungos as chamadas micoses, como as frieiras, a candidíase oral (o popular "sapinho"), entre outras doenças.

Por outro lado, a relação entre os seres humanos e os fungos pode ser bastante benéfica para nós: algumas espécies são comestíveis e outras são utilizadas na fabricação de álcool, bebidas alcoólicas, pães, queijos e antibióticos.

Eles também podem ser usados como bioinseticidas no combate a pragas da agricultura (**figura 19.18**). A vantagem do combate biológico é ser mais específico que os agrotóxicos: os insetos polinizadores e os predadores das pragas, além de outros animais, não são afetados por essa técnica.

Os fungos são eucariontes e, embora existam formas unicelulares, como o levedo, a maioria é formada por um emaranhado de filamentos de células, as **hifas** (*hyphé* = teia, trama). O conjunto de hifas (**figura 19.19**) se chama **micélio** (*mykes* = cogumelo; 'élio' sugere 'tecido', como em 'epitélio'). Em alguns fungos elas formam estruturas reprodutoras chamadas **corpos frutíferos** ou de **frutificação**, que correspondem à parte visível acima do solo.

Figura 19.19 **A**: *Amanita muscaria*, um cogumelo venenoso (7 cm a 15 cm de diâmetro) e **B**: esquema mostrando o cogumelo em corte e ampliado (os elementos não estão na mesma escala; cores fantasia).

A

B

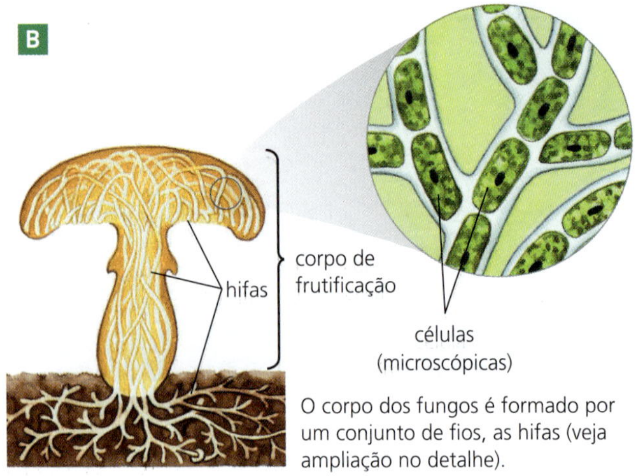

O corpo dos fungos é formado por um conjunto de fios, as hifas (veja ampliação no detalhe).

A parede celular dos fungos é formada principalmente por **quitina**, polissacarídeo nitrogenado que aparece no esqueleto dos artrópodes (insetos, crustáceos e outros).

A nutrição é heterotrófica por absorção de moléculas orgânicas simples, que podem vir de uma digestão extracorpórea realizada pelo próprio fungo: ele lança no ambiente enzimas digestivas que desdobram moléculas orgânicas complexas; assim, absorve as moléculas menores. Nesse processo, muitos fungos são decompositores de organismos mortos, atuando como **sapróbios** ou **saprófagos** (*saprós* = podre; *phagein* = comer). Nos fungos, assim como nos animais, o glicídio usado como reserva de energia é o glicogênio.

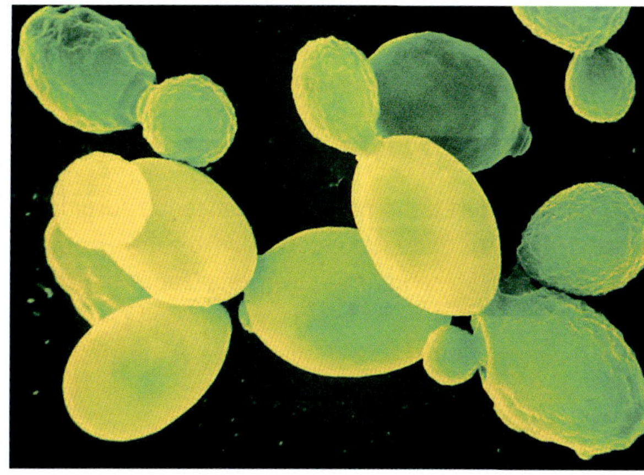

Manfred Kage/SPL/Latinstock

Figura 19.20 Brotamento em *Saccharomyces cerevisiae*, fungo unicelular (levedo) usado na produção de pão (ao microscópio eletrônico; aumento de cerca de 3 mil vezes; imagem colorizada por computador).

A reprodução assexuada pode ocorrer por brotamento (nas formas unicelulares) (**figura 19.20**), por fragmentação do micélio ou pela produção de esporos.

Os esporos são células em geral imóveis, resistentes a ambientes desfavoráveis, que, por mitose, originam novos indivíduos. A grande capacidade de dispersão, aliada à velocidade de divisão do esporo e ao rápido crescimento do fungo, compensa sua imobilidade.

A reprodução sexuada ocorre pelas hifas, que podem formar corpo de frutificação em alguns casos.

GRUPOS DE FUNGOS

Os **zigomicetos** (*zygos* = par, união) vivem, em geral, no solo. Alguns são usados comercialmente para a produção de molho de soja (o *shoyu*, típico da cozinha japonesa), de hormônios anticoncepcionais e de medicamentos anti-inflamatórios.

A maioria dos **ascomicetos** é caracterizada pela presença do **asco** (*askon* = saco), estrutura produtora de esporos.

Como exemplos de ascomicetos, temos: o levedo, cuja espécie mais conhecida é a *Saccharomyces cerevisiae*, usada na fabricação de álcool, bebidas alcoólicas e pão; a trufa (gênero *Tuber*), muito apreciada na culinária de alguns países europeus, como a Itália (**figura 19.21**); a *Neurospora*, bolor do pão e usado em pesquisas genéticas; as espécies de *Penicillium*, gênero produtor da penicilina (um antibiótico) e de certos queijos (*roquefort* e *camembert*); diversos parasitas de plantas, como *Aspergillus flavus* e *Claviceps purpurea*, que atacam cereais.

ACESSE E SAIBA MAIS

Bioluminescência dos fungos

<www.youtube.com/watch?v=Ril7v3BP1dM>

Acesso em: 18 jul. 2018.

O principal modo de reprodução dos ascomicetos é a reprodução assexuada, que ajuda na dispersão dos fungos. Nas formas unicelulares, como o levedo, ela ocorre por brotamento e, nas pluricelulares, por esporos.

A reprodução sexuada ocorre pela fusão de hifas (ou células, no caso do levedo), originando células que produzem esporos, os ascósporos. Estes se espalham e, em substrato adequado, germinam e formam um novo micélio.

Valentyn Volkov/Shutterstock

Figura 19.21 Trufas (*Tuber melanosporum*; 2 cm a 3 cm de diâmetro), tradicionalmente utilizadas na culinária de alguns países europeus.

BIOLOGIA E COTIDIANO

Fungos e a produção de alimentos

Historiadores estimam que o pão tenha surgido há cerca de 12 mil anos, juntamente com o cultivo do trigo, na região da Mesopotâmia (área localizada atualmente entre Iraque, Kuwait e Síria, no Sudoeste Asiático). Já o cultivo de uvas e a produção do vinho datam de mais de 5 mil anos, aproximadamente, na mesma região. Apesar de terem desenvolvido técnicas para a produção desses alimentos, os povos antigos não sabiam da participação dos fungos nesses processos.

O fungo conhecido como levedo de cerveja (*Saccharomyces cerevisiae*) é anaeróbico facultativo. Misturados às uvas esmagadas em tanques abertos, esses fungos unicelulares realizam a respiração aeróbica, liberando CO_2 e H_2O. Quando esses tanques são fechados, o ambiente pobre em oxigênio favorece a fermentação alcoólica, que produz álcool etílico e CO_2.

Enquanto o vinho é produzido pela fermentação do açúcar da uva, a cerveja resulta da fermentação da cevada e a cachaça tem origem na fermentação da cana-de-açúcar.

O fungo morre quando o nível de álcool se aproxima de 12%. Por isso, no caso de bebidas de alto teor alcoólico, esse nível é aumentado por meio da destilação.

O fermento biológico, utilizado em panificação, também contém leveduras vivas. Por meio da fermentação, esses fungos produzem o gás carbônico que faz crescer a massa do pão, além do álcool. Este é eliminado pelo calor do forno, o que explica por que não ficamos embriagados quando comemos pão. O gás carbônico também é eliminado.

Todas essas aplicações práticas da fermentação envolvem conhecimentos em Biologia, Química e Física, demonstrando que a interação entre disciplinas é importante não apenas para a compreensão do mundo, mas também para o desenvolvimento de muitas tecnologias.

Fontes de pesquisa: <www.winepros.org/wine101/history.htm>; <http://archaeology.about.com/od/wterms/qt/wine.htm>; <www.invivo.fiocruz.br/cgi/cgilua.exe/sys/start.htm?infoid=817&sid=7>. Acesso em: 4 jul. 2018.

No grupo dos **basidiomicetos** estão os fungos mais conhecidos popularmente, chamados cogumelos e orelhas-de-pau (**figura 19.22A**). Alguns, como o *Agaricus campestri* (conhecido como *champignon*), são comestíveis; outros, como o *Amanita muscaria*, são tão venenosos que a ingestão de um pequeno pedaço pode causar a morte. Algumas espécies podem parasitar vegetais, como os cereais e o café, causando as **ferrugens**, doenças que provocam grandes prejuízos à agricultura (**figura 19.22B**).

Fotos: Fabio Colombini/Acervo do fotógrafo

Figura 19.22 Exemplos de basidiomicetos. **A**: orelha-de-pau (gênero *Polyporus*; 20 mm a 75 mm de diâmetro); **B**: folha de café afetada pelo fungo causador da ferrugem do cafeeiro (*Hemileia vastatrix*; comprimento da folha em torno de 5 cm a 20 cm).

Embora possam se reproduzir assexuadamente (pela formação de esporos), a reprodução sexuada é mais frequente e ocorre pela fusão de hifas, que crescem e dão origem ao **basidiocarpo** (*basis* = base), corpo frutífero que, em algumas espécies, tem a forma de chapéu (cogumelo).

No basidiocarpo, por meiose, são produzidos esporos (basidiósporos), que, quando liberados, espalham-se no ambiente. Encontrando o substrato adequado, os esporos germinam e o ciclo se reinicia (**figura 19.23**).

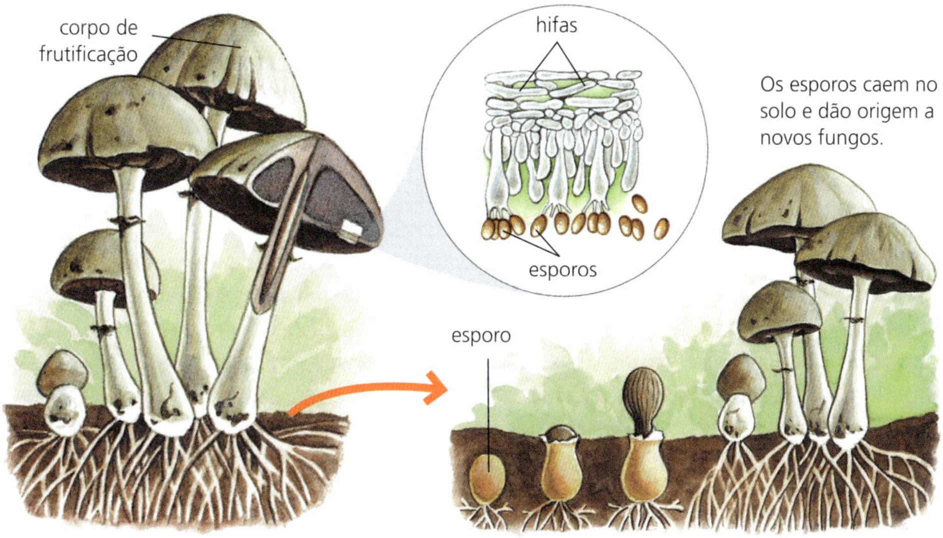

Figura 19.23 Reprodução de um basidiomiceto. As hifas têm entre 5 μm e 10 μm de diâmetro (os elementos não estão na mesma escala; cores fantasia).

Alguns fungos, que não apresentam formas sexuadas (ou que, pelo menos, dos quais não se conhecem formas sexuadas), costumavam ser reunidos no grupo dos **deuteromicetos** (*dêuteron* = secundário). No entanto, análises moleculares mostraram que se trata de um grupo artificial, sem valor taxonômico. Entre eles, há muitos parasitas de vegetais e de animais (inclusive do ser humano), como os que produzem micoses.

ACESSE E SAIBA MAIS

Liquens usados como biomonitores

<http://revistapesquisa.fapesp.br/2012/02/29/liquens-s%C3%A3o-usadoscomo-biomonitores-de-polui%C3%A7%C3%A3o-em-porto-alegre/>
Acesso em: 18 jul. 2018.

5. LIQUENS E MICORRIZAS

Os fungos podem estabelecer associações íntimas e permanentes com outros organismos, formando **liquens** e **micorrizas** (*mykes* = cogumelo; *rhiza* = raiz). Em ambos os casos, os dois organismos são beneficiados. Essa forma de associação é classificada como mutualismo ou simbiose mutualística (*syn* = união; *bios* = vida). A troca de benefícios é tão profunda que a sobrevivência isolada dos associados pode ficar comprometida.

Os liquens são associações entre um fungo (em geral, um ascomiceto) e uma alga (quase sempre uma clorofícea) ou uma cianobactéria (**figura 19.24**).

O fungo produz um ácido que desagrega as rochas e, através de suas hifas, absorve água e sais minerais do solo e da água da chuva, fornecendo-os à alga. Esta fornece ao fungo matéria orgânica produzida na fotossíntese. Na associação com cianobactérias, pode haver aproveitamento do nitrogênio do ar: as cianobactérias usam o gás nitrogênio para sintetizar compostos nitrogenados que poderão ser aproveitados também pelo fungo.

A reprodução dos liquens é assexuada, feita por meio de pequenos fragmentos (**sorédios**), que podem ser levados a lugares distantes pelo vento.

Os liquens resistem a temperaturas extremas e à falta de água. São comumente encontrados em rochas expostas ao sol, no gelo, em desertos e em solos nus – onde frequentemente são os primeiros seres vivos a se instalar; por isso são chamados **seres pioneiros**. Assim, eles criam condições para

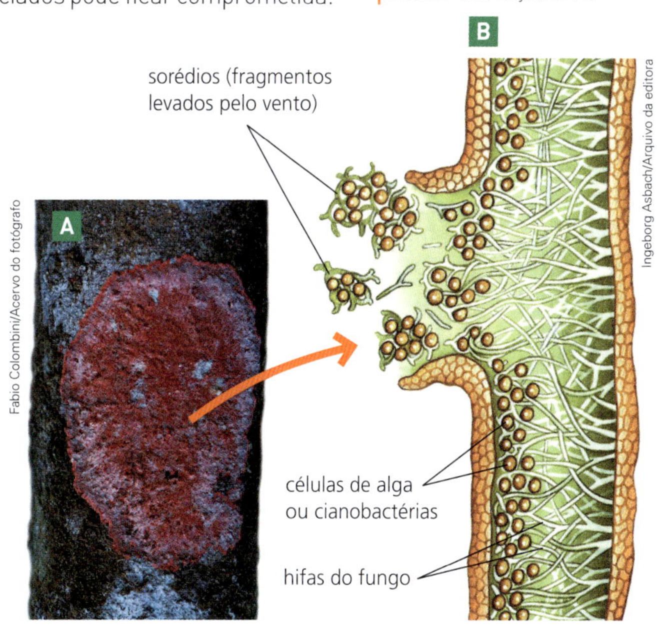

Figura 19.24 **A**: foto de um líquen (cerca de 15 cm de comprimento) e **B**: ilustração de sua estrutura (aumento de cerca de mil vezes; cores fantasia; os elementos não estão na mesma escala).

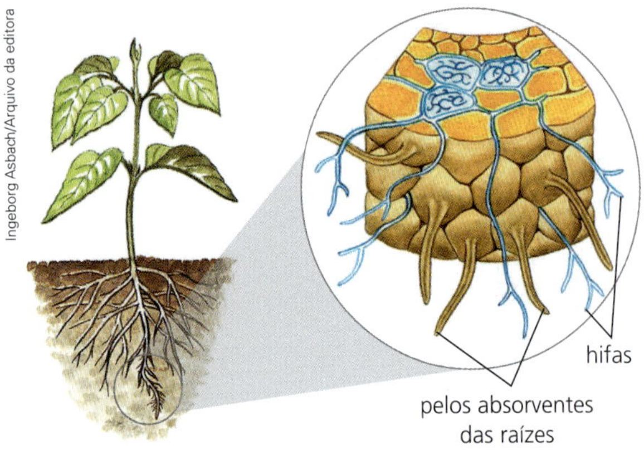

Figura 19.25 Micorriza (os elementos não estão na mesma escala; cores fantasia).

que outros seres vivos se instalem no local, permitindo o desenvolvimento de uma comunidade (o processo é chamado sucessão ecológica). Muitas espécies de liquens também servem de indicação do grau de poluição do ar (bioindicadores), uma vez que absorvem facilmente as substâncias tóxicas, como metais pesados e dióxido de enxofre (um gás emitido na queima de combustíveis fósseis em veículos e indústrias). O desaparecimento de liquens em um ambiente indica que o ar do lugar está poluído.

As micorrizas são associações de fungos (a maioria basidiomicetos) com as raízes de muitas espécies de plantas. As hifas envolvem as raízes das plantas ou penetram em suas células (**figura 19.25**). Com isso, o fungo aumenta a superfície de absorção de água e sais minerais das raízes, além de converter certos sais minerais em formas mais facilmente absorvidas pelas plantas. Em troca, a planta fornece substâncias orgânicas ao fungo. Em geral, as plantas não crescem tão bem – e, às vezes, até morrem – se forem privadas da associação com o fungo, principalmente em solos pobres em sais minerais.

ATIVIDADES

Questões discursivas

1. A tabela abaixo mostra o número de casos de malária ao longo dos anos na região amazônica.

Ano	Número de casos
2005	607 782
2007	457 434
2009	306 342
2011	263 323
2013	177 767

Fonte: <www.saude.gov.br/malaria>. Acesso em: 15 fev. 2016.

a) Qual é o protozoário causador da malária?

b) Como ele penetra no organismo humano?

c) Que consequências essa doença traz para o organismo?

d) De acordo com a tabela acima, o número de casos de malária na região amazônica aumentou ou diminuiu?

e) Que medidas devem ter sido usadas para combater essa doença?

2. Uma pessoa que vive na mesma casa que outra que teve malária também contraiu a doença. Ao saber disso, um vizinho comentou que foi por falta de higiene e que essa pessoa não devia ter usado os mesmos objetos (copos, pratos, etc.) que a outra, que esteve doente.

a) Você concorda com o comentário desse vizinho? Por quê?

b) Desde os primeiros dias da doença, mediu-se a temperatura dessa pessoa e, com os valores medidos, construiu-se o gráfico a seguir. O que o gráfico indica? Explique como esse dado reforça o diagnóstico de malária.

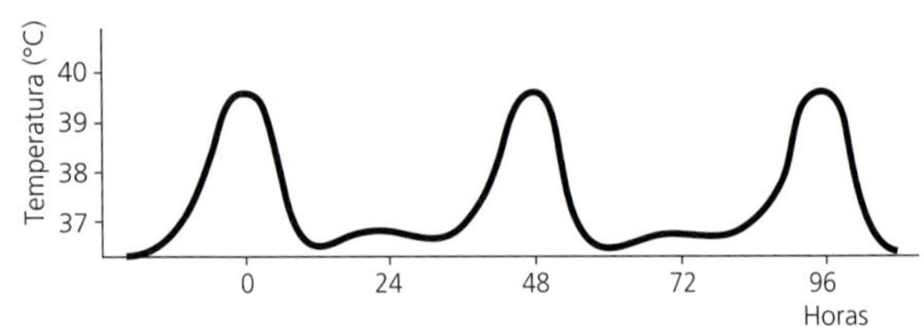

3. Um pesquisador estava tentando fazer colônias de bactérias crescerem sobre uma placa de vidro com ágar, uma substância extraída de algas. No entanto, como se pode ver na figura abaixo, um fungo (gênero *Penicillium*) acabou crescendo sobre o ágar.

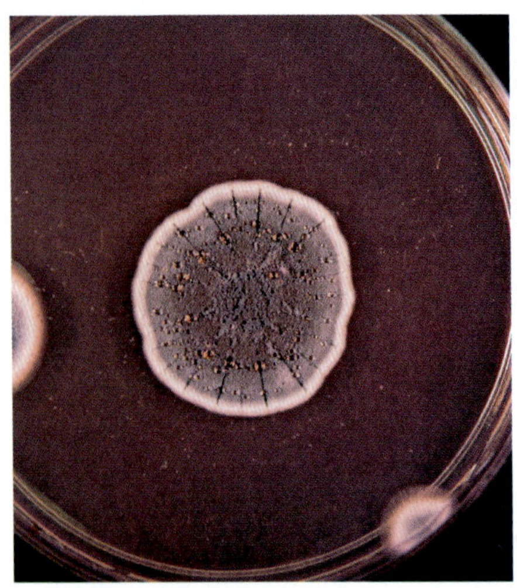

a) Como o fungo chegou até o ágar?

b) Por que não houve crescimento de bactérias ao redor do fungo?

4. Os organismos conhecidos atualmente como fungos já foram considerados plantas. Aponte uma semelhança entre fungos e plantas que justifique a antiga classificação dos fungos e uma diferença entre eles que justifique a classificação atual deles em um grupo à parte.

5. Certos fungos crescem especificamente sobre partes mortas de plantas, como folhas e galhos caídos. Qual a importância desses fungos para o equilíbrio da natureza?

Questões objetivas

1. (Enem-MEC) Os mapas a seguir apresentam informações acerca dos índices de infecção por leishmaniose tegumentar americana (LTA) em 1985 e 1999.

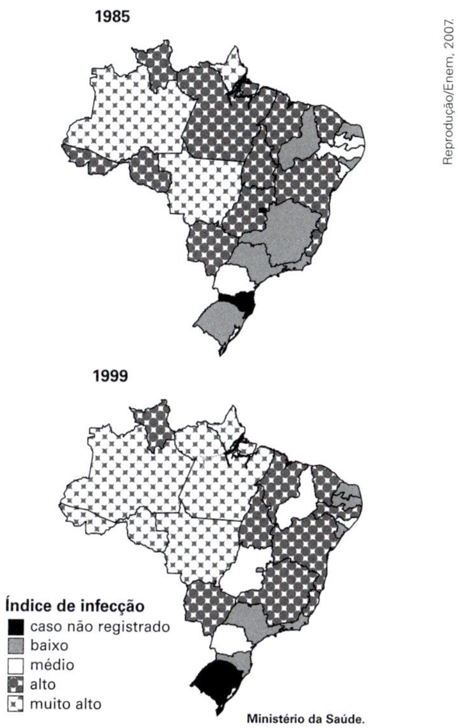

A partir da leitura dos mapas acima, conclui-se que:

a) o índice de infecção por LTA em Minas Gerais elevou-se muito nesse período.

b) o estado de Mato Grosso apresentou diminuição do índice de infecção por LTA devido às intensas campanhas de saúde.

c) a expansão geográfica da LTA ocorreu no sentido norte-sul como resultado do processo predatório de colonização.

d) o índice de infecção por LTA no Maranhão diminuiu em virtude das fortes secas que assolaram o estado nesse período.

e) o aumento da infecção por LTA no Rio Grande do Sul resultou da proliferação do roedor que transmite essa enfermidade.

2. (UFMT) A doença de Chagas, transmitida pelo barbeiro, é causada pelo protozoário *Trypanosoma cruzi*. Sobre esse protozoário, analise as características a seguir.

I. Eucarionte dotado de flagelo.
II. Eucarionte dotado de cílios.
III. Eucarionte unicelular heterótrofo.
IV. Eucarionte pluricelular autótrofo.

São características do *Trypanosoma cruzi*:

a) II e IV, apenas.

b) II, III e IV, apenas.

c) I e III, apenas.

d) I, II e IV, apenas.

e) I, II, III e IV.

3. (Fuvest-SP) Uma pessoa pretende processar um hospital com o argumento de que a doença de Chagas, da qual é portadora, foi ali adquirida em uma transfusão de sangue. A acusação:

a) não procede, pois a doença de Chagas é causada por um verme platelminto que se adquire em lagoas.

b) não procede, pois a doença de Chagas é causada por um protozoário transmitido pela picada de mosquitos.

c) não procede, pois a doença de Chagas resulta de uma malformação cardíaca congênita.

d) procede, pois a doença de Chagas é causada por um protozoário que vive no sangue.

e) procede, pois a doença de Chagas é causada por um vírus transmitido por contato sexual ou por transfusão sanguínea.

4. (Enem-MEC) Houve uma grande elevação do número de casos de malária na Amazônia que, de 30 mil casos na década de 1970, chegou a cerca de 600 mil na década de 1990. Esse aumento pode ser relacionado a mudanças na região, como:

a) as transformações no clima da região decorrentes do efeito estufa e da diminuição da camada de ozônio.

b) o empobrecimento da classe média e a consequente falta de recursos para custear o caro tratamento da doença.

c) o aumento na migração humana para fazendas, grandes obras, assentamentos e garimpos, instalados nas áreas de floresta.

d) as modificações radicais nos costumes dos povos indígenas, que perderam a imunidade natural ao mosquito transmissor.

e) a destruição completa do ambiente natural de reprodução do agente causador, que o levou a migrar para os grandes centros urbanos.

5. (UFPE) Com relação às doenças causadas no homem por protozoários, é verdadeiro afirmar que:

(01) a tricomoníase é causada por um protozoário flagelado que pode ser transmitido através do contato sexual com portadores desse flagelado.

(02) a leishmaniose cutânea ou úlcera de Bauru é causada por um protozoário esporozoário e é transmitida através da picada do mosquito-prego do gênero Anopheles.

(04) a giardíase é causada por um protozoário flagelado e é transmitida através da ingestão de alimentos ou de água contaminados com cistos do protozoário.

(08) a malária é causada por um protozoário flagelado e é transmitida através da picada do mosquito-palha ou birigui (flebótomo).

(16) a toxoplasmose é causada por um protozoário esporozoário e pode ser transmitida através da ingestão de cistos do parasita, eliminados com as fezes do gato.

Dê como resposta a soma dos números associados às afirmativas corretas.

6. (UEG-GO) O *Trypanosoma cruzi* é o protozoário causador da doença de Chagas. A relação entre a doença e o protozoário foi descoberta por Carlos Chagas ao investigar a presença do protozoário no sangue de indivíduos que moravam em casas infestadas por barbeiros. A principal forma de transmissão da doença é

a) pela transfusão de sangue, seguida pela transmissão congênita e, menos frequentemente, pelo coito.

b) pelo vetor, seguida pela transmissão oral e, menos frequentemente, por transfusão de sangue.

c) pelo vetor, seguida pela transfusão de sangue e, menos frequentemente, por transplantes de órgãos.

d) pela transfusão de sangue, seguida pela transmissão sexual e contaminação acidental.

7. (Enem-MEC) A malária é uma doença típica de regiões tropicais. De acordo com dados do Ministério da Saúde, no final do século XX foram registrados mais de 600 mil casos de malária no Brasil, 99% dos quais na região amazônica. Os altos índices de malária nessa região podem ser explicados por várias razões, entre as quais:

a) As características genéticas das populações locais facilitam a transmissão e dificultam o tratamento da doença.

b) A falta de saneamento básico propicia o desenvolvimento do mosquito transmissor da malária nos esgotos não tratados.

c) A inexistência de predadores capazes de eliminar o causador e o transmissor em seus focos impede o controle da doença.

d) A temperatura elevada e os altos índices de chuva na floresta equatorial favorecem a proliferação do mosquito transmissor.

e) O Brasil é o único país do mundo que não implementou medidas concretas para interromper sua transmissão em núcleos urbanos.

8. (PUC-SP) Foram feitas três afirmações a respeito dos liquens:

I. São organismos pioneiros em um processo de sucessão ecológica.

II. Os dois tipos de organismos que constituem um líquen são capazes de produzir glicose e oxigênio utilizando gás carbônico, água e energia luminosa.

III. Os organismos que constituem um líquen apresentam uma relação mutualística.

Assinale:

a) se apenas uma das afirmações estiver correta.

b) se apenas as afirmações I e II estiverem corretas.

c) se apenas as afirmações I e III estiverem corretas.

d) se apenas as afirmações II e III estiverem corretas.

e) se as afirmações I, II e III estiverem corretas.

9. (UEL-PR) Considere as seguintes medidas profiláticas:

I. colocação de telas em portas e janelas;

II. ingestão de frutas e verduras bem lavadas;

III. ingestão de água não contaminada;

IV. eliminação do barbeiro transmissor;

V. erradicação do mosquito transmissor;

VI. saneamento básico.

Podem diminuir a incidência da disenteria causada pela *Entamoeba histolyca* somente:

a) I, II e III.

b) I, IV e V.

c) II, III e VI.

d) II, IV e V.

e) IV, V e VI.

PESQUISEM E COMPARTILHEM

1. Em grupo, escolham uma das doenças indicadas a seguir para pesquisar. Uma forma de apresentar os resultados da pesquisa é criar *blogs*, vídeos ou páginas em redes sociais na internet. Assim, é possível trocar ideias com pessoas dentro e fora da escola. Lembrem-se de sempre citar a fonte das informações expostas.
   - Doença de Chagas
   - Malária
   - Leishmaniose tegumentar e visceral

   Procurem dados atualizados sobre essa doença no Brasil e no município em que vocês vivem. Com o auxílio do professor de Matemática, construam gráficos que mostrem a evolução da doença ao longo do tempo e, com a ajuda dos professores de Geografia e História, confeccionem mapas do Brasil e do mundo com as áreas de maior incidência da doença escolhida como tema. Elaborem uma campanha de combate a ela. A campanha deve incluir pequenos textos, escritos em linguagem acessível a leigos, sobre as formas de transmissão, os cuidados para a prevenção, etc. Podem ser criados cartazes, frases de alerta (*slogans*), figuras, letras de música, entre outros recursos. Não se esqueçam de alertar que o diagnóstico de uma doença deve sempre ser realizado por médicos, que também são responsáveis por indicar o tratamento adequado. Se possível, convidem um médico para uma palestra sobre a doença. Depois, apresentem o trabalho para a classe e a comunidade escolar.

2. Pesquisem os cientistas brasileiros Carlos Chagas e Oswaldo Cruz, com ênfase nos trabalhos realizados por eles. Depois, apresentem o trabalho para a classe e a comunidade escolar.

ATIVIDADE PRÁTICA

Antes de dar início a esta atividade, com a orientação do professor, certifique-se de que você conhece os cuidados e procedimentos necessários para o uso correto do microscópio e a observação de microrganismos com o aparelho.

Material

- água filtrada em filtro de carvão ativado, que remove o cloro;
- folhas de alface sem lavar;
- lâminas e lamínulas;
- papel absorvente;
- um conta-gotas;
- um microscópio;
- um pequeno chumaço de algodão;
- vidro de conservas vazio e limpo, com tampa.

Procedimento

1. Coloque a água filtrada no vidro de conservas e mergulhe nela as folhas de alface (sem lavar as folhas). Tampe o vidro e deixe-o em um local iluminado por uns três dias.
2. Decorrido esse tempo, prepare a observação da seguinte forma: com o conta-gotas, retire um pouco da água do vidro e pingue uma gota sobre uma lâmina de microscópio; sobre a gota de água, coloque alguns (poucos) fiapos de algodão e cubra tudo com uma lamínula; com o papel absorvente, retire o excesso de água ao redor da lamínula.
3. Observe ao microscópio o material preparado, usando primeiramente as objetivas de menor aumento. Depois, passe para as de maior aumento e tente identificar alguns seres vivos que se encontram na cultura.

Conclusão

Faça um desenho dos organismos que você visualizou e tente identificá-los usando como referência livros de Biologia ou outras fontes de consulta.

UNIDADE 6

PLANTAS

Tente pensar em uma situação do seu cotidiano em que você não tenha contato com plantas. Você vai perceber que elas estão em toda parte. Precisamos delas não apenas como fonte de alimento, mas também como fonte de matéria-prima para a produção de madeira, tecidos, papel, medicamentos e uma infinidade de produtos. Mais do que isso, plantas formam a base das cadeias alimentares que sustentam a vida por meio da fotossíntese. Preservar matas, florestas e outros ecossistemas é preservar a vida.

Tom Alves/kino.com.br

Cactos em região árida do Rio Grande do Norte. Essas plantas são capazes de armazenar água, sobrevivendo a longos períodos de seca. Isso possibilita também que outros seres vivos sobrevivam nesse ambiente.

Nature-energy/Shutterstock

CAPÍTULO

20

PLANTAS: CLASSIFICAÇÃO E REPRODUÇÃO

Os musgos (até 5 cm de altura) crescem em locais úmidos e protegidos da luz, como rochas e troncos de árvores no interior de florestas.

Se você já caminhou em alguma área verde quente, úmida e sombreada, é provável que tenha visto musgos em troncos de árvores, por exemplo. Outras plantas, como as samambaias, também são comuns em áreas assim. Já em regiões mais altas e frias, as matas podem ser formadas por árvores como os pinheiros. Existem ainda outras espécies, que habitam preferencialmente regiões muito secas, como o sertão nordestino. O mandacaru (*Cereus jamacaru*) é uma espécie de cacto comum nessas áreas. Vamos entender quais são as principais características dos quatro grupos de plantas: briófitas, pteridófitas, gimnospermas e angiospermas.

- Você sabe que as plantas não são todas iguais. Quais tipos de planta você conhece?
- Onde são mais comumente encontrados os pinheiros?
- Quais características você pode observar para identificar uma angiosperma?
- Quais são as diferenças entre a forma de reprodução dos quatro grupos de plantas?

1. INTRODUÇÃO AO ESTUDO DAS PLANTAS

As plantas são organismos eucariontes, pluricelulares e autotróficos fotossintéticos. Suas células possuem uma parede celular rígida, com celulose, e cloroplastos com clorofila **a** e **b** e outros pigmentos que absorvem a energia luminosa.

O corpo das plantas está organizado de forma diferente do corpo dos animais. Nos animais, o processo evolutivo levou à formação de órgãos relacionados à localização e captura de alimento, como músculos, sistema nervoso e órgãos dos sentidos, além de corpo compacto (área pequena em relação ao volume, o que facilita os movimentos). Para as plantas, é vantajoso ter um corpo com grande superfície relativa (área grande em relação ao volume do corpo), pois facilita a absorção de água, sais e gás carbônico e a captação de energia da luz do ambiente (**figura 20.1**).

As primeiras plantas terrestres devem ter se originado de algas pluricelulares. No ambiente terrestre, há maior disponibilidade de luz do que na água (pois esta absorve parte da energia da luz). Além disso, a concentração de gás carbônico e de oxigênio é maior no ar que na água.

Por outro lado, na água, o gás carbônico e os sais minerais estão em contato com todo o corpo das algas. Já as plantas terrestres têm de retirar a água e os sais minerais do solo. Como no interior dele não há luz, torna-se necessário o transporte de água e sais do solo até as partes aéreas, como as folhas, que realizam a fotossíntese, e da matéria orgânica produzida nelas para as partes da planta que estão no interior do solo.

Além disso, no ambiente terrestre as plantas têm de resistir ao risco de desidratação, à chuva e ao vento, já que o ar não fornece tanta sustentação para o corpo como a água. Por isso, ao longo da evolução das plantas terrestres, apareceram tecidos de transporte, de sustentação e de proteção contra a desidratação.

No estudo da reprodução das plantas, vamos conhecer ainda outras adaptações ao modo de vida terrestre, como a produção de esporos com parede resistente à desidratação e o desenvolvimento inicial do embrião em estruturas protegidas, características que permitiram a dispersão das plantas por todo o planeta.

ACESSE E SAIBA MAIS

Xaxim em extinção
<https://pensamentoverde.com.br/meio-ambiente/xaxim-tornou-especie-extincao/>
Acesso em: 19 jul. 2018.

João Prudente/Pulsar Imagens

Figura 20.1 Samambaiaçu na Mata Atlântica, Resende (RJ). As folhas dessa planta podem ultrapassar 2 metros de comprimento.

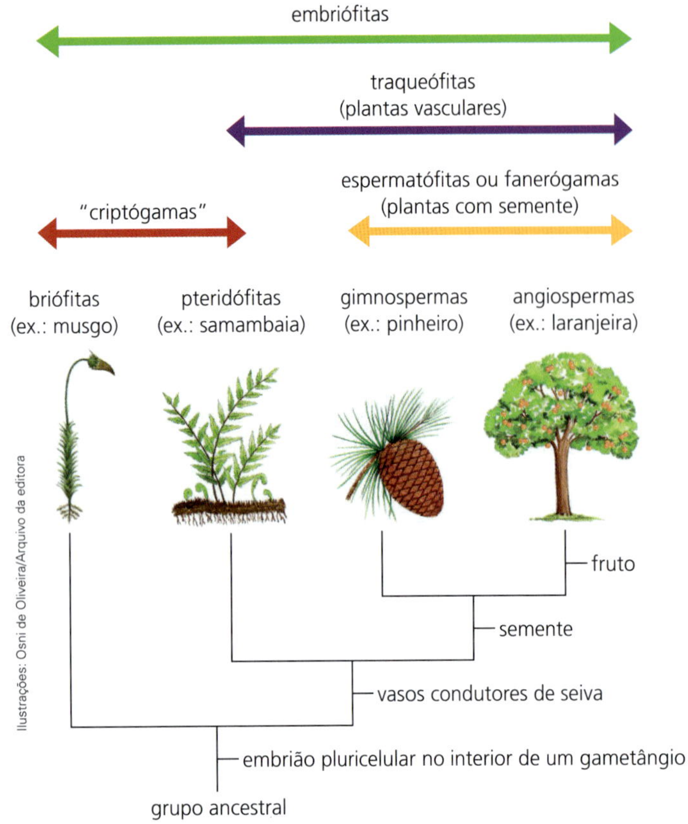

Figura 20.2 Árvore filogenética simplificada das plantas, com indicação de algumas novidades evolutivas. Não há nenhuma novidade evolutiva comum apenas a briófitas e pteridófitas. Portanto, dizemos que o grupo criptógamas é artificial (os elementos não estão na mesma escala; cores fantasia).

CLASSIFICAÇÃO

Uma característica em comum das plantas terrestres é o desenvolvimento inicial do embrião no corpo da planta, o que lhe garante maior proteção. Por isso, elas são também chamadas **embriófitas**. Veja a **figura 20.2**.

Algumas plantas, como as **briófitas** (*bryon* = musgo; *phyton* = planta), são pequenas e não apresentam vasos que transportam água, sais minerais e substâncias orgânicas para as células; por isso essas plantas são chamadas **avasculares** (*a* = sem; *vasculum* = vaso). Por causa de seu tamanho reduzido, o transporte por difusão, na qual água, sais minerais e substâncias orgânicas são passados de uma célula para outra, é possível nessas plantas.

A maioria das plantas terrestres, no entanto, apresenta vasos condutores e por isso são denominadas **vasculares** ou **traqueófitas** (*trakheîa* = canal áspero). Veja a **figura 20.2**. A presença de vasos condutores possibilitou que essas plantas atingissem tamanhos maiores, uma vez que por difusão os nutrientes são transportados muito lentamente pelas células, limitando o crescimento. Veja a **figura 20.3**.

Os vasos que transportam água e sais minerais (**seiva inorgânica**, **mineral** ou **bruta**) da raiz para as folhas são chamados **elementos traqueais** (ou **vasos lenhosos**), e o conjunto formado por esses vasos e outros tecidos associados a eles é chamado **xilema** (*xylon* = madeira) ou **lenho**. As substâncias orgânicas produzidas na folha (**seiva orgânica** ou **elaborada**) são levadas para toda a planta pelos **elementos crivados** (ou **vasos liberianos**), e o conjunto formado por esses vasos e outros tecidos associados é chamado **floema** ou **líber**.

No grupo das **pteridófitas** (*pteris* = feto) – representadas pela samambaia, avenca, entre outras – estão as primeiras plantas vasculares (**figura 20.2**). Dessas plantas, surgiram os primeiros vegetais com sementes, as **espermatófitas** ou **espermáfitas** (*sperma* = semente). A semente facilitou a conquista do meio terrestre por esse grupo, pois protege o embrião contra a perda de água (risco constante nesse ambiente) e ajuda na dispersão do vegetal.

As espermatófitas dividem-se em dois grupos: **gimnospermas** (*gymnos* = nu), que não possuem fruto e são representadas pelos pinheiros; e **angiospermas** (*aggeîon* = recipiente, vaso), com flores e frutos, e representadas pela maioria das plantas.

São usados também os termos **criptógamas** (*krypton* = escondido; *gámos* = casamento), para denominar plantas com estrutura reprodutora pouco visível; e **fanerógamas** (*phanerós* = aparente) para aquelas com estruturas reprodutoras bem visíveis (**figura 20.2**). Nesse sentido, as gimnospermas e as angiospermas são fanerógamas e as outras são criptógamas.

Marco Schneiders/Interfoto/Latinstock

Figura 20.3 *Sequoia sempervirens* (mais de 112 m de altura) na Califórnia, Estados Unidos.

CICLOS REPRODUTIVOS

Entre as plantas é frequente a reprodução assexuada, em que pedaços de caule, galhos ou folhas originam uma nova planta. Quando ocorre reprodução sexuada, em geral se observa formação de esporos, células que ajudam na dispersão da planta (compensando sua imobilidade) e das quais se forma uma nova planta.

Enquanto nos animais um indivíduo diploide produz, por meiose, gametas haploides que, por fecundação, originam um ovo que se desenvolve em um novo indivíduo diploide (ciclo **diplonte**, **diplobionte** ou de **meiose gamética**), na maioria das plantas há alternância entre indivíduos haploides e diploides (ciclo **haplonte-diplonte**, **haplodiplobiôntico** ou de **meiose espórica**). Ver **figura 20.4**.

O indivíduo diploide – chamado **esporófito** – produz, por meiose, esporos, que originam um indivíduo haploide (às vezes, apenas um grupo de células), chamado **gametófito**. Este produz por mitoses gametas que, por fecundação, originam uma célula-ovo que se desenvolve em um novo indivíduo diploide. Portanto, além de originar descendentes, o ciclo reprodutivo das plantas promove a conquista de novos ambientes por causa da produção de esporos ou de sementes.

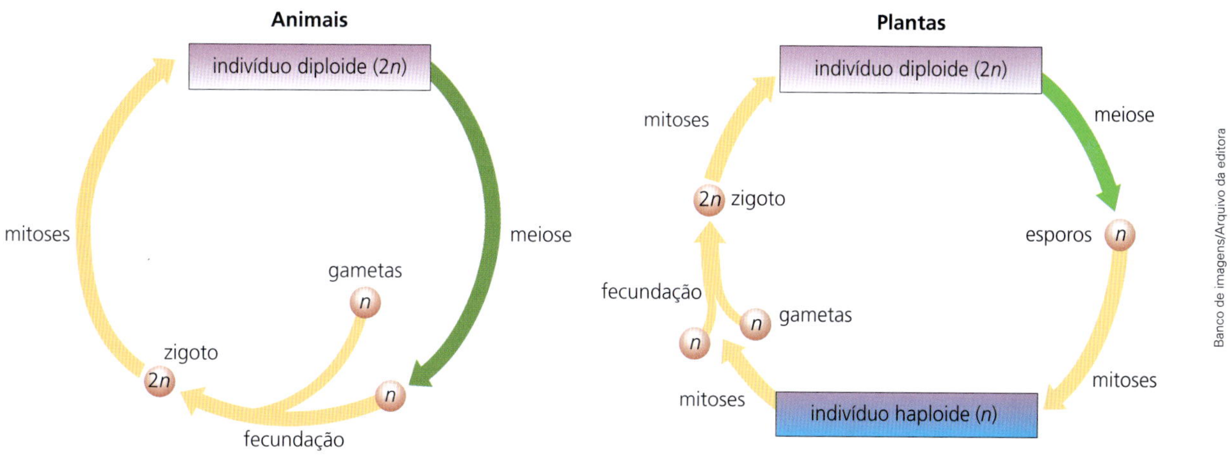

Figura 20.4 Esquema simplificado do ciclo reprodutivo de animais e de plantas.

2. BRIÓFITAS

As **briófitas** formam o primeiro grupo de plantas a colonizar o ambiente terrestre. Essas plantas não apresentam estruturas rígidas de sustentação ou um sistema de condução de seiva. Essas características limitam o crescimento das briófitas, em parte porque o transporte de substâncias é muito lento, feito por simples difusão entre as células.

O corpo dessas plantas é coberto por uma **cutícula** muito fina que não protege completamente contra a perda de água. Essa é uma das razões pelas quais são mais comuns em locais úmidos e sombreados.

As briófitas mais conhecidas são os musgos, que usaremos como referência para discutir o ciclo reprodutivo desse grupo de plantas (**figura 20.5**).

A planta propriamente dita, isto é, o indivíduo maior, de vida independente e duradoura, é o gametófito (*n*), que apresenta **rizoides**, **cauloides** e **filoides** (*phyllon* = folha; *oide* = semelhante a), estruturas que lembram, respectivamente, a raiz, o caule e as folhas das plantas vasculares. Ele possui **gametângios**, órgãos produtores de gametas: o **anterídio** (*antherón* = florido; *idio* = aparência) produz **anterozoides** (os gametas masculinos); o **arquegônio** (*arkhe* = primitivo; *gónos* = que gera) produz a **oosfera** (o gameta feminino). Na maioria dos musgos, o sexo é separado: cada gametófito possui apenas anterídios ou apenas arquegônios.

Figura 20.5 Foto de musgos (o gametófito, em geral, não ultrapassa 5 cm de altura; o esporófito pode atingir até 20 cm de altura).

O esporófito (2*n*), menos desenvolvido e de curta duração, cresce sobre o gametófito feminino e depende dele para a sua nutrição. No esporófito existem os **esporângios**, dentro dos quais há células que, por meiose, produzem esporos.

A forma mais característica de reprodução é a alternância de gerações, através de um ciclo haplonte-diplonte (**figura 20.6**). O transporte do gameta masculino é feito por gotas de chuva que atingem o anterídio e respingam de um gametófito para outro, fazendo com que alguns anterozoides caiam no arquegônio de um gametófito feminino. Quando isso acontece, os anterozoides nadam até a oosfera e ocorre a fecundação, dando início à fase diploide. Depois, o zigoto sofre mitoses e origina um embrião, que permanece protegido no arquegônio.

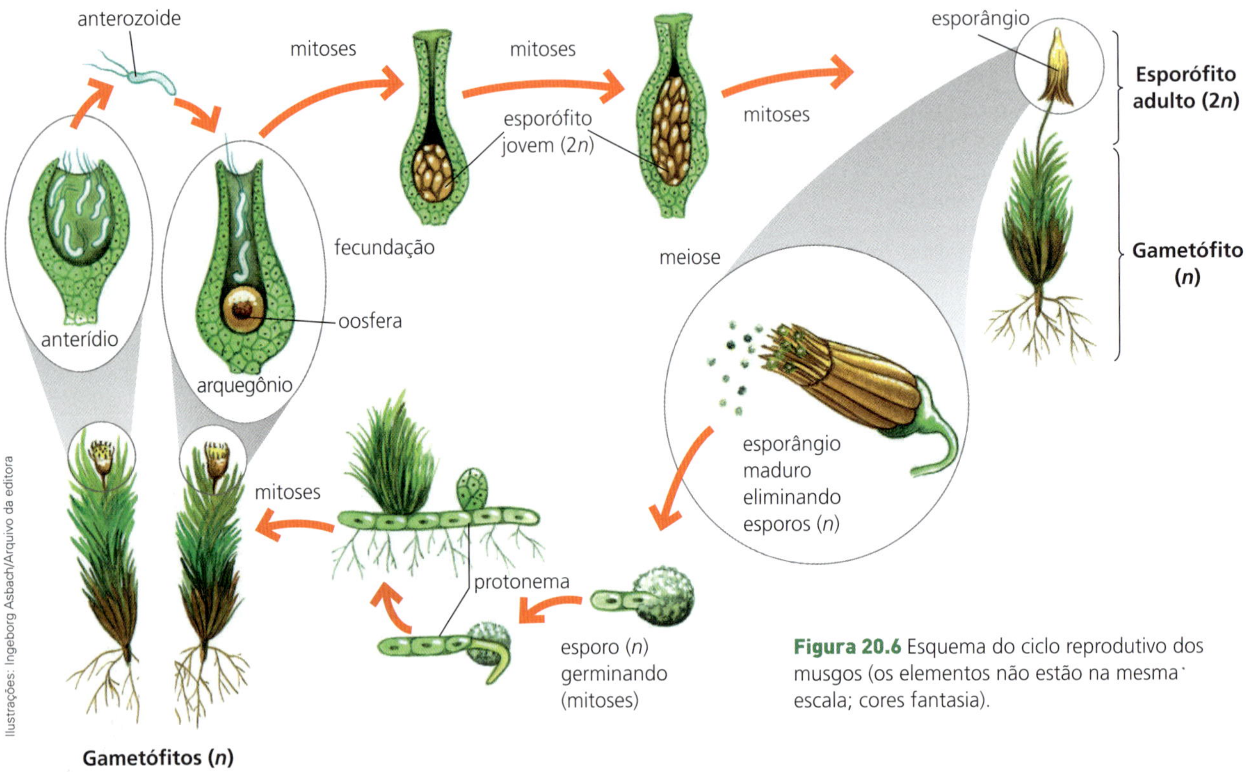

Figura 20.6 Esquema do ciclo reprodutivo dos musgos (os elementos não estão na mesma escala; cores fantasia).

Figura 20.7 Planta hepática (o gametófito tem cerca de 1,5 cm).

O embrião desenvolve-se por mitoses e forma um esporófito chamado **esporogônio** (*sporo* = semente; *gonos* = gerar). Este se encontra preso ao gametófito, do qual retira alimento.

Dentro do esporângio, há as **células-mães dos esporos**, que, por meiose, originam os esporos, dando início à fase haploide. Esses esporos são liberados quando a cápsula resseca e se abre. Em seguida, são levados pelo vento, germinando distantes do esporófito que os originou.

Ao germinar, o esporo origina o gametófito, fechando o ciclo. Depois da produção de esporos, o esporófito morre e o gametófito permanece. Por isso dizemos que nas briófitas a fase dominante é a haploide.

Como exemplos de plantas classificadas como briófitas estão, além dos musgos, as hepáticas e os antóceros, encontrados também em locais úmidos e sombreados (**figura 20.7**).

3. PTERIDÓFITAS

Diferentemente das briófitas, as **pteridófitas** são traqueófitas (reveja a **figura 20.2**). Seus vasos condutores são formados por células modificadas que transportam a água das raízes para as folhas e a matéria orgânica produzida nas folhas para o resto do corpo.

A presença de vasos condutores de seiva aumenta a eficiência do transporte de nutrientes e forma tecidos resistentes, que servem de sustentação. Isso permite a essas plantas atingir maior altura que as briófitas e aumentar sua exposição à luz.

Figura 20.8 Foto de samambaia (tamanho variado; a samambaia amazônica chega a 3 m de comprimento).

Usaremos as samambaias para analisar as principais características das pteridófitas (**figura 20.8**). A planta propriamente dita, a fase duradoura do ciclo, é o esporófito (2*n*). De modo geral, a folha é a única parte visível da planta, pois o caule é subterrâneo ou fica rente ao solo, com crescimento horizontal. Esse tipo de caule, que se assemelha a uma raiz, é chamado **rizoma** (*rhiza* = raiz; *oma* = proliferação). Veja a **figura 20.9**.

O esporófito possui esporângios, que se agrupam em estruturas chamadas **soros**, distribuídas na face inferior ou na borda dos folíolos. O gametófito (*n*), denominado **prótalo** (*pro* = anterior; *thallós* = ramo verde), é bem menos desenvolvido que o esporófito, mas tem vida autônoma.

Na época da reprodução, os soros tornam-se pardos e, no interior dos esporângios, são produzidos esporos por meiose. Levados pelo vento, os esporos germinam ao encontrar um substrato suficientemente úmido, no qual se fixam pelos rizoides, e formam o prótalo. Este possui anterídios e arquegônios, nos quais se formam os gametas. Por ser pequeno, fica facilmente coberto pela água da chuva ou pelo orvalho, o que possibilita a fecundação (os anterozoides nadam até a oosfera). Essa redução no tamanho do gametófito em comparação com o esporófito constitui uma adaptação à vida terrestre. Como veremos, nas plantas com sementes o gametófito é ainda mais reduzido.

O zigoto formado origina um esporófito jovem (embrião), que, no início, recolhe alimento do prótalo. Depois, o novo esporófito torna-se independente e o prótalo regride (**figura 20.9**).

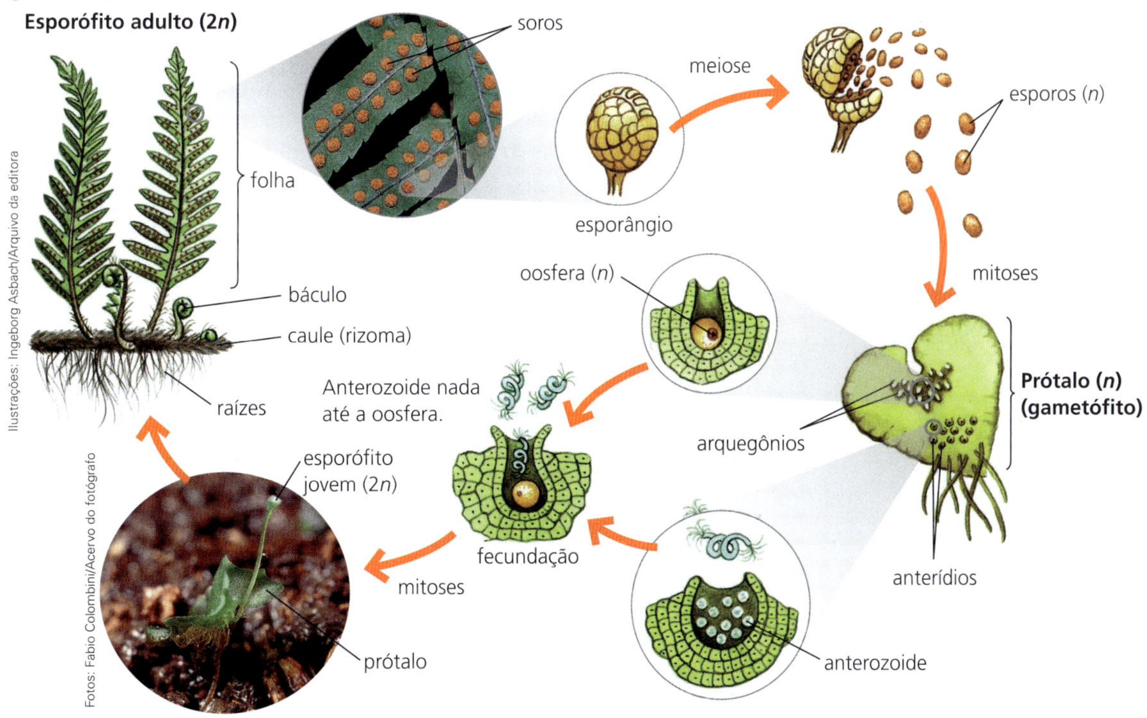

Figura 20.9 Esquema do ciclo reprodutivo da samambaia (os elementos não estão na mesma escala; prótalo: 3 mm a 10 mm de comprimento por 2 mm a 8 mm de largura; soros: cerca de 1 mm a 3 mm de diâmetro; cores fantasia).

Veja na **figura 20.10** outros exemplos de espécies de pteridófitas.

Fotos: Fabio Colombini/Acervo do fotógrafo

Avenca (folhas com 30 cm a 60 cm de comprimento).

Cavalinhas – *Equisetum* sp. (atingem até 1 m de altura).

Figura 20.10 Exemplos de pteridófitas.

4. GIMNOSPERMAS

Assim como as pteridófitas, as **gimnospermas** são plantas vasculares, com raiz, caule e folhas. Uma novidade evolutiva é a presença, no caule, de ramos com folhas especializadas na produção de esporos, distintas das folhas que realizam fotossíntese. Esses esporos germinam na própria planta, originando os gametófitos. Por causa da presença desses órgãos reprodutores bem diferenciados e visíveis, as gimnospermas são incluídas no grupo das fanerógamas. Outra novidade evolutiva do grupo das gimnospermas é a presença de semente, o que as caracteriza como espermatófitas.

Devido a essas duas novidades, as plantas gimnospermas apresentam ciclo reprodutivo independente da presença de água, o que facilitou a propagação dessas plantas no meio terrestre.

Como referência do grupo das gimnospermas, temos as **coníferas**. Elas formam grandes florestas no hemisfério norte, constituindo um terço das florestas do mundo. No sul do Brasil, há a **Mata das Araucárias**, com o pinheiro-do-paraná (*Araucaria angustifolia*; **figura 20.11**) e o pinheiro-bravo (gênero *Podocarpus*).

Fabio Colombini/Acervo do fotógrafo

Figura 20.11 Pinheiro-do-paraná (*Araucaria angustifolia*; 10 m a 35 m de altura em média).

A semente do pinheiro-do-paraná, o pinhão, é aproveitada como alimento por aves e por alguns mamíferos, incluindo o ser humano (**figura 20.12**).

As folhas relacionadas à reprodução são chamadas **esporófilas** (*sporo* = semente; *phyllon* = folha) e possuem esporângios. Em geral, elas estão reunidas em estruturas chamadas **estróbilos** (*stróbilos* = cone) ou **cones**. Na superfície dessas folhas se formam as sementes após a fecundação dos gametas.

Ramo de um pinheiro do gênero *Pinus*

Figura 20.12 Alguns aspectos das gimnospermas, plantas com sementes, mas sem frutos (os elementos não estão na mesma escala; cores fantasia).

FORMAÇÃO DOS GAMETÓFITOS

A planta propriamente dita é o esporófito (2*n*). As folhas reprodutoras produzem dois tipos de esporo: o **micrósporo** (*mikros* = pequeno), que origina o gametófito masculino ou **grão de pólen**, e o **megásporo** (*méga* = grande), que origina o gametófito feminino ou **megagametófito**.

No estróbilo (cone) masculino, há folhas modificadas em escamas, chamadas **microsporófilas**, contendo cápsulas, os **microsporângios**. No interior dessas cápsulas, células especiais (diploides) sofrem meiose e formam micrósporos (haploides). Estes sofrem mitoses e originam os grãos de pólen. Em algumas espécies, há, em torno do grão de pólen, uma parede protetora, com duas expansões laterais em forma de asa que facilitam sua dispersão pelo vento (**figura 20.13**).

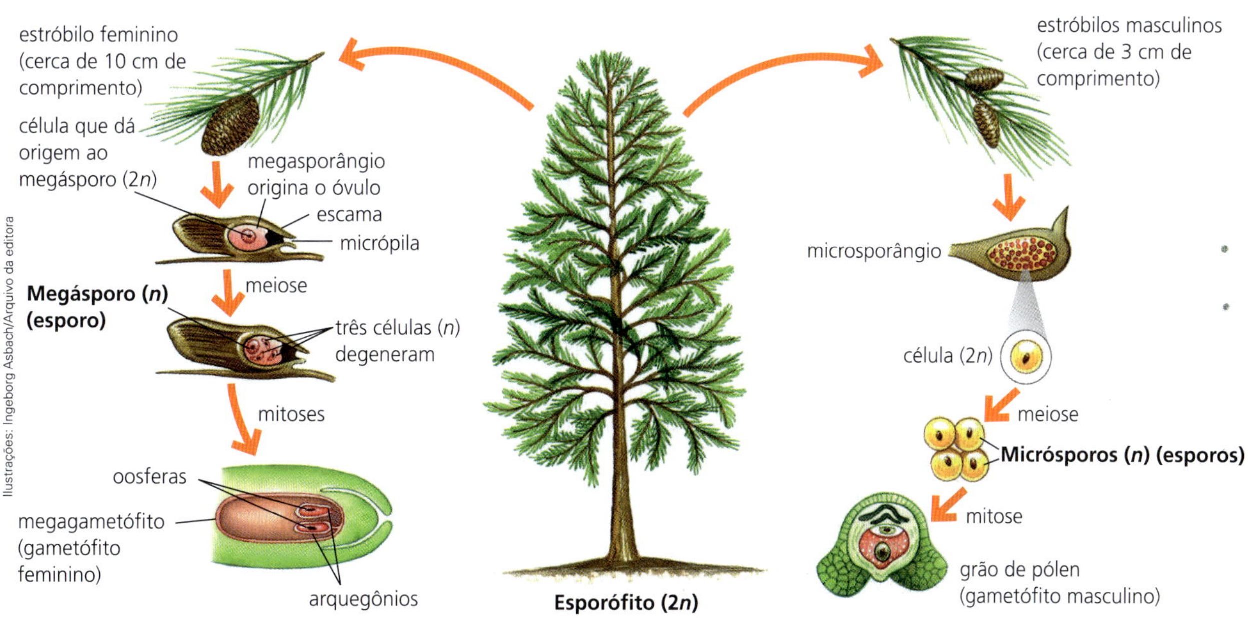

Figura 20.13 A produção de esporos e gametófitos em um pinheiro do gênero *Pinus* (10 m a 40 m de altura; os elementos não estão na mesma escala; cores fantasia).

Uma vez liberados, os grãos de pólen podem ser levados pelo vento ou por seres vivos (como insetos ou aves); apenas alguns grãos atingem o cone feminino, processo chamado de **polinização**. Quando ocorre pelo vento é chamada **polinização anemófila** ou **anemofilia** (*ánemos* = vento; *philein* = amigo). Nesse caso, a grande quantidade de grãos de pólen produzidos compensa a perda que ocorre nesse transporte.

Os estróbilos (cones) femininos, também chamados **pinhas**, são formados por folhas modificadas em escamas (**megasporófilas**), que contêm **megasporângios**. O megasporângio, revestido por uma ou duas camadas de tecidos (**tegumento**), forma o óvulo, que possui uma abertura, a **micrópila** (*mikros* = pequeno; *pylen* = orifício, entrada). Observe que, enquanto nos animais o óvulo (ou ovócito II) corresponde ao gameta feminino, nos vegetais o óvulo é uma cápsula que contém o gameta feminino (oosfera), além de outras células. No óvulo, há uma célula especial, que sofre meiose e origina quatro células haploides. Dessas, três células degeneram e uma, o **megásporo**, dará origem ao gametófito feminino.

A transformação do megásporo em gametófito feminino começa com a multiplicação, por mitose, do núcleo, sem que o citoplasma se divida, formando uma massa plurinucleada que corresponde ao gametófito feminino. Nessa massa, começam a se formar membranas celulares e surgem dois ou mais **arquegônios**, os órgãos produtores de gametas femininos presentes nos gametófitos. Cada arquegônio contém um gameta feminino, ou oosfera (reveja a **figura 20.13**).

FECUNDAÇÃO

Os grãos de pólen que atingem um óvulo ficam presos próximo à micrópila por um líquido viscoso. Quando o grão de pólen germina, forma-se o tubo polínico, que cresce em direção à oosfera. No interior desse tubo, há duas **células espermáticas**, denominadas também **núcleos espermáticos**, que funcionam como gametas masculinos (**figura 20.14**).

O tubo polínico pode ser considerado um gametófito masculino maduro (com gametas em seu interior). O grão de pólen seria o gametófito jovem. O crescimento do tubo polínico torna a fecundação independente da água – o que não ocorre nas briófitas e pteridófitas. Portanto, a presença desse tubo é um fator importante na conquista do meio terrestre pelas gimnospermas.

A fecundação ocorre quando uma das células espermáticas se une à oosfera e origina um zigoto. Mesmo quando ocorre mais de uma fecundação (há mais de um arquegônio e de um tubo polínico), apenas um embrião se desenvolve.

Após a fecundação, o óvulo transforma-se em semente, que contém um embrião, o tecido nutritivo e uma casca (**figura 20.14**).

As sementes, em muitos casos, flutuam no ar e vão germinar distantes da planta que as originou (promovendo a dispersão). Elas também ajudam na adaptação à vida terrestre ao protegerem o embrião fisicamente e também contra a perda de água, além de fornecerem alimento ao embrião.

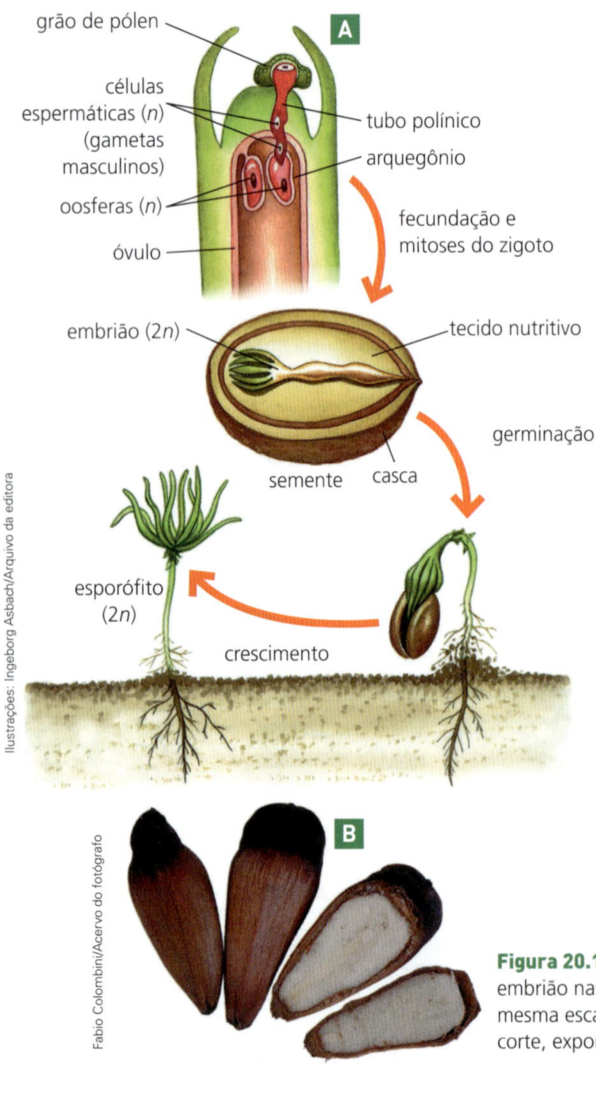

Ilustrações: Ingeborg Asbach/Arquivo da editora

Fabio Colombini/Acervo do fotógrafo

Figura 20.14 **A**: esquema da fecundação e da formação do embrião nas gimnospermas (os elementos não estão na mesma escala; cores fantasia); **B**: foto de pinhões inteiros e em corte, expondo o tecido nutritivo.

5. ANGIOSPERMAS

As **angiospermas** estão agrupadas na divisão **Anthophyta** (*anthos* = flor; *phyton* = planta). Esse grupo de plantas se diversificou pelo planeta provavelmente devido ao seu eficiente sistema de vasos condutores e à presença de sementes, flores e frutos, que participam de sua reprodução.

As flores são séries de folhas modificadas e especializadas na reprodução sexuada, enquanto o fruto é a estrutura na qual se encontram as sementes.

Nas angiospermas, a planta propriamente dita é o esporófito. O gametófito é extremamente reduzido e desenvolve-se dentro dos tecidos do esporófito, como veremos adiante.

ESTRUTURA DA FLOR

Uma flor completa (**figura 20.15**) é formada por: **pedúnculo** ou pedicelo, haste de sustentação que prende a flor ao caule; **receptáculo**, extremidade do pedúnculo, geralmente dilatada, na qual se prendem os **verticilos florais**, conjunto de folhas modificadas ou esporófilas, em geral dispostas em círculo. Na maioria das flores, da periferia para o centro, há quatro verticilos:

- **cálice**, conjunto de folhas protetoras, geralmente verdes, chamadas **sépalas**;
- **corola**, formada por esporófilas chamadas **pétalas**, de colorido vivo, embora, às vezes, sejam pálidas ou brancas. As pétalas estão indiretamente relacionadas com a reprodução por atraírem os animais polinizadores com suas cores, aromas ou secreções adocicadas;
- **androceu** (*andros* = masculino), formado por estames, que correspondem a microsporófilos; os estames possuem um pedúnculo (**filete**) com uma dilatação na extremidade (**antera**);
- **gineceu** (*gyné* = feminino), formado pelos **carpelos** (diminutivo de *karpos* = fruto), que se enrolam e se soldam formando o **pistilo** (*pistillu* = pilão); a base dilatada do pistilo é o ovário e, na extremidade oposta, há outra dilatação, o **estigma**, que se conecta ao ovário pelo **estilete**.

O conjunto formado pelo cálice e pela corola é chamado **perianto** (*peri* = ao redor; *anthos* = flor).

Às vezes, pétalas e sépalas têm a mesma cor, recebendo o nome de **tépalas**, e o conjunto de tépalas é chamado **perigônio** (*gonos* = gerar).

ACESSE E SAIBA MAIS

Dissecação de flor de hibisco
<www.youtube.com/watch?v=d7eWJxXUlfg>
Acesso em: 19 jul. 2018.

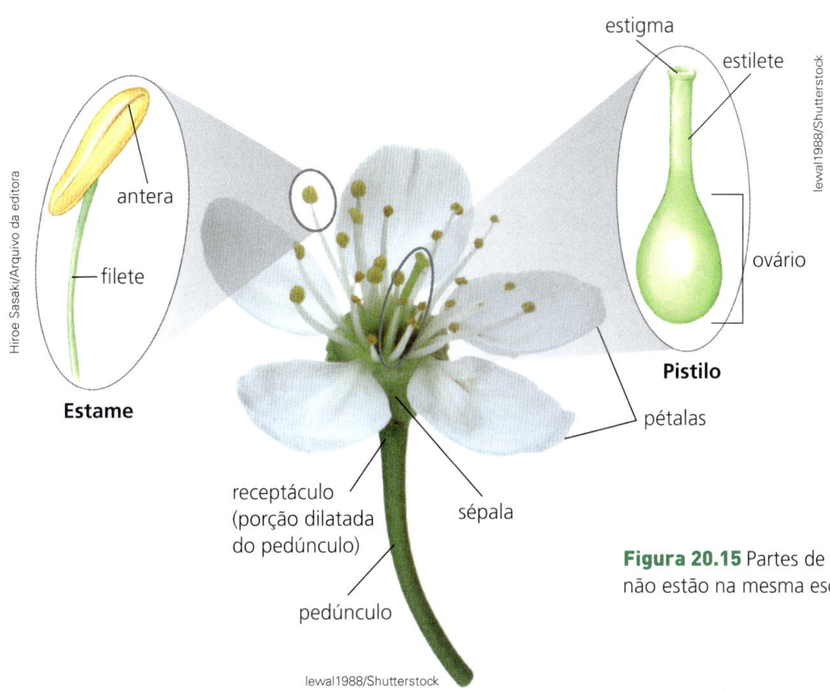

Figura 20.15 Partes de uma flor (os elementos não estão na mesma escala; cores fantasia).

PRODUÇÃO DE GAMETÓFITOS NA FLOR

A produção de micrósporos ocorre nos estames, nos quais há os **sacos polínicos**, que correspondem a microsporângios. Em cada saco polínico, existem várias células-mães dos micrósporos, que sofrem meiose e formam esporos haploides (**figura 20.16**). Dentro do saco polínico, o esporo sofre mitose e forma o grão de pólen (gametófito masculino). Dessa mitose, originam-se duas células: a **célula generativa** ou **geradora**, e a **célula vegetativa** ou **do tubo**. O conjunto é revestido por uma capa de duas paredes: uma interna e outra externa, mais resistente.

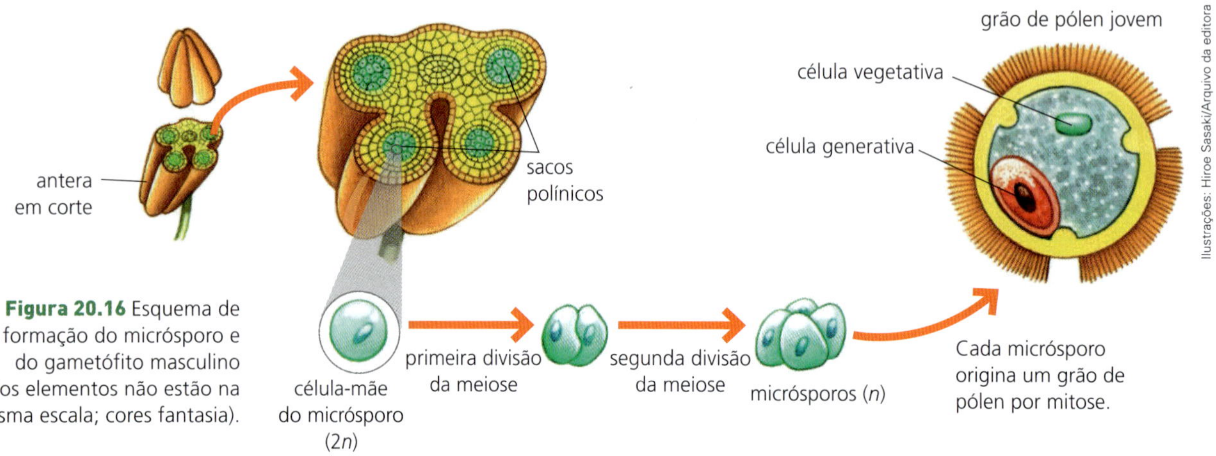

Figura 20.16 Esquema de formação do micrósporo e do gametófito masculino (os elementos não estão na mesma escala; cores fantasia).

A produção de megásporos ocorre no pistilo, mais especificamente no ovário, onde é possível encontrar um ou vários macrosporângios (óvulos) presos ao ovário por um **pedúnculo** (**figura 20.17**). Cada óvulo possui um tecido protegido por tegumentos. Esses tegumentos apresentam uma abertura, a **micrópila**.

Dentro de cada óvulo, a célula-mãe do megásporo sofre meiose e origina quatro células haploides, das quais só uma sobrevive, o **megásporo**. Este sofre três divisões nucleares sucessivas e forma uma massa citoplasmática com oito núcleos haploides, dos quais três permanecem em um polo e três vão para o polo oposto, onde são envolvidos por membranas plasmáticas e individualizam-se como células (**figura 20.17**). Os outros dois núcleos migram para o centro, formando os **núcleos polares** (que podem unir-se e formar a **célula central** ou o **núcleo secundário**). Desse modo, surge o gametófito feminino, chamado **saco embrionário**, constituído por dois núcleos polares, três **antípodas** e uma oosfera (gameta feminino) ladeada por duas **sinérgides** (*synegós* = auxiliar).

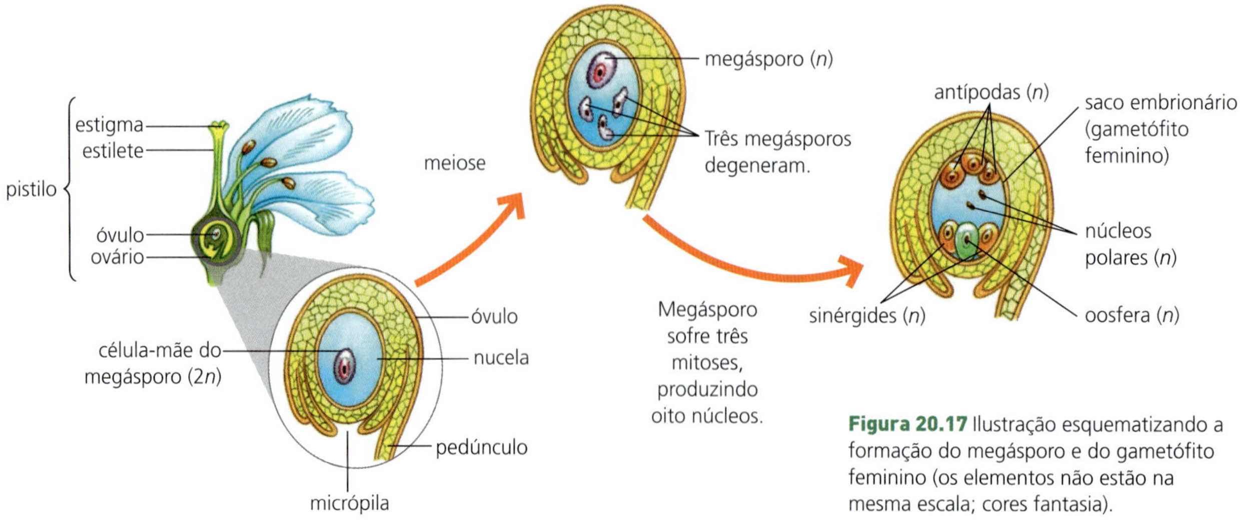

Figura 20.17 Ilustração esquematizando a formação do megásporo e do gametófito feminino (os elementos não estão na mesma escala; cores fantasia).

POLINIZAÇÃO

Uma das razões do sucesso evolutivo das angiospermas é a diversidade de mecanismos de transporte do grão de pólen de uma planta até o pistilo de outra: a polinização. Assim, além de a fecundação ser independente da água, esses mecanismos permitem a ampla distribuição desses vegetais pelo ambiente terrestre.

Embora seja comum uma flor apresentar estames e pistilos, existem mecanismos que evitam a autofecundação. Exemplos desses mecanismos são a incompatibilidade genética entre o grão de pólen e o pistilo da mesma planta; ou o amadurecimento do estame e do pistilo em épocas diferentes. Tais mecanismos favorecem a fecundação cruzada, mais vantajosa em termos de variabilidade genética.

A polinização pode ser feita pelo vento (como ocorre nas gimnospermas), sendo chamada de **anemofilia**; por insetos, **entomofilia** (*entomon* = inseto); por aves, **ornitofilia** (*ornis*, *ithos* = ave); por morcegos, **quiropterofilia** (*cheîr* = mão; *ptéron* = asa), dentre outros.

Na maioria das angiospermas, a polinização é feita por insetos e outros animais que se alimentam do néctar, substância açucarada produzida por suas flores (**figura 20.18**). Com isso, há mais chances de um grão de pólen ser levado para uma planta da mesma espécie.

No caso das angiospermas polinizadas pelo vento, como as gramíneas (capim, arroz, trigo, etc.), geralmente suas flores não apresentam os atrativos comuns às flores de outras espécies e a produção de pólen é maior; além disso, em geral, os indivíduos formam grupos numerosos, ficando próximos uns dos outros.

Claude Nurisdsany & Marie Pérennou/Pis/Latinstock

Figura 20.18 O peso da abelha (cerca de 2 cm de comprimento) faz descer o estame da flor, que então encosta no abdome do inseto; os grãos de pólen aderidos ao abdome poderão passar para o pistilo de outra flor em que a abelha pousar.

FECUNDAÇÃO E FORMAÇÃO DO FRUTO E DA SEMENTE

O grão de pólen, ao entrar em contato com o estigma, desenvolve um tubo de citoplasma, o **tubo polínico**. Dentro do tubo, o núcleo da célula generativa divide-se e origina dois núcleos espermáticos haploides, que funcionam como gametas masculinos. Chegando ao ovário, o tubo penetra no óvulo, em geral pela micrópila, e promove uma **dupla fecundação**, característica das angiospermas (**figura 20.19**):

- Um núcleo espermático funde-se com a oosfera e origina o zigoto (2*n*). Sucessivas divisões mitóticas levam o zigoto a se desenvolver em um embrião.
- O outro núcleo espermático funde-se com os dois núcleos polares e origina a **célula-mãe do albúmen**, ou, na nova terminologia, o **núcleo primário do endosperma** (3*n*). Posteriormente, essa célula triploide sofrerá mitoses e formará o **albúmen** ou **endosperma** (*endon* = interno; *sperma* = semente), que representa uma reserva nutritiva para o embrião.

Ilustrações: Hiroe Sasaki/Arquivo da editora

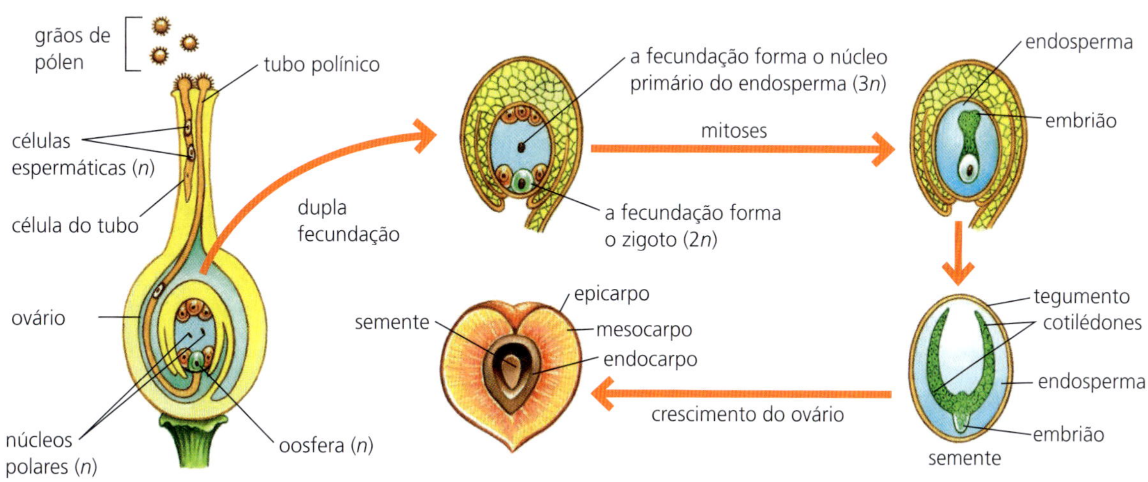

Figura 20.19 Esquema simplificado de fecundação e formação da semente e do fruto (os elementos não estão na mesma escala; cores fantasia).

Fabio Colombini/Acervo do fotógrafo

Figura 20.20 Araçari-castanho (*Pteroglossus castanotis*; comprimento entre 34 cm e 45 cm) comendo frutos de árvore do Pantanal.

Fotos: Fabio Colombini/Acervo do fotógrafo

Figura 20.21 A: fruto do dente-de-leão, cerca de 2 cm de diâmetro; **B**: coco-da-baía, em média 20 cm de comprimento.

A semente é formada pelo **tegumento**, proveniente das paredes do óvulo, e pela **amêndoa**, constituída de embrião e endosperma. O embrião possui folhas especiais chamadas **cotilédones** (*kotyledon* = côncavo, por causa do aspecto de folha côncava), que têm a função de armazenar nutrientes ou transferi-los do endosperma para o embrião.

Após a fecundação, o ovário transforma-se em fruto, e os óvulos no seu interior, em sementes. O fruto apresenta uma parede, o **pericarpo** (*peri* = ao redor; *karpós* = fruto), formado por três regiões, derivadas dos dois tegumentos e do tecido mediano do ovário: **epicarpo** (*epi* = sobre), **mesocarpo** (*mesos* = meio) e **endocarpo** (reveja a **figura 20.19**).

Uma das maneiras pelas quais o fruto colabora para a dispersão da semente ocorre por meio do acúmulo de reservas nutritivas, em geral no mesocarpo, que atraem animais consumidores dessas reservas (**figura 20.20**). Por causa de suas membranas protetoras, muitas vezes a semente não é digerida e sai com as fezes.

Em alguns frutos, como o carrapicho, há espinhos e outras estruturas que se prendem aos pelos dos animais, facilitando a dispersão. Outros frutos estão adaptados à dispersão pelo vento: são grãos bem pequenos e leves ou desenvolveram estruturas aladas que auxiliam no deslocamento pelo ar, como o dente-de-leão. Alguns, como o coco-da-baía (fruto do coqueiro), flutuam e são levados pelo mar, alcançando praias distantes (**figura 20.21**).

A dispersão do fruto por animais é chamada **zoocoria** (*zoon* = animal; *chorisis* = espalhar); pelo vento, **anemocoria** (*ánemos* = vento); pela água, **hidrocoria** (*hydor* = água).

DESENVOLVIMENTO

Em condições adequadas, a semente germina e origina um novo esporófito. O embrião é formado por **radícula**, **caulículo**, **gêmula** e **cotilédone** (folha com reserva nutritiva). De início, a semente absorve água do ambiente, fazendo com que seu volume aumente e a casca se rompa.

À medida que o embrião se desenvolve, a reserva dos cotilédones ou do endosperma é consumida pela planta. Quando essas reservas se esgotam, já existe uma pequena raiz originada da radícula, com pelos absorventes que servem para retirar água e sais minerais do solo, bem como um tecido (originado da gêmula) com células clorofiladas, próprias para realizar fotossíntese. O caulículo origina a parte inicial do caule (**hipocótilo**) e a gêmula, a parte superior do caule (**epicótilo**) e as primeiras folhas (**figura 20.22**).

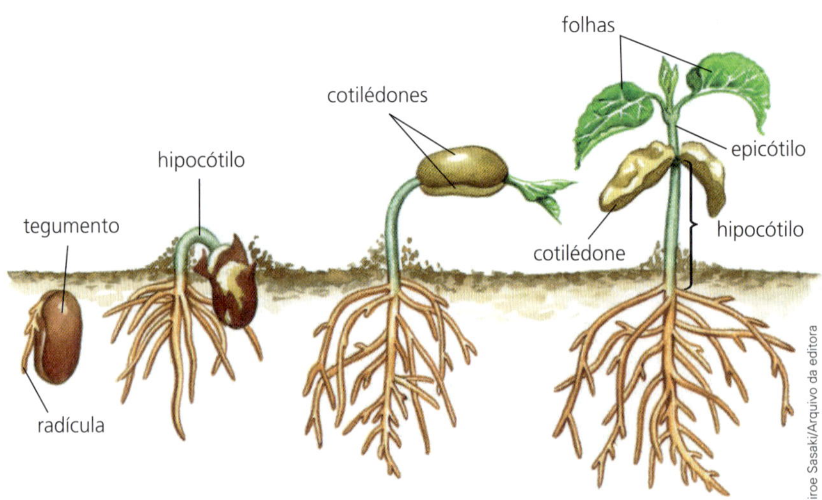

Hiroe Sasaki/Arquivo da editora

Figura 20.22 Esquema da germinação de uma semente de feijão (semente com cerca de 1,5 cm de comprimento; os elementos não estão na mesma escala; cores fantasia).

REPRODUÇÃO ASSEXUADA

Os caules ou as folhas das angiospermas geralmente são capazes de originar novos indivíduos. Esse tipo de reprodução assexuada é chamado **propagação vegetativa** e ocorre de forma natural em caules subterrâneos e rasteiros, que crescem rentes ao solo, chamados **estolhos** ou **estolões**, presentes, por exemplo, no morangueiro (**figura 20.23**) e na grama. Esses caules formam raízes que originam novas plantas. Com o tempo, as partes mais velhas do caule morrem e formam-se plantas independentes. Do mesmo modo, se cortarmos pedaços de cana-de-açúcar, de mandioca ou de batata, cada parte poderá originar uma nova planta.

Reprodução vegetativa no morangueiro

Figura 20.23 Esquema de reprodução assexuada em morangueiro (os elementos não estão na mesma escala; cores fantasia).

O ser humano usa a reprodução assexuada de muitas plantas porque, além de ser mais rápida, essa reprodução produz indivíduos geneticamente idênticos ao original, preservando características que são desejáveis pela agricultura.

Quais seriam então as possíveis desvantagens da reprodução assexuada? Como esse tipo de reprodução produz indivíduos geneticamente iguais, todos podem ser igualmente suscetíveis ao ataque de determinado parasita ou praga, por exemplo, como foi estudado no capítulo 11.

BIOLOGIA E COTIDIANO

O que aconteceu com as sementes da banana?

É difícil afirmar exatamente qual é a região de origem da banana, mas considera-se que as bananeiras (gênero *Musa*) são originárias do sul da China, ou da Indochina. Na Índia, a banana tem sido cultivada há mais de 4 mil anos.

Ao contrário do que observamos nas bananas hoje em dia, as sementes das bananeiras primitivas teriam tido 2 cm de comprimento. Aquelas plantas se reproduziam de forma sexuada.

Atualmente, as bananas são, em geral, estéreis, e os pequenos pontos escuros no eixo central da fruta são o que restou dos óvulos não fecundados.

Ao longo do tempo, buscando melhorar a qualidade dos frutos para o consumo, o ser humano acabou selecionando frutos sem sementes, formados sem fecundação (frutos partenocárpicos).

A bananeira se reproduz de forma assexuada por brotos que surgem na base de seu "falso caule", formado pela união de várias folhas. O caule verdadeiro da bananeira não é o que observamos sobre a terra, mas sim uma estrutura subterrânea.

Fonte de pesquisa: <www.ufrgs.br/afeira/materias-primas/frutas/banana/origem-da-banana>. Acesso em: 18 mar. 2018.

CLASSIFICAÇÃO

As angiospermas costumavam ser subdivididas em duas classes: **Monocotyledoneae** (monocotiledôneas) e **Dicotyledoneae** (dicotiledôneas), levando-se em conta o número de cotilédones na semente. Atualmente, essa classificação passa por modificações.

Tomando-se por base a história evolutiva do grupo, as angiospermas podem ser divididas em **monocotiledôneas**, **eudicotiledôneas** e mais alguns grupos que, informalmente, podem ser reunidos sob o nome de **angiospermas basais**, também chamadas **dicotiledôneas basais**. Nesse último grupo há plantas como a fruta-do-conde, a pimenta-do-reino, o abacateiro, a graviola, o jaborandi, a vitória-régia, entre outras, que, apesar de apresentarem sementes com dois cotilédones, possuem várias características em comum com as monocotiledôneas, como o tipo de pólen.

Entre as monocotiledôneas, a maioria é de plantas herbáceas. Entre elas, encontramos os cereais – arroz, milho, aveia, cevada, trigo e centeio –, cujos frutos formam a base da alimentação humana. Outros exemplos de monocotiledôneas são o bambu, o capim, o abacaxizeiro, a cebola, o alho, as orquídeas, o aspargo, a íris, o gengibre e a cana-de-açúcar. Há poucas árvores no grupo; alguns exemplos são as palmeiras, como o coqueiro-da-baía, os palmiteiros e a carnaubeira.

Mais de 70% das espécies de angiospermas pertencem ao grupo das eudicotiledôneas, que inclui a maioria das árvores e dos arbustos e muitas ervas. São exemplos de eudicotiledôneas: feijoeiro, ervilha, soja, amendoim, lentilha, grão-de-bico, planta de fumo, batateira, tomateiro, pimentão, berinjela, algodoeiro, couve, nabo, agrião, couve-flor, repolho, roseira, morangueiro, macieira, pereira, cafeeiro, cenoura, mandioca, girassol, margarida, jabuticabeira, mamoeiro, laranjeira, maracujazeiro, goiabeira, cacaueiro, eucalipto, cacto, seringueira.

Na **figura 20.24**, são apresentadas as principais diferenças morfológicas entre as monocotiledôneas e as eudicotiledôneas.

Figura 20.24 Principais diferenças entre monocotiledôneas e eudicotiledôneas (os elementos não estão na mesma escala; cores fantasia).

	Monocotiledônea		**Eudicotiledônea**	
Sementes	Semente com um cotilédone (exemplo: milho)	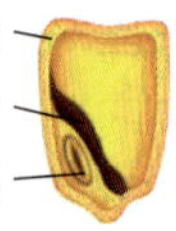	Semente com dois cotilédones (exemplo: feijão)	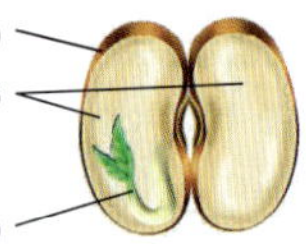
Folhas	Folhas com nervuras paralelas (paralelinérveas)		Folhas com nervuras ramificadas (reticuladas)	
Caules	Vasos irregularmente espalhados pelo caule		Vasos na periferia do caule em arranjo regular	
Raízes	Raiz fasciculada (sem raiz principal)	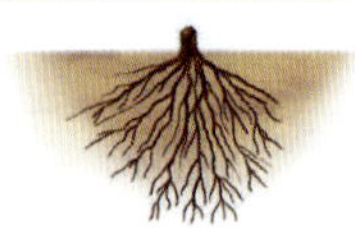	Raiz axial (com raiz principal)	
Flores	Flor trímera (organização em três ou múltiplos de três)		Flor tetrâmera ou pentâmera (organização em quatro, cinco ou múltiplos)	

Ilustrações: Luis Moura/Arquivo da editora

6. EVOLUÇÃO DAS PLANTAS TERRESTRES

As primeiras plantas terrestres podem ter se originado dos mesmos ancestrais que deram origem às algas verdes. Os fósseis mais antigos identificados como esporos de plantas terrestres datam de 475 milhões de anos atrás, no chamado Período Ordoviciano, compreendido entre 490 milhões e 443 milhões de anos atrás.

Entre 354 milhões e 290 milhões de anos atrás, no período geológico conhecido como Carbonífero, plantas sem sementes de muitos metros de altura (algumas espécies atingiam mais de 30 metros) dominavam a paisagem da Terra e formavam imensas florestas (**figura 20.25**).

Johann Brandstetter/Akg-Images/Latinstock

Figura 20.25 Reconstituição artística do período Carbonífero (ilustração feita com base em registros fósseis).

Com o tempo, partes dessas plantas foram depositadas em pântanos e cobertas por sedimentos, originando rochas sedimentares que, ao longo de milhões de anos, formaram o carvão mineral, usado atualmente como combustível e como fonte de solventes, colas e outros produtos químicos.

Foi ainda no Carbonífero que surgiram as primeiras plantas com semente, que se espalharam e se diversificaram na Era Mesozoica. Esse domínio foi favorecido pelos climas mais secos dessa era, que acabaram selecionando plantas que não dependem da água para a reprodução. Essas plantas produzem grãos de pólen, que são transportados pelo vento. Além disso, a semente se encarrega da dispersão da planta.

ATIVIDADES

Questões discursivas

1. Um estudante afirmou que as briófitas não se libertaram completamente da água. Com base nos conhecimentos adquiridos neste capítulo, analise criticamente a afirmação do estudante.

2. Por que se pode dizer que o ciclo de vida das pteridófitas é "igual ao das briófitas só que invertido"?

3. Em geral, os animais têm corpos compactos, o que facilita seu deslocamento. Já as plantas apresentam corpos com grande superfície relativa. Explique por que podemos dizer que tais formas corporais representam adaptação ao tipo de nutrição desses organismos.

4. (Unicamp-SP) A Mata Atlântica é um ambiente bastante úmido. Nesse ambiente, é comum encontrar diversos tipos de plantas verdes, de pequeno porte (alguns centímetros), crescendo sobre troncos e ramos de árvores, bem como recobrindo certas áreas na superfície do solo. A reprodução dessas plantas não ocorre por meio de flores, mas no seu ciclo há gametas envolvidos.
   a) Que plantas são essas?
   b) Qual o fator que delimita o seu tamanho?
   c) Qual é a fase transitória do seu ciclo reprodutivo?

5. (UFPR) Acredita-se que as plantas terrestres evoluíram a partir de algas verdes que conquistaram o ambiente terrestre. Briófitas e pteridófitas apresentam gametas masculinos flagelados, demonstrando haver ainda nesses grupos uma grande dependência da água para a sua reprodução. Nas angiospermas, essa dependência foi eliminada através do desenvolvimento de grãos de pólen.
   a) Cite dois meios pelos quais os grãos de pólen podem ser transportados até o estigma das flores.
   b) Descreva como, após o grão de pólen alcançar o estigma de uma flor, ocorrerá a fecundação da oosfera e o desenvolvimento do endosperma.

6. (PUC-RJ) O arroz (*Oryza sativa*) é um dos grãos mais consumidos no mundo. Seu valor nutricional está relacionado ao albume (endosperma), que é a reserva de nutrientes para o embrião da semente. Considerando que as células somáticas do arroz possuem 24 cromossomos, quantos cromossomos podem ser encontrados nas células do albume? Justifique sua resposta.

7. (Fuvest-SP) O esquema representa o ciclo de vida da samambaia. A letra **A** representa a célula haploide, que faz a transição da fase esporofítica para a fase gametofítica; a letra **B** representa a célula diploide, que faz a transição da fase gametofítica para a fase esporofítica.

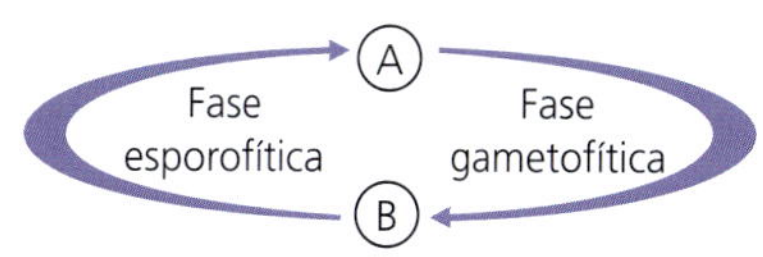

   a) Descreva resumidamente a aparência das plantas que representam a fase esporofítica e a fase gametofítica.
   b) Quais são os nomes das células representadas pelas letras **A** e **B**?

Questões objetivas

1. (UEL-PR) As samambaias pertencem ao grupo das pteridófitas, as quais possuem características adaptativas que permitiram a conquista do ambiente terrestre com mais eficiência que o grupo das briófitas.

Sobre as adaptações morfológicas e reprodutivas que possibilitaram o sucesso das pteridófitas no ambiente terrestre, considere as afirmativas a seguir.

I. A predominância da fase esporofítica.

II. O aparecimento dos tecidos xilema e floema.

III. O desenvolvimento de rizoides para fixação.

IV. O surgimento dos esporos para reprodução.

Assinale a alternativa correta.

a) Somente as afirmativas I e II são corretas.
b) Somente as afirmativas I e IV são corretas.
c) Somente as afirmativas III e IV são corretas.
d) Somente as afirmativas I, II e III são corretas.
e) Somente as afirmativas II, III e IV são corretas.

2. (Uece) A opção que contém a sequência correta correspondente ao ciclo de vida das pteridófitas é:

a) Produção de esporos – esporófilo – produção de gametas – fecundação – protonema.
b) Produção de gametas – fecundação – esporófito – produção de esporos – prótalo.
c) Protonema – esporófito – produção de esporos – produção de gametas – fecundação.
d) Produção de esporos – esporófito – prótalo – fecundação.

3. (Fuvest-SP) Um pesquisador que deseje estudar a divisão meiótica em samambaia deve utilizar em suas preparações microscópicas células de:

a) embrião recém-formado.
b) rizoma da samambaia.
c) soros da samambaia.
d) rizoides do prótalo.
e) estruturas reprodutivas do prótalo.

4. (Vunesp-SP) A uma pessoa que comprasse um vaso de samambaia em uma floricultura e pretendesse devolvê-lo por ter verificado a presença de pequenas estruturas escuras, dispostas regularmente na face inferior das folhas, você diria que:

a) a planta, com certeza, estava sendo parasitada por um fungo.
b) a planta necessitava de adubação, por mostrar sinais de deficiências nutricionais.
c) a planta tinha sido atacada por insetos.
d) as pequenas estruturas eram esporângios reunidos em soros, os quais aparecem normalmente durante o ciclo da planta.
e) a planta se encontrava com deficiências de umidade, mostrando manchas necróticas nas folhas.

5. (Uerj) Algas e musgos possuem diversas características em comum. Uma característica comum a todos os tipos de algas e musgos é a inexistência de:

a) nutrição autotrófica.
b) estruturas pluricelulares.
c) vasos condutores de seiva.
d) reprodução do tipo sexuada.

6. (Mackenzie-SP) No seu ciclo de vida, os vegetais apresentam alternância de gerações como padrão. Nesse tipo de ciclo, a fase gametofítica produz gametas, e a fase esporofítica produz esporos. A respeito dos tipos de células reprodutivas citados, é correto afirmar que:

a) ambos são produzidos por meiose.
b) os gametas são produzidos por meiose, e os esporos por mitose.
c) os gametas são produzidos por mitose, e os esporos por meiose.
d) ambos são produzidos por mitose.
e) o esporo sofre meiose para originar os gametas.

7. (UFV-MG) A figura adiante corresponde a duas plantas com parte de suas estruturas morfológicas e reprodutivas indicadas por **I**, **II**, **III** e **IV**.

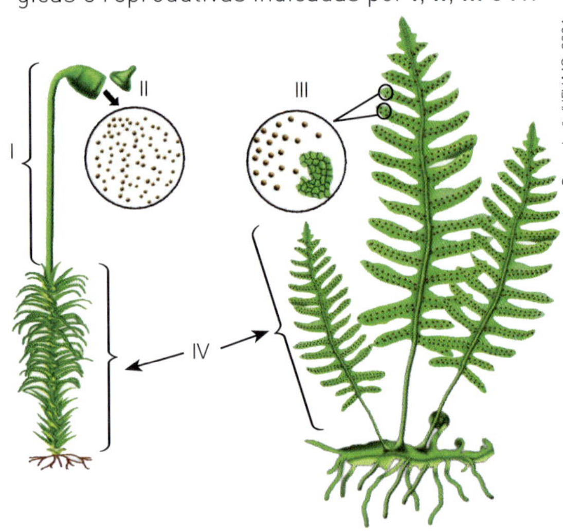

Observe a representação e assinale a afirmativa correta.

a) As duas plantas são vascularizadas e apresentam folhas clorofiladas.
b) A estrutura indicada por **I** é diploide e corresponde ao prótalo.
c) **III** corresponde a soros 2n que produzem os esporos nas pteridófitas.
d) **II** indica os anterozoides haploides produzidos pelo esporângio.
e) As estruturas indicadas por **IV** são gametófitos haploides.

8. (Enem-MEC) Caso os cientistas descobrissem alguma substância que impedisse a reprodução de todos os insetos, certamente nos livraríamos de várias doenças em que esses animais são vetores. Em compensação teríamos grandes problemas, como a diminuição drástica de plantas que dependem dos insetos para polinização, que é o caso das:

a) algas.

b) briófitas, como os musgos.

c) pteridófitas, como as samambaias.

d) gimnospermas, como os pinheiros.

e) angiospermas, como as árvores frutíferas.

9. (Enem-MEC)

Os frutos são exclusivos das angiospermas, e a dispersão das sementes dessas plantas é muito importante para garantir seu sucesso reprodutivo, pois permite a conquista de novos territórios. A dispersão é favorecida por certas características dos frutos (ex.: cores fortes e vibrantes, gosto e odor agradáveis, polpa suculenta) e das sementes (ex.: presença de ganchos e outras estruturas fixadoras que se aderem às penas e pelos de animais, tamanho reduzido, leveza e presença de expansões semelhantes a asas). Nas matas brasileiras, os animais da fauna silvestre têm uma importante contribuição na dispersão de sementes e, portanto, na manutenção da diversidade da flora.

CHIARADIA, A. *Minimanual de pesquisa*: Biologia. jun. 2004 (adaptado).

Das características de frutos e sementes apresentadas, quais estão diretamente associadas a um mecanismo de atração de aves e mamíferos?

a) Ganchos que permitem a adesão aos pelos e penas.

b) Expansões semelhantes a asas que favorecem a flutuação.

c) Estruturas fixadoras que se aderem às asas das aves.

d) Frutos com polpa suculenta que fornecem energia aos dispersores.

e) Leveza e tamanho reduzido das sementes, que favorecem a flutuação.

10. (Mackenzie-SP) Comparando-se os ciclos reprodutivos das criptógamas (briófitas e pteridófitas) com os das fanerógamas (gimnospermas e angiospermas), destacamos a seguinte diferença:

a) Ciclo de vida alternante.

b) Meiose gamética.

c) Independência da água para a reprodução.

d) Predominância da geração gametofítica sobre a esporofítica.

e) Geração esporofítica diploide.

11. (UFC-CE) O predomínio das angiospermas em relação aos demais grupos vegetais relaciona-se:

a) à dupla fecundação, resultado da união de dois anterozoides com a oosfera e o megaprótalo, gerando o endosperma triploide, o que permite a longevidade das sementes.

b) à alternância de gerações, havendo predominância do ciclo de vida esporofítico e redução da fase gametofítica, o que permite a ocupação de ambientes áridos.

c) ao desenvolvimento de estróbilos, cuja oferta de pólen e outros recursos florais favoreceu a interação com uma grande diversidade de insetos e uma maior probabilidade de polinização.

d) ao desenvolvimento do tubo polínico, permitindo a independência do meio aquático para a fecundação e uma maior estabilidade do sucesso reprodutivo.

e) ao espessamento da parede do ovário, o que favoreceu a especialização em mecanismos de dispersão do embrião e a ocupação de ambientes distantes da planta-mãe.

12. (UFSC) Observe o esquema a seguir e assinale a(s) proposição(ões) correta(s).

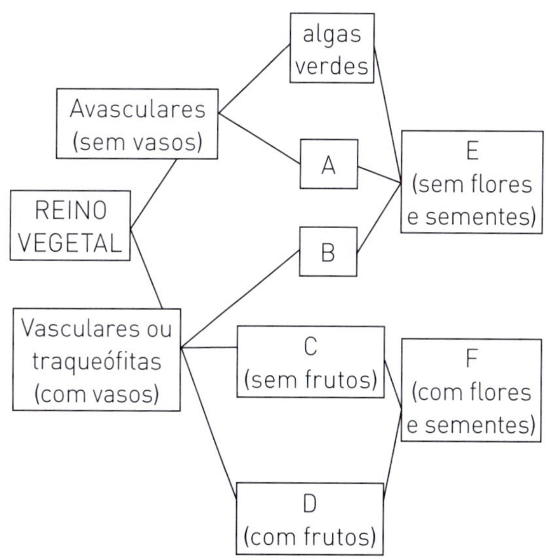

(01) **A** corresponde às plantas denominadas pteridófitas.

(02) As samambaias são representantes de **B**.

(04) **C** representa as gimnospermas.

(08) A roseira é um exemplo de **D**.

(16) **E** e **F** correspondem, respectivamente, às criptógamas e às fanerógamas.

(32) Todos os representantes deste reino possuem, obrigatoriamente, clorofila.

13. (UFU-MG) Numere a coluna da direita de acordo com a da esquerda.

(1) Briófita	( ) Cipreste
(2) Pteridófita	( ) Musgo
(3) Gimnosperma	( ) Avenca
(4) Angiosperma	( ) Rosa
	( ) Milho
	( ) Samambaia
	( ) Acerola
	( ) Capim

Assinale a alternativa que apresenta a sequência correta, de cima para baixo.

a) 1, 2, 1, 3, 3, 1, 3, 4

b) 2, 1, 2, 4, 3, 2, 4, 3

c) 3, 1, 2, 4, 4, 2, 4, 4

d) 4, 1, 2, 3, 4, 1, 3, 3

14. (UPF-RS) Na reprodução dos vegetais com sementes, ocorre a denominada dupla fecundação. Isso significa que:

a) as células envolvidas na reprodução dividem-se duas vezes consecutivamente, para formarem o embrião diploide.

b) um dos núcleos espermáticos junta-se ao núcleo da oosfera e forma o embrião (2n); o outro núcleo espermático funde-se aos dois núcleos polares, resultando no endosperma (3n).

c) cada núcleo espermático sofre duas divisões e cada uma das quatro células resultantes fecundará uma célula da oosfera.

d) o núcleo da oosfera é fecundado por dois núcleos espermáticos do pólen.

e) um dos núcleos espermáticos, ao juntar-se ao núcleo da oosfera, forma um embrião (3n), enquanto o outro junta-se a um dos núcleos polares e dá origem ao endosperma (2n).

15. (UEPB) Nas angiospermas as estruturas relacionadas com a reprodução sexuada são as flores. Observe o esquema, onde se encontra representada uma flor, e identifique as estruturas numeradas; em seguida, estabeleça a relação entre o número indicado no esquema, o nome da estrutura e a descrição da mesma.

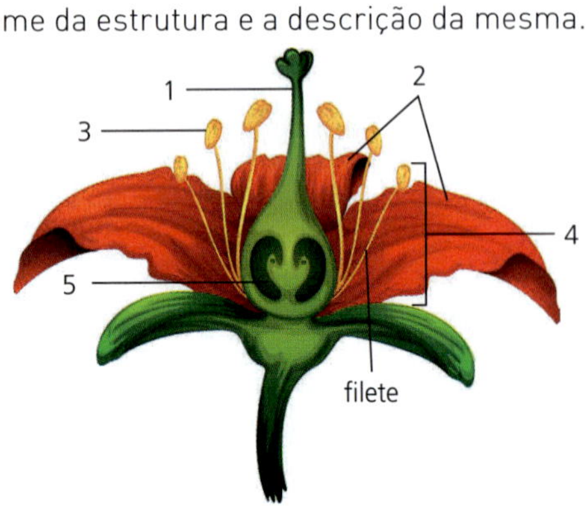

Reprodução/UEPB-2014

A. Ovário.

B. Pétalas.

C. Estame.

D. Gineceu.

E. Antera.

I. Dilatação na ponta do filete onde são produzidos os grãos de pólen;

II. Estrutura que contém o óvulo e que, ocorrendo a fecundação, desenvolve-se originando o fruto;

III. Estrutura reprodutora feminina da flor, formada pela fusão de folhas carpelares;

IV. Em conjunto compõem a corola, importante na atração de agentes polinizadores;

V. Formado pelo filete e a antera: o conjunto destes compõe o androceu.

A alternativa que apresenta a relação correta é:

a) 1-D-III, 2-B-IV, 3-E-I, 4-C-V, 5-A-II.

b) 1-B-I, 2-D-V, 3-A-II, 4-E-IV, 5-C-III.

c) 1-D-II, 2-B-V, 3-E-IV, 4-C-III, 5-A-V.

d) 1-C-IV, 2-A-II, 3-D-III, 4-B-IV, 5-E-I.

e) 1-E-V, 2-C-III, 3-B-II, 4-A-I, 5-D-IV.

16. (Mackenzie-SP) Briófitas e pteridófitas são denominadas plantas criptogâmicas, o que significa que são plantas que não têm flores.

A respeito desses dois grupos de vegetais, são feitas as seguintes afirmações.

I. Nas pteridófitas, a meiose é espórica, enquanto que nas briófitas ela é gamética.

II. Nas briófitas, o gametófito é mais desenvolvido do que o esporófito e nas pteridófitas é o inverso.

III. Nas pteridófitas, há tecidos condutores especializados, enquanto que nas Briófitas eles não existem.

IV. Nas pteridófitas, o esporófito é sempre diploide, enquanto que nas briófitas ele é sempre haploide.

Estão corretas, apenas,

a) I e II.

b) I e III.

c) II e III.

d) I e IV.

e) II e IV.

ATIVIDADES PRÁTICAS

1. Realize esta atividade com a orientação de seu professor. Antes de iniciar, certifique-se de que você conhece os cuidados e procedimentos corretos para o uso do microscópio.

Material

- folhas brancas de papel
- lâminas
- lamínulas
- lupa
- microscópio
- musgos recém-coletados (devem conter gametófitos e esporófitos)

Procedimento

1. Identifique os gametófitos que contêm esporófitos. Sobre uma folha de papel, identifique com o auxílio da lupa, as estruturas estudadas do musgo.
2. Coloque sobre uma lâmina um filoide de musgo, pingue uma gota de água e cubra com a lamínula.
3. Leve a preparação ao microscópio e observe-a inicialmente com o menor aumento. Depois, troque de objetiva e observe novamente o material.

Conclusão

I. Faça esquemas do que você observou.

II. O que são as estruturas verdes no interior das células e qual a sua importância?

2. Ainda com o auxílio do microscópio, realize uma análise das partes de uma flor seguindo as instruções abaixo:

Material

- algumas flores grandes – como hibisco, azaleia, lírio ou palma-de-santa-rita (gladíolo)
- estilete ou agulha de costura (cuidado para não se ferir com esses objetos)
- fita adesiva
- folhas brancas de papel
- lâminas
- lamínulas
- lupa
- luvas de látex
- microscópio
- pinça

Procedimento

1. Observe uma flor e identifique suas partes utilizando a luva para manipulá-la. Conte o número de pétalas e sépalas e anote na folha. Nessa mesma folha, prenda a flor com a fita adesiva.
2. Com o auxílio da pinça e do estilete ou da agulha e orientado pelo professor, separe as partes de outra flor, começando pela parte mais externa. Prenda com a fita adesiva o cálice e a corola em folhas de papel, identificando as estruturas que você observou.
3. Sacuda o estame e veja se caem grãos de pólen. Em caso afirmativo, observe-os ao microscópio. Cole o estame em uma folha, identificando suas partes. Corte o gineceu e, com o auxílio da lupa, identifique o que existe em seu interior e desenhe o que observar, identificando as partes. Prenda o gineceu em uma folha de papel e identifique suas partes.

Conclusão

Elabore esquemas de cada parte da flor com base em suas observações.

R. M. Nunes/Shutterstock

CAPÍTULO

21

As frutas, importantes fontes de vitaminas e fibras em nossa alimentação, são produzidas por angiospermas.

MORFOLOGIA VEGETAL

Neste capítulo, estudaremos os tecidos e a morfologia das plantas, com ênfase nas angiospermas. Desse grupo, como vimos no capítulo anterior, fazem parte as plantas que produzem flores e frutos. As angiospermas podem ser encontradas na maioria dos ambientes terrestres e apresentam diversas adaptações para viver nesse meio.

- **Quais são as funções de cada parte de uma planta?**
- **A que parte da planta corresponde a batata? E o morango?**
- **Como as adaptações das angiospermas permitem a essas plantas ocupar ambientes terrestres?**

1. TECIDOS VEGETAIS

A maioria dos vegetais possui tecidos e órgãos especializados para a fotossíntese e para o transporte de água e minerais retirados do solo (seiva inorgânica) e de substâncias orgânicas produzidas nas folhas (seiva orgânica).

Em uma planta com flor típica, por exemplo, existem: a raiz, que fixa a planta ao solo e absorve e transporta água e minerais; o caule, que sustenta a planta e transporta água e minerais para as folhas, que fazem fotossíntese; e as flores, cujas estruturas podem originar sementes e frutos (**figura 21.1**).

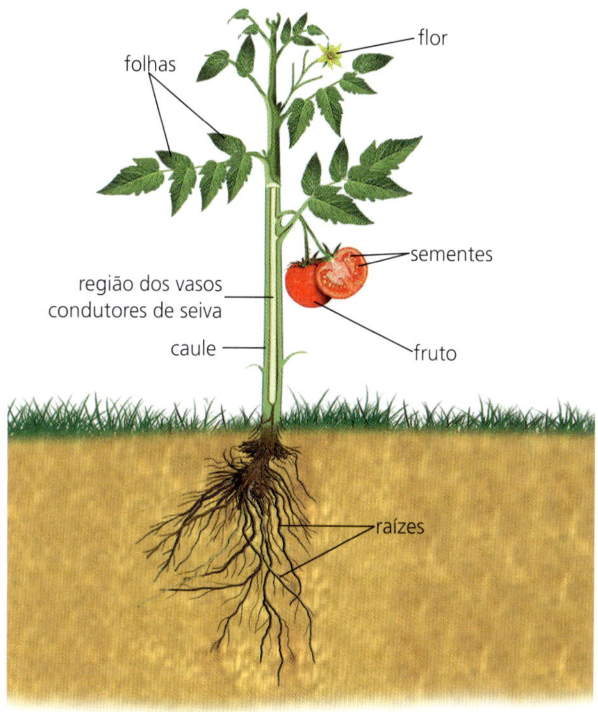

Figura 21.1 Ilustração esquemática de um tomateiro (*Solanum lycopersicum*), uma angiosperma. O corte longitudinal no caule mostra a região dos vasos condutores de seiva (os elementos não estão na mesma escala; cores fantasia).

Os tecidos que constituem as plantas podem ser divididos em **tecidos meristemáticos** (**tecidos de formação** ou **meristemas**) e **tecidos diferenciados** (**permanentes** ou **adultos**).

Os meristemas (*meros* = parte; *stemma* = coroa) são grupos de células não diferenciadas que conservam as características embrionárias (células pequenas, com parede celular fina, etc.). Essas células possuem grande capacidade de se dividir e de se diferenciar, originando outros tecidos e colaborando para o crescimento da planta. Há dois tipos de meristemas:

- **Meristemas primários:** localizados na extremidade do caule e da raiz e nas axilas das folhas. São responsáveis pelo crescimento em altura do vegetal.
- **Meristemas secundários:** localizados no interior do caule e da raiz das gimnospermas, da maioria das eudicotiledôneas (algodão, mamão, maçã, laranja, etc.) e de algumas monocotiledôneas com formação arbórea. Esse tecido é responsável pelo crescimento em espessura da planta.

Estudaremos a seguir os principais tecidos diferenciados, com ênfase nas angiospermas.

TECIDOS DE REVESTIMENTO E PROTEÇÃO

Revestindo os vegetais, há tecidos que fornecem proteção e, no caso das plantas terrestres, evitam a perda excessiva de água. Esses tecidos são a **epiderme** e **periderme**.

A epiderme reveste as folhas e as partes jovens do caule e da raiz das plantas lenhosas (aquelas que produzem madeira) e todo o corpo das plantas herbáceas. É formada por uma camada de células vivas, sem clorofila, que apresentam na face externa uma cobertura chamada **cutícula**. Essa cobertura é constituída, entre outros compostos, por um lipídio impermeável, a **cutina**, que impede a evaporação da água e por isso representa uma importante adaptação ao meio terrestre.

Na raiz, a epiderme não apresenta cutina e suas células formam prolongamentos, os **pelos absorventes** ou **radiculares**, que aumentam a superfície de absorção de água e minerais (veja a **figura 21.2A**).

Em outros órgãos, as células da epiderme também podem apresentar projeções, os **pelos** ou **tricomas** (*thríx*, *chos* = pelo), que podem ter funções variadas (**figura 21.2A**). Em plantas de clima seco, formam, na superfície da folha, um emaranhado que ajuda a reter umidade e dificulta a perda de água por transpiração (saída de água na forma de vapor). Em sementes como a do algodão, os pelos funcionam de modo similar a um paraquedas e facilitam seu transporte pelo vento. No caso da urtiga, eles contêm um líquido urticante que defende a planta contra os animais.

A epiderme também pode formar, como no caso da roseira (**figura 21.2B**), saliências pontiagudas – os **acúleos** (*aculeu* = ponta aguçada). Embora se assemelhem a **espinhos**, os acúleos são formações da superfície da planta, facilmente destacados; enquanto os espinhos são ramos atrofiados do caule (como no limoeiro) ou folhas modificadas (caso do cacto).

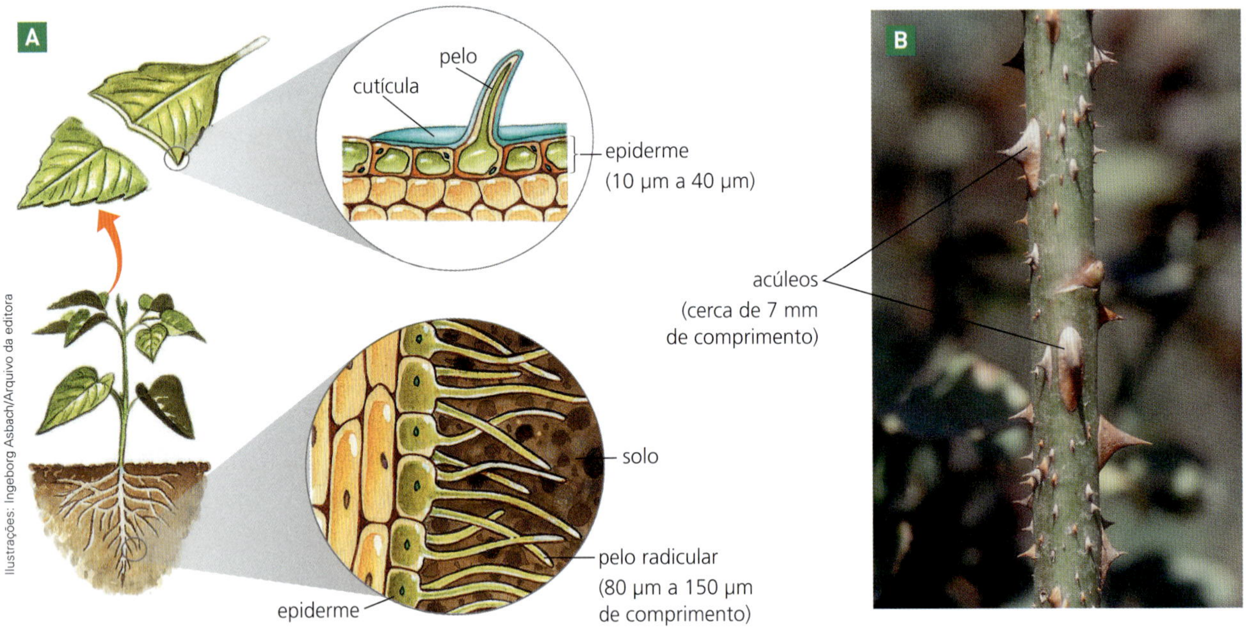

Ilustrações: Ingeborg Asbach/Arquivo da editora

Fabio Colombini/Acervo do fotógrafo

Figura 21.2 A: representação esquemática da epiderme e do pelo de folha e pelos absorventes da raiz (os elementos não estão na mesma escala; cores fantasia); **B**: foto de acúleos no caule de uma roseira.

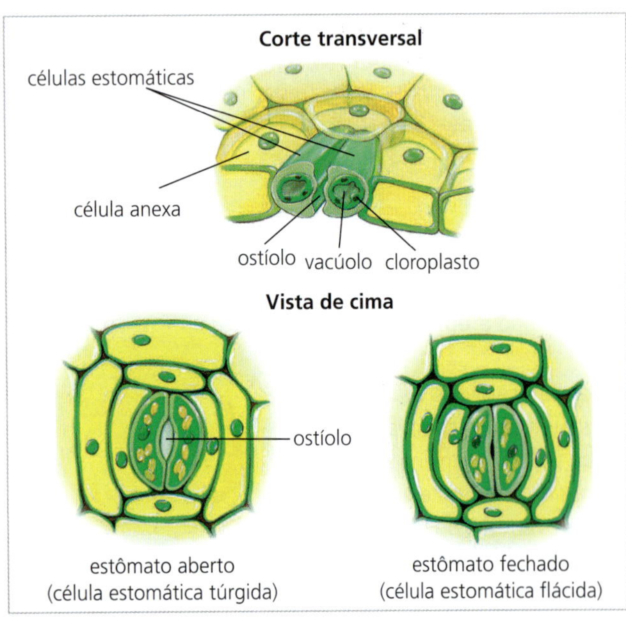

Figura 21.3 Ilustrações de estômatos (em média, de 20 μm a 60 μm de diâmetro; os elementos não estão na mesma escala; cores fantasia).

Além de reduzir a perda de água pela transpiração, a cutina também dificulta a passagem de gás carbônico e oxigênio pela folha. Assim, a entrada e a saída desses gases são permitidas pelos **estômatos** (*stoma* = boca) (**figura 21.3**), estruturas localizadas na epiderme e que são formadas por um par de **células estomáticas** ou **células-guarda**, clorofiladas, que delimitam uma abertura chamada **ostíolo** (*ostiolum* = pequena entrada). Em volta dessas células aparecem as **células anexas**, que não possuem clorofila.

Além de permitir as trocas gasosas entre a planta e o ambiente, facilitando a fotossíntese e a respiração, os estômatos podem se fechar sempre que a perda de água por transpiração ameaçar a sobrevivência da planta (**figura 21.3**).

No crescimento secundário (em espessura) de caules e raízes, a epiderme é substituída pela periderme, tecido que forma na camada mais externa o **súber** (*suber* = sobreiro, árvore da qual se extrai a cortiça).

TECIDOS DE ASSIMILAÇÃO E DE RESERVA

Os sistemas responsáveis pela fotossíntese (assimilação) e pelo armazenamento de substâncias (reserva) são formados por **parênquimas** (*parencheo* = encher ao lado): conjuntos de células vivas, com pouco citoplasma e grandes vacúolos. O parênquima é um tecido de preenchimento encontrado em todos os órgãos vegetais.

O **parênquima de assimilação**, também chamado **clorofiliano**, produz a matéria orgânica do vegetal. Suas células, ricas em cloroplastos, realizam fotossíntese e são encontradas nas partes aéreas dos vegetais, principalmente na folha (**figura 21.4**). Na face **adaxial** (superior) da folha, mais exposta à luz, as células do parênquima estão organizadas perpendicularmente à superfície – **parênquima paliçádico**; na face oposta, **abaxial** (inferior), sua disposição é irregular, com grandes espaços intercelulares – **parênquima lacunoso** –, pelos quais circulam os gases que participam da fotossíntese. Tais espaços se comunicam com o exterior pelos estômatos. O conjunto formado por esses dois parênquimas constitui o **mesofilo** (*mesos* = meio; *phyllein* = folha).

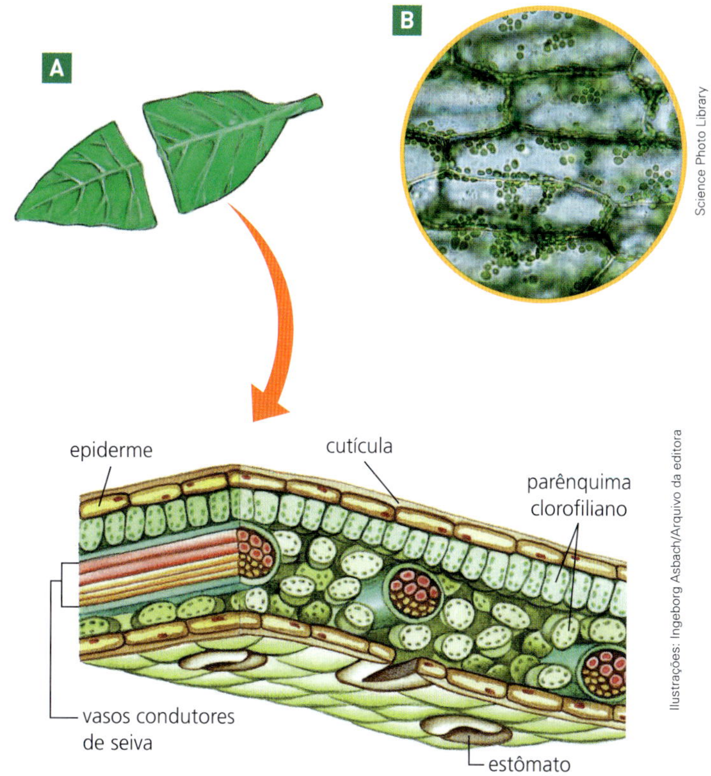

Figura 21.4 **A**: ilustração mostrando o interior de uma folha (os elementos não estão na mesma escala; cores fantasia); **B**: foto de parênquima clorofiliano da folha de elódea (microscópio óptico; aumento de cerca de 300 vezes; com uso de corantes).

O **parênquima de reserva** armazena substâncias (amido, óleos, etc.) que podem ser usadas pela planta ou pelo embrião.

O parênquima de reserva de amido (**parênquima amilífero**) é encontrado nas raízes, como a batata-doce, a beterraba, a cenoura e o aipim; nos caules, como a batata-inglesa e a cana-de-açúcar; nas folhas; nas sementes; nos frutos. Em ambientes com pouca disponibilidade de água, há plantas, como o cacto, que possuem o **parênquima aquífero**, que ajuda a armazenar água.

TECIDOS CONDUTORES DE SEIVA

Nas algas e nos musgos, as substâncias absorvidas do ambiente (água e minerais) são distribuídas de célula para célula por difusão e osmose. Já as plantas chamadas vasculares, ou traqueófitas, são maiores e mais complexas, com grande número de células. Essas plantas utilizam um sistema de transporte mais especializado, constituído por **vasos condutores de seiva**. Esses vasos são compostos de células cilíndricas ligadas entre si, formando tubos ao longo do vegetal.

A presença desses vasos permite ao vegetal repor rapidamente a água perdida pela transpiração, sendo uma característica importante em ambiente terrestre. Além disso, possibilita o desenvolvimento de plantas de grande porte, já que torna mais eficiente o transporte de substâncias no organismo, se comparado com a difusão célula a célula.

Como visto no capítulo 20, existem dois tipos de vaso condutor de seiva: os elementos traqueais e os elementos crivados.

- **Elementos traqueais**: transportam principalmente a seiva inorgânica da raiz para as folhas. São células que, quando adultas e especializadas, morrem, permanecendo delas apenas a parede celular com reforço de celulose e lignina. Em plantas jovens, a lignina se deposita na parede celulósica formando anéis ou espirais, o que lhes dá maior elasticidade e permite acompanhar o intenso crescimento da planta. No vegetal adulto, os vasos costumam ter maior concentração de lignina, conferindo maior rigidez e resistência à planta (**figura 21.5**).

Há dois tipos de elementos traqueais: as **traqueídes** e os **elementos de vaso**. Nas traqueídes, a lignina desaparece em alguns pontos, mas a celulose persiste, ficando apenas mais fina, e a seiva inorgânica tem de passar por essa parede. Assim, elas recebem o nome de vasos fechados, e as regiões sem lignina, de **pontuações**. Já nos elementos de vaso, a parede celular desaparece por completo em alguns pontos e ficam perfurações que permitem a passagem da água com facilidade. Por isso esses vasos são chamados abertos, e a comunicação entre as células é chamada **placa perfurada** (**figura 21.5**).

Na samambaia e no pinheiro, só há traqueídes; nas angiospermas, há os dois tipos de células.

O espaço entre os elementos traqueais é preenchido por um parênquima de reserva e por fibras e esclereídes (células do esclerênquima, um tecido de sustentação), que acumulam reservas nutritivas e contribuem para a sustentação da planta. O conjunto de elementos traqueais e do parênquima e esclerênquima a eles associados forma o **xilema** (*xylon* = madeira) ou **lenho**.

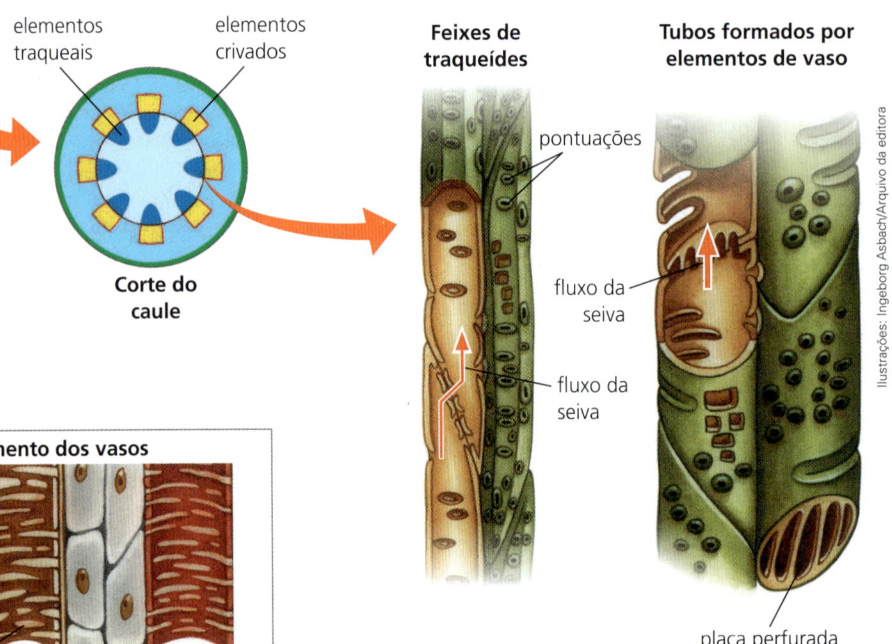

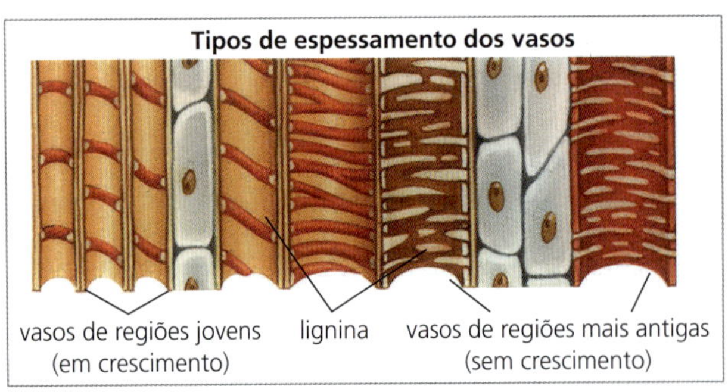

Figura 21.5 Tipos de elementos traqueais e de espessamentos (os elementos não estão na mesma escala; diâmetro das células entre 20 μm e 60 μm; cores fantasia).

A água e os minerais levados pelo xilema chegam às folhas. A água, juntamente com o gás carbônico, é usada na fotossíntese para produzir glicídios. Com os glicídios e os minerais, são produzidos os outros compostos orgânicos do vegetal. Esse material orgânico forma a seiva orgânica, que será distribuída para todo o corpo da planta através dos elementos crivados.

- **Elementos crivados**: são células vivas, alongadas e ligadas umas nas extremidades das outras. Na união entre duas células, a parede, sem espessamento de lignina, possui uma série de **orifícios** ou **crivos** por onde os dois citoplasmas se comunicam. A presença dessa parede, ou **placa crivada**, justifica o nome de elementos crivados para esses vasos (**figura 21.6**).

Apesar de vivas, as células não possuem núcleo nem boa parte das organelas celulares, e sua sobrevivência depende da troca de substâncias com células parenquimatosas adjacentes, chamadas **células-companheiras**.

Além dos elementos crivados e das células-companheiras, há fibras de esclerênquima e células do parênquima, com função de sustentação e de armazenamento de substâncias. O conjunto desses elementos forma o **floema** (*phloiós* = casca).

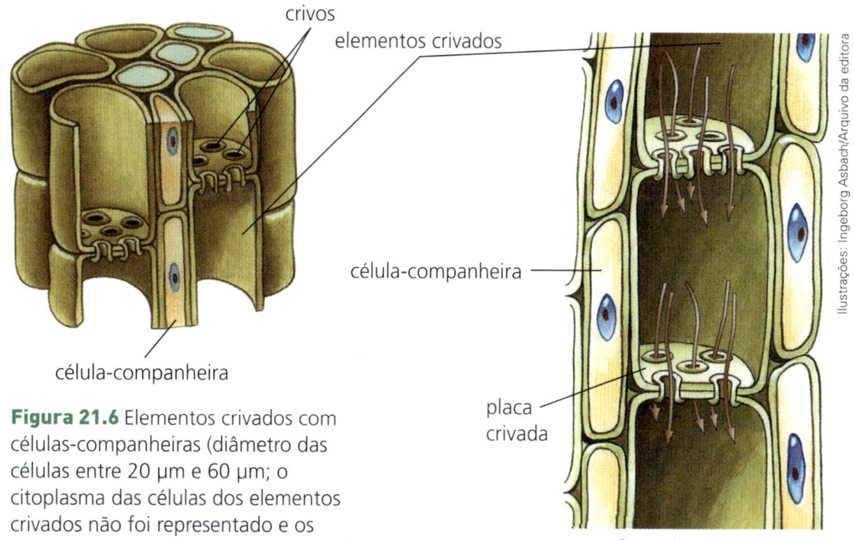

Figura 21.6 Elementos crivados com células-companheiras (diâmetro das células entre 20 μm e 60 μm; o citoplasma das células dos elementos crivados não foi representado e os elementos não estão na mesma escala; cores fantasia).

TECIDOS SECRETORES

Diversos produtos finais do metabolismo das plantas ficam armazenados em células ou em agrupamentos de células espalhados pelo vegetal. Esses produtos não atuam diretamente no metabolismo da planta. Um exemplo é o **néctar**, substância doce e perfumada, produzida nas flores por um agrupamento especial de células secretoras, o **nectário**. A função do néctar é atrair insetos, aves e morcegos, que são agentes polinizadores.

Algumas plantas produzem essências e resinas, que são acumuladas em dutos secretores, em dutos resiníferos ou em vasos localizados nas folhas, nos frutos e nos caules. Algumas dessas secreções ajudam a proteger as plantas contra insetos.

Outro exemplo de secreção é o **látex**, substância leitosa que circula pelos vasos **laticíferos** de muitas plantas. No látex, já foram identificadas substâncias tóxicas para insetos e sua capacidade de coagular pode ajudar a imobilizar larvas e defender a planta.

Nas plantas de clima úmido, em que a saída de vapor de água pelos estômatos é difícil, a água na forma líquida pode ser eliminada pela **gutação**, através de pequenas aberturas nas bordas das folhas.

2. RAIZ

Em geral, a raiz é um órgão subterrâneo, sem clorofila e especializado na fixação da planta e na absorção de água e minerais. Mas há variações nesse órgão de acordo com o ambiente em que a planta é encontrada.

Na extremidade da raiz, há a coifa, que protege os meristemas primários situados mais internamente, na região de alongamento. A **região pilífera** absorve água e minerais do solo, sendo também chamada **região dos pelos absorventes**. Como já vimos, os pelos absorventes aumentam a área de absorção dessa região. Há ainda uma região com ramificações da raiz (**figura 21.7**).

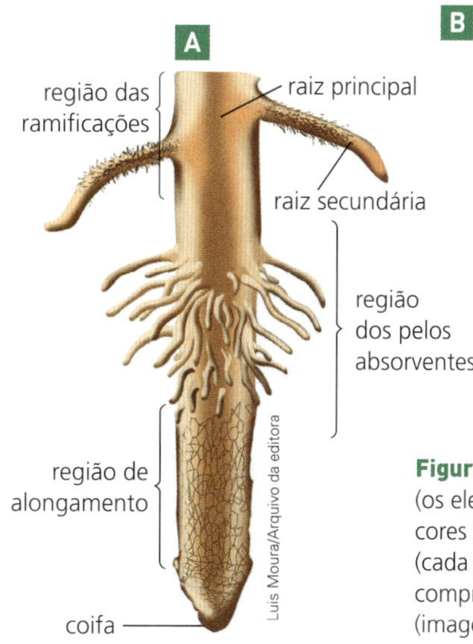

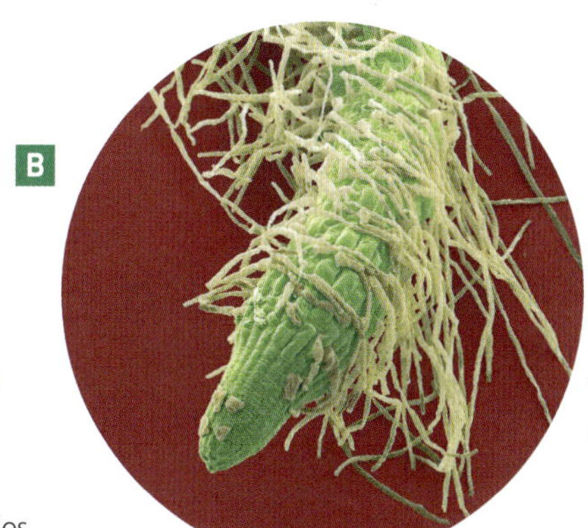

Figura 21.7 A: morfologia externa da raiz (os elementos não estão na mesma escala; cores fantasia); **B**: foto de pelos absorventes (cada pelo tem de 80 μm a 150 μm de comprimento) ao microscópio eletrônico (imagem colorizada por computador).

TIPOS DE RAIZ

Quando a planta possui uma raiz principal mais desenvolvida que as ramificações, a raiz é classificada como **axial** ou **pivotante** (**figura 21.8A**). É típica do grupo das plantas eudicotiledôneas, dá grande sustentação à planta e pode absorver água e minerais das camadas mais profundas do solo.

Quando não existe uma raiz principal, as ramificações são aproximadamente do mesmo tamanho e nascem de um ponto comum. Nesse caso, a raiz é **fasciculada** ou **em cabeleira** (**figura 21.8B**). Ela é típica das monocotiledôneas, como a grama e o arroz, e desenvolve-se na camada mais superficial do solo; por isso pode ser usada para combater a erosão.

Muitas plantas desenvolvem raízes a partir do meio do caule (como o milho) ou até da folha (como a begônia). Essas raízes são chamadas **adventícias**.

Bickwinkel/Alamy/Fotoarena

Fabio Colombini/Acervo do fotógrafo

Figura 21.8 Tipos de raiz. **A**: axial; **B**: fasciculada.

As raízes podem apresentar outras funções, havendo uma série de adaptações, do ponto de vista evolutivo, a situações específicas, como sustentação (**raízes-suporte** e **raízes tabulares**), reserva de alimento (**raízes tuberosas**, como a beterraba, a cenoura, o aipim e a batata-doce), respiração (**raízes respiratórias** ou **pneumatóforos**, que emergem do solo pobre em oxigênio e facilitam a respiração das partes submersas da planta), absorção da umidade do ar (**raízes aéreas**) e absorção da seiva de outras plantas (**raízes sugadoras** ou **haustórios**), além das **raízes aquáticas**. Veja alguns exemplos de adaptações em raízes na **figura 21.9**.

Lars Klove/The New York Times/Fotoarena

Fabio Colombini/Acervo do fotógrafo

Edu Lyra/Pulsar Imagens

Figura 21.9 Alguns tipos de raiz. **A**: a beterraba (6 cm a 8 cm de diâmetro) é um exemplo de raiz tuberosa, que armazena reservas de alimento; **B**: aguapé, uma planta com raiz aquática (parte fora da água: cerca de 10 cm; raiz: cresce até 1 m); **C**: planta de manguezal com raízes respiratórias (cerca de 10 cm de comprimento).

3. CAULE

O caule, em geral, sustenta as folhas, mantendo-as em condições de melhor iluminação e facilitando a realização da fotossíntese. Por ele passam os vasos que levam a seiva inorgânica das raízes para as folhas e a seiva orgânica das folhas para o resto da planta.

Os caules podem ser:

- **aéreos** – são aqueles que crescem acima da superfície do solo e estão em contato direto com a atmosfera. Há vários tipos: **tronco** (ipê), **estipe** (palmeira), **rastejante** (pé-de-melancia), **colmo** (cana-de-açúcar), **haste** (pé-de-feijão), **volúvel** ou **trepador** (**figura 21.10**);
- **subterrâneos** – podem acumular reservas nutritivas, utilizadas no inverno e, nas outras estações, empregadas no desenvolvimento de folhas; neste caso, a posição subterrânea dificulta a ingestão do caule por animais herbívoros; dividem-se em **rizoma** (*rhiza* = raiz; *oma* = proliferação; bananeira), **tubérculo** (pé-de-batata) e **bulbo** (**figura 21.11**);
- **aquáticos** – que se desenvolvem em meio líquido, como o da vitória-régia.

O caule pode apresentar modificações, como **espinhos**, **acúleos**, **gavinhas** e **cladódios** (*klados* = ramo; *eidos* = semelhante) (**figura 21.12**).

Fabio Colombini/Acervo do fotógrafo

Figura 21.10 Maracujazeiro: caule do tipo volúvel, que cresce enrolando-se em um suporte, que pode ser outro caule. Exemplos: uva, chuchu, maracujá.

Fabio Colombini/Acervo do fotógrafo

Figura 21.11 Cebola (entre 15 cm e 35 cm de diâmetro): caule do tipo bulbo, pequeno, rodeado de folhas modificadas (catafilos), que, em geral, acumulam reservas nutritivas.

Fotos: Fabio Colombini/Acervo do fotógrafo

Figura 21.12 Modificações do caule: **A**: gavinha (folha de uva; com 5 cm a 10 cm de largura) é um ramo que se enrola em volta de um suporte, dando fixação; **B**: cladódio (mandacaru; até 5 m de altura) é um caule achatado, suculento, com folhas modificadas em espinhos, típico de locais secos.

BIOLOGIA E TECNOLOGIA

Dendrocronologia

Em troncos cortados, é possível ver uma zona externa, o alburno (*albus* = branco; *urnae* = urna, envoltório), de tonalidade clara, que corresponde ao xilema em atividade, e outra interna (cerne), mais escura, que corresponde ao xilema velho, não funcional, bastante comprimido, o que dá maior resistência à madeira (**figura 21.13**).

Em regiões onde as estações do ano são bem distintas, é possível observar no tronco uma série de anéis de crescimento (**figura 21.13**). Cada um corresponde a um ano de vida da planta (pelo número de anéis podemos saber a idade da árvore). Na primavera, quando as condições do ambiente são mais favoráveis e existe um maior suprimento de água, o câmbio vascular (um meristema secundário) produz o lenho primaveril, com vasos de paredes finas e grandes cavidades internas. Em verões secos e no outono, quando o suprimento de água e outros fatores ambientais estão abaixo do ideal, o câmbio produz o lenho estival, com vasos de paredes grossas e cavidades internas estreitas. No inverno, o câmbio não apresenta atividade, e na primavera seguinte reinicia-se o ciclo de crescimento. Vale lembrar que as estações do ano dependem das diferenças na incidência da luz do Sol sobre a Terra ao longo de sua órbita, devido à inclinação do eixo da Terra.

O estudo dos anéis de crescimento de árvores, chamado dendrocronologia (*dendron* = árvore; *chrônon* = tempo; *logos* = estudo), principalmente as de clima temperado, permite descobrir a idade da árvore, de obras de arte e de construções antigas de madeira. Além disso, esse estudo permite analisar as variações climáticas de épocas passadas. Portanto, tem aplicações em várias disciplinas, como Climatologia, História, etc., além de servir como apoio para a tomada de decisões em políticas ambientais.

Camadas do caule em detalhe

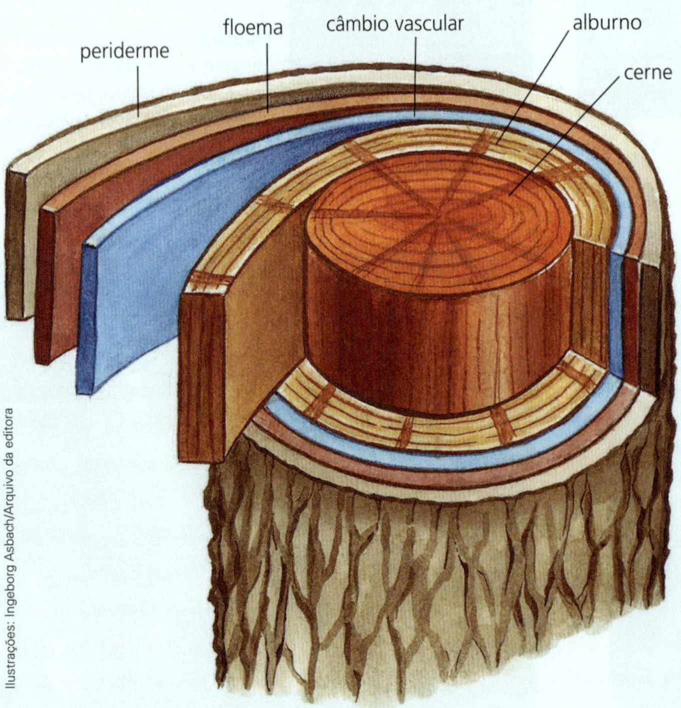

Visão ampliada mostrando três anéis de crescimento

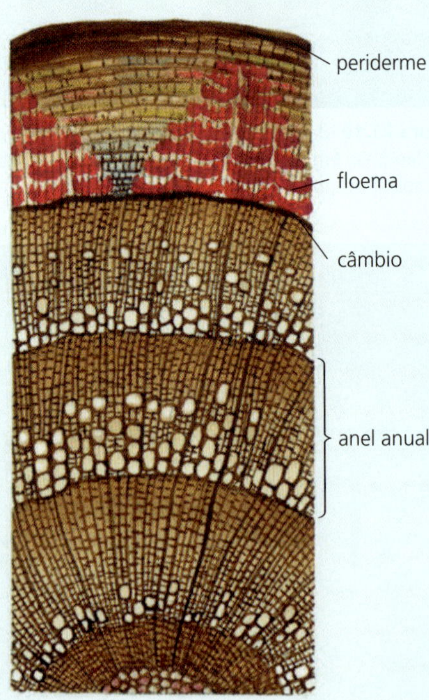

Ilustrações: Ingeborg Asbach/Arquivo da editora

Figura 21.13 Esquemas de caule mostrando o cerne, o alburno e os anéis de crescimento (os elementos não estão na mesma escala; cores fantasia).

4. FOLHA

A folha é um órgão laminar, clorofilado, geralmente especializado na realização da fotossíntese. Sua superfície laminar contribui muito para a fotossíntese, pois, além de facilitar a absorção de gás carbônico, permite que grande número de cloroplastos fique exposto à luz.

A folha apresenta apenas estrutura primária, derivada do primórdio foliar. Uma folha completa geralmente apresenta **limbo**, **pecíolo** e **bainha**; algumas também possuem **estípulas** (*stipula* = palha), pequenas formações dos lados da bainha que protegem o meristema nas folhas jovens (**figura 21.14A**).

O limbo é a região laminar, com grande variedade de formas. O pecíolo e a bainha são as partes que se prendem ao caule. O pecíolo diminui, de certa forma, a sombra que as folhas de cima lançam sobre as de baixo e facilita o movimento delas pelo vento, ajudando no arejamento. Em folhas pequenas ou longas, mas estreitas, o pecíolo pode estar ausente. Folhas sem pecíolo são chamadas **invaginantes** ou **sésseis**, comuns nas monocotiledôneas (**figura 21.14B**).

Figura 21.14 A: folhas com e sem pecíolo (os elementos não estão na mesma escala; cores fantasia); **B**: foto de folhas invaginantes de milho (a planta atinge 80 cm de comprimento, em média).

Em relação ao aspecto das nervuras (ramificações dos feixes condutores), há dois tipos principais: **folhas paralelinérveas** (*nervus* = nervura), com nervuras paralelas, características das monocotiledôneas; e folhas **peninérveas** (*penna* = pena), com uma nervura mediana da qual saem ramificações, características das eudicotiledôneas (**figura 21.15**).

As folhas podem ainda ser classificadas em **simples** (limbo não dividido) e **compostas** (limbo dividido em folíolos). Veja a **figura 21.16**.

Figura 21.15 Tipos de folha quanto à nervura.

Figura 21.16 Exemplos de folhas simples (**A**) e composta (**B**).

Quanto a modificações, podem ser citadas o **espinho** do cacto, adaptação à vida em regiões secas (reduz a área de perda de água; a fotossíntese é feita pelo caule) e proteção da planta contra predadores; as **brácteas** (*bractea* = lâmina fina), folhas na base das flores, às vezes coloridas, que ajudam a atrair animais polinizadores; as **gavinhas foliares** da ervilha, com as mesmas funções das gavinhas de caule (**figura 21.17**).

Figura 21.17 Exemplos de algumas modificações das folhas: **A**: espinhos (cacto xiquexique; até 4 m de altura); **B**: bico-de-papagaio com brácteas (a planta atinge de 60 cm a 4 m de comprimento).

5. FRUTO

Após a polinização, o grão de pólen, em contato com o estigma, forma o tubo polínico em direção ao óvulo. A fecundação do óvulo origina a semente, e o ovário se hipertrofia, originando o fruto. Em geral, o fruto possui **pericarpo** e semente (**figura 21.18**). O número e o tamanho das sementes variam, assim como a espessura e a textura das camadas do pericarpo. Muitos frutos, chamados carnosos, atraem animais em busca de alimento. Esses animais são responsáveis pela dispersão das sementes.

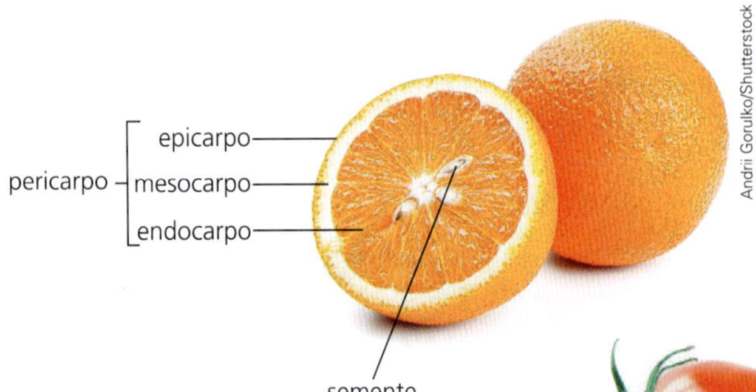

Figura 21.18 Partes de alguns frutos: laranja, abacate e tomate (as fotos não estão em proporção).

Existe a possibilidade de o ovário se desenvolver sem ser fecundado, como na bananeira (a planta reproduz-se assexuadamente, sem produzir semente). Entre outros casos, uma mutação produz fruto sem semente, e a planta é perpetuada artificialmente pelo ser humano por meio de enxertos, como no caso da laranja-da-baía. Os frutos sem semente são chamados **partenocárpicos** (*parthenos* = virgem; *karpos* = fruto).

O termo "fruta" indica as partes carnosas comestíveis que vieram da flor e que nem sempre correspondem ao mesocarpo. Quando se originam de outras partes, são chamadas **pseudofrutos** (**figura 21.19**). Na laranja, por exemplo, o que se come são os pelos suculentos do endocarpo.

No figo e no abacaxi, a parte comestível desenvolve-se do receptáculo e de outras peças florais reunidas em inflorescências; eles são chamados **infrutescências**. No abacaxi, cada escama da casca é um pequeno fruto (frutículo) que se uniu aos outros frutos, formando uma infrutescência.

O chuchu, a abóbora, o pepino, a berinjela, o tomate, o jiló, a abobrinha, um grão de milho ou de arroz e a vagem do feijão, entre outros, são frutos verdadeiros, pois se originam do desenvolvimento do ovário da flor, mas não costumam ser chamados pelo termo popular "fruta".

ACESSE E SAIBA MAIS

As frutas de cada estação
<http://organis.org.br/as-frutas-de-cada-estacao/>
Acesso em: 20 jul. 2018.

Fabio Colombini/Acervo do fotógrafo

Detalhes da casca de abacaxi mostrando os frutículos.

Eduardo Pozella/Editora Abril

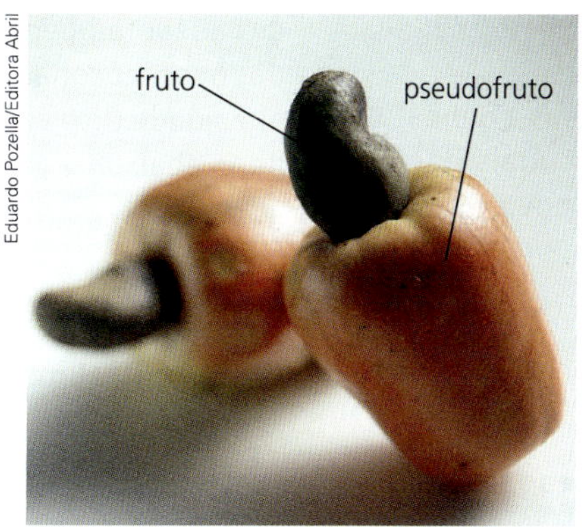

Cajus (fruto com 3 cm a 5 cm de comprimento).

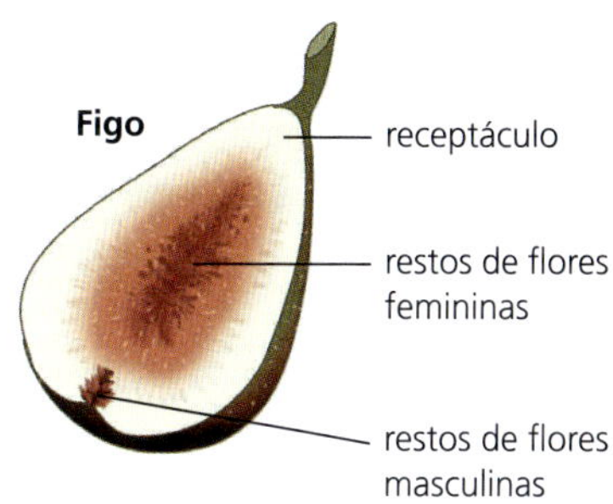

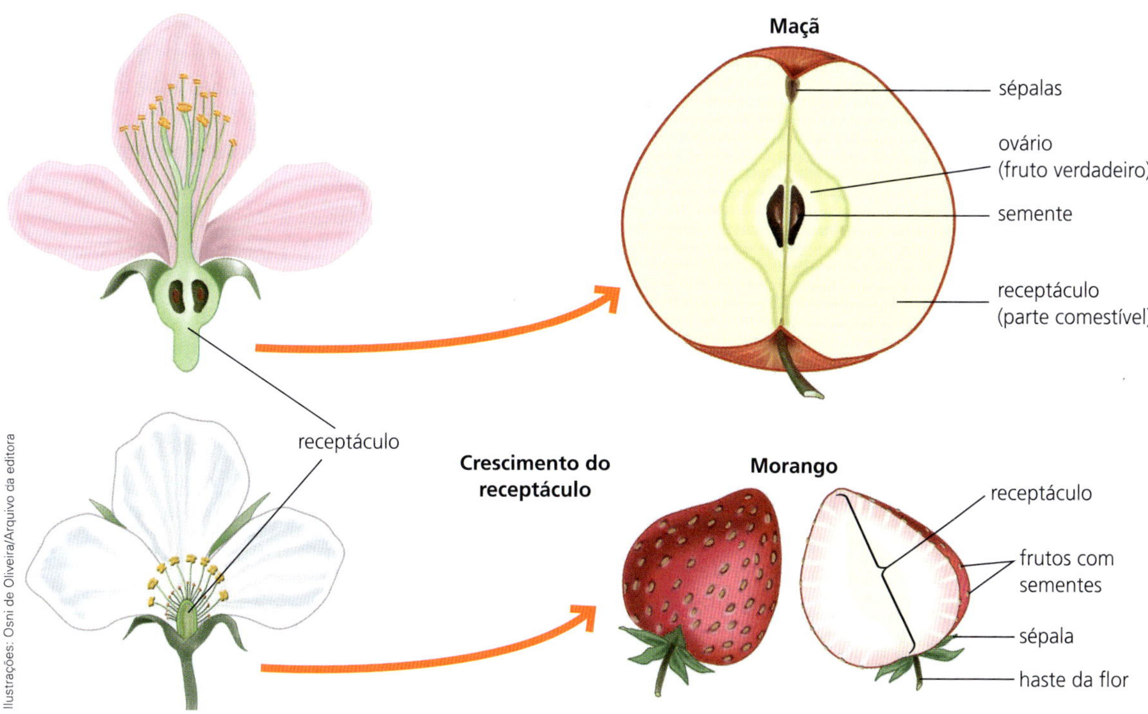

Ilustrações: Osni de Oliveira/Arquivo da editora

Figura 21.19 Exemplos de pseudofrutos: sua parte carnosa e comestível não é originada do desenvolvimento do ovário (os elementos não estão na mesma escala; cores fantasia).

ATIVIDADES

Questões discursivas

1. Você já sabe que uma alimentação equilibrada é importante para a manutenção da saúde e que alimentos de origem vegetal não podem faltar nas refeições. Então, que tal almoçar uma salada feita com alface, tomates, pimentões e pepinos, cebola e azeite de oliva? O prato principal pode ser composto de legumes cozidos, como cenoura ou beterraba, e uma carne, como o frango, acompanhados de creme de milho ou purê de batatas. Ou você prefere peixe e um pirão à base de farinha de mandioca? Para beber, você pode escolher entre um suco de laranja ou caju, e, como sobremesa, optar por mamão, doce de batata-doce ou compota de figos.

   Após alimentar o corpo, alimente seus conhecimentos de botânica, identificando quais dos alimentos mencionados correspondem a:

   a) raízes;

   b) caules;

   c) folhas;

   d) frutos e pseudofrutos.

   Se necessário, faça uma pequena pesquisa na internet para identificar os alimentos.

2. Os vasos condutores de seiva de uma planta podem ser comparados funcionalmente a que sistema do corpo humano? Justifique sua resposta.

3. Durante uma atividade prática de Biologia na mata, um estudante desobedeceu ao professor e tocou em uma planta que ele não conhecia. A planta era uma urtiga e a pele de suas mãos logo ficou muito vermelha e irritada.

   a) Que estruturas especializadas da planta foram responsáveis por esse efeito?

   b) Em que tecido vegetal essas estruturas estão localizadas?

4. Explique a diferença entre o termo **fruto**, usado em Biologia, e o termo popular **fruta**.

5. (UFPR) Uma das características que se desenvolveu nas plantas vasculares e que possibilitou a ocupação do ambiente terrestre foi o surgimento de um tecido eficiente no transporte de água, denominado xilema. Esse tecido é complexo, com vários tipos celulares adaptados para o transporte de água a curta e/ou longa distância. Considere o transporte de água das raízes até as folhas do pinheiro-do-paraná (*Araucaria angustifolia*), que pode atingir até 35 metros de altura. Identifique e explique duas características que as células xilemáticas apresentam para manter a eficiência do transporte a longa distância (das raízes até as folhas).

6. (UFPB) Embora não sejam essenciais como nutrientes, as fibras têm papel importante na dieta. Elas estimulam os movimentos peristálticos, reduzindo o tempo de contato de substâncias potencialmente prejudiciais no intestino, evitando assim muitos distúrbios, como diverticulose e prisão de ventre. A sua deficiência na dieta pode causar também problemas mais graves, como doenças coronarianas, câncer no intestino e obesidade. Em relação às fibras, responda aos itens abaixo.

   a) Qual é o nome do polímero predominante nessas fibras?

   b) Cite um tecido vegetal rico em fibras.

   c) Além da alimentação, cite uma importância econômica de utilização dessas fibras.

7. (Unicamp-SP) Em uma quitanda, cada banca apresentava uma placa de classificação dos produtos que estavam à venda. Na banca de frutos, havia abobrinha, banana, berinjela, beterraba, cenoura, laranja, pepino, tomate e chuchu; na banca de raízes e tubérculos, havia batata, cebola e mandioca. Considerando critérios botânicos, reorganize os produtos à venda na quitanda utilizando quatro bancas.

8. (Unicamp-SP) Frutos carnosos imaturos são na maioria verdes e duros. Durante o amadurecimento, ocorre a decomposição da clorofila e a síntese de outros pigmentos, resultando em uma coloração amarelada ou avermelhada. Com o amadurecimento também ocorre o amolecimento devido à degradação de componentes da parede celular e ao aumento nos níveis de açúcares.

   a) Qual a vantagem adaptativa das modificações que ocorrem durante o amadurecimento dos frutos carnosos?

   b) De que estrutura da flor se origina a porção carnosa de um fruto verdadeiro?

   c) A maçã, apesar de carnosa, não é fruto verdadeiro. Explique de que estrutura ela se origina.

Questões objetivas

1. (Enem-MEC) Alunos de uma escola no Rio de Janeiro são convidados a participar de uma excursão ao Parque Nacional de Jurubatiba. Antes do passeio, eles leem o trecho de uma reportagem publicada em uma revista:

"Jurubatiba será o primeiro parque nacional em área de restinga, num braço de areia com 31 quilômetros de extensão, formado entre o mar e dezoito lagoas. Numa área de 14 000 hectares, ali vivem jacarés, capivaras, lontras, tamanduás-mirins, além de milhares de aves e de peixes de água doce e salgada. Os peixes de água salgada, na época das cheias, passam para as lagoas, onde encontram abrigo, voltando ao mar na cheia seguinte. Nos terrenos mais baixos, próximos aos lençóis freáticos, as plantas têm água suficiente para aguentar longas secas. Já nas áreas planas, os cactos são um dos poucos vegetais que proliferam, pintando o areal com um verde pálido."

Depois de ler o texto, os alunos podem supor que, em Jurubatiba, os vegetais que sobrevivem nas áreas planas têm características tais como:

a) quantidade considerável de folhas, para aumentar a área de contato com a umidade do ar nos dias chuvosos.

b) redução na velocidade da fotossíntese e realização ininterrupta desse processo, durante as 24 horas.

c) caules e folhas cobertos por espessas cutículas que impedem o ressecamento e a consequente perda de água.

d) redução do calibre dos vasos que conduzem a água e os minerais da raiz aos centros produtores do vegetal para evitar perdas.

e) crescimento sob a copa de árvores frondosas, que impede o ressecamento e consequente perda de água.

2. (Unemat-MT) As angiospermas são as plantas com maior número de espécies e de indivíduos que ocupam o maior número de *habitat*. Assinale a alternativa que apresenta as características exclusivas desse grupo de plantas.

a) Plantas avasculares sem sementes e sem frutos; como exemplo podemos citar os musgos e as hepáticas.

b) Plantas vasculares com presença de flor, fruto e semente, como exemplo, podemos citar as árvores frutíferas e capins.

c) Plantas vasculares com sementes, porém sem frutos, como exemplo, podemos citar os pinheiros e os ciprestes.

d) Plantas vasculares sem sementes e sem frutos, como exemplo, podemos citar as samambaias e as avencas.

e) São todas as plantas que não apresentam flores.

3. (UFG-GO) A conquista de diferentes ambientes pelos seres vivos depende de processos evolutivos que, muitas vezes, resultam na modificação de órgãos para adaptação à nova condição ambiental. Nesse aspecto, as brácteas coloridas e os espinhos são adaptações foliares que visam, respectivamente:

a) nutrir a planta e realizar a fotossíntese.

b) atrair polinizadores e fornecer proteção.

c) dispersar as sementes e nutrir a planta.

d) economizar água e realizar fotossíntese.

e) proteger contra insolação e realizar transpiração.

4. (IFSP) As angiospermas são vegetais que podem apresentar diferentes tipos de raízes que se relacionam, entre outras funções, às diferentes condições ecológicas, conforme as apresentadas na tabela a seguir.

Tipo de raiz	Características
Pivotante	Raiz subterrânea, com eixo principal profundo e ramificações que garantem a fixação da planta no solo.
Tabular	Raiz suporte, em que os ramos radiculares se fundem com o caule, sendo importantes na fixação da planta.
Estrangulante	Raiz de plantas aéreas, que cresce em direção ao solo e pode envolver o tronco da planta hospedeira, comprometendo a circulação da seiva.
Pneumatófora	Raiz aérea, dotada de pequenos orifícios (pneumatódios) para processar a aeração do vegetal.
Tuberosa	Raiz especial, que atua como órgão de reserva vegetal.

Considerando-se que um manguezal é um ecossistema típico de região litorânea, com alta concentração de matéria orgânica, baixa concentração de oxigênio, alta umidade e salinidade, espera-se que a vegetação local apresente adaptações de raízes do tipo:

a) tabular.

b) estrangulante.

c) tuberosa.

d) pneumatófora.

e) pivotante.

5. (PUC-PR) A organização do corpo dos vegetais é bem diferente da dos animais. A maior parte das diferenças deve ser interpretada como adaptação ao modo autotrófico de vida que caracteriza os vegetais, em oposição ao modo heterotrófico dos animais. Assim, podemos afirmar:

a) As células vegetais são formadas por parede espessa, que dão resistência e sustentação às diferentes partes da planta, constituindo os chamados tecidos de sustentação, representados pelos vasos condutores de seiva.

b) Revestindo os vegetais, há estruturas que fornecem proteção mecânica e, nas plantas terrestres, evitam a desidratação, como a epiderme (nas folhas e nas partes jovens do caule e da raiz) e o súber (nas células mais velhas do caule e da raiz).

c) As briófitas, as pteridófitas, as gimnospermas e as angiospermas desenvolveram um sistema de transporte de seiva bruta e elaborada por meio de tecidos condutores de seiva, representados pelos vasos lenhosos e liberianos.

d) A água e o gás carbônico usado na fotossíntese para produzir glicídios e outros compostos orgânicos são distribuídos para todo o corpo da planta pelos vasos liberianos.

e) Há tecidos que fabricam diversas substâncias úteis à planta, como o néctar que atrai aves e insetos polinizadores, favorecendo a fecundação cruzada entre os indivíduos vegetais e permitindo a manutenção do padrão genético da espécie, sem provocar alterações fenotípicas.

6. (IFCE) A flor é o órgão de reprodução da planta e apresenta verticilos de proteção e verticilos de reprodução. Os verticilos de proteção são constituídos pelo perianto, formado por cálice e corola. Atuam protegendo os verticilos reprodutores gineceu e androceu. Os frutos surgem após a fecundação da flor e o desenvolvimento do ovário, no entanto alguns frutos são partenocárpicos, por exemplo:

a) tomate e mamão.

b) pêssego e manga.

c) azeitona e abacate.

d) morango e uva.

e) laranja-da-baía e banana.

7. (PUC-RS) Ao fazer uma correlação funcional entre as estruturas vegetais e animais, é correto afirmar que a seiva, o esclerênquima e o xilema equivalem, nos animais, respectivamente, a:

a) sangue, glândulas e ossos.

b) sangue, ossos e vasos sanguíneos.

c) vasos sanguíneos, glândulas e sangue.

d) vasos sanguíneos, sangue e ossos.

e) sangue, vasos sanguíneos e glândulas.

8. (UFPI) Maçã, cebola, abacaxi e batata-inglesa, frequentes em nossa alimentação, são exemplos de:

a) pseudofruto, tubérculo, fruto, raiz.

b) pseudofruto, bulbo, infrutescência, caule.

c) fruto, bulbo, infrutescência, raiz.

d) fruto, caule, infrutescência, raiz.

e) fruto, folha, infrutescência, caule.

9. (UFV-MG) Imagine que você fizesse uma sopa, bem quente, em uma noite do inverno viçosense, com os seguintes ingredientes: batata-inglesa, cenoura, batata-doce, abóbora e chuchu. Assinale a alternativa que contém os órgãos vegetais utilizados:

a) tubérculo, raiz e fruto.

b) fruto, raiz e rizoma.

c) rizoma, caule e tubérculo.

d) caule, raiz e tubérculo.

e) raiz, fruto e raiz tuberosa.

10. (UECE) Relacione a coluna I com a coluna II.

Coluna I

( ) Um de seus tipos contém células clorofiladas capazes de realizar a fotossíntese.

( ) Conduz a seiva bruta.

( ) Apresenta paredes celulares espessas, abundantes em lignina.

( ) Suas células são capazes de se dividir para formar o organismo vegetal.

Coluna II

1. Meristema
2. Esclerênquima
3. Parênquima
4. Traqueídes

A alternativa que contém a sequência correta de números de cima para baixo é:

a) 4, 3, 2, 1.

b) 2, 4, 1, 3.

c) 3, 1, 4, 2.

d) 3, 4, 2, 1.

PESQUISEM E COMPARTILHEM

Em grupo, escolham um dos temas a seguir para pesquisar. Depois, façam uma apresentação, com fotos ou vídeos (podem ser produzidos com aparelhos de telefone celular), para a comunidade escolar. Elas podem ser veiculadas também pela internet.

Informem-se também se na região em que vocês moram existe alguma instituição educacional ou de pesquisa que trabalhe com elementos da flora brasileira, ou que mantenha uma exposição sobre o assunto, e verifiquem se é possível visitar o local. Como opção, podem ser pesquisados na internet *sites* dessas instituições, se houver uma exposição virtual. Outra alternativa seria agendar a visita de um botânico para conversar com a turma sobre seu trabalho, buscando saber como é o cotidiano de sua profissão, perguntando sobre aspectos positivos e negativos do trabalho.

Tema 1 Plantas tóxicas encontradas no Brasil. Como identificá-las? Quais acidentes podem ser causados pelo mau uso delas?

Tema 2 Exemplos de medicamentos extraídos de plantas. Por que é importante estudar o uso medicinal de certas plantas e preservar os ambientes naturais?

Tema 3 Informações sobre o pau-brasil. Com o apoio dos professores de Biologia, História, Geografia, Literatura e Arte, verifiquem seu nome científico; sua utilização pelo ser humano e a história de sua exploração; a relação entre a exploração do pau-brasil e a Mata Atlântica; o que foi, na literatura, o Manifesto Pau-Brasil, etc.

Tema 4 A imensa variedade de frutas comestíveis encontradas do Brasil. Verifiquem em que regiões do Brasil são encontradas as frutas (nem todas são frutos) a seguir e suas principais características: açaí, buriti, guaraná, cupuaçu, pupunha, taperebá, acerola, cacau, caju, coco, dendê (coco-de-dendê), graviola, umbu, guabiroba, jabuticaba, jenipapo, pequi, abacate, jaca, pitanga, sapucaia, pinhão.

ATIVIDADE PRÁTICA

Em grupos, realizem a seguinte atividade para acompanhar o crescimento de diferentes plantas.

Material

- algodão
- copinhos de plástico
- etiquetas adesivas
- grãos de feijão
- grãos integrais de arroz, grama, alpiste, trigo e aveia (os grãos devem estar com a casca para germinar; podem ser adquiridos em casas de produtos agrícolas)

Procedimento

1. Coloquem algodão nos copinhos mais ou menos até a metade da altura. Em cada copinho, depositem três sementes do mesmo tipo. Coloquem uma etiqueta de identificação e anotem também a data.
2. Em seguida, acrescentem um pouco de água a cada copo, o suficiente para umedecer bem o algodão. Diariamente, verifiquem se o algodão está úmido e, se necessário, coloquem mais água, sem encharcar.
3. Por cerca de 30 dias, observem os copinhos e anotem o que está ocorrendo: façam esquemas registrando as mudanças de aparência das sementes e das plantinhas que germinarem.

Conclusão

I. A semente observada é de planta monocotiledônea ou eudicotiledônea (dicotiledônea)?

II. Ampliem a pesquisa, listando alguns produtos derivados das sementes utilizadas na atividade.

CAPÍTULO

22

Marcos Amend/Pulsar Imagens

Sumaúma na Floresta Nacional do Tapajós, PA.

FISIOLOGIA VEGETAL

A árvore retratada na foto é a sumaúma (*Ceiba pentandra*), também conhecida como mafumeira. Ela ocorre em toda a bacia Amazônica, sendo mais comum ao longo das várzeas de água branca e na terra firme adjacente aos rios Solimões, Madeira, Purus e Juruá. Essa árvore tem crescimento rápido, podendo atingir até 40 metros de altura. A seiva da sumaúma é usada pelas comunidades tradicionais para diversos fins. Na indústria, suas sementes são usadas para produção de óleos.

- **Como você imagina que a água e os nutrientes circulam por toda a planta, mesmo em árvores de grande porte, como a sumaúma?**
- **Qual a importância das folhas para a troca dos gases usados na respiração e na fotossíntese?**
- **As plantas não se locomovem, mas elas apresentam movimentos?**

1. NUTRIÇÃO

Os carboidratos sintetizados na fotossíntese, em conjunto com os minerais absorvidos do solo, podem ser transformados em outros compostos orgânicos, usados no crescimento ou como fonte de energia para as células da planta.

As plantas carnívoras, além de realizar a fotossíntese, complementam sua nutrição capturando e digerindo pequenos animais invertebrados para obter nutrientes que não encontram nos solos onde vivem. Veja alguns exemplos de plantas carnívoras na **figura 22.1**.

Ao contrário da taxa de respiração, a taxa de fotossíntese varia, aumentando quando há maior disponibilidade de luz e gás carbônico. Esse aumento ocorre até certo limite, como vimos no capítulo 7.

Além disso, o aumento da temperatura acelera a fotossíntese até certo ponto (apenas na fase escura), depois do qual as enzimas começam a se desnaturar. Se houver pouca ou nenhuma luz, a temperatura terá pouca ou nenhuma influência na velocidade da fotossíntese.

Figura 22.1 Plantas carnívoras: dioneia (**A**) e drósera (**B**). A dioneia ou papa-moscas possui folhas (de 5 cm a 16 cm de comprimento) que se fecham automaticamente quando algo toca os pequenos pelos em seu interior. A drósera tem folhas (com cerca de 2 cm de comprimento) com pelos que produzem uma substância pegajosa: o inseto fica preso e os pelos se fecham lentamente sobre ele.

2. TRANSPORTE DA SEIVA INORGÂNICA

Na maioria das plantas terrestres, os minerais e a água são absorvidos do solo pelas raízes e transportados pelos elementos traqueais até as folhas, nas quais é realizada a fotossíntese. Saindo das folhas, a seiva orgânica produzida pela planta é distribuída para todo o corpo do vegetal através dos elementos crivados.

A absorção de água e minerais ocorre, principalmente, na região dos pelos absorventes, nas raízes (**figura 22.2**). Em uma raiz sem crescimento secundário, as células da epiderme, do córtex (tecido de sustentação) e da endoderme (camada que envolve os elementos traqueais e crivados) absorvem a seiva inorgânica por transporte ativo, à custa da energia da respiração. Essas células acumulam em seu interior concentração de íons muito maior que a do solo, ficando hipertônicas. Com o aumento da pressão osmótica, a água flui do solo para as células da epiderme por osmose.

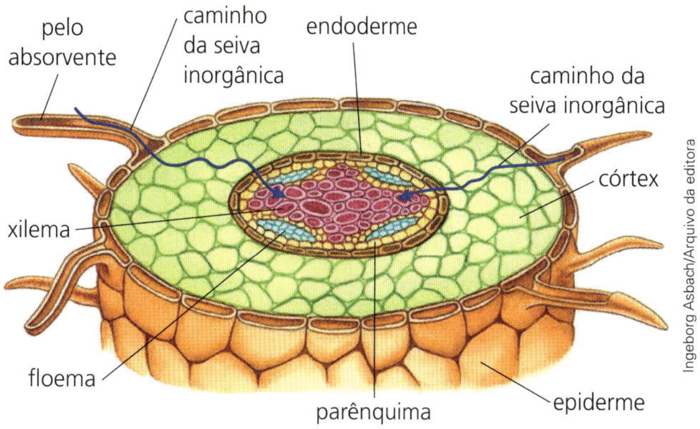

Figura 22.2 Caminho da água e da seiva inorgânica na raiz até o xilema (ilustração baseada em imagem observada ao microscópio de luz; os elementos não estão na mesma escala; cores fantasia).

ACESSE E SAIBA MAIS

Por onde a água sobe
<http://pontociencia.org.br/experimentos/visualizar/por-onde-a-agua-sobe/240>
Acesso em: 24 jul. 2018.

As células do parênquima próximo aos elementos traqueais bombeiam os minerais para o interior dos vasos e levam também água por osmose. Isso gera uma **pressão de raiz** ou **pressão positiva de raiz**, que empurra a seiva inorgânica para cima.

A pressão de raiz não é forte o bastante para levar a seiva até o topo das árvores altas, e muitos vegetais não desenvolvem significativa pressão de raiz. Assim, o principal fenômeno responsável pela subida da seiva é a transpiração. A teoria que explica essa subida é a **teoria da transpiração-coesão-tensão** ou da **coesão-tensão**, também chamada **teoria de Dixon** (formulada pelo botânico irlandês Henry Dixon; 1869-1953).

A epiderme da folha é revestida por uma cutícula que dificulta a perda de água por evaporação. Embora a cutícula proteja o organismo da desidratação em meio terrestre, ela dificulta também a entrada do gás carbônico necessário à fotossíntese. Os estômatos são as estruturas que permitem a entrada desse gás, com perda controlada de água. Quando a eliminação de água é muito grande, a ponto de ameaçar a planta de desidratação, eles se fecham.

Enquanto estão abertos, à medida que as células do parênquima perdem água, sua pressão osmótica cresce, ou seja, aumenta a concentração de soluto. Assim, as células passam a absorver água dos elementos traqueais. Desse modo, a água passa do xilema para o parênquima e deste para o ambiente através dos estômatos. Esse processo é a **transpiração** (**figura 22.3**) e, por meio dele, a água é puxada para cima pela extremidade superior do xilema.

As moléculas de água podem ligar-se umas às outras por **ligações de hidrogênio**: um átomo de hidrogênio de uma molécula é atraído pelo átomo de oxigênio de outra molécula. Por causa da coesão, a sucção provocada pela transpiração na folha é transmitida aos elementos traqueais do alto e por toda a coluna líquida até a raiz (**figura 22.3**). Isso impede que a coluna líquida se rompa, o que faria cessar a subida da seiva.

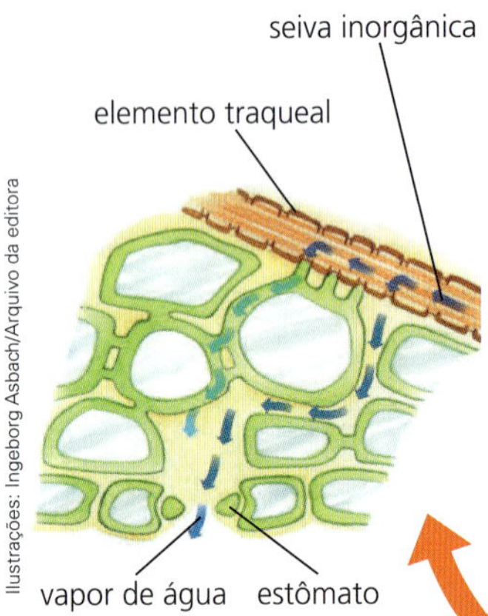

Ilustrações: Ingeborg Asbach/Arquivo da editora

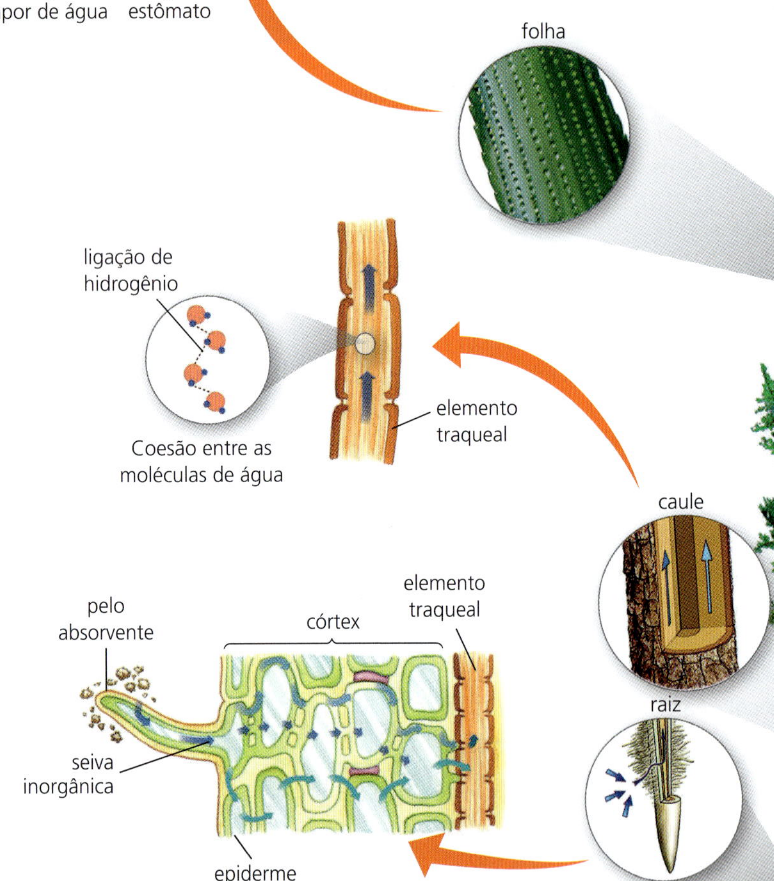

Sally Bensusen/SPL/Latinstock

Figura 22.3 A tensão provocada pela transpiração da água na folha é transmitida por toda a seiva inorgânica por causa da coesão entre as moléculas de água (os elementos não estão na mesma escala; cores fantasia).

OS ESTÔMATOS E O CONTROLE DA TRANSPIRAÇÃO

Quando a planta está com suprimento ideal de água, os estômatos ficam abertos, permitindo a chegada de gás carbônico ao parênquima clorofiliano e a transpiração. Essa situação é vantajosa apenas se a planta estiver iluminada, uma vez que, sem energia luminosa, não ocorre fotossíntese. Assim, os estômatos em geral ficam abertos quando há luz e boa disponibilidade de água; e se fecham caso a planta perca muita água, ou quando não há luz.

As células-guarda que formam o estômato são capazes de absorver água das células vizinhas. Essas células estão presas pelas extremidades e, por esse motivo, a entrada de água provoca a curvatura delas, levando à abertura do ostíolo. Ao perderem água, as células-guarda voltam ao volume normal e o ostíolo se fecha (**figura 22.4**).

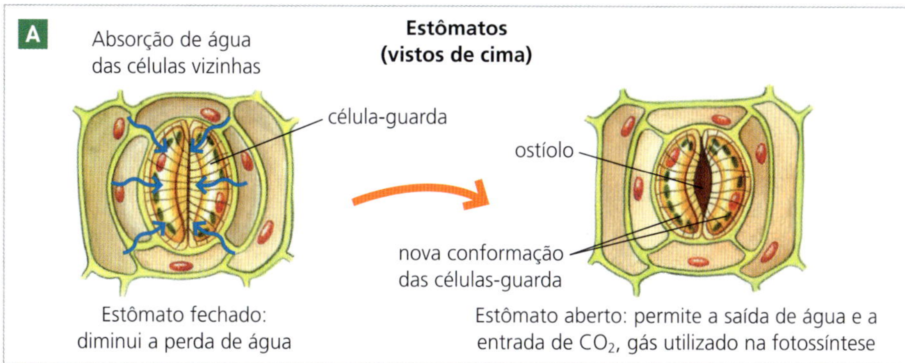

Ilustrações: Ingeborg Asbach/Arquivo da editora

Fotos: Dr. Jeremy Burgess/SPL/Latinstock

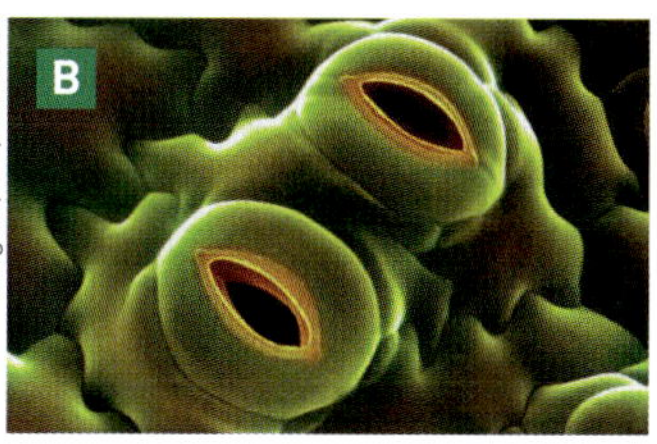

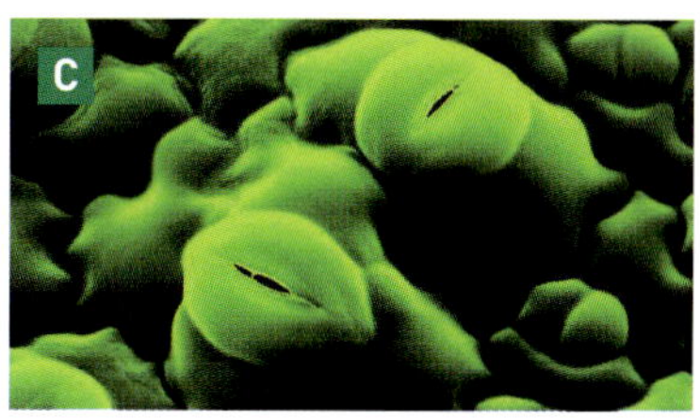

Figura 22.4 **A**: representação esquemática da abertura e fechamento dos estômatos (os elementos não estão na mesma escala; cores fantasia); **B**: foto de estômatos abertos e **C**: estômatos fechados ao microscópio eletrônico (aumento de cerca de 700 vezes; imagens colorizadas por computador).

A absorção de água pelas células-guarda resulta principalmente da entrada de íons potássio através da membrana por transporte ativo. Quando a célula acumula potássio, sua pressão osmótica aumenta e, por osmose, ela absorve água das células vizinhas. Se o transporte ativo é interrompido, o potássio acumulado sai por difusão, a pressão osmótica diminui e a célula perde água.

Os fatores que estimulam a abertura e o fechamento dos estômatos são a luz, a concentração de gás carbônico e o grau de hidratação da planta. Veja como isso acontece:

- **Luz:** a energia luminosa estimula o transporte do íon potássio. Por isso, os estômatos normalmente estão abertos de dia e fechados à noite.
- **Gás carbônico:** a baixa concentração desse gás estimula o transporte ativo do íon potássio. Por isso, de dia, enquanto a planta realiza fotossíntese, o gás carbônico é consumido e sua concentração nas células diminui, estimulando a abertura dos estômatos. À noite não há fotossíntese, interrompendo o consumo de gás carbônico. Além disso, como a respiração celular continua, a concentração desse gás aumenta, o potássio sai das células-guarda, e isso leva ao fechamento dos estômatos.
- **Água:** quando perdem água, as células do parênquima clorofiliano secretam o hormônio **ácido abscísico**, que inibe o transporte ativo do íon potássio, resultando no fechamento do estômato. O efeito desse hormônio supera os estímulos de abertura produzidos pela luz e pela baixa concentração de gás carbônico. Desse modo, qualquer que seja a intensidade de luz e a concentração de gás carbônico, na iminência de desidratação, o estômato se fecha. Com os estômatos fechados, a perda de água é muito pequena, pois a transpiração ocorre apenas pela cutícula (transpiração cuticular). Veja a **figura 22.5**.

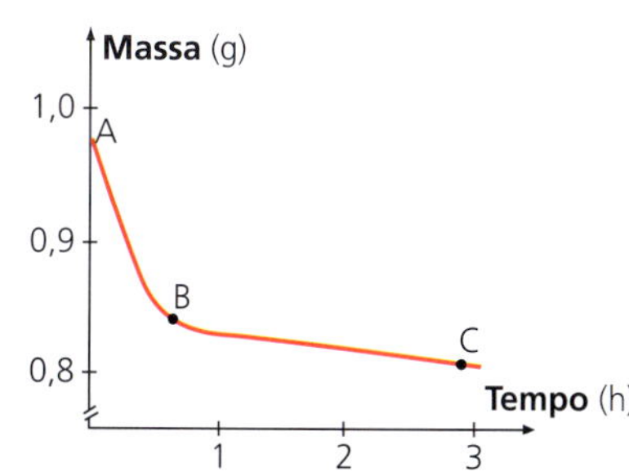

Banco de Imagens/Arquivo da editora

Figura 22.5 Uma folha retirada de seu ramo diminui de massa rapidamente por causa da perda de água pelos estômatos (trecho AB do gráfico). Do ponto B em diante, os estômatos estão fechados, e a perda torna-se muito lenta por causa da transpiração cuticular.

3. TRANSPORTE DA SEIVA ORGÂNICA

A matéria orgânica produzida nas folhas (fonte produtora) deve ser distribuída para as partes da planta que não fazem fotossíntese (fonte consumidora: raiz, caule, folhas muito jovens, flores e frutos). Esse transporte é realizado pelo floema.

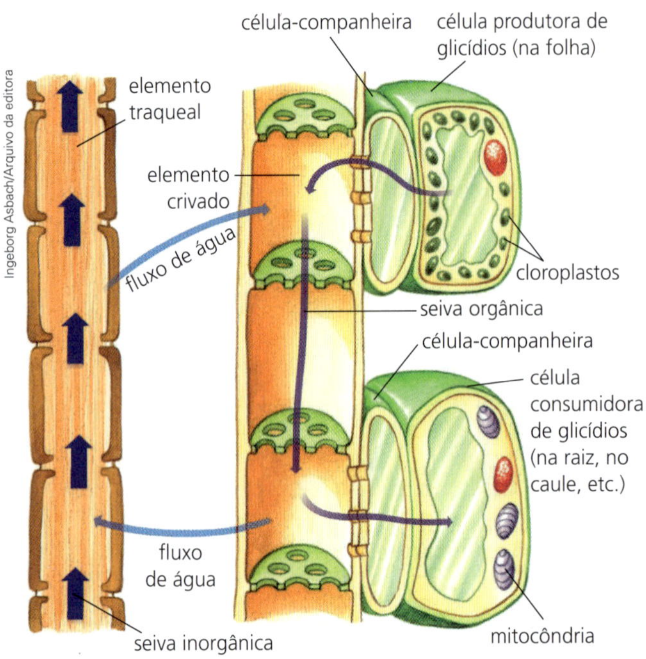

Figura 22.6 Transporte de seiva orgânica (os elementos não estão na mesma escala; cores fantasia).

Nas células das folhas os glicídios produzidos são convertidos em sacarose, principal componente da seiva orgânica, que se difunde pelas células do parênquima clorofiliano até as imediações do floema. A sacarose é então absorvida por transporte ativo pelas células-companheiras do floema e daí passa para o interior do elemento crivado. Com a entrada da sacarose no floema, a pressão osmótica aumenta e as células absorvem água do elemento traqueal vizinho (**figura 22.6**).

A entrada de sacarose e de água no elemento crivado da folha aumenta o volume de seiva dentro do floema e a pressão da água. Observe que se trata da pressão de um líquido em um vaso, ou seja, de uma **pressão hidrostática**.

Na outra extremidade do floema, onde está o órgão consumidor (um fruto ou uma raiz, por exemplo), as células-companheiras bombeiam a sacarose (e outros componentes da seiva) do elemento crivado para as células do órgão consumidor. Com a saída da sacarose, a pressão osmótica da célula do floema diminui e ela perde água para o elemento traqueal. Em consequência, a pressão hidrostática nessa região diminui. Assim, a seiva move-se da região onde a pressão hidrostática é mais alta para onde é mais baixa.

Essa teoria para o movimento da seiva orgânica é conhecida como **teoria do fluxo de pressão** ou **teoria do fluxo em massa**, proposta em 1927 pelo botânico alemão Ernst Münch (1876-1946).

Na maioria das eudicotiledôneas, os elementos crivados estão situados mais próximos à superfície do caule, na parte interna da casca. Se fizermos um corte em anel na casca (processo conhecido como **cintamento**; **figura 22.7**), o fluxo no floema será interrompido e a parte abaixo do corte deixará de receber seiva orgânica, o que provocará a morte de suas células por falta de nutrientes. Haverá também um intumescimento na parte acima do corte por causa do acúmulo de seiva orgânica. Essa experiência, realizada pelo biólogo italiano Marcello Malpighi (1628-1694) em meados do século XVII, demonstra o papel do floema no transporte de seiva orgânica. Em homenagem ao cientista, a experiência foi chamada de **anel de Malpighi**.

Figura 22.7 Anel de Malpighi: após a remoção da casca, há um intumescimento da parte acima do corte, e as raízes acabam morrendo pela falta de seiva orgânica (os elementos não estão na mesma escala; cores fantasia).

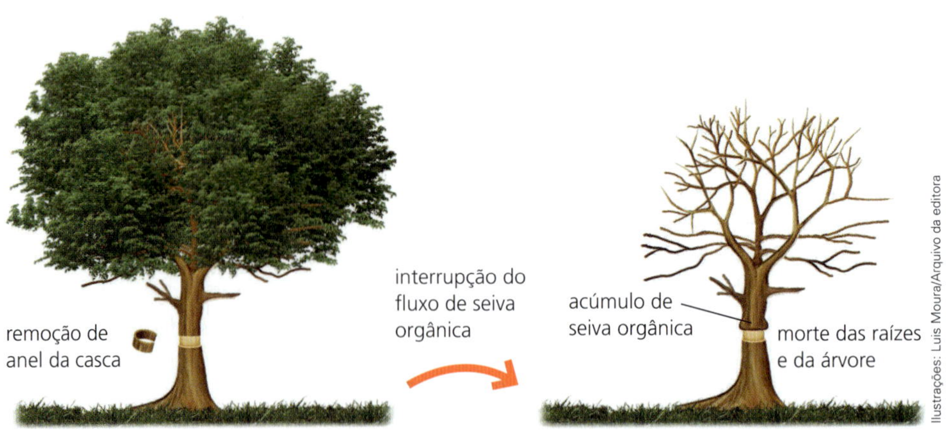

4. HORMÔNIOS VEGETAIS

Apesar de não possuírem sistema nervoso, os vegetais são capazes de regular seu desenvolvimento e crescimento de acordo com estímulos ambientais, como luz, gravidade e contato. Essas atividades são comandadas pelos **hormônios vegetais** ou **fitormônios**.

As **auxinas** (*auxein* = crescimento) são hormônios produzidos pelas células meristemáticas, principalmente na ponta do caule. Existem vários tipos de auxina, mas o principal é o **ácido indolacético** (**AIA**).

Nos caules e nas raízes jovens, a auxina estimula a produção de uma enzima que quebra as ligações entre os filamentos de celulose. Isso enfraquece a parede celular, e a célula expande-se por causa da pressão osmótica dos vacúolos.

As concentrações ideais de auxina para o crescimento do caule e da raiz são diferentes. Concentrações ideais para o caule podem inibir o crescimento da raiz; concentrações de auxina acima do ideal inibem o crescimento tanto do caule quanto da raiz (**figura 22.8**).

Além de provocar o alongamento do caule e da raiz, a auxina produz outros efeitos no desenvolvimento da planta, entre eles estimular o desenvolvimento dos frutos. Com base nisso, é possível obter frutos em flores não polinizadas (frutos partenocárpicos) com a aplicação de auxinas artificiais.

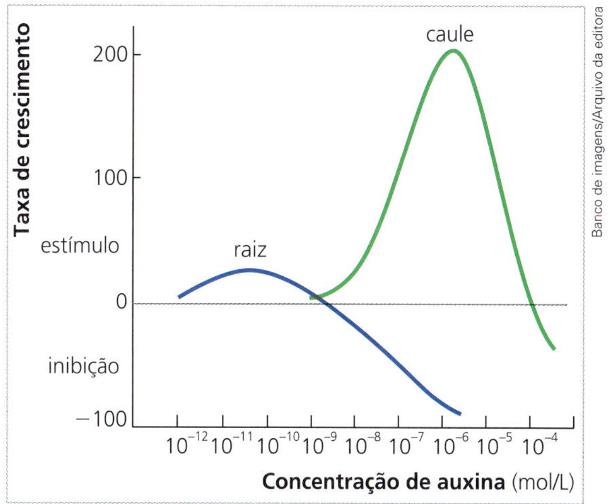

Figura 22.8 Observe que a concentração ótima de auxina para o crescimento da raiz é inferior à concentração ótima para o crescimento do caule. A raiz é mais sensível ao AIA que o caule. Além disso, a dose ótima para o crescimento do caule é inibitória para o crescimento da raiz (pouco maior que 10^{-6} mol/L).

A auxina produzida pela gema do ápice da planta desce e inibe o crescimento das gemas laterais, que ficam em dormência. Esse fenômeno se chama **dominância apical** (**figura 22.9**). À medida que a planta cresce, a gema apical se afasta das gemas laterais e a inibição é reduzida até que as gemas laterais mais distantes comecem a se desenvolver.

Se a gema apical for retirada, as outras se desenvolvem até que a mais alta comece a inibir as demais.

Essa propriedade é usada na **poda de produção**: a remoção da gema apical aumenta o número de ramos e de flores e frutos da planta.

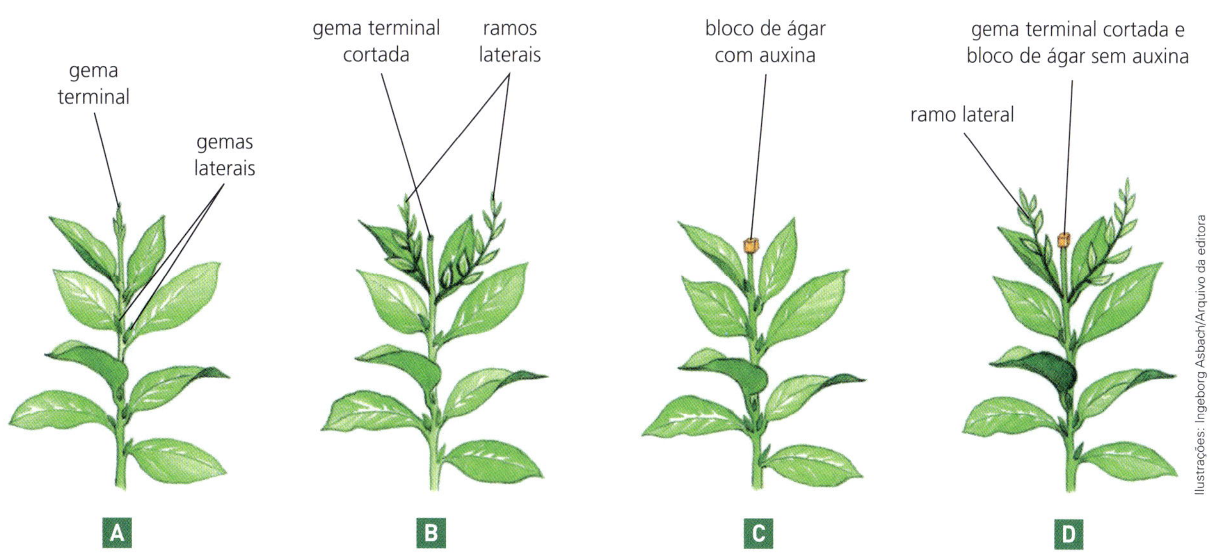

Figura 22.9 Experiência para demonstrar o papel da auxina na dominância apical. Nas plantas com gema terminal ou com auxina colocada na parte cortada do caule (em blocos de ágar, substância gelatinosa usada em meios de cultura de bactérias), as gemas laterais não crescem (situações **A** e **C**). Nas plantas sem gema terminal e sem a adição de auxina, desenvolvem-se ramos laterais (situações **B** e **D**). O bloco de ágar sem auxina funciona como controle: ele mostra que o ágar não é responsável pela inibição dos ramos laterais, e sim a auxina (os elementos não estão na mesma escala; cores fantasia).

As **citocininas** (*kytos* = célula; *kineim* = movimento), substâncias produzidas por tecidos em crescimento, são capazes de estimular a divisão celular (citocinese). Elas estimulam, por exemplo, o crescimento das gemas axilares ou laterais, mas o efeito final depende da concentração relativa de auxinas e citocininas: de forma geral, se a concentração de citocininas for maior, serão desenvolvidas gemas; caso contrário, serão desenvolvidas raízes. Essas substâncias também agem na germinação da semente (estimulando mitoses) e retardam o envelhecimento (senescência) das folhas.

As **giberelinas** são hormônios produzidos principalmente pelas raízes e folhas jovens. Elas estimulam a germinação das sementes e o crescimento de caules e folhas com grande intensidade e rapidez, mas não têm muito efeito no desenvolvimento das raízes. O nome vem de um fungo do gênero *Gibberella*, que contaminava plantações de arroz na Ásia.

As giberelinas e as auxinas promovem o desenvolvimento dos frutos. Por isso são utilizadas comercialmente para aumentar o tamanho de alguns frutos sem sementes, que se formam sem fecundação (partenocárpicos).

O **ácido abscísico** (*abscisione* = corte) recebeu esse nome quando se acreditava que ele estimulava a abscisão, ou seja, a queda de folhas, flores e frutos. Hoje, no entanto, se sabe que essa função está relacionada ao etileno. Por sua vez, o ácido abscísico inibe o crescimento das gemas e o desenvolvimento da semente em condições desfavoráveis, deixando-a no estado de dormência até que haja condições mais favoráveis. Esse hormônio também provoca o fechamento dos estômatos durante o estresse hídrico.

Figura 22.10 Representação da abscisão da folha provocada pelo etileno (os elementos não estão na mesma escala; cores fantasia).

O **etileno** é uma substância gasosa e incolor produzida por vários órgãos vegetais, que se espalha pelos espaços intercelulares e está ligado à abscisão e ao amadurecimento dos frutos. Quanto mais maduras estiverem as células do fruto, maior a produção desse hormônio, que, ao espalhar-se pelo ar, estimula o amadurecimento de frutos vizinhos, provocando uma reação em cadeia.

Assim, o etileno participa dos processos que envolvem a morte das células e a queda das folhas e dos frutos maduros, liberando suas sementes para germinação.

A queda das folhas resulta de dois fatores – diminuição da concentração da auxina e aumento da produção de etileno –, desencadeados pela queda de temperatura e pelo encurtamento dos dias no outono. Veja a **figura 22.10**. Nessa época, as folhas perdem a clorofila e mudam de cor por causa de outros pigmentos, como carotenoides e antocianinas, responsáveis por tonalidades alaranjadas e avermelhadas.

BIOLOGIA E COTIDIANO

Amadurecimento dos frutos

Há muito tempo as pessoas sabem que frutas como o mamão e a banana verdes embrulhadas em jornal amadurecem mais rápido. E sabem também que nas frutas maduras o teor de açúcar aumenta, a cor e o cheiro mudam e a textura fica mais macia.

Essas alterações são provocadas pelos hormônios vegetais. Nos casos relatados, um dos hormônios mais ativos é o gás etileno (C_2H_4), liberado após uma reação química que ocorre dentro da planta.

Quando embrulhamos as frutas em jornal, o gás etileno liberado fica retido no espaço entre as frutas e o jornal. Sabendo disso, podemos compreender agora por que, para acelerar o amadurecimento, embrulhamos as frutas e, para retardá-lo, devemos renovar o ar no local de transporte das frutas. Esse fato mostra que, às vezes, o conhecimento cotidiano se antecipa ao conhecimento científico – um tema discutido em Filosofia.

No início do século XIX, observou-se que o gás usado na iluminação pública das cidades causava a queda das folhas das árvores. A combustão de querosene ou serragem libera um pouco de etileno; por isso um fruto exposto à fumaça resultante dessa queima amadurece mais rapidamente. Mas é difícil aplicar o etileno no campo, já que se trata de um gás. Por isso se utiliza um derivado dele (obtido aplicando-se os conhecimentos de Química) dissolvido em água, que é absorvido pela planta.

5. MOVIMENTOS VEGETAIS

Os vegetais são capazes de reagir a certos estímulos ambientais por meio de movimentos de partes do seu corpo. Entre esses movimentos, estão os **tropismos** (*tropein* = desvio, mudança de direção) e as **nastias** ou **nastismos**.

Os tropismos correspondem a mudanças na direção do crescimento. Se a planta crescer no sentido do estímulo, o tropismo será positivo; se ela crescer se afastando do estímulo, será negativo.

FOTOTROPISMO

Quando um vaso com uma planta é colocado na parte mais escura de uma sala, nota-se que a planta cresce em direção à região iluminada, ou seja, no sentido de onde vem a luz (**figura 22.11**). É o chamado fototropismo positivo.

Cathlyn Melloan/Getty Images

Rusla Ruseyn/Shutterstock

Figura 22.11 Fototropismo: a planta cresce em direção à luz da janela (**A**). Esse fenômeno também é responsável pelo movimento do girassol na direção do Sol ao longo do dia (**B**).

Estudos feitos por vários cientistas ao longo do tempo mostraram que a luz provoca migração de auxina para o lado mais escuro e que a ponta do caule possui um pigmento fotorreceptor sensível à luz. A planta cresce em direção à luz porque o lado mais escuro fica com células maiores, o que provoca, mecanicamente, uma curvatura do caule para o lado de onde vem a luz (**figura 22.12**).

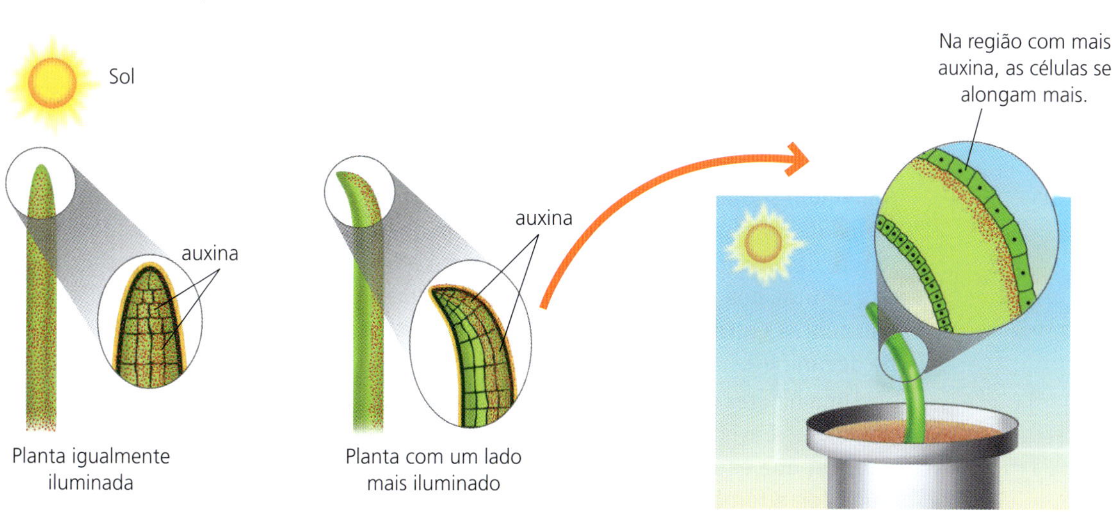

Ilustrações: Luis Moura/Arquivo da editora

Figura 22.12 Auxina e fototropismo: observe que a região que recebe menos luz fica com mais auxina, o que provoca o alongamento das células e a curvatura do caule (os elementos não estão na mesma escala; cores fantasia).

GRAVITROPISMO OU GEOTROPISMO

O estímulo é a gravidade. Quando uma semente germina, a raiz cresce para o interior da terra, e o caule, para fora do solo. Se uma semente germinada for colocada deitada, com o eixo caule-raiz na horizontal, alguns dias depois nota-se que o caule se curva para cima, e a raiz, para baixo. Como se trata do estímulo da gravidade, diz-se que a raiz possui gravitropismo positivo, e o caule, gravitropismo negativo, como mostra a **figura 22.13**.

O efeito se deve ao acúmulo de auxina na face inferior dos órgãos. Lembre-se de que as células da raiz e do caule possuem sensibilidade diferente para determinada concentração de auxina. A raiz fica com uma concentração que inibe o crescimento das células de baixo. Com isso, as células da parte de cima crescem mais, e a raiz se curva para baixo. Já no caule o acúmulo de hormônios nas células da face inferior tem efeito estimulador. Essas células crescem mais que as de cima, e o caule curva-se para cima.

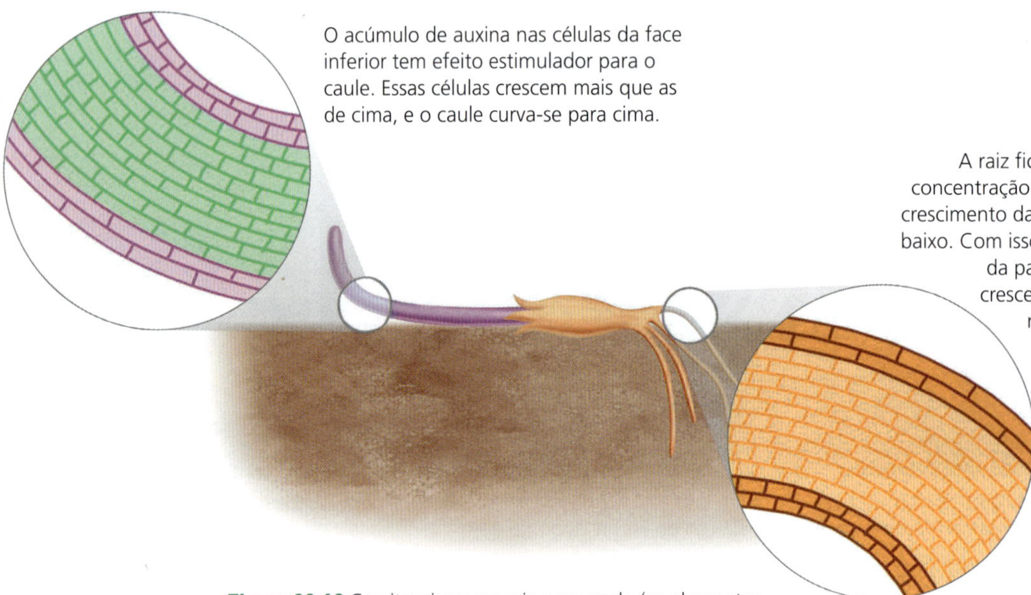

Figura 22.13 Gravitropismo na raiz e no caule (os elementos não estão na mesma escala; cores fantasia).

NASTIAS

Correspondem a movimentos que não envolvem crescimento e não são orientados, ou seja, são sempre iguais, não importando a direção do estímulo.

Um exemplo ocorre na sensitiva (*Mimosa pudica*): quando tocada, seus folíolos se fecham, e as folhas inclinam-se. Esse movimento, chamado **sismonastia** (*seismós* = abalo; *nastos* = apertado), é causado pela perda de água de pequenos órgãos (**pulvinos**) situados na base dos folíolos e da folha. Quando estão com suas células túrgidas, os pulvinos mantêm os folíolos abertos e as folhas levantadas. Com o toque, desencadeia-se um impulso elétrico que provoca a saída de íons potássio das células dos pulvinos, e elas perdem água por osmose (**figura 22.14**). Essa reação ocorre entre um e dois segundos, mas o retorno à posição normal leva cerca de dez minutos.

Uma hipótese para a vantagem adaptativa dessa reação seria que o fechamento dos folíolos expõe os espinhos do caule, o que afasta os animais herbívoros. Ou é possível que esses animais se assustem com o brusco movimento da planta. Um vento forte também desencadeia o fenômeno. Ele aumenta a evaporação, o que poderia levar à desidratação da planta. Nesse caso, o fechamento dos folíolos diminuiria a superfície de transpiração.

O fechamento da folha da dioneia (planta carnívora descrita no início do capítulo) também é uma resposta ao estímulo de contato: o pouso de um inseto, por exemplo. Apesar de mais rápido, o mecanismo é idêntico ao da sensitiva.

Figura 22.14 A: esquema da reação da folha da sensitiva ao toque (os elementos não estão na mesma escala; cores fantasia). **B** e **C**: fotos da sensitiva (altura da planta: de 15 cm a 45 cm) antes e depois do toque.

ACESSE E SAIBA MAIS

Plantas carnívoras
<http://iptv.usp.br/portal/video.action?idItem=7352>

Fechamento das folhas da sensitiva
<www.youtube.com/watch?v=UKuqcNk0xVQ>
Acesso em: 24 jul. 2018.

6. FOTOPERIODISMO

A duração do dia em relação à noite, em um período de 24 horas, recebe o nome de **fotoperíodo**. A reação da planta a essa relação é chamada de **fotoperiodismo**. A floração, por exemplo, pode ser influenciada pelo fotoperíodo, que serve de indicador das estações do ano em algumas regiões.

Há plantas que florescem em qualquer estação, ou seja, não dependem do fotoperíodo. A floração acontece de acordo com mecanismos de maturação e outros fatores ambientais, como a disponibilidade de água e a temperatura; são as chamadas **plantas neutras** ou **indiferentes**, como milho, feijão, algodão, tomate e algodão (**figura 22.15**).

Figura 22.15 O algodão é uma planta que pode florescer em qualquer estação.

Outras florescem apenas em determinada estação do ano, havendo as **plantas de dia longo** e as **de dia curto**. Elas receberam esses nomes porque, quando o fotoperiodismo foi descoberto, pensou-se que a duração do dia fosse o fator determinante na floração. No entanto, com a realização de experimentos, comprovou-se que o fator que desencadeia a floração é a duração da noite: o que importa é o tempo que a planta passa sem luz. Assim, as plantas de dia longo florescem quando a duração da noite é inferior a um determinado período, o **fotoperíodo crítico**. É o caso da beterraba, do trevo, da petúnia e da cevada, entre outras. Já as plantas de dia curto florescem quando a duração da noite é maior que o fotoperíodo crítico. É o caso do crisântemo, da dália, do morangueiro e da violeta.

Uma planta de dia longo (de noite curta), cujo fotoperíodo crítico é de treze horas, floresce apenas quando as noites duram menos que esse intervalo. Uma planta de dia curto (de noite longa), cujo fotoperíodo crítico é de oito horas, floresce apenas quando as noites duram mais que esse intervalo.

O fotoperíodo deve ser necessariamente contínuo. Se um longo período no escuro for interrompido, em certos momentos, por alguns minutos (por meio de iluminação artificial), uma planta de dia curto não florescerá e uma de dia longo poderá florescer (**figura 22.16**).

Ilustrações: Ingeborg Asbach/Arquivo da editora

Figura 22.16 Experiência de fotoperiodismo (os elementos não estão na mesma escala; cores fantasia).

ATIVIDADES

Questões discursivas

1. Você sabe que há dois tipos de vasos condutores de seiva, os elementos traqueais e os elementos crivados, que conduzem tipos diferentes de seiva, a inorgânica e a orgânica. Então, responda:
   a) Os pulgões, insetos que se alimentam da seiva das plantas, espetam suas trombas sugadoras em que tipo de vasos? Justifique sua resposta.
   b) A erva-de-passarinho é uma planta que possui clorofila e faz fotossíntese, mas vive sobre as árvores e, com suas raízes finas, retira delas parte da seiva. Já o cipó-chumbo é uma planta sem clorofila que também retira seiva das árvores sobre as quais se instala. Que tipo de seiva cada uma dessas plantas retira? Justifique sua resposta.
2. Um aluno que está começando a estudar Biologia cobriu todas as folhas de uma planta com esmalte transparente – que, portanto, permitia a passagem da luz – para observar qual o efeito disso sobre a planta. Para surpresa dele, a planta deixou de fazer fotossíntese. Como você, que já estudou esse assunto, explicaria o que aconteceu?
3. A figura a seguir mostra o caule de uma planta jovem recebendo maior intensidade de luz do lado direito.

Maspi/Arquivo da editora

Nessa condição, o caule da planta, ao crescer, deve curvar-se para um dos lados, por causa da diferença de concentração de auxina no caule. Para que lado o caule deverá curvar-se? Explique o fenômeno relacionando o sentido da curvatura com a distribuição desse hormônio no caule da planta.

4. As três questões a seguir estão relacionadas a um mesmo fenômeno vegetal. Responda-as e explique qual hormônio está envolvido nesse fenômeno.
   a) Por que o amadurecimento de um cacho de bananas é favorecido quando ele é envolvido por jornal ou acondicionado em um saco plástico fechado?
   b) Por que algumas bananas maduras colocadas entre outras verdes aceleram o amadurecimento destas?
   c) Por que no supermercado os sacos plásticos em que ficam os frutos devem apresentar furos?
5. A seção de Ciências de um jornal *on-line* publicou o seguinte esquema para explicar ao público leigo como a transpiração é regulada nas folhas.

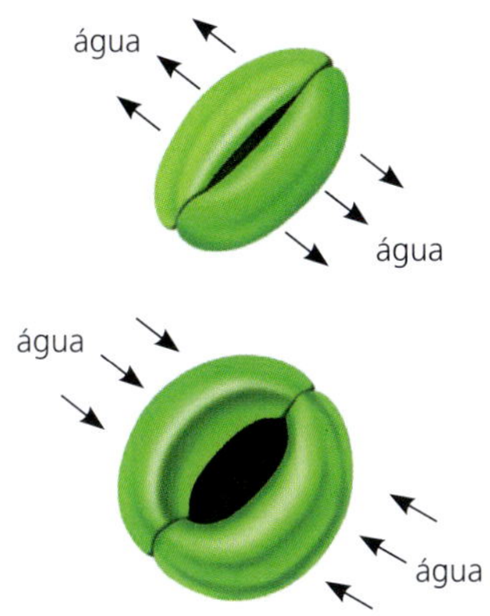

Luis Moura/Arquivo da editora

   a) Que estrutura está representada no esquema publicado?
   b) Em que partes da planta está localizada essa estrutura?
6. (Fuvest-SP) Realizou-se o seguinte experimento com um grupo de plantas: retirou-se um anel de casca contendo o floema, mantendo-se folhas acima e abaixo da região cortada. Em seguida, somente folhas abaixo do corte foram expostas a CO_2 radioativo durante 24 horas. Em que regiões da planta serão encontradas substâncias com material radioativo após o experimento? Por quê?

Questões objetivas

1. (Imed-RS) Todo ano, na primavera, diversas espécies vegetais florescem e exibem diferentes formas e cores de flores. Isso ocorre devido ao:
   a) Fototropismo, típico de angiospermas.
   b) Estiolamento, que independe da presença de luz.
   c) Nastismo, regulado pelo turgor das células vegetais.
   d) Fotoperiodismo, que determina o florescimento simultâneo em diferentes espécies.
   e) Metabolismo do tipo CAM da maioria das angiospermas.
2. (Unifesp) Um botânico tomou dois vasos, **A** e **B**, de uma determinada planta. O vaso **A** permaneceu como controle e no vaso **B** foi aplicada uma substância que induziu a planta a ficar com os estômatos permanentemente fechados. Após alguns dias, a planta do vaso **A** permaneceu igual e a do vaso **B** apresentou sinais de grande debilidade, embora ambas tenham ficado no mesmo local e com água em abundância. Foram levantadas três possibilidades para a debilidade da planta **B**:
   I. A água que ia sendo absorvida pelas raízes não pôde ser perdida pela transpiração, acumulando-se em grande quantidade nos tecidos da planta.
   II. A planta não pôde realizar fotossíntese porque o fechamento dos estômatos impediu a entrada de luz para o parênquima clorofiliano das folhas.
   III. A principal via de captação de CO_2 para o interior da planta foi fechada, comprometendo a fotossíntese.

   A explicação correta corresponde a:

   a) I. b) II. c) III. d) I e II. e) II e III.
3. (Enem-MEC) A produção de hormônios vegetais (como a auxina, ligada ao crescimento vegetal) e sua distribuição pelo organismo são fortemente influenciadas por fatores ambientais. Diversos são os estudos que buscam compreender melhor essas influências. O experimento seguinte integra um desses estudos.

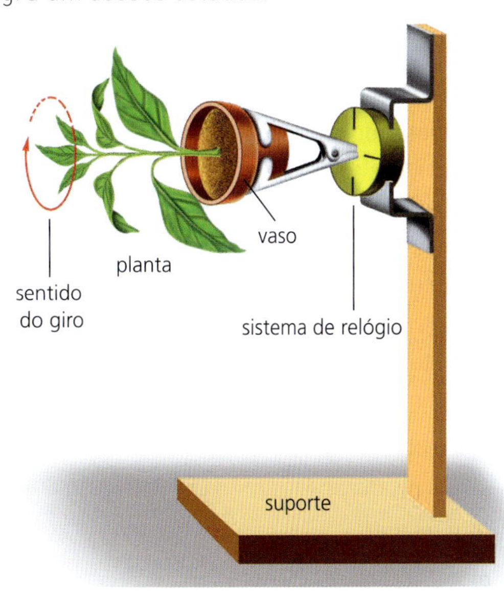

Reprodução/ENEM, 2010.

O fato de a planta do experimento crescer na direção horizontal, e não na vertical, pode ser explicado pelo argumento de que o giro faz com que a auxina se:

a) distribua uniformemente nas faces do caule, estimulando o crescimento de todas elas de forma igual.

b) acumule na face inferior do caule e, por isso, determine um crescimento maior dessa parte.

c) concentre na extremidade do caule e, por isso, iniba o crescimento nessa parte.

d) distribua uniformemente nas faces do caule e, por isso, iniba o crescimento de todas elas.

e) concentre na face inferior do caule e, por isso, iniba a atividade das gemas laterais.

4. (Uepa) Leia o texto para responder à questão.

Há séculos, os chineses aprenderam que os **frutos** amadureciam mais rapidamente quando colocados em câmaras onde queimavam incenso. Isso também foi observado, por exemplo, em laranjas que produzem um gás o qual promove o amadurecimento de bananas. Tais observações levaram os botânicos a suspeitarem da existência de uma substância gasosa liberada em processos de combustão e também pelas plantas. Tal substância é produzida por todos os órgãos do vegetal, com exceção das **sementes**.

(Adaptado de: Favaretto e Mercadante, BIOLOGIA, Volume único, 2005.)

Sobre o assunto tratado no texto, analise as afirmativas abaixo.

I. O órgão vegetal que não produz o referido gás se origina do óvulo fecundado.

II. O gás é a giberelina que estimula o crescimento da raiz da planta.

III. O referido gás é o etileno que atua no amadurecimento de frutos.

IV. Os órgãos vegetais em destaque no texto estão presentes em representantes tanto de angiospermas como de gimnospermas.

A alternativa que contém todas as afirmativas corretas é:

a) I e II.

b) I e III.

c) II e III.

d) II, III e IV.

e) I, II, III e IV.

5. (Unicamp-SP)

Seca faz cidades do interior de SP decretarem emergência.

A falta de água enfrentada pelo Sudeste do país tem feito cada vez mais cidades de São Paulo e de Minas Gerais adotarem o racionamento, para reduzir o consumo de água, ou decretarem estado de emergência. Além do desabastecimento, a seca tem prejudicado também setores como a agricultura, a indústria, a saúde e o turismo dessas cidades.

(Adaptado de: <http://noticias.uol.com.br/ultimas-noticias/agencia-estado/ 2014/07/07/seca-faz-cidades-do-interior-decretarem-emergencia.htm>. Acesso em: 16 jul. 2014.)

A situação de seca citada na reportagem é determinada por mudanças no ciclo hidrológico, em que as plantas têm papel determinante, uma vez que representam uma fonte de vapor d'água para a atmosfera. Os vasos que conduzem a água das raízes até as folhas são os:

a) floemáticos e a transpiração ocorre pelos estômatos.

b) floemáticos e a transpiração ocorre pelos tricomas.

c) xilemáticos e a transpiração ocorre pelos tricomas.

d) xilemáticos e a transpiração ocorre pelos estômatos.

6. (UCS-RS) O estômato é uma estrutura epidérmica que controla a entrada e a saída de gases da planta. Assinale a alternativa que apresenta a relação dos fatores ambientais que afetam a fisiologia do funcionamento dos estômatos.

a) A maioria das plantas abre os estômatos ao anoitecer, fechando-os ao amanhecer devido ao fotoperíodo.

b) Os estômatos abrem-se quando submetidos a altas concentrações de gás carbônico, informando que a taxa de fotossíntese chegou ao máximo.

c) A indisponibilidade de água para a planta estimula a abertura dos estômatos pelo processo de difusão, informando que há *deficit* de suprimento hídrico.

d) A intensidade de luz, a concentração de CO_2 e o suprimento de água regulam a abertura e o fechamento dos estômatos.

e) A migração de íons de cálcio para o interior das células estomáticas permite o controle da abertura e do fechamento dos estômatos, regulando a pressão osmótica.

7. (Uece) A biosfera recebe a radiação solar em comprimentos de onda que variam de 0,3 μm a aproximadamente 3 μm. Em média, 45% da radiação proveniente do Sol encontra-se dentro de uma faixa espectral de 0,18 μm a 0,71 μm, que é utilizada para a fotossíntese das plantas (radiação fotossinteticamente ativa, RFA).

   Em função da luz solar, pode-se afirmar corretamente que:

   a) as plantas que crescem sob a sombra desenvolvem estrutura e aparência semelhantes às daquelas que crescem sob a luz.

   b) a parte aérea das plantas recebe somente a radiação unidirecional.

   c) fotoperiodismo é a resposta da planta ao comprimento relativo do dia e da noite e às mudanças neste relacionamento ao longo do ano.

   d) respostas sazonais em plantas não são possíveis porque os organismos vegetais são incapazes de "perceber" o período do ano em que se encontram.

8. (UFSJ-MG) Todos os organismos sentem e interagem com o ambiente que os cerca. Sobre como as plantas respondem a estímulos ambientais, assinale a alternativa INCORRETA:

   a) As respostas de crescimento das plantas respondem a estímulos internos determinados geneticamente, pois vegetais não possuem sistema nervoso e, portanto, não têm a capacidade de perceber estímulos ambientais.

   b) Os hormônios são compostos fundamentais no controle das funções internas das plantas e estão intimamente ligados a sua capacidade de responder a estímulos ambientais.

   c) O tropismo é a resposta no crescimento das plantas causado por estímulos externos, como luz, gravidade e contato, entre outros.

   d) O fototropismo é a resposta de crescimento das plantas em direção ou contra uma fonte luminosa mediada por ação hormonal.

ATIVIDADE PRÁTICA

Na atividade a seguir você vai observar um fenômeno estudado neste capítulo.

Material

- dois sacos plásticos incolores, secos e sem furos
- um pedaço de barbante (1 metro)
- um vaso não muito grande, com uma planta viva e cheia de ramos com folhas

Procedimento

1. Um saco plástico deve ser amarrado firmemente com barbante em volta de um dos ramos da planta, de modo a impedir a entrada de ar.
2. Separe as paredes do outro saco e amarre bem sua borda, também impedindo a entrada de ar. Pendure-o em algum ponto próximo à planta.
3. O vaso deve ser colocado perto de uma janela.

Conclusão

Após cerca de 3 h, observe o interior dos dois sacos e responda:

I. O que ocorreu no interior dos sacos? Como explicar o fenômeno observado?

II. Qual a função do saco plástico vazio?

III. Se envolvermos com plástico dois ramos, um com poucas folhas e outro com muitas folhas, poderemos obter resultados diferentes entre eles? Por quê?

IV. Se, em vez de amarrar o ramo com folhas, você amarrasse um caule desprovido de folhas com o saco plástico, os resultados seriam os mesmos? Justifique sua resposta.

V. Elabore um experimento científico para demonstrar outro fenômeno que você estudou neste capítulo: a atuação do etileno. Lembre-se de que o experimento deve conter: objetivos, grupo experimental, grupo controle, materiais, procedimentos, resultados esperados (ou hipótese), resultados observados e conclusões.

UNIDADE

7

ANIMAIS

Os recifes de corais já foram comparados às florestas com base em sua imensa variedade de espécies de animais: crustáceos, anêmonas, esponjas, peixes e o próprio coral, entre muitos outros. Já no ambiente terrestre, há uma enorme variedade de espécies de vermes, aracnídeos, insetos e animais vertebrados, como sapos, lagartos, pássaros e macacos. Ao todo, o número de espécies descritas já ultrapassa 1,4 milhão, e o trabalho de pesquisadores no mundo inteiro faz com que esse número só aumente. Nesta unidade, estudaremos os principais filos do reino animal, incluindo seres aquáticos e terrestres.

Fabio Colombini/Acervo do fotógrafo

Família de bugios (*Alouatta caraya*) no Pantanal (Poconé-MT). Indivíduos dessa espécie podem ser encontrados em outros biomas brasileiros, entretanto suas populações têm diminuído devido à destruição e à fragmentação de seus *habitat* causadas por atividades humanas.

Raimundo Fernandez Diez/Getty Images

CAPÍTULO

23

Recife de coral no mar da Indonésia, próximo da ilha de Sulawesi. Além dos corais, há esponjas e equinodermos que se associaram ao recife. Embora cada indivíduo que forma a colônia de corais tenha poucos milímetros, as formações de recifes podem atingir milhares de quilômetros.

PORÍFEROS E CNIDÁRIOS

Uma das principais consequências do uso intenso de combustíveis fósseis, como a gasolina, é o aumento da concentração de gás carbônico na atmosfera. Entre os organismos atingidos diretamente por essa elevação estão os corais, animais do grupo dos cnidários que vamos conhecer neste capítulo. Os danos causados aos recifes de corais são muito prejudiciais, pois esses recifes apresentam uma enorme biodiversidade e muitas espécies marinhas dependem deles.

- Os poríferos também são chamados de esponjas. Você sabe por quê?
- Você já viu animais do filo dos cnidários? Como eles são?
- Poríferos e cnidários são encontrados em que ambientes?
- Por que é importante preservar a diversidade desses e de outros organismos?

1. PORÍFEROS

Todos os representantes do filo **Porifera** (*poros* = poro; *ferre* = levar) são aquáticos e a maioria é marinha. Não têm órgãos de locomoção e grande parte vive presa a rochas e outros substratos, ou seja, são sésseis. Vivem isolados ou formam colônias (**figura 23.1**) e são de tamanhos e cores variados.

A organização dos poríferos é muito simples: suas células não formam tecidos definidos nem se agrupam em órgãos, e são os únicos animais sem sistema nervoso.

A superfície de uma esponja apresenta diversos **poros**, pelos quais a água penetra, trazendo alimento (plâncton) e gás oxigênio. No interior do animal, há uma cavidade, o **átrio** (espongiocele), e, na parte superior, uma abertura maior, o **ósculo**, pela qual a água sai levando gás carbônico e excretas em geral (**figura 23.2**).

Fabio Colombini/Acervo do fotógrafo

Figura 23.1 Essa esponja de cor avermelhada (*Amphimedon compressa*, cerca de 15 cm na maior dimensão) é encontrada no litoral do Brasil. O tamanho dos poríferos varia de alguns centímetros até 2 m de altura.

O corpo das esponjas é envolto por uma camada de células. Veja algumas dessas células e suas funções na **figura 23.2**. Os **coanócitos** (*choane* = funil) promovem o fluxo de água com a movimentação de seus flagelos e fagocitam as partículas de alimento suspensas na água. A maior parte da digestão é feita dentro dos coanócitos.

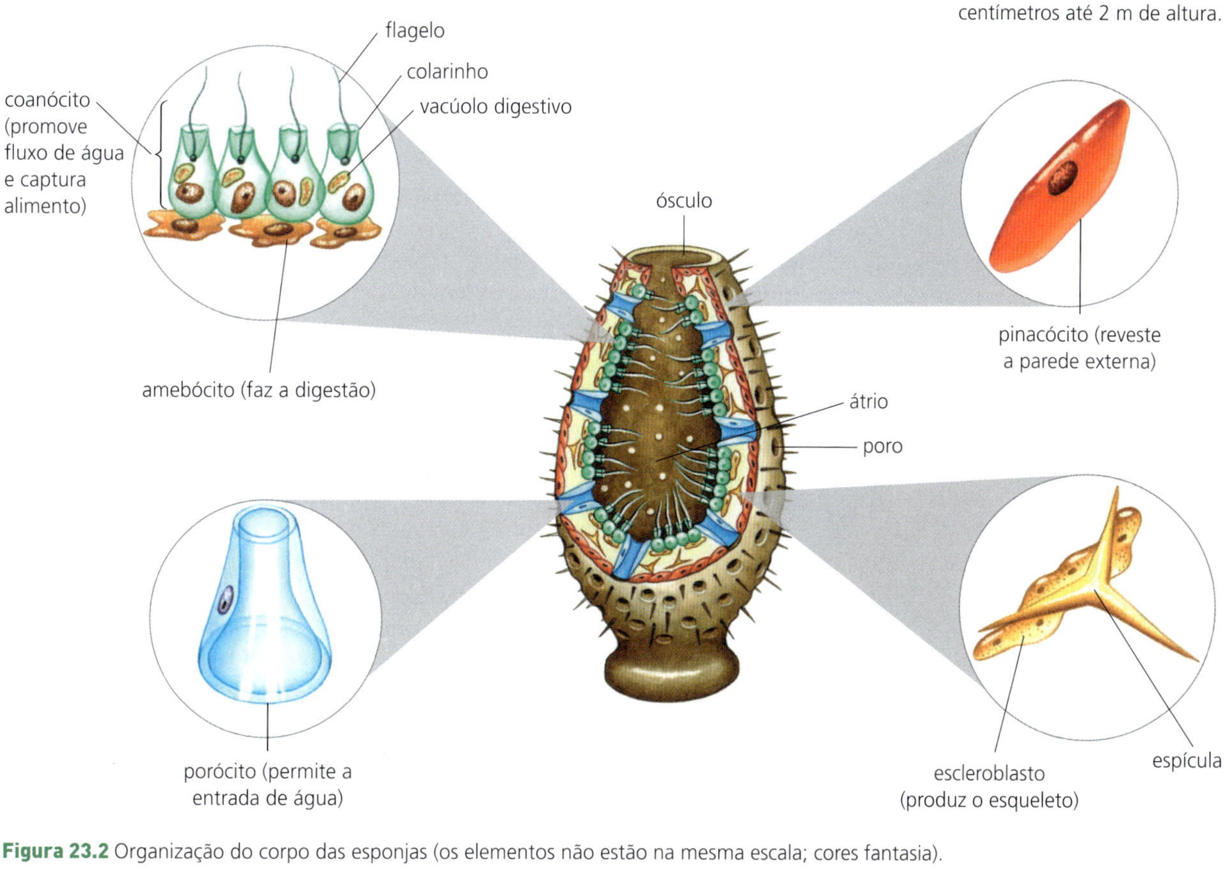

Ingeborg Asbach/Arquivo da editora

Figura 23.2 Organização do corpo das esponjas (os elementos não estão na mesma escala; cores fantasia).

Kenneth M. Highfill/Photo Researchers, Inc./Latinstock

Fabio Colombini/Acervo do fotógrafo

Figura 23.3 Estrutura do esqueleto de espongina, que já foi usada para banho e limpeza (os elementos não estão na mesma escala).

A sustentação da esponja é dada por uma rede macia e flexível de filamentos proteicos, a espongina. As esponjas com esqueleto apenas de espongina são macias e já foram usadas pelos seres humanos para o banho e para lavar louça (**figura 23.3**). Hoje em dia, as esponjas usadas costumam ser de plástico. Alguns poríferos possuem, além dessa rede, **espículas** (estruturas semelhantes a agulhas ou espinhos) de calcário (carbonato de cálcio) ou de sílica (dióxido de silício). Além de sustentarem o corpo do animal, as espículas o protegem de predadores, que desistem de comê-lo após machucarem a boca nelas.

As esponjas não têm boca nem cavidade digestória; são **animais filtradores**: à medida que a água circula em seu interior, os coanócitos capturam, por fagocitose, seres unicelulares.

Elas também não apresentam sistemas responsáveis pela respiração, pela circulação e pela excreção. O oxigênio, o gás carbônico e as excretas entram nas células ou saem delas por difusão e são levados pela corrente de água.

A reprodução dos poríferos pode ser assexuada ou sexuada. As esponjas têm grande poder de regeneração: pequenos pedaços do corpo delas são capazes de regenerar um corpo inteiro, caracterizando um tipo de reprodução assexuada por fragmentação. O brotamento é uma forma frequente de reprodução assexuada: os brotos podem destacar-se ou permanecer presos, formando colônias de indivíduos.

Algumas esponjas são dioicas (sexos separados), mas a maioria é hermafrodita ou monoica (o mesmo indivíduo pode produzir gametas masculinos e femininos). Nesse caso, porém, o espermatozoide e o óvulo de um indivíduo são geralmente produzidos em épocas diferentes, evitando autofecundação. Portanto, a fecundação é quase sempre cruzada (entre gametas produzidos por indivíduos diferentes).

BIOLOGIA E TECNOLOGIA

Esponjas e medicamentos

No corpo de muitas esponjas, existem substâncias tóxicas, que são uma forma de defesa contra predadores. Os cientistas têm estudado essas substâncias e desenvolvido diversos medicamentos a partir delas. O AZT, uma das primeiras drogas utilizadas para combater o vírus da aids, foi produzido com substâncias químicas extraídas de uma esponja.

Como se vê, além de evitar desequilíbrios ecológicos, preservar a biodiversidade significa preservar a possibilidade de fabricar novos medicamentos, entre muitos outros benefícios, sem esquecer considerações éticas, como a de não provocar a extinção de outras espécies.

Lee Yiu Tung/Shutterstock

2. CNIDÁRIOS

O filo **Cnidaria** (**cnidários**) é representado por corais, águas-vivas (**figura 23.4**), anêmonas, caravelas e hidras, animais aquáticos, sendo a maioria marinhos.

Os cnidários são diblásticos, ou seja, na fase embrionária apresentam apenas dois folhetos embrionários: ectoderme e endoderme. Esses animais apresentam ainda **simetria radial** (seu corpo pode ser dividido em vários planos de simetria, dispostos em raios), que permite às formas sésseis entrar em contato com o ambiente em várias direções, facilitando-lhes a captura de alimento.

Figura 23.4 *Chrysaora fuscescens*, espécie de medusa ou água-viva com cerca de 40 cm de comprimento.

Há dois tipos morfológicos de animais:

- **polipoide** ou **pólipo** – é cilíndrica, séssil ou apresenta pouca mobilidade, com uma das extremidades apoiada em um substrato qualquer e a outra livre; a abertura bucal é rodeada de tentáculos; as anêmonas são exemplo dessa forma (**figura 23.5**);
- **medusoide** ou **medusa** – geralmente tem aspecto arredondado (em forma de guarda-chuva), apresenta movimentos causados pela contração do corpo, que lança jatos de água (jato-propulsão); corresponde a um pólipo invertido, com a boca na parte inferior; também apresenta tentáculos na periferia do corpo; a água-viva é um exemplo dessa forma (**figura 23.5**).

A parede do corpo dos cnidários é formada pela **epiderme** (derivada da ectoderme) e pela **gastroderme** (derivada da endoderme). Entre ambas, está um material gelatinoso chamado **mesogleia** (*mesos* = meio; *gloia* = visgo). Veja a **figura 23.5**.

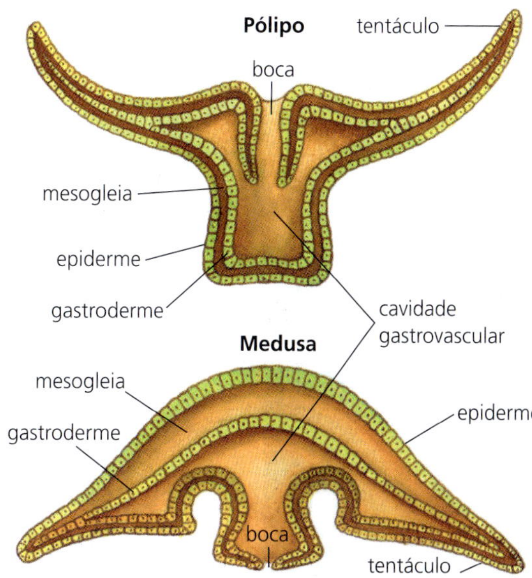

Figura 23.5 Formas pólipo e medusa dos cnidários (os elementos não estão na mesma escala; cores fantasia).

Na superfície do corpo, há células exclusivas desse grupo, os **cnidócitos** (ou cnidoblastos; *knidós* = urtiga). Os cnidócitos participam da defesa contra predadores e da captura de presas. Dentro dessas células há uma cápsula, o **nematocisto** (*nematos* = filamento; *kystis* = vesícula), que contém um filamento urticante enrolado, com uma ponta que funciona como se fosse um arpão (**figura 23.6**). Quando o cnidócito é tocado, a cápsula abre-se, o filamento desenrola-se, penetra no tecido externo do predador ou da presa e injeta uma toxina capaz de paralisar e matar pequenos peixes, crustáceos e vermes, que servirão de alimento. Os cnidários também ingerem organismos do plâncton que entram em seu corpo com a água.

Em alguns cnidários, como os corais, a epiderme secreta um **exoesqueleto** (esqueleto externo) de calcário e substâncias orgânicas. Em outros, como a água-viva, o corpo é mole, sem esqueleto de sustentação.

Diferentemente das esponjas, os cnidários apresentam cavidade digestória, a **cavidade gastrovascular** (*gaster* = estômago) ou celêntero (*koios* = oco; *entheron* = intestino). No entanto, os cnidários não possuem abertura anal, o que caracteriza um **tubo digestório incompleto**, ou de **fluxo bidirecional**.

Esses animais apresentam digestão intra e extracelular: a gastroderme possui células que produzem enzimas digestivas e atacam o alimento na cavidade gastrovascular (digestão extracelular), e células que fazem a digestão intracelular dos fragmentos alimentares parcialmente digeridos. Os resíduos alimentares são expulsos pela boca.

ACESSE E SAIBA MAIS

Como a água-viva queima
<https://ed.ted.com/lessons/how-does-a-jellyfish-sting-neosha-s-kashef>
Acesso em: 24 jul. 2018.

Figura 23.6 Estrutura de um cnidário do tipo pólipo (hidra, com 3 mm a 10 mm de comprimento) e detalhe do cnidócito (os elementos não estão na mesma escala; cores fantasia).

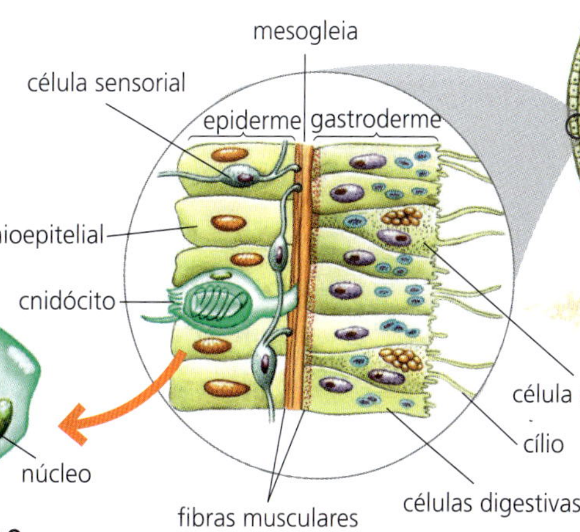

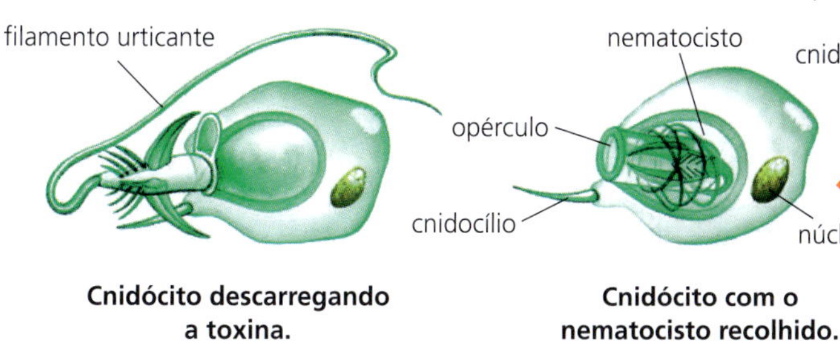

Os cnidários não possuem sistemas respiratório, circulatório e excretor. Como há poucas camadas de células no corpo deles, a distribuição das substâncias por difusão é suficiente. A coordenação das atividades do organismo é feita por uma rede de células nervosas (**sistema nervoso difuso**).

Nos cnidários, ocorre a reprodução sexuada e a assexuada. Em muitas espécies há **alternância de gerações**, ou **metagênese**, em que o ciclo de vida apresenta os dois tipos de reprodução (**figura 23.7**).

Sanamyan/Alamy/Fotoarena

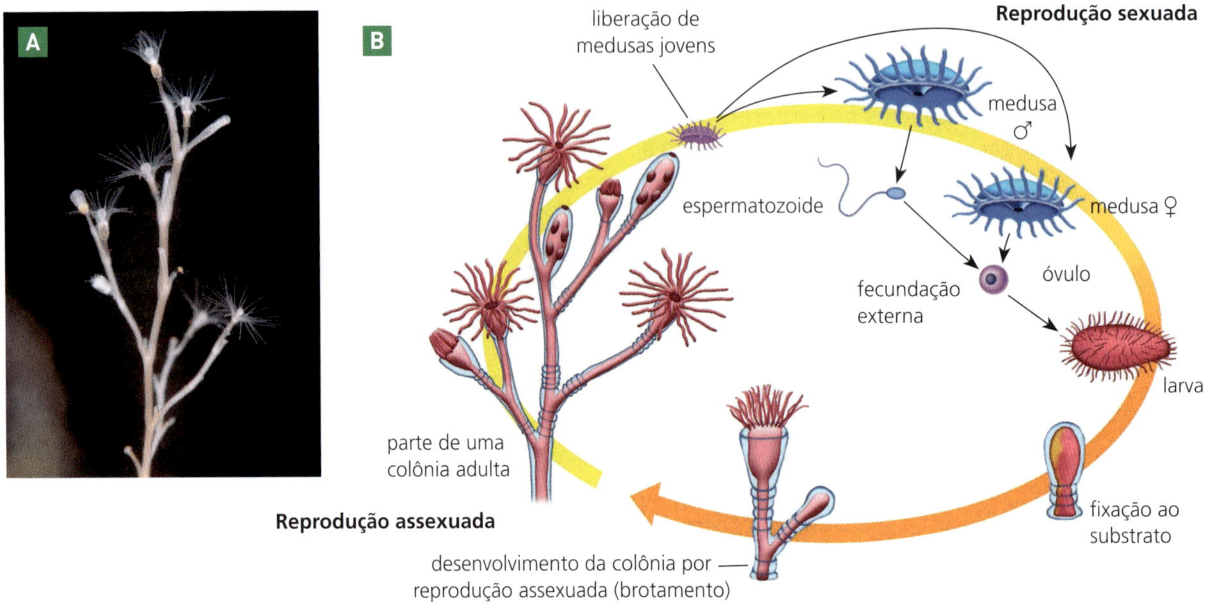

Dr. Paul Cook/Corbis/Latinstock

Figura 23.7 **A**: foto de *Obelia* sp. vista ao microscópio óptico (as colônias têm cerca de 1 cm de altura); **B**: representação do ciclo de *Obelia* sp., que apresenta alternância de gerações (os elementos não estão na mesma escala; cores fantasia).

CLASSIFICAÇÃO

Os cnidários dividem-se em quatro grupos.

A classe dos **antozoários** (*anthos* = flor; *zoon* = animal) é composta de animais marinhos. São representados exclusivamente pela forma pólipo, ou seja, não há a fase de medusa. Os pólipos podem viver isolados, como as anêmonas-do-mar (**figura 23.8**) ou formar colônias, como os corais (**figura 23.9**). Nestes, os pólipos secretam um esqueleto externo composto de calcário, responsável pela formação dos recifes de corais, que podem servir de abrigo e alimento para animais como crustáceos, moluscos e peixes do litoral.

O acúmulo de esqueletos calcários de corais originou muitas ilhas e recifes de corais em águas claras, rasas e quentes das regiões tropicais. A Grande Barreira de Corais da Austrália, a maior estrutura de organismos vivos da Terra, com 2 300 km de comprimento e uma área de 350 000 km^2, abriga em torno de 2 900 espécies de corais e 1 500 espécies de peixes.

Figura 23.8 Anêmona-do-mar: essa espécie é encontrada no litoral do Brasil, vive fixa às rochas e tem cerca de 4 cm de diâmetro.

Fabio Colombini/Acervo do fotógrafo

André Seale/Pulsar Imagens

Figura 23.9 Pólipos de corais com seus tentáculos; cada indivíduo tem entre 3 mm e 50 mm de altura, dependendo da espécie (as colônias podem atingir até 1,5 m de altura).

Além de proteger o litoral da erosão provocada pelas ondas, como esses recifes possuem muitas fendas e muitos túneis em seu substrato rígido, acabam servindo de abrigo e de áreas de reprodução e alimentação a muitas espécies. Calcula-se que cerca de um quarto das espécies marinhas existentes no planeta dependa de recifes de corais para sobreviver e se reproduzir.

Os corais obtêm boa parte de seu alimento da matéria orgânica produzida pelas algas que vivem associadas a eles. Essas algas microscópicas vivem dentro do corpo de muitos corais e conferem cor a esses animais. Nessa relação mutualística, os corais fornecem às algas sais minerais e gás carbônico. As algas também possibilitam aos corais a transformação dos sais de cálcio da água do mar em carbonato de cálcio, base do esqueleto do coral.

A classe dos **hidrozoários** (*hydro* = água; *zoon* = animal) inclui as espécies com as formas pólipo e medusa (que apresentam ciclo reprodutivo com alternância de gerações, em que a reprodução sexuada alterna com a reprodução assexuada) ou apenas com uma das formas. Como exemplos temos: o gênero *Hydra* (hidra; pólipo isolado de água doce), a *Obelia* e a *Physalia* ("caravela-portuguesa", que forma uma colônia permanente; **figura 23.10**).

Na classe dos **cifozoários** (*skyphos* = taça; *zoon* = animal) encontramos as águas-vivas, como a *Aurelia* e a *Pelagia*; as espécies do grupo são sempre marinhas e basicamente representadas pela forma medusa mais desenvolvida que a dos hidrozoários (**figura 23.11**).

A classe dos **cubozoários** (*kybos* = cubo; *zoon* = animal) tem espécies cujo formato é aproximadamente cúbico. Em geral, vivem em águas tropicais e possuem cnidócitos altamente tóxicos. É o caso da vespa-do-mar (*Chironex fleckeri*), encontrada em certas épocas do ano nas praias da Austrália (**figura 23.12**). No litoral brasileiro, é encontrada a cubomedusa da espécie *Chiropsalmus quadrumanus*.

ACESSE E SAIBA MAIS

Acidentes com águas-vivas
<www.blog.saude.gov.br/index.php/promocao-da-saude/52259-acidentes-com-aguas-vivas-e-caravelas-conheca-os-primeiros-socorros>
Acesso em: 24 jul. 2018.

ATENÇÃO!

Evite nadar em lugares onde apareceram águas-vivas. Não toque nelas nem mesmo se encontrá-las mortas na areia da praia. A toxina da água-viva pode provocar irritações semelhantes a queimaduras e até reações alérgicas fortes, que precisam de tratamento médico imediato.

Look/Latinstock

Figura 23.10 Caravela-portuguesa (*Physalia physalis*) flutuando na superfície da água. Esse organismo é uma colônia composta de vários pólipos com funções diferentes: um pólipo é flutuador (estrutura cheia de gás, com cerca de 30 cm de altura); outros formam longos tentáculos especializados na defesa e na captura de alimentos (peixes, camarões, etc.); outros ainda cuidam da digestão do alimento e da reprodução da colônia.

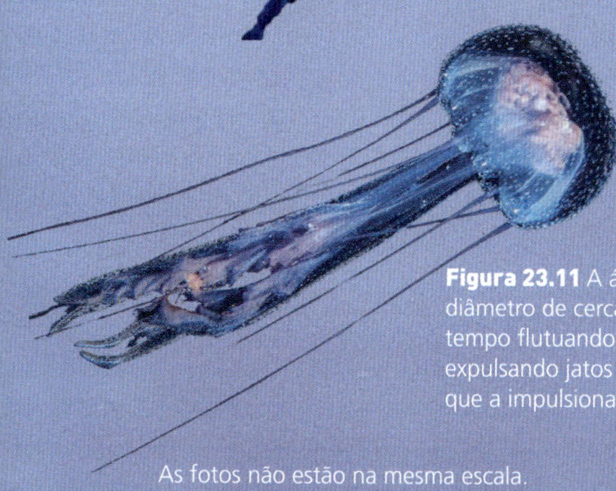

Reinhard Dirscherl/Getty Images

Figura 23.11 A água-viva (*Pelagia noctiluca*; diâmetro de cerca de 8 cm) passa a maior parte do tempo flutuando, mas também pode deslocar-se expulsando jatos de água pela contração do corpo, que a impulsionam para o sentido oposto.

David Doubilet/Getty Images

Figura 23.12 Vespa-do-mar (*Chironex fleckeri*; pode chegar a 30 cm de diâmetro): seus tentáculos causam queimaduras muito graves.

As fotos não estão na mesma escala.

ATIVIDADES

Questões discursivas

1. Em uma esponja, animal séssil, a presença dos poros e dos coanócitos é fundamental para a alimentação. Explique a relação entre a imobilidade da esponja e a importância dos poros e coanócitos.

2. Ao rever o que aprenderam sobre esponjas, dois estudantes discordaram em um ponto importante: um deles afirmava que elas são diferentes de todos os outros animais porque não se deslocam, e o outro dizia que deveria ser outra a característica que as diferencia dos outros animais. Qual dos dois estudantes estava certo? Justifique sua resposta.

3. Qual é a célula típica dos cnidários? Qual é a função dessa célula?

4. Os cnidários podem apresentar diversos formatos, mas apenas um tipo de simetria. Que tipo de simetria os cnidários apresentam?

5. Certos predadores de águas-vivas, como algumas tartarugas marinhas, têm a boca e parte do esôfago revestidas internamente de células queratinizadas. Explique a importância dessa adaptação relacionando-a à alimentação desses animais.

6. (Fuvest-SP) Por que as medusas podem, pelo simples contato, levar pequenos animais à morte ou provocar irritações cutâneas em seres humanos?

7. (Uema) A Grande Barreira de Corais da Austrália é a maior faixa de corais do mundo, com 2 300 quilômetros de comprimento e largura variando de 20 a 240 quilômetros, podendo ser vista do espaço. É a maior estrutura do mundo feita unicamente por milhões de organismos vivos. É situada entre as praias do nordeste da Austrália e Papua-Nova Guiné. A Barreira de Corais da Austrália comporta uma grande biodiversidade e é considerada um dos patrimônios mundiais da humanidade.

   Disponível em: <http://kabanamaster.com/os-10-lugares-mais-lindos-do-mundo/>. Acesso em: 20 set. 2013. (adaptado)

   a) Para a formação desse magnífico ecossistema, é necessária a importante participação de que invertebrados polipoides?

   b) Explique como ocorre o processo de construção dessas barreiras.

8. (Uerj) Biólogos da Uerj desvendam segredos dos corais de Búzios. Os moradores locais, preocupados com os danos que os barcos ancorados nas praias do balneário, a poluição do mar e a venda excessiva de corais no comércio local poderiam trazer para a fauna marinha da região, resolveram procurar ajuda.

   (Adaptado de: *O Globo*, 24/9/2000.)

   Cite uma função dos recifes de corais na preservação do ecossistema litorâneo.

Questões objetivas

1. (Enem-MEC)

   Os corais que formam o banco dos Abrolhos, na Bahia, podem estar extintos até 2050 devido a uma epidemia. Por exemplo, os corais-cérebro já tiveram cerca de 10% de sua população afetada pela praga-branca, a mais prevalente das seis doenças identificadas em Abrolhos, causada provavelmente por uma bactéria. Os cientistas atribuem a proliferação das patologias ao aquecimento global e à poluição marinha. O aquecimento global reduziria a imunidade dos corais ou estimularia os patógenos causadores desses males, trazendo novos agentes infecciosos.

   FURTADO, F. Peste branca no mar. *Ciência hoje*. Rio de Janeiro, v. 42, n. 251, ago. 2008 (adaptado).

   A fim de combater a praga-branca, a medida mais apropriada, segura e de efeitos mais duradouros seria

   a) aplicar antibióticos nas águas litorâneas de Abrolhos.

   b) substituir os aterros sanitários por centros de reciclagem de lixo.

   c) introduzir nas águas de Abrolhos espécies que se alimentem da bactéria causadora da doença.

   d) aumentar, mundialmente, o uso de transportes coletivos e diminuir a queima de derivados de petróleo.

   e) criar uma lei que proteja os corais, impedindo que mergulhadores e turistas se aproximem deles e os contaminem.

2. (Uece) Dentre as características apresentadas abaixo, marque aquela que justifica a inclusão de um ser vivo no filo Porifera e não em outros filos animais.

   a) Possuem ciclo de vida assexuado e sexuado.

   b) Apresentam cnidócitos como mecanismo de defesa.

   c) Filtram a água para a absorção de nutrientes.

   d) Não possuem células organizadas em tecidos bem definidos.

3. (IFCE) Quanto aos cnidoblastos, que são células presentes nos cnidários, é correto afirmar que:
   a) são células de defesa dotadas de líquidos tóxicos.
   b) são células sensoriais com capacidade de percepção de estímulos químicos.
   c) são células digestivas responsáveis pela secreção de enzimas.
   d) estão presentes na mesogleia das esponjas.
   e) são as larvas de um hidrozoário.

4. (Fuvest-SP) A Grande Barreira de Recifes se estende por mais de 2000 km ao longo da costa nordeste da Austrália e é considerada uma das maiores estruturas construídas por seres vivos. Quais são esses organismos e como eles formam esses recifes?
   a) esponjas – à custa de secreções calcárias.
   b) celenterados – à custa de espículas calcárias e silicosas do seu corpo.
   c) pólipos de cnidários – à custa de secreções calcárias.
   d) poríferos – à custa de material calcário do terreno.
   e) cnidários – à custa de material calcário do solo, como a gipsita.

5. (PUC-PR) Analise as proposições a seguir:
   I. Primeiros animais da escala evolutiva a apresentarem uma cavidade digestiva.
   II. Formação de dois tipos morfológicos de indivíduos.
   III. Esqueleto formado por espículas ou por espongina.
   IV. Presença de células urticantes para defesa e captura da presa.
   V. Presença de células flageladas que realizam movimento de água no corpo do animal.

   São características do filo Cnidaria:
   a) apenas I, III e V.
   b) apenas II, III e IV.
   c) apenas II, IV e V.
   d) I, II, III e V.
   e) apenas I, II e IV.

6. (UPE) Antes da descoberta do plástico, as esponjas de banho utilizadas na higiene pessoal eram obtidas a partir de animais marinhos pertencentes ao filo Porifera. Em relação aos animais desse filo e suas características, pode-se afirmar que:
   I. são invertebrados aquáticos filtradores, de corpo esponjoso e de estrutura simples, sem tecidos ou órgãos diferenciados nem sistema nervoso.
   II. apresentam numerosos poros laterais e, na região superior do corpo, uma única abertura para a entrada do alimento e da água, denominada ósculo.
   III. apresentam digestão extracelular na espongiocele, que ocorre por meio de enzimas produzidas pelos nematocistos.
   IV. apresentam digestão intracelular, que ocorre no interior dos coanócitos e dos amebócitos.
   V. apresentam circulação de água, facilitada por meio de células especiais flageladas, denominadas coanócitos.

   Assinale a alternativa correta.
   a) I, II e V, apenas.
   b) II, III e IV, apenas.
   c) I, IV e V, apenas.
   d) I, III e V, apenas.
   e) III, IV e V, apenas.

PESQUISEM E COMPARTILHEM

Em grupo, façam uma pesquisa em livros e *sites* e elaborem cartazes ou apresentações no computador para explicar os seguintes temas.

Tema 1 Como ocorre a alternância de gerações em cnidários? Como essa alternância de gerações dos cnidários difere daquela que vocês estudaram em plantas?

Tema 2 Pesquisem em que regiões do Brasil existem recifes de corais. Se possível, peçam auxílio ao professor de Geografia. Comentem as principais características desses recifes, que animais são encontrados neles e qual é sua importância ecológica e econômica. Depois, apresentem o resultado do trabalho para a classe e para a comunidade escolar.

Tema 3 Pesquisem que ameaças afetam a sobrevivência dos recifes de corais.

CAPÍTULO

24

Planária marinha (*Pseudoceros dimidiatus*) sobre coral (*Sarcophyton* sp.). Imagem obtida no mar da Indonésia. O tamanho das planárias pode variar de poucos milímetros até 60 cm de comprimento.

PLATELMINTOS E NEMATÓDEOS

Ao contrário do que se pode pensar, os animais conhecidos popularmente como vermes não são todos parasitas. Existem muitos platelmintos (como as planárias marinhas) e nematódeos que apresentam vida livre. As funções ecológicas dos nematódeos, sobretudo no solo, vão desde a decomposição de matéria orgânica até a regulação da população de microrganismos, podendo estimular o desenvolvimento de plantas. Neste capítulo, vamos conhecer melhor esses dois grupos de animais.

- **Onde é possível encontrar platelmintos? E nematódeos?**
- **Algumas espécies de platelmintos e nematódeos podem nos causar doenças. Você sabe quais doenças são essas? E como podemos nos prevenir?**

1. PLATELMINTOS

No filo **Platyhelminthes** (**platelmintos**; *platys* = chato; *helmins* = verme), encontram-se os animais de corpo achatado dorsoventralmente. Alguns, como as planárias, têm vida livre, isto é, não vivem como parasitas, pois se deslocam livremente no ambiente em busca de alimento. Elas podem ser aquáticas ou terrestres, ocupando os solos úmidos. Outros platelmintos, como a tênia (solitária) e o esquistossomo, são **endoparasitas** (desenvolvem-se no interior do corpo do hospedeiro).

Os platelmintos são animais **triblásticos**, ou seja, no embrião formam-se três folhetos embrionários (germinativos): a ectoderme, a mesoderme e a endoderme, mas não possuem celoma e por isso são denominados **acelomados**.

As espécies de vida livre apresentam **cefalização**, isto é, na região anterior do corpo há uma cabeça, com maior concentração de órgãos sensoriais e de tecido nervoso que o resto do corpo.

A cabeça é especializada em receber estímulos ambientais durante o movimento, o que facilita, por exemplo, a localização de presas. Assim, o corpo do animal apresenta uma região anterior e outra posterior, além de ser dividido em duas metades semelhantes (direita e esquerda), o que caracteriza uma simetria bilateral.

Nas formas livres, na cabeça há ocelos (**figura 24.1**), ou seja, olhos primitivos que distinguem apenas a presença e direção da luz. Nos parasitas, a cabeça pode apresentar ventosas e, às vezes, ganchos de fixação.

Os platelmintos de vida livre costumam alimentar-se de outros invertebrados. Seu tubo digestório é incompleto (sem ânus), ou de fluxo bidirecional, e a digestão é extra e intracelular (ela termina no citoplasma das células do intestino; **figura 24.1**).

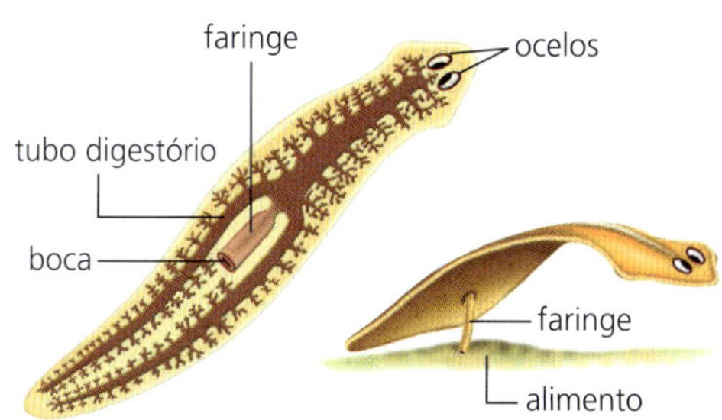

Ingeborg Asbach/Arquivo da editora

Figura 24.1 Tubo digestório da planária: a faringe é estendida para fora da boca, fazendo a ingestão do alimento (os elementos não estão na mesma escala; planárias de água doce têm, em média, de 3 mm a 15 mm de comprimento; cores fantasia).

A espessura do corpo dos platelmintos é muito pequena, o que facilita a difusão de substâncias pelo organismo. Assim, o oxigênio absorvido pela epiderme chega facilmente ao centro do corpo por difusão. Não existem nesses animais os sistemas respiratório ou circulatório diferenciados. A cavidade digestória distribui alimento pelo corpo.

As excretas são eliminadas por difusão pela superfície do corpo. O excesso de água e de outros produtos do metabolismo é eliminado por células que possuem flagelos, os **solenócitos** (*solen* = canal; *kytos* = célula) ou **células-flama** (em conjunto, assemelham-se à chama de uma vela).

O sistema nervoso dos platelmintos é mais desenvolvido que o dos cnidários e proporciona melhor coordenação de movimentos complexos. Há duas pequenas "estações nervosas", os **gânglios cerebrais**, ligados entre si por dois **cordões nervosos**. Portanto, além da cefalização, há centralização do sistema nervoso, o que permite movimentos mais sofisticados. Nas formas livres existem ainda **quimiorreceptores**, que assinalam a presença de substâncias químicas úteis ou nocivas.

A reprodução pode ser assexuada pela divisão do corpo ao meio (**laceração** ou **fissão**; **figura 24.2**) ou sexuada. Na laceração, cada uma das partes se regenera, dando origem a uma planária inteira. A regeneração também pode ser observada em laboratório cortando uma planária em dois ou mais pedaços.

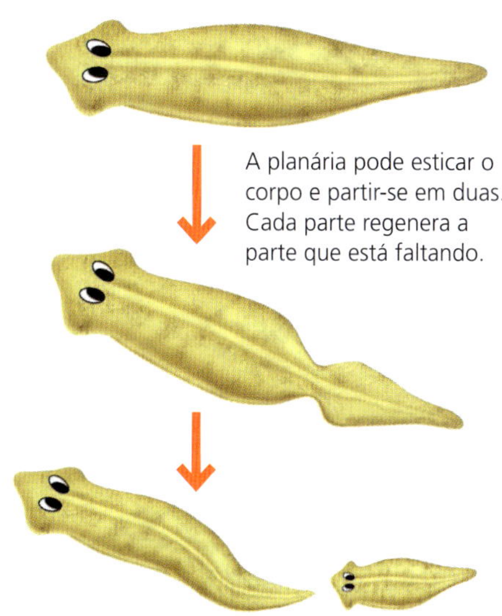

Luis Moura/Arquivo da editora

Figura 24.2 Reprodução assexuada das planárias por laceração (os elementos não estão na mesma escala; cores fantasia).

Choksawatdikorn/Shutterstock

Figura 24.3 Planária de água doce, com cerca de 15 mm de comprimento (imagem ao microscópio óptico).

Quanto à reprodução sexuada, podemos citar a planária, que é hermafrodita ou monoica (cada indivíduo apresenta testículos e ovários). A fecundação é cruzada e mútua, também chamada **fecundação recíproca**. O ovo origina uma nova planária por desenvolvimento direto, mas nos platelmintos parasitas há formação de larvas (desenvolvimento indireto).

Os platelmintos dividem-se em três classes: **Turbellaria (turbelários)**, **Trematoda (trematódeos)** e **Cestoda (cestódeos)**.

A maioria das espécies de turbelários é aquática de vida livre; poucas são terrestres e parasitas. O termo turbelário faz referência ao turbilhão provocado na água pelos cílios que cobrem a epiderme desses animais. O principal exemplo é a planária (veja a **figura 24.3**).

O corpo dos trematódeos é revestido por uma cutícula e apresenta ventosas ou ganchos. No tubo digestório há uma boca que pode ter ventosas (*trematos* significa 'portador de orifícios', em razão da observação de ventosas ao redor da boca). Em geral, são hermafroditas.

Vamos estudar com mais detalhes um representante desse grupo: o **esquistossomo** (*schistos* = fendido; *soma* = corpo), causador da doença **esquistossomose**.

Em relação aos cestódeos, os principais exemplos são as **tênias** (*tainia* = *fita*; o corpo desses animais tem a forma de fita).

ATENÇÃO!

Neste capítulo são apresentadas informações sobre algumas doenças. Essas informações não podem ser usadas para diagnóstico, tratamento ou prevenção de doenças, pois não substituem orientações médicas.

ESQUISTOSSOMOSE

Há três espécies de esquistossomos que provocam doenças em milhões de pessoas na África (*Schistosoma haematobium*), na Ásia (*Schistosoma japonicum*) e na América Latina (*Schistosoma mansoni*). Encontrado no Brasil, o *S. mansoni* é a causa da esquistossomose, também conhecida como **esquistossomíase mansônica** (ou, ainda, **xistossomose**, **xistosa** e **doença do caramujo**).

O esquistossomo macho mede cerca de 1 cm e possui duas ventosas e um sulco ao longo do corpo, no qual abriga a fêmea (com cerca de 1,5 cm) durante a cópula. Veja a **figura 24.4**. Eles completam seu desenvolvimento no **sistema porta-hepático** (veias que ligam o intestino ao fígado) do hospedeiro definitivo. Nesse caso, o ser humano é o hospedeiro definitivo, porque abriga a forma do parasita com reprodução sexuada. Acompanhe o ciclo na **figura 24.6**.

A fêmea põe cerca de 400 ovos por dia nas veias e nos capilares da parede do intestino, provocando uma inflamação nesses vasos. O processo inflamatório facilita a passagem dos ovos para a cavidade intestinal. Assim, eles são eliminados com as fezes. Se estas chegam até a água, os ovos se rompem e liberam uma larva ciliada, o **miracídio** (*meirakion* = jovem), capaz de se movimentar ativamente entre 8 e 12 horas. Depois desse tempo, ela só sobrevive se penetrar em um caramujo do gênero *Biomphalaria*, que vive em água doce parada ou com pouca correnteza (**figura 24.5**).

Figura 24.4 Fêmea do esquistossomo no canal do corpo do macho, que tem cerca de 1 cm de comprimento (microscópio eletrônico; aumento de 100 vezes; imagem colorizada por computador).

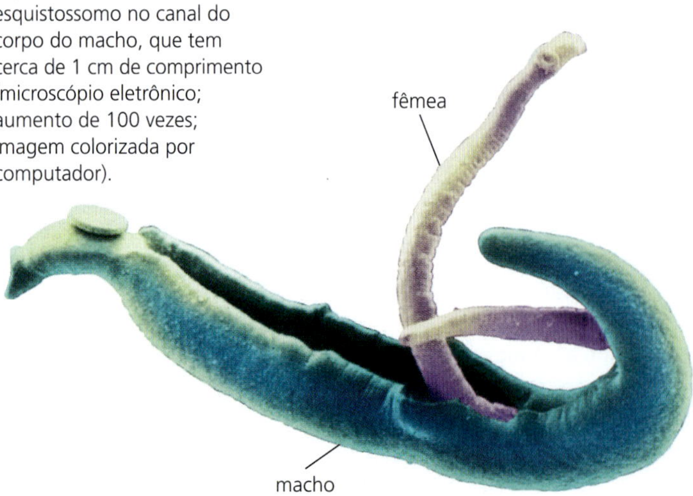

NIBSC/SPL/Latinstock

Fabio Colombini/Acervo do fotógrafo

Figura 24.5 Caramujo que participa do ciclo da esquistossomose (a concha tem até cerca de 40 mm de diâmetro).

No caramujo, o miracídio cresce e se desenvolve em um saco com centenas de células reprodutoras, o **esporocisto primário** (*sporo* = semente; *kystis* = bexiga). Este, por reprodução assexuada, forma vários **esporocistos secundários**, que originam outro tipo de larva, a **cercária** (*kerkos* = cauda). De um único miracídio, originam-se até 300 mil cercárias. Essa grande produção de larvas é comum em parasitas com mais de um hospedeiro e ajuda a compensar a grande mortalidade que ocorre durante a passagem do parasita de um hospedeiro para outro. Essa passagem evita a competição entre as formas jovens e as adultas pelos recursos alimentares de um mesmo hospedeiro.

A cercária abandona o caramujo e pode viver livremente na água doce por até dois dias. Ela possui características que auxiliam na penetração através da pele ou das mucosas do ser humano quando este entra em contato com água contaminada (bebendo, lavando roupa, tomando banho, etc.). Reveja a **figura 24.6**.

Ao penetrar na pele, a larva pode provocar uma reação alérgica, causando coceira, vermelhidão e dor. Podem ocorrer problemas no fígado, no baço e no intestino, com diarreias, dores abdominais e emagrecimento. O baço e o fígado crescem, aumentando o volume da barriga (sintoma conhecido como ascite ou "barriga-d'água"). Para combater e evitar a doença, além de tratar as pessoas afetadas com medicamentos que eliminam os vermes, é fundamental dispor de instalações sanitárias adequadas e sistema de esgoto eficiente, evitando que as fezes com os ovos atinjam cursos de água e o verme prolifere. Além disso, a água para beber tem de ser fervida e não se deve entrar em rios nas horas mais quentes e luminosas do dia (das 10 h às 16 h), pois esse é o período de maior liberação de cercarias. Outra medida preventiva que pode ser adotada é o combate ao caramujo com peixes que se alimentam dele (controle biológico) ou, se necessário, com produtos químicos.

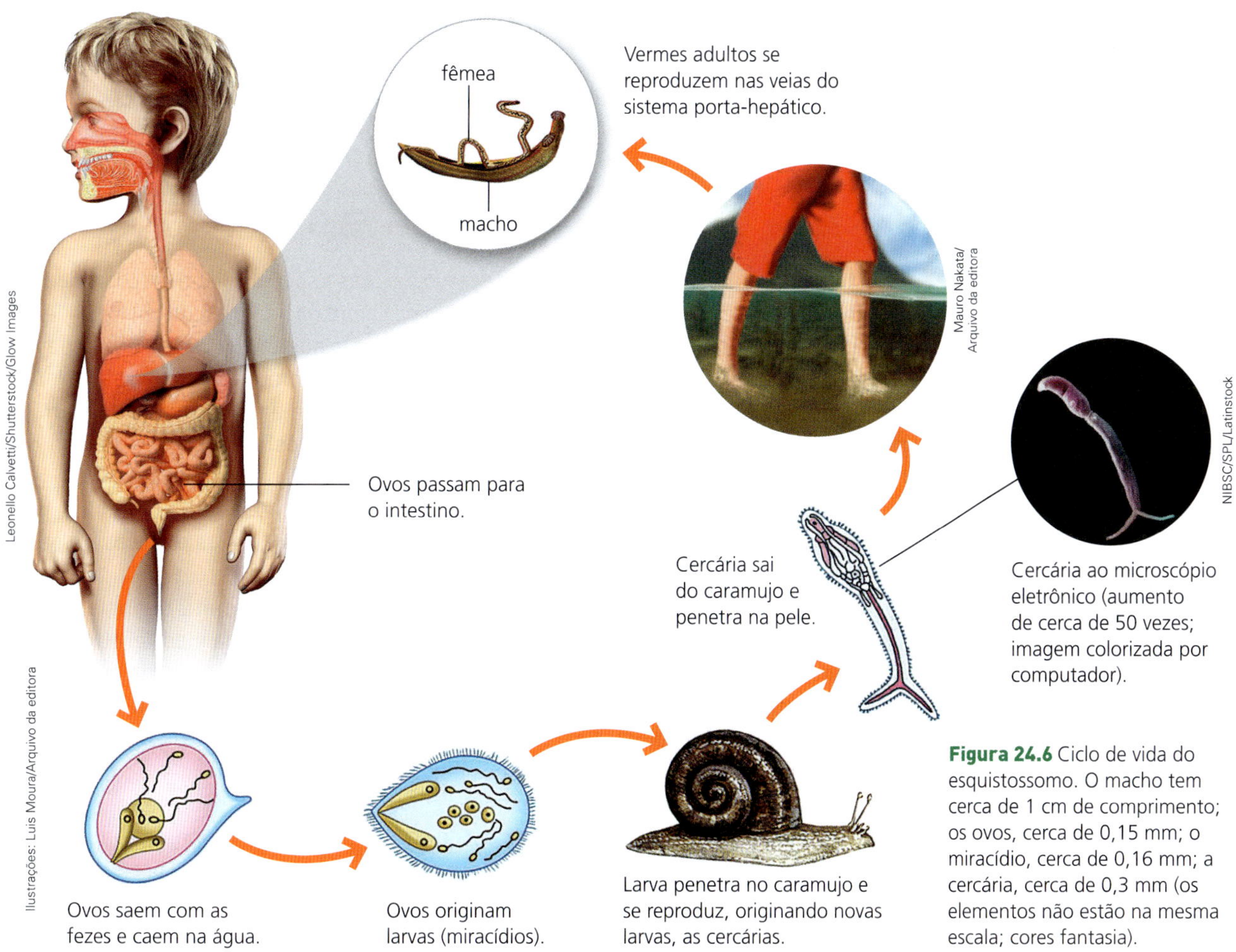

Figura 24.6 Ciclo de vida do esquistossomo. O macho tem cerca de 1 cm de comprimento; os ovos, cerca de 0,15 mm; o miracídio, cerca de 0,16 mm; a cercária, cerca de 0,3 mm (os elementos não estão na mesma escala; cores fantasia).

TENÍASE E CISTICERCOSE

A *Taenia solium* e a *Taenia saginata* são os vermes causadores da **teníase** e da **cisticercose**. Veja a **figura 24.7**.

O corpo das tênias, também chamado **estróbilo** (*strobilus* = cone), é formado por uma repetição de segmentos ou anéis chamados **proglotes** ou **proglótides** (*proglottis* = ponta da língua), que crescem por divisão (**estrobilização**) dos anéis próximos da região anterior do verme, o **escólex** (*skólex* = verme). Neste, há estruturas de fixação (**ventosas**) e, às vezes, uma coroa de ganchos que prendem o parasita na parede do intestino do hospedeiro. A *Taenia solium*, por exemplo, apresenta ganchos, além das ventosas.

As tênias possuem cutícula protetora na epiderme, vários cordões nervosos e até quatro canais excretores que percorrem todo o estróbilo. Cada anel é constituído por um sistema reprodutor hermafrodita, capaz de realizar a autofecundação.

Uma característica importante desse grupo é a ausência de tubo digestório. Esses vermes absorvem o alimento já digerido pelo intestino do hospedeiro.

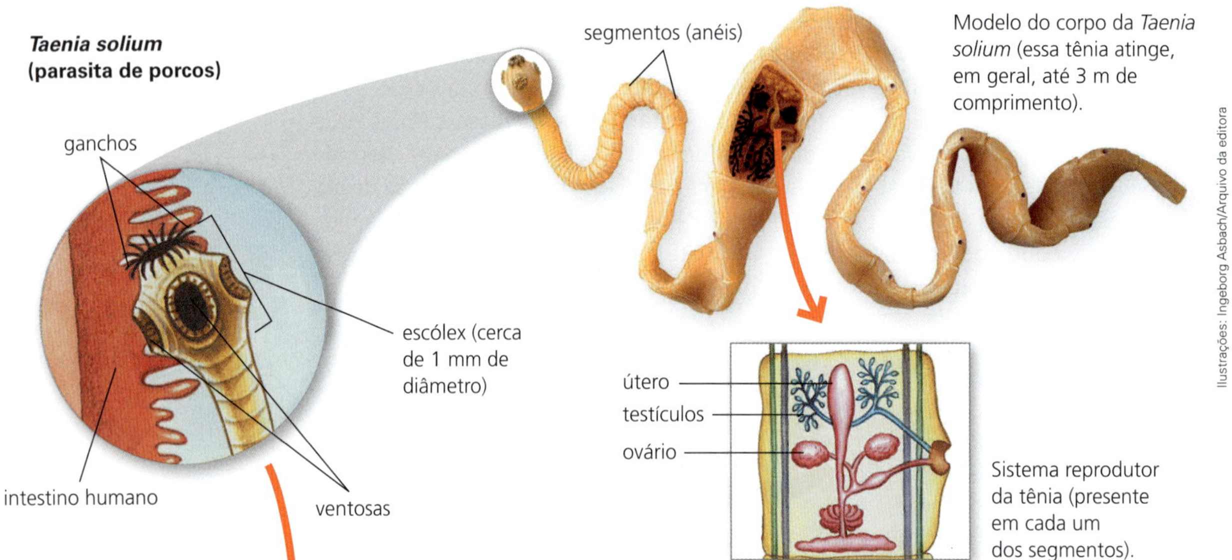

Escólex de tênia do boi ao microscópio eletrônico (aumento de cerca de 25 vezes; imagem colorizada por computador). O corpo dessa tênia atinge, em geral, até 8 m de comprimento.

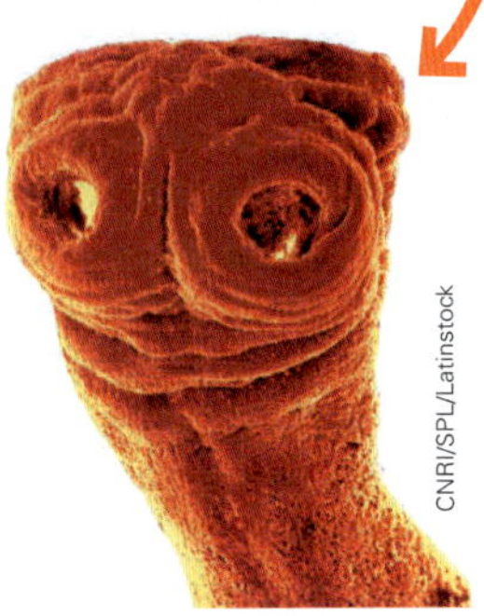

Figura 24.7 Detalhes do corpo da tênia (os elementos não estão na mesma escala; cores fantasia).

A **teníase** é uma doença causada pela larva de duas espécies de tênia. O hospedeiro intermediário da *Taenia solium* é o porco, e o da *Taenia saginata* é o boi; o hospedeiro definitivo, em ambos os casos, é o ser humano. A tênia adulta vive presa à parede do intestino delgado, onde ocorre a autofecundação. As proglotes fecundadas são expulsas com as fezes, desintegram-se e liberam ovos que contêm um embrião esférico, portador de seis espinhos. Esse embrião é chamado **oncosfera** (*ogkos* = tumor) ou **hexacanto** (*héx* = seis; *akantha* = espinho). Veja o ciclo da teníase na **figura 24.8**.

Uma pessoa parasitada por uma tênia pode eliminar cerca de 700 mil ovos por dia, o que representa mais uma adaptação à grande perda de ovos e larvas na passagem de um hospedeiro para outro.

Quando as fezes são depositadas no solo, geralmente por falta de instalações sanitárias adequadas, os ovos podem, além de contaminar a água e as verduras, ser ingeridos pelo porco ou pelo boi. No estômago desses animais, a casca do ovo é destruída, libertando a oncosfera, que fura a parede do intestino e segue para os músculos do animal, onde se aloja. Nestes, ela cresce e assume o aspecto de uma vesícula cheia de líquido, o **cisticerco** (*kystis* = bexiga; *kerkos* = cauda). A olho nu, o cisticerco parece uma pequena esfera branca, por isso é popularmente chamado de canjiquinha. O ser humano contamina-se ao ingerir carne crua, mal-assada ou malcozida contendo cisticercos. Estes, no intestino delgado, desenvaginam o escólex, prendem-se à mucosa intestinal e alcançam o estágio adulto. Geralmente, há apenas uma tênia no corpo da pessoa. Por isso, esses vermes são chamados também de **solitárias**.

Muitas vezes, a teníase não apresenta sintomas, mas há casos em que se constata dor abdominal, perda de peso, dor de cabeça, etc. O diagnóstico é feito pelo exame das fezes.

A **cisticercose humana** é uma doença mais grave que a teníase. Desenvolve-se quando os ovos eliminados por um indivíduo infestado pela *Taenia solium* são transmitidos para ele próprio ou para outras pessoas por meio de mãos sujas ou água e alimento contaminados. Assim, enquanto na teníase o ser humano é o hospedeiro definitivo, na cisticercose ele é o hospedeiro intermediário (reveja a **figura 24.8**).

No intestino, as larvas passam para a circulação sanguínea, indo se alojar nos olhos (cisticercose ocular), cérebro (neurocisticercose), pele, músculos, etc. A gravidade da doença depende do órgão atingido e pode levar à cegueira ou até à morte. O tratamento pode ser feito com cirurgias e medicamentos que destroem o cisticerco.

As medidas preventivas contra cisticercose humana incluem, além de medidas de saneamento básico, os hábitos de higiene pessoal, como lavar as mãos antes de manipular alimentos ou após a evacuação, não levar a mão suja à boca e comer alimentos bem higienizados. Já as medidas de prevenção da teníase incluem o uso de vasos sanitários ligados à rede de esgotos, fossas adequadamente tratadas e inspeção sanitária dos matadouros, com eliminação da carne de animais contaminados. A medida individual mais importante para se proteger da teníase é evitar a ingestão de carne crua ou malcozida.

Cisticerco (com cerca de 1 cm de diâmetro)

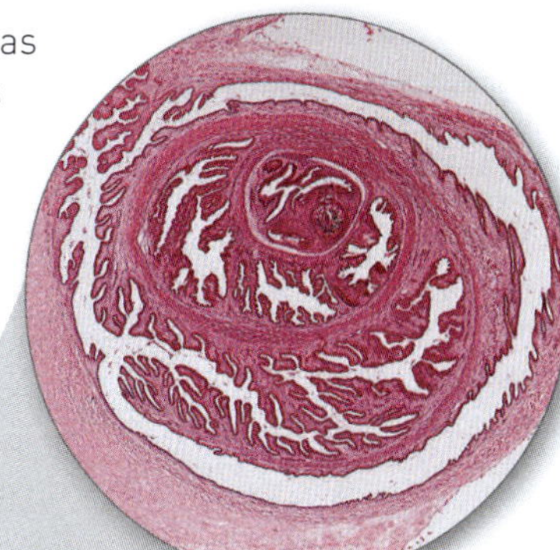

Carolina Biological/Visuals Unlimited/Corbis/Latinstock

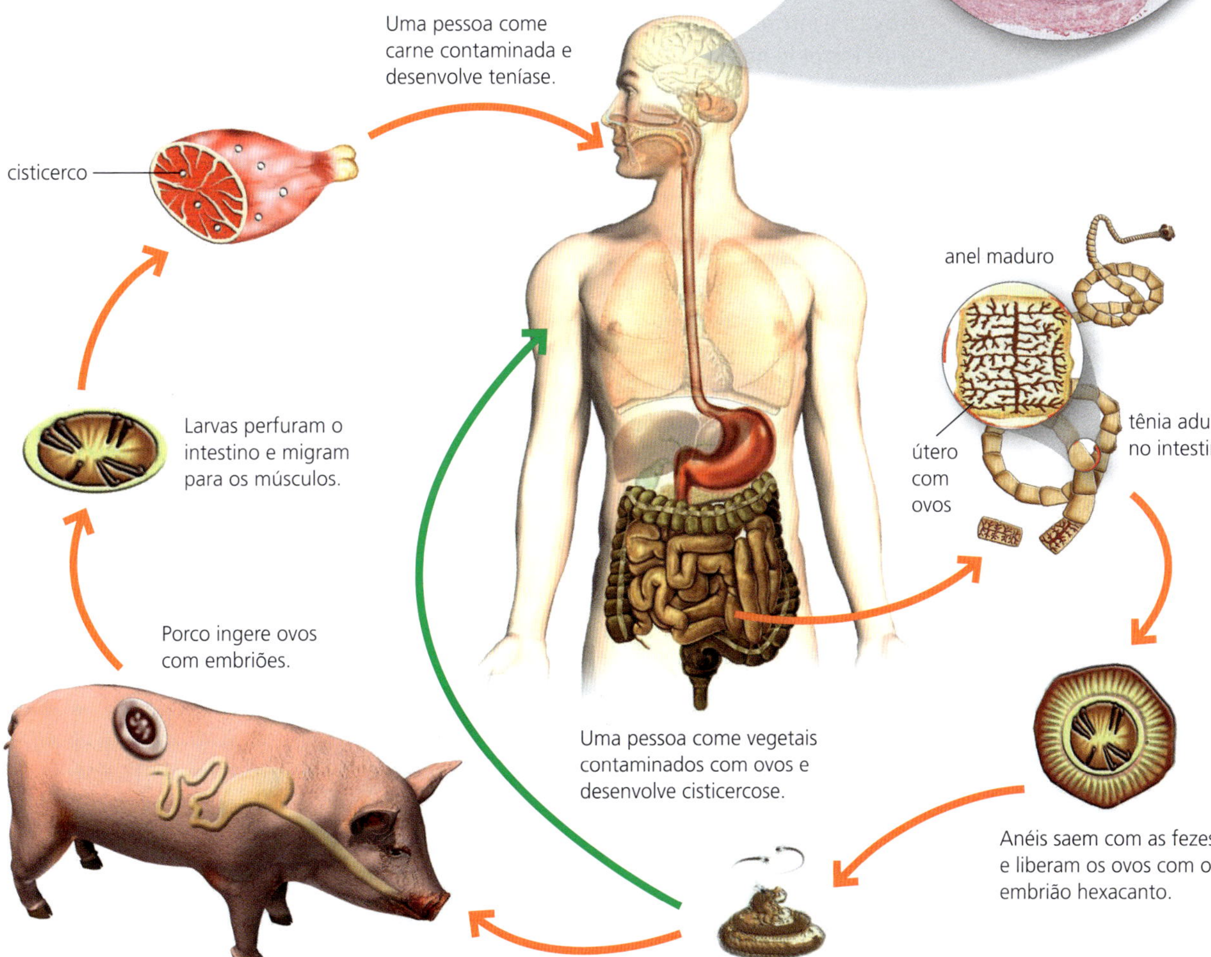

Luis Moura/Arquivo da editora

Figura 24.8 Ciclo da teníase (setas laranja) e da cisticercose (seta verde). O corpo desse parasita tem cerca de mil proglotes. Os ovos têm, em média, 0,03 mm de diâmetro, e as larvas chegam a 12 mm de comprimento (os elementos não estão na mesma escala; cores fantasia).

Nigel Cattlin/Photoresearchers/Latinstock

Figura 24.9 Nematódeo em meio à madeira apodrecida de uma árvore (mede entre 1 mm e 1,5 mm de comprimento).

2. NEMATÓDEOS

Os **nematódeos** (filo **Nematoda**) são vermes com o corpo alongado, cilíndrico e afilado nas extremidades, que se assemelham a um fio (*nema* = filamento). Muitos são microscópicos; outros medem poucos milímetros ou centímetros de comprimento. Veja a **figura 24.9**. A simetria desses animais é bilateral.

Os nematódeos são triblásticos, assim como os platelmintos. Diferente desses, entretanto, apresentam uma cavidade corporal, entre o intestino e a epiderme, chamada de **pseudoceloma** e por isso são chamados de **pseudocelomados**. Quando observado em corte, o verme adquire o aspecto de um tubo com outro (o tubo digestório) em seu interior (daí o nome asquelminto; *asco* = saco; e *helmins* = verme).

Esse pseudoceloma proporciona mais espaço para o desenvolvimento dos órgãos. Além disso, o líquido que o preenche ajuda a distribuir nutrientes e outras substâncias pelo corpo, facilita a eliminação das excretas e funciona na sustentação do animal.

O corpo dos nematódeos é coberto por uma película muito resistente e flexível, secretada pela epiderme, a **cutícula**. Essa estrutura protege o corpo do animal contra o atrito de partículas do solo ou, nas espécies parasitas, contra as defesas do hospedeiro.

Possuem tubo digestório completo, ou unidirecional, com boca e ânus. A digestão é extra e intracelular. Em alguns parasitas, o intestino apenas absorve o alimento já digerido pelo hospedeiro.

Não há sistema respiratório nem circulatório; a troca de gases é feita por difusão através da superfície do corpo.

Como sistema excretor, há uma célula grande com a forma da letra H ou um par de células alongadas em forma de saco. Ambas se abrem para o exterior por meio de um poro na epiderme.

O sistema nervoso é centralizado, com um anel na região anterior do corpo, do qual partem cordões nervosos longitudinais.

Na maioria dos casos, os sexos são separados. Os machos possuem testículos, nos quais são produzidos os espermatozoides, além de glândulas anexas, que produzem líquidos para o transporte dos gametas. As fêmeas possuem ovários, que produzem óvulos, além de dois úteros e uma vagina (**figura 24.10**).

A fecundação é interna e do ovo sai uma forma jovem semelhante ao adulto (mas sem sistema reprodutor), que à medida que cresce realiza mudas, trocando de cutícula.

Os nematódeos estão espalhados em grande quantidade no solo, na água e como parasitas de animais e vegetais. Podem existir centenas de milhares desses pequenos nematódeos em um punhado de solo. Há também doenças importantes causadas por nematódeos, como veremos a seguir.

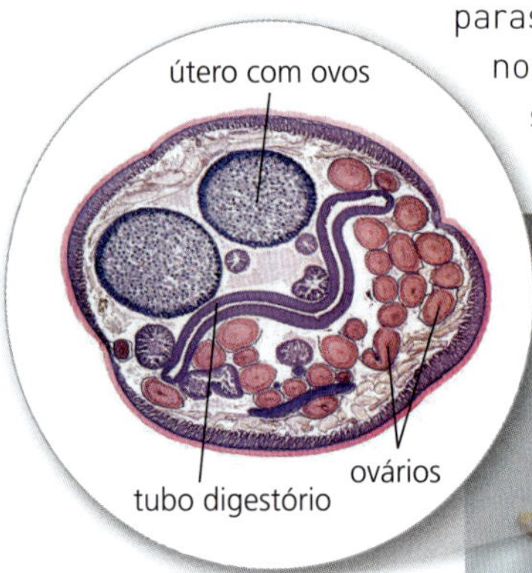

Steve Gschmeissner/SPL/Latinstock

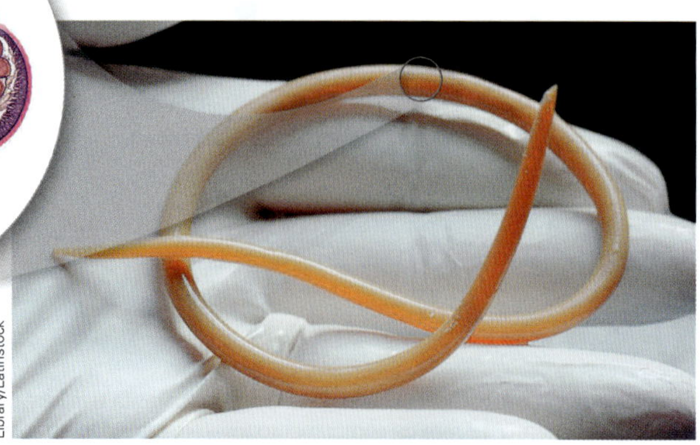

Clouds Hill Imaging LTD/Science Photo Library/Latinstock

Figura 24.10 Corpo de uma fêmea de *Ascaris* sp. No detalhe, corte transversal evidenciando as estruturas internas. As lombrigas medem cerca de 20 cm de comprimento (corte visto em microscópio óptico; aumento de cerca de 5 vezes; com uso de corantes).

ASCARIDÍASE

A **ascaridíase**, também chamada **ascaríase**, é causada pelo *Ascaris lumbricoides*, conhecida popularmente como **lombriga** (*lumbricu* = minhoca; embora a minhoca seja representante de outro filo, o dos anelídeos). Os vermes adultos medem entre 15 cm e 40 cm de comprimento e desenvolvem-se no intestino delgado do hospedeiro, onde macho e fêmea se acasalam. A fêmea produz até 200 mil ovos por dia, cada um com cerca de 50 µm de diâmetro. Os ovos são expulsos com as fezes do hospedeiro e, em condições favoráveis de umidade e temperatura, dão origem a uma larva infectante.

Quando não há saneamento básico (esgoto ou fossa), os ovos podem contaminar o solo, a água e os alimentos. Hortaliças regadas com água contaminada de rios e córregos também podem, por exemplo, apresentar ovos. Moscas, baratas e outros animais também podem espalhá-los.

Os ovos ingeridos alcançam o intestino, eclodem e originam as larvas. Antes de se instalarem nesse órgão, as larvas migram pelo corpo: atravessam a parede intestinal e caem na corrente sanguínea; chegam, dois ou três dias depois, ao coração, do qual são levadas para os pulmões e passam para os alvéolos, subindo pelos brônquios e pela traqueia até chegarem à laringe. Passam, então, para a faringe, sendo deglutidas e indo para o estômago. Já adultas, instalam-se definitivamente no intestino delgado (**figura 24.11**).

ATENÇÃO!

Para mais informações, procure orientação médica.

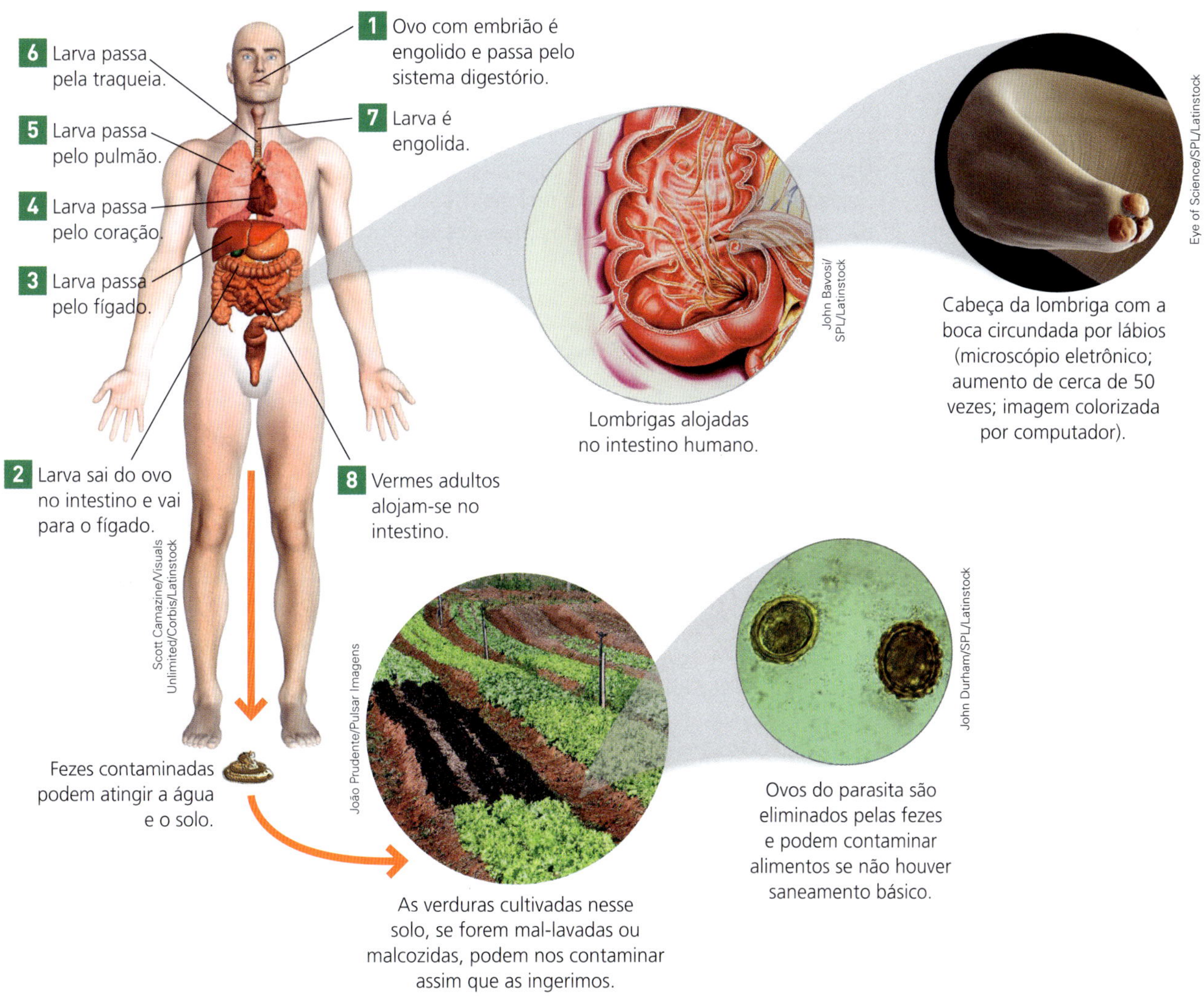

Figura 24.11 Esquema do ciclo do *Ascaris lumbricoides* (acompanhe a numeração). O ovo do verme tem cerca de 0,05 mm de diâmetro; a larva, até 2 mm de comprimento (os elementos não estão na mesma escala; cores fantasia).

A gravidade da doença depende da quantidade de vermes que o hospedeiro abriga. Infestações pequenas às vezes passam despercebidas; as intensas, porém, com cinquenta ou mais vermes, podem provocar obstrução intestinal. O desvio dos nutrientes do hospedeiro para o parasita é mais grave quando a pessoa está mal alimentada, subnutrida ou é muito jovem. Podem aparecer manifestações alérgicas, como urticária, cólicas, diarreias e prisão de ventre. Além disso, são comuns tosse seca e chiado, uma vez que as larvas passam pelo pulmão e podem provocar lesões nesse órgão.

O tratamento com medicamentos que eliminam os vermes é muito eficiente. A prevenção contra essa doença consiste na instalação de rede de esgotos, construção de fossas sépticas e educação sanitária, bem como hábitos de higiene pessoal (lavar as mãos antes de tocar alimentos ou de comer, etc.).

ANCILOSTOMOSE

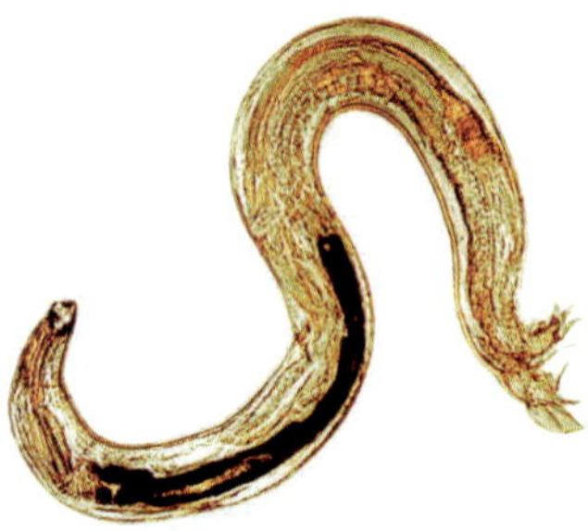

Figura 24.12 *Ancylostoma duodenale* visto em microscópio óptico. A parte escura é o sangue do hospedeiro no intestino do parasita.

A **ancilostomose**, também chamada **ancilostomíase**, **necatoríase**, **amarelão** (a pessoa fica anêmica, com pele pálida) ou **opilação**, pode ser causada por duas espécies de nematódeos com ciclos semelhantes: o *Ancylostoma duodenale* (**figura 24.12**) e o *Necator americanus* (*necator* = assassino).

Os vermes adultos (machos e fêmeas) medem entre 1 cm e 2 cm de comprimento e desenvolvem-se no intestino delgado do ser humano. Os ovos são expulsos com as fezes e, encontrando condições favoráveis no solo (terra úmida e quente), liberam uma larva, que passa a ter vida livre no solo.

As larvas penetram através da pele, geralmente dos pés descalços, migram para os vasos linfáticos da derme e passam para os vasos sanguíneos, sendo levadas, através da circulação, para o coração e o pulmão (no qual podem provocar lesões). Depois, as larvas perfuram os capilares pulmonares e a parede dos alvéolos, migram pelos bronquíolos e chegam à faringe. Descem pelo esôfago e alcançam o intestino delgado, onde se tornam adultos (**figura 24.13**). Outra maneira de infestação é a ingestão da larva, que alcança o estado adulto no intestino delgado, sem migração.

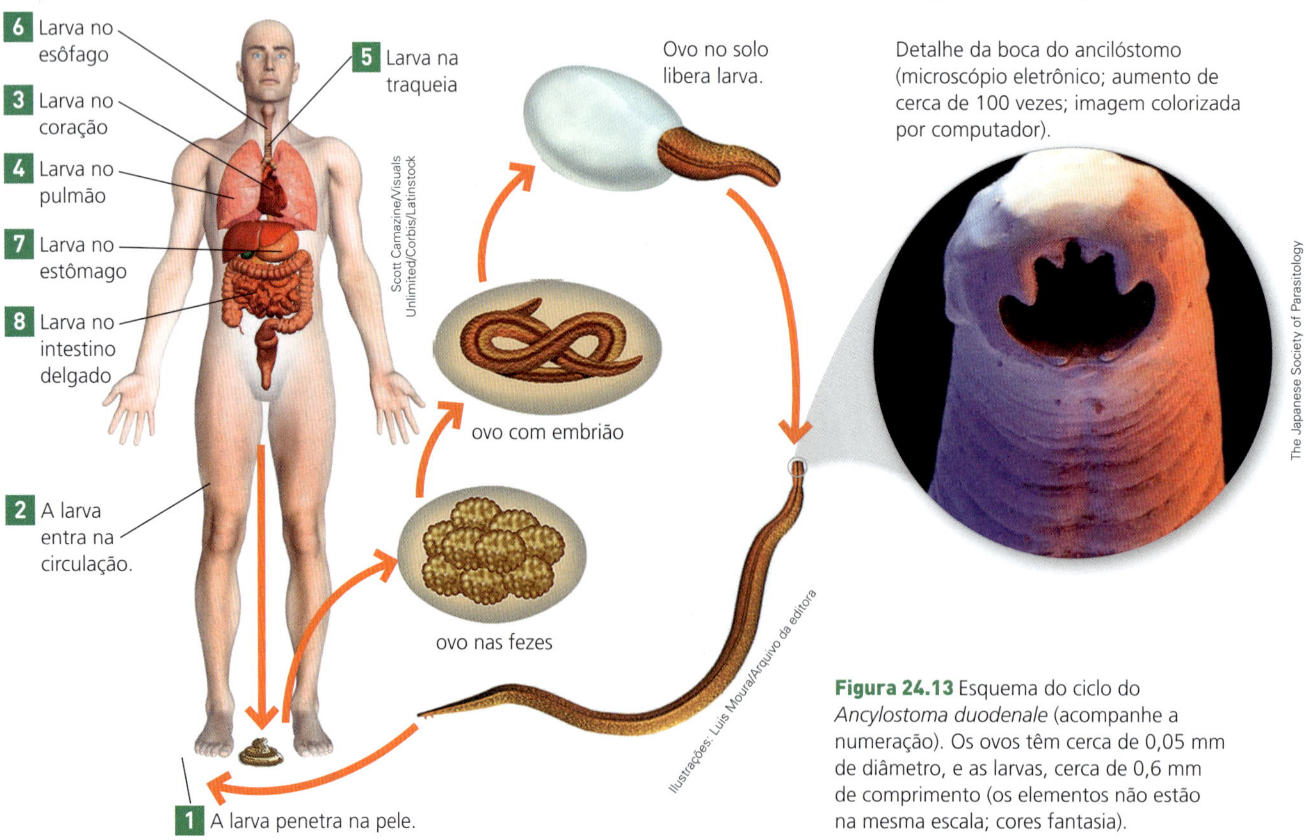

Figura 24.13 Esquema do ciclo do *Ancylostoma duodenale* (acompanhe a numeração). Os ovos têm cerca de 0,05 mm de diâmetro, e as larvas, cerca de 0,6 mm de comprimento (os elementos não estão na mesma escala; cores fantasia).

Com placas cortantes ou dentes, os vermes rasgam as paredes intestinais e sugam o sangue, provocando hemorragias e anemia. A pessoa fica pálida, cansada, com fraqueza, tonturas, desânimo e dores musculares. À medida que a anemia se agrava, ocorrem falta de ar e deficiências na circulação e no funcionamento do coração, fatores que podem levar ao óbito.

A prevenção baseia-se na construção de instalações sanitárias, hábitos de higiene (lavar as mãos antes de comer, lavar bem os alimentos, etc.), tratamento da água e uso de calçados. O tratamento deve ser feito com vermífugos, associados à administração de ferro (para combater a anemia) e a uma dieta rica em proteínas, vitaminas e alimentos com ferro.

BICHO-GEOGRÁFICO

Algumas espécies de nematódeos que parasitam o intestino de cães e gatos (*Ancylostoma braziliensis* e *Ancylostoma caninum*) produzem larvas que podem penetrar na epiderme humana e deslocar-se através dela, abrindo túneis (que lembram o traçado de um mapa) e provocando intensa coceira (**figura 24.14**). Essa doença é chamada **larva *migrans* cutânea**, **bicho-geográfico**, **dermatite pruriginosa** ou **bicho-das-praias** (pois é comum em praias poluídas por fezes de cães e gatos).

A prevenção consiste em restringir o acesso de animais domésticos a praias e também a tanques de areia em escolas e parques onde brincam crianças. Devem-se realizar exames periódicos nesses animais para verificar se estão contaminados e eliminar o verme com medicamentos. O ideal também é andar de chinelos na praia e sentar-se em cadeiras ou toalhas, de modo que seja evitado o contato da pele com a areia. Há medicamentos que matam as larvas.

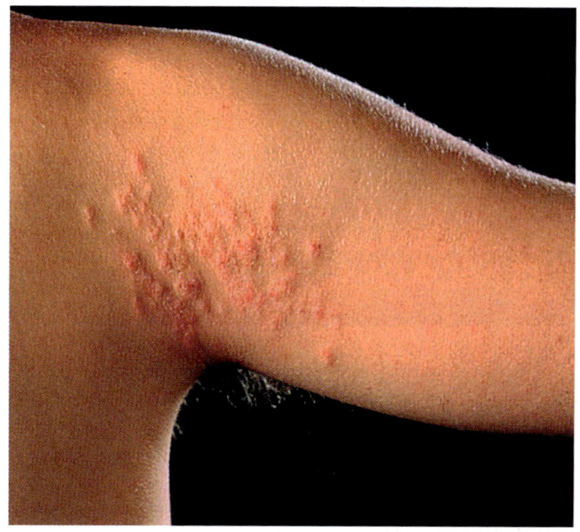
St. Bartholomew's Hospital/SPL/Latinstock

Figura 24.14 Lesão de pele causada por bicho-geográfico.

FILARIOSE

A **filariose** linfática é causada pelo verme *Wuchereria bancrofti* ou **filária** (*filariu* = novelo de linha), que se desenvolve nos vasos linfáticos. Essa doença é mais encontrada em regiões tropicais (na América Latina, no Sudeste Asiático e na África), incluindo o Brasil.

Em uma pessoa infectada, a fêmea fecundada produz larvas que migram para o sangue e só completam o seu desenvolvimento em mosquitos hematófagos, como os do gênero *Culex*. Veja a **figura 24.15**. Com a picada, as larvas passam com o sangue para o tubo digestório do mosquito, migram para os músculos, crescem e formam larvas infestantes, que mais tarde vão se instalar nas peças bucais do inseto.

Quando o inseto contaminado com as larvas pica uma pessoa, elas atingem os vasos linfáticos, tornam-se adultas e obstruem esses vasos. Como uma das funções desses vasos é retirar o excesso de líquido que sai do sangue e banha os tecidos, ocorre o acúmulo desse líquido na região atingida (principalmente pernas, mamas e escroto), causando deformações, inchaço e hipertrofia, daí o nome **elefantíase**, pelo qual a doença é conhecida.

Medidas profiláticas são o combate ao mosquito e às suas larvas com inseticidas, saneamento ambiental, drenagem de águas pluviais e tratamento de esgotos. Em caso de infecção, os medicamentos contra o verme devem ser logo administrados, para evitar as lesões irreversíveis da doença.

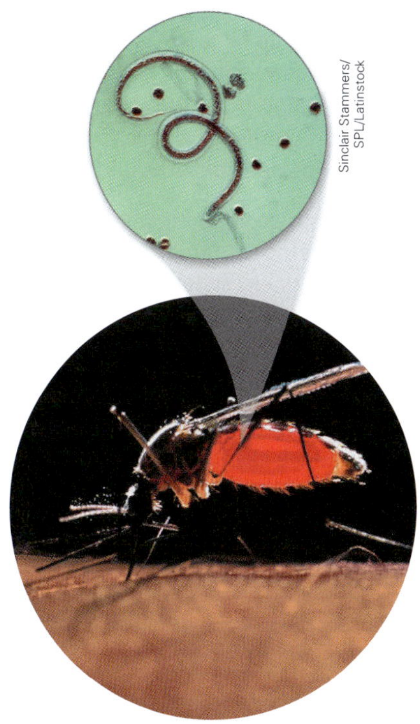
Sinclair Stammers/SPL/Latinstock

Claude Nuridsany & Marie Perennou/SPL/Latinstock

Figura 24.15 Mosquito do gênero *Culex* (3 mm a 6 mm de comprimento) sobre pele humana; o abdome do inseto está dilatado e cheio de sangue ingerido. No detalhe, larva de filária.

ACESSE E SAIBA MAIS

Doenças negligenciadas
<www.youtube.com/watch?v=6HNVAqkQ4BU>
Acesso em: 24 jul. 2018.

ENTEROBÍASE

A **enterobíase** ou **oxiuríase** é provocada pelo nematódeo *Enterobius vermicularis* (*énteron* = intestino; *bios* = vida) ou *Oxyurus vermicularis*, conhecido como **oxiúro** (*oxys* = ponta; *ourás* = cauda). O macho mede cerca de 5 mm de comprimento, e a fêmea, 1 cm. Ambos se desenvolvem no intestino grosso. Depois de fecundada, a fêmea dirige-se para a região em torno do ânus, onde deposita seus ovos: o sintoma mais frequente é uma coceira nessa região, em geral à noite, provocada pela movimentação da fêmea no local.

A transmissão pode ocorrer de um indivíduo para outro (inalação ou ingestão de ovos presentes na poeira ou nos alimentos) ou por autoinfestação, quando, após coçar o ânus, a pessoa (em geral, criança) leva a mão à boca ou contamina alimentos com os ovos que ficam sob as unhas. Os ovos também podem ser encontrados nas roupas de cama, nas toalhas, no chão e nos objetos de casa, e são frequentes as pequenas epidemias em uma residência.

Pequenas infestações não apresentam sintomas, mas, quando o número de vermes é muito grande, podem ocorrer inflamação intestinal, perturbação do sono e congestão da região anal. A prevenção consiste em medidas de higiene, como limpeza das unhas e do corpo, uso de privadas e lavatórios, troca e lavagem diárias, em água fervente, da roupa de dormir e da de cama. O tratamento deve ser feito com vermífugos.

ATIVIDADES

Questões discursivas

1. Durante a apresentação de um trabalho, um estudante afirmou que a carne de porco malcozida pode transmitir cisticercose e teníase. Você concorda com ele? Justifique sua resposta.

2. Na "cabeça" de uma tênia não há órgãos sensoriais (ocelos, por exemplo) nem boca, há apenas órgãos de fixação. Já na "cabeça" das planárias há órgãos capazes de perceber a luz e de detectar substâncias químicas do ambiente.
   Explique essas diferenças em função do modo de vida dos dois exemplos de vermes achatados.

3. Apesar de poderem atingir vários metros de comprimento, as tênias não possuem sistema circulatório nem sistema digestório. Explique por que a falta desses sistemas não constitui um problema para esses animais.

4. Nas fezes de uma pessoa com teníase pode haver até 700 mil ovos por dia, porque cada proglote madura da tênia contém em torno de 80 mil ovos. Uma fêmea de esquistossomo é mais modesta, mas, ainda assim, produz cerca de 400 ovos por dia, que saem com as fezes do hospedeiro. Pense no ciclo vital dos dois parasitas e explique por que a produção de uma grande quantidade de ovos é importante para a sobrevivência dessas espécies.

5. (Fuvest-SP) O nematelminto *Ascaris lumbricoides* (lombriga) é um parasita que provoca graves danos à saúde humana.
   a) Quantos hospedeiros o *Ascaris lumbricoides* tem durante seu ciclo de vida?
   b) Em que fase de seu ciclo de vida o *Ascaris lumbricoides* entra no corpo humano?
   c) Em que parte do corpo humano ocorre a reprodução do *Ascaris lumbricoides*?
   d) Que medidas podem evitar a contaminação do ambiente por *Ascaris lumbricoides*?

Questões objetivas

1. (Fatec-SP) As planárias são vermes acelomados, pequenos e achatados dorsoventralmente; apresentam um tubo digestório com inúmeras ramificações.
   O tamanho e a forma da planária estão diretamente relacionados:
   a) À capacidade regenerativa de seu mesênquima.
   b) Ao sistema ganglionar ventral.
   c) À presença de células-flama.
   d) Aos ocelos acima dos gânglios cerebroides.
   e) À ausência de um sistema circulatório.

2. (PUC-RJ) Sabemos que é desaconselhável comer carne de porco crua porque podemos contrair uma doença, que se caracteriza por ingestão de:
   a) Cistos de *Taenia* e seu desenvolvimento no trato intestinal.
   b) Ovos de *Taenia* e seu desenvolvimento nos órgãos em geral.
   c) Ovos de *Trypanosoma* e seu desenvolvimento no trato intestinal.
   d) Larvas de moscas e seu desenvolvimento nos órgãos em geral.
   e) Toxinas bacterianas e desenvolvimento de diarreia.

3. (Enem-MEC) Em uma aula de Biologia, o seguinte texto é apresentado:

Lagoa Azul está doente

Os vereadores da pequena cidade de Lagoa Azul estavam discutindo a situação da saúde no município. A situação era mais grave com relação a três doenças: doença de Chagas, esquistossomose e ascaridíase (lombriga). Na tentativa de prevenir novos casos, foram apresentadas várias propostas:

- Proposta **1**: Promover uma campanha de vacinação.
- Proposta **2**: Promover uma campanha de educação da população com relação a noções básicas de higiene, incluindo fervura de água.
- Proposta **3**: Construir rede de saneamento básico.
- Proposta **4**: Melhorar as condições de edificação das moradias e estimular o uso de telas nas portas e janelas e mosquiteiros de filó.
- Proposta **5**: Realizar campanha de esclarecimento sobre os perigos de banhos nas lagoas.
- Proposta **6**: Aconselhar o uso controlado de inseticidas.
- Proposta **7**: Drenar e aterrar as lagoas do município.

Em relação à esquistossomose, a situação é complexa, pois o ciclo de vida do verme que causa a doença tem vários estágios, incluindo a existência de um hospedeiro intermediário, um caramujo aquático, que é contaminado pelas fezes das pessoas doentes. Analisando as medidas propostas, o combate à doença terá sucesso se forem implementadas:

a) **1** e **6**, pois envolvem a eliminação do agente causador da doença e de seu hospedeiro.

b) **1** e **4**, pois, além de eliminarem o agente causador da doença, também previnem o contato do transmissor com as pessoas sãs.

c) **4** e **6**, pois envolvem o extermínio do transmissor da doença.

d) **1**, **4** e **6**, pois atingirão todas as fases do ciclo de vida do agente causador da doença, incluindo o seu hospedeiro intermediário.

e) **3** e **5**, pois prevenirão a contaminação do hospedeiro intermediário pelas fezes das pessoas doentes e a contaminação de pessoas sãs por águas contaminadas.

4. (Enem-MEC) Considere o texto *Lagoa Azul está doente* da questão anterior. Para o combate da ascaridíase, a proposta que trará maior benefício social, se implementada pela prefeitura, será:

a) 1. **b)** 3. **c)** 4 **d)** 5. **e)** 6.

5. (FGV-SP) A difilobotríase é uma parasitose adquirida pela ingestão de carne de peixe crua, malcozida, congelada ou defumada em temperaturas inadequadas, contaminada pela forma larval do agente etiológico de ovos, que eclodem na água e passam a se hospedar sequencialmente em pequenos crustáceos, em pequenos peixes e, finalmente, em peixes maiores que, ao serem ingeridos nas condições citadas, contaminam os seres humanos.

As informações descritas sobre o ciclo da difilobotríase permite notar semelhanças com o ciclo da

a) teníase, grupo dos platelmintos.

b) esquistossomíase, grupo dos moluscos.

c) ascaridíase, grupo dos anelídeos.

d) tripanossomíase, grupo dos protozoários.

e) filaríase, grupo dos nematelmintes.

6. (Enem-MEC) Em 2009, o município maranhense de Bacabal foi fortemente atingido por enchentes, submetendo a população local a viver em precárias condições durante algum tempo. Em razão das enchentes, os agentes de saúde manifestaram, na ocasião, temor pelo aumento dos casos de doenças como, por exemplo, a malária, a leptospirose, a leishmaniose e a esquistossomose.

Cidades inundadas enfrentam aumento de doenças. *Folha Online*. 22 abr. 2009. Disponível em: <www.folha.uol.com.br>. Acesso: em 28 abr. 2010 (adaptado).

Que medidas o responsável pela promoção da saúde da população afetada pela enchente deveria sugerir para evitar o aumento das doenças mencionadas no texto, respectivamente?

a) Evitar o contato com a água contaminada por mosquitos, combater os percevejos hematófagos conhecidos como barbeiros, eliminar os caramujos do gênero *Biomphalaria* e combater o mosquito *Anopheles*.

b) Combater o mosquito *Anopheles*, evitar o contato com a água suja acumulada pelas enchentes, combater o mosquito flebótomo e eliminar caramujos do gênero *Biomphalaria*.

c) Eliminar os caramujos do gênero *Biomphalaria*, combater o mosquito flebótomo, evitar o contato com a água suja acumulada pelas enchentes e combater o mosquito *Aedes*.

d) Combater o mosquito *Aedes*, evitar o contato com a água suja acumulada pelas enchentes, eliminar os caramujos do gênero *Biomphalaria* e combater os percevejos hematófagos conhecidos como barbeiros.

e) Combater o mosquito *Aedes*, eliminar os caramujos do gênero *Biomphalaria*, combater o mosquito flebótomo e evitar o contato com a água contaminada por mosquitos.

7. (Unicamp-SP) A teníase e a cisticercose são doenças parasitárias que ainda preocupam as entidades sanitaristas. São medidas que controlam a incidência de casos dessas parasitoses: lavar bem os alimentos e tomar água fervida ou filtrada, para evitar a

a) ingestão de ovos dos platelmintos causadores dessas doenças; e controlar as populações de caramujos, que são hospedeiros intermediários dos platelmintos.

b) ingestão de ovos dos nematelmintos, além de cozinhar bem as carnes de porco e de boi, ambos portadores desses nematelmintos.

c) ingestão de cisticercos; e controlar a população de insetos vetores, como o barbeiro, que transmite os ovos do parasita ao picar o homem.

d) ingestão de ovos do parasita; e cozinhar adequadamente as carnes de porco e de boi para evitar a ingestão de cisticercos.

8. (Fuvest-SP) Uma criança foi internada em um hospital com convulsões e problemas neurológicos. Após vários exames, foi diagnosticada cisticercose cerebral. A mãe da criança iniciou, então, um processo contra o açougue do qual comprava carne todos os dias, alegando que este lhe forneceu carne contaminada com o verme causador da cisticercose. A acusação contra o açougue:

a) não tem fundamento, pois a cisticercose é transmitida pela ingestão de ovos de tênia eliminados nas fezes dos hospedeiros.

b) não tem fundamento, pois a cisticercose não é transmitida pelo consumo de carne, mas, sim, pela picada de mosquitos vetores.

c) não tem fundamento, pois a cisticercose é contraída quando a criança nada em lagoas onde vivem caramujos hospedeiros do verme.

d) tem fundamento, pois a cisticercose é transmitida pelo consumo de carne contaminada por larvas encistadas, os cisticercos.

e) tem fundamento, pois a cisticercose é transmitida pelo consumo dos ovos da tênia, os cisticercos, que ficam alojados na carne do animal hospedeiro.

9. (UFRN) Leia o texto que segue:

A esquistossomose mansônica é uma endemia mundial, ocorrendo em 52 países e territórios, principalmente na América do Sul, Caribe, África e Leste do Mediterrâneo, onde atinge as regiões do Delta do Nilo, além de países como Egito e Sudão. No Brasil, a transmissão ocorre em 19 estados, numa faixa contínua ao longo do litoral, desde o Rio Grande do Norte até a Bahia, na região Nordeste, alcançando o interior do Espírito Santo e Minas Gerais, no Sudeste.

Brasil. Ministério da Saúde. Secretaria de Vigilância em Saúde. Guia de vigilância epidemiológica/Ministério da Saúde, Secretaria de Vigilância em Saúde. 6. ed. Brasília: Ministério da Saúde, 2005.

O texto ressalta a grande ocorrência da esquistossomose no mundo e no Brasil, permitindo pensar suas formas de prevenção. Sabe-se que as ações de educação em saúde e a mobilização comunitária são muito importantes no controle desse mal, e que o saneamento ambiental é da maior eficácia para as modificações de caráter permanente das condições de transmissão da esquistossomose.

Com o objetivo de quebrar o ciclo de vida do parasita, para prevenir essa doença, deve-se:

a) exterminar as populações de caramujos que infectam os hospedeiros intermediários.

b) incentivar o uso de água potável e construir aterros para eliminar coleções hídricas que sejam criadouros de mosquitos.

c) impedir que os ovos do parasita presentes nas fezes de uma pessoa contaminem corpos aquáticos.

d) controlar as populações de nematódeos, hospedeiros intermediários do parasita.

10. (IFSP) A tabela hipotética a seguir apresenta dados sobre a ocorrência de doenças parasitárias em três cidades do interior do Brasil, entre janeiro de 2009 e julho de 2024.

	Cidade A	**Cidade B**	**Cidade C**
Esquistossomose	241	0	52
Ascaridíase	42	56	347
Filariose	0	139	32
Ancilostomose	0	48	71

Diante dessa situação, para diminuir a ocorrência das doenças na população, as prefeituras locais estabeleceram algumas medidas profiláticas, como o controle da população do vetor das doenças e o uso de telas em portas e janelas.

Essas medidas foram eficientes para a(s) cidade(s)

a) **A**, apenas.
b) **B**, apenas.
c) **A** e **B**, apenas.
d) **B** e **C**, apenas.
e) **A**, **B** e **C**.

11. (Mackenzie-SP) As verminoses representam um grande problema de saúde, principalmente nos países subdesenvolvidos. A falta de redes de água e de esgoto, de campanhas de esclarecimento público, de higiene pessoal e de programas de combate aos transmissores, leva ao aparecimento de milhares de novos casos na população brasileira.

Dentre as verminoses humanas causadas por nemátodos, citam-se, corretamente:

a) teníase, ascaridíase e ancilostomose.

b) filariose, ancilostomose e ascaridíase.

c) esquistossomose, ascaridíase e ancilostomose.

d) esquistossomose, filariose e oxiurose.

e) teníase, filariose e esquistossomose.

12. (UFMG) Observe as figuras que se referem ao ciclo da esquistossomose mansônica.

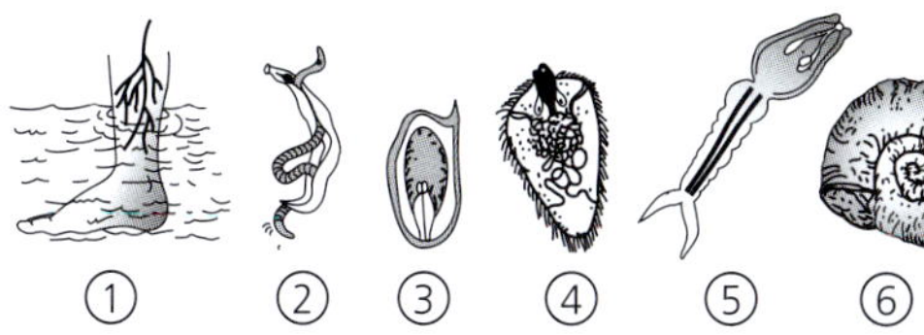

Em relação às figuras, é correto afirmar que:

a) a infecção ocorre em **1** pelas formas **3**, **4** e **5**.

b) a meiose ocorre da fase **3** para a fase **4**.

c) a passagem do indivíduo **5** pelo indivíduo **6** é necessária para que ele dê origem a **4**.

d) o indivíduo indicado por **6** é o hospedeiro definitivo do parasita.

e) os indivíduos indicados em **2** localizam-se no sistema porta-hepático de **1**.

13. (UFPA) Várias espécies de helmintos são agrupadas dentro do filo Nematoda, ou vermes cilíndricos. As principais novidades evolutivas que surgiram nesse filo, em comparação com os vermes achatados (platelmintos), foram:

a) uma cavidade interna chamada pseudoceloma; e o sistema digestório completo.

b) a presença de três folhetos germinativos; uma cavidade interna chamada celoma; e o sistema circulatório fechado.

c) a presença de três folhetos germinativos; ausência de cavidade interna; e sistema digestório completo.

d) a presença de dois folhetos germinativos; uma cavidade interna chamada pseudoceloma; e o sistema digestório completo.

e) a presença de três folhetos germinativos; uma cavidade interna chamada celoma; e o sistema digestório completo.

14. (UEL-PR) As doenças parasitárias representam um grande problema de saúde pública. No quadro a seguir, estão relacionadas três doenças parasitárias e suas características.

Doença parasitária	Agente causador	Transmissor
A	nematódeo	B
doença de Chagas	C	percevejo
D	platelminto	caramujo

Considere as afirmativas a seguir.

I. As letras **A**, **B**, **C** e **D** correspondem, respectivamente, a filariose, mosquito, protozoário, esquistossomose.

II. Para prevenir a doença **A**, é necessário evitar o acúmulo de águas paradas e, para prevenir a doença **D**, devem-se evitar banhos em lagos e lagoas.

III. As letras **A**, **B**, **C** e **D** correspondem, respectivamente, a amarelão, mosquito, verme, ancilostomíase.

IV. Para prevenir a doença de Chagas e combater o transmissor **B**, são necessárias medidas de saneamento básico.

Assinale a alternativa correta.

a) Somente as afirmativas I e II são corretas.

b) Somente as afirmativas II e IV são corretas.

c) Somente as afirmativas III e IV são corretas.

d) Somente as afirmativas I, II e III são corretas.

e) Somente as afirmativas I, III e IV são corretas.

PESQUISEM E COMPARTILHEM

Façam uma pesquisa sobre uma das doenças indicadas a seguir.

- Teníase e cisticercose.
- Ascaridíase.
- Esquistossomose.
- Ancilostomose.

Procurem dados atualizados da doença escolhida no Brasil e no município em que vocês vivem. Elaborem uma campanha de combate a essa doença, incluindo pequenos textos, em linguagem acessível a todas as pessoas, sobre as formas de transmissão, prevenção, etc. Vocês podem elaborar cartazes, frases de alerta (*slogans*), figuras, letras de música, etc.

Verifiquem também se em sua região existe alguma instituição educacional ou de pesquisa que desenvolva atividades relacionadas ao tema e, se possível, agendem uma visita ao local. Ou pesquisem *sites* de universidades, museus, etc. que disponibilizem exposições virtuais sobre o tema.

Uma forma de apresentar os resultados da pesquisa é criar *blogs*, vídeos ou páginas em redes sociais na internet. Assim, é possível trocar ideias com pessoas dentro e fora da escola. Lembrem-se sempre de citar a fonte das informações expostas.

aaltair/Shutterstock

A sanguessuga *Hirudo medicinalis* (cerca de 5 cm de comprimento), quando disposta sobre a pele, pode ingerir entre 5 ml e 10 ml de sangue, o que é quase 10 vezes o seu peso. Como esses animais podem causar lesões na epiderme, apenas pesquisadores devem manipulá-los.

CAPÍTULO

25

MOLUSCOS E ANELÍDEOS

A sangria terapêutica é uma prática antiga que consiste na retirada de alguns mililitros de sangue com o intuito de tratar ou curar doenças. Esse procedimento foi criado pelos egípcios há cerca de 3 mil anos. O auge dessa técnica se deu na Europa, no século XIX. Na época, o principal instrumento usado para realizar as sangrias eram as sanguessugas, animal do grupo dos anelídeos (que inclui, entre outros, a minhoca), que será estudado neste capítulo. Atualmente, a sangria com sanguessugas não é mais usada para fins terapêuticos, embora, em situações específicas, esses animais possam ser usados para tratar alguns tipos de ferimento. Neste capítulo, estudaremos também os moluscos, grupo de animais que inclui ostras, polvos, lulas, caramujos, lesmas, entre outros.

- Você já deve ter visto vários tipos de concha. Como são os animais que produzem essas carapaças?
- O que a presença de minhocas pode nos dizer sobre a fertilidade do solo?
- Que outros animais são classificados como anelídeos?

1. MOLUSCOS

O filo **Mollusca** (**moluscos**) é representado principalmente por seres marinhos, embora existam espécies de água doce e terrestres (**figura 25.1**). O corpo mole dá nome ao grupo (*mollis* = mole). Várias espécies são utilizadas como alimento pelo ser humano: polvo, lula, caracol, ostra, mexilhão, etc. Esses animais são popularmente conhecidos como "frutos do mar", junto com os crustáceos, grupo que estudaremos mais adiante.

Figura 25.1 Caracol de jardim (*Helix aspersa*; cerca de 15 cm de comprimento).

Os moluscos apresentam simetria bilateral, são triblásticos e celomados: isso significa que no embrião se forma uma cavidade no interior da mesoderme. No adulto, o celoma origina a cavidade geral do corpo, situada entre a epiderme e o tubo digestório. Essa cavidade fornece espaço para o desenvolvimento de vários órgãos, além de facilitar o transporte de substâncias e de dar sustentação ao corpo.

De forma geral, o corpo dos moluscos é dividido em três partes: cabeça (ou região cefálica), pé e massa visceral (**figura 25.2**). Ao longo de sua história evolutiva, essas partes sofreram transformações diferentes em cada grupo de moluscos.

Na **cabeça**, estão os órgãos sensoriais (como os tentáculos) e os gânglios cerebrais. O **pé** é musculoso e, em alguns animais, como nos polvos e lulas, pode estar transformado em braços.

A **massa visceral** contém os principais órgãos internos do animal. Ela é revestida por uma dobra da epiderme chamada **manto** (ou **pálio**), e forma uma cavidade por dentro da massa visceral e conectada ao lado externo do corpo, chamada **cavidade do manto**. Nessa região, estão as aberturas dos sistemas digestório e excretor e as brânquias (nas espécies aquáticas) ou os pulmões (nas espécies terrestres).

Na epiderme do manto que cobre a massa visceral, há glândulas que secretam uma **concha calcária**, estrutura rígida e resistente à decomposição. Na lesma e no polvo, a concha está ausente. Na lula, ela é interna e reduzida.

O tubo digestório é completo. A maioria dos moluscos apresenta na boca uma estrutura característica do grupo, semelhante a uma língua com pequenos dentes de quitina, a **rádula** (*radula* = pequeno raspador; **figura 25.3**). Com esse órgão, o animal raspa algas e outros alimentos presos nas pedras e nas conchas de outros moluscos e os envia para o tubo digestório.

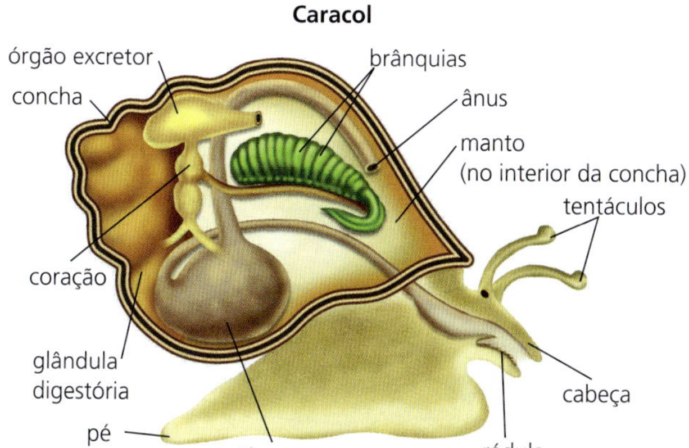

Figura 25.2 Representação esquemática do corpo dos moluscos (os elementos não estão na mesma escala; cores fantasia).

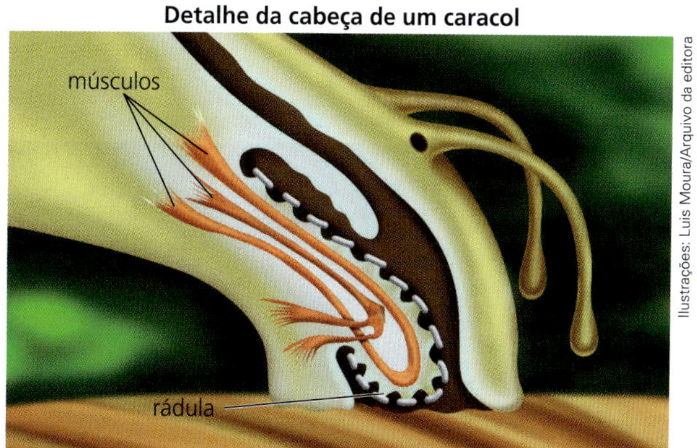

Figura 25.3 Os músculos da boca movimentam a rádula e permitem a trituração dos alimentos (os elementos não estão na mesma escala; cores fantasia).

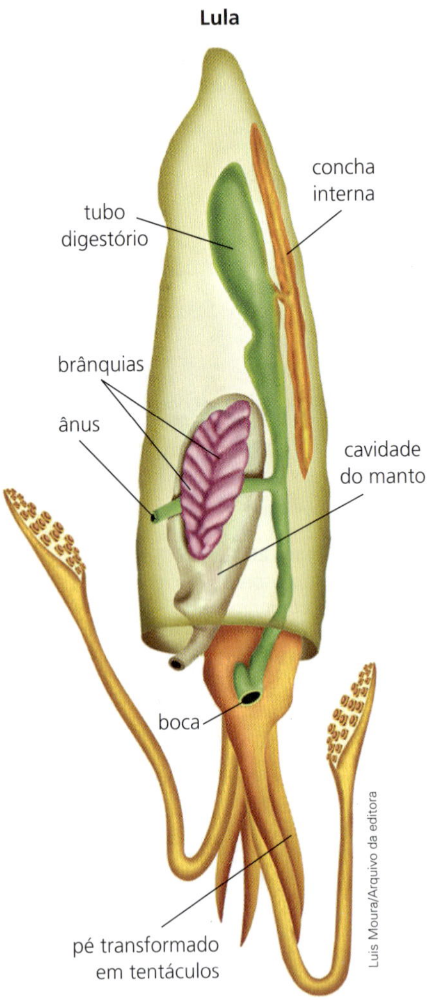

Figura 25.4 Esquema simplificado do corpo de uma lula (os elementos não estão na mesma escala; cores fantasia).

A maioria dos moluscos tem respiração branquial. Localizadas, em geral, na cavidade do manto, as **brânquias** (veja a **figura 25.2** e a **figura 25.4**) retiram o oxigênio dissolvido na água, que é levado pelo sangue para todas as células do corpo. Em alguns caracóis (terrestres) e caramujos de água doce, a cavidade do manto funciona como um **pulmão**, pois retira oxigênio do ambiente.

Na maioria dos moluscos, há uma **circulação aberta**, ou seja, o sangue não fica restrito apenas aos vasos sanguíneos. O sangue oxigenado proveniente das brânquias passa pelo coração (órgão musculoso e contrátil), que o impulsiona por um sistema de vasos e de lacunas, chamadas **hemoceles**. A aquisição de um sistema circulatório com a função de levar alimento e oxigênio para as células permitiu aos moluscos, e também aos anelídeos, o desenvolvimento de um tamanho corpóreo maior se comparado aos platelmintos e nematódeos.

No polvo e na lula, há uma **circulação fechada**: o sangue circula sempre dentro de vasos, e as trocas de nutrientes e gases ocorrem entre os capilares e os tecidos. As excretas são retiradas por um rim formado por tubos, os **metanefrídios**, que as lança na cavidade do manto. O sistema nervoso é formado por vários pares de gânglios unidos por cordões nervosos.

Em moluscos como a ostra e o mexilhão, os órgãos visuais são mais simples e capazes apenas de captar a luz. Outros órgãos sensoriais são os **estatocistos** (que funcionam como órgãos de equilíbrio) e os **tentáculos táteis**.

Há espécies hermafroditas e de sexos separados. Nas espécies hermafroditas, raramente ocorre autofecundação, sendo mais comum a fecundação cruzada. Em algumas espécies, o indivíduo produz, inicialmente, só gametas masculinos, funcionando como macho. Mais tarde, produz gametas femininos, funcionando como fêmea.

A fecundação também pode ser externa e o desenvolvimento, direto ou indireto (sem ou com a formação de larvas, respectivamente).

CLASSIFICAÇÃO

Vamos estudar apenas três grupos mais conhecidos de moluscos: **Gastropoda** (gastrópodes); **Bivalvia** (bivalves); e **Cephalopoda** (cefalópodes).

O nome gastrópode está relacionado ao fato de o pé localizar-se na região ventral (*gaster* = ventre; *podos* = pés). São representados pelos caramujos (aquáticos), pelas lesmas e pelos caracóis (terrestres e de água doce). Alguns possuem uma concha enrolada em espiral, mas outros, como as lesmas terrestres, não têm concha. Em outros, como a lesma-do-mar, a concha é interna e reduzida (**figura 25.5**).

Costuma-se chamar de caracóis os gastrópodes de ambiente terrestre e de água doce, cujas conchas são, em geral, leves. O nome caramujo é usado, geralmente, para gastrópodes marinhos, com conchas maiores e mais pesadas.

Fotos: Fabio Colombini/Acervo do fotógrafo

Figura 25.5 A: lesma terrestre (cerca de 6 cm de comprimento); **B**: lesma-do-mar (cerca de 4 cm de comprimento).

BIOLOGIA E AMBIENTE

Espécies invasoras

Uma causa importante da extinção de espécies nativas é a introdução de espécies invasoras, isto é, aquelas que não estavam presentes em um ecossistema e que, por não terem inimigos naturais nas áreas onde chegam, proliferam, atacam espécies nativas e competem com elas por recursos naturais.

Na década de 1980, foi importado da África o caramujo-gigante-africano (*Achatina fulica*; **figura 25.6**) para substituir o *escargot*, um caramujo comestível. O cultivo e a comercialização do caramujo fracassaram e eles escaparam dos locais de criação, espalhando-se pelo ambiente. Esse caramujo não possui inimigos naturais, alimenta-se da vegetação natural e se reproduz rapidamente, destruindo plantações e servindo de hospedeiro intermediário para vermes causadores de doenças no ser humano e em animais domésticos.

Kerstin Layer/Latinstock

Figura 25.6 Caramujo-gigante-africano (até cerca de 15 cm de comprimento).

No grupo dos bivalves, estão as ostras e os mexilhões ou mariscos. Nessas espécies, a concha está dividida em duas **valvas** (daí o nome bivalves) unidas por um ligamento e fechadas por músculos. Os mexilhões fixam-se ao substrato por meio de filamentos com substâncias adesivas, secretados pelo pé, o **bisso**.

Na maioria dos bivalves, o pé tem a forma de machado (daí o nome antes usado para essa classe: **pelecípodes**; *pélekys* = machado; *podos* = pé) e é frequentemente usado para cavar (**figura 25.7**).

Ingeborg Asbach/Arquivo da editora
Fabio Colombini/Acervo do fotógrafo

Figura 25.7 **A**: moluscos bivalves utilizando seus pés musculosos para cavar na areia (os elementos não estão na mesma escala; cores fantasia.); **B**: foto de mexilhão *Perna perna* (cerca de 7 cm).

Os cefalópodes são assim chamados pelo fato de seus pés modificados em braços saírem da cabeça (*kephalé* = cabeça). São representados pelo polvo, pela lula, pelo náutilo e pelo choco ou siba (gênero *Sepia*), entre outros. A concha é interna e reduzida nas lulas e ausente nos polvos. No náutilo, ela é externa (**figura 25.8**).

J.W.Alker/Getty Images

Figura 25.8 O náutilo (cerca de 15 cm de diâmetro) é um cefalópode que apresenta concha externa.

Figura 25.9 Polvo (cerca de 40 cm de comprimento) e algumas estruturas características dos cefalópodes.

O pé está transformado em braços ou tentáculos com ventosas, que são usados na locomoção, para manipular pedras e outros objetos e na captura de presas (**figura 25.9**). Além de rastejarem, utilizando as ventosas dos braços, os cefalópodes deslocam-se por propulsão de jatos de água emitidos por um sifão, formado pela cavidade do manto. Possuem também uma bolsa que, quando atacados, pode soltar um jato de secreção escura, que funciona como uma tinta, tornando a água turva, o que favorece sua fuga.

Os cefalópodes são carnívoros e predadores ativos, com diversas adaptações relacionadas a esse modo de vida. Seu sistema nervoso e os olhos são bem desenvolvidos, controlam deslocamentos rápidos e formam imagens detalhadas dos objetos. O sistema circulatório é fechado, o que permite maior velocidade ao sangue e, portanto, maior fornecimento de energia para movimentos mais rápidos.

Figura 25.10 Sanguessuga (1 cm a 30 cm, conforme a espécie).

2. ANELÍDEOS

Os membros do filo **Annelida** (**anelídeos**) podem ser encontrados no solo (minhocas), no mar (poliquetos ou vermes marinhos) ou como ectoparasitas de vertebrados aquáticos, principalmente de água doce (sanguessugas; **figura 25.10**).

O termo anelídeo (*annelus* = anel) indica uma das principais características desses animais: a segmentação do corpo (cilíndrico), com repetições desses segmentos em forma de anel (**figura 25.11**). Esse fenômeno é chamado de **metameria** (*meta* = além de; *meros* = parte), e os segmentos podem ser chamados de **metâmeros**.

Esses animais são triblásticos, celomados e apresentam simetria bilateral. O celoma – que está dividido por septos, na mesma localização dos segmentos – é preenchido por um líquido e contém os órgãos de reprodução e os de excreção (**figura 25.11**).

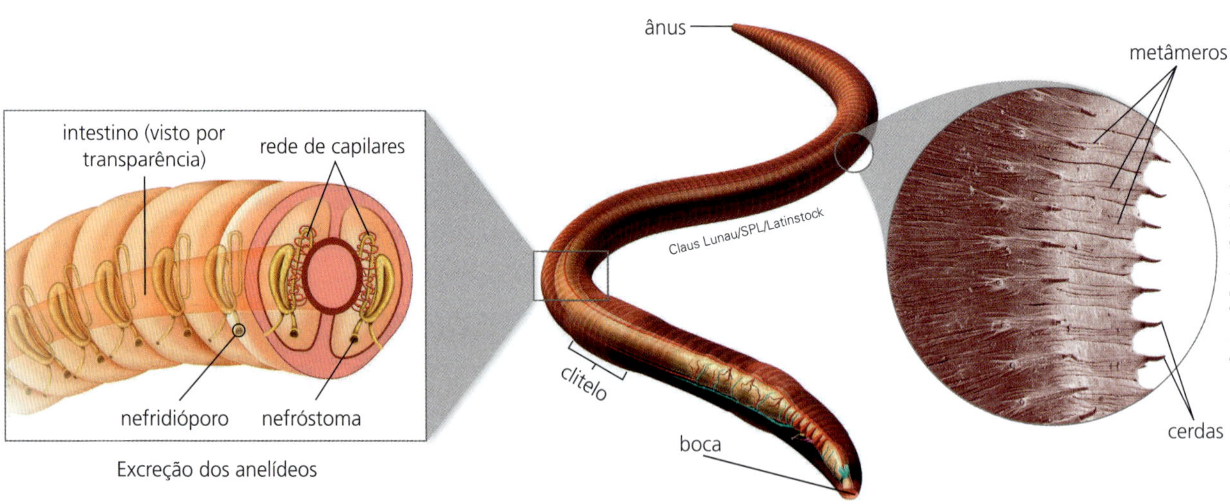

Figura 25.11 Estrutura dos anelídeos (os elementos não estão na mesma escala; cores fantasia).

A superfície do corpo dos anelídeos é revestida por uma epiderme, com uma cutícula externa, e pode apresentar pequenas estruturas semelhantes a pelos duros, chamadas **cerdas** (**figura 25.11**). Essas estruturas funcionam como âncoras, dando apoio ao animal em sua locomoção.

Nos **poliquetos** (*polys* = muito; *chaîté* = cerdas), essas cerdas estão implantadas em expansões laterais chamadas **parapódios** (*para* = ao lado de; *podos* = pé) e funcionam como pernas rudimentares (**figura 25.12**).

As cerdas servem de pontos de apoio na terra, pois prendem uma parte do corpo ao solo, enquanto a outra se estica ou encolhe. Sob a epiderme aparece a musculatura, que auxilia nessa locomoção. A sustentação é dada pelo líquido do celoma, que funciona como um **esqueleto hidrostático**.

Certos anelídeos alimentam-se de detritos vegetais; outros são carnívoros; alguns são parasitas (alimentam-se de sangue e líquidos de outros animais). A digestão é extracelular e o tubo digestório é completo. Nas minhocas, há um **papo**, que armazena alimento, e uma região muscular (**moela**), que tritura o alimento (**figura 25.13**).

Nos anelídeos, o sistema circulatório é fechado: o sangue não sai dos vasos. Nos órgãos há vasos muito finos e ramificados (capilares), que permitem a passagem de alimento e oxigênio para as células e recebem delas gás carbônico e excretas. No caso da minhoca há dois vasos principais ligados entre si por pares de vasos, chamados **corações** laterais, que se contraem ritmicamente e auxiliam na propulsão do sangue. Outros vasos laterais ligam os vasos longitudinais à parte posterior do corpo.

Alguns anelídeos possuem **pigmentos respiratórios** no sangue: são proteínas ligadas a metais que, por terem afinidade com o oxigênio, aumentam a capacidade de transporte desse gás pelo sangue. O mais comum é a **hemoglobina**, de cor vermelha, encontrada nas minhocas. Nesses animais a respiração é **cutânea** (através da pele) e **indireta** (os gases são levados pelo sangue).

A respiração cutânea (**figura 25.14**) só é possível se a pele do animal estiver úmida, como nas minhocas, na maioria das sanguessugas e em alguns poliquetos. A pele das minhocas é praticamente nua, sem coberturas impermeabilizantes, e possui células produtoras de muco, que mantêm a umidade da pele.

Formas maiores de poliquetos e algumas espécies de sanguessugas possuem brânquias, isto é, dobras da pele em forma de fios ou lâminas, ricas em vasos sanguíneos. Com elas, o animal passa a ter uma grande superfície de contato com o meio de troca em uma pequena região do corpo.

Em cada segmento do corpo dos anelídeos, há um par de tubos abertos em ambas as extremidades, que funcionam como pequenos rins, os **metanefrídios** (*meta* = além de; *nephros* = rim). Eles retiram excretas do celoma por uma extremidade ciliada em forma de funil, o **nefróstoma** (*nephros* = rim; *stoma* = boca). Os cílios aspiram o fluido celomático para dentro do tubo: as substâncias que ainda serão usadas pelo organismo voltam para o sangue; enquanto as tóxicas (amônia, ureia, etc.) ou em excesso (água, sais, etc.) são eliminadas pelo **nefridióporo**, que se abre na superfície do corpo (reveja a **figura 25.11**).

Alexander Semenov/SPL/Latinstock

Figura 25.12 Poliqueto (*Alitta virens*). Essa espécie pode chegar a medir 120 cm de comprimento. Repare que em cada segmento há um par de parapódios.

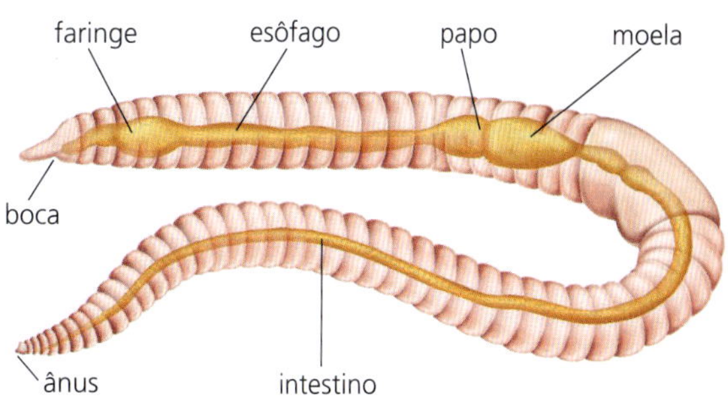

Luis Moura/Arquivo da editora

Figura 25.13 Tubo digestório da minhoca (os elementos não estão na mesma escala; cores fantasia).

Visão esquemática de parte do corpo da minhoca

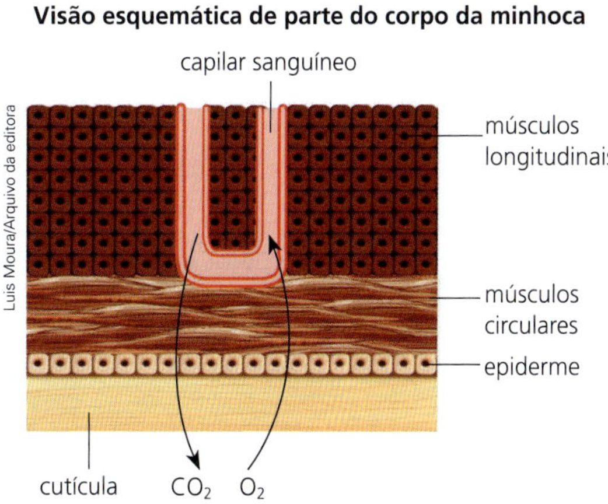

Luis Moura/Arquivo da editora

Figura 25.14 Respiração cutânea e indireta na minhoca (os elementos não estão na mesma escala; cores fantasia).

Robin Chittenden; Frank Lane Picture Agency/Corbis/Latinstock

Figura 25.15 Duas minhocas acasalando-se.

O sistema nervoso é formado por dois cordões nervosos ventrais com um par de gânglios por segmento. Dos gânglios saem nervos para os músculos circulares e longitudinais.

Nas minhocas, não há ocelos (presentes nos poliquetos), mas existem células espalhadas pela pele que acusam a presença de luz e, assim, ajudam o animal a procurar ambientes escuros e frescos.

Quanto à reprodução, as sanguessugas e as minhocas são hermafroditas, mas não há autofecundação, e sim fecundação recíproca, também chamada de fecundação cruzada mútua, conforme estudado no capítulo 11 (**figura 25.15**).

As minhocas apresentam uma estrutura glandular formada pelo tegumento de alguns segmentos, chamada **clitelo** (*clitellum* = cinta), localizado mais ou menos no centro do corpo. Daí o outro nome do grupo: Clitellata. Quando o sistema sexual feminino amadurece, os óvulos são lançados em uma cápsula (**casulo**), produzida pelo clitelo. Esse casulo desliza em direção à abertura do receptáculo seminal, onde recebe os espermatozoides. A fecundação ocorre no casulo e é, portanto, externa; os ovos desenvolvem-se e o casulo é depositado em terra úmida. Da eclosão dos ovos saem indivíduos jovens iguais aos adultos.

Na maioria dos poliquetos, os sexos são separados e o desenvolvimento é indireto, com formação de uma larva ciliada. Os poliquetos também têm reprodução assexuada: formam-se zonas de brotamento em regiões específicas do corpo, nas quais se desenvolvem novos indivíduos, que, depois, se separam.

ACESSE E SAIBA MAIS

Minhocas na agricultura
<www.youtube.com/watch?v=-a__nqeepg4>
Acesso em: 24 jul. 2018.

CLASSIFICAÇÃO

Vamos conhecer agora algumas características dos três principais grupos de anelídeos: **Polychaeta** (poliquetos), **Clitellata** ou **Oligochaeta** (oligoquetos) e **Hirudinea** ou **Hirudinoidea** (hirudíneos).

Alguns poliquetos deslocam-se ativamente e são chamados de poliquetos errantes. Outros vivem em túneis que cavam na areia. Há também os que constroem tubos com calcário ou grãos de areia, cimentados por um muco, e são chamados de poliquetos tubícolas (**figura 25.16**).

A maioria dos oligoquetos (minhocas) é terrestre, mas há alguns representantes de água doce. Em geral, medem entre 5 cm e 10 cm. Os minhocuçus (em tupi, língua indígena, *açu* significa "grande") podem atingir até 2 m de comprimento, mas estão em risco de extinção por serem vendidos como iscas para captura de peixes maiores, o que é proibido por lei federal.

A maioria dos hirudíneos (*hirudo* = sanguessuga) é de água doce e tem tamanho que varia de 1 cm a 30 cm de comprimento. Não possuem cerdas (daí o outro nome do grupo **Aquetas**, *a* = sem; *chaîté* = cerdas). Apresentam duas ventosas: a posterior participa da locomoção e da fixação; a anterior, em volta da boca, ajuda a sugar o sangue de animais, uma vez que a maioria das espécies é parasita de vertebrados aquáticos.

Robert Marien/Corbis/Latinstock

Figura 25.16 Foto de poliqueto tubícola, cujos tentáculos são usados na captura de alimento (cerca 6 cm de comprimento, fora os tentáculos).

BIOLOGIA E AMBIENTE

As minhocas e o solo

As minhocas são importantíssimas para a fertilidade do solo (**figura 25.17**). Ao abrirem caminho por ele, comendo terra e restos vegetais e construindo túneis, elas tornam o solo mais poroso e arejado, o que facilita a circulação de ar e permite que a água se infiltre melhor. Com isso, as raízes das plantas conseguem oxigênio e água com mais facilidade.

Além disso, elas digerem a matéria orgânica dos detritos e eliminam fezes que servem de adubo para o solo. Produzem, assim, uma parte do húmus (matéria orgânica em decomposição), rica em sais minerais necessários às plantas, o que diminui a necessidade de se usar adubo químico. Funcionam então como arados e adubadores naturais.

A criação de minhocas para a comercialização dos animais ou de suas fezes recebe o nome de minhocultura. Elas podem ser criadas em caixas de madeira, canteiros, etc. É preciso orientação especializada para montar um minhocário, porque não é qualquer espécie de minhoca que pode ser utilizada e são necessários certos cuidados, como o uso de luvas de borracha no trato com o solo.

Na criação de minhocas, podem ser utilizados restos orgânicos (restos vegetais, esterco, etc.), que serão transformados em adubo (húmus de minhoca), colaborando assim, na reciclagem desses materiais.

Fotos: Fábio Colombini/Acervo do fotógrafo

Figura 25.17 **A**: minhocuçus-do-cerrado (*Rhinodrilus alatus*), que podem medir mais de 50 centímetros – espécie na lista de animais ameaçados de extinção; **B**: rãs (cerca de 20 cm de comprimento) e outros animais se alimentam de minhocas, que fazem parte de muitas cadeias alimentares.

ATIVIDADES

Questões discursivas

1. Na maioria dos moluscos, a circulação é aberta (o sangue sai dos vasos, perdendo, com isso, velocidade, e banha as células). Nos cefalópodes, é fechada (o sangue não sai dos vasos e, assim, não perde velocidade; apenas o alimento e o oxigênio saem dos capilares para as células). Explique por que a circulação fechada é coerente com o modo de vida dos cefalópodes.

2. Em alguns moluscos essa estrutura envolve o corpo; em outros, ela é reduzida e interna ou ausente.
   a) De que estrutura estamos falando e qual é a função dela?
   b) Em que grupo de moluscos essa estrutura é formada por duas partes? Dê exemplos de animais desse grupo.

3. De modo geral, fósseis de moluscos (gastrópodes e bivalves) são mais comumente encontrados do que fósseis de platelmintos ou de anelídeos. Qual pode ser a causa disso? Explique.

4. Visitando uma área rural pela primeira vez na vida, um jovem estranhou quando soube que um agricultor tinha acabado de receber um carregamento de minhocas. Explique para esse jovem a provável razão da aquisição do agricultor.

5. Pensando no que você estudou neste capítulo a respeito da respiração em minhocas, explique por que esses animais, em geral, passam o dia embaixo da terra e só vêm à superfície à noite.

6. Na saliva das sanguessugas há uma substância anticoagulante, a hirudina. Qual é a função da hirudina para a sanguessuga?

7. (Ufal) Em um jardim, Júlia via minhocas na terra. Ela ficou curiosa em saber mais sobre esse animal.
   a) Indique a Júlia duas características do filo ao qual as minhocas pertencem.
   b) Explique a importância desses animais do ponto de vista ecológico.

Questões objetivas

1. (Enem-MEC)

   Euphorbia milii é uma planta ornamental amplamente disseminada no Brasil e conhecida como coroa-de-cristo. O estudo químico do látex dessa espécie forneceu o mais potente produto natural moluscicida, a miliamina L.

   MOREIRA. C. P. S.; ZANI. C. L.; ALVES, T. M. A. A atividade moluscicida do látex de *Synadenium carinatum boiss.* (*Euphorbiaceae*) sobre *Biomphalaria glabrata* e isolamento do constituinte majoritário. *Revista Eletrônica de Farmácia*. n. 3, 2010 (adaptado).

   O uso desse látex em água infestada por hospedeiros intermediários tem potencial para atuar no controle da
   a) dengue.
   b) malária.
   c) elefantíase.
   d) ascaridíase.
   e) esquistossomose.

2. (Vunesp-SP) Observe o esquema. Suponha que o pássaro, se quiser comer a minhoca, tenha que passar por seis círculos que contenham pistas (informações) com características desse anelídeo, não podendo pular nenhum círculo. Um caminho correto a ser percorrido é:

Reprodução/Vunesp-SP

   a) 2, 3, 6, 9, 8 e 11.
   b) 2, 3, 6, 5, 8 e 11.
   c) 1, 4, 7, 8, 9 e 11.
   d) 2, 3, 6, 5, 8 e 10.
   e) 3, 2, 1, 4, 7 e 10.

3. (UFRN) A atividade das minhocas favorece a agricultura, pois reduz a compactação e facilita a aeração do solo. Entretanto, em função das características climáticas do semiárido nordestino, o uso de minhocas na lavoura não é recomendado por causa da baixa sobrevivência desses animais na região. Isso ocorre porque há:
   a) aumento da absorção de gás carbônico, aumentando o metabolismo.
   b) redução da difusão de oxigênio, aumentando a de gás carbônico.
   c) redução da concentração do sangue, diminuindo a difusão de oxigênio.
   d) aumento da desidratação, prejudicando a respiração.

4. (UFMG) Os desenhos abaixo representam cortes transversais de três animais.

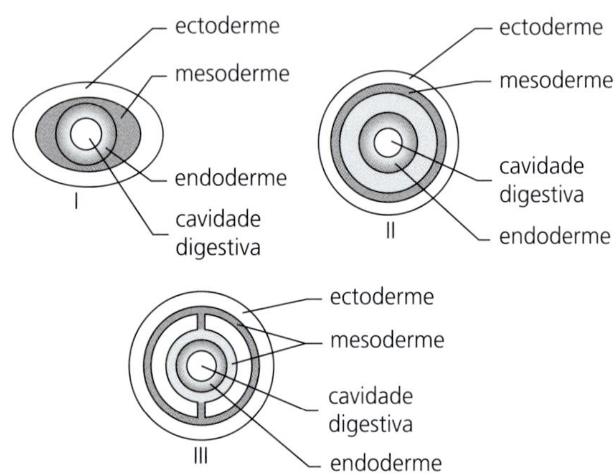

Reprodução/UFMG

   É correto afirmar que:
   a) o número **I** refere-se à minhoca.
   b) os números **II** e **III** referem-se à solitária e à medusa, respectivamente.
   c) os números **I** e **III** referem-se ao ouriço-do-mar e ao homem, respectivamente.
   d) os números **I** e **II** referem-se à planária e à tênia, respectivamente.
   e) os números **I** e **III** referem-se aos platelmintos e aos anelídeos, respectivamente.

5. (PUC-SP) Um biólogo coletou exemplares de uma espécie animal desconhecida, os quais foram criados em laboratório e analisados quanto a diversas características. Concluiu-se que se tratava de representantes do filo Annelida, pois eram animais:
   a) diblásticos, celomados, segmentados e de simetria radial.
   b) triblásticos, celomados, não segmentados e de simetria bilateral.
   c) triblásticos, acelomados, segmentados e de simetria bilateral.
   d) diblásticos, celomados, segmentados e de simetria bilateral.
   e) triblásticos, celomados, segmentados e de simetria bilateral.

6. (UFPE) Na figura a seguir é ilustrada a organização geral de um molusco gastrópode, em que se observa um corpo constituído por cabeça, massa visceral (onde se concentram os órgãos) e pé. Com relação ao filo Mollusca, é correto afirmar que:

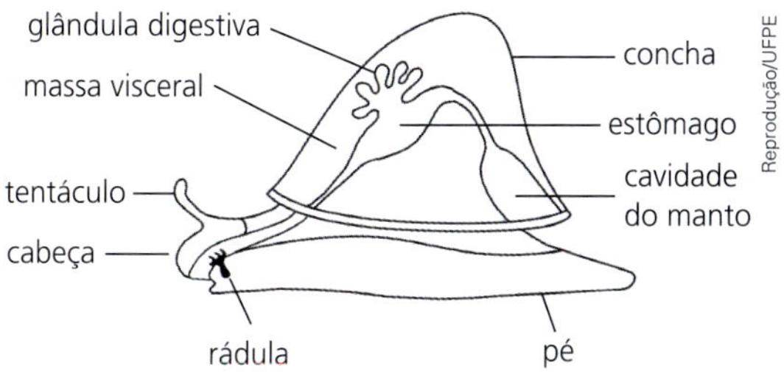

a) não apresenta sistema digestório completo, de forma que a digestão é processada através de uma bolsa enzimática.

b) apresenta respiração exclusivamente branquial.

c) o sistema nervoso consiste de um anel situado em torno da boca.

d) a excreção é feita através dos túbulos de Malpighi e de glândulas localizadas na base dos pés.

e) lesmas, ostras, mexilhões, lulas e polvos são moluscos.

7. O filo Mollusca é o segundo maior do reino animal em número de espécies. É correto afirmar que os moluscos da classe Gastropoda

a) são exclusivamente marinhos.

b) possuem conchas, mas não rádula.

c) são exclusivamente terrestres.

d) possuem pé desenvolvido e rádula.

PESQUISEM E COMPARTILHEM

Algumas espécies de ostras produzem pérolas. Pesquisem em livros e *sites* como ocorre a formação das pérolas. Após a pesquisa, respondam: Como ocorre essa formação e qual vantagem adaptativa das ostras está associada à formação das pérolas por esses animais?

ATIVIDADE PRÁTICA

Reúna-se com seus colegas em grupos pequenos para observar um marisco e uma lula. É possível comprá-los em feiras ou mercados.

Material

- um marisco (ou mexilhão) grande com sua concha
- uma lula fresca de tamanho médio
- uma bandeja plástica retangular (ou uma forma de bolo)
- luvas de silicone
- lupa de mão (ou lupa binocular, se houver uma disponível)
- tesoura e pinças
- pano para limpar as mãos
- água limpa

Procedimento

1. Vistam as luvas e sigam as orientações do professor para realizar os procedimentos seguintes.
2. Para a observação do marisco, ponham o animal na bandeja e abram suas valvas. Observem-no, procurando identificar as estruturas corporais do animal, como as brânquias e os sifões inalante e exalante. Utilizem a lupa para ver detalhes. No caderno, desenhem e anotem o que vocês observaram.
3. Para a observação da lula, ponham o animal na bandeja e adicionem um pouco de água (apenas o suficiente para cobri-lo). Vistam as luvas e manipulem o animal, observando-o externamente. Localizem as ventosas nos tentáculos. Desenhem a lula no caderno e indiquem com legendas as partes principais do corpo do animal.
4. Utilizando tesoura e pinças, e com a orientação do professor, abram a pele do manto até expor as vísceras do animal. Procurem localizar o sifão, a boca, a bolsa de tinta e outras estruturas indicadas pelo professor.
5. Comparem os dois animais estudados e registrem no caderno quais as diferenças e as semelhanças entre eles.
6. Após o término da atividade, sob a orientação do professor, limpem o material utilizado e a bancada, descartando o que for necessário descartar nos locais apropriados.

Conclusão

I. Preparem um relatório com os procedimentos realizados e o que foi observado.

II. Pesquisem e incluam no relatório qual é a função das estruturas estudadas.

CAPÍTULO

26

PaoloBis/Moment RF/Getty Images

Abelha (cerca de 1 cm de comprimento) sobre flor. Sabe-se que cerca de 70% das plantas cultivadas são polinizadas por abelhas, artrópodes do grupo dos insetos.

ARTRÓPODES

A diminuição de populações de abelhas vem sendo observada em vários países e a espécie mais afetada é a *Apis mellifera*. O uso exagerado de inseticidas e a poluição são possíveis causas desse fenômeno. Estima-se que entre as consequências esteja a queda na produção agrícola, algo que já foi observado nos Estados Unidos. Este exemplo demonstra a interdependência entre as espécies e como os impactos causados pelos seres humanos acabam prejudicando o meio e a própria sociedade. Assim, conhecer e valorizar todos os grupos de seres vivos pode contribuir para mitigar os efeitos da interferência humana no ambiente.

- **Que tipos de inseto você conhece? Onde é mais fácil encontrá-los?**
- **Você conhece outros grupos de artrópodes, como os crustáceos e os aracnídeos? Como eles são?**
- **Como é o corpo de uma borboleta adulta? E ao sair do ovo?**

1. CARACTERÍSTICAS GERAIS

Os artrópodes representam uma parcela significativa das espécies animais do planeta, apresentando grande diversidade de tamanhos, formas e modos de vida.

Os artrópodes são animais triblásticos, celomados e de simetria bilateral, com corpo segmentado (metameria), assim como os anelídeos. Possuem um exoesqueleto que recobre o corpo e apêndices articulados (daí o nome: *arthron* = articulação; *podos* = pé).

Ao longo de seu desenvolvimento, ocorre um fenômeno denominado **tagmatização**, em que vários segmentos do corpo se fundem, formando regiões funcionais distintas chamadas **tagmas** (*tagma* = agrupamento).

Nos insetos, por exemplo (veja a **figura 26.1**), há três tagmas: **cabeça**, na qual estão a boca e os órgãos sensoriais; **tórax**, onde estão inseridas as pernas e as asas (quando o inseto tem asas); **abdome**, no qual está a maior parte dos órgãos internos (vísceras). Em artrópodes como o camarão e a aranha, a cabeça está fundida com o tórax, formando um **cefalotórax** (*kephalé* = cabeça). Em outros, como no embuá e na lacraia, há apenas a **cabeça** e o **tronco**.

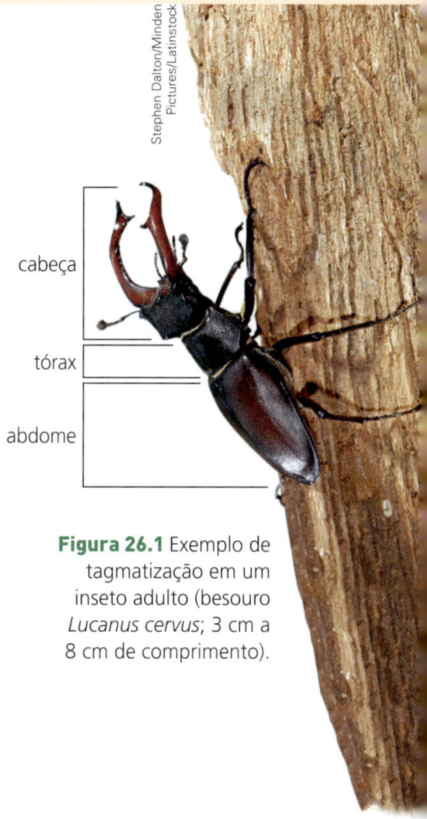

Figura 26.1 Exemplo de tagmatização em um inseto adulto (besouro *Lucanus cervus*; 3 cm a 8 cm de comprimento).

O exoesqueleto é formado por quitina (um polissacarídeo nitrogenado) associada a proteínas. Nas formas terrestres, principalmente, há ainda uma cobertura de cera impermeável, que impede a desidratação, sendo uma importante adaptação à vida fora da água.

Além de proteger o animal, o exoesqueleto proporciona apoio para os músculos. Em certos pontos de união de segmentos ou apêndices, o esqueleto é maleável, permitindo movimentação entre eles e formando as articulações. Associados aos apêndices articulados, os músculos tornam os movimentos bem eficientes (**figura 26.2**). Os apêndices desempenham funções como locomoção (marcha, natação ou voo) e ajudam a manipular e a mastigar o alimento, a sugar o néctar, etc. As antenas funcionam como órgãos dos sentidos (olfato e tato).

Por ser rígido e envolver todo o corpo, o exoesqueleto limita o crescimento dos artrópodes. Assim, o crescimento ocorre por meio de **mudas** ou **ecdises** (*eckdysis* = despojar) controladas por um hormônio, a **ecdisona**, ou **hormônio da muda**. Periodicamente, é formado um exoesqueleto novo, ainda flexível e frágil, que permite o crescimento do animal. Em determinado momento o exoesqueleto velho, chamado **exúvia** (*exuviae* = roupa desprezada, despojos), arrebenta, e o artrópode o abandona. Depois desse processo, o corpo do artrópode cresce até que o novo exoesqueleto endureça.

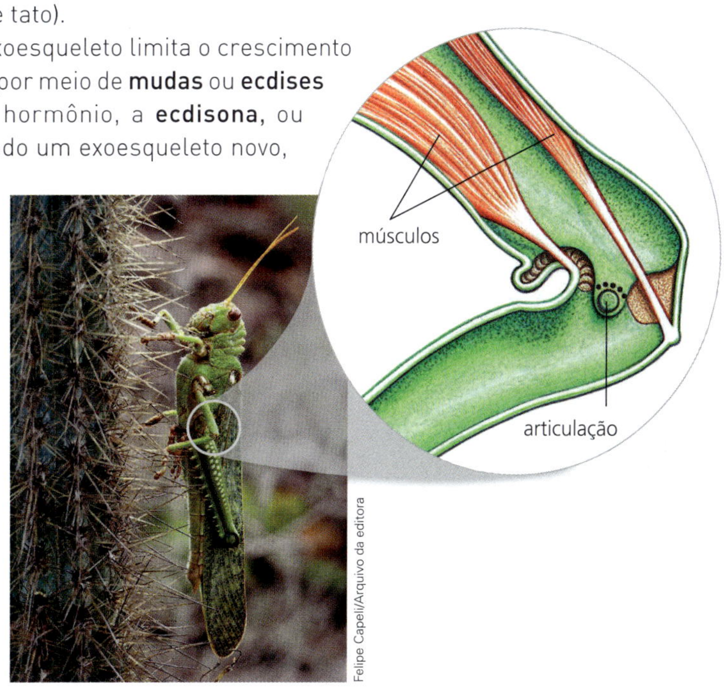

Figura 26.2 Fotografia de gafanhoto e detalhe (ampliado) de músculos e articulação dos artrópodes (comprimento do gafanhoto: de 1 cm a 8 cm, dependendo da espécie; os elementos não estão na mesma escala; cores fantasia).

A troca periódica do exoesqueleto faz com que o crescimento nos artrópodes não seja contínuo como nos outros animais: há momentos da vida sem nenhum crescimento, alternados com outros de crescimento acelerado (**figura 26.3**).

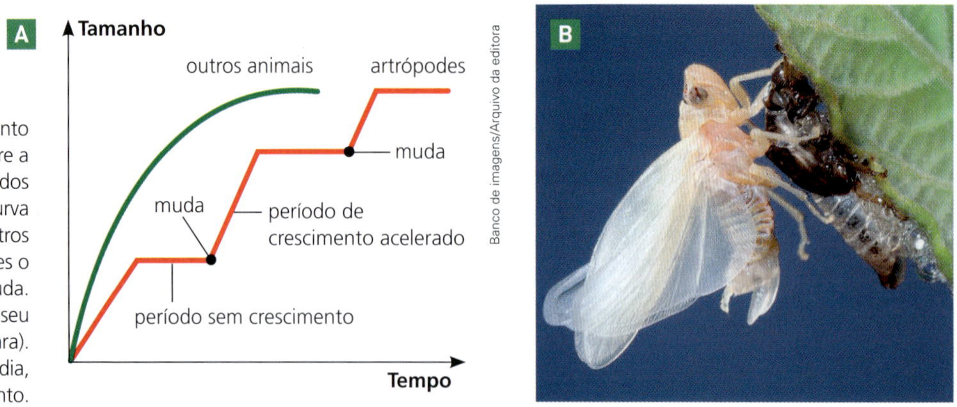

Figura 26.3 **A**: gráfico de crescimento e muda dos artrópodes. Compare a curva descontínua de crescimento dos artrópodes (vermelha) com a curva contínua de crescimento dos outros animais (verde). Nos artrópodes o crescimento ocorre logo após a muda. **B**: foto de cigarra abandonando seu antigo exoesqueleto (parte mais clara). As espécies de cigarras têm, em média, cerca de 4 cm de comprimento.

Assim como nos anelídeos, o tubo digestório é completo e a digestão é extracelular.

O sistema circulatório possui um coração que bombeia hemolinfa para um vaso (aorta). No resto do corpo, a hemolinfa circula por um sistema de lacunas, as **hemoceles** (*haîma* = sangue; *koîlos* = cavidade), banhando os órgãos.

Esse tipo de sistema circulatório não possui capilares e é chamado de **sistema circulatório aberto** ou **lacunar**, uma vez que a hemolinfa sai dos vasos sanguíneos e banha as células. O sistema respiratório e excretor varia entre os diferentes grupos de artrópodes.

O sistema nervoso dos artrópodes é composto de **gânglios cerebrais**, ou **cérebro**, e **gânglios ventrais** unidos por cordões nervosos (**figura 26.4**).

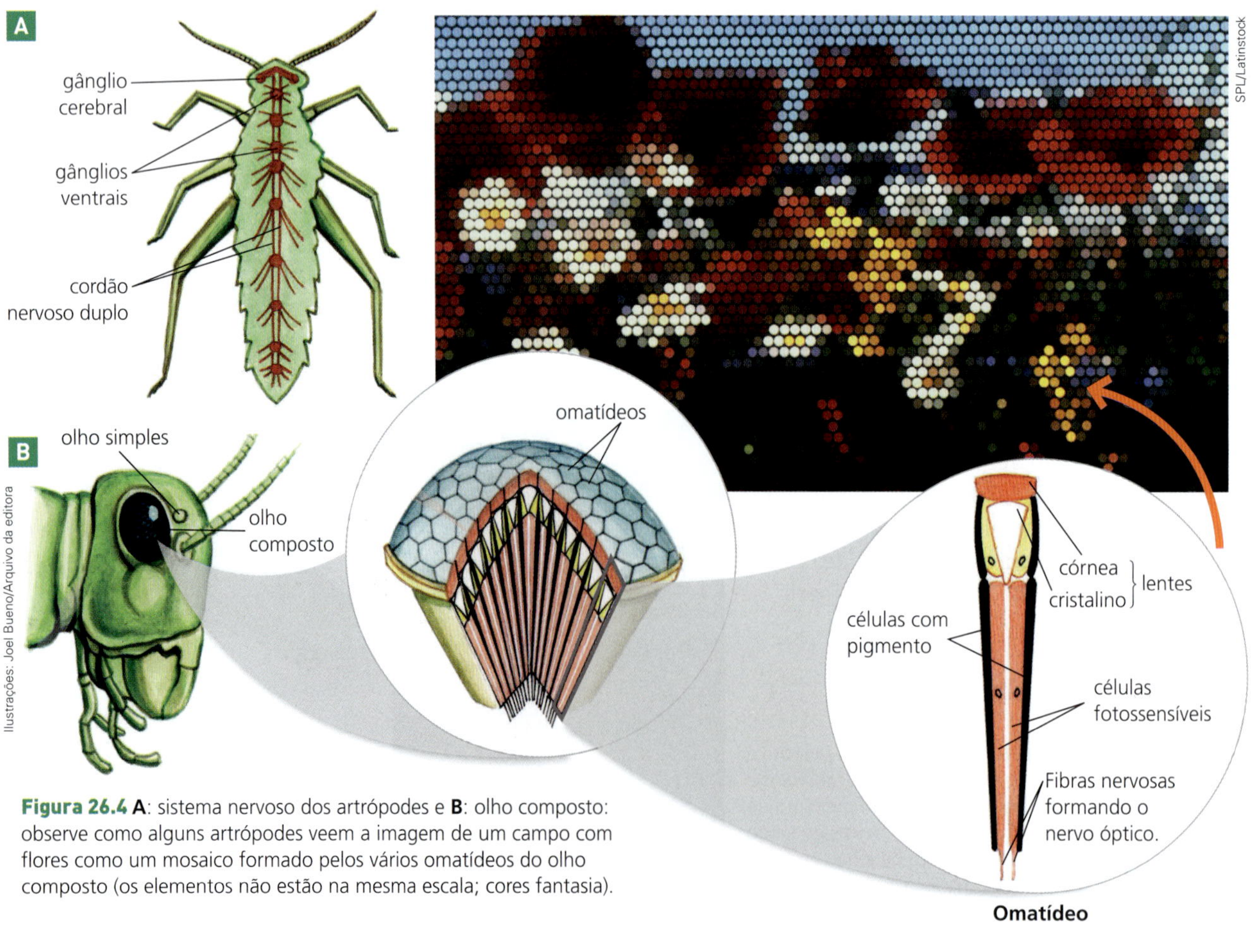

Figura 26.4 **A**: sistema nervoso dos artrópodes e **B**: olho composto: observe como alguns artrópodes veem a imagem de um campo com flores como um mosaico formado pelos vários omatídeos do olho composto (os elementos não estão na mesma escala; cores fantasia).

Os artrópodes podem ter olhos simples e compostos. O olho simples, ou ocelo, não forma imagens, apenas capta diferentes graus de intensidade luminosa. Já os olhos compostos são formados por unidades cilíndricas chamadas **omatídeos** (*omma* = olho; *idion* indica diminutivo). Cada unidade possui uma **córnea**, que apresenta superfície hexagonal (facetada) e funciona como lente. Dentro dela está o **cristalino**, que funciona como uma segunda lente. No final do cone ficam as estruturas receptoras de luz. Cada omatídeo forma a imagem de uma pequena parte do objeto; o conjunto de omatídeos dá a visão total do objeto como um mosaico (reveja a **figura 26.4**). É um tipo de olho muito sensível ao movimento, por isso é muito difícil, por exemplo, pegar uma mosca.

A classificação dentro do grupo dos artrópodes ainda é discutida, porém vamos considerar quatro subfilos principais: **Hexapoda** (*héx* = seis; *podos* = pés), que contém a classe **Insecta** (insetos); **Crustacea** (*crusta* = crosta; crustáceos: camarão, siri, craca, etc.); **Chelicerata** (*chelé* = pinça; *keras* = antena), que contém a classe **Arachnida** (como aranhas e escorpiões); **Myriapoda** (miriápodes – "muitos pés"; *myria* = dez mil), com as classes **Chilopoda** (quilópodes; centopeia) e **Diplopoda** (diplópodes; piolhos-de-cobra).

ACESSE E SAIBA MAIS

Cérebro dos insetos
<https://ed.ted.com/lessons/why-the-insect-brain-is-so-incredible-anna-stockl>
Acesso em: 20 jul. 2018.

2. INSETOS

Os insetos formam o grupo com maior número de espécies conhecidas entre os artrópodes. Essa diversidade indica que eles foram bem-sucedidos na colonização do ambiente terrestre, onde a maior parte vive.

A capacidade de voo de muitas espécies permite que alcancem com facilidade fontes de alimento distantes, além de lhes dar grande poder de defesa e de dispersão. A epiderme impermeável, o tipo de excreção (que economiza água) e o ovo coberto por casca possibilitam sua sobrevivência em ambientes secos.

Veja alguns representantes dos insetos na **figura 26.5**.

Fabio Colombini/Acervo do fotógrafo

Formiga tocandira (*Paraponera clavata*; cerca de 3 cm de comprimento) atacando esperança (família Tettigonioidea; 2 cm a 5 cm de comprimento).

Fabio Colombini/Acervo do fotógrafo

Borboleta-do-manacá (*Methona themisto*; cerca de 7 cm da ponta de uma asa à ponta da outra) em flor.

Igor Semenov/Istok/Getty Images

Libélula (4 cm a 8 cm de comprimento).

Fabio Colombini/Acervo do fotógrafo

Traça-dos-livros (12 mm a 25 mm de comprimento).

Figura 26.5 Alguns representantes do grupo dos insetos (quando a espécie não é mencionada, o tamanho indica a variação de comprimento entre as principais espécies).

O corpo de um inseto é dividido em três regiões: cabeça, tórax e abdome (**figura 26.6**).

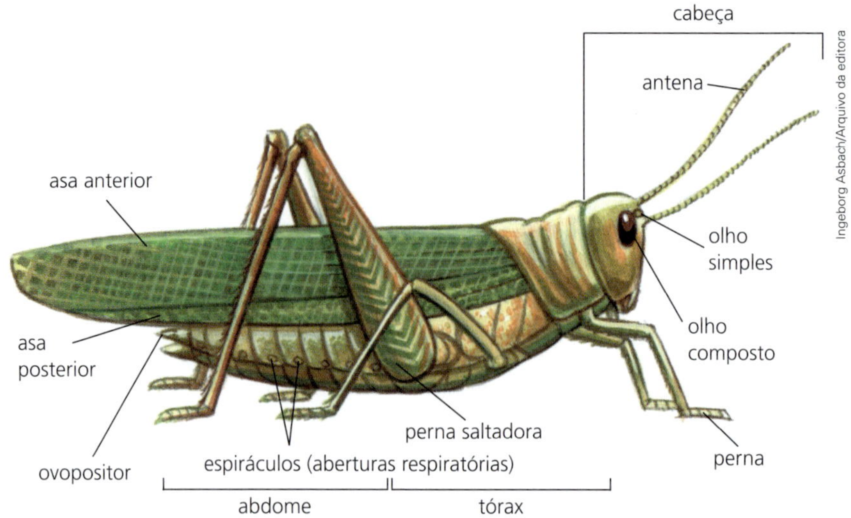

Figura 26.6 Morfologia externa de um inseto, o gafanhoto (de 1 cm a 8 cm de comprimento, conforme a espécie; os elementos não estão na mesma escala; cores fantasia).

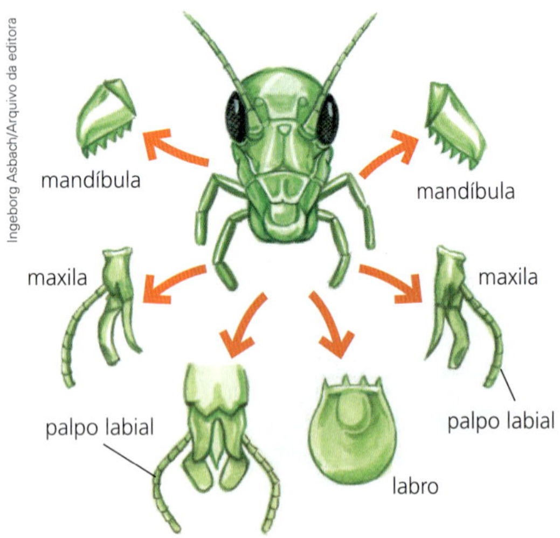

Figura 26.7 Detalhes do aparelho bucal de gafanhoto, do tipo mastigador (os elementos não estão na mesma escala; cores fantasia).

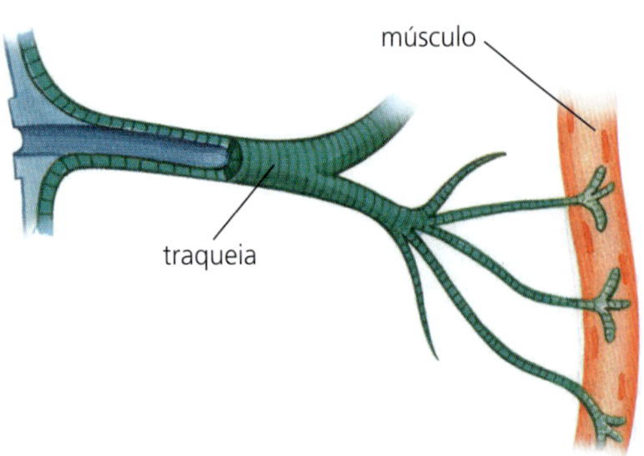

Figura 26.8 Respiração traqueal dos insetos (os elementos não estão na mesma escala; cores fantasia).

Na cabeça, há um par de antenas sensoriais (que capta cheiros e é sensível ao tato), dois grandes olhos compostos e, entre eles, três olhos simples. Próximo à boca estão os apêndices que participam da alimentação.

As pernas e as asas, que correspondem a dobras achatadas do exoesqueleto, ficam presas no tórax. A maioria dos insetos (borboletas, abelhas, baratas, gafanhotos, etc.) possui dois pares de asas. Mosquitos e moscas têm apenas um par funcional. Os machos e as fêmeas férteis de formigas e cupins apresentam asas na época da reprodução. São poucos os insetos que não possuem asas; pulga e piolho são alguns exemplos.

O abdome não tem apêndices, é nele que estão localizados o ovopositor e as aberturas respiratórias.

Os insetos apresentam vários tipos de aparelho bucal, relacionados com o tipo de alimentação: sugador (mariposas e borboletas), picador-sugador (percevejos, mosquitos), mastigador (gafanhotos; **figura 26.7**), entre outros.

A respiração é feita por **traqueias** (**figura 26.8**), tubos ramificados que se abrem na superfície do corpo e cujos últimos ramos atingem os tecidos, de modo que não há transporte de gases (oxigênio e gás carbônico) pelo líquido circulante, a **hemolinfa** (*haîma* = sangue; *lympha* = fluido). Portanto, diferentemente dos anelídeos, nos insetos as trocas gasosas ocorrem no interior do corpo, o que diminui a perda de água. O sistema circulatório é aberto e a hemolinfa não contém pigmentos respiratórios.

As excretas são absorvidas pelos **túbulos de Malpighi** – nome dado em homenagem ao biólogo italiano Marcelo Malpighi (1628-1694) –, lançadas no intestino pela extremidade aberta dos túbulos e saem do corpo com as fezes. A principal substância nitrogenada excretada é o **ácido úrico**, insolúvel e pastoso. Essa consistência diminui a perda de água do animal e consiste em mais uma adaptação dos insetos à vida terrestre.

Há receptores para o gosto no aparelho bucal ou em outras regiões, como as pernas. Existem ainda receptores para o tato e o cheiro nas antenas. Muitos dos receptores, localizados em diferentes regiões do corpo, podem estar também relacionados à reprodução, como ocorre nas cigarras.

Os insetos possuem um sistema de comunicação através de **feromônios** (*féros* = o que transporta; *hormon* = estimulante), substâncias odoríferas lançadas no ambiente que transmitem mensagens a outros indivíduos da mesma espécie. Muitas fêmeas produzem feromônios que atraem os machos a uma distância considerável. Outras substâncias permitem que um inseto localize outros de sua espécie pela trilha deixada no solo.

ACESSE E SAIBA MAIS

Feromônios no controle de pragas

<www.embrapa.br/busca-de-noticias/-/noticia/15313240/feromonios-para-controle-de-pragas-agricolas-solucao-sustentavel-e-um-dos-destaques-da-embrapa-na-expointer-2016---ate-0409-em-esteio-rs>

Acesso em: 20 jul. 2018.

RELAÇÕES ECOLÓGICAS

Os insetos têm notável importância ecológica. A reprodução de muitas espécies de plantas depende do transporte do grão de pólen feito por insetos (polinização; reveja a imagem de abertura deste capítulo). Além disso, um número imenso de insetos serve de alimento a outros animais.

Como já vimos, há insetos que transmitem agentes causadores de doenças, como a dengue e o mal de Chagas. Outros provocam estragos em plantações, estoques de alimentos, tecidos, móveis e papéis, por exemplo. Veja a **figura 26.9**.

O combate aos insetos e a outros organismos que destroem plantações é feito principalmente com agrotóxicos. O problema é que esses compostos podem matar também os insetos polinizadores e os predadores de pragas. Além disso, se forem mal utilizados, podem poluir o ambiente, provocando intoxicações em outras formas de vida e no próprio ser humano, como veremos com mais detalhes ao longo de nosso estudo. O uso constante desses produtos também favorece a seleção de insetos resistentes. Portanto, o uso e o armazenamento de agrotóxicos precisam ser fiscalizados e regulamentados.

O uso de agrotóxicos pode ser diminuído utilizando-se outras técnicas, como o uso de sementes resistentes a pragas, a adoção da agricultura orgânica ou o controle biológico. Nesta última, são usados os próprios parasitas e predadores naturais da praga em questão. Quando uma plantação é atacada por pulgões, por exemplo, podem-se soltar joaninhas na área cultivada, pois elas são predadoras desses insetos (veja a **figura 26.10**).

Delfim Martins/Pulsar Imagens

Figura 26.9 Bicho-furão (*Gymnandrosoma aurantianum*; cerca de 1 cm de comprimento) em laranja. O inseto ataca frutos cítricos verdes e maduros.

Por fim, há ainda alguns insetos que são cultivados pelos seres humanos para fins sobretudo comerciais, como produção de mel (abelha), de tecido (bicho-da-seda), de húmus (minhoca), etc. Considerando as relações abordadas, é possível perceber que a extinção e o manejo inadequado de espécies de insetos podem provocar desequilíbrios ecológicos.

Claude Nuridsany & Marie Perennou/SPL/Latinstock

Figura 26.10 Joaninha (cerca de 50 mm de comprimento) alimentando-se de pulgão (cerca de 2 mm de comprimento).

Luiz Iria/Arquivo da editora

Figura 26.11 Insetos (joaninhas, cerca de 50 mm de comprimento, conforme a espécie) em cópula.

REPRODUÇÃO E DESENVOLVIMENTO

Nos insetos, os sexos são separados, e a fecundação é interna (**figura 26.11**), o que é fundamental em animais terrestres, pois garante a proteção dos gametas contra a desidratação. O celoma, muito reduzido, corresponde às cavidades das gônadas.

A maioria sofre metamorfose e, dependendo do grau, os insetos são classificados em:

- **hemimetábolos** (*hemi* = meio; *metábole* = mudança) – a metamorfose é incompleta, isto é, o animal que sai do ovo difere pouco do animal adulto. Nos insetos hemimetábolos, como é o caso do gafanhoto, sai do ovo uma **ninfa** (filhote sem asas desenvolvidas), que sofre sucessivas mudas até chegar à forma adulta (com asas; **figura 26.12**).

Figura 26.12 Metamorfose incompleta do gafanhoto (1 cm a 8 cm de comprimento, conforme a espécie; os elementos não estão na mesma escala; cores fantasia).

- **holometábolos** (*holos* = todo) – a metamorfose é **completa** e ocorre em três etapas: ovo → larva → pupa → imago ou adulto; este fica bem diferente da larva, que passa por sucessivas mudas. Um exemplo são as borboletas e mariposas: do ovo sai uma larva (**lagarta**), que tece um casulo e entra na fase imóvel de **pupa** (também chamada, nesse caso, **crisálida**); do casulo sai a borboleta adulta, sexualmente madura (**figura 26.13**). As larvas, muitas vezes, apresentam alimentação diferente da do indivíduo adulto, o que evita a competição dentro da espécie.
- **ametábolos** (*a* = sem) – sem metamorfose; é o caso da traça, em que o ovo origina o animal jovem. Este só difere do adulto no tamanho e no amadurecimento sexual (**figura 26.14**).

Figura 26.13 As borboletas – em média, 8 cm de comprimento com as asas abertas – apresentam metamorfose completa (os elementos não estão em escala; cores fantasia).

Figura 26.14 Desenvolvimento da traça, um inseto ametábolo (12 mm a 25 mm de comprimento, conforme a espécie; os elementos não estão na mesma escala; cores fantasia).

3. CRUSTÁCEOS

Em geral, os crustáceos são aquáticos, como o camarão, o siri, o caranguejo e as cracas. A maioria deles também é marinha. Há espécies terrestres, como o tatuzinho-de-jardim, que vive apenas em ambientes muito úmidos (**figura 26.15**).

Millard H. Sharp/Photo Researchers, Inc./Latinstock

Siri-azul: os últimos apêndices têm forma de remo (carapaça com até 6 cm de largura).

Yxowert/Shutterstock

Cracas (cerca de 1 cm de diâmetro cada uma).

Fabio Colombini/Acervo do fotógrafo

Tatuzinho-de-jardim (cerca de 1 cm de comprimento).

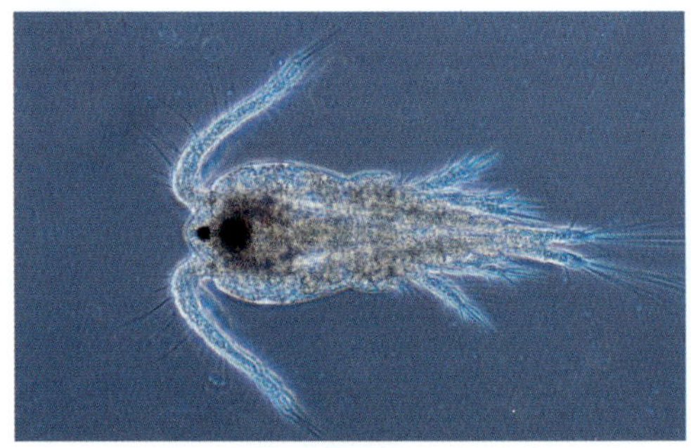

Roland Birke/Medical Images/Diomedia

Copépode (*Canthocamptus staphylinus*; cerca de 1 mm de comprimento).

Figura 26.15 Alguns exemplos de crustáceos.

Em muitos grupos, o exoesqueleto é reforçado por sais de cálcio, vindo daí o nome crustáceo (*crusta* = pele grossa ou crosta). Em alguns grupos, o corpo divide-se em cabeça, tórax e abdome, mas nos grupos mais conhecidos (camarão, siri, lagosta, etc.) a cabeça e o tórax estão fundidos, formando um **cefalotórax**. Esses animais têm cinco pares de pernas no cefalotórax, que permitem ao animal andar no fundo do mar. Possuem também pernas no abdome, que os ajudam a nadar. O número de pernas locomotoras é variável no grupo (**figura 26.16**).

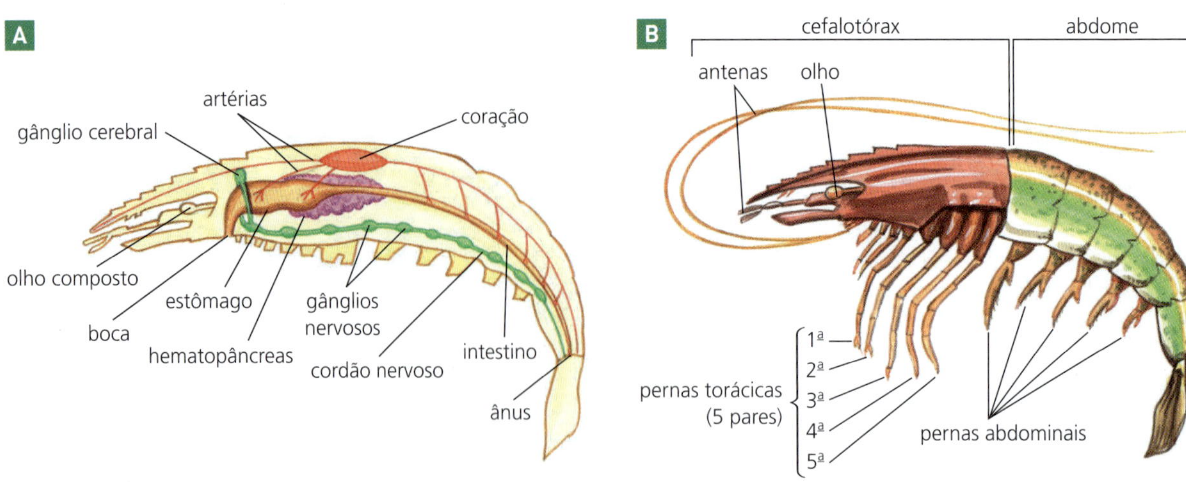

Ilustrações: Ingeborg Asbach/Arquivo da editora

Figura 26.16 Anatomia interna (**A**) e externa (**B**) de um camarão (7 cm a 10 cm de comprimento, em média; os elementos não estão na mesma escala; cores fantasia).

No processo de digestão, há, de início, o trabalho mecânico, realizado pelo estômago; em seguida, ocorre a digestão química no intestino. A respiração é feita, geralmente, por brânquias, ramificações laterais situadas na base das pernas.

Nos crustáceos, a circulação é aberta, mas, diferentemente do que ocorre nos insetos, a hemolinfa contém pigmentos respiratórios, como a hemocianina e, menos frequentemente, a hemoglobina, que participam do transporte de oxigênio pelo corpo.

A excreção depende de glândulas situadas na cabeça (**glândulas maxilares** e **glândulas verdes** ou **antenares**), que retiram excretas da hemolinfa e as eliminam por poros na base das antenas.

O sistema nervoso segue o padrão geral dos artrópodes. Possui órgãos táteis e olfatórios nas antenas e na região bucal, além de dois olhos compostos, que podem se localizar na extremidade de pedúnculos móveis.

Há também **estatocistos** (*statós* = parado; *kystis* = vesícula), que são órgãos de equilíbrio. Eles são dobras da epiderme com células sensitivas dotadas de cílios. Pequenos grãos de areia ou de carbonato de cálcio, os **estatólitos** (*lithos* = pedra) estimulam os cílios com seu peso. Quando o animal muda de posição, os estatólitos também se movimentam, estimulando outros cílios e informando ao sistema nervoso a mudança de posição do corpo. Desse modo, o animal pode corrigir, se necessário, sua posição. Veja a **figura 26.17**.

Na maioria dos crustáceos, os sexos são separados. O desenvolvimento pode ser direto, mas em geral envolve estágios larvais.

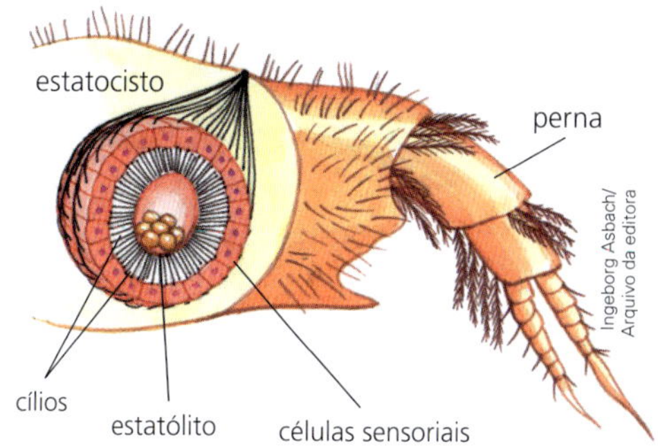

Ingeborg Asbach/Arquivo da editora

Figura 26.17 Morfologia interna de perna de crustáceo destacando o estatocisto (os elementos não estão na mesma escala; cores fantasia).

4. ARACNÍDEOS

Os aracnídeos (**figura 26.18**) são artrópodes tipicamente terrestres. Muitos são carnívoros e predadores, como as aranhas e os escorpiões, que também são peçonhentos. Animais peçonhentos são aqueles que produzem uma substância tóxica e que possuem alguma estrutura capaz de inocular em outros animais essa substância, conhecida como "peçonha". Animais que produzem substâncias tóxicas, mas que não possuem estrutura de inoculação, são chamados venenosos, e, nesses animais, a substância tóxica é chamada "veneno". A picada de algumas espécies de aracnídeos pode causar acidentes graves ao ser humano e a animais domésticos.

Muitos ácaros (do mesmo grupo que o carrapato) são aracnídeos ectoparasitas e atacam aves e mamíferos. Algumas espécies podem transmitir doenças ao ser humano ou até mesmo causá-las, como o *Sarcoptes scabiei*, que provoca a **sarna** (ou **escabiose**); e o *Demodex foliculorum*, que parasita o folículo do pelo e as glândulas sebáceas e provoca o cravo. Os ácaros que vivem na poeira doméstica são um dos maiores responsáveis pelas alergias respiratórias.

K. H. Kjeldsen/SPL/Latinstock

Ácaro da poeira doméstica (entre 0,1 mm e 0,6 mm de comprimento) ao microscópio eletrônico (imagem colorizada por computador).

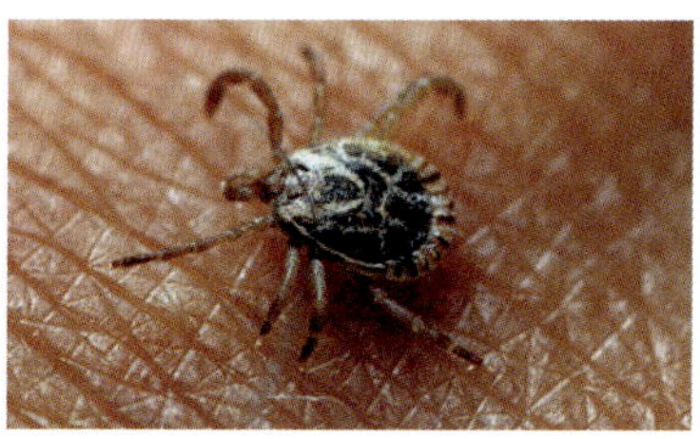
Fabio Colombini/Acervo do fotógrafo

Carrapato-estrela (até cerca de 2 cm de comprimento), que pode transmitir a febre maculosa, doença causada por uma bactéria.

Ingo Arndt/Minden Pictures/Latinstock

Escorpião (em torno de 7 cm de comprimento). Os filhotes são carregados no dorso da mãe durante o início do desenvolvimento.

Figura 26.18 Exemplos de aracnídeos.

O corpo dos aracnídeos está dividido em cefalotórax e abdome. Na parte anterior do cefalotórax, há um par de **quelíceras** (que na aranha são usadas para injetar peçonha na presa) e os **pedipalpos** (apêndices sensoriais na aranha e preensores no escorpião). Não há antenas nem mandíbulas. No cefalotórax, há quatro pares de pernas (**figura 26.19**).

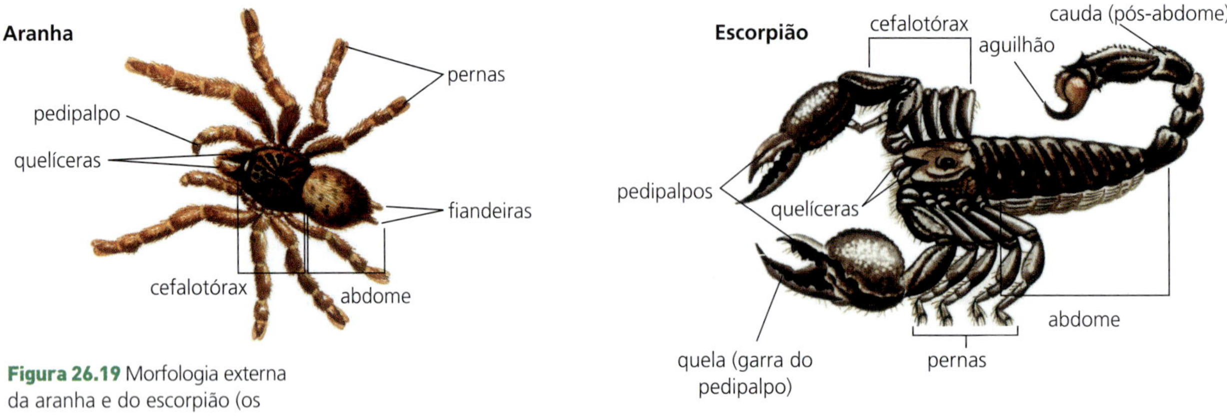

Ilustrações: Joel Bueno/Arquivo da editora

Figura 26.19 Morfologia externa da aranha e do escorpião (os elementos não estão na mesma escala; cores fantasia).

As aranhas são dotadas de pequenos apêndices abdominais (**fiandeiras**), que eliminam uma secreção. Em contato com o ar, essa secreção se transforma em fio, com o qual a aranha tece sua teia ou faz um casulo para os ovos ou para armazenar alimento (**figura 26.20**).

Os aracnídeos possuem um tubo digestório adaptado para sugar. Nas aranhas e escorpiões, a digestão é extracorpórea. Primeiro, a aranha injeta a peçonha em sua presa e, depois, secreta enzimas para a digestão, sugando o produto líquido por meio da sua faringe musculosa. No caso dos carrapatos, muitos são hematófagos, hábito que facilita a transmissão de doenças para o gado e para o ser humano.

A respiração é traqueal. Em animais de pequeno porte, como insetos e aranhas pequenas, a hemolinfa não é utilizada no transporte de oxigênio, já que o transporte de gases nesse sistema depende da difusão. Nas aranhas maiores e nos escorpiões, há traqueias modificadas que formam cavidades mais amplas, com dobras (lamelas) em forma de folhas de livro. Essas cavidades contêm hemolinfa, que transporta os gases com o auxílio de pigmentos respiratórios.

A excreção é feita pelos túbulos de Malpighi e por **glândulas coxais**, que se abrem na base das pernas. O sistema circulatório e o nervoso seguem o padrão básico dos artrópodes. Os olhos são simples e há órgãos táteis (hastes espalhadas pelo corpo) e olfativos.

Os sexos geralmente são separados e a fecundação é interna. Nos escorpiões e nas aranhas, o desenvolvimento é direto. Nos ácaros, aparece uma larva com apenas três pares de pernas.

ACESSE E SAIBA MAIS

Mito de Aracne
<https://ed.ted.com/lessons/the-myth-of-arachne-and-athena-iseult-gillespie>

Aranhas perigosas
<www.vitalbrazil.rj.gov.br/aranhas.html>

Acesso em: 20 jul. 2018.

Cathy Keifer/Shutterstock

Figura 26.20 Aranha (gênero *Argiope*; cerca de 3 cm de comprimento, fora as pernas) envolvendo uma presa (gafanhoto) em sua teia.

BIOLOGIA E SAÚDE

Espécies perigosas de aracnídeos

Em caso de picada de aranha ou escorpião, deve-se procurar socorro médico imediato, pois a picada de algumas espécies pode trazer risco de morte, sendo necessária, então, a aplicação de soro específico. Não devem ser feitos torniquete nem incisão e sucção no local da picada. Conheça a seguir algumas das espécies mais perigosas que ocorrem no Brasil (**figura 26.21**).

As picadas da aranha marrom (gênero *Loxosceles*) podem provocar febre, mal-estar e falência renal, além de necrose (morte) do tecido no local da lesão, podendo levar à morte. É necessário atendimento médico.

A aranha-armadeira (gênero *Phoneutria*) é assim chamada porque, ao se sentir em perigo, apoia-se nas pernas traseiras e ergue as dianteiras, "armando" o ataque. Às vezes, a aranha-armadeira procura o interior das casas para se abrigar. Em geral, sua picada provoca apenas dor local, que pode ser muito intensa, mas também pode causar problemas cardíacos, principalmente em crianças e idosos. Também nesse caso, a pessoa picada deve procurar atendimento médico.

A peçonha da aranha-de-grama, também chamada aranha-de-jardim ou tarântula (gênero *Lycosa*), é mais fraca, mas provoca dor local. Não há um soro específico; o tratamento é sintomático.

A viúva-negra (gênero *Latrodectus*) recebeu esse nome porque a fêmea devora o macho após a cópula. No Brasil, os acidentes com essa espécie de aranha são menos frequentes que em outros países. Em caso de picada, é necessário procurar pronto atendimento médico, uma vez que há risco de insuficiências respiratória e renal.

Embora as aranhas-caranguejeiras tenham aspecto assustador (chegando a 10 cm de corpo e 30 cm de envergadura), a picada das espécies encontradas no Brasil costuma causar apenas dor de curta duração. Contudo, se houver outros sintomas, deve-se procurar atendimento médico.

Entre os escorpiões mais comuns no Brasil estão o amarelo (*Tityus serrulatus*) e o marrom (*Tityus bahiensis*). A pessoa picada por escorpião deve procurar imediatamente atendimento médico.

Para evitar acidentes com aranhas e escorpiões, é aconselhável sacudir roupas e calçados antes de usá-los, andar sempre calçado, evitar o acúmulo de entulho, lixo, tijolos, etc., próximo às residências, e não colocar a mão desprotegida embaixo de madeiras ou em buracos.

ATENÇÃO!

Para mais informações, procure orientação médica.

Aranha marrom (*Loxosceles* sp., cerca de 1 cm de comprimento).

Aranha-armadeira (*Phoneutria* sp., cerca de 4 cm de comprimento, sem as pernas).

Aranha-de-grama (*Lycosa erythrognatha*, cerca de 5 cm de comprimento total).

Viúva-negra (*Latrodectus* sp.; as fêmeas medem cerca de 3 cm de comprimento total e os machos medem em torno de 1 cm).

Escorpião amarelo (*Tityus serrulatus*, cerca de 5 cm a 7 cm de comprimento).

Escorpião marrom (*Tityus bahiensis*, cerca de 5 cm a 7 cm de comprimento).

Fotos: Fabio Colombini/Acervo do fotógrafo

Figura 26.21 Exemplos de aracnídeos perigosos para o ser humano.

5. QUILÓPODES E DIPLÓPODES

No grupo dos quilópodes, estão as lacraias ou centopeias; no dos diplópodes, os embuás ou piolhos-de-cobra. O corpo desses animais é dividido em cabeça, com um par de antenas e olhos simples, e tronco alongado, formado por uma sequência de anéis ou segmentos (**figura 26.22B**).

Nas lacraias, há um par de pernas longas por segmento, e nos embuás, dois pares de pernas curtas (exceto nos primeiros), como consequência da soldadura dos segmentos dois a dois (é por causa dessa soldadura que os embuás são chamados **diplópodes**; *diploos* = duplo).

As lacraias vivem em lugares sombreados (sob pedras ou madeira acumulada, em forros de casas de madeira, etc.) e são carnívoras (comem insetos, minhocas e até pequenos vertebrados, como pássaros, camundongos, etc.). Esses animais usam as **forcípulas** (primeiro par de apêndices do tronco) para inocular toxinas. A picada produz uma dor muito intensa por causa da peçonha, que é capaz de matar pequenas presas. Em seres humanos, embora em geral a picada provoque apenas reações locais, como dor e inchaço, recomenda-se cuidado médico se houver febre e vômitos.

Os embuás (**figura 26.22A**) não são peçonhentos, pois não possuem aparelho inoculador de toxinas. Quando importunados, enrolam-se e ficam imóveis, parecendo mortos (**figura 26.22C**). Algumas formas eliminam substâncias repelentes que afastam os predadores. São herbívoros e auxiliam na produção de húmus para o solo em que vivem.

Os diversos sistemas dos quilópodes e dos diplópodes são muito semelhantes aos dos insetos, com traqueia, túbulos de Malpighi, sistema circulatório aberto e sistema nervoso ganglionar e ventral. Possuem olhos simples e cerdas táteis, sexos separados e fecundação interna, por meio de espermatóforos. O desenvolvimento é direto.

Fotos: Fabio Colombini/Acervo do fotógrafo

Figura 26.22 **A**: foto de embuá (*Lulus sabulosus cylindroiulus*; 3 cm a 15 cm de comprimento, dependendo da espécie); **B**: foto de uma lacraia encontrada no Brasil (*Scolopendra viridicornis*; 14 cm de comprimento); **C**: foto de embuá enrolado, como forma de defesa; **D**: no detalhe, é possível ver as pernas do animal.

ATIVIDADES

Questões discursivas

1. Às vezes, depois de aplicar inseticidas em pomares, observa-se que a produção de frutas diminui. Como você explica isso?

2. No cardápio de um restaurante, havia os seguintes pratos:
   - Caldeirada de peixe com camarões, anéis de lula, mexilhões.
   - Moqueca mista de peixe com camarão.
   - Arroz de lagosta com camarão.
   - Risoto com lagosta, polvo e mexilhão.
   - Caldeirada de peixe, mexilhão e camarão.

   a) Quantos e quais filos de invertebrados estão representados no cardápio?

   b) Separe os invertebrados citados nos títulos dos pratos conforme os filos a que pertencem e cite características gerais de cada um desses filos.

3. Os insetos são invertebrados que apresentam fecundação interna. Qual é a importância dessa adaptação e que vantagem ela trouxe ao grupo?

4. A afirmação "sem lagartas não há borboletas" é correta? Justifique sua resposta.

5. Por que em geral os artrópodes procuram se esconder durante o período de muda de exoesqueleto?

6. Segundo um especialista, se todas as formigas fossem destruídas, centenas de milhares de espécies poderiam ficar ameaçadas de extinção. Por que isso aconteceria?

7. Alguns cientistas acham que o tamanho maior que alguns insetos atingiram no passado – há cerca de 300 milhões de anos, algumas libélulas chegaram a atingir até 70 cm de envergadura – pode ser explicado pela maior concentração de oxigênio na atmosfera naquela época. Explique a relação entre a taxa de oxigênio e o tamanho maior desses insetos.

8. (UFG-GO) A maioria dos insetos passa por sucessivas mudas ou ecdises, do ovo até a fase adulta, cujo controle é feito pelo hormônio ecdisona. Na década de 1970, foi descoberto um hormônio vegetal, o brasinosterol, cuja estrutura química é muito semelhante ao hormônio ecdisona. Pesquisas recentes relatam que o brasinosterol, se administrado em insetos, bloqueia o efeito da ecdisona.

   De acordo com as informações anteriores, responda:

   a) Qual é a vantagem para o meio ambiente do uso potencial do brasinosterol na agricultura?

   b) Por que os insetos ametábolos, como a traça-dos-livros, poderiam ser menos suscetíveis ao tratamento com brasinosterol do que os insetos hemimetábolos, como o gafanhoto?

9. (Uerj) No gráfico, está indicado o tamanho de um animal terrestre ao longo de determinado período de tempo, a partir de seu nascimento.

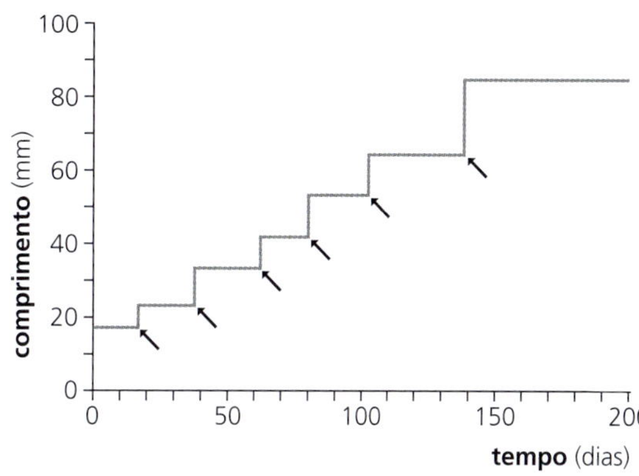

Reprodução/Uerj.

   a) Nomeie o filo a que esse animal pertence, justificando sua resposta.

   b) Nos pontos indicados pelas setas, ocorre um processo relevante para o desenvolvimento desse animal até a fase adulta. Nomeie esse processo e aponte a razão de sua importância.

10. (UFG-GO) Um dos grupos mais numerosos de artrópodes, os insetos, passou a ocupar o ambiente terrestre. Algumas estruturas foram relevantes para que os insetos conquistassem a terra firme e ocupassem vários espaços do planeta, passando a ter importância ecológica e influência na economia.

    a) Indique duas estruturas que possibilitaram a conquista do meio terrestre e explique por que elas foram importantes.

    b) De que forma os insetos exercem influência ecológica e econômica?

Questões objetivas

1. (Enem-MEC) Recentemente, foi descoberta uma nova espécie de inseto flebotomídeo, batizado de *Lutzomya maruaga*. O novo inseto possui apenas fêmeas que se reproduzem a partir da produção de ovos sem a intervenção de machos, em um processo conhecido como partenogênese.

A espécie está restrita a uma caverna na região amazônica, não sendo encontrada em outros lugares. O inseto não se alimenta de sangue nem transmite doenças, como o fazem outros mosquitos de seu mesmo gênero. Os adultos não se alimentam e as larvas parecem se alimentar apenas de fezes de morcego (guano) existentes no fundo da caverna. Essa dieta larval acumularia reservas a serem usadas na fase adulta.

Ciência Hoje, Rio de Janeiro, v. 42, n. 252, set. 2008 (adaptado).

Em relação a essa descoberta, vê-se que a nova espécie de flebotomídeo:

a) deve apresentar maior variabilidade genética que seus congêneres.

b) deve ter uma fase adulta longa se comparada com seus congêneres.

c) é mais vulnerável a desequilíbrios em seu ambiente que seus congêneres.

d) está livre de hábitos hematófagos e de transmissão de doenças devido à ausência de machos.

e) tem grandes chances de se dispersar para outros ambientes, tornando-se potencialmente invasora.

2. (Enem-MEC) O desenvolvimento da maior parte das espécies de insetos passa por vários estágios até chegar à fase adulta, quando finalmente estão aptos à reprodução. Esse desenvolvimento é um jogo complexo de hormônios. A ecdisona promove as mudas (ecdíases), mas o hormônio juvenil impede que o inseto perca suas características de larva. Com o tempo, a quantidade desse hormônio diminui e o inseto chega à fase adulta.

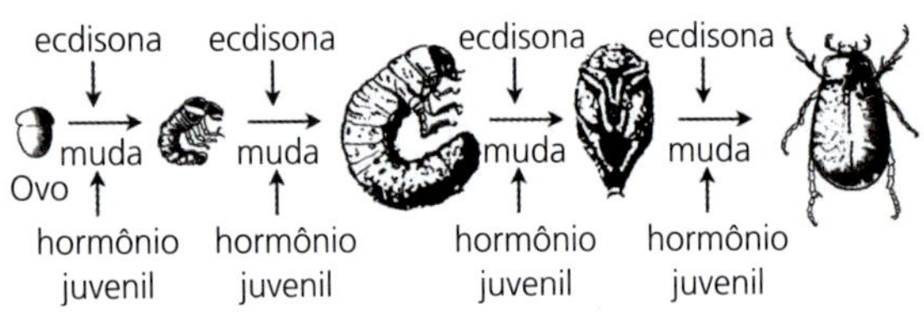

Reprodução/Enem, 2005.

Cientistas descobriram que algumas árvores produzem um composto químico muito semelhante ao hormônio juvenil dos insetos. A vantagem de uma árvore que produz uma substância que funcione como hormônio juvenil é que a larva do inseto, ao se alimentar da planta, ingere esse hormônio e:

a) vive sem se reproduzir, pois nunca chega à fase adulta.

b) vive menos tempo, pois seu ciclo de vida encurta.

c) vive mais tempo, pois ocorrem poucas mudas.

d) morre, pois chega muito rápido à fase adulta.

e) morre, pois não sofrerá mais mudas.

3. (Fuvest-SP) Tatuzinhos-de-jardim, escorpiões, siris, centopeias e borboletas são todos artrópodes.

Compartilham, portanto, as seguintes características:

a) simetria bilateral, respiração traqueal e excreção por túbulos de malpighi.

b) simetria bilateral, esqueleto corporal externo e apêndices articulados.

c) presença de cefalotórax, sistema digestório incompleto e circulação aberta.

d) corpo não segmentado, apêndices articulados e respiração traqueal.

e) corpo não segmentado, esqueleto corporal externo e excreção por túbulos de malpighi.

4. (Fuvest-SP) Francisco deve elaborar uma pesquisa sobre dois artrópodes distintos. Eles serão selecionados, ao acaso, da seguinte relação: aranha, besouro, barata, lagosta, camarão, formiga, ácaro, caranguejo, abelha, carrapato, escorpião e gafanhoto.

Qual é a probabilidade de que ambos os artrópodes escolhidos para a pesquisa de Francisco não sejam insetos?

a) 49/144

b) 14/33

c) 7/22

d) 5/22

e) 15/144

5. (IFSP) Ao estudar um costão rochoso, um aluno fez o esquema de dois tipos de animais encontrados, A e B, e de um tipo de alga, C.

Reprodução/IFSP.

Os animais A e B apresentam grau de parentesco mais próximo, respectivamente, com:

a) o caramujo e o caranguejo.

b) o siri e o camarão.

c) a anêmona e a ostra.

d) a esponja e a barata-da-praia.

e) o camarão e a ostra.

6. (PUC-PR) Relacione as descrições dos sistemas circulatórios com seus respectivos filos animais:

I. Ausente. O alimento é distribuído diretamente da cavidade gastrovascular.

II. Ausente. O alimento é distribuído pelo intestino muito ramificado.

III. Ausente. O alimento é distribuído pelo fluido da cavidade pseudocelomática.

IV. Presente. Do tipo fechado, com vasos pulsáteis e sangue dotado de pigmentos respiratórios.

V. Presente. Do tipo aberto, com coração e vasos sanguíneos, onde circula o fluido celômico.

P = Artrópodes

T = Platelmintos

S = Nematelmintos

R = Moluscos

Q = Anelídeos

U = Cnidários

A opção que contém as associações corretas é:

a) I – U; II – T; III – S; IV – Q; V – P.

b) I – P; II – Q; III – R; IV – S; V – T.

c) I – P; II – Q; III – R; IV – U; V – T.

d) I – P; II – Q; III – R; IV – T; V – U.

e) I – U; II – T; III – R; IV – Q; V – S.

7. (Vunesp-SP) As figuras a seguir representam dois animais invertebrados, o nereis, um poliqueto marinho, e a centopeia, um quilópode terrestre. Apesar de apresentarem algumas características comuns, tais como apêndices locomotores e segmentação do corpo, esses animais pertencem a filos diferentes.

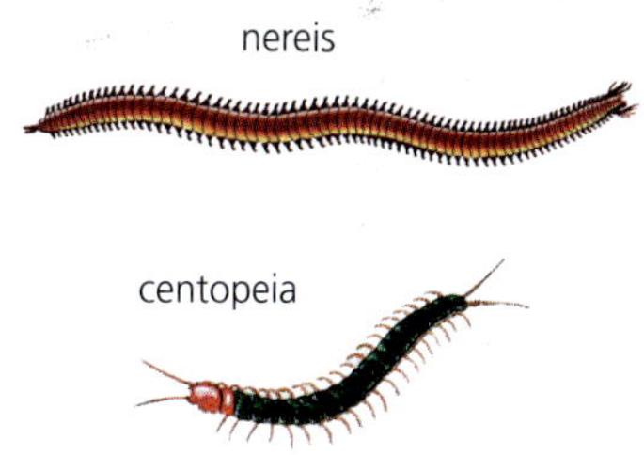

Reprodução/Vunesp, 2003.

Assinale a alternativa correta.

a) O nereis é um anelídeo, a centopeia é um artrópode e ambos apresentam circulação aberta.

b) O nereis é um artrópode, a centopeia é um anelídeo e ambos apresentam circulação fechada.

c) O nereis é um asquelminto, a centopeia é um platelminto e ambos não apresentam sistema circulatório.

d) O nereis é um anelídeo, a centopeia é um artrópode e ambos apresentam exoesqueleto.

e) O nereis é um anelídeo, a centopeia é um artrópode, mas apenas a centopeia apresenta exoesqueleto.

PESQUISEM E COMPARTILHEM

Escolham uma das atividades a seguir para desenvolver. Ao final das pesquisas, procurem saber se em sua região existe alguma instituição educacional ou de pesquisa que trabalhe com algum dos temas a seguir ou que mantenha uma exposição sobre esses assuntos. Verifiquem se é possível visitar o local. Como opção, acessem *sites* de universidades, museus, etc., que disponibilizem uma exposição virtual. Depois, elaborem cartazes com texto, fotos e desenhos e apresentem o resultado do trabalho para a classe e para a comunidade escolar.

Tema 1 Ordens dentro da classe dos insetos. Selecionem uma das três listas a seguir e pesquisem as seguintes informações: significado do nome da ordem, características do corpo de seus principais representantes, relações desses insetos com o ser humano (transmissão de doenças, danos à agricultura, importância para a polinização, etc.) e com o ambiente em geral, e outras informações que considerarem de interesse da turma.

- tisanuros, ftirápteros, odonatos, ortópteros e mantódeos.
- sifonápteros, fasmídeos e hemípteros.
- dermápteros, coleópteros, himenópteros, dípteros e lepidópteros.

Tema 2 Crustáceos e moluscos utilizados em receitas. Relacionem todos os crustáceos e moluscos encontrados nos pratos e pesquisem: hábitos de vida, relações ecológicas, *habitat*, importância econômica, etc.

Tema 3 Como o desenvolvimento de moscas e de outros insetos pode ser usado para a investigação de crimes. Se possível, agendem a visita de um profissional de perícia criminal para conversar com a turma sobre seu trabalho. Sempre que um profissional for chamado para uma entrevista, procurem saber como é o cotidiano de sua profissão, perguntando quais são os aspectos positivos e negativos do trabalho.

Peter Scoones/SPL/Latinstock

CAPÍTULO

27

EQUINODERMOS, UROCORDADOS E CEFALOCORDADOS

Estrela-do-mar (*Asterias rubens*, mede de 10 cm a 30 cm de diâmetro) abrindo mexilhões.

Na imagem, é possível observar uma estrela-do-mar tentando se alimentar de um molusco bivalve. Ela o envolve com os braços e puxa as duas partes da concha dele. Assim que uma abertura aparece entre as conchas, a estrela-do-mar projeta seu estômago para fora da boca e despeja enzimas digestivas sobre as partes moles do mexilhão. O estômago é então recolhido e a digestão termina dentro do seu corpo. Neste capítulo vamos estudar os equinodermos, como as estrelas-do-mar, e também os protocordados. Vamos ver que esses dois grupos estão mais próximos dos vertebrados do que os demais animais conhecidos como "invertebrados".

- **Você conhece exemplos de animais equinodermos? Onde eles vivem?**
- **Onde fica a boca de uma estrela-do-mar?**
- **Quais são os animais conhecidos como protocordados? Em que eles se diferenciam dos outros animais conhecidos como "invertebrados"?**

1. EQUINODERMOS

Os animais do filo **Echinodermata** (**equinodermos** ou **equinodermas**) – estrelas-do-mar, bolachas-da-praia, serpentes-do-mar, pepinos-do-mar, lírios-do-mar e ouriços-do-mar – são exclusivamente marinhos e de vida livre. O nome desse grupo faz referência à presença de espinhos na pele: *échinos* = espinho; *derma* = pele.

Os equinodermos são triblásticos e celomados e apresentam várias características compartilhadas com os cordados:

- o celoma é formado por dobras do intestino primitivo do embrião, sendo, por isso, chamado **enteroceloma** (*énteron* = intestino);
- o blastóporo origina o ânus, e a boca surge em outra região; são, por isso, chamados de **deuterostômios** (*dêuteron* = secundário);
- o esqueleto, coberto pela epiderme, é produzido pela derme, camada que se origina da mesoderme; trata-se, portanto, de um endoesqueleto.

A maioria dos equinodermos apresenta simetria **pentâmera**, também chamada simetria **pentarradial** (*penta* = cinco). Isso significa que o corpo dos equinodermos pode ser dividido em cinco planos em volta de uma área central onde fica a boca.

Os equinodermos originaram-se de espécies com simetria bilateral, como é evidenciado pela simetria da larva (**figura 27.1 A**). Por isso dizemos que a simetria radial é **secundária**, ou seja, modificações ocorrem ao longo do desenvolvimento do animal (**figura 27.1 B**).

O sistema nervoso é pouco desenvolvido nesses animais. Os órgãos sensoriais estão distribuídos pela periferia do corpo, e os animais recebem informações de todas as direções do ambiente, o que costuma ser uma característica de animais sésseis ou com pouca mobilidade. Alguns equinodermos, como os lírios-do-mar, vivem fixos a substratos. Outros, como as estrelas-do-mar, movem-se.

Os equinodermos apresentam um sistema de canais pelo qual circula água do mar. Esse sistema é chamado **ambulacrário** (**figura 27.2**), ou **hidrovascular**. Os canais comunicam-se com pequenos tubos, os **pódios**, também chamados **pés ambulacrários** (*ambulare* = caminhar), ligados a dilatações chamadas de **ampolas**.

Visuals Unlimited/Glow Images

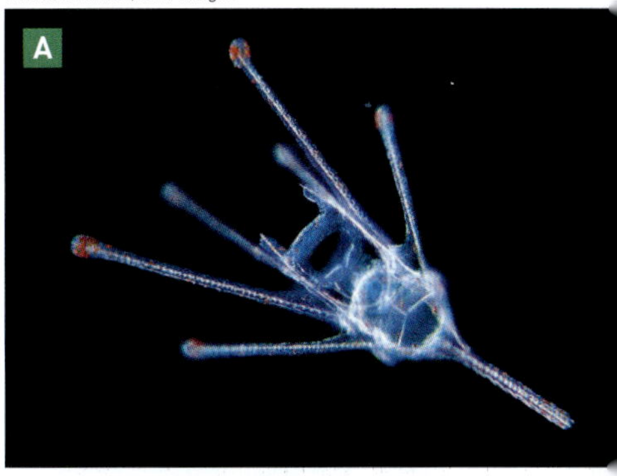

Norbert Wu/Minden Pictures/Latinstock

Figura 27.1 A: larva de um ouriço-do-mar (*Echinocardium cordatum*; microscopia óptica; aumento de 60 vezes); **B**: estrela-do-mar (em torno de 20 cm de diâmetro) cercada por ouriços-do-mar (aproximadamente 10 cm de diâmetro).

Ingeborg Asbach/Arquivo da editora

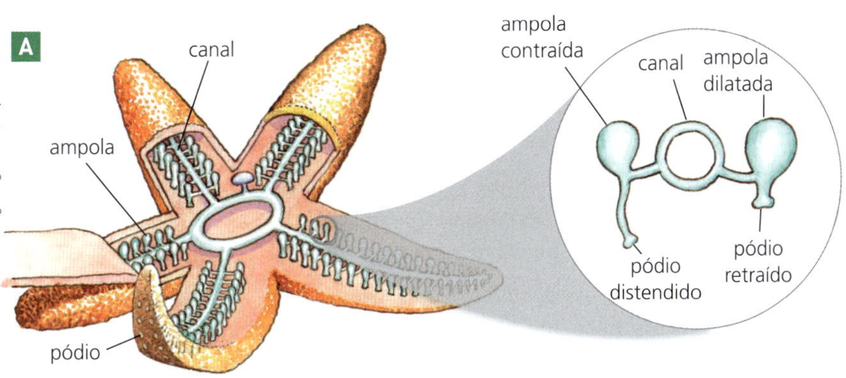

SPL/Latinstock

Figura 27.2 A: representação esquemática do sistema ambulacrário da estrela-do-mar (os elementos não estão na mesma escala; cores fantasia); **B**: foto de braço de uma estrela-do-mar (*Asterias rubens*, a mesma espécie da foto de abertura): as projeções são os pódios.

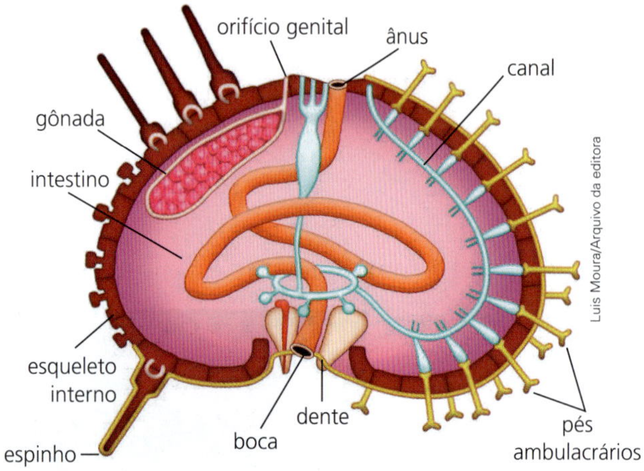

Figura 27.3 Representações dos sistemas digestório e reprodutor dos equinodermos utilizando o ouriço-do-mar como modelo (o diâmetro pode variar de 6 cm a 35 cm; os elementos não estão na mesma escala; cores fantasia).

Figura 27.4 Braço de estrela-do-mar (parte maior) formando um novo animal (o diâmetro de uma estrela-do-mar varia de 2 cm a 1 m, dependendo da espécie).

A contração dos músculos da ampola bombeia a água para os pódios, que se alongam e aderem a uma superfície. Em seguida, os músculos dos pódios se contraem e fazem a água voltar para a ampola. A ação combinada de milhares de pódios move lentamente o corpo do animal sobre rochas ou areia.

O sistema ambulacrário também participa da troca de gases com a água, da circulação do líquido celômico e da excreção, realizada pelos pódios.

Neste grupo, o tubo digestório (**figura 27.3**) é completo, ou de fluxo unidirecional. Na estrela-do-mar, ele apresenta glândulas digestórias. No ouriço-do-mar, a boca é provida de uma estrutura, a **lanterna de Aristóteles**. Esse órgão é formado por cinco longos dentes com os quais o animal raspa as rochas e o fundo do mar, recolhendo alimento (algas e detritos).

A maioria dos equinodermos é dioica e, em geral, a fecundação é externa. O desenvolvimento é indireto, com formação de larvas planctônicas ciliadas (reveja a **figura 27.1 A**), que sofrem metamorfose e transformam-se no adulto.

As estrelas-do-mar possuem a capacidade de regenerar braços danificados. Em algumas espécies, um único braço, desde que possua uma parte da região central do corpo, pode crescer e transformar-se em um animal completo (**figura 27.4**). Essa capacidade de regeneração pode funcionar como reprodução assexuada, em que a divisão do corpo origina novos indivíduos.

Figura 27.5 Ouriços-do-mar são consumidos com limão em algumas regiões do mundo.

CLASSIFICAÇÃO

O filo Echinodermata divide-se em cinco classes principais:

- **Asteroidea (asteroides)** – é representado pela estrela-do-mar, que possui uma região central da qual saem cinco braços (às vezes, mais) com ocelos nas extremidades. Reveja as figuras da página anterior. Os braços apresentam movimento e ajudam na captura de presas. As estrelas-do-mar são carnívoras e/ou necrófagas, alimentando-se de outros animais marinhos e de animais mortos.
- **Echinoidea (equinoides)** – é representado pelo ouriço-do-mar e pela bolacha-do-mar ou ouriço-escudo (**figura 27.6A**); são animais que não possuem braços. Os ouriços são frequentemente encontrados em pedras e recifes do litoral e podem ocorrer acidentes quando as pessoas pisam em seus espinhos. Nesses casos, deve-se limpar e desinfetar o local e remover os pedaços de espinhos. Em alguns países, como o Japão, os ouriços-do-mar são usados como alimento (**figura 27.5**).
- **Holothuroidea (holoturoides)** – é representado pelo pepino-do-mar ou holotúria (**figura 27.6B**); são animais que não possuem carapaça. Seu esqueleto está reduzido a placas microscópicas, por isso seu corpo é mole.
- **Ophiuroidea (ofiuroides)** – é representado pela serpente-do-mar ou ofiúro (**figura 27.6C**); equinodermo parecido com a estrela-do-mar, mas com braços mais longos, finos e flexíveis, usados para locomoção.
- **Crinoidea (crinoides)** – é representado pelo lírio-do-mar, que vive, em geral, preso por ramificações (cirros) em rochas ou em outros substratos (**figura 27.6D**).

Fabio Colombini/Acervo do fotógrafo

Bolacha-do-mar (6 cm a 10 cm de diâmetro).

Fabio Colombini/Acervo do fotógrafo

Pepino-do-mar (cerca de 10 cm de comprimento).

Geogette Douwma/SPL/Latinstock

Serpente-do-mar (atinge 9 cm de diâmetro).

Fabio Colombini/Acervo do fotógrafo

Lírio-do-mar (*Tropiometra carinata*; 9 cm de diâmetro).

Figura 27.6 Exemplos de equinodermos.

2. UROCORDADOS E CEFALOCORDADOS

Os animais do filo **Chordata** (**cordados**), grupo que inclui os urocordados (ascídias), os cefalocordados (anfioxo) e os vertebrados (peixes, anfíbios, répteis, aves e mamíferos), possuem certas características presentes em alguns invertebrados, como a simetria bilateral, o corpo segmentado e a circulação fechada.

Os equinodermos e os cordados apresentam em comum a deuterostomia. Já o segundo grupo possui características exclusivas, às vezes presentes apenas em algum estágio do ciclo de vida, como na fase embrionária. Veremos a seguir algumas delas.

O nome "cordado" vem do fato de esses animais possuírem uma **notocorda** ou **corda dorsal** (*notos* = dorso; *chorda* = cordão), bastão flexível de células que se estende por quase toda a região dorsal do animal, acima do tubo digestório e abaixo do sistema nervoso (**figura 27.7**). A notocorda funciona como ponto de apoio dos músculos, facilitando, por exemplo, o uso da cauda para impulsionar o corpo pela água. Nos vertebrados, que estudaremos nos próximos capítulos, ela é substituída, total ou parcialmente, pela coluna vertebral durante o desenvolvimento embrionário.

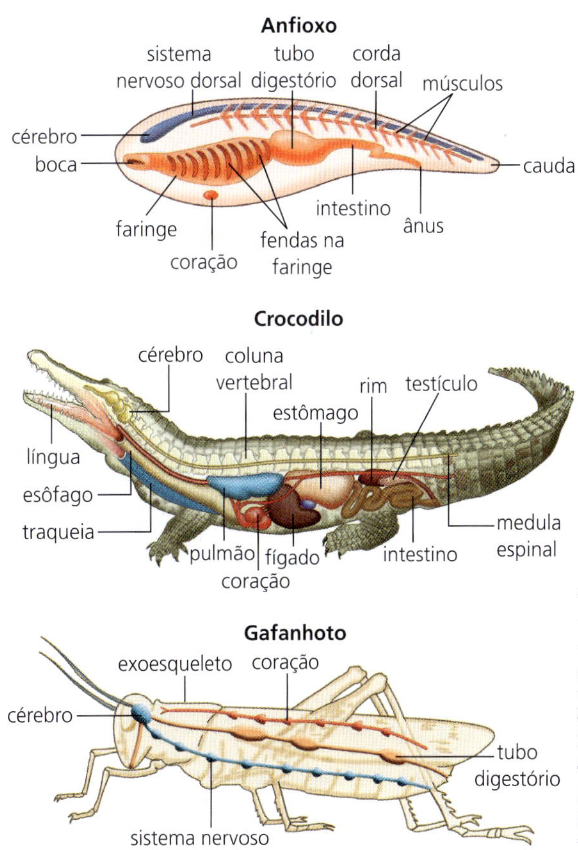

Ilustrações: Osni de Oliveira/Arquivo da editora

Figura 27.7 Esquema geral de um cordado e comparação entre invertebrados (gafanhoto) e vertebrados (crocodilo) (os elementos não estão na mesma escala; cores fantasia).

ACESSE E SAIBA MAIS

Simetria

<https://ed.ted.com/lessons/the-science-of-symmetry-colm-kelleher>

Acesso em: 20 jul. 2018

Os cordados possuem também **sistema nervoso dorsal**, formado a partir do tubo neural e originado da ectoderme do embrião. A localização dorsal, acima da notocorda, é diferente da maioria dos grupos estudados até aqui, nos quais o sistema nervoso se situava na região ventral (reveja a **figura 27.7**). Outra diferença é que, nos cordados, o tubo nervoso é oco, enquanto nos outros grupos ele é formado por um cordão duplo e maciço de células. Na região anterior do corpo dos cordados, esse cordão se dilata e forma a **vesícula encefálica**, que, nos vertebrados, origina o **encéfalo**.

Vicki L. Miller/Shutterstock

Figura 27.8 Raia em visão ventral, evidenciando cinco pares de fendas faríngeas.

Também há, nos cordados, uma **cauda pós-anal** (ao menos na fase embrionária), na região posterior ao ânus, com músculos. Nos cordados aquáticos, por exemplo, a cauda ajuda na locomoção na água. No ser humano, a cauda está atrofiada e forma o final da coluna vertebral (os ossos do cóccix).

Além dessas características exclusivas, na faringe (região anterior do tubo digestório) do embrião dos cordados podem ser observados os arcos **faríngeos** ou **farigianos**, separados por **fendas** ou **sulcos faríngeos** (alguns autores chamam essas estruturas de **fendas branquiais**), e evaginações, as **bolsas faríngeas**. Nos peixes, os arcos e as fendas faríngeas persistem no adulto e participam da respiração: a água que entra pela boca passa pelas brânquias e sai pelas fendas faríngeas (**figura 27.8**). Em outros vertebrados (répteis, aves e mamíferos), os arcos e as fendas originam outras estruturas, como ossos da mandíbula e estruturas da tuba auditiva (na orelha), enquanto a função respiratória é exercida pelos pulmões.

O filo dos cordados inclui três grupos: **Cephalochordata (cefalocordados)**, **Urochordata (urocordados)** e **Craniata** (que inclui os **vertebrados**). Os dois primeiros são comumente chamados **protocordados** (*protos* = primeiro) e constituem um grupo sem valor taxonômico.

CEFALOCORDADOS

O termo "cefalocordado" está relacionado à localização da notocorda neste grupo, que vai da cauda até a região cefálica; diferentemente dos urocordados, em que a notocorda localiza-se na região caudal da larva.

Esse grupo é representado pelo anfioxo (gênero *Branchiostoma*), cujo corpo, quase transparente, tem a forma de uma lança de duas pontas (*amphi* = dos dois lados; *oxus* = ponta; **figura 27.9**). É um animal exclusivamente marinho: vive em águas rasas, em geral, com a parte posterior enterrada na areia, nadando por curtas distâncias e por pouco tempo.

A boca desses animais é rodeada por tentáculos (**cirros bucais**), que não deixam passar areia nem outras partículas grandes. As fendas faríngeas filtram o alimento, que entra pela boca e chega ao intestino; são, portanto, animais filtradores

© Paulo de Oliveira/Photoshot/Easypix Brasil

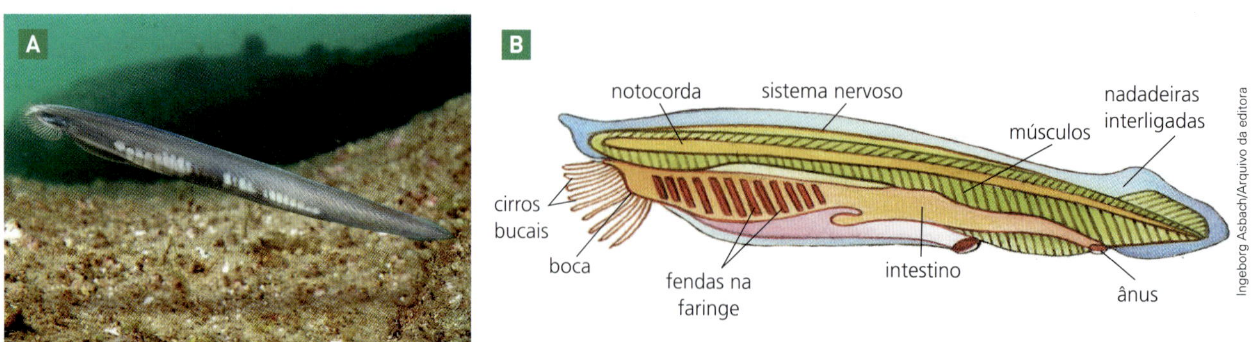

Ingeborg Asbach/Arquivo da editora

Figura 27.9 A: foto de anfioxo (*Branchiostoma lanceolatum*; cerca de 6 cm de comprimento) e **B**: ilustração mostrando a organização do corpo desse cefalocordado (os elementos não estão na mesma escala; cores fantasia).

Nas fendas faríngeas, ocorrem também as trocas gasosas com a água. A circulação é feita por um sistema fechado, com vasos contráteis que impulsionam o sangue. O sistema nervoso é formado por um cordão nervoso dorsal e há nervos para as diversas partes do corpo, além de possuírem ocelos que captam a luz.

O anfioxo possui notocorda durante toda a vida. Essa estrutura funciona como um esqueleto flexível e serve de ponto de apoio aos músculos organizados em blocos, chamados de miótomos (*mys* = músculo; *tomé* = corte) (**figura 27.10**).

Figura 27.10 Detalhe da cauda de um anfioxo evidenciando o cordão nervoso e os miótomos, ao microscópio de luz.

Esses blocos de músculos demonstram que alguns sistemas dos cordados retêm uma segmentação ou metameria, presente em alguns invertebrados, como os anelídeos e artrópodes.

Os sexos são separados entre os indivíduos (dioicos), e as gônadas liberam os gametas na cavidade atrial; depois, os gametas são eliminados pelo poro atrial. A fecundação ocorre na água, e o desenvolvimento é indireto.

UROCORDADOS

Nesse grupo de animais, a notocorda é restrita à cauda na larva (daí o nome do grupo; *ourás* = cauda; *chorda* = cordão). Os urocordados são representados por animais marinhos sésseis, solitários ou coloniais, chamados ascídias (**figura 27.11A**). Quando adultas, as ascídias isoladas assemelham-se a pequenos esguichos, que eliminam um líquido quando espremidas.

Os adultos possuem dois sifões: o **oral** (ou **inalante**), pelo qual a água entra; e o **cloacal** (ou **exalante**), pelo qual saem os resíduos, a água e os gametas. As ascídias são animais filtradores: o alimento (plâncton) é retido pelas fendas faríngeas, encaminhado ao estômago e, depois, ao intestino (**figura 27.11B**).

Esses organismos são hermafroditas e apresentam fecundação externa, mas também podem realizar reprodução assexuada por brotamento, originando colônias.

Sua larva natante apresenta todas as características típicas do filo dos cordados: tubo nervoso dorsal, fendas faríngeas, notocorda, coração ventral e cauda (**figura 27.11C**). Quando atinge o estado adulto, a ascídia se fixa ao substrato, a cauda regride e desaparecem a notocorda e grande parte do tubo nervoso.

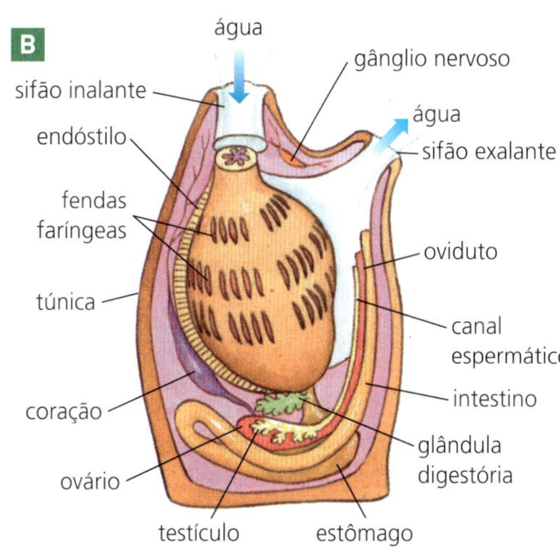

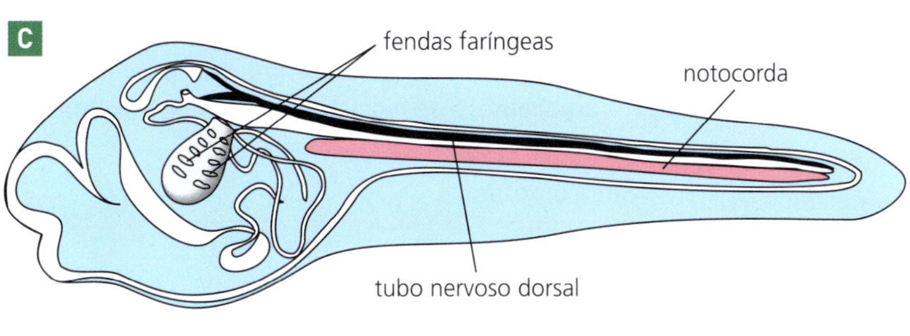

Figura 27.11 **A**: foto de ascídia (*Polycarpa aurata*; de 4 cm a 6 cm de altura); **B**: ilustração mostrando a organização das ascídias no estágio adulto e **C**: no estágio larval (os elementos não estão na mesma escala; cores fantasia).

ATIVIDADES

Questões discursivas

1. No passado, os equinodermos chegaram a ser colocados no mesmo grupo dos cnidários.

   a) Isso ocorreu porque eles apresentam uma característica em comum com os cnidários que não é muito frequente entre os animais. Que característica é essa?

   b) No entanto, uma característica do embrião, percebida nos primeiros estágios do desenvolvimento, diferencia os dois grupos. Qual é essa característica?

2. Por muito tempo, as lontras que viviam em meio às grandes algas pardas das costas da Califórnia foram caçadas por causa de sua pele. À medida que a população de lontras diminuía, aumentava a de ouriços-do-mar. A quantidade de algas pardas também se reduzia. Com a proibição da caça às lontras, o número desses animais voltou a aumentar, e as algas cresceram novamente. Com as algas, vieram moluscos, peixes, camarões e outros animais aquáticos. Como você explica o aumento ou a diminuição, em cada situação, da população de ouriços-do-mar e de algas?

3. As ascídias são animais sésseis que não apresentam desenvolvimento direto (em que o zigoto origina um animal semelhante ao adulto). A fase larval, que poderia parecer gasto inútil de energia, no entanto, representa uma vantagem evolutiva para o animal. Qual poderia ser essa vantagem?

4. (Ufal) Os equinodermos são animais marinhos que apresentam, em sua maioria, simetria radial.

   a) Por que a simetria radial dos equinodermos é considerada secundária?

   b) Compare o esqueleto dos equinodermos com o dos artrópodes quanto à localização.

5. (UFG-GO) Na árvore filogenética ou evolutiva dos animais, a simetria radial é uma característica importante dos organismos primitivos. Entretanto, os equinodermos como os ouriços e as estrelas-do-mar estão próximos aos cordados, como os répteis e os mamíferos, evidenciando um ancestral em comum. Sobre esse fato,

   a) cite duas características morfológicas em comum entre os equinodermos e os cordados;

   b) justifique o parentesco existente entre os dois grupos, apesar de simetricamente distintos.

Questões objetivas

1. (Enem-MEC)

   As estrelas-do-mar comem ostras, o que resulta em efeitos econômicos negativos para criadores e pescadores. Por isso, ao se depararem com esses predadores em suas dragas, costumavam pegar as estrelas-do-mar, parti-las ao meio e atirá-las de novo à água. Mas o resultado disso não era a eliminação das estrelas-do-mar, e sim o aumento do seu número.

   DONAVEL, D. A bela é uma fera. *Superinteressante*. Disponível em: <http://super.abril.com.br>. Acesso em: 30 abr. 2010 (adaptado).

   A partir do texto e do seu conhecimento a respeito desses organismos, a explicação para o aumento da população de estrelas-do-mar baseia-se no fato de elas possuírem:

   a) papilas respiratórias que facilitaram sua reprodução e respiração por mais tempo no ambiente.

   b) pés ambulacrários que facilitaram a reprodução e a locomoção do equinodermo pelo ambiente aquático.

   c) espinhos na superfície do corpo que facilitaram sua proteção e reprodução, contribuindo para a sua sobrevivência.

   d) um sistema de canais que contribuíram na distribuição de água pelo seu corpo e ajudaram bastante em sua reprodução.

   e) alta capacidade regenerativa e reprodutiva, sendo cada parte seccionada capaz de dar origem a um novo indivíduo.

2. (Uece) O reino Animalia reúne uma grande diversidade de organismos distribuídos em filos que encerram determinadas características peculiares. Considere as seguintes afirmativas:

   I. O filo Porifera reúne as esponjas, animais de organização muito simples, que absorvem água com partículas alimentares através de células especializadas chamadas coanócitos.

   II. O filo Arthropoda reúne grande diversidade de animais que se caracterizam por ter corpo protegido por um exoesqueleto de quitina.

   III. O filo Chordata reúne somente animais vertebrados como peixes, anfíbios, aves e mamíferos.

   IV. São animais parasitas pertencentes ao filo Nematoda os ancilóstomos, que provocam o amarelão, e as filárias, causadoras da elefantíase.

   São corretas:

   a) I, II e III.
   b) II, III e IV.
   c) I, II e IV.
   d) I, III e IV

3. (Fuvest-SP) O esquema abaixo representa uma árvore filogenética de alguns filos animais. Cada número, **I**, **II** e **III**, corresponde à aquisição de uma característica ausente nos ramos anteriores a ele e presente nos posteriores.

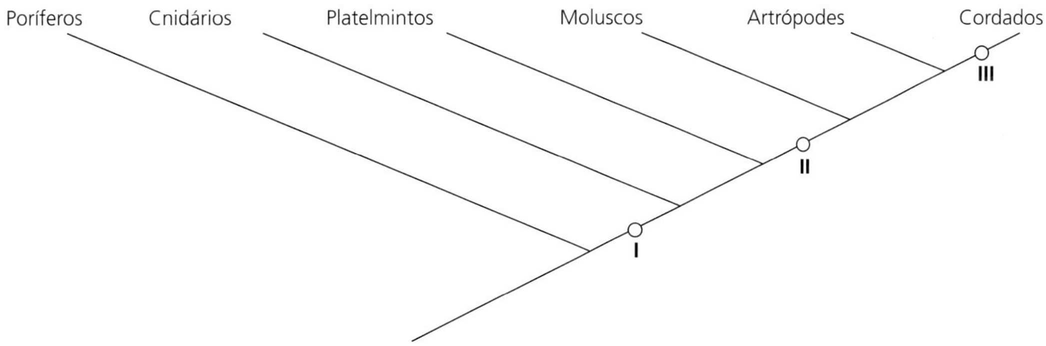

No quadro abaixo, as características correspondentes a cada número estão corretamente indicadas em:

	I	II	III
a)	Células nervosas	Sistema digestório completo	Tubo nervoso dorsal
b)	Células nervosas	Tubo nervoso dorsal	Sistema digestório completo
c)	Tubo nervoso dorsal	Células nervosas	Sistema digestório completo
d)	Tubo nervoso dorsal	Sistema digestório completo	Células nervosas
e)	Sistema digestório completo	Células nervosas	Tubo nervoso dorsal

4. (UEPB) Enquanto a Eco-92 ficou conhecida como a "Cúpula da Terra", a Rio+20 foi muitas vezes citada como a "Cúpula dos Mares". O documento final aprovado pelos Chefes de Estado traz como uma de suas metas a redução dos detritos marinhos, em especial plástico, até 2025. O desenvolvimento de uma rede global de áreas marinhas protegidas internacionais e a criação de mecanismos de governança global dos oceanos para preservar a biodiversidade e os recursos genéticos também estavam em pauta. Sobre os Echinodermata, animais exclusivamente marinhos, assinale a alternativa correta:

a) O caráter compartilhado que aproxima o filo Echinodermata do filo Chordata é a presença de notocorda na fase embrionária.

b) Os Echinodermata apresentam organização pentarradiada, com larvas de simetria bilateral, esqueleto calcário externo, triblásticos e deuterostômios.

c) A forma básica de reprodução desses animais é assexuada.

d) É o único grupo do reino animal que possui um sistema ambulacrário responsável pelas funções de circulação, locomoção, respiração, excreção e percepção.

e) Conchas, estrelas-do-mar e ouriços-do-mar são seus representantes mais conhecidos.

5. (PUC-RJ) Associe os filos às suas respectivas características, apresentadas a seguir.

I. Mollusca.
II. Annelida.
III. Arthropoda.
IV. Echinodermata.

P. Exoesqueleto quitinoso e pernas articuladas.
Q. Pés ambulacrais e endoesqueleto.
R. Cerdas epidérmicas quitinosas e clitelo.
S. Manto e rádula.

As associações corretas são:

a) I – R, II – S, III – P, IV – Q.
b) I – S, II – R, III – Q, IV – P.
c) I – Q, II – R, III – S, IV – P.
d) I – S, II – R, III – P, IV – Q.
e) I – P, II – Q, III – R, IV – S.

Fabio Colombini/Acervo do fotógrafo

CAPÍTULO

28

Pererecas (*Hypsiboas albomarginata*; medem cerca de 5 cm de comprimento) da Mata Atlântica. Ilhéus, BA.

VERTEBRADOS: PEIXES E ANFÍBIOS

O Brasil é um dos países mais ricos do mundo em número de espécies de anfíbios, com mais de 1000 espécies descritas, das cerca de 7500 conhecidas em nosso planeta. A maioria das espécies brasileiras vive na Mata Atlântica e no Cerrado, e várias delas estão ameaçadas de extinção. Isso nos diz muito sobre a condição ambiental, uma vez que esse grupo de animais é extremamente sensível a alterações em seu *habitat*. Por essa razão, os anfíbios são considerados um grupo bioindicador de seu meio. Neste capítulo, estudaremos os primeiros grupos de animais vertebrados, popularmente conhecidos como peixes, e os anfíbios.

- O que diferencia os vertebrados dos demais grupos de animais?
- Que adaptações à vida aquática os diferentes grupos de peixes apresentam?
- Peixes que vivem na água salgada podem viver na água doce? Por quê?
- Como ocorre a reprodução dos sapos e de outros anfíbios?
- Muitas pessoas dizem que os sapos são venenosos. Isso é verdade ou lenda?

1. CARACTERÍSTICAS GERAIS DOS VERTEBRADOS

Como o nome do grupo indica, o esqueleto dos vertebrados inclui uma **coluna vertebral**, que sustenta o corpo e protege a medula espinal, além de um **crânio**, que protege o encéfalo (**figura 28.1**).

Os vertebrados respondem a variações de temperatura por meio de mecanismos diversos. Quando dependem de fontes de calor externas para manterem a temperatura, são conhecidos como **ectotérmicos**, ou em terminologias mais antigas, **pecilotérmicos**, **poiquilotérmicos** (*poikilos* = variado) ou **heterotérmicos.**

Quando mantêm a temperatura do corpo praticamente constante, apesar das variações térmicas do ambiente, como as aves e os mamíferos, são chamados de **endotérmicos**, ou na terminologia mais antiga, **homeotérmicos** (*homoios* = o mesmo; *thermos* = calor).

Vamos estudar neste capítulo os seguintes grupos (alguns sem valor taxonômico) de vertebrados: **Agnatha** (ágnatos), **Chondrichthyes** (condrictes), **Osteichthyes** (osteíctes) e **Amphibia** (anfíbios). No próximo capítulo, estudaremos: **Reptilia** (répteis), **Aves** (aves) e **Mammalia** (mamíferos). Os grupos dos ágnatos, condrictes e osteíctes são conhecidos popularmente como peixes.

Mauro Fermariello/SPL/Latinstock

Fabio Colombini/Acervo do fotógrafo

Figura 28.1 O esqueleto de dois vertebrados (rato e peixe) mostrando duas características desse grupo: o crânio e a coluna vertebral (as fotos não estão na mesma escala).

2. ÁGNATOS

Vamos estudar os ágnatos, grupo sem valor taxonômico representado principalmente pelas lampreias, que vivem tanto no mar como em água doce (**figura 28.2**), e pelas feiticeiras, que são marinhas (**figura 28.3**). Destituídos de maxilas (*a* = sem; *gnathos* = mandíbula), os ágnatos possuem uma boca circular sugadora, por isso também podem ser chamados de **Cyclostomata** (ou ciclostomados, *kyklos* = redondo; *stoma* = boca). A boca desses animais funciona como uma ventosa, que usam para se fixar no corpo de outros peixes, perfurando a pele com a língua e os dentes, e sugando o sangue e outros tecidos do hospedeiro.

Ingeborg Asbach/Arquivo da editora

Derek Middleton/FLPA/Minden Pictures/Latinstock

Figura 28.2 Foto de lampreia (atinge cerca de 1 m de comprimento) e ilustração de detalhe ampliado da boca do animal mostrando os dentes e a língua (os elementos não estão na mesma escala; cores fantasia).

Figura 28.3 Feiticeira ou peixe-bruxa (atinge cerca de 50 cm de comprimento).

Os ágnatos possuem nadadeiras ímpares (**dorsal**, **caudal** e **anal**) pouco desenvolvidas e esqueleto cartilaginoso. Diferentemente dos condrictes e osteíctes, não possuem escamas.

As espécies de ágnatos possuem fígado e o intestino apresenta dobras, formando uma **válvula espiral**. Essa estrutura, que também está presente nos condrictes, aumenta a superfície de contato com o alimento, e, portanto, melhora a absorção dos nutrientes. A válvula espiral termina no ânus.

A circulação e a excreção dos ciclostomados são semelhantes às dos demais peixes e serão estudadas adiante. A respiração ocorre por orifícios laterais que se conectam às brânquias.

Embora existam espécies marinhas, todas as lampreias procuram rios ou riachos para se reproduzir. A fecundação é externa: a fêmea lança óvulos em buracos no fundo do rio, e os machos cobrem os óvulos com esperma. Dos ovos saem larvas que se desenvolvem nos adultos. As feiticeiras são hermafroditas, com fecundação cruzada, são ovíparas e não apresentam fase larval.

3. CONDRICTES

Os condrictes, assim como os osteíctes, os anfíbios, os répteis, as aves e os mamíferos, pertencem ao grupo dos vertebrados **gnatostomados** (*gnathos* = maxila; *stoma* = boca). Nesse grupo estão todos os animais que possuem maxilas, formadas por uma peça fixa e outra móvel (mandíbula).

Os representantes mais conhecidos dos condrictes são o tubarão e a raia. Os condrictes apresentam esqueleto de cartilagem calcificada (daí o seu nome: *chondros* = cartilagem; *ichthyes* = peixe).

Além das nadadeiras ímpares, os condrictes apresentam também nadadeiras pares: as **peitorais** e as **pélvicas**. A propulsão da natação é dada pelos movimentos da cauda, que apresenta uma nadadeira caudal bem desenvolvida (**figura 28.4**).

A epiderme possui glândulas produtoras de muco e escamas **placoides**, com estrutura parecida com a dos dentes dos vertebrados (por isso elas também são chamadas **dentículos dérmicos**). A escama possui uma parte externa – o **esmalte**, de origem epidérmica – e uma interna – a **dentina**, de origem dérmica. A dentina envolve um canal central – a **polpa** (**figura 28.4**).

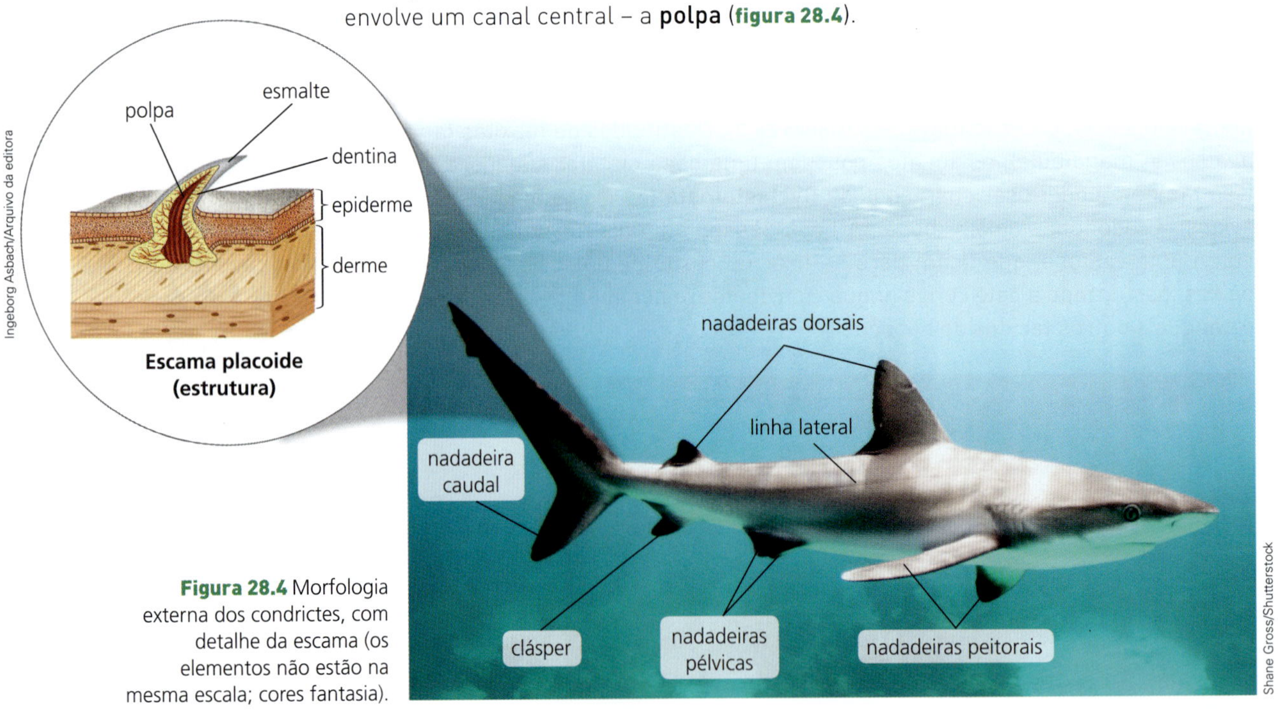

Figura 28.4 Morfologia externa dos condrictes, com detalhe da escama (os elementos não estão na mesma escala; cores fantasia).

Nos condrictes, a boca é **ventral**, com maxilas e várias fileiras de dentes pontiagudos, que são escamas modificadas. Esses peixes apresentam pâncreas, fígado e intestino com válvula espiral, que termina em uma cloaca, abertura comum ao sistema digestório e reprodutor (**figura 28.5**).

Possuem de cinco a sete pares de brânquias, visíveis externamente (**figura 28.5**) e a maioria não possui **opérculo**, uma placa óssea móvel sobre as brânquias (*operculum* = tampa), presente na maioria dos osteíctes. Em linhas gerais, a circulação e a excreção assemelham-se às dos ágnatos e osteíctes, como veremos adiante.

As narinas, sem comunicação com a cavidade bucal, apresentam apenas função olfativa, sem participar do sistema respiratório. A orelha interna (ou ouvido interno na terminologia antiga) é sensível a vibrações provocadas por sons na água. Há também órgãos de equilíbrio, que dão informações sobre mudanças na posição do corpo.

Os condrictes não possuem bexiga natatória, uma bolsa de ar presente nos osteíctes. Mas seu fígado acumula muito óleo e isso diminui a densidade do animal (o óleo é menos denso que a água); assim, a flutuação é facilitada.

Os condrictes, assim como os osteíctes e as larvas de anfíbios, possuem a chamada **linha lateral**, um sistema sensorial formado por canais que se comunicam com o exterior por pequenos poros. Esse órgão capta vibrações provocadas por correntes de água e movimentos de outros peixes.

O sistema nervoso, formado pelo encéfalo, pela medula espinal e por dez pares de nervos cranianos, recebe os estímulos captados pelos órgãos dos sentidos e controla os músculos.

A fecundação é interna e o desenvolvimento é direto. A maioria das espécies é ovípara (raias e alguns tubarões) ou ovovivípara (muitos tubarões), mas existem alguns tubarões vivíparos.

ACESSE E SAIBA MAIS

Tubarões ameaçados

<www.bbc.com/portuguese/brasil-41356540>

Acesso em: 25 jul. 2018.

Figura 28.5 Anatomia interna do tubarão (os elementos não estão na mesma escala; cores fantasia).

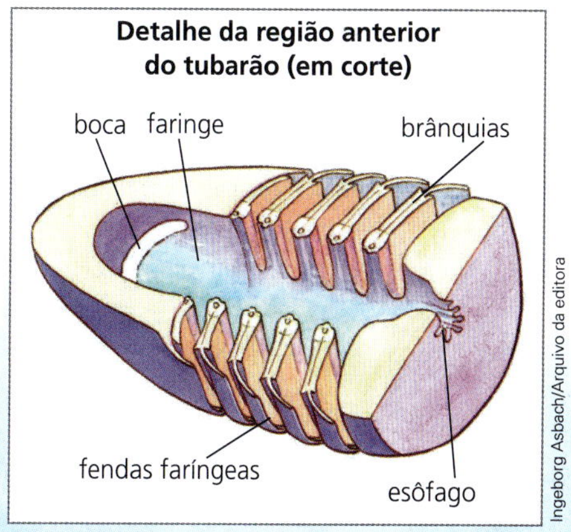

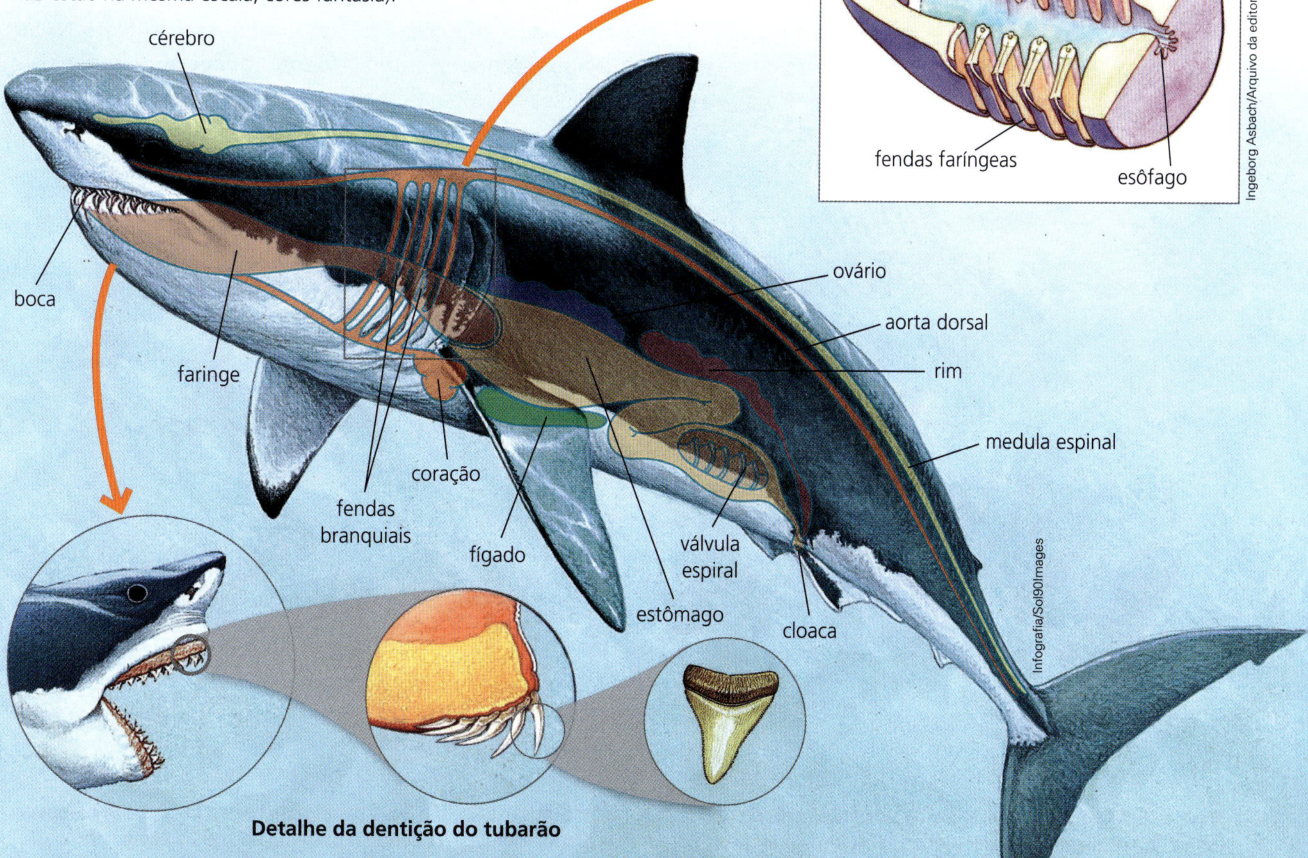

4. OSTEÍCTES

O grupo é bastante variado em formas, cores e tamanhos. Algumas espécies desse grupo têm aspecto bem peculiar, como o cavalo-marinho. Nesse grupo, há espécies como a sardinha, a truta, o atum, o namorado, entre outros peixes que são importantes fontes de alimento para o ser humano.

A epiderme dos osteíctes apresenta glândulas produtoras de muco e **escamas dérmicas** (**figura 28.6**). O esqueleto predominantemente ósseo dá o nome ao grupo (*osteon* = osso).

Diferentemente das nadadeiras dos condrictes, que são rígidas, as nadadeiras dos osteíctes (pares e ímpares) são mais flexíveis. Isso ajuda na mudança de direção e permite manobras mais rápidas.

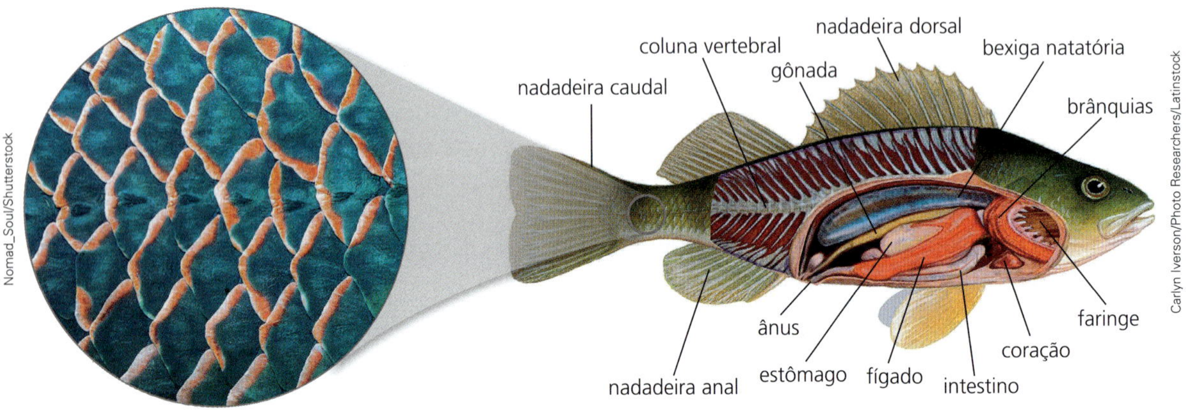

Figura 28.6 Morfologia e anatomia interna de um osteícte. No detalhe, foto de escamas (os elementos não estão na mesma escala; cores fantasia).

Os osteíctes possuem boca **anterior**, com dentes iguais entre si (na maioria das espécies) e maxilas. Possuem fígado, pâncreas e intestino, geralmente sem válvula espiral, que termina no ânus (e não em uma cloaca). Observe novamente a **figura 28.6**. Há quatro pares, às vezes cinco, de brânquias cobertas pelo opérculo (**figura 28.7**).

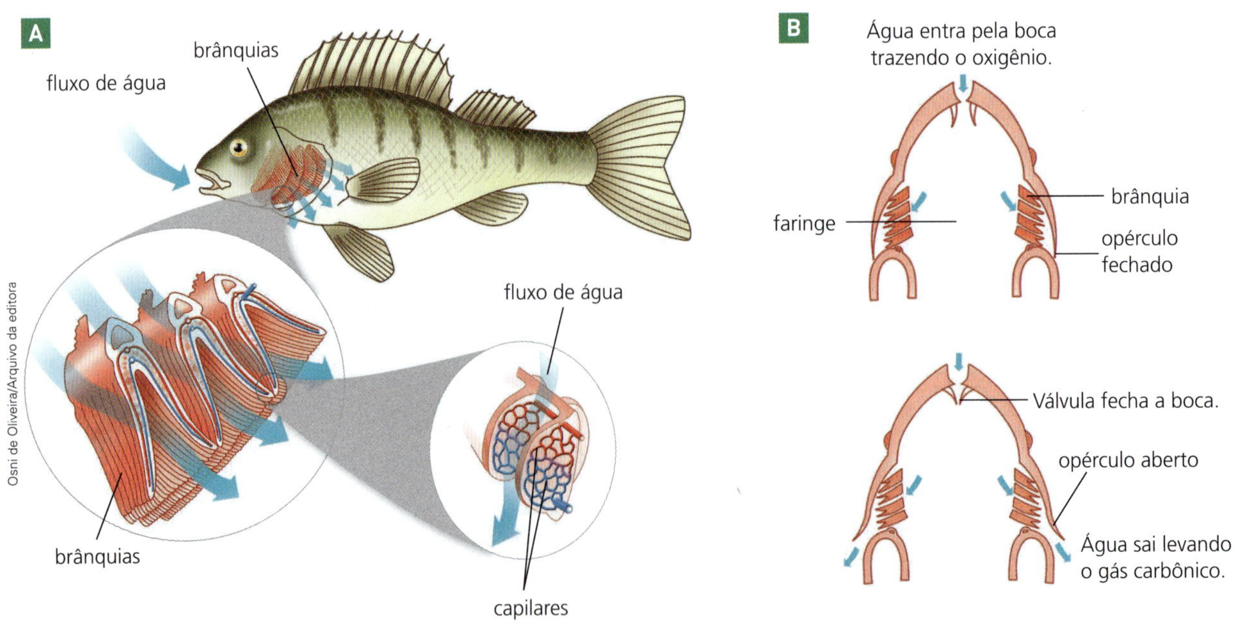

Figura 28.7 Ilustração (**A**) e esquema simplificado (**B**) da respiração branquial nos osteíctes: a água penetra na boca e passa pelas brânquias, formadas por filamentos sustentados pelos arcos branquiais por onde o sangue circula, recebendo o oxigênio da água e eliminando o gás carbônico. A água com gás carbônico é eliminada através do opérculo (os elementos não estão na mesma escala; cores fantasia).

O coração dos osteíctes possui duas cavidades principais: um **átrio** e um **ventrículo** (**figura 28.8**). O sangue com gás carbônico, vindo de todas as partes do corpo, é levado pelas veias para uma pequena antecâmara do átrio: o **seio venoso**. O átrio bombeia o sangue para o ventrículo e este para outra câmara, o **cone arterial**. Deste, o sangue segue por um vaso, a aorta ventral, que se ramifica e forma os arcos aórticos, que levam o sangue para as brânquias. O coração dos demais grupos de peixes funciona de forma semelhante.

Nas brânquias, as artérias ramificam-se nos capilares sanguíneos, onde ocorre a **hematose** (*haîma, atos* = sangue; *ose* = ação): o sangue que chega, rico em gás carbônico e pobre em oxigênio, perde gás carbônico para a água que circula entre as brânquias e recebe dela o oxigênio, transformando-se em sangue oxigenado, que é conduzido pela aorta dorsal para ser distribuído para as diversas partes do corpo.

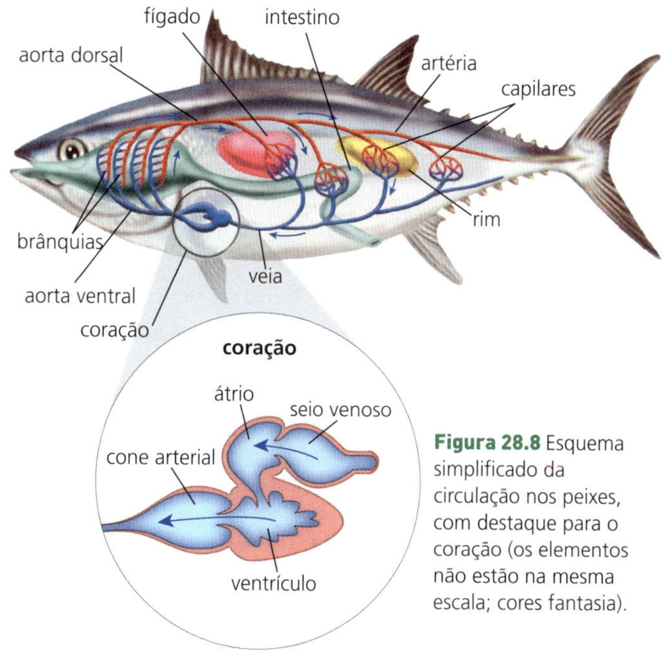

Figura 28.8 Esquema simplificado da circulação nos peixes, com destaque para o coração (os elementos não estão na mesma escala; cores fantasia).

Dizemos, então, que a circulação nos peixes é **simples** porque, em um circuito inteiro, o sangue passa apenas uma vez pelo coração. Além disso, o sangue pobre em oxigênio não se mistura com o rico em oxigênio. Como não ocorre mistura de sangue rico em oxigênio com sangue rico em gás carbônico (como veremos adiante), dizemos que a circulação é **completa**.

Assim como nos demais peixes, os rins dos osteíctes eliminam amônia como principal excreta nitrogenada. Embora seja um composto tóxico, a amônia é também muito solúvel em água e pode ser muito diluída, uma vez que há grande disponibilidade de água para animais que vivem no ambiente aquático.

Com exceção de algumas espécies que vivem no fundo do mar ou do rio, os osteíctes possuem uma bolsa de gases, chamada **bexiga natatória**, que ajuda na flutuação e permite que o animal mantenha o equilíbrio em diferentes profundidades sem muito esforço muscular (reveja a **figura 28.6**). O volume desse órgão é controlado pela entrada e saída de gases do sangue.

A bexiga natatória surgiu de uma bolsa que funcionava como pulmão primitivo em peixes que viviam em rios e lagos que secavam periodicamente ou em águas estagnadas e, portanto, com baixo teor de oxigênio. Ainda hoje há peixes pertencentes ao grupo dos **dipnoicos** (*di* = dois; *pneumon* = pulmão) ou **pulmonados**, que usam esse pulmão primitivo para absorver oxigênio do ar. É o caso da piramboia (o nome vem do tupi: *pi'rá* =peixe; *mboy* = cobra), encontrada na América do Sul (**figura 28.9A**), e de outros gêneros encontrados na Austrália e na África (**figura 28.9B**).

Figura 28.9 **A**: piramboia (*Lepidosiren paradoxa*; cerca de 1,5 m de comprimento) é um peixe pulmonado que vive em rios da Amazônia; **B**: peixe pulmonado do gênero *Protopterus* (cerca de 1 m de comprimento) encontrado na África.

ACESSE E SAIBA MAIS

O formato dos peixes
<https://ed.ted.com/lessons/the-incredible-evolution-of-fish-bodies-lauren-sallan>
Acesso em: 25 jul. 2018.

Na época das secas, a piramboia escava tocas no leito seco dos rios, respirando apenas através do pulmão.

O sistema neurossensorial dos osteíctes é semelhante ao dos condrictes, com narinas, olhos, orelha interna e linha lateral.

A reprodução é sexuada, em geral com sexos separados. Na maioria dos osteíctes, a fecundação é externa: fêmeas e machos lançam os gametas na água. O grande número de gametas produzidos compensa a perda deles na água e também a predação dos filhotes.

Do ovo da maioria dos peixes, sai um filhote parecido com o adulto: é o **alevino**. A reprodução da maioria dos peixes apresenta, portanto, desenvolvimento direto.

BIOLOGIA E QUÍMICA

Problemas osmóticos no ambiente aquático

A pressão osmótica da água doce é inferior à do sangue dos peixes. Isso provoca a entrada de água no sangue por osmose e a perda de sais por difusão através das brânquias. Essa situação levaria os peixes de água doce a ter uma diluição do sangue, provocando ruptura das hemácias — se não houvesse mecanismos de homeostase.

Os peixes de água doce eliminam esse excesso de água produzindo urina em grande quantidade e muito diluída. A perda de sais por causa da grande produção de urina e da difusão pelas brânquias é compensada pela absorção por transporte ativo (com gasto de energia) de sais minerais do ambiente pelas próprias brânquias. Além disso, esses peixes repõem parte dos sais perdidos com os alimentos que ingerem (**figura 28.10**).

Situação oposta ocorre nos peixes ósseos marinhos. A pressão da água do mar, rica em sais, é superior à do sangue desses peixes, que perdem água por osmose e ganham sais por difusão através das brânquias. Os rins, embora eliminem pouca urina, não reabsorvem água em quantidade suficiente. No entanto, esses peixes bebem muita água do mar, compensando a perda de água. A manutenção da homeostase ocorre pela eliminação dos sais por transporte ativo nas brânquias (**figura 28.11**).

Nos peixes cartilaginosos marinhos, há acúmulo de ureia no sangue, o que lhes permite manter a concentração interna praticamente igual à da água do mar, resolvendo assim o problema osmótico.

Alguns peixes migram do mar para a água doce e "sobem" rios, deslocando-se contra a correnteza, para se reproduzir: são os peixes anádromos (*aná* = para cima; *dromein* = correr), como algumas lampreias e o salmão. Outros se reproduzem no mar, mas passam a fase adulta na água doce: são os catádromos (*kata* = para baixo), cujo exemplo mais representativo é a enguia. O organismo desses animais funciona de forma diferente nos dois ambientes: as brânquias bombeiam sais em direções opostas (conforme o caso), e os rins aumentam ou diminuem o volume da urina.

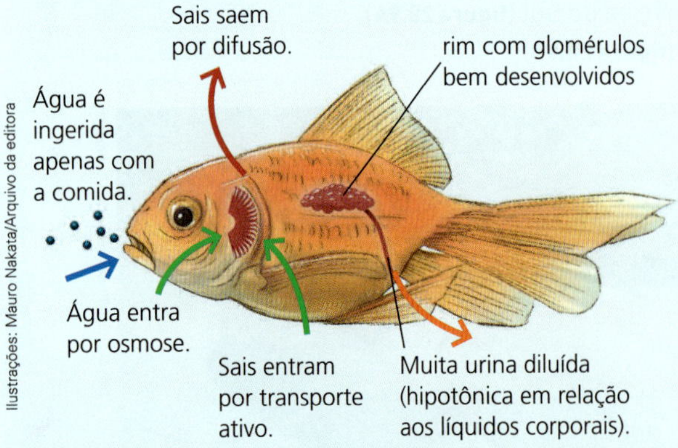

Figura 28.10 Mecanismo que garante o equilíbrio osmótico em peixes de água doce (os elementos não estão na mesma escala; cores fantasia).

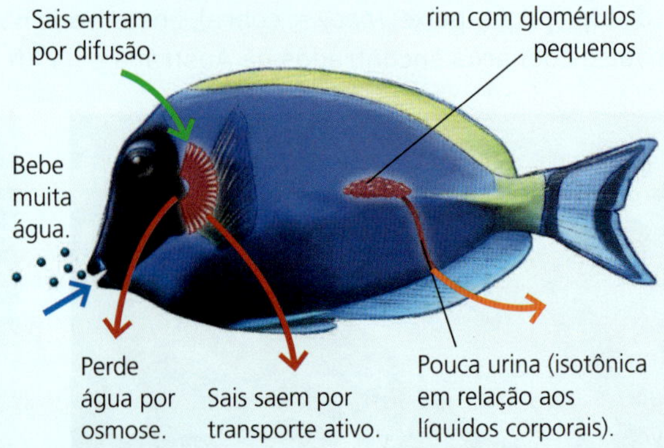

Figura 28.11 Mecanismo que garante o equilíbrio osmótico em peixes ósseos marinhos (os elementos não estão na mesma escala; cores fantasia).

CLASSIFICAÇÃO

Os osteíctes podem ser divididos em dois grupos: **Actinopterygii** (actinopterígeos) e **Sarcopterygii** (sarcopterígeos).

Os actinopterígeos representam a maioria dos peixes. Possuem nadadeiras raiadas (*aktinos* = raio), com um feixe de ossos finos, em forma de leque; e apresentam bexiga natatória.

Os sarcopterígeos possuem nadadeiras **carnosas** (*sarkos* = carnoso; *pterygx* = nadadeira), com suporte ósseo no centro da nadadeira, semelhante ao dos vertebrados com pernas, e músculos bem desenvolvidos. São também chamadas nadadeiras lobadas. Atualmente, o grupo é representado apenas por algumas espécies, entre elas os peixes dipnoicos, como a piramboia (*Lepidosiren paradoxa*).

ACESSE E SAIBA MAIS

Celacanto: fóssil vivo
<https://ed.ted.com/lessons/the-coelacanth-a-living-fossil-of-a-fish-erin-eastwood>
Acesso em: 25 jul. 2018.

5. EVOLUÇÃO DOS PEIXES

Os fósseis mais antigos que podem ser considerados ágnatos são os conodontes, que existiram há mais de 540 milhões de anos. Tinham o corpo alongado e possuíam dentes (*kónos* = cone; *odoûs*, ontos = dentes), mas não maxilas.

Os **ostracodermos** (*ostrakon* = concha; *derma* = pele) representam um grupo extinto de peixes que datam de cerca de 500 milhões de anos (**figura 28.12**). À semelhança dos ágnatos, esses pequenos peixes (menos de 50 cm de comprimento) eram desprovidos de maxilas. A cabeça e o tórax eram cobertos com uma armadura óssea protetora. Eles foram suplantados pelos **placodermos** (do francês *plaque* = placa), com maxilas (**figura 28.12**), **armadura óssea** e, em algumas espécies, nadadeiras pares. A presença de maxilas possibilitou-lhes atacar outros animais (predação) e se defender de forma mais eficiente.

O período Devoniano (entre 416 milhões e 359 milhões de anos atrás) ficou conhecido como a Era dos Peixes, devido ao grande número de fósseis desses animais. No período seguinte (Carbonífero), os placodermos desapareceram e os peixes de nadadeiras raiadas passaram a dominar. Dos ancestrais dos atuais sarcopterígeos surgiriam os primeiros vertebrados com quatro pernas, chamados **tetrápodes** (*tetra* = quatro; *podos* = pés), como veremos a seguir.

Hemicyclaspis (cerca de 13 cm de comprimento).

Dea Picture Library/DeAgostini/Getty Images

Bothriolepis (cerca de 30 cm de comprimento).

Christian Darkin/ SPL/LatinStock

Figura 28.12 Representantes dos ostracodermos (gênero *Hemicyclaspis*) e placodermos (gênero *Bothriolepis*) (os elementos não estão na mesma escala; cores fantasia).

6. ANFÍBIOS

Os anfíbios foram os primeiros vertebrados a ocupar o ambiente terrestre. A presença de pulmões e de dois pares de pernas (na fase adulta na maioria dos membros do grupo) são algumas adaptações a esse modo de vida. O ar não fornece tanta sustentação ao corpo como a água. Esqueletos e músculos mais fortes e pernas em vez de nadadeiras são outros exemplos de transformações selecionadas ao longo da evolução no corpo dos vertebrados terrestres. Anfíbios, répteis, aves e mamíferos são **tetrápodes** ou **tetrápodos**.

A maioria dos anfíbios, entretanto, é dependente da água, sobretudo em relação à reprodução. No caso dos sapos, das rãs e das pererecas, a fase de larva é aquática, daí o nome do grupo: *amphi* = dos dois lados; *bios* = vida.

A pele dos anfíbios em geral não possui escamas e é coberta por uma camada de queratina muito fina, que não fornece boa proteção contra a desidratação. Além de ser fina e permeável, a pele dos anfíbios se mantém úmida pela ação de muitas glândulas mucosas. Essas características permitem a ocorrência de trocas gasosas entre o ar e os vasos sanguíneos que irrigam a pele (**figura 28.13**).

Os anfíbios são predadores e alimentam-se de invertebrados, como insetos. Algumas espécies capturam a presa lançando para fora da boca a língua longa e viscosa (**figura 28.14**). O tubo digestório apresenta fígado, pâncreas e vesícula biliar, e termina na cloaca.

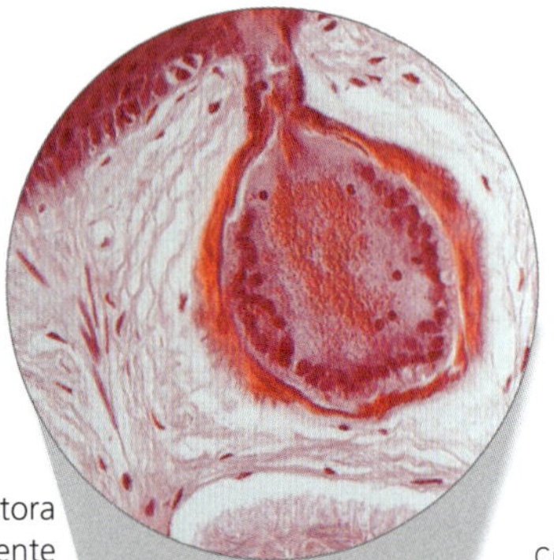

Glândula secretora de muco presente na pele de um sapo (microscópio óptico, com uso de corantes; aumento de cerca de 70 vezes).

Figura 28.13 Adaptações dos anfíbios ao ambiente terrestre. A maioria deles, no entanto, ainda depende muito da água.

Figura 28.14 A língua de alguns anfíbios está adaptada para pegar insetos e outras presas pequenas. Na foto, *Bufo japonicus* (8 cm a 17 cm de comprimento) capturando inseto com a língua.

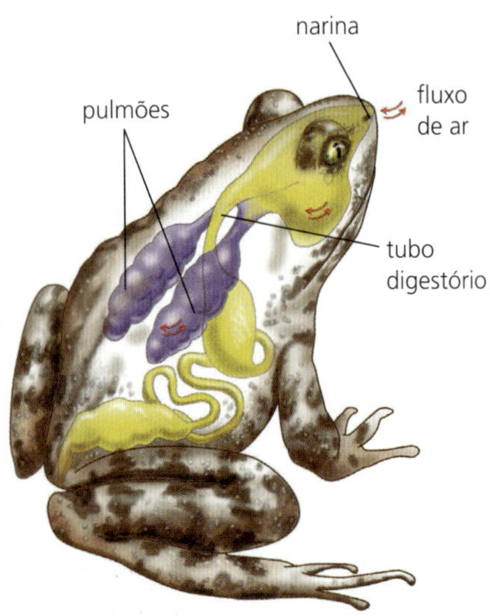

Figura 28.15 Respiração dos anfíbios adultos através dos pulmões (os elementos não estão na mesma escala; cores fantasia).

As larvas respiram por brânquias e pela pele. Em algumas salamandras, as brânquias persistem no adulto, mas na maioria dos anfíbios adultos a respiração é pulmonar e cutânea (**figura 28.15**). O ar é bombeado por contrações de músculos no assoalho da boca. Por causa da pequena superfície dos pulmões, a respiração cutânea pode ser mais importante que a pulmonar.

Os anfíbios possuem coração com três cavidades: dois átrios e um ventrículo. A circulação é **dupla**. Isso significa que a cada ciclo o sangue passa duas vezes pelo coração: há uma **circulação pulmonar** e uma **circulação sistêmica**. A circulação pulmonar envia para os pulmões sangue pobre em oxigênio, e a circulação sistêmica fornece sangue rico em oxigênio ao corpo. O sangue com pouco oxigênio chega ao átrio direito e o oxigenado, ao átrio esquerdo. Ambos seguem para o ventrículo e são bombeados para o corpo e para os pulmões (**figura 28.16**). Enquanto nos peixes o sangue é impulsionado pelo coração apenas quando vai em direção às brânquias, nos anfíbios tanto o sangue que vai para os pulmões como o que vai para o corpo são impulsionados pelo coração. Esse sistema é mais eficiente para suprir um consumo maior de oxigênio, necessário para o deslocamento na terra.

Há uma mistura muito pequena de sangue rico em oxigênio com sangue pobre em oxigênio no ventrículo. Por isso dizemos que a circulação é **incompleta**.

As larvas dos anfíbios eliminam amônia, uma vez que, por se desenvolverem em ambiente aquático, contam com boa disponibilidade de água para diluir essa substância. Os adultos eliminam ureia, que, por ser menos tóxica e menos solúvel, necessita de menor quantidade de água para ser eliminada. Como vemos, há uma relação entre o grau de toxicidade de um produto, sua solubilidade em água e o ambiente em que um animal vive – um exemplo de como o conhecimento da Química é importante para explicar certas características biológicas.

O sistema nervoso segue o plano geral dos vertebrados. Os anfíbios, assim como os peixes, possuem dez pares de nervos cranianos. Apresentam epitélios olfativos nas narinas, botões gustativos na boca e sensibilidade tátil ao longo do corpo. Os olhos dos adultos possuem pálpebras e glândulas lacrimais, o que constitui uma adaptação à vida terrestre, pois protegem e evitam o ressecamento ocular.

Além da **orelha interna** (ouvido interno, pela terminologia antiga), que está presente também nos peixes e é responsável pela audição e pelo equilíbrio, há uma **orelha média** (ouvido médio), formada por um osso (**columela**) que liga uma membrana situada na superfície do corpo (**tímpano**) à orelha interna. Essa estrutura amplia as ondas sonoras, o que é vantajoso, já que o som não se propaga com tanta facilidade no ar como na água.

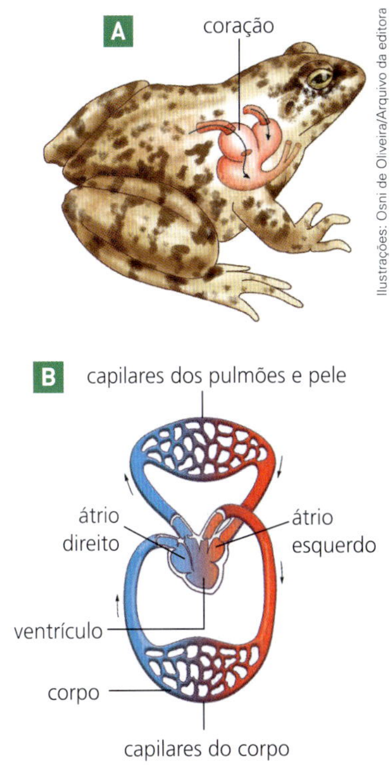

Figura 28.16 Esquemas simplificados do coração (**A**) e da circulação (**B**) dos anfíbios (em vermelho, sangue rico em oxigênio; em azul, sangue pobre em oxigênio) (os elementos não estão na mesma escala; cores fantasia).

Alguns anfíbios machos coaxam, isto é, produzem sons amplificados pelo saco vocal (membrana da pele). O coaxar varia de acordo com a espécie e, na época da reprodução, a fêmea é atraída pelo coaxar do macho de sua própria espécie.

Na maioria dos casos, a fecundação é externa. Em anfíbios como rãs, sapos e pererecas (grupo dos anuros, que será estudado a seguir), machos e fêmeas se acasalam à beira da água: o macho abraça a fêmea e, à medida que ela elimina os óvulos, ele lança seus espermatozoides. Do ovo forma-se uma larva com cauda, sem pernas e de respiração branquial, chamada **girino** nesses animais, que evolui para o estado adulto por metamorfose, ocorrendo a regressão da cauda e das brânquias, e o desenvolvimento das pernas e dos pulmões, entre outras mudanças (**figura 28.17**).

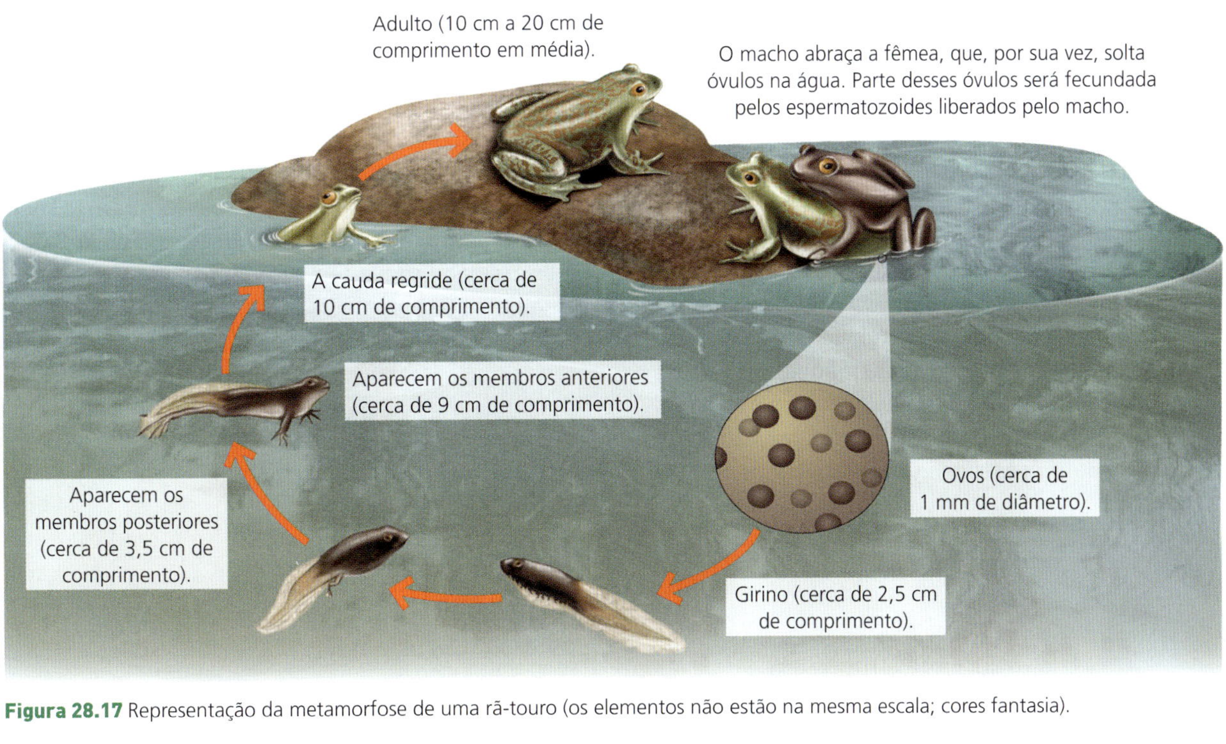

Figura 28.17 Representação da metamorfose de uma rã-touro (os elementos não estão na mesma escala; cores fantasia).

CLASSIFICAÇÃO

Os anfíbios dividem-se em três ordens: **Anura** (anuros), **Caudata** ou **Urodela** (urodelos ou caudados) e **Gymnophiona** ou **Apoda** (gimnofionos ou ápodes).

Os **anuros** (*an* = sem; *oura* = cauda) estão representados pelos sapos, rãs e pererecas (**figura 28.18**). Possuem pernas, mas são desprovidos de cauda. São terrestres, com algumas espécies arborícolas. Muitos possuem glândulas produtoras de veneno na pele. Nos sapos, há as **glândulas paratoides** ou **parotoides**, que se abrem nos lados da cabeça, atrás dos olhos, e liberam veneno quando comprimidas. Se algum predador tentar engolir o sapo, a pressão na pele faz esguichar uma substância leitosa que irrita a boca do predador, e este solta o animal ainda vivo.

Perereca (cerca de 10 cm de comprimento).

Fabio Colombini/Acervo do fotógrafo

Artur Keunecke/Pulsar Imagens

Sapo-cururu (14 cm a 18 cm de comprimento).

Figura 28.18 Alguns exemplos de anuros.

BIOLOGIA E AMBIENTE

Venenosos e ameaçados

Os sapinhos-ponta-de-flecha são anfíbios encontrados nas Américas do Sul e Central. Esse nome vem do uso que os Emberás, povo indígena da Colômbia, faz do veneno da pele desses animais, aplicado nas pontas de suas flechas durante as caçadas. O cozimento destrói o veneno e permite que esses indígenas se alimentem dos pássaros e pequenos mamíferos mortos pelas flechas.

Esses sapos possuem cores vivas e a maioria pertence aos gêneros *Dendrobates* (**figura 28.19**) e *Phyllobates*. As cores fortes funcionam como coloração de advertência ou **aposemática** (*apo* = afastado; *sema* = sinal): elas sinalizam que os animais são venenosos ou têm gosto ruim. Com isso, os predadores passam a evitá-los.

As propriedades medicamentosas dos venenos dessas espécies vêm sendo estudadas por causa dos seus efeitos analgésicos, anticonvulsivos e cardiotônicos (estimulantes do coração). Infelizmente, algumas espécies desses sapos estão ameaçadas de extinção. Além da perda do *habitat* causada pelos desmatamentos, esses anfíbios também são afetados por fungos parasitas. Portanto, a perda da biodiversidade reduz também a chance de descoberta de medicamentos e outros produtos.

Fotos: Fivespots/Shutterstock

Figura 28.19 Anfíbios venenosos (gênero *Dendrobates*; 2,5 cm a 5 cm de comprimento).

Os **urodelos** estão representados pelas salamandras (**figura 28.20**) e pelos tritões. Possuem pernas e cauda. A maioria é terrestre, com fecundação interna.

Os anfíbios **ápodes** (*a* = sem; *podos* = pé) são representados pelas cecílias (**figura 28.21**). A maioria é terrestre, com corpo alongado, sem pernas e com fecundação interna. Os olhos encontram-se atrofiados e recobertos por pele.

Thomas Marent/Minden Pictures/Latinstock

Figura 28.20 Salamandra (14 cm a 25 cm de comprimento).

Fabio Colombini/Acervo do fotógrafo

Figura 28.21 Cecília ou cobra-cega (20 cm a 40 cm de comprimento).

EVOLUÇÃO DOS ANFÍBIOS

Entre 385 e 365 milhões de anos atrás, peixes com nadadeiras musculosas deram origem a uma linhagem de vertebrados com estrutura óssea que poderia ser usada para se locomover no ambiente terrestre. Essa transição está documentada por muitos fósseis: do *Panderichthys*, um peixe, até os primeiros tetrápodes, como o *Acanthostega* (**figura 28.22**) e o *Tiktaalik roseae*, de 375 milhões de anos (no dialeto da língua inuíte falado por indígenas no ártico do Canadá, região onde foi achado o fóssil, *Tiktaalik* denomina um tipo de peixe grande que vive em águas rasas).

O *Tiktaalik* possuía brânquias, escamas e nadadeiras, mas também tinha características de anfíbios, com narinas e olhos no topo do crânio, em vez de nas laterais da cabeça, e pescoço. As nadadeiras eram bem robustas, com uma disposição de ossos semelhantes aos dos membros dos anfíbios.

Christian Jegou Publiphoto Diffusion/SPL/Latinstock

Figura 28.22 Reconstituição artística de um dos primeiros anfíbios do gênero *Acanthostega* (cerca de 50 cm de comprimento), que viveu há cerca de 365 milhões de anos (cores fantasia).

ATIVIDADES

Questões discursivas

1. Um estudante comparou o modo de vida de anfíbios e briófitas (musgos) e concluiu que há algumas semelhanças entre os grupos. Que semelhanças ele pode ter encontrado que justifiquem essa conclusão?

2. Estudos recentes demonstraram que muitos anfíbios de hábitos terrestres "bebem" água pela barriga! Eles esticam os membros traseiros e encostam a parte ventral do corpo em superfícies cobertas de água. Que característica dos anfíbios permite que eles absorvam água desse modo?

3. Anfíbios, ao contrário dos peixes, têm pálpebras e glândulas lacrimais. Qual é a importância dessas estruturas para esse grupo de vertebrados?

4. (Vunesp-SP)

   Cientistas ingleses disseram ter descoberto os restos de um dos primeiros tubarões. Os fósseis encontrados datam de 25 milhões de anos antes do que se acreditava. A impressão, a partir dos achados, é que os tubarões dessa época não tinham mandíbulas.

   (*O Estado de S. Paulo*, 17/2/1998. p. A-12.)

   a) Qual é o grupo de vertebrados que não possuía mandíbulas e que, provavelmente, antecedeu aos peixes? Cite um exemplo de animal desse grupo.

   b) Qual é a grande vantagem da aquisição de mandíbula pelos peixes?

5. (Vunesp-SP)

   Há pouco mais de 400 milhões de anos, alguns peixes tropicais começaram a desenvolver uma estratégia respiratória (respiração aérea) que se tornou uma vantagem evolutiva para a ocupação de águas com baixa concentração natural de oxigênio, como as dos rios da Amazônia. Recentemente, um dos problemas que têm preocupado os ambientalistas é o derramamento acidental de petróleo em rios da Amazônia, com a formação de uma película de óleo sobre a superfície dos rios. Estudos realizados por pesquisadores brasileiros demonstraram que algumas espécies de peixe podem ser mais afetadas por esse tipo de acidente ambiental.

   (Adaptado de: *Revista Pesquisa Fapesp*, n. 87, 2003.)

   Tendo como referência o texto, responda:

   a) Qual é a estrutura presente em alguns peixes que possibilita a respiração aérea? Cite uma segunda função dessa estrutura.

   b) Comparando os peixes pirarucu (*Araipama gigas*, que tem respiração aérea obrigatória) e boari (*Mesonauta insignis*, que retira todo o seu oxigênio da água), qual dos dois seria mais imediatamente afetado?

6. (Fuvest-SP) Dê quatro caracteres que distinguem os peixes cartilaginosos dos ósseos.

7. (Fuvest-SP) Três grupos de sapos foram mantidos em três temperaturas diferentes: 5 °C, 15 °C e 25 °C. O gráfico a seguir foi construído a partir das medidas das quantidades de gases trocados entre os animais e o ambiente em cada uma dessas temperaturas.

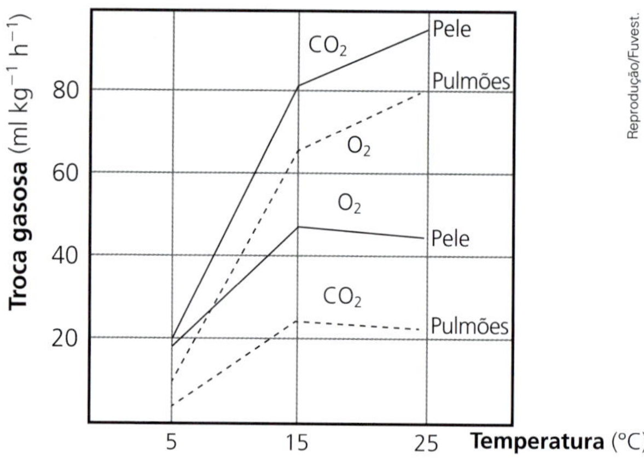

   a) "Nos sapos, os papéis relativos da pele e dos pulmões na respiração mudam durante o ano". Justifique essa afirmação, com base nos dados do gráfico.

   b) Um sapo inalou gás oxigênio radioativo. Qual será a primeira substância, diferente de gás oxigênio, a ser identificada nas mitocôndrias das células desse sapo?

Questões objetivas

1. (UFJF-MG) Os vertebrados aquáticos podem ser divididos em três grupos, que apresentam particularidades biológicas. As informações a seguir referem-se a características de cada um desses grupos.

   I. Esqueleto ósseo; brânquias protegidas por opérculos; fecundação geralmente externa e desenvolvimento com fase larval.

   II. Corpo alongado, cilíndrico, desprovido de escamas; pele recoberta por muco; boca que funciona como uma ventosa.

   III. Esqueleto cartilaginoso; presença de espiráculos; fecundação interna e desenvolvimento sem fase larval.

Escolha a alternativa que apresenta exemplos de animais com as características das afirmativas I, II e III, respectivamente.

a) Tubarão, bagre e lampreia.

b) Sardinha, raia e lampreia.

c) Atum, lambari e raia.

d) Raia, lampreia e lambari.

e) Bacalhau, lampreia e tubarão.

2. (Vunesp-SP) No para-choque de um caminhão, estava escrita a frase:

Reprodução/Vunesp.

Atrás do caminhão vinha um ônibus escolar e os alunos, além de se divertirem com a frase, fizeram os seguintes comentários:

Pedrinho: – A frase está errada, pois o cavalo-marinho não se faz passar por peixe. Ele é um peixe.

Marcos: – Sim, mas nem tudo está tão errado assim. Afinal, sendo cordados, cavalos e peixes possuem fendas branquiais em alguma etapa de seu desenvolvimento.

João: – É verdade. Porém só nisso se assemelham, pois os cavalos, como os demais mamíferos, têm sistema nervoso dorsal, enquanto no peixe é lateral.

Flávia: – Vocês todos estão errados, pois os cavalos-marinhos não são peixes, mas sim crustáceos, como o camarão, a lagosta e o caranguejo.

Rafael: – É isso mesmo! Crustáceos, com todas as características típicas desse grupo de artrópodes, incluindo cauda articulada e exoesqueleto.

Paulo: – O Rafael só errou em uma coisa: os crustáceos não são artrópodes. Os insetos é que o são.

Gilmar: – Nem peixes, nem crustáceos. São mamíferos aquáticos, ou não se chamariam cavalos-marinhos.

Pode-se dizer que estão corretos:

a) Pedrinho, Marcos e João, apenas.

b) Pedrinho e Marcos, apenas.

c) Flávia e Rafael, apenas.

d) Flávia e Paulo, apenas.

e) Gilmar, apenas.

3. (UFPE) Os tubarões são animais condrictes que pertencem ao grupo Elasmobranchii. Todas as características abaixo são observadas em tubarões, exceto:

a) boca em posição ventral.

b) olfato muito desenvolvido.

c) narinas terminando em fundo cego, sem comunicação com a faringe.

d) presença de bexiga natatória.

e) apresentação de dimorfismo sexual.

4. (UFJF-MG) A respeito dos peixes, será correto afirmar que:

a) a sua larva denomina-se, primeiramente, girino e, posteriormente, alevino.

b) neles, a medula raquiana ou espinhal forma-se a partir da notocorda.

c) todas as espécies são dotadas de brânquias.

d) nas espécies ditas pulmonadas, a bexiga natatória exerce a função de pulmão, sendo o único órgão respiratório desses animais.

e) existem espécies de reprodução sexuada e espécies de reprodução assexuada.

5. (Enem-MEC) A pesca não predatória pressupõe que cada peixe retirado de seu *habitat* já tenha procriado, pelo menos uma vez. Para algumas espécies, isso ocorre depois de os peixes apresentarem a máxima variação anual de seu peso.

O controle de pesca no Pantanal é feito com base no peso de cada espécie.

A tabela fornece o peso do pacu, uma dessas espécies, em cada ano.

Idade (anos)	Peso (kg)
1	1,1
2	1,7
3	2,6
4	3,9
5	5,1
6	6,1
7	7
8	7,8
9	8,5
10	8,9
11	9,1
12	9,3
13	9,4

Considerando esses dados, a pesca do pacu deve ser autorizada para espécimes com peso de, no mínimo:

a) 4 kg.

b) 5 kg

c) 7 kg.

d) 9 kg.

e) 11 kg.

6. (UFG-GO) Os cardumes deslocam-se sincronizadamente na água, sem colisões entre os peixes. Esse fato deve-se à presença de

a) cóclea.
b) glândulas mucosas.
c) opérculo.
d) fosseta loreal.
e) linha lateral.

7. (Enem-MEC) Em uma área observa-se o seguinte regime pluviométrico:

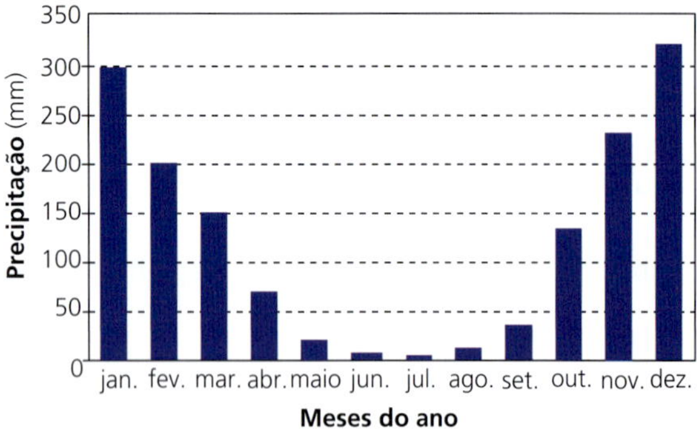

Os anfíbios são seres que podem ocupar tanto ambientes aquáticos quanto terrestres. Entretanto, há espécies de anfíbios que passam todo o tempo na terra ou então na água. Apesar disso, a maioria das espécies terrestres depende de água para se reproduzir e o faz quando essa existe em abundância. Os meses do ano em que, nessa área, esses anfíbios terrestres poderiam se reproduzir mais eficientemente são de:

a) setembro a dezembro
b) novembro a fevereiro.
c) janeiro a abril.
d) março a julho.
e) maio a agosto.

8. (Unifor-CE) O gráfico abaixo mostra os resultados de uma experiência feita para comparar o papel da pele ao dos pulmões em certa espécie de sapo do hemisfério norte.

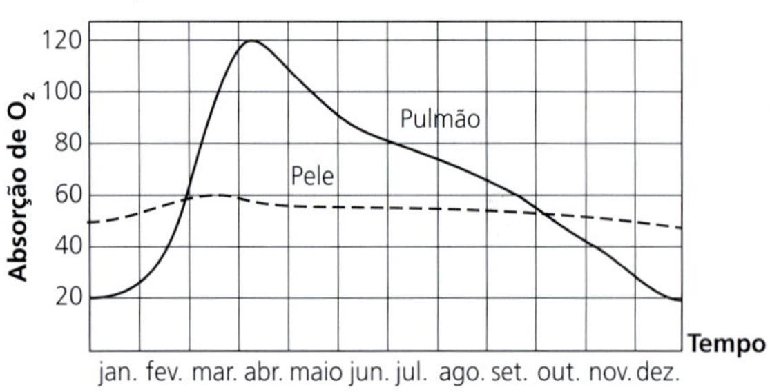

Sobre esses dados fizeram-se as seguintes afirmações:

I. Nos meses mais frios, a respiração cutânea predomina sobre a pulmonar.
II. Nos meses em que o metabolismo dos animais é mais intenso, predomina a respiração pulmonar.
III. A respiração cutânea é praticamente constante ao longo do ano.

É correto o que se afirma em:

a) I, somente.
b) II, somente.
c) III, somente.
d) II e III, somente.
e) I, II e III.

9. (Unicamp-SP) Os anfíbios constituem um dos grupos de animais com maior número de espécies ameaçadas de extinção. Entre outras razões, isso ocorre porque eles são suscetíveis à contaminação por substâncias nocivas e à infecção por fungos. Os anfíbios apresentam tal suscetibilidade porque têm

a) hábitos aquáticos, que os tornam suscetíveis a predadores.
b) pulmões bem desenvolvidos, que acumulam impurezas e fungos.
c) sangue frio, que diminui a atividade de enzimas hepáticas.
d) pele úmida e permeável, que possibilita a respiração cutânea.

10. (UPE) Morador da Ilha de Deus, Marcelo, um estudante de Ensino Médio, atravessa, quase todos os dias, os canais que cortam a cidade, seja a pé pelas pontes, seja de jangada com seu pai. Bastante curioso com a natureza, tem observado que existem poucos peixes no estuário e ouve sempre as reclamações do seu pai, pescador, sobre o fato de os peixes estarem sumindo sempre por causa da poluição. Ouviu também da professora que, nas marés baixas, o Rio Capibaribe está com pouco oxigênio. Num belo dia de sol, observou um imenso Camurupim na flor d'água e ficou curioso em perguntar para a professora de Biologia como aquele peixe apareceu num rio, quase sem vida, escuro e fétido? Como ele respira? Qual alternativa apresenta a resposta correta da professora?

a) Adaptação das brânquias para um ambiente anóxico ou com pouco oxigênio, otimizando a retirada desse oxigênio no meio aquoso.
b) Respiração pulmonada, cuja estrutura da faringe e da traqueia, altamente vascularizadas, permite retirar o oxigênio do ar atmosférico.
c) Trocas gasosas com o meio através da respiração cutânea, retirando oxigênio da água ou do ar atmosférico.
d) Brânquias adaptadas para retirar o oxigênio do ar atmosférico, necessitando subir à superfície.
e) A bexiga natatória auxilia na respiração, suplementando a respiração branquial ao aspirar ar atmosférico.

PESQUISEM E COMPARTILHEM

Em grupo, escolham um dos temas a seguir para pesquisar. Depois, façam uma apresentação, com fotos, vídeos e ilustrações, para a comunidade escolar.

Se possível, agendem a visita de pesquisadores que estudem peixes e de outros profissionais que trabalhem na área pesqueira para dar uma palestra e conversar com a turma sobre seu trabalho. Lembrem-se de que, sempre que um profissional for chamado para uma entrevista, vocês devem buscar saber como é o cotidiano de sua profissão, perguntando sobre aspectos positivos e negativos do trabalho.

Tema 1 Pesquisem exemplos e as principais características dos peixes marinhos e de água doce mais comuns no Brasil. Pesquisem também quais são os mais consumidos pela população.

Tema 2 Comparem os preços relativos dos diversos peixes comercializados com os de outros alimentos também ricos em proteínas (frango, carne bovina, etc.).

Tema 3 Coletem algumas receitas de pratos típicos das diferentes regiões do país que tenham peixes como principal ingrediente.

ATIVIDADE PRÁTICA

Em grupo, e com a orientação do professor de Biologia, executem esta atividade para visualizar a morfologia e a anatomia de um peixe.

ATENÇÃO!
O laboratório não é lugar de brincadeiras!
Não realize experimentos nem manipule produtos químicos sem o consentimento e a supervisão do seu professor. Não mexa em torneiras de gás, se houver. Não cheire nem prove produtos químicos e evite o contato deles com a pele e os olhos.

Material

- lápis, borracha macia e papel de desenho (para cada componente do grupo);
- peixe (pode ser adquirido em feiras, mercados, etc.), que deve estar inteiro, com escamas, barbatanas e órgãos internos intactos;
- tesoura de pontas finas;
- luvas de látex;
- espátula de plástico ou de madeira;
- pinças de dissecção;
- panos absorventes (limpos);
- uma bandeja retangular (ou uma forma de bolo).

Procedimento

1. Individualmente, desenhem – consultando apenas a memória – um peixe em seu aspecto externo. Coloquem legendas indicando o nome das partes principais do corpo do animal (os nomes que lembrarem).
2. Feito isso, guardem o desenho e deem início à próxima tarefa, o trabalho com o peixe real. Vistam as luvas e coloquem o peixe deitado lateralmente na bandeja. Usando as pinças e a espátula para auxiliar no manuseio, observem detalhes externos do animal. Façam um desenho (individual) procurando representar todas as características externas observadas.
3. Comparem o segundo desenho com o primeiro, feito de memória. Confiram e registrem ao lado do desenho: o que faltou desenhar no primeiro?
4. Observem se o peixe tem os olhos brilhantes e transparentes, a pele firme e elástica (que não se desmancha quando tocada com o lápis ou a espátula), e cheiro normal de peixe (isto é, não muito forte ou desagradável). Com a pinça levantem o opérculo para observar as brânquias do animal e verifiquem a coloração delas. Por que é importante verificar esse conjunto de características quando compramos peixe para consumir?
5. Coloquem um lápis na abertura da boca do peixe; empurrando-o devagar e cuidadosamente, desviando a ponta para um dos lados, verifiquem por onde ela sai. Qual é a função dessa abertura do corpo do animal? Qual a função das brânquias no peixe? Por que elas são vermelhas?
6. Com a orientação do professor, abram o ventre do peixe com a tesoura (com cuidado para não se ferir nem destruir os órgãos internos do animal). Procurem identificar alguns dos órgãos e desenhem o animal em corte, indicando com legendas as partes do corpo que identificarem.
7. Após o término da atividade, sob a orientação do professor, os grupos devem fazer a limpeza dos materiais e da bancada, descartando os resíduos nos locais apropriados.

Conclusão

Cada grupo deve produzir um relatório com os procedimentos realizados e o que foi observado.

CAPÍTULO

29

VERTEBRADOS: RÉPTEIS, AVES E MAMÍFEROS

Ararajuba (*Guaruba guarouba*; cerca de 35 cm de comprimento). Conhecida também como guaruba, essa ave é encontrada apenas no Brasil, principalmente na região Norte.

O Brasil é o país que possui a maior quantidade de espécies endêmicas de aves — isto é, espécies que não existem em outros países. No entanto, devido à destruição dos ambientes naturais, à caça e ao tráfico ilegal de animais silvestres, muitas aves estão ameaçadas de extinção. Neste capítulo, vamos conhecer os grupos de animais que conquistaram o ambiente terrestre. Além das aves, os chamados répteis e os mamíferos.

- Você conhece diferentes exemplos de animais conhecidos como répteis?
- Que adaptações ao voo há no corpo das aves?
- Nós, seres humanos, pertencemos ao grupo dos mamíferos. Você sabe dizer por quê? Conhece outros animais desse grupo?
- O que significa dizer que as aves e os mamíferos são animais endotérmicos?

1. RÉPTEIS

São chamados répteis, animais como os jacarés, as tartarugas, as serpentes, os lagartos, etc. Embora alguns répteis vivam a maior parte do tempo na água, todos eles descendem de animais com diversas adaptações à vida terrestre, muitas ausentes na maioria dos anfíbios. Pode-se afirmar, portanto, que os répteis foram os primeiros vertebrados a se tornarem realmente independentes do meio aquático. Muitas espécies vivem em ambientes bem secos, diferentemente de quase todos os anfíbios.

© Marko König/imageBROKER/Easypix Brasil

Figura 29.1 Lagarto teiú (*Tupinambis* sp.; cerca de 1 m de comprimento) aquecendo-se ao sol. Esse comportamento é importante para manter sua temperatura constante.

A temperatura do corpo dos répteis pode ser controlada por meio de alguns comportamentos. Quando está muito quente, um lagarto pode esconder-se em alguma toca ou buraco e sair apenas quando a temperatura baixar. Dessa forma, sua temperatura não se elevará excessivamente. Quando está frio, o lagarto procura se aquecer ao sol, voltando para a sombra quando a temperatura sobe muito (**figura 29.1**)

Como a manutenção da temperatura depende de condições externas, dizemos que esses animais são **ectotérmicos**; eles se aquecem com o calor do ambiente. No entanto, se a temperatura cair muito e o animal não tiver como se esquentar, sua temperatura cairá. Com isso, a velocidade de seu metabolismo tende a diminuir e o animal poderá ter dificuldade para, por exemplo, se locomover e se manter ativo.

A pele dos répteis é grossa e seca (sem glândulas mucosas), com bastante queratina. Em alguns animais, a pele é formada por escamas córneas, como nas serpentes e nos lagartos, ou por placas, como nos crocodilos e nos jacarés. A cobertura do corpo desses animais evita a perda excessiva de água e permite a sobrevivência em ambientes muito secos, como os desertos (**figura 29.2**).

E. R. Degginger/Science Source/Getty Images

Pavlo Baishev/Alamy/Fotoarena

Figura 29.2 A: iguana (animal que atinge até 1,8 m de comprimento com a cauda) ao lado de seus ovos com casca – uma importante adaptação ao ambiente terrestre; **B**: detalhe da pele impermeabilizada da iguana (as fotos não estão na mesma escala).

A maioria dos répteis possui dentes; algumas serpentes apresentam presas inoculadoras de peçonha. Há também glândulas salivares, fígado e pâncreas e o intestino termina na cloaca (**figura 29.3**).

A excreção é feita pelos rins, com a produção, na maioria dos répteis, de uma pasta de ácido úrico (um composto insolúvel) que é eliminada pela cloaca com as fezes. Essa adaptação representa uma economia de água importante para a sobrevivência no ambiente terrestre.

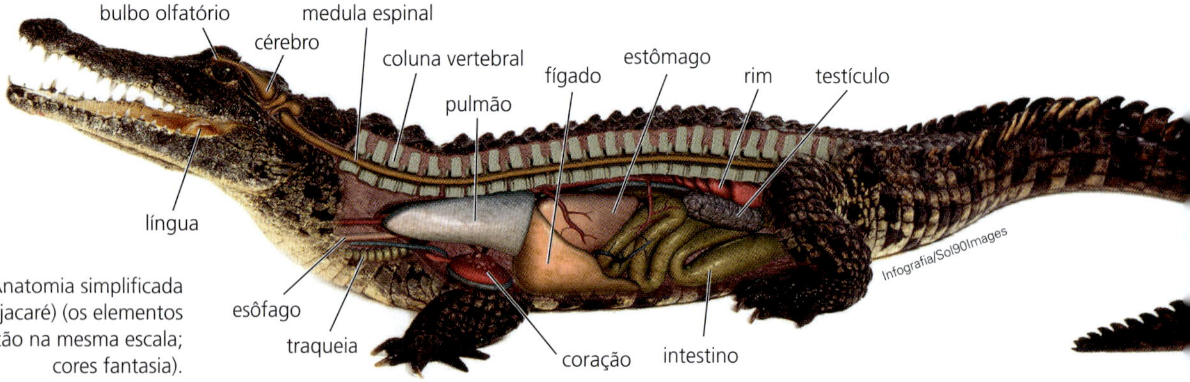

Figura 29.3 Anatomia simplificada de um réptil (jacaré) (os elementos não estão na mesma escala; cores fantasia).

O sistema nervoso e os órgãos dos sentidos seguem o esquema geral dos vertebrados. Há doze pares de nervos cranianos, e terminações nervosas na pele. A audição (com orelhas interna e média) e a gustação são menos desenvolvidas que a visão e o olfato.

Os pulmões apresentam maior superfície relativa que os dos anfíbios. Todas as trocas gasosas são feitas por esses órgãos e não há mais respiração cutânea. A ventilação ocorre com o auxílio dos músculos das costelas, que aumentam e diminuem o volume do corpo, causando a diferença de pressão que faz o ar entrar e sair (**figura 29.4**).

Figura 29.4 Comparação entre o pulmão de um réptil e o de um anfíbio (os elementos não estão na mesma escala; cores fantasia).

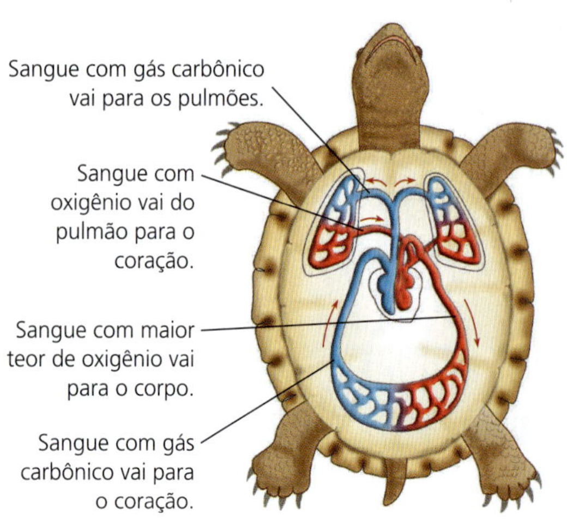

O coração dos répteis tem três cavidades: dois átrios e um ventrículo, que, na maioria das espécies, é dividido parcialmente por um septo incompleto. Nos crocodilianos (crocodilos e jacarés), o septo é completo e o coração, portanto, tem quatro cavidades, dois átrios e dois ventrículos.

De modo semelhante ao que acontece em anfíbios, a circulação é dupla e incompleta (**figura 29.5**), com pouca mistura de sangue e divisão apenas parcial do ventrículo.

Figura 29.5 Esquema simplificado da circulação dos répteis (os elementos não estão na mesma escala; cores fantasia).

Ilustrações: Osni de Oliveira/Arquivo da editora

O tipo de reprodução foi fundamental para o sucesso dos répteis na ocupação do ambiente terrestre. A fecundação é interna, o que diminui o risco de perda de água pelos gametas, e há nos machos da maioria das espécies um pênis, órgão que lança gametas no interior da fêmea. O desenvolvimento é direto.

O desenvolvimento do embrião ocorre em um ovo com casca porosa, que fornece proteção mecânica e suporte, além de permitir a troca de gases (oxigênio e gás carbônico) entre o embrião e o ambiente (**figura 29.6**).

Além do saco vitelínico, que contém alimento para o desenvolvimento do embrião, os répteis possuem três outros anexos embrionários: o **âmnio**, a **alantoide** e o **córion**. O âmnio (*âmnion* = água corrente), também chamado bolsa de água, protege o embrião contra a desidratação. Esse anexo também está presente nas aves e nos mamíferos, por isso esses animais são chamados **amniotas**; peixes e anfíbios são anamniotas. O ovo dos répteis e também o das aves é chamado **ovo amniótico**. A alantoide (*allantos* = salsicha, por causa do formato desse órgão; *eidos* = semelhante) recebe as excretas do embrião e retira o oxigênio do ar. O córion (*chorion* = pele) fornece uma proteção adicional e colabora com a alantoide na respiração.

A casca porosa e os anexos embrionários do ovo foram adaptações importantes na conquista do ambiente terrestre. A maioria dos répteis é ovípara, mas algumas serpentes e alguns lagartos são ovovivíparos ou vivíparos.

ACESSE E SAIBA MAIS

Ovo amniótico
<https://ed.ted.com/lessons/the-game-changing-amniotic-egg-april-tucker>
Acesso em: 25 jul. 2018.

Figura 29.6 O ovo com casca e o desenvolvimento dos anexos embrionários foram fatores decisivos para a colonização do ambiente terrestre pelos répteis. Esses anexos estão ausentes nos anfíbios (os elementos não estão na mesma escala; cores fantasia).

CLASSIFICAÇÃO

O grupo dos répteis, que contém animais ectotérmicos e amniotas, não é monofilético, já que não contempla todos os descendentes de um ancestral comum mais recente. Os dinossauros, por exemplo, estão mais próximos dos crocodilos do que estes das tartarugas. No grupo dos dinossauros estão inclusas as aves e dinossauros conhecidos também como répteis (dinossauros não avianos). Por razões didáticas, vamos usar o termo réptil no sentido tradicional, considerando os grupos **Testudinea** ou **Chelonia** (testudíneos ou quelônios), **Squamata** (escamados) e **Crocodilia** (crocodilianos).

Kim Riddell/Shutterstock

Figura 29.7 Esqueleto de tartaruga exposto em museu. Observe a carapaça e o plastrão.

O grupo dos **testudíneos** (*testudo* = provido de carapaça) ou **quelônios** (*chelone* = tartaruga) é representado pelas tartarugas, pelos cágados e pelos jabutis.

As tartarugas vivem, principalmente, na água, mas põem os ovos na terra. Os cágados, em geral, são de água doce. Os jabutis são terrestres. Os testudíneos possuem placas ósseas fundidas e recobertas por queratina, originando uma **carapaça**, na região dorsal, e um **plastrão**, na região ventral (**figura 29.7**). Muitas espécies brasileiras deste grupo estão ameaçadas de extinção devido à pesca (proibida por lei) e à destruição do ambiente natural em que são encontradas.

Os **escamados** (*squamata* = escamoso) podem ser divididos em três grupos: o grupo dos **ofídios** (*ophis* = serpente), que inclui as serpentes; o grupo dos **anfisbenídeos** (*amphi* = dos dois lados; *bainein* = ir), que inclui as cobras-de-duas-cabeças ou anfisbenas, animais geralmente sem pernas, de hábitos subterrâneos; e o grupo dos **lacertílios** (*lacerta* = lagarto) ou **sáurios** (*saûros* = lagarto), que inclui os lagartos (como o teiú, o maior lagarto do Brasil), as lagartixas e os camaleões. Este grupo não pode ser considerado um grupo monofilético, porque seus integrantes não apresentam um ancestral comum exclusivo.

Durante o crescimento dos escamados (e de outros répteis), ocorrem mudas periódicas da pele: a parte externa da epiderme é substituída por outra (**figura 29.8**).

Dentro desse grupo, as serpentes são responsáveis por muitos acidentes no Brasil e no mundo, o que torna seu estudo relevante também para a área médica. Muitas vezes, a palavra "cobra" é usada popularmente como sinônimo de serpente, vocábulo empregado em linguagem científica. No entanto, o termo "cobra" foi designado originalmente para um tipo específico de serpente, as najas, da África e da Ásia. Além disso, essa palavra aparece em nomes populares de animais que não pertencem ao grupo dos ofídios, como a anfisbena (conhecida como cobra-de-duas-cabeças).

As serpentes não possuem orifícios auditivos, mas sentem, por meio do esqueleto, as vibrações transmitidas pelo solo. A língua bífida atua no tato e no olfato: as partículas aderem à língua e são levadas para o interior da boca, atingindo os órgãos olfativos da cavidade nasal.

As serpentes com glândulas produtoras de peçonha, chamadas de serpentes peçonhentas, inoculam a peçonha por dentes contendo canais ou um sulco em seu interior, que a conduzem para o exterior. As serpentes podem ser classificadas de acordo com o tipo de dentição. Veja algumas serpentes e os tipos de dentição nas **figuras 29.8**, **29.9** e **29.10**.

A dentição áglifa não tem o sulco por onde seria inoculada a peçonha.

John Cancalosi/National Geographic Magazines/Getty Images

Figura 29.8 Jiboia (*Boa constrictor*; até 4 m de comprimento) em processo de muda e esquema da dentição áglifa.

As serpentes sem os dentes inoculadores, chamadas de não peçonhentas, também podem causar acidentes sérios.

Um exemplo é a jiboia (**figura 29.8**), cuja mordida pode causar sérios ferimentos. Essa serpente pode ainda causar estrangulamento, enrolando seu corpo no outro animal.

Algumas serpentes peçonhentas possuem também uma **fosseta lacrimal** ou **loreal**, uma abertura localizada entre cada olho e a narina (lore é o espaço entre o olho e as narinas de répteis e anfíbios), por onde as serpentes detectam o calor de presas como aves ou mamíferos, facilitando sua localização (**figura 29.9**).

As corais-verdadeiras são exemplo de serpentes peçonhentas que não possuem fosseta loreal.

Figura 29.9 Jararaca (gênero *Bothrops*; 70 cm a 2 m) e esquema de dentição solenóglifa. Observe na foto da jararaca a fosseta lacrimal.

Figura 29.10 Esquema dos dentes de serpentes opistóglifas e proteróglifas.

Marcio Lourenço/Pulsar Imagens

Jacaré-açu (em média, 3,5 m de comprimento; mas atinge 6 m).

Tony Camacho/SPL/Latinstock

Crocodilo-do-nilo (em média, 3,5 m de comprimento; mas atinge 6 m).

Leo Fiedler/Corbis/Latinstock

Gavial (6 m a 7 m de comprimento).

Figura 29.11 Alguns representantes dos crocodilianos.

Em caso de picada de serpente peçonhenta, deve-se buscar socorro médico: a vítima deve ser imediatamente levada a um posto de saúde ou hospital para ser tratada com o soro antiofídico adequado, além de receber outros procedimentos médicos necessários.

Caso se conheça a espécie de serpente que picou a pessoa, é importante comunicar ao médico, pois este poderá administrar o soro antiofídico específico, com efeito mais rápido e mais intenso. Não se deve amarrar a região afetada para isolar a peçonha, isto é, não se deve fazer torniquete ou garrote: isso impede a circulação normal do sangue, trazendo mais riscos para a região afetada, aumentando, por exemplo, a destruição dos tecidos (necrose) pela concentração da peçonha no local. Também não se deve sugar o local da picada nem fazer cortes ou colocar substâncias no local da picada.

Como medidas preventivas, em locais onde há serpentes, deve-se usar botas de cano alto e evitar mexer em buracos, entulho, montes de lenha ou cupinzeiros.

Os **crocodilianos** (**figura 29.11**) estão representados pelo jacaré, pelo crocodilo e pelo gavial (encontrado na Índia). O corpo desses animais é coberto por placas córneas. São carnívoros e passam boa parte do tempo dentro da água ou na beira dos rios.

No Brasil, não há crocodilos; apenas jacarés. O focinho do jacaré é mais largo e arredondado, e seus dentes não são alinhados (quando está de boca fechada, os dentes superiores são mais visíveis); o do crocodilo é mais estreito que o do jacaré, e os dentes superiores e inferiores são alinhados e visíveis quando está de boca fechada; e o do gavial é mais longo e estreito.

EVOLUÇÃO DOS RÉPTEIS

Registros fósseis mostram que os primeiros répteis surgiram há cerca de 360 milhões de anos, no período Carbonífero, quando o clima da Terra ficou mais seco, favorecendo os animais com pele mais resistente e que produziam ovos com casca, âmnio e outros anexos. Com essas e as demais características que estudamos, os répteis conseguiram povoar ambientes nos quais os anfíbios dificilmente sobreviveriam.

Alguns répteis, como as tartarugas, voltaram a viver no meio aquático. Mesmo eles, porém, mantiveram algumas adaptações à vida terrestre, como a respiração pulmonar e o ovo com casca.

Linhagens de répteis ancestrais deram origem aos répteis atuais, às aves e aos mamíferos. Além disso, originaram grupos de seres vivos que hoje não existem mais, como os pterossauros (*pteryx* = asa; *saûros* = lagarto), capazes de voar; os ictiossauros (*ichthyes* = peixe) e plesiossauros (*plesios* = próximo), que eram aquáticos; os dinossauros não avianos, grupo que exclui as aves.

Há cerca de 230 milhões de anos, no período Triássico, surgiram os primeiros representantes do grupo dos dinossauros. Veja alguns desses animais na **figura 29.12**.

Cerca de 65 milhões de anos atrás, ocorreu uma extinção em massa no grupo dos dinossauros. A causa ainda é discutida pelos cientistas. A teoria mais aceita é que um asteroide tenha atingido a Terra e levantado uma nuvem de poeira que escureceu o céu por muitos meses. Sem a luz do Sol, várias plantas teriam morrido, afetando a vida dos dinossauros herbívoros e a dos carnívoros.

Após essa extinção em massa, duas novas classes de vertebrados – que já existiam durante a era Mesozoica – espalharam-se pelo planeta: as aves e os mamíferos.

Roger Harris/SPL/Latinstock

Braquiossauro, herbívoro, com cerca de 22 m de comprimento e 12 m de altura.

Mark Garlick/SPL/Latinstock

Tiranossauro, carnívoro, com 15 m de comprimento e 6 m de altura.

Figura 29.12 Reconstituição artística de dois dinossauros extintos (os elementos não estão na mesma escala; cores fantasia).

2. AVES

Muitas características das aves estão, de alguma forma, relacionadas ao voo: o corpo aerodinâmico coberto de penas e os membros anteriores transformados em asas. Ainda que nem todas as aves voem, elas descendem de ancestrais que possuíam essas características. No pinguim, as asas em forma de remo são usadas para a natação; na ema e no avestruz, elas se apresentam atrofiadas, e os membros posteriores estão adaptados à corrida.

As aves podem usar os pés para se agarrar aos ramos de árvores, caminhar, nadar ou para segurar presas. A forma dos pés e a do bico estão relacionadas ao seu modo de vida. As membranas entre os dedos do pato, por exemplo, facilitam a natação; os dedos fortes do gavião (**figura 29.13**) e do falcão ajudam a capturar e sustentar as presas durante o voo; o bico comprido e estreito do beija-flor ajuda a sugar o néctar das flores; já o bico do gavião (**figura 29.13**) ajuda a dilacerar a carne.

Figura 29.13 Gavião-real ou harpia (atinge mais de 1 m de comprimento): com bico que dilacera carne.

As penas são formadas de queratina, a mesma proteína encontrada nas escamas dos répteis e nos pelos dos mamíferos. Além de proteger a ave e diminuir a perda de água, elas ajudam a conservar o calor do corpo, mantendo a ave aquecida mesmo nos climas mais frios. São estruturas leves, resistentes e flexíveis e, com as asas e o próprio corpo, formam uma superfície aerodinâmica, que ajuda a ave a levantar voo e a se manter no ar.

A pele das aves é seca e sem glândulas, com exceção da **glândula uropigiana** (*ourás* = cauda; *pygion* = traseiro). Essa estrutura fica localizada na região caudal e produz uma secreção oleosa. Com o bico, o animal passa essa secreção nas penas, impedindo que elas fiquem encharcadas com a absorção de água. Ao contrário do ar, a água conduz bem o calor e poderia diminuir o isolamento térmico do animal. As aves aquáticas também se beneficiam do óleo produzido na glândula uropigiana para a flutuação. Como anexos da pele, há as escamas córneas nas pernas, o bico e as garras córneas.

Os ossos são leves, outra adaptação que contribui para uma massa corporal mais adequada ao voo (**figura 29.14**). Muitos deles – chamados **ossos pneumáticos** – possuem, no interior, espaços que se comunicam com os sacos aéreos.

Embora leve, o esqueleto fornece boa sustentação ao corpo, graças às soldaduras entre os ossos. Desse modo, forma-se uma armação óssea capaz de resistir aos esforços do voo. O osso esterno geralmente é bem desenvolvido, com uma expansão – chamada **quilha** ou **carena** (*carina* = quilha) – na qual está implantada a forte musculatura peitoral, responsável pelo movimento das asas (**figura 29.14**). Os olhos são protegidos pela **membrana nictitante**, que impede a penetração de poeira e o ressecamento durante o voo.

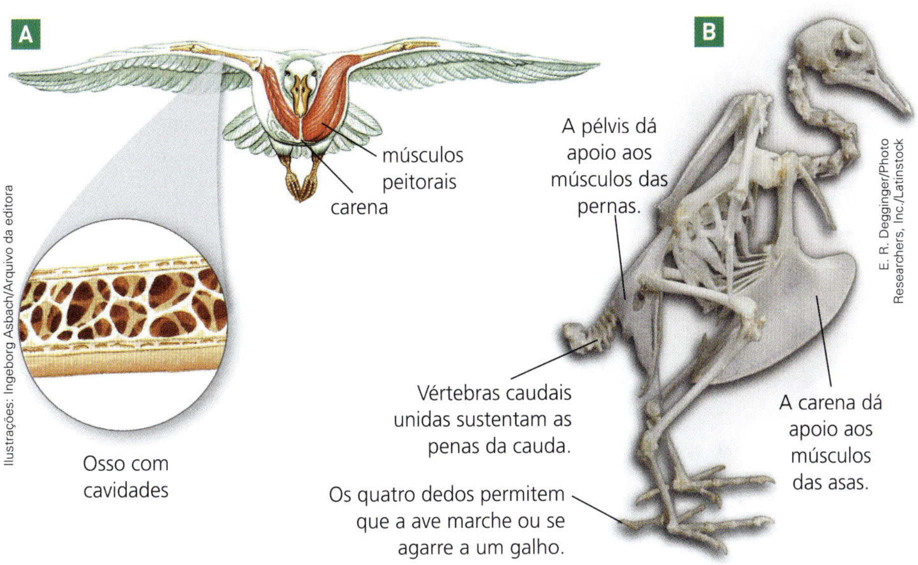

Figura 29.14 **A**: as asas, a carena, os músculos peitorais muito desenvolvidos e os ossos com cavidades estão entre as principais adaptações das aves à vida aérea; **B**: foto de esqueleto de pombo (os elementos não estão na mesma escala; cores fantasia).

O tipo de alimento varia conforme a espécie: sementes, frutas, néctar, insetos ou vertebrados, mesmo outras aves, e restos de animais (carniça). Muitas mantêm uma dieta mista. Há espécies que se alimentam do néctar das flores e promovem a polinização das plantas, e outras que, ao se alimentar de frutos, contribuem para a disseminação de sementes.

O alimento é capturado pelo bico córneo, cujo formato varia de acordo com o tipo de alimentação de cada ave (**figura 29.15**).

Figura 29.15 Diferentes tipos de bico refletem adaptações para diferentes tipos de alimento.

As aves não possuem dentes, outra adaptação que contribui para uma massa corporal mais adequada ao voo. Em muitas aves, existe uma dilatação no esôfago (**papo**, ou **inglúvio** pela nova terminologia) na qual o alimento é armazenado e amolecido. A produção de enzimas digestivas ocorre no **estômago químico**. Nas aves que se alimentam de grãos, existe um estômago chamado **moela** ou **estômago mecânico**, que tritura o alimento (**figura 29.16**). Outras estruturas presentes nas aves são o fígado, o pâncreas, as glândulas salivares e o intestino, que termina na cloaca (**figura 29.16**).

As aves são endotérmicas, isto é, mantêm a temperatura corporal à custa do calor produzido no próprio corpo. Isso depende de um sistema respiratório capaz de promover uma troca eficiente de gases, que mantém uma boa taxa de produção de energia na respiração celular, essencial para gerar a energia gasta com o voo.

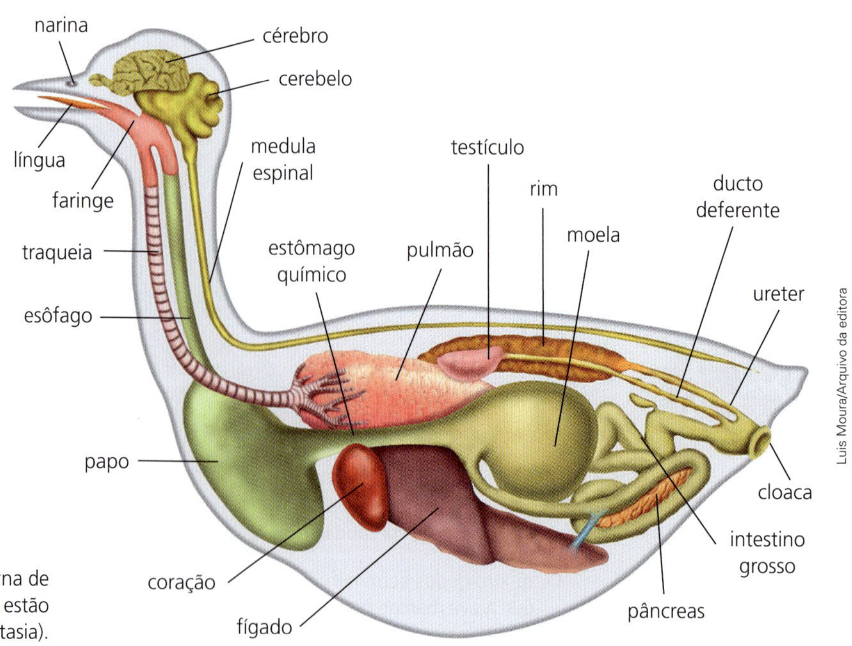

Figura 29.16 Anatomia interna de uma ave (os elementos não estão na mesma escala; cores fantasia).

A respiração das aves é pulmonar (**figura 29.17**). A traqueia ramifica-se e nela há uma bolsa com cordas vocais, a **siringe** (*syrigx* = flauta de cana), responsável pelos sons das aves. Estes sons têm diversas funções como: atrair o companheiro, marcar território e prevenir outros membros da espécie contra algum perigo.

O pulmão possui sacos aéreos, que são prolongamentos desse órgão, nas regiões anterior e posterior do corpo (**figura 29.17**). Não ocorre troca de gases com o sangue nos sacos aéreos, mas eles otimizam a ventilação, bombeando ar para o pulmão tanto na inspiração quanto na expiração. Isso garante um fluxo contínuo de ar.

ACESSE E SAIBA MAIS

Como as aves aprendem a cantar

<https://ed.ted.com/lessons/how-do-birds-learn-to-sing-partha-mitra> Acesso em: 25 jul. 2018.

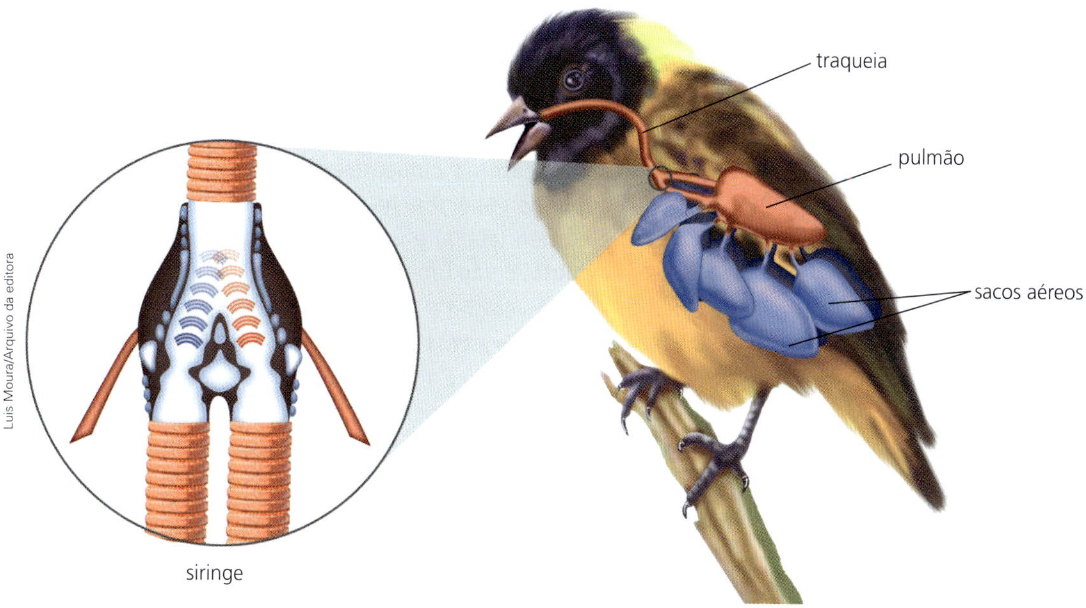

Figura 29.17 Sistema respiratório das aves (os elementos não estão na mesma escala; cores fantasia).

Além de ventilar o pulmão e ajudar a diminuir a densidade do corpo, os sacos aéreos atuam como meio de refrigeração: o consumo de energia no voo libera grande quantidade de calor; o excesso de calor do corpo é absorvido pelo ar frio (que foi retirado do ambiente e armazenado nos sacos aéreos) e eliminado na forma de ar quente.

As aves apresentam um coração com quatro cavidades, o que significa que a circulação é dupla e **completa**, isto é, sem mistura do sangue não oxigenado com o oxigenado (**figura 29.18**). Essa característica está relacionada às adaptações do organismo ao voo e à endotermia – duas funções orgânicas que exigem grande consumo de energia. Para produzir energia, é necessário, além de alimento, um bom fornecimento de oxigênio, o que só é possível se a concentração desse gás no sangue for alta.

As aves não possuem bexiga urinária, e os rins eliminam ácido úrico em forma de uma pasta branca, que sai com as fezes. A eliminação contínua de urina e fezes evita acúmulo de substâncias, mantendo as aves mais leves, o que é importante para o voo.

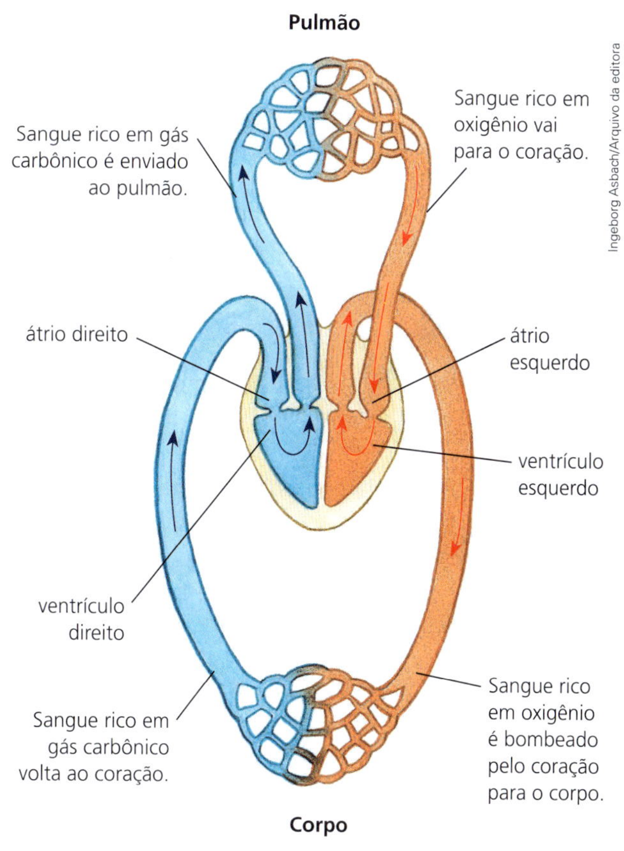

Figura 29.18 Esquema simplificado da circulação dupla e completa das aves (os elementos não estão na mesma escala; cores fantasia).

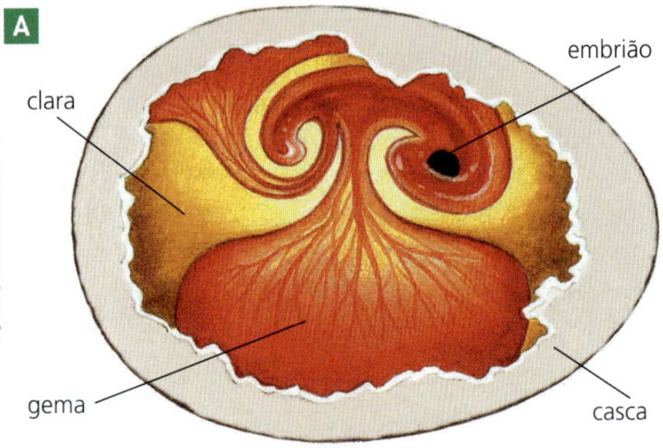

Figura 29.19 **A**: o ovo das aves é semelhante ao dos répteis e permite que o embrião se desenvolva no ambiente terrestre (os elementos não estão na mesma escala; cores fantasia);
B: foto de embrião de galinha aos 21 dias, prestes a eclodir (ovo com até 6 cm de diâmetro).

O encéfalo das aves é mais desenvolvido que o dos répteis, principalmente o cerebelo e as regiões do cérebro que coordenam os movimentos e o equilíbrio do corpo, importantes para as manobras no voo.

O sistema nervoso apresenta doze pares de nervos cranianos. Os sentidos da visão (em cores) e da audição, com orelhas externa, média e interna, são bem desenvolvidos. Na maioria das aves, o olfato não é muito aguçado, talvez porque seja um sentido com maior valor adaptativo para animais terrestres, que vivem no solo e farejam a presença de presas e predadores.

Os sexos são separados. O macho possui dois testículos – dos quais saem os **ductos deferentes** –, que desembocam na cloaca (reveja a figura **figura 29.16**). Em algumas espécies, há um pênis. Os óvulos apresentam albúmen (clara) e casca, produzidas nas glândulas do **oviduto**, e são lançados para fora pela cloaca.

As aves são ovíparas, com desenvolvimento direto, e o ovo (**figura 29.19**) apresenta, além da casca, os anexos que protegem e alimentam o embrião, além de acumular suas excretas, permitindo o desenvolvimento em ambiente terrestre.

Após a postura de ovos, há um período de incubação, no qual os ovos são chocados, o que garante a temperatura adequada para o desenvolvimento do filhote. Este, em geral, recebe alimentação e proteção dos pais durante algum tempo após a eclosão (saída do ovo).

CONTROLE DA TEMPERATURA

As aves são endotérmicas, controlando a temperatura do corpo produzindo, retendo ou deixando sair do corpo menos ou mais calor.

A produção de mais calor está relacionada a uma capacidade de oxidação do alimento, o que depende de uma boa oxigenação dos tecidos, possível graças à grande ventilação do sistema respiratório e ao coração com quatro cavidades. O isolamento térmico do corpo, por causa da gordura subcutânea e da cobertura de penas, também contribui para a manutenção da temperatura.

A perda de calor é controlada também pela espessura da camada de penas. Quando o ambiente esfria, as penas arrepiam, o que aumenta a camada de ar (funciona como isolante térmico) retida entre elas, contribuindo assim para o isolamento térmico (**figura 29.20**).

Quando há excesso de calor, as penas são mantidas próximas ao corpo, diminuindo a camada isolante de ar; o sangue é enviado em maior quantidade para a pele, e a respiração torna-se acelerada. O ar dos sacos aéreos recebe o calor do corpo e o elimina.

A endotermia permite que esses animais sejam mais ativos à noite ou em dias nublados e em climas frios do que os répteis e anfíbios nas mesmas condições; permite também que se mantenham ativos por períodos mais prolongados – répteis alternam períodos de atividade mais intensa com outros de descanso. Entretanto, a produção de calor para a manutenção da temperatura faz com que esses animais consumam muito mais alimento e oxigênio do que os ectotérmicos (proporcionalmente ao peso do corpo), o que pode ser uma desvantagem em ambientes com pouco alimento.

Erni/Shutterstock/Glow Images

Figura 29.20 Ave da espécie *Erithacus rubecula* (cerca de 13 cm de comprimento) com as penas arrepiadas por causa da baixa temperatura.

DIVERSIDADE DAS AVES

Observe a **figura 29.21**, em que são representados alguns grupos de aves.

Footage.Pro/Shutterstock

Esfenisciforme: pinguim--imperador (*Aptenodytes forsteri*; 75 cm a 90 cm de altura).

Fabio Colombini/Acervo do fotógrafo

Reiformes: ema (*Rhea americana*; 0,9 cm a 1,6 m de altura), uma das maiores aves das Américas.

Fabio Colombini/Acervo do fotógrafo

Passeriforme: são os pássaros que se empoleiram (sabiá-laranjeira, bem-te-vi, sanhaço, curió, graúna, etc.) e, em geral, cantam. Na foto, bem-te-vi (*Pitangus sulphuratus*; cerca de 12 cm de comprimento).

Fabio Colombini/Acervo do fotógrafo

Estrigiforme: coruja-orelhuda (*Rhinoptynx clamator*; até 40 cm de comprimento).

Figura 29.21 Alguns representantes do grupo das aves.

EVOLUÇÃO DAS AVES

As aves devem ter surgido de grupos de dinossauros carnívoros com penas, como alguns fósseis parecem indicar, a exemplo dos gêneros *Caudipteryx* e *Protarchaeopteryx*, descobertos na China, com 145 milhões de anos. Embora não permitissem o voo, as penas ajudariam a reter o calor corporal. Outro fóssil, do gênero *Archaeopteryx*, descoberto na Alemanha, com 150 milhões de anos, apresentava penas, mas possuía dentes e uma longa cauda óssea (**figura 29.22**).

Chris Butler/SPL/Latinstock

Mehau Kulyk/SPL/Latinstock

Figura 29.22 A evolução das aves: **A**: reconstituição de um dinossauro com penas (*Velociraptor mongoliensis*, cerca de 2 m de comprimento) atacando um arqueópterix (cerca de 30 cm de comprimento; cores fantasia); **B**: foto de fóssil de arqueópterix.

BIOLOGIA E HISTÓRIA EVOLUTIVA

Aves são dinossauros?

Estudos de fósseis indicam que as aves podem ter se originado de terópodes, dinossauros carnívoros e bípedes, ao longo da era Mesozoica (entre 245 e 65 milhões de anos). Para a maioria dos cientistas, as semelhanças entre esses dinossauros e as aves são tantas que estas podem ser consideradas verdadeiros "dinossauros avianos".

Entre os dinossauros não avianos mais próximos evolutivamente das aves estariam os gêneros *Deinonychus*, *Velociraptor* e *Oviraptor*, que, entre outras características, possuíam um pescoço alongado e móvel, pé com três dedos (apoiando-se em apenas dois deles para andar) e ossos ocos, que tornam o esqueleto mais leve. Além disso, muitos possuíam penas, que poderiam ser um isolante térmico, ajudando a manter o corpo do animal aquecido.

Sabemos hoje que várias características que se pensava serem exclusivas das aves estavam presentes nos fósseis de dinossauros não avianos, como o osso largo do peito e a estrutura cristalina da casca dos ovos. Além disso, sobre uma pilha de ovos de *Oviraptor*, foram encontrados restos do animal, que estavam em posição semelhante à assumida por aves ao chocar.

Em 2006, cientistas ingleses conseguiram "religar" um gene de uma ave e viram que o embrião iniciou a formação de dentes semelhantes aos de fósseis ancestrais de aves.

Em 2007, cientistas conseguiram extrair colágeno (uma proteína) do osso do fêmur de um tiranossauro com 68 milhões de anos e compararam esse colágeno com o da galinha atual, constatando que eles são bastante parecidos: mais um fato que apoia a ideia de um parentesco evolutivo entre esses dinossauros e as aves, indicando que esses dois grupos descendem de um ancestral comum.

Essa discussão serve como exemplo de que, em ciência, tentamos formular hipóteses que possam ser testadas por observações ou experimentos, um tema estudado em Filosofia da Ciência.

Fontes de pesquisa: CHIAPPE, L. M. *Downsized Dinosaurs: The Evolutionary Transition to Modern Birds. Evolution: Education and Outreach*. v. 2, n. 2, jun. 2009, p. 248-256. Disponível em: <https://doi.org/10.1007/s12052-009-0133-4>. Acesso em: 24 jul. 2018. QUICK, D. E.; RUBEN, J. A. *Cardio-pulmonary Anatomy in Theropod Dinosaurs: Implications from Extant Archosaurs. Journal of Morphology*. v. 270, n. 10, p. 1232-1246. *Published Online* 20 May 2009. Resumo disponível em: <https://doi.org/10.1002/jmor.10752>. Acesso em: 24 jul. 2018.

3. MAMÍFEROS

Uma das características exclusivas dos mamíferos é o corpo coberto (total ou parcialmente) de pelos formados de queratina. A superfície do corpo também apresenta **glândulas mamárias** (daí o nome do grupo, que significa "portador de mamas"), além de glândulas **sudoríferas** (ou sudoríparas) e **sebáceas** (veja a **figura 29.24**). Os mamíferos machos também apresentam glândulas mamárias, mas elas são atrofiadas, ou seja, não se desenvolvem nem produzem leite.

Eduard Kyslynskyy/Shutterstock/Glow Images

Figura 29.23 Dentição diferenciada de um mamífero que se alimenta de carne: a onça. Nos mamíferos carnívoros, os dentes caninos são mais desenvolvidos.

Mesmo que um animal não apresente todas as características típicas de mamíferos na fase adulta, normalmente podemos observar essas características na fase embrionária. Outra característica é a presença de um **diafragma**, um músculo que divide a cavidade torácica da abdominal e cuja contração/relaxamento bombeia o ar para dentro e para fora dos pulmões.

Os mamíferos apresentam ainda uma dentição diferenciada em dentes **incisivos**, **caninos**, **pré-molares** e **molares**. Veja a **figura 29.23**.

Finalmente, sob a pele os mamíferos apresentam um tecido rico em células adiposas (adipócitos), o **panículo adiposo**, que atua como isolante térmico, diminuindo a perda de calor pelo corpo, e como reserva de alimento.

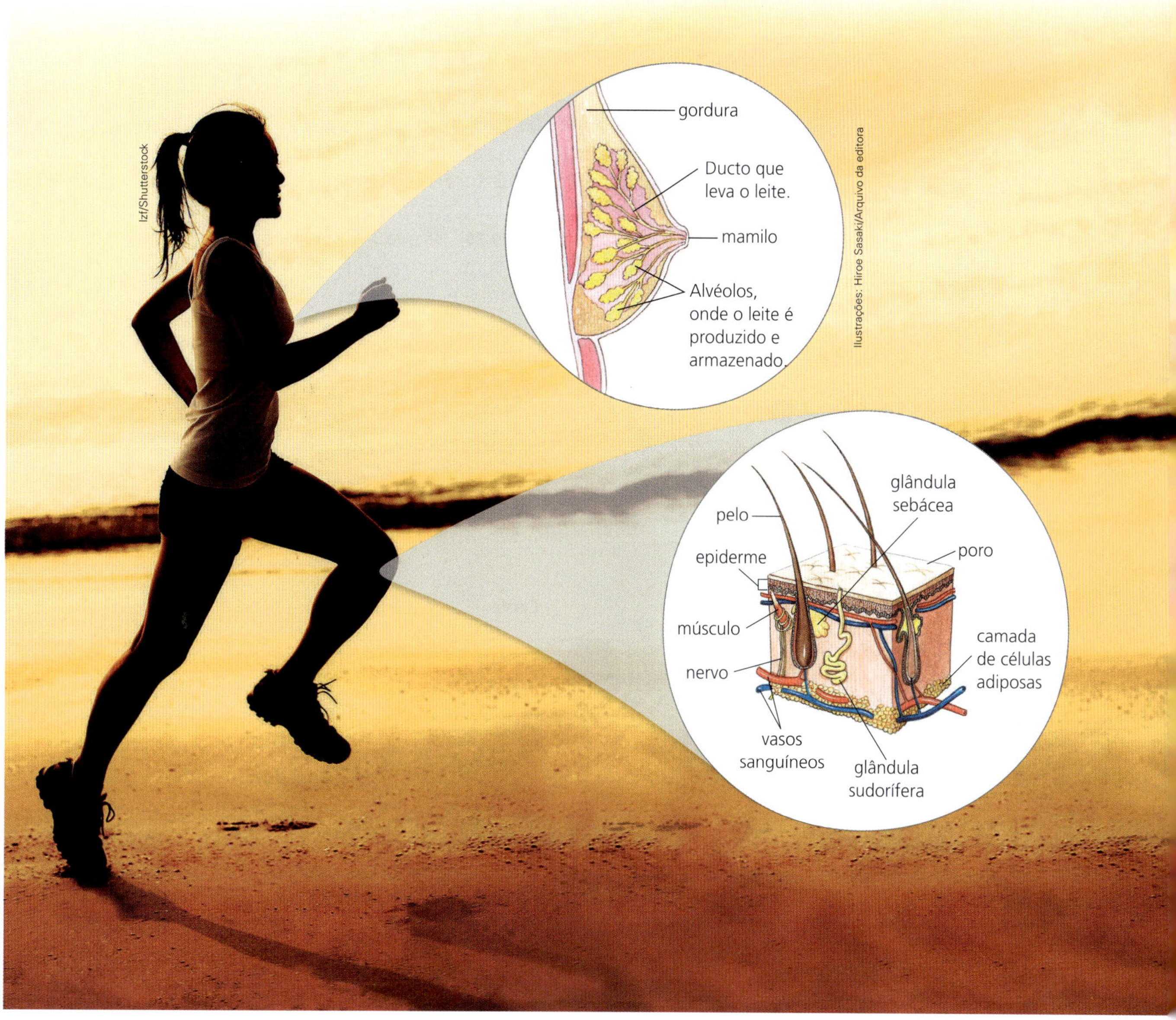

Figura 29.24 Pelos e glândulas mamárias são características exclusivas dos mamíferos (os elementos não estão na mesma escala; cores fantasia).

REVESTIMENTO

A pele, com epiderme queratinizada e derme, apresenta pelos. Sob a derme, a gordura concentra-se no tecido adiposo, que é mais espesso nos animais adaptados ao clima frio e nos mamíferos aquáticos, como a baleia e o golfinho. Os pelos e a gordura funcionam como isolante térmico e contribuem para a manutenção de uma temperatura constante.

Em alguns mamíferos, as glândulas sudoríferas ajudam a baixar a temperatura do corpo: ao evaporar, a água do suor retira calor da pele e do sangue abaixo dela, esfriando o corpo. O fato de a água ter um calor de vaporização alto, fenômeno estudado em Física, explica por que a transpiração ajuda a baixar a temperatura do corpo – e também explica por que sentimos frio quando saímos molhados do banho.

Alguns mamíferos, como os cães, possuem poucas glândulas sudoríferas, e a temperatura do corpo diminui quando eles respiram rápida e superficialmente. Esse comportamento aumenta a evaporação do vapor de água pelo sistema respiratório.

As glândulas sebáceas produzem gordura que lubrifica os pelos e a pele, contribuindo para sua impermeabilização. As glândulas mamárias produzem o leite que alimenta os filhotes.

NUTRIÇÃO

Nos mamíferos em geral, há vários tipos de dentes: os incisivos são especializados em cortar; os caninos têm um formato apropriado para furar e rasgar; os pré-molares e molares, para triturar. Os animais carnívoros, como o cão, possuem caninos bem desenvolvidos que furam e rasgam a carne das presas (**figura 29.25**). Nos animais herbívoros, como bois, girafas e cervos, predominam os molares, usados para triturar folhas (**figura 29.25**). Há ainda animais onívoros, que comem alimentos vegetais e animais (*omne* = tudo; *vorare* = comer). O urso-pardo e o ser humano, por exemplo, podem comer frutas, peixes, ovos, etc.

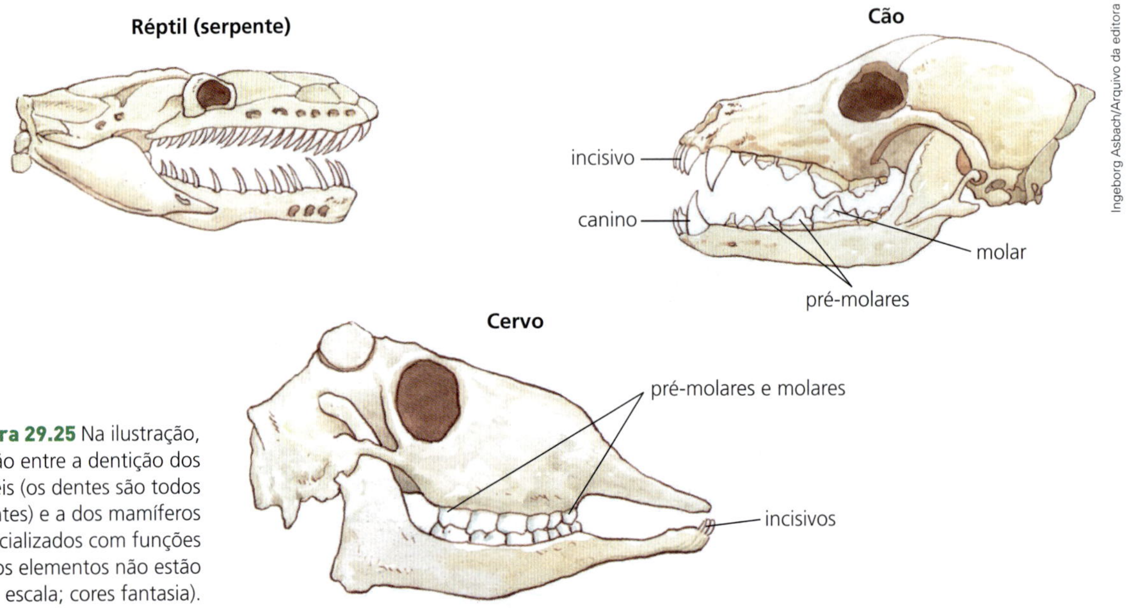

Figura 29.25 Na ilustração, comparação entre a dentição dos répteis (os dentes são todos semelhantes) e a dos mamíferos (dentes especializados com funções diferentes; os elementos não estão na mesma escala; cores fantasia).

Outras estruturas presentes são fígado, pâncreas e glândulas salivares (menos nos mamíferos aquáticos). O tubo digestório comunica-se com o exterior pelo ânus (**figura 29.26**), exceto no ornitorrinco e na equidna, que possuem cloaca (câmara comum que recebe os resíduos dos sistemas digestório, excretor e reprodutor).

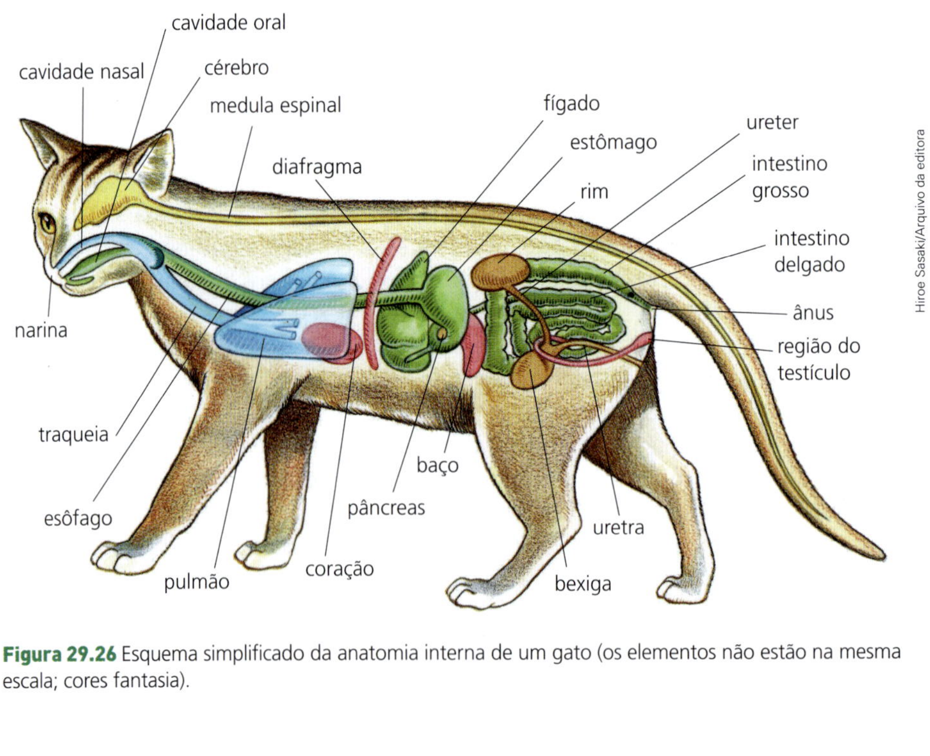

Figura 29.26 Esquema simplificado da anatomia interna de um gato (os elementos não estão na mesma escala; cores fantasia).

O estômago de mamíferos ruminantes (boi, carneiro, cabra, antílope, girafa, veado, camelo, etc.) é muito desenvolvido e divide-se em: **rúmen** (*rumen* = pança, papo) ou **pança**; **retículo** ou **barrete**; **omaso** (*omasum* = tripa de boi) ou **folhoso**; **abomaso** (*ab* = afastado) ou **coagulador**. Veja a **figura 29.27.** Essa divisão em compartimentos permite um melhor aproveitamento da celulose presente nos vegetais ingeridos, que constitui um nutriente importante na dieta desses animais.

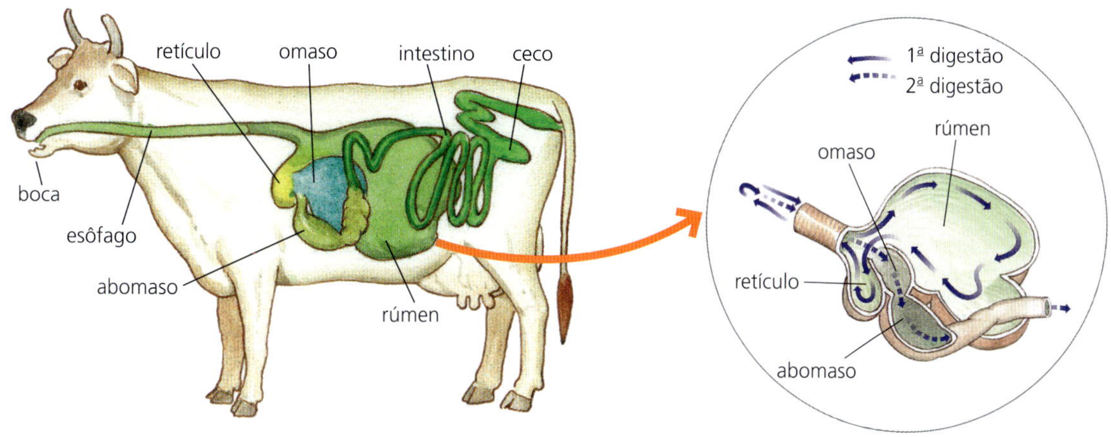

Figura 29.27 Sistema digestório dos ruminantes (os elementos não estão na mesma escala; cores fantasia).

O alimento é engolido e amassado no rúmen, onde a celulose é digerida por bactérias, liberando os nutrientes. A seguir, o alimento vai para o retículo, no qual há glândulas salivares semelhantes às da boca e mais bactérias, que continuam a digestão da celulose.

Então, o alimento mistura-se à saliva e é regurgitado em pequenas porções, que serão mastigadas na boca vagarosamente. Depois é deglutido outra vez, indo para o omaso, que ajuda a triturá-lo, além de absorver água. O alimento segue, então, para o abomaso, que produz ácido clorídrico e pepsina, digerindo proteínas e bactérias que chegam a ele. A digestão é finalizada no intestino, e os nutrientes são absorvidos.

O intestino dos animais herbívoros é muito maior que o do ser humano e o dos animais carnívoros – e pode ter até 40 m de comprimento. Isso se deve, provavelmente, à maior dificuldade da digestão da parede de celulose das células vegetais.

RESPIRAÇÃO, CIRCULAÇÃO, EXCREÇÃO E COORDENAÇÃO

Assim como as aves e os répteis, os mamíferos respiram apenas por meio dos pulmões. Mesmo os mamíferos aquáticos respiram por meio de pulmões, já que são animais que se originaram de animais terrestres e, posteriormente, voltaram para o ambiente aquático.

O pulmão é dividido em pequenos sacos, os **alvéolos pulmonares**, que aumentam bastante a superfície relativa de absorção do oxigênio. A ventilação do ar é realizada com o auxílio dos músculos que ficam entre as costelas (músculos intercostais) e do diafragma. Esses músculos contraem e relaxam alternadamente, aumentando e diminuindo o volume do tórax, fazendo o ar entrar e sair dos pulmões.

O coração dos mamíferos, da mesma forma que o das aves, possui quatro cavidades: dois átrios e dois ventrículos. Não há comunicação entre o lado esquerdo e o lado direito do coração e, assim como ocorre com as aves, o sangue rico em oxigênio está completamente separado do rico em gás carbônico. A circulação é, portanto, dupla e completa (**figura 29.28**). Isso garante fornecimento suficiente de oxigênio para uma boa produção de energia, o que possibilita que os mamíferos sejam ativos em diversas temperaturas.

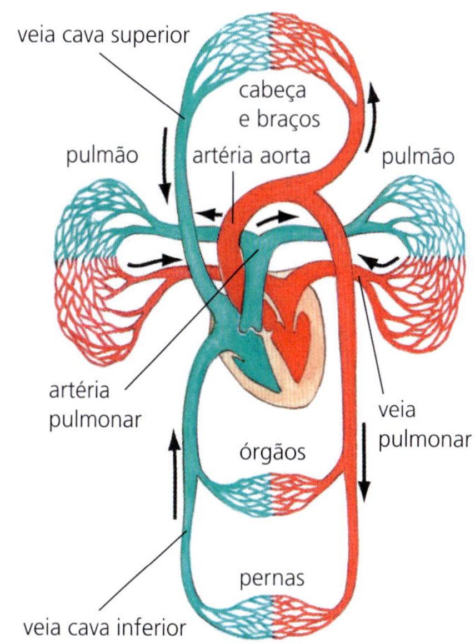

Figura 29.28 Esquema simplificado da circulação dos mamíferos (os elementos não estão na mesma escala; cores fantasia).

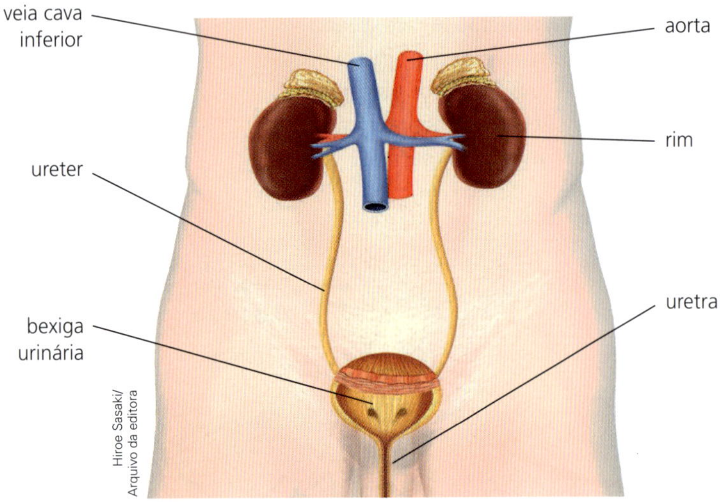

Figura 29.29 Esquema simplificado do sistema urinário humano (os elementos não estão na mesma escala; cores fantasia).

O sistema urinário é formado por dois rins, dois ureteres (canais condutores), uma bexiga urinária e uma uretra (canal de saída), que se abre do lado externo do corpo (veja a **figura 29.29**). Os rins retiram do sangue certas substâncias tóxicas produzidas pela atividade metabólica celular, como a ureia, além da água e dos sais minerais em excesso. Essas substâncias, eliminadas e dissolvidas na água, constituem a urina. Ela passa pelos ureteres e se acumula na bexiga urinária até sair do corpo pela uretra.

Assim como outros vertebrados, os mamíferos possuem um sistema nervoso formado pelo encéfalo (cérebro, cerebelo, bulbo e ponte), pela medula espinal e pelos nervos. Há doze pares de nervos cranianos. Os mamíferos possuem o maior cérebro entre os vertebrados. Uma camada superficial bem desenvolvida, chamada córtex, confere a esses animais grande capacidade de inteligência, memória e aprendizagem. A audição – com orelhas interna, média e externa, e com um pavilhão auricular que facilita a percepção dos sons –, a visão e os epitélios gustatórios e olfatórios são geralmente bem desenvolvidos, havendo ainda receptores sensoriais espalhados pela pele.

REPRODUÇÃO E DESENVOLVIMENTO

Os mamíferos apresentam fecundação interna. Os machos possuem pênis, e os testículos alojam-se em uma bolsa escrotal – em algumas espécies, permanentemente; em outras, apenas na época da reprodução. O desenvolvimento é direto.

Com exceção do ornitorrinco e da equidna, que são ovíparos, todos os demais mamíferos são vivíparos: o filhote desenvolve-se no útero à custa de alimento e oxigênio retirado diretamente do sangue da mãe pela placenta; por esta também elimina as excretas e o gás carbônico. Além da placenta, estão presentes o âmnio, o córion, a alantoide (reduzida) e o saco vitelínico. A placenta comunica-se com o embrião pelo cordão umbilical (**figura 29.30**).

Mesmo após o nascimento, o filhote continua a receber, por algum tempo, alimento diretamente da mãe (leite), produzido pelas glândulas mamárias. Os cuidados com a prole são mais intensos e persistem, em geral, por mais tempo nos mamíferos que nos outros vertebrados.

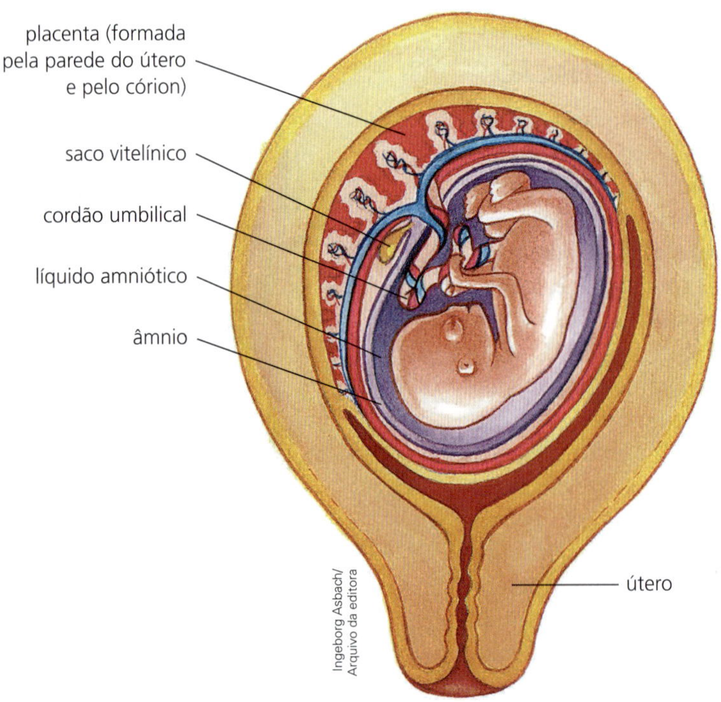

Figura 29.30 Na ilustração (os elementos não estão na mesma escala; cores fantasia) podem ser vistos os anexos embrionários e o útero. O líquido amniótico, envolvido por uma membrana chamada âmnio, protege o embrião de possíveis choques provocados pelos movimentos da mãe.

CONTROLE DA TEMPERATURA

Os mamíferos são endotérmicos. Quando o ambiente esfria, o organismo deles responde, controlando a temperatura do corpo à custa do calor liberado pela oxidação de alimento. Quando o ambiente esquenta, os mamíferos refrigeram o corpo por meio da evaporação da água eliminada pelas glândulas sudoríferas ou da evaporação de água pela expiração.

Essa regulação da temperatura pode trazer alguns problemas por ser muito dispendiosa. Se o ambiente é frio, os mamíferos dependem de maior quantidade de alimento e de oxigênio; se é quente, correm o risco de perder muita água pela evaporação.

Outra adaptação dos organismos endotérmicos é sua capacidade de controlar a quantidade de sangue que irriga a pele por meio da contração ou do relaxamento dos músculos lisos (involuntários) dos vasos sanguíneos da pele (**figura 29.31**). Quando os músculos relaxam, os vasos dilatam-se e mais sangue circula pela pele, fazendo com que o corpo perca calor. Quando eles se contraem, o volume de sangue diminui, reduzindo a perda de calor.

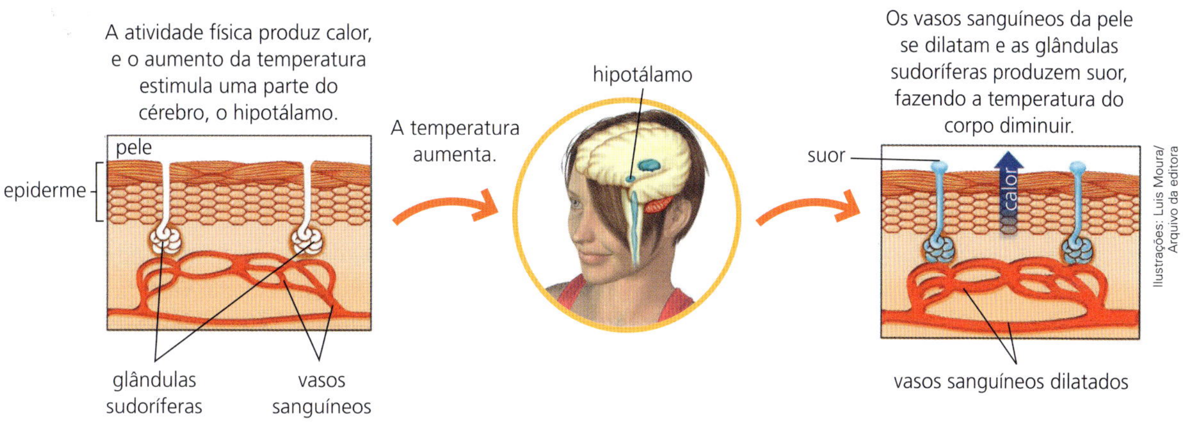

Figura 29.31 Mecanismos para perder calor e abaixar a temperatura em seres humanos, que são endotérmicos (os elementos não estão na mesma escala; cores fantasia).

A velocidade das reações químicas, isto é, a taxa metabólica, varia também em função da temperatura do ambiente. Ela pode ser medida pelo consumo de oxigênio por unidade de massa do ser vivo.

Em geral, quando a temperatura ambiente está entre 27 °C e 35 °C, o metabolismo em repouso de um animal endotérmico permanece constante. Nesse intervalo, o animal não aumenta o gasto energético para controlar a temperatura. Abaixo dos 27 °C, à medida que a temperatura ambiente diminui, o animal precisa gastar cada vez mais energia para produzir calor e manter a temperatura do corpo constante; com isso, o metabolismo aumenta. Acima de 35 °C, o metabolismo também aumenta, pois o animal precisa gastar energia para eliminar calor, produzindo suor ou ofegando, por exemplo.

Em um animal ectotérmico, quando a temperatura ambiente aumenta, a temperatura corporal também se eleva, o que faz a taxa metabólica aumentar até certo ponto.

Alguns mamíferos, como as marmotas, diminuem suas atividades durante o inverno, permanecendo em um tipo de sono prolongado. A respiração e o batimento cardíaco diminuem muito, e a temperatura basal do corpo cai bastante (pode chegar a 2 °C). Esse processo, chamado **hibernação**, possibilita a sobrevivência em uma estação em que há muito pouco alimento. Em vez de procurar comida, eles utilizam as reservas de gordura que acumularam no corpo.

Outros mamíferos, como o urso, também passam o inverno dormindo, mas acordam de vez em quando; sua temperatura cai apenas alguns graus.

ACESSE E SAIBA MAIS

Mamífero venenoso
<https://super.abril.com.br/mundo-estranho/existe-algum-mamifero-que-e-venenoso/>
Acesso em: 25 jul. 2018.

CLASSIFICAÇÃO

Os mamíferos podem ser divididos em três grupos: **Prototheria** ou **Monotremata** (prototérios ou monotremados), **Metatheria** ou **Marsupialia** (metatérios ou marsupiais) e **Eutheria** (eutérios).

Os **prototérios** (*protos* = primitivo; *therion* = fera, termo usado para mamíferos) são o ornitorrinco e a equidna (**figura 29.32**), animais encontrados em países da Oceania.

Nicole Duplaix/National Geographic Creative/Getty Images

Ornitorrinco (*Ornithorhynchus anatinus*; entre 40 cm e 60 cm de comprimento, fora a cauda).

Reg Morrison/Auscape/Minden Pictures/Latinstock

Equidna (*Tachyglossus aculeatus*; cerca de 30 cm de comprimento).

Figura 29.32 A ordem dos monotremados é formada por apenas: o ornitorrinco e a equidna.

Esses mamíferos apresentam algumas características semelhantes aos répteis, como a postura de ovos com casca e gema e a presença da cloaca. Vem daí o termo monotremados (*monos* = um; *trema* = abertura), que se refere à abertura única para os sistemas digestório, urinário e genital. Possuem pelos e glândulas mamárias, mas não há mamilos; o leite é lambido dos poros da pele.

Entre os **metatérios** (*meta* = além de; *therion* = animal) estão os cangurus e os coalas, encontrados nas ilhas da Oceania, e os gambás e catitas, encontrados na América do Sul. Veja a **figura 29.33**.

São vivíparos, mas apresentam um tipo de placenta mais simples e que dura menos tempo. Após uma gestação relativamente curta, o filhote nasce e arrasta-se até o **marsúpio** (*marsupiu* = bolsa), uma bolsa de pele situada no ventre da mãe que contém glândulas mamárias, onde completa seu desenvolvimento.

Figura 29.33 Exemplos de mamíferos marsupiais.

Frans Lanting/Latinstock

Canguru (*Macropus rufus*) com filhote (entre 1 m e 1,60 m de comprimento).

Fabio Colombini/Acervo do fotógrafo

Gambá (*Didelphis marsupialis*; entre 45 cm e 50 cm de comprimento, fora a cauda). O nome "gambá" vem do tupi *gã'bá*, que significa "saco vazio" (referindo-se ao marsúpio).

No grupo dos **eutérios** (*eu* = verdadeiro; *therion* = animal), está a maioria dos mamíferos. A placenta é desenvolvida e duradoura. Veja a seguir alguns exemplos desses mamíferos (**figura 29.34**).

Fabio Colombini/Acervo do fotógrafo

Preguiça-de-coleira (*Bradypus torquatus*; cerca de 80 cm de comprimento).

Fabio Colombini/Acervo do fotógrafo

Capivara (*Hydrochoerus hydrochaeris*; entre 1 m e 1,30 m de comprimento), o maior roedor do mundo, encontrado no Brasil.

Fabio Colombini/Acervo do fotógrafo

Tamanduá-mirim (*Tamandua tetradactyla*; cerca de 55 cm de comprimento, fora a cauda).

Fabio Colombini/Acervo do fotógrafo

Lobo-guará (*Chrysocyon branchyurus*; 1 m a 1,5 m de comprimento, fora a cauda).

Fabio Colombini/Acervo do fotógrafo

Mico-leão-de-cara-dourada (*Leontopithecus chrysomelas*; cerca de 25 cm de comprimento, fora a cauda).

Alexis Rosenfeld/SPL/Latinstock

Baleia jubarte (*Megaptera novaeangliae*; cerca de 15 metros de comprimento).

Suzi Eszterhas/Minden Pictures/Latinstock

Golfinho (*Tursiops truncatus*; entre 1,30 m e 4 m de comprimento).

Figura 29.34 Exemplos de mamíferos eutérios.

EVOLUÇÃO DOS MAMÍFEROS

Os antepassados dos atuais mamíferos surgiram antes das aves, no período Triássico, há cerca de 220 milhões de anos. Evoluíram de um grupo de répteis atualmente extintos, os terapsidas, conhecidos também como répteis mamaliformes, que viveram entre 280 e 190 milhões de anos atrás. Possuíam já uma dentição especializada. Os membros locomotores mantinham o tronco suspenso do solo, possibilitando que se deslocassem sem rastejar ("terapsida", *téras* = monstro; *apsis* = suspenso).

Figura 29.35 Reconstituição artística de animais do período Triássico (248 a 206 milhões de anos atrás). **A**: um dos maiores répteis carnívoros da época (gênero *Postosuchus*), com cerca de 4 m de comprimento; **B**: três dos maiores terapsidas herbívoros da época (gênero *Placerias*), com cerca de 3,5 m de comprimento; **C**: dois exemplares dos primeiros mamíferos (gênero *Megazostrodon*; cerca de 10 cm de comprimento); **D**: outro terapsida (gênero *Cynognathus*; cerca de 1 m de comprimento). Ao fundo podem ser vistos vários dinossauros e, no alto, um pterossauro voando (cores fantasia).

Os primeiros mamíferos eram pequenas criaturas peludas, de tamanho semelhante ao dos ratos atuais (**figura 29.35**). Nos fósseis desses animais, o tamanho da órbita (o espaço onde está o globo ocular) indica que seus olhos eram grandes: deviam estar adaptados a pouca quantidade de luz, e seriam, provavelmente, animais de hábitos noturnos.

Foi somente a partir da extinção dos dinossauros não avianos, há 65 milhões de anos, que os mamíferos puderam se espalhar pelos mais variados ambientes. No entanto, muitos dos primitivos mamíferos se extinguiram. Exemplo disso é o mamute, que se extinguiu há cerca de 12 mil anos.

ATIVIDADES

Questões discursivas

1. Explique por que tartarugas e jacarés, apesar de serem répteis que voltaram para o ambiente aquático, não podem ficar completamente submersos o tempo todo.

2. Pesquisando uma região para um trabalho prático de Biologia, um estudante observou que em épocas de muito frio os lagartos do lugar mostravam-se pouco ativos, ao contrário das aves. Por que as aves podem se manter ativas mesmo em climas muito frios?

3. Você já deve ter ouvido a pergunta: "Quem nasceu primeiro, o ovo ou a galinha?". Considerando a história evolutiva dos vertebrados, tente responder a essa pergunta.

4. Algumas pessoas acreditam que os mamíferos são os animais "mais evoluídos". Depois de ter estudado os diversos grupos de animais, você concorda com essa crença? Por quê?

5. Ao estudar as aves e os mamíferos, um estudante disse que uma das diferenças entre os dois grupos é que, enquanto todas as aves são ovíparas, os mamíferos são todos vivíparos. Ele está correto em suas afirmações? Explique.

6. Sem ter feito uma observação direta da dentição dos animais, um estudante disse que os dentes de uma onça certamente são diferentes dos de um boi. Por que ele pode afirmar isso com tanta certeza?

7. (Vunesp-SP) Em uma novela recentemente exibida na TV, um dos personagens é picado por uma cobra e, para curar-se, recorre a remédios caseiros e crenças da cultura popular. O médico da cidade, que não havia sido chamado para tratar do caso, afirmou que a prática adotada não era recomendável, e que "a 'cura' só se deu porque provavelmente a cobra não era venenosa."

   Em se tratando de uma cobra peçonhenta, qual o tratamento mais adequado: soro ou vacina? Seria importante saber a espécie da cobra? Justifique suas respostas.

8. (Vunesp-SP) São muitas as lojas que vendem animais exóticos para serem criados em casa como animais de estimação. Em uma dessas lojas, lagartos eram expostos em caixas de vidro, nas quais havia uma lâmpada acesa.

   a) Qual a razão da lâmpada na caixa em que está colocado o animal? Esse procedimento tem alguma relação com algo que o animal experimenta em seu ambiente natural?

   b) Se essa caixa fosse deixada na vitrine, diretamente sob luz solar intensa, durante todo o dia, haveria prejuízo ao lagarto?

9. (Uerj) Certos vertebrados possuem pulmão de grande superfície e pele seca impermeável. Outros vertebrados possuem pulmão de pequena superfície e pele úmida permeável. Por que os primeiros estão mais bem adaptados ao ambiente terrestre?

10. (Fuvest-SP) O diagrama a seguir representa uma das hipóteses sobre a evolução dos animais metazoários. Nele, os retângulos com os números **I**, **II**, **III** e **IV** correspondem ao surgimento de novas características morfológicas. Isso significa que os grupos de animais situados acima desses retângulos são portadores da característica correspondente.

    a) Liste as características morfológicas que correspondem, respectivamente, aos retângulos com os números **I**, **II**, **III** e **IV**.

    b) Ordene as seguintes características dos cordados, de acordo com seu surgimento na história evolutiva do grupo, da mais antiga à mais recente: pulmões, ovo amniótico, coluna vertebral, endotermia, cérebro.

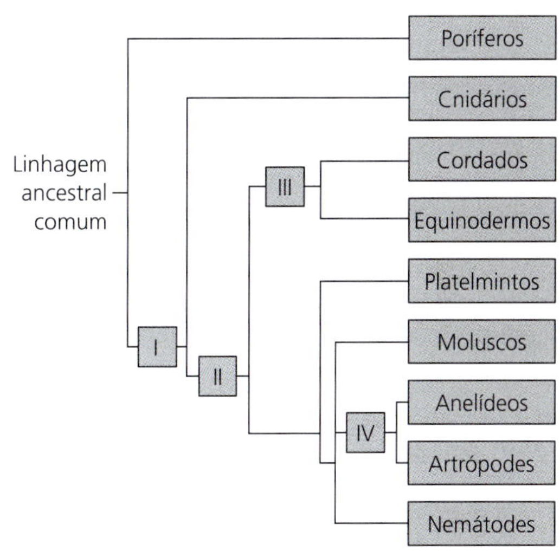

Questões objetivas

1. (UFMG)

   A ruazinha lagarteando ao sol.
   O coreto de música deserto
   Aumenta ainda mais o silêncio.

   Mário Quintana

   A expressão lagartear – "deitar-se ao sol" – resultou da observação de um comportamento comum aos lagartos. É correto afirmar que, do ponto de vista biológico, esse comportamento se explica com base no fato de que os lagartos:

   a) dependem de fonte externa de calor para a regulação da temperatura, o que os torna muito ativos ou muito lentos.

b) evitam a dessecação por meio de placas córneas e de corpo revestido por pele grossa, o que lhes dificulta a locomoção.

c) excretam ureia, composto volátil e tóxico, que requer água para ser eliminada e induz a um estado de paralisia.

d) possuem pequena superfície pulmonar para uma troca gasosa eficiente, o que os torna sonolentos e preguiçosos.

2. (Mackenzie-SP) O aquecimento global pode ser o responsável pela extinção de várias espécies de répteis. Esses animais não possuem mecanismos de controle de temperatura corporal, sendo dependentes da temperatura do ambiente para desempenhar suas atividades. Essa incapacidade de controle da temperatura está relacionada com

a) a presença de glândulas sudoríparas na pele.

b) a existência de um septo separando completamente os dois ventrículos no coração.

c) uma grande extensão de trocas gasosas nos pulmões.

d) a presença de um sistema circulatório incompleto, permitindo a mistura de sangue arterial e venoso.

e) um sistema nervoso ventral e ganglionar.

3. (UFRN) Répteis e aves foram os primeiros grupos animais na escala filogenética a apresentar âmnio e alantoide no ovo. Por conta desse ganho evolutivo, esses animais tornaram-se capazes de:

a) desenvolver-se sem metamorfose.

b) produzir maior número de filhotes.

c) formar a cavidade celomática.

d) reproduzir-se fora da água.

4. (Unifesp) Cobras, em geral, ingerem uma grande quantidade de alimento, mas apenas de tempos em tempos. Gaviões, comparativamente, ingerem alimento em pequenas quantidades, porém diariamente e várias vezes ao dia. Conhecendo as principais características dos grupos a que esses animais pertencem, pode-se afirmar corretamente que isso ocorre porque:

a) a digestão nas cobras é mais lenta e isso fornece energia aos poucos para seu corpo. Nos gaviões, a necessidade de fornecimento maior e mais rápido de energia condicionou o comportamento de tomada mais frequente de alimento.

b) as cobras, por ingerirem as presas inteiras, demoram mais tempo digerindo pelos e penas. Os gaviões, por ingerirem as presas aos pedaços, já começam a digestão a partir do tecido muscular da presa.

c) os órgãos sensoriais das cobras são bem menos desenvolvidos que os dos gaviões. Por isso, ao conseguirem alimento, ingerem a maior quantidade possível como forma de otimizar o recurso energético.

d) sendo ectotérmicas (pecilotérmicas), as cobras possuem um período de busca de alimento restrito aos horários mais quentes do dia e, por isso, ingerem tudo o que encontram. Já os gaviões, que são endotérmicos (homeotérmicos), são ativos tanto de dia quanto à noite.

e) as escamas e placas epidérmicas do corpo das cobras dificultam sua locomoção rápida, o que influencia o comportamento de caça e tomada de alimento. Os gaviões, nesse sentido, são mais ágeis e eficientes, por isso caçam e comem mais.

5. (Enem-MEC) Em 1861 foi anunciada a existência de um fóssil denominado *Arqueopterix*, que revolucionou o debate acerca da evolução dos animais. Tratava-se de um dinossauro que possuía penas em seu corpo. A partir dessa descoberta, a árvore filogenética dos animais acabou sofrendo transformações quanto ao ancestral direto das aves.

Nessa nova árvore filogenética, de qual grupo as aves se originaram?

a) Peixes ósseos.

b) Répteis.

c) Mamíferos.

d) Peixes cartilaginosos.

e) Anfíbios.

6. (Ufla-MG) Em estudos sobre o metabolismo, o consumo de O_2 reflete o gasto energético. A figura seguinte apresenta o consumo médio de O_2 entre julho e fevereiro, por um mamífero de pequeno porte, que ocorre em latitudes elevadas no Hemisfério Norte.

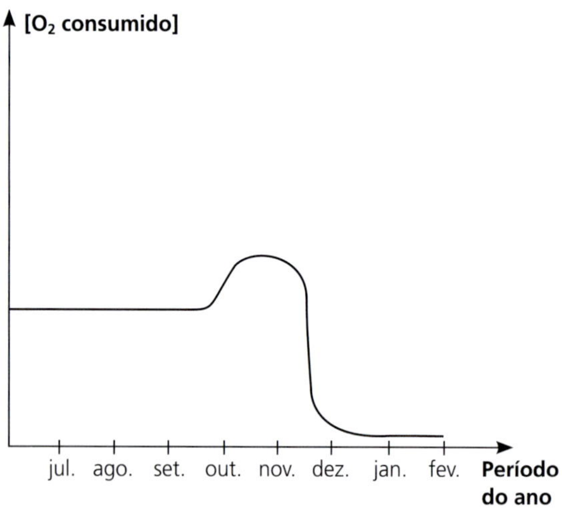

Com base na figura é correto afirmar que

a) o elevado consumo de O_2 em outubro-novembro se deve à ausência de alimento nessa época do ano.

b) o consumo moderado de O_2 em julho-setembro se deve à escassez de alimento e economia energética do animal.

c) o consumo elevado de O_2 em outubro-novembro se deve à necessidade de acumular carboidratos para o isolamento térmico.

d) a queda de consumo de O_2 em dezembro-fevereiro se deve ao processo de hibernação.

7. (Enem-MEC)

A maior parte dos mamíferos — especialmente os grandes — não pode viver sem água doce. Para os mamíferos marinhos, água doce é ainda mais difícil de ser obtida. Focas e leões-marinhos captam água dos peixes que consomem e alguns comem neve para obtê-la. Os peixes-boi procuram regularmente água doce nos rios. As baleias e outros cetáceos obtêm água de seu alimento e de goladas de água do mar. Para tanto, os cetáceos desenvolveram um sistema capaz de lidar com o excesso de sal associado à ingestão de água marinha.

WONG, K. Os mamíferos que conquistaram os oceanos. In: *Scientific American Brasil*. Edição Especial, nº 5: Dinossauros e outros monstros (adaptado).

A grande quantidade de sal na água do mar

a) torna impossível a vida de animais vertebrados nos oceanos.

b) faz com que a diversidade biológica no ambiente marinho seja muito reduzida.

c) faz com que apenas os mamíferos adaptados à ingestão direta da água salgada possam viver nos oceanos.

d) faz com que seja inapropriado seu consumo direto como fonte de água doce por mamíferos marinhos, por exemplo, as baleias.

e) exige de mamíferos que habitam o ambiente marinho adaptações fisiológicas, morfológicas ou comportamentais que lhes permitam obter água doce.

PESQUISEM E COMPARTILHEM

Em grupo, escolham um dos temas a seguir para pesquisar. Depois, façam uma apresentação, com fotos (ou vídeos) e ilustrações, para a comunidade escolar. Informem-se também se em sua região existe alguma instituição educacional ou de pesquisa que trabalhe com anfíbios, répteis (ou, especificamente, dinossauros) – ou que estude esses animais – e que mantenha uma exposição sobre esses animais. Verifiquem a possibilidade de agendar uma visita ao local. Caso isso não seja possível, pesquisem *sites* de universidades, museus, etc. que apresentem uma exposição virtual sobre o tema.

Tema 1 Pesquisem quais são as serpentes que causam a maioria dos acidentes ofídicos no Brasil, quais os efeitos dessas peçonhas no organismo e quais procedimentos devem ser adotados nesses casos. Pesquisem também o que é o Instituto Butantan, qual é sua história, sua importância e quem foi o médico sanitarista Vital Brazil.

Tema 2 Pesquisem sobre profissionais que estudam anfíbios e répteis. Busquem saber como é o cotidiano da profissão, aspectos positivos e negativos do trabalho. Se possível, agendem, junto com o professor, uma visita desses pesquisadores e peçam a eles que ministrem uma palestra e conversem com a turma sobre o trabalho deles. Sempre que um profissional for chamado para uma entrevista, preparem previamente as perguntas.

Tema 3 Citem alguns exemplos de aves que possuem as adaptações a seguir. Para cada ave pesquisada, elaborem uma ficha que contenha seus hábitos de vida, suas relações ecológicas e seu *habitat*.

a) pés adaptados a: agarrar-se aos ramos de árvores; caminhar ou correr no solo; nadar; segurar presas;

b) bicos adaptados a: quebrar sementes; recolher o néctar das flores; perfurar a casca das árvores para pegar larvas de insetos; capturar peixes.

Depois, apresentem o resultado do trabalho (com ilustrações, fotos ou vídeos) para a classe e a comunidade escolar. Informem-se também se em sua região existe alguma instituição educacional ou de pesquisa que trabalhe com aves brasileiras ou mantenha uma exposição sobre esses animais e verifiquem a possibilidade de agendar uma visita ao local. Caso isso não seja possível, pesquisem *sites* de universidades, museus, etc. que disponibilizem uma exposição virtual sobre o tema.

Tema 4 Pesquisem inicialmente uma lista atualizada de mamíferos da fauna brasileira ameaçados de extinção. Cada grupo deverá, então, escolher dois desses animais para fazer um resumo de algumas de suas características (*habitat*, alimentação, modo de locomoção, dimensões do corpo, mecanismo de defesa ou captura de outros animais, etc.). Verifiquem também se em sua região existe alguma instituição educacional ou de pesquisa que trabalhe com mamíferos brasileiros ou que mantenha uma exposição sobre esses animais e, se possível, tentem agendar uma visita ao local. Como opção, vocês podem acessar *sites* de universidades, museus, etc., que disponibilizem uma exposição virtual. Depois, apresentem o resultado do trabalho (com ilustrações, fotos ou vídeos) para a classe e a comunidade escolar.

UNIDADE

8

ANATOMIA E FISIOLOGIA HUMANAS

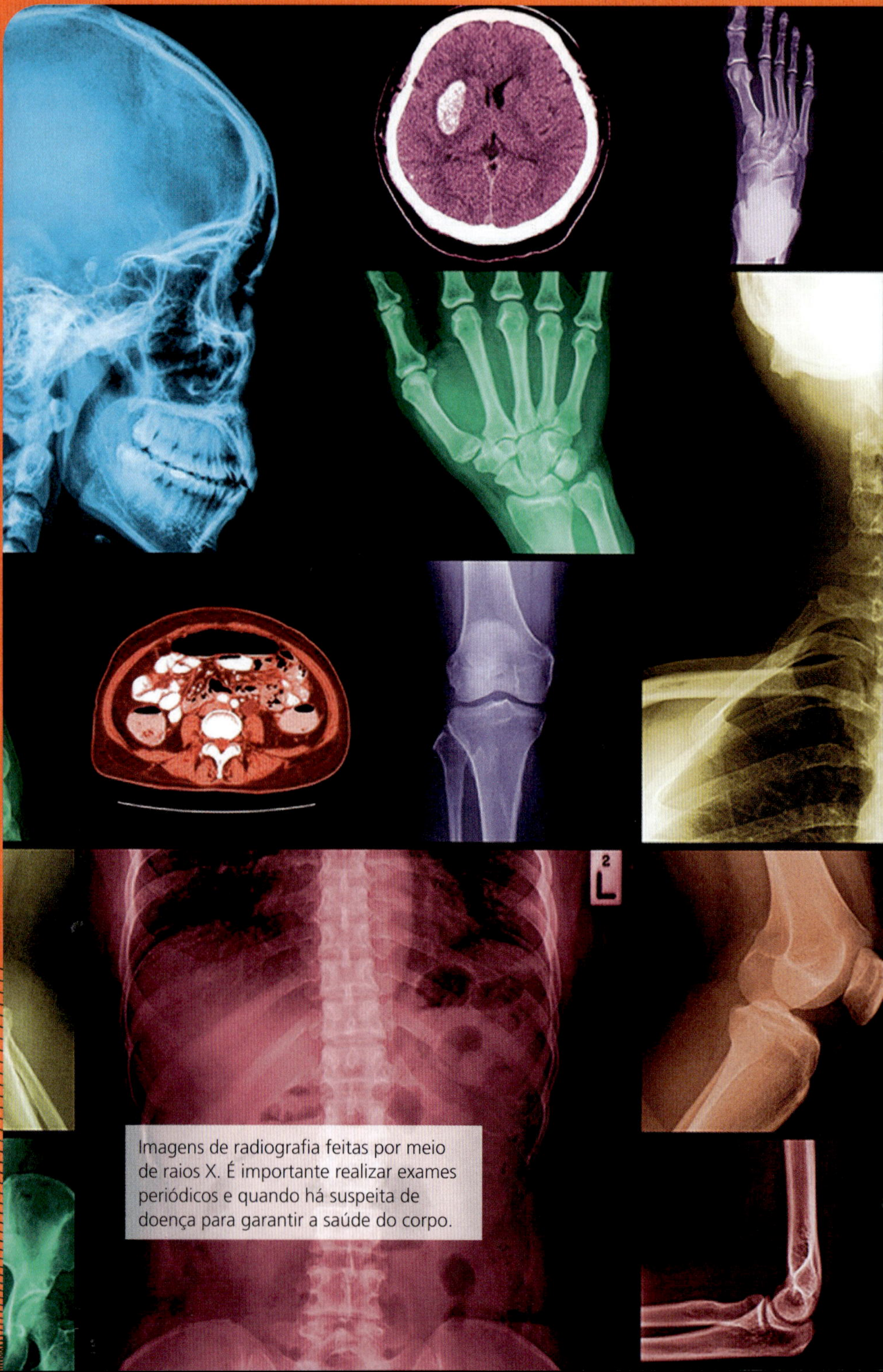

Imagens de radiografia feitas por meio de raios X. É importante realizar exames periódicos e quando há suspeita de doença para garantir a saúde do corpo.

Todos os sistemas de um organismo funcionam em conjunto, mantendo suas condições internas compatíveis com a vida. A composição química dos líquidos do corpo, por exemplo, mantém-se mais ou menos constante. Qualquer falha nesse controle pode determinar uma doença ou até mesmo a morte do organismo. Essa capacidade de autorregulação presente em todas as formas vivas é denominada homeostase. Nesta unidade, veremos como os diversos sistemas do corpo humano colaboram para a homeostase e para a sobrevivência do organismo.

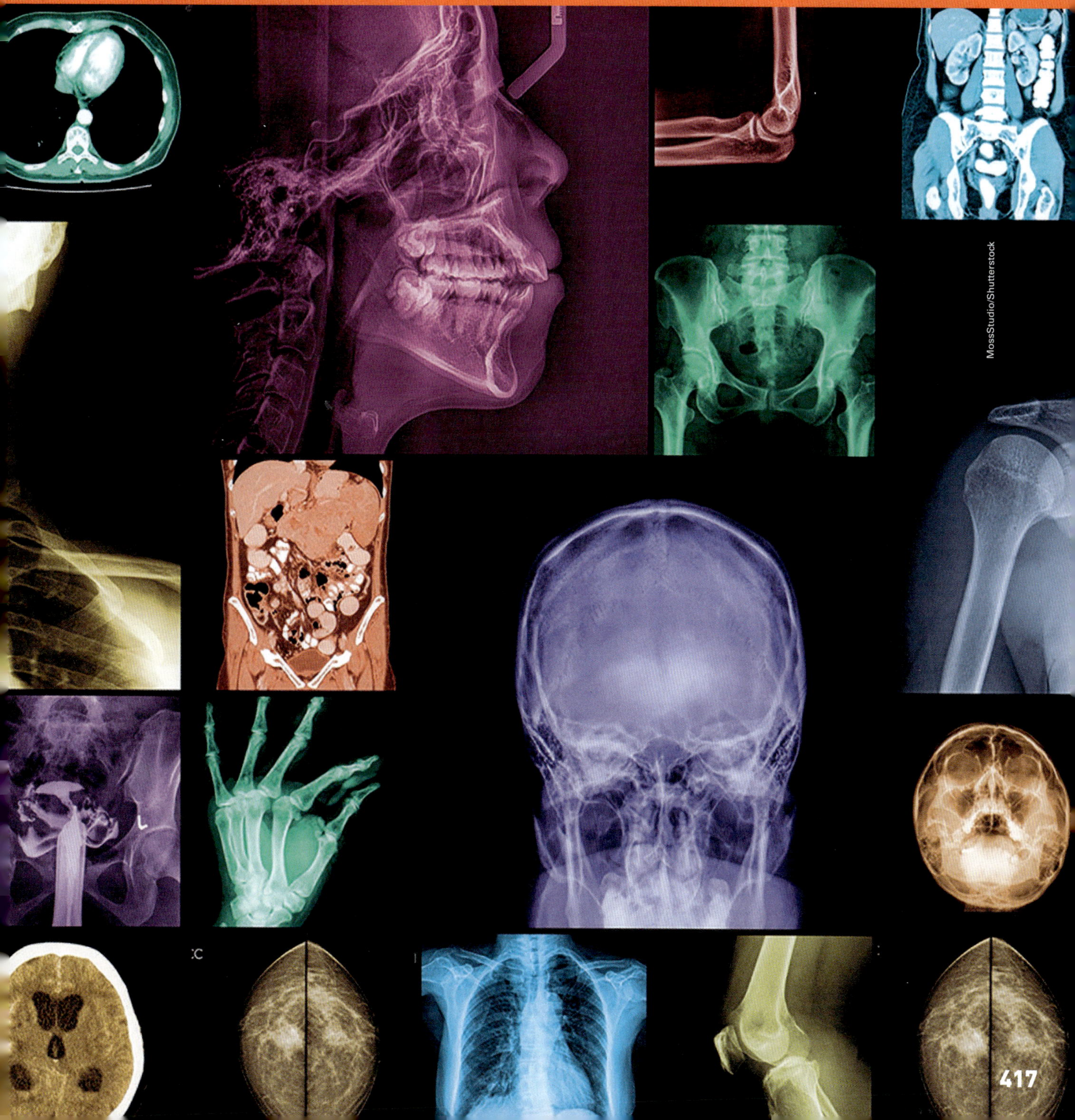

MossStudio/Shutterstock

CAPÍTULO

30

NUTRIÇÃO

Assim como os organismos, as células têm um determinado ciclo de vida. As células do nosso sistema digestório, por exemplo, são geradas por mitose, se especializam, envelhecem e morrem. As células do estômago e dos intestinos, por conta da ação dos ácidos estomacais responsáveis por parte da digestão, têm um período de vida de cerca de 5 dias. Vamos conhecer agora como os órgãos que formam nosso sistema digestório funcionam a fim de obter os nutrientes para a manutenção e o funcionamento do organismo inteiro.

Células que revestem a parte interna do estômago. Observe na imagem o muco que protege essas células do ácido e das enzimas digestivas que atuam nesse órgão (microscopia eletrônica de varredura; aumento de cerca de 1 400 vezes, imagem colorizada por computador).

- O que acontece com os alimentos depois que nós os ingerimos?
- Quais são as partes do corpo envolvidas no processo de digestão dos alimentos?
- Que doenças podem estar associadas aos principais órgãos do sistema digestório?
- O que pode acontecer com pessoas que não se alimentam de forma adequada?

1. SISTEMA DIGESTÓRIO

O sistema digestório é formado por um longo tubo ao qual estão associadas glândulas. O processo da digestão se inicia na boca, onde há dentes, língua e glândulas salivares anexas; e segue pela faringe, pelo esôfago, estômago, intestinos delgado (onde recebe as substâncias secretadas pelo fígado e pelo pâncreas) e grosso, e termina no reto, que se abre no ânus, por onde o material fecal é eliminado (**figura 30.1**).

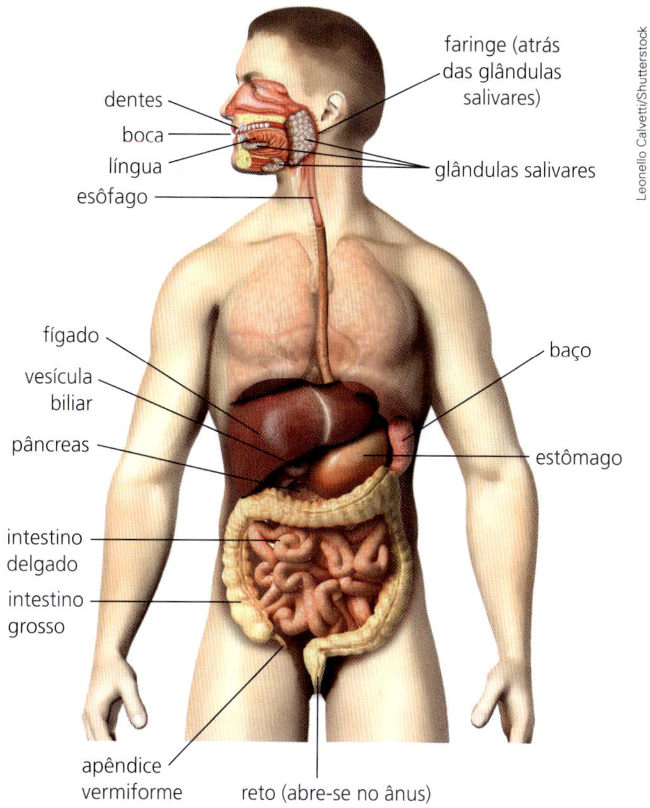

Figura 30.1 Representação do sistema digestório (os elementos não estão na mesma escala; cores fantasia).

DIGESTÃO NA BOCA E NO ESTÔMAGO

Na **boca**, nós cortamos e trituramos o alimento com os **dentes** durante a mastigação. Esse processo aumenta a superfície de contato do alimento com as enzimas digestivas, acelerando as reações da digestão.

No adulto, a dentição é formada por 32 dentes: oito **incisivos** (adaptados para cortar); quatro **caninos** (adaptados para furar e rasgar); oito **pré-molares** e doze **molares** (adaptados para triturar). Veja no detalhe da **figura 30.2** a estrutura básica de um dente.

A saliva contém a enzima **amilase salivar** (*amylon* = farinha; *ase* = designa enzima) ou **ptialina** (*ptyal* = saliva; *ina* = natureza de), que inicia a digestão do amido e do glicogênio em maltose. A ptialina age no pH neutro da boca, mas é inibida ao chegar ao estômago por causa da acidez do suco gástrico.

Dentes permanentes do ser humano

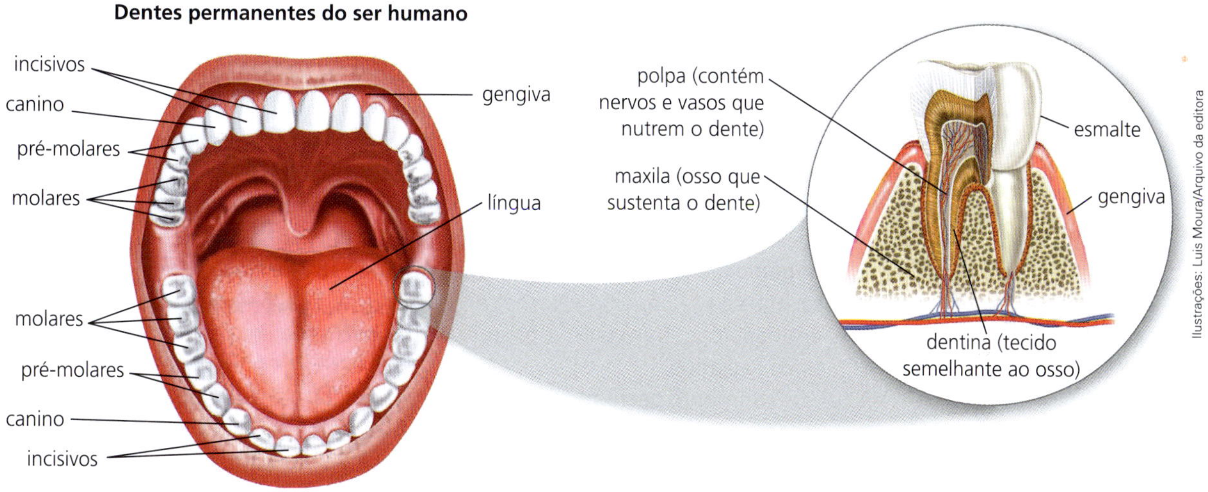

Figura 30.2 Dentição humana de um adulto e estrutura de um dente (os elementos não estão na mesma escala; cores fantasia).

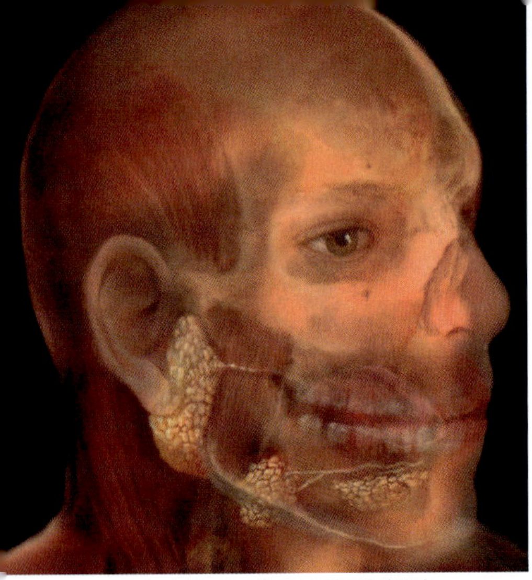

Anatomical Travelogue/Photoresearchers/Latinstock

A saliva é produzida por três pares de glândulas salivares: as **parótidas** (*para* = ao lado; *otós* = ouvido), as **submaxilares** (*sub* = abaixo de) e as **sublinguais**. Observe a **figura 30.3**.

Após a mastigação, o alimento é engolido e passa para a **faringe** e, depois, para o **esôfago**. Nesse momento, a **epiglote** (*epi* = sobre; *glottis* = lingueta) fecha automaticamente a entrada da laringe (**glote**) e impede que o alimento siga pelo sistema respiratório (**figura 30.4**). Logo depois da deglutição, a epiglote eleva-se, permitindo que o ar entre pela laringe. Quando há algum descontrole dos reflexos que fecham a laringe, o alimento pode passar por ela e nós engasgamos, mas um novo reflexo provoca tosse e ajuda a desobstruir o sistema respiratório.

Figura 30.3 Sobreposição de imagens mostrando a localização das glândulas salivares: parótida, à esquerda da imagem; submaxilar, ao centro; e sublingual, à direita (cores fantasia).

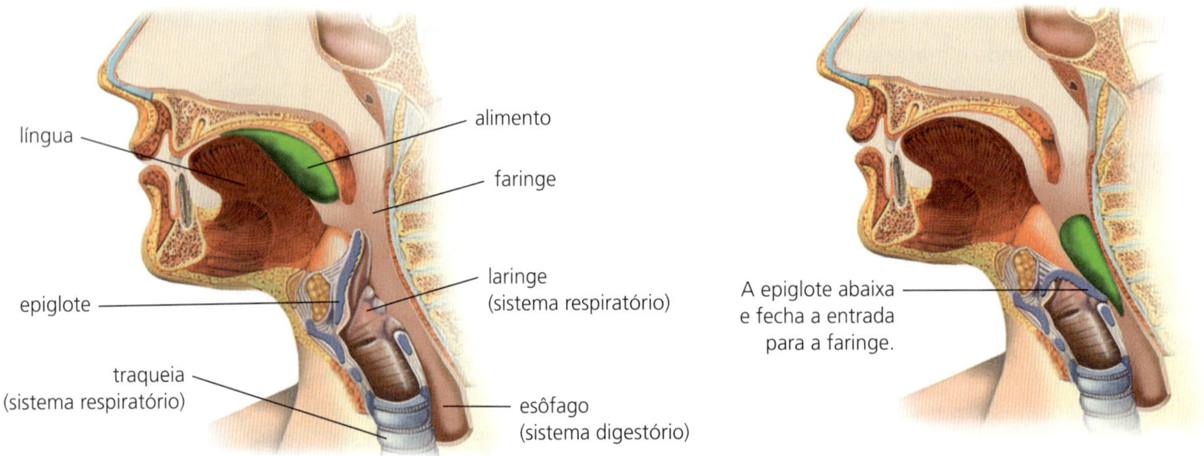

Ilustrações: Luis Moura/Arquivo da editora

Figura 30.4 Observe como a epiglote protege a abertura do sistema respiratório quando o alimento é engolido. A faringe tem cerca de 15 cm de comprimento (os elementos não estão na mesma escala; cores fantasia).

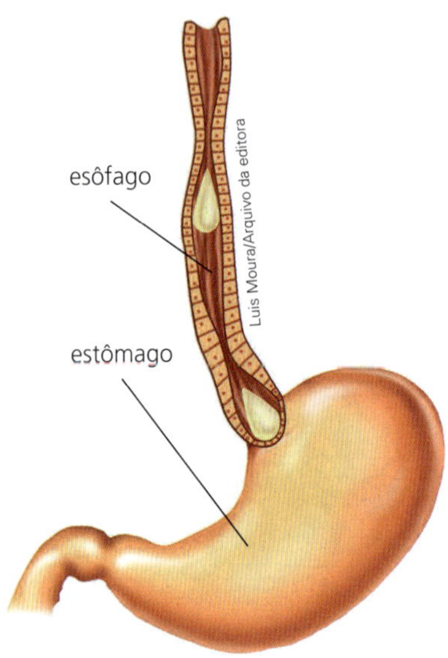

Figura 30.5 Contrações peristálticas empurram o alimento ao longo do tubo digestório. O esôfago tem cerca de 25 cm de comprimento; o estômago, cerca de 30 cm de comprimento e 15 cm de largura máxima (os elementos não estão na mesma escala; cores fantasia).

Do esôfago até o **estômago**, o alimento é ativamente transportado por contrações musculares – as **contrações** ou **movimentos peristálticos**, ou a **peristalse**, que também fazem parte da digestão mecânica (**figura 30.5**).

O alimento armazenado no estômago sofre a ação do **suco gástrico**, que contém ácido clorídrico, responsável pela extrema acidez nessa cavidade (pH em torno de 2). Esse ácido facilita a ação das enzimas do suco gástrico, desnatura proteínas (facilitando sua digestão) e destrói várias bactérias. Um muco secretado pelo estômago protege suas paredes da ação do suco gástrico.

A imagem de um alimento ou a percepção de seu odor podem estimular a secreção do suco gástrico. Além de um estímulo nervoso, há um controle hormonal: o contato do alimento com a parte final do estômago ativa a produção de **gastrina** (*gaster* = estômago; *ina* = natureza de), que é lançada no sangue e passa a estimular a secreção de suco gástrico.

A principal enzima do suco gástrico é a **pepsina** (*pepsis* = digestão), uma protease (enzima que digere proteínas) produzida na forma inativa de **pepsinogênio** (*genaîo* = gerar). Pela ação do ácido clorídrico, o pepsinogênio transforma-se em pepsina e começa a quebrar as ligações químicas entre certos aminoácidos. Com isso, a proteína é fragmentada em polipeptídios de tamanhos variados.

O alimento permanece no estômago de 2 a 4 horas, formando uma massa ácida branca e pastosa: o **quimo** (*chymos* = papa, mingau). Parte da água e dos sais, álcool e alguns medicamentos são absorvidos no estômago. O restante do bolo alimentar passa para o intestino delgado, no qual ocorre a maior parte da absorção dos componentes do alimento.

DIGESTÃO E ABSORÇÃO NO INTESTINO

A maior parte da digestão e da absorção do alimento ocorre no **intestino delgado**, que pode ser dividido em três partes: o **duodeno** ("doze dedos"; uma referência ao comprimento do duodeno, aproximadamente igual à largura de doze dedos), a parte mais curta do órgão, o **jejuno** (*jejunu* = que está em jejum) e o **íleo** (*ileum* = enrolado). No seu interior, realiza-se a principal parte da digestão e da absorção dos componentes do alimento pelo organismo.

No duodeno, são lançadas as secreções do **fígado** e do **pâncreas** (**figura 30.6**), também controladas por mensagens nervosas e hormônios. Quando entra em contato com a parede intestinal, o quimo estimula a produção de **secretina**. Esse hormônio estimula o pâncreas a secretar o **suco pancreático** e o fígado a produzir a **bile**. Outro hormônio é a **colecistocinina**, que também estimula a secreção das enzimas do pâncreas e da bile.

ACESSE E SAIBA MAIS

O que o fígado faz?
<https://ed.ted.com/lessons/what-does-the-liver-do-emma-bryce>
Acesso em: 27 jul. 2018.

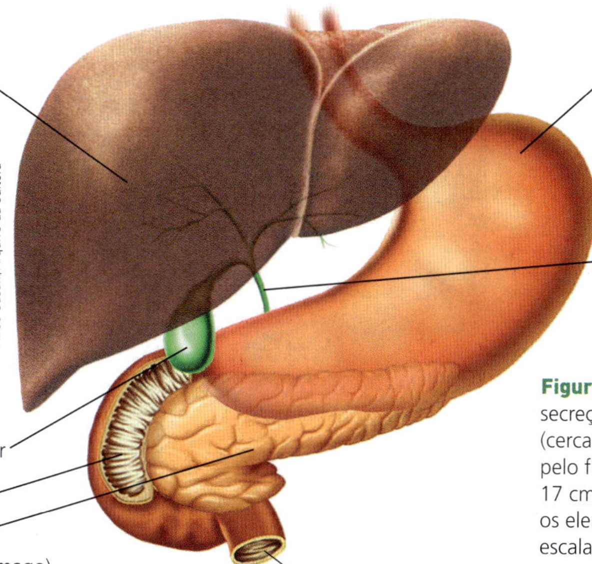

Figura 30.6 O duodeno recebe as secreções produzidas pelo pâncreas (cerca de 15 cm de comprimento) e pelo fígado (cerca de 20 cm de largura, 17 cm de altura e 11 cm de espessura; os elementos não estão na mesma escala; cores fantasia).

O suco pancreático é alcalino (pH entre 7,5 e 8,8), pois contém água e bicarbonato de sódio, o que neutraliza a acidez do quimo. Nele há também as enzimas **tripsina** (*thrípsis* = desmanchar) e **quimiotripsina**, que quebram os polipeptídeos formados pela ação da pepsina.

O pâncreas produz ainda: a **amilase pancreática**, que completa a ação da amilase salivar; as **nucleases** (desoxirribonucleases e ribonucleases), que fragmentam ácidos nucleicos em nucleotídeos; a **carboxipeptidase** (produzida em forma inativa), que quebra ligações de peptídios; uma **lipase**, que digere as gorduras (triglicerídios) em ácidos graxos, glicerol e monoglicerídios.

A bile, produzida no fígado, é armazenada na **vesícula biliar** e lançada por ela no intestino; contém sais biliares que atuam como detergentes, transformando as gorduras em minúsculas gotículas que se misturam com a água e formam uma **emulsão**. Isso facilita a ação da lipase, pois a ação detergente aumenta a superfície de contato dos lipídios com essa enzima.

A digestão termina na parte mais longa do intestino delgado, formada pelo jejuno e pelo íleo. Essas porções do intestino produzem o **suco intestinal**, composto de enzimas responsáveis pelas etapas finais da digestão: **maltase**, que hidrolisa a maltose em glicose; **sacarase**, que transforma a sacarose em glicose e frutose; **lactase**, que quebra a lactose em glicose e galactose; **aminopeptidases**, **dipeptidases** e **tripeptidases**, que hidrolisam os polipeptídios em aminoácidos; **lipase**, em pequena quantidade; **nucleosidases** e **nucleotidases**, que atacam nucleosídeos e nucleotídeos.

Após a etapa de digestão, o alimento transforma-se em um líquido branco: o **quilo** (*chylos* = suco). Os monossacarídeos, como a glicose e a frutose, bem como os aminoácidos, passam pela parede intestinal e são absorvidos por capilares sanguíneos, de onde seguem para o fígado. Daí são distribuídos pelo sangue para o resto do corpo. Na parede do intestino há dobras, ou pregas, que facilitam esse trabalho de absorção. Outras dobras microscópicas – as **vilosidades** (*villos* = peludo; *dade* = modo de ser) – aumentam ainda mais a superfície de absorção do alimento. Além disso, nas vilosidades, cada célula possui pequenas projeções, as **microvilosidades** (**figura 30.7**).

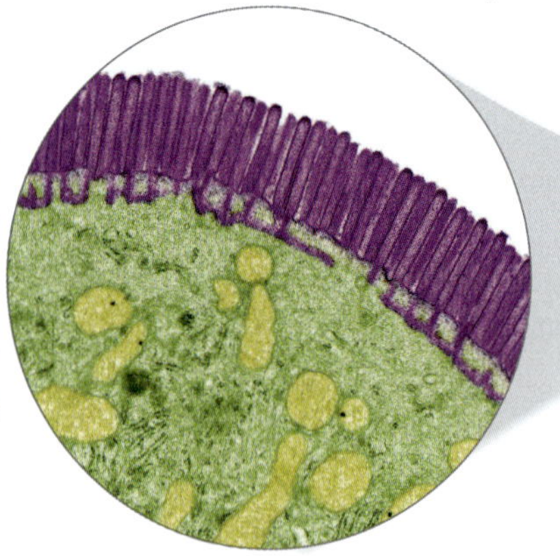

Steve Gschmeissner/SPL/Latinstock

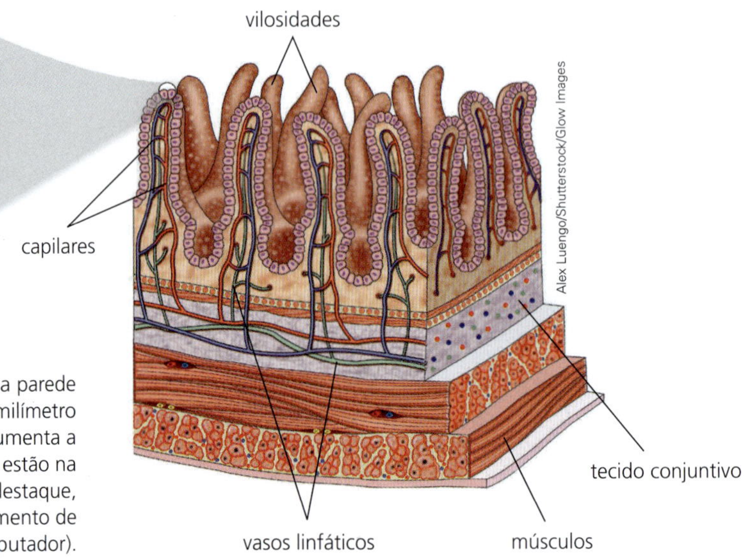

Alex Luengo/Shutterstock/Glow Images

Figura 30.7 O grande número de dobras na parede do intestino (de 10 a 40 vilosidades por milímetro quadrado) e em suas células (microvilosidades) aumenta a área de absorção do alimento (os elementos não estão na mesma escala; cores fantasia). Na foto em destaque, microvilosidades no microscópio eletrônico (aumento de cerca de 6 mil vezes; imagem colorizada por computador).

A parte inicial do **intestino grosso** tem a forma de uma bolsa na qual se abre o intestino delgado. Essa porção inicial é chamada **ceco** e é onde está localizado o **apêndice vermiforme** (ou **cecal**). A parte intermediária do intestino grosso é chamada de **colo** ou **cólon**. A parte final, que se abre no ânus, é chamada **reto** (reveja a **figura 30.1**).

Nos animais herbívoros, o ceco é bem desenvolvido e funciona como um reservatório no qual ocorre parte da digestão. Em muitos deles o apêndice vermiforme é maior e ajuda na digestão da celulose. No ser humano, ele não exerce essa função, mas possui um tecido linfático (presente em outros órgãos do corpo), responsável pela produção de células de defesa do organismo.

O colo é a parte maior, na qual ocorre a absorção da água e dos sais minerais não absorvidos pelo intestino delgado. Nele há também bactérias que fazem parte da microbiota intestinal (também chamada flora intestinal). Esses microrganismos participam da formação das fezes e da produção de vitaminas do complexo B e vitamina K. As fezes, formadas por água e restos não digeridos (como a celulose), são eliminadas pelo reto, tubo musculoso com abertura para o exterior do organismo através do **ânus**.

ACESSE E SAIBA MAIS

Como o sistema digestório funciona
<https://ed.ted.com/lessons/how-your-digestive-system-works-emma-bryce>
Acesso em: 25 jul. 2018.

2. PROBLEMAS NO SISTEMA DIGESTÓRIO

Uma das principais causas de perda dos dentes é a **cárie**. Ela tem início quando bactérias que vivem na boca se acumulam em regiões com restos de comida e, juntamente com a saliva, formam uma película que adere aos dentes, a placa dentária ou bacteriana.

Essas bactérias realizam a fermentação dos glicídios que estão sobre os dentes, liberando ácidos que corroem o esmalte. Se a cárie não for tratada, os ácidos podem atingir a dentina e chegar à polpa, destruindo o dente. Para manter dentes saudáveis, o ideal é escová-los após as refeições e antes de dormir.

É preciso também moderar o consumo de alimentos ricos em açúcar (balas, doces, refrigerantes, sucos industrializados, etc.) e ir periodicamente ao dentista.

A adição de flúor à água que abastece a cidade torna o esmalte dos dentes mais resistente aos ácidos, especialmente o dos dentes das crianças.

Geralmente, o revestimento do estômago e o do duodeno são protegidos contra o ácido clorídrico por um muco. Em certos casos, porém, essa defesa pode falhar e forma-se uma lesão: é a **úlcera péptica** (**figura 30.8**), que pode ser provocada, entre outras causas, por certos medicamentos e por um tipo de bactéria (*Helicobacter pylori*). Os sintomas mais frequentes são dor com queimação na parte superior do abdome, azia e náuseas. O tratamento é feito com medicamentos que diminuem a secreção ácida, protegem a mucosa e combatem essa bactéria.

Figura 30.8 Ilustração de úlcera péptica (os elementos não estão na mesma escala; cores fantasia).

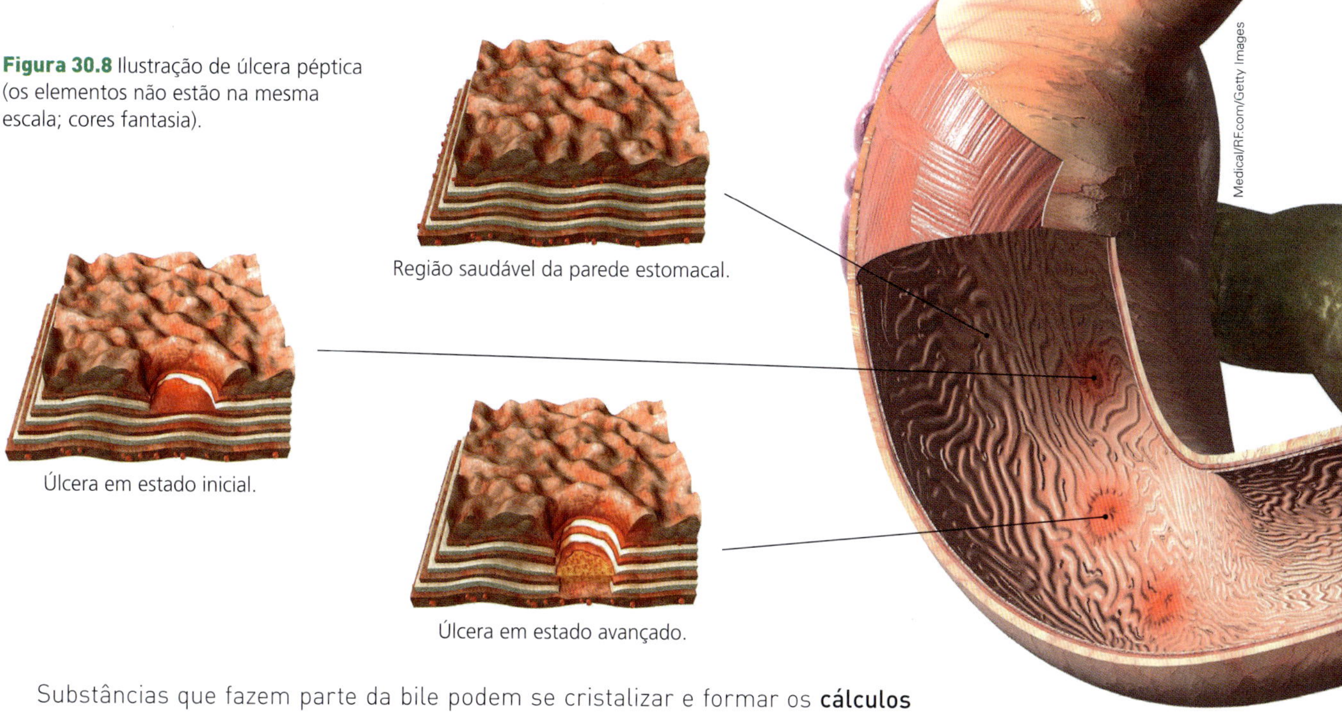

Substâncias que fazem parte da bile podem se cristalizar e formar os **cálculos biliares**. Eles podem obstruir as vias biliares e impedir a liberação da bile (**figura 30.9**). Como tratamento, podem ser usados medicamentos que dissolvem os cálculos ou ser feita cirurgia para remover a vesícula biliar. Mesmo com essa cirurgia, a bile continua a ser produzida, armazenada no canal que sai do fígado e lançada no intestino.

O alimento leva em geral de 10 a 14 horas para passar pelo intestino grosso, impulsionado por contrações ou movimentos peristálticos. A **constipação** ou **prisão de ventre** ocorre quando os movimentos peristálticos do intestino são muito lentos e fracos. Com isso, os resíduos permanecem muito tempo no intestino e há grande reabsorção de água, com formação de fezes secas e endurecidas. Isso favorece o aparecimento de algumas doenças intestinais. O esforço feito para evacuar pode, por exemplo, dilatar algumas veias do reto e do ânus, formando **hemorroidas**, que podem se romper e sangrar durante a evacuação.

A prisão de ventre é um sintoma que pode ter várias causas, como uma dieta com poucos alimentos ricos em fibras. Não se deve tomar medicamentos para forçar a evacuação (os chamados laxantes) sem consultar o médico, pois o uso prolongado desses produtos pode causar perda de sais minerais e até piorar o problema.

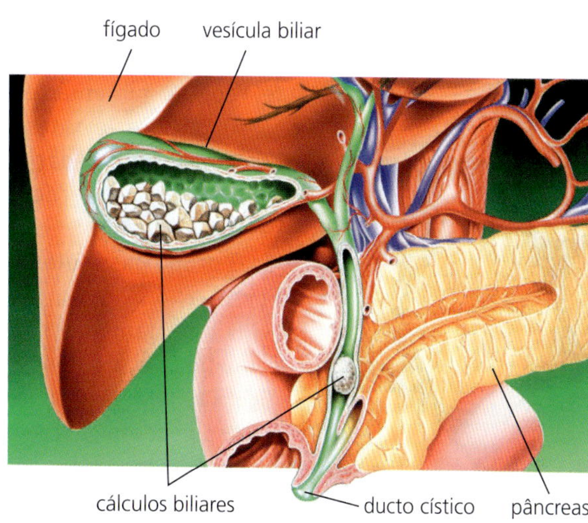

Figura 30.9 Cálculos biliares na vesícula e no ducto cístico, canal de saída da bile (os elementos não estão na mesma escala; cores fantasia).

ATENÇÃO!

Neste capítulo são apresentadas informações sobre algumas doenças. Essas informações não podem ser usadas para diagnóstico, tratamento ou prevenção de doenças, pois não substituem orientações médicas.

Já a **diarreia** pode ser causada por infecções, remédios ou produtos que irritam o intestino delgado. As contrações peristálticas tornam-se mais fortes, o alimento permanece pouco tempo no intestino e as fezes saem liquefeitas. Isso pode levar à perda de líquidos, sais minerais e outras substâncias importantes para o organismo, causando desidratação.

Embora as diarreias leves parem espontaneamente, em muitos casos é necessário repor a água e os sais minerais perdidos. Os postos de saúde fornecem o soro de reidratação oral e as instruções corretas para seu uso. Isso é muito importante especialmente para crianças pequenas e idosos, que correm mais risco de desidratação, que pode levar à morte. Por isso, se a diarreia for intensa, durar mais de 24 horas ou, ainda, se houver sinais de desidratação, febre, vômitos ou sangue nas fezes, é preciso procurar assistência médica imediatamente.

3. ALIMENTAÇÃO EQUILIBRADA E DISTÚRBIOS ALIMENTARES

marilyn barbone/Shutterstock

Figura 30.10 Exemplos de alimentos *in natura* que devem ser consumidos regularmente: cereais, verduras e frutas.

Para orientar nossa alimentação, os cientistas classificaram os alimentos em cinco grupos, como veremos a seguir. Os tipos de nutriente foram estudados no capítulo 2.

O grupo dos **cereais**, **tubérculos** e **raízes** inclui arroz, milho, trigo, centeio, batata-inglesa, batata-doce, mandioca, cará, inhame, entre outros alimentos *in natura* ou preparados, como pães e massas (**figura 30.10**). Salvo indicação médica, os cereais devem ser consumidos em maior quantidade do que os alimentos dos outros grupos, porque fornecem principalmente carboidratos, que servem de fonte de energia ao organismo. Os cereais também fornecem certa quantidade de proteínas, algumas vitaminas, sais minerais e fibras. A quantidade necessária de cereais vai depender do peso, da idade e do gasto de energia de cada um.

Deve-se dar preferência a alimentos feitos à base de cereais integrais ou enriquecidos. Eles contêm mais fibras, vitaminas e sais minerais. O pão integral é um exemplo de alimento feito com cereal integral. Quanto aos alimentos enriquecidos, temos o arroz parboilizado, que recebe um tratamento que conserva as vitaminas do complexo B, geralmente eliminadas pelo processo de industrialização.

O grupo das **verduras** e dos **legumes** fornece principalmente vitaminas, sais minerais e fibras. No Brasil, há uma variedade imensa desses alimentos, como abóbora, agrião, beterraba, cenoura, espinafre, pepino e repolho. Reveja a **figura 30.10**. Procure incluir em cada refeição pelo menos um alimento desse grupo.

O betacaroteno é encontrado em vegetais como couve, brócolis, cenoura, abóbora, espinafre e tomate. A vitamina C é encontrada, por exemplo, em brócolis, tomate, repolho, pimentão e espinafre.

As verduras e os legumes devem ser cozidos em pouca água ou no vapor, inteiros ou cortados em pedaços grandes, para evitar a perda de vitaminas e sais minerais. Dê preferência a verduras e legumes da estação; eles são mais frescos e costumam ser mais baratos.

O grupo das **frutas** fornece, em geral, carboidratos, vitaminas, sais minerais e fibras.

É importante consumir todos os dias pelo menos uma fruta rica em vitamina C, como laranja, manga, goiaba ou caju. Dê preferência a frutas frescas e da estação (**figura 30.10**).

Assim como ocorre com verduras e legumes, há, no Brasil, uma grande diversidade de frutas. Além das mais comuns, encontradas em muitos países, existe uma grande variedade de frutas regionais, típicas do Brasil.

Evgeny Karandaev/Shutterstock

Figura 30.11 Leite e derivados são alimentos ricos em muitos nutrientes, como cálcio e proteínas.

O grupo do **leite** e de seus **derivados** (queijos e iogurtes; **figura 30.11**) fornece, principalmente, cálcio, vitamina D, proteína e gordura. O cálcio é importante na fase de crescimento para formar os ossos.

A manteiga não faz parte desse grupo porque possui pouca proteína e muita gordura. Os lipídios, principalmente os de origem animal, podem favorecer, em certos casos, o depósito de colesterol nas artérias, as doenças do coração e a obesidade.

Lembre-se de que bebês que já concluíram a fase de aleitamento materno exclusivo e crianças com até 2 anos de idade precisam, proporcionalmente, de alimentos com mais gordura. Essas orientações são detalhadas pelo pediatra.

No grupo em que estão presentes **carne**, **ovos** e **vegetais ricos em proteínas**, encontra-se a carne de boi, de aves e de peixes; ovos de galinha e de algumas outras aves; as leguminosas, como feijão, ervilha, soja, lentilha, grão-de-bico, amendoim, entre outras; e as castanhas e nozes, que fornecem principalmente proteínas, além de lipídios, alguns minerais (especialmente ferro) e algumas vitaminas do complexo B (**figura 30.12**).

morisfoto/Shutterstock

Figura 30.12 Exemplos de alimentos ricos em proteína.

Para diminuir a gordura e o colesterol da alimentação, devem ser escolhidas carnes magras, como frango e peixes, consumidos de preferência grelhados (evite comê-los fritos). É recomendável também remover a gordura visível da carne e a pele do frango, rica em colesterol.

A tradicional mistura de arroz com feijão (duas partes de arroz para uma de feijão) é uma boa fonte de proteínas, principalmente se adicionarmos um pouco de proteína de origem animal, como carne, peixe ou ovos. O mesmo vale para outras combinações de cereais com leguminosas (assunto já estudado no capítulo 2).

O grupo dos produtos ricos em **gorduras** e **açúcares** é composto de alimentos como sorvetes, balas, bolos, doces, chocolates, entre outros. Além de gordura, eles contêm muita sacarose (o açúcar comum). E, apesar de terem uma grande quantidade de calorias e de gordura, geralmente não contêm a quantidade adequada de nutrientes importantes, como algumas vitaminas, fibras e determinados minerais. Por isso, o consumo excessivo desses produtos diminui o apetite sem satisfazer as necessidades nutricionais do indivíduo. Além disso, pode levar à obesidade, à diabetes ou a problemas no sistema circulatório. O mesmo vale para o consumo excessivo de gordura saturada, que se encontra, sobretudo, em alimentos de origem animal, e de gordura *trans* (gordura ou óleo hidrogenados) – assunto também estudado, no capítulo 2.

Para manter a saúde, é importante dar preferência a alimentos assados, cozidos ou grelhados, porque eles contêm menos gordura do que os alimentos fritos.

É igualmente importante que nosso corpo esteja sempre bem hidratado. A quantidade de líquidos ingerida durante o dia pode variar: quando praticamos exercícios físicos ou em dias quentes, por exemplo, a produção de suor e, consequentemente, a perda de água aumentam e precisamos de maior reposição. Lembre-se de que é fundamental que a água de beber seja tratada e filtrada ou fervida.

Por último, deve-se destacar a prática regular de exercícios físicos (orientados por profissionais especializados).

OBESIDADE

A obesidade caracteriza-se pelo excesso de tecido adiposo. Ela pode aumentar o risco de doenças como diabetes, problemas cardiovasculares e esqueléticos e pode ocorrer por diversas causas, como doenças hormonais, hereditariedade e, principalmente, excesso de calorias na alimentação e falta de atividade física.

Esses problemas podem aparecer também com o consumo excessivo de refeições do tipo *fast-food*: hambúrguer, cachorro-quente, batata frita e refrigerante, por exemplo. Por isso, esse tipo de alimentação não deve se tornar um hábito.

Os tratamentos cirúrgicos (**figura 30.13**) podem ser indicados em casos mais graves de obesidade.

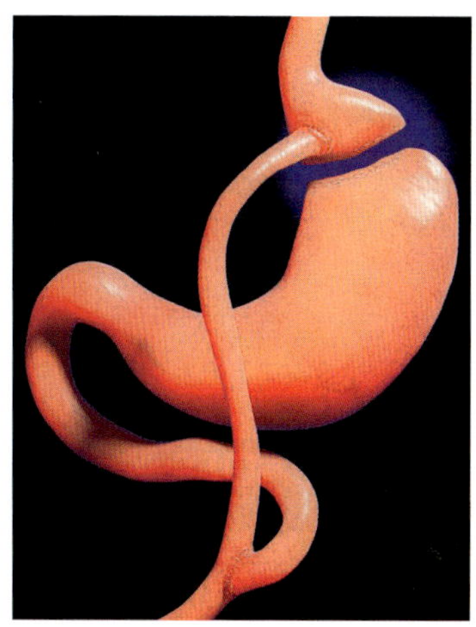

Tim Vernon/SPL/Fotoarena

Figura 30.13 Após uma cirurgia de redução do estômago, apenas uma pequena parte desse órgão permanece conectada ao sistema digestório. Isso reduz a quantidade de alimento que a pessoa consegue ingerir (os elementos não estão na mesma escala; cores fantasia).

Para controlar a obesidade é preciso uma mudança definitiva nos hábitos alimentares, isto é, uma **reeducação alimentar** proposta por um nutricionista. É preciso diminuir o consumo de alimentos ricos em açúcar comum (sacarose) e gorduras, controlar o consumo de alimentos ricos em carboidratos (cereais, batata, banana e outros) e dar preferência a verduras e legumes de baixas calorias, além de praticar uma atividade física regular, que deve ser orientada por um profissional.

DESNUTRIÇÃO

ACESSE E SAIBA MAIS

Mapa da fome

<www.nexojornal.com.br/expresso/2017/07/23/Como-o-Brasil-saiu-do-Mapa-da-Fome.-E-por-que-ele-pode-voltar>

Acesso em: 25 jul. 2018.

A desnutrição ocorre quando o consumo ou o aproveitamento pelo organismo de um ou mais nutrientes é insuficiente. Ela pode provocar atraso no desenvolvimento mental e físico, além de enfraquecer as defesas do indivíduo, o que facilita a instalação de doenças infecciosas.

Em populações mais pobres, é comum crianças após o desmame apresentarem deficiências de proteínas, embora recebam a cota normal de glicídios. Como consequência, instala-se uma doença conhecida como ***kwashiorkor*** (pronuncia-se "cuashiorcór"), caracterizada por estatura abaixo do normal, lesões na pele e no fígado, atraso no desenvolvimento mental e infecções no tubo digestório, com diarreias frequentes. O termo *kwashiorkor* significa, em um dialeto da África ocidental, "rejeitado", porque a doença atinge principalmente crianças que foram desmamadas após o nascimento do irmão seguinte.

Natalia Deriabina/Shutterstock

Figura 30.14 O leite materno possui maior valor nutritivo e é digerido mais facilmente do que fórmulas industrializadas, é isento de bactérias e possui anticorpos que protegem o bebê.

Já a carência de proteínas e de calorias provoca o **marasmo**, com sintomas semelhantes aos do *kwashiorkor*. Em ambos os casos, a criança pode morrer se não receber alimentação equilibrada a tempo.

Além da falta de proteínas, que pode ocorrer entre as populações mais pobres – principalmente nas crianças pequenas e nas gestantes –, pode haver insuficiência de algumas vitaminas, como a vitamina A e o ácido fólico, e de minerais, como o ferro.

O acompanhamento do peso e da estatura é importante para detectar a desnutrição em crianças. Peso abaixo do valor considerado normal para a idade pode ser um indicador de desnutrição. Mas existem outros dados que também são levados em conta pelo médico.

Em geral, a desnutrição está ligada à falta de recursos para uma alimentação equilibrada ou a maus hábitos alimentares. A amamentação natural é importante no combate à desnutrição infantil (**figura 30.14**).

Algumas medidas para combater a desnutrição estão ligadas a intervenções sociais. Um conceito importante nesse caso é o de **segurança alimentar**, proposto pela Organização das Nações Unidas para a Alimentação e a Agricultura (FAO) e estudado pela Sociologia. Considera-se que há segurança alimentar em uma população se todos os indivíduos que a compõem têm, permanentemente, acesso físico e econômico a uma alimentação suficiente e adequada para manter uma vida ativa e saudável.

ATIVIDADES

Questões discursivas

1. De acordo com o que você aprendeu sobre digestão, qual enzima poderia ser adicionada ao sabão em pó para remover manchas de gordura das roupas?

2. Em um laboratório, foram colocadas as seguintes substâncias em tubos de ensaio:

tubo I: saliva fervida + farinha de trigo

tubo II: manteiga + amilase salivar

tubo III: clara de ovo + suco gástrico

tubo IV: carne + amilase salivar

Verificou-se que houve digestão em apenas um dos tubos. Identifique esse tubo e justifique a não ocorrência do fenômeno nos outros três.

3. A digestão dos alimentos começa a ocorrer ainda na boca, enquanto mastigamos, por causa da ação da amilase salivar, enzima que atua sobre o amido. No entanto, mesmo que mastiguemos bem os alimentos, boa parte do amido não é digerida. Está correto afirmar que esse amido, que não foi digerido na boca, é eliminado do organismo? Justifique sua resposta.

4. Um professor de Biologia explicou aos seus alunos que a pepsina é secretada pelas células da parede do estômago em sua forma inativa, o pepsinogênio, e convertida em pepsina ativa apenas quando lançada na cavidade gástrica, enquanto a amilase é secretada pelas células do pâncreas em sua forma ativa. Considere os substratos de atuação dessas enzimas e formule uma hipótese para explicar por que a amilase é produzida na forma ativa e a pepsina não.

5. Na parede do intestino delgado, há de 10 a 40 vilosidades por milímetro quadrado, aproximadamente. Explique por que esse grande número de vilosidades é importante.

6. (UFRJ) Uma pessoa só contrai o cólera se ingerir água contendo, no mínimo, 10^8 vibriões, o microrganismo causador dessa doença. No entanto, se uma pessoa beber água contendo bicarbonato de sódio – um antiácido – são necessários apenas 10^4 vibriões para iniciar a doença. Por que ocorre essa diferença?

7. (Unicamp-SP) O gráfico a seguir representa as atividades de duas enzimas do sistema digestório humano, avaliadas a 37 °C (condições normais de temperatura corpórea).

Reprodução/Unicamp

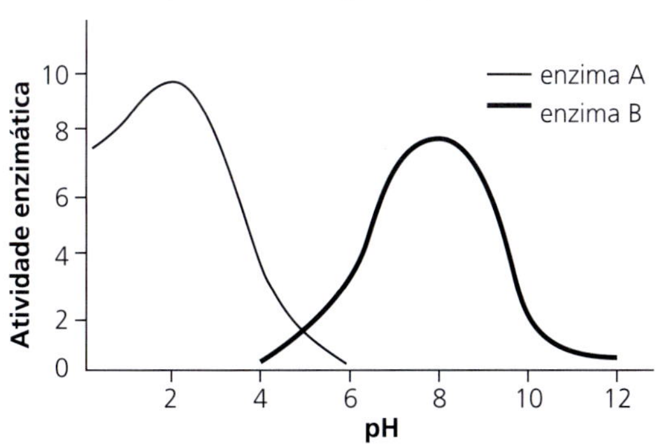

a) Qual é o local de atuação da enzima **A**? Justifique.

b) Cite uma enzima digestiva que apresente o padrão de atividade da enzima **B** e seu local de atuação.

c) Explique o que ocorreria com a atividade enzimática se, experimentalmente, a temperatura fosse pouco a pouco aumentada até atingir 60 °C.

Questões objetivas

1. (Enem-MEC) Um pesquisador percebe que o rótulo de um dos vidros em que guarda um concentrado de enzimas digestivas está ilegível. Ele não sabe qual enzima o vidro contém, mas desconfia de que seja uma protease gástrica, que age no estômago digerindo proteínas. Sabendo que a digestão no estômago é ácida e no intestino é básica, ele monta cinco tubos de ensaio com alimentos diferentes, adiciona o concentrado de enzimas em soluções com pH determinado e aguarda para ver se a enzima age em algum deles.

O tubo de ensaio em que a enzima deve agir para indicar que a hipótese do pesquisador está correta é aquele que contém

a) cubo de batata em solução com pH = 9.
b) pedaço de carne em solução com pH = 5.
c) clara de ovo cozida em solução com pH = 9.
d) porção de macarrão em solução com pH = 5.
e) bolinha de manteiga em solução com pH = 9.

2. (Unifor-CE) Uma pessoa fez uma refeição da qual constavam as substâncias **I**, **II** e **III**. Durante a digestão ocorreram os seguintes processos: na boca iniciou-se a digestão de **II**; no estômago iniciou-se a digestão de **I** e a de **II** foi interrompida; no duodeno ocorreu digestão das três substâncias. Com base nesses dados, é possível afirmar corretamente que **I**, **II** e **III** são, respectivamente,

a) carboidrato, proteína e lipídio.
b) proteína, carboidrato e lipídio.
c) lipídio, carboidrato e proteína.
d) carboidrato, lipídio e proteína.
e) proteína, lipídio e carboidrato.

3. (Cefet-MG)

A vesícula biliar, pequena bolsa localizada abaixo do fígado, tem como função o armazenamento de bile. Um dos problemas relacionados a essa estrutura é a colelitíase, caracterizada pela presença de cálculos em seu interior. O tratamento de pessoas com esta patologia pode ser feito à base de medicamentos ou, em outros casos, por intervenção cirúrgica. A maioria dos pacientes que se submetem à retirada desse órgão vive sem grandes problemas.

Disponível em: </www.mdsaude.com/>. Acesso em: 7 abr. 2014. (Adaptado).

Nesse caso, recomenda-se uma dieta com quantidade moderada de

a) lipídios.
b) proteínas.
c) vitaminas.
d) carboidratos.
e) ácidos nucleicos.

4. (UEL-PR) Ao ingerir um lanche composto de pão e carne:

a) a digestão química do pão inicia-se na boca, com a ação da tripsina, e a da carne inicia-se no duodeno, onde as proteínas são quebradas com a ação da bile.

b) a digestão química do pão inicia-se no estômago, onde o amido é quebrado pela ação do suco gástrico, e a da carne inicia-se na boca, com a ação da pepsina.

c) a digestão química do pão inicia-se na boca, com a ação da pepsina, e a da carne inicia-se no intestino delgado, com a ação da bile, que é produzida no fígado.

d) a digestão química do pão e da carne inicia-se no estômago pela ação da bile e da ptialina, respectivamente; a enzima pepsina, no duodeno, completa a digestão.

e) a digestão química do pão inicia-se na boca, com a ação da ptialina, e a da carne inicia-se no estômago, onde as proteínas são quebradas pela ação do suco gástrico.

5. (Uerj) Uma pessoa submetida a uma determinada dieta alimentar deseja ingerir, no máximo, 500 kcal em fatias de uma torta.

Observe que:

- valor calórico é a quantidade de energia capaz de produzir trabalho, liberada pelo metabolismo de uma certa quantidade de alimento ingerido;
- os valores calóricos aproximados de carboidratos, lipídios e proteínas são, respectivamente, 4, 9 e 4 kcal/g;
- a torta contém, ao todo, 50% de carboidratos, 15% de lipídios e 35% de proteínas;
- cada fatia da torta tem massa de 50 g e todas são iguais e homogêneas.

Para obedecer à dieta, a maior quantidade de fatias dessa torta que a pessoa pode comer corresponde a:

a) 1 b) 2 c) 3 d) 4

6. (UFT-TO) O sistema digestivo humano é composto de um longo tubo e glândulas associadas que secretam substâncias responsáveis pela digestão química dos alimentos. Sobre a digestão humana é correto afirmar:

a) Na boca ocorre digestão mecânica pela ação da ptialina presente na saliva.

b) Na parede do estômago as glândulas estomacais secretam pepsinogênio, enzima responsável pela digestão de proteínas.

c) A digestão do quimo ocorre predominantemente no duodeno sob a ação das enzimas contidas no suco gástrico.

d) A secreção produzida pelo fígado contém diversas substâncias digestivas e é responsável pela neutralização do quimo no duodeno.

e) Uma secreção que atua no duodeno é a bile, produzida pelo fígado e armazenada na vesícula biliar.

PESQUISEM E COMPARTILHEM

Em grupo, escolham um dos temas a seguir para pesquisar (em livros, CD-ROMs, internet, etc.), com o auxílio de professores de outras disciplinas. Depois, apresentem o resultado do trabalho para a comunidade escolar (estudantes, professores e funcionários da escola e pais ou responsáveis). Verifiquem também a possibilidade de convidar profissionais da área de saúde (médicos, nutricionistas e dentistas) para a realização de palestras para a comunidade escolar sobre alimentação e a importância da higiene bucal. Peça também aos profissionais de saúde para falar sobre sua atividade profissional (em que consiste o trabalho, em que instituições exercem sua atividade, que desafios enfrentam, etc.).

Tema 1 Pesquisem as diversas técnicas de conservação de alimentos (refrigeração, congelamento, pasteurização, uso de aditivos químicos, etc.) e os cuidados que devemos ter para conservar o produto depois de aberto. Analisem também a embalagem ou o rótulo de alguns alimentos e pesquisem as informações nele contidas (valor energético, valores diários de referência, porcentagem de carboidratos, gorduras saturadas, gorduras *trans*, código de aditivos, data de validade, como o produto deve ser armazenado, etc.).

Tema 2 Elaborem e apresentem para a classe um quadro comparativo dos sistemas digestórios dos principais grupos de invertebrados e vertebrados. Ao final da pesquisa, ilustrem o quadro comparativo com fotos e desenhos.

Tema 3 Pesquisem sobre cirrose, doença celíaca, anorexia nervosa, bulimia e encontrem dados sobre a incidência dessas doenças na população brasileira. Pesquisem também que medidas governamentais vêm sendo tomadas para melhorar a qualidade da alimentação no Brasil.

Sergiy Zavgorodny/Shutterstock

CAPÍTULO

31

RESPIRAÇÃO

Os cilindros usados por mergulhadores contêm, geralmente, ar comprimido: uma mistura de gases composta, aproximadamente, de 79% de nitrogênio e 21% de oxigênio.

Conforme um mergulhador atinge maiores profundidades, a solubilidade do ar em seu sangue aumenta: quanto maior a pressão, maior a solubilidade de gases em um líquido. É por isso que o retorno do mergulhador à superfície deve ser feito de forma lenta. Se a diminuição de solubilidade for muito rápida em relação ao tempo que o ar leva para ser expelido através da respiração, pode haver a formação de bolhas, levando a doenças descompressivas, que podem causar a morte.

- **Por que nós respiramos mesmo sem perceber?**
- **Que partes do corpo estão relacionadas ao processo de respiração?**
- **Por que ficamos ofegantes quando fazemos uma atividade física intensa?**

1. SISTEMA RESPIRATÓRIO

Nos seres humanos, o ar entra pelo nariz, através das narinas, atinge as cavidades nasais, passa pela faringe, pela laringe, pela traqueia, pelos brônquios e pelos bronquíolos e chega aos alvéolos pulmonares, nos quais ocorrem as trocas gasosas (**figura 31.1**).

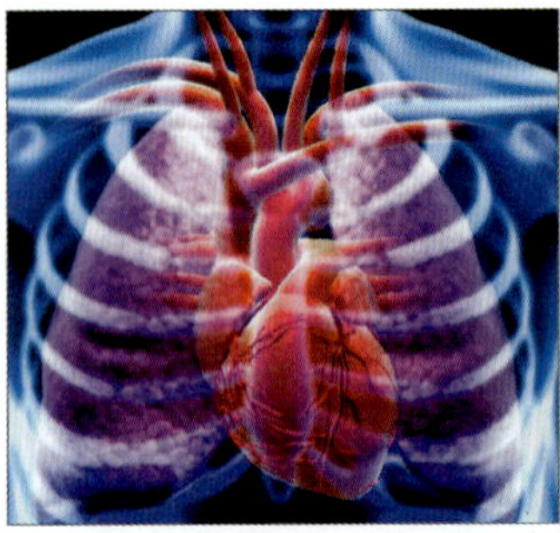

Hybrid Medical Animation/SPL/Latinstock

Ilustração feita em computador em que é possível ver a posição dos pulmões e do coração (estão representados também alguns vasos, que estudaremos no capítulo seguinte).

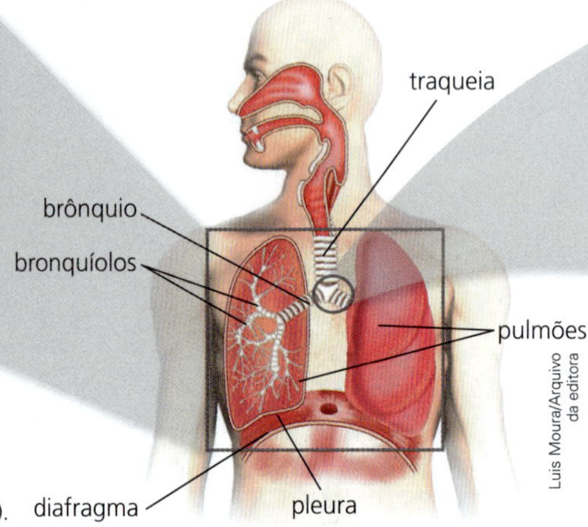

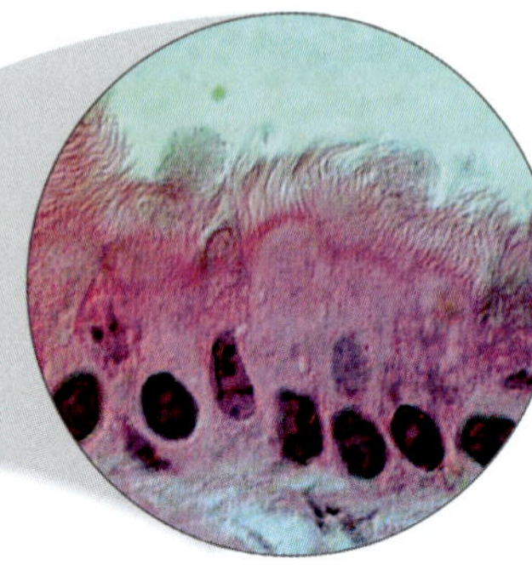

SPL/Latinstock

Tecido epitelial que forra a parte interna das vias respiratórias (imagem obtida por microscópio óptico ou de luz, com uso de corantes; aumento de cerca de 600 vezes).

Figura 31.1 Representações do sistema respiratório: os brônquios têm cerca de 12 mm de diâmetro; e o pulmão, em torno de 25 cm a 30 cm de comprimento no adulto (os elementos não estão na mesma escala; cores fantasia).

A **cavidade nasal** possui terminações nervosas especializadas em perceber odores, além de umedecer, aquecer e filtrar o ar. O revestimento da cavidade nasal, da traqueia e dos brônquios é formado por pelos, cílios e um muco pegajoso. Os microrganismos e as partículas estranhas aderem ao muco e são arrastados pelo movimento dos cílios (**figura 31.1**) para fora do corpo.

Da cavidade nasal, o ar vai para a **faringe**, região comum ao tubo digestório e ao sistema respiratório. Da faringe, o ar passa pela **laringe**, que é protegida por peças cartilaginosas e apresenta as **pregas vocais** (ou cordas vocais, pela terminologia antiga), responsáveis pela produção da voz (**figura 31.2**). Quando falamos, as pregas são esticadas por músculos e vibram com a passagem do ar, produzindo os sons.

ACESSE E SAIBA MAIS

Soluço
<https://drauziovarella.uol.com.br/doencas-e-sintomas/soluco-2/>
Acesso em: 26 jul. 2018.

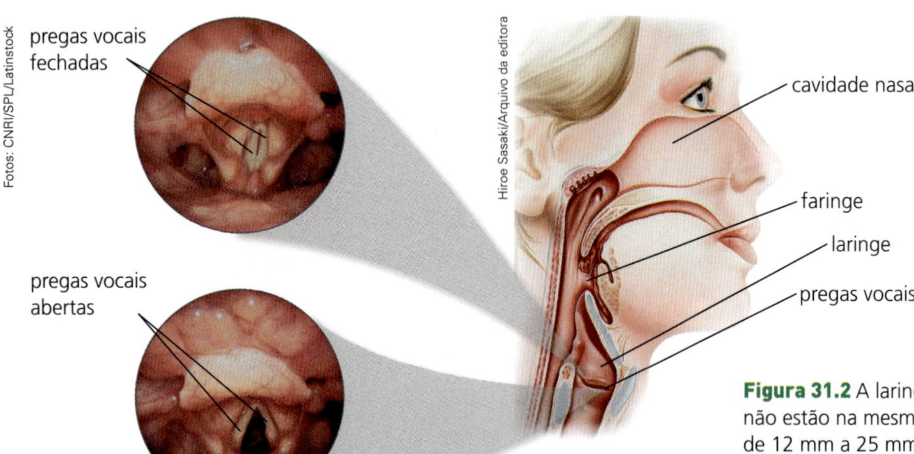

Figura 31.2 A laringe e as pregas vocais (os elementos não estão na mesma escala; as pregas vocais têm de 12 mm a 25 mm de comprimento; cores fantasia). No detalhe das fotos, as pregas vocais aparecem fechadas e abertas.

Depois de passar pela laringe, o ar atinge a **traqueia**, um tubo que se bifurca e forma os **brônquios**. Tanto a traqueia quanto os brônquios são protegidos por anéis cartilaginosos, que impedem seu achatamento pela queda de pressão quando o ar é aspirado para os **pulmões**. Os brônquios ramificam-se no interior dos pulmões. Cada vez mais finos, os ramos formam os **bronquíolos**. Cada bronquíolo termina em um cacho de pequeníssimos sacos: os **alvéolos pulmonares** (**figura 31.3**). Brônquios e bronquíolos formam a **árvore respiratória** ou **bronquial**.

Os pulmões ocupam quase toda a caixa torácica e são revestidos por uma membrana dupla, a **pleura**. Cada pulmão contém, além dos bronquíolos, cerca de 350 milhões de alvéolos pulmonares, o que aumenta muito a área de contato com o oxigênio.

Os alvéolos pulmonares são formados por uma fina camada de células achatadas envolvidas por uma rede de capilares. É neles que ocorre a **hematose** (processo de trocas gasosas): o sangue rico em gás carbônico (desoxigenado) passa a ser rico em oxigênio (oxigenado). Veja a **figura 31.3**.

Bronquíolo e alvéolos

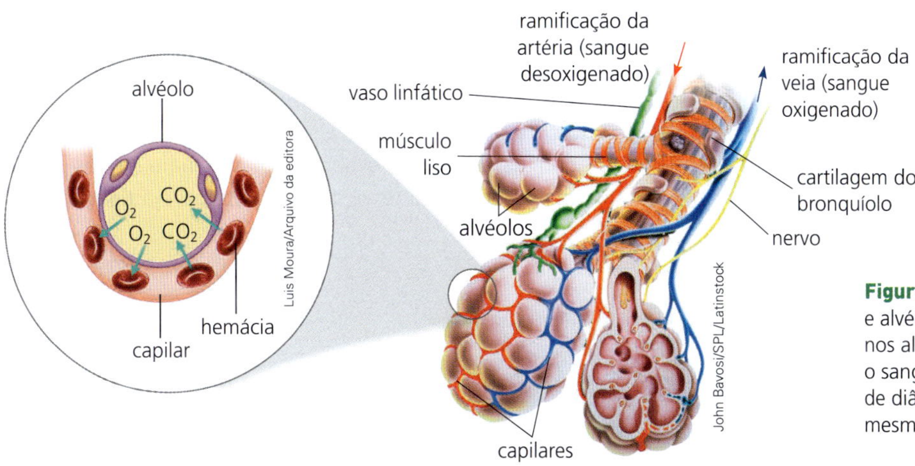

Figura 31.3 Ilustração de bronquíolo e alvéolos. No detalhe, a troca de gases nos alvéolos: o oxigênio do ar passa para o sangue (hemácias com cerca de 7 μm de diâmetro; os elementos não estão na mesma escala; cores fantasia).

O ar entra e sai dos pulmões principalmente devido à contração e ao relaxamento do **diafragma** (músculo que separa a caixa torácica da cavidade abdominal, exclusivo dos mamíferos) e dos **músculos intercostais**. Ao se contrair, o diafragma abaixa (**figura 31.4**) e, junto com o movimento dos **músculos intercostais externos**, aumenta o volume da caixa torácica, o que torna a pressão no interior dessa cavidade menor que a do ar atmosférico. Essa diferença de pressão faz com que o ar penetre nos pulmões (inspiração).

Na expiração os músculos relaxam, reduzindo o volume torácico. Com isso, a pressão na cavidade torácica fica maior que a atmosférica, o que faz o ar sair. Quando a respiração se torna mais forte, por exemplo durante um exercício físico intenso, a contração dos músculos **intercostais internos** e abdominais também ajuda a eliminar o ar. O movimento de entrada e de saída de ar nos pulmões, bem como a troca de gases entre os alvéolos e o ar, é chamado **ventilação pulmonar**.

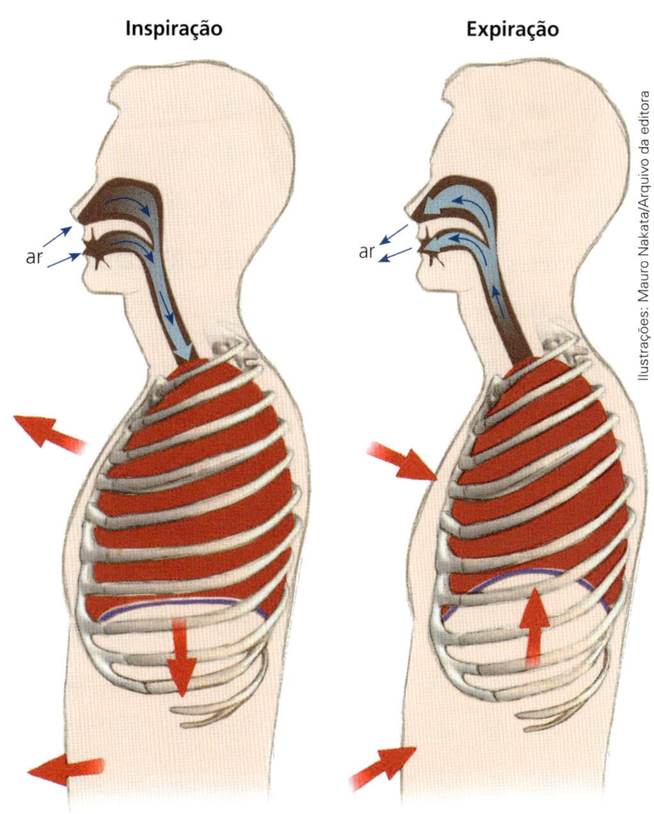

Figura 31.4 Entrada e saída de ar nos pulmões: as setas azuis indicam a entrada e a saída de ar; as setas vermelhas representam os movimentos resultantes da contração e do relaxamento do diafragma, dos músculos intercostais e do abdome na inspiração e na expiração (os elementos não estão na mesma escala; cores fantasia).

O CONTROLE DA RESPIRAÇÃO

Nós podemos prender a respiração por alguns segundos, o que mostra que os movimentos respiratórios podem ser controlados, até certo ponto, voluntariamente. Contudo, na maior parte do tempo, esses movimentos ocorrem sem percebermos, por causa da ação de neurônios localizados em dois centros respiratórios, na medula oblonga (ou bulbo raquidiano) e na ponte (regiões do encéfalo que serão mais bem estudadas no capítulo 35).

O **bulbo** controla a inspiração e a expiração e a **ponte** influencia a frequência e a profundidade da ventilação. À medida que a concentração de gás carbônico no sangue aumenta, o pH do sangue diminui, já que esse gás forma ácido carbônico no plasma sanguíneo. Quando isso acontece, os neurônios localizados no bulbo enviam impulsos ao diafragma e aos músculos intercostais, fazendo com que ambos se contraiam – independentemente da nossa vontade, caracterizando um controle involuntário da respiração (**figura 31.5**).

Do mesmo modo, durante uma atividade física, o centro respiratório da ponte envia impulsos nervosos que aumentam a frequência e a intensidade dos movimentos respiratórios. Com isso, acelera-se a eliminação de gás carbônico e a entrada de oxigênio. O controle pelo bulbo é feito por meio de mensagens nervosas vindas de receptores que detectam o nível de gás carbônico, de oxigênio e de pH (medida da acidez ou basicidade de uma solução) do sangue. Os quimiorreceptores (ou quimioceptores) presentes nas artérias carótidas e no bulbo são mais sensíveis às variações de concentração do gás carbônico que às do oxigênio (reveja **figura 31.5**).

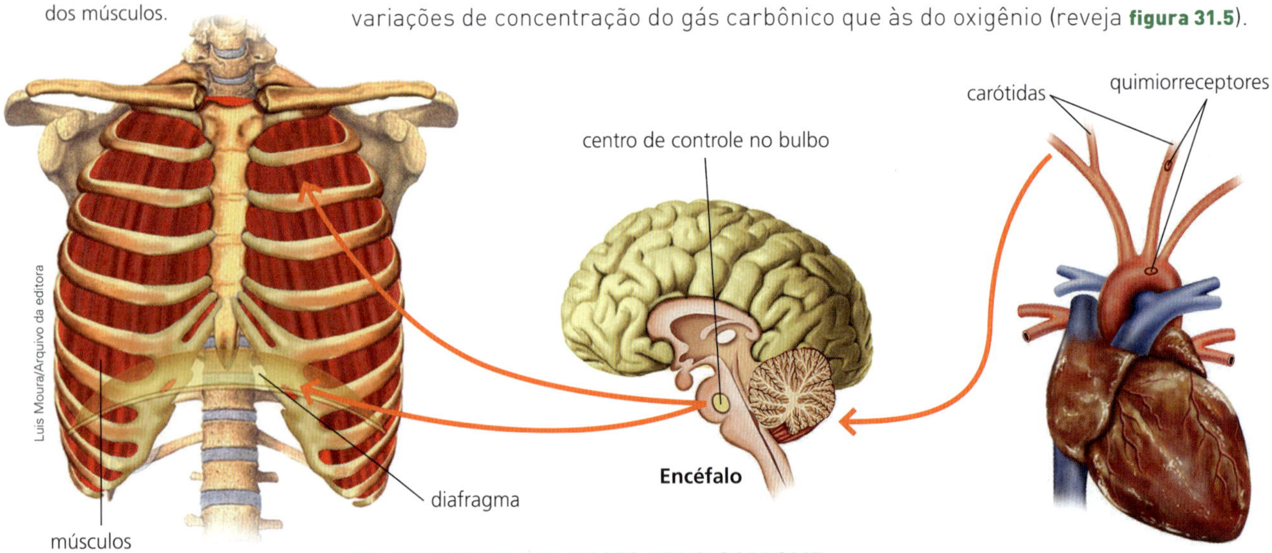

Figura 31.5 Controle da respiração (os elementos não estão na mesma escala; cores fantasia).

TRANSPORTE DE GASES PELO SANGUE

Como foi estudado no capítulo 14, nos seres humanos e nos demais vertebrados, a hemoglobina combina-se com o oxigênio e forma a oxi-hemoglobina. O oxigênio é transportado principalmente na forma de oxi-hemoglobina dentro das hemácias. Já o gás carbônico pode ser transportado pela hemoglobina, na forma de carbamino-hemoglobina ou carbo-hemoglobina, ou pelo plasma. A maior parte é transportada no plasma, na forma de íons bicarbonato: ao penetrar na hemácia, o gás carbônico reage com a água e, na presença da enzima anidrase carbônica, produz ácido carbônico. Este se dissocia em íons H^+ e em íons bicarbonato (HCO_3^-). Esses íons saem da hemácia e são conduzidos pelo plasma até o pulmão, onde ocorre o processo inverso, com a formação de gás carbônico, que sai pelos alvéolos.

O monóxido de carbono lançado pelos escapamentos dos automóveis e em outras combustões, e também encontrado na fumaça do cigarro, é um composto altamente tóxico já que tem grande afinidade com a hemoglobina. Essa combinação forma um composto estável, a **carboxi-hemoglobina**, que impede o transporte de oxigênio para as células. Concentrações altas de monóxido de carbono, que podem ocorrer, por exemplo, em veículos ligados em ambientes fechados, podem levar uma pessoa à deficiência de oxigênio (hipóxia) ou até à falta de oxigênio (anoxia) e à morte.

2. PROBLEMAS NO SISTEMA RESPIRATÓRIO

Vírus, como os do resfriado e os da gripe, podem irritar tecidos do nariz – fazendo com que as células aumentem a produção de muco –, da faringe – provocando dor de garganta –, da laringe – fazendo a voz ficar rouca – e dos brônquios – ocasionando tosse. As bactérias também podem atacar as vias respiratórias e causar infecções na faringe e na laringe, além de atacar os pulmões e provocar pneumonia e tuberculose, entre outros problemas (a turbeculose foi estudada no capítulo 18).

A **laringite** é uma inflamação da laringe, causada, geralmente, por infecção respiratória ou agentes irritantes, tosse ou uso inadequado da voz, provocando rouquidão (as cordas vocais podem ficar inchadas e não vibrar direito) ou até mesmo perda da voz. É preciso atendimento médico para pesquisar a causa do problema.

O **enfisema** é a progressiva destruição das paredes dos alvéolos, diminuindo a superfície relativa de absorção de oxigênio. A eficiência respiratória diminui e provoca uma sobrecarga no coração, podendo levar à insuficiência cardíaca. Um dos grandes causadores do enfisema é o fumo, que é também a principal causa do câncer de pulmão, entre outros problemas não apenas no sistema respiratório, mas em vários sistemas do organismo. Veja a **figura 31.6**.

Ilustrações: Adilson Secco/Arquivo da editora

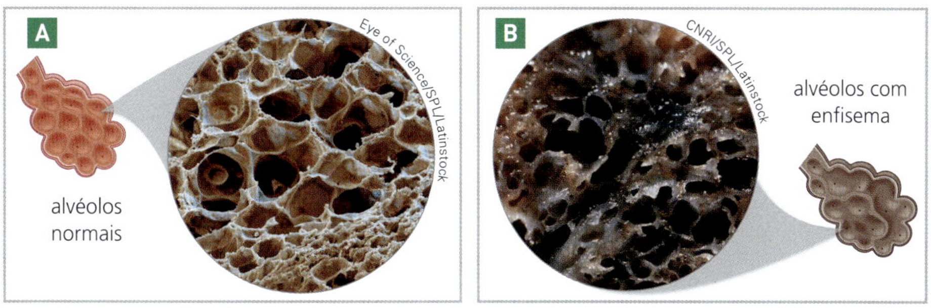

Figura 31.6 Esquema simplificado (alvéolos têm em torno de 0,2 mm de diâmetro; os elementos não estão na mesma escala; cores fantasia) e fotos ao microscópio eletrônico (aumento de cerca de 300 vezes; imagens colorizadas por computador) de alvéolos normais (**A**) e de um fumante com enfisema (**B**).

ACESSE E SAIBA MAIS

Prejuízos causados pelo cigarro
<www.cancer.org.br/8-prejuizos-que-cigarro-causa-para-o-corpo-para-o-sistema-de-saude-e-para-a-economia/>

Ajuda para parar de fumar
<www.tabagismo.hu.usp.br/ajuda-para-parar-de-fumar.html>

Acesso em: 26 jul. 2018.

ATENÇÃO!

As informações deste capítulo têm o objetivo de ajudar as pessoas a conhecer melhor algumas doenças, mas não substituem a consulta ao médico nem podem ser usadas para diagnóstico, tratamento ou prevenção de doenças.

ATIVIDADES

Questões discursivas

1. Ordene a sequência correta da passagem do ar pelo sistema respiratório, iniciando pela entrada no organismo: laringe, cavidades nasais, faringe, esôfago, brônquios, alvéolos, traqueia, bronquíolos. Depois, indique em qual dessas partes estão localizadas as pregas vocais, qual delas é comum ao sistema digestório e respiratório e onde ocorre a hematose.

2. A tabela a seguir indica a porcentagem de dois gases, X e Y, no ar inalado e no ar exalado. Descubra que gases são e justifique sua resposta.

Gás	Ar inalado	Ar exalado
X	21%	16%
Y	0,04%	4%

3. Em repouso, uma pessoa realiza, em média, de 10 a 15 movimentos respiratórios por minuto. Já ao longo de uma atividade física intensa (uma corrida, por exemplo) esse ritmo pode aumentar para cerca de 60 vezes por minuto. Que vantagem esse aumento rítmico traz para o organismo?

4. Em nosso organismo, o monóxido de carbono (CO) pode se combinar com a hemoglobina e formar um composto mais estável do que a oxiemoglobina. Por que essa combinação pode ser perigosa?

5. (UFPA) A prática de um exercício extenuante altera os níveis fisiológicos normais do organismo. Nos seres humanos, pode ocorrer uma elevação de até 2,0% na taxa metabólica de um corredor de maratona. Quando nos exercitamos, as células musculares passam a respirar mais, produzindo, assim, maior quantidade de energia para a contração dos músculos. Este aumento metabólico leva a um aumento do ritmo respiratório e o indivíduo fica ofegante. Explique como o aumento da respiração celular atua na regulação do ritmo respiratório.

6. (Uerj) Os mergulhadores de profundidade rasa, ou seja, de menos de 7 m com o objetivo de aumentar o tempo de permanência em apneia sob a água, realizam a manobra conhecida como hiperventilação: inspirar rapidamente, várias vezes, a fim de remover da corrente sanguínea

uma quantidade de CO_2 maior do que o organismo é capaz de produzir. No entanto, como a concentração de CO_2 é responsável por produzir a necessidade de respirar, essa mesma manobra pode, também, provocar desmaios sob a água, com risco de morte para o mergulhador que a pratica. Observe nos gráficos as diferentes concentrações de O_2 e CO_2 em duas situações de mergulho.

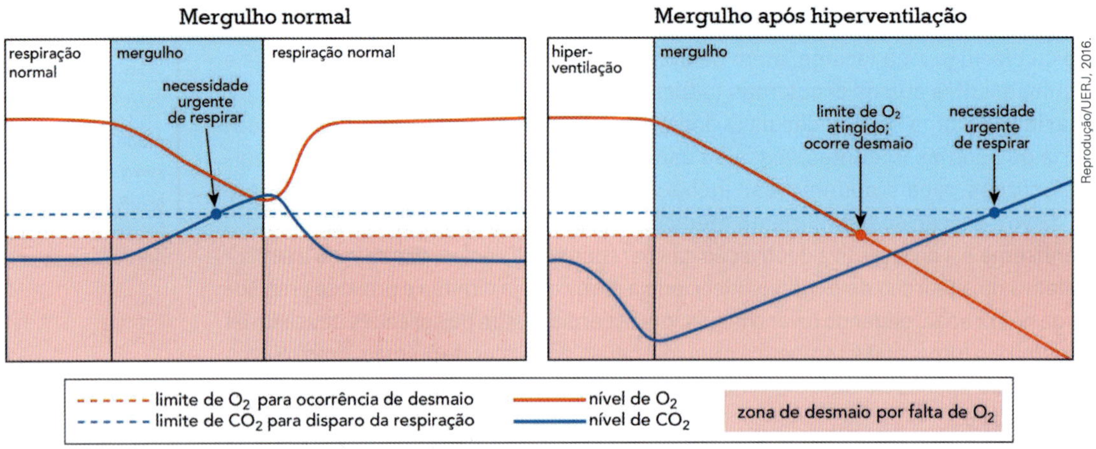

Adaptado de image.slidesharecdn.com.

Indique a principal estrutura do sistema nervoso central envolvida no controle involuntário da respiração e, também, a principal alteração do sangue detectada por essa estrutura.

Em seguida, com base nos gráficos, explique por que, ao realizarem a hiperventilação, esses mergulhadores podem sofrer desmaios.

Questões objetivas

1. (Enem-MEC)

A produção de soro antiofídico é feita por meio da extração da peçonha de serpentes que, após tratamento, é introduzida em um cavalo. Em seguida são feitas sangrias para avaliar a concentração de anticorpos produzidos pelo cavalo. Quando essa concentração atinge o valor desejado, é realizada a sangria final para obtenção do soro. As hemácias são devolvidas ao animal, por meio de uma técnica denominada plasmaférese, a fim de reduzir os efeitos colaterais provocados pela sangria.

Disponível em: <www.infobibos.com>. Acesso em: 28 abr. 2010 (adaptado).

A plasmaférese é importante, pois, se o animal ficar com uma baixa quantidade de hemácias, poderá apresentar

a) febre alta e constante.

b) redução de imunidade.

c) aumento da pressão arterial.

d) quadro de leucemia profunda.

e) problemas no transporte de oxigênio.

2. (PUC-RJ) A respiração é a troca de gases do organismo com o ambiente. Nela o ar entra e sai dos pulmões graças à contração do diafragma. Considere as seguintes etapas do processo respiratório no ser humano:

I. Durante a inspiração, o diafragma se contrai e desce aumentando o volume da caixa torácica.

II. Quando a pressão interna na caixa torácica diminui e se torna menor que a pressão do ar atmosférico, o ar penetra nos pulmões.

III. Durante a expiração, o volume torácico aumenta, e a pressão interna se torna menor que a pressão do ar atmosférico.

IV. Quando o diafragma relaxa, ele reduz o volume torácico e empurra o ar usado para fora dos pulmões.

Assinale as opções corretas.

a) I e II

b) I, II e III

c) todas

d) II, III e IV

e) I, II e IV

3. (PUC-RJ) Sabe-se que um indivíduo da espécie humana não pode ficar sem realizar respiração sistêmica por muito tempo, sob pena de sofrer lesões cerebrais. Assinale a alternativa que descreve corretamente o processo metabólico celular que ocorre neste caso.

a) Na ausência de oxigênio molecular, as células iniciam um processo não fermentativo de respiração aeróbica.

b) O gás carbônico produzido na respiração se acumula provocando diminuição do pH celular.

c) O oxigênio molecular é consumido, e sua diminuição causa aumento do pH celular.

d) O oxigênio molecular começa a se transformar em ácido carbônico, diminuindo o pH celular.

e) Na ausência de oxigênio molecular, a célula passa a fazer digestão aeróbica para gerar energia.

4. (Uerj) Um dos equipamentos de segurança de uma cápsula espacial tripulada efetua a remoção do gás carbônico desse ambiente. Admita que, após um acidente, esse equipamento tenha deixado de funcionar. Observe as curvas do gráfico a seguir:

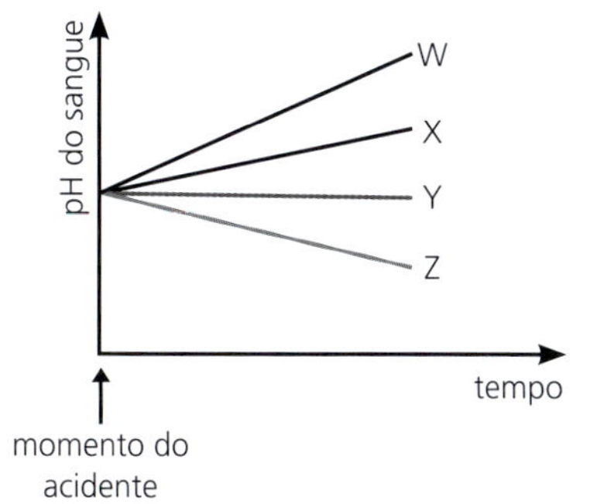

Reprodução/Uerj.

A curva que representa a tendência do que deve ter ocorrido, após o acidente, com o pH sanguíneo dos tripulantes está identificada por:

a) W b) X c) Y d) Z

5. (PUC-RJ) Sobre a respiração nos mamíferos, considere as afirmativas a seguir.

I. Mamíferos utilizam respiração por pressão negativa, que consiste em expandir a cavidade torácica diminuindo assim a pressão nos pulmões permitindo a entrada do ar.

II. Durante a inspiração, os músculos intercostais e o diafragma se contraem.

III. Durante a inspiração, os músculos intercostais e o diafragma relaxam.

IV. O relaxamento dos músculos intercostais e do diafragma provoca a redução do volume da caixa torácica.

É correto o que se afirma em:

a) somente I, III e IV.
b) somente I e III.
c) somente II e IV.
d) somente I, II e IV.
e) somente III e IV.

6. (IFSC) Sobre sistema respiratório, assinale a alternativa correta.

a) As trocas gasosas se dão entre o ar alveolar e o sangue contido nos capilares. O sangue proveniente dos tecidos é rico em oxigênio e pobre em gás carbônico. O ar alveolar é rico em gás carbônico e pobre em oxigênio.

b) Cada brônquio ramifica-se inúmeras vezes e origina traqueias progressivamente menos calibrosas, até se formarem os bronquíolos terminais. Estes, por sua vez, terminam em bolsinhas, de parede extremamente delgada, os alvéolos pulmonares.

c) As fossas nasais (ou cavidades nasais) e a boca são os locais de entrada do ar que se dirige ao nosso sistema respiratório. O ar que entra pelas fossas nasais é filtrado, umedecido e aquecido, antes de ir para a traqueia. Os cílios que revestem o epitélio das fossas nasais retêm partículas de sujeira e microrganismos que existem no ar.

d) A entrada de ar nos pulmões, a expiração, se dá pela contração da musculatura do diafragma e dos músculos intercostais. O diafragma abaixa e as costelas se elevam, o que aumenta o volume da caixa torácica, forçando o ar a entrar nos pulmões.

e) A faringe tem importante função ao impedir a entrada de alimento nas vias aéreas inferiores e garantir a fonação. No homem, é formada por nove peças de cartilagem.

7. (PUC-RS) Para responder à questão, considere as figuras abaixo, bem como seus conhecimentos a respeito dos músculos e dos processos envolvidos na ventilação pulmonar basal, que ocorre num estado de repouso.

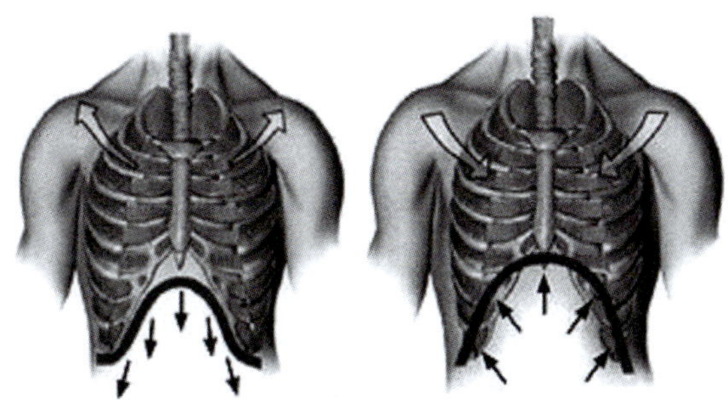

Figura 1 Figura 2

Reprodução/PucRS, 2014.

Com base nas figuras e em seus conhecimentos, é correto afirmar:

a) Na figura **1**, podemos observar o relaxamento do diafragma, enquanto a **2** representa sua contração.

b) Os movimentos do diafragma e das costelas, na figura **2**, geram uma pressão intratorácica inferior à atmosférica, favorecendo a expansão pulmonar e a entrada de ar nesse órgão.

c) O diafragma é considerado o principal músculo ventilatório, porque se acopla diretamente ao pulmão, expandindo-o durante sua contração.

d) A elevação das costelas e o abaixamento do diafragma, apresentados na figura **1**, são representativos das alterações da caixa torácica durante a inspiração.

e) Os processos representados na figura **1** dizem respeito à fase passiva da ventilação, enquanto a **2** representa a fase ativa da ventilação.

8. (Mackenzie-SP) Um dos poluentes mais perigosos para os habitantes das grandes cidades, como a de São Paulo, é o CO (monóxido de carbono). É um gás incolor, inodoro e muito venenoso. Ele tem a propriedade de se combinar com a hemoglobina das hemácias, inutilizando-as para o transporte de O_2 pelo corpo. O bloqueio do transporte de O_2 ocorre porque o CO:

a) recobre a superfície da hemoglobina.

b) provoca alterações na estrutura espacial da hemoglobina.

c) destrói as ligações entre os polipeptídeos que formam a hemoglobina.

d) retira o átomo de ferro da molécula de hemoglobina.

e) combina-se com o átomo de ferro da hemoglobina, formando um composto estável.

9. (Univasf-PE) Durante uma atividade física intensa, a frequência respiratória do homem aumenta bastante. Sabendo que, no bulbo raquidiano, há um centro respiratório (CR) que recebe e processa informações sobre os parâmetros respiratórios, e que a atividade física aumenta a liberação de gás carbônico pelas células musculares, tornando o pH plasmático mais ácido, pode-se concluir que:

a) Alta concentração de gás carbônico e pH maior que sete excitam o CR.

b) Baixa concentração de gás carbônico e pH menor que sete inibem o CR.

c) Alta concentração de gás carbônico e pH menor que sete excitam o CR.

d) Baixa concentração de gás carbônico e pH maior que sete excitam o CR.

e) Baixa concentração de gás carbônico e pH acima de oito excitam o CR.

ATIVIDADE PRÁTICA

Você vai construir um modelo de sistema respiratório humano e fazer alguns testes.

Material

- elásticos e fita adesiva
- cola plástica
- duas bexigas (balões de festa) de tamanhos diferentes (uma grande e outra pequena)
- garrafa descartável transparente de plástico flexível (mas não excessivamente mole), com 1,5 L de volume
- prego (mais longo que a rolha)
- rolha que se ajuste bem ao gargalo da garrafa
- tesoura de pontas arredondadas
- tubo plástico rígido (pode ser o envoltório plástico de uma caneta esferográfica, desde que se feche bem o furinho da lateral)

Procedimento

1. Com a tesoura, corte a parte inferior da garrafa e reserve. Usando o prego, fure a rolha e adapte o tubo plástico ao furo (deve ficar bem justo, use a cola plástica para fechar possíveis aberturas).
2. Com o elástico, prenda a bexiga menor na extremidade inferior do tubo (veja a foto ao lado). Reforce com a fita adesiva para que ela fique bem presa ao tubo.
3. Coloque a rolha na garrafa e, com a cola plástica, vede as aberturas (se houver) entre a rolha e o gargalo.
4. Corte a bexiga grande e, usando o elástico para fixar e a cola, feche a abertura inferior da garrafa.

AP Photo/A. Parramón

Conclusão

Com o modelo pronto, faça o que se pede a seguir e responda às questões propostas.

I. Puxe com os dedos a borracha na parte inferior da garrafa. O que ocorre com a bexiga menor? Agora solte e veja o que acontece. Como você explica o que ocorreu?

II. Você construiu um modelo do nosso sistema respiratório, que, como todo modelo, não é idêntico ao objeto representado. Compare cada parte do aparelho com um órgão do sistema respiratório.

III. Quando você puxa a borracha e depois solta, quais os dois fenômenos do sistema respiratório que estão sendo reproduzidos?

IV. Certas estruturas envolvidas diretamente nesses dois fenômenos não estão representadas no modelo. Quais são essas estruturas?

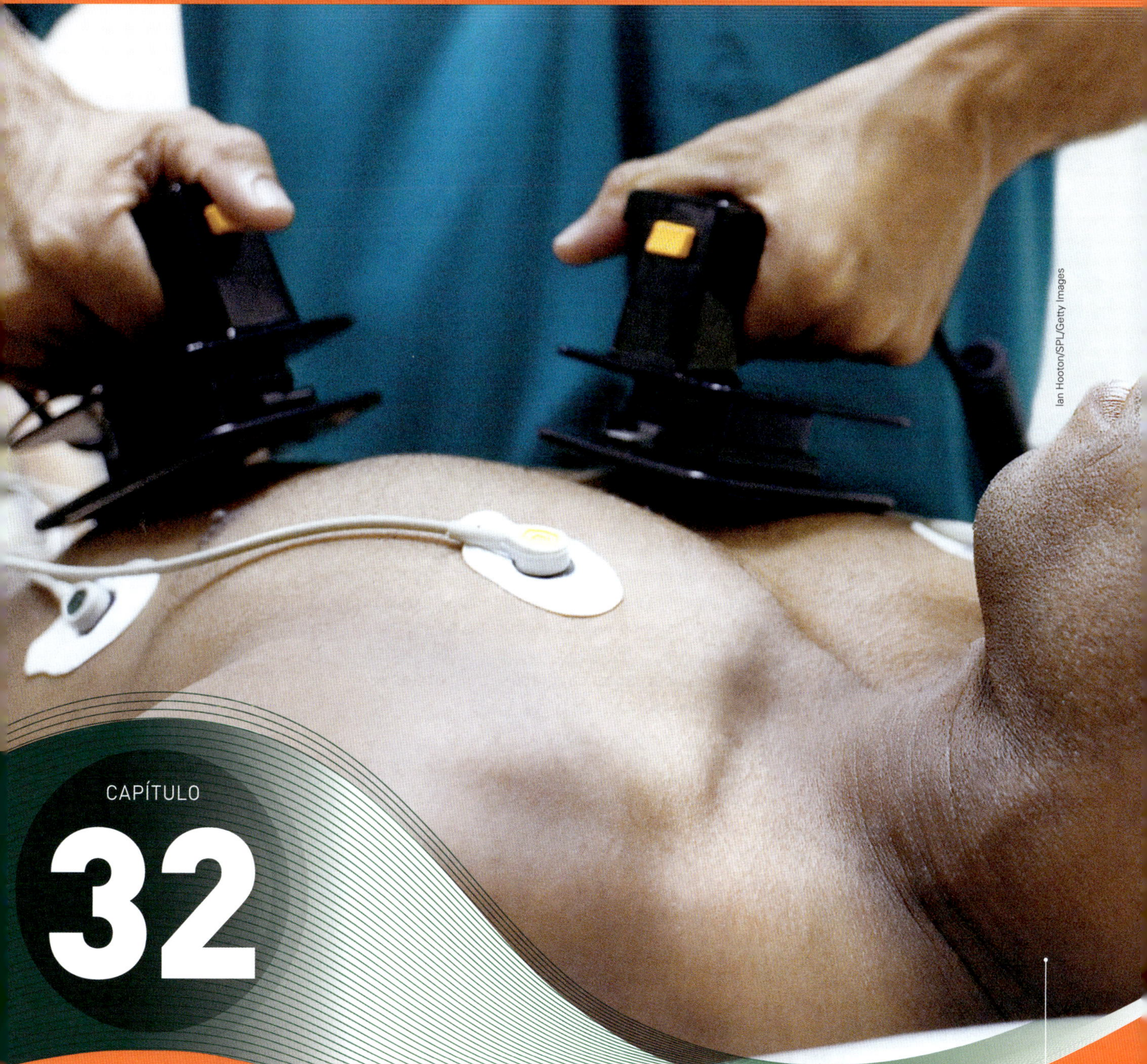

Ian Hooton/SPL/Getty Images

Paciente passando por procedimento com o uso do desfibrilador.

CAPÍTULO

32

CIRCULAÇÃO

É muito comum filmes e séries de ficção apresentarem cenas de pacientes reanimados por meio de uma descarga elétrica controlada aplicada no peito. O equipamento utilizado nesse procedimento é o desfibrilador. Ele pode ser usado para evitar uma parada cardíaca, por exemplo, quando os batimentos do coração estão em ritmo irregular. Além do coração, o sistema circulatório ou cardiovascular é composto de milhares de vasos de diferentes calibres, por onde circula o sangue. Vamos estudar agora mais detalhes sobre esse sistema.

- **Como o sangue entra e sai do coração?**
- **Quais são as diferenças entre veias e artérias?**
- **De que forma o sangue circula em nosso organismo?**
- **Qual é a relação entre o sistema circulatório e os outros sistemas do organismo, como o digestório e o respiratório?**

1. SISTEMA CIRCULATÓRIO

O sistema circulatório interage com diversos outros sistemas do organismo: transporta nutrientes, hormônios, oxigênio, gás carbônico, excretas e células de defesa, além de colaborar na homeostase e na manutenção da temperatura corporal.

CORAÇÃO

O coração de uma pessoa tem, aproximadamente, o tamanho de seu punho fechado. Situado no meio da caixa torácica, atrás do osso esterno, esse órgão é formado pelo músculo estriado cardíaco, o **miocárdio** (*mys* = músculo; *kardia* = coração). A parte externa do coração é revestida por uma membrana dupla, o **pericárdio** (*peri* = ao redor); e a parte interna é revestida pelo **endocárdio** (*endon* = interno). As artérias **coronárias** (*korone* = coroa) levam o sangue com nutrientes e oxigênio para o tecido do miocárdio; enquanto as veias coronárias recolhem o sangue com gás carbônico e outras excretas produzidas pelo mesmo tecido.

O coração possui quatro cavidades ou **câmaras cardíacas**: dois **átrios** (antes chamados aurículas) e dois **ventrículos** (**figura 32.1**).

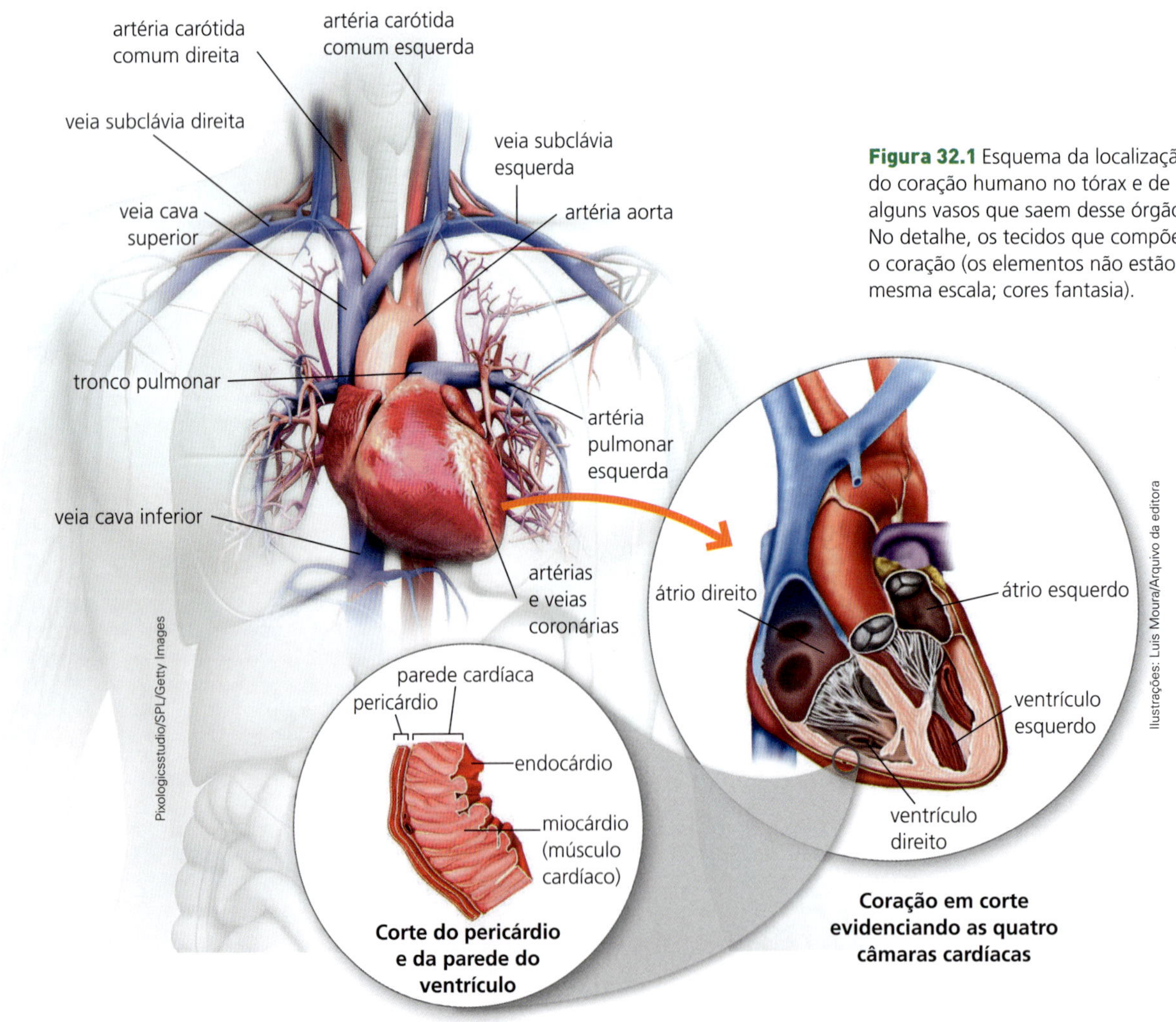

Figura 32.1 Esquema da localização do coração humano no tórax e de alguns vasos que saem desse órgão. No detalhe, os tecidos que compõem o coração (os elementos não estão na mesma escala; cores fantasia).

O funcionamento do coração é semelhante ao de uma bomba que se contrai e se relaxa ritmicamente. A fase de contração chama-se **sístole** (*systole* = contração); e a de relaxamento, **diástole** (*diastollein* = dilatação). O átrio e o ventrículo contraem-se de forma alternada, denominando-se sístole atrial e ventricular, respectivamente.

Os átrios comunicam-se com os ventrículos por meio de orifícios protegidos por **valvas** (*valva* = batente de porta). É comum que as valvas sejam chamadas popularmente de **válvulas**; porém esse termo, assim como o termo "cúspide", deve ser usado para as estruturas menores que formam as valvas. A **valva atrioventricular direita**, chamada também tricúspide (*tri* = três; *cuspidis* = ponta), é formada por três válvulas ou peças. Já a **valva atrioventricular esquerda**, chamada também bicúspide ou mitral (de mitra, um barrete – espécie de chapéu – com duas faixas usado por bispos), é formada por duas válvulas.

O sangue atravessa essas valvas apenas no sentido do átrio para o ventrículo, pois sua pressão fecha a passagem no sentido contrário (**figura 32.2**). Situação semelhante ocorre na passagem dos ventrículos para as artérias, onde ficam a **valva do tronco pulmonar** e a **valva aórtica**. Ambas as valvas são chamadas **valvas semilunares** (*semi* = metade; *luna* = lua) ou **sigmoides** (*sigma* = letra do alfabeto grego, indicando forma semelhante a essa letra). Cada uma é formada por três válvulas semilunares (em forma de meia-lua) presas às paredes das artérias.

Figura 32.2 Ilustrações representando o fluxo do sangue no coração com a participação das valvas. As setas vermelhas indicam o fluxo do sangue oxigenado; as azuis representam o sangue desoxigenado (ou venoso) (os elementos não estão na mesma escala; cores fantasia).

Ilustrações: Alila Medical Media/Shutterstock

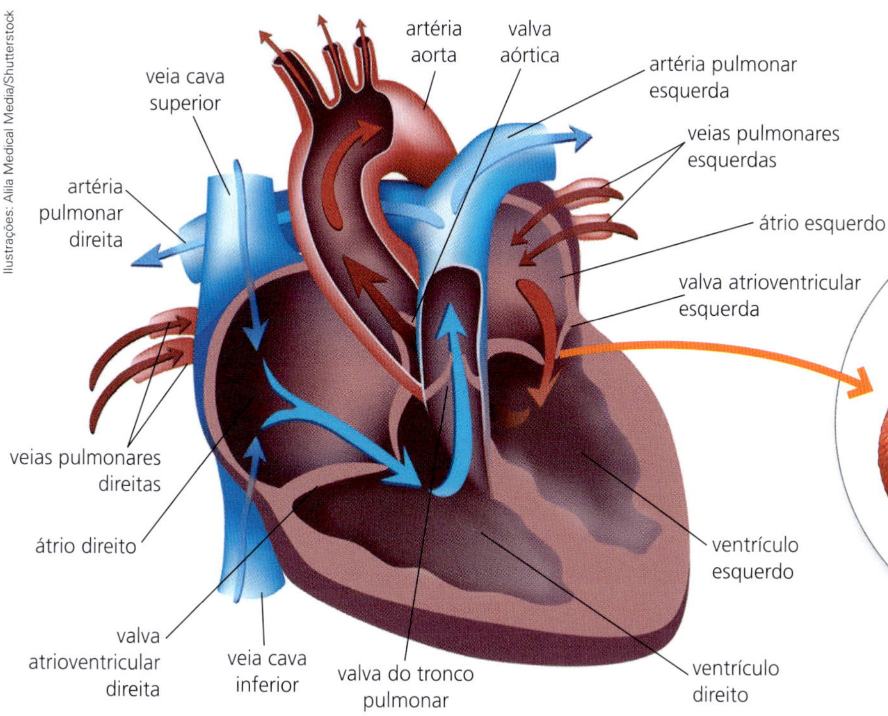

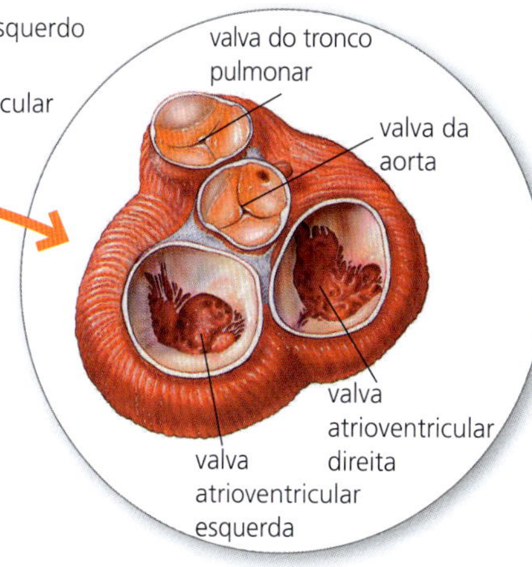

Valvas cardíacas em diástole (vista superior)

Bo Veisland/SPL/Latinstock

Fluxo sanguíneo

- sangue desoxigenado
- sangue oxigenado

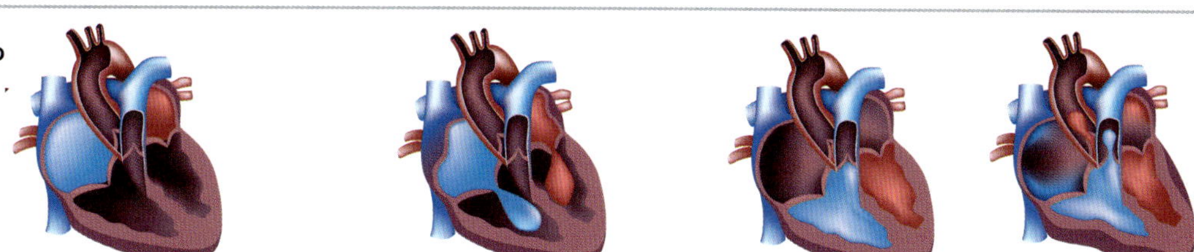

Átrios e ventrículos estão relaxados (diástole); o sangue entra nos átrios.

Os átrios contraem-se (sístole atrial) e o sangue entra nos ventrículos, que ainda estão relaxados. As valvas entre os átrios e os ventrículos abrem-se.

Os ventrículos contraem-se (sístole ventricular). As valvas na saída dos ventrículos abrem-se e o sangue entra nas artérias. As valvas entre os átrios e os ventrículos fecham-se e impedem o refluxo do sangue.

Quando os ventrículos se contraem, eles impulsionam o sangue para as artérias. É possível perceber a expansão das artérias encostando os dedos nos pontos em que elas passam perto da pele, como no punho ou no pescoço, abaixo do ângulo do queixo (**figura 32.3**). É a chamada **pulsação** ou **pulso arterial**. Contando o número de pulsações, medimos o número de batimentos do coração por minuto.

O miocárdio funciona independentemente do sistema nervoso devido a um grupo de células musculares que gera impulsos elétricos e determina o ritmo das contrações – o **nó sinoatrial**, também chamado **marca-passo**.

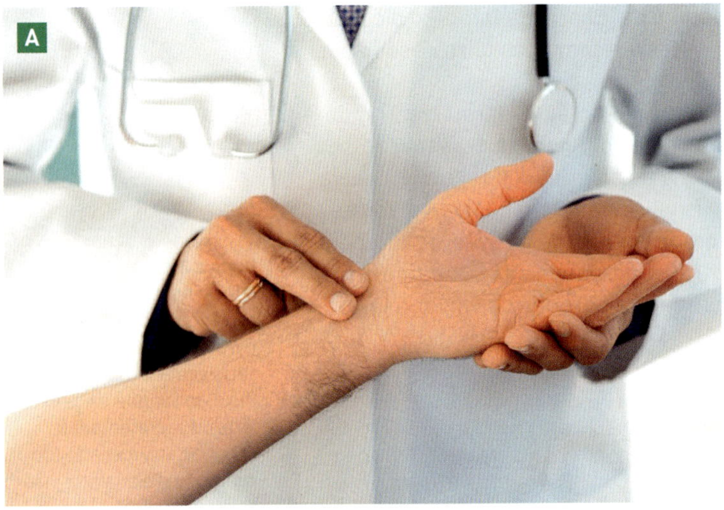

George Doyle/Stockbyte/Getty Images

Duncan Smith/Getty Images

Figura 32.3 A pulsação pode ser medida no punho (**A**) ou no pescoço (**B**). É importante não usar o dedo polegar para sentir o pulso de outra pessoa: como esse dedo tem pulsação própria, a pessoa sentirá o próprio pulso.

BIOLOGIA E TECNOLOGIA

Estetoscópio e eletrocardiógrafo

Os sons do coração que o médico escuta com o estetoscópio são produzidos pelo fechamento das valvas e pelo fluxo do sangue e são chamados bulhas cardíacas. O primeiro ruído (semelhante a um “tum”) ocorre quando as valvas atrioventriculares se fecham e o segundo, no fechamento das valvas semilunares. O médico é capaz de perceber ainda ruídos anormais – os sopros cardíacos –, que podem indicar algum problema no fechamento das valvas.

As atividades elétricas do nó sinoatrial podem ser registradas pelo eletrocardiógrafo; o exame é chamado eletrocardiograma e por ele é possível identificar algum problema no coração.

CIRCULAÇÕES SISTÊMICA E PULMONAR

O sangue rico em oxigênio (também chamado sangue oxigenado ou arterial) sai do ventrículo esquerdo pela **artéria aorta**, que se ramifica pelo corpo em outras artérias (**figura 32.4**). Estas tornam-se cada vez mais estreitas e formam as **arteríolas** e os **capilares sanguíneos**. Nestes ocorrem as trocas entre o sangue e as células: o oxigênio e os nutrientes atravessam os capilares e dirigem-se para as células; o gás carbônico e as excretas saem das células e entram no sangue. Desse modo, o sangue oxigenado transforma-se em sangue pobre em oxigênio e rico em gás carbônico (também chamado sangue desoxigenado ou venoso).

Os capilares unem-se novamente, constituindo vasos de calibre maior, até formarem as vênulas e as veias. Duas grandes veias recolhem o sangue desoxigenado e o lançam no átrio direito: a **veia cava superior**, que recolhe o sangue das regiões acima do coração (braços, cabeça, pescoço), e a **veia cava inferior**, que recolhe o sangue do resto do corpo (**figura 32.4**).

Essa circulação – que leva sangue rico em oxigênio aos tecidos e traz para o coração sangue pobre em oxigênio – é chamada de **grande circulação** ou **circulação sistêmica**. O sangue percorre todo o corpo em cerca de 1 minuto (**figura 32.4**).

O sangue rico em gás carbônico passa do átrio direito para o ventrículo direito e deste é bombeado para as **artérias pulmonares direita** e **esquerda**, que o levam para os pulmões, onde ocorre a hematose: o sangue dos capilares perde gás carbônico, recebe oxigênio dos alvéolos pulmonares e transforma-se em sangue rico em oxigênio. Este sangue volta ao coração pelas **veias pulmonares**, entrando no átrio esquerdo, passando para o ventrículo esquerdo e recomeçando o trajeto.

Essa circulação – que leva aos pulmões sangue pobre em oxigênio e retorna sangue rico em oxigênio ao coração – é chamada de **pequena circulação** ou **circulação pulmonar** (**figura 32.4**).

Quando impulsionado pelo coração, o sangue exerce uma pressão contra a parede das artérias: a **pressão arterial**. A pressão máxima ocorre na sístole ventricular, quando o ventrículo se contrai expulsando o sangue, e é chamada **pressão sistólica**. Já a pressão mínima, **diastólica**, ocorre quando o ventrículo relaxa (diástole). Em geral, em indivíduos jovens e em repouso, a pressão sistólica equivale a uma coluna de cerca de 120 mm de mercúrio e a diastólica equivale a uma coluna de cerca de 80 mm de mercúrio. Cabe ressaltar, no entanto, que apenas o médico é capacitado para uma avaliação da pressão arterial.

Além da circulação sanguínea, existe a circulação linfática (como vimos no capítulo 14), na qual ocorre troca de componentes entre o sangue e a linfa.

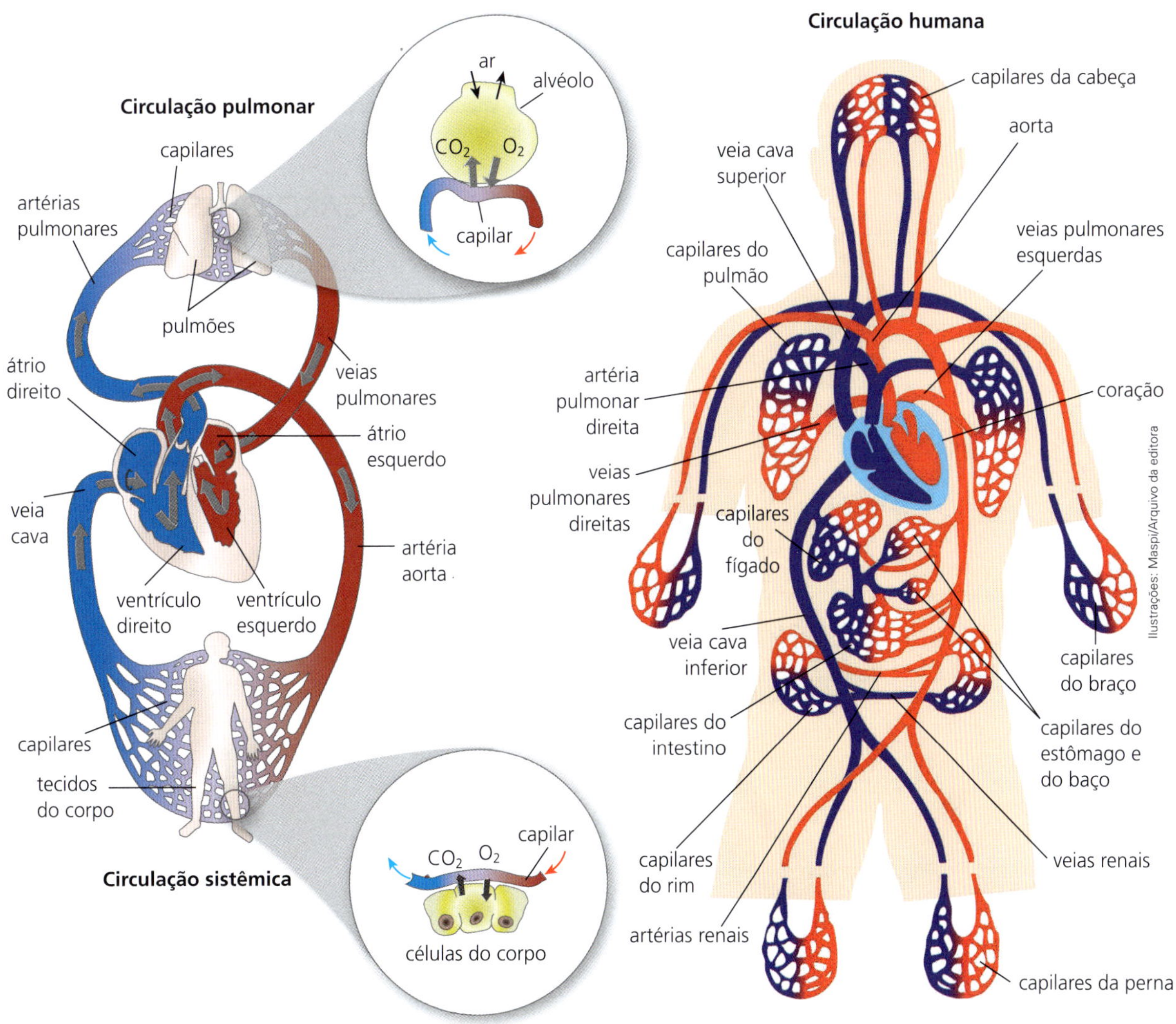

Figura 32.4 Esquemas da circulação humana. Os capilares têm apenas 0,008 mm de diâmetro. Já as maiores artérias e veias do corpo chegam a ter 3 cm de diâmetro (os elementos não estão na mesma escala; cores fantasia).

ARTÉRIAS, VEIAS E CAPILARES SANGUÍNEOS

Artérias são vasos sanguíneos que levam sangue dos ventrículos para todas as partes do corpo, enquanto as veias levam sangue em direção aos átrios do coração.

As camadas musculares das artérias são mais espessas que as das veias, o que lhes permite suportar a pressão sanguínea decorrente da contração dos ventrículos. Essa pressão diminui à medida que o sangue se afasta do coração, e nas veias é muito baixa. O sangue das partes inferiores do corpo consegue voltar ao coração devido à contração de músculos do esqueleto. Quando esses músculos se contraem, as veias próximas acabam se comprimindo, impulsionando o sangue (**figura 32.5**). Como elas possuem válvulas que só se abrem no sentido da volta ao coração, fica garantido o fluxo nesse sentido.

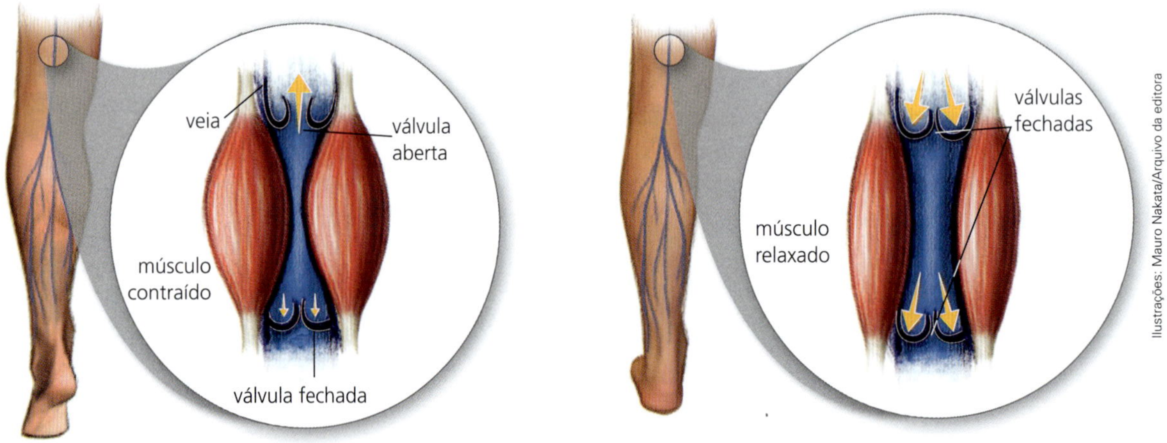

Figura 32.5 A contração dos músculos esqueléticos comprime as veias e impulsiona o sangue de volta ao coração. As válvulas impedem a passagem do sangue no sentido contrário (os elementos não estão em escala; cores fantasia).

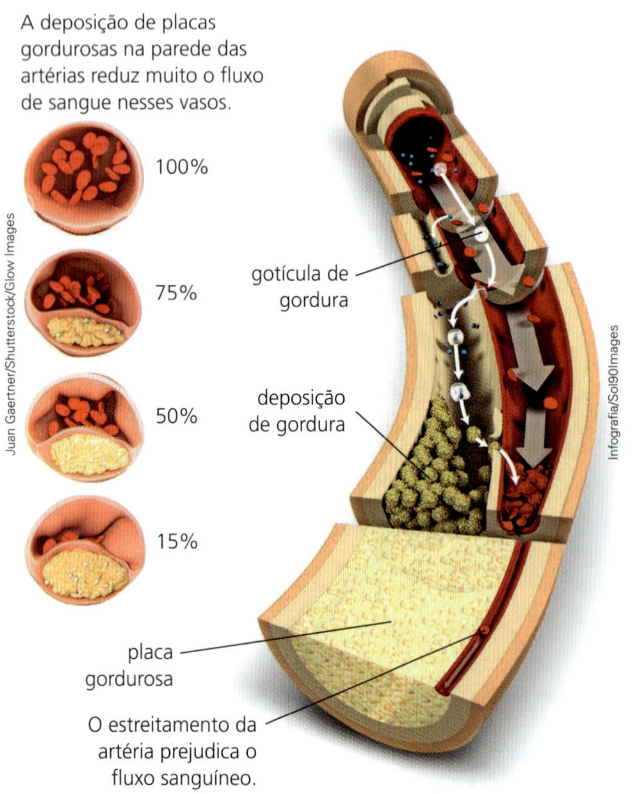

Figura 32.6 Ilustração do desenvolvimento da aterosclerose (os elementos não estão na mesma escala; cores fantasia).

2. DOENÇAS CARDIOVASCULARES

As doenças cardiovasculares são a principal causa de morte em boa parte do mundo, inclusive no Brasil. Vejamos algumas delas e o que pode ser feito para preveni-las.

A **aterosclerose** é o tipo mais comum de arteriosclerose, um grupo de doenças que atingem as artérias do corpo e provocam espessamento da parede arterial (*atheros* = papa; *skleros* = duro, indicando que as artérias ficam endurecidas e com depósitos gordurosos e minerais) e sua perda de elasticidade. Em geral, a aterosclerose ocorre por causa de depósitos de placas gordurosas (ateromas), que, com o tempo, se calcificam na parte interna da parede. Esse estreitamento dos vasos pode provocar uma deficiência na irrigação de sangue em um órgão ou tecido – processo conhecido como **isquemia** (*íscho* = deter; *haîma* = sangue). Veja a **figura 32.6**.

ATENÇÃO!

Neste capítulo são apresentadas informações sobre algumas doenças. Essas informações não podem ser usadas para diagnóstico, tratamento ou prevenção de doenças, pois não substituem orientações médicas.

O coração pode ser seriamente afetado pelo estreitamento das artérias coronárias. A pessoa passa a sentir dores no peito, que se irradiam para o ombro e para o braço esquerdo: é a **angina de peito** ou **angina pectoris** (*angina* = estrangular; *pectus* = peito). Além disso, nos vasos com aterosclerose há tendência à formação de coágulos, que entopem esses vasos e interrompem o fluxo sanguíneo: é a **trombose** (*thrombos* = coágulo; *ose* = doença). Nesse caso, parte do músculo cardíaco fica sem oxigênio e morre: é o **infarto** ou **enfarte do miocárdio** (**figura 32.7**), a principal causa de parada cardíaca ou "ataque cardíaco". Se houver suspeita de ataque cardíaco, é preciso chamar uma ambulância imediatamente. A pessoa que está sofrendo um ataque cardíaco pode apresentar uma série de sinais: pressão e dor no peito que se irradiam para os ombros, pescoço ou braços; falta de ar; fraqueza súbita e desmaio.

Vários fatores predispõem o organismo à aterosclerose. Sua frequência aumenta com a idade, o sedentarismo, o estresse, a alimentação rica em gordura animal (com colesterol e triglicerídios de ácidos graxos saturados), a hipertensão, a obesidade, o fumo (a nicotina aumenta a chance de aterosclerose e formação de coágulos no sangue) e certas doenças, como diabetes. É provável que também haja influência de predisposição hereditária.

A **hipertensão** (*hyper* = acima de) é a subida anormal e constante da pressão arterial ("pressão alta"), que causa lesões nos vasos sanguíneos e favorece a ocorrência de aterosclerose e insuficiência cardíaca, além de afetar outros órgãos (cérebro, rins, olhos, etc.). Apresenta causas diversas, ainda não totalmente conhecidas; por exemplo, pode surgir quando a capacidade dos rins é afetada. Como a hipertensão muitas vezes não produz sintomas — somente um exame médico pode diagnosticá-la —, muitos hipertensos não se cuidam adequadamente porque não sabem que têm a doença.

No cérebro, a isquemia, a hipertensão e a trombose podem levar ao **acidente vascular cerebral (AVC)**, lesão em uma região do cérebro causada por uma interrupção da circulação sanguínea ou por uma ruptura (derrame) de um vaso sanguíneo. Esses acidentes podem prejudicar diversas funções (fala, locomoção, etc.) ou provocar a morte, dependendo da ruptura e da região cerebral afetada.

ACESSE E SAIBA MAIS

Trombose e anticoncepcional
<www.youtube.com/watch?v=iJPRb-gHzcE>
Acesso em: 27 jul. 2018.

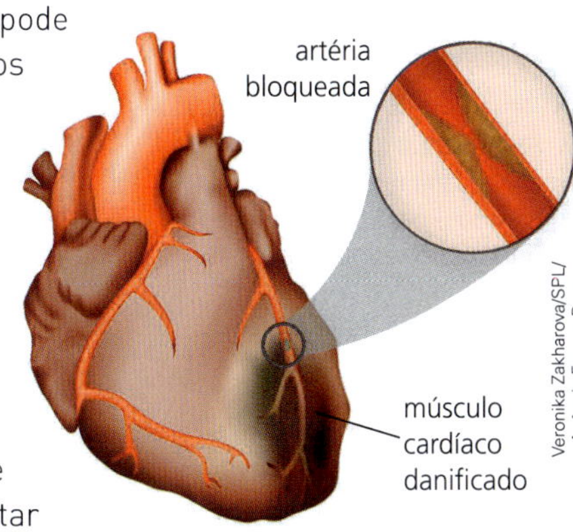

Figura 32.7 Representação esquemática do infarto do miocárdio (os elementos não estão na mesma escala; cores fantasia).

PREVENÇÃO E TRATAMENTOS

As pessoas com hipertensão e outros problemas cardiovasculares precisam de acompanhamento e de orientações médicas – em certos casos, é necessário o uso de medicamentos para baixar a pressão.

É muito importante também conhecer os chamados fatores de risco, isto é, os fatores que aumentam as chances de se desenvolver problemas cardiovasculares, e o que pode ser feito para prevenir essas doenças. Veja a seguir alguns desses fatores e medidas preventivas.

- A obesidade pode provocar o aumento da pressão arterial. É importante controlar a pressão e o peso, sempre seguindo orientação médica.
- O cigarro, além de elevar a pressão arterial, aumenta o batimento cardíaco e pode favorecer ou acelerar o surgimento da aterosclerose, entre muitos outros problemas em diversos sistemas do organismo. Não fume.
- O colesterol é transportado no sangue combinado a certas proteínas, as lipoproteínas. Há vários tipos, como a lipoproteína de baixa densidade (LDL, sigla do inglês *Low Density Lipoprotein*) e a lipoproteína de alta densidade (HDL, do inglês *High Density Lipoprotein*), como estudado no capítulo 2. O colesterol LDL também é chamado de "colesterol ruim", porque tende a se depositar nas artérias, contribuindo para a aterosclerose. O colesterol HDL é chamado de "colesterol bom" porque não se deposita nas artérias e leva o colesterol não utilizado para o fígado, onde será metabolizado. Assim, um nível alto de colesterol LDL e um baixo de colesterol HDL tende a aumentar o risco de doenças cardíacas. É importante evitar o consumo de alimentos ricos em LDL e ingerir de forma moderada alimentos com HDL.

ACESSE E SAIBA MAIS

Cartilha de prevenção cardiovascular
<www.saude.sp.gov.br/resources/ses/perfil/cidadao//cartilha_prevencao_cardiovascular.pdf>
Acesso em: 27 jul. 2018.

Figura 32.8 O bom condicionamento físico contribui para que o coração bombeie o sangue com mais eficiência e receba mais sangue, pois o número de capilares que irrigam esse órgão aumenta.

- Uma predisposição de origem genética e o consumo excessivo de gorduras saturadas (encontradas principalmente em alimentos de origem animal), entre outros fatores, podem provocar aumento do LDL no sangue. As chamadas gorduras *trans* também contribuem para a elevação do LDL e a diminuição do HDL, aumentando a chance de problemas cardiovasculares. Por isso, é importante que o médico peça exames da taxa de colesterol do sangue. Esses exames poderão indicar a necessidade de uma dieta ou de medicamentos.
- A atividade física aeróbica (corrida, caminhadas rápidas, natação, ciclismo, etc. – feitos de forma controlada), praticada de forma regular e orientada por profissionais do ramo, ajuda a controlar a pressão arterial e a prevenir outras doenças cardíacas (**figura 32.8**).
- Há vários medicamentos para os problemas cardiovasculares, além de tratamentos cirúrgicos, que incluem o transplante cardíaco em último caso. O uso de aparelhos que atuam como corações artificiais ou contribuem para o funcionamento do coração até que o transplante seja realizado é comum. Em obstrução de artérias pela aterosclerose, costuma-se realizar a angioplastia, que consiste em abrir espaço no vaso para a passagem do sangue.

ATIVIDADES

Questões discursivas

1. Observe abaixo o esquema simplificado que representa o coração e os vasos de chegada ou saída de sangue (indicados por números).

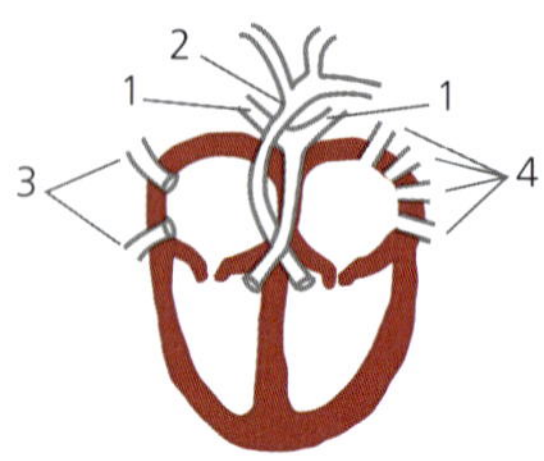

a) Para onde é conduzido o sangue que sai do coração pelos vasos **1**? E o sangue que sai pelo vaso **2**?

b) De onde vem o sangue que chega ao coração pelos vasos **3**? E o sangue que chega pelos vasos **4**?

c) Em quais dos vasos indicados no esquema circula sangue rico em oxigênio?

d) Que vasos indicados no esquema participam da circulação sistêmica? E da circulação pulmonar?

e) Por que podemos dizer que, em nosso organismo, tudo se passa como se fossem dois corações a bombear o sangue?

2. A tabela a seguir indica o volume de dois gases (**X** e **Y**) em 100 mL de sangue.

Gás	Artérias pulmonares	Veias pulmonares
X	14 mL	40 mL
Y	50 mL	20 mL

a) Quais gases estão indicados pelas letras **X** e **Y**?

b) Explique as diferenças de concentração desses gases no sangue das artérias e veias pulmonares.

c) Como se chama o fenômeno responsável pela mudança na concentração dos gases no sangue?

3. Algumas crianças podem nascer com um defeito no septo que separa os ventrículos. Isso faz com que o lado direito e o lado esquerdo do coração estejam em comunicação direta. Para corrigir o problema, é preciso fazer uma cirurgia. Por que as crianças com esse problema sofrem de "falta de ar"?

4. (Vunesp) Durante um exame médico para localizar um coágulo sanguíneo, um indivíduo recebeu um cateter que percorreu vasos, seguindo o fluxo da corrente sanguínea, passou pelo coração e atingiu um dos pulmões.

a) Cite a trajetória sequencial percorrida pelo cateter, desde sua passagem pelas cavidades cardíacas até atingir o pulmão.

b) Que denominação recebe a contração do músculo cardíaco que, ao bombear o sangue, possibilitou a passagem do cateter ao pulmão? Qual foi o tipo de sangue presente nessa trajetória?

5. (USF-SP)

Segundo a Organização Mundial da Saúde (OMS), as doenças cardiovasculares são as principais causas mundiais de morte. No Brasil, 300 mil pessoas morrem anualmente, ou seja, um óbito a cada dois minutos é causado por esse tipo de enfermidade.

Embora fatores não modificáveis, como predisposição genética, contribuam para a ocorrência de tais doenças, para o cardiologista Leonardo Spencer, do Hospital do Coração do Brasil, em Brasília, essas estatísticas podem ser explicadas principalmente pelos maus hábitos de vida da população. "Alimentação não balanceada, rica em gordura saturada, aliada ao sedentarismo, ao sobrepeso, à hipertensão, ao diabetes e ao tabagismo, por exemplo, aumenta consideravelmente o risco de o indivíduo ter um problema cardíaco no futuro".

Várias enfermidades estão no guarda-chuva das doenças cardiovasculares. O dr. Leonardo Spencer enumera as 4 que mais levam a óbito no Brasil: infarto agudo do miocárdio, doença vascular periférica, acidente vascular cerebral e morte súbita.

Disponível em: <http://coracaoalerta.com.br/fique-alerta/4-doencas-cardiovasculares-que-mais-matam-pais-2/>. Acesso em: 02/10/2015, às 09h35min.

a) Como uma pessoa que apresenta predisposição genética às doenças cardiovasculares pode adotar medidas profiláticas contra esses males?

b) O modo de vida atual nas grandes cidades leva as pessoas a consumirem cada vez mais alimentos industrializados ricos em sódio e gordura. Cite as consequências para a saúde humana de uma dieta com estes compostos.

c) No esquema que segue sobre o coração, identifique os vasos numerados de 1 a 5, informando o tipo de sangue que circula pelo vaso indicado.

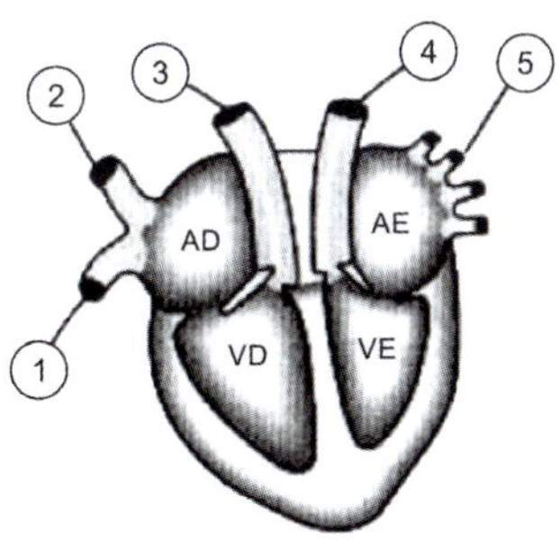

Questões objetivas

1. (UFRR) O sistema cardiovascular é formado por uma complexa rede de tubos – vasos sanguíneos e linfáticos – pelos quais circulam sangue e linfa, sendo o responsável pela manutenção dos trilhões de células que constituem o nosso corpo. Em relação às muitas funções desempenhadas pelo sistema cardiovascular, é correto afirmar que entre elas estão:

a) Transporte de nutrientes e gás carbônico para as células, remoção de gás oxigênio e excreções resultantes do metabolismo celular e regulação da temperatura corporal.

b) Transporte de nutrientes e gás oxigênio para as células, remoção de gás carbônico e excreções resultantes do metabolismo celular e regulação da temperatura corporal.

c) Transporte de nutrientes para as células, remoção de excreções resultantes do metabolismo celular, produção de hormônios.

d) Regulação da temperatura corporal, transporte de alimentos para a célula, regulação do ambiente interno do corpo.

e) Transporte de gás carbônico para as células, remoção de excreções resultantes do metabolismo celular e regulação da temperatura corporal.

2. (Udesc) A figura representa o esquema de um coração humano, no qual estão indicadas algumas de suas estruturas.

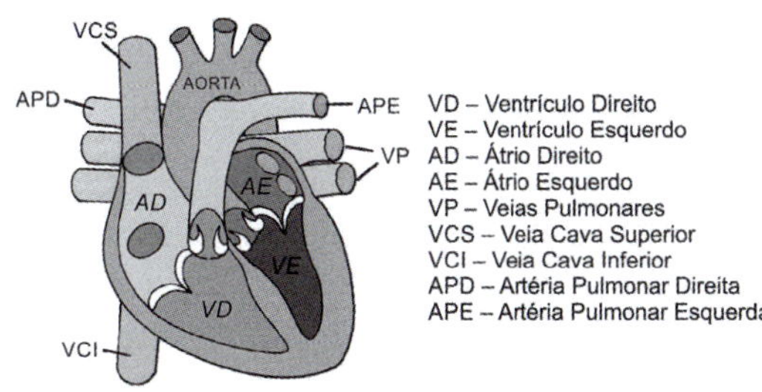

Analise as proposições em relação a este órgão.

I. O sangue arterial circula dentro das artérias e o venoso dentro das veias.

II. As artérias pulmonares esquerda e direita conduzem o sangue venoso aos pulmões.

III. O ventrículo direito do coração possui paredes mais espessas do que o ventrículo esquerdo, pois tem de impulsionar o sangue rico em oxigênio para todo o corpo.

IV. As veias cavas trazem o sangue venoso dos pulmões ao átrio direito do coração.

V. As paredes das veias possuem músculos que auxiliam na impulsão do sangue.

Assinale a alternativa correta.

a) Somente as afirmativas II, III e IV são verdadeiras.

b) Somente as afirmativas I, II e IV são verdadeiras.

c) Somente a afirmativa II é verdadeira.

d) Somente as afirmativas I, III e V são verdadeiras.

e) Somente as afirmativas III e V são verdadeiras.

3. (Fatec-SP) A figura a seguir esquematiza o coração de um mamífero, com suas câmaras (representadas por letras), veias e artérias (representadas por algarismos).

Reprodução/Fatec-SP.

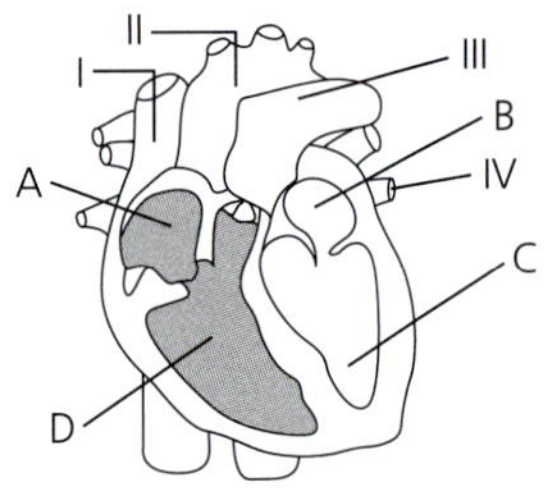

Identifique cada parte do coração e assinale a alternativa que apresenta a correspondência correta.

a) O sangue rico em O_2 chega nas câmaras **A** e **B**.

b) O sangue rico em CO_2 chega na câmara **B**.

c) Os vasos identificados por **I**, **II** e **III** são, respectivamente, veia cava superior, artéria pulmonar e artéria aorta.

d) O vaso indicado por **IV** traz sangue arterial dos pulmões ao coração.

e) O vaso indicado por **III** leva o sangue arterial do coração para o corpo.

4. (Fuvest-SP) O gráfico a seguir mostra a variação na pressão sanguínea e na velocidade do sangue em diferentes vasos do sistema circulatório humano.

Qual das alternativas correlaciona corretamente as regiões **I**, **II** e **III** do gráfico com o tipo de vaso sanguíneo?

Reprodução/Fuvest-SP.

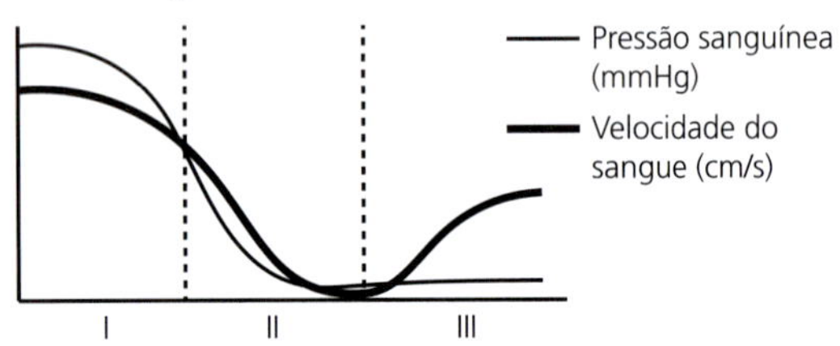

a) **I** – artéria; **II** – capilar; **III** – veia.

b) **I** – artéria; **II** – veia; **III** – capilar.

c) **I** – artéria; **II** – veia; **III** – artéria.

d) **I** – veia; **II** – capilar; **III** – artéria.

e) **I** – veia; **II** – artéria; **III** – capilar.

5. (Uerj) Um morador de uma cidade situada no nível do mar decidiu passar um período de férias em uma cidade com altitude de 2 500 m. Antes da viagem, os resultados de seu exame de sangue eram compatíveis com a normalidade em todos os parâmetros medidos. No entanto, logo nos primeiros dias da viagem, sentiu fortes tonturas e dores de cabeça, apesar de não ter entrado em contato com agentes infecciosos ou com substâncias químicas nocivas ao organismo. As condições ambientais responsáveis pelo surgimento desses sintomas são também responsáveis por estimular o organismo dessa pessoa a produzir um maior número de células denominadas:

a) linfócitos
b) hemácias
c) plaquetas
d) megacariócitos

6. (UFPR) A pressão parcial de oxigênio (pO_2) no sangue foi medida simultaneamente em diferentes pontos do sistema circulatório de um mamífero. Em condições normais espera-se que

a) pO_2 Veia pulmonar $<$ pO_2 Ventrículo direito.

b) pO_2 Átrio esquerdo $>$ pO_2 Veia cava.

c) pO_2 Átrio esquerdo $<$ pO_2 Ventrículo direito.

d) pO_2 Artéria pulmonar $>$ pO_2 Veia pulmonar.

e) pO_2 Artéria pulmonar $>$ pO_2 Veia cava.

7. (IFSC) Os sistemas respiratórios e circulatórios atuam em conjunto para realizar a troca e distribuição de gases pelo corpo dos seres humanos. Sobre esses sistemas, assinale a soma da(s) proposição(ões) correta(s).

(01) O coração dos seres humanos é o órgão responsável pelo bombeamento do sangue pelo corpo e, assim como em todos os demais vertebrados, possui quatro cavidades.

(02) Nos seres humanos não há mistura entre sangue venoso e arterial no coração: no átrio e ventrículo direito ocorre o bombeamento de sangue venoso, e no átrio e ventrículo esquerdo o de sangue arterial.

(04) Na circulação sistêmica, o sangue arterial sai do ventrículo esquerdo para a aorta e segue em direção do corpo, e o sangue venoso retorna pelas veias do corpo para o átrio direito.

(08) As hemácias são as células sanguíneas responsáveis pelo transporte de gases pelo corpo. Nessas células, a proteína que se liga ao oxigênio é a hemoglobina.

(16) No pulmão ocorre o transporte de dióxido de carbono do sangue para os alvéolos e de oxigênio dos alvéolos para o sangue. A troca gasosa ocorre por difusão simples através das membranas das células do epitélio alveolar e das hemácias.

8. (Mackenzie-SP) A respeito do coração, assinale a alternativa correta.

a) O nódulo sinoatrial é responsável pelo controle do ritmo cardíaco.

b) As valvas são responsáveis por estimular a contração do miocárdio.

c) A contração do miocárdio é completamente independente da ação do sistema nervoso.

d) A oxigenação desse órgão é feita pelo sangue que circula em seu interior.

e) Todo sangue que sai do coração é arterial.

9. (UFU-MG) Durante a realização de atividade física, é natural que ocorra um aumento da pressão arterial. Esse aumento fisiológico difere do quadro de hipertensão durante atividades cotidianas e até quando se está em repouso. Por ser um quadro patológico e de evolução silenciosa, merece atenção e correta interpretação.

Considerando uma pressão arterial de 120 mmHg por 80 mmHg, assinale a alternativa correta.

a) No momento da sístole ventricular, a força que o sangue exerce na parede do vaso para passar pela área (artéria) comprimida (obliterada), como resultado do enchimento da bolsa de ar inflável que envolve o braço, é de 120 mmHg, representado no manômetro.

b) No momento da sístole atrial, a força que o sangue exerce na parede do vaso para passar pela área (artéria) comprimida (obliterada), como resultado do enchimento da bolsa de ar inflável que envolve o braço, é superior a 120 mmHg.

c) A bolsa de ar inflável que comprime o braço, quando exerce uma pressão acima de 120 mmHg, já permite um fluxo de sangue durante a diástole.

d) A bolsa de ar inflável que comprime o braço, quando exerce uma pressão abaixo de 80 mmHg, não permite um fluxo de sangue durante a sístole atrial.

PESQUISEM E COMPARTILHEM

Em grupo, escolham um dos temas a seguir para pesquisar (em livros, CD-ROMs, internet, etc.), com o auxílio do professor de Biologia e de outras disciplinas. Depois, apresentem o resultado do trabalho para a comunidade escolar (estudantes, professores e funcionários da escola e pais ou responsáveis). Verifiquem também a possibilidade de convidar profissionais da área de saúde para a realização de palestras para a comunidade escolar sobre os problemas no sistema respiratório e cardiovascular e sobre sua atividade profissional (em que consiste o trabalho, em que instituições exercem sua atividade, que problemas enfrentam, etc.).

Tema 1 Elaborem e apresentem para a classe um quadro comparativo dos sistemas respiratórios nos principais grupos de invertebrados e vertebrados.

Tema 2 Elaborem e apresentem para a classe um quadro comparativo dos sistemas circulatórios dos principais grupos de invertebrados e vertebrados.

Tema 3 Quais são os males que podem ser causados pelo hábito de fumar? Que outros sistemas do corpo o cigarro pode afetar, além do sistema respiratório?

Tema 4 O que são febre reumática, insuficiência cardíaca e arritmias cardíacas? Pesquisem os sintomas e possíveis tratamentos para esses casos.

ATIVIDADE PRÁTICA

Nesta atividade, você vai observar seu professor dissecar um coração de boi.

Material

- bisturi
- coração de boi (pode ser adquirido em açougues ou feiras livres)
- estilete ou agulha

Procedimento

1. Observe atentamente a parte externa do coração. O que são as massas amareladas no exterior desse órgão? Tente identificar também os principais vasos ligados a ele. Anote suas observações.
2. A partir dos cortes longitudinais realizados pelo professor, observe a comunicação entre os átrios e ventrículos do lado direito do coração e entre as cavidades correspondentes do lado esquerdo. O que são as pequenas membranas entre elas?
3. Observe novamente os principais vasos ligados ao coração (agora pelo lado interno) e verifique se também há membranas entre eles e as cavidades do órgão. Em caso afirmativo, como você explicaria a existência dessas estruturas?
4. Finalmente, observe a musculatura na parte inferior do coração. Ela deve se apresentar mais desenvolvida em um dos lados. Pensando no funcionamento do coração, elabore hipóteses que expliquem essa diferença na espessura das paredes do órgão.

Crianças se refrescam em dia de calor. Em altas temperaturas, nosso corpo perde água por transpiração.

CAPÍTULO

33

EXCREÇÃO

Quando bebemos muita água, o excesso é eliminado do organismo pela urina. Com ela, elimina-se também o excesso de sal consumido na alimentação, entre outros componentes. A perda de água pelo suor, que ajuda a manter a temperatura corporal constante, pode ser compensada pela retenção de mais água pelo sistema urinário, que produzirá menos urina. O sistema urinário regula a concentração dos líquidos do corpo pela eliminação de quantidades variáveis de água e sais.

- **Por que urinamos com mais frequência nos dias frios?**
- **Filtração e reabsorção: como ocorrem esses processos nos rins?**
- **Você conhece alguém que já teve "pedras nos rins"? O que são essas pedras?**

1. EXCRETAS

Na maioria das vezes, a concentração de solutos encontrada no ambiente é diferente da encontrada nos seres vivos. Para a manutenção das funções biológicas, os seres vivos são capazes de manter essas concentrações internas mais ou menos constantes, em um processo chamado **osmorregulação**.

O sistema urinário, juntamente com outros sistemas do organismo, colabora para a homeostase, isto é, para a manutenção de um meio interno constante e compatível com a vida ao eliminar as substâncias em excesso e as substâncias que são prejudiciais e que resultam de processos metabólicos, as **excretas**.

O termo "excreta" é usado apenas para denominar as substâncias que passam pelo interior das células ou os produtos de seu metabolismo e que serão eliminadas do corpo – é o caso, por exemplo, da ureia presente na urina e do gás carbônico eliminado na respiração pelos pulmões. O fígado também elimina substâncias prejudiciais ao organismo (como o álcool), que podem ser oxidadas em gás carbônico e água ou transformadas em outras substâncias para serem, então, eliminadas pela urina ou pela bile nas fezes. A bile elimina também os produtos resultantes da destruição das moléculas de hemoglobina, que são transformados em pigmentos biliares, como a bilirrubina. A eliminação de restos de comida pelas fezes não é considerada excreção.

iordani/Shutterstock

Figura 33.1 As excretas das aves contêm principalmente ácido úrico e são eliminadas junto com as fezes.

Nos animais, os principais produtos tóxicos excretados são as moléculas nitrogenadas: amônia, ácido úrico (**figura 33.1**) e ureia. Elas são originadas de aminoácidos e de ácidos nucleicos. No fígado, esses produtos perdem o grupamento amina (são desaminados) e são oxidados (**figura 33.2**).

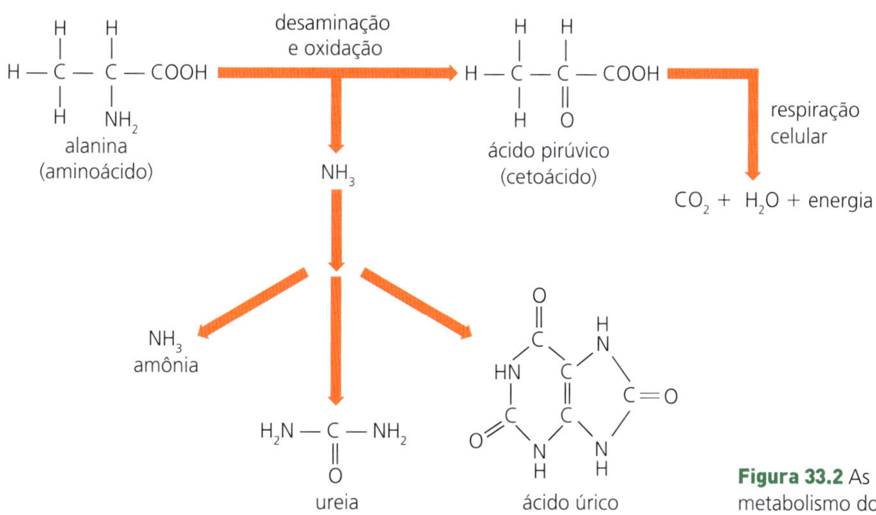

Figura 33.2 As excretas nitrogenadas originam-se do metabolismo dos aminoácidos e dos ácidos nucleicos.

Conforme estudamos na unidade 7, animais aquáticos podem excretar amônia, que é tóxica e necessita de grandes quantidades de água para ser eliminada. Animais terrestres, por outro lado, podem transformar a amônia em ureia no fígado. A ureia é menos tóxica que a amônia e pode ser eliminada de forma mais concentrada. A amônia também pode ser transformada em ácido úrico, que pode ser armazenado no ovo sem prejudicar o embrião, como no caso dos répteis e aves.

ACESSE E SAIBA MAIS

O que é gota
<www.reumatologia.org.br/doencas/principais-doencas/gota/>
Acesso em: 27 jul. 2018.

2. SISTEMA URINÁRIO

O sistema urinário dos seres humanos é composto de dois **rins**, dois **ureteres**, a **uretra** e a **bexiga** (**figura 33.3**). Os rins realizam a maior parte do trabalho de excreção, que se constitui pela eliminação da ureia produzida no fígado. Eles também impedem que a ureia e outros produtos tóxicos ou em excesso atinjam concentrações altas no sangue e regulam sua concentração de água e sais, mantendo o equilíbrio de substâncias no organismo (osmorregulação). Esses órgãos com formato semelhante a grãos de feijão são constituídos pelos **néfrons** ou **nefros** (*nefros* = rim), com cerca de 1 milhão de unidades em cada um.

Os rins recebem sangue pelas **artérias renais**, que se ramificam em muitas arteríolas. Cada arteríola se dirige a um néfron. O sangue sai dos rins pelas **veias renais**, que se unem à veia cava inferior, que chega ao coração. De cada um dos rins sai um tubo chamado ureter. Os ureteres levam a urina produzida nos rins para a bexiga urinária, um saco muscular que acumula esse líquido e o lança para o exterior através da uretra (**figura 33.3**).

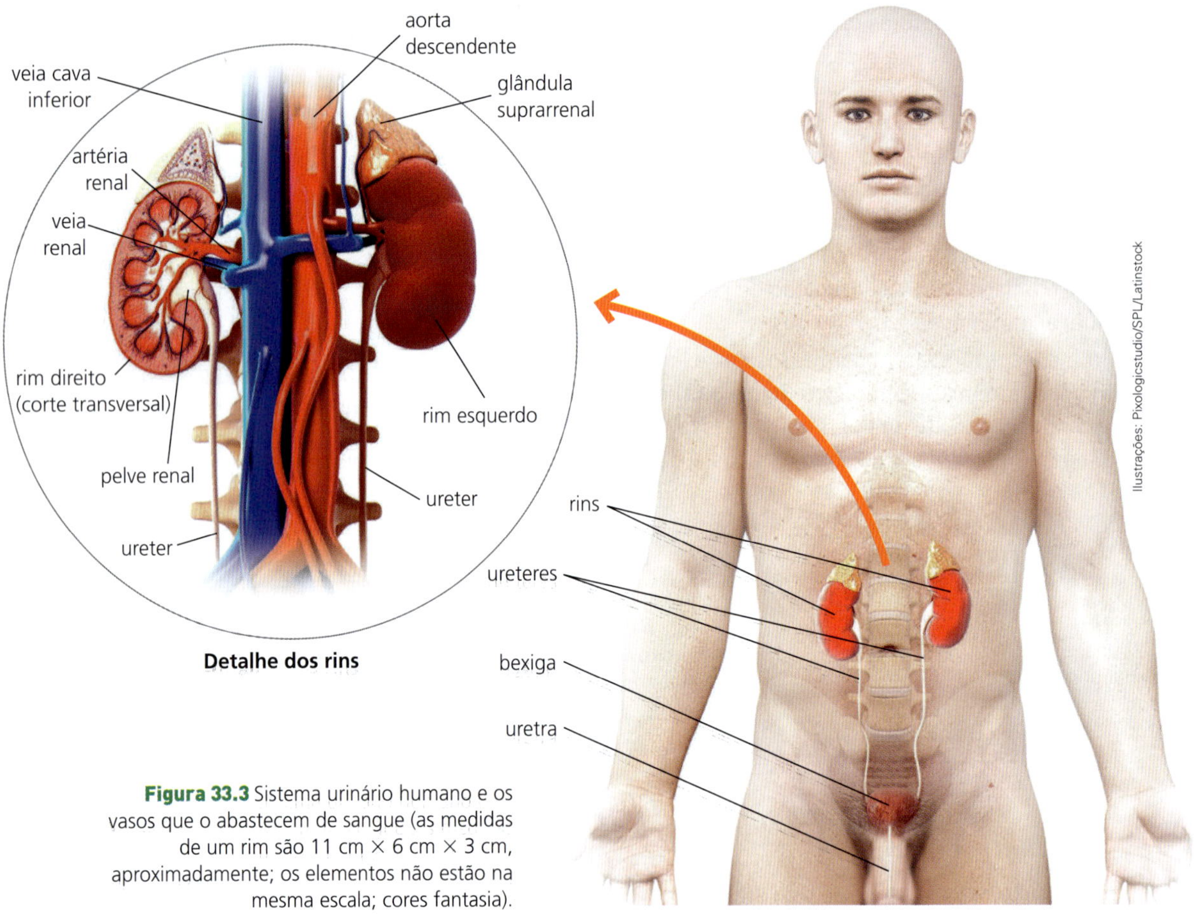

Figura 33.3 Sistema urinário humano e os vasos que o abastecem de sangue (as medidas de um rim são 11 cm × 6 cm × 3 cm, aproximadamente; os elementos não estão na mesma escala; cores fantasia).

O PROCESSO DE EXCREÇÃO

O néfron é composto de duas partes: o **corpúsculo renal** (anteriormente denominado corpúsculo de Malpighi) e o **túbulo néfrico**. O corpúsculo é formado pelo **glomérulo renal** ou **néfrico** (*glomus* = novelo), um novelo de capilares envolvido pela **cápsula renal** ou **glomerular** (anteriormente chamada de cápsula de Bowman), que é a extremidade dilatada do túbulo néfrico. Esse túbulo é dividido em três regiões: o **túbulo contorcido proximal**, a **alça néfrica** (antes chamada de alça de Henle) e o **túbulo contorcido distal** (**figura 33.4**).

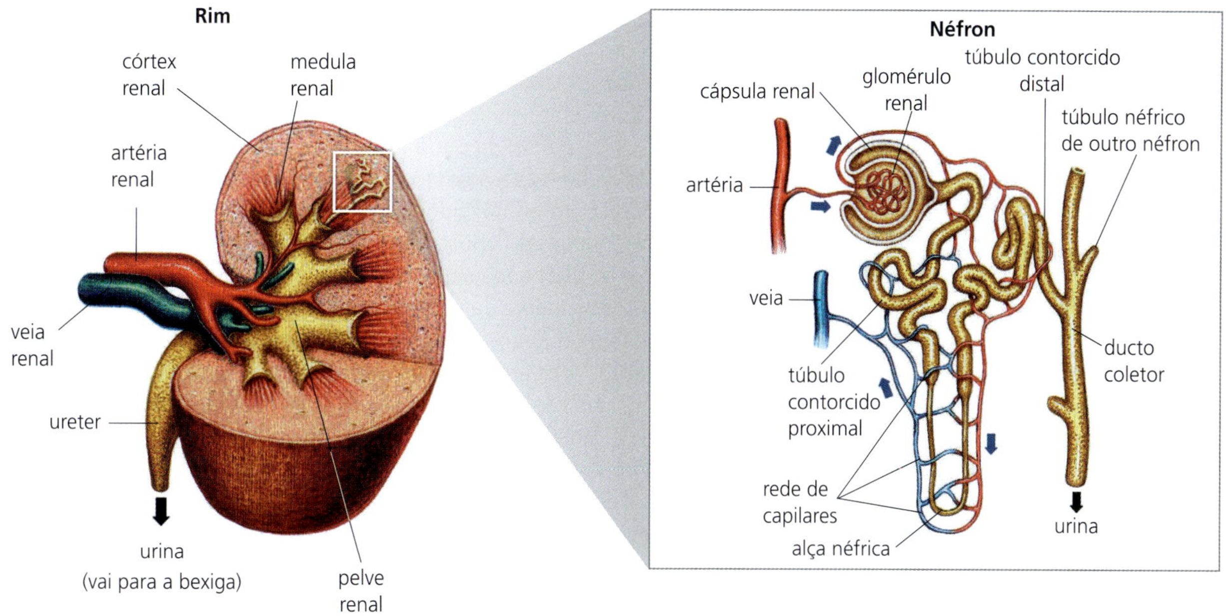

Ilustrações: Joel Bueno/Arquivo da editora

Figura 33.4 Representação de um rim em corte e detalhe de um néfron. As setas azuis indicam o caminho do sangue (os elementos não estão na mesma escala; cores fantasia).

A artéria renal se divide em artérias, arteríolas e capilares do glomérulo renal, que se fundem em uma arteríola. Essa arteríola forma então uma rede de capilares que envolve o túbulo néfrico. O sangue no interior desses capilares fornece oxigênio às células e recebe gás carbônico. Os capilares se reúnem e formam vênulas e veias que desembocam na veia renal.

Os glomérulos renais concentram-se na região externa do rim (**córtex**), e parte dos túbulos néfricos estão no córtex, parte na **medula** (**figura 33.4**). Esses túbulos vão confluindo até formar canais maiores (**ductos coletores**), que lançam a urina na **pelve renal**.

No néfron ocorrem três processos: filtração, reabsorção e secreção (**figura 33.5**).

> **ACESSE E SAIBA MAIS**
>
> **Como os rins funcionam**
> <https://ed.ted.com/lessons/how-do-your-kidneys-work-emma-bryce>
> Acesso em: 27 jul. 2018.

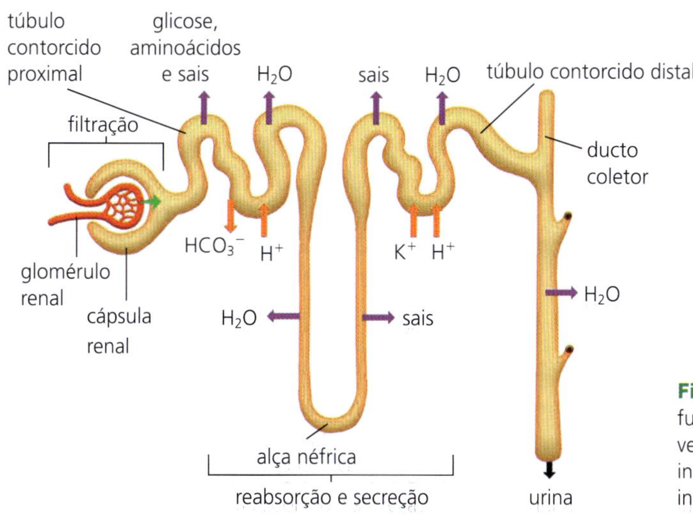

Figura 33.5 Esquema simplificado do funcionamento de um néfron. A seta verde indica a filtração, as setas lilás indicam a reabsorção e as setas laranja indicam a secreção.

Na **filtração**, a pressão do sangue expulsa, do glomérulo renal para a cápsula, a água e as pequenas moléculas dissolvidas no plasma, como sais, moléculas orgânicas simples e ureia, formando o chamado **filtrado glomerular**. Os elementos figurados do sangue e as grandes proteínas do plasma não passam para a cápsula.

A **reabsorção** ocorre ao longo do túbulo néfrico. Por meio da rede de capilares que o envolve, a maior parte da água e as substâncias importantes que tinham sido filtradas são reabsorvidas, voltando para o sangue (**figura 33.5**).

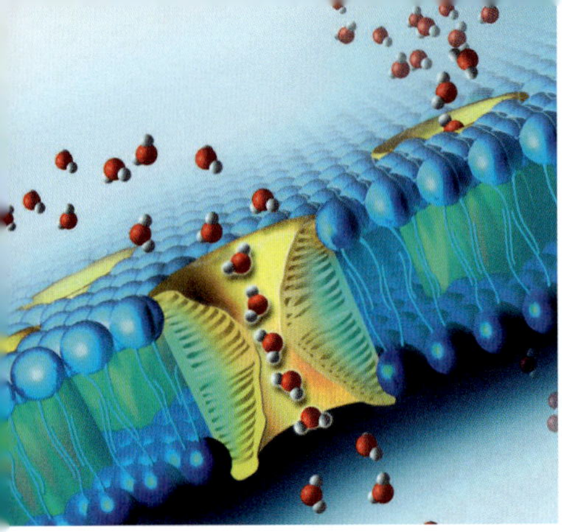

Cláus Lunau/SPL/Fotoarena

Figura 33.6 Aquaporinas, representadas em amarelo, na membrana plasmática de uma célula, em azul (os elementos não estão na mesma escala; cores fantasia).

As células da parte inicial do túbulo contorcido proximal reabsorvem, por transporte ativo (com gasto de energia), quase toda a glicose, os aminoácidos e outras substâncias úteis ao organismo, além de parte dos sais. Ao receber de volta essas substâncias, o sangue fica mais concentrado que o líquido do túbulo, e cerca de 80% a 85% da água também é reabsorvida, agora por osmose – transporte passivo, sem gasto de energia.

Em seguida ao túbulo contorcido proximal está a alça néfrica, com um ramo descendente – no qual continua a reabsorção de água por osmose – e outro ascendente – no qual são reabsorvidos sais. Na membrana das células epiteliais do ramo descendente da alça, há um grande número de **aquaporinas**, proteínas envolvidas no transporte de moléculas de água. Veja a **figura 33.6**.

Após o ramo ascendente, vem a parte final do túbulo renal: o túbulo contorcido distal. Neste também ocorre a reabsorção ativa dos sais. Além disso, suas paredes (e também as dos ductos coletores) apresentam permeabilidade variável em relação à água. Assim, se o corpo precisar reter água, as paredes do túbulo (e do ducto coletor) tornam-se mais permeáveis e mais água volta para o sangue por osmose; caso contrário, elas ficam menos permeáveis.

A filtração e a reabsorção são as duas etapas principais do trabalho do néfron. Uma terceira etapa, a **secreção tubular**, complementa-as. Nela, as células do túbulo controlam a taxa de potássio no sangue, retirando íons K^+ do sangue, e ajudam a manter constante o pH do sangue (em torno de 7,4), removendo íons H^+ (ácidos) do sangue ou reabsorvendo íons bicarbonato HCO_3^- (básicos) de volta para o sangue.

Ao sair do ducto coletor, a urina é formada por cerca de 95% de água, 2% de ureia, 1% de cloreto de sódio e 2% de outros sais e produtos nitrogenados, como ácido úrico, amônia e creatinina.

À medida que ocorre o acúmulo de urina, a bexiga aumenta. Quando o volume atinge cerca de 300 mililitros, nervos estimulam a contração dos músculos da bexiga, fazendo também com que os músculos involuntários no **esfíncter interno** (*sphigktér* = o que aperta), em torno da uretra, relaxem. Se os músculos voluntários do esfíncter externo também relaxarem, a urina é eliminada do corpo pela **micção.**

CONTROLE HORMONAL

Nosso rim tem grande capacidade de economizar água, concentrando excretas e ureia produzidas em um dia em pouco mais de 1 L de urina. Eliminamos, assim, uma quantidade mínima de água, diluindo os produtos de excreção. Essa economia tem um importante valor adaptativo para os animais terrestres.

A quantidade de água reabsorvida pode variar ligeiramente, de acordo com a quantidade total de água do corpo. Em dias quentes, quando se perde muita água pelo suor e ela não é reposta, as células de uma região do encéfalo (**hipotálamo**) produzem o **hormônio antidiurético** (**ADH**), que é armazenado e lançado no sangue pela **hipófise**. Quando a pressão osmótica do sangue aumenta (por causa da diminuição de água), esse hormônio faz aumentar a permeabilidade à água do túbulo contorcido distal e do ducto coletor, e uma proporção maior de água é reabsorvida por osmose, podendo restar apenas 0,5 L dos 180 L de água que passaram pelos rins. A urina é produzida em menor quantidade e se torna mais concentrada, portanto, mais escura.

O inverso ocorre quando se bebe muita água e a pressão osmótica do sangue cai. A produção de ADH fica inibida, e a permeabilidade do túbulo e a reabsorção de água diminuem. Assim, a urina fica mais diluída (clara) e abundante.

O álcool também inibe a produção de ADH. Ao consumir cerveja, uma pessoa está ingerindo álcool e muita água. Isso explica o efeito diurético dessa bebida.

Quando há deficiência de ADH, forma-se grande quantidade de urina muito diluída: é a doença conhecida como diabetes insípido, que veremos no capítulo 34.

Outro hormônio, a **aldosterona**, produzido pelas **glândulas suprarrenais**, aumenta a reabsorção de sódio quando a concentração desse íon diminui no sangue, o que faz aumentar também a reabsorção de água por osmose.

ACESSE E SAIBA MAIS

Faz mal beber água do mar?
<https://super.abril.com.br/mundo-estranho/faz-mal-beber-agua-do-mar/>
Acesso em: 27 jul. 2018.

3. PROBLEMAS NO SISTEMA URINÁRIO

A **litíase urinária** ou **cálculo renal** é também conhecida como "pedras nos rins" (*lithos* = pedra; *calculu* = pedrinha). Veja a **figura 33.7**. Os cálculos podem se formar quando aumenta a concentração de cálcio ou de outros sais na urina por causa de alguma doença, por exemplo. Cálculos pequenos podem ser eliminados naturalmente na urina. Cálculos maiores, porém, podem obstruir e ferir partes do sistema urinário. Por isso, algumas vezes, é necessário removê-los por meio de cirurgia. Beber água regularmente e controlar a ingestão de alimentos ricos em sais são algumas formas de prevenção.

O sistema urinário também pode ser atacado por microrganismos, com o desenvolvimento de infecções, por exemplo, na uretra, a **uretrite**, ou na bexiga, a **cistite** (*cysto* = bexiga; *ite* = inflamação).

Pelo exame de urina pode-se verificar a presença de microrganismos e uma série de problemas em vários órgãos do corpo. Por exemplo, a presença de glicose na urina pode indicar que a pessoa está com diabetes.

Quando as funções renais estão muito prejudicadas, pode ser necessário recorrer à **hemodiálise**. Diálise é a separação, por difusão, de substâncias em soluções através de uma membrana semipermeável. Na hemodiálise, há transferência de substâncias entre o sangue e o líquido de diálise. As membranas deixam passar as excretas do sangue por difusão e impedem a saída dos elementos figurados e das proteínas. Como o líquido de diálise possui glicose, sais e outras substâncias na mesma concentração que o sangue, apenas a ureia, o excesso de sais e outros produtos com concentrações anormais saem do sangue. Em certos casos, também pode ser necessário recorrer a um transplante de rim.

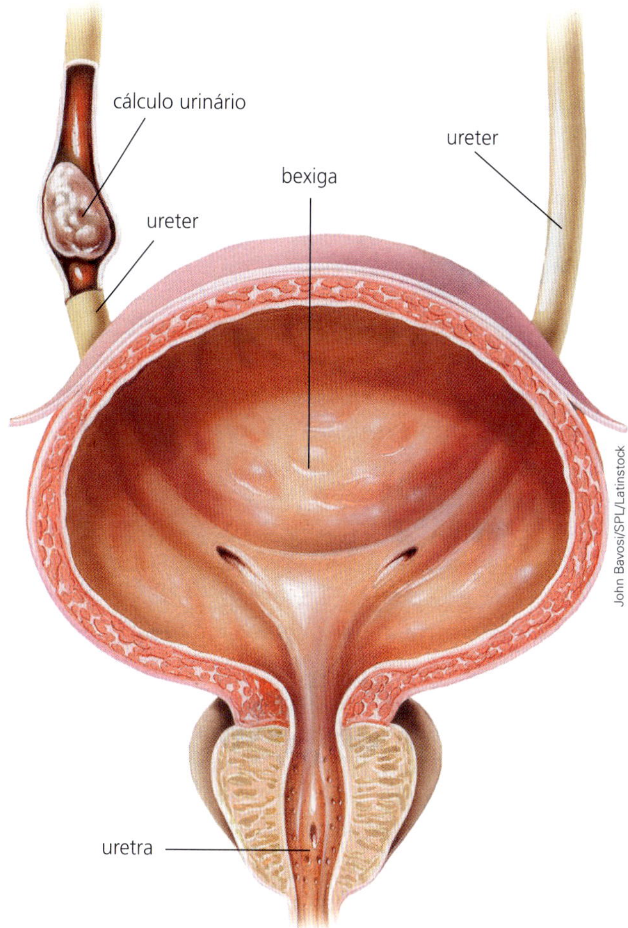

Figura 33.7 Esquema de um cálculo urinário que se alojou no ureter (os elementos não estão na mesma escala; cores fantasia).

ATENÇÃO!

Neste capítulo são apresentadas informações sobre algumas doenças. Essas informações não podem ser usadas para diagnóstico, tratamento ou prevenção de doenças, pois não substituem orientações médicas.

ATIVIDADES

Questões discursivas

1. Devemos manter nosso organismo sempre bem hidratado, mas é particularmente importante beber água durante a prática de atividades físicas, sobretudo nos dias mais quentes. Explique essas afirmações.

2. Sabe-se que o fumo pode causar até mesmo câncer de bexiga. Explique como as substâncias cancerígenas do fumo, que são absorvidas sobretudo nos pulmões, chegam à bexiga urinária.

3. Quando bebemos mais água, a reabsorção nos túbulos e ductos coletores dos rins aumenta ou diminui? Em que sentido isso colabora para o equilíbrio do corpo?

4. Em qual dessas situações a urina de uma pessoa deveria apresentar maior concentração de ureia: quando ela ingere mais carboidratos ou quando ingere mais proteínas? Justifique sua resposta.

5. As células do túbulo contorcido proximal possuem muitas mitocôndrias, e o ramo descendente da alça néfrica, poucas. Como você explica essa diferença?

6. No inverno, a urina costuma ser mais clara do que no verão. Também no inverno o volume de urina costuma ser maior. Elabore uma explicação para ambos os fatos.

7. (UFG-GO) Leia a notícia a seguir.

Rim artificial implantável promete acabar com diálise

Pesquisadores da Universidade da Califórnia, nos Estados Unidos, apresentaram o modelo de um aparelho que poderá se tornar o primeiro rim artificial implantável. Este aparelho replica as funções de um rim humano em duas etapas. Na primeira, milhares de filtros microscópicos mimetizam o glomérulo e, na segunda, um conjunto de células tubulares mimetizam os túbulos renais.

Disponível em: <www.inovacaotecnologica.com.br/noticias/noticia. php?artigo=rim-artificial-implantavel>. Acesso em: 6 nov. 2010. [Adaptado]

Considerando a hipótese de o modelo descrito ser bem-sucedido e aceito sem rejeição pelo organismo humano, no caso de implante, descreva a função a ser desempenhada pelo rim artificial, em cada uma das etapas descritas.

8. (Vunesp-SP) Considere as funções do rim humano.

a) Quais os principais processos que ocorrem, respectivamente, no glomérulo localizado na cápsula de Bowman e no túbulo do néfron?

b) Cite uma substância orgânica filtrada que será reabsorvida pelo sangue e dê o nome da principal substância tóxica que será filtrada e posteriormente eliminada pela urina.

Questões objetivas

1. (Enem-MEC) Durante uma expedição, um grupo de estudantes perdeu-se de seu guia. Ao longo do dia em que esse grupo estava perdido, sem água e debaixo de sol, os estudantes passaram a sentir cada vez mais sede. Consequentemente, o sistema excretor desses indivíduos teve um acréscimo em um dos seus processos funcionais.

Nessa situação o sistema excretor dos estudantes

a) aumentou a filtração glomerular.

b) produziu maior volume de urina.

c) produziu urina com menos ureia.

d) produziu urina com maior concentração de sais.

e) reduziu a reabsorção de glicose e aminoácidos.

2. (FMTM-MG) João, José e Pedro compareceram ao mesmo laboratório de análises clínicas para a coleta e exame de urina. Após as análises, os resultados de cada um revelaram:

João: presença de ureia, ácido úrico, água e cloreto de sódio.

José: presença de ácido úrico, proteínas, água e cloreto de sódio.

Pedro: presença de proteínas, água, ureia e glicose.

Pode-se dizer que:

a) os três apresentam funcionamento renal normal.

b) apenas José apresenta funcionamento renal anormal.

c) apenas Pedro apresenta funcionamento renal anormal.

d) apenas João apresenta funcionamento renal normal.

e) José e Pedro apresentam funcionamento renal normal.

3. (Uerj) A água, principal componente químico do corpo humano, é perdida em quantidades relativamente altas por meio dos mecanismos de excreção, devendo ser reposta para evitar a desidratação. Observe o gráfico.

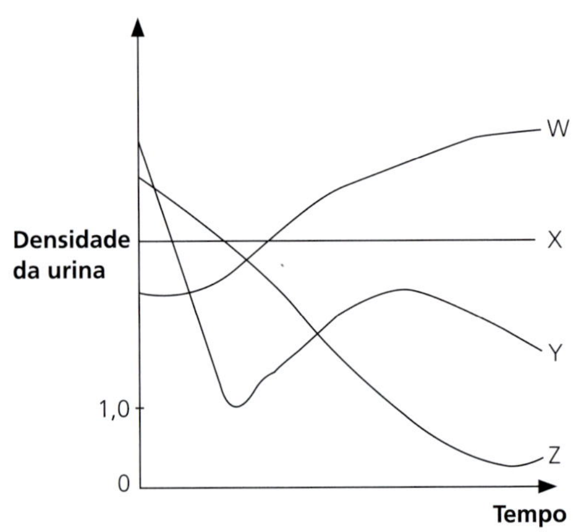

Considere que o ponto zero do gráfico corresponde ao instante a partir do qual uma pessoa deixa de repor a água perdida por seu organismo. A curva que registra as alterações da densidade da urina dessa pessoa, em função do tempo, é a identificada pela seguinte letra:

a) W.

b) X.

c) Y.

d) Z.

4. (Mackenzie-SP) Os néfrons humanos são responsáveis pela eliminação de excretas nitrogenados e pela manutenção do equilíbrio osmótico do corpo. Assinale a alternativa correta a respeito desses processos.

a) Os excretas são trazidos para os néfrons por capilares nos quais circula sangue venoso.

b) Quando ingerimos uma grande quantidade de água, a alça renal aumenta a taxa de reabsorção.

c) O principal excreta nitrogenado existente na urina humana é o ácido úrico.

d) Quanto maior for a pressão nos capilares do glomérulo, menor será a quantidade de urina produzida.

e) O aumento de sudorese (produção de suor) provoca a diminuição do volume de urina produzido.

5. (Unicamp-SP) O hormônio ADH (antidiurético), produzido no hipotálamo e armazenado na hipófise, é o principal regulador fisiológico do equilíbrio hídrico no corpo humano. Assinale a alternativa correta.

a) A redução na ingestão de água aumenta a pressão osmótica do sangue. O ADH atua nos rins, aumentando a reabsorção de água e diminuindo a pressão osmótica do sangue.

b) O aumento na ingestão de água aumenta a pressão osmótica do sangue. O ADH atua nos rins, aumentando a reabsorção de água e diminuindo a pressão osmótica do sangue.

c) A redução na ingestão de água diminui a pressão osmótica do sangue. O ADH atua nos rins, aumentando a reabsorção de água e aumentando a pressão osmótica do sangue.

d) O aumento na ingestão de água diminui a pressão osmótica do sangue. O ADH atua nos rins, diminuindo a reabsorção de água e aumentando a pressão osmótica do sangue.

6. (Unifor-CE) Assinale a alternativa da tabela que identifica corretamente as substâncias transportadas pelo sangue nos rins (o sinal "+" indica sangue rico na substância mencionada).

	Artéria renal			**Veia renal**		
	Oxigênio	**Gás carbônico**	**Ureia**	**Oxigênio**	**Gás carbônico**	**Ureia**
a)	+		+		+	
b)	+		+		+	+
c)	+				+	+
d)		+	+	+		
e)		+		+		+

7. (UPF-RS) No sistema urinário do corpo humano, são ▬▬▬▬ que realizam a filtração do sangue. O processo de eliminação de urina acontece em duas etapas: primeiro, a urina trazida ▬▬▬▬ acumula-se ▬▬▬▬; depois, ocorre a micção, com a eliminação da urina através ▬▬▬▬.

As informações que completam corretamente os espaços estão na alternativa:

a) os rins / pela uretra / na bexiga / dos ureteres.

b) os arteríolos / pelos ureteres / na bexiga / da uretra.

c) os rins / pelas veias / na bexiga / dos ureteres.

d) os ureteres / pela uretra / na bexiga / dos arteríolos.

e) os rins / pelos ureteres / na bexiga / da uretra.

8. (PUC-SP) Foi recomendada uma dieta especial a uma pessoa que precisa reduzir os níveis de ácido úrico no sangue. Nesse caso, é recomendável que essa pessoa reduza o consumo de alimentos como

a) laranja, limão e outras frutas cítricas.

b) manteiga e frituras em geral.

c) carne, leite e ovos.

d) doces e massas.

PESQUISEM E COMPARTILHEM

Em grupo, escolham um dos temas a seguir para pesquisar. Depois, apresentem o resultado do trabalho para a classe.

Tema 1 Elaborem um quadro comparativo dos sistemas de excreção nos principais grupos de invertebrados e vertebrados.

Tema 2 Pesquisem quais órgãos podem ser doados e transplantados; quais os procedimentos para a doação de órgãos para transplante; que problemas podem surgir para doadores e receptores de órgãos e tecidos; que leis tratam da doação de órgãos e tecidos. Com o auxílio do professor de Filosofia, discutam também as implicações éticas (bioéticas) de uma doação.

Daniel Milchev/Getty Images

CAPÍTULO

34

SISTEMA ENDÓCRINO

Quando nosso organismo se encontra em estado de alerta, o sistema nervoso manda sinais químicos para as glândulas suprarrenais. Essas glândulas então liberam hormônios, como a adrenalina, que nos ajudam a reagir ao perigo iminente: as frequências cardíaca e respiratória aumentam, as pupilas se dilatam e os músculos se contraem. Esse estado de alerta nos permite responder ao perigo de forma eficiente e é uma das funções do sistema endócrino.

A prática segura de esportes radicais exige grande preparo técnico. Atividades como o *highline* estimulam a liberação de hormônios que nos deixam alertas e mais preparados para situações de perigo.

- **O que são hormônios? Como essas substâncias atuam na manutenção do equilíbrio do nosso organismo?**
- **Você conhece doenças causadas por distúrbios hormonais?**
- **Como situações de estresse afetam o funcionamento do nosso corpo?**

1. COMPONENTES DO SISTEMA ENDÓCRINO

A coordenação das funções do organismo é feita pelos sistemas nervoso e endócrino. O sistema endócrino é formado pelo conjunto das **glândulas endócrinas** (**figura 34.1**). Essas glândulas produzem os **hormônios** (*hormaein* = estimular), ou seja, substâncias que, em geral, são lançadas no sangue e influenciam a atividade de vários órgãos. Eles participam do controle do crescimento, da pressão arterial, da concentração de substâncias no sangue e colaboram para a homeostase, por exemplo.

ACESSE E SAIBA MAIS

Como os hormônios funcionam
<https://ed.ted.com/lessons/how-do-your-hormones-work-emma-bryce>
Acesso em: 26 jul. 2018.

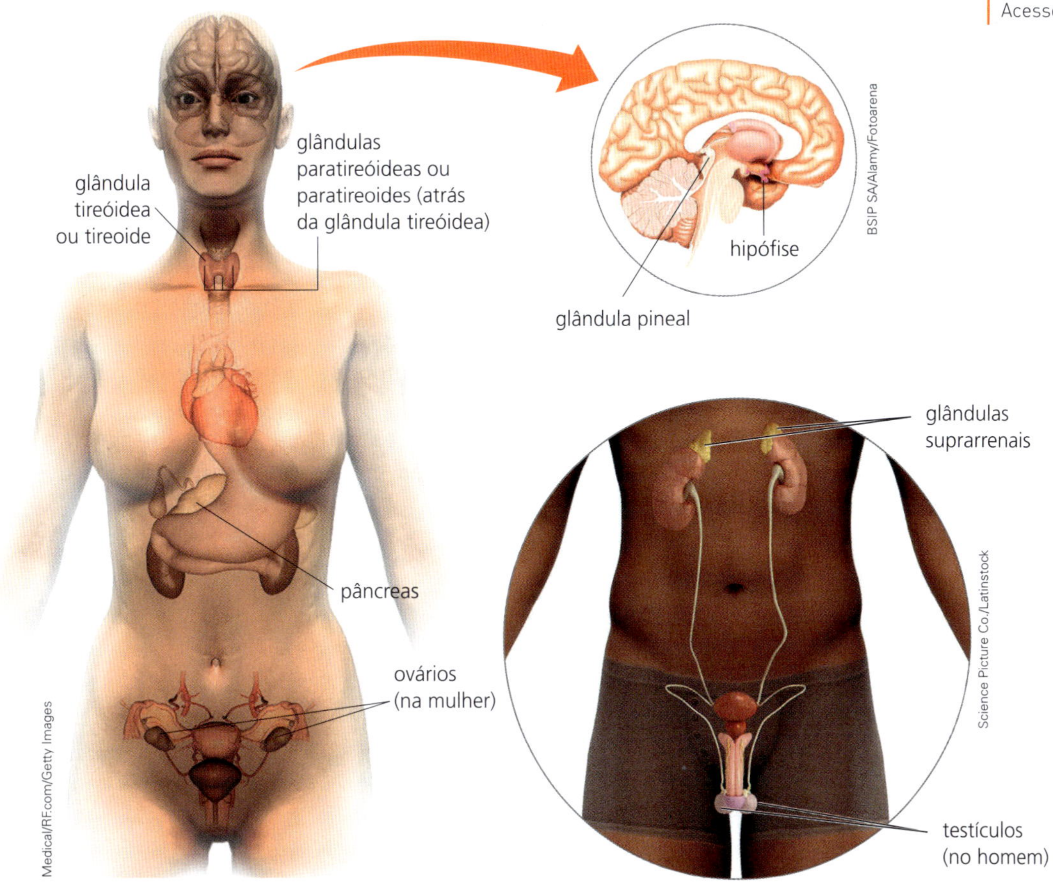

Figura 34.1 Glândulas endócrinas e alguns órgãos próximos. No detalhe, tronco e pélvis masculinos (os elementos não estão na mesma escala; cores fantasia).

Além das glândulas endócrinas, os hormônios podem ser produzidos também pelo sistema nervoso e por células especializadas de vários órgãos, como intestino, coração, fígado, rins, estômago.

A maioria dos hormônios é formada por proteínas ou por peptídios. Há também os que são constituídos de esteroides (um grupo de lipídios), como os sexuais.

O hormônio age como um mensageiro químico, atuando em determinado tecido do corpo, o **tecido-alvo**. Ao ligar-se aos **receptores hormonais**, que são proteínas presentes principalmente na membrana das células, os hormônios desencadeiam reações. Cada tipo de hormônio age apenas nos tipos de células cujos receptores apresentam forma complementar à sua.

Hormônios como os esteroides e os da glândula tireóidea atravessam a membrana plasmática e se ligam a receptores no interior da célula-alvo; eles estimulam o funcionamento dos genes para a fabricação de RNAm e, consequentemente, de proteínas específicas. Muitas dessas proteínas são enzimas que vão controlar diversas reações químicas da célula.

A produção dos hormônios pode ser regulada pelo sistema nervoso, por alterações químicas ou pelos próprios hormônios, em mecanismos de ***feedback***, como veremos adiante. No ***feedback*** **negativo** (de **retroação** ou **retroalimentação negativa**), por exemplo, a substância produzida sob estímulo da glândula inibe sua própria produção.

Reveja a **figura 34.1**. Observe a localização das principais glândulas no corpo humano. Nos próximos itens, vamos conhecer melhor o funcionamento de algumas glândulas endócrinas, que produzem os hormônios que garantem o equilíbrio do nosso organismo.

GLÂNDULA PINEAL

A glândula pineal (*pinea* = pinha, por causa da sua forma) está localizada próximo ao centro do cérebro dos mamíferos e produz um hormônio chamado **melatonina** (*melan* = negro). Juntos, a glândula e o hormônio fazem parte do chamado **relógio biológico** e regulam funções relacionadas com a duração dos dias e das noites. A melatonina influencia o crescimento e o ciclo reprodutivo de diversos animais e, provavelmente, regula o sono no ser humano. Sua produção é maior na ausência de luz (noite) e reduzida durante o dia.

ACESSE E SAIBA MAIS

Consumo excessivo de melatonina

<www.bbc.com/portuguese/geral-42783300>

Acesso em: 26 jul. 2018.

HIPÓFISE

Também chamada **pituitária** (*pituita* = secreção viscosa), a hipófise (*hypophisis* = o que se desenvolve por baixo) fica na base do cérebro, acima do "céu da boca", e é dividida em **adenoipófise** (ou **lobo anterior da hipófise**) e **neuroipófise** (ou **lobo posterior da hipófise**).

A secreção dos hormônios da adenoipófise é estimulada e inibida, respectivamente, pelos **hormônios de liberação** e de **inibição**, produzidos pelo **hipotálamo**, que faz parte do sistema nervoso (**figura 34.2**).

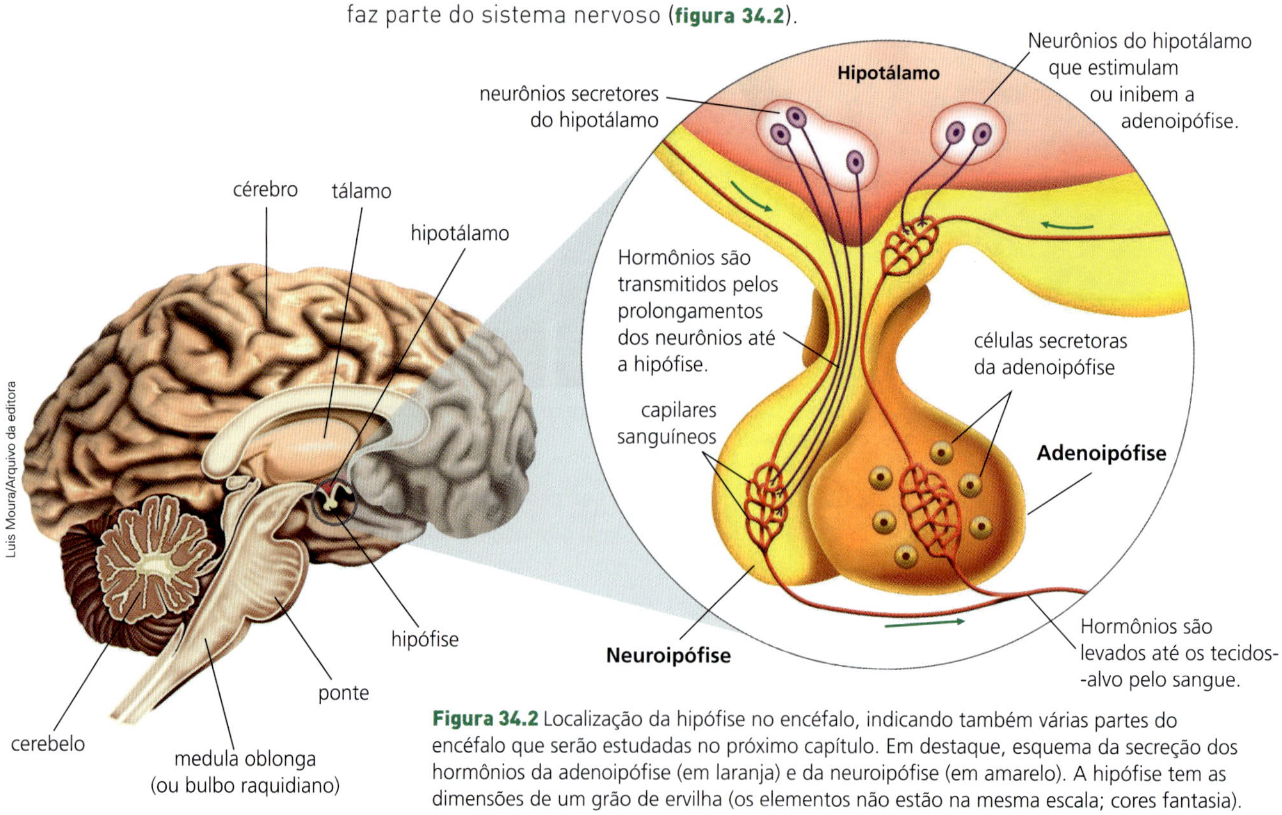

Figura 34.2 Localização da hipófise no encéfalo, indicando também várias partes do encéfalo que serão estudadas no próximo capítulo. Em destaque, esquema da secreção dos hormônios da adenoipófise (em laranja) e da neuroipófise (em amarelo). A hipófise tem as dimensões de um grão de ervilha (os elementos não estão na mesma escala; cores fantasia).

Veja a seguir os principais hormônios produzidos pela adenoipófise.

Hormônio	Funções
Hormônio tireoideotrópico ou tireotrófico (TSH)	Estimula a glândula tireóidea.
Hormônio adrenocorticotrópico (ACTH)	Estimula o córtex das suprarrenais.
Hormônio foliculestimulante (FSH) (gonadotrópico)	Na mulher: crescimento dos folículos nos ovários. No homem: formação de espermatozoides nos testículos.
Hormônio luteinizante (LH) (gonadotrópico)	Na mulher: provoca a ovulação, a formação do corpo lúteo nos ovários. No homem: produção de testosterona nos testículos.
Prolactina	Estimula a produção de leite nas glândulas mamárias durante a gravidez e a amamentação (**figura 34.3**).
Hormônio do crescimento (GH) ou somatotrofina	Contribui para a captação de aminoácidos e para a síntese de proteínas nas células, estimulando o crescimento de quase todos os tecidos e provocando aumento da estatura durante a puberdade.

SvetlanaFedoseyeva/Shutterstock/Glow Images

Figura 34.3 O hormônio prolactina estimula a produção de leite durante a amamentação.

A deficiência de **GH** (iniciais do inglês ***g**rowth **h**ormone*) pode ser causada por fatores genéticos e, na infância, provoca **nanismo** (baixa estatura) e retardo da puberdade. Esse quadro pode ser tratado administrando à pessoa afetada o hormônio, obtido por engenharia genética. Quando ocorre uma hiperfunção da hipófise antes da puberdade, por causa de tumores, por exemplo, o excesso de GH provoca **gigantismo** e a pessoa afetada pode atingir até 2,70 m de altura (**figura 34.4**). Se isso ocorrer após a puberdade, quando os ossos não podem mais crescer em comprimento, os ossos do crânio, da face, das mãos e dos pés aumentam em espessura, doença conhecida como **acromegalia** (*akron* = extremidade; *megale* = gigante). Se não for tratado, o tumor acaba destruindo a hipófise, levando o indivíduo à morte.

A neuroipófise é uma expansão do hipotálamo. Os hormônios que ela secreta – **ocitocina** (ou **oxitocina**) e **hormônio antidiurético (ADH)** ou **vasopressina** – são fabricados por neurônios do hipotálamo e denominados **neurossecreções**. Eles encontram-se armazenados na ponta dos axônios e ficam concentrados na neuroipófise antes de serem lançados no sangue.

A ocitocina (*okys* = rápido; *tokos* = parto) estimula a contração da musculatura do útero no momento do parto, ajudando o bebê a nascer, e provoca a liberação do leite na amamentação, quando o bebê suga a mama. Trata-se de um mecanismo de ***feedback* positivo**, ou seja, quanto maior o estímulo (sucção), maior será a produção de ocitocina e, consequentemente, a liberação de leite.

O ADH (ou vasopressina) controla a eliminação de água pelos rins, como vimos no capítulo anterior. Além disso, quando em alta concentração, o ADH provoca a contração das arteríolas, aumentando a pressão arterial (daí o nome vasopressina).

Quando há deficiência de ADH, forma-se grande quantidade de urina muito diluída (até 20 L ou 30 L por dia), caracterizando a doença conhecida como **diabetes** (*dia* = através de; *baiten* = passar) **insípido** ("sem gosto"). Essa doença é mais rara que a diabetes melito e provoca sede excessiva, podendo levar à desidratação.

George Bernard/SPL/Latinstock

Figura 34.4 Ilustração do século XVIII em que um soldado escocês (com gigantismo) compara sua estatura com a de outro soldado escocês (com nanismo hipofisário).

PÂNCREAS

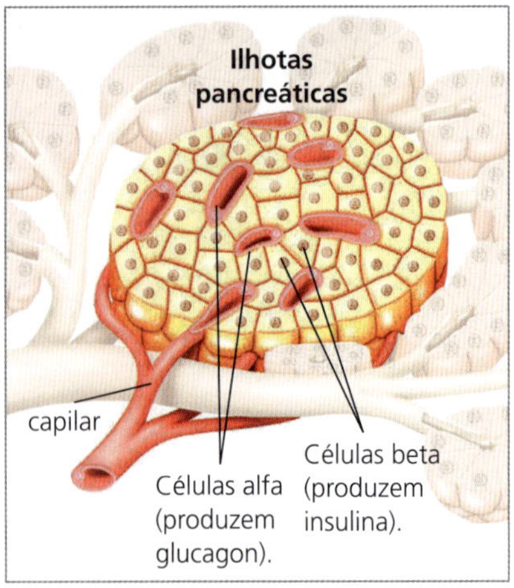

Figura 34.5 Localização das células alfa e beta do pâncreas (os elementos não estão na mesma escala; cores fantasia).

A parte endócrina do pâncreas é formada pelas **ilhotas pancreáticas**, antes chamadas **ilhotas de Langerhans**. Nas ilhotas, há dois tipos de células: as **células beta**, que produzem a **insulina** (*insula* = ilha, porque o hormônio foi descoberto em aglomerados de células espalhados ao longo do tecido produtor de enzimas do pâncreas), e as **células alfa**, que produzem o **glucagon**. Veja a **figura 34.5**.

A insulina facilita a entrada da glicose que está no sangue nas várias células do corpo, como as do músculo, do fígado e as do tecido adiposo. No interior das células, a energia da glicose pode ser liberada pela respiração celular. A ação desse hormônio, portanto, diminui o nível de glicose no sangue, que tende a aumentar depois de uma refeição rica em carboidratos.

Ela também promove no fígado e nos músculos a síntese de glicogênio a partir da glicose, facilita a absorção de aminoácidos pelas células e estimula a síntese de proteínas. Além disso, inibe tanto a transformação de aminoácidos e lipídios em glicose, processo chamado **gliconeogênese** (*glykys* = doce; *neo* = novo; *genesis* = origem), como a conversão do glicogênio em glicose, chamada **glicogenólise** (*lysis* = dissolução).

O glucagon provoca efeito oposto ao da insulina: aumenta o nível de glicose no sangue, estimulando a gliconeogênese e a glicogenólise no fígado. A ação combinada desses dois hormônios permite um controle mais eficiente do funcionamento do organismo; ela mantém a taxa de glicose no sangue (glicemia) em níveis normais (**figura 34.6**).

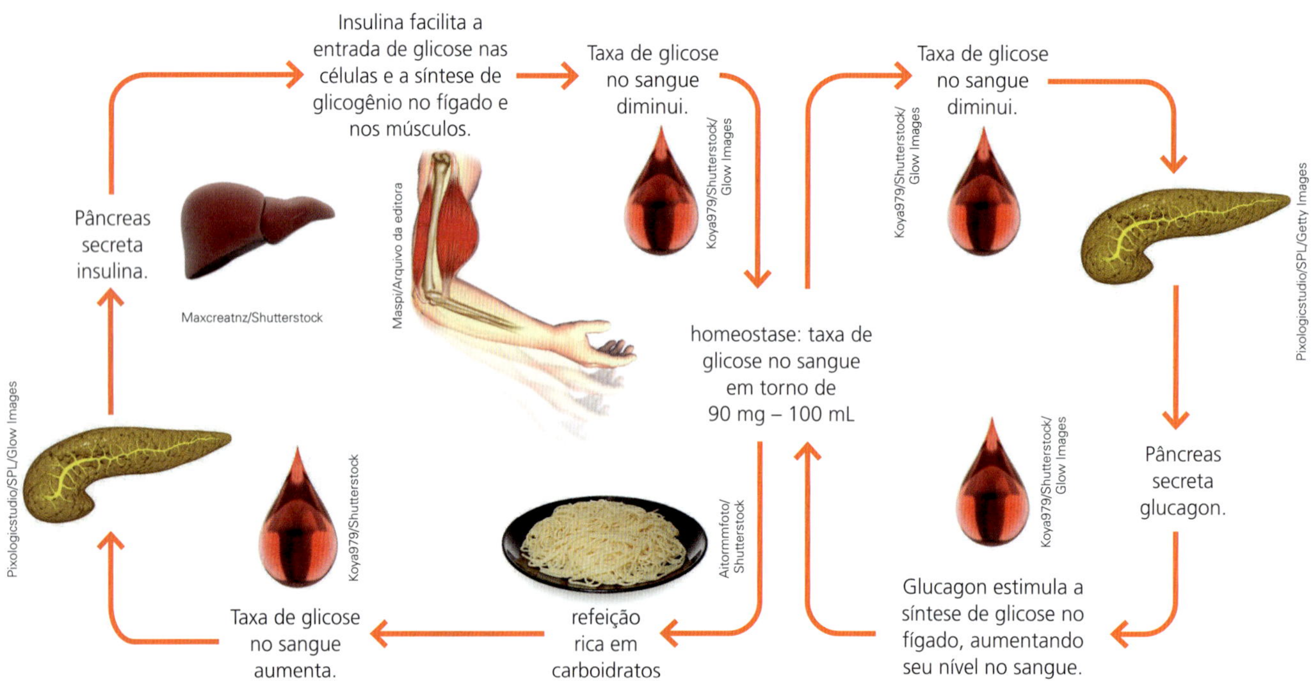

Figura 34.6 Controle da taxa de glicose no sangue, um exemplo de homeostase (o pâncreas mede cerca de 15 cm de comprimento; os elementos não estão na mesma escala; cores fantasia).

Se o pâncreas deixar de produzir insulina, ou passar a produzi-la em quantidade insuficiente, ou, ainda, se as células do corpo não reagirem à insulina produzida, a glicose se acumula no sangue (hiperglicemia). Esse quadro caracteriza uma doença conhecida como **diabetes** (ou diabete) **melito** (*melittus* = açucarado), na qual a glicose acumulada no sangue sai pela urina, arrastando muita água por osmose. A perda de glicose e água causa fome e sede excessivas, com perda de peso e perigo de desidratação. A diabetes não tratada pode provocar perda de visão, feridas na pele e problemas cardíacos e renais. Além disso, como o portador da doença passa a depender apenas de gordura para obter energia, a produção de alguns ácidos (pela oxidação dos lipídios) pode aumentar. Essas substâncias causam desequilíbrios no sangue e podem fazer esse indivíduo entrar em coma (perda da consciência com incapacidade de responder a estímulos) ou até morrer.

BIOLOGIA E SAÚDE

Tipos de diabetes melito

Há dois tipos: a diabetes tipo 1, ou diabetes dependente de insulina; e a diabetes tipo 2, ou diabetes não dependente de insulina.

A tipo 1 é provocada pela deficiência de insulina causada pela destruição das células beta do pâncreas. Acomete, em geral, pessoas com menos de 25 anos, tornando-as dependentes de injeções diárias de insulina. Essas pessoas também devem seguir uma dieta indicada pelo médico e monitorar a taxa de glicose no sangue.

A tipo 2, mais comum, costuma ocorrer em pessoas obesas, geralmente com mais de 40 anos. Porém, a frequência dessa doença tem aumentado em pessoas mais jovens e até mesmo em crianças e adolescentes. Nesse caso, o pâncreas produz insulina, mas esta não é tão eficaz para promover a absorção de glicose pelas células nem para inibir a conversão de glicogênio em glicose pelo fígado. Além da obesidade e predisposição genética, o sedentarismo é um fator de risco para essa doença.

Embora a doença tenha um componente genético, para se prevenir contra a diabetes tipo 2 deve-se evitar o sedentarismo e a obesidade, praticando exercícios regulares sob a orientação de profissionais, e realizar exames periódicos se houver casos de diabetes na família.

GLÂNDULA TIREÓIDEA

A glândula tireóidea (*thyreos* = escudo; *eidos* = semelhante) está situada na frente da traqueia, encravada na cartilagem chamada **proeminência laríngea**, também conhecida como **pomo de adão**.

Ela produz os hormônios **tiroxina** ou **tetraiodotironina (T4)**, **tri-iodotironina (T3)** e **calcitocina**. Os hormônios T4 e T3 estimulam a oferta e o consumo de oxigênio pelos órgãos, intensificando a respiração celular e, em consequência, liberando calor no organismo. Estimulam também a frequência e a intensidade dos batimentos cardíacos e dos movimentos respiratórios, assim como a formação dos ossos no período de crescimento (**figura 34.7**).

ACESSE E SAIBA MAIS

Como a glândula tireóidea controla o metabolismo?
<https://ed.ted.com/lessons/how-does-the-thyroid-manage-your-metabolism-emma-bryce>
Acesso em: 26 jul. 2018.

T3 e **T4**:

- Estimulam a oferta e o consumo de oxigênio pelos órgãos;
- Intensificam a respiração;
- Liberam calor no organismo;
- Estimulam a frequência e a intensidade dos batimentos cardíacos e dos movimentos respiratórios;
- Aumentam o fluxo de sangue para os tecidos.

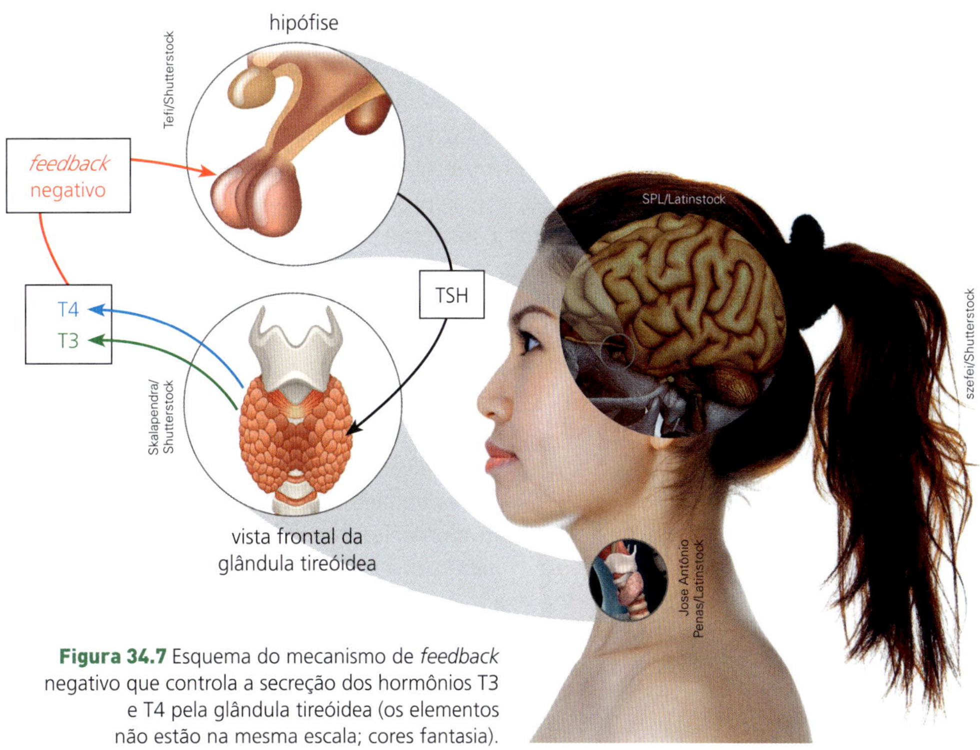

Figura 34.7 Esquema do mecanismo de *feedback* negativo que controla a secreção dos hormônios T3 e T4 pela glândula tireóidea (os elementos não estão na mesma escala; cores fantasia).

ATENÇÃO!

Neste capítulo são apresentadas informações sobre algumas doenças. Essas informações não podem ser usadas para diagnóstico, tratamento ou prevenção de doenças, pois não substituem orientações médicas.

A formação de tumores ou a produção de anticorpos contra proteínas da glândula tireóidea (doenças autoimunes) podem provocar **hipertireoidismo** – a glândula passa a funcionar acima do nível normal – ou **hipotireoidismo** – a ação glandular é deficiente.

No hipertireoidismo, pode haver perda de peso (apesar do aumento da ingestão de alimento), batimentos cardíacos acelerados, produção excessiva de calor e de suor, entre outros sintomas. A glândula aumenta de tamanho (por isso, a doença é conhecida também como **bócio exoftálmico**), e o doente apresenta, às vezes, olhos saltados da órbita (exoftalmia; *exo* = para fora; *ophthalmós* = olho). O tratamento pode ser feito com medicamentos ou com cirurgia para a retirada da glândula.

No hipotireoidismo, o metabolismo fica abaixo do nível normal, causando, em geral, apatia, sonolência, ganho de peso (sem aumento da ingestão de alimento), frequência cardíaca reduzida, pouca produção de calor e, às vezes, acúmulo de líquido em várias partes do corpo (mixedema). Essa doença pode ser provocada também pela falta de iodo, necessário para a formação dos hormônios. Sem estes, a produção de TSH não é inibida por *feedback* e esse hormônio continua estimulando a glândula tireóidea, que cresce e produz grande quantidade de substâncias precursoras (inativas) de seus hormônios.

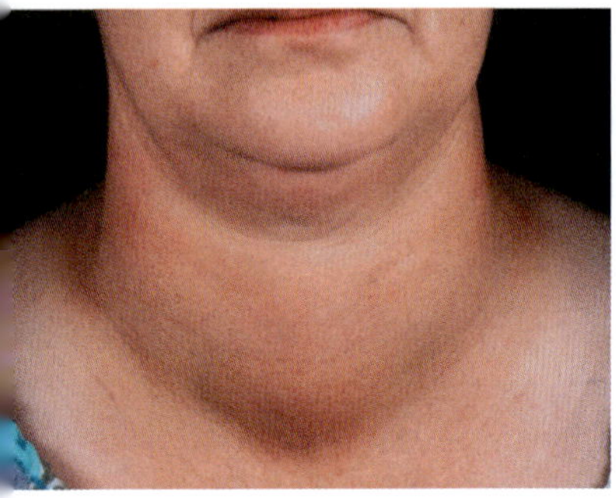

Biophoto Associates/Photoresearchers/Latinstock

Figura 34.8 Em um quadro de hipotireoidismo, a glândula tireóidea não produz os hormônios T3 e T4, a produção de TSH não é inibida e há grande estímulo da glândula, que aumenta de volume (bócio).

O aumento da glândula tireóidea provocado pela falta de iodo, mais comum em regiões onde o solo é pobre nesse elemento, é chamado **bócio endêmico** (**figura 34.8**), ou **carencial**. Se a doença ocorre na gestação ou na infância, pode haver deficiência mental acentuada (antigamente denominada cretinismo) e sério comprometimento do crescimento físico da criança. Esse problema pode ser diagnosticado pelo **teste do pezinho**, feito de preferência antes do fim da primeira semana do recém-nascido. Esse teste serve também para detectar se há níveis altos de fenilalanina, característicos da doença fenilcetonúria (uma doença genética).

A Lei federal nº 6 150/1974 torna obrigatório o acréscimo de iodo no sal de cozinha, a fim de evitar deficiências na glândula tireóidea por carência desse elemento químico.

A calcitonina diminui a liberação de cálcio no sangue, ao contrário do hormônio liberado pelas glândulas paratireóideas, como veremos a seguir.

GLÂNDULAS PARATIREÓIDEAS

As **glândulas paratireóideas** (*para* = ao lado) são quatro e se localizam atrás da glândula tireóidea (**figura 34.9**).

Essas glândulas produzem o **paratormônio** ou **hormônio paratireóideo**, que controla a taxa de cálcio no sangue, elemento importante para a contração muscular, entre outras funções. Quando a concentração de cálcio no sangue diminui, o paratormônio promove a sua retirada do osso, lançando-o no sangue, além de aumentar a absorção de cálcio pelo intestino e a sua reabsorção pelos túbulos renais.

Se a concentração de cálcio no sangue aumentar muito, a glândula tireóidea aumenta a secreção de calcitonina, fazendo o cálcio se depositar no osso.

A hiperfunção das glândulas paratireóideas, causada, por exemplo, por um tumor, pode enfraquecer os ossos, provocar cálculos renais e desequilíbrios no organismo, o que pode resultar na morte do doente. Na hipofunção (baixa concentração de cálcio no sangue), ocorrem contrações musculares e, dependendo da baixa na concentração do cálcio, a pessoa pode morrer por asfixia por causa da contração da musculatura da laringe. Essa condição (contrações involuntárias dos músculos) é chamada **tetania**, embora não seja causada pela bactéria do tétano (*tetanos* = rigidez espasmódica do corpo).

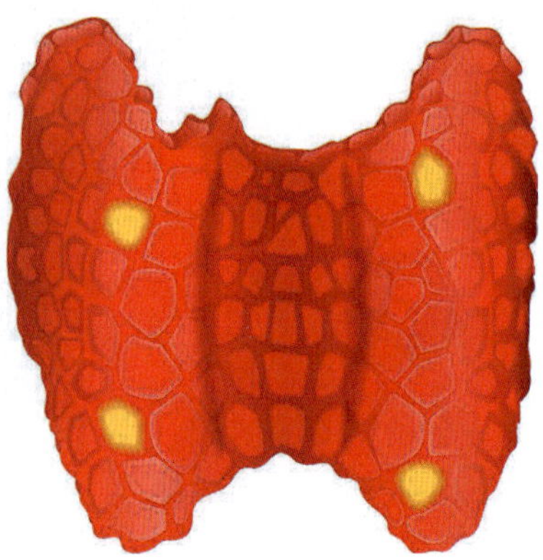

abstractdesignlabs/Shutterstock

Figura 34.9 Glândulas paratireóideas (em amarelo). A glândula tireóidea (em vermelho) tem, em média, 4,2 cm × 1,4 cm × 1,2 cm em indivíduos sem alterações nela (os elementos não estão na mesma escala; cores fantasia).

GLÂNDULAS SUPRARRENAIS

Essas glândulas, também chamadas **adrenais**, se localizam sobre os rins e possuem duas regiões distintas: o **córtex** e a **medula**.

No córtex, são produzidos os **corticosteroides** a partir do colesterol, como a **aldosterona**, que aumenta a reabsorção de íons sódio (com a consequente retenção de água) e provoca a secreção de íons potássio e hidrogênio pelas células do túbulo renal. Assim, esse hormônio regula a taxa de água e de sais do organismo. Quando o indivíduo é submetido a situações de estresse, ocorre a elevação da taxa de aldosterona, que aumenta a pressão sanguínea.

Outro corticosteroide importante é o **cortisol**, que faz o fígado lançar glicose no sangue e promove a conversão de aminoácidos e lipídios em glicose pelo fígado. Essa conversão ajuda a enfrentar períodos sem comida e situações estressantes (em ação conjunta com outros hormônios da suprarrenal).

Na medula das suprarrenais, são produzidas a **adrenalina** ou **epinefrina** (*epi* = sobre; *nephron* = rim) e a **noradrenalina** ou **norepinefrina** (*nor* = além de). Em condições normais, esses hormônios são produzidos em pequena quantidade e contribuem para regular a pressão arterial, seja pela contração dos vasos sanguíneos, seja pelo aumento do débito cardíaco. No entanto, em uma situação de potencial perigo, a medula é estimulada pelo sistema nervoso simpático (será estudado no capítulo seguinte) e libera grande quantidade desses hormônios, principalmente adrenalina (veja a **figura 34.10**).

ACESSE E SAIBA MAIS

Como o estresse afeta nosso corpo
<https://ed.ted.com/lessons/how-stress-affects-your-body-sharon-horesh-bergquist>
Acesso em: 26 jul. 2018.

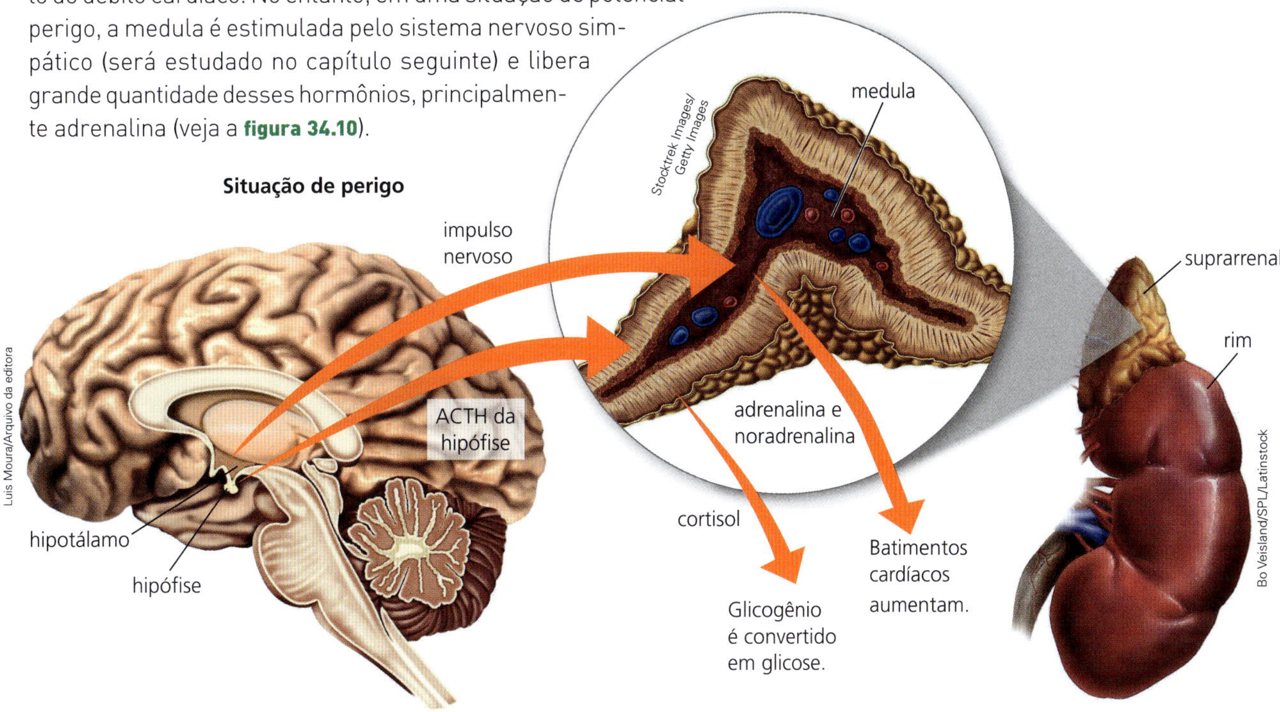

Figura 34.10 Em uma situação de perigo, a suprarrenal é estimulada tanto pelo hipotálamo (no encéfalo) como pelo hormônio adrenocorticotrófico, produzido pela hipófise, e seus hormônios preparam o organismo para enfrentar aquela situação (dimensões da suprarrenal: 3 cm × 5 cm × 1 cm; os elementos não estão na mesma escala; cores fantasia).

Com isso, o organismo aumenta sua capacidade de enfrentar a situação de perigo preparando-se para lutar ou fugir; isso é chamado **resposta de luta ou fuga**, de curta duração. O fígado converte mais glicogênio em glicose, lançando-o no sangue. Este é desviado para os músculos e para o cérebro. Ao mesmo tempo, por contração das arteríolas, diminui a irrigação em órgãos como a pele, o tubo digestório e os rins, que não necessitam de muito sangue durante o perigo. A pressão sanguínea e a força e a velocidade dos batimentos cardíacos crescem, aumentando, com isso, a disponibilidade de oxigênio e glicose para o organismo; consequentemente, a taxa metabólica se eleva. A adrenalina também provoca a liberação de lipídios no tecido adiposo, que podem ser usados na liberação de energia.

Numa segunda etapa, chamada de reação de resistência, o córtex da suprarrenal libera hormônios como o cortisol, cujos efeitos ajudam o corpo a enfrentar por mais tempo situações estressantes. Entretanto, as modificações que surgem no corpo por causa do estado de alerta ou de tensão (estresse) não podem ser mantidas por muito tempo sem prejuízos para a saúde do organismo.

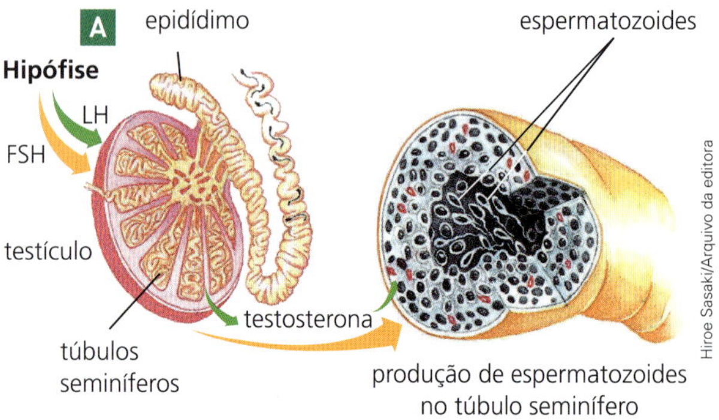

Figura 34.11 FSH e LH estimulam a produção de espermatozoides e testosterona (**A**); os elementos não estão na mesma escala; cores fantasia). Esses hormônios são responsáveis pelo desenvolvimento dos órgãos sexuais e por características como a barba (**B**).

TIMO

O timo é um órgão do sistema imune que atua na produção de anticorpos. Ele produz também hormônios, como a **timosina**, que promove a multiplicação e o desenvolvimento dos linfócitos T, células de defesa do sistema imune que ajudam a atacar microrganismos invasores. Nas crianças o timo é desenvolvido, mas, à medida que o tempo passa, o órgão vai diminuindo de tamanho e atividade, tornando-se atrofiado no adulto. Antes de se atrofiar, contudo, o timo envia linfócitos T para outros órgãos envolvidos na defesa do corpo.

GÔNADAS

Além de produzirem gametas, o testículo e o ovário lançam hormônios no sangue, conforme estudado no capítulo 11.

Os testículos produzem os **hormônios andrógenos**, entre os quais se destaca a **testosterona**. Ela determina, junto com o FSH e o LH (produzidos pela hipófise), o desenvolvimento dos órgãos genitais (caracteres sexuais primários) e as características sexuais secundárias, como a distribuição dos pelos (maior quantidade na face e no peito, por exemplo), o tom da voz e o desenvolvimento muscular e ósseo. Veja a **figura 34.11**.

Os ovários produzem os **hormônios estrógenos** e **progesterona**. Os estrógenos são responsáveis pelas características sexuais secundárias femininas, além de estarem envolvidos, com a progesterona, no ciclo de mudanças que ocorrem nos ovários e no útero (ciclo menstrual).

ATIVIDADES

Questões discursivas

1. Conta-se que já na Antiguidade percebia-se que a urina de algumas pessoas atraía moscas. Hoje se sabe que esse é um sinal de que, provavelmente, o sistema endócrino dessas pessoas não está funcionando como deveria.
   - **a)** Como é chamado o problema de saúde mais provável de pessoas cuja urina atrai moscas? Qual é o principal órgão do sistema endócrino afetado por esse problema?
   - **b)** Explique por que a urina de pessoas com esse problema atrai moscas.

2. Os sistemas do organismo trabalham de forma integrada. Um bom exemplo disso ocorre numa situação de perigo, em que a pessoa fica em estado de alerta. Nesse caso:
   - **a)** Qual é a glândula endócrina que entra em ação e em que órgão ela está localizada?
   - **b)** Quais são os efeitos da atuação dessa glândula sobre o coração e o fígado e como isso ajuda a enfrentar a situação?

3. (Fuvest-SP) O gráfico mostra os níveis de glicose medidos no sangue de duas pessoas, sendo uma saudável e outra com diabetes melito, imediatamente após uma refeição e nas cinco horas seguintes.

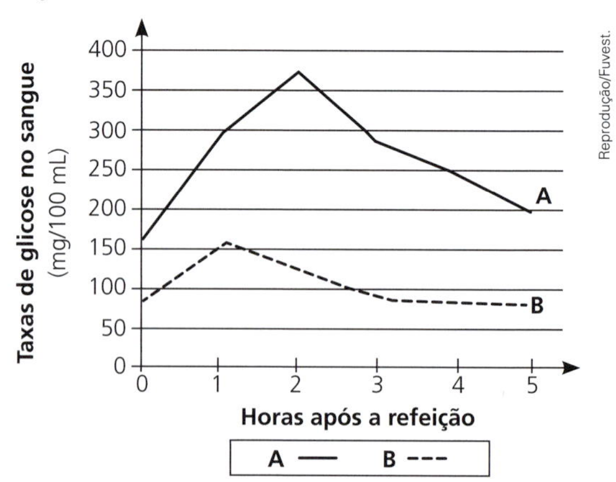

   - **a)** Identifique a curva correspondente às medidas da pessoa diabética, justificando sua resposta.
   - **b)** Como se explicam os níveis estáveis de glicose na curva **B**, após 3 horas da refeição?

4. (UFRN) Em menos de uma hora, Magali tomou um litro de sorvete de chocolate. Sua mãe repreendeu-a e a proibiu de tomar sorvete por um mês. Revoltada, Magali resolveu fazer greve de fome e passou todo o dia seguinte sem se alimentar. Explique como os hormônios do pâncreas atuaram para manter a concentração de glicose sanguínea em níveis constantes, quando Magali:

a) consumiu o sorvete.

b) fez greve de fome.

Questões objetivas

1. (UFT-TO) A homeostase em animais é mantida por dois sistemas de controle: o neural e o endócrino. Os hormônios exercem efeitos impressionantes nos processos da reprodução, de desenvolvimento e metabólicos. A hipófise é uma glândula endócrina dividida em dois lobos, adenoipófise e neuroipófise, e produz uma série de hormônios que modula outras glândulas, entre elas, a tireoide. O hormônio ▬▬ produzido pela ▬▬ estimula a tireoide, modulando a secreção dos hormônios ▬▬ e ▬▬ através de um refinado mecanismo de controle recíproco, conhecido por retroalimentação.

Entre as alternativas a seguir, qual descreve adequadamente a complementação das lacunas acima?

a) insulina, neuroipófise, tireoxina (T4) e tri-iodotireonina (T3).

b) TSH, adenoipófise, tireoxina (T4) e tri-iodotireonina (T3).

c) tireoxina (T4), adenoipófise, TSH e tri-iodotireonina (T3).

d) TSH, adenoipófise, calcitonina e tireoxina (T4).

2. (UEL-PR) Nas grandes cidades, encontramos indivíduos submetidos a jornadas de trabalho com longos períodos em jejum, como também indivíduos que se alimentam excessivamente de carboidratos em refeições rápidas.

Com base nessas considerações e nos conhecimentos sobre as ações dos hormônios insulina e glucagon, assinale a alternativa correta.

a) Com a redução da taxa de glicose no sangue, as células do fígado liberam insulina que age no pâncreas, quebrando o glicogênio em glicose.

b) Com a redução da taxa de glicose no sangue, as células do pâncreas liberam glicogênio na forma de insulina que estimula o fígado a armazenar glucagon na forma de glicogênio.

c) Com a redução da taxa de glicose no sangue, as células do pâncreas liberam glucagon que age no fígado, quebrando o glicogênio em glicose.

d) Com o aumento da taxa de glicose no sangue, as células do fígado liberam glucagon que estimula o pâncreas a armazenar glicose na forma de insulina.

e) Com o aumento da taxa de glicose no sangue, as células do pâncreas liberam glucagon que estimula o fígado a armazenar insulina na forma de glicogênio.

3. (Uerj) Para a realização de um exame, os indivíduos **A** e **B** ingeriram uma solução contendo glicose. Após a ingestão, foram registradas as alterações da concentração plasmática da glicose e dos hormônios **X** e **Y** em ambos os indivíduos. Observe os resultados das medições nos gráficos:

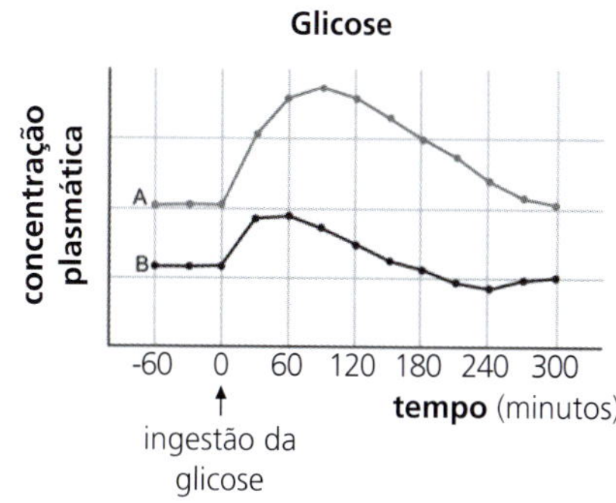

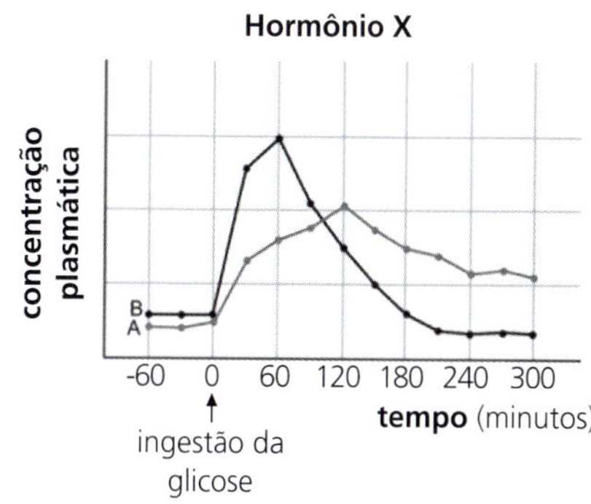

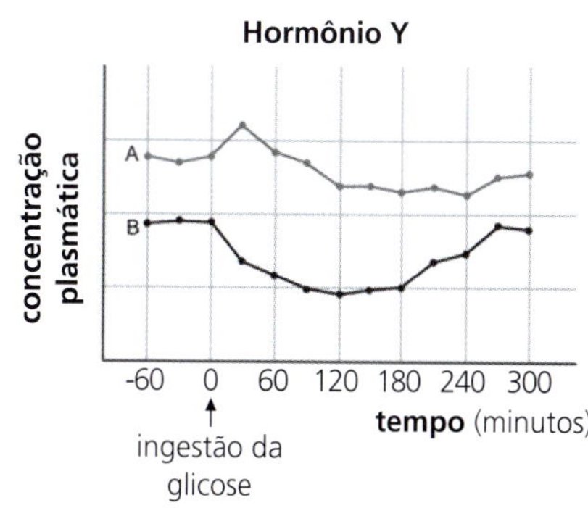

Com base na análise dos gráficos, é possível identificar que um dos indivíduos apresenta diabetes tipo II e que um dos hormônios testados é o glucagon.

O indivíduo diabético e o hormônio glucagon estão representados, respectivamente, pelas seguintes letras:

a) A – X b) A – Y c) B – X d) B – Y

4. (UEMG) Esta passagem foi retirada de *A mão e a luva*, de Machado de Assis:

... Guiomar curvou a cabeça e esteve alguns instantes a perpassar os dedos pelas teclas, enquanto Luís Alves, tirando de cima do piano outra música, dizia-lhe:

– Podia dar-nos este pedaço de Bellini, se quisesse.

Guiomar pegou maquinalmente na música e abriu-a na estante.

– Era então vontade sua? perguntou ela continuando o assunto interrompido do diálogo.

– Vontade certamente, porque era necessidade.

– Necessidade – tornou ela começando a tocar, menos por tocar que por encobrir a voz; mas necessidade por quê?

– Por uma razão muito simples, porque a amo. [...]

Guiomar sentou-se outra vez muda, despeitada, a bater-lhe o coração como nunca lhe batera em nenhuma outra ocasião da vida, nem de susto, nem de cólera, nem... de amor, ia eu a dizer, sem que ela o houvesse sentido jamais. Não se demorou muito tempo ali; com a mão trêmula folheou a música que estava aberta na estante, deixou-a logo e levantou-se.

A reação de Guiomar à segunda resposta de Luís Alves está diretamente ligada aos efeitos da:

a) epinefrina.

b) insulina.

c) somatotrofina.

d) acetilcolina.

5. (UFG-GO – adaptada) O esquema a seguir relaciona o aleitamento materno exclusivo a um benefício para a mãe puérpera no início da lactação.

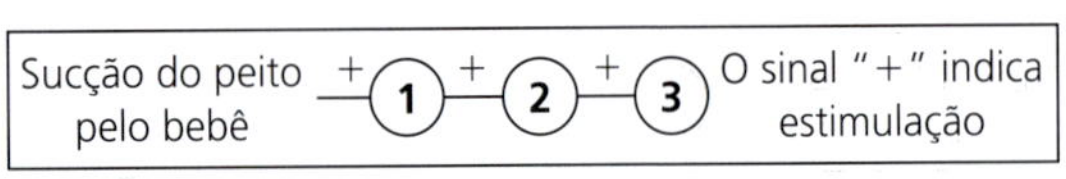

Os números **1**, **2** e **3** desse esquema correspondem, respectivamente, à estimulação de uma glândula, à produção de um hormônio e a uma ação fisiológica no organismo da mãe puérpera, sendo:

a) **1** – hipotálamo, **2** – GnRH, **3** – produção de FSH/LH.

b) **1** – adenoipófise, **2** – FSH, **3** – foliculogênese.

c) **1** – adenoipófise, **2** – LH, **3** – ovulação.

d) **1** – neuroipófise, **2** – prolactina, **3** – contração uterina.

e) **1** – neuroipófise, **2** – ocitocina, **3** – ejeção do leite.

6. (Vunesp-SP) Um hormônio foi injetado na circulação sanguínea de uma pessoa. O gráfico mostra como a concentração de cálcio no sangue variou ao longo do tempo após a injeção.

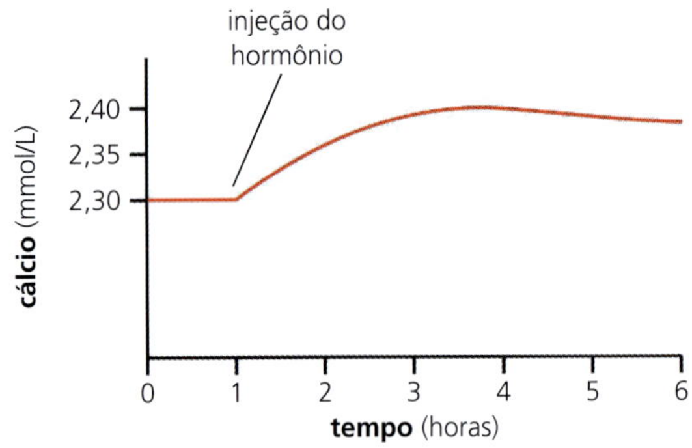

(John Hall. *Guyton and Hall Textbook of Medical Physiology*, 2011. Adaptado.)

É correto afirmar que o hormônio injetado na circulação sanguínea dessa pessoa foi

a) o glucagon.

b) a tiroxina.

c) o paratormônio.

d) a calcitonina.

e) a aldosterona.

7. (UECE) O metabolismo basal é regulado pelo sistema endócrino, estando envolvidas no processo as glândulas adenoipófise e tireoide. A lentidão no metabolismo basal, conhecida como hipotireoidismo, resulta da disfunção dessas glândulas em relação à produção dos hormônios:

a) LH e paratormônio.

b) ADH e corticosteroide.

c) FSH e insulina.

d) TSH e tiroxina.

8. (UEMS) Assinale a alternativa correta:

a) A aldosterona, hormônio produzido pela glândula suprarrenal, aumenta a reabsorção da água por difusão quando a concentração de sódio aumenta no sangue.

b) O hormônio antidiurético-ADH aumenta a permeabilidade do túbulo contorcido distal e túbulo coletor, quando a pressão osmótica do sangue também aumenta por causa da diminuição da água.

c) Quando bebemos muita água, a pressão osmótica do sangue cai e com isso, a produção do hormônio antidiurético-ADH aumenta.

d) A aldosterona, hormônio produzido pela hipófise, diminui a reabsorção do sódio quando há diminuição desse íon na corrente sanguínea.

e) Em dias quentes, quando bebemos muita água, as células do hipotálamo são estimuladas a produzir o hormônio aldosterona para equilibrar a pressão osmótica.

Pascal Boet Preluck/SPL/Latinstock

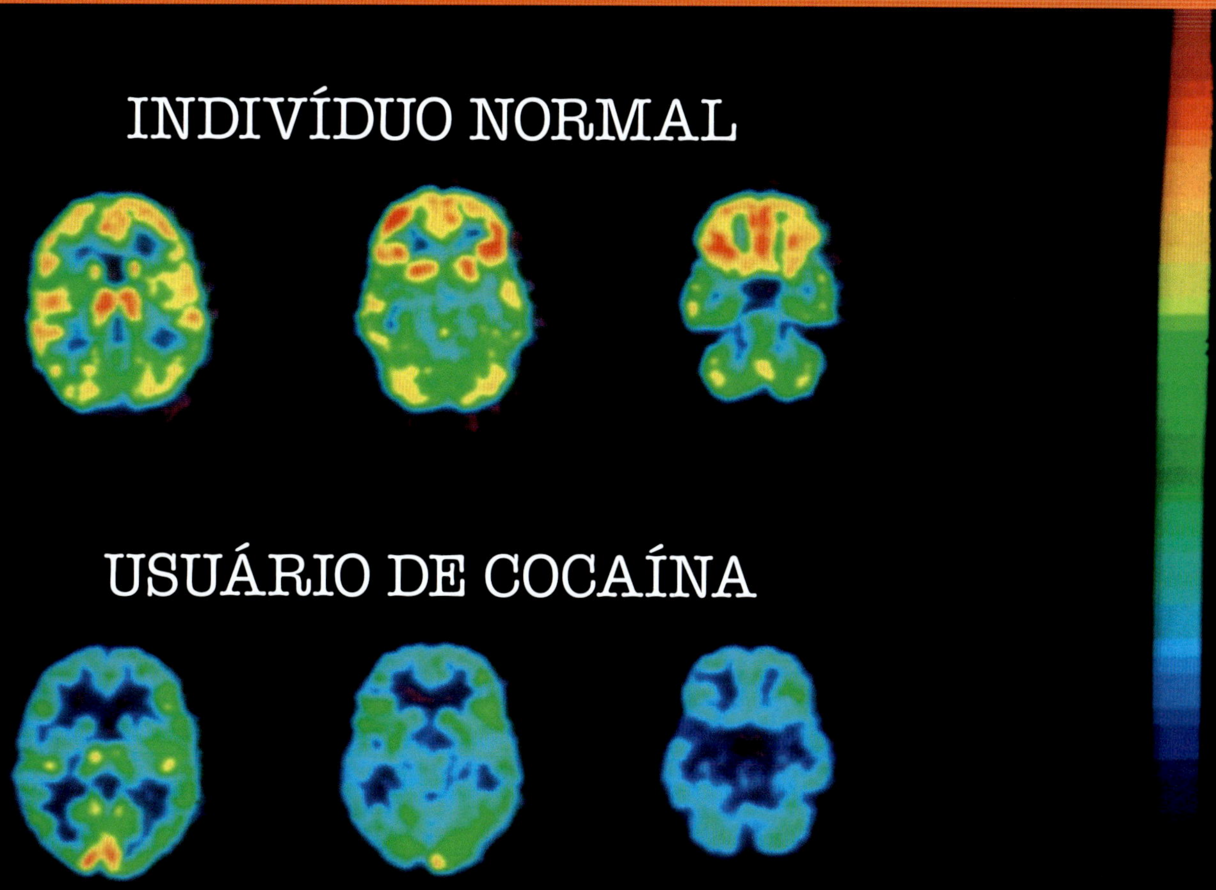

Comparação entre as imagens obtidas de um cérebro normal (na parte superior da imagem) e do cérebro de um usuário de cocaína depois de quatro meses sem a droga. As áreas mais claras (em amarelo e verde) são zonas de alta atividade cerebral; os tons de azul mostram níveis mais baixos de atividade. As imagens foram obtidas por meio de uma técnica que forma imagens do estado funcional dos órgãos.

CAPÍTULO

35

SISTEMAS NERVOSO E SENSORIAL

Os sistemas nervoso e sensorial são os principais responsáveis por nossa interação com o meio ambiente. O uso de drogas interfere nas funções desses dois sistemas, podendo também prejudicar outros órgãos, como os dos sistemas respiratório e cardiovascular. São muitos os fatores que podem levar as pessoas a usar drogas. Entre eles a curiosidade, a depressão e a baixa autoestima. Embora o uso de drogas possa, a curto prazo, proporcionar sensação de bem-estar, sabe-se que, a longo prazo, o efeito cumulativo dessas substâncias tende a agravar quadros depressivos, de ansiedade, entre muitos outros efeitos prejudiciais.

- **Quais são as partes do sistema nervoso e que funções executam?**
- **Por que alguns acidentes podem causar paralisia em partes do corpo?**
- **Quais são as consequências do uso de drogas em nosso organismo?**
- **Como funcionam as estruturas que nos permitem perceber o ambiente ao nosso redor?**

1. SISTEMA NERVOSO

Além de coordenar as diversas funções do organismo, contribuindo para seu equilíbrio (homeostase), o sistema nervoso permite que os animais reajam rapidamente aos estímulos do ambiente.

SISTEMA NERVOSO CENTRAL

O nosso **sistema nervoso central**, formado pela medula espinal e pelo encéfalo, está protegido por ossos – a coluna vertebral e o crânio – e por três membranas – as **meninges** (*menigx* = membrana), chamadas de dura-máter, aracnoide e pia-máter, responsáveis pela proteção do sistema nervoso central. Veja a **figura 35.1**.

Entre as membranas e no interior das cavidades do sistema nervoso, circula o **líquido cerebrospinal** ou **cefalorraquidiano**, que proporciona proteção adicional, amortecendo eventuais choques.

O **encéfalo** é constituído por diferentes regiões, com funções diversas (**figura 35.2**): o cérebro, o cerebelo, a ponte, o mesencéfalo, o tálamo, o hipotálamo e a medula oblonga ou bulbo raquidiano. Essas regiões não estão isoladas entre si – ao contrário, muitas funções dependem do trabalho conjunto de mais de uma delas.

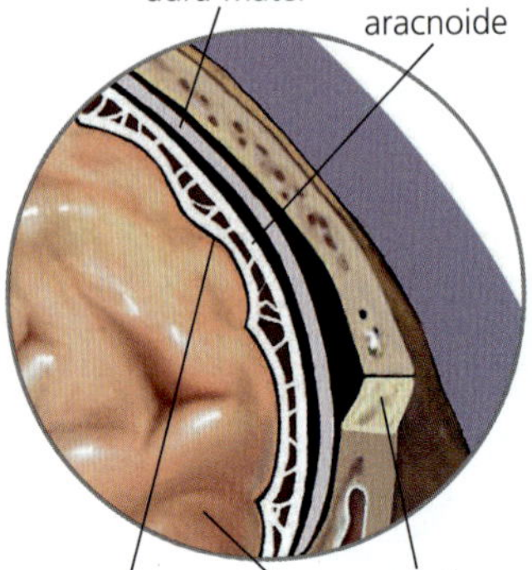

Figura 35.1 Ilustração das meninges que envolvem o encéfalo (os elementos não estão na mesma escala; cores fantasia).

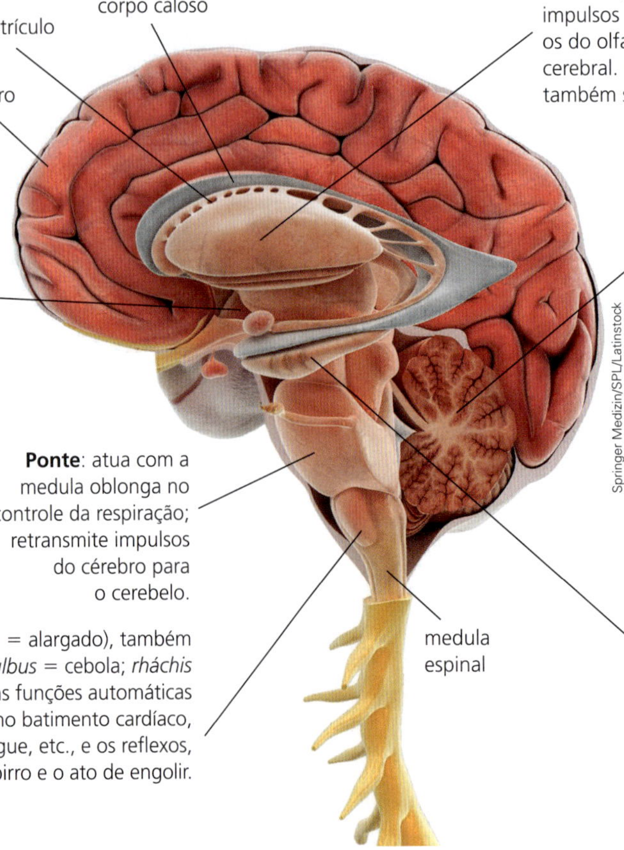

Figura 35.2 Esquema simplificado do encéfalo e resumo das funções de suas partes (os elementos não estão na mesma escala; cores fantasia).

O encéfalo recebe informações dos órgãos sensoriais; integra e relaciona as diversas mensagens de órgãos diferentes, comparando-as com informações armazenadas na memória; envia mensagens para os **órgãos efetores** (músculos e glândulas), controlando as reações do organismo ao ambiente externo e ao próprio organismo. O encéfalo é responsável também pelas emoções e pela capacidade de imaginar, prever, resolver problemas e de responder por todas as formas de pensamento abstrato.

O **cérebro** está dividido em dois hemisférios, que se ligam pelo corpo caloso. Cada hemisfério cerebral se divide em quatro lobos, separados por sulcos ou pregas que recebem os nomes dos ossos que os envolvem: **frontal**, **occipital**, **temporal** e **parietal**.

No ser humano, como nos demais mamíferos, a camada mais externa, o **córtex cerebral** (*cortex* = casca), é muito desenvolvida. O córtex apresenta inúmeras dobras que aumentam sua área e é constituído de uma **substância cinzenta** – formada pela concentração de corpos celulares de neurônios e a parte inicial de seus prolongamentos, o que lhe confere cor cinzenta. A camada inferior é constituída de uma **substância branca** – formada pelas neurofibras (feixes de axônios; o estrato mielínico destes é responsável pela cor branca). Esses prolongamentos dos neurônios podem sair do córtex ou chegar a ele.

Junto com outras partes do encéfalo, o córtex cerebral controla a percepção, as emoções (percebidas e reguladas pela amígdala) e os atos voluntários. Essa região do encéfalo recebe e processa as informações dos órgãos dos sentidos, além de ser a sede do pensamento, da aprendizagem, da linguagem, da consciência, da memória (da qual participa o hipocampo) e da inteligência.

A **medula espinal** está situada no interior da coluna vertebral. Assim como o encéfalo, a medula é constituída de substância branca e cinzenta. Porém, enquanto no encéfalo a região externa (córtex) é constituída de substância cinzenta e a interna, de substância branca (com exceção da medula oblonga), na medula esta substância cinzenta está presente na região interior do órgão e a substância branca, na parte mais externa (**figura 35.3**).

ACESSE E SAIBA MAIS

Fatos curiosos sobre o cérebro humano
<https://revistagalileu.globo.com/Caminhos-para-o-futuro/Saude/noticia/2016/09/45-fatos-curiosos-sobre-o-cerebro-humano.html>
Acesso em: 27 jul. 2018.

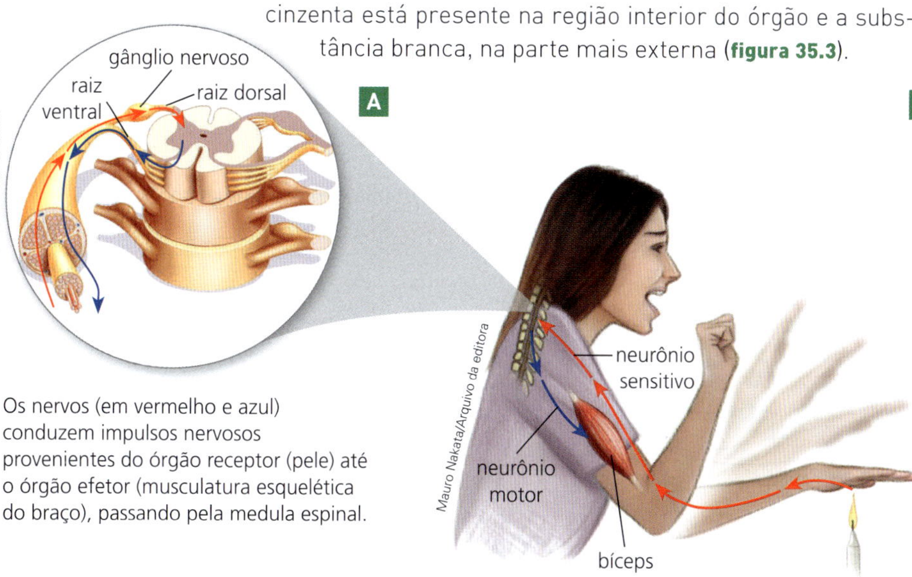

BSIP SA/Alamy/Fotoarena

Mauro Nakata/Arquivo da editora

Os nervos (em vermelho e azul) conduzem impulsos nervosos provenientes do órgão receptor (pele) até o órgão efetor (musculatura esquelética do braço), passando pela medula espinal.

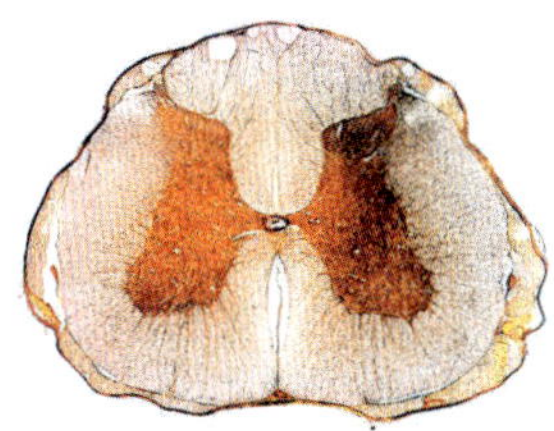

Manfred Kage/SPL/Latinstock

Figura 35.3 **A**: além de enviar impulsos para o encéfalo, a medula espinal é sede de vários atos reflexos (os elementos não estão na mesma escala; cores fantasia; **B**: foto de medula espinal vista em corte (microscópio óptico; aumento de cerca de 5 vezes; com uso de corantes).

SISTEMA NERVOSO PERIFÉRICO

Esse sistema é formado pelos **gânglios nervosos** (aglomerado de corpos celulares de neurônios), pelos **nervos cranianos**, que saem do encéfalo, e pelos **nervos espinais**, que saem da medula espinal.

Na espécie humana, há doze pares de nervos cranianos (o mesmo número encontrado em répteis, aves e mamíferos, enquanto nos peixes e anfíbios há dez pares) e 31 pares de nervos espinais (o mesmo número nos outros mamíferos). Os nervos cranianos fazem a conexão com órgãos dos sentidos e com músculos esqueléticos da face; o nervo vago (o décimo par de nervos cranianos) faz a conexão com o coração e alguns órgãos digestórios e respiratórios.

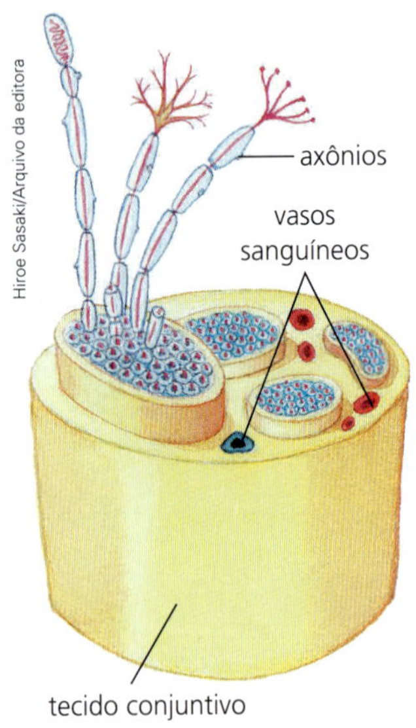

Figura 35.4 Esquema do interior de um nervo, formado por prolongamentos de neurônios (axônios), vasos sanguíneos e tecido conjuntivo (os elementos não estão na mesma escala; cores fantasia).

Cada nervo é formado por dezenas e até centenas de prolongamentos de neurônios, as neurofibras (ou fibras nervosas), envolvidos por tecido conjuntivo (**figura 35.4**), como vimos no capítulo 15.

No sistema nervoso periférico encontram-se: **nervos sensitivos**, que recolhem informações dos órgãos dos sentidos e dos órgãos internos; **nervos motores**, que levam mensagens do sistema nervoso central para os músculos e para as glândulas; e **nervos mistos**, com fibras nervosas sensitivas e motoras.

Na **raiz dorsal** da medula, há prolongamentos dos neurônios sensitivos, de onde chegam os estímulos. Os corpos celulares desses neurônios estão no interior dos gânglios nervosos. Pela **raiz ventral** saem prolongamentos dos neurônios motores, que promovem respostas aos estímulos do ambiente (**figura 35.3**). Na medula também ocorrem diversas sinapses entre os neurônios que chegam e os que saem do sistema nervoso central.

Lesões na medula espinal podem causar paralisia, porque o estímulo não chega à medula e é impedido de ir ao cérebro. Dependendo do local da lesão e da intensidade do dano, pode ocorrer a **paraplegia** (*para* = ao lado; *pleg* = ferir), que é a paralisia dos membros inferiores, ou a **tetraplegia** (*tetra* = quatro), que é a paralisia dos membros superiores e inferiores.

Uma parte dos nervos motores controla os músculos esqueléticos, comandando as respostas ao ambiente externo de maneira consciente (respostas voluntárias). Essa parte é chamada **sistema nervoso somático** ou **sistema nervoso periférico somático** (*soma* = corpo). No entanto, muitas vezes essas respostas ocorrem de modo involuntário. É o caso dos atos reflexos, em que as respostas voltam pela própria medula antes mesmo de ir ao cérebro. Dizemos, então, que o sistema nervoso somático controla a relação com o ambiente.

Os nervos que levam impulsos aos músculos lisos, às glândulas e ao músculo cardíaco fazem parte do **sistema nervoso autônomo**, também chamado **sistema nervoso periférico autônomo** ou **visceral** (**figura 35.5**). Esse sistema controla as atividades involuntárias, que fazem parte da vida vegetativa, ou seja, é responsável, com os hormônios, pelo controle da homeostase.

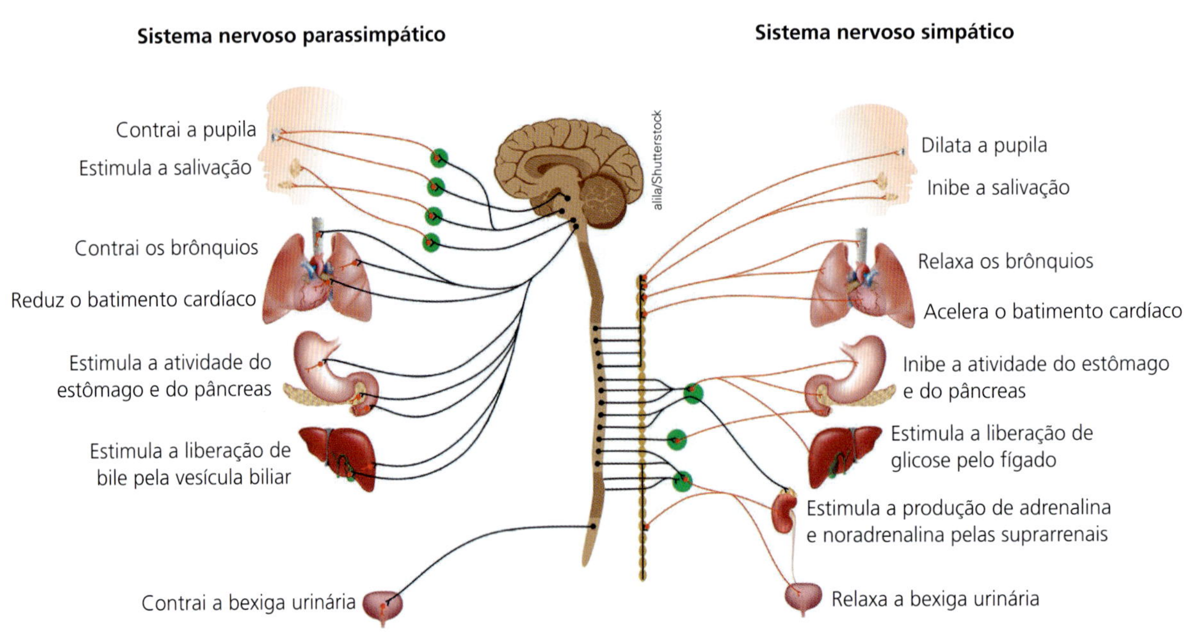

Figura 35.5 Efeitos do sistema nervoso autônomo sobre alguns órgãos. O sistema nervoso simpático foi deslocado para a direita para facilitar a visualização. O sistema nervoso simpático e o parassimpático podem ter ações opostas sobre os órgãos. Por exemplo, o simpático dilata a pupila e inibe a salivação, enquanto o parassimpático faz o contrário (os elementos não estão na mesma escala; cores fantasia).

A maioria dos órgãos controlados por esse sistema recebe dois tipos de nervos: um que estimula e outro que inibe a atividade do órgão.

Assim, o sistema nervoso autônomo divide-se em **simpático** e **parassimpático**. Os nervos simpáticos originam-se na região mediana da medula; os parassimpáticos saem do crânio e da extremidade final da medula (reveja a **figura 35.3**). Tanto o sistema nervoso simpático quanto o parassimpático possuem gânglios situados próximos à medula espinal ou aos órgãos que inervam.

Os sistemas nervosos simpático e parassimpático podem agir tanto de forma antagonista entre si como de forma complementar. Em situações de perigo, por exemplo, o simpático estimula o organismo deixando-o pronto para lutar ou fugir, ou seja, causa os mesmos efeitos dos hormônios da medula da glândula suprarrenal, como o aumento da frequência respiratória, do débito cardíaco e da pressão arterial; o aumento da glicose no sangue; a dilatação das artérias dos músculos esqueléticos e a contração das artérias da pele e das vísceras. Também estimula a medula da glândula suprarrenal a produzir adrenalina e noradrenalina, que potencializam esses efeitos. Após o perigo, o sistema nervoso parassimpático entra em ação, diminuindo o batimento cardíaco e fazendo com que as demais atividades atuem em seu ritmo normal, reduzindo o gasto de energia do organismo. Um exemplo de ação complementar entre os dois sistemas nervosos autônomos é a regulação de funções sexuais.

PROBLEMAS NO SISTEMA NERVOSO

Diversos fatores podem provocar danos ao sistema nervoso. A **meningite**, por exemplo, é uma doença causada por vírus ou bactérias (estudada no capítulo 18) que invadem as meninges. Os sintomas da meningite costumam ser febre, dor de cabeça muito forte e rigidez na musculatura da nuca, que impede a pessoa de encostar o queixo no peito. Essa infecção pode se espalhar pelo sistema nervoso e, por isso, é necessário pronto atendimento médico.

O sistema nervoso pode ser afetado também por problemas circulatórios. A hipertensão e a aterosclerose (estudadas no capítulo 32) podem levar ao rompimento ou à obstrução de um vaso sanguíneo na região do cérebro, resultando na morte da parte do tecido irrigado por esse vaso e na perda da função que essa parte controlava (algum sentido, movimento de uma área do corpo, por exemplo), ou até mesmo na morte da pessoa.

Até certo ponto, é possível recuperar danos ocorridos no cérebro. Por meio de exercícios especiais, outras porções do cérebro são estimuladas e podem assumir, com o tempo, pelo menos parte das funções que as áreas destruídas exerciam.

Não é possível prevenir todas as doenças do sistema nervoso, mas há como evitar as de outros sistemas que acabam por comprometê-lo, como os problemas do sistema circulatório. Por isso é importante evitar a obesidade, não fumar, controlar a pressão arterial, evitar o excesso de bebidas alcoólicas e de gordura na alimentação, praticar exercícios físicos (com a orientação de especialistas) e ter repouso adequado, com boa qualidade do sono.

ACESSE E SAIBA MAIS

Meningites
<http://portalms.saude.gov.br/saude-de-a-z/meningites>
Acesso em: 27 jul. 2018.

ATENÇÃO!

Para mais informações, procure orientação médica.

2. OS RECEPTORES SENSORIAIS

Nós e os demais animais apresentamos **receptores sensoriais**, ou seja, estruturas que reagem às mudanças nos ambientes externo (**exteroceptores**) e interno (**interoceptores**) e que podem ser formadas por simples terminações nervosas dos neurônios ou por células epiteliais especializadas. Os exteroceptores são encontrados nos órgãos responsáveis pela visão, audição, tato, gustação e olfato. Os interoceptores acusam variações de pressão arterial, pH do sangue, pressão osmótica, atuando na sensação de fome, sede, etc. E há ainda os **proprioceptores**, localizados no interior de músculos esqueléticos, tendões, ligamentos e articulações. Eles nos permitem perceber a posição do corpo e de suas partes.

Cada receptor está organizado de maneira que responda a determinado tipo de estímulo. Entre os exteroceptores, podemos citar os ativados pela luz (**fotoceptores** ou **fotorreceptores**), que ocorrem nos olhos e são responsáveis pela visão; por estímulos mecânicos (**mecanoceptores** ou **mecanorreceptores**), responsáveis pelas sensações táteis da pele, pelo equilíbrio e pela audição; por substâncias químicas (**quimioceptores** ou **quimiorreceptores**), que atuam no sentido do olfato e da gustação; pela variação de temperatura (**termoceptores** ou **termorreceptores**), que indicam frio ou calor; há ainda os **nociceptores** ou **nocirreceptores** (*nocere* = machucar), que são ativados quando o estímulo (que pode ser térmico, químico ou mecânico) pode provocar lesões (é potencialmente perigoso) por exceder uma faixa fisiológica segura.

Os receptores podem estar reunidos em órgãos dos sentidos, como nos da visão e da audição. O conjunto de receptores e de órgãos dos sentidos faz parte do **sistema sensorial**.

ESTRUTURA GERAL DO OLHO

O olho humano é coberto por uma camada protetora de tecido conjuntivo fibroso, a **esclera** (ou esclerótica, a parte branca do olho; *skleros* = duro), que é transparente na parte frontal, formando a **córnea** (*corneus* = composto de camadas). Parte da esclera e a superfície interna das pálpebras são revestidas por uma membrana, a **conjuntiva**. Mais internamente se situa a **corioide** (ou **coroide**; *chorion* = membrana; *eidos* = semelhante), com vasos sanguíneos e melanina. A melanina pode ser vista na parte anterior da corioide, a **íris** (na mitologia grega, Íris é a mensageira dos deuses e simboliza a união entre o céu e a terra; é a origem também de "arco-íris"), responsável pela cor dos olhos (**figura 35.6**).

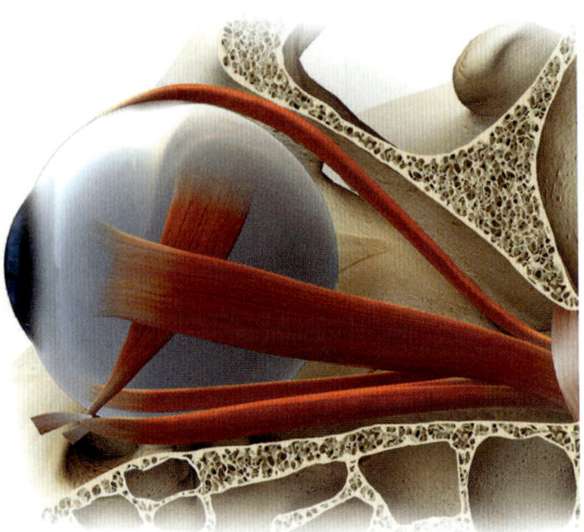

Dorling Kindersley/Getty Images

Músculos que movimentam o globo ocular.

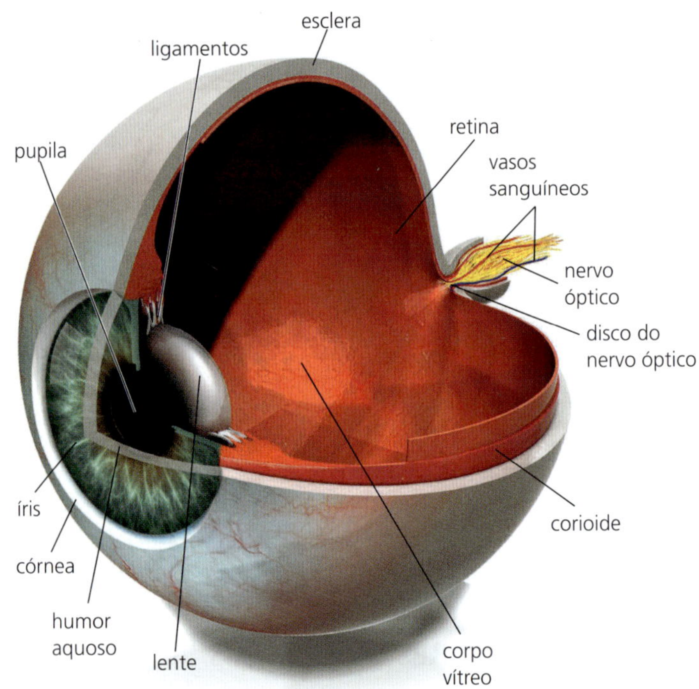

Claus Lunau/SPL/Latinstock

Figura 35.6 Esquema do olho humano (os elementos não estão na mesma escala; cores fantasia).

ACESSE E SAIBA MAIS

Evolução do olho humano
<https://ed.ted.com/lessons/the-evolution-of-the-human-eye-joshua-harvey>
Acesso em: 27 jul. 2018.

No centro da íris, existe uma abertura, a **pupila**, pela qual entra a luz (*pupilla* = menininha; ao olhar nos olhos de alguém, vemos nossa imagem refletida em miniatura). A íris pode se contrair ou dilatar, fechando ou abrindo a pupila e controlando a quantidade de luz que entra no olho. Em ambientes iluminados, a pupila se contrai; em ambientes escuros, ela se dilata, permitindo maior entrada de luz.

Os raios luminosos que chegam aos olhos são desviados (sofrem refração) ao passar pela córnea, pelo **humor aquoso** (líquido claro; *humore* = líquido), pela **lente** (ou **cristalino**, na terminologia antiga) e pelo **corpo vítreo** (líquido bastante viscoso). Esse conjunto funciona como um sistema de lentes convergentes e forma uma imagem na parte sensível do olho, a **retina** (reveja a **figura 35.6**). A região onde os axônios dos neurônios da retina se agrupam e formam o **nervo óptico** – que sai da retina e se dirige ao cérebro levando os impulsos nervosos – é o **disco do nervo óptico** (**ponto cego**). Devido à ausência de fotorreceptores nessa região, não há formação de imagens nela.

Há dois tipos de células fotossensíveis na retina: **cones** e **bastonetes** (**figura 35.7**), cujos nomes derivam de seu formato. Como um filme muito sensível, os bastonetes captam imagens mesmo com pouca luz e são importantes para a visão na obscuridade. Nos animais de hábitos noturnos, a retina é formada, predominantemente, por essas células. No olho humano, há maior concentração de bastonetes na periferia da retina, o que, em ambientes mais escuros, permite enxergar melhor com o canto dos olhos.

Os cones são estimulados apenas por intensidades mais altas de luz, funcionando melhor na claridade e fornecendo imagens mais nítidas que os bastonetes. Estão mais concentrados em uma pequena região chamada **mácula lútea** (mancha amarela), em cujo centro está a *fovea centralis* (depressão central) ou, simplesmente, **fóvea**. Nessa depressão, há apenas cones e é nela que a imagem se forma com maior nitidez. Os cones ainda possibilitam ver imagens coloridas do ambiente. Com pouca luminosidade, entretanto, é possível perceber apenas o branco, o preto e tons de cinza.

ACESSE E SAIBA MAIS

Olhos *versus* câmeras
<https://ed.ted.com/lessons/eye-vs-camera-michael-mauser>
Acesso em: 27 jul. 2018.

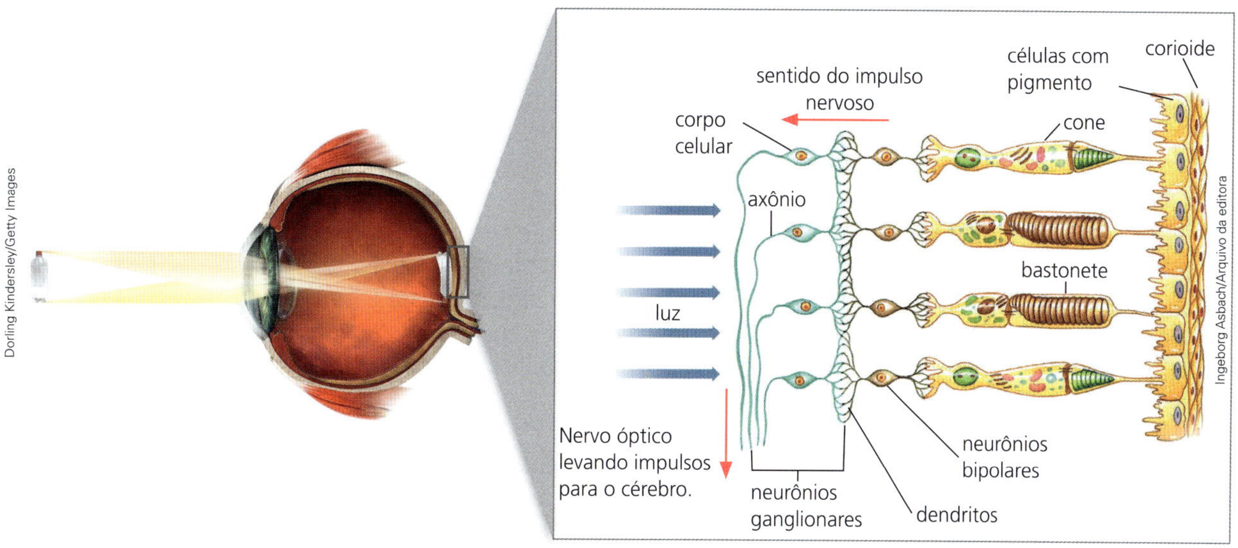

Figura 35.7 Esquema simplificado da captação de imagens pelo olho. No detalhe, a ilustração mostra os cones e os bastonetes (os elementos não estão na mesma escala; cores fantasia).

BIOLOGIA E TECNOLOGIA

O olho humano e a máquina fotográfica

É comum comparar o olho humano a uma câmera fotográfica, com suas lentes, diafragma e filme (nas máquinas analógicas) ou sensores eletrônicos (nas máquinas digitais e celulares). Nas câmeras fotográficas, a luz entra por uma abertura que pode ser regulada pelo diafragma. O obturador abre e fecha rapidamente e a luz entra por determinado período de tempo. A objetiva é formada por um sistema de lentes para colocar em foco a imagem. Nos modelos digitais, como em celulares, a luz chega então a um sensor (um *chip* sensível à luz) que converte a luz em um fluxo de elétrons, que, por sua vez, é transformado em dados digitais (na forma de um código binário, código de informática formado pelos números 1 e 0), armazenados no cartão de memória da máquina ou convertidos em imagem, que é visualizada na tela de cristal líquido do equipamento.

PROBLEMAS NOS OLHOS

ATENÇÃO!

Para mais informações, procure orientação médica.

Vejamos a seguir alguns problemas que podem afetar a visão do ser humano.

- **Presbiopia** (*presbys* = antigo; *opsis* = olho) – o poder de refração dos olhos pode ser alterado pela contração de pequenos músculos do olho (músculos ciliares), que modificam a forma da lente (cristalino). Essa capacidade, chamada **acomodação**, permite que as imagens situadas a distâncias diversas se formem sobre a retina, mas tende a diminuir com a idade, em geral após os 40 anos, à medida que a lente perde sua elasticidade, provocando a presbiopia, conhecida como "vista cansada". A focalização dos objetos próximos passa a ser difícil. O problema pode ser corrigido com o auxílio de lentes convergentes (lentes para perto) ou do tipo multifocal.
- **Hipermetropia** – problema decorrente do fato de o diâmetro do globo ocular ser pequeno demais ou de o sistema de lentes ter pouca refração. Em ambos, os raios luminosos não são desviados suficientemente para que sejam focalizados sobre a retina (a imagem, teoricamente, se formaria em um ponto depois da retina). Quando o objeto está longe, a pessoa ainda pode focalizá-lo usando seu poder de acomodação (aumentando a convergência da lente). Para objetos próximos, há necessidade de um grande aumento de refração, acima da capacidade de acomodação do olho. Consequentemente, a pessoa com hipermetropia enxerga mal de perto. A correção é feita com lentes convergentes, que desviam os raios luminosos de maneira que eles se aproximem, isto é, convirjam (**figura 35.8**). O estudo das lentes é realizado por uma área da Física, a Óptica.
- **Miopia** (*myein* = cerrar; *opsis* = olho, porque a pessoa míope aperta as pálpebras para ver melhor) – em geral, é causada por um globo ocular muito alongado ou por grande poder de refração do sistema de lentes. Em ambos, os raios luminosos são focalizados em um ponto antes da retina, em que, se houvesse um anteparo, seria formada uma imagem. Quando o objeto está perto, a acomodação ainda consegue resolver o problema, mas, à medida que a distância aumenta, a lente não pode diminuir mais a sua convergência, e o míope passa a ter dificuldade para enxergar de longe. A correção é feita com lentes divergentes, que desviam os raios luminosos de maneira que eles se afastem uns dos outros, formando um feixe divergente (**figura 35.8**).

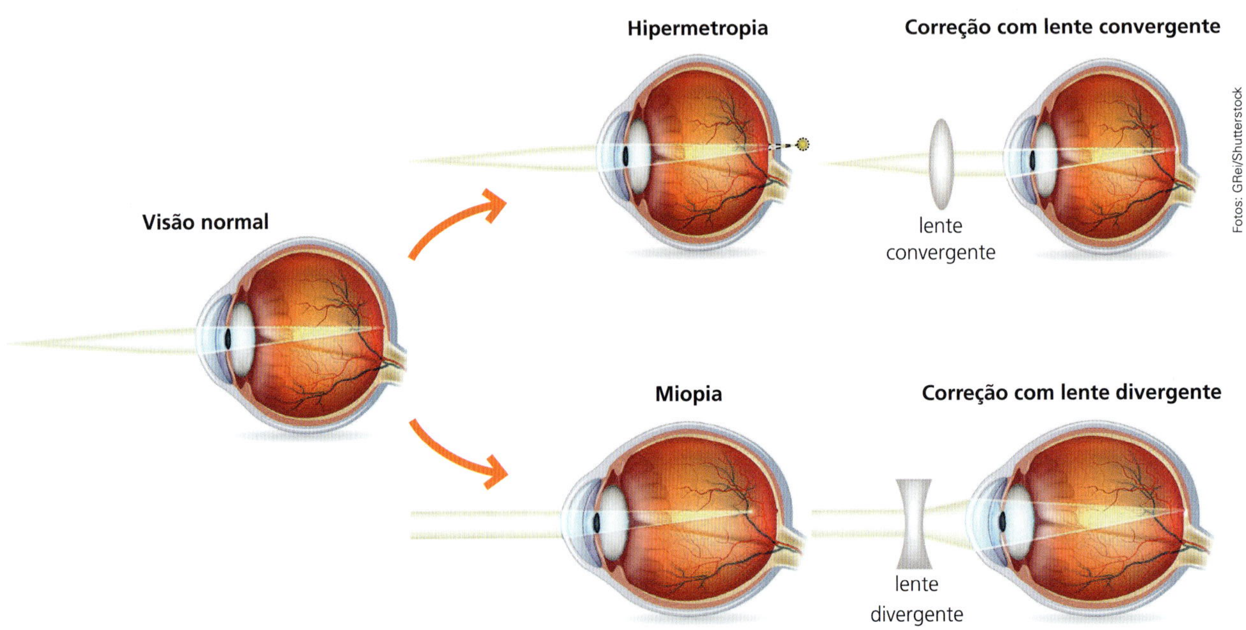

Figura 35.8 Hipermetropia e sua correção e miopia e sua correção (os elementos não estão na mesma escala; cores fantasia).

- **Astigmatismo** (*a* = sem; *stygma* = ponto, marca) – é consequência de um formato irregular da córnea ou da lente, que desviam os raios luminosos de maneira diferente e a imagem fica fora de foco em algumas direções. A correção é feita com lentes cilíndricas que tenham curvaturas desiguais, compensando a curvatura desigual do olho. Veja a **figura 35.9**.
- **Catarata** (*kataraktys* = cascata; observa-se na lente do olho uma opalescência translúcida como a de uma cascata) – doença em que a lente perde parte da transparência, dificultando a visão. É mais comum após os 50 anos. Pode ser corrigida por meio de cirurgia na qual se retira o núcleo da lente e coloca-se em seu lugar uma lente artificial.
- **Glaucoma** (*glaukos* = azul-esverdeado, cor da pupila que pode aparecer por causa da opacificação da lente, o que indica que o termo pode ter sido usado inicialmente para a catarata) – problema em que o humor aquoso se acumula, provocando aumento da pressão intraocular, que pode lesionar o nervo óptico. Por isso, se a doença não for diagnosticada (a medida da pressão intraocular feita pelo oftalmologista é usada para identificar indícios de glaucoma) e tratada a tempo (com medicamentos ou cirurgia), poderá provocar até cegueira irreversível (por destruição do nervo óptico).

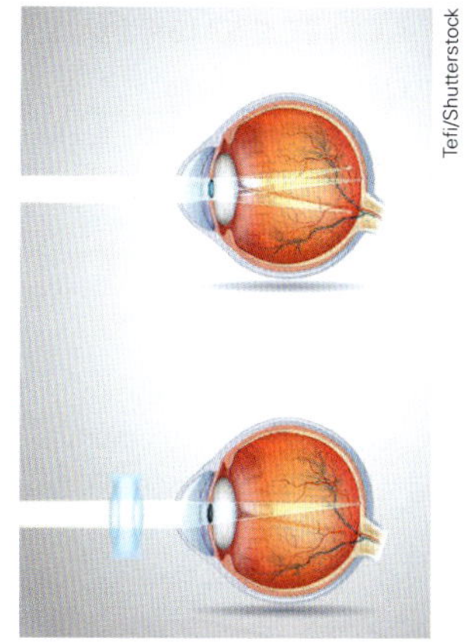

Figura 35.9 Correção de astigmatismo com o uso de lente cilíndrica (os elementos não estão na mesma escala; cores fantasia).

ESTRUTURA GERAL DA ORELHA

Na espécie humana, a orelha pode ser dividida em **externa**, **média** e **interna** (**figura 35.10**). A orelha externa é formada pelo **pavilhão auricular**, que facilita a captação do som, e pelo **meato acústico externo** (ou canal auditivo).

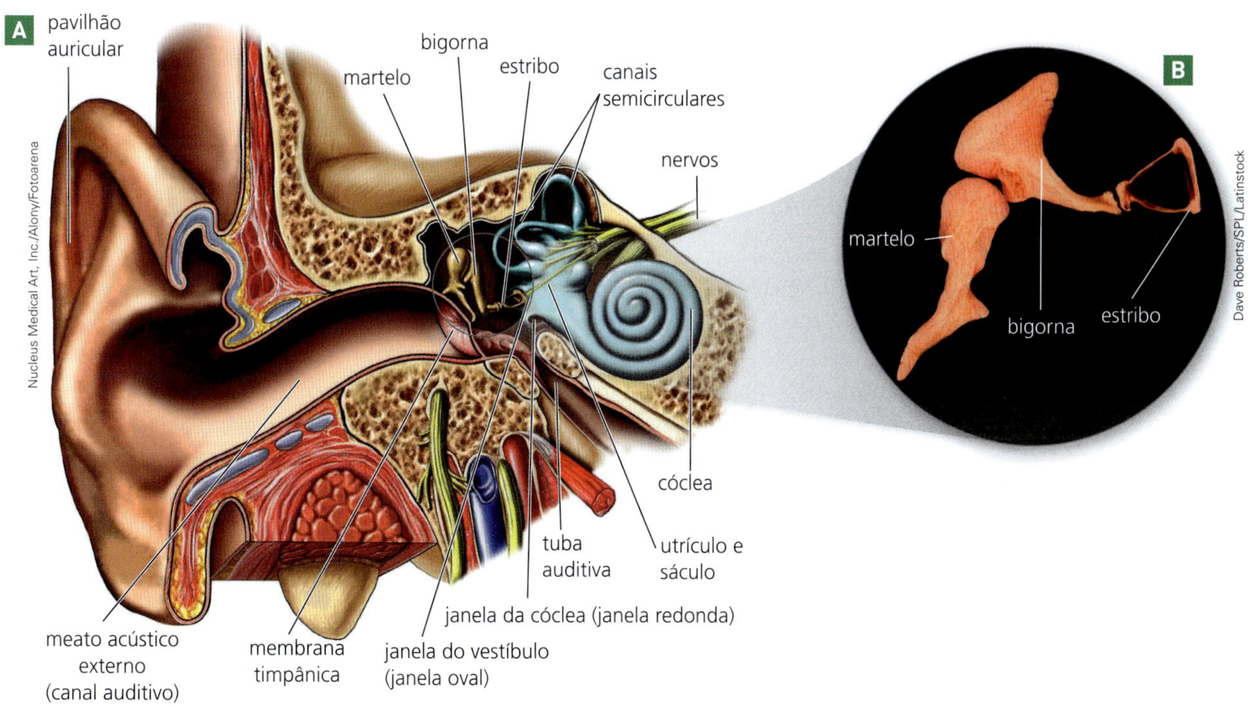

Figura 35.10 **A**: estrutura da orelha humana; **B**: foto feita por raios X dos três ossos da orelha, os menores do corpo humano (aumento de cerca de 5 vezes; imagem colorizada por computador; os elementos não estão na mesma escala; cores fantasia).

A membrana timpânica marca o início da orelha média. Ela vibra de acordo com o som que chega pela orelha externa. Essas vibrações são transmitidas para três pequenos ossos – **martelo**, **bigorna** e **estribo** – articulados entre si e que funcionam como um sistema de alavancas, que podem amplificar ou diminuir as vibrações da membrana timpânica, por meio de pequenos músculos presos a eles. Esses músculos podem frear os movimentos dos ossos, protegendo os ouvidos contra sons muito fortes.

ACESSE E SAIBA MAIS

Ciência da audição

<https://ed.ted.com/lessons/the-science-of-hearing-douglas-l-oliver>

Acesso em: 27 jul. 2018.

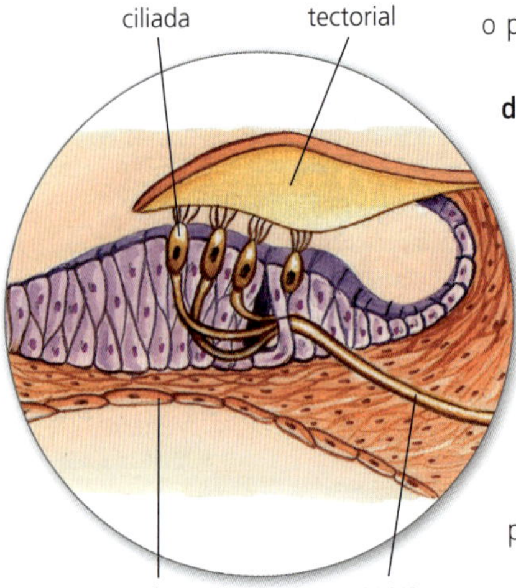

Figura 35.11 Órgão espiral em detalhe (os elementos não estão na mesma escala; cores fantasia).

A orelha média comunica-se com a garganta – e, consequentemente, com o exterior – através da **tuba auditiva** – antes chamada trompa de Eustáquio, em homenagem ao anatomista italiano Bartolomeu Eustáquio (1520-1574). Se não houvesse essa comunicação, o tímpano permaneceria inchado para fora ou para dentro sempre que houvesse alteração na pressão, o que diminuiria sua flexibilidade e prejudicaria a audição. É o que ocorre, por exemplo, quando subimos uma serra de carro ou de ônibus. A pressão atmosférica fica menor que a do ar na orelha média, e o tímpano é pressionado de dentro para fora, ficando um pouco curvado. A saída de parte do ar pela tuba auditiva equilibra as pressões e resolve o problema.

A vibração do tímpano é transmitida pelos três pequenos ossos para a **janela do vestíbulo** (ou janela oval; uma membrana), que marca o início da orelha interna. A vibração passa então para um líquido no interior da **cóclea** (*cochlea* = caracol; tubo enrolado como a concha de um caracol). Dentro desta há a **membrana basilar**, com células sensitivas ciliadas (mecanoceptores), que se agrupam no órgão espiral (ou órgão de Corti, na terminologia antiga) e são capazes de perceber as vibrações causadas no líquido pela janela do vestíbulo, o que faz com que os cílios dessas células se choquem contra a **membrana tectorial** ou **tectórica** (*tectorium* = cobertura). O próprio movimento do líquido também estimula os cílios, gerando um impulso nervoso que é levado pelo **nervo vestibulococlear** ao centro da audição, no lobo temporal do cérebro, onde o som é percebido (**figura 35.11**).

Se a cóclea fosse uma estrutura inteiramente rígida, o líquido em seu interior não poderia se movimentar (vibrar). Entretanto, ela possui outra membrana elástica, a janela da cóclea (ou janela redonda), que se dilata e permite a movimentação do líquido quando ele recebe as vibrações da janela do vestíbulo (reveja a **figura 35.10**). Na orelha interna, há ainda o utrículo, o sáculo e os canais semicirculares, que, como veremos mais adiante, atuam no equilíbrio do corpo.

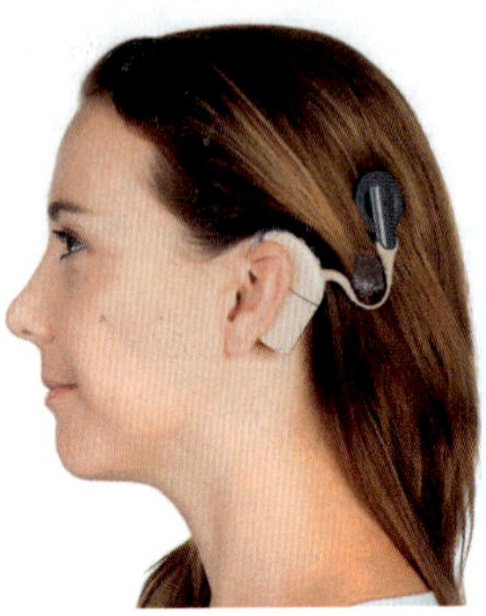

Figura 35.12 Adolescente com implante coclear.

PROBLEMAS AUDITIVOS

A perda parcial ou total da audição (surdez) pode ser provocada por lesões no mecanismo de transmissão dos sons até a cóclea, na cóclea ou no nervo vestibulococlear. Alguns tipos de surdez são de origem hereditária. Outros são provocados por: exposição a sons muito intensos; infecções no ouvido; uso de certos medicamentos (alguns antibióticos podem afetar o nervo vestibulococlear). Além disso, à medida que a pessoa envelhece, é comum haver perda progressiva da capacidade auditiva.

Em certos casos, essa perda pode ser corrigida ou diminuída com medicamentos, cirurgia, aparelhos amplificadores ou implantes de cóclea (**figura 35.12**).

Um recurso utilizado pelas pessoas com deficiência auditiva é a linguagem de sinais. O diagnóstico e o tratamento dos problemas de audição são realizados pelo otorrinolaringologista (*otos* = orelha; *rhinos* = nariz; *larinx* = laringe).

MANUTENÇÃO DO EQUILÍBRIO

Na orelha interna, o utrículo, o sáculo e os canais semicirculares formam o **aparelho vestibular** ou **labirinto**. Em seu interior há partes de células sensoriais ciliadas (esterocílios), que enviam mensagens ao sistema nervoso sobre as mudanças de posição do corpo. Em resposta, o sistema nervoso envia sinais aos músculos para ajustar a postura e manter o equilíbrio.

No utrículo e no sáculo, existe uma substância gelatinosa com otólitos (cristais de calcário; *otós* = ouvido; *lithos* = pedra) (**figura 35.13**). Quando uma pessoa começa a se movimentar ou a cabeça é desviada, os otólitos deslocam-se e os cílios das diferentes células sensoriais são estimulados.

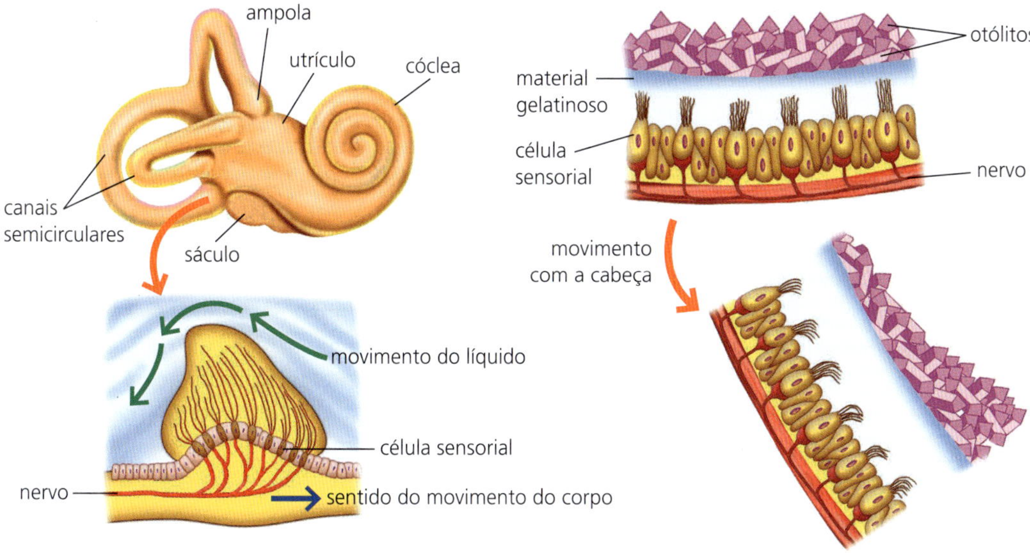

Ilustrações: Luis Moura/Arquivo da editora

Figura 35.13 Como o aparelho vestibular detecta os movimentos do corpo (os elementos não estão na mesma escala; cores fantasia).

Nos canais semicirculares, há regiões dilatadas (**ampolas** ou **âmpulas**) com células sensoriais cobertas por material gelatinoso. Movimentos da cabeça fazem o líquido no interior dos canais se movimentar, pressionando as células sensoriais (**figura 35.13**). A disposição dos canais permite que eles recebam informações dos três planos dos movimentos da cabeça no espaço e as enviem ao sistema nervoso para que ele faça os ajustes na postura e na posição dos olhos.

Existem várias doenças que afetam o labirinto, chamadas **labirintopatias** (labirintite, termo usado popularmente para denominá-las, é apenas um tipo de labirintopatia, que se caracteriza pela infecção ou inflamação da orelha interna). Dependendo do problema, a pessoa pode ter tonturas, vertigens, enjoos, dor de cabeça, ouvir zumbidos ou outros sintomas. O tratamento é feito de acordo com a causa do problema, e somente o médico pode diagnosticá-lo e tratá-lo corretamente.

ACESSE E SAIBA MAIS

Labirintite
<https://drauziovarella.uol.com.br/entrevistas-2/labirintite-2/>
Acesso em: 27 jul. 2018.

OLFATO E GUSTAÇÃO

Os animais são capazes de captar estímulos químicos do ambiente por meio de receptores químicos. Quando são capazes de detectar partículas emitidas por objetos distantes, esses receptores são chamados **receptores olfatórios**, constituindo o olfato. E aqueles que são estimulados apenas por partículas químicas em contato direto com o objeto são chamados **receptores gustatórios**, constituindo a gustação (paladar).

Na parte superior das **cavidades nasais** dos seres humanos, bem como dos outros mamíferos e de outros vertebrados terrestres, há células olfatórias dotadas de cílios. Quando determinadas moléculas do ambiente ligam-se a receptores dessas células, deflagra-se um impulso nervoso, que é encaminhado ao **bulbo olfatório** (**figura 35.14**).

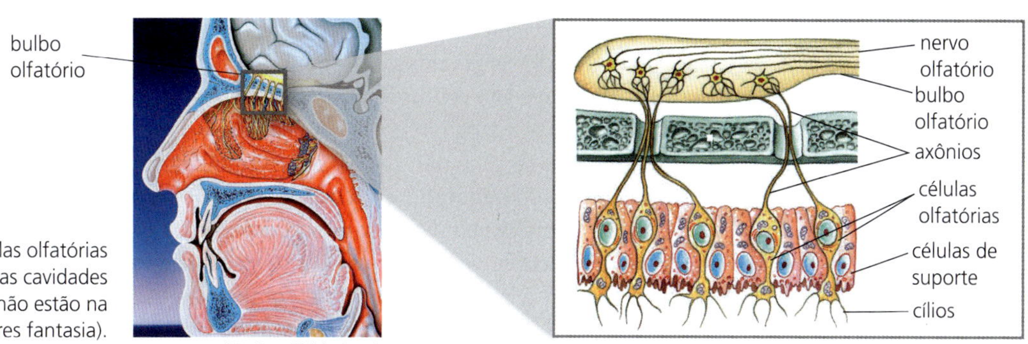

John Bavosi/SPL/Latinstock

Ingeborg Asbach/Arquivo da editora

Figura 35.14 As células olfatórias localizam-se no teto das cavidades nasais (os elementos não estão na mesma escala; cores fantasia).

O que percebemos como sabor do alimento deve-se, em grande medida, ao olfato: com o nariz e os olhos tapados, pode ser difícil distinguir, só pelo gosto, uma maçã de uma batata, por exemplo. Quando estamos resfriados, o excesso de muco produzido no nariz dificulta o contato dos receptores olfatórios com as partículas responsáveis pelo cheiro. O resultado é que os alimentos perdem muito do sabor.

Na língua, encontramos os **botões gustatórios**, concentrados em pequenas projeções, as **papilas gustatórias** (**figura 35.15**). As células gustatórias reagem a diversos tipos de substâncias químicas.

Com os botões gustatórios, percebemos quatro tipos de sensações fundamentais: o doce, o salgado, o azedo e o amargo. Atualmente, um quinto sabor é reconhecido: o *umami*. Trata-se de uma palavra japonesa, que vem dos ideogramas *umai* = gostoso; *mi* = sabor. Ele pode ser percebido em alimentos temperados com glutamato monossódico, derivado de um aminoácido, o ácido glutâmico (algumas pessoas podem ser alérgicas a esse tempero). O ácido glutâmico também está naturalmente presente, com outros aminoácidos, nos alimentos ricos em proteínas, como a carne e o peixe.

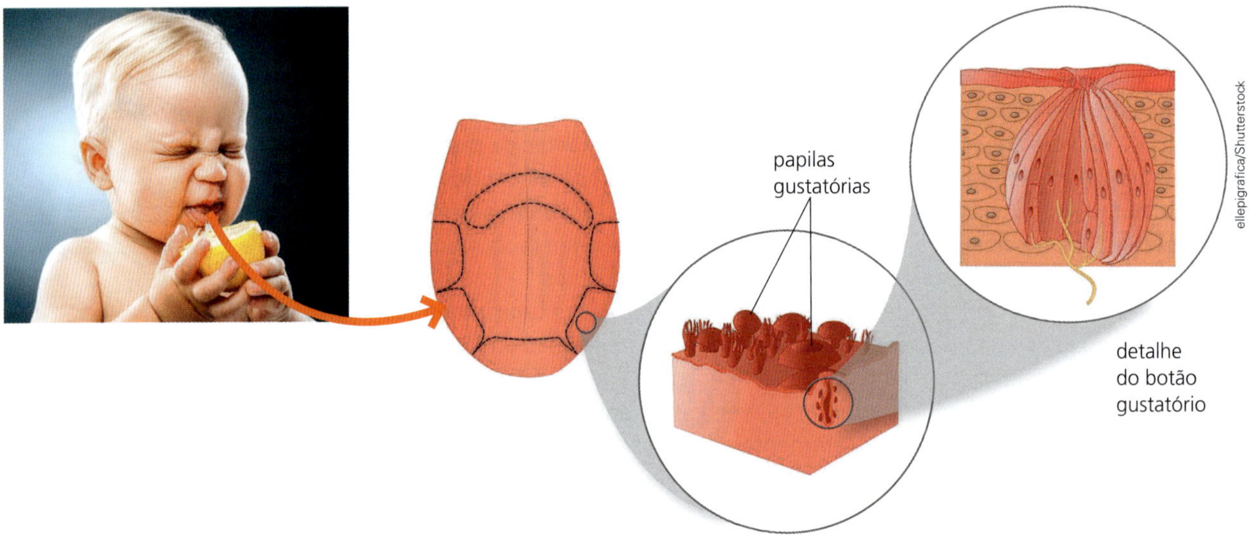

Figura 35.15 Papilas e botões gustatórios (os elementos não estão na mesma escala; cores fantasia).

RECEPTORES DA PELE

ACESSE E SAIBA MAIS

A ciência da pele

<https://ed.ted.com/lessons/the-science-of-skin-emma-bryce>

Acesso em: 27 jul. 2018.

Nos seres humanos, assim como nos demais vertebrados, existem vários tipos de receptores que acusam dor, sensações táteis (tato e pressão) e sensações térmicas (calor e frio). O tato é a percepção de que algo tocou nossa pele e de que esse toque ocorreu em determinado ponto dela.

Entre os receptores do tato, por exemplo, encontramos, na porção superior da derme, aqueles que são muito sensíveis a toques leves, que indicam qual ponto foi tocado. Há também corpúsculos que estão situados em áreas mais profundas da derme e acusam pressões mais fortes de um objeto sobre a pele.

Os receptores que acusam a dor são terminações de células nervosas que estão espalhadas em vários tecidos do corpo. A dor é uma informação importante: ela nos diz que há algo errado acontecendo em nosso corpo. A dor impede, por exemplo, que uma pessoa tente mover uma perna quebrada, o que poderia piorar a fratura. Imagine o que ocorreria se você não sentisse dor quando, sem notar, encostasse a mão em uma panela muito quente!

Certos anestésicos locais, como a novocaína, usada por dentistas, atuam diretamente nos receptores da dor na pele ou nas gengivas. A aspirina e outros medicamentos inibem a produção de prostaglandinas, substâncias que causam dor e inflamação em diversas regiões do corpo.

BIOLOGIA E SAÚDE

Drogas

O que usualmente é chamado de droga equivale, em Medicina, à droga psicotrópica (*psyche* = mente; *tropica* = atração). Esse tipo de droga age no sistema nervoso e modifica a maneira de sentir, pensar ou agir.

O cigarro e as bebidas alcoólicas são drogas legais, isto é, seu consumo é permitido por lei para maiores de 18 anos. Isso não quer dizer que não façam mal – muito pelo contrário: todas as drogas podem causar sérios distúrbios físicos e psíquicos.

A maconha e a cocaína são exemplos de drogas ilegais: além de fazerem mal à saúde, quem as porta, comercializa ou produz está sujeito às penas da lei.

As drogas podem provocar dependência: depois de algum tempo de consumo, a pessoa pode se sentir mal quando não está sob efeito delas, não conseguindo deixar de consumi-las. A dependência é uma doença; para tratá-la, é preciso recorrer a tratamento médico.

Os efeitos das drogas variam de acordo com a substância e com a pessoa. Logo após o consumo, o usuário pode sentir-se mais alegre, relaxado, com mais energia. Depois, aparecem efeitos desagradáveis. Com o uso prolongado, podem surgir danos a vários órgãos, como pulmões, fígado, coração, rins e cérebro, que podem levar à morte.

Veja a seguir alguns dos efeitos que o uso de diferentes drogas pode trazer ao organismo.

- **Maconha** – pode provocar angústia, alucinações, falhas na memória, dificuldades de concentração e de aprendizagem. O uso frequente pode afetar o sistema respiratório e aumentar a chance de desenvolver câncer de pulmão.
- **Cocaína** e ***crack*** – inicialmente, a pessoa até pode sentir-se mais alerta e confiante, mas pode apresentar também comportamento violento, insônia, irritabilidade, tremores, delírio, paranoia (mania de perseguição) e alucinações. A isso segue-se um período de depressão, angústia, irritabilidade e cansaço. Essas drogas aumentam também a pressão do sangue e os batimentos cardíacos, elevando o risco de morte por parada cardíaca ou respiratória. O uso contínuo da cocaína, cujo consumo mais comum é por meio da aspiração, provoca lesões e perfurações no revestimento do nariz, enquanto o *crack* causa danos aos pulmões. Surgem alterações irreversíveis no cérebro depois de, em média, dois anos de uso constante. São afetadas a memória, a atenção, a concentração, a capacidade de raciocínio abstrato e a percepção espacial.
- **Anfetaminas** – deixam a pessoa com menos sono e aumentam o estado de alerta, a agressividade e a irritabilidade. Podem provocar paranoia e alucinações. A pressão e o batimento cardíaco podem aumentar muito. Passado o efeito, a pessoa tem sono prolongado, apatia e falta de energia.
- **Alucinógenos** – o mais conhecido é a dietilamida do ácido lisérgico (LSD). Provocam alucinações visuais e auditivas, além de alterações das emoções e dos pensamentos. A pessoa pode ficar confusa, deprimida, violenta ou entrar em pânico, achando que está sendo perseguida, ficar com medo de enlouquecer ou de morrer. Com o uso prolongado, a memória, a atenção e o raciocínio ficam prejudicados.
- ***Ecstasy*** **(êxtase)** – combina os efeitos das anfetaminas com os dos alucinógenos. Pode causar crises de pânico e depressão. Há aumento da temperatura do corpo, da frequência cardíaca e da pressão arterial, suor intenso e náuseas. Pode provocar convulsões, falta de controle dos movimentos do corpo e morte por desidratação.
- **Solventes inalantes** – são substâncias voláteis que, inaladas, provocam euforia, alucinações, confusão mental, além de tontura, dor de cabeça e perda de autocontrole. Por fim, segue-se uma fase de depressão e delírios e, mesmo no primeiro uso da droga, pode ocorrer morte por parada cardíaca ou respiratória. O uso frequente provoca danos ao cérebro, fígado, rins, sangue e medula óssea.
- **Opioides** – são drogas produzidas a partir do ópio, como heroína, morfina e codeína. Provocam sonolência, alteração do humor, náuseas, vômitos, alucinações e até a morte por parada respiratória. Causam dependência rapidamente.

- **Álcool** – inicialmente, alivia a tensão e a ansiedade e provoca uma sensação de relaxamento, euforia e desinibição. À medida que a sua concentração no sangue aumenta, os centros nervosos que controlam o raciocínio, os reflexos, a coordenação motora e a memória são inibidos. A pessoa perde a firmeza para andar e raciocinar e fala com dificuldade. Pode apresentar agressividade e outros comportamentos inconvenientes.

  Por provocar sonolência, diminuir os reflexos e prejudicar a coordenação motora, no Brasil é proibido por lei dirigir veículos sob o efeito dessa substância, que é uma das principais causas dos acidentes com veículos.

  O consumo recorrente e excessivo pode provocar danos ao cérebro (morte de neurônios), ao fígado (cirrose hepática), ao pâncreas, ao coração (aumenta a pressão arterial), ao estômago, ao intestino, entre outros órgãos. Além disso, diminui a resistência do organismo e aumenta os riscos de alguns tipos de câncer, como os de boca, de esôfago e de faringe. Doses altas podem provocar a morte por parada respiratória.

  Algumas pessoas podem ficar dependentes. O alcoólatra bebe compulsivamente e, se não beber, fica irritado e pode apresentar aumento da transpiração, tremores nas mãos, convulsões e até alucinações (o chamado *delirium tremens*) por causa da síndrome de abstinência. Nesse caso, é necessário tratamento médico.

  A venda de bebidas alcoólicas é proibida para menores de 18 anos. A bebida na juventude é um fator de risco de dano cerebral. Estudos mostraram que a parte do cérebro relacionada à memória é 10% menor em jovens consumidores de álcool, que também tem a capacidade de raciocínio e de tomada rápida de decisões reduzidas. Já o consumo de álcool durante a gravidez aumenta o risco de aborto e pode causar problemas ao feto: a criança pode nascer com retardamento mental e outras complicações.

- **Fumo** – a pessoa que fuma um maço de cigarros por dia vive, em média, sete anos menos que uma que não fuma. A nicotina do cigarro pode fazer o fumante se sentir menos tenso, pois provoca certo relaxamento muscular, mas é um estimulante leve do coração. O efeito imediato é o aumento do batimento cardíaco e da pressão arterial. Ela causa dependência e sua falta pode provocar sintomas desagradáveis, como dor de cabeça, irritação e insônia; por isso pode ser difícil deixar de fumar. A nicotina também aumenta a chance de aterosclerose, infarto e acidente vascular cerebral (derrame). O monóxido de carbono reduz a taxa de oxigênio para os órgãos. A taxa de mortalidade das mulheres que fumam e tomam pílulas anticoncepcionais é três vezes maior que a das que tomam pílula e não fumam. Isso porque o fumo e a pílula aumentam o risco de formação de coágulos no sangue.

  O fumo durante a gravidez diminui o suprimento de oxigênio do feto, o que prejudica seu desenvolvimento. De modo geral, ele pode causar também bronquite, enfisema e câncer no pulmão e em outros órgãos.

  O fumante não prejudica apenas a sua saúde, mas também a das pessoas que não fumam e estão próximas, visto que elas absorvem parte da fumaça dos cigarros (fumantes passivos), principalmente em ambientes fechados. É por isso que cada vez mais restrições são impostas ao fumo em locais públicos.

Assim, apesar de inicialmente o usuário se sentir mais alegre, relaxado ou com mais energia, o consumo de drogas é uma agressão a todo o organismo. Além dos danos físicos, as drogas prejudicam o desenvolvimento da personalidade, a aprendizagem, o desempenho profissional, os relacionamentos e a capacidade de lidar com questões cotidianas.

As drogas, portanto, inserem-se em um contexto complexo que deve ser examinado de forma interdisciplinar. Isso significa que, além de estudar por meio da Biologia e da Química os efeitos das drogas no organismo, é necessário analisar, por exemplo, os fatores psicológicos e sociais que levam os jovens ao uso de drogas. É necessário também estudar que ações são mais eficazes no combate às drogas, quais os meios legais para executar essas ações, como a educação pode contribuir para afastar o jovem do uso das drogas, entre muitas outras questões.

Fontes de pesquisa: AQUINO, J. G. (Org.). *Drogas na escola*: alternativas teóricas e práticas. São Paulo: Summus, 2000; BRAUN, I. M. *Drogas*: perguntas e respostas. São Paulo: MG, 2007; CAVALIERI, A. L.; EGYPTO, A. C. *Drogas e prevenção*: a cena e a reflexão. São Paulo: Saraiva, 2002; COTRIM, B. C. *Drogas*: mitos e verdades. São Paulo: Ática, 2004. *Sites*: <www.cebrid.com.br/>; <www.justica.gov.br/central-de-conteudo/politicas-sobre-drogas>. Acesso em: 9 fev. 2018.

ATIVIDADES

Questões discursivas

1. Podemos dizer que o sistema nervoso é exclusivo dos animais. Como esse sistema pode ter contribuído para a interação deles com o meio ambiente e com os demais seres vivos?

2. Se compararmos os olhos às câmeras fotográficas, o que corresponderia, no olho humano, ao diafragma, à objetiva e ao filme ou ao sensor eletrônico?

3. Os raios ultravioleta do Sol podem causar danos à visão, aumentando, por exemplo, a probabilidade de aparecimento de catarata. Com base nessa informação, explique por que usar óculos escuros com lentes que não filtram os raios ultravioleta pode ser mais prejudicial à visão do que não usá-los.

4. Uma pessoa se balança em uma rede, de olhos fechados, e, mesmo de olhos fechados, sabe para que lado o seu corpo está indo a cada momento. Que estrutura de seu corpo possibilita essa percepção? Explique como isso ocorre.

5. Analise o gráfico a seguir.

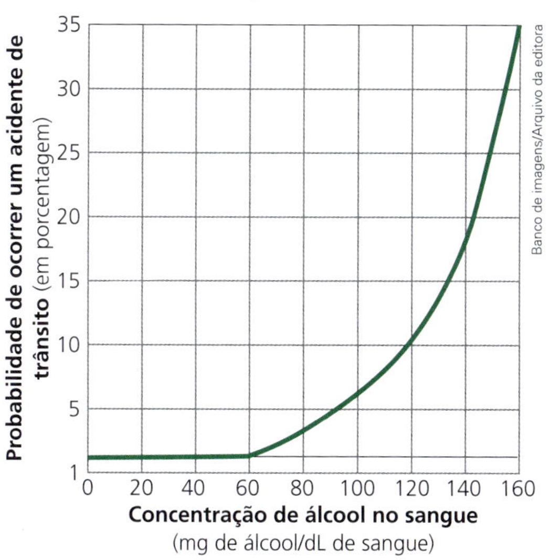

Banco de imagens/Arquivo da editora

Com base no que você aprendeu sobre os efeitos do álcool no organismo, justifique a informação expressa pelo gráfico.

6. Sabendo que o lobo parietal do cérebro está relacionado com a capacidade de comunicação por meio da linguagem, cite algumas das atividades cotidianas que seriam afetadas por um problema nessa região do órgão.

7. Quando, em um acidente, há suspeita de algum dano à coluna vertebral, a vítima deve ser imobilizada em posição horizontal (deitada) antes de ser levada ao hospital. Por que esse cuidado é necessário?

8. Veja alguns tipos de receptores sensoriais: fotoceptores, mecanoceptores, quimioceptores, termoceptores. No caderno, relacione os tipos de receptores que estão presentes na audição, gustação, visão, equilíbrio e sensação de calor.

9. (Fuvest-SP) Os batimentos do coração são involuntários e estão sob o controle do sistema nervoso.
   a) Qual o ramo do sistema nervoso que executa esse controle?
   b) Cite outro órgão muscular do corpo que é controlado por esse mesmo ramo nervoso.

10. (Uema) A maior parte do axônio é envolvida por uma camada de natureza lipídica chamada de bainha mielínica que funciona como isolante elétrico, aumentando a velocidade de condução do impulso nervoso. Algumas doenças, como, por exemplo, a síndrome de Guillain-Barré, têm origem na destruição da bainha de mielina com perda gradual da atividade motora.

    Fonte: LINHARES, Sergio; GEWANDSZNAJDER, Fernando. *Biologia hoje*. São Paulo: Ática, 2011.

    Explique como a destruição da bainha de mielina afeta a atividade muscular.

Questões objetivas

1. (Fuvest-SP) O esquema mostra algumas estruturas presentes na cabeça humana:

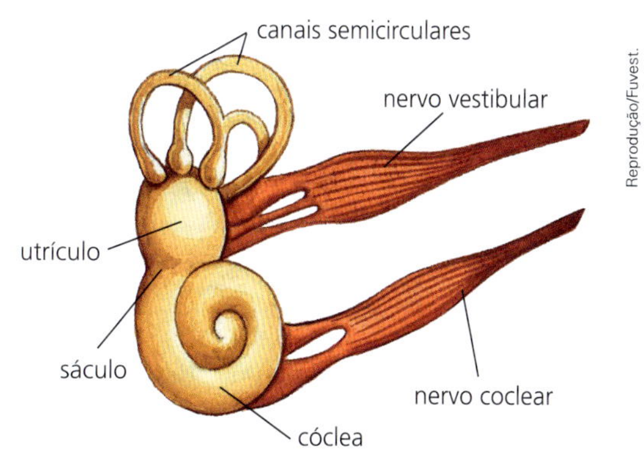

Reprodução/Fuvest.

O nervo cócleo-vestibular compõe-se de dois conjuntos de fibras nervosas: o nervo coclear, que conecta a cóclea ao encéfalo, e o nervo vestibular, que conecta o sáculo e o utrículo ao encéfalo. A lesão do nervo vestibular deverá causar perda de:

a) audição. **b)** equilíbrio. **c)** olfato. **d)** paladar. **e)** visão.

2. (UFU-MG) Com relação ao olho humano, assinale a alternativa correta.

a) A retina garante a alimentação dos tecidos dos olhos humanos e é pigmentada, formando a câmara escura, que funciona como uma máquina fotográfica.

b) A coroide é a parte fibrosa de sustentação do olho humano. Mantendo os olhos abertos, a coroide representa a parte pigmentada do olho.

c) A córnea é o primeiro meio de refração do feixe luminoso que incide no olho. O cristalino é a lente responsável por uma espécie de "ajuste-focal" que torna possível a visão nítida da imagem.

d) A íris é rica em cones e bastonetes, células sensíveis do olho humano, que são as principais pigmentações referentes ao desenvolvimento ocular.

3. (UFG-GO) Leia o texto:

Mutirão de cirurgia de catarata foi prorrogado pela SESAB. Estatísticas do Ministério da Saúde indicam que a cada ano, no Brasil, são registrados em torno de 120 mil novos casos de catarata, condição que pode levar à cegueira, mas é reversível mediante cirurgia. A doença afeta o cristalino, provocando dificuldades de visão, mas, na maioria dos casos, avança de forma lenta.

Disponível em: <www.saude.ba.gov.br/noticias>. (Acesso em: 11 set. 2007.)

Uma pessoa submetida a essa cirurgia tem o cristalino substituído por uma outra lente intraocular que permite:

a) regular a quantidade de luz que incide sobre o globo ocular.

b) responder aos estímulos luminosos de baixa e alta intensidades.

c) convergir os raios de luz, possibilitando a formação da imagem na retina.

d) lubrificar o globo ocular devido à produção de fluido lacrimal.

e) promover barreira física externa de proteção ao globo ocular.

4. (Cefet-SP) Uma pessoa que trabalha com atendimento ao público sofreu uma infecção nas fibras nervosas que ligam a cóclea ao cérebro. Em uma consulta médica, ela foi informada de que o grau de infecção foi tal que as referidas fibras ficaram permanentemente danificadas, embora as estruturas da orelha externa e média nada tenham sofrido. Considerando a nova condição desse trabalhador, ele poderá continuar exercendo normalmente a função de atendente?

a) Sim, pois as estruturas receptoras das ondas sonoras, entre elas o tímpano, não foram afetadas.

b) Sim, pois as fibras nervosas danificadas não são importantes para a função de atendente.

c) Sim, porque as ondas sonoras continuarão a chegar aos ossículos (martelo, bigorna e estribo) e à cóclea.

d) Não, porque o dano nessas fibras nervosas impede que o cérebro interprete as vibrações recebidas pelas orelhas externa e média.

e) Não, pois o problema está relacionado à locomoção, e a capacidade de falar, ouvir e enxergar continuam intactas.

5. (Vunesp-SP) Quando você termina de jogar uma partida de futebol, com 90 minutos de duração, você nota que há um aumento do número de batidas de seu coração por minuto. O responsável por isso é o sistema nervoso:

a) somático.

b) autônomo simpático.

c) autônomo parassimpático.

d) periférico.

e) autônomo somático.

6. (Cesgranrio-RJ) O sistema nervoso central humano, responsável por receber, analisar e integrar informações do meio externo e do meio interno, é dividido em:

a) cérebro e meninges.

b) medula espinal e nervos raquidianos.

c) nervos encefálicos e nervos espinais.

d) encéfalo e nervos cranianos.

e) encéfalo e medula espinal.

7. (Unirio-RJ) O vestibular é um momento decisivo na vida do estudante, o qual pode apresentar uma certa ansiedade antes e durante as provas. Nesse momento, o organismo sofre intensas alterações fisiológicas. Como um exemplo de alteração estimulada pelo sistema nervoso simpático, pode-se citar a(o):

a) contração da bexiga.

b) contração da pupila.

c) diminuição da pressão sanguínea.

d) aumento da frequência cardíaca.

e) aumento da peristalse intestinal.

8. (UFPE) Sobre o sistema nervoso do homem e suas funções, é correto afirmar que:

( ) o hipotálamo é importante para a homeostase corporal.

( ) o equilíbrio corporal é controlado pelo bulbo raquidiano.

( ) os atos de pensar, evocar lembranças e falar dependem da integridade do córtex cerebral.

( ) os atos reflexos ocorrem no âmbito da medula espinal.

( ) o ato de andar de bicicleta é coordenado pelo cerebelo.

9. (FURRN) Quando o eixo anteroposterior do olho é alongado, a imagem forma-se antes da retina. Essa anomalia do aparelho da visão é conhecida como:

a) presbiopia.
b) hipermetropia.
c) miopia.
d) astigmatismo.
e) estrabismo.

10. (Uece)

O mal de Alzheimer era considerado uma doença que surgia devido à degeneração das células do hipocampo, área cerebral da qual dependem os mecanismos da memória. No entanto, pesquisadores italianos publicaram estudo na revista *Nature Communications*, em abril de 2017, no qual afirmaram que o mecanismo de origem da doença está na área tegmental ventral, onde é produzida a dopamina.

Fonte: http://www.jornalciencia.com/pesquisadoresitalianos- podem-ter-descoberto-a-causa-do-alzheimer/

Em relação ao sistema nervoso, é correto afirmar que

a) é organizado em: 1. central, responsável pela condução de informação entre os órgãos receptores, o sistema nervoso periférico e os órgãos efetores, e 2. periférico, que realiza o processamento e integração de informações.

b) o córtex cerebral apresenta lobos que coordenam funções específicas, e são denominados de acordo com os ossos cranianos que os recobrem, a saber: parental, temporal, occipital e olfativo.

c) o tálamo e o hipotálamo ficam embaixo do cérebro. O tálamo é uma estrutura do tamanho de um grão de ervilha e é importante para o controle das emoções e regulação da homeostase corporal.

d) a medula espinal é um cordão cilíndrico, com um canal interno, revestido por três membranas fibrosas, as meninges, denominadas de: dura-máter, aracnoide e pia-máter.

PESQUISEM E COMPARTILHEM

Em grupo, escolham um dos temas abaixo para pesquisar. Depois, apresentem o resultado do trabalho para a classe.

Tema 1 Pesquisem quais leis coíbem o uso de álcool antes de dirigir e as estatísticas de acidentes de trânsito provocados pelo uso dessa substância. Elaborem uma campanha para informar a comunidade sobre os riscos do consumo de bebidas alcoólicas, com o uso de cartazes, frases de alerta (*slogans*), folhetos com textos e figuras, programas de rádio, dramatizações, letras de música, etc. O trabalho pode ser veiculado também pelas redes sociais.

Tema 2 Elaborem e apresentem para a classe um quadro comparativo do sistema nervoso e dos órgãos de visão, audição e equilíbrio nos principais grupos de invertebrados e vertebrados.

Tema 3 Pesquisem como foi inventado e como funciona o alfabeto braile e o que é a Língua Brasileira de Sinais (Libras). Em seguida, façam um trabalho de campo para verificar se na região em que moram há recursos que favorecem o acesso de pessoas com deficiência a locais públicos (cinemas, teatros, estações de metrô, etc.). Registrem suas observações por escrito e por meio de fotografias e desenhos. Se possível, entrevistem pessoas que possuem deficiência física que estejam empregadas e procurem saber um pouco da história de cada uma e de suas dificuldades (se houver) no cotidiano. Pesquisem ainda sobre a vida de Helen Keller e apontem que lições podem ser tiradas dessa história. O trabalho pode ser veiculado também pelas redes sociais.

Tema 4 Pesquisem em que consiste o trabalho dos profissionais a seguir, onde eles podem atuar e que formação devem ter: agente comunitário de saúde; técnico em enfermagem; técnico em farmácia; técnico em radiologia; fisioterapeuta; bacharel ou licenciado em Educação Física; fonoaudiólogo; enfermeiro; farmacêutico. Se possível, entrevistem profissionais de algumas dessas áreas.

UNIDADE 9

GENÉTICA: O TRABALHO DE MENDEL

A Genética é a parte da Biologia que estuda as leis da hereditariedade, ou seja, como o potencial para certas características é transmitido pelos genes de pais para filhos ao longo das gerações. Por meio do estudo da Genética, podemos compreender melhor a relação entre os genes e o DNA, os cromossomos, o funcionamento das células e a divisão celular. O conhecimento sobre os mecanismos de hereditariedade também nos mostra que a forma como os organismos se apresentam depende dos genes e da interação com uma série de outros fatores.

Makoto Iwafuji/Eurelios/SPL/Latinstock

Rato transgênico (emitindo fluorescência) embaixo de rato não modificado. O estudo da Genética permite desenvolver técnicas como essa, na qual foi introduzido no rato um gene de água-viva responsável pela emissão de fluorescência.

HeroImages/Getty Images

CAPÍTULO

36

Pais e filhos costumam ter muitas características em comum.

PRIMEIRA LEI DE MENDEL

Se você tem irmãos, provavelmente já percebeu que vocês têm algumas características em comum: pode ser o cabelo, o formato dos olhos ou o tom de pele. Ainda assim, a não ser que sejam gêmeos idênticos, dois irmãos são sempre diferentes entre si. Muitas de nossas características foram herdadas geneticamente de nossos pais; no entanto, o ambiente que nos cerca e a cultura na qual estamos inseridos também influenciam nas características que definem quem somos. Vamos ver agora como Gregor Mendel começou o estudo da Genética ao desvendar alguns mecanismos de herança de características dos pais para os filhos.

- **Por que os filhos são parecidos com os pais?**
- **E os irmãos, por que geralmente se parecem, mas não são iguais?**
- **Você conhece a primeira lei de Mendel? O que essa lei procura explicar?**

1. HEREDITARIEDADE: O TRABALHO DE MENDEL

A semelhança entre pais e filhos foi explicada de diversas maneiras ao longo da História.

Até meados do século XVIII, alguns cientistas acreditavam na **teoria da pré-formação**, segundo a qual cada espermatozoide abrigaria um indivíduo em miniatura e bastaria apenas ele crescer e se desenvolver no útero da mãe. Outros cientistas acreditavam na **teoria da epigênese**, segundo a qual o embrião se desenvolveria a partir de matéria indiferenciada e sem organização. Hoje sabemos que o desenvolvimento é controlado por genes em interação com o ambiente.

Em 1868, o famoso cientista inglês Charles Darwin (1809-1882), que propôs o princípio da seleção natural, defendia a **teoria da pangênese** (*pan* = todo; *genesis* = origem, formação), segundo a qual os elementos sexuais continham partículas minúsculas, as **gêmulas** (*gemmula* = pequeno broto), provenientes de todas as partes do corpo. Essas partículas seriam transmitidas através das gerações e seriam responsáveis pela hereditariedade.

Science Source/Photo Researchers, Inc./Latinstock

Figura 36.1 Gregor Mendel – monge que, por suas experiências, recebeu o título de "pai da Genética".

Havia também a ideia de que os elementos determinantes das características paternas e maternas se misturavam nos filhos: era a **teoria da herança misturada**. Ideias como essas se mantiveram por quase todo o século XIX.

De 1858 a 1866, o monge austríaco Gregor Mendel (1822-1884; **figura 36.1**) realizou pesquisas sobre a hereditariedade de certas características em ervilhas da espécie *Pisum sativum* no jardim do mosteiro da cidade de Brünn, na Áustria (hoje Brno, na República Tcheca; pronuncia-se "brunó"). Em 1866, Mendel publicou o resultado de suas pesquisas. No entanto, seu trabalho não recebeu a merecida atenção na época, sendo praticamente ignorado pela comunidade científica.

Em 1900, 34 anos depois, os botânicos Carl E. Correns (alemão, 1864-1933), Hugo de Vries (holandês, 1848-1935) e o agrônomo Erich von Tschermak-Seysenegg (austríaco, 1871-1962), trabalhando de forma independente, chegaram às mesmas conclusões que levaram Mendel a propor as **leis da hereditariedade**.

A ervilha da espécie *Pisum sativum* escolhida por Mendel apresenta uma série de características que facilitam o estudo de seu ciclo de vida: é de fácil cultivo; produz muitas sementes e, consequentemente, grande número de descendentes; a flor é hermafrodita e pode se reproduzir por autofecundação, mas também pode-se conseguir fecundação cruzada entre duas plantas da espécie.

Além dessas vantagens, a ervilha apresenta algumas características simples e contrastantes: a cor da semente é amarela ou verde, sem tonalidades intermediárias; a forma da semente é lisa ou rugosa; em relação à altura, ou a planta era muito alta, com 2 metros ou mais, ou muito baixa, com menos de 0,5 metro. Veja essas e outras características na tabela ao lado (**figura 36.2**). Essa escolha permitiu que Mendel obtivesse bons resultados em suas pesquisas.

Características das ervilhas estudadas por Mendel		
Forma da semente	lisa	rugosa
Cor da semente	amarela	verde
Forma da vagem	lisa	ondulada
Cor da vagem	verde	amarela
Cor da flor	púrpura	branca
Posição da flor	axial (ao longo do caule)	terminal (na ponta do caule)
Tamanho da planta	alta (cerca de 2 m)	baixa (menos de 0,5 m)

Ingeborg Asbach/Arquivo da editora; fotos: Martin Shields/Photo Researchers, Inc./Latinstock; Nigel Cattlin/Photo Researchers/Latinstock

Figura 36.2 Na tabela, algumas das principais características da ervilha (os elementos não estão na mesma escala; cores fantasia).

Mendel supôs que, se uma planta tinha semente amarela, ela devia possuir algum elemento ou fator responsável por essa cor. O mesmo ocorreria com a planta de semente verde, que teria um fator determinando a coloração.

Para iniciar seus experimentos, ele selecionou plantas puras, isto é, plantas com sementes amarelas que originassem plantas só com sementes dessa cor quando autofecundadas e plantas com sementes verdes que produzissem plantas só com sementes dessa cor quando autofecundadas. Para isso, escolhia um indivíduo e observava os resultados da autofecundação ao longo de seis gerações (cerca de dois anos). Usando apenas plantas puras, Mendel começou a cruzar as de sementes amarelas com as de sementes verdes. Acompanhe a **figura 36.3**, que descreve o experimento.

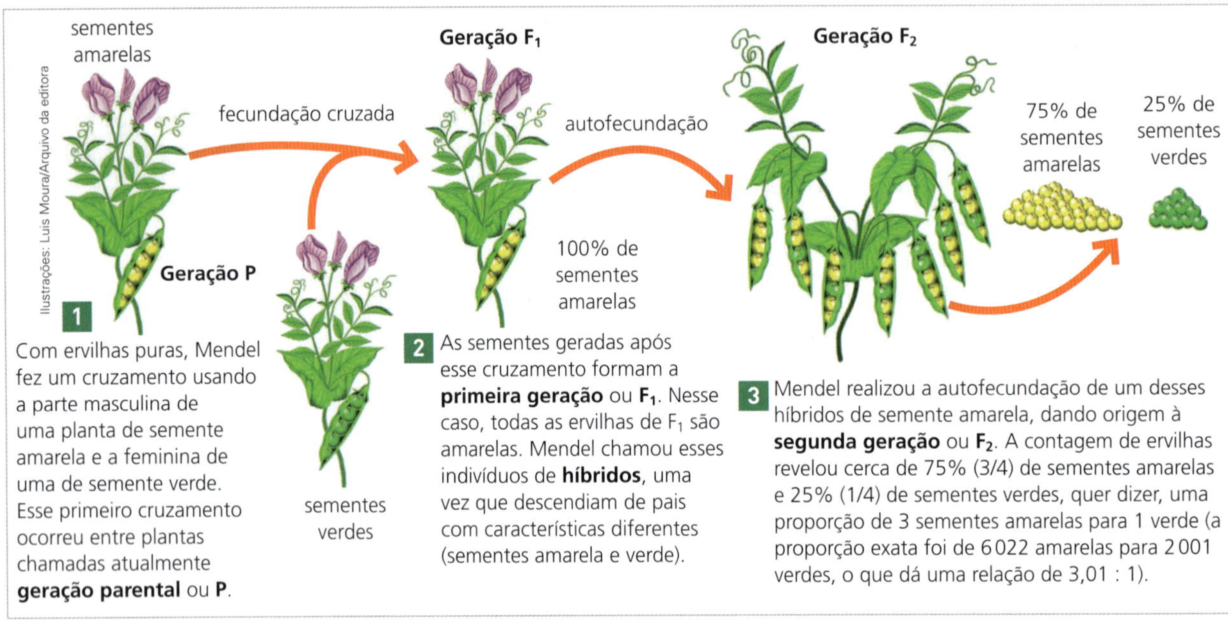

Figura 36.3 Experimento com ervilhas verdes e amarelas (os elementos não estão na mesma escala; cores fantasia).

Mendel observou que todas as sementes da primeira geração, chamada F_1, eram amarelas. O que teria acontecido com o fator para a cor verde? A resposta veio com o reaparecimento (por autofecundação) de sementes verdes em F_2. Assim, Mendel concluiu que o fator para a cor verde não tinha sido destruído, apenas não se manifestava na presença do fator para a cor amarela. Com base nisso, ele considerou **dominante** a característica "semente amarela" e **recessiva** a característica "semente verde".

Ao cruzar plantas com as outras características estudadas, Mendel constatou que também havia uma característica dominante e outra recessiva. Na tabela da **figura 36.2** vemos na primeira coluna as características dominantes e na segunda as recessivas.

Todos os casos estudados por Mendel apresentavam resultados semelhantes ao que foi visto para a cor da ervilha: a geração F_1 – resultante do cruzamento entre dois indivíduos puros (um dominante e outro recessivo) – tinha a característica dominante; a geração F_2 apresentava a mesma proporção média de 3 dominantes para 1 recessivo. Em 7 324 ervilhas havia, por exemplo, 5 474 lisas e 1 850 rugosas (**figura 36.4**).

Martyn F. Chillmaid/SPL/Fotoarena

Figura 36.4 Sementes de ervilha com forma rugosa (à esquerda) e lisa (à direita).

Além da escolha da planta, o fato de Mendel ter analisado uma característica de cada vez, sem se preocupar com as demais, também contribuiu para o sucesso de suas pesquisas. Mendel sempre analisava um grande número de descendentes em cada geração para determinar a proporção das características estudadas. O monge evitava, assim, conclusões erradas, resultantes de simples coincidências. Mendel, portanto, tinha bons conhecimentos de Estatística, o que não era comum na época.

AS CONCLUSÕES DE MENDEL

Os resultados de Mendel podem ser explicados se considerarmos as seguintes hipóteses:

- Cada organismo possui um par de fatores responsável pelo aparecimento de determinada característica.
- Esses fatores são recebidos dos indivíduos paterno e materno; cada um contribui com apenas um fator de cada par.
- Quando um organismo tem dois fatores diferentes, pode ocorrer que apenas uma das características se manifeste (dominante) e a outra não apareça (recessiva).
- Durante a formação dos gametas, os fatores aparecem em dose simples, ou seja, cada gameta possui apenas um fator. Como vimos na experiência de Mendel, por exemplo, o gameta possui ou o fator para amarelo ou o fator para verde.
- Esta última conclusão ficou conhecida como **primeira lei de Mendel**, lei da segregação de um par de fatores ou lei do mono-hibridismo, uma vez que ela se aplica ao estudo de híbridos em relação a apenas uma característica. Essa lei pode ser enunciada da seguinte maneira: "Cada caráter é condicionado por um par de fatores que se separam na formação dos gametas, nos quais ocorrem em dose simples".

Essas leis não se aplicam a todos os tipos de herança, isto é, elas são válidas apenas dentro de certos limites e para determinados casos.

ACESSE E SAIBA MAIS

As ervilhas de Mendel
<https://ed.ted.com/lessons/how-mendel-s-pea-plants-helped-us-understand-genetics-hortensia-jimenez-diaz>
Acesso em: 30 jul. 2018.

2. INTERPRETAÇÃO ATUAL DAS CONCLUSÕES DE MENDEL

Com base nos conhecimentos atuais sobre meiose, cromossomos e genes (estudados nos capítulos 8, 9 e 10), podemos interpretar as conclusões de Mendel e explicar, em nível celular e até molecular, como suas leis são válidas.

As células do corpo da maioria dos organismos são diploides (2*n*), ou seja, nelas os cromossomos ocorrem aos pares. Os cromossomos de um mesmo par são chamados de cromossomos homólogos. Em cada par, um dos cromossomos tem origem materna; o outro, paterna.

O lugar onde um gene está situado em um cromossomo é chamado **loco** (ou **lócus**) **gênico** ou, simplesmente, **loco** (*locus* = lugar). Um par de cromossomos homólogos apresenta genes que atuam nas mesmas características (por exemplo, a cor da semente ou a forma da vagem).

Em cromossomos homólogos, pode haver formas ou versões diferentes de um mesmo gene. Essas diferentes versões são chamadas **alelos** (palavra que significa 'de um a outro', indicando reciprocidade). Assim, em um cromossomo homólogo pode haver um alelo do gene para cor da semente que determina semente amarela, e no loco correspondente do outro cromossomo do par pode haver um alelo que determina semente verde (**figura 36.5**). Por convenção, usamos a letra inicial do caráter recessivo (verde, neste caso) para denominar os alelos: o alelo responsável pela característica dominante é indicado pela letra maiúscula e o responsável pela característica recessiva, pela minúscula. Assim, o alelo para a semente amarela é chamado de **V** e o alelo para a semente verde, de **v**.

Vejamos mais um exemplo (**figura 36.5**).

Na ervilha, existem sete pares de cromossomos homólogos. Em um desses pares, está o gene que determina a forma da semente. Em cada um dos cromossomos do par pode haver o alelo que determina o caráter liso (**R**) ou o alelo que determina o caráter rugoso (**r**).

Figura 36.5 Esquema simplificado representando dois dos sete pares de cromossomos homólogos da célula da ervilha e dois pares de alelos. O gene para cor da semente, por exemplo, tem dois alelos, um para cor amarela (**V**) e outro para cor verde (**v**) (comprimento dos cromossomos: de 1 μm a 10 μm; os elementos não estão na mesma escala; cores fantasia).

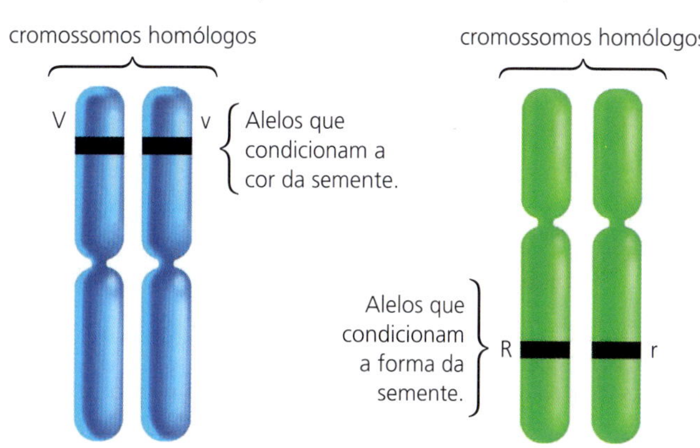

Ilustrações: Luis Moura/Arquivo da editora

Célula	Genótipo	Fenótipo
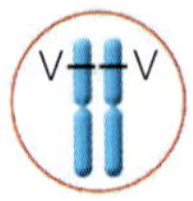	VV	
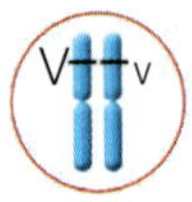	Vv	
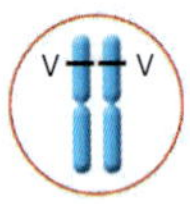	vv	
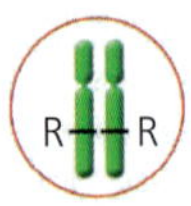	RR	
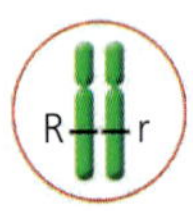	Rr	
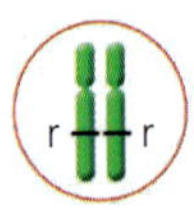	rr	

Ilustrações: Luis Moura/Arquivo da editora; fotos: Martin Shields/Photo Researchers/Latinstock

Figura 36.6 Genótipos e fenótipos para cor e forma da semente da ervilha (os elementos não estão na mesma escala; cores fantasia).

GENÓTIPO E FENÓTIPO

O conjunto de genes que um indivíduo possui em suas células é chamado de **genótipo** (*gen* = gerar; *typos* = tipo). O conjunto de características morfológicas ou funcionais do indivíduo é o seu **fenótipo** (*phainein* = fazer aparecer).

Para a cor, se a ervilha apresentar dois alelos **V** no par de cromossomos homólogos, seu genótipo será **VV** e o fenótipo será semente de cor amarela. Se apresentar dois alelos **v**, terá genótipo **vv** e fenótipo semente de cor verde. Caso apresente o alelo **V** em um cromossomo e **v** no outro, terá genótipo **Vv** e fenótipo semente de cor amarela, uma vez que o alelo para essa cor é dominante.

Um indivíduo puro ou **homozigoto** (*homoios* = igual; *zygos* = par) para determinado caráter apresenta alelos iguais nos dois cromossomos do par de homólogos (como as ervilhas **VV** e **vv**), enquanto o indivíduo híbrido ou **heterozigoto** (*hetero* = diferente; *zygos* = par) possui alelos diferentes (como a ervilha **Vv**). Assim, um indivíduo com fenótipo dominante para determinada característica pode ser homozigoto ou heterozigoto, mas, se tiver fenótipo recessivo, será obrigatoriamente homozigoto, já que o alelo recessivo só se manifesta em dose dupla.

Devemos lembrar que estamos considerando apenas um gene do cromossomo de cada vez, mas cada cromossomo pode conter milhares de genes que atuam em muitas características.

Na **figura 36.6**, veja alguns dos genótipos e os respectivos fenótipos das ervilhas de Mendel.

MEIOSE: SEPARAÇÃO DOS CROMOSSOMOS HOMÓLOGOS

Para compreender como as leis de Mendel funcionam, vejamos alguns aspectos da meiose (a divisão celular por meiose foi estudada com mais detalhes no capítulo 10; vamos considerar a meiose sem permutação para os casos estudados).

Como vimos, a maioria dos organismos possui pares de cromossomos em suas células. Os gametas, no entanto, são células haploides (*n*), ou seja, cada gameta possui apenas um cromossomo de cada par de homólogos. Essa redução no número de cromossomos ocorre durante a meiose (**figura 36.7**).

Esquema simplificado da meiose

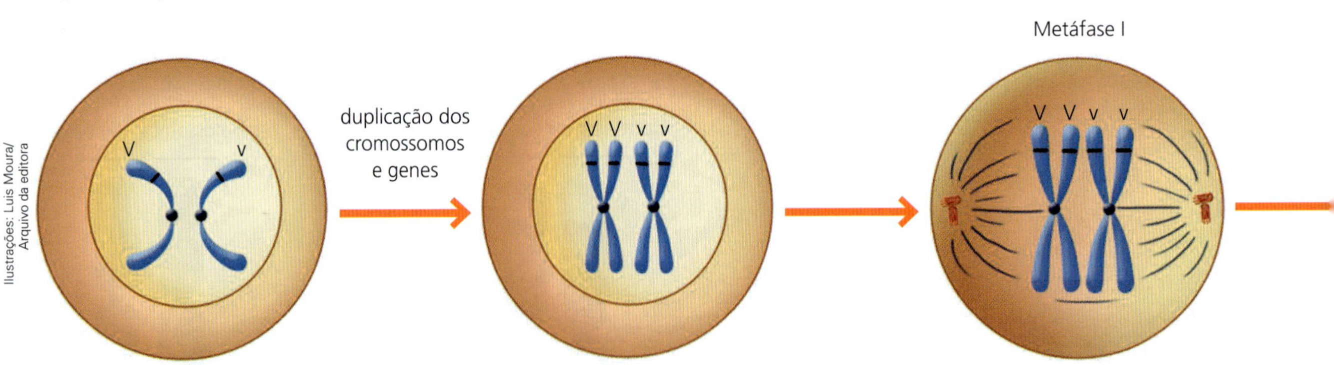

Figura 36.7 Esquema simplificado da meiose, indicando apenas um par de cromossomos homólogos. Algumas fases da divisão foram suprimidas (os elementos não estão na mesma escala; cores fantasia).

Observe que na meiose os cromossomos homólogos se separam e, por isso, ao final da divisão meiótica, cada gameta receberá apenas um alelo de cada par. No caso da célula representada na **figura 36.7**, os gametas conterão o alelo **V** ou **v**.

A união dos gametas masculino e feminino produz um ovo ou zigoto, restaurando o número diploide de cromossomos (**figura 36.8**).

Em cada par de cromossomos homólogos desse zigoto, um dos cromossomos vem sempre do pai e o outro, da mãe; consequentemente, isso ocorre também com os pares de alelos (**figura 36.8**). Por meio de mitoses, que produzem células idênticas, forma-se um novo indivíduo, que terá em todas as suas células nucleadas a mesma coleção de cromossomos que estava no zigoto.

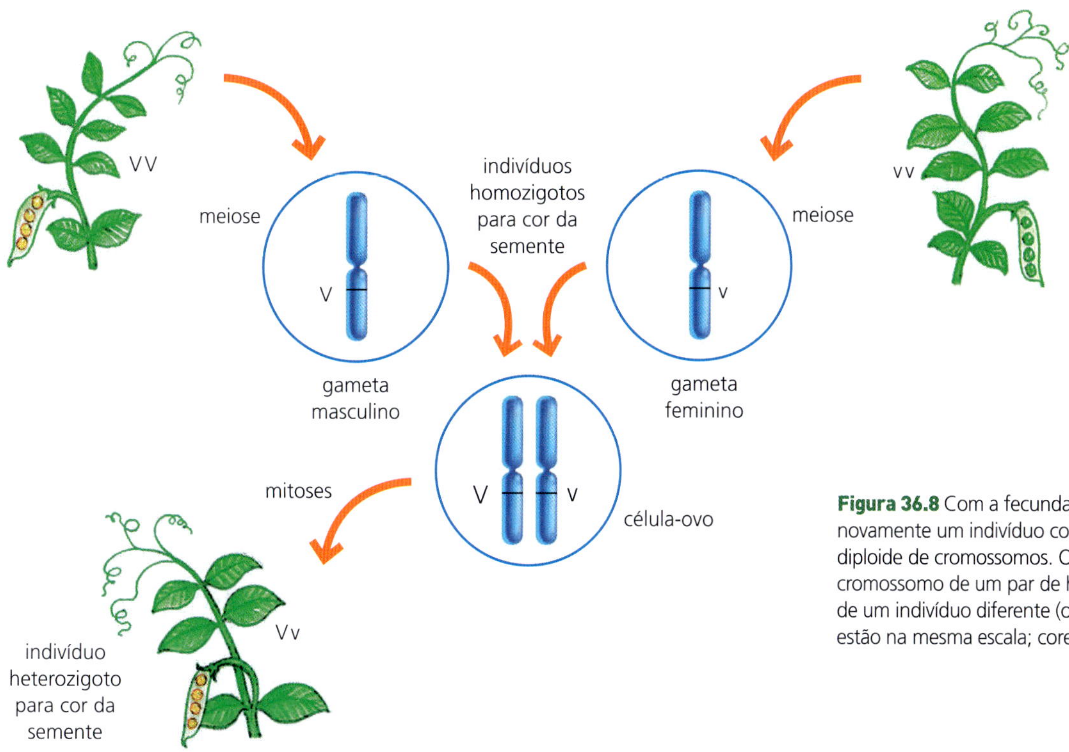

Ingeborg Asbach/Arquivo da editora

Figura 36.8 Com a fecundação, forma-se novamente um indivíduo com o número diploide de cromossomos. Observe que cada cromossomo de um par de homólogos veio de um indivíduo diferente (os elementos não estão na mesma escala; cores fantasia).

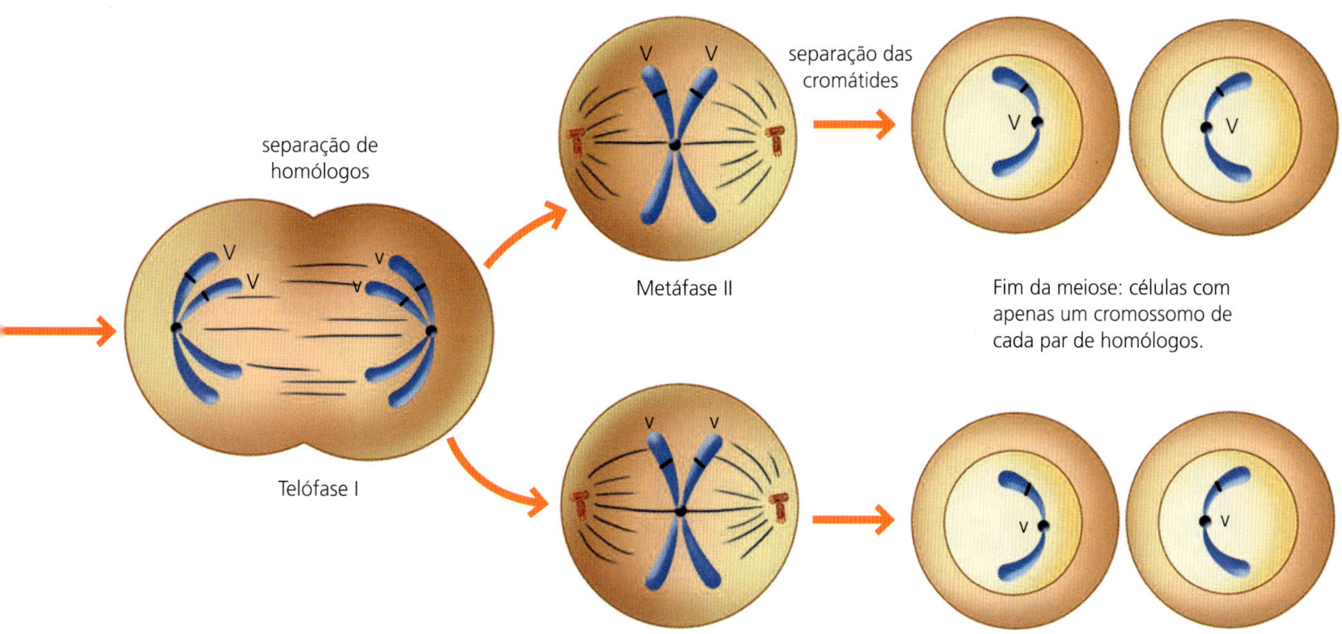

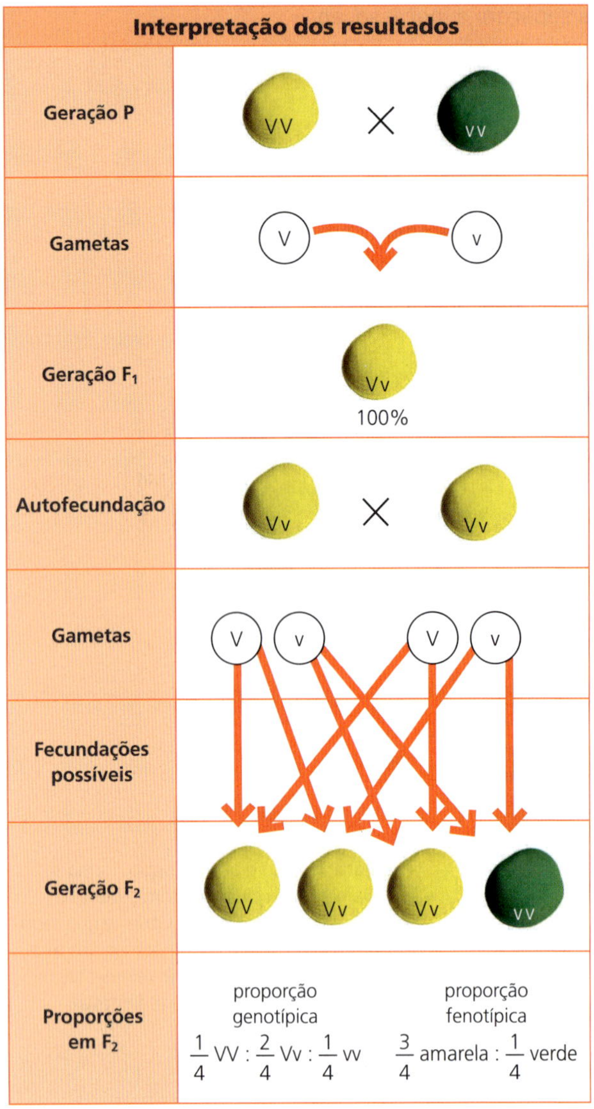

Fotos: Martin Shields/Photo Researchers/Latinstock

Figura 36.9 Interpretação dos resultados do cruzamento entre plantas de ervilhas amarelas e verdes puras e da autofecundação das ervilhas resultantes (as sementes medem de 7 mm a 10 mm de diâmetro; cores fantasia).

INTERPRETAÇÃO ATUAL DA PRIMEIRA LEI DE MENDEL

Os conhecimentos que acabamos de ver podem ser aplicados aos resultados obtidos por Mendel.

Veja na **figura 36.9** como interpretamos o cruzamento entre ervilhas amarelas e verdes puras e a autofecundação das ervilhas resultantes, sem esquecer que o mesmo raciocínio vale para as demais características estudadas por Mendel.

Nas flores da ervilha, o estame (2*n*) produz, por meiose, esporos (*n*), que formam grãos de pólen com o gameta masculino (*n*). Assim, se as células do estame forem **Vv**, serão produzidos gametas masculinos **V** e outros **v**. O carpelo (2*n*) produz, por meiose, esporos (*n*), que se desenvolvem no saco embrionário, contendo o gameta feminino (*n*). Assim, se as células do carpelo forem **Vv**, formam-se gametas femininos **V** e outros **v**.

Quando os grãos de pólen caem no carpelo da mesma flor ou são levados para outra flor, vários gametas femininos são fecundados e formam-se os zigotos e, em seguida, os embriões, cada um dentro de uma semente (a ervilha). As sementes ficam nos frutos, que, nesse caso, são as vagens. Por isso, ao analisarmos os tipos de semente dentro das vagens, estamos analisando os indivíduos da geração seguinte à da planta que produziu a vagem.

Se a semente é amarela, isso significa que nas células dela (e da planta que germinará) existe um alelo **V**. Se ela é pura, como os indivíduos da geração **P**, tem genótipo **VV**. Já as ervilhas verdes apresentam genótipo **vv**.

O indivíduo **VV** produz por meiose células **V**; e o indivíduo **vv**, células **v**. A união de gametas **V** e **v** origina indivíduos heterozigóticos, **Vv**, de fenótipo amarelo, porque **V** é dominante. A autofecundação de indivíduos **Vv** equivale ao cruzamento entre dois indivíduos iguais (**Vv** e **Vv**). Cada um produz por meiose gametas **V** e **v** na mesma proporção: 50% com o alelo **V** e 50% com o alelo **v**.

As fecundações ocorrem ao acaso: o fato de um dos gametas possuir determinado alelo não faz com que ele tenha chance maior de fecundar ou ser fecundado.

Logo, serão quatro combinações possíveis para os descendentes da segunda geração: um **VV**, dois **Vv** e um **vv** (isto é, três amarelos e um verde), justificando o resultado de Mendel, 75% amarelos e 25% verdes. Uma forma de determinar as fecundações possíveis consiste em usar o **quadrado** (ou **quadro**) **de Punnett**, inventado pelo geneticista inglês Reginald C. Punnett (1875-1967), que facilita a visualização das fecundações. Nesse esquema, os gametas de um dos sexos ficam organizados em colunas e os do outro sexo, em linhas. Cada quadrado indica o resultado de uma fecundação possível.

Gameta produzido pela fêmea ♀ / Gametas produzidos pelo macho ♂	**V**	**v**
V	VV (amarela)	Vv (amarela)
v	Vv (amarela)	vv (verde)

Portanto, a proporção de genótipos é de:

1 **VV** : 2 **Vv** : 1 **vv**

A proporção de fenótipos é de:

3 **amarelos** : 1 **verde**

Veja a seguir as conclusões de Mendel e as interpretações com base nos conhecimentos atuais.

Conclusões de Mendel	Interpretações atuais
Cada caráter é condicionado por um par de fatores.	Cada caráter é condicionado por um par de alelos.
Esses fatores se separam na formação dos gametas.	Em consequência do emparelhamento e da separação dos cromossomos homólogos na meiose, os alelos se separam na formação dos gametas.
Nos gametas, os fatores ocorrem em dose simples, ou seja, os gametas são puros.	Como a meiose produz células com apenas um cromossomo do par, cada gameta possui apenas um alelo de cada par de alelos. Não há, portanto, "gametas híbridos".

A primeira lei de Mendel vale para a transmissão de muitas características em várias espécies de plantas e de animais. Um exemplo é a cor da pelagem em porquinhos-da-índia (**figura 36.10**).

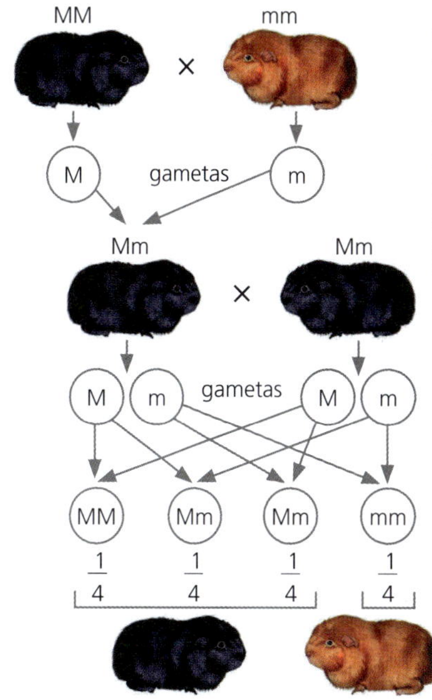

Figura 36.10 Cruzamento entre porquinhos-da-índia preto e marrom. A herança da cor do pelo segue a primeira lei de Mendel (os elementos não estão na mesma escala; cores fantasia).

CRUZAMENTO-TESTE

Para verificar se um indivíduo portador de um caráter dominante qualquer é homozigoto ou heterozigoto, basta cruzá-lo com um indivíduo de fenótipo recessivo para a característica em questão. Se surgir algum descendente com o caráter recessivo, o indivíduo analisado é heterozigoto; se obtivermos grande número de descendentes, todos com a característica dominante, há uma boa probabilidade de que ele seja homozigoto. Esse tipo de cruzamento é chamado **cruzamento-teste** (**figura 36.11**).

O cruzamento de indivíduos de $\mathbf{F_1}$ com indivíduos da geração **P** ou com indivíduos de genótipos idênticos ao de um dos genitores é chamado **retrocruzamento** (*retro* = atrás). Cruzamento-teste e retrocruzamento possuem o mesmo significado apenas quando o indivíduo de $\mathbf{F_1}$ possuir o fenótipo dominante e for cruzado com indivíduo da geração **P** de fenótipo recessivo.

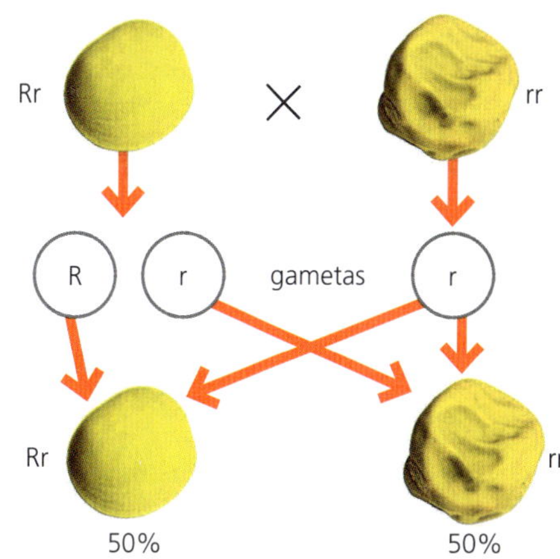

Figura 36.11 O cruzamento-teste permite verificar se um indivíduo com característica dominante é homozigoto ou heterozigoto (as ervilhas têm de 7 mm a 10 mm de diâmetro; cores fantasia).

3. TIPOS DE DOMINÂNCIA

No caso da ervilha de Mendel, a presença de apenas um alelo para semente amarela, por exemplo, é suficiente para produzir uma quantidade de proteínas responsável por um fenótipo igual ao do homozigoto de semente amarela. Trata-se, portanto, de uma **dominância completa**.

Na planta maravilha (*Mirabilis jalapa*), no entanto, o resultado do cruzamento entre plantas com flores vermelhas e plantas com flores brancas é uma planta com flores rosa. Dizemos então que há **dominância incompleta** entre os alelos, ou **ausência de dominância**.

Na dominância incompleta, o heterozigoto apresenta fenótipo intermediário em termos quantitativos em relação ao dos homozigotos: a presença de apenas um alelo para cor vermelha leva a planta a produzir o pigmento vermelho em menor quantidade; como o alelo para cor branca não produz pigmento, a flor será rosa.

Nesses casos, os alelos são representados por letras com índices, em vez de letras maiúsculas e minúsculas: a flor vermelha é $\mathbf{C^VC^V}$ (**C** de cor e **V** de vermelho); a branca, $\mathbf{C^BC^B}$; a rosa, $\mathbf{C^VC^B}$ (às vezes, essa notação é simplificada para **VV**, **BB** e **VB**).

A

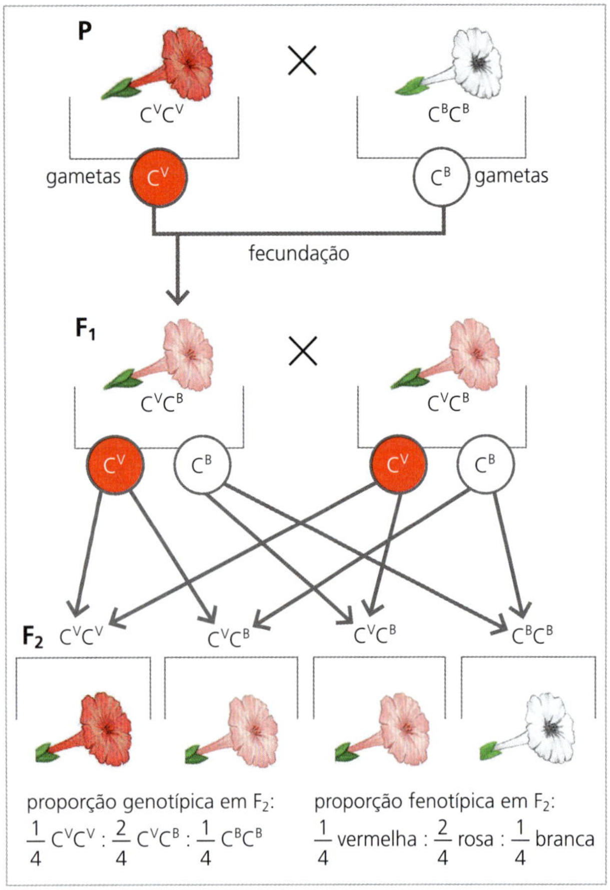

Ingeborg Asbach/Arquivo da editora

Veja a **figura 36.12**: o cruzamento entre dois híbridos produz, em F_2, proporção genotípica igual à fenotípica (1 : 2 : 1).

Na **codominância**, cada alelo influencia a produção de proteínas diferentes. Com isso, o fenótipo do heterozigoto possui características presentes em ambos os homozigotos para esses alelos. Por exemplo, no sistema ABO de grupos sanguíneos (será estudado no capítulo 38), o alelo I^A leva à produção do antígeno **A**, presente na membrana da hemácia, e o alelo I^B leva à produção do antígeno **B**. O indivíduo I^AI^B tem, então, ambos os antígenos na hemácia e é do grupo sanguíneo **AB**.

B

LTD1963/Shutterstock

Figura 36.12 A: representação do cruzamento entre indivíduos cujas características apresentam dominância incompleta (os elementos não estão na mesma escala; cores fantasia); **B**: foto de flores híbridas de *Mirabilis jalapa*.

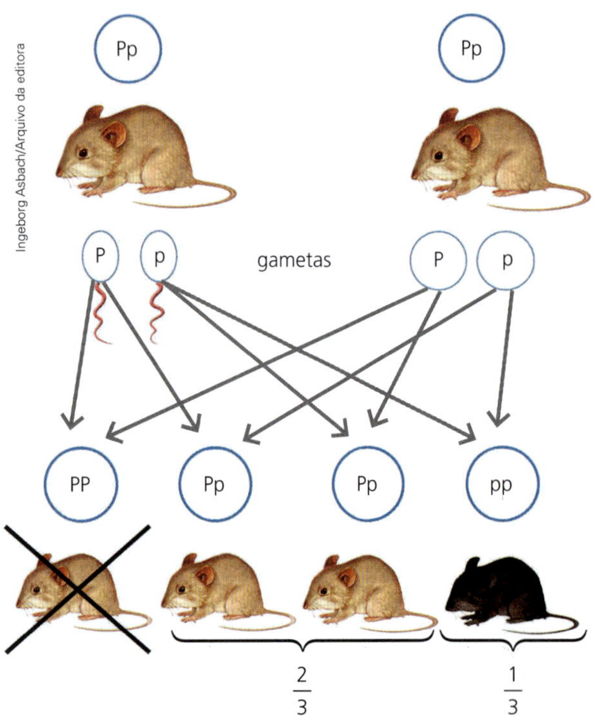

Ingeborg Asbach/Arquivo da editora

Figura 36.13 O alelo para pelo amarelo é letal em dose dupla em camundongos (os elementos não estão na mesma escala; cores fantasia).

ALELOS LETAIS

Em camundongos, a pelagem amarela é determinada por um alelo dominante e a pelagem marrom-acinzentada, por um alelo recessivo. No entanto, o cruzamento de dois camundongos amarelos heterozigotos resulta em uma descendência de 2 amarelos para 1 marrom-acinzentado, e não a proporção esperada de 3 para 1.

Qual a explicação para esse resultado? Os embriões amarelos homozigotos formam-se, mas não se desenvolvem, pois, quando em dose dupla, o alelo responsável por pelo amarelo é **letal**, ou seja, provoca a morte do embrião. Como o alelo para amarelo (**P**) só mata o embrião em dose dupla, dizemos que ele é recessivo para letalidade, apesar de ser dominante para a cor do pelo. Assim, os indivíduos **Pp** são amarelos e sobrevivem; indivíduos **pp** são marrom-acinzentados e sobrevivem; e indivíduos **PP** são amarelos e morrem (**figura 36.13**).

Um exemplo de alelo letal em seres humanos está associado à acondroplasia, condição genética responsável por um dos tipos de nanismo. Os indivíduos afetados pela acondroplasia são todos heterozigotos; o embrião ou feto portador de dois alelos para essa característica raramente sobrevive ao parto.

4. REGRAS DE PROBABILIDADE

Ao estudar acontecimentos ao acaso, usamos uma teoria da Matemática, com aplicações em várias ciências: a **teoria da probabilidade**.

Existem duas regras simples de probabilidade que facilitam os cálculos em Genética: a **regra da multiplicação** (**do produto** ou **do "e"**) e a **regra da adição** (ou **do "ou"**).

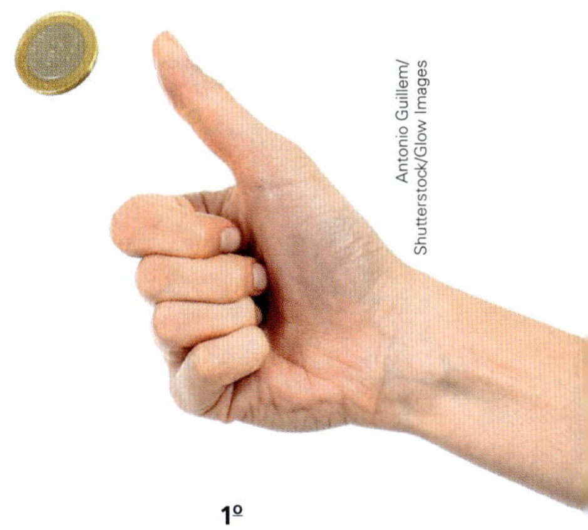

Antonio Guillem/ Shutterstock/Glow Images

REGRA DA MULTIPLICAÇÃO OU REGRA DO "E"

Para determinar a probabilidade de, no lançamento de duas moedas, sair a face cara nas duas, devemos multiplicar as probabilidades isoladas.

Quando lançamos uma moeda, a probabilidade de sair cara é 1/2; no lançamento de uma segunda moeda, a probabilidade também é 1/2; logo, para as duas juntas (cara e cara), temos 1/2 × 1/2 = 1/4. Veja a **figura 36.14**. Isso significa que, a cada quatro lançamentos do par de moedas, espera-se que saia cara em ambas uma vez. O mesmo vale para o caso de jogarmos uma moeda duas vezes: a probabilidade de obter cara no primeiro lançamento é 1/2 e a probabilidade de obter cara no segundo também é 1/2. Então, a probabilidade de obtermos cara duas vezes seguidas é de 1/4.

Do mesmo modo, a probabilidade de, no lançamento de dois dados, obtermos um deles com a face 5 e outro também com a face 5 é 1/6 × 1/6 = 1/36 (**figura 36.15**).

Assim, podemos concluir que a probabilidade de dois ou mais eventos independentes ocorrerem conjuntamente é o produto das probabilidades de cada um isoladamente. Dizemos que dois eventos são independentes quando a ocorrência de um evento não afeta a probabilidade da ocorrência do outro. Observe que o que estamos calculando é a probabilidade de ocorrer um evento **e** outro, daí o nome regra do "e".

No mono-hibridismo, aplicamos a regra da multiplicação quando realizamos o cálculo da proporção de descendentes no cruzamento de dois heterozigotos. Cada indivíduo **Aa** produz gametas **A** e **a** na proporção de 50% (1/2) para cada um. A formação de um indivíduo **AA** depende do encontro simultâneo de dois gametas **A**, sendo um gameta masculino e um feminino. A probabilidade desse evento é o produto das probabilidades isoladas de cada gameta **A** ser produzido, ou seja, 1/2 × 1/2 = 1/4. Da mesma forma, a probabilidade para um descendente **aa** é de 1/2 × 1/2 = 1/4.

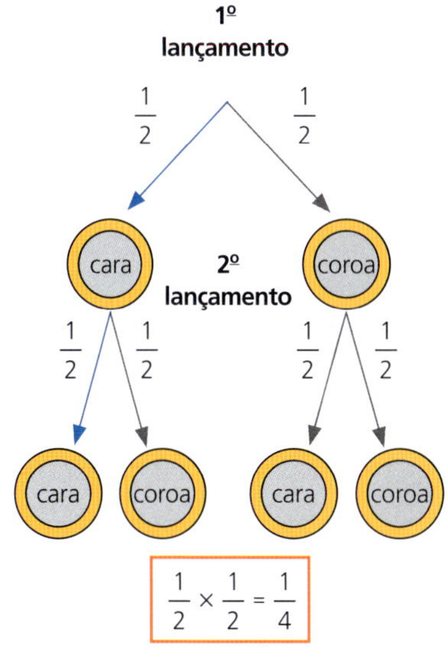

Figura 36.14 O diagrama acima mostra a probabilidade de ocorrer cada evento, a cada lançamento da moeda. Em destaque, a probabilidade de o resultado ser duas vezes cara.

REGRA DA ADIÇÃO OU REGRA DO "OU"

Qual a probabilidade de sair o número 1 ou o número 6 no lançamento de um mesmo dado?

A probabilidade de um dado cair com a face 1 voltada para cima é 1/6, assim como a de cair com a face 6 voltada para cima. Logo, a resposta é: 1/6 + 1/6 = 2/6 = 1/3.

A regra da adição pode ser formulada assim: a probabilidade de ocorrerem dois acontecimentos que se excluem mutuamente é igual à soma das probabilidades de cada um ocorrer isoladamente. Nesse caso, os dois acontecimentos não podem ocorrer juntos (são mutuamente excludentes): se sair o número 1, não sai o 6 e, se sair este, não sai aquele. Observe que estamos calculando a probabilidade de ocorrer um evento **ou** outro, daí o nome de regra do "ou".

Undergroundarts.co.uk/ Shutterstock/Glow Images

Figura 36.15 A probabilidade desse resultado é 1 : 36.

No mono-hibridismo, essa regra permite compreender por que a proporção de indivíduos **Aa** no cruzamento entre dois híbridos é 1/2. Esses indivíduos podem se formar de dois modos: se um espermatozoide **A** fecundar um óvulo **a** ou se um espermatozoide **a** fecundar um óvulo **A**. Como a probabilidade de cada um desses acontecimentos é 1/4, a probabilidade de surgirem indivíduos **Aa** será 1/4 + 1/4 = 2/4 = 1/2.

Nas duas regras estudadas, os resultados obtidos serão mais próximos aos resultados esperados quando analisarmos um grande número de descendentes: quanto maior o número, menor o desvio estatístico (há testes estatísticos para avaliar esses desvios), ou seja, mais próximos devemos ficar da proporção esperada. Mendel teve essa preocupação e, por isso, analisava sempre grande número de indivíduos.

Lebrecht Music & Arts/Corbis/Latinstock

Figura 36.16 Albinismo, uma característica recessiva. Na foto, Hermeto Pascoal (1936-), compositor e multi-instrumentista brasileiro.

5. PRIMEIRA LEI DE MENDEL E O SER HUMANO

A transmissão de algumas características humanas obedece à primeira lei de Mendel, o que significa que elas são condicionadas por um par de alelos. Quando isso acontece, dizemos que se trata de um caso de mono-hibridismo ou de **herança monogênica** (*mono* = um). Essas características são **autossômicas** (*auto* = próprio), isto é, devem-se a genes presentes nos autossomos, e não nos cromossomos sexuais (X e Y). É o caso de um tipo de albinismo (veja a **figura 36.16**).

Uma forma de descobrir como ocorre a herança das características humanas é elaborar **heredogramas** (*hers* = herança; *gramma* = letra, símbolo) ou **árvores genealógicas** (*genea* = descendência; *logos* = estudo). Esses esquemas apresentam, com uma série de símbolos, os indivíduos de uma família, indicando o grau de parentesco, o sexo, a geração, a ordem de nascimento, a presença de um caráter afetado por determinada anomalia, etc.

Veja na **figura 36.17** os símbolos usados nos heredogramas e seus significados. Ao lado deles está representado um heredograma de uma família em que aparece uma forma de albinismo (albinismo oculocutâneo tipo 1), causado por um alelo autossômico recessivo. No albinismo ocorre ausência parcial ou total de melanina na pele, no cabelo e nos olhos. Em geral, a pele é clara e rosada, os olhos podem ser azuis ou rosa-claros e os cabelos, brancos ou amarelados.

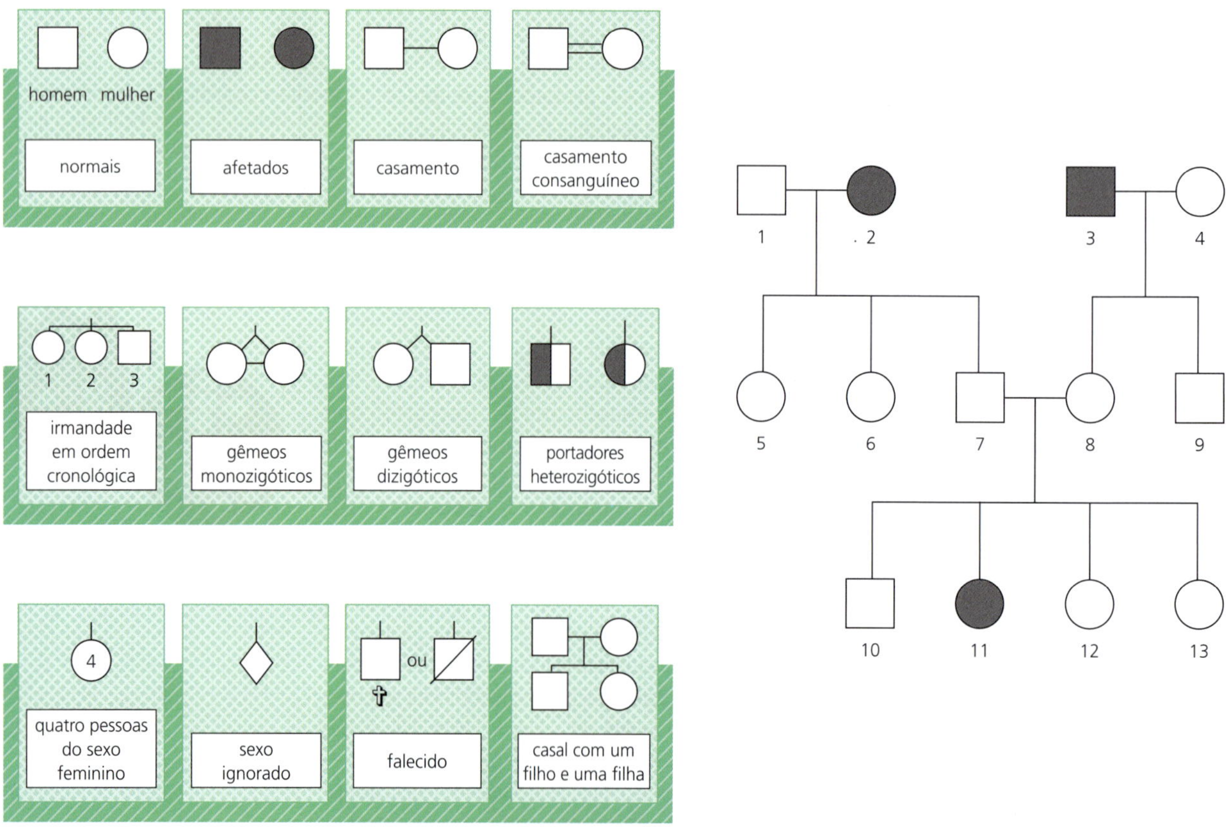

Figura 36.17 Símbolos usados nos heredogramas e exemplo de heredograma de uma família que apresenta indivíduos com uma forma de albinismo. Observe que o indivíduo 11 é uma menina albina; sua avó paterna (2) e seu avô materno (3) também são albinos.

RESOLUÇÃO COMENTADA

1. Em cobaias (porquinhos-da-índia), pelos curtos dominam pelos longos. Qual o resultado (genótipos e fenótipos) do cruzamento entre um macho de pelo curto e heterozigoto e uma fêmea de pelo longo?

Resolução

Problemas de mono-hibridismo consideram apenas uma característica. Neste primeiro exercício, é fornecido o genótipo dos pais em relação a determinada característica e pede-se o da geração seguinte. O genótipo do macho de pelo curto e heterozigoto é **Lℓ** e o da fêmea de pelo longo é **ℓℓ**. Verificamos os tipos de gametas possíveis e associamos espermatozoides e óvulos:

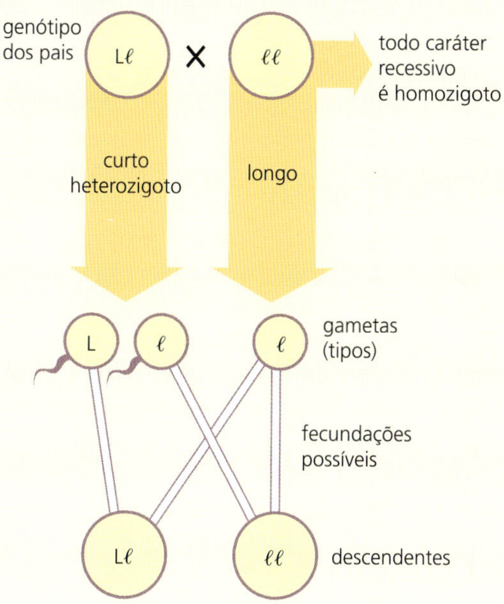

Assim, 50% dos descendentes terão pelo curto (**L**ℓ) e 50% terão pelo longo (ℓℓ). Podemos chegar ao mesmo resultado utilizando o quadrado de Punnett:

gameta produzido pela fêmea (♀) \ gametas produzidos pelo macho (♂)	**L**	**ℓ**
ℓ	Lℓ	ℓℓ

2. Considerando a questão anterior, qual o resultado do cruzamento entre duas cobaias heterozigotas para o tipo de pelo?

Resolução

O problema pode ser resolvido com o quadrado de Punnett mostrado a seguir:

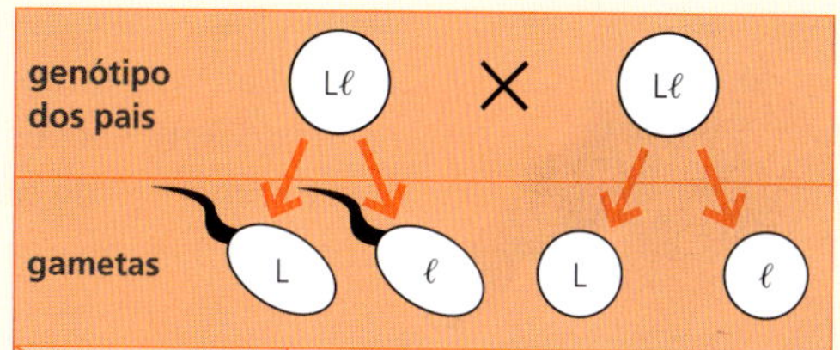

♂ \ ♀	**L**	**ℓ**
L	LL	Lℓ
ℓ	Lℓ	ℓℓ

Portanto, serão 75% com pelo curto (50% **Lℓ** e 25% **LL**) e 25% com pelo longo (**ℓℓ**).

3. No heredograma a seguir aparecem indivíduos afetados (símbolos escuros) por alguma característica determinada por um par de alelos.

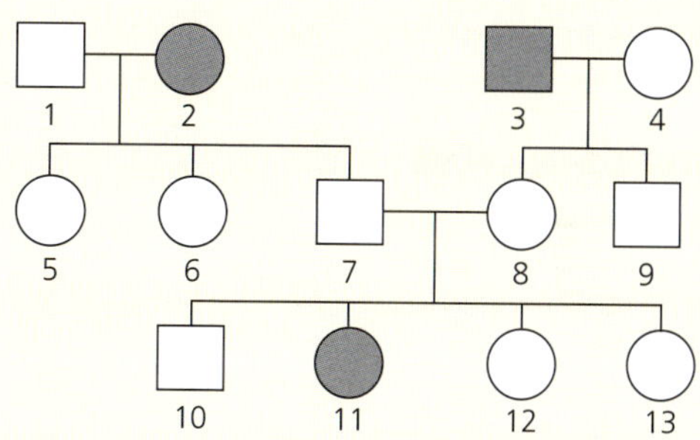

Com base nesse heredograma, responda: o caráter afetado é dominante ou recessivo? Qual o genótipo dos indivíduos? É possível determinar todos os genótipos?

Resolução

Analisando o heredograma, podemos concluir que o caráter afetado é recessivo, pois a união de dois indivíduos não afetados (7 e 8) deu origem a uma filha afetada (11, **aa**). Logo, os indivíduos 7 e 8 são portadores de um alelo **a**. Como não são afetados, seu genótipo é **Aa**. Os indivíduos 2 e 3 também são afetados (**aa**) e todos os filhos deles (5, 6, 7, 8 e 9) apresentarão pelo menos um alelo **a**. Como não são afetados, concluímos que eles apresentam genótipo **Aa**. Em relação aos indivíduos 1, 4, 10, 12 e 13, não podemos determinar se são **AA** ou **Aa**.

6. GENES E AMBIENTE

No desenvolvimento das características de um indivíduo (fenótipo), o genótipo não é o único fator em jogo. O ambiente também influencia na formação das características.

Às vezes, o efeito do ambiente é muito pequeno ou mesmo nulo, como é o caso do grupo sanguíneo de uma pessoa, determinado exclusivamente pelos genes. Na maioria das vezes, porém, o ambiente pode influir bastante no fenótipo. O termo ambiente abrange aqui desde o ambiente celular e extracelular dentro do organismo (como os nutrientes), até fatores do ambiente externo, que podem ser físicos (como a luz do Sol), sociais e culturais (como a aprendizagem).

Chamamos de **norma de reação** a distribuição dos fenótipos possíveis, produzidos pelo mesmo genótipo, em resposta a condições ambientais diferentes. Um caso interessante de influência de um fator ambiental sobre o fenótipo é o de certos mamíferos, como o gato siamês (**figura 36.18**).

Figura 36.18 Observe a pelagem do gato siamês. A presença do pigmento escuro é resultado da atividade de uma enzima. Acima de 34 °C, a enzima fica inativa e, como o corpo tem temperatura acima disso, o pelo torna-se claro. Nas extremidades a temperatura é inferior a 34 °C e a enzima torna-se ativa, formando o pigmento preto.

> **ACESSE E SAIBA MAIS**
>
> **O que é Epigenética?**
> <https://ed.ted.com/lessons/how-the-choices-you-make-can-affect-your-genes-carlos-guerrero-bosagna>
> Acesso em: 30 jul. 2018.

EPIGENÉTICA

A **Epigenética** (*epi* = sobre) é um campo relativamente novo que estuda certas mudanças na expressão dos genes que não alteram a sequência de bases do DNA. Essas mudanças podem "ligar" (ativar) ou "desligar" (inativar) certos genes de forma temporária ou por toda a vida do organismo.

As mudanças epigenéticas podem ser influenciadas por fatores do ambiente: alimentos, poluentes, doenças e até interações sociais (que podem provocar estresse, por exemplo). E, em alguns casos, podem ser transmitidas aos descendentes, pelo menos por algumas gerações. Trata-se, portanto, de uma forma não genética de hereditariedade capaz de influenciar várias características, inclusive a saúde do organismo.

Há várias formas de alterações epigenéticas. Uma delas é a metilação da citosina, que é a adição de um grupo metil (um átomo de carbono ligado a três átomos de hidrogênio) à base nitrogenada citosina. A metilação tem o efeito de reprimir a expressão de certos trechos do DNA, tornando inativos determinados genes.

Os efeitos das alterações epigenéticas podem explicar, entre outras mudanças, a diferença entre os diversos tipos de células do corpo (diferentes tipos de genes são expressos em cada célula). Podem explicar ainda o surgimento de alguns tipos de câncer e as diferenças entre gêmeos monozigóticos, que possuem o mesmo DNA, porém detêm marcas epigenéticas diferentes que vão aparecendo ao longo da vida.

CARACTERES HEREDITÁRIOS E CONGÊNITOS

A cor dos olhos, o tipo de nariz e algumas outras características do indivíduo resultam, principalmente, da influência dos genes e são transmitidas dos pais para os filhos. Por isso são chamadas **hereditárias**.

Certas doenças, como alguns tipos de câncer, surgem por causa de alterações genéticas; são doenças genéticas. Em alguns casos, essas alterações podem ser herdadas, o que faz com que a pessoa tenha uma predisposição à doença. Em outros, elas aparecem ao longo da vida por causa de fatores mutagênicos que atingem células somáticas (radiações, certos produtos químicos, etc.). Nem toda doença genética, portanto, é hereditária.

Um caráter é **congênito** quando está presente por ocasião do nascimento – independentemente de sua causa ser genética ou ambiental. Por exemplo, se uma mulher adquirir rubéola durante a gravidez, o vírus pode atingir o embrião e provocar surdez na criança. No entanto, a surdez pode ser causada também por alterações em um gene que é transmitido dos pais para os filhos. Nesse caso, trata-se de uma surdez hereditária.

Podemos dizer, então, que a surdez provocada pelo ambiente (infecção) está copiando um tipo de caráter que, em outros indivíduos, é consequência de um gene. Assim, a surdez causada pela rubéola é classificada pelos geneticistas como uma **fenocópia** (fenótipo copiado).

BIOLOGIA E SAÚDE

Aconselhamento genético

A avaliação dos riscos de um casal dar origem a um bebê com um distúrbio genético é realizada por um médico geneticista, que também pode informar sobre a evolução, o tratamento e as opções para lidar com a situação. Esse profissional pode analisar o histórico familiar relacionado à doença e solicitar diversos exames, como exames de cromossomos e testes genéticos.

Um exemplo de caso que merece atenção no aconselhamento genético é o dos casamentos consanguíneos (casamento entre pessoas da mesma família). Suponha que um alelo recessivo **a**, raro na população, determine alguma doença. Poucas pessoas serão portadoras desse alelo, isto é, poucas pessoas terão genótipo **Aa**. Se esse indivíduo **Aa** se unir a uma pessoa de outra família, esta pessoa, muito provavelmente, será **AA**, pois o alelo **a**, sendo raro, é encontrado em poucas famílias. Dessa união (**Aa** com **AA**) nascerão filhos sem o problema (**AA** ou **Aa**). Mas, se o indivíduo **Aa** se unir a um parente, a probabilidade de esse parente também ser **Aa** é maior do que no caso anterior, pois o alelo **a** está presente nessa família. A união de **Aa** com **Aa** terá probabilidade de 1/4 (25%) de filhos **aa**, portadores da doença.

Muitas vezes os genes apenas aumentam o risco da doença e a pessoa só precisa tomar certas precauções. Por exemplo, mulheres com propensão ao câncer de mama devem realizar exames periódicos com mais frequência.

A identificação de vários genes permitiu desenvolver testes genéticos para a detecção precoce de algumas doenças. Para as doenças tratáveis, esses testes são, sem dúvida, muito importantes. Outras vezes, porém, o teste acusa uma doença genética fatal, que ainda não tem cura e que só se manifesta após certa idade, como é o caso da doença de Huntington. Nessas situações, a decisão de realizar o teste pode ser muito difícil. Há ainda o problema de garantir a privacidade da pessoa e impedir que empresas discriminem candidatos a vagas por terem propensão a determinadas doenças. Os testes genéticos envolvem, portanto, aspectos sociais, jurídicos e éticos que devem ser considerados.

ATIVIDADES

Questões discursivas

1. O esquema abaixo mostra dois tipos de divisão celular. Os bastões representam cromossomos.

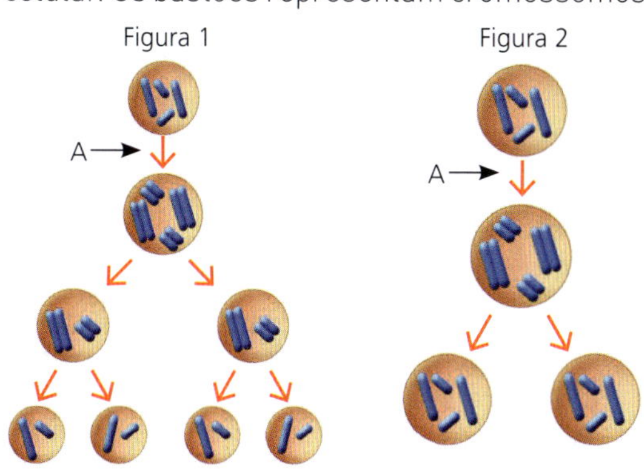

Luis Moura/Arquivo da editora

Os elementos não estão na mesma escala; cores fantasia.

a) Identifique qual a figura da mitose e qual a da meiose. Justifique sua resposta.

b) Quantos pares de cromossomos homólogos as células do esquema possuem inicialmente?

c) O que acontece com os cromossomos na etapa indicada pela letra **A**?

d) Suponha que a célula inicial possua dois alelos, **A** e **a**, em um dos pares de cromossomos homólogos. Como são as células produzidas ao final da divisão da figura **1** em relação a esses alelos? E as da figura **2**?

2. A figura abaixo, baseada em uma ilustração feita em 1694, representa um espermatozoide. Ela mostra uma ideia popular na época sobre a função do espermatozoide para a formação de um novo ser vivo. Qual seria essa ideia? Por que, segundo nossos conhecimentos atuais, ela está errada?

Ingeborg Asbach/Arquivo da editora

3. Na figura abaixo, estão esquematizados quatro cromossomos de uma célula (indicados pelas letras) e vários alelos (indicados por números).

Luis Moura/Arquivo da editora

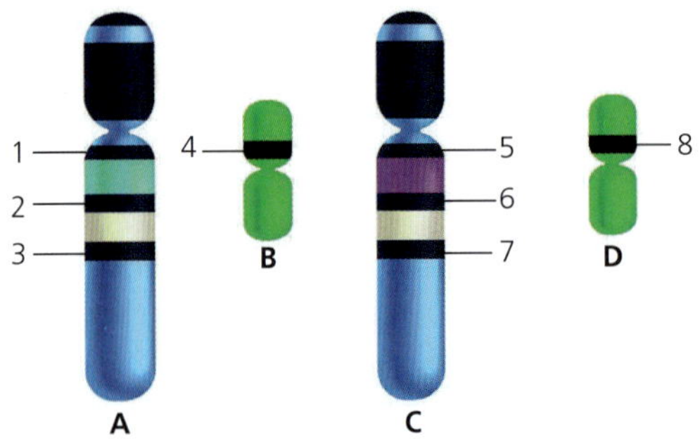

Os elementos não estão na mesma escala; cores fantasia.

No caderno, identifique quais os pares de homólogos e os pares de alelos.

4. O esquema a seguir ilustra o resultado de um cruzamento entre ervilhas de sementes amarelas e verdes (cores fantasia) feito por Mendel. A geração **P** era de ervilhas puras. A geração $\mathbf{F_2}$ foi obtida por autofecundação da geração $\mathbf{F_1}$.

Martin Shields/Photo Researchers/Latinstock

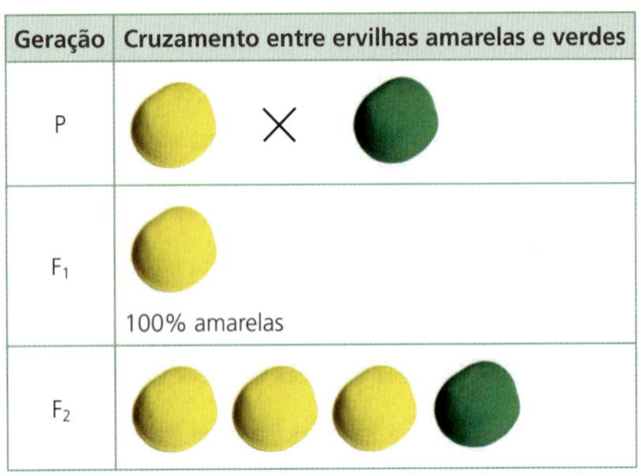

No caderno, com base no esquema, responda às questões:

a) Qual a característica dominante: a amarela ou a verde? Justifique sua resposta.

b) Quais os genótipos das ervilhas?

5. Em relação ao albinismo, podemos dizer que as pessoas podem ter os seguintes genótipos: **AA**, **Aa** e **aa**.

a) Que tipos de gameta cada um desses genótipos pode produzir?

b) Determine as proporções genotípicas e fenotípicas resultantes dos seguintes cruzamentos (**a** é o alelo para albinismo, uma característica recessiva):

I. **AA** × **AA**.
II. **aa** × **aa**.
III. **AA** × **aa**.
IV. **Aa** × **aa**.
V. **Aa** × **Aa**.

c) Como serão os filhos de uma pessoa de pele pigmentada, filha de pai com albinismo, com uma pessoa com albinismo?

6. Estudando a formação de gametas, um estudante concluiu que o emparelhamento de cromossomos homólogos na prófase I e a organização dos cromossomos na região equatorial da célula na primeira divisão da meiose são eventos essenciais para explicar as leis de Mendel. Justifique a afirmação do estudante.

7. Um estudante afirmou que os gametas de um indivíduo eram heterozigotos. Por que essa afirmação está errada?

8. Para descobrir se uma planta que produz ervilhas amarelas (característica dominante) é homozigota ou heterozigota quanto ao par de alelos que condicionam esse caráter, devemos fazer seu cruzamento com outra que produza ervilhas amarelas ou com uma planta que produza ervilhas verdes? Justifique sua escolha.

9. (Uerj) Considere o cruzamento de um bode sem chifres com três cabras. Em cada cruzamento, foi gerado apenas um filhote. Observe os dados na tabela:

Cabra	Presença de chifres	
	na cabra	no filhote
1	sim	não
2	sim	sim
3	não	sim

Admita que a ausência de chifres em caprinos seja uma característica monogênica dominante.

Utilizando as letras **A** e **a** para representar os genes envolvidos, determine os genótipos do bode e das três cabras.

Questões objetivas

1. (UFG-GO) Após seu retorno à Inglaterra, Darwin casou-se com sua prima Emma, com quem teve dez filhos, dos quais três morreram. Suponha que uma dessas mortes tenha sido causada por uma doença autossômica recessiva. Nesse caso, qual seria o genótipo do casal para esta doença?

a) **Aa** e **Aa**.
b) **AA** e **aa**.
c) **AA** e **Aa**.
d) **AA** e **AA**.
e) **aa** e **aa**.

2. (UFU-MG) Em galinhas da raça andaluza, a cor da plumagem é determinada pelos genes $\mathbf{P^P}$ (pelagem preta) e $\mathbf{P^B}$ (pelagem branca). Cruzando aves pretas ($\mathbf{P^PP^P}$) com aves brancas ($\mathbf{P^BP^B}$), obtêm-se em $\mathbf{F_1}$ 100% de descendentes de plumagem azul-acinzentada ($\mathbf{P^PP^B}$). Aves da geração $\mathbf{F_1}$, quando cruzadas entre si, produzirão descendentes nas seguintes proporções:

a) 9 pretas : 3 azuladas : 3 acinzentadas : 1 branca.
b) 3 brancas : 1 preta.
c) 1 preta : 2 azul-acinzentadas : 1 branca.
d) 3 pretas : 1 branca.

3. (UEPG-PR) A figura abaixo esquematiza um cruzamento parental entre ervilhas puras de formato liso e ervilhas puras de formato rugoso. Observe que a geração 1 (**F_1**) gerou 100% de descendentes que possuem o formato da ervilha liso. Desenvolva a geração 2 (**F_2**) e, a partir dos resultados, assinale o que for correto.

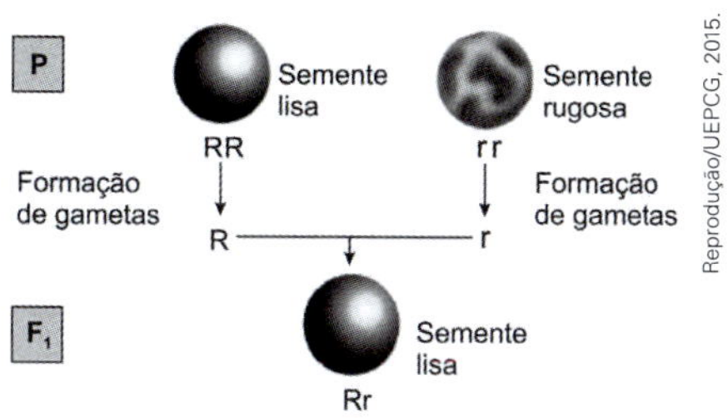

(01) A geração **F_2** gerará 75% de ervilhas de formato liso e 25% de ervilhas de formato rugoso. Esse resultado somente é possível, pois se trata de uma herança monogênica com dominância completa do alelo liso sobre o alelo rugoso.

(02) A geração **F_2** terá uma proporção de 9 : 3 : 3 : 1 sendo 9/16 lisas e rugosas; 3/16 lisas; 3/16 rugosas; 1/16 rugosas e lisas, respectivamente.

(04) A proporção fenotípica encontrada na geração **F_2** será de 50% de ervilhas de formato liso e 50% de ervilhas de formato rugoso.

(08) A geração **F_2** gerará uma proporção genotípica de 25% homozigotos dominantes, 50% heterozigotos e 25% de homozigotos recessivos.

4. (UFRN) O primeiro relato da ocorrência da Síndrome de Spoan foi feito em Serrinha dos Pintos, município no interior do Rio Grande do Norte.

Estima-se que 10% da população desse município possuam o gene causador da síndrome, que se manifesta por atrofia do sistema nervoso e paralisia. A síndrome é determinada por um alelo autossômico recessivo e a chance de ela ocorrer é favorecida através de descendentes de casais consanguíneos.

Disponível em: <www.wikipedia.com.br>. Acesso em: 12 jul. 2016.

Suponhamos que um casal de primos, natural de Serrinha dos Pintos, aguarde o nascimento do seu primeiro filho. Embora não apresentem a Síndrome de Spoan, o casal gostaria de saber a probabilidade de esse filho vir a apresentá-la, ou de ser saudável, mas portador do gene para esse tipo de síndrome.

Os princípios básicos que regem a transmissão de características hereditárias indicam que o filho desse casal tem:

a) 75% de probabilidade de apresentar a síndrome, se ambos os pais forem heterozigotos.

b) 25% de probabilidade de apresentar a síndrome, se apenas um dos pais possuir um alelo recessivo.

c) 50% de chance de ser saudável, mas ser portador do gene, se apenas um dos pais possuir um alelo recessivo.

d) 100% de chance de ser saudável, mas portador do gene, se ambos os pais forem heterozigotos.

5. (Uerj) A doença de Von Willebrand, que atinge cerca de 3% da população mundial, tem causa hereditária, de natureza autossômica dominante. Essa doença se caracteriza pela diminuição ou disfunção da proteína conhecida como fator Von Willebrand, o que provoca quadros de hemorragia.

O esquema abaixo mostra o heredograma de uma família que registra alguns casos dessa doença.

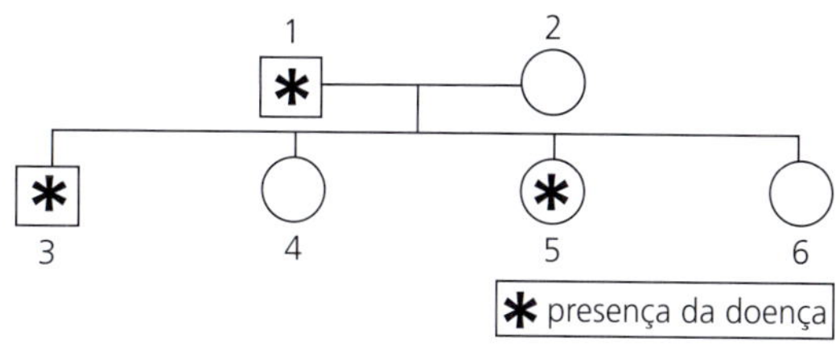

Admita que os indivíduos **3** e **4** casem com pessoas que não apresentam a doença de Von Willebrand. As probabilidades percentuais de que seus filhos apresentem a doença são, respectivamente, de:

a) 50 e 0.

b) 25 e 25.

c) 70 e 30.

d) 100 e 50.

6. (UPF-RS) A fibrose cística é uma doença autossômica recessiva grave. É caracterizada por um distúrbio nas secreções das glândulas exócrinas que pode afetar todo o organismo, frequentemente levando à morte prematura. As pessoas nas quais o alelo recessivo é detectado recebem aconselhamento genético a respeito do risco de vir a ter um descendente com a doença. Paulo descobriu que é heterozigoto para essa característica. Ele é casado com Júlia, que não apresenta a doença e é filha de pais que também não apresentam a doença. No entanto, Júlia teve um irmão que morreu na infância, vítima de fibrose cística. Qual a probabilidade de que Paulo e Júlia venham a ter um(a) filho(a) com fibrose cística?

a) 1/6
b) 1/8
c) 1/4
d) 1/2
e) 1/3

7. (Fuvest-SP) A figura mostra etapas da segregação de um par de cromossomos homólogos em uma meiose em que não ocorreu permuta.

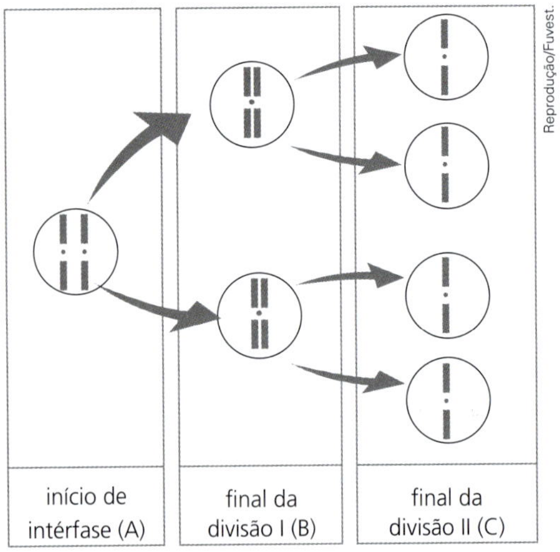

No início da intérfase, antes da duplicação cromossômica que precede a meiose, um dos representantes de um par de alelos mutou por perda de uma sequência de pares de nucleotídeos. Considerando as células que se formam no final da primeira divisão (**B**) e no final da segunda divisão (**C**), encontraremos o alelo mutante em:

a) uma célula em **B** e nas quatro em **C**.

b) uma célula em **B** e em duas em **C**.

c) uma célula em **B** e em uma em **C**.

d) duas células em **B** e em duas em **C**.

e) duas células em **B** e nas quatro em **C**.

8. (UEM-PR) João e Roberta se casaram. Ambos têm pele pigmentada e casos de albinismo na família. Como planejam ter filhos, resolveram procurar um geneticista para tirarem suas dúvidas. João informou que sua mãe era homozigota dominante e seu pai tinha pele pigmentada, porém seu avô paterno era albino. Roberta informou que seus pais tinham pigmentação, porém tem uma irmã albina.

Considerando essas informações e que o albinismo tipo 1, na espécie humana, é condicionado por um alelo recessivo, assinale o que for correto.

(01) João e Roberta apresentam a mesma probabilidade de serem portadores do alelo para o albinismo.

(02) A probabilidade de João ser portador do alelo para o albinismo é de 50%.

(04) A probabilidade de o avô e de a avó paternos de Roberta serem homozigotos dominantes é de 25%.

(08) Se o casal tiver um filho albino, a probabilidade de o segundo filho ser albino será de 1/4.

(16) Se o casal tiver um filho albino, a probabilidade de o segundo filho ser homozigoto é a mesma de ele ser heterozigoto.

9. (Fuvest-SP) Para que a célula possa transportar, para seu interior, o colesterol da circulação sanguínea, é necessária a presença de uma determinada proteína em sua membrana. Existem mutações no gene responsável pela síntese dessa proteína que impedem a sua produção. Quando um homem ou uma mulher possui uma dessas mutações, mesmo tendo também um alelo normal, apresenta hipercolesterolemia, ou seja, aumento do nível de colesterol no sangue.

A hipercolesterolemia devida a essa mutação tem, portanto, herança

a) autossômica dominante.

b) autossômica recessiva.

c) ligada ao X dominante.

d) ligada ao X recessiva.

e) autossômica codominante.

10. (Uema)

Chegamos ao mundo com instruções básicas de funcionamento guardadas nos genes. Quando o pai é obeso, o risco do filho também ser obeso é de 40% e, se pai e mãe forem obesos, este índice sobe para 80%. Entretanto, as condições de vida dentro do útero da mãe podem alterar a ordem ditada pelos genes. Além disso, o ambiente, também, pode fazer com que algumas dessas instruções sejam ignoradas ou excessivamente valorizadas.

Revista *Época*. Rio de Janeiro: Globo, n. 780, 6 maio, 2013. (Adaptado)

De acordo com Mendel, a contribuição genética materna, em percentual, pode desencadear a obesidade em

a) 0% **b)** 25% **c)** 50% **d)** 75% **e)** 100%

11. (Enem-MEC) Mendel cruzou plantas puras de ervilha com flores vermelhas e plantas puras com flores brancas, e observou que todos os descendentes tinham flores vermelhas. Nesse caso, Mendel chamou a cor vermelha de dominante e a cor branca de recessiva. A explicação oferecida por ele para esses resultados era a de que as plantas de flores vermelhas da geração inicial (**P**) possuíam dois fatores dominantes iguais para essa característica (**VV**), e as plantas de flores brancas possuíam dois fatores recessivos iguais (**vv**). Todos os descendentes desse cruzamento, a primeira geração de filhos (**F_1**), tinham um fator de cada progenitor e eram **Vv**, combinação que assegura a cor vermelha nas flores.

Tomando-se um grupo de plantas cujas flores são vermelhas, como distinguir aquelas que são **VV** das que são **Vv**?

a) Cruzando-as entre si, é possível identificar as plantas que têm o fator **v** na sua composição pela análise de características exteriores dos gametas masculinos, os grãos de pólen.

b) Cruzando-as com plantas recessivas, de flores brancas. As plantas **VV** produzirão apenas descendentes de flores vermelhas, enquanto as plantas **Vv** podem produzir descendentes de flores brancas.

c) Cruzando-as com plantas de flores vermelhas da geração **P**. Os cruzamentos com plantas **Vv** produzirão descendentes de flores brancas.

d) Cruzando-as entre si, é possível que surjam plantas de flores brancas. As plantas **Vv** cruzadas com outras **Vv** produzirão apenas descendentes vermelhas, portanto as demais serão **VV**.

e) Cruzando-as com plantas recessivas e analisando as características do ambiente onde se dão os cruzamentos, é possível identificar aquelas que possuem apenas fatores **V**.

ATIVIDADE PRÁTICA

Organizem-se em grupos de quatro ou cinco colegas para fazer a seguinte simulação.

Material

- dois sacos de papel opaco;
- doze peças de jogo de damas brancas e 12 peças pretas, todas do mesmo tamanho (podem ser usados feijões pretos e feijões mais claros, como o carioquinha, desde que sejam aproximadamente do mesmo tamanho).

Procedimentos

1. Em um dos sacos de papel, deve ser escrito "gametas masculinos"; no outro, "gametas femininos". Cada saco deverá conter 6 peças pretas e 6 peças brancas.
2. Sem olhar o conteúdo do primeiro saco, um dos alunos do grupo retira uma peça de seu interior; e outro aluno retira uma peça do outro saco, também sem olhar.
3. Um terceiro aluno do grupo anota a combinação formada pelas duas peças (a ordem em que foram tiradas não importa). As duas peças devem ser devolvidas aos respectivos sacos e misturadas com as outras.
4. O processo deve ser repetido 32 vezes.

Conclusão

Agora, respondam:

I. Suponham que cada peça corresponda a um alelo de determinado gene e cada sorteio represente o encontro de dois gametas. Usando letras maiúsculas e minúsculas para representar os alelos, demonstrem os genótipos dos pais que participam desse cruzamento.

II. Usando as mesmas letras, qual a proporção genotípica esperada para a descendência desse cruzamento? Qual a proporção obtida pelo grupo na prática?

III. Suponham que haja dominância completa entre os alelos e que as peças brancas ou os feijões mais claros representem o alelo recessivo. Respondam: qual a proporção fenotípica esperada (isto é, quantos são os indivíduos com a característica dominante e quantos têm a característica recessiva)? Qual a proporção fenotípica obtida?

IV. Comparem as proporções obtidas em seu grupo com as de outros grupos: os resultados foram os mesmos? Expliquem por que as proporções genotípicas e fenotípicas obtidas não precisam ser iguais às proporções esperadas.

V. Redistribuam as peças de modo que um dos sacos fique com 3 peças brancas e 3 peças pretas e o outro saco fique com 6 peças brancas e repitam o processo de sorteio descrito anteriormente. Novamente, usando letras maiúsculas e minúsculas para os alelos e supondo que as peças brancas ou os feijões mais claros novamente representam o alelo recessivo, respondam às questões I a IV adaptando-as a essa nova situação.

CAPÍTULO

37

Jacqy Law/Shutterstock

Variedade de milho conhecida como milho indurato ou duro (espigas com cerca de 12 cm de comprimento). Apresenta grãos duros com cores que variam do branco ao vermelho.

SEGUNDA LEI DE MENDEL

O milho cultivado hoje é muito diferente daquele que crescia originalmente na natureza. Isso ocorre porque, ao longo da História, o ser humano selecionou e cruzou as variedades mais produtivas, ou que apresentavam características melhores para o consumo.
Os cruzamentos seletivos realizados hoje em dia são feitos de forma planejada, usando os princípios da segunda lei de Mendel e o conhecimento de genética construído pela comunidade científica ao longo do tempo.

- Você conhece algumas aplicações da genética em nosso dia a dia? Quais?
- Você já sabe como prever o resultado de cruzamentos em ervilhas quando analisamos uma característica de cada vez. Como é possível prever resultados de cruzamentos analisando duas ou mais características ao mesmo tempo?

1. EXPERIÊNCIA DE MENDEL

Após estudar uma característica fenotípica de cada vez (mono-hibridismo), Mendel passou a se preocupar com o comportamento de duas características, uma em relação à outra, no mesmo cruzamento. Assim, ao analisar cruzamentos que envolviam dois tipos de características fenotípicas (**di-hibridismo**), Mendel formulou mais uma lei da Genética.

Mendel cruzou ervilhas puras para semente amarela e com superfície lisa (caracteres dominantes) com ervilhas puras de semente verde e com superfície rugosa (caracteres recessivos). Constatou que a geração F_1 era totalmente constituída por indivíduos com sementes amarelas e lisas. Isso era esperado, uma vez que esses caracteres são dominantes e os parentais eram puros. Ao provocar a autofecundação de um indivíduo F_1, entretanto, observou que a geração F_2 era composta de quatro tipos de sementes na proporção indicada pela **figura 37.1**.

Fotos: Martin Shields/Photo Researchers, Inc./Latinstock

Figura 37.1 Quadro demonstrativo da segunda lei de Mendel. Na foto, os 4 tipos de sementes apresentados: amarela e lisa, amarela e rugosa, verde e lisa, verde e rugosa (geralmente as ervilhas têm entre 7 mm e 10 mm de diâmetro).

O aparecimento de dois fenótipos novos, "amarela e rugosa" e "verde e lisa" permitiu a Mendel concluir que a herança da cor da semente era independente da herança da superfície da semente. O par de fatores para cor se distribuía entre os descendentes sem interferir na distribuição do par de fatores para superfície.

Essa é a segunda lei de Mendel, também chamada **lei da recombinação** ou **lei da segregação independente**, e pode ser enunciada da seguinte maneira:

> Em um cruzamento em que estejam envolvidos dois ou mais caracteres, os fatores que condicionam cada um se separam (se segregam) de forma independente durante a formação dos gametas, se recombinam ao acaso e formam todas as combinações possíveis.

INTERPRETAÇÃO DA SEGUNDA LEI DE MENDEL

Em termos atuais, dizemos que o par de alelos para a cor da semente (**V** e **v**, com **V_** condicionando semente amarela e **vv**, semente verde) segrega-se independentemente do par de alelos para a forma da semente (**R_** condicionando semente lisa e **rr**, rugosa), uma vez que estão localizados em pares de cromossomos diferentes.

O genótipo de um indivíduo puro (duplo homozigoto) com sementes amarelas e lisas é **VVRR** e o de indivíduos com sementes verdes e rugosas é **vvrr**. Por meiose, o indivíduo **VVRR** produz gametas **VR**, e o indivíduo **vvrr**, gametas **vr**. Por fecundação, esses gametas formarão um indivíduo **VvRr** (**figura 37.2**).

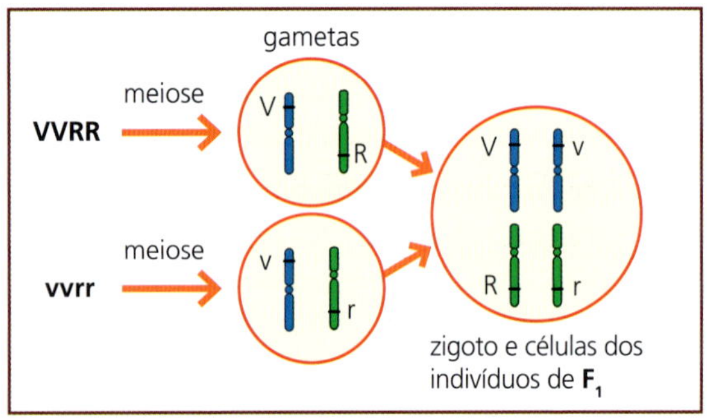

Maspi/Arquivo da editora

Formação de F_1

Figura 37.2 Representação esquemática da produção de gametas dos indivíduos da geração parental e formação de indivíduos da F_1. A união de gametas **VR** e **vr** produz apenas um tipo de indivíduo na geração F_1: **VvRr**.

Já os indivíduos di-híbridos (duplo heterozigotos) produzem quatro tipos de células germinativas. Observe na **figura 37.3** que, durante a meiose, há duas posições possíveis para os cromossomos na metáfase I. No total, são produzidos quatro tipos de gametas: **VR**, **Vr**, **vR** e **vr**. Todos podem ocorrer com a mesma frequência: 25% ou 1/4.

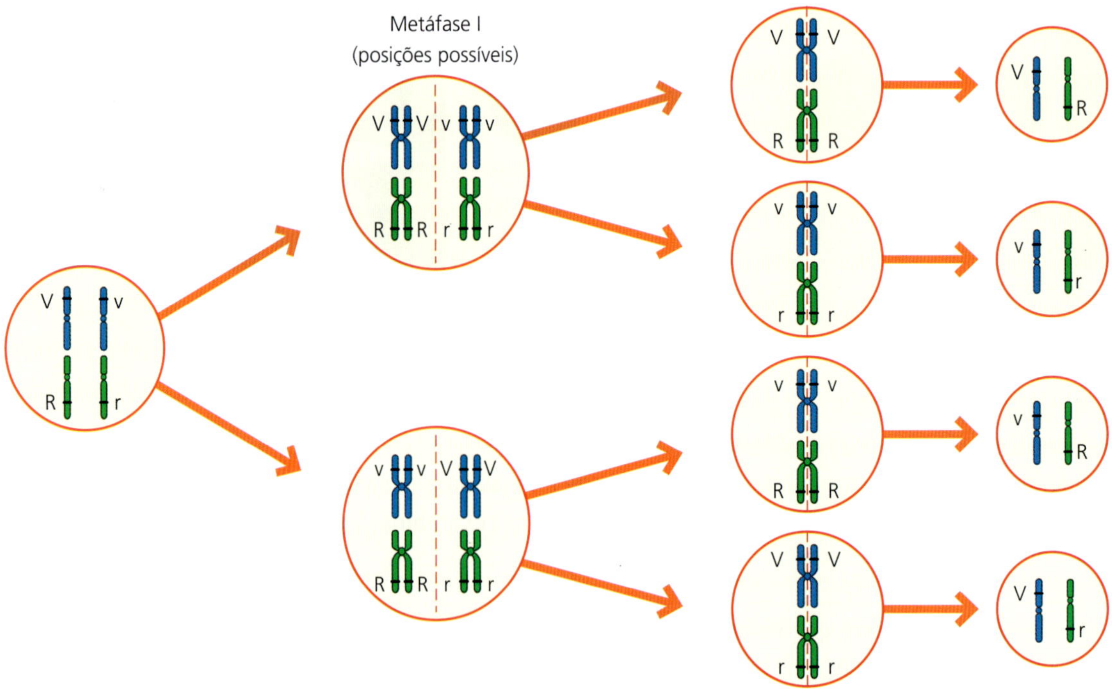

Maspi/Arquivo da editora

Figura 37.3 Os quatro tipos de gametas produzidos por um di-híbrido. Os descendentes resultantes da autofecundação desse di-híbrido ou duplo heterozigoto (**VvRr**) serão as possíveis combinações entre esses quatro tipos de gametas.

Para conhecer todos os genótipos e os fenótipos em um cruzamento, primeiro, encontramos os gametas que cada indivíduo produz; por exemplo, a ervilha **VvRr** produz quatro tipos de gametas, que podem ser achados por análise combinatória com um dos dois esquemas abaixo:

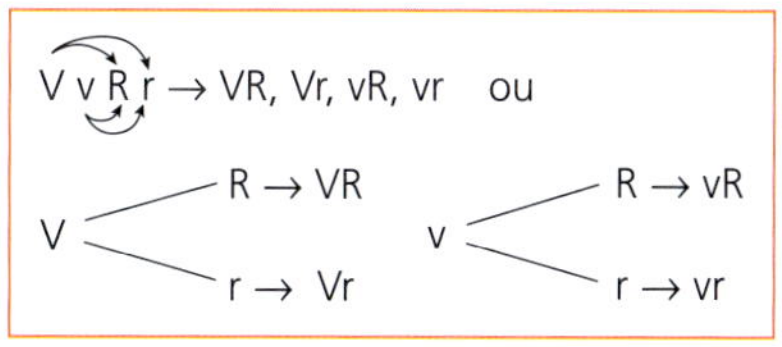

Depois, esquematizamos um quadrado de Punnett (**figura 37.4**); no caso do cruzamento de dois di-híbridos, tomamos o cuidado de colocar os quatro tipos de gametas na ordem indicada na figura, tanto na linha (gametas masculinos) como na coluna (gametas femininos). Analisando as diagonais do quadrado, fica mais fácil achar os indivíduos que aparecem repetidos e formar a proporção de genótipos.

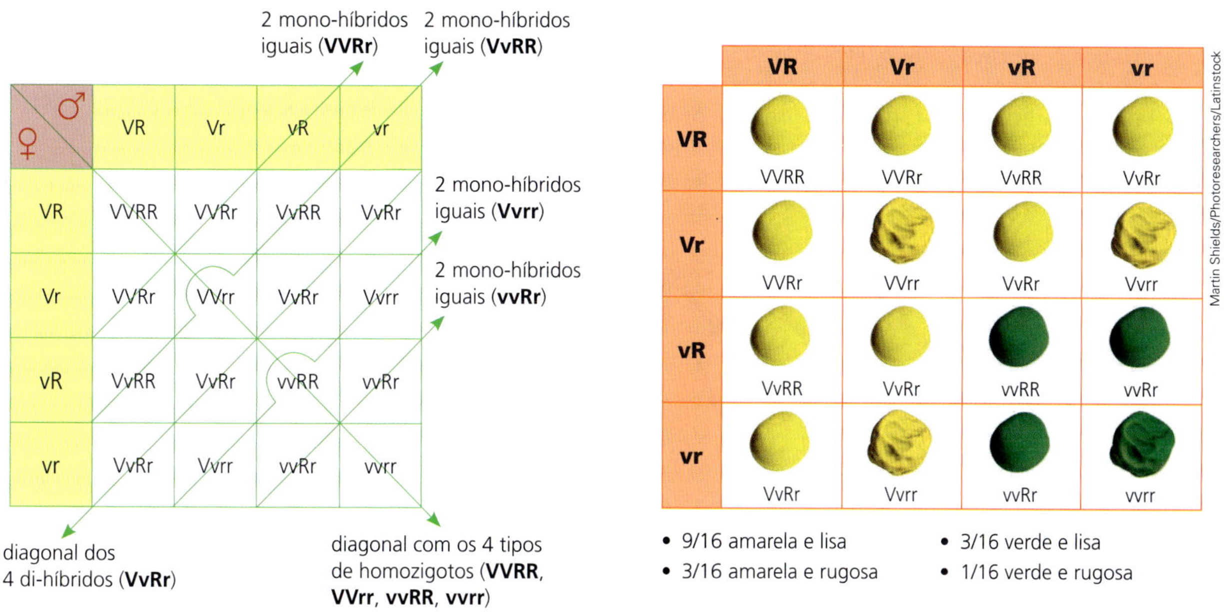

Figura 37.4 Geração F_2 do cruzamento de semente amarela e lisa pura com semente verde e rugosa pura (geralmente as ervilhas têm entre 7 mm e 10 mm de diâmetro). O quadrado de Punnett facilita descrever todos os indivíduos formados em F_2.

Depois de obter os genótipos, fazemos a correspondência com os fenótipos. No caso do cruzamento entre dois di-híbridos, 9/16 indivíduos apresentam os fenótipos dominantes para ambas as características (**V_R_**), que correspondem, nesse caso, às ervilhas amarelas e lisas; 3/16 indivíduos apresentam fenótipo dominante para a primeira característica e recessivo para a segunda (**V_rr**), que correspondem às ervilhas amarelas e rugosas; 3/16 apresentam fenótipo dominante para a segunda característica e recessivo para a primeira (**vvR_**), que correspondem às ervilhas verdes e lisas; 1/16 apresenta fenótipo recessivo para ambas as características (**vvrr**), que corresponde às ervilhas verdes e rugosas.

O di-hibridismo é a ocorrência simultânea de dois mono-hibridismos. Assim, podemos calcular separadamente a proporção de cada um e multiplicar os resultados. No exemplo acima, em primeiro lugar, fazemos o cruzamento para o fenótipo cor da semente: F_2 é o resultado do cruzamento de dois híbridos de F_1. O mesmo raciocínio vale para o cruzamento do fenótipo textura da semente.

A segregação independente vale para determinadas características em vários organismos, inclusive na espécie humana. Contudo, como veremos adiante, a segunda lei não vale para genes situados no mesmo cromossomo, apenas para pares de alelos em cromossomos homólogos diferentes.

RESOLUÇÃO COMENTADA

1. Uma fêmea de porquinho-da-índia, de pelo curto e preto, heterozigota para as duas características, é cruzada com um macho de pelo curto (heterozigoto) e branco. Sabendo que os genes para tamanho e cor de pelo estão em pares de cromossomos diferentes, qual é a probabilidade de nascer um filhote com pelo curto e branco?

Resolução

Os problemas clássicos de di-hibridismo podem ser resolvidos achando os gametas e as fecundações possíveis ou multiplicando as probabilidades de cada caso de mono-hibridismo.

Começamos escolhendo as letras que representarão os alelos (utilizamos as iniciais da característica recessiva, sendo letra maiúscula para o alelo dominante e minúscula para o recessivo). Assim, **L** indica curto; **ℓ**, longo; **B**, preto; **b**, branco. No primeiro caso, descobrimos os genótipos dos pais, achamos os gametas produzidos e realizamos os cruzamentos possíveis. Veja a tabela.

Pais	♀ Lℓ Bb curto e preto	×	♂ Lℓ bb curto e branco	
Gametas	LB, ℓb, Lb, ℓB		Lb, ℓb	
Filhotes	♂ \ ♀	LB	Lb	ℓB	ℓb
	Lb	LLBb	LLbb	LℓBb	Lℓbb
	ℓb	LℓBb	Lℓbb	ℓℓBb	ℓℓbb

Portanto, a resposta é 3/8 (2 **Lℓbb** e 1 **LLbb**, curtos e brancos, em 8 indivíduos).

Agora, vamos resolver o problema usando a regra da multiplicação de probabilidades simultâneas.

	Comprimento do pelo	**Cor do pelo**
Pais	(♀) Lℓ × (♂) Lℓ	(♀) Bb × (♂) bb
Gametas	L, ℓ — L, ℓ	B, b — b
Filhotes	LL Lℓ Lℓ: curto 3/4; ℓℓ: longo 1/4	Bb: preto 1/2; bb: branco 1/2

Portanto, de acordo com a tabela, a probabilidade de nascer um filhote com pelo curto e branco é: 3/4 × 1/2 = 3/8.

2. Nos suínos, existem cascos indivisos (característica dominante) e cascos fendidos, condicionados pelo genótipo **ff**. Outro lócus, localizado em outro par cromossômico, condiciona a cor dos pelos, que pode ser branca (característica dominante) ou preta (genótipo **pp**). Um porco branco e de cascos indivisos foi cruzado com porcas genotipicamente iguais entre si e fenotipicamente iguais a ele. Nas várias ninhadas, havia um total de 144 porquinhos, incluindo alguns pretos e com cascos fendidos.

a) Supondo que a proporção obtida foi idêntica à esperada, quantos porquinhos pretos e com cascos fendidos havia?

b) Quantos porquinhos, do total nascido das ninhadas, espera-se que sejam genotipicamente idênticos ao pai, quanto aos alelos aqui considerados?

Resolução

a) Devemos começar o problema organizando os dados fornecidos sobre os alelos: **F** = cascos indivisos; **f** = cascos fendidos; **P** = pelagem branca; **p** = pelagem preta. O exercício informa que o porco é branco e tem os cascos indivisos; portanto, em seu genótipo existem, com certeza, os alelos **P** e **F**. Esse porco é cruzado com porcas de mesmo fenótipo que ele; portanto, possuem cascos indivisos e são brancas, tendo com certeza em seu genótipo os alelos **P** e **F**. Do cruzamento, surgem porquinhos pretos de cascos fendidos, isto é, duplamente homozigotos (genótipo **ppff**).

P_F_ × P_F_
↓
ppff

Então, podemos concluir que o casal era duplamente heterozigoto, conforme mostra o esquema a seguir:

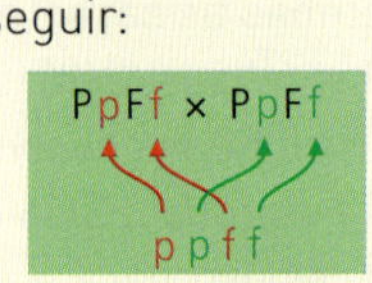

A proporção esperada de homozigotos recessivos (**ppff**)em um cruzamento entre indivíduos de genótipo **PpFf** é 1/16. Como havia 144 porquinhos, o número esperado de homozigotos recessivos é 9 (1/16 × 144 = 9).

b) Os porquinhos genotipicamente iguais aos pais serão **PpFf**. Do cruzamento **PpFf** × **PpFf**, espera-se obter 2/4 de **Pp** e 2/4 de **Ff**, isto é, 4/16 ou 1/4 do total da prole. Se o total da prole são 144 porquinhos, 1/4 de 144 totaliza 36 porquinhos (144/4 = 36).

2. TRI-HIBRIDISMO E POLI-HIBRIDISMO

Imagine um cruzamento em que estejam em jogo três características da ervilha: cor da semente (amarela ou verde), superfície da semente (lisa ou rugosa) e altura da planta (alta ou baixa). Quais são as combinações possíveis para F_2 desse cruzamento (supondo o cruzamento de dois tri-híbridos)?

Podemos encontrar facilmente a proporção de qualquer fenótipo ou genótipo multiplicando as probabilidades de cada mono-hibridismo. Veja ao lado.

Proporção fenotípica (tri-hibridismo)

9 : 3 : 3 : 1 (di-hibridismo)
3 : 1 (mono-hibridismo)

27 : 9 : 9 : 3 : 9 : 3 : 3 : 1
ou
27 : 9 : 9 : 9 : 3 : 3 : 3 : 1

Proporção genotípica (tri-hibridismo)

1 : 2 : 1 : 2 : 4 : 2 : 1 : 2 : 1 (di-hibridismo)
1 : 2 : 1 (mono-hibridismo)

1 : 2 : 1 : 2 : 4 : 2 : 1 : 2 : 1 :
: 2 : 4 : 2 : 4 : 8 : 4 : 2 : 4 : 2 :
: 1 : 2 : 1 : 2 : 4 : 2 : 1 : 2 : 1

No mono-hibridismo, o número de tipos de gametas possíveis do híbrido de F_1 é 2, no di-hibridismo é 4 e no tri-hibridismo é 8. Podemos notar que esses valores variam segundo a fórmula 2^n, em que **n** é o número de pares de alelos em heterozigose. Logo, quanto ao número de gametas do híbrido: no mono-hibridismo ($n = 1$) é $2^1 = 2$; no di-hibridismo ($n = 2$) é $2^2 = 4$; no tri-hibridismo ($n = 3$) é $2^3 = 8$. Considerando um híbrido para quatro pares de alelos, o número de tipos de gametas possíveis em F_1 é $2^4 = 16$.

Usando esse raciocínio, podemos deduzir também uma fórmula para o número de combinações possíveis em F_2 e para o número de genótipos e fenótipos possíveis em F_2 (resultado do cruzamento entre dois híbridos para todos os pares de alelos). Veja a tabela abaixo.

Ocorrências	Fórmulas
Número de pares de alelos para os quais há hibridismo	n
Número de tipos de gametas formados pelos híbridos de F_1	2^n
Número de combinações possíveis entre os gametas de F_1	4^n
Número de fenótipos diferentes em F_2	2^n
Número de genótipos diferentes em F_2	3^n

Assim, em um cruzamento entre di-híbridos **AaBb** e **AaBb**, por exemplo, temos:
$n = 2$;
$2^2 = 4$ gametas diferentes formados por di-híbrido: **AB**, **Ab**, **aB**, **ab**;
$4^2 = 16$ tipos de células-ovo possíveis formadas em F_2;
$2^2 = 4$ classes fenotípicas em F_2;
$3^2 = 9$ classes genotípicas em F_2.

ATIVIDADES

Questões discursivas

1. Utilizando os conceitos atuais de genética, explique por que, ao realizar a autofecundação de ervilhas amarelas e lisas, Mendel obteve também ervilhas verdes e rugosas.

2. Uma distribuidora de grãos deseja obter uma variedade de trigo de alta produtividade. Seus técnicos selecionam três características vantajosas, sabidamente condicionadas por pares de alelos localizados em cromossomos homólogos diferentes. Na primeira etapa da pesquisa, era necessário obter apenas indivíduos heterozigotos. Com base nessas informações, responda:

   a) Qual é o genótipo escolhido para a geração parental?

   b) Quantos genótipos diferentes poderão surgir na geração obtida do cruzamento entre esses indivíduos heterozigotos obtidos?

   c) Um fazendeiro comprou de uma empresa agrícola sementes muito produtivas de uma planta heterozigota para várias características. A colheita foi boa e ele resolveu autofecundar as plantas obtidas, em vez de comprar novas sementes. No entanto, as plantas colhidas dessa autofecundação não apresentaram a mesma produtividade. Como você explica isso?

3. Dê o resultado dos cruzamentos entre indivíduos que possuem os seguintes genótipos:
   - **AALL** × **aaℓℓ**;
   - **AaLL** × **AaLL**;
   - **AaLℓ** × **aaℓℓ**.

4. Uma planta de semente amarela e lisa (características dominantes) foi cruzada com outra de semente verde e rugosa, produzindo metade de descendentes amarelos e rugosos e metade de amarelos e lisos. Qual é o genótipo dos pais?

5. Em uma espécie de planta, as folhas podem ser ovais ou redondas, e as flores, azuis ou vermelhas. O cruzamento entre duas plantas híbridas produziu 110 plantas com folhas redondas e flores azuis, 29 plantas com folhas redondas e flores vermelhas, 317 plantas com folhas ovais e flores azuis, 105 plantas com folhas ovais e flores vermelhas. Por esses resultados, quais são, provavelmente, as características dominantes? Justifique sua resposta.

6. (UFSC) Em uma espécie de mamífero existe um par de genes situados em cromossomos autossômicos não homólogos; cada um dos genes possui dois alelos com relação de dominância entre si. Foi cruzado um indivíduo duplo homozigoto dominante com um duplo homozigoto recessivo, obtendo-se a geração $\mathbf{F_1}$. Esta foi entrecruzada e obtiveram-se 352 descendentes. Qual o número esperado desses descendentes que serão machos com o mesmo fenótipo de seus pais?

7. (UFRN) Considerando a segunda lei de Mendel e o cruzamento entre os indivíduos que apresentam os genótipos **AaBb** × **AaBb**:

   a) Determine quantos e quais são os gametas que poderão ser formados nos indivíduos **AaBb**.

   b) Demonstre a proporção genotípica desse cruzamento.

8. (Fuvest-SP) Em cobaias, a cor preta é condicionada pelo alelo dominante **D** e a cor marrom, pelo alelo recessivo **d**. Em outro cromossomo, localiza-se o gene responsável pelo padrão da coloração: o alelo dominante **M** determina padrão uniforme (uma única cor) e o alelo recessivo **m**, o padrão malhado (preto/branco ou marrom/branco). O cruzamento de um macho de cor preta uniforme com uma fêmea de cor marrom uniforme produz uma ninhada de 8 filhotes: 3 de cor preta uniforme, 3 de cor marrom uniforme, 1 preto e branco e 1 marrom e branco.

   a) Quais os genótipos dos pais?

   b) Se o filho preto e branco for cruzado com uma fêmea cujo genótipo é igual ao da mãe dele, qual a proporção esperada de descendentes iguais a ele?

Questões objetivas

1. (PUC-RS) Para responder à questão, considere as quatro premissas a seguir.

   - Genes transmitidos por cromossomos diferentes.
   - Genes com expressão fenotípica independente.
   - Modo de herança com dominância.
   - Padrão de bialelismo.

   Um cruzamento di-híbrido entre dois indivíduos duplo heterozigotos teria como resultado a proporção fenotípica de:

   a) 1 : 2 : 1
   b) 1 : 2 : 2 : 1
   c) 1 : 3 : 3 : 1
   d) 3 : 9 : 3
   e) 9 : 3 : 3 : 1

2. (Uece) Sabe-se que em porquinhos-da-índia o padrão "pelos lisos" domina sobre o padrão "pelos arrepiados", enquanto a cor negra domina sobre a cor branca, estando os genes determinantes destas características situados em pares de cromossomos homólogos diferentes. Cruzando-se porquinhos com padrão liso e de coloração negra, ambos heterozigotos para os dois *loci*, pode-se afirmar, corretamente, que a razão fenotípica de porquinhos arrepiados e brancos é de:

   a) 9 : 16
   b) 3 : 8
   c) 3 : 16
   d) 1 : 16

3. (UFPB) O aumento da população mundial tem provocado a busca por uma maior produção de alimentos. Dentre as estratégias utilizadas para aumentar a oferta de alimentos, o melhoramento animal, através de cruzamento direcionado, possibilita um ganho de produtividade nas gerações seguintes. Um pequeno pecuarista, de posse desses conhecimentos, para melhorar seu rebanho com relação à produtividade de leite e ao aumento de porte físico dos animais, selecionou uma vaca de seu rebanho, que tinha porte médio e produzia 15 litros de leite por dia, e cruzou-a com um touro de genótipo **aaBb**. Sabe-se que:

   - Cada alelo **B** contribui com 10 litros de leite por dia e cada alelo **b**, com 5 litros;
   - O genótipo **aa** define grande porte; **Aa**, médio porte; e **AA**, pequeno porte.

   De acordo com essas informações, julgue os itens a seguir relativos aos possíveis resultados desses cruzamentos:

   ( ) A probabilidade de nascerem indivíduos com porte maior e mais produtivos que a mãe é admissível.

   ( ) A probabilidade de ocorrer diminuição na produção de leite da prole resultante do cruzamento é de pelo menos 50%.

   ( ) A probabilidade de nascerem indivíduos de pequeno porte é de 50%.

   ( ) A probabilidade de nascer um indivíduo de fenótipo igual ao da mãe é de 25%.

   ( ) A probabilidade de nascerem indivíduos com fenótipo inferior ao da mãe é de 25%.

4. (UFRGS-RS) Assinale a alternativa que preenche corretamente as lacunas do texto a seguir, na ordem em que aparecem.

A famosa proporção 9 : 3 : 3 : 1 relacionada à segunda lei de Mendel refere-se à proporção __________ esperada da ________ de dois indivíduos heterozigóticos quanto a dois pares de genes (**AaBb**) localizados em __________ de cromossomos.

a) genotípica – F_2 – diferentes pares

b) fenotípica – F_1 – diferentes pares

c) fenotípica – F_2 – um mesmo par

d) genotípica – F_1 – um mesmo par

e) fenotípica – F_2 – diferentes pares

5. (Fuvest-SP) Em tomates, a característica planta alta é dominante em relação à característica planta anã e a cor vermelha do fruto é dominante em relação à cor amarela. Um agricultor cruzou duas linhagens puras: planta alta/fruto vermelho × planta anã/fruto amarelo. Interessado em obter uma linhagem de plantas anãs com frutos vermelhos, deixou que os descendentes dessas plantas cruzassem entre si, obtendo 320 novas plantas. O número esperado de plantas com o fenótipo desejado pelo agricultor e as plantas que ele deve utilizar nos próximos cruzamentos, para que os descendentes apresentem sempre as características desejadas (plantas anãs com frutos vermelhos), estão corretamente indicados em:

a) 16; plantas homozigóticas em relação às duas características.

b) 48; plantas homozigóticas em relação às duas características.

c) 48; plantas heterozigóticas em relação às duas características.

d) 60; plantas heterozigóticas em relação às duas características.

e) 60; plantas homozigóticas em relação às duas características.

6. (Unimar-SP) Um indivíduo heterozigoto para dois pares de genes (**A** e **a**, **B** e **b**), localizados em dois pares diferentes de cromossomos, formará que tipos de gametas e em que proporções?

a) 75% **AB** e 25% **ab**.

b) 50% **Aa** e 50% **Bb**.

c) 25% **aa**, 50% **AB** e 25% **bb**.

d) 25% **AA**, 50% **ab** e 25% **BB**.

e) 25% **AB**, 25% **aB**, 25% **Ab** e 25% **ab**.

7. (PUC-SP) Foram analisadas em uma família duas características autossômicas dominantes com segregação independente: braquidactilia (dedos curtos) e prognatismo mandibular (projeção da mandíbula para a frente). As pessoas indicadas pelos números **1**, **3**, **5** e **6** são braquidáctilas e prognatas, enquanto **2** e **4** têm dedos e mandíbulas normais.

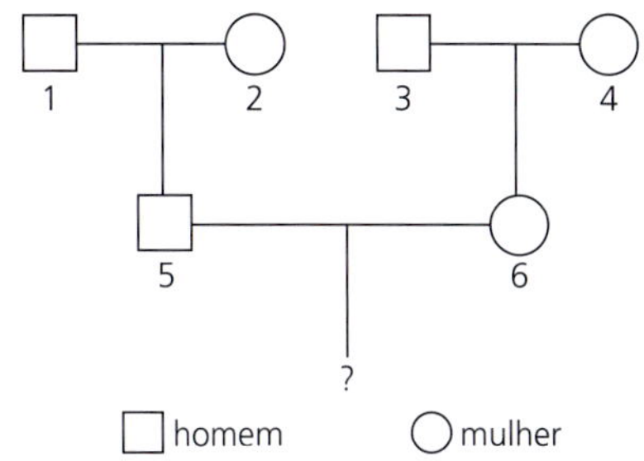

A probabilidade de o casal **5** × **6** ter um descendente simultaneamente braquidáctilo e prognata é de:

a) 1/16
b) 3/16
c) 9/16
d) 3/4
e) 1/4

8. (UFU-MG) A cor do caule dos tomateiros é determinada por um par de genes alelos, sendo que o gene dominante (**A**) confere a cor púrpura, enquanto o gene recessivo (**a**) determina a cor verde. O aparecimento de duas cavidades no tomate é determinado por um gene dominante (**M**), enquanto cavidades múltiplas são determinadas pelo alelo recessivo (**m**). Considerando que esses dois *loci* gênicos se segregam independentemente, a proporção fenotípica esperada na geração F_1 de uma planta di-híbrida submetida a um cruzamento-teste é de:

a) 9 : 3 : 3 : 1
b) 4 : 2 : 2 : 1
c) 9 : 7
d) 1 : 1 : 1 : 1
e) 9 : 6 : 1

9. (PUC-RS) Quantos tipos de gameta deverá formar um descendente do cruzamento **AABBCCDDEE** × **aabbccddee**?

a) 84
b) 76
c) 46
d) 32
e) 24

10. (PUCC-SP) Qual é a probabilidade de um casal de duplo heterozigotos para dois pares de genes autossômicos com segregação independente vir a ter um descendente com apenas uma característica dominante?

a) 15/16
b) 9/16
c) 6/16
d) 3/16
e) 1/16

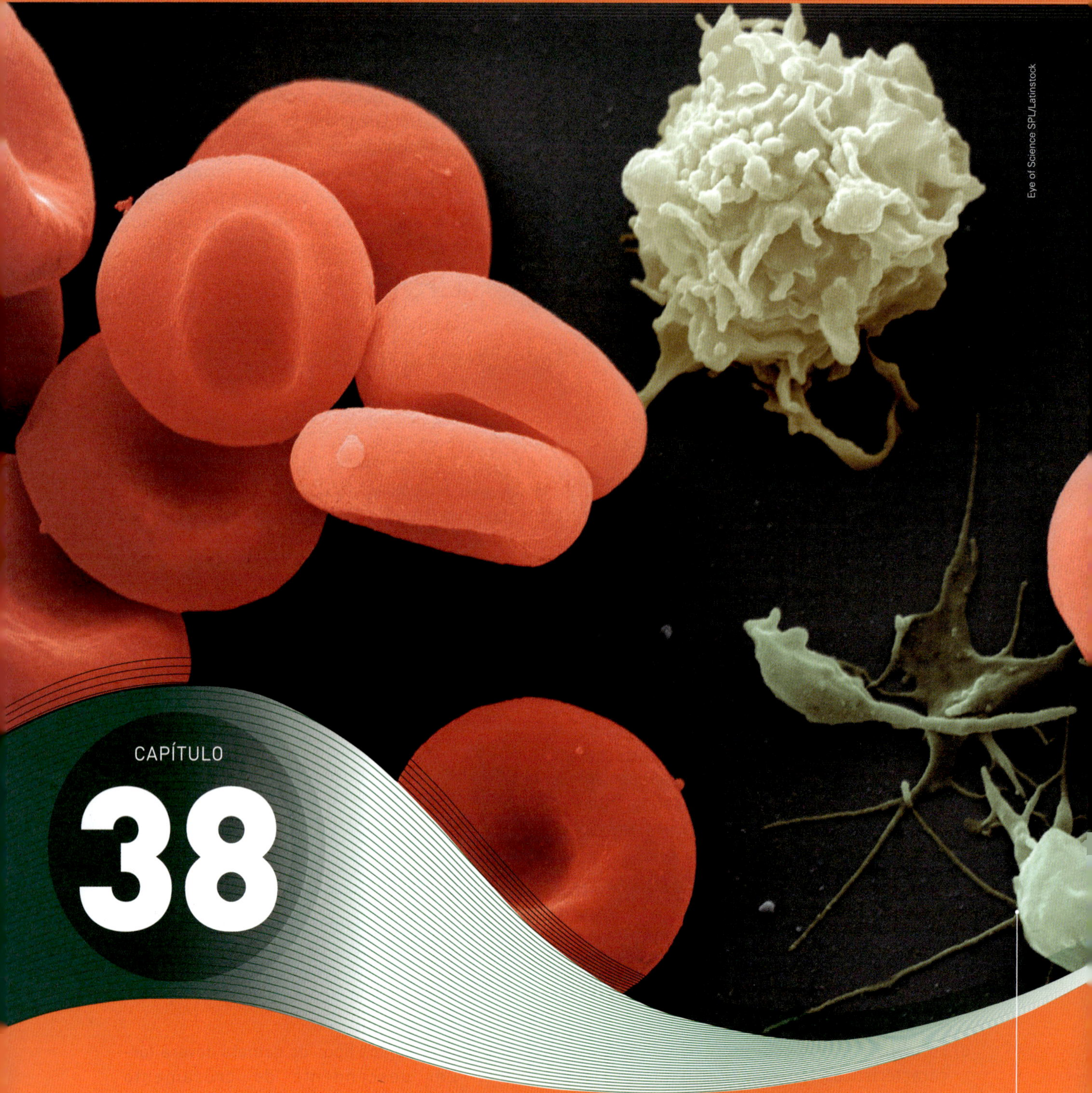

Eye of Science SPL/Latinstock

CAPÍTULO

38

GRUPOS SANGUÍNEOS E POLIALELIA

Alguns elementos figurados do sangue: hemácias (em vermelho), um leucócito (no alto, à direita) e plaquetas (em branco, abaixo e à direita) ao microscópio eletrônico (aumento de cerca de 6 500 vezes; imagem colorizada por computador).

Talvez você já tenha ouvido falar dos diferentes grupos sanguíneos. Antes de a ciência conhecer e compreender a importância desses grupos, acidentes fatais nas transfusões de sangue eram comuns. O conhecimento dos grupos sanguíneos e de sua base genética evitou esses e outros problemas, como você verá neste capítulo.

- Você sabe qual é o seu tipo sanguíneo no sistema ABO e Rh?
- O que diferencia os tipos sanguíneos?
- Você sabe o que é doador universal de hemácias? E receptor universal?
- Como ocorre a herança de grupos sanguíneos?

1. SISTEMA ABO DE GRUPOS SANGUÍNEOS

Os sistemas de grupos sanguíneos variam entre espécies. Na espécie humana, existem quatro grupos sanguíneos do sistema ABO: A, B, AB e O. Esses grupos são caracterizados pela presença ou ausência de certos antígenos na membrana das hemácias (**figura 38.1**).

Pessoas do grupo A apresentam um antígeno chamado **aglutinogênio A** (*agglutinatio* = agrupado com grude); as do grupo B, o antígeno **aglutinogênio B**; as pessoas do grupo AB apresentam os dois aglutinogênios; e as do grupo O não apresentam nem o aglutinogênio A nem o B.

Esses antígenos são polissacarídeos presos à membrana da hemácia, e sua presença é controlada por três alelos possíveis, localizados no par do cromossomo 9. Esses alelos promovem a síntese de enzimas que acrescentam açúcares específicos à membrana da hemácia. O alelo **A** ou I^A condiciona a formação do aglutinogênio A; o alelo **B** ou I^B condiciona a formação do aglutinogênio B; o alelo **i** ou **O** (ou I^O) não forma essas substâncias.

Os alelos I^A e I^B são dominantes em relação a **i**. Por isso pessoas de genótipos I^AI^A e I^Ai apresentam o aglutinogênio A, e pessoas de genótipos I^BI^B e I^Bi, o aglutinogênio B. Os indivíduos **ii** não possuem nem um nem outro aglutinogênio. Entre os alelos I^A e I^B há codominância; assim, cada um fornece o seu efeito e aparecem ambos os polissacarídeos na membrana.

ACESSE E SAIBA MAIS

Importância dos tipos sanguíneos
<https://ed.ted.com/lessons/why-do-blood-types-matter-natalie-s-hodge>
Acesso em: 30 jul. 2018.

Grupo	Hemácia	Plasma (aglutininas)	Genótipo
A	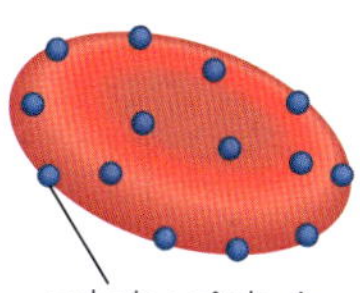 aglutinogênio A	anti-B	I^AI^A (AA) I^Ai (AO)
B	 aglutinogênio B	anti-A	I^BI^B (BB) I^Bi (BO)
AB	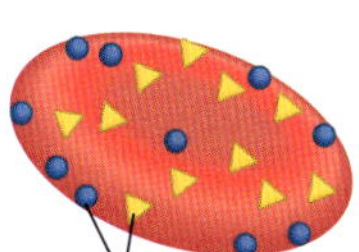 aglutinogênios A e B	nenhuma	I^AI^B (AB)
O	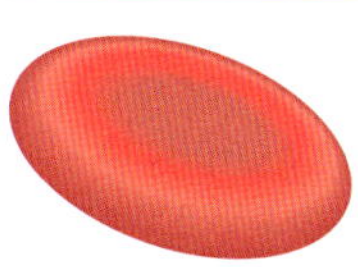 Sem aglutinogênios	anti-A anti-B	ii (OO)

Ilustrações: Luis Moura/Arquivo da editora

Figura 38.1 Grupos sanguíneos do sistema ABO e os respectivos antígenos, aglutininas e genótipos (os elementos não estão na mesma escala; cores fantasia).

Além dos aglutinogênios nas hemácias, no plasma dos tipos sanguíneos A, B e O podem ser encontrados anticorpos contra os aglutinogênios que não estão presentes nas hemácias, chamados **aglutininas** ou **isoaglutininas** (*isos* = igual). O termo *aglutinina* é usado para indicar que esses anticorpos provocam a aglutinação das hemácias com o aglutinogênio correspondente (**figura 38.2**). Isso ocorre porque os anticorpos impedem que as hemácias se espalhem no organismo, auxiliando no processo de fagocitose pelos glóbulos brancos.

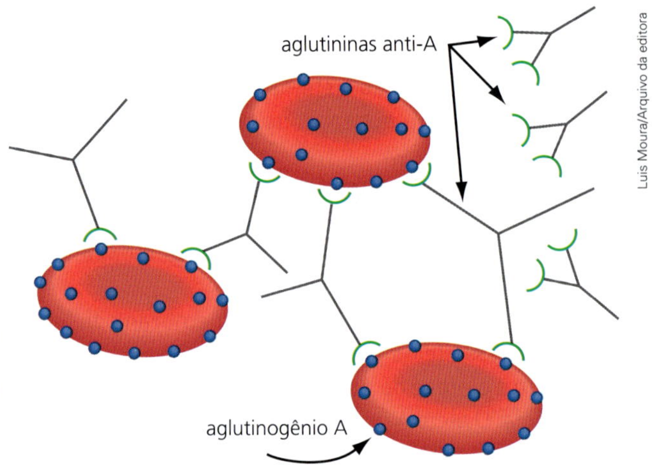

Figura 38.2 Exemplo de aglutinação: hemácias com aglutinogênio A são aglutinadas quando em soro com aglutininas anti-A (os elementos não estão na mesma escala; anticorpos são cerca de cem vezes menores que uma célula; cores fantasia).

RESOLUÇÃO COMENTADA

1. (Fuvest-SP) O pai e a mãe de um par de gêmeos dizigóticos têm tipo sanguíneo AB. Qual a probabilidade de ambos os gêmeos terem sangue do tipo AB? Por quê?

Resolução

O pai e a mãe têm genótipo I^AI^B. Portanto, a probabilidade de gerarem uma criança AB é 1/2.

	I^A	I^B
I^A	I^AI^A	I^AI^B
I^B	I^AI^B	I^BI^B

1/2 ou 50% de sangue AB

Como queremos saber a probabilidade de o casal gerar duas crianças gêmeas dizigóticas, resolvemos o problema como se fosse pedida a probabilidade de obtermos duas crianças nascidas em épocas distintas. Portanto, a probabilidade de ambas as crianças serem AB é 1/2 × 1/2 = 1/4 ou 25%.

2. Uma mulher do grupo A tem uma criança do grupo O. Dois homens reivindicam a paternidade da criança, sendo que um é do grupo A e o outro, do grupo AB. Responda:

a) As duas reivindicações são válidas?

b) Podemos atestar a paternidade apenas analisando esses grupos de sangue?

Resolução

a) Veja o esquema abaixo:

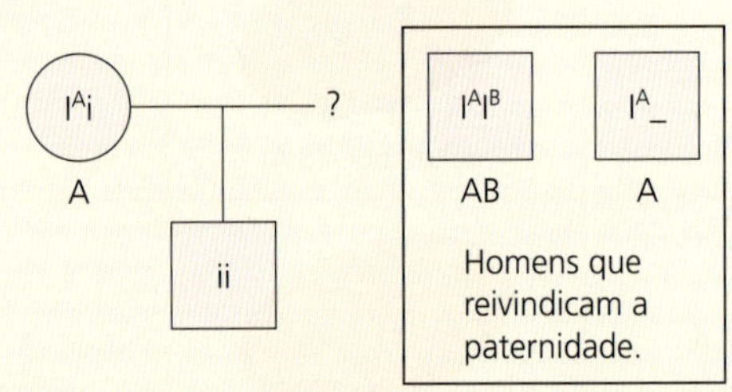

Pelo esquema, vemos que a reivindicação do indivíduo do grupo AB não é válida. Ele não pode ser o pai, pois não tem o alelo **i**, necessário para que um filho seu seja do grupo O.

b) Não podemos atestar a paternidade apenas com o grupo sanguíneo ABO. A análise dos vários grupos sanguíneos permite apenas provar, em certos casos, que determinado indivíduo não pode ser o pai de uma criança. Como veremos no capítulo 40, o teste de DNA é o mais indicado para determinar se um indivíduo é ou não o pai de uma criança, visto que sua confiabilidade pode ser igual ou maior que 99,99%.

TESTE PARA DETERMINAR O GRUPO SANGUÍNEO E TRANSFUSÃO

Para fazer o teste que identifica o grupo sanguíneo de uma pessoa, são necessárias duas gotas de sangue: a uma delas adiciona-se uma gota de soro com aglutinina anti-A e à outra, soro com anti-B. Assim, pode-se ver quando há aglutinação das hemácias. O quadro abaixo ilustra as misturas dos tipos de soro e de sangue (**figura 38.3**):

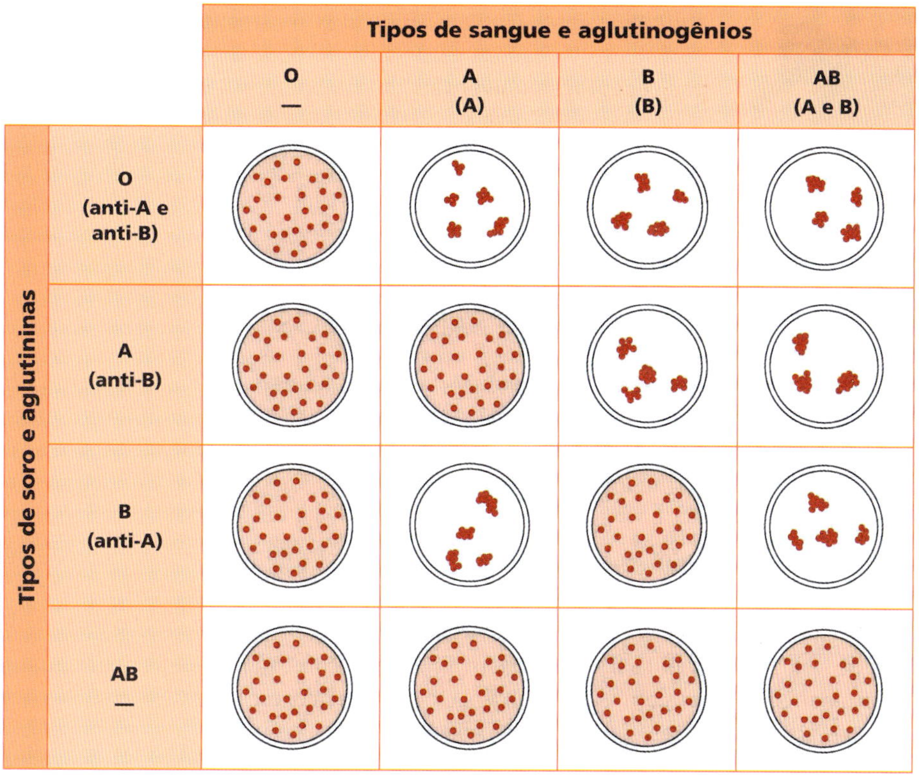

Ilustrações: Shutterstock/Glow Images

Mauro Fermariello/SPL/Latinstock

Figura 38.3 Resultado das misturas dos tipos de soro e tipos de sangue (os elementos não estão na mesma escala; cores fantasia). Na foto, soro sendo aplicado em amostras de sangue para teste.

Uma das razões pelas quais o sangue é testado para o tipo sanguíneo é a necessidade de transfusão. A transfusão sanguínea é feita quando um paciente perde muito sangue e seu organismo não é capaz de repor sozinho o que foi perdido. Transfusões também podem ser parte do tratamento de algumas doenças.

O sangue que será doado para transfusões é separado em diversos elementos: concentrado de hemácias, plasma (por sua vez, separado em vários componentes), concentrado de plaquetas, etc. Cada um poderá ser usado conforme situações específicas.

Antes da transfusão de hemácias, deve ser observado se o sangue do doador é compatível com o sangue do receptor. É feita a mistura do soro do receptor com as hemácias do doador para investigar a presença de anticorpos contra os antígenos presentes nas hemácias deste último.

Se o sangue (na forma de concentrado de hemácias) de um indivíduo do grupo A ou do grupo AB for doado a um indivíduo do grupo B, por exemplo, as hemácias do doador serão aglutinadas pelas aglutininas anti-A do plasma do receptor. Os aglomerados de hemácias obstruem pequenos vasos sanguíneos e causam problemas circulatórios. Algum tempo depois, essas hemácias são destruídas por glóbulos brancos e liberam a hemoglobina e outros produtos no plasma. Com isso, pode ocorrer desde uma pequena reação alérgica até lesões renais graves (causadas pelos produtos liberados) e morte. O mesmo ocorre se um indivíduo do grupo B ou do grupo AB doar sangue a um do grupo A; ou se um indivíduo do grupo O receber doação de qualquer pessoa de grupo sanguíneo diferente do seu.

ACESSE E SAIBA MAIS

Conhecendo a doação de plaquetas

<www.accamargo.org.br/saude-prevencao/artigos/conhecendo-a-doacao-de-plaquetas-/84/>

Acesso em: 30 jul. 2018.

A3pfamily/Shutterstock

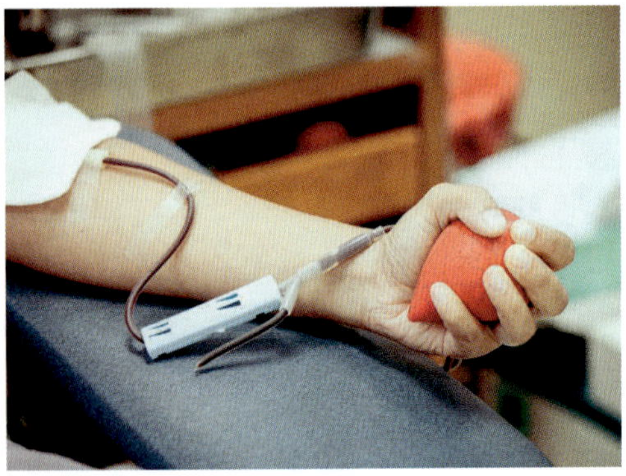

Figura 38.4 Doação de sangue. Na prática, as pessoas recebem preferencialmente sangue do mesmo tipo que o seu. As hemácias de sangue tipo O devem ser usadas em pacientes de outro grupo sanguíneo apenas em situações de emergência, assim como o uso de hemácias de sangue tipo A, B ou O em pacientes de sangue AB.

As pessoas portadoras de sangue do tipo O não têm aglutinogênios A ou B nas hemácias. Por isso, dizemos que elas são **doadoras universais**, uma vez que seu sangue, na forma de concentrado de hemácias (melhor seria falar, portanto, em doador universal de hemácias), pode ser doado para pessoas com sangue A, B, AB ou O.

De modo semelhante, pessoas do grupo AB, por não terem aglutininas anti-A ou anti-B no plasma, aceitam transfusões de hemácias de pessoas com sangue A, B, AB ou O, sendo chamadas **receptoras universais** (ou receptoras universais de hemácias). Veja a **figura 38.4**.

Na resolução de problemas, é costume aceitar que o indivíduo de sangue O é um doador universal e o de sangue AB, um receptor universal, ficando subentendido que se trata de uma transfusão de hemácias, e não de plasma.

2. SISTEMA RH DE GRUPOS SANGUÍNEOS

Outro sistema de classificação de grupos sanguíneos é chamado sistema Rh (iniciais de Rhesus, o macaco no qual esse antígeno foi descoberto inicialmente; veja a **figura 38.5**). Cerca de 85% dos seres humanos possuem em suas hemácias o antígeno **Rh** e são chamados **Rh positivos** (**Rh^+**). Os que não têm esse antígeno são **Rh negativos** (**Rh^-**).

Embora vários alelos estejam envolvidos na herança do fator Rh, para efeito de incompatibilidade de grupos sanguíneos podemos considerar apenas um par de alelos: **D** (dominante, faz aparecer esse antígeno) e **d** (recessivo, não produz o antígeno).

Em geral, os indivíduos Rh^- produzem anticorpos correspondentes apenas quando recebem hemácias com o antígeno Rh, o que pode ocorrer durante a gravidez, no parto ou em transfusões. Veja o quadro abaixo.

Genótipo	Grupo	Hemácia	Plasma
DD ou Dd	Rh^+	Com antígeno Rh	Sem anticorpos anti-Rh
dd	Rh^-	Sem antígeno Rh	Com anticorpos anti-Rh se recebeu hemácias com antígeno Rh

Figura 38.5 Macaco Rhesus em zoológico na Alemanha.

Oleg Senkov/Shutterstock

Nas transfusões de hemácias, uma pessoa com fator Rh^+ pode receber tanto sangue Rh^+ como Rh^-, enquanto uma pessoa Rh^- deve receber apenas sangue Rh^-. Por isso, o doador universal de hemácias deve ser do grupo O e Rh^- e o receptor universal de hemácias deve ser do grupo AB e Rh^+. Excepcionalmente, em casos de urgência, é possível transfundir hemácias com fator Rh positivo para pacientes com fator Rh negativo.

Quando uma mulher Rh^- tem um filho com um homem Rh^+ homozigoto, todos os filhos do casal serão Rh^+. Porém, se a mulher é Rh^- e o homem é Rh^+ heterozigoto, podem nascer filhos Rh^+ e Rh^-. Observe o esquema abaixo.

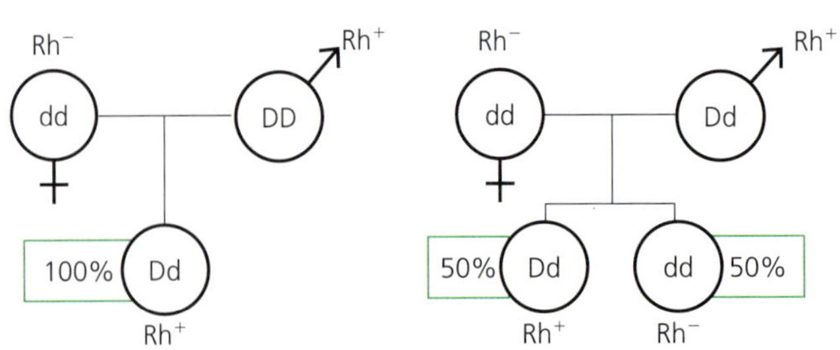

A **eritroblastose fetal** (*erythron* = vermelho; *blastós* = germe) ou **doença hemolítica do recém-nascido (DHRN)** (*haîma* = sangue; *lysis* = destruição) pode ocorrer em filhos Rh^+ nascidos de mãe Rh^-. Alguns dias antes do nascimento e principalmente durante o parto, uma parte do sangue do feto pode escapar para o organismo materno, que é estimulado a produzir anticorpos anti-Rh. Como essa produção não é imediata, o primeiro filho nascerá livre de problemas (**figura 38.6**). Entretanto, caso ocorra uma segunda gestação de filho Rh^+, os anticorpos anti-Rh maternos, já concentrados no sangue, atravessam a placenta e podem provocar aglutinação das hemácias do feto, que serão fagocitadas e destruídas. Nesse caso, ao nascer, a criança apresenta anemia e icterícia – a hemoglobina da hemácia destruída é transformada em **bilirrubina** (pigmento amarelo), substância que em quantidade excessiva se deposita nos tecidos e dá coloração amarelada à pele. Além disso, a bilirrubina pode se depositar no cérebro da criança e provocar surdez e deficiência mental. A destruição das hemácias do feto e do recém-nascido leva os órgãos produtores de sangue a lançar na circulação hemácias ainda jovens – os **eritroblastos** –, daí o nome da doença.

Se a criança nascer, poderá ser salva com a troca gradativa de seu sangue por sangue Rh^-. As novas hemácias Rh^- não serão destruídas e, após algum tempo, quando forem substituídas naturalmente por hemácias Rh^+ da própria criança, os anticorpos anti-Rh que passaram da mãe para a criança já terão sido eliminados.

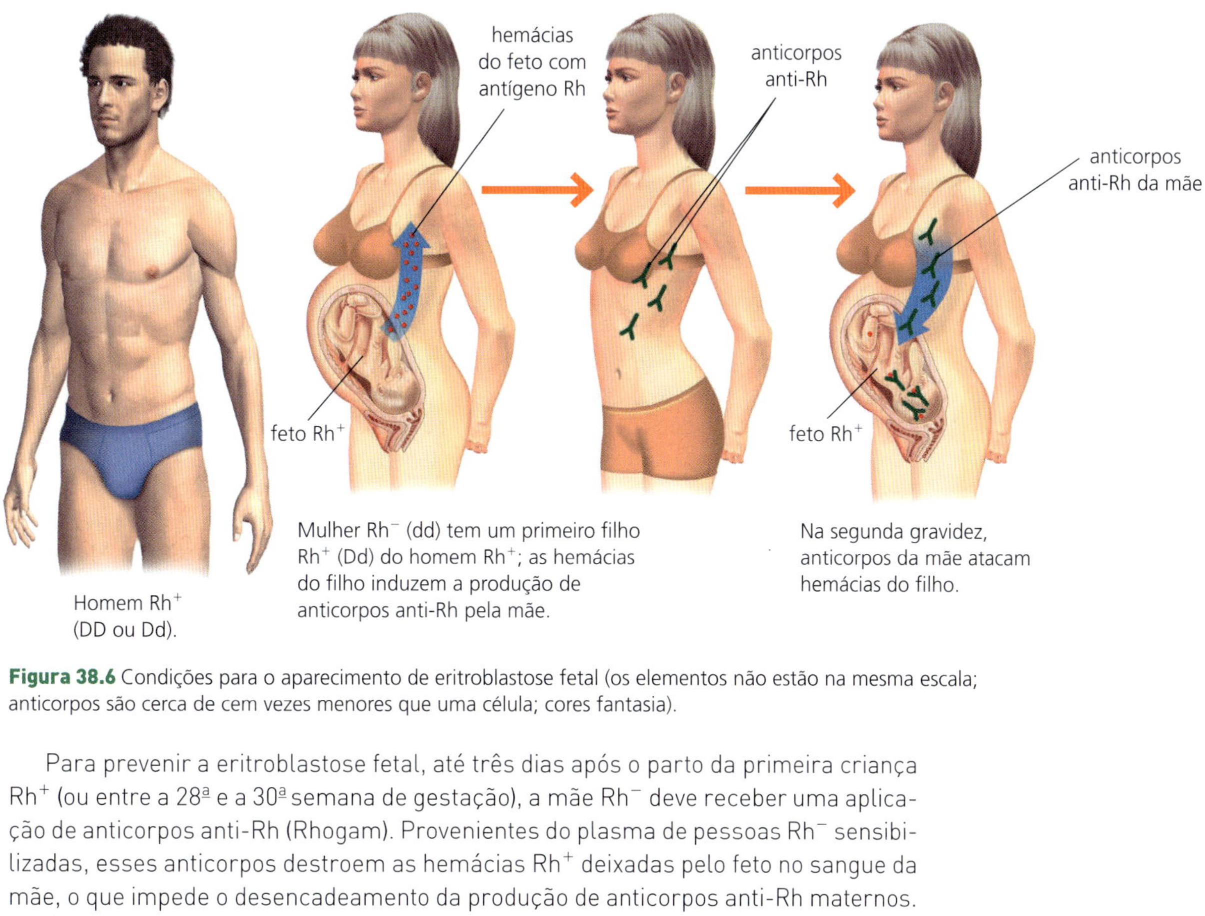

Figura 38.6 Condições para o aparecimento de eritroblastose fetal (os elementos não estão na mesma escala; anticorpos são cerca de cem vezes menores que uma célula; cores fantasia).

Para prevenir a eritroblastose fetal, até três dias após o parto da primeira criança Rh^+ (ou entre a 28ª e a 30ª semana de gestação), a mãe Rh^- deve receber uma aplicação de anticorpos anti-Rh (Rhogam). Provenientes do plasma de pessoas Rh^- sensibilizadas, esses anticorpos destroem as hemácias Rh^+ deixadas pelo feto no sangue da mãe, o que impede o desencadeamento da produção de anticorpos anti-Rh maternos.

Com o tempo, esses anticorpos são eliminados. Como o sistema imune da mulher não foi sensibilizado por esse fator, não haverá problemas em uma possível nova gravidez de uma criança Rh^+, pois será como se fosse o primeiro filho. No entanto, o tratamento tem de ser repetido para prevenir acidentes caso a mãe deseje outra gravidez.

Quando a mãe é Rh^+ e o filho é Rh^-, não há problemas para a mãe, uma vez que o início da produção de anticorpos pela criança só ocorre cerca de seis meses após o nascimento.

SISTEMA MN DE GRUPOS SANGUÍNEOS

Outro sistema sanguíneo é o MN. Entre os vários alelos relacionados a ele, destacam-se $\mathbf{L^M}$ ou **M** – que produz o antígeno M – e $\mathbf{L^N}$ ou **N** – que produz o antígeno N.

Como os alelos implicados no processo são codominantes, há três genótipos e três fenótipos: $\mathbf{L^M L^M}$ (antígeno M), grupo **M**; $\mathbf{L^N L^N}$ (antígeno N), grupo **N**; $\mathbf{L^M L^N}$ (antígenos M e N), grupo **MN**.

RESOLUÇÃO COMENTADA

(PUC-SP) Duas mulheres disputam a maternidade de uma criança que, ao nascer, apresentou a doença hemolítica ou eritroblastose fetal. O sangue das duas mulheres foi testado com o uso do soro anti-Rh (anti-D), e os resultados são apresentados a seguir.

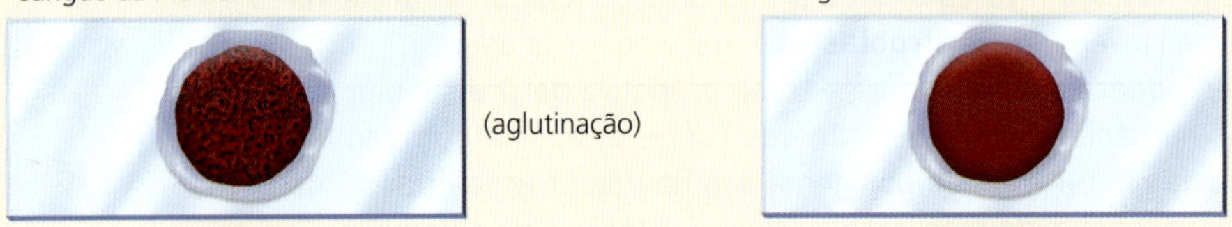

Luis Moura/ Arquivo da editora

Qual das mulheres poderia ser a verdadeira mãe da criança? Justifique sua resposta.

Resolução

A mãe da criança pode ser a mulher número **2** porque é Rh^-, visto que seu sangue não sofre aglutinação em presença de soro anti-Rh (anti-D). Note que utilizamos um teste semelhante ao do sistema ABO para averiguar se a pessoa possui ou não o aglutinogênio Rh na superfície das hemácias.

Fenótipo	Genótipo
 selvagem ou aguti	CC Cc^{ch} Cc^h Cc
 chinchila	$c^{ch}c^{ch}$ $c^{ch}c^h$ $c^{ch}c$
 himalaia	c^hc^h c^hc
 albino (recessivo)	cc

panbazil/Shutterstock; Zhukov Oleg/Shutterstock; Masalski Maksim/Shutterstock; panbazil/Shutterstock

Figura 38.7 A polialelia, que determina o padrão de cores da pelagem em coelhos (coelhos adultos têm de 18 cm a 30 cm de comprimento, aproximadamente).

3. ALELOS MÚLTIPLOS EM COELHOS

Os genes podem sofrer diversas mutações ao longo do tempo e originar vários alelos. Assim, um alelo original **A**, chamado **selvagem**, por ser o primeiro a aparecer na natureza, pode sofrer duas, três ou mais mutações diferentes e originar uma série de múltiplos alelos que influenciam o mesmo caráter. Esse fenômeno é chamado **polialelia** (*polys* = muitos).

A cor da pelagem dos coelhos é um exemplo clássico de polialelia. Ela é influenciada por quatro alelos. O alelo **C** condiciona pelagem selvagem, que é mais comum na natureza: pelo marrom-escuro com uma faixa amarela próxima à extremidade, o que dá um tom castanho à pelagem. Esse padrão de pelagem também é chamado aguti (*aku'ti* = cotia, já que esse tipo de pelo é encontrado entre mamíferos roedores). Mutações geraram mais três alelos:

- o alelo $\mathbf{c^{ch}}$ para chinchila (o pelo, cinza-prateado, é semelhante ao das chinchilas, um roedor);
- o alelo $\mathbf{c^h}$ para himalaia (pelo branco, com patas, focinho, rabo e orelhas pretos; essa variedade teria, supostamente, surgido na cordilheira do Himalaia, na Ásia);
- o alelo **c** (ou $\mathbf{c^a}$) para albino (pelo totalmente branco).

Esses alelos apresentam dominância na ordem citada: **C** domina todos os outros alelos; $\mathbf{c^{ch}}$ domina $\mathbf{c^h}$ e **c**; $\mathbf{c^h}$ domina **c**. Essa ordem de dominância de um alelo sobre o outro pode ser esquematizada assim:

$$C > c^{ch} > c^h > c$$

Veja na **figura 38.7** os possíveis fenótipos e genótipos.

Embora existam mais de dois alelos que influenciam a cor da pelagem em coelhos, cada indivíduo possui apenas um par de cromossomos homólogos que porta tais alelos. Há, portanto, apenas um par de alelos (um alelo em cada cromossomo do par de homólogos) responsável por determinar a cor dos pelos. Assim, os problemas de polialelia são semelhantes aos de mono-hibridismo.

RESOLUÇÃO COMENTADA

Um coelho chinchila é cruzado com uma coelha himalaia e nasce um filhote albino. Dê os genótipos dos coelhos.

Resolução

Na resolução de problemas de polialelia, é preciso levar em conta que, apesar de estarem em jogo três ou mais alelos de cada gene, cada indivíduo apresenta apenas um par de cromossomos homólogos portadores desses alelos.

Montando um esquema como o mostrado abaixo, descobrimos os genótipos pedidos. As setas indicam como cada alelo é descoberto.

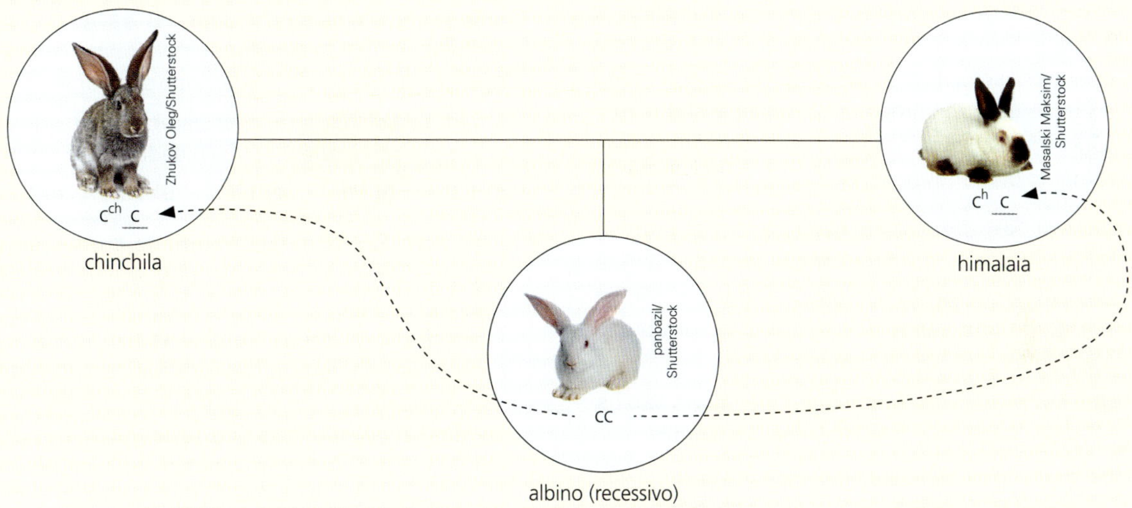

ATIVIDADES

Questões discursivas

1. Qual é o perigo de se fazer transfusão de sangue tipo B para uma pessoa do tipo A?

2. Um mesmo gene pode ter muitos alelos. Então responda:
   a) Como podem surgir muitos alelos a partir de um gene?
   b) Um estudante afirmou que em casos de polialelia, a lei da segregação de um par de fatores não se aplica. Você concorda? Justifique sua resposta.

3. Uma pessoa do grupo O pode receber hemácias de uma pessoa do grupo AB? Justifique sua resposta.

4. Leia o texto a seguir e, depois, responda ao que se pede.

Um tipo raro de sangue, de genótipo **hh** e sem o antígeno H, foi descoberto em Bombaim (Índia), onde existe 1 caso em cada 10 mil indivíduos. Por não ter substância H, o indivíduo **hh** não pode ter os aglutinogênios A e B, mesmo sendo portador dos alelos $\mathbf{I}^A$ e $\mathbf{I}^B$, e suas hemácias aparentam ser do grupo O, visto que não são aglutinadas por soros com anti-A ou anti-B.

Apesar de não ter os antígenos A e B nas hemácias, o indivíduo **hh** é diferente do indivíduo O, pois este possui a substância H em suas hemácias, que podem, por isso, se aglutinar por um soro anti-H. O fenótipo correspondente ao genótipo **hh** é chamado fenótipo Bombaim, falso zero ou **Oh**.

Um indivíduo falso zero pode ter os alelos $\mathbf{I}^A$ ou $\mathbf{I}^B$ e transmiti-los aos seus descendentes, que poderão manifestar esses fenótipos se possuírem um gene H.

a) Um exame de sangue com anticorpos anti-H pode distinguir um indivíduo do grupo O de um indivíduo falso zero (Bombaim)? Explique.

b) Explique como um homem do grupo AB, casado com uma mulher homozigota do grupo A, pode ter um filho cujas hemácias não são aglutinadas por soro anti-A nem por soro anti-B. Dê os genótipos que explicam essa situação.

5. Em um dia nasceram quatro bebês em uma maternidade, cada um filho de um casal. Com base nos grupos sanguíneos dos bebês e dos grupos dos casais de pais, identifique quais são os pais de cada bebê.

bebê **1**: grupo A	casal **I**: A e AB
bebê **2**: grupo B	casal **II**: A e O
bebê **3**: grupo AB	casal **III**: AB e O
bebê **4**: grupo O	casal **IV**: O e O

6. Uma mulher que nunca recebeu transfusão de sangue deu à luz, em uma segunda gravidez, uma criança com eritroblastose fetal. Uma terceira criança nasceu normal. Qual é o genótipo da mãe, do pai e dos três filhos em relação ao fator Rh? (Observação: a mulher não recebeu nenhum tratamento preventivo.)

7. (Fuvest-SP) O casal Fernando e Isabel planeja ter um filho e ambos têm sangue do tipo A. A mãe de Isabel tem sangue do tipo O. O pai e a mãe de Fernando têm sangue do tipo A, mas um outro filho deles tem sangue do tipo O.

a) Com relação ao tipo sanguíneo, quais são os genótipos do pai e da mãe de Fernando?

b) Qual é a probabilidade de que uma criança gerada por Fernando e Isabel tenha sangue do tipo O?

8. (Unicamp-SP) Com base no heredograma abaixo:

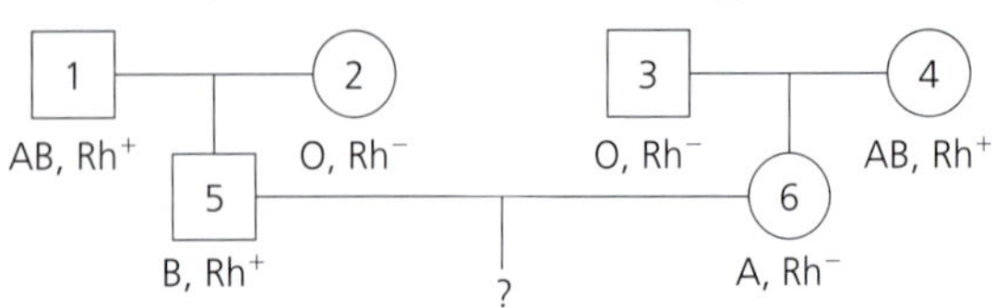

a) Qual a probabilidade de o casal formado por 5 e 6 ter duas crianças com sangue AB, Rh^+?

b) Se o casal em questão já tiver uma criança com sangue AB, Rh^+, qual a probabilidade de ter outra com os mesmos fenótipos sanguíneos?

Observação: Indique os passos que você seguiu para chegar às respostas, em **a** e **b**.

Questões objetivas

1. (Udesc) Assinale a alternativa correta em relação ao tipo sanguíneo na seguinte situação: um casal tem três filhos, sendo que dois filhos possuem o tipo sanguíneo O, e um filho possui o tipo sanguíneo A.

a) A mãe possui o tipo sanguíneo O, e o pai o tipo A heterozigoto.

b) A mãe possui o tipo sanguíneo A heterozigoto, e o pai o tipo O heterozigoto.

c) A mãe e o pai possuem o tipo sanguíneo AB.

d) A mãe possui o tipo sanguíneo O, e o pai o tipo sanguíneo A homozigoto.

e) A mãe possui o tipo sanguíneo O, e o pai o tipo sanguíneo AB homozigoto.

2. (Enem-MEC) Antes de técnicas modernas de determinação de paternidade por exame de DNA, o sistema de determinação sanguínea ABO foi amplamente utilizado como ferramenta para excluir possíveis pais. Embora restrito à análise fenotípica, era possível concluir a exclusão de genótipos também. Considere que uma mulher teve um filho cuja paternidade estava sendo contestada. A análise do sangue revelou que ela era tipo sanguíneo AB e o filho, tipo sanguíneo B.

O genótipo do homem, pelo sistema ABO, que exclui a possibilidade de paternidade desse filho é

a) I^AI^A **b)** I^Ai **c)** I^BI^B **d)** I^Bi **e)** ii

3. (Unicamp-SP) O sangue humano costuma ser classificado em diversos grupos, sendo os sistemas ABO e Rh os métodos mais comuns de classificação. A primeira tabela abaixo fornece o percentual da população brasileira com cada combinação de tipo sanguíneo e fator Rh. Já a segunda tabela indica o tipo de aglutinogênio e de aglutinina presentes em cada grupo sanguíneo.

Tipo	Fator Rh	
	+	–
A	34%	8%
B	8%	2%
AB	2,5%	0,5%
O	36%	9%

Tipo	Aglutinogênios	Aglutininas
A	A	Anti-B
B	B	Anti-A
AB	A e B	Nenhuma
O	Nenhum	Anti-A e Anti-B

Em um teste sanguíneo realizado no Brasil, detectou-se, no sangue de um indivíduo, a presença de aglutinogênio A. Nesse caso, a probabilidade de que o indivíduo tenha sangue A^+ é de cerca de:

a) 76%. **b)** 34%. **c)** 81%. **d)** 39%.

4. (PUC-RS) Um sistema de alelos múltiplos governa a cor de determinada flor da seguinte maneira: **F** = laranja; $\mathbf{f^1}$ = amarela; $\mathbf{f^2}$ = branca. Considerando que a sequência de dominância segue o padrão $F > f^1 > f^2$, plantas com os genótipos **FF**, $\mathbf{Ff^1}$ e $\mathbf{Ff^2}$ teriam flores de cor:

a) laranja, apenas.

b) laranja e amarela, apenas.

c) laranja e branca, apenas.

d) amarela e branca, apenas.

e) laranja, amarela e branca.

5. (Vunesp-SP) Paulo e Mariana têm dois filhos, Júlio e Baltazar. Com relação aos tipos sanguíneos do sistema ABO, pai, mãe e os dois filhos têm, cada um deles, um tipo sanguíneo diferente.

Em razão disso, pode-se afirmar corretamente que:

a) se o pai tem sangue tipo A, a mãe necessariamente tem sangue tipo B.
b) se a mãe tem sangue tipo AB, o pai necessariamente terá sangue tipo A ou tipo B.
c) se a mãe tem sangue tipo O, um dos filhos terá necessariamente sangue tipo AB.
d) se um dos filhos tem sangue tipo AB, o outro necessariamente terá sangue tipo A ou tipo B.
e) se um dos filhos tem sangue tipo O, o outro necessariamente terá sangue tipo A ou tipo B.

6. (Enem-MEC) Em um hospital havia cinco lotes de bolsas de sangue, rotulados com os códigos I, II, III, IV e V. Cada lote continha apenas um tipo sanguíneo não identificado. Uma funcionária do hospital resolveu fazer a identificação utilizando dois tipos de soro, anti-A e anti-B. Os resultados obtidos estão descritos no quadro.

Código dos lotes	Volume de sangue (L)	Soro anti-A	Soro anti-B
I	22	Não aglutinou	Aglutinou
II	25	Aglutinou	Não aglutinou
III	30	Aglutinou	Aglutinou
IV	15	Não aglutinou	Não aglutinou
V	33	Não aglutinou	Aglutinou

Quantos litros de sangue eram do grupo sanguíneo do tipo A?

a) 15 b) 25 c) 30 d) 33 e) 55

7. (Ufscar-SP) A transfusão de sangue tipo AB para uma pessoa com sangue tipo B:

a) pode ser realizada sem problema, porque as hemácias AB não possuem antígenos que possam interagir com anticorpos anti-A presentes no sangue do receptor.
b) pode ser realizada sem problema, porque as hemácias AB não possuem antígenos que possam interagir com anticorpos anti-B presentes no sangue do receptor.
c) pode ser realizada sem problema, porque, apesar de as hemácias AB apresentarem antígeno A e antígeno B, o sangue do receptor não possui anticorpos contra eles.
d) não deve ser realizada, pois os anticorpos anti-B presentes no sangue do receptor podem reagir com os antígenos B presentes nas hemácias AB.
e) não deve ser realizada, pois os anticorpos anti-A presentes no sangue do receptor podem reagir com os antígenos A presentes nas hemácias AB.

8. (UFPA) A eritroblastose fetal, ou doença hemolítica perinatal, consiste na destruição das hemácias do feto (Rh^+) pelos anticorpos da mãe (Rh^-) que ultrapassam lentamente a placenta. Devido a uma destruição maciça das hemácias, o indivíduo torna-se anêmico, e a hemoglobina presente no plasma é transformada, no fígado, em bilirrubina.

Em relação a essa condição, é correto afirmar:

a) A mãe (Rh^-) só produzirá anticorpos anti-Rh se tiver uma gestação de uma criança Rh^+ com passagem de hemácias para a circulação materna.
b) A mãe (Rh^-) poderá produzir anticorpos anti-Rh devido a uma gestação de uma criança Rh^+ cujas hemácias passaram para a circulação materna, comumente, por ocasião do parto, ou se receber uma transfusão de sangue incompatível (Rh^+).
c) A mãe produzirá anticorpos anti-Rh que podem atingir todos os filhos Rh^+, incluindo o feto que primeiro induziu a produção desses anticorpos.
d) No caso de mulheres Rh^- que já tenham tido uma gestação anterior Rh^+ e estejam novamente grávidas, é ministrada uma dose da vacina Rhogam por volta da 28ª semana de gestação e outra até 72 horas após o parto, o que evita, assim, que essa criança, caso seja Rh^+, tenha eritroblastose fetal.
e) O tratamento de bebês que nascem com o problema pode incluir uma transfusão total de sangue. O bebê recebe sangue Rh^+, que já não terá mais suas hemácias destruídas pelos anticorpos da mãe presentes no recém-nascido.

9. (UFSC) Ao final da gravidez, é comum haver pequenas rupturas placentárias que permitem a passagem de hemácias fetais para o sangue materno. A mãe, assim, pode ser sensibilizada e, dependendo de seu tipo sanguíneo e do tipo sanguíneo do feto em relação ao sistema Rh, gerar uma doença denominada eritroblastose fetal. Com relação ao fenômeno descrito e suas consequências, é correto afirmar que:

(01) a mãe tem que ser Rh negativo.
(02) o pai tem que ser Rh positivo.
(04) a criança é, obrigatoriamente, homozigota.
(08) a mãe é, obrigatoriamente, homozigota.
(16) o pai pode ser heterozigoto.
(32) a criança é Rh negativo.
(64) o pai pode ser homozigoto.

Grossemy Vanessa/Alamy/Fotoarena

CAPÍTULO 39

INTERAÇÃO GÊNICA, PLEIOTROPIA E LIGAÇÃO GÊNICA

Variedade de cores do pelo do cão labrador (54 cm a 57 cm de altura na linha do ombro).

As formas de herança que estudamos até agora ocorrem por determinação de um par de alelos. Contudo, existem características, como a altura, a cor dos olhos e a cor da pele humana, que resultam da interação de vários pares de alelos. Esse fenômeno é chamado interação gênica e ocorre também na definição da cor do pelo do cachorro labrador, que pode ser preta, dourada ou chocolate, como estudaremos a seguir. O inverso desse fenômeno, chamado pleiotropia, ocorre quando um gene atua em várias características.

Vamos entender ainda que, por meio da análise dos resultados de cruzamentos entre drosófilas, pesquisadores perceberam situações em que características distintas podem ser condicionadas por genes situados no mesmo cromossomo. Neste caso, dizemos que esses genes estão ligados ou que há uma ligação gênica.

- Você já reparou quantas cores diferentes a íris do olho humano pode ter? E quantos tons de pele diferentes existem?
- Como os genes podem interagir entre si? Como isso influencia o fenótipo?
- Como é possível prever a herança de genes situados em um mesmo par de cromossomos?
- Como o fenômeno da permutação, que pode ocorrer na meiose, afeta a distribuição desses genes nos gametas?

1. INTERAÇÃO GÊNICA

Quando dois ou mais pares de alelos atuam na determinação de uma mesma característica, o fenômeno é chamado **interação gênica**.

Os genes em interação podem estar ou não no mesmo cromossomo. Vamos analisar primeiro o caso mais simples, que é a interação de genes situados em cromossomos não homólogos, que sofrem segregação independente.

INTERAÇÃO NÃO EPISTÁTICA

Quando um par de alelos não impede a manifestação do outro, esse tipo de interação é chamado **não epistática** (conhecido também como **interação simples** ou **herança complementar**). Em experimentos com a herança da forma da crista em algumas raças de galinha há quatro tipos básicos de crista: **noz**, **ervilha**, **rosa** e **simples**.

Veja no quadro da **figura 39.1** os fenótipos e os genótipos possíveis para a forma da crista.

Com base nos genótipos e fenótipos apresentados, podemos concluir que:

- Os quatro tipos de crista dependem de dois pares de alelos.
- A presença do alelo **E** (dominante) condiciona crista ervilha, enquanto a do alelo **R** (dominante) condiciona crista rosa.
- Se os dois alelos dominantes estão presentes, há interação gênica e a crista é do tipo noz. Não há dominância entre os alelos da crista ervilha e da crista rosa.
- A ausência de ambos condiciona crista simples.

Quando os animais de crista noz heterozigotos são cruzados entre si, obtém-se quatro tipos de crista, na proporção 9 noz : 3 ervilha : 3 rosa : 1 simples (**figura 39.2**). Este resultado, que lembra a F_2 no di-hibridismo, sugere que essa característica é condicionada por dois pares de alelos com segregação independente. Contudo, a proporção se refere a apenas uma característica, a forma da crista; enquanto no di-hibridismo há duas características combinadas (cor e forma da ervilha, por exemplo).

	noz	ervilha	rosa	simples
Fenótipos (forma da crista)				
Genótipos	E_R_	E_rr	eeR_	eerr

Ilustrações: Luis Moura/Arquivo da editora

Figura 39.1 Interação gênica no formato de cristas de galinhas (tipos possíveis).

♀ \ ♂	**ER**	**eR**	**Er**	**er**
ER	EERR	EeRR	EERr	EeRr
eR	EeRR	eeRR	EeRr	eeRr
Er	EERr	EeRr	EErr	Eerr
er	EeRr	eeRr	Eerr	eerr

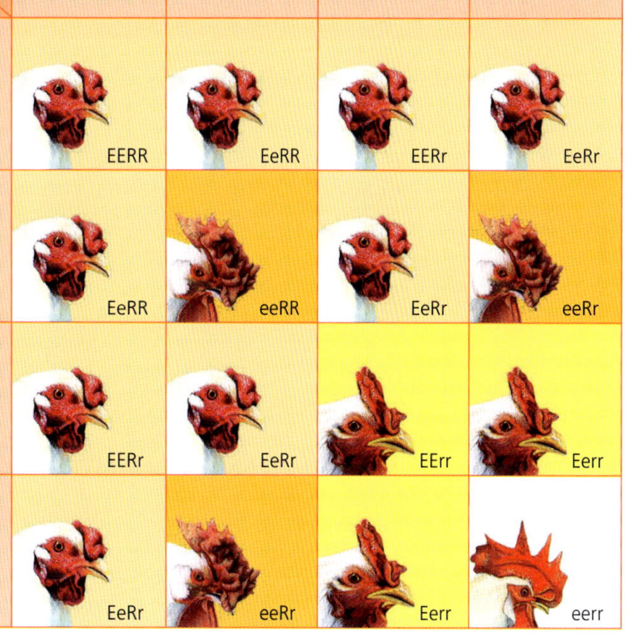

Proporção fenotípica em F_2:
9 noz (**E_R_**) : 3 ervilha (**E_rr**) : 3 rosa (**eeR_**) : 1 simples (**eerr**).

Figura 39.2 Geração F_2: cruzamento entre as aves com cristas tipo noz duplo heterozigotas de F_1 (os elementos não estão na mesma escala; cores fantasia).

INTERAÇÃO EPISTÁTICA

A **epistasia** é um tipo de interação gênica na qual os alelos de um gene impedem a manifestação dos alelos de outro par, como mostra a **figura 39.3**.

Os alelos inibidores são chamados **epistáticos** e os inibidos, **hipostáticos** (*epi* = = sobre; *hipo* = abaixo; *stásis* = parada).

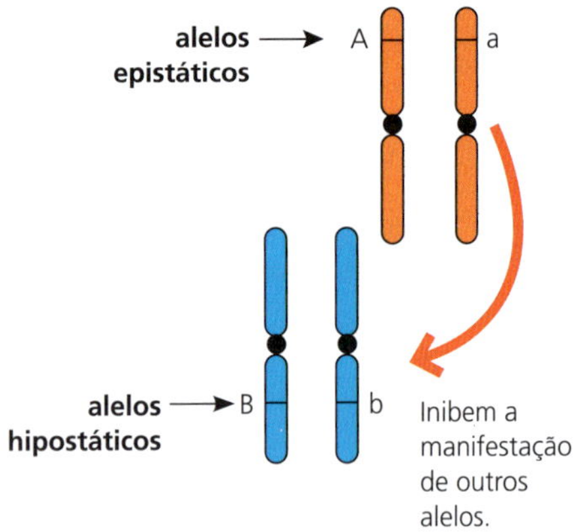

Figura 39.3 Representação esquemática da atuação de alelos epistáticos.

O efeito inibitório dos alelos epistáticos pode atuar apenas em dose dupla (epistasia recessiva) ou com um alelo dominante (epistasia dominante).

Um exemplo de **epistasia recessiva** é a cor do pelo do cão labrador, que pode ser preta, dourada e chocolate (**figura 39.4**). Neste caso, há interação entre dois pares de alelos: o alelo **B** é responsável pela cor preta, e o alelo **b**, recessivo, pela cor chocolate. O alelo **E** é essencial para o depósito de pigmento preto ou marrom (que dá o tipo chocolate) no pelo; o alelo recessivo **e** impede esse depósito, o que origina o pelo dourado.

O cruzamento entre dois duplo heterozigotos (pelo preto) dá origem à proporção 9 (pretos) : 3 (chocolate) : 4 (dourados).

Na **epistasia dominante**, apenas um alelo dominante é suficiente para impedir o efeito de um alelo de outro gene.

Figura 39.4 A cor do pelo dos cães labradores é um exemplo de epistasia recessiva.

BIOLOGIA E COTIDIANO

A cor dos olhos na espécie humana

O mesmo tipo de pigmento (melanina) que dá cor à pele é encontrado em duas camadas da íris, a parte colorida do olho: uma mais superficial e outra mais profunda. Os olhos escuros possuem maior quantidade de melanina na camada mais superficial. Nos olhos claros, essa quantidade é bem menor.

A cor da íris é resultado de uma interação de pelo menos 16 genes, em um processo que ainda não foi completamente decifrado. A interação acontece porque a produção de melanina envolve uma série de transformações reguladas por várias enzimas.

Fontes de pesquisa: STURM, R. A.; LARSSON, M. Genetics of Human Iris Colour and Patterns. *Pigment & Cell Melanoma Research*, 22, p. 544-562, 2009; WHITE, D.; RABAGO-SMITH, M. Genotype-phenotype Associations and Human Eye Color. *Journal of Human Genetics*, 56, p. 5-7, 2011.

HERANÇA QUANTITATIVA

Nesse caso de interação gênica, dois ou mais pares de alelos somam ou acumulam seus efeitos, o que permite uma série de fenótipos gradativamente diferentes entre si. Por isso é chamada **herança quantitativa**, **multifatorial**, **cumulativa** ou **poligênica**, podendo ainda ser chamada **poligenia** ou **polimeria** (*polys* = muitos; *meros* = parte). Além disso, essas características sofrem, em geral, grande ação de fatores do ambiente, o que aumenta ainda mais a variação fenotípica. Isso significa que, enquanto nas características estudadas por Mendel havia uma variação descontínua, aqui a variação é contínua. Vejamos alguns exemplos.

Muitas características no ser humano, nos animais e nos vegetais resultam de herança poligênica e apresentam variação contínua; por exemplo, cor da semente do trigo; tamanho dos ovos de galinhas; volume do leite produzido por vacas; e cor da pele, altura e peso na espécie humana. Na maioria dos casos, as características extremas aparecem em frequências menores e as características intermediárias, em frequências maiores (**figura 39.5**).

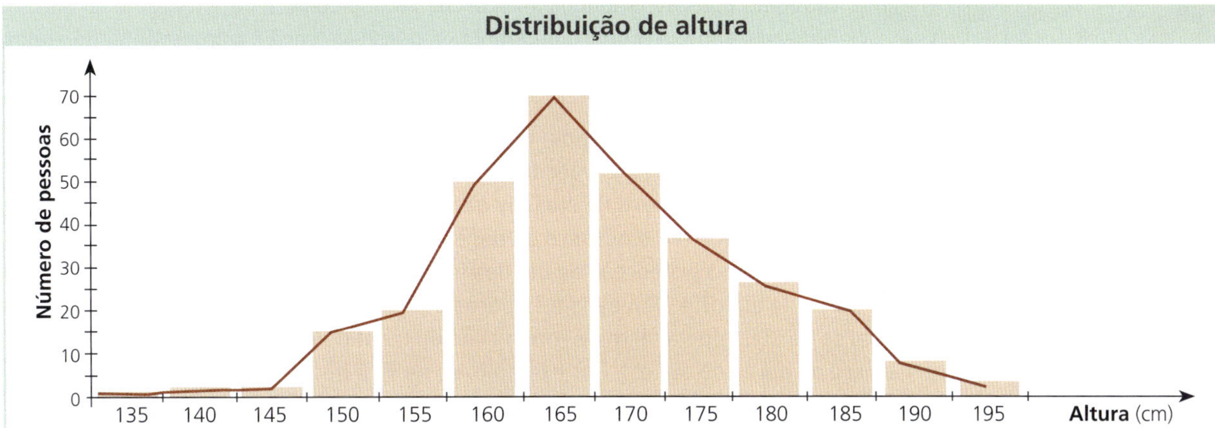

Banco de imagens/Arquivo da editora

Figura 39.5 Gráfico com a distribuição de altura em um grupo de seres humanos. Apesar de depender muito de fatores ambientais, como alimentação, podemos dizer que pessoas com maior número de alelos para altura são mais altas do que pessoas que apresentam número menor desses alelos.

Para tentar explicar as diferenças na cor da pele da espécie humana, vamos usar o primeiro modelo, que partia da hipótese de que a cor seria resultante da ação de dois pares de alelos com efeitos cumulativos. Veremos, então, por que esse modelo não é verdadeiro.

Os alelos representados por letras maiúsculas condicionam maior produção de melanina que os alelos representados pelas letras minúsculas. Quanto maior o número de alelos com letras maiúsculas, mais escura é a pele. Por isso, esses alelos são chamados **efetivos** ou **aditivos**.

Segundo esse primeiro modelo simplificado, o indivíduo **AABB** tem a quantidade máxima de melanina e sua pele teria a cor denominada negra; o indivíduo **aabb** tem a quantidade mínima de melanina e sua pele teria a cor denominada branca. Os alelos **a** e **b** contribuem apenas para formar uma quantidade mínima da substância; eles não são aditivos (a ausência total de melanina é condicionada por uma mutação em outro gene independentemente dos genes em questão).

Se essa herança fosse condicionada por dois pares de alelos, haveria cinco classes fenotípicas (sem considerar a influência ambiental): os indivíduos **AaBb**, **AAbb** e **aaBB** teriam a mesma quantidade de pigmento e sua pele teria a cor denominada parda; os indivíduos **aaBb** e **Aabb** só teriam uma dose do pigmento e a cor de sua pele seria um pouco mais clara que a parda; os indivíduos **AABb** e **AaBB** teriam três doses e a cor de sua pele seria um pouco mais escura que a parda.

Na realidade, observamos nas tonalidades de pele uma variação maior que essa (**figura 39.6**). Isso ocorre em parte por causa da maior ou menor quantidade de sol a que uma pessoa se expõe. Além disso, dezenas de genes que atuam na série de etapas envolvendo a produção de melanina foram identificados, e cada um desses genes possui vários alelos. Portanto, o modelo de dois pares de alelos não é verdadeiro.

Gonzalo Arroyo Moreno/FIVB/Getty Images

Figura 39.6 A variação nas tonalidades de pele das pessoas é uma evidência de que o modelo de dois pares de alelos não é verdadeiro.

F_2 ♂ / ♀	AB	Ab	aB	ab
AB	AABB	AABb	AaBB	AaBb
Ab	AABb	AAbb	AaBb	Aabb
aB	AaBB	AaBb	aaBB	aaBb
ab	AaBb	Aabb	aaBb	aabb

Figura 39.7 Um modelo simplificado para a herança da cor da pele. Se essa herança fosse condicionada por dois pares de alelos, haveria cinco classes fenotípicas (sem considerar a influência ambiental).

Mesmo que esse modelo não seja verdadeiro para o caso estudado, percebemos que, com base no número de pares de alelos, é possível calcular o número de classes genotípicas e fenotípicas (e vice-versa) resultantes da união de dois indivíduos heterozigóticos para todos os genes envolvidos (**figura 39.7**).

Quando uma característica é condicionada por dois pares de alelos, são formados cinco tipos distintos de fenótipos. Se forem três pares de alelos, teremos sete tipos de fenótipos (proporção fenotípica de 1 : 6 : 15 : 20 : 15 : 6 : 1). Generalizando, o número de fenótipos possíveis será o número total de alelos mais 1. Com essa relação também podemos calcular o número total de alelos se soubermos o número de classes fenotípicas (fenótipos diferentes).

Se aparecerem sete fenótipos, teremos $n + 1 = 7$, ou seja, $n = 6$, havendo, portanto, três pares de alelos envolvidos nessa herança.

Para calcular o número de classes genotípicas (genótipos diferentes), usamos a fórmula: 3^n, em que **n** é o número de pares de alelos.

Se soubermos a proporção de um dos fenótipos extremos (proporção de 1/16 para dois pares de alelos e 1/64 para três pares de alelos), poderemos calcular o número de pares de alelos pela fórmula: proporção do fenótipo extremo = $1/4^n$ (em que **n** é o número de pares de alelos). Por exemplo, se na F_2 o número de indivíduos com tonalidade máxima (ou mínima) de pele for 1/16, teremos $1/4^2$; portanto, $n = 2$, indicando que há dois pares de alelos. Caso o número seja 1/64, a fórmula é $1/4^3$ e estão em jogo três pares de alelos. Para 1/256, estão em jogo quatro pares de alelos: $1/4^4$.

RESOLUÇÃO COMENTADA

Em certa espécie de milho, a altura da planta varia de 90 cm a 210 cm, com intervalos de 20 cm em 20 cm entre cada altura. Responda:

a) Quantos alelos estão envolvidos na altura do milho?

b) Quais são os genótipos possíveis de uma planta com 110 cm de altura?

Resolução

a) Para calcular o número de alelos envolvidos, precisamos achar o número total de fenótipos. Como estes variam de 20 cm em 20 cm, podemos construir a série: 90, 110 (90 + 20), 130, 150, 170, 190, 210. Portanto, são sete fenótipos possíveis e podemos concluir que há seis (7 − 1) alelos envolvidos (três pares).

b) A contribuição de cada alelo efetivo é de 20 cm, visto que o exercício informa que a variação de altura do milho se dá de 20 cm em 20 cm. Portanto, a planta com 110 cm terá apenas um alelo efetivo (90 cm + 20 cm) e os genótipos possíveis serão **Aabbcc**, **aaBbcc** ou **aabbCc**.

2. PLEIOTROPIA

Em muitos casos, um único gene tem efeito simultâneo sobre várias características do organismo. Esse gene é denominado pleiotrópico; o fenômeno decorrente de sua ação é chamado de **efeito pleiotrópico**, **pleiotropismo** ou **pleiotropia** (*pleîon* = mais; *tropé* = mudança de direção). Esse efeito é, portanto, contrário ao da interação gênica, em que dois ou mais pares de genes influenciam o mesmo tipo de característica.

Em termos moleculares, o gene fabrica apenas uma enzima, mas a presença ou a ausência dessa enzima tem várias consequências no organismo.

Um exemplo de pleiotropia é a síndrome de Marfan, descrita em 1896. Uma mutação no gene FBN1 (fibrilina 1) origina um alelo que produz fibras elásticas anormais do tecido conjuntivo, uma vez que o gene atua na síntese de uma proteína dessas fibras, a fibrilina. Como o tecido conjuntivo está distribuído por várias partes do corpo, a pessoa tem problemas nos vasos sanguíneos, nos ossos e nos olhos, entre outros órgãos.

3. LIGAÇÃO GÊNICA E PERMUTAÇÃO

Em 1908, os cientistas ingleses William Bateson (1861–1926) e Reginald Punnett (1875–1967), ao estudarem cruzamentos entre ervilhas-de-cheiro, observaram uma discrepância em relação às leis de Mendel. Cruzando ervilhas-de-cheiro puras de flor púrpura e pólen oval (caracteres dominantes – **PPLL**) com as de flor vermelha e pólen esférico (caracteres recessivos – **ppll**), eles obtiveram na geração F_1 o resultado esperado: 100% de flores púrpura e pólen oval. Mas a F_2 apresentou um resultado muito diferente do di-hibridismo mendeliano (9 : 3 : 3 : 1), como mostra a tabela abaixo:

	Número observado	Número esperado no di-hibridismo
Púrpura oval (P_L_)	248	215
Púrpura esférico (P_ll)	21	71
Vermelha oval (ppL_)	21	71
Vermelha esférico (ppll)	55	24

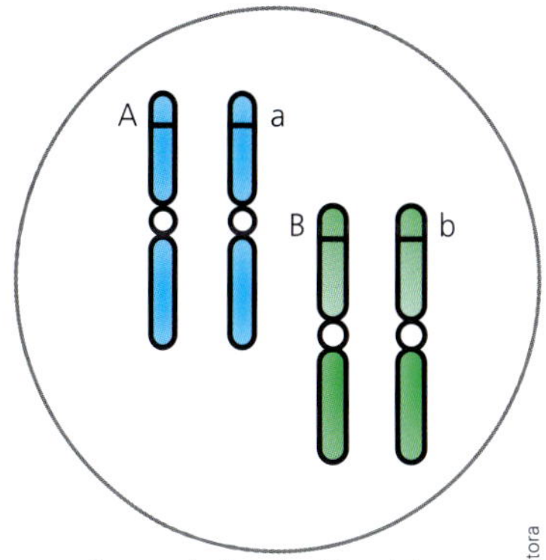

Segunda lei de Mendel ou segregação independente: dois pares de alelos (**A** e **a**, **B** e **b**) situados em pares de cromossomos diferentes.

Ilustrações: Maspi/Arquivo da editora

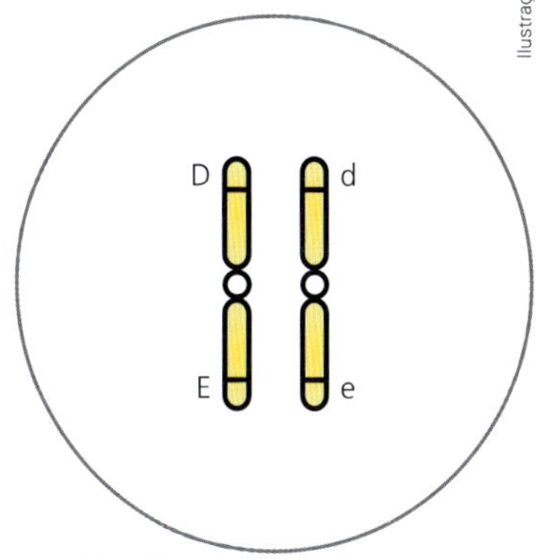

Ligação gênica: dois pares de alelos (**D** e **d**, **E** e **e**) localizados em um mesmo par de cromossomos homólogos.

Figura 39.8 Representações da segunda lei de Mendel e da ligação gênica (os elementos não estão na mesma escala; cores fantasia).

Bateson e Punnett estranharam o baixo número obtido dos fenótipos púrpura esférico e vermelha oval. Supuseram que os gametas **PL** e **pl** estariam em maior quantidade por causa de um "acoplamento" entre os genes dominantes **P** e **L** e os genes recessivos **p** e **l**. Mas não souberam explicar o fenômeno.

Somente com o estudo da herança em drosófilas, realizado pelo geneticista estadunidense Thomas Morgan (1866-1945) e colaboradores, foi possível explicar esse resultado: os genes responsáveis por essas características estão no mesmo cromossomo. Então, vejamos o que significa "estar no mesmo cromossomo".

Como um cromossomo apresenta vários genes, existem situações em que duas características analisadas são condicionadas por genes situados no mesmo cromossomo. Dizemos que esses genes estão ligados; o fenômeno é chamado **ligação gênica** ou **ligamento** (ou **ligação**) **fatorial**. Em língua inglesa, essa situação é chamada ***linkage*** (ligação, em inglês). Veja a **figura 39.8**.

Quando os pares de alelos estão situados em cromossomos homólogos distintos, um indivíduo di-híbrido produz quatro gametas diferentes na mesma proporção; quando os dois pares de alelos de genes diferentes estiverem situados no mesmo cromossomo, o híbrido deve produzir, se não ocorrer permutação entre eles, apenas dois tipos de gametas. Quando isso acontece, dizemos que há uma **ligação completa** entre esses genes (**figura 39.9**).

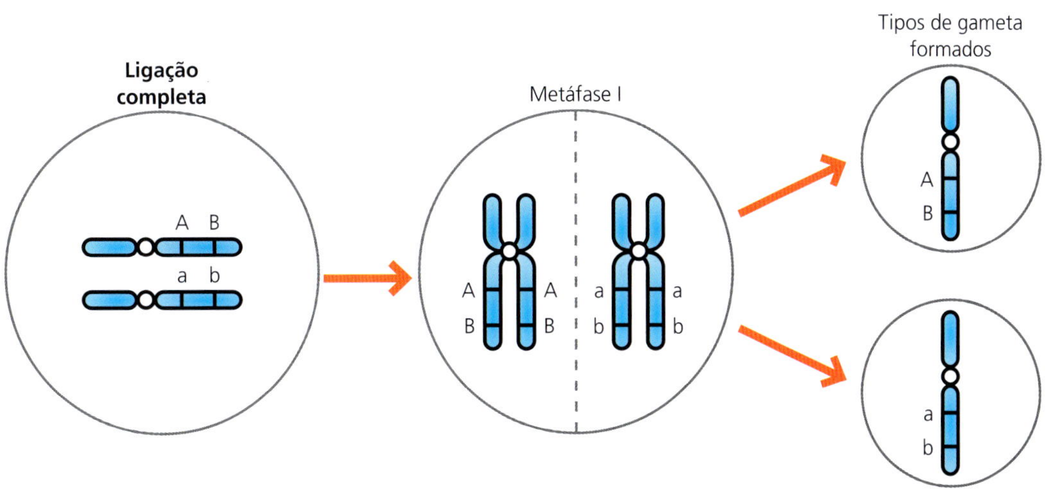

Figura 39.9 Produção de gametas de um heterozigoto para genes com ligação completa (os elementos não estão na mesma escala; cores fantasia).

Entretanto, isso nem sempre acontece. Como vimos no capítulo 10, pode ocorrer a permutação, também chamada permutação cromossômica, *crossing-over* ou sobrecruzamento.

Durante a prófase da primeira divisão da meiose, os cromossomos homólogos duplicados se emparelham e formam um conjunto de quatro cromátides. Nesse momento, pode ocorrer quebra de cromátides e uma ressoldagem, com troca de pedaços de cromátides homólogas. Quando ocorre a permutação, um alelo situado acima do ponto de quebra se desliga de outro situado abaixo desse ponto.

Observe na **figura 39.10** que, em consequência da permutação, dois alelos originalmente ligados podem separar-se e migrar para gametas diferentes. Nesse caso, na meiose se formarão:

- **gametas de recombinação** ou **recombinantes**, ou, ainda, **com permutação**, isto é, gametas com uma combinação de alelos diferente da que existia nos cromossomos dos pais; dizemos que houve uma ligação **parcial** ou **incompleta**;
- gametas com as mesmas combinações de alelos encontradas nos pais. Esses são chamados **gametas parentais**, **não recombinantes** ou **sem permutação**.

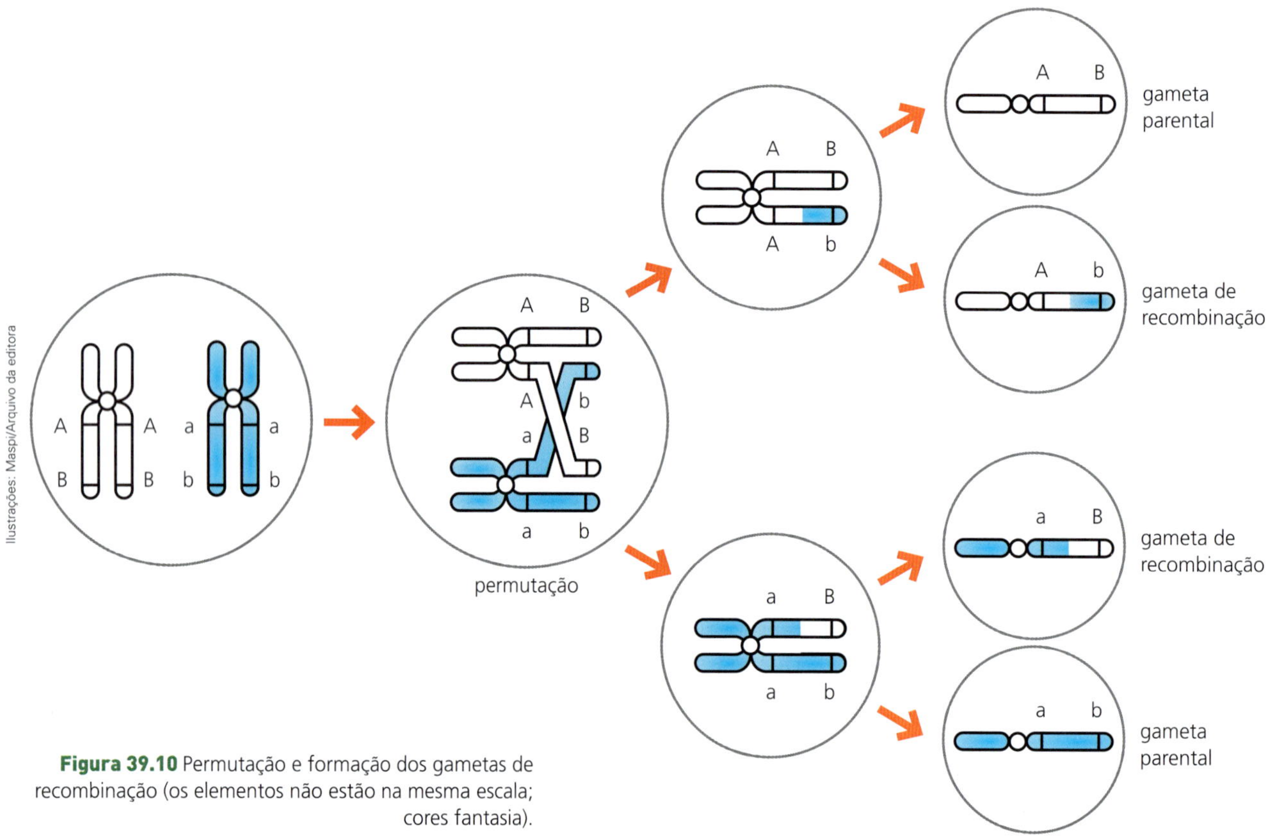

Figura 39.10 Permutação e formação dos gametas de recombinação (os elementos não estão na mesma escala; cores fantasia).

É importante ressaltar que a quebra e a troca de pedaços acontecem ao acaso, em qualquer ponto dos cromossomos. Desse modo, os gametas de recombinação para os genes em questão só se formam quando a quebra ocorre no trecho situado entre os lócus onde eles estão. Quando ocorre abaixo ou acima desse intervalo, não ocorre recombinação para eles. Portanto, algumas meioses fornecem gametas de recombinação para os genes analisados e outras não.

Podemos entender por que um híbrido para dois pares de alelos ligados, representado nesse caso por $\frac{\mathbf{AB}}{\mathbf{ab}}$ ou $\frac{\mathbf{AB}}{\mathbf{ab}}$ (ou, simplificadamente, **AB/ab**), produz geralmente uma porcentagem de gametas parentais (**AB** e **ab**) maior que a de gametas de recombinação (**Ab** e **aB**). Os gametas parentais se formam sempre, haja ou não permutação; os gametas de recombinação só aparecem quando a permutação ocorre entre os dois genes em questão.

CÁLCULO DA TAXA DE PERMUTAÇÃO

Atualmente, sabe-se que quanto maior a distância entre dois lócus situados no mesmo cromossomo, maior a possibilidade de permutação entre eles e maior a quantidade de gametas formados por recombinação (**figura 39.11**).

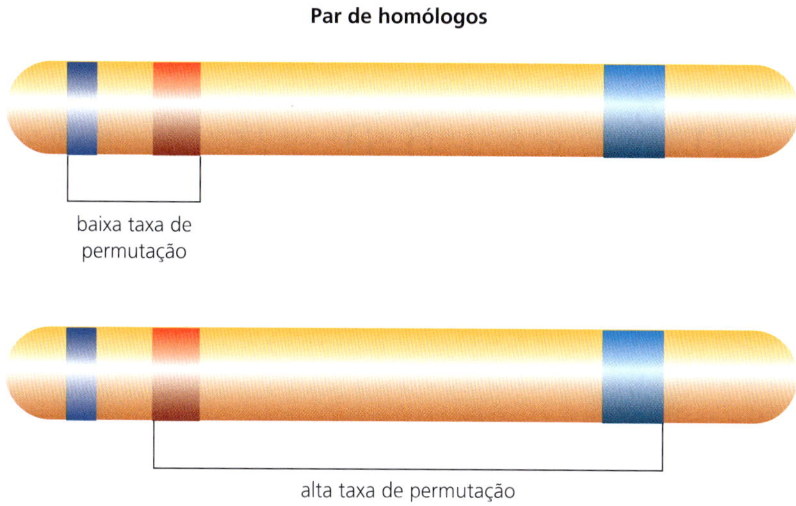

Figura 39.11 Quando os genes estão distantes, há maior chance de ocorrer permutação entre eles, pois há mais possíveis pontos de quebra na cromátide (os elementos não estão na mesma escala; cores fantasia).

Imagine dois genes afastados a uma distância que permite a ocorrência de permutação em 80% das meioses. Pelo esquema da **figura 39.12** podemos ver que, nesse caso, se formam dois tipos de gametas de recombinação, cada um correspondendo a 20% do total de gametas formados. A soma das porcentagens dos gametas de recombinação é chamada de **taxa** ou **frequência de permutação** (ou de **recombinação**). No exemplo, essa taxa é de 40% (20% de **Ab** mais 20% de **aB**).

A taxa de recombinação indica a distância relativa entre os genes: quanto mais distantes estiverem os genes, maior será a taxa. Convém notar que a taxa máxima de permutação é de 50%, pois corresponde a 100% de meioses com permutação. Nesse caso, os resultados não se distinguem dos gametas produzidos por genes em cromossomos diferentes. Entretanto, é importante considerar que quando dois genes estão muito distantes um do outro, pode ocorrer entre eles uma **permutação dupla**. Nesse caso, uma anula o efeito da outra e não se formam gametas de recombinação.

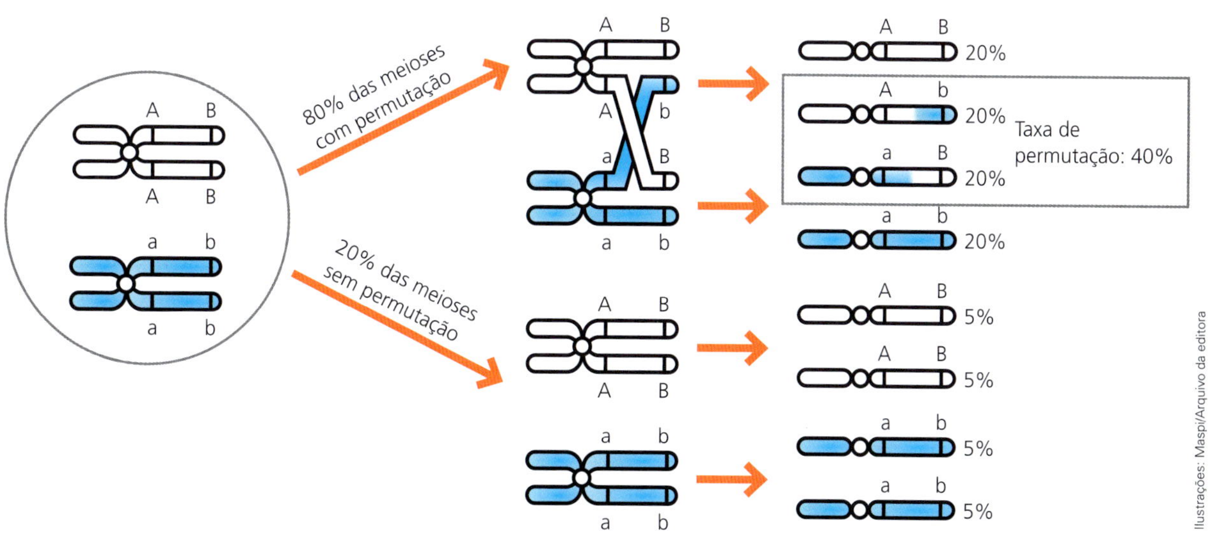

Figura 39.12 Produção de gametas de um duplo heterozigoto que apresenta 80% de meioses com permutação entre os genes em questão (os elementos não estão na mesma escala; cores fantasia).

RESOLUÇÃO COMENTADA

1. Considere o esquema das células abaixo:

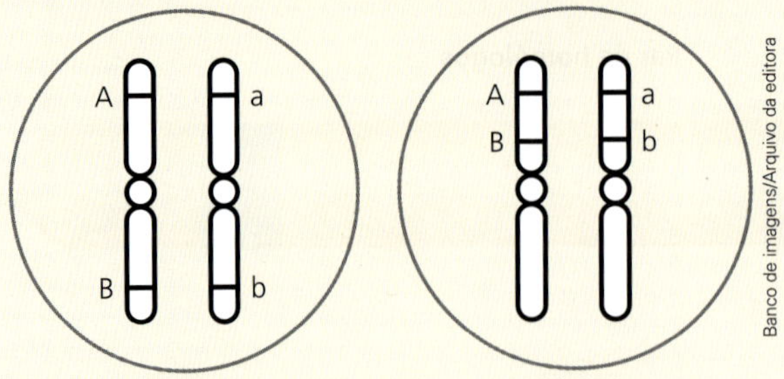

Célula 1 Célula 2

a) Em qual das células haverá menor taxa de recombinação entre **A** e **B**? Por quê?

b) Em qual das células a porcentagem de gametas **Ab** deve ser maior? Justifique.

Resolução

a) Na célula **2**, pois a distância entre **A** e **B** é menor.

b) Na célula **1**, visto que **A** e **B** estão mais distantes e a frequência de recombinação será maior. Assim, a porcentagem de gametas de recombinação, como o gameta **Ab**, também será maior, levando em conta que não ocorra permutação dupla.

2. A tabela a seguir mostra os tipos de gameta produzido por três organismos duplo heterozigotos (I, II e III).

Organismo	Gametas	Frequência
I. AaBb	AB	25%
	Ab	25%
	aB	25%
	Ab	25%
II. CcDd	CD	50%
	cd	50%
III. RrSs	RS	35%
	Rs	15%
	rS	15%
	rs	35%

a) Pela análise da proporção de gametas formados, identifique o genótipo do organismo com ligação gênica em que não tenha havido permutação entre os genes em questão (ligação completa).

b) Identifique o genótipo do organismo com ligação gênica em que, com certeza, há ligação parcial incompleta. Determine a taxa de recombinação nesse caso.

c) Identifique o genótipo do organismo que pode representar um caso de segregação independente.

Resolução

a) O organismo de genótipo **CcDd** representa o caso de ligação completa, pois só se formam dois tipos de gametas, na mesma proporção.

b) O organismo de genótipo **RrSs** representa o caso de ligação incompleta, pois se formam quatro tipos de gametas em proporções desiguais. Os gametas de menor proporção são os de recombinação e os de maior proporção são os parentais. A taxa de recombinação é de 30% (soma de 15% de **Rs** e 15% de **rS**), pois não pode ultrapassar 50%.

c) O organismo de genótipo **AaBb** pode representar um caso de segregação independente, visto que são formados quatro tipos diferentes de gametas na mesma proporção. Ele também pode representar um caso de ligação parcial incompleta, com taxa de permutação de 50%.

O CRUZAMENTO-TESTE E A TAXA DE RECOMBINAÇÃO

Já vimos que a proporção de gametas formados por um di-híbrido pode indicar se os genes estudados estão ligados ou não e se houve ou não recombinação entre eles durante a meiose.

Outra forma de confirmar se os genes estão ligados é realizando um cruzamento-teste (com um indivíduo recessivo), que pode ser um retrocruzamento (com um dos indivíduos parentais).

Se cruzarmos um indivíduo di-híbrido **AaBb**, que possui dois pares de alelos em cromossomos diferentes, com um duplo recessivo **aabb**, veremos que podem se formar quatro tipos de filhos (**figura 39.13A**). Quando os pares de alelos **AB** e **ab** estão no mesmo cromossomo e não ocorre a permutação na formação dos gametas, devem aparecer apenas dois tipos de filhos com o mesmo fenótipo dos pais (**figura 39.13B**). Por causa da falta dos gametas **Ab** e **aB**, ficam ausentes as chamadas **classes de recombinação**, formadas pela recombinação de genes paternos ou maternos. Quando eles ocorrem, é possível calcular a taxa de permutação.

Ilustrações: Maspi/Arquivo da editora

A

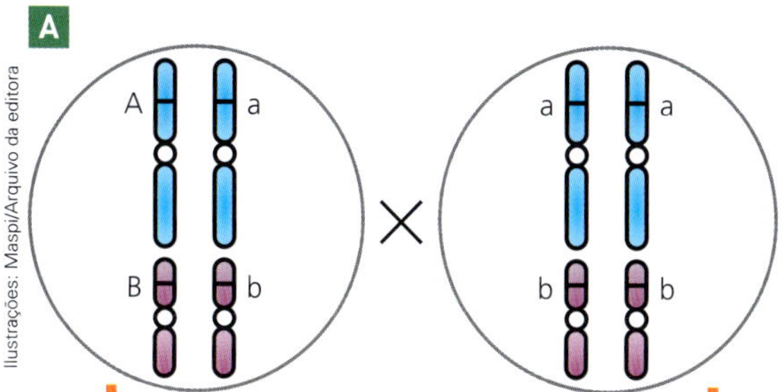

♀ ♂	Gametas
AB	AaBb
ab	aabb
Ab	Aabb
aB	aaBb

Aparecem as quatro formas, o que prova realmente a produção de quatro tipos de gametas pelo **AaBb**.

B

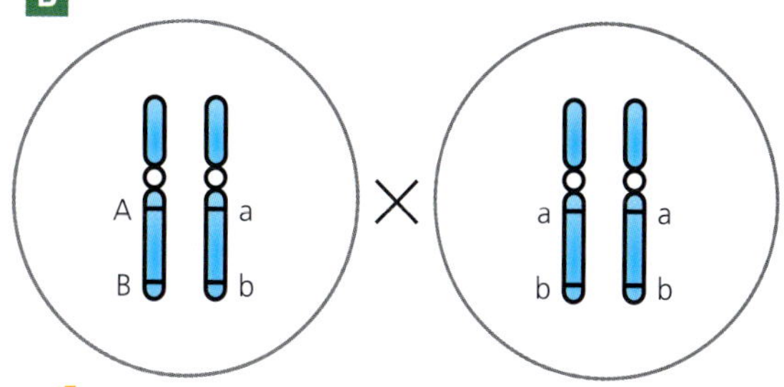

♀ ♂	Gametas
AB	AaBb
ab	aabb

Não aparecem as formas de recombinação, o que prova que **AaBb** não formou os gametas **Ab** e **aB**. Logo, os genes apresentam ligação completa.

Figura 39.13 Cruzamento-teste de um híbrido **AaBb** com genes situados em cromossomos diferentes (**A**) e o mesmo cruzamento com genes situados no mesmo cromossomo (**B**) (os elementos não estão na mesma escala; cores fantasia).

Com base em cruzamentos-testes, Morgan e sua equipe analisaram o resultado de cruzamentos para duas características simultâneas em drosófilas, para estudar desvios em relação às proporções mendelianas.

A **figura 39.14** esquematiza um cruzamento de uma drosófila macho de corpo preto e asa vestigial, características recessivas (**pv/pv**), com uma drosófila fêmea de corpo castanho e asa normal, duplamente heterozigota (**PV/pv**). "Corpo castanho" e "asa normal" compõem o chamado **tipo selvagem**, porque é o fenótipo mais comum na natureza. Em oposição, "corpo preto" e "asa vestigial" compõem o chamado **mutante**. No cruzamento, foram obtidos 90 indivíduos de corpo preto e asa normal, 90 de corpo castanho e asa vestigial, 410 de corpo preto e asa vestigial e 410 de corpo castanho e asa normal. Se os genes estivessem em cromossomos diferentes, deveríamos esperar uma proporção fenotípica de 1 : 1 : 1 : 1.

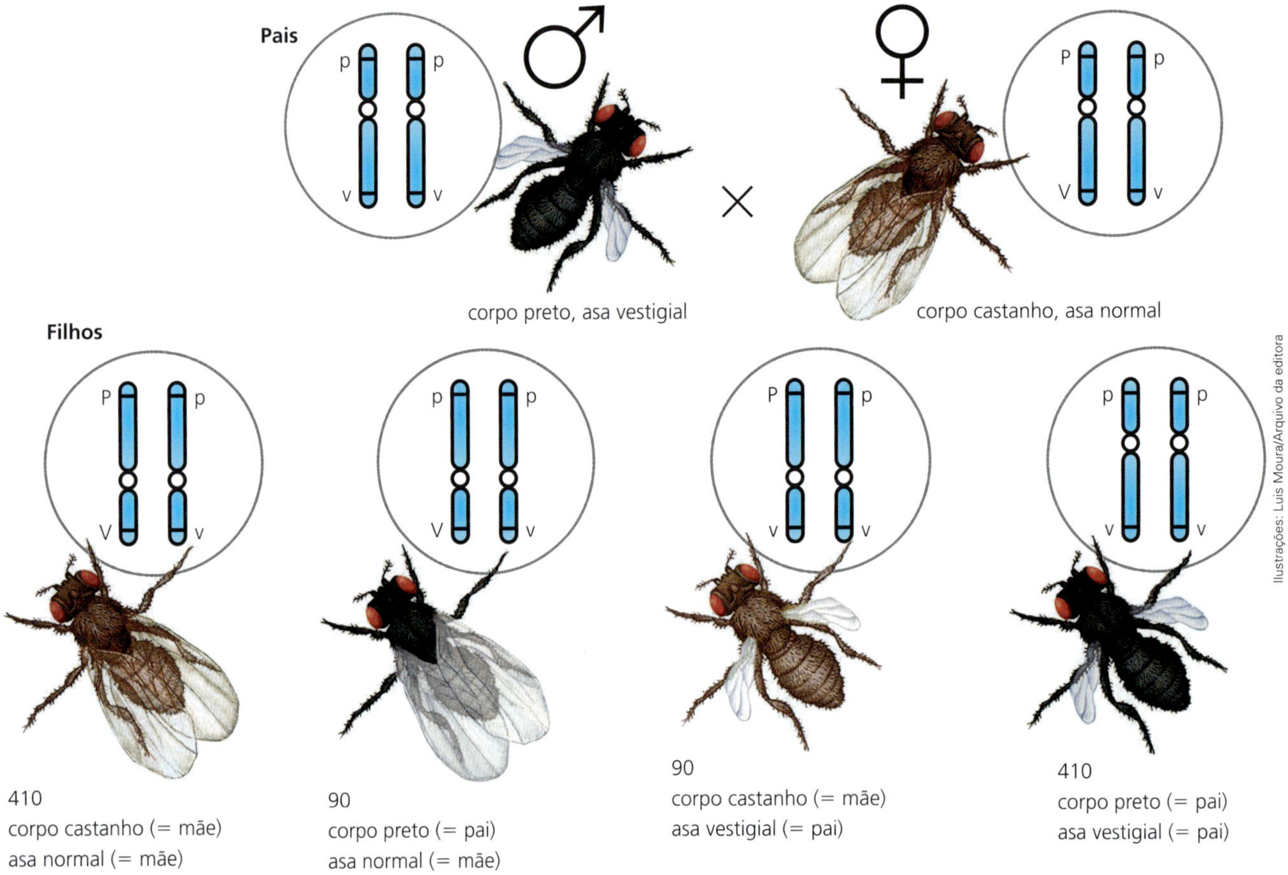

Figura 39.14 Cruzamento-teste com genes ligados para cor do corpo e tamanho da asa da drosófila (drosófilas têm cerca de 3 mm de comprimento; os elementos não estão na mesma escala; cores fantasia).

Por meio de experimentos desse tipo, Morgan sugeriu que os genes para as características estudadas – cor do corpo e tamanho da asa, no nosso exemplo – estariam no mesmo cromossomo e que no pareamento dos homólogos, durante a meiose, ocorria ocasionalmente uma troca entre as cromátides, o que explicaria o surgimento de indivíduos com novas combinações de características (corpo preto com asa normal e corpo castanho com asa vestigial, nesse exemplo). Morgan sugeriu também que quanto mais afastados em um cromossomo estiverem dois genes, maior é a probabilidade de ocorrer permutação entre eles.

Para chegar a essas conclusões, Morgan se valeu de observações de vários pesquisadores em citologia relatando figuras em forma de X, que indicam locais em que já ocorreu permutação nos pares de cromossomos e hoje chamamos quiasmas (**figura 39.15**).

Quando queremos calcular a taxa de permutação, primeiro identificamos os indivíduos formados por recombinação, aqueles resultantes dos gametas obtidos por permutação e que estão em menor número.

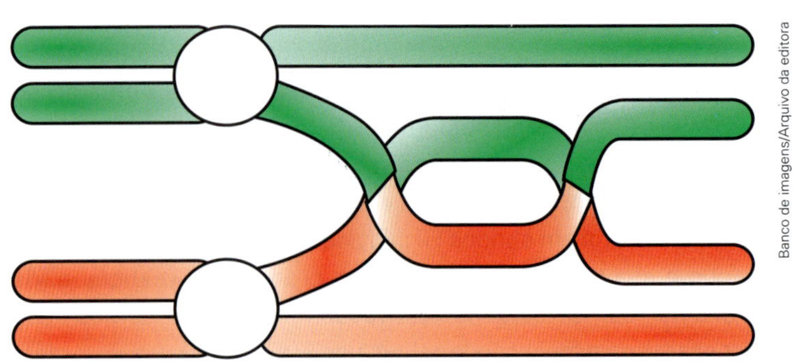

Figura 39.15 Ilustração de quiasma entre um par de cromossomos (os elementos não estão na mesma escala; cores fantasia).

Nesse exemplo, se formam dois grupos recombinantes, cada um com 90 indivíduos; portanto, o total de recombinantes é de 180 indivíduos. Como no cruzamento-teste a frequência esperada de indivíduos recombinantes é igual à de gametas produzidos por permutação, basta transformar esse número em porcentagem: o total de indivíduos é 1 000 (90 + 90 + 410 + 410), que corresponde a 100%. Assim, 180 indivíduos correspondem a 18%. Logo, a taxa de permutação é de 18%.

Há casos, no entanto, em que a taxa de permutação já é conhecida. Por exemplo, **A** e **B** estão ligados e ocorre entre eles 20% de taxa de permutação. Sabendo disso, qual é o resultado do retrocruzamento do heterozigoto **AB/ab** com o homozigoto **ab/ab**?

Como a taxa de permutação indica a soma das porcentagens dos gametas de recombinação, temos: **AB/ab**, 80% (**AB** + **ab**) e 20% (**Ab** + **aB**).

Filhos	♀\♂	ab	Proporção genotípica
80%	40% **AB**	AB/ab	40%
	40% **ab**	ab/ab	40%
20%	10% **Ab**	Ab/ab	10%
	10% **aB**	aB/ab	10%

Logo, a proporção genotípica é de 40% **AB/ab**, 40% **ab/ab**, 10% **Ab/ab** e 10% **aB/ab** ou 4 : 4 : 1 : 1.

Quando os alelos dominantes dos dois genes estão em um cromossomo e os recessivos no outro, ocorre a posição **cis**. Se os alelos ligados são um dominante para certa característica e o outro recessivo para outra característica, acontece a posição **trans**. Veja a **figura 39.16**.

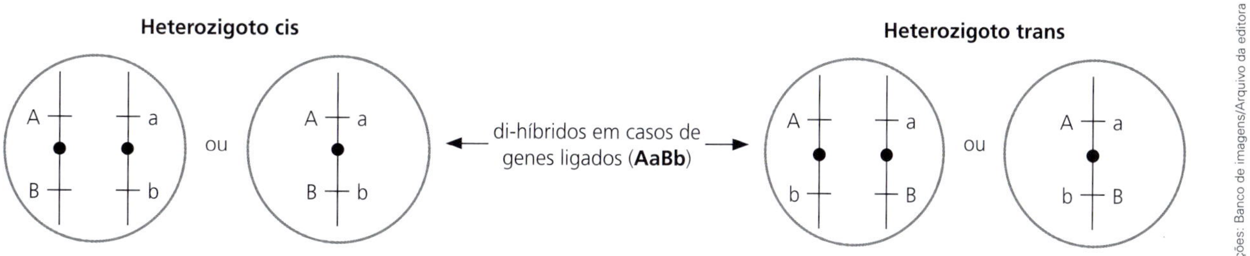

Figura 39.16 Posições cis e trans em casos de genes ligados.

A diferença entre os dois casos fica clara na representação usual: **AB/ab** (cis) e **Ab/aB** (trans). Alguns autores usam para os casos de ligação a mesma representação do di-hibridismo. Nesse caso, tanto a posição cis como a posição trans são representadas por **AaBb**.

Podemos identificar a diferença pelo cruzamento-teste. As classes de recombinação serão sempre as menos frequentes. Na posição cis, os indivíduos duplo dominantes e os duplo recessivos aparecem em maior quantidade; na posição trans eles formam as classes de recombinação e aparecem em menor quantidade.

Como vimos, quando 100% das células que sofrem meiose realizam a permutação, não podemos distinguir esses resultados de um cruzamento-teste obtido de um di-híbrido de um caso de segregação independente.

Quando dois genes estão muito próximos, por exemplo, praticamente não há permutação entre eles (taxa de permutação = 0), ocorrendo uma ligação completa, com a proporção de 1 : 1 no cruzamento-teste. Isso acontece porque o di-híbrido (**AB/ab**) forma apenas dois tipos de gametas (**AB** ou **ab**) e o indivíduo **aabb** forma apenas o gameta **ab**.

RESOLUÇÃO COMENTADA

(Fuvest-SP) O cruzamento **AaBb** × **aabb** produziu a seguinte descendência: **AaBb**, 48%; **aaBb**, 2%; **Aabb**, 2%; **aabb**, 48%.

a) Qual a taxa de permutação entre os genes em questão?

b) Qual a posição dos genes nos cromossomos do heterozigoto utilizado no cruzamento?

Resolução

a) Somando os indivíduos provenientes de gametas de recombinação (**aaBb** e **Aabb**), obteremos 4%, que é a taxa de permutação.

b) Temos de procurar os indivíduos provenientes de gametas parentais, que estão em maior proporção. No caso, os indivíduos **AaBb** e **aabb**. Como sabemos que o indivíduo duplo recessivo sempre contribui com o mesmo gameta (**ab**), concluímos que os gametas parentais eram **AB** e **ab**. Portanto, os genes estão situados em posição cis, no heterozigoto.

TAXA DE PERMUTAÇÃO E MAPAS GENÉTICOS

Como vimos, Morgan sugeriu que quanto mais afastados em um cromossomo estiverem dois genes, maior é a probabilidade de ocorrer permutação entre eles. Um aluno dele, Alfred H. Sturtevant (1891-1970), deu um passo além, propondo que a probabilidade de permutação entre dois genes poderia ser usada para indicar a distância relativa entre eles. Sturtevant analisou a frequência de permutação do resultado de vários cruzamentos realizados por Morgan e colaboradores e a partir daí elaborou alguns mapas genéticos.

Por convenção, a taxa de 1% de permutação corresponde ao valor de **1 unidade de recombinação** (**UR**) ou **1 unidade de mapa** (**UM**). Em homenagem a Thomas Morgan, essa unidade é também chamada **centimorgan** (**cM**) ou **morganídeo**. Se dois genes apresentam 10% de taxa de permutação, a distância entre eles no cromossomo é de 10 UR (ou 10 morganídeos).

Com base nas diferentes taxas de permutação entre os genes é possível estabelecer sua posição nos cromossomos e montar um **mapa cromossômico** ou **genético**.

Vejamos como determinar a distância entre os genes.

Imagine três genes – **C**, **D** e **E** – situados no mesmo cromossomo. Qual será a posição desses genes? A taxa de permutação entre **C** e **D** é de 15%, ou seja, a distância entre eles é de 15 unidades de recombinação:

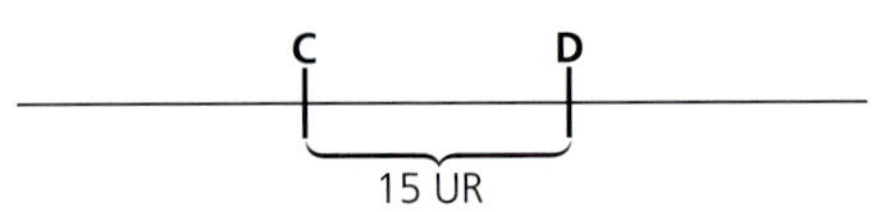

A taxa de permutação entre **C** e **E** é de 7%, e há duas possibilidades de posicionar o gene **E** em relação ao gene **C**:

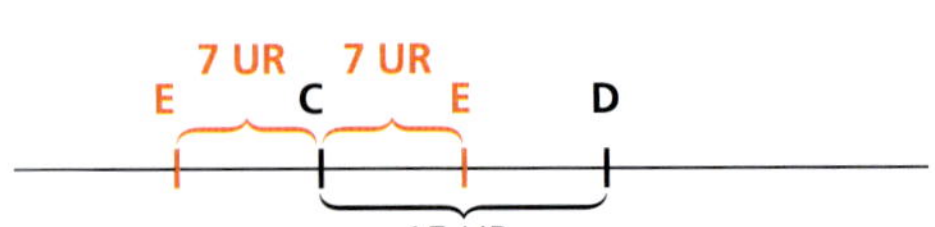

Nesse caso, para determinar a ordem correta, é preciso saber a taxa de permutação entre os genes **E** e **D**: se a distância for de 22 UR, então a ordem dos genes é ECD; se for de 8 UR, então a ordem é CED. Veja abaixo:

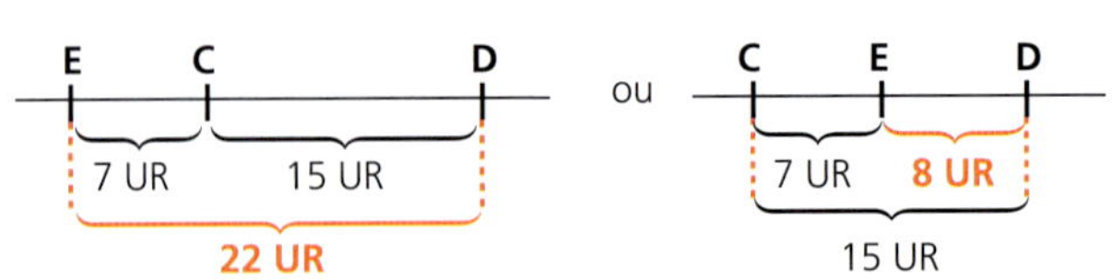

Hoje, os marcadores moleculares do DNA, a análise genômica e outras tecnologias do DNA recombinante (tema do capítulo 41) permitem ter uma ideia da posição real dos genes em um mapa físico, com as distâncias indicadas em número de pares de bases. Foi possível estabelecer que 1 centimorgan, por exemplo, corresponde a cerca de 1 milhão de pares de bases. Essa relação é aproximada porque a chance de ocorrer permutação varia de uma região para outra do cromossomo (a permutação é inibida em regiões próximas ao centrômero, por exemplo).

RESOLUÇÃO COMENTADA

(Fuvest-SP) Um organismo, homozigoto para os genes **A**, **B**, **C** e **D**, todos localizados em um mesmo cromossomo, é cruzado com outro, que é homozigoto recessivo para os mesmos alelos. O retrocruzamento de $\mathbf{F_1}$ (com o duplo recessivo) mostra os seguintes resultados:

- não ocorreu permuta entre os genes **A** e **C**;
- ocorreu 20% de permuta entre os genes **A** e **B**, 30% entre **A** e **D**;
- ocorreu 10% de permuta entre os genes **B** e **D**.

Com base nesses resultados, qual a sequência mais provável desses quatro genes no cromossomo a partir do gene **A**?

Resolução

Com os dados da questão, esquematizamos a reta que representa o cromossomo e achamos a sequência mais provável. Observe:

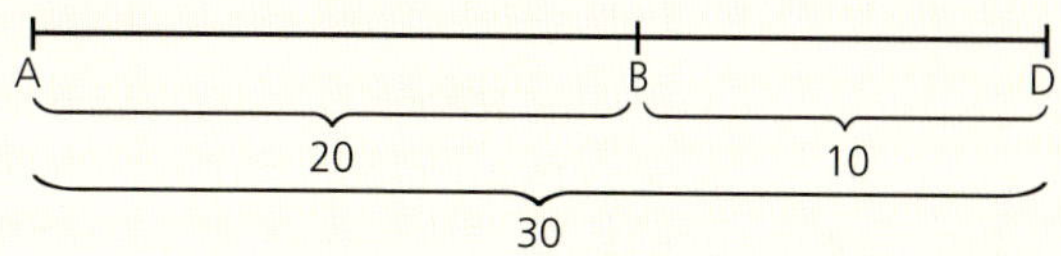

A sequência mais provável desses genes no cromossomo a partir do gene **A** seria: A C B D. Como não ocorre permutação entre **A** e **C**, podemos deduzir que esses genes estão muito próximos. Haveria também a possibilidade de o gene **C** estar antes de **A**. Então, a ordem seria C A B D.

ATIVIDADES

Questões discursivas

1. Em galinhas, a presença do alelo dominante **E** determina crista ervilha e a presença do alelo **R** dominante de outro gene determina crista rosa. Se ambos os alelos dominantes estiverem presentes, a crista é do tipo noz. A ausência de ambos os alelos dominantes determina crista simples. Qual é a proporção genotípica e a fenotípica resultante do cruzamento de **EERr** com **Eerr**?

Luis Moura/Arquivo da editora

2. O cruzamento de duas plantas heterozigotas, cuja altura era 1,70 m, produziu descendentes com altura variando de 0,90 m a 2,50 m. Entre os 1280 descendentes obtidos, cinco tinham 2,50 m de altura. Supondo que as condições ambientais eram idênticas para todos os descendentes, determine quantos pares de alelos estão envolvidos na definição da altura da planta e qual é a contribuição de cada alelo efetivo.

3. Galinhas com o alelo dominante **C** têm penas coloridas, a não ser que esteja presente o alelo dominante **I** de outro gene, que inibe **C** e produz cor branca. O alelo recessivo **i** não tem efeito inibidor, e o genótipo **cc** origina cor branca. Qual é o resultado do cruzamento de duas aves duplamente heterozigotas?

4. Uma forma de surdez hereditária é condicionada por dois pares de alelos. Para que haja surdez, basta a ausência de alelos dominantes (**D** e **E**) em um dos pares de genes. Qual é a proporção genotípica e a fenotípica obtida na união de um casal com genótipo **DdEe** e **ddee**?

5. Imagine que em um di-híbrido os alelos dominantes **A** e **B** estejam ligados no mesmo cromossomo, ocorrendo, logicamente, o mesmo entre os alelos **a** e **b**. Supondo que não haja permutação entre eles, quais são os gametas produzidos por esse indivíduo? Qual é a proporção genotípica obtida no cruzamento desse indivíduo com o duplo recessivo **aabb**?

6. Supondo que em apenas 40% das células de um indivíduo **AB/ab** haja permutação entre os genes em questão, que gametas são formados e em que proporção? Indique os gametas de recombinação. Qual é a taxa de permutação?

7. Em relação aos genes ligados, podemos dizer que quanto maior a taxa de permutação, maior a distância entre os genes? Justifique sua resposta.

8. Cruzando um indivíduo **RP/rp**, com ligação parcial entre os genes em questão, com um indivíduo duplo recessivo, obteve-se o seguinte resultado: 350 filhotes dominantes para ambas as características; 350 filhotes recessivos; 150 dominantes apenas para a característica condicionada pelo alelo **R**; 150 dominantes apenas para a característica condicionada pelo alelo **P**. Qual é a taxa de permutação entre os genes?

9. (Unicamp-SP) Certas características fenotípicas são determinadas por poucos genes (herança mendeliana), enquanto outras são determinadas por muitos genes (herança poligênica). Qual dos dois mecanismos explica a maior parte das variações fenotípicas nas populações? Justifique.

10. (Unicamp-SP) Um pesquisador cruzou paineiras de flores *pink* com paineiras de flores brancas. Os descendentes (F_1) foram cruzados entre si, produzindo sempre as seguintes frequências fenotípicas na geração F_2:

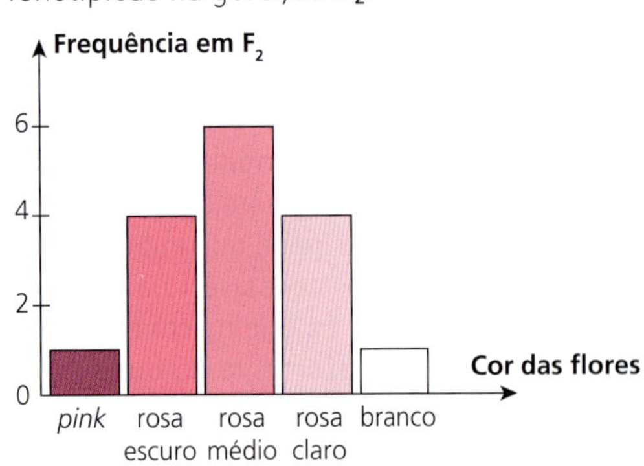

Reprodução/Unicamp.

a) Qual o tipo de herança da cor da flor da paineira?

b) Indique as possibilidades de se obterem em um cruzamento: I. apenas flores de cor branca; II. apenas flores de cor rosa médio.

11. (Unicamp-SP) Um cruzamento entre uma fêmea heterozigota para dois pares de genes (**AaBb**) e um macho homozigoto (**aabb**) resultou na seguinte descendência: **AaBb**, **Aabb**, **aaBb**, **aabb**. Foi observado também que todas as classes acima apareceram na mesma frequência (25%), tanto entre os machos como entre as fêmeas. Considerando que há interesse em determinar se existe ou não ligação entre os genes estudados, explique qual seria a informação que esse cruzamento fornece.

12. (Unirio-RJ) Em certa espécie de cobaia, um macho duplo heterozigoto (pelos e olhos escuros) foi cruzado com uma fêmea de pelo e olhos claros, produzindo, ao longo de suas vidas, 50 descendentes que apresentavam a seguinte distribuição:
- 46% indivíduos de pelo e olhos escuros
- 46% indivíduos de pelo e olhos claros
- 4% indivíduos de pelo escuro e olhos claros
- 4% indivíduos de pelo claro e olhos escuros

Considere que o gene **A**, para pelo escuro, domina o gene **a** para pelo claro, enquanto o gene **B**, para olhos escuros, domina o gene **b**, para olhos claros.

Com estas informações e seus conhecimentos genéticos, determine:

a) os genótipos desta prole.

b) os gametas produzidos pelo macho duplo heterozigoto.

c) que tipo de segregação ocorre neste caso.

d) Considerando a porcentagem da prole gerada e que os genes se localizam linearmente no cromossomo, determine qual é a distância relativa entre o lócus para cor de pelo e o lócus para cor de olhos.

Questões objetivas

1. (UFU-MG) Em uma determinada raça de cão há três possibilidades de cores de pelo: preta, amarela e marrom. O alelo **M** é responsável pela cor preta, e seu alelo recessivo, pela cor marrom. O gene **E**, não alélico de **M**, condiciona o depósito de pigmento preto ou marrom no pelo. Já o alelo recessivo (**e**) impede esse depósito, originando o pelo amarelo.

No cruzamento entre dois cães dessa raça, um de pelo preto heterozigoto para os dois pares de genes e outro marrom descendente de uma mãe amarela, espera-se na descendência uma proporção fenotípica de:

a) 6 pretos : 2 amarelos.

b) 3 pretos : 3 marrons : 2 amarelos.

c) 3 pretos : 5 marrons.

d) 4 pretos : 3 marrons : 1 amarelo.

2. (UFPE) Na espécie humana há um gene que exerce ação simultaneamente sobre a fragilidade óssea, a surdez congênita e a esclerótica azulada. Assinale a alternativa que define o caso.

a) ligação genética
b) penetrância completa
c) pleiotropia
d) herança quantitativa
e) polialelia

3. (UFRGS-RS) Na cebola, a presença de um alelo dominante **C** determina a produção de bulbo pigmentado; em cebolas **cc**, a enzima que catalisa a formação de pigmento não é produzida (cebolas brancas). Outro gene, herdado de forma independente, apresenta o alelo **B**, que impede a manifestação de gene **C**. Homozigotos **bb** não têm a manifestação da cor do bulbo impedida.

Quais as proporções fenotípicas esperadas do cruzamento de cebolas homozigotas coloridas com **BBcc**?

a) 9/16 de cebolas brancas e 7/16 de cebolas coloridas.
b) 12/16 de cebolas brancas e 4/16 de cebolas coloridas.
c) 13/16 de cebolas brancas e 3/16 de cebolas coloridas.
d) 15/16 de cebolas brancas e 1/16 de cebolas coloridas.
e) 16/16 de cebolas brancas.

4. (Unifesp) Os gráficos I e II representam a frequência de plantas com flores de diferentes cores em uma plantação de cravos (I) e rosas (II).

Gráfico I

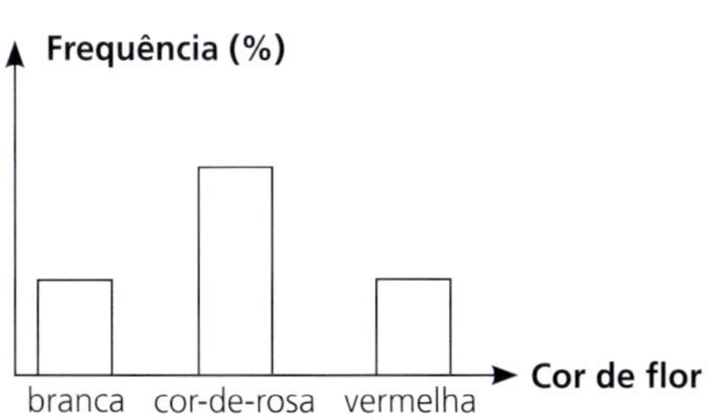

Gráfico II

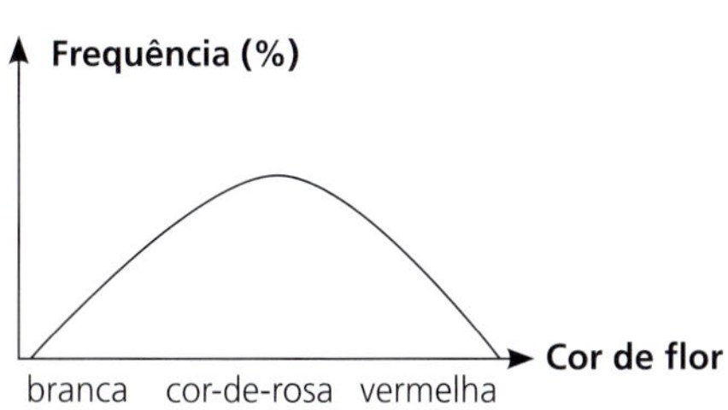

Os padrões de distribuição fenotípica são devidos a:

a) I: 1 gene com dominância;
II: 1 gene com dominância incompleta.
b) I: 1 gene com dominância incompleta;
II: vários genes com interação.
c) I: 1 gene com dominância incompleta;
II: 1 gene com alelos múltiplos.
d) I: 3 genes com dominância incompleta;
II: vários genes com interação.
e) I: 2 genes com interação;
II: 2 genes com dominância incompleta.

5. (PUC-RS) A variabilidade da cor do olho em humanos é regulada por múltiplos genes. Hipoteticamente, pode-se aceitar que alelos funcionais **A**, **B**, **C**, **D** são responsáveis pela produção de muito pigmento (visto nos olhos negros), e alelos não funcionais **a**, **b**, **c**, **d** sintetizam pouco (típico de olhos azuis). Conhece-se ainda uma variação patológica (alelo **e**) que, quando em homozigose, causa o albinismo, isto é, a ausência completa de pigmento (olhos avermelhados).

Qual a chance de um casal ter filhos com coloração normal nos olhos no caso de ambos serem **AaBbCcDdEe**?

a) 0% **b)** 25% **c)** 50% **d)** 75% **e)** 100%

6. (UFG-GO) Leia as informações a seguir.

Em uma dada espécie de abóbora, a interação de dois pares de alelos condiciona a variação fenotípica dos frutos. Frutos na forma discoide são resultantes da presença de dois alelos dominantes. A forma esférica deve-se à presença de apenas um dos dois alelos dominantes. Já a forma alongada é determinada pela interação dos dois alelos recessivos.

De acordo com as informações, o cruzamento entre uma abóbora esférica duplo homozigota com uma abóbora alongada resulta, na linhagem F_1, em uma proporção fenotípica de:

a) 6/16 alongada.
b) 8/16 esférica.
c) 9/16 discoide.
d) 16/16 alongada.
e) 16/16 esférica.

7. (UPE) Um dado indivíduo heterozigoto para os genes **A** e **B** (configuração cis) é submetido a um cruzamento-teste. Se os dois genes forem:

I. não ligados (segregação independente);
II. separados por 40 centimorgan (cM).

Que porcentagem da prole desse cruzamento será **aabb**?

a) I – 50%; II – 40%

b) I – 20%; II – 50%

c) I – 25%; II – 30%

d) I – 40%; II – 20%

e) I – 30%; II – 25%

8. (Acafe-SC) Um cruzamento entre uma fêmea duplo heterozigota (**AaBb**) com um macho duplo recessivo revelou a seguinte proporção genotípica entre os descendentes: 40% **AaBb**, 40% **aabb**, 10% **Aabb**, 10% **aaBb**.

Assim, assinale a alternativa correta.

a) Não há evidência de que tenha ocorrido permutação na formação dos gametas.

b) A segregação observada dos genes está de acordo com a Segunda Lei de Mendel.

c) Os resultados indicam que os genes estão em ligação, a uma distância de 20 UR.

d) O arranjo dos genes alelos na fêmea é trans (AB/ab).

9. (Uesc-BA) A taxa ou frequência de permutação entre pares de genes que estão ligados é constante e depende da distância que esses genes se encontram uns dos outros. O geneticista Alfred Sturtevant imaginou que seria possível construir mapas gênicos, que mostrariam a distribuição dos genes ao longo do cromossomo e as distâncias relativas entre eles. O quadro a seguir mostra um exemplo desse tipo de mapa gênico.

	Taxa de permutação experimental		
Gene	**A**	**B**	**C**
A	-	X	15%
B	20%	-	Y
C	15%	5%	-

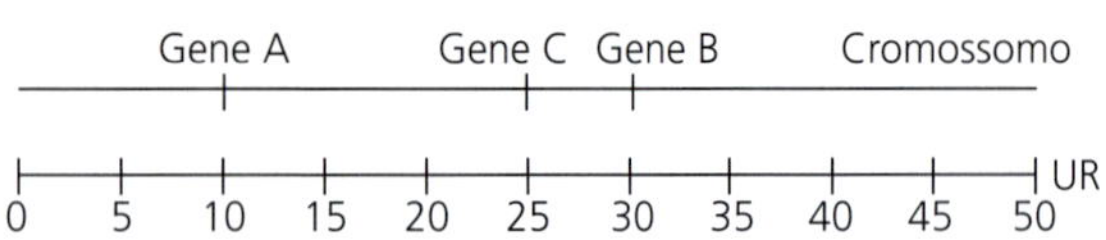

Com base nas informações contidas no quadro, é possível afirmar que os valores corretos para as taxas de permutação em **X** e **Y** são, respectivamente:

a) 5% e 20%

b) 15% e 20%

c) 15% e 5%

d) 20% e 15%

e) 20% e 5%

10. (UFPE) A frequência de recombinação entre os lócus **A** e **B** é de 10%. Em que porcentual serão esperados descendentes de genótipo **AB//ab** a partir de progenitores com os genótipos mostrados na figura?

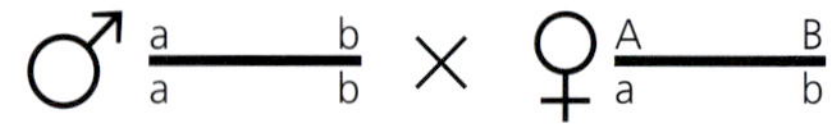

a) 5%
b) 90%
c) 45%
d) 10%
e) 20%

11. (UFPR) Admita que dois genes, **A** e **B**, estão localizados num mesmo cromossomo. Um macho **AB/ab** foi cruzado com uma fêmea **ab/ab**. Sabendo que entre esses dois genes há uma frequência de recombinação igual a 10%, qual será a frequência de indivíduos com genótipo **Ab/ab** encontrada na descendência desse cruzamento?

a) 50%
b) 25%
c) 30%
d) 100%
e) 5%

12. (Unirio-RJ) Um indivíduo com genótipo **AaBb** produz gametas nas seguintes proporções: 25% **AB**, 25% **Ab**, 25% **aB** e 25% **ab**. Outro indivíduo com genótipo **DdEe** produz gametas nas seguintes proporções: 50% **DE** e 50% **de**. Podemos concluir que:

a) os genes **D** e **E** estão ligados e entre eles não ocorre *crossing-over*.

b) os genes **D** e **E** estão ligados e entre eles ocorre *crossing-over*.

c) os genes **D** e **E** segregam-se independentemente e entre eles não ocorre *crossing-over*.

d) os genes **A** e **B** estão ligados e entre eles não ocorre *crossing-over*.

e) os genes **A** e **B** segregam-se independentemente e entre eles ocorre *crossing-over*.

13. (UFRGS-RS) Quando se estuda uma célula meiótica duplo heterozigota **AaBb** e se diz que, para esses genes, está ocorrendo segregação independente, é incorreto afirmar que:

a) os cromossomos de origem materna e paterna que contêm esses genes podem combinar-se livremente.

b) pode ocorrer recombinação entre os genes **A** e **B**.

c) os genes **A** e **B** que se situam em diferentes pares de homólogos distribuem-se ao acaso em diferentes gametas.

d) os genes **A** e **B** estão em grupos de ligação separados.

e) os genes **A** e **B** não são alelos.

Biophoto Associates/Photo Researchers, Inc./Latinstock

Os cromossomos **X** (à direita) e **Y** (à esquerda) dos seres humanos ao microscópio eletrônico (aumento de cerca de 25 mil vezes; imagem colorizada por computador).

CAPÍTULO

40

SEXO E HERANÇA GENÉTICA

Na espécie humana, assim como em muitas outras, os principais fatores determinantes do sexo biológico têm origem genética. Em geral, esses fatores estão situados nos cromossomos sexuais. Além de participarem na definição do sexo biológico do indivíduo, os cromossomos sexuais contêm genes que determinam outras importantes características. Como veremos a seguir, a herança dessas características pode variar de acordo com o sexo do indivíduo.

- **Quais são os cromossomos sexuais em humanos?**
- **Como são herdadas as características determinadas por genes que se encontram nesses cromossomos?**

1. HERANÇA LIGADA AO CROMOSSOMO X

Os cromossomos **X** e **Y** (cromossomos sexuais em seres humanos), embora sejam diferentes um do outro, possuem regiões homólogas nas extremidades que se emparelham na meiose. Na parte não homóloga do **X**, estão situados vários genes que controlam funções no organismo.

Os genes situados nessa região especial do cromossomo **X**, que não é homóloga ao cromossomo **Y**, são chamados **genes ligados ao sexo** ou **genes ligados ao cromossomo X**. O tipo de herança no qual estão envolvidos é chamado **herança ligada ao sexo** ou **herança ligada ao cromossomo X**. Em geral, os alelos desses genes podem aparecer em dose dupla nas mulheres (**XX**); mas o homem (**XY**) só apresenta um deles. Por isso a mulher pode ser homozigótica ou heterozigótica para esses alelos, enquanto o homem é caracterizado como **hemizigótico** (*hemi* = meio; *zygos* = par). Assim, se ele possuir um alelo para um caráter recessivo ligado ao sexo (como o daltonismo e a hemofilia), esse caráter irá se manifestar. Na mulher, esse caráter recessivo só se manifestará quando o alelo estiver em dose dupla. É por isso que existe um número maior de homens que de mulheres com caracteres recessivos ligados ao sexo.

ACESSE E SAIBA MAIS

Determinação do sexo em aves
<https://labs.icb.ufmg.br/lbem/aulas/grad/tge/biodiv/2002/aves/sexo.htm>

Segredos do cromossomo X
<https://ed.ted.com/lessons/secrets-of-the-x-chromosome-robin-ball>
Acesso em: 30 jul. 2018.

DALTONISMO

O termo *daltonismo* vem do nome do químico inglês John Dalton (1766-1844), que, em 1794, publicou um estudo revelando que tinha dificuldade para distinguir certas cores.

A visão em cores depende de pigmentos, que são proteínas sensíveis à luz e presentes em três tipos de células especiais da retina (os cones), cada uma com um tipo de pigmento: os que são ativados principalmente pelo comprimento de onda da luz vermelha, os ativados pela luz verde e os ativados pela luz azul. A percepção de determinada cor depende da quantidade relativa de cada tipo de cone ativado.

A dificuldade de percepção de cores pode ocorrer pela falta de um ou mais tipos de cones ou pela menor produção de alguns pigmentos. Um gene autossômico controla a produção de cones azuis; a produção de cones verdes e vermelhos é controlada por genes no cromossomo **X**.

Em uma das formas de daltonismo, há dificuldade para distinguir entre certos tons de verde, amarelo e vermelho (**figura 40.1**). Isso pode acontecer por causa de um alelo alterado de um gene do cromossomo **X**, o que leva à ausência de cones para a cor verde ou à menor produção de pigmentos desses cones. Essa forma de daltonismo é provocada por um alelo recessivo **d**, ligado ao sexo; seu alelo **D** é responsável pela visão normal. Com essas informações, podemos montar o seguinte quadro:

Mulheres		Homens	
Genótipo	**Fenótipo**	**Genótipo**	**Fenótipo**
X^DX^D	Visão normal	X^DY	Visão normal
X^DX^d	Visão normal (portadora)	X^dY	Daltônico
X^dX^d	Daltônica		

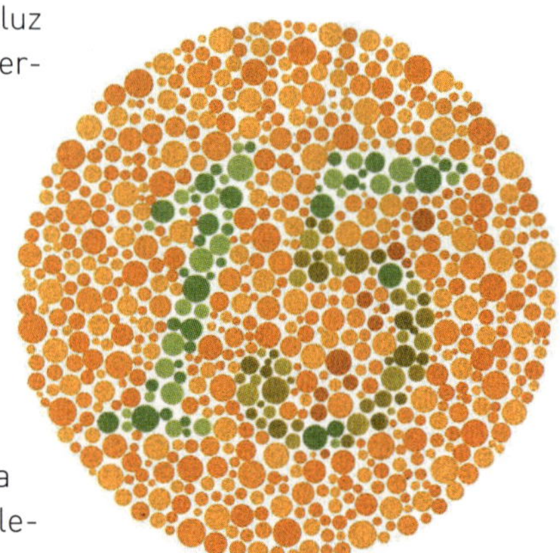

Album/Prisma/Album Art/Latinstock

Figura 40.1 Em um tipo de daltonismo, a pessoa vê o vermelho como se fosse verde. Nesse caso, o daltônico vê o número 17 em vez do número 15. Esse teste, porém, não pode ser considerado conclusivo; é necessário diagnóstico médico para confirmar se alguém é mesmo daltônico e que tipo de daltonismo apresenta.

Considere uma mulher com visão normal, mas portadora de um alelo para daltonismo (genótipo X^DX^d) e um homem que também apresente percepção normal de cores (genótipo X^DY). A **figura 40.2** mostra como poderiam ser os filhos desse casal. Observe que, nesse caso, o homem daltônico herda essa característica sempre da mãe, e não do pai (que fornece apenas o cromossomo **Y**).

ACESSE E SAIBA MAIS

Herança e sexo

<www.uel.br/pessoal/rogerio/genetica/respostas/pratica_11.html>

Acesso em: 30 jul. 2018.

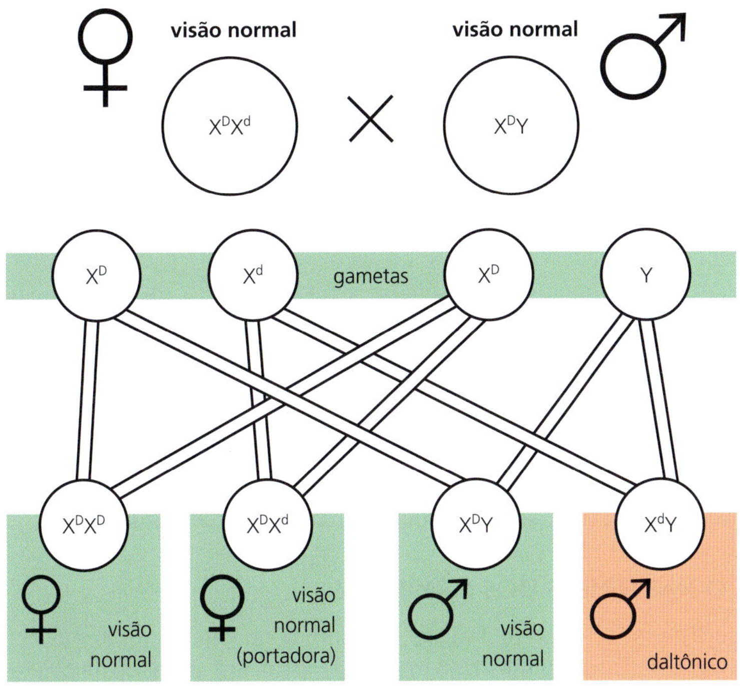

Figura 40.2 Exemplo de união que pode gerar um indivíduo daltônico.

HEMOFILIA

A hemofilia (*haîma* = sangue; *philein* = amigo) é uma doença genética em que a capacidade de coagulação do sangue é muito reduzida, causando sangramentos prolongados ou hemorragias internas.

Essa doença geralmente ocorre devido à falta de um dos fatores de coagulação presentes no plasma. O tipo mais comum é a **hemofilia A**, causada pela deficiência do fator VIII de coagulação. A síntese desse fator é controlada por um gene presente no cromossomo **X**. O alelo mutante e recessivo provoca a hemofilia pela ausência desse fator. Na **hemofilia B**, está ausente o fator IX, também sintetizado por um gene no cromossomo **X**. Na **hemofilia C** está ausente o fator XI, sintetizado por um gene autossômico. A hemofilia pode ser controlada administrando-se o fator que está ausente no sangue.

A herança da hemofilia A segue o mesmo padrão do daltonismo. Veja o quadro a seguir:

	Genótipo	Fenótipo
Mulheres	X^HX^H	Coagulação normal
	X^HX^h	Coagulação normal (portadora)
	X^hX^h	Hemofílica
Homens	X^HY	Coagulação normal
	X^hY	Hemofílico

ATENÇÃO!
Para mais informações, procure orientação médica.

Se um homem com hemofilia A (X^hY) tiver filhos com uma mulher não hemofílica (X^HX^H), nenhum dos filhos terá a doença. Porém, as filhas serão portadoras do alelo para a doença (X^HX^h) e, por isso, poderão ter filhos hemofílicos, mesmo com homens não hemofílicos (**figura 40.3**).

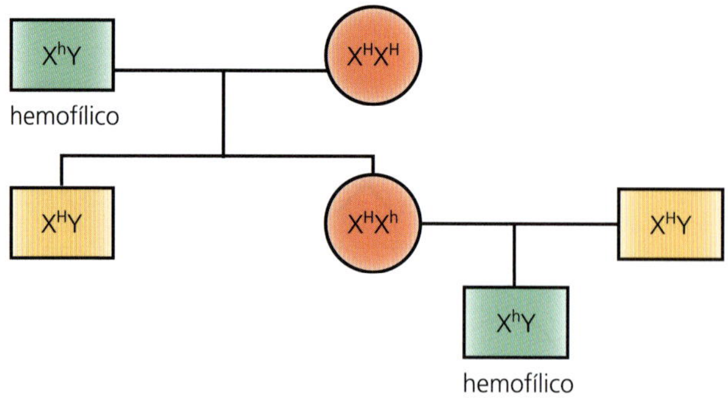

Figura 40.3 Herança para hemofilia. Podemos dizer que essa doença, assim como ocorre com outros caracteres ligados ao sexo, pode ser transferida de um homem para o seu neto por meio de sua filha.

As mulheres hemofílicas são muito raras (X^hX^h) porque é necessário que um homem hemofílico (X^hY, pouco comum) tenha filhos com uma mulher portadora (X^HX^h), também pouco comum. As raras mulheres com a anomalia precisam receber tratamento intensivo com fator anti-hemofílico por causa da menstruação.

MOSAICO NAS FÊMEAS DOS MAMÍFEROS

De acordo com a hipótese de Lyon, que vimos no capítulo 8, a maior parte dos genes de um dos cromossomos **X** na mulher não está em atividade na célula, ou seja, há inativação dos genes de um desses cromossomos, que pode tanto ser de origem paterna como materna. Desse modo, o indivíduo terá seu corpo formado por regiões com células com **X** paterno ativo misturadas a regiões com **X** materno ativo. Dizemos então que essa mistura é como um mosaico.

Um exemplo desse mosaico é visto em gatas malhadas de branco, amarelo e preto (gata calico; **figura 40.4**). O pelo branco depende de um gene autossômico. Já os alelos para amarelo e preto estão situados no cromossomo **X**. Por essa razão, os machos não podem ter pelo preto e amarelo ao mesmo tempo, já que possuem apenas um cromossomo **X**. A gata malhada é heterozigota e tem regiões em que o **X** com alelo para preto é funcional misturadas com regiões em que o **X** com o alelo para amarelo é funcional.

Linn Currie/Shutterstock/Glow Images

Figura 40.4 Gata calico (cerca de 50 cm de comprimento, fora a cauda).

RESOLUÇÃO COMENTADA

1. Uma mulher com visão normal, filha de pai daltônico, casa-se com um homem de visão normal. Qual a chance de nascer uma criança daltônica? E um menino daltônico? Se o casal tiver um menino, qual a chance de ele ser daltônico?

Resolução

O homem com visão normal é X^DY. Como a mulher com visão normal é filha de pai daltônico (X^dY), ela recebeu o X^d do pai e é X^DX^d. Os filhos serão:

	X^D	Y
X^D	X^DX^D	X^DY
X^d	X^DX^d	X^dY

Pelo quadro, vemos que a chance de nascer uma criança daltônica é 1/4. A chance de nascer um menino daltônico também é 1/4. Se já é sabido que nascerá um menino, não precisamos considerar a probabilidade de nascer uma menina. Nesse caso, a probabilidade de esse menino ser daltônico é 1/2.

2. Algumas pessoas possuem na hemácia o antígeno **G** e outras não. Esse antígeno é codificado por um alelo dominante (**X^{g+}**) ligado ao cromossomo **X**. O alelo recessivo (**X^g**) não produz o antígeno. Como serão os filhos de um homem portador do antígeno com uma mulher não portadora?

Resolução

O homem portador é **$X^{g+}Y$** e a mulher não portadora é **X^gX^g**. Os filhos do casal serão **X^gY** (todos os homens não portadores) e **$X^{g+}X^g$** (todas as mulheres portadoras).

3. Um casal não hemofílico teve uma criança hemofílica. Determine o genótipo do casal e o sexo da criança.

Resolução

Se o casal não é hemofílico, o homem tem genótipo **X^HY**. Como a criança é hemofílica, ela não recebeu o alelo recessivo do pai, pois este poderia lhe transmitir o cromossomo **X** com o alelo **H** ou o cromossomo **Y**. Portanto, recebeu o cromossomo **Y** do pai e o cromossomo **X^h** da mãe e é um menino. Sua mãe é heterozigota e tem o genótipo **X^HX^h**.

2. HERANÇA LIGADA AO CROMOSSOMO Y

A herança relacionada aos genes exclusivos do cromossomo **Y** é chamada de **holândrica** (*holos* = todo; *andros* = homem) ou **restrita ao sexo**. No cromossomo **Y** existe uma região determinadora do sexo ou SRY (do inglês, *sex-determining region Y*; **figura 40.5**), que promove a transformação de uma gônada indiferenciada do embrião em testículo. Este produz testosterona, que, em ação com outros hormônios, promove o desenvolvimento dos órgãos genitais e de outras características masculinas. Sem cromossomo **Y**, ou mesmo com a presença dele, mas com um SRY não funcional (que possa ter sofrido uma mutação), o embrião terá fenótipo feminino. Vimos algumas alterações nos cromossomos sexuais no capítulo 10.

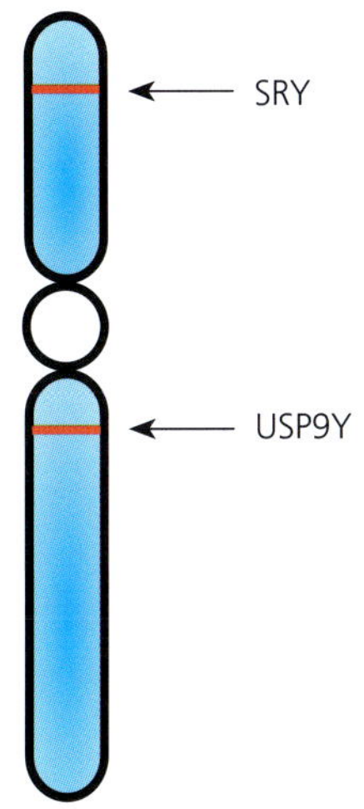

Figura 40.5 Esquema representando o cromossomo Y do homem com a posição dos genes SRY e USP9Y (do inglês *ubiquitin-specific protease 9Y*). Mutações no gene USP9Y podem resultar em um tipo de infertilidade masculina e são exemplos de herança holândrica.

3. HERANÇA INFLUENCIADA PELO SEXO

O sexo de um indivíduo pode influenciar a expressão de determinados genes autossômicos. Um exemplo de **caráter influenciado pelo sexo** é a calvície nos humanos. Esse caráter pode ser consequência de fatores ambientais (certas doenças levam à queda de cabelo), mas, em muitos casos, é hereditário.

Na presença de testosterona, o alelo para calvície age como dominante. Em concentrações baixas desse hormônio, o alelo age como recessivo. Por isso, a presença de um alelo para calvície já é suficiente para que o homem seja calvo. Na mulher são necessários dois alelos para que o fenótipo se manifeste, e geralmente o efeito é limitado a uma diminuição do diâmetro dos fios e da quantidade de fios de cabelo.

RESOLUÇÃO COMENTADA

Um homem não calvo casa-se com uma mulher calva. Como serão seus filhos e filhas?

Resolução

Vamos chamar **C** o alelo para a calvície e **c** o alelo para a não calvície. Um homem calvo pode ser **CC** ou **Cc**; um não calvo, **cc**. Uma mulher calva será **CC**; uma não calva, **Cc** ou **cc**. Veja o esquema ao lado.

Com base no esquema, podemos afirmar que todos os homens serão calvos e nenhuma mulher será calva.

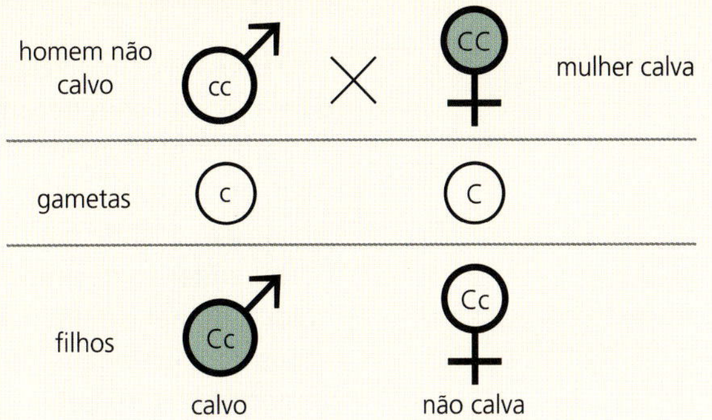

4. HERANÇA MITOCONDRIAL

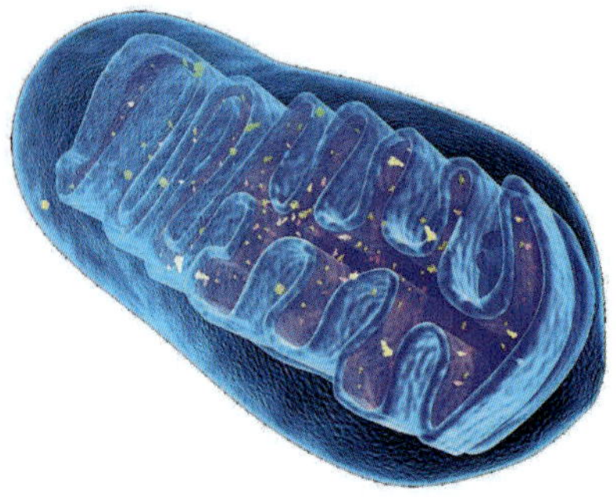

Figura 40.6 Representação artística de uma mitocôndria, com cristas vistas por transparência.

No capítulo 5, vimos que mitocôndrias (**figura 40.6**) e cloroplastos possuem um DNA próprio, contendo informações genéticas para a síntese de parte de suas proteínas e de seu RNA. Essas organelas podem se duplicar, passando então a informação genética para as células-filhas e para seus descendentes. Estamos, portanto, diante de um tipo de **herança extranuclear** (ou **extracromossômica**), chamada **herança organelar**.

Como na formação da célula-ovo o espermatozoide contribui apenas com o núcleo, as mitocôndrias do embrião são todas de origem materna, vindas do óvulo. À medida que o zigoto se divide, as mitocôndrias também se dividem e passam para todas as células do embrião.

Portanto, tanto um homem quanto uma mulher herdam os genes das mitocôndrias de sua mãe, e não de seu pai (se, eventualmente, uma mitocôndria do espermatozoide estiver presente na célula-ovo, ela estará em menor número diante das mitocôndrias maternas). Por isso, esse tipo de herança é chamado **herança mitocondrial** ou **herança materna** (**figura 40.7**).

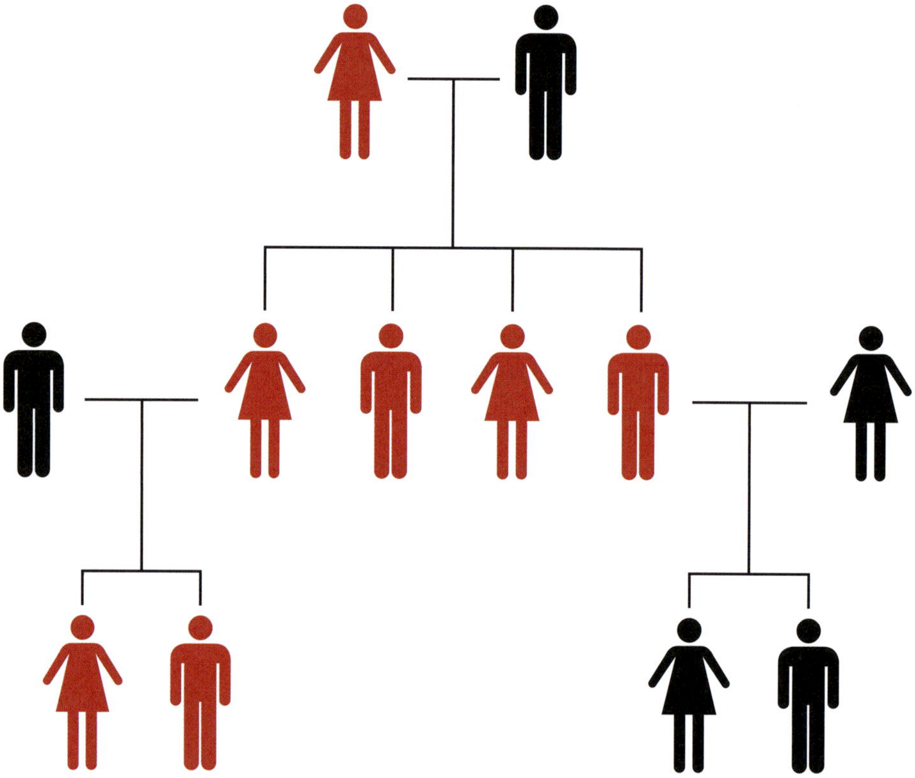

Figura 40.7 Esquema exemplificando o padrão de herança do DNA mitocondrial. Todas as mulheres afetadas transmitem a condição (em vermelho) aos seus filhos. Homens podem ser afetados, mas não transmitem a condição.

O DNA mitocondrial está sujeito a mutações, que podem levar ao desenvolvimento de doenças com herança exclusivamente materna.

Como a mitocôndria é responsável pela produção de energia na respiração aeróbia, essas doenças afetam principalmente células nervosas e musculares, que consomem grande quantidade de energia.

Dependendo da etapa do metabolismo afetada, pode haver falta de coordenação motora, demência, fraqueza muscular, problemas cardíacos, entre outras manifestações com gravidade variável. Na neuropatia óptica de Leber, descrita pelo médico alemão Theodore Leber (1840-1917), no século XIX, há degeneração do nervo óptico, que leva à cegueira.

ATIVIDADES

Questões discursivas

1. Como podem ser os próximos filhos de um casal formado por uma mulher e um homem não hemofílicos que já tiveram um filho com a doença?

2. Sabendo que as mulheres têm dois cromossomos **X** em cada célula somática e os homens apenas um, um estudante perguntou ao professor por que a hemofilia é mais comum entre homens se o gene responsável por essa característica está no cromossomo **X**. Que explicação você daria a esse estudante?

3. Como se explica o fato de certos caracteres passarem do pai para as filhas e da mãe para os filhos?

4. Nos peixes conhecidos como *guppies* (gênero *Lebistes*), muito comuns em aquários, a determinação do sexo é feita pelo sistema XY. Um alelo mutante, presente apenas no cromossomo **Y**, faz aparecer uma mancha na nadadeira dorsal. Como serão os filhotes do cruzamento de um macho manchado com uma fêmea sem manchas?

5. (Uerj) No heredograma a seguir, pode-se verificar a ocorrência de uma determinada síndrome genética.

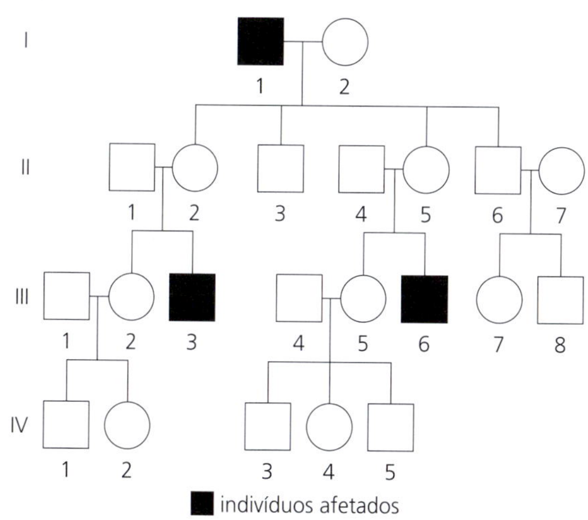

Identifique os tipos de herança genética associados a essa síndrome em relação a dois fatores: padrão de dominância e sexo. Em seguida, cite duas características representadas no heredograma que explicam esses tipos de herança genética.

6. (UFRJ) Em uma família, o pai possui uma doença determinada por um alelo dominante de um gene localizado no cromossomo **X**. A mãe possui fenótipo normal quanto a essa doença. O casal tem quatro filhos, dois homens e duas mulheres.

Apresente o heredograma dessa família usando os símbolos a seguir.

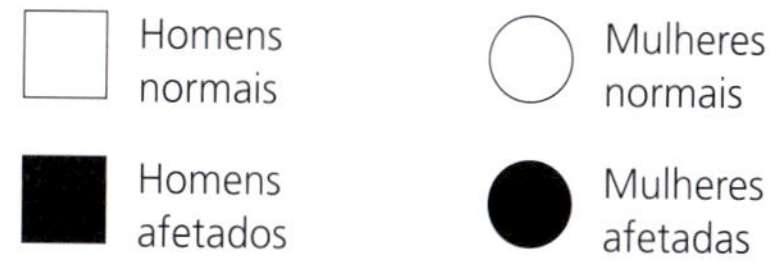

Questões objetivas

1. (Fuvest-SP) No heredograma abaixo, o símbolo ■ representa um homem afetado por uma doença genética rara, causada por mutação num gene localizado no cromossomo **X**. Os demais indivíduos são clinicamente normais.

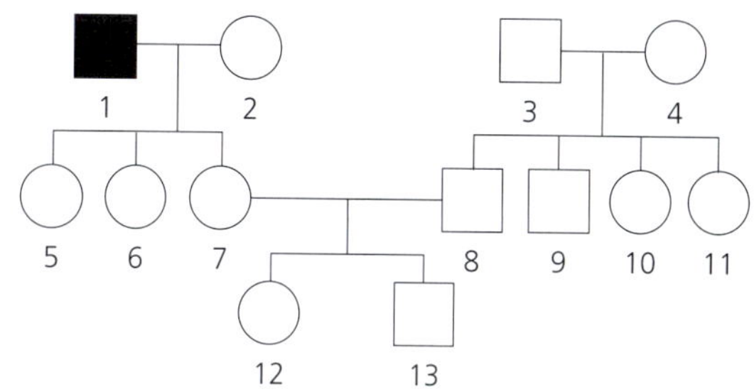

As probabilidades de os indivíduos 7, 12 e 13 serem portadores do alelo mutante são, respectivamente:

a) 0,5; 0,25 e 0,25.
b) 0,5; 0,25 e 0.
c) 1; 0,5 e 0,5.
d) 1; 0,5 e 0.
e) 0; 0 e 0.

2. (UFF-RJ) O heredograma abaixo representa a incidência de uma característica fenotípica em uma família.

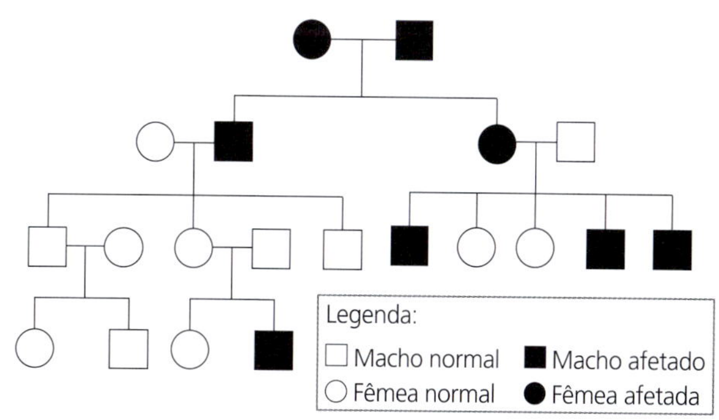

Pela análise dessas relações genealógicas, pode-se concluir que a característica fenotípica observada é transmitida por um tipo de herança:

a) dominante e ligada ao cromossomo **X**.
b) recessiva e ligada ao cromossomo **X**.
c) ligada ao cromossomo **Y**.
d) autossômica recessiva.
e) autossômica dominante.

3. (IFPE) Considerando que o daltonismo na espécie humana é uma característica determinada por um gene recessivo e ligado ao sexo, assinale a única alternativa correta referente a um casal que, apesar de possuir visão normal para cores, tem uma criança daltônica.

a) Essa criança é do sexo feminino, e o gene para o daltonismo lhe foi transmitido pelo pai.

b) Essa criança é do sexo masculino, e o gene para o daltonismo lhe foi transmitido pelo pai.

c) Essa criança é do sexo feminino, e o gene para o daltonismo lhe foi transmitido pela mãe.

d) A criança é do sexo masculino, e o gene para o daltonismo lhe foi transmitido pela mãe.

e) Tanto o pai como a mãe podem ter transmitido o gene para o daltonismo a essa criança; mas, apenas com esses dados, nada podemos afirmar quanto ao sexo dela.

4. (Uece) Para que um casal cujo histórico familiar envolve a hemofilia possa vir a ter um filho hemofílico é necessário somente que:

a) a mãe seja normal e o pai portador do gene para hemofilia.

b) o pai e a mãe sejam portadores do gene para hemofilia.

c) o pai seja normal e a mãe portadora do gene para hemofilia.

d) o pai e a mãe sejam normais homozigotos para o gene da hemofilia.

5. (UEL-PR) A hemofilia é uma doença hereditária recessiva ligada ao cromossomo sexual **X**, presente em todos os grupos étnicos e em todas as regiões geográficas do mundo. Caracteriza-se por um defeito na coagulação sanguínea, manifestando-se através de sangramentos espontâneos que vão de simples manchas roxas (equimoses) até hemorragias abundantes.

Com base no enunciado e nos conhecimentos sobre o tema, é correto afirmar:

a) Casamento de consanguíneos diminui a probabilidade de nascimento de mulheres hemofílicas.

b) Pais saudáveis de filhos que apresentam hemofilia são heterozigotos.

c) A hemofilia ocorre com a mesma frequência entre homens e mulheres.

d) As crianças do sexo masculino herdam o gene da hemofilia do seu pai.

e) Mulheres hemofílicas são filhas de pai hemofílico e mãe heterozigota para este gene.

6. (UEMG) A neuropatia óptica hereditária de Leber (LHON) é uma disfunção do nervo óptico por mutações no DNA, com um modo de transmissão não mendeliano. As formas esporádicas e casos isolados de LHON são numerosos. A LHON afeta geralmente adultos jovens, com início numa idade média situada entre 18 e 35 anos. A perda de visão ocorre geralmente num dos olhos, de forma súbita, levando a uma perda rápida de acuidade visual em menos de uma semana ou, de forma progressiva, ao longo de poucos meses. O heredograma, a seguir, apresenta um caso familiar de LHON.

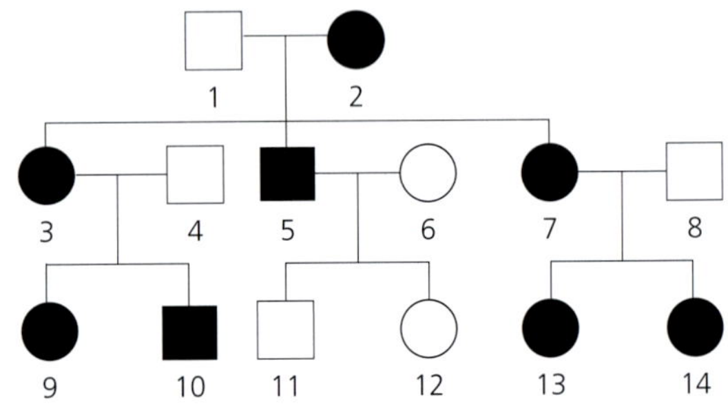

As informações do texto e do heredograma, acima fornecidas, e outros conhecimentos que você possui sobre o assunto permitem afirmar corretamente que:

a) o padrão de transmissão do gene é característico para herança recessiva e ligada ao sexo.

b) a manifestação da LHON pode ser explicada pela ausência do gene nas crianças.

c) o heredograma evidencia a LHON como um caso de herança mitocondrial.

d) um casal com fenótipos como 7 × 8 têm 50% de probabilidade de gerar uma criança com o gene para a LHON.

7. (UFSM-RS)

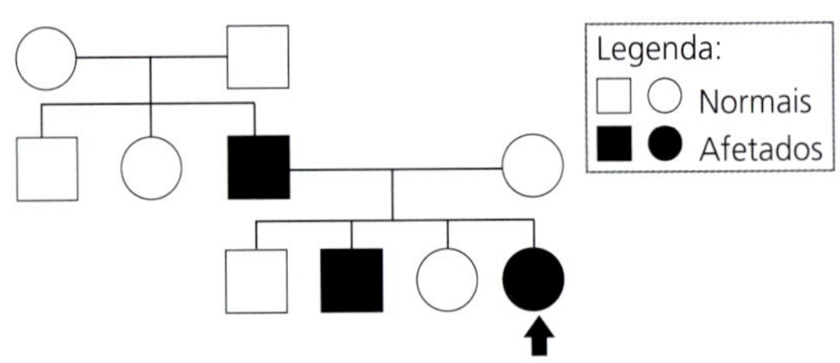

A figura representa o heredograma de uma família em que ocorre o daltonismo. A pessoa identificada com uma seta se trata de:

a) uma mulher afetada que tem os dois cromossomos **X** com o gene recessivo para daltonismo.

b) uma mulher afetada que tem apenas um dos cromossomos **X** com o gene recessivo para daltonismo.

c) um homem que terá descendentes afetados, já que o daltonismo está ligado ao cromossomo **X**.

d) uma mulher que não terá descendentes afetados pelo daltonismo, o qual está ligado ao cromossomo **Y**.

e) um homem, já que não existem mulheres afetadas, pois o daltonismo está ligado ao cromossomo **Y**.

8. (Mackenzie-SP) Um homem daltônico e destro, filho de pai canhoto, casa-se com uma mulher de visão normal e canhota. O casal tem uma criança do sexo masculino, daltônica e destra. Considerando que o daltonismo é condicionado por um gene recessivo ligado ao **X** e o uso da mão esquerda é determinado por um gene autossômico recessivo, é correto afirmar que:

a) a criança herdou o gene para o daltonismo do pai.

b) a mulher é heterozigota para ambas as características.

c) todos os filhos do sexo masculino desse casal serão daltônicos.

d) esse casal pode ter filhas daltônicas.

e) todas as crianças desse casal serão destras.

9. (Uerj) A hemofilia A, uma doença hereditária recessiva que afeta o cromossoma sexual **X**, é caracterizada pela deficiência do fator VIII da coagulação.

Considere a primeira geração de filhos do casamento de um homem hemofílico com uma mulher que não possui o gene da hemofilia.

As chances de que sejam gerados, desse casamento, filhos hemofílicos e filhas portadoras dessa doença, correspondem, respectivamente, aos seguintes percentuais:

a) 0% – 100%

b) 50% – 50%

c) 50% – 100%

d) 100% – 100%

10. (UFPE) Foram analisados dados de famílias nas quais ocorriam casos de uma determinada anomalia e verificou-se que, em todas, os casamentos entre homens afetados e mulheres normais culminavam, sempre, em proles nas quais todas as fêmeas eram afetadas e todos os machos eram normais. De posse desses dados, pode-se concluir que a referida moléstia é condicionada por um alelo:

a) dominante autossômico.

b) autossômico recessivo.

c) dominante ligado ao **Y**.

d) recessivo ligado ao **X**.

e) dominante ligado ao **X**.

11. (UPF-RS) Distrofia muscular de Duchenne é uma anomalia genética recessiva causada por uma mutação cujo gene se encontra localizado no cromossomo **X**. Analise as afirmativas do caso de um casal formado por um homem normal e uma mulher que, embora com fenótipo normal, tem na família um irmão e um tio materno com a doença. Marque V para cada afirmação verdadeira e F para cada afirmação falsa.

( ) Se a mulher em questão for X^DX^D, a probabilidade de ter uma criança com a doença é nula.

( ) Se ela for X^DX^d, 50% dos seus filhos (homens) poderão apresentar a doença.

( ) Se ela for X^DX^D, 50% das suas filhas (mulheres) poderão apresentar a doença.

( ) Se ela for X^DX^d, 25% das suas filhas (mulheres) poderão apresentar a doença.

A sequência correta de preenchimento dos parênteses, de cima para baixo, é:

a) V, V, V, F.

b) V, V, F, V.

c) V, F, V, V.

d) F, V, F, F.

e) V, V, F, F.

PESQUISEM E COMPARTILHEM

Em grupo, escolham uma das atividades abaixo para realizar. Uma opção para divulgar os resultados das pesquisas fora da escola é publicar textos, vídeos e fotos em *sites* ou redes sociais. Isso pode abrir espaço para trocas de informações e novas ideias sobre o tema.

Tema 1 Pesquisem em livros, CD-ROMs, na internet, etc. quais técnicas existem para a escolha do sexo de animais como bois e cavalos e suas aplicações práticas. Se possível, convidem um veterinário, agrônomo ou outro profissional da área para dar uma palestra na escola sobre esse tema. Não se esqueçam de preparar um roteiro de perguntas para o convidado. Perguntem como é o cotidiano profissional, quais são os desafios e como são as atividades de que mais gosta.

Tema 2 Nas técnicas de reprodução assistida é possível, por meio de um exame genético, detectar o sexo da criança antes de implantar o embrião no útero. Com os professores de Filosofia e de Biologia, discutam as questões éticas envolvidas nesse processo. Pesquisem também qual a posição do Conselho Federal de Medicina a esse respeito.

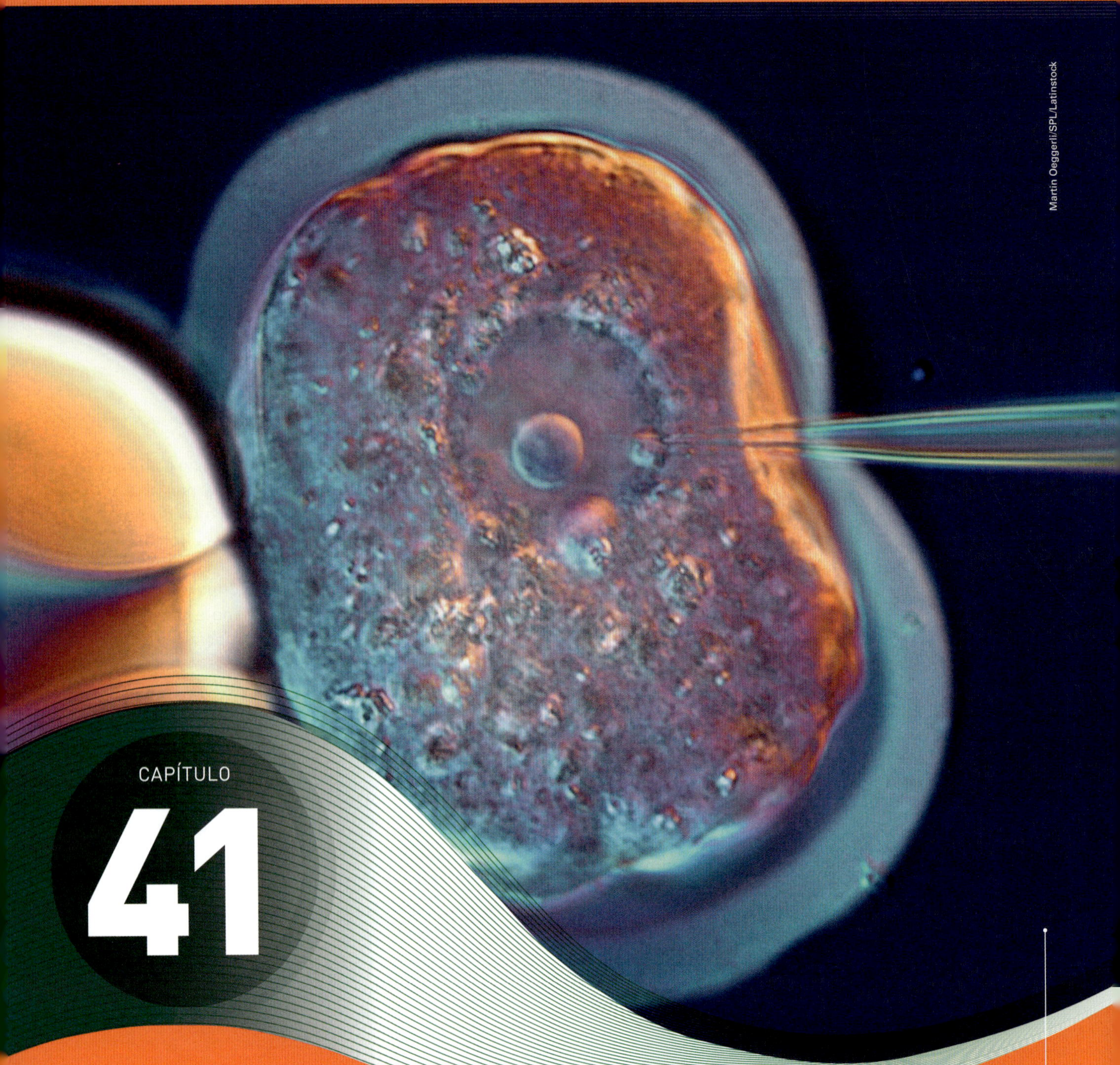

Martin Oeggerli/SPL/Latinstock

CAPÍTULO

41

APLICAÇÕES DA GENÉTICA MOLECULAR

Óvulo de rato recebe material genético de outra espécie por meio de técnica de manipulação genética (microscopia óptica; aumento de aproximadamente 550 vezes).

A Genética molecular estuda a estrutura e a função dos genes no nível das moléculas. Nessa área, foi possível desenvolver novas biotecnologias baseadas na manipulação do DNA. Alguns exemplos são as bactérias, as plantas e os animais transgênicos, que veremos a seguir. A biotecnologia utiliza seres vivos para produzir substâncias importantes para o ser humano, como medicamentos; para alterar as características de animais e plantas ou para obter organismos com características novas. Entender essas técnicas e as suas aplicações é fundamental para debater questões importantes para a sociedade.

- **Você sabe o que são organismos transgênicos ou geneticamente modificados?**
- **De que maneira são feitos os testes de DNA que ajudam na solução de crimes?**
- **Como você imagina que seja feito um teste de paternidade?**

1. A TECNOLOGIA DO DNA RECOMBINANTE

A **Engenharia genética** apresenta diversas técnicas, como as que compõem a **tecnologia do DNA recombinante**, que permite transplantar genes de um organismo para outro, mesmo entre diferentes espécies. Assim, pela combinação de duas moléculas diferentes de DNA, cria-se uma nova molécula, diferente das originais, que não existia na natureza, chamada **DNA recombinante**.

CONSTRUÇÃO DO DNA RECOMBINANTE E CLONAGEM DO DNA

Algumas bactérias se defendem contra o ataque de vírus produzindo enzimas especiais, chamadas **enzimas de restrição**. Essas enzimas cortam o DNA viral em pontos específicos e impedem sua reprodução.

A enzima *Eco*RI, por exemplo, produzida pela bactéria *Escherichia coli*, reconhece a sequência de bases GAATTC e corta as duas cadeias de uma molécula de DNA entre o G e o A. Como essa sequência se repete algumas vezes ao longo do DNA viral, este é cortado em vários fragmentos. Outros organismos também apresentam essa sequência repetidas vezes em seu genoma. Dessa forma, a *Eco*RI pode ser usada como uma tesoura que corta o DNA de vários organismos em partes menores.

Para construir um DNA recombinante, usamos enzimas de restrição que cortam pontos específicos no DNA de um organismo. O trecho extraído é então inserido na fita de DNA de um organismo diferente utilizando-se a DNA-ligase, enzima que promove a ligação dos fragmentos de DNA. Ao se multiplicar, esse organismo passa a fazer várias cópias idênticas do DNA estranho. Observe o exemplo da **figura 41.1**.

As bactérias possuem, além do DNA principal, um pequeno DNA circular, chamado **plasmídeo**, no qual estão, com frequência, genes que dão a elas resistência a antibióticos. No processo para formar um DNA recombinante, é comum utilizar o plasmídeo como um vetor (transportador) de genes. Esse plasmídeo geralmente tem apenas uma cópia da sequência de reconhecimento da enzima de restrição, que não fragmenta, mas apenas abre o "anel" de DNA.

Com o "anel" de DNA aberto, é possível utilizar DNA-ligase para inserir o fragmento de DNA de diferente origem, como humano, por exemplo. Depois que recebe o fragmento de DNA de outro organismo, o plasmídeo torna-se um DNA recombinante. O DNA recombinante é então introduzido na bactéria, que passa a produzir, no exemplo, uma proteína humana.

Quando a bactéria se reproduz, o DNA recombinante também se replica e passa para as novas bactérias. Esse processo de produção de cópias idênticas de DNA é chamado **clonagem de DNA**, **clonagem molecular** ou **clonagem gênica**. O resultado é a formação de uma colônia de bactérias capazes de sintetizar a proteína de interesse. Como é relativamente simples manter a bactéria se reproduzindo em laboratório, é possível produzir essas substâncias em escala comercial.

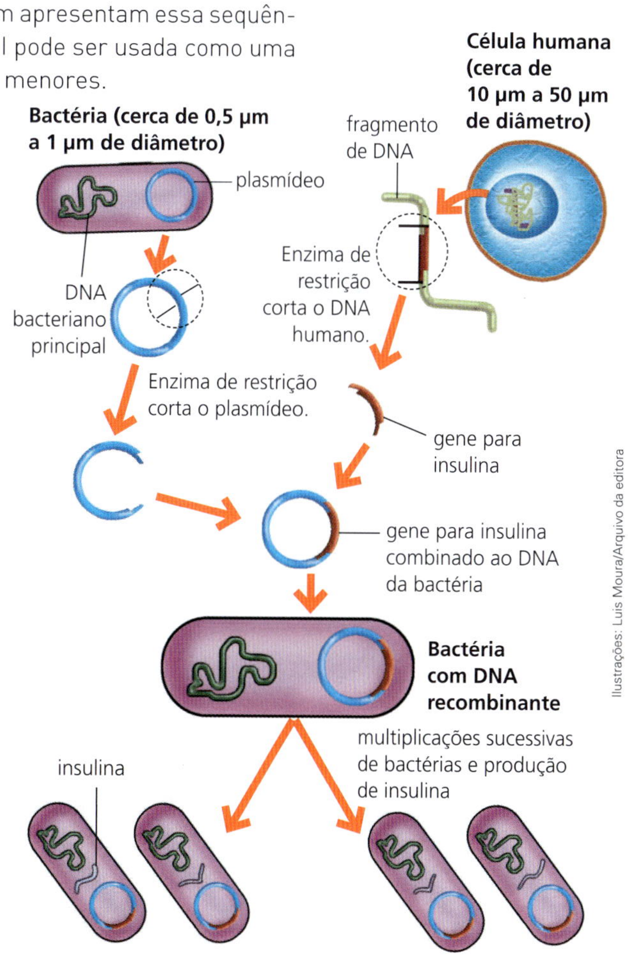

Figura 41.1 Esquema simplificado de protocolo de produção de insulina humana por bactérias (os elementos não estão na mesma escala; cores fantasia).

ACESSE E SAIBA MAIS

Transgênicos
<www.embrapa.br/tema-transgenicos>
Acesso em: 30 jul. 2018.

Reveja a **figura 41.1**. Essa técnica é explicada utilizando como exemplo sua aplicação para a produção de insulina, hormônio secretado pelo pâncreas. Antes da Engenharia genética, a insulina utilizada por diabéticos tinha origem suína e bovina. O uso de insulina animal, porém, implicava um tempo prolongado de produção e purificação do hormônio, já que eram necessárias toneladas de pâncreas de porco e de boi para garantir a produção comercial dessa substância. Além disso, como a insulina animal não é exatamente igual à humana, ela provocava reação alérgica em alguns pacientes.

Outros hormônios são produzidos pelo método de DNA recombinante, como o hormônio do crescimento, a eritropoetina (que estimula a produção de glóbulos vermelhos) e diversos tipos de vacina, como a contra a hepatite B. Nesse último caso, a vacina obtida por meio da Engenharia genética está livre da contaminação por vírus que podem estar presentes no plasma humano.

Os organismos que tiveram seu material genético modificado por qualquer tecnologia do DNA recombinante são conhecidos como **organismos geneticamente modificados** (**OGMs**). São também conhecidos como **organismos transgênicos** (*trans* = através de), mas as duas expressões não são exatamente iguais, já que o termo "transgênico" deve ser usado para um tipo especial de organismo geneticamente modificado: aquele em que o material genético introduzido veio de outra espécie. As bactérias com o DNA recombinante são um exemplo de transgênicos. Hoje em dia, além de bactérias, há também muitos animais e plantas transgênicos.

Veja na **figura 41.2** como pesquisadores da Escola Superior de Agricultura Luiz de Queiroz (Esalq), da Universidade de São Paulo, introduziram um gene de ervilha em células de eucalipto, criando um eucalipto transgênico que produz mais biomassa e, portanto, mais celulose, que pode ser utilizada na indústria química, por exemplo.

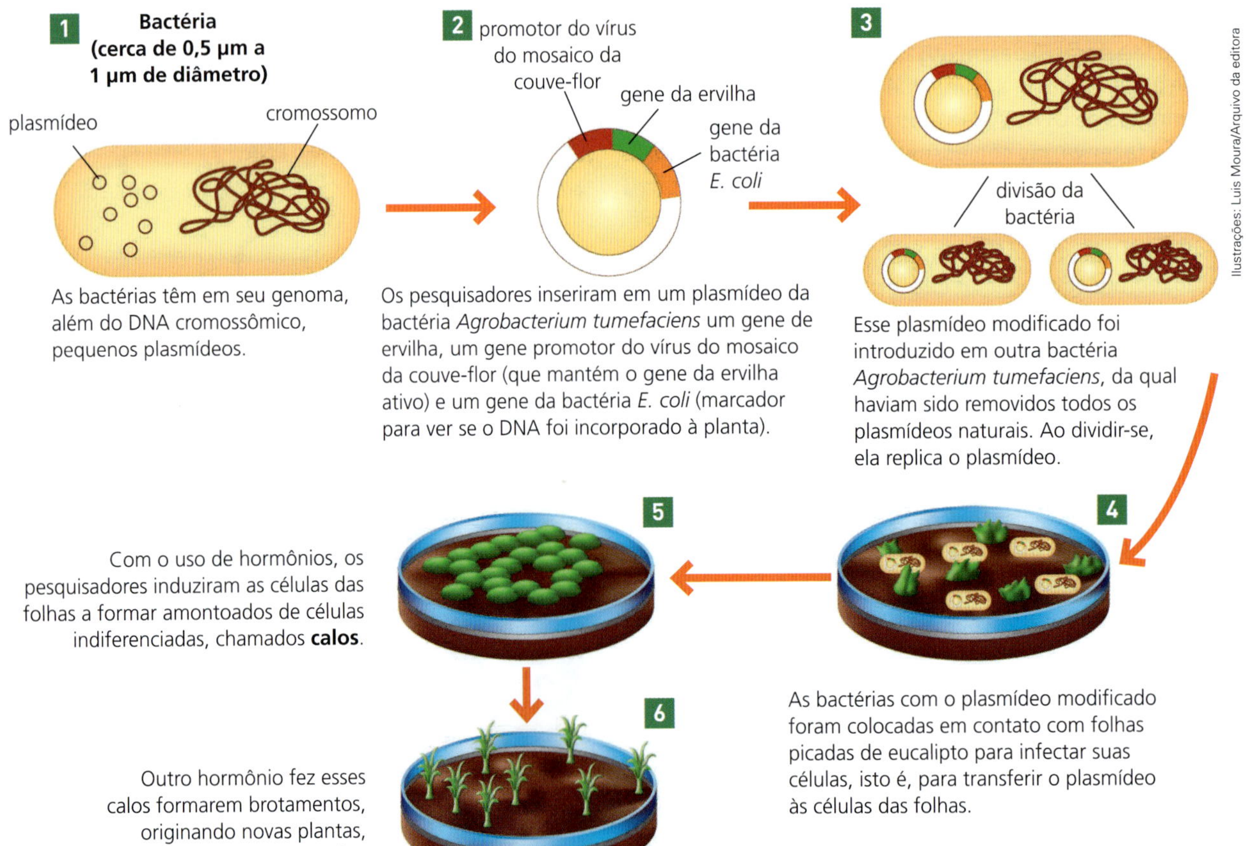

Adaptado de: SILVEIRA, Evanildo da. Eucalipto transgênico produz mais celulose. *O Estado de S. Paulo*, 23 ago. 2001, p. A17.

Figura 41.2 Pesquisadores usam bactérias para inserir determinado gene de ervilha em células de eucalipto (os elementos não estão na mesma escala; cores fantasia).

2. ANÁLISE DO DNA

Ao tratar uma molécula grande de DNA com uma enzima de restrição, obtém-se uma coleção de fragmentos de DNA com tamanhos diferentes. Cada indivíduo possui uma coleção única desses fragmentos, exceto no caso de gêmeos univitelinos, que possuem conjuntos iguais.

As diferenças se devem à variabilidade genética, que resulta das mutações e da recombinação dos genes por meio da reprodução sexuada. Algumas mutações retiram nucleotídeos e diminuem o tamanho do fragmento de DNA. Outras podem provocar duplicações nos nucleotídeos, aumentando o tamanho do fragmento. Além disso, existem regiões no DNA que não codificam proteínas e que são constituídas por repetições de certo número de nucleotídeos. Esse número varia de indivíduo para indivíduo, sendo altamente variável na população humana.

Essas diferenças permitem que sejam obtidos fragmentos de diferentes tamanhos, o que permite sua separação. Para isso, eles são colocados em gel de agarose e submetidos a um campo elétrico. Como há fosfato presente nos nucleotídeos, os fragmentos de DNA são carregados negativamente e migram para o polo positivo. Os fragmentos maiores migram mais lentamente que os menores. Forma-se, assim, um conjunto de faixas, ou bandas. Tal processo é chamado **separação em gel por eletroforese** (*elektron* = eletricidade; *phorein* = transportar). Veja a **figura 41.3**. O conjunto de bandas e o padrão de separação são exclusivos de cada indivíduo, como uma impressão digital. Por isso esse exame é denominado **impressão digital genética** ou **impressão digital do DNA** (DNA *fingerprint*, em inglês).

Essa técnica possibilita identificar criminosos, ou inocentar suspeitos, com base em amostras de sangue, fios de cabelo, sêmen ou algum tecido do corpo.

ACESSE E SAIBA MAIS

Eletroforese em gel
<https://pt.khanacademy.org/science/biology/biotech-dna-technology/dna-sequencing-pcr-electrophoresis/v/gel-electrophoresis-dna>
Acesso em: 30 jul. 2018.

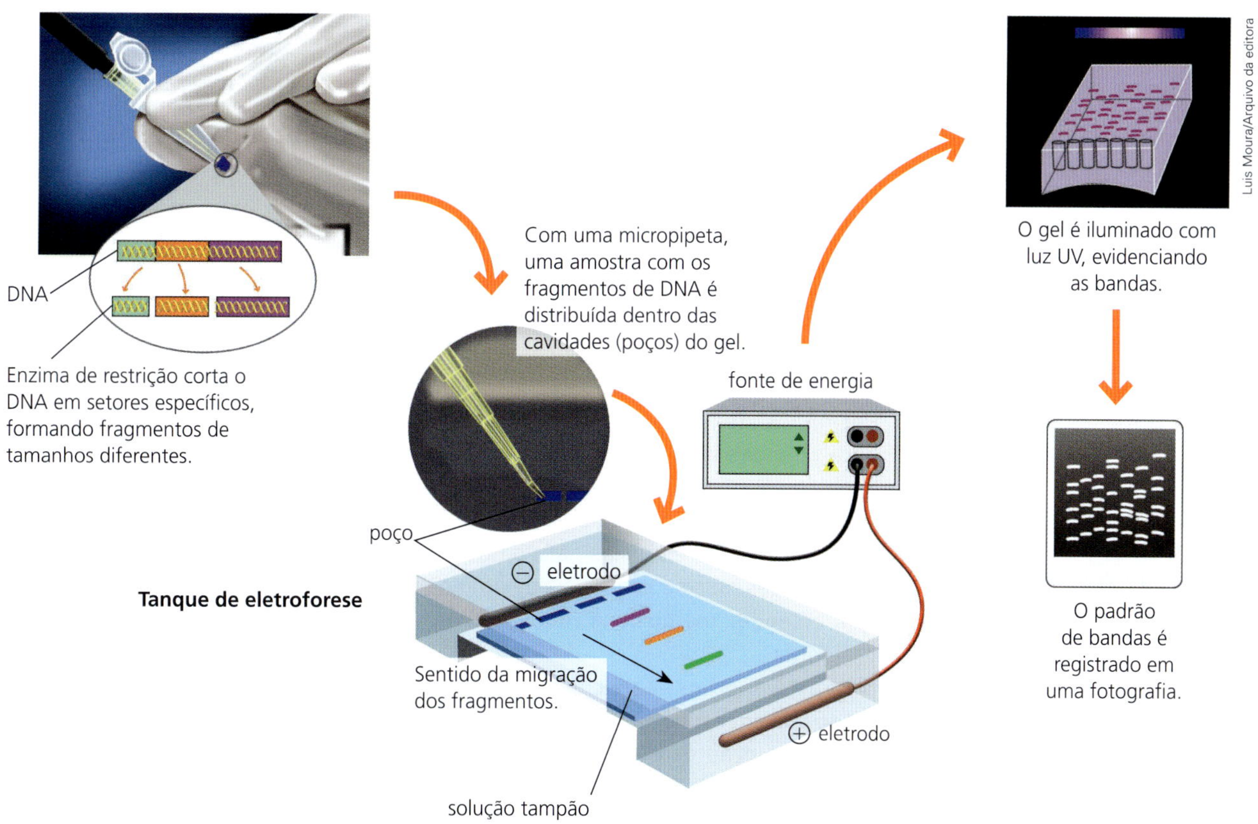

Figura 41.3 Esquema da separação dos fragmentos de DNA por eletroforese. As bandas foram representadas em diferentes cores para evidenciar que os fragmentos maiores, em roxo, migram mais lentamente que os menores, em verde (os elementos não estão na mesma escala; cores fantasia).

O exame serve também para determinação de paternidade. A técnica consiste em extrair DNA dos glóbulos brancos do sangue coletado da mãe, da criança e do suposto pai. O DNA de cada um é tratado pelas mesmas enzimas de restrição, e os fragmentos obtidos são separados, formando-se, assim, o padrão de bandas de cada indivíduo. Comparando o padrão da mãe com o da criança, certamente haverá bandas coincidentes por causa da herança genética, já que metade do DNA da criança vem da mãe e a outra metade do pai. Assim, as bandas da criança que não corresponderem às da mãe devem corresponder às do pai biológico. Havendo correspondência, a paternidade é determinada (**figura 41.4**).

Michael Gilbert/SPL/Latinstock

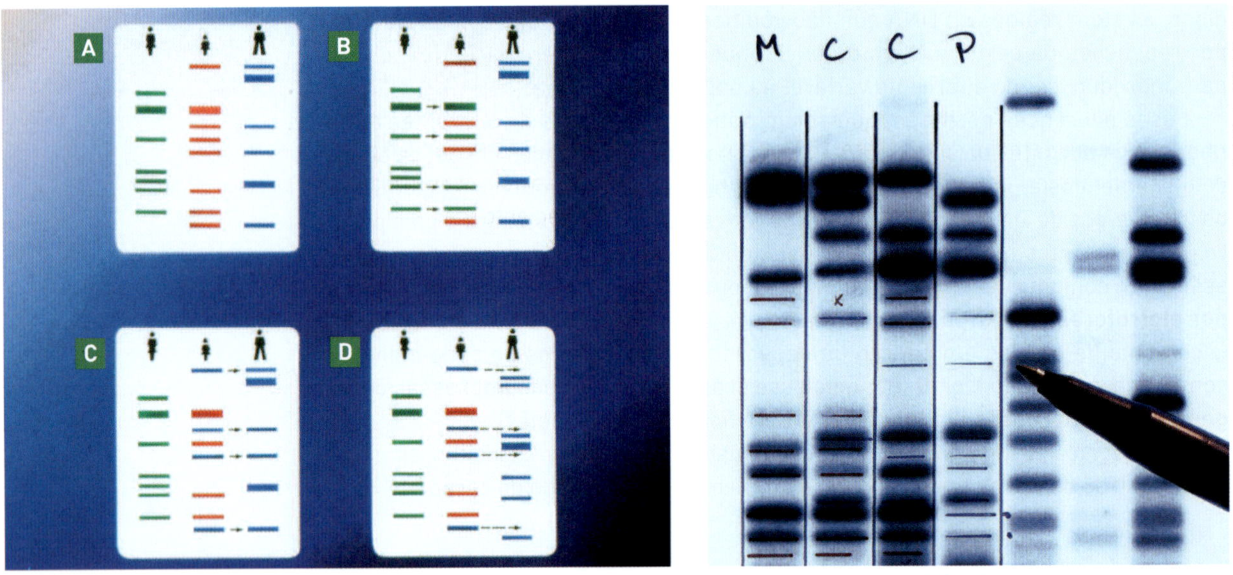

David Parker/SPL/Latinstock

Figura 41.4 À esquerda, ilustração do resultado de um teste de paternidade, com dois supostos pais. Cada barra indica um fragmento de DNA. **A**: resultado com um dos possíveis pais da criança. Observe em **B** que algumas barras da mãe coincidem com as do filho e em **C** que as demais barras da criança coincidem com as do possível pai. **D**: resultado do teste de paternidade com o outro possível pai da criança, no qual as barras da criança não coincidem com as dele. À direita, foto do resultado de um exame no qual duas crianças (letras **C**) compartilham bandas com a mãe (**M**) e com o pai (**P**).

SEQUENCIAMENTO DE GENOMAS

Sequenciar um genoma é determinar a ordem (sequência) de todas as bases nitrogenadas (ou dos nucleotídeos) do genoma de um organismo, isto é, de toda a informação hereditária contida no DNA (ou no RNA, no caso de alguns vírus). O genoma de um grande número de organismos, de diversos grupos, já foi sequenciado. Vejamos algumas aplicações do sequenciamento de genomas.

- Permitir a identificação de genes conhecidos que causam ou que contribuem para doenças genéticas ou para o câncer. Cerca de cinquenta alterações em genes que provocam câncer já são conhecidas.
- Auxiliar no aconselhamento genético, que analisa as chances de um casal transmitir doenças hereditárias para o filho.
- Ajudar a descobrir a sequência de aminoácidos de várias proteínas, o que permitiria entender melhor sua função e criar novos medicamentos. É o estudo do proteoma.
- Desenvolver drogas específicas para cada tipo de doença e de indivíduo, aumentando sua eficácia e reduzindo os efeitos colaterais.
- Analisar o grau de parentesco evolutivo entre grupos de populações, entre as espécies (metade do genoma do ser humano é igual ao da mosca-das-frutas, por exemplo), criando árvores genealógicas e compreendendo melhor a evolução entre as espécies e dentro delas.
- Ajudar no controle de determinadas características de animais e plantas consumidas pelo ser humano e no combate mais eficaz a pragas e doenças.

ACESSE E SAIBA MAIS

Genoma humano
<https://ed.ted.com/lessons/how-to-sequence-the-human-genome-mark-j-kiel>

A genética no século XX
<http://iptv.usp.br/portal/video.action?idItem=35204>

Entrevista com Bertrand Jordan
<http://iptv.usp.br/portal/video.action?idItem=1056>
Acesso em: 30 jul. 2018.

3. DIAGNÓSTICO E TRATAMENTO DE DOENÇAS GENÉTICAS

As técnicas de manipulação genética podem ser usadas para diagnóstico e tratamento de diversas doenças, como a doença de Huntington, a distrofia de Duchenne e a doença de Alzheimer, entre outras.

O diagnóstico pode ser feito quando conhecemos o gene responsável pela doença. Nesse caso, pode-se utilizar uma **sonda**, ou seja, um trecho marcado (com radioatividade, substâncias fluorescentes, etc.) de DNA com uma sequência de bases complementar a um trecho do DNA que se quer identificar.

A **terapia gênica** ou **geneterapia** é um procedimento complexo e ainda em estudo, que consiste em corrigir a deficiência da produção de uma proteína que não é produzida, ou que não funciona, devido a uma mutação. A correção é feita, por exemplo, por meio da injeção de genes normais. A sequência de DNA que contém o gene de interesse pode ser passada para as células do paciente através de um vetor, como um vírus. Além do trecho com o gene, o DNA possui uma sequência de inserção para permitir sua integração ao DNA genômico. A partir daí, espera-se que a célula passe a produzir a proteína que estava ausente ou não funcional no paciente (**figura 41.5**).

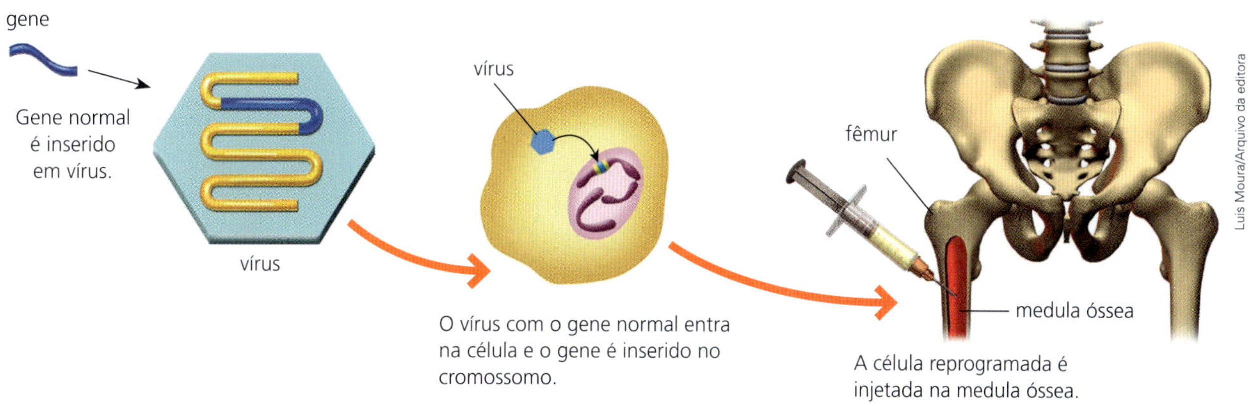

Figura 41.5 Exemplo de terapia gênica (esquema simplificado; os elementos não estão na mesma escala; cores fantasia).

BIOLOGIA E TECNOLOGIA

Nova técnica de edição de genes

A chamada edição genética muda permanentemente o DNA e pode, por exemplo, corrigir mutações que causam doenças.

A nova técnica de edição, que ficou conhecida como CRISPR-Cas9, ou simplesmente CRISPR (pronuncia-se "crisper"), mostrou-se promissora por ser mais rápida, precisa, simples e barata que outros procedimentos. A técnica foi desenvolvida a partir da observação de que algumas bactérias têm proteínas, chamadas Cas, capazes de capturar trechos do DNA de um vírus que as ataca e integrar esses trechos ao DNA bacteriano. As proteínas Cas então usam esses trechos para reconhecer e destruir o DNA dos vírus em uma segunda infecção. As regiões do DNA bacteriano em que são inseridos trechos do material genético viral são conhecidas como CRISPR, termo que vem do inglês e descreve uma sequência de DNA que se repete várias vezes, com algumas sequências únicas entre as repetições.

Em 2017, pesquisadores da Universidade de Saúde e Ciência de Oregon, nos Estados Unidos, publicaram um estudo que usou a CRISPR para corrigir uma mutação responsável pelo desenvolvimento de uma doença cardíaca em embriões humanos.

Além do potencial para prevenir e tratar de doenças genéticas, a edição de genes pode ser usada, por exemplo, para combater o HIV, ou para destruir mosquitos transmissores de doenças, inserindo genes letais nesses insetos.

Fontes de pesquisa: <http://revistapesquisa.fapesp.br/2017/08/18/a-era-da-edicao-genica/>; < https://ghr.nlm.nih.gov/primer/genomicresearch/genomeediting>. Acesso em: 6 mar. 2018.

> **ACESSE E SAIBA MAIS**
> **Aconselhamento genético**
> <www.youtube.com/watch?v=12upKlWag2M>
> Acesso em: 30 jul. 2018.

4. ORGANISMOS GENETICAMENTE MODIFICADOS

Atualmente, há diversos organismos geneticamente modificados. Entre os organismos transgênicos, há aqueles com genes humanos para produção de determinadas substâncias, como as cabras transgênicas que produzem no leite fatores para a coagulação do sangue (**figura 41.6**) e as bactérias que produzem insulina humana.

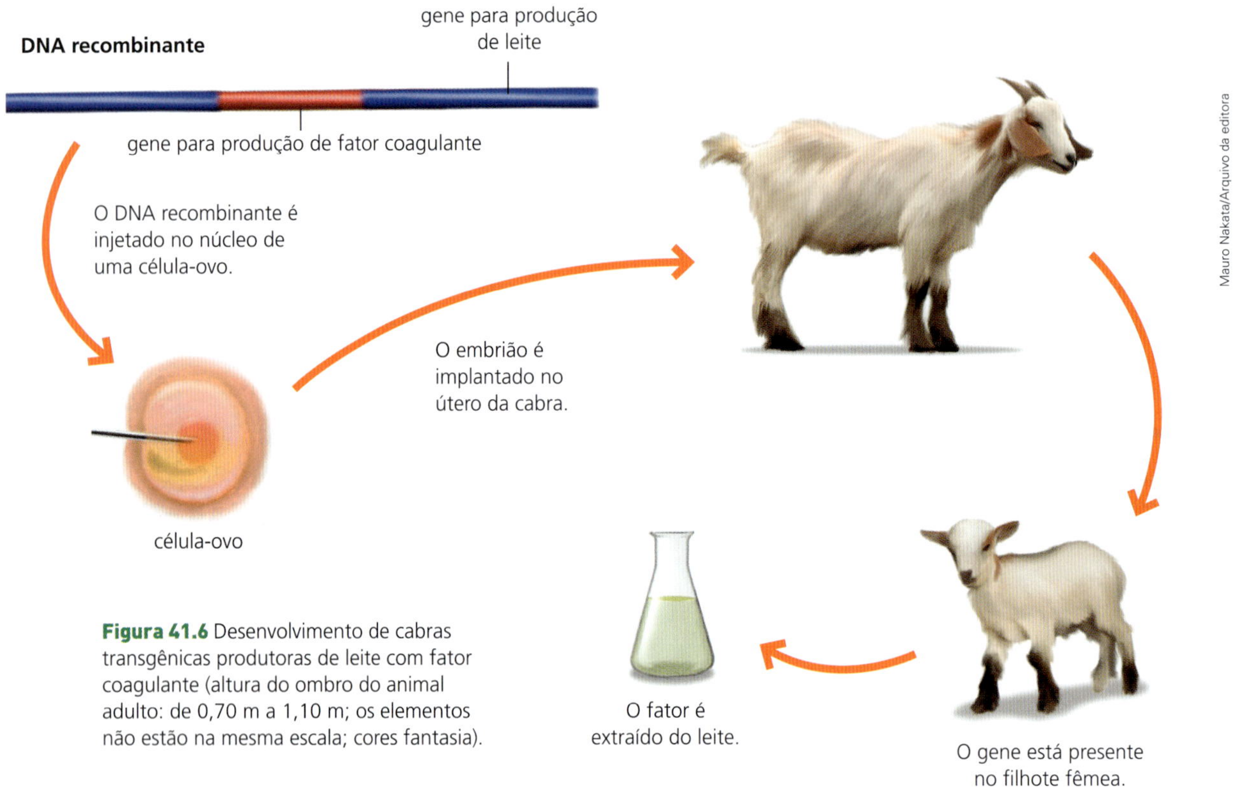

Figura 41.6 Desenvolvimento de cabras transgênicas produtoras de leite com fator coagulante (altura do ombro do animal adulto: de 0,70 m a 1,10 m; os elementos não estão na mesma escala; cores fantasia).

Outro exemplo de animais transgênicos são os camundongos que tiveram inserido em suas células gene para produção da proteína verde fluorescente (*green fluorescent protein*; GFP, na sigla em inglês), que emite luz nessa coloração quando exposta à radiação ultravioleta. O gene responsável pela produção dessa proteína foi extraído de uma espécie de água-viva. A técnica pode ser usada para marcar células cancerosas e seguir seu movimento no corpo, entre outras aplicações. Hoje já existem diversas cobaias transgênicas, geneticamente propensas a vários tipos de doenças, importantes para a pesquisa de novos medicamentos.

Figura 41.7 Lagarta-do-cartucho do milho (pode atingir cerca de 5 cm de comprimento).

Há também diversas plantas transgênicas, muitas delas ainda em fase de pesquisa. Algumas são mais produtivas ou nutritivas; outras resistem melhor à seca; e há ainda as que são resistentes a alguns agrotóxicos. Em alguns casos, o uso de plantas transgênicas pode reduzir a quantidade de agrotóxicos utilizados em lavouras, o que é importante tanto para a saúde humana quanto para o meio ambiente.

Um tipo de planta transgênica resistente a pragas é o milho Bt. Para criá-lo, foi utilizado um gene da bactéria *Bacillus thuringiensis*, que vive no solo e produz a toxina Bt (iniciais do nome da bactéria) capaz de matar a lagarta-do-cartucho (*Spodoptera frugiperda*; **figura 41.7**) e da broca, pragas do milho. Esses insetos morrem assim que começam a comer a planta transgênica.

CRÍTICAS AO USO DE PLANTAS TRANSGÊNICAS

Para os críticos, ainda não há provas suficientes de que os alimentos obtidos a partir de plantas transgênicas não causem danos à saúde humana ou desequilíbrios ao ambiente. Por isso, em muitos países, é necessário identificar os produtos que possuem um componente transgênico acima de certa porcentagem. Em relação à saúde humana, os defensores dos transgênicos argumentam que os estudos não indicam nenhum problema, já que a maioria das proteínas e do DNA oriundos dos transgênicos são destruídos no cozimento ou pela digestão.

Para se evitar casos de alergia, esses alimentos devem ser testados antes que sua venda seja liberada. Para os defensores dos transgênicos, o risco de alergia a esses alimentos não é maior do que o dos alimentos convencionais.

Em relação ao ambiente, os grãos de pólen das plantas transgênicas podem ser levados por vento ou agentes polinizadores e fecundar plantas convencionais. A inserção de uma variedade transgênica em uma comunidade de plantas pode, por exemplo, alterar a dinâmica populacional ou eliminar espécies naturais ao longo do tempo.

A população mundial continua crescendo e defensores dos transgênicos argumentam que plantas mais produtivas otimizariam, em termos de quantidade, a produção por área plantada, evitando a destruição de novos ambientes naturais. Os críticos, por sua vez, afirmam que o cultivo de um único tipo de planta transgênica reduz a diversidade de plantas na região. Isso seria perigoso porque quanto maior a diversidade genética, maior a resistência a pragas e a mudanças climáticas. Por isso é importante preservar as plantas nativas, que possibilitam o surgimento de novas variedades.

Outro problema socioeconômico é que o fornecimento de sementes transgênicas é, em muitos casos, controlado por grandes empresas do setor agrícola, aumentando a dependência dos países menos desenvolvidos. No caso do Brasil, a Empresa de Pesquisa Agropecuária (Embrapa) já possui tecnologia para produzir alguns transgênicos (**figura 41.8**), o que diminuiria essa dependência.

Apesar dos benefícios, ainda há preocupações acerca de questões sociais, econômicas, ambientais e de saúde envolvidas no cultivo de transgênicos.

ACESSE E SAIBA MAIS

Plantas transgênicas – riscos

<www.mma.gov.br/informma/item/7511-riscos>

Acesso em: 30 jul. 2018.

Sergio Ranalli/Pulsar Imagens

Figura 41.8 Experimento com soja geneticamente modificada realizado em laboratório da Embrapa.

BIOLOGIA E ÉTICA

Problemas legais e éticos nos testes genéticos

Nos Estados Unidos, são realizados cerca de 4 milhões de testes genéticos por ano. Eles ajudam a diagnosticar e a tratar doenças como a anemia falciforme, a fenilcetonúria e as doenças da glândula tireóidea desde o nascimento.

Em alguns casos, os testes indicam apenas uma predisposição a certas doenças, como o câncer de mama.

Nesses casos, os indivíduos herdam genes que aumentam a propensão para a doença, mas isso não quer dizer que ela obrigatoriamente se desenvolverá. Sabendo dessa predisposição, a pessoa poderia evitar certos fatores ambientais que aumentam a chance de desenvolver a doença, adotar hábitos que minimizam seus efeitos ou tomar medicamentos preventivos.

Há casos, no entanto, em que um teste genético pode indicar uma doença grave que poderia se desenvolver futuramente e para a qual ainda não há prevenção nem tratamento. Nessa situação, a pessoa deve saber que poderá ter a doença?

Uma empresa norte-americana foi proibida de realizar exames de sangue nos funcionários, pois estava fazendo testes para investigar se eles possuíam tendências a certas doenças musculares. Você considera que empresas devem ter o direito de realizar testes em seus funcionários ou em candidatos a um emprego para procurar doenças que poderão desenvolver-se no futuro? Companhias de seguro devem ser autorizadas a fazer testes genéticos para aprovar ou rejeitar pedidos de seguro-saúde?

Esses são alguns dos questionamentos que vão além das aplicações da tecnologia científica e que envolvem, de modo mais amplo, todos os setores da sociedade. O debate sobre princípios éticos nos diferentes campos do conhecimento e sobre normas de conduta relacionadas é fundamental para garantir os direitos das pessoas.

ATIVIDADES

Questões discursivas

1. Em pessoas saudáveis, o hormônio de crescimento é produzido pela hipófise. Quando esse hormônio não é produzido em quantidade suficiente, a criança não se desenvolve e precisa receber reposição hormonal. Antigamente, o hormônio do crescimento era extraído da hipófise de cadáveres, o que podia gerar alguns problemas. Mas a engenharia genética possibilita hoje sua produção, de forma semelhante ao que é feito com a insulina. Explique como funciona essa técnica.

2. (UFG-GO) O exame de paternidade através da comparação de DNA sequenciado vem sendo utilizado para determinar progenitores. É possível determinar o pai de um recém-nascido quando a dúvida sobre a paternidade desse recém-nascido está entre gêmeos univitelinos? Justifique sua resposta.

3. (Unifesp) As figuras representam os resultados de dois exames de DNA em que as amostras de DNA dos envolvidos são fragmentadas com enzimas específicas e submetidas à eletroforese, gerando um padrão de faixas ou "bandas".

   A situação **1** refere-se a um caso de investigação de paternidade: o suposto pai deseja saber se a criança é, de fato, seu filho biológico.

   A situação **2** refere-se a uma investigação criminal: na cena do crime foram encontradas manchas de sangue e o delegado precisa saber se o sangue é da vítima, de um indivíduo apontado como suspeito de ser o criminoso ou de uma terceira pessoa não identificada até o momento.

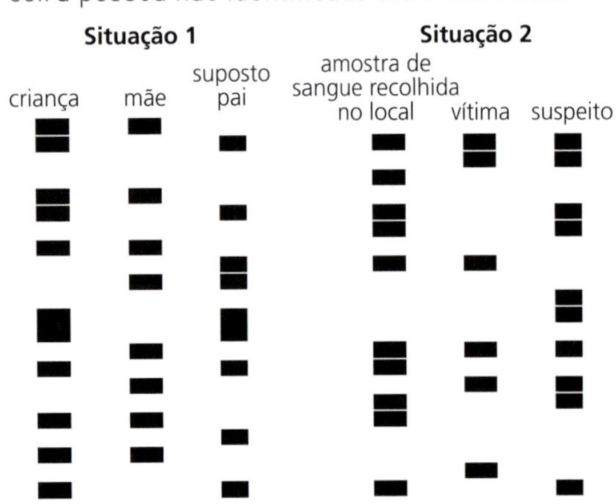

   A partir da análise dos resultados, responda:

   a) A criança é filho biológico do suposto pai? Justifique sua resposta.

   b) A amostra de sangue recolhida no local do crime é da vítima, do suspeito ou de uma terceira pessoa não identificada? Justifique sua resposta.

Questões objetivas

1. (Fuvest-SP)

Teste de DNA confirma paternidade de bebê perdido no tsunami

Um casal do Sri Lanka que alegava ser os pais de um bebê encontrado após o tsunami que atingiu a Ásia, em dezembro, obteve a confirmação do fato através de um exame de DNA. O menino, que ficou conhecido como "Bebê 81" por ser o 81º sobrevivente a dar entrada no hospital de Kalmunai, era reivindicado por nove casais diferentes.

(Folhaonline, 14/2/2005. Adaptado.)

Algumas regiões do DNA são sequências curtas de bases nitrogenadas que se repetem no genoma, e o número de repetições dessas regiões varia entre as pessoas. Existem procedimentos que permitem visualizar essa variabilidade, revelando padrões de fragmentos de DNA que são "uma impressão digital molecular". Não existem duas pessoas com o mesmo padrão de fragmentos com exceção dos gêmeos monozigóticos. Metade dos fragmentos de DNA de uma pessoa é herdada de sua mãe e metade, de seu pai. Com base nos padrões de fragmentos de DNA representados abaixo, qual dos casais pode ser considerado como pais biológicos do Bebê 81?

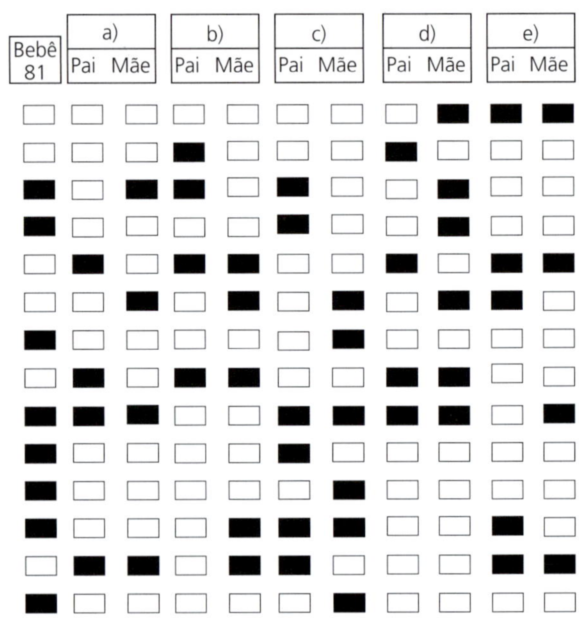

2. (UEL-PR) Recentemente, um grupo de pesquisadores brasileiros conseguiu sequenciar o genoma da bactéria *Xylella fastidiosa*, causadora da doença conhecida como amarelinho, que acomete os laranjais e acarreta grandes perdas com relação a sua capacidade produtiva. O arrojado projeto,

conhecido como Projeto Genoma da bactéria *Xylella*, teve amplo reconhecimento cientifico e foi largamente divulgado pelos meios de comunicação. É correto afirmar que o sequenciamento de *Xylella fastidiosa* trata-se da identificação:

a) do número e sequência de aminoácidos das proteínas desta bactéria.

b) do número e sequência de aminoácidos no cromossoma desta bactéria.

c) da sequência de bases nitrogenadas no cromossoma desta bactéria.

d) da sequência de alelos nos cromossomos desta bactéria.

e) do número de cromossomos e plasmídeos desta bactéria.

3. (PUC-RJ) A figura abaixo representa o resultado de um teste de paternidade. Este teste baseia-se na identificação de marcadores genéticos compartilhados ou não por pai, mãe e filhos.

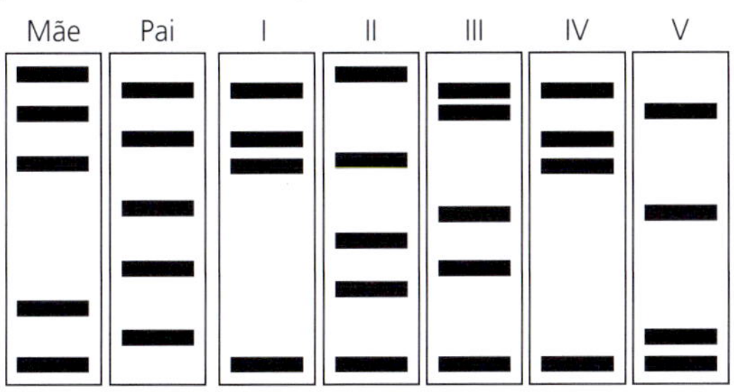

Considerando a figura, **não** é correto afirmar que:

a) I é filho biológico do casal.

b) V não pode ser filho biológico deste casal.

c) II não é filho deste pai.

d) III é irmão biológico de I.

e) IV e I são irmãos gêmeos monozigóticos.

4. (UFPE/UFRPE) Para um pesquisador transferir um gene de interesse, diferentes etapas são cumpridas em laboratório, entre as quais: a utilização de enzima do tipo (**1**), para o corte e a separação do segmento de DNA a ser estudado; a extração e o rompimento de (**2**), e a inclusão em (**2**) do segmento obtido (gene isolado) com o auxílio de enzimas do tipo (**3**). Os números **1**, **2** e **3** indicam, respectivamente:

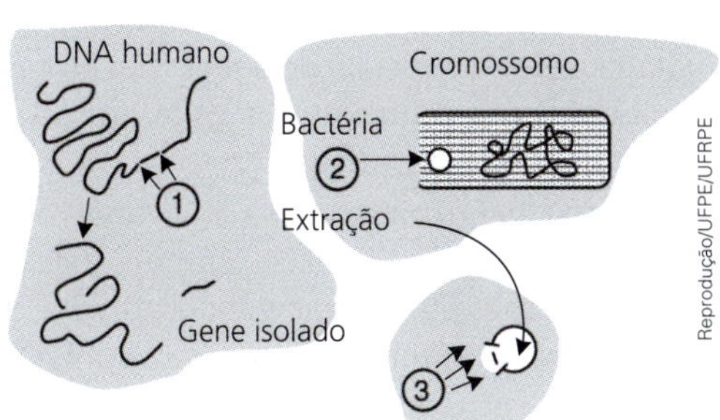

Reprodução/UFPE/UFRPE

a) enzima de restrição, plasmídeo e enzima ligase.

b) enzima transcriptase reversa, cromossomo circular e enzima de restrição.

c) DNA recombinante, RNA plasmidial e enzima exonuclease.

d) enzima transcriptase reversa, plasmídeo e enzima de restrição.

e) enzima de restrição, RNA plasmidial e enzima transcriptase reversa.

5. (UFRN) As técnicas de engenharia genética possibilitaram a produção de grandes quantidades de insulina por bactérias que receberam o gene humano para esse hormônio. Tal efeito só foi possível pelo emprego das enzimas de restrição, que agem:

a) traduzindo o gene da insulina para o código genético da bactéria.

b) ligando o pedaço de DNA humano ao DNA da bactéria.

c) identificando os aminoácidos codificados pelo gene.

d) cortando o DNA da bactéria em pontos específicos.

6. (UEG-GO) A parte endócrina do pâncreas é formada pelas ilhotas pancreáticas, que contêm dois tipos de células: beta e alfa. As células betas produzem a insulina, hormônio peptídico que age na regulação da glicemia. Esse hormônio é administrado no tratamento de alguns tipos de diabetes. Atualmente, através do desenvolvimento da engenharia genética, a insulina administrada em pacientes diabéticos é, em grande parte, produzida por bactérias que recebem o segmento de

a) peptídeo e transcrevem para o DNA humano a codificação para produção de insulina humana.

b) RNA mensageiro e codifica o genoma para produção da insulina da própria bactéria no organismo humano.

c) plasmídeo da insulina humana e codifica o genoma agregando peptídeos cíclicos no organismo humano.

d) DNA humano responsável pela produção de insulina e passam a produzir esse hormônio idêntico ao da espécie humana.

7. (Ufscar-SP) Vegetais e animais transgênicos:

a) são mutantes que têm o seu genoma alterado por processos como radiação, para desenvolvimento de características específicas.

b) passaram por processo de clonagem, onde sofrem transplante de órgãos em experiências científicas, para desenvolvimento de fenótipos específicos.

c) têm o seu fenótipo alterado mediante ação de mecanismos físicos ou biológicos, mas não passam as alterações sofridas às gerações seguintes.

d) são seres modificados por biotecnologia aplicável, que consiste na inserção de genes provenientes de outros organismos ao genoma que se deseja modificar.

e) tiveram o seu DNA alterado por variações climáticas, que provocaram a deleção de genes, o que ocasionou modificações nos fenótipos.

8. (UFPR) A microinjeção pronuclear de óvulos fertilizados é o método mais amplamente utilizado para a produção de camundongos transgênicos. Esse método consiste na injeção de uma solução de DNA contendo o transgene de interesse no pronúcleo de um óvulo recém-fertilizado. Os óvulos são então transferidos para os ovidutos de uma fêmea, onde se desenvolvem. Considerando a técnica de microinjeção pronuclear de óvulos fertilizados, identifique como verdadeiras (**V**) ou falsas (**F**) as seguintes afirmativas:

( ) O transgene será expresso nas células somáticas e germinativas dos indivíduos transgênicos.

( ) A expressão do transgene ocorrerá pela tradução do RNA mensageiro sintetizado a partir do transgene.

( ) O transgene será transmitido para a descendência do camundongo transgênico de forma mendeliana.

( ) O camundongo transgênico produzirá descendentes com o código genético modificado.

Assinale a alternativa que apresenta a sequência correta, de cima para baixo.

a) F – V – F – F.
b) V – V – F – V.
c) V – F – V – V.
d) V – V – V – F.
e) F – F – V – V.

9. (Puccamp-SP) Leia atentamente a afirmação abaixo, sobre produtos transgênicos:

> Alimentos transgênicos são alimentos geneticamente modificados com alteração do código genético.

A afirmação é

a) correta, pois os organismos transgênicos possuem o código genético alterado para serem mais produtivos.

b) correta, pois a alteração do código genético faz com que os organismos sintetizem novas proteínas.

c) correta, e por isso só são criados em laboratórios especializados que possuem tecnologia para modificar o código genético.

d) incorreta, pois tanto organismos transgênicos como não transgênicos possuem o mesmo código genético.

e) incorreta, pois o código genético dos organismos transgênicos é alterado apenas em algumas partes do genoma.

PESQUISEM E COMPARTILHEM

Em grupos, escolham um dos temas a seguir para pesquisar. Vocês podem consultar livros, revistas e a internet; ou entrevistar médicos ou outros profissionais que trabalhem nas áreas de aconselhamento genético e Engenharia genética.

Exponham os resultados da pesquisa para a classe e para a comunidade escolar (alunos, professores e funcionários da escola e pais ou responsáveis). Verifiquem também se é possível convidar os profissionais dessas áreas (médicos e profissionais que fazem aconselhamento genético ou que trabalham com tecnologia do DNA) para a apresentação de palestras sobre esses temas para a comunidade escolar.

Por fim, informem-se se na região da escola existe alguma instituição que desenvolva trabalhos nessas áreas e verifiquem se é possível agendar uma visita ao local.

Tema 1 Pesquisem que tipos de testes genéticos existem para o diagnóstico de doenças. Expliquem ainda como esses testes podem ser úteis no aconselhamento genético. Com o auxílio do professor de Filosofia, discutam os aspectos éticos dos testes genéticos e que medidas devem ser tomadas para garantir a privacidade de uma pessoa e impedir discriminações em relação a testes genéticos. Pesquisem ainda entre os colegas de turma se cada um gostaria de saber, por meio de um teste genético, se é portador de um gene para alguma doença genética séria que estava presente em sua família e que pode ser transmitida a seu filho. Pesquisem também se eles gostariam de saber isso no caso de essa doença se manifestar por volta dos 50 anos, sem que haja cura para ela.

Tema 2 Pesquisem sobre a vida e o trabalho de alguns geneticistas brasileiros, como Crodowaldo Pavan, Mayana Zatz, Warwick Estevam Kerr, Oswaldo Frota-Pessoa, Sérgio Danilo Junho Pena, entre outros.

ATIVIDADE PRÁTICA

Nesta atividade, será realizada a extração de DNA do morango.

Material

- 2 colheres (chá) limpas
- água filtrada
- cerca de 50 mL de detergente incolor
- coador descartável de café (ou filtro de papel de laboratório)
- dois copos de plástico
- frasco de vidro contendo álcool etílico 90 °G.L
- frasco pequeno de vidro (incolor e com paredes retas; ou um tubo de ensaio com cerca de 3 cm de diâmetro)
- funil
- morangos maduros
- recipiente de isopor com gelo picado
- saco plástico impermeável com fecho hermético (do tipo usado para guardar alimentos congelados)
- um pouco de sal de cozinha
- vareta fina de bambu

Procedimento

1. O professor deverá providenciar com antecedência um vidro pequeno com tampa contendo álcool etílico 90 °G.L. e um recipiente de isopor com gelo picado.
2. Um pouco antes do início da prática, o vidro com álcool deve ser colocado no gelo, porque o álcool deverá ser usado gelado.
3. Retire as sépalas (estruturas semelhantes a pequenas folhas) dos morangos, lave-os e coloque-os dentro do saco plástico.
4. Acrescente 4 colheres de água filtrada e feche bem o saco. Esmague bem os morangos, comprimindo-os dentro do saco por alguns minutos.
5. Coloque quatro colheres da água filtrada em um dos copos, acrescente uma colher de detergente e duas pitadas de sal. Mexa com a colher e, em seguida, usando a outra colher, acrescente duas colheres da fruta esmagada. Mexa devagar a mistura (para não formar bolhas) por cerca de quatro minutos.
6. Coloque o coador de papel sobre o outro copo e coe a mistura.
7. Em seguida, o professor deverá colocar um pouco desse filtrado no frasco de vidro e acrescentar devagar, procurando fazer o líquido escorrer pela lateral do frasco, o álcool gelado (aproximadamente o dobro do volume do filtrado).
8. Depois de alguns minutos devem aparecer fios brancos na superfície da mistura, que podem ser pescados com o auxílio da vareta fina de bambu. Esses fios contêm o DNA do morango em grande concentração. É possível provar essa afirmação, mas, para isso, é preciso realizar alguns testes especiais em laboratório.

Conclusão

I. O detergente (ou o xampu incolor, que também pode ser usado) é importante para retirar o DNA do interior das células, pois dissolve um tipo de molécula que faz parte da composição de determinadas estruturas da célula. Que molécula é essa e quais são essas estruturas?

II. Um estudante afirmou que os alimentos transgênicos são perigosos para a saúde porque possuem DNA. Embora alimentos transgênicos precisem ser testados para verificar riscos para a saúde e para o ambiente, o que há de errado com a frase do estudante?

UNIDADE

10 EVOLUÇÃO

Reconstituição artística de Lucy, pertencente à espécie *Australopithecus afarensis*. Essa espécie viveu entre 3,8 milhões e 2,9 milhões de anos atrás e possuía algumas características semelhantes às do chimpanzé e outras semelhantes às do ser humano. O estudo de fósseis é uma ferramenta para reconstituir a história evolutiva das espécies.

Com a teoria da evolução, procuramos explicar alguns fenômenos que observamos ao estudar os seres vivos. Tentamos entender, por exemplo, como as espécies podem se transformar ao longo do tempo dando origem a espécies novas; a razão de suas semelhanças e diferenças; e como as espécies desenvolvem adaptações que as ajudam a sobreviver e a se reproduzir em seu ambiente. Um dos mais conhecidos estudiosos da evolução foi o naturalista inglês Charles Darwin (1809-1882).

Michael Stravato/Associated Press/Glow Images

Mitsuhiko Imamori/Latinstock

CAPÍTULO

42

EVOLUÇÃO: LAMARCK, DARWIN E A TEORIA SINTÉTICA

Mariposa-esfinge (*Xanthopan morganii praedicta*; cerca de 6 cm de comprimento) alimentando-se do néctar da orquídea *Angraecum sesquipedale*.

A partir de seus estudos e observando a orquídea *Angraecum sesquipedale*, Charles Darwin imaginou que deveria existir um inseto que tivesse uma estrutura bucal suficientemente longa para alcançar o néctar dessa flor. Só depois de algum tempo foi descrita a mariposa-esfinge, que se alimenta no nectário dessa orquídea. As teorias científicas, como a teoria da evolução, permitem-nos fazer previsões com base em fatos.

- Você consegue explicar por que os grupos de seres vivos são tão diferentes?
- Você sabe o que são fósseis? Por que eles são importantes para o estudo da vida?
- Todas as características dos pais são passadas para os filhos?
- Como você explicaria as diferenças entre indivíduos de uma mesma espécie?
- O que você entende por "variabilidade genética"?

1. FIXISMO

De acordo com o **fixismo**, pensamento predominante no século XVIII, cada espécie teria surgido de maneira independente e permaneceria sempre com as mesmas características. Esse era o pensamento, por exemplo, de Lineu, que criou um sistema de classificação dos seres vivos, estudado no capítulo 17.

Ainda no século XVIII, precisamente em 1796, o naturalista francês Georges Cuvier (1769-1832; **figura 42.1**) observou, em suas escavações, a presença de fósseis de espécies diferentes das atuais em camadas mais profundas do solo, que correspondiam a estratos geológicos mais antigos. A explicação de Cuvier para esse fato era a de que as espécies antigas foram extintas por catástrofes naturais que ocorreram subitamente, e que as novas espécies teriam migrado de outras regiões.

Até o início do século XIX, a hipótese de uma transformação das espécies (**transformismo** ou **transmutação das espécies**) era discutida por alguns cientistas para explicar a diversidade das espécies e a existência de fósseis de organismos diferentes dos organismos atuais. No entanto, até aquele momento, os defensores dessa hipótese não apresentaram nenhuma teoria de como esse processo teria ocorrido.

Bettmann/Corbis/Latinstock

Figura 42.1 Naturalista francês Georges Cuvier.

2. LAMARCKISMO

Em 1809, o naturalista francês Jean-Baptiste Pierre Antoine de Monet, Chevalier de Lamarck, ou, simplesmente, Lamarck (1744-1829; **figura 42.2**), sugeriu um mecanismo para explicar a transformação das espécies.

Nesse ano, a tese de Lamarck foi expressa com detalhes no livro *Philosophie zoologique* (Filosofia zoológica). Contrariando as ideias fixistas da época, o francês defendia que os organismos atuais surgiram de outros mais simples e teriam uma tendência a se transformar, gradualmente, em seres mais complexos. Os seres mais simples, por sua vez, poderiam surgir por geração espontânea. A evolução seria, de acordo com Lamarck, guiada pelas necessidades dos organismos.

Atualmente, Lamarck é mais reconhecido por ter defendido duas leis que explicariam os mecanismos de transformação dos seres vivos: a **lei do uso e desuso** e a **lei da herança das características adquiridas**.

De acordo com a lei do uso e desuso, um órgão desenvolvia-se com o uso e atrofiava-se com o desuso. Assim, a língua comprida do tamanduá ou a do camaleão, por exemplo, teriam se desenvolvido em resposta às suas necessidades alimentares e ao uso frequente desse órgão, já que esses dois animais usam a língua para capturar e comer insetos. A segunda lei afirma que o **caráter adquirido**, resultante do desenvolvimento pelo uso ou da atrofia pelo desuso, seria transmitido aos descendentes. Partindo desse princípio, um halterofilista que teve seus músculos desenvolvidos por meio de exercícios físicos teria filhos com músculos mais desenvolvidos, por exemplo.

Universal Images Group/Getty Images

Figura 42.2 Em uma época em que muitos cientistas eram fixistas, Lamarck defendeu a teoria de que as espécies mudam com o tempo e descreveu um mecanismo por meio do qual isso deveria ocorrer.

CRÍTICAS ÀS IDEIAS DE LAMARCK

- Entre 1870 e 1875, o biólogo alemão August Weismann (1834-1914) estabeleceu a existência de duas linhagens de células – as **germinativas** (que originam os gametas) e as **somáticas** (que formam o corpo) – e mostrou que apenas as modificações surgidas na linhagem germinativa se transferem aos descendentes. Isso é comprovado com a Genética, que mostra que apenas os genes dos gametas passam para os descendentes.

- Existe um limite no qual o ambiente altera as características de um organismo. Embora a altura de uma pessoa possa variar, dependendo das condições em que o seu crescimento ocorre, essa variação não ultrapassará determinados valores máximos e mínimos previstos pelos genes dessa pessoa, por exemplo.
- O uso e desuso de órgãos e de outras estruturas não altera a sequência das bases do DNA que será transmitida aos descendentes. Fatores do ambiente podem alterar a expressão de certos genes (estudado pela Epigenética, como vimos no capítulo 36), mas, com exceção daqueles que provocam mutações, como a radiação, fatores ambientais não modificam a sequência das bases do DNA.
- Embora mutações alterem a sequência das bases do DNA, elas acontecem ao acaso e sua ocorrência não está relacionada às necessidades de um organismo.

3. DARWINISMO

Bettmann/Corbis/Latinstock

Figura 42.3 Charles Darwin pouco após a viagem do Beagle (aquarela de George Richmond, 1840).

Após terminar seus estudos na Universidade de Cambridge (Inglaterra), Charles Darwin foi convidado para uma viagem no barco da Real Marinha Britânica, o HMS Beagle, que tinha a missão inicial de explorar a costa da América do Sul, indo depois para a Nova Zelândia e para a Austrália. A viagem começou em 1831 e durou quase cinco anos (**figura 42.3**). Foi nela que Darwin juntou as principais informações para contestar definitivamente o fixismo.

Darwin esteve no Brasil por duas vezes, nos trajetos de ida e de volta de sua viagem. Na Argentina, Darwin encontrou fósseis de estranhos animais gigantescos (**figura 42.4 A** e **B**). Alguns eram semelhantes a tatus e outros se pareciam com preguiças, mas aqueles animais eram diferentes dos que eram observados vivos nos mesmos locais.

Isso fez com que Darwin se perguntasse por que os fósseis dos animais gigantes estavam nos mesmos lugares onde, hoje, podiam ser encontrados seus semelhantes em escala reduzida (**figura 42.4 C** e **D**). A explicação poderia estar na transformação das espécies a partir de ancestrais comuns, por meio da descendência com modificações. Darwin observou também que um mesmo tipo de animal mostrava diferenças de acordo com a região onde era encontrado: por exemplo, a ema encontrada ao norte da Patagônia era um pouco diferente da ema do sul da Patagônia (região entre o sul do Chile e da Argentina).

A

Luis Moura/Arquivo da editora

C

Fabio Colombini/Acervo do fotógrafo

D

Fabio Colombini/Acervo do fotógrafo

B

Luis Moura/ Arquivo da editora

Figura 42.4 Nas ilustrações, reconstituição de um tatu-gigante (**A**; gênero *Glyptodon*; cerca de 3 m de comprimento), e de uma preguiça-gigante (**B**; gênero *Megatherium*; cerca de 6 m de comprimento). Ambos viveram na América do Sul e se extinguiram há alguns milhares de anos (os elementos não estão na mesma escala; cores fantasia). Nas fotos, um tatu-galinha (**C**; *Dasypus novemcinctus*; 38 cm a 58 cm de comprimento) e uma preguiça-de-coleira (**D**; *Bradypus torquatus*; cerca de 50 cm de comprimento).

Darwin passou quatro semanas no arquipélago de Galápagos, um conjunto de ilhas vulcânicas no oceano Pacífico, a cerca de 970 quilômetros da costa ocidental da América do Sul. Ele observou que lá havia várias plantas e animais que não existiam em nenhum outro lugar, como cactos, iguanas marinhas, tartarugas de grande porte e aves (**figura 42.5**), dentre elas muitas espécies de pássaros do grupo dos fringilídeos (família Fringillidae), que ficaram conhecidos como tentilhões de Darwin.

Arquipélago de Galápagos

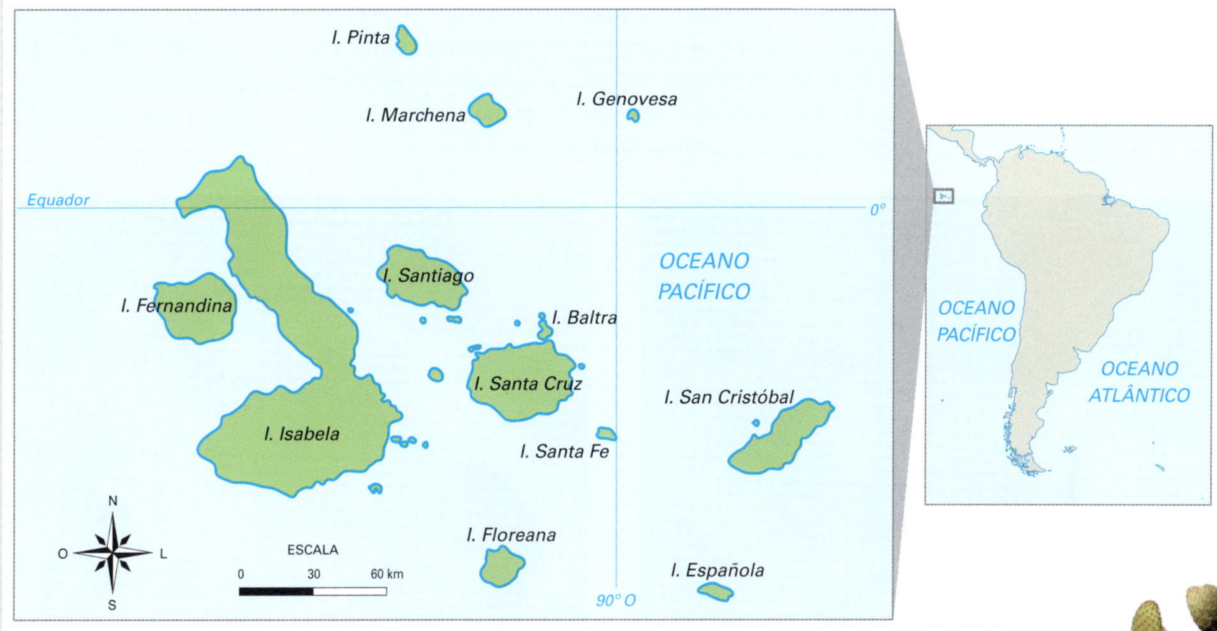

Portal de Mapas/Arquivo da editora

Adaptado de: ATLANTE geografico metodico De Agostini 2011-2012. Novara: Istituto Geografico De Agostini, 2011.

Figura 42.5 Ilhas Galápagos e alguns dos seres vivos encontrados exclusivamente no arquipélago.

Patola-de-pés-azuis (*Sula nebouxii*; cerca de 80 cm de comprimento).

Minden Pictures/Latinstock

Cacto (*Opuntia echios*; até 12 m de altura) endêmico de Galápagos.

Michael Zysman/Shutterstock/Glow Images

Tartaruga-gigante de Galápagos (*Chelonoidis nigra*), que atinge até 1,80 m de comprimento e 250 kg de peso.

M. Reel/Shutterstock

Apenas em Galápagos é encontrada a iguana marinha (*Amblyrhynchus cristatus*; de 0,6 m a 1,30 m de comprimento).

Ryan M. Bolton/Shutterstock

Durante a visita às ilhas, Darwin não deu muita atenção a esses pássaros, que se diferenciavam principalmente pelo tamanho e formato do bico. Só começou a pensar a respeito quando retornou à Inglaterra e, consultando especialistas, descobriu que eles eram de espécies diferentes.

Darwin notou que as diferentes espécies de tentilhões do arquipélago eram muito parecidas com outra espécie de tentilhão que vivia no continente vizinho, cujo clima e outras condições ambientais eram diferentes daquelas existentes nas ilhas. Supôs, então, que as espécies do arquipélago não deveriam ter surgido nas próprias ilhas e permanecido imutáveis, mas teriam se originado de espécies provenientes do continente, o que explicaria a semelhança entre elas. Ao longo do tempo, essas espécies teriam se diversificado e se adaptado às condições do ambiente. Por exemplo, o formato do bico estaria adaptado ao tipo de alimentação disponível no local ocupado por elas (**figura 42.6**).

Tentilhão que se alimenta de cacto (*Geospiza scandens*).

Tentilhão que se alimenta de insetos (*Camarhynchus pallidus*).

Figura 42.6 Duas espécies de tentilhões observadas por Darwin em Galápagos. A semelhança entre as espécies de tentilhões do arquipélago e os tentilhões do continente (costa ocidental da América do Sul) levou Darwin a supor que uma espécie ancestral do continente teria dado origem às espécies insulares (os tentilhões medem de 10 cm a 20 cm de comprimento).

Com base em suas observações, Darwin criou algumas perguntas que precisavam de explicações:

- Por que as ilhas do arquipélago, que apresentavam solo e clima muito semelhantes, não tinham a mesma flora e a mesma fauna?
- Por que elas apresentavam flora e fauna muito mais parecidas com as existentes nas regiões continentais vizinhas do que parecidas com as das próprias ilhas?
- Por que havia duas espécies de ema (*Rhea americana* e *Rhea pennata*) em regiões tão próximas da América do Sul?

Era difícil responder a essas e a outras perguntas com base no fixismo. No entanto, era possível respondê-las caso se admitisse que espécies semelhantes seriam descendentes de uma espécie ancestral comum e teriam surgido por meio de uma série de modificações. Qual seria então o mecanismo para explicar a transformação das espécies?

A EVOLUÇÃO POR SELEÇÃO NATURAL

Darwin começou a suspeitar que o mecanismo da evolução poderia ter alguma semelhança com a **seleção artificial**, processo em que o ser humano seleciona para reprodução espécimes animais e vegetais com características desejáveis e despreza as demais. É dessa forma que surgem as raças de cães, carneiros, cavalos, vacas; as variedades de plantas comestíveis; etc. (**figura 42.7**).

Figura 42.7 Da mostarda-selvagem (*Brassica* sp.; 30 cm a 1 m de altura), por meio de cruzamentos conduzidos pelo ser humano, foram obtidos o repolho, a couve-de-bruxelas, o brócolis e a couve-flor (os elementos não estão na mesma escala).

Analisando as ideias do economista e clérigo inglês Thomas Malthus (1766-1834) sobre populações, Darwin concluiu que nem todos os organismos que nascem conseguem sobreviver ou – o que é mais importante – reproduzir-se.

Malthus afirmava que as populações tendem a crescer em progressão geométrica (1, 2, 4, 8, 16, etc.), mas os recursos para sustentar os indivíduos (como o alimento) cresceriam bem mais devagar, em progressão aritmética (1, 2, 3, 4, 5, etc.). Assim, para Darwin, os indivíduos com mais oportunidades de sobrevivência seriam aqueles com características apropriadas para enfrentar as condições ambientais; eles teriam maior probabilidade de se reproduzir e deixar descendentes férteis.

As características favoráveis tenderiam a ser preservadas e as desfavoráveis, destruídas. Darwin denominou essa tendência de preservação das variações favoráveis e de rejeição das variações prejudiciais de **seleção natural**. Segundo ele, pelo lento e constante processo de seleção ao longo das gerações, as espécies podem diversificar-se e tornar-se adaptadas ao ambiente em que vivem.

Veja na **figura 42.8** um exemplo de como a seleção natural promove uma mudança nas populações.

Figura 42.8 Um exemplo de seleção natural (coruja com cerca de 60 cm de comprimento; rato com cerca de 15 cm de comprimento, fora a cauda; os elementos não estão na mesma escala; cores fantasia).

Você pode observar que a frequência de ratos de pelos mais claros na população está aumentando ao longo das gerações e a de ratos de pelos pretos, diminuindo. Nesse ambiente em particular, as corujas, que se alimentam de ratos, localizam com maior facilidade os ratos pretos do que os ratos mais claros, já que estes últimos, cuja cor se confunde com a cor do solo, ficam mais camuflados. Assim, no futuro, a população poderá ser formada apenas por esses ratos.

Isso ocorre porque são favorecidas as características que aumentam as chances de um indivíduo alcançar a idade reprodutiva, levando-o indiretamente ao sucesso reprodutivo. Esse sucesso pode ser o resultado de vários tipos de adaptação. Algumas aumentam a chance de o organismo conseguir comida (maior velocidade, dentes mais fortes, etc.); outras o ajudam a se defender ou fugir dos predadores (conforme o exemplo) ou a sobreviver às condições físicas do ambiente (proteção contra o frio, contra a perda de água, etc.). Essas adaptações aumentam a chance de sobrevivência do indivíduo e, consequentemente, suas oportunidades de chegar à idade reprodutiva.

As conclusões de Darwin não foram publicadas após a viagem a bordo do Beagle. Ele continuou recolhendo provas e trabalhando em sua teoria por mais vinte anos. Em 1858, Darwin recebeu um pequeno manuscrito do cientista inglês Alfred Russel Wallace (1823-1913), intitulado *A tendência das variedades de se afastarem indefinidamente do tipo original*. Para sua surpresa, Wallace tinha chegado às mesmas conclusões que ele.

Um resumo do trabalho de Darwin e o ensaio de Wallace foram publicados em conjunto por uma instituição científica, a Linnean Society of London, mas não despertaram muita atenção. Em 1859 saiu a primeira edição do livro de Darwin, *Sobre a origem das espécies por meio da seleção natural, ou a preservação das raças favorecidas na luta pela vida* (mais conhecido como *A origem das espécies*).

Embora alguns cientistas prefiram falar em teoria de Darwin-Wallace, Darwin tem o mérito de ter apresentado imensa série de evidências a favor de sua teoria e, por isso, para muitos cientistas, esse seria o principal motivo de a teoria da evolução ser mais identificada com o nome dele do que com o de Wallace. Outros também atribuem esse crédito ao maior prestígio científico e social de Darwin na época.

SELEÇÃO SEXUAL

Darrell Gulin/Corbis/Getty Images

Darwin também observou que algumas características foram selecionadas e se espalharam na população porque ajudam o indivíduo a conseguir um parceiro sexual. Em certas espécies, os machos lutam entre si para conseguir fêmeas. Apenas os animais que ganham a disputa conseguem reproduzir-se. Nesse caso, são favorecidas características como força física, chifres, garras, etc. Em outras espécies, as fêmeas escolhem os machos com quem vão se acasalar e prevalecem as características que tornam os machos mais atraentes. Por exemplo, os pavões exibem-se para as fêmeas, que escolhem aqueles com cauda mais vistosa; o resultado é que, ao longo das gerações, a cauda do pavão torna-se maior e mais vistosa (**figura 42.9**).

Figura 42.9 Pavão macho (1,8 m a 2,3 m de altura com a cauda aberta) exibindo a plumagem (as fêmeas preferem acasalar com pavões de cauda grande e vistosa).

O processo pelo qual certas características sexuais se propagam, por causa da maior facilidade para conseguir parceiros para a reprodução, é chamado **seleção sexual**.

Para alguns pesquisadores, características como a cauda do pavão e o colorido das penas de muitos pássaros ou das escamas de várias espécies de peixes funcionam como um sinal de que o animal não tem doenças causadas por parasitas. Nesse caso, a fêmea estaria escolhendo justamente os animais mais saudáveis para ter filhotes, que poderão herdar as características responsáveis pelo sucesso dos pais.

CRÍTICAS ÀS IDEIAS DE DARWIN

Os conceitos de genes, mutação e recombinação genética ainda não eram conhecidos na época. Assim, Darwin não sabia explicar como apareciam indivíduos com novas características, como uma girafa com um pescoço maior que o de seus pais, por exemplo.

Darwin desconhecia também as leis da hereditariedade de Mendel e admitia que, além da seleção, em certos casos, poderia ocorrer a herança dos caracteres adquiridos. A falta de evidências acerca desses mecanismos de hereditariedade, portanto, fizeram com que muitos cientistas se mantivessem céticos a respeito da teoria da evolução por seleção natural.

ACESSE E SAIBA MAIS

Sexo e mistura genética

<www.ib.usp.br/evosite/evo101/IIIC5aShufflingdetails.shtml>

Acesso em: 31 jul. 2018.

BIOLOGIA E SOCIEDADE

A teoria da evolução e os limites da ciência

Em linguagem coloquial, a palavra "teoria" pode ser usada com diferentes significados, por exemplo, como sinônimo de hipótese ("eu tenho uma teoria para explicar isso"). Em contexto científico, porém, o uso desse termo é restrito: para a ciência, teoria é o conjunto de conceitos, leis e modelos que fornecem uma explicação para uma série de fenômenos em determinada área do conhecimento. Com base nas teorias científicas, são formuladas hipóteses, que devem ser testadas por meio de observações ou de experimentos.

Em relação à história da vida na Terra, o consenso dentro da comunidade científica é de que há evidências suficientes (como veremos ao longo desta unidade) para considerar que houve evolução biológica, ou seja, a evolução das espécies em nosso planeta pode ser considerada um fato – e a teoria da evolução procura explicar como isso ocorreu e continua a ocorrer. O que não significa que a teoria esteja pronta e acabada: vários pontos dela continuam a ser debatidos; por exemplo, a importância relativa dos diversos fatores da evolução. Ainda assim, para a comunidade científica, não há, pelo menos por enquanto, outra teoria capaz de explicar tantos fatos e de gerar novas observações e novos campos de pesquisa.

Apropriar-se do conhecimento científico sem princípios éticos, porém, foi o grande engano do movimento conhecido como "darwinismo social". No século XIX, os defensores dessa ideia usaram o conceito de seleção natural aplicado à sociedade para explicar e naturalizar o domínio dos mais fortes sobre os mais fracos. O primeiro erro foi supor que a biologia é o único fator que influencia o ser humano, esquecendo a importância dos valores sociais e culturais. O segundo foi relacionar um fenômeno natural, a evolução, com fenômenos humanos históricos e sociais, extrapolando fatos naturais para questões éticas e ignorando a complexidade da cultura humana.

4. TEORIA SINTÉTICA DA EVOLUÇÃO

Nas primeiras décadas do século XX, pesquisadores trabalharam em uma teoria que sintetizasse os conceitos do darwinismo, as leis de Mendel e o que foi descoberto a respeito das mutações. Esse trabalho envolveu diversas equipes de cientistas, como Ronald A. Fischer (1890-1962), J. B. S. Haldane (1892-1964), Sewall Wright (1889-1988), Theodosius Dobzhansky (1900-1975), George Gaylord Simpson (1902-1984), G. Ledyard Stebbins (1906-2000) e Ernst Mayr (1904-2005), terminando por dar origem à teoria atual, conhecida como **teoria sintética da evolução**.

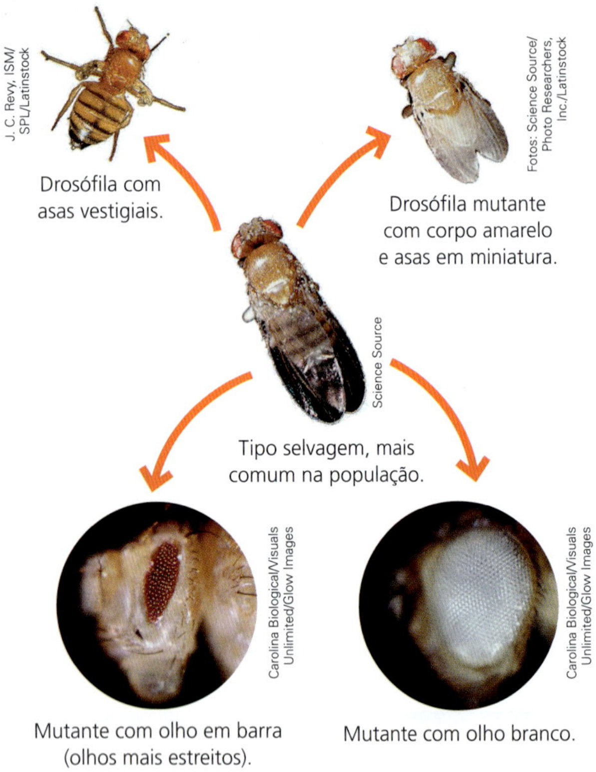

Figura 42.10 Mutações que geram novas características em drosófila (cerca de 3 mm de comprimento; os elementos não estão na mesma escala).

VARIABILIDADE GENÉTICA: MUTAÇÕES E REPRODUÇÃO SEXUADA

Como vimos no capítulo 9, mutação é uma mudança na sequência de bases do DNA e pode ser provocada por diversos fatores, como:

- defeitos no mecanismo de duplicação do DNA;
- raios ultravioleta e a radioatividade;
- certos vírus;
- ação de produtos químicos, como benzimidazol, ácido nitroso, hidrazina e gás mostarda.

Quando ocorrem nas células somáticas, as mutações não causam nenhum efeito evolutivo, pois elas não são transmitidas aos descendentes. No entanto, se ocorrerem nas células germinativas, podem passar às gerações seguintes e gerar novas características (**figura 42.10**).

Em razão da existência de um mecanismo de reparo de DNA, as mutações são um acontecimento raro; portanto, em princípio, sua frequência é muito baixa na população. Além disso, como a população está normalmente bem adaptada ao ambiente em que se encontra, é mais provável que uma mutação seja neutra (sem vantagens adaptativas aparentes) ou provoque o surgimento de características desvantajosas. As mutações que provocam mudanças pequenas e que, eventualmente, trazem alguma vantagem podem se acumular ao longo das gerações por meio da seleção natural.

As mutações ocorrem independentemente de seu valor adaptativo. A chance de uma mutação aparecer não está relacionada à vantagem que ela poderá conferir ao seu portador. Mas se por acaso aparecer alguma mutação favorável, ela será selecionada positivamente e o número de indivíduos que a apresentam aumentará com o passar do tempo. Isso significa que, ao contrário da mutação, a seleção natural não é um processo aleatório: não é por acaso que os insetos resistentes a inseticidas ou as bactérias resistentes a antibióticos aumentam de número em ambientes com esses produtos. Por isso, não se pode dizer que a evolução como um todo ocorra ao acaso.

Como vimos no capítulo 11, a reprodução assexuada gera filhos iguais aos pais. As únicas modificações resultam de mutações ocasionais. Na reprodução sexuada, a meiose produz grande variedade de gametas, que, devido ao arranjo ao acaso e à permutação, podem originar muitos filhos geneticamente diferentes (como vimos no capítulo 10). Essas infinitas possibilidades de recombinação produzem grande **diversidade genética**.

Desse modo, embora a reprodução sexuada não crie novos alelos como a mutação, ela também aumenta a variabilidade genética, condição necessária para a evolução. Sem variabilidade genética, não pode haver seleção natural nem evolução.

Como vimos no capítulo 11, alguns cientistas defendem a tese de que a variabilidade resultante da reprodução sexuada protege as populações contra parasitas.

SELEÇÃO NATURAL E A TEORIA SINTÉTICA

Podemos aplicar esses conhecimentos sobre variabilidade genética nos casos de seleção natural. Esse processo pode ser facilmente observado em populações que se reproduzem de forma rápida, como bactérias e certos insetos que atacam plantações. Vejamos o exemplo a seguir.

Em colônias de bactérias aparecem, eventualmente e ao acaso, alguns indivíduos que apresentam um gene que confere resistência a determinado antibiótico. Logo que esse gene aparece, os indivíduos com a resistência são raros. No entanto, quando o antibiótico é aplicado, esses mutantes passam a ter maior possibilidade de sobreviver do que os indivíduos sensíveis, que são a maioria na população. Por isso a frequência de indivíduos resistentes aumenta aos poucos e eles podem acabar constituindo, depois de algum tempo, praticamente toda a população.

Se não houver antibiótico no meio em que essa bactéria mutante se encontra, a característica não lhe traz nenhuma vantagem. A presença do antibiótico, no entanto, pode alterar essa situação: as bactérias sensíveis morrem e as resistentes sobrevivem e aumentam em número na população. O gene mutante também pode ser transferido para outras bactérias por conjugação ou por meio de vírus que infectam bactérias (bacteriófagos); as bactérias também podem adquiri-lo ao incorporar material genético liberado no ambiente por bactérias mortas que o continham (**figura 42.11**).

A evolução explica, então, por que encontramos hoje várias linhagens de bactérias resistentes a antibióticos, como a penicilina, que começou a ser utilizada a partir da década de 1940.

Um fenômeno semelhante ao que ocorre com as bactérias e os antibióticos acontece com insetos e inseticidas.

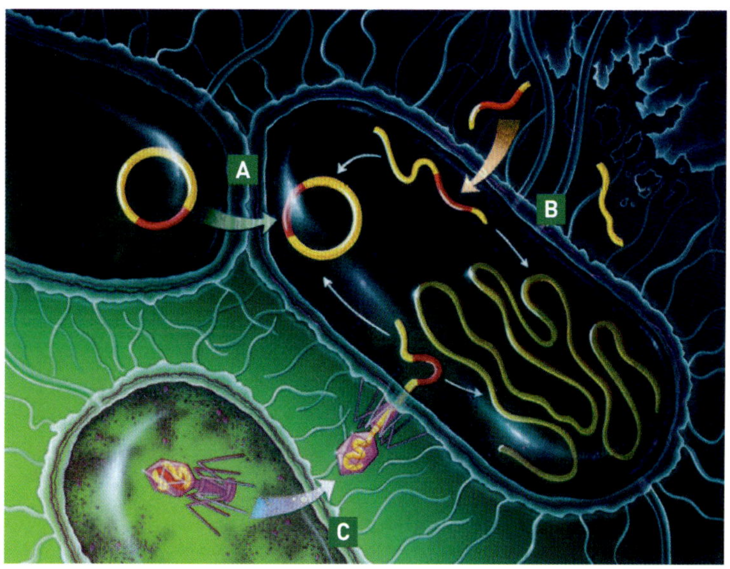

Bryson Biomedical Illustrations/SPL/Latinstock

Figura 42.11 Três formas de surgir resistência a antibióticos, além da divisão celular: a bactéria recebe um plasmídeo de outra bactéria, com gene que confere resistência (**A**); a bactéria incorpora segmentos de DNA de células mortas (**B**) ou de um vírus (**C**). A outra forma, a mutação, não está representada (os elementos não estão na mesma escala; cores fantasia).

ACESSE E SAIBA MAIS

Tipos de mutação
<www.ib.usp.br/evosite/evo101/IIIC3aTypes.shtml>

Seleção natural
<www.ib.usp.br/evosite/evo101/IIIENaturalSelection.shtml>
Acesso em: 31 jul. 2018.

BIOLOGIA E SAÚDE

Anemia falciforme: seleção natural na espécie humana

Em certas regiões da África, a frequência de um alelo que causa a **anemia falciforme** (ou **siclemia**) tornou-se muito alta. Esse alelo produz uma hemoglobina anormal em forma de meia-lua. Os indivíduos homozigotos que possuem esses dois alelos apresentam anemia e problemas circulatórios que podem ser fatais; os heterozigotos ou não têm a doença ou a têm em forma branda, com menos prejuízos à sobrevivência.

Os heterozigotos são também mais resistentes à malária, doença que ataca as hemácias e que é comum nessas regiões da África. Os heterozigotos são resistentes porque as hemácias com má-formação são destruídas pelo baço antes que o parasita complete seu desenvolvimento.

Assim, os indivíduos heterozigotos têm vantagem sobre as pessoas sem alelos para anemia falciforme, pois estas podem contrair a doença, e sobre os portadores de alelos para a anemia falciforme em homozigose, pois eles morrem cedo. A sobrevivência dos heterozigotos garante, naquelas regiões africanas, uma frequência maior desses indivíduos do que em regiões onde não há malária.

ATIVIDADES

Questões discursivas

1. Se a transmissão de características adquiridas fosse válida, como deveria ser a cor da pele do filho de um casal, ambos de pele originalmente muito branca, mas que tomaram muito sol, por longos períodos, antes de gerá-lo? Explique por que isso não é observado.

2. A domesticação do ancestral do cão provavelmente começou há cerca de 30 mil anos e deu origem a uma nova espécie, o cão doméstico, que conta com raças de grande diversidade de aparência.
   a) Explique como o ser humano conseguiu produzir raças de cães tão diferentes quanto bassês e labradores, por exemplo.
   b) Que semelhança há entre esse processo e um dos conceitos mais importantes da teoria da evolução de Darwin? Qual é esse conceito?

3. Certa mutação provocada por radioatividade resulta obrigatoriamente em uma característica que dá resistência à radioatividade? Justifique sua resposta.

4. Utilizando seus conhecimentos sobre evolução, explique por que a vacina contra a gripe precisa ser tomada todos os anos.
   (Acesse o *site* do Portal do Ministério da Saúde <http://portalms.saude.gov.br/> para mais informações a respeito da vacinação contra a gripe. Acesso em: 18 jul. 2018.)

5. Algumas linhagens de microrganismos são capazes de usar como alimento moléculas sintéticas, isto é, que não existiam na natureza e foram fabricadas pelo ser humano. Um exemplo é uma linhagem de bactérias do gênero *Pseudomonas*, capazes de produzir enzimas que quebram ligações químicas das moléculas de um subproduto do náilon (o náilon começou a ser produzido na década de 1940). Em um experimento de laboratório, linhagens dessa bactéria que não fabricam a enzima foram cultivadas por várias gerações em um meio de cultura com esse subproduto, até que um mutante capaz de digeri-lo apareceu. Foi o material sintético que provocou o aparecimento desse mutante? Justifique sua resposta.

6. (UFRN) A restrição à venda de antibióticos no Brasil foi uma medida tomada em função do aparecimento de bactérias super-resistentes. Atualmente, com os avanços na área da Genética e da Biologia molecular, uma das explicações aceitas para o surgimento dessas bactérias é a ocorrência de mutações, a partir das quais haveria uma mudança aleatória em um determinado gene, e, dessa forma, as bactérias passariam a apresentar resistência ao antibiótico.
   No passado, sem o conhecimento da Genética e da Biologia molecular, Lamarck e Darwin elaboraram explicações para o surgimento de novas variedades de seres vivos.
   Nesse contexto, como pode ser explicado o surgimento de bactérias super-resistentes
   a) com base na teoria da evolução de Lamarck?
   b) com base na teoria da evolução de Darwin?

7. (Unicamp-SP) Os antepassados dos golfinhos tinham patas, que, de tanto serem usadas para a natação, foram se transformando em nadadeiras.
   a) A frase acima está de acordo com a teoria de Lamarck ou com a teoria de Darwin? Justifique relacionando a teoria escolhida com a frase.
   b) Por que a frase está em desacordo com a teoria não escolhida?

8. (Unicamp-SP) O gráfico abaixo mostra a variação ao longo do tempo na frequência de dois fenótipos, relativos à forma do bico de uma espécie de ave. Os pesquisadores notaram uma relação dessa variação fenotípica com uma alteração na disponibilidade de diferentes tipos de organismos predados por essas aves e atribuíram a variação observada à seleção natural.

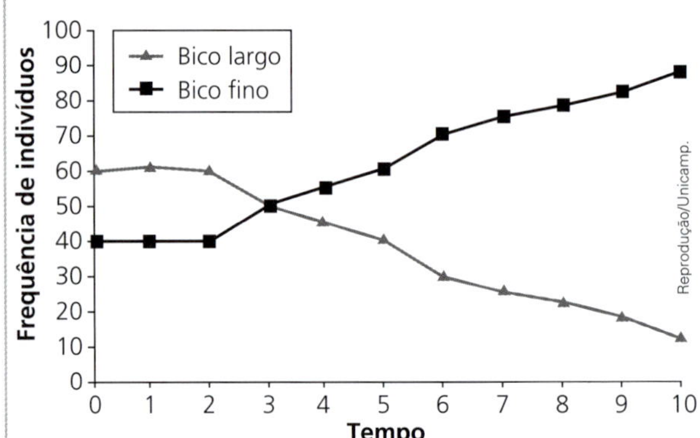

   a) Explique como a variação em populações de presas pode causar as mudanças nas frequências dos fenótipos mostradas no gráfico.
   b) Como o darwinismo explica o mecanismo de adaptação como parte do processo evolutivo?

9. (Fuvest-SP) Uma colônia de bactérias em que todos os indivíduos se originaram de uma única célula era incapaz de metabolizar lactose. Durante várias gerações, essas bactérias foram cultivadas em meio que continha glicose e lactose. Dessa cultura, foram retiradas duas amostras com quantidades iguais de células, que foram transferidas para novos meios de cultura: o meio **A** continha apenas glicose e o meio **B**, apenas lactose como únicas fontes de carbono.

O gráfico abaixo mostra as curvas de crescimento bacteriano nas culturas **A** e **B**.

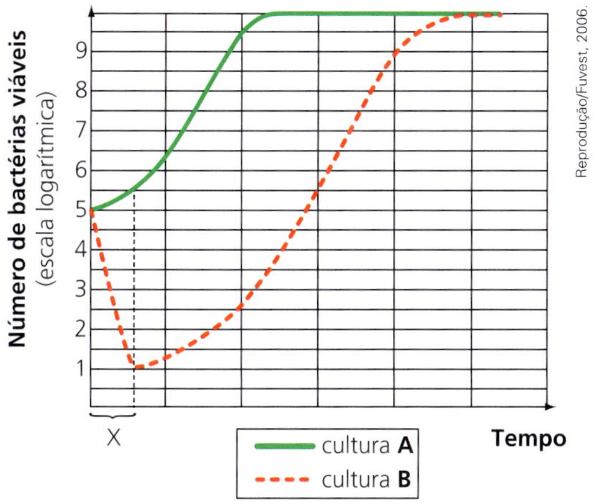

a) Como surgiram as bactérias capazes de sobreviver na cultura **B**?

b) Dê a razão para a diferença entre as curvas **A** e **B** no intervalo **X**.

Questões objetivas

1. (Enem-MEC) Os anfíbios são animais que apresentam dependência de um ambiente úmido ou aquático. Nos anfíbios, a pele é de fundamental importância para a maioria das atividades vitais, apresenta glândulas de muco para conservar-se úmida, favorecendo as trocas gasosas e, também, pode apresentar glândulas de veneno contra microrganismos e predadores.

   Segundo a teoria evolutiva de Darwin, essas características dos anfíbios representam a:

   a) lei do uso e desuso.
   b) atrofia do pulmão devido ao uso contínuo da pele.
   c) transmissão de caracteres adquiridos aos descendentes.
   d) futura extinção desses organismos, pois estão mal-adaptados.
   e) seleção de adaptações em função do meio ambiente em que vivem.

2. (Enem-MEC) Alguns anfíbios e répteis são adaptados à vida subterrânea. Nessa situação, apresentam algumas características corporais como, por exemplo, ausência de patas, corpo anelado que facilita o deslocamento no subsolo e, em alguns casos, ausência de olhos.

   Suponha que um biólogo tentasse explicar a origem das adaptações mencionadas no texto utilizando conceitos da teoria evolutiva de Lamarck. Ao adotar esse ponto de vista, ele diria que:

   a) as características citadas no texto foram originadas pela seleção natural.
   b) a ausência de olhos teria sido causada pela falta de uso dos mesmos, segundo a lei do uso e desuso.
   c) o corpo anelado é uma característica fortemente adaptativa, mas seria transmitida apenas à primeira geração de descendentes.
   d) as patas teriam sido perdidas pela falta de uso e, em seguida, essa característica foi incorporada ao patrimônio genético e então transmitida aos descendentes.
   e) as características citadas no texto foram adquiridas por meio de mutações e depois, ao longo do tempo, foram selecionadas por serem mais adaptadas ao ambiente em que os organismos se encontram.

3. (Enem-MEC) As cobras estão entre os animais peçonhentos que mais causam acidentes no Brasil, principalmente na área rural. As cascavéis (*Crotalus*), apesar de extremamente venenosas, são cobras que, em relação a outras espécies, causam poucos acidentes a humanos. Isso se deve ao ruído de seu "chocalho", que faz com que suas vítimas percebam sua presença e as evitem. Esses animais só atacam os seres humanos para sua defesa e se alimentam de pequenos roedores e aves. Apesar disso, elas têm sido caçadas continuamente, por serem facilmente detectadas.

   Ultimamente os cientistas observaram que essas cobras têm ficado mais silenciosas, o que passa a ser um problema, pois, se as pessoas não as percebem, aumentam os riscos de acidentes.

   A explicação darwinista para o fato de a cascavel estar ficando mais silenciosa é que

   a) a necessidade de não ser descoberta e morta mudou seu comportamento.
   b) as alterações no seu código genético surgiram para aperfeiçoá-la.
   c) as mutações sucessivas foram acontecendo para que ela pudesse adaptar-se.
   d) as variedades mais silenciosas foram selecionadas positivamente.
   e) as variedades sofreram mutações para se adaptarem à presença de seres humanos.

4. (Furg-RS) Um naturalista soltou 200 casais de pássaros da mesma espécie numa ilha afastada do continente, onde predominavam árvores com frutos de casca muito dura. Destes, 50% eram da variedade **X**, que possuía bico longo e forte, e 50% eram da variedade **Y**, com bicos curtos e fracos. Após alguns anos, pesquisadores capturaram 400 pássaros, ao acaso, e observaram 286 indivíduos da variedade **X** e 114 da variedade **Y**, o que levou à formulação de duas hipóteses:

Hipótese I: Indivíduos da variedade **Y** desenvolveram gradualmente bicos maiores e mais fortes, até se tornarem semelhantes e igualmente adaptados àqueles da variedade **X**.

Hipótese II: O tipo de alimento funcionou como fator determinante na escolha dos pássaros mais adaptados àquele ambiente, fazendo com que a variedade **X** obtivesse maior sucesso em relação à sobrevivência.

Com base no exposto, indique as teorias e leis utilizadas para a formulação das hipóteses I e II, respectivamente:

a) A teoria do transformismo e a lei do uso e desuso de Lamarck.

b) A lei do uso e desuso de Lamarck e a teoria da seleção natural de Darwin.

c) A teoria da seleção natural de Darwin e a teoria do transformismo.

d) Ambas utilizaram a lei do uso e desuso de Lamarck.

e) Ambas utilizaram a teoria da seleção natural de Darwin.

5. (UFG-GO) Leia o texto a seguir.

Há uma grandeza nessa visão da vida. A partir de um início tão simples, infinitas formas, as mais belas e maravilhosas evoluíram e continuam evoluindo...

(Disponível em: <www.dominiopublico.gov.br>. Acesso em: 3 out. 2009.)

O pensamento descrito no texto reflete o conhecimento de que:

a) os caracteres adquiridos em função do uso e desuso são transmitidos hereditariamente.

b) o genótipo sofre sucessivas mutações de uma geração para outra.

c) os organismos surgiram espontaneamente a partir da matéria não viva.

d) as espécies descendem umas das outras e estão ligadas por ancestral comum.

e) os seres vivos surgiram já adaptados ao ambiente e permanecem imutáveis.

6. (Enem-MEC) Embora seja um conceito fundamental para a Biologia, o termo "evolução" pode adquirir significados diferentes no senso comum. A ideia de que a espécie humana é o ápice do processo evolutivo é amplamente difundida, mas não é compartilhada por muitos cientistas.

Para esses cientistas, a compreensão do processo citado baseia-se na ideia de que os seres vivos, ao longo do tempo, passam por

a) modificação de características.

b) incremento no tamanho corporal.

c) complexificação de seus sistemas.

d) melhoria de processos e estruturas.

e) especialização para uma determinada finalidade.

7. (UFJF-MG) Em função da ocorrência de pragas em sua lavoura, um agricultor usou, durante anos seguidos, um produto químico não mutagênico para o combate aos insetos. Gradativamente, a eficácia do produto no controle dos insetos foi reduzida. Sobre o episódio descrito é correto afirmar que:

a) o produto químico provocou alterações no DNA dos insetos.

b) o produto químico provocou alterações no RNA dos insetos.

c) o produto químico perdeu sua eficácia em função do prazo de validade.

d) os indivíduos resistentes já existiam na população e foram selecionados.

8. (FGV-SP) Em entrevista aos meios de comunicação, o infectologista David Uip, à época diretor-executivo do Incor, afirmou que, ao longo dos últimos séculos, as epidemias têm se tornado menos avassaladoras, ou seja, algumas doenças, apesar do alto potencial de transmissão, apresentam taxas de mortalidade menores que antigamente. Tal fato, cogita o médico, deve-se à "esperteza" do vírus, adquirida ao longo das gerações. Essa propriedade do elemento viral — a sua esperteza — pode ser compreendida no contexto de um conceito biológico que é:

a) a mutação. Os vírus sofrem mutações específicas visando tornarem-se menos virulentos. Desse modo, propiciam quadros mais leves da doença, o que resulta em menor número de óbitos, além de permitir que proliferem por mais tempo.

b) a evolução. Os vírus evoluem visando tornarem-se menos virulentos. Desse modo, propiciam quadros mais leves da doença, o que resulta em menor número de óbitos, além de permitir que proliferem por mais tempo.

c) a seleção natural. As formas mais virulentas são eliminadas juntamente com seus hospedeiros e as formas que propiciam quadros mais leves da doença, o que resulta em menor número de óbitos, acabam por se proliferar por mais tempo.

d) a adaptação. Independentemente dos vírus, os hospedeiros se adaptam ao grau de virulência do agente patogênico, tornando-se mais resistentes à doença, o que resulta em menor número de óbitos e oportunidade para os vírus proliferarem por mais tempo.

e) a competição. As formas mais virulentas do agente patogênico, mais eficientes em provocar a doença, proliferam mais rapidamente que as formas menos virulentas. Desse modo, ao longo das gerações, aumentam em frequência na população de hospedeiros.

9. (FGV-SP)

A respeito da tendência das espécies em formar variedades e da perpetuação das variedades e espécies por meios naturais de seleção.

Assim começava a leitura dos trabalhos de Charles Darwin e Alfred Russel Wallace, há 150 anos, na noite de 10 de julho de 1858, em uma reunião da Sociedade Lineana, em Londres.

Desde então, muito se pesquisou sobre os mecanismos evolutivos e estabeleceu-se que a sequência de eventos que explica a mudança evolutiva da população é:

a) alteração do fenótipo → mutação → alteração do genótipo → seleção.
b) mutação → variabilidade de genótipos → variabilidade de fenótipos → seleção.
c) seleção → alteração do fenótipo → produção de novos alelos → mutação.
d) variabilidade de fenótipos → variabilidade de genótipos → mutação → seleção.
e) variabilidade de fenótipos → produção de novos alelos → seleção → mutação.

10. (UFSM-RS)

Aproximadamente 30 milhões de hectares do planeta são afetados por sais, e de 0,25 a 0,5 milhão de hectares de área produtiva é perdido a cada ano em função da salinização do solo.

Fonte: FAO, 2002 apud Willadino & Camara, 2010. (adaptado).

A informação apresentada tem preocupado agricultores, ambientalistas e pesquisadores. Em busca de novos cultivares de plantas adaptadas a solos com maior salinidade, pesquisadores do mundo inteiro estão intensificando estudos sobre espécies de plantas halófitas, que são naturalmente adaptadas a altas concentrações de sais no solo. Considerando-se os mecanismos gerais de evolução por seleção natural, apresentados por Darwin e Wallace, é possível inferir:

a) Futuramente, todas as espécies cultivadas estarão adaptadas ao excesso de sais no solo, pois, ao longo do seu crescimento, cada indivíduo realizará adequações metabólicas profundas que garantirão sua sobrevivência.
b) Para que as plantas se adaptem a solos com alta salinidade, basta submetê-las lentamente a doses crescentes de solução salina, estimulando a ocorrência de mutações que as tornarão resistentes.
c) Poderão ocorrer mutações ao acaso em certos indivíduos, algumas delas conferindo resistência à alta salinidade e permitindo maior sucesso reprodutivo dos indivíduos portadores dessa mutação nos solos com alta salinidade, em comparação com aqueles indivíduos não portadores da mutação.
d) Poderão ocorrer mutações específicas, causadas pelo excesso de sais, que serão direcionadas pela planta para resistência à alta salinidade.
e) É inútil procurar novas plantas adaptadas à alta salinidade do solo além das já conhecidas, pois as espécies são imutáveis.

11. (PUC-RJ) Foram introduzidas em dois frascos, que continham um mesmo meio de cultura, quantidades idênticas de um tipo de bactéria. Após algum tempo de incubação, adicionou-se a apenas um dos frascos um antibiótico estável, de uso frequente na clínica e cuja concentração não se modificou durante todo o experimento. O gráfico a seguir representa a variação do número de bactérias vivas no meio de cultura, em função do tempo de crescimento bacteriano em cada frasco.

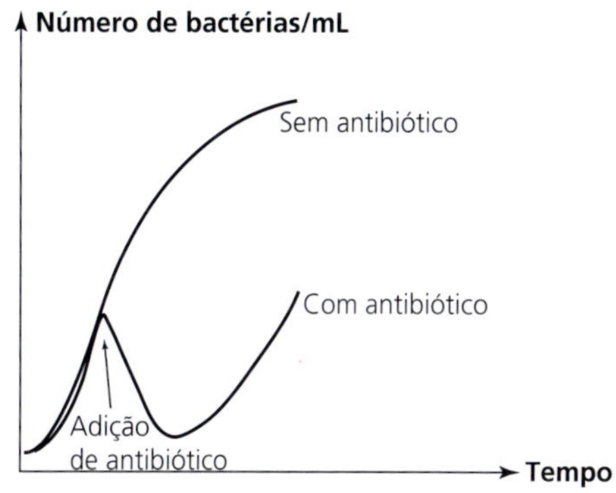

A observação do gráfico permite concluir que, no frasco em que se adicionou o antibiótico, ocorreu uma grande diminuição no número de bactérias e em seguida um aumento do seu crescimento. Segundo a teoria de evolução neodarwiniana, o fato observado nos frascos com antibiótico tem a seguinte explicação:

a) a dose usada de antibiótico eliminou a maioria da população selecionando uma minoria resistente que voltou a crescer.
b) a dose usada de antibiótico eliminou a grande maioria das bactérias e a minoria sobrevivente se adaptou às condições, voltando a crescer.
c) a dose usada de antibiótico provocou uma lentidão no crescimento das bactérias que, após algum tempo, adaptaram-se e voltaram a crescer.
d) a dose usada de antibiótico inibiu o crescimento da maioria das bactérias, mas, após a sua degradação, essas bactérias começaram a crescer novamente.
e) a dose usada de antibiótico estimulou a adaptação de bactérias, que demoraram mais a crescer.

12. (UFPR) A seleção natural é um dos principais fatores responsáveis pela evolução, juntamente com a mutação, a deriva genética e a migração genética. Para que a seleção natural ocorra em uma população, é imprescindível que haja:

a) alteração do meio ambiente, propiciando o favorecimento de alguns indivíduos da população.

b) diversidade da composição genética dos indivíduos da população.

c) informações genéticas anômalas que produzam doenças quando em homozigose.

d) disputa entre os indivíduos, com a morte dos menos aptos.

e) mutação em taxa compatível com as exigências ambientais.

13. (Enem-MEC) O que têm em comum Noel Rosa, Castro Alves, Franz Kafka, Álvares de Azevedo, José de Alencar e Frédéric Chopin? Todos eles morreram de tuberculose, doença que ao longo dos séculos fez mais de 100 milhões de vítimas.

Aparentemente controlada durante algumas décadas, a tuberculose voltou a matar. O principal obstáculo para seu controle é o aumento do número de linhagens de bactérias resistentes aos antibióticos usados para combatê-la. Esse aumento do número de linhagens resistentes se deve a:

a) modificações no metabolismo das bactérias, para neutralizar o efeito dos antibióticos e incorporá-los à sua nutrição.

b) mutações selecionadas pelos antibióticos, que eliminam as bactérias sensíveis a eles, mas permitem que as resistentes se multipliquem.

c) mutações causadas pelos antibióticos, para que as bactérias se adaptem e transmitam essa adaptação a seus descendentes.

d) modificações fisiológicas nas bactérias, para torná-las cada vez mais fortes e mais agressivas no desenvolvimento da doença.

e) modificações na sensibilidade das bactérias, ocorridas depois de passarem um longo tempo sem contato com antibióticos.

14. (Enem-MEC)

Os progressos da Medicina condicionaram a sobrevivência de número cada vez maior de indivíduos com constituições genéticas que só permitem o bem-estar quando seus efeitos são devidamente controlados através de drogas ou procedimentos terapêuticos. São exemplos os diabéticos e os hemofílicos, que só sobrevivem e levam vida relativamente normal ao receberem suplementação de insulina ou do fator VIII da coagulação sanguínea.

Salzano, M. Francisco. *Ciência Hoje*, SBPC, 21 (125), 1996.

Essas afirmações apontam para aspectos importantes que podem ser relacionados à evolução humana. Pode-se afirmar que, nos termos do texto:

a) os avanços da Medicina minimizam os efeitos da seleção natural sobre as populações.

b) os usos da insulina e do fator VIII da coagulação sanguínea funcionam como agentes modificadores do genoma humano.

c) as drogas medicamentosas impedem a transferência do material genético defeituoso ao longo das gerações.

d) os procedimentos terapêuticos normalizam o genótipo dos hemofílicos e diabéticos.

e) intervenções realizadas pela Medicina interrompem a evolução biológica do ser humano.

15. (Fuvest-SP) Os resultados de uma pesquisa realizada na USP revelam que a araucária, o pinheiro brasileiro, produz substâncias antioxidantes e fotoprotetoras. Uma das autoras do estudo considera que, possivelmente, essa característica esteja relacionada ao ambiente com intensa radiação UV em que a espécie surgiu há cerca de 200 milhões de anos. Com base na teoria sintética da evolução, é correto afirmar que:

a) essas substâncias surgiram para evitar que as plantas sofressem a ação danosa da radiação UV.

b) a radiação UV provocou mutações nas folhas da araucária, que passaram a produzir tais substâncias.

c) a radiação UV atuou como fator de seleção, de maneira que plantas sem tais substâncias eram mais suscetíveis à morte.

d) a exposição constante à radiação UV induziu os indivíduos de araucária a produzirem substâncias de defesa contra tal radiação.

e) a araucária é um exemplo típico da finalidade da evolução, que é a produção de indivíduos mais fortes e adaptados a qualquer ambiente.

16. (Ufpel-RS) Das teorias evolucionistas, destaca-se o neodarwinismo ou teoria sintética da evolução, que aborda o binômio variação/seleção. A variação ou variabilidade é uma característica que pode ser verificada com facilidade nas espécies biológicas. Quais são os dois mecanismos fundamentais que causam essa variabilidade?

a) Adaptação e seleção natural.

b) Mutações e seleção natural.

c) Mutações e recombinação gênica.

d) Ambiente e recombinação gênica.

ATIVIDADE PRÁTICA

Em grupos, realizem a atividade a seguir para compreenderem melhor um processo estudado neste capítulo.

Material

- tesouras com pontas arredondadas
- lápis e borrachas
- fita adesiva incolor
- folhas de cartolina das mesmas cores ou bem parecidas com as paredes e com a porta da sala de aula e o tampo das carteiras (conjunto 1)
- folhas de cartolina de cor mais escura (que contraste com as anteriores; conjunto 2)

Procedimento

1. Reunidos em grupos, desenhem nas folhas de cartolina figuras de pequenas mariposas pousadas (o mesmo número para cada conjunto de cartolinas).

   Atenção: todas as figuras devem ter aproximadamente a mesma forma (fazer apenas o contorno do inseto) e o mesmo tamanho (de 2 cm a 3 cm da ponta de uma asa à ponta da outra). O professor pode copiar com folha de papel de seda uma foto do livro, para servir de modelo para todos os grupos.
2. Em seguida, usando a tesoura com pontas arredondadas (com cuidado, para evitar acidentes), os grupos devem recortar as figuras.
3. Dois alunos são escolhidos para aguardar do lado de fora da sala, enquanto os outros prendem as mariposas nas carteiras, na porta e nas paredes da sala, de acordo com a cor da cartolina (por exemplo, usando um rolinho feito com a fita adesiva, colocado no verso da figura).

   Atenção: deve ser distribuído aleatoriamente pela sala o mesmo número de mariposas de cada cor (cor do fundo ou semelhante a ela e com a cor contrastante).
4. Em seguida, os alunos que saíram retornam e devem recolher o maior número possível de mariposas em apenas 15 segundos. Eles devem dividir a área de busca entre eles: um pode recolher apenas as mariposas da parede, enquanto o outro retira as que estiverem na porta e nas carteiras, por exemplo.

Conclusão

Todos farão a contagem do número de mariposas capturadas de cada cor. Depois cada grupo deve responder às seguintes questões:

I. Quais as cores das mariposas capturadas em menor número nas carteiras e na porta? E nas paredes? Expliquem esse resultado.

II. Suponham que dois tipos de mariposa, de cor escura e de cor clara, vivam sobre troncos e ramos escuros das árvores de uma floresta. Se houver pássaros que comam essas mariposas, que tipo de mariposa estará mais adaptada a esse ambiente? Por quê?

III. Na situação relatada na questão anterior, que tipo de mariposa tende a desaparecer da população ao longo do tempo, se, nesse mesmo período, a cor dos ramos e troncos não se alterar?

IV. Em evolução, como se chama o processo pelo qual os seres vivos mais adaptados aumentam em número na população, enquanto os menos adaptados diminuem?

V. Suponham que em uma população de mariposas de uma floresta todas tenham uma cor clara. Perto da floresta, foi instalada uma fábrica e troncos e ramos ficaram cobertos de fuligem. Um estudante observou então a presença de uma mariposa escura, nunca antes observada. E também notou que o cruzamento dessa mariposa com uma mariposa clara, em laboratório, originou descendentes escuros e claros. Teria sido a fuligem a causa do aparecimento dessa primeira mariposa escura? Justifiquem sua resposta.

Babak Tafreshi/SPL/Latinstock

Fêmea de guepardo (*Acinonyx jubatus*) com filhote. Esse animal tem cerca de 1,25 m de comprimento (fora a cauda) e a população dessa espécie está em declínio.

CAPÍTULO

43

GENÉTICA DE POPULAÇÕES E ESPECIAÇÃO

A ararinha-azul (*Cyanopsitta spixii*), ave nativa do Brasil, foi considerada extinta na natureza no ano de 2000. Atualmente, a população de ararinhas-azuis é de cerca de 100 indivíduos que vivem em cativeiro. Se esses animais são capazes de se reproduzir, por que a população não volta a crescer? Nesse caso, isso acontece em razão da falta de variabilidade genética na população. Como todos os indivíduos são geneticamente semelhantes, um único parasita, por exemplo, pode dizimar a população inteira em pouco tempo. Algo semelhante ocorre com os guepardos na África: a população foi muito reduzida, existindo apenas cerca de 7 mil indivíduos na natureza. A pequena variabilidade genética da população torna essa espécie ainda mais vulnerável.

- **Como as transformações no ambiente podem influenciar no aparecimento de novas espécies?**
- **O que você acha que deve acontecer com a frequência de alelos recessivos e dominantes de uma população ao longo do tempo?**

1. MUDANÇA NA FREQUÊNCIA DOS ALELOS DA POPULAÇÃO

A teoria sintética da evolução incorporou ao longo do tempo os novos conhecimentos da Genética. A evolução pode ser entendida, em termos genéticos, como uma mudança, ao longo do tempo, da frequência dos alelos de uma população. Portanto, são as populações que evoluem. A parte da Biologia que estuda como essa mudança ocorre é conhecida como **Genética de populações**.

Se, por exemplo, um alelo é responsável por uma característica útil à sobrevivência ou à reprodução, o número de indivíduos portadores desse alelo tende a aumentar na população por meio da seleção natural ao longo do tempo. Logo, a frequência desse alelo também aumenta. O oposto tende a acontecer com alelos que prejudicam a sobrevivência ou o sucesso reprodutivo de um indivíduo.

LEI DE HARDY-WEINBERG

No início do século XX, muitos cientistas pensavam que os alelos dominantes deveriam aumentar na população, ocorrendo o oposto com os alelos recessivos. Em 1908, o matemático inglês Godfrey Harold Hardy (1877-1947; **figura 43.1**) e o médico alemão Wilhelm Weinberg (1862-1937) demonstraram de forma independente que, na ausência de fatores evolutivos – mutação, seleção natural, migração, deriva genética (estudada neste capítulo), etc. –, a frequência dos alelos não muda ao longo das gerações. Essa conclusão ficou conhecida como **lei**, **teorema**, ou **princípio de Hardy-Weinberg**.

American Philosophical Society/SPL/Fotoarena

Figura 43.1 O matemático inglês Godfrey Harold Hardy demonstrou que, na ausência de fatores evolutivos, como mutações, a frequência de alelos de uma população não muda ao longo das gerações.

Eles calcularam o que aconteceria com a frequência de dois alelos (**A** e **a**) ao longo das gerações nas seguintes condições:

- a população é grande o suficiente para que não ocorram desvios ou mudanças significativas por causa do acaso na frequência dos alelos;
- não há mutações;
- não há migrações (não podem entrar nem sair genes da população);
- todos os genótipos devem ter a mesma chance de sobrevivência ou reprodução (não há seleção natural);
- os cruzamentos ocorrem ao acaso, isto é, não há seleção sexual – a população é chamada pan-mítica (*pan* = todos; *mixis* = misturado).

Em primeiro lugar, devemos compreender o que é frequência de um alelo de uma população. Vejamos um exemplo numérico.

Em uma população com 500 indivíduos, 320 são **AA**, 160 são **Aa** e 20 são **aa**. A frequência do alelo **A** é a sua proporção em relação ao total de alelos para a característica em questão. Como cada indivíduo tem dois alelos, o número total de alelos é igual ao número de indivíduos multiplicado por 2, o que significa que há 1 000 (500 × 2) alelos para a característica em questão. O número de alelos **A** é 2 × 320 (cada indivíduo **AA** tem dois alelos **A**) + 160 (cada indivíduo **Aa** tem apenas um alelo **A**). Existem, portanto, 800 alelos **A**, e a sua frequência é 0,8 ou 80% (800/1 000). Do mesmo modo, a frequência do alelo **a** será 0,2 ou 20%.

Hardy e Weinberg demonstraram que, na ausência de fatores evolutivos, a proporção dos alelos na população não muda e, após uma geração de cruzamentos ao acaso, as frequências dos genótipos também não se alteram e podem ser representadas por: $p^2 + 2pq + q^2$. Em seu cálculo, eles atribuíram ao alelo **A** a frequência inicial **p** e, ao seu alelo **a**, a frequência **q**. Como, em princípio, são os únicos alelos, temos:

$$p + q = 1 \text{ ou } 100\%$$

Como cada gameta possui apenas um alelo de cada par, a proporção de gametas na população com o alelo **A** também é **p**, e a proporção de gametas com o alelo **a** é **q**.

De acordo com as leis de Mendel e com os princípios da probabilidade, a proporção de indivíduos **AA** na geração seguinte seria $p \times p$ ou p^2 (regra da multiplicação das probabilidades). Isso significa que, como existem **p** espermatozoides **A** e **p** óvulos **A**, a chance de esses dois gametas se encontrarem é $p \times p$ ou p^2.

Do mesmo modo, a frequência de indivíduos **aa** seria $q \times q$ ou q^2. Como os indivíduos **Aa** podem surgir de duas maneiras diferentes (um espermatozoide **A** fecunda um óvulo **a** ou um espermatozoide **a** fecunda um óvulo **A**), sua proporção seria $pq + pq$ ou $2pq$ (regra da soma das probabilidades). Observe a tabela a seguir.

Espermatozoide \ Óvulo	A (p)	a (q)
A (p)	AA (p^2)	Aa (pq)
a (q)	Aa (pq)	aa (q^2)

Hardy e Weinberg demonstraram que a frequência relativa do alelo **A** não se alterou; ela continua valendo **p**, como na geração anterior. O raciocínio é o seguinte: como há p^2 indivíduos **AA**, há $2p^2$ alelos **A**, pois cada indivíduo **AA** tem dois alelos **A**. O alelo **A** aparece também nos indivíduos **Aa**. Como há 2pq indivíduos **Aa**, o número de alelos **A** é 2pq. O total de alelos **A** é:

$$2p^2 + 2pq = 2(p^2 + pq)$$

Como o total de alelos da população é $2(p^2 + 2pq + q^2)$, a frequência relativa de alelos **A** é:

$$2(p^2 + pq)/2(p^2 + 2pq + q^2)$$
$$\text{ou } p(p + q)/(p + q)^2$$
$$\text{ou } p/(p + q)$$

Como $p + q = 1$ (no denominador da equação), a frequência de **A** continua sendo **p**. O mesmo tipo de cálculo pode ser feito para mostrar que a frequência de **a** continua sendo **q**. Portanto, a frequência dos alelos **A** e **a** se manteve igual à da geração inicial. Quando a frequência de alelos e de genótipos de uma população se mantém, dizemos que a população está em **equilíbrio gênico**.

Pelo que foi demonstrado, vemos que apenas as leis de Mendel e a reprodução sexuada não alteram a frequência dos alelos em uma população. E o fato de **A** ser um alelo dominante também não faz com que sua frequência aumente ao longo das gerações.

Podemos, então, usar a lei de Hardy-Weinberg para descobrir se está havendo alteração na frequência de determinados alelos ao longo do tempo. Para isso, temos de comparar a frequência obtida com base nessa lei com a frequência obtida na prática e ver se houve ou não um desvio significativo entre elas. O desvio é causado por um ou mais fatores evolutivos.

CÁLCULO DA FREQUÊNCIA DE ALELOS

A equação $p^2 + 2pq + q^2$ é o desenvolvimento do binômio $(p + q)^n$, para $n = 2$.

Com essa equação, podemos calcular a frequência de determinado alelo ou genótipo, considerando um dado real obtido de uma amostra da população. Esse dado pode ser a frequência de indivíduos dominantes ou recessivos na população.

Podemos afirmar que a frequência obtida nos cálculos é verdadeira apenas para uma determinada geração de uma população em equilíbrio. Ela não se manterá obrigatoriamente ao longo das gerações seguintes, pois a população real sofre, por exemplo, mutações e seleção natural.

Vejamos um exemplo de aplicação da lei de Hardy-Weinberg com esse objetivo. Vamos analisar apenas dois alelos, mas a lei pode ser estendida para alelos múltiplos.

Sabendo que a frequência de indivíduos albinos (genótipo **aa**) em uma população em equilíbrio é 1%, vamos calcular a frequência dos genótipos possíveis nessa geração.

Usamos a fórmula $p + q = 1$ e as seguintes convenções:

- frequência do alelo **A** = p
- frequência do alelo **a** = q
- frequência de indivíduos **AA** = p^2
- frequência de indivíduos **Aa** = 2pq
- frequência de indivíduos **aa** = q^2

A frequência de **aa** (q^2) é 1%. Então, $q^2 = 0,01$ e $q = 0,1$. Logo:

$$p = 1 - q = 1 - 0,1 = 0,9$$

Com esses valores, podemos descobrir a frequência dos outros genótipos:

- frequência de **AA** (p^2) = 0,81 ou 81%
- frequência de **Aa** (2pq) = $2 \times 0,9 \times 0,1 = 0,18$ ou 18%

Quando sabemos a frequência de indivíduos dominantes, precisamos calcular primeiro a frequência dos indivíduos recessivos e depois a do alelo recessivo. A frequência do alelo dominante é calculada pela fórmula $p = 1 - q$.

Nesse exemplo, se fossem 99% de indivíduos não albinos, calcularíamos a frequência de indivíduos **aa** e depois a de alelos **a**: $q^2 = 1 - 0,99 = 0,01$; $q = 0,1$.

Mutação e seleção natural são fatores evolutivos, uma vez que alteram a frequência gênica da população: a mutação introduz novos alelos na população e a seleção natural faz com que alguns genótipos tenham maior sucesso reprodutivo do que outros (**figura 43.2**). Por exemplo: a frequência relativa de bactérias com alelos que conferem resistência a determinado antibiótico aumenta em ambientes com o antibiótico, enquanto a frequência dos alelos que não conferem resistência diminui. A migração também altera essa frequência ao provocar o fluxo de alelos de uma população para outra. O último fator evolutivo é a deriva genética, que veremos a seguir.

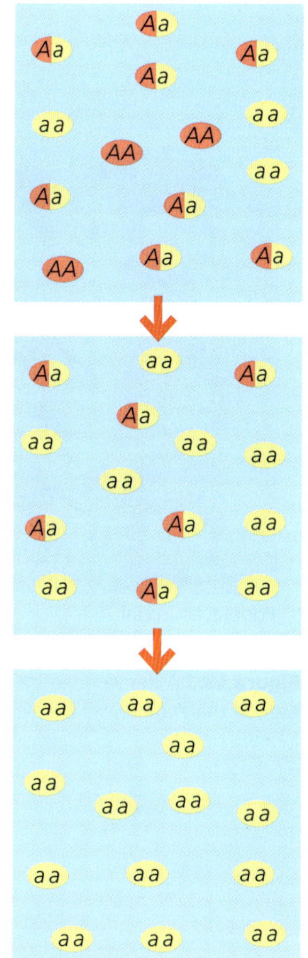

Figura 43.2 Representação esquemática de como a seleção natural altera a frequência gênica: o alelo **a** proporcionou uma vantagem seletiva ao seu portador e sua frequência aumentou ao longo das gerações.

DERIVA GENÉTICA

A frequência dos alelos em uma população pode mudar ao acaso, de forma aleatória. Isso pode ser observado mais facilmente em populações pequenas, por exemplo, quando, por acaso, morrem mais indivíduos **aa** do que **AA** ou vice-versa.

Observe que essa mudança na frequência não ocorreu por mutação ou seleção natural, mas por acaso. Os indivíduos mortos ou que não tiveram descendentes não eram, nesse caso, os menos adaptados. Ou seja, desvios determinados pelo acaso podem alterar a frequência de um alelo independentemente de seu valor adaptativo.

Esse fenômeno é chamado **deriva** ou **oscilação genética**. Ele causa desvios na lei de Hardy-Weinberg mesmo sem proporcionar uma adaptação da espécie ao seu ambiente, como é o caso da seleção natural.

Uma alteração na frequência de alelos pode ser percebida mais facilmente quando enchentes, terremotos, incêndios ou outras catástrofes ecológicas provocam a morte de grande número de indivíduos de forma não seletiva. Essa redução drástica do tamanho de uma população é chamada **efeito gargalo**, porque é como se apenas uma parte da população conseguisse passar pela abertura estreita do gargalo de uma garrafa. Com o efeito gargalo, há grande perda de variabilidade genética e a distribuição genética das populações poderá, nesse caso, ser bastante afetada.

ACESSE E SAIBA MAIS

Deriva genética
<www.ib.usp.br/evosite/evo101/IIIDGeneticdrift.shtml>
Acesso em: 31 jul. 2018.

Foi o que ocorreu entre 20 mil e 10 mil anos atrás, quando algum fator (seca prolongada, destruição de *habitat*, etc.) reduziu muito o número de guepardos na África. Com isso, a variabilidade genética da população diminuiu (**figura 43.3**).

Figura 43.3 A deriva genética e o cruzamento em um pequeno grupo reduziram a variabilidade genética dos guepardos, tornando a espécie mais vulnerável (os elementos não estão na mesma escala; cores fantasia).

Uma alteração na frequência alélica pode ocorrer ainda quando um pequeno grupo de indivíduos de uma população migra para um novo *habitat*. Nesse pequeno grupo, a distribuição dos alelos pode ser diferente da que ocorre na população original, causando uma alteração na frequência dos alelos em relação àquela população. Esse tipo de deriva genética é chamado **efeito do fundador**.

2. FORMAÇÃO DE NOVAS ESPÉCIES

Uma espécie é formada por um grupo de populações capazes de se cruzar e originar filhos férteis, mas que não são capazes de cruzar com outros grupos.

Essa definição, chamada **conceito biológico de espécie**, como já vimos no capítulo 17, não se aplica aos organismos fósseis e aos seres que se reproduzem assexuadamente, como as bactérias. Há outras formas de caracterizar uma espécie, como o **conceito filogenético de espécie**, que define a espécie como o menor grupo de indivíduos que compartilham um ancestral comum mais exclusivo.

Vamos usar aqui o conceito biológico de espécie, que é bastante útil para explicar a **especiação**, isto é, a formação de novas espécies.

> **ACESSE E SAIBA MAIS**
> **Especiação**
> <www.ib.usp.br/evosite/evo101/CCausesSpeciation.shtml>
> Acesso em: 31 jul. 2018.

ISOLAMENTO GEOGRÁFICO

Dizemos que ocorre um **isolamento geográfico** quando surgem barreiras que impedem o cruzamento entre populações de uma espécie. Essas barreiras podem ser obstáculos geográficos, como um rio, uma cadeia de montanhas ou até mesmo uma grande distância entre as populações.

As subespécies podem ser originalmente populações da mesma espécie que vivem geograficamente isoladas e por isso acabaram desenvolvendo diferenças genéticas. Apesar dessas diferenças, o cruzamento entre subespécies pode ocorrer. No entanto, esse evento é raro, porque as subespécies vivem em diferentes *habitat*.

Se o isolamento geográfico terminar em um intervalo de tempo relativamente curto, como aconteceria se um rio que separa duas subespécies de ratos secasse, as populações voltariam a ter contato, diminuindo as mudanças genéticas ocorridas durante o período de isolamento, e não teríamos mais duas subespécies.

Persistindo o isolamento geográfico por muito tempo, chega-se a um ponto em que as diferenças genéticas impedem o cruzamento entre as populações, mesmo que o isolamento seja superado (veja a **figura 43.4**).

População de ratos (em torno de 7 cm a 16 cm de comprimento, fora a cauda) da mesma espécie.

Uma barreira geográfica surge. A mesma espécie é formada por duas populações isoladas geograficamente.

Ao longo do tempo, as duas populações acabam sofrendo mudanças genéticas, formando subespécies que ainda são capazes de se reproduzir.

Após muito tempo, mesmo que o isolamento geográfico desapareça, as subespécies não se cruzam mais e formam, portanto, duas espécies diferentes.

Luís Moura/Arquivo da editora

Figura 43.4 Na formação de novas espécies, o isolamento geográfico forma subespécies. Se o isolamento persistir, pode haver um isolamento reprodutivo e a formação de novas espécies.

Dessa forma, novas espécies surgem quando duas populações ficam isoladas uma da outra de modo que não haja intercâmbio genético entre elas. O isolamento geográfico é o impedimento mais comum desse intercâmbio, que causa a especiação **alopátrica** (*alloio* = diferente).

No entanto, em alguns casos, o intercâmbio de genes pode ser impedido sem que ocorra esse tipo de isolamento, e podem surgir novas espécies que vivam na mesma área geográfica. Essa forma de especiação é chamada **simpátrica** (*syn* = juntamente; *patria* = pátria).

Uma modalidade de especiação simpátrica ocorre em plantas pela formação de indivíduos poliploides, como o trigo, a batata, o algodão e o tabaco. A poliploidia pode acontecer quando são produzidos gametas diploides ($2n$) por causa da não disjunção dos cromossomos durante a meiose. Se esses gametas fecundarem outros gametas diploides, forma-se um indivíduo tetraploide ($4n$), comum em plantas com flores e, muitas vezes, mais resistente e produtivo que as plantas diploides.

ISOLAMENTO REPRODUTIVO

Quando uma população se torna diferente da original e atinge um **isolamento reprodutivo**, dizemos que surgiu uma nova espécie, ou seja, ocorreu o fenômeno chamado de especiação.

Assim, os indivíduos de uma espécie estão isolados reprodutivamente dos indivíduos de outras espécies. Isso quer dizer que uma espécie não troca genes com outra, mesmo que elas habitem a mesma região. Em outras palavras, não há fluxo gênico entre duas espécies; os novos genes surgidos por mutação em uma espécie não passam para outra. Por isso, cada espécie segue seu próprio "caminho evolutivo", isto é, elas evoluem separadamente.

Os mecanismos responsáveis pelo isolamento reprodutivo podem impedir o encontro dos gametas ou dos casais potenciais e por isso são chamados **pré-zigóticos**. Há, ao menos, cinco desses mecanismos:

- **isolamento estacional**, **sazonal** ou **temporal** – ocorre quando duas populações, mesmo ocupando o mesmo *habitat*, se reproduzem em períodos diferentes. É muito comum em plantas que florescem em épocas diferentes do ano;
- **isolamento comportamental** ou **etológico** (a Etologia é a ciência que estuda o comportamento animal) – ocorre quando há diferença de comportamento (*éthos* = hábito) entre as espécies, particularmente nos rituais de acasalamento. Nessa situação, as fêmeas reconhecem apenas um padrão típico do macho da própria espécie, como um tipo de dança, de movimento de cabeça ou de asa, de som, etc. No caso dos pássaros canoros, a fêmea só aceita parceiros sexuais com o canto típico da própria espécie;
- **isolamento mecânico** – não existe encaixe entre as peças genitais dos parceiros por causa de diferenças anatômicas. Ocorre também em flores cujas partes estão adaptadas a polinizadores diferentes: um tipo de flor pode ser polinizado apenas por beija-flores, por exemplo, e outro tipo, apenas por abelhas;

neelsky/Shutterstock

Anan Kaewkhammul/Shutterstock

Figura 43.5 A: leão-asiático (*Panthera leo persica*; um pouco menor que o africano; 1,7 m a 2,5 m de comprimento, fora a cauda); **B:** tigre (*Panthera tigris*; 1,4 m a 2,6 m, fora a cauda).

- **isolamento gamético** – a fecundação não ocorre por incompatibilidade entre os gametas. Pode não haver encaixe entre as proteínas na membrana dos dois gametas ou, na fecundação interna, o gameta masculino não sobrevive no sistema reprodutor feminino da outra espécie;
- **isolamento de *habitat*** ou **ecológico** – as duas populações vivem na mesma área geográfica, mas em diferentes *habitat*. Até meados do século XIX, leões e tigres eram comuns na Ásia. Os dois animais não se cruzavam porque os leões asiáticos viviam nas savanas e os tigres, nas florestas (**figura 43.5**).

Os chamados mecanismos **pós-zigóticos** ocorrem em etapas posteriores à fecundação, impedindo o desenvolvimento do embrião, ou provocando a esterilidade dos descendentes. Há dois tipos:

- **inviabilidade do híbrido** – as diferenças genéticas entre os híbridos de duas populações impedem que os genes atuem de forma coordenada e harmoniosa durante o desenvolvimento embrionário. Em consequência, o embrião não completa o seu desenvolvimento ou o indivíduo morre antes de atingir a idade de reprodução;
- **esterilidade do híbrido** – neste caso, o híbrido é viável, mas não é capaz de produzir gametas funcionais, o que pode ser causado por diferenças no número ou na estrutura dos cromossomos herdados dos pais. Um exemplo de híbridos são o burro e a mula, resultantes do cruzamento entre o jumento e a égua.

IRRADIAÇÃO ADAPTATIVA

O processo pelo qual uma espécie se espalha por vários ambientes e origina um número grande de espécies diferentes é chamado **irradiação adaptativa**.

Na **figura 43.6**, você pode ver os pássaros encontrados por Darwin em Galápagos, hoje conhecidos como tentilhões de Darwin. Essas aves são muito semelhantes entre si e diferem principalmente no tipo de bico, que é adaptado ao tipo de alimentação.

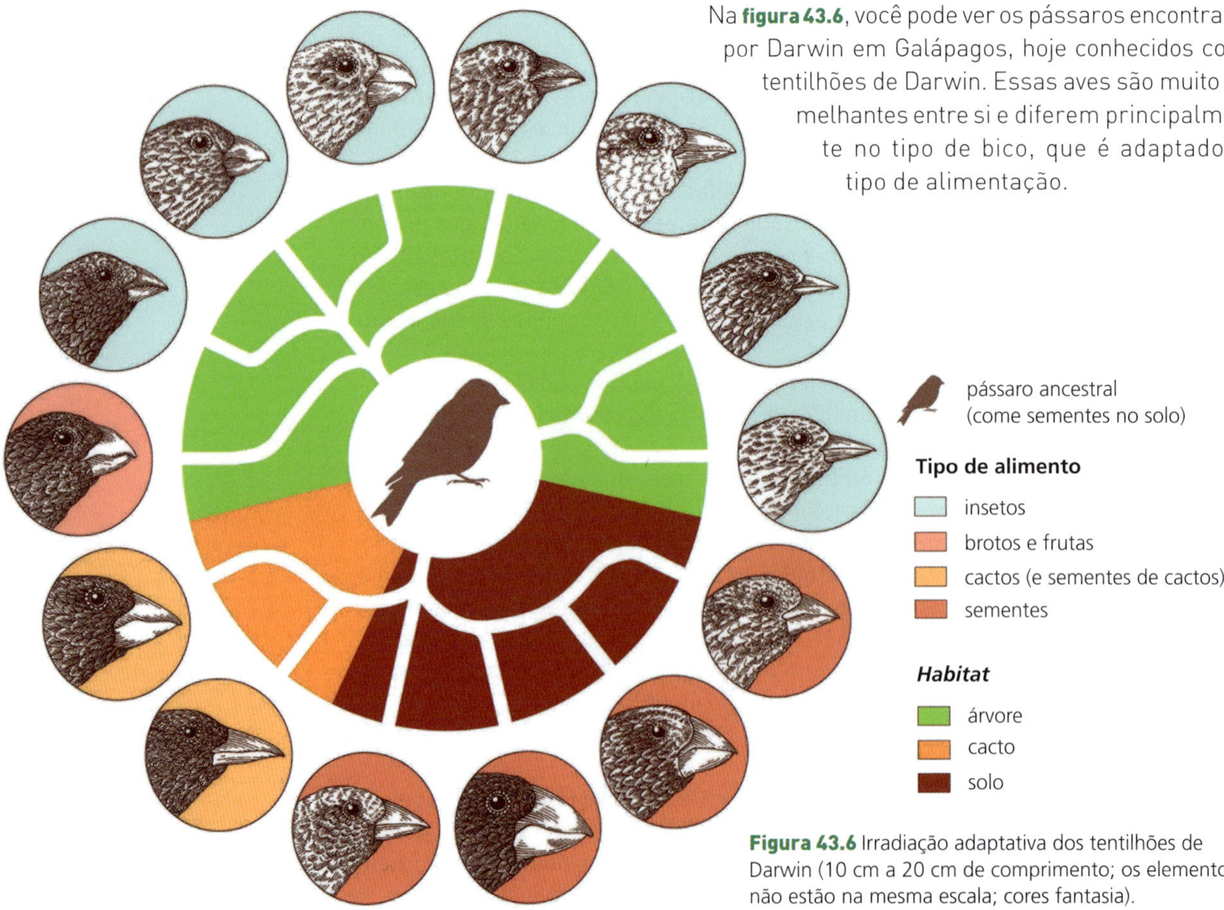

Gary Hincks/SPL/Latinstock

Figura 43.6 Irradiação adaptativa dos tentilhões de Darwin (10 cm a 20 cm de comprimento; os elementos não estão na mesma escala; cores fantasia).

As várias espécies de tentilhões teriam surgido de um grupo pequeno desses pássaros vindo do continente sul-americano. Ocasionalmente, alguns descendentes desse grupo migraram para outras ilhas do arquipélago, onde cada população se adaptou a um tipo de alimento disponível em maior quantidade. As ilhas estão muito distantes entre si, de modo que a migração de pássaros entre elas após a ocupação inicial é muito rara. O isolamento geográfico, seguido do isolamento reprodutivo, levou à formação das várias espécies de tentilhões (reveja a **figura 43.6**). Hoje, podemos encontrar diversas espécies vivendo na mesma ilha, mas, devido ao isolamento reprodutivo, elas não se cruzam.

Outro exemplo mais amplo desse processo são os diversos grupos de mamíferos, pois, de um único ancestral, surgiu um grande número de espécies diferentes, adaptadas aos mais variados modos de vida, como baleias adaptadas ao meio aquático, ou morcegos capazes de voar.

ATIVIDADES

Questões discursivas

1. Um estudante afirmou que, para determinar a frequência de um alelo recessivo, em determinado momento, em uma população que não está necessariamente em equilíbrio gênico, basta contar a frequência de indivíduos com a característica recessiva. Você concorda com essa afirmação? Por quê?

2. A frequência de um alelo para um dado caráter dominante em uma população em equilíbrio é 0,20. Calcule a frequência de heterozigotos.

3. Em um experimento, uma população da espécie de drosófilas, *Drosophila pseudoobscura*, foi dividida em dois grupos: um foi criado em um meio de cultura à base de amido e o outro, em um meio à base de maltose. Depois de muitas gerações, os descendentes de ambas as culturas foram colocados juntos em um recipiente. Observou-se que as fêmeas provenientes de culturas à base de amido preferiam copular com machos provenientes também de culturas à base de amido. O mesmo acontecia com as fêmeas vindas de meios de cultura à base de maltose. Explique, em termos evolutivos, o que provavelmente aconteceu.

4. Pesquisadores acreditam que a formação do rio Congo, na África, por volta de 1,5 milhão de anos atrás, tenha colaborado para o surgimento, há cerca de 800 mil anos, a partir de um ancestral comum, das duas espécies de chimpanzés: o bonobo, encontrado ao sul de uma das margens do rio; e o chimpanzé comum, encontrado ao norte da margem oposta. Sabendo que esses animais não são bons nadadores, explique como a formação do rio pode ter influenciado essa especiação.

5. (Fuvest-SP) Em uma população de 100 pessoas, 36 são afetadas por uma doença genética condicionada por um par de alelos de herança autossômica recessiva.
   a) Expresse em frações decimais a frequência dos genes dominantes e recessivos.
   b) Quantos indivíduos são homozigotos?
   c) Suponha que nessa população os cruzamentos ocorram por acaso, deles resultando, em média, igual número de descendentes. Considere, também, que a característica em questão não altera o valor adaptativo dos indivíduos. Nessas condições, qual será a porcentagem esperada de indivíduos de fenótipo dominante na próxima geração?

   Justifique suas respostas mostrando como chegou aos resultados numéricos.

6. (UFG-GO) Alguns biólogos estudaram as populações de anfíbios. A população **A** cruza com **B** em condições naturais, mas **A** e **B** não cruzam com **C**. Quantas espécies estão envolvidas nesse estudo? Justifique sua resposta.

Questões objetivas

1. (Enem-MEC) A biodiversidade é garantida por interações das várias formas de vida e pela estrutura heterogênea dos *habitat*.

   Diante da perda acelerada de biodiversidade, tem sido discutida a possibilidade de se preservarem espécies por meio da construção de "bancos genéticos" de sementes, óvulos e espermatozoides.

   Apesar de os "bancos" preservarem espécimes (indivíduos), sua construção é considerada questionável do ponto de vista ecológico-evolutivo, pois se argumenta que esse tipo de estratégia:

   I. não preservaria a variabilidade genética das populações;

   II. dependeria de técnicas de preservação de embriões, ainda desconhecidas;

   III. não reproduziria a heterogeneidade dos ecossistemas.

   Está correto o que se afirma em:

   a) I, apenas.

   b) II, apenas.

   c) I e III, apenas.

   d) II e III, apenas.

   e) I, II e III.

2. (Cesgranrio-RJ) Em uma determinada população a capacidade de enrolar a língua é determinada por um gene dominante **A**. Nessa mesma população foi observado que 64% das pessoas apresentam essa característica. A frequência esperada de indivíduos heterozigotos será de:

   a) 10%.

   b) 16%.

   c) 36%.

   d) 48%.

   e) 70%.

3. (UEL-PR) Na espécie humana, há certas proteínas no sangue que permitem classificar as pessoas como pertencentes ao tipo sanguíneo **M**, **N** ou **MN**. Essa característica é determinada por um par de alelos entre os quais não há dominância. Se em uma população em equilíbrio de Hardy-Weinberg a frequência de indivíduos do grupo **M** é 49%, as frequências esperadas de indivíduos dos grupos **N** e **MN** são, respectivamente:

   a) 9% e 42%.

   b) 17% e 34%.

   c) 18% e 21%.

   d) 21% e 18%.

   e) 34% e 17%.

4. (Uece) O isolamento reprodutivo, isto é, a incapacidade de produção de descendência fértil em condições naturais, é o melhor critério para distinguir entre si os seguintes táxons:

   a) Variedades de plantas da mesma espécie (espécimes de variedades diferentes de milho – *Zea mays*).

   b) Raças diferentes de cães (dálmata de pastor-alemão).

   c) Populações humanas (população que vive em Tóquio da população que vive em Fortaleza).

   d) Espécies filogeneticamente próximas (*Canis familiaris* e *Canis lupus*).

5. (Cefet-MG)

   Nas últimas décadas tem sido empregado o uso do material genético na reconstrução de filogenias para representar as relações de parentesco evolutivo entre as espécies a partir de um ancestral comum. Mas, para explicar a origem da biodiversidade, é necessário incluir as transformações ecológicas e geográficas. No caso da Amazônia, o local de maior biodiversidade do planeta, dados obtidos com cipós, aves, primatas e borboletas indicam que a diversificação de espécies na Amazônia ocorreu na mesma época que a formação da bacia hídrica.

   Stam, G. A. *Entre cipós e algas.*
   Disponível em: <http://revistapesquisa.fapesp.br>.
   Acesso em: 6 abr. 2015. (Adaptado).

   A consequência do surgimento dessa bacia, nesse processo de diversificação, foi a

   a) dispersão de sementes e gametas, colonizando novas áreas geográficas.

   b) disponibilização de água, favorecendo o crescimento numérico das populações.

   c) interrupção do fluxo gênico pela presença de barreira hídrica, acarretando especiação.

   d) indução de mutações, alterando o material genético das espécies e originando a diversidade.

   e) promoção do deslocamento de nichos, levando ao surgimento de espécies arborícolas e aéreas.

6. (UFPR) Um grupo de roedores é separado pelo surgimento de um rio. Ao longo do tempo, os roedores ao norte do rio tornam-se brancos, enquanto os roedores ao sul do rio tornam-se

castanhos. Nesse caso, é correto afirmar que a seleção natural:

a) gera mutações específicas para os ambientes ao norte e ao sul do rio.

b) promove a competição entre roedores brancos e castanhos.

c) aumenta a probabilidade de sobrevivência apenas dos roedores brancos.

d) promove a cooperação entre roedores brancos e castanhos.

e) favorece diferentes fenótipos ao norte e ao sul do rio.

7. (UFJF) Recentemente, uma nova espécie de caramujo aquático foi descrita para a América do Norte. Os pesquisadores estavam estudando o que acreditavam se tratar de duas populações de uma espécie bem conhecida, quando observaram que os indivíduos da população 'A' apresentavam características morfológicas diferentes daquelas observadas nos indivíduos da população 'B'. Para confirmar que a população 'A' representava uma nova espécie, os pesquisadores analisaram e compararam o DNA dos indivíduos provenientes das duas populações e provaram, através de experimentos de laboratório, que esses indivíduos não são capazes de se acasalar. As diferenças observadas no DNA e o fato de os indivíduos das duas populações não terem acasalado e, portanto, não gerarem descendentes férteis foram interpretados pelos cientistas como provas de que essas duas populações correspondem a duas espécies diferentes.

I. O mecanismo de isolamento reprodutivo entre as populações de caramujos poderia ser do tipo pré-zigótico, já que os indivíduos não foram capazes de se acasalar.

II. Duas populações que se encontram em alopatria podem se tornar espécies diferentes ao longo do tempo devido à manutenção do fluxo gênico.

III. Através de mutações no DNA e ausência de fluxo gênico, alelos diferentes vão sendo fixados nas duas populações levando à formação de duas espécies diferentes.

IV. O isolamento geográfico pode resultar em mudanças no fenótipo, que tornam os indivíduos incompatíveis para a reprodução.

V. O isolamento reprodutivo pode ocorrer em consequência do isolamento geográfico e ausência de fluxo gênico entre populações alopátricas.

Assinale a opção com as afirmativas corretas:

a) somente I, II, V.

b) somente I, II, III, IV.

c) somente I, III, IV, V.

d) somente III, IV, V.

e) I, II, III, IV e V.

8. (PUC-RJ) A figura abaixo representa a distribuição geográfica atual de quatro espécies de um gênero de lagartos (A, B, C e D) e sua relação filogenética.

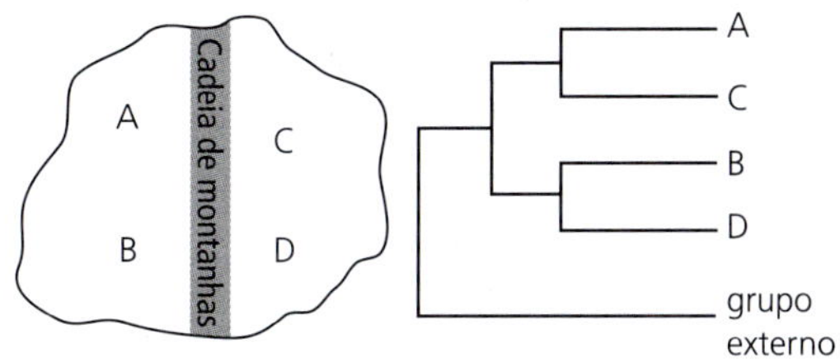

Que tipo de especiação é o mais provável de ter ocorrido?

a) Simpátrica.

b) Alopátrica.

c) Parapátrica.

d) Peripátrica.

e) Coespeciação.

9. (UEPG-PR) De acordo com a teoria sintética da evolução, os principais fatores que atuam sobre o conjunto de genes de uma população são a mutação, a recombinação genética, a migração, a seleção natural e a deriva genética. Sobre o assunto, assinale o que for correto.

01. Na imigração, a chegada de novos indivíduos pode introduzir novos genes na população, que aumenta a sua variabilidade genética. Por outro lado, na emigração, com a saída de indivíduos, há redução da variabilidade genética na população.

02. A seleção natural atua permanentemente sobre todas as populações. Mesmo em ambientes estáveis e constantes, a seleção natural age para diminuir em frequência, ou até mesmo eliminar, fenótipos desfavoráveis.

04. Um caso particular de deriva genética é o princípio do fundador, que se refere ao estabelecimento de uma nova população a partir de poucos indivíduos que emigram de uma população original. Esses indivíduos serão portadores de pequena fração da variabilidade genética da população de origem.

08. As mutações são consideradas a fonte primária de variabilidade. Elas não ocorrem ao acaso e funcionam com o objetivo de adaptar o indivíduo ao ambiente. São mantidas por seleção natural e, caso sejam benéficas, são repassadas às próximas gerações sem sofrer mudanças (seleção disruptiva).

SPL/Latinstock

CAPÍTULO

44

Fóssil de amonite da espécie *Ceratites ammonite* (as conchas podem ter de 1 cm até 1 m de diâmetro). A concha do animal era formada por câmaras adicionadas conforme o animal crescia.

EVOLUÇÃO: MÉTODOS DE ESTUDO

Para estudar a história evolutiva dos seres vivos, os cientistas fazem uma série de análises morfológicas, anatômicas, embriológicas, fisiológicas e moleculares dos organismos atuais. Além disso, eles estudam os fósseis, que se formaram a partir de seres vivos ao longo de milhões de anos. Os amonites, por exemplo, foram moluscos marinhos com concha que se diversificaram durante o período Triássico. O registro desses animais apareceu pela primeira vez em rochas de cerca de 400 milhões de anos e estima-se que sua extinção tenha ocorrido há cerca de 65 milhões de anos.

- Como um fóssil se forma?
- Qual a importância desse material para o estudo da vida na Terra?
- O que o DNA pode nos informar sobre a evolução das espécies?

1. FÓSSEIS

Chamamos de **fóssil** (*fossile* = extraído da terra) os restos de seres vivos de épocas passadas ou ainda qualquer vestígio deixado por eles: pegadas, túneis (feitos por vermes marinhos), ou fezes, por exemplo.

Um fóssil só se forma em condições muito especiais, pois, normalmente, o organismo morto é consumido por animais ou decomposto por fungos e bactérias. Os tecidos moles têm mais chance de serem consumidos e decompõem-se mais rapidamente que as partes duras (ossos, conchas, etc.); estas, portanto, apresentam mais chance de formarem fósseis. Em alguns casos, como fósseis preservados em âmbar (**figura 44.1**) ou congelados, o corpo inteiro pode ser preservado.

Os fósseis podem se formar com mais facilidade quando o ser vivo é soterrado por sedimentos (areia ou argila) no fundo de lagos e mares ou no leito de rios. Com o tempo, os sedimentos se compactam e formam rochas (**figura 44.2**).

Às vezes, as partes do corpo são substituídas por minerais e sua forma original é preservada. Em outras, o organismo é completamente destruído, mas sua marca ou seu molde fica esculpido na rocha.

Figura 44.1 Insetos (cerca de 40 milhões de anos) conservados em âmbar (aumento de cerca de duas vezes).

Figura 44.2 Esquema do processo de formação de fósseis (os elementos não estão na mesma escala; cores fantasia).

A IMPORTÂNCIA DOS FÓSSEIS PARA O ESTUDO DA EVOLUÇÃO

A Paleontologia (*palaios* = antigo; *ontos* = ser; *logos* = estudo; estudo dos fósseis) fornece importantes dados sobre a história evolutiva de uma espécie, isto é, sobre sua **filogenia** ou **filogênese**.

Estudando fósseis de ossos das pernas de um animal, por exemplo, podemos ter ideia de sua altura e de seu peso. Já os dentes podem indicar o tipo de alimentação, pois cada animal possui adaptações ao ambiente em que vive e a determinado modo de vida: carnívoros, por exemplo, têm dentes geralmente pontiagudos e afiados, o que lhes permite prender, perfurar e comer carne.

De particular interesse são os fósseis com características intermediárias entre dois grupos atuais, conhecidos como **fósseis de transição**, que indicam o grau de parentesco entre dois grupos.

Esse é o caso dos inúmeros fósseis intermediários entre baleias e mamíferos terrestres, que mostram uma progressiva adaptação ao ambiente aquático: aberturas nasais migraram para o topo da cabeça; o corpo adquiriu um formato hidrodinâmico; os membros anteriores modificaram-se em nadadeiras; os membros posteriores diminuíram até desaparecer (**figura 44.3**).

Os dados obtidos de características e idade relativa dos fósseis de cada grupo são confrontados com outras evidências, como as obtidas pelo estudo comparado da anatomia, embriologia dos organismos atuais e de suas proteínas e ácidos nucleicos (estudados a seguir). Esses estudos indicam, por exemplo, que os peixes devem ter surgido antes dos anfíbios; estes, antes dos primeiros grupos de répteis, que surgiram antes das aves e dos mamíferos.

Photo Researchers/Latinstock

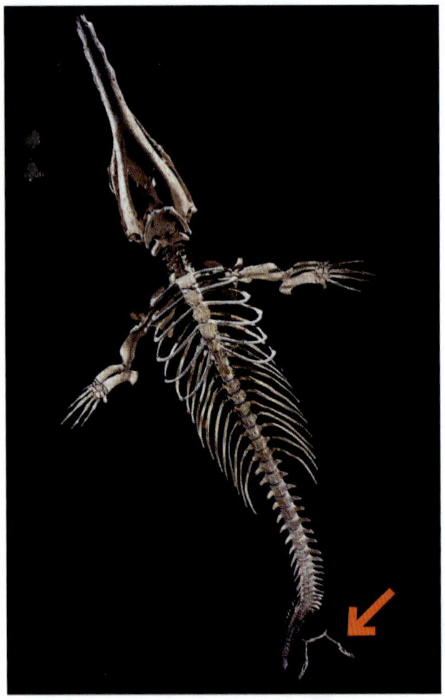

Figura 44.3 Esqueleto fóssil de animal do gênero *Dorudon* (41 milhões a 33 milhões de anos atrás; cerca de 5 m de comprimento). Na parte de baixo da foto, indicados pela flecha, aparecem ossos em tamanho reduzido, semelhantes aos dos membros posteriores dos mamíferos terrestres. Esses ossos também estão presentes em algumas baleias atuais.

BIOLOGIA E TECNOLOGIA

Determinação da idade de um fóssil

A idade de um fóssil corresponde, aproximadamente, à do terreno em que ele se encontra. Em geral, quanto mais profundo o terreno, mais antigo o fóssil. A idade absoluta das rochas e a dos fósseis é calculada por meio da quantidade de elementos radioativos desintegrados, que funcionam como "relógios" naturais.

Quando se desintegra, o urânio (^{238}U) transforma-se em um isótopo do chumbo (^{206}Pb): 1 g de urânio demora cerca de 4,5 bilhões de anos para produzir 0,5 g de chumbo. Portanto, pela quantidade relativa de urânio e chumbo presentes em uma rocha, podemos saber sua idade.

Um isótopo do urânio, ^{235}U, tem meia-vida de 704 milhões de anos, ou seja, nesse intervalo de tempo metade dos átomos transforma-se em um isótopo do chumbo, ^{207}Pb.

Em rochas recentes, porém, a quantidade relativa de urânio e de chumbo é muito pequena e difícil de ser analisada. Nesse caso, é usado o método do carbono-14 (^{14}C), isótopo radioativo do carbono normal (^{12}C).

Todos os seres vivos possuem uma pequena taxa de isótopos radioativos do carbono (um em cada trilhão de átomos de carbono). Quando morre, o organismo para de absorver esse isótopo, que se desintegra do cadáver lentamente e forma nitrogênio.

A cada 5 730 anos, a taxa de carbono radioativo cai pela metade. Assim, a medida da radioatividade causada pelo carbono radioativo fornece a idade aproximada do organismo.

2. ANATOMIA E EMBRIOLOGIA COMPARADAS

Outra forma de estabelecer relações entre os seres vivos é comparando sua anatomia e seu desenvolvimento embrionário. Estudando os detalhes da anatomia do braço do ser humano, da nadadeira da baleia e da asa do morcego, por exemplo, vemos que, apesar de terem funções diferentes, esses órgãos apresentam o mesmo “padrão de construção”: a formação e o arranjo dos ossos são muito semelhantes. Isso pode ser explicado pelo fato de que esses órgãos evoluíram a partir de um mesmo órgão presente no ancestral comum desses grupos que se adaptou a funções diferentes.

ACESSE E SAIBA MAIS

Evidências da evolução
<www.youtube.com/watch?v=I5cCbHwtiQM>
Acesso em: 31 jul. 2018.

Estruturas como essas, originadas de um ancestral comum exclusivo, que podem ou não desempenhar a mesma função, são **estruturas homólogas** (**figura 44.4**). A diferença de funções entre tais estruturas, quando presente, deve-se a uma **divergência evolutiva**, ou seja, a seleção de características mais adaptadas a cada ambiente.

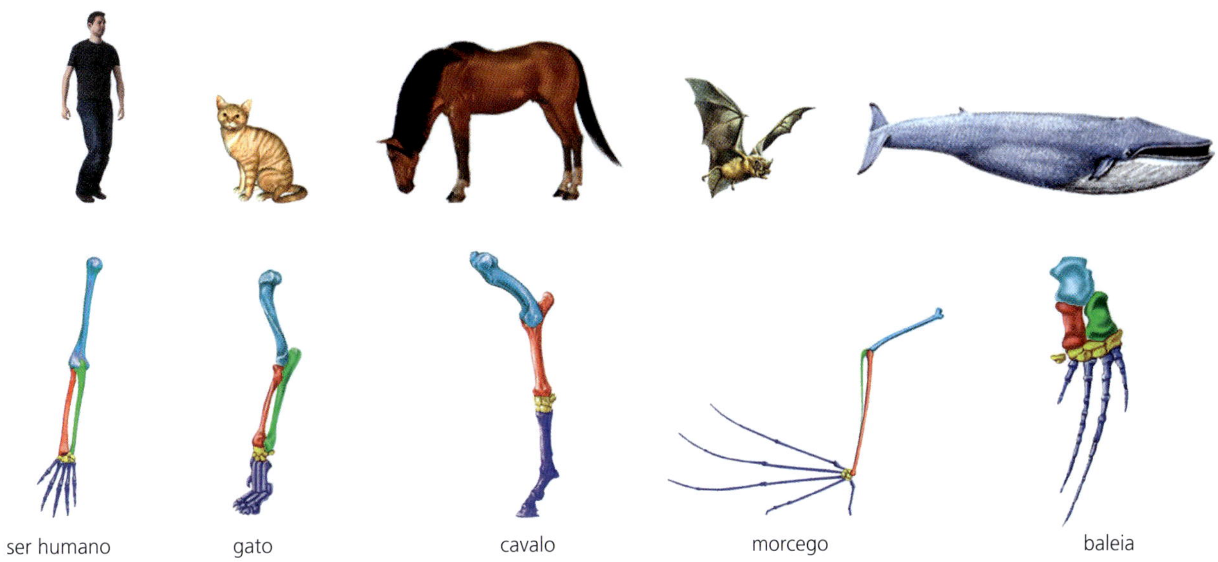

Luis Moura/Arquivo da editora

Figura 44.4 Homologia nos ossos do membro dianteiro dos mamíferos. Mudanças no número e no comprimento dos dedos ou em outras características funcionam como adaptações a diversas funções. Observe a perda e a fusão de ossos no cavalo, e o alongamento dos dedos do morcego, formando a estrutura da asa (os elementos não estão na mesma escala; cores fantasia).

Já a comparação entre as asas dos insetos e as das aves mostram que elas têm origem embrionária e estrutura anatômica diferentes, embora desempenhem a mesma função. Essas são as chamadas **estruturas análogas** (**figura 44.5**). As asas das aves não se originaram de um ancestral comum entre aves e insetos. Nesse caso, esses dois grupos adaptaram-se de forma semelhante ao mesmo tipo de ambiente. Esse fenômeno é chamado **convergência evolutiva** (ou **adaptativa**) ou **evolução convergente**.

Ingeborg Asbach/Arquivo da editora

Figura 44.5 Órgãos análogos: asas dos insetos e das aves. A função é a mesma, mas esses órgãos não têm a mesma origem embrionária, isto é, eles não se originam de uma mesma estrutura ancestral (os elementos não estão na mesma escala; cores fantasia).

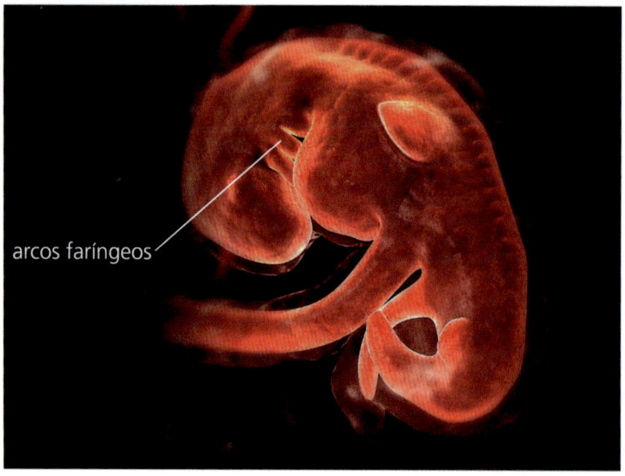

3D4medical.com/Getty Images

Figura 44.6 Ilustração de embrião humano com 4 semanas (cerca de 7 mm de comprimento). Os arcos faríngeos estão presentes nos estágios iniciais dos embriões de todos os vertebrados (cores fantasia).

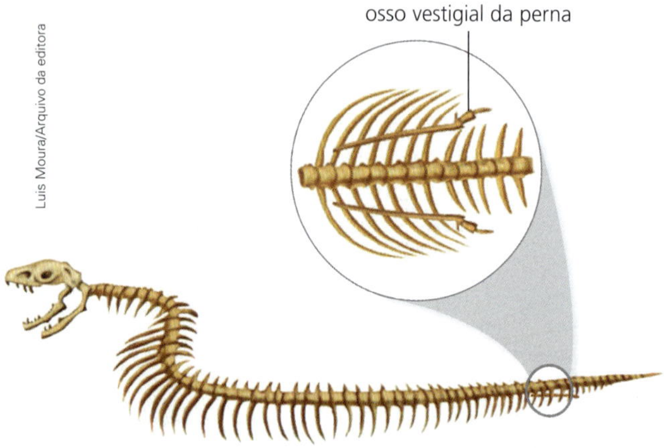

Luis Moura/Arquivo da editora

Figura 44.7 A presença de vestígios de pernas em certas serpentes indica que esses animais vieram de ancestrais com pernas (os elementos não estão na mesma escala; cores fantasia).

A Embriologia comparada também fornece boas informações a respeito do parentesco entre grupos cujos representantes parecem muito diferentes uns dos outros quando comparados depois de já completamente formados.

A semelhança entre embriões pode ser observada, por exemplo, entre os diferentes grupos de vertebrados. A explicação está no fato de que, a partir de uma organização básica do embrião, comum a todos os grupos, diferentes órgãos se desenvolvem, conforme o grupo a que o embrião pertence. Assim, todos os embriões de vertebrados possuem bolsas, sulcos e arcos faríngeos (**figura 44.6**), mas, nos peixes, essas estruturas farão parte das brânquias, e, em humanos, elas formarão diversas partes da cabeça e do pescoço (tonsilas palatinas, glândulas paratireoideas, timo, ossículos da orelha média, meato acústico externo, etc.).

ÓRGÃOS VESTIGIAIS

Outra evidência da evolução são os **órgãos vestigiais**, órgãos atrofiados, que não desempenham mais sua função original. São exemplos o apêndice vermiforme humano e os ossos vestigiais de membros posteriores em serpentes (**figura 44.7**).

O apêndice vermiforme humano (estudado no capítulo 30) corresponde a uma projeção do intestino que é bem desenvolvida e abriga microrganismos importantes para a digestão da celulose em animais herbívoros não ruminantes (coelho, cavalo, etc.). Na espécie humana, essa função original do órgão foi perdida, o que o caracteriza como órgão vestigial. No entanto, um estudo recente sugere que ele pode colaborar em outras funções, como na imunidade ou no reservatório de bactérias.

3. ESTUDOS MOLECULARES

ACESSE E SAIBA MAIS

Origem do vírus HIV

<http://revistapesquisa.fapesp.br/2014/10/02/pesquisadores-identificam-origem-da-disseminacao-virus-hiv/>

Acesso em: 31 jul. 2018.

Em termos bioquímicos, quanto maior a diferença na sequência de ácidos nucleicos e nas proteínas de duas espécies, maior a distância evolutiva entre elas. Assim, as semelhanças na sequência dos aminoácidos de uma proteína ou de nucleotídeos do DNA podem indicar o grau de parentesco entre duas espécies.

Um exemplo do uso desse método é a comparação entre a hemoglobina humana e a de outros mamíferos. A humana é igual à do chimpanzé (mesma sequência de aminoácidos) e difere da de animais cada vez mais afastados evolutivamente. Isso indica que seres humanos e chimpanzés são mais próximos evolutivamente entre si em comparação com outros animais. Em outras palavras, chimpanzés e humanos compartilham um ancestral comum mais recente do que com outros animais.

O sequenciamento de genomas permite construir árvores filogenéticas dos grupos de organismos, que podem ser comparadas com as árvores construídas com dados morfológicos, anatômicos e embriológicos. Permite também descobrir a origem de novas doenças causadas por vírus. O sequenciamento do RNA do vírus da aids, por exemplo, ajudou a decifrar sua origem (o HIV-1 veio de um tipo de vírus que infecta chimpanzés e o HIV-2, de outro tipo de vírus que vitima os macacos-verdes) e a época aproximada em que o vírus passou de uma espécie para outra.

ATIVIDADES

Questões discursivas

1. Como se explica, do ponto de vista da evolução, a semelhança na disposição dos ossos do membro anterior de animais tão diferentes como baleias (que nadam), morcegos (que voam), cavalos e gatos (que andam, saltam e correm em ambiente terrestre)?

2. Explique por que o registro fóssil da evolução de um grupo é necessariamente incompleto.

3. (Fuvest-SP) O que são órgãos homólogos e órgãos análogos? Dê um exemplo de analogia que ocorra entre mamíferos e insetos.

4. (PUC-SP) A análise bioquímica comparativa de uma mesma proteína encontrada entre as espécies cavalo, chimpanzé e homem revelou que a molécula é constituída de 100 aminoácidos, dispostos da mesma maneira ou ordem no homem e no chimpanzé, enquanto no cavalo diferem em 10 dos 100 aminoácidos encontrados. Considerando que o DNA determina a síntese de proteínas na célula através do RNA-mensageiro, como você explica a:

   a) semelhança entre essa proteína no homem e chimpanzé?

   b) diferença entre essa proteína do cavalo, quando comparada com a do homem e a do chimpanzé?

Questões objetivas

1. (Ufes) Com relação à evolução, observe as afirmativas abaixo.

   I. Fósseis são restos ou impressões deixadas por seres que habitaram a Terra no passado e constituem provas de que nosso planeta foi habitado por seres diferentes dos que existem atualmente.

   II. A explicação mais lógica para as semelhanças estruturais entre seres vivos com aspectos e modos de vida diferentes é que eles descendem de um mesmo ancestral.

   III. A semelhança entre as proteínas de diferentes seres vivos pode ser explicada admitindo que esses seres tenham tido um ancestral comum.

   IV. A teoria que admite que as espécies não se alteram no decorrer do tempo denomina-se fixismo.

   Assinale:

   a) se apenas I, II e III estiverem corretas.

   b) se apenas II, III e IV estiverem corretas.

   c) se apenas I, III e IV estiverem corretas.

   d) se todas estiverem corretas.

   e) se todas estiverem incorretas.

2. (Furg-RS) O tuco-tuco, gênero *Ctenomys*, é um roedor subterrâneo endêmico da região neotropical. No Rio Grande do Sul há quatro espécies de *Ctenomys* que habitam os campos arenosos internos e dunas e campos arenosos da planície costeira. Eles apresentam modificações nos membros locomotores, boca e forma do corpo, relacionadas ao seu modo de vida. Na América do Norte, os similares ecológicos dos tuco-tucos são os roedores subterrâneos dos gêneros *Thomomys* e *Geomys*, com os quais não têm relações de parentesco, mas compartilham as mesmas modificações. As similaridades morfológicas existentes entre esses organismos, relacionadas ao modo de vida subterrânea, são um exemplo de:

   a) seleção artificial.

   b) radiação adaptativa.

   c) homologia e analogia.

   d) convergência adaptativa.

   e) uso e desuso.

3. (UFJF-MG) Considerando-se estruturas análogas e homólogas, observadas em um estudo comparado dos seres vivos, é correto afirmar que:

   a) a semelhança funcional entre as estruturas análogas indica a existência de um ancestral comum.

   b) as estruturas homólogas desempenham a mesma função e não indicam a existência de um ancestral comum.

   c) as estruturas homólogas não têm a mesma origem embrionária e não apresentam divergência evolutiva.

   d) as estruturas análogas são resultantes da convergência evolutiva e não refletem parentesco evolutivo.

   e) as estruturas análogas e homólogas indicam parentesco evolutivo, sendo decorrentes de uma mesma carga genética.

4. (UEPG-PR) Há um número muito grande de fatos que comprovam que a evolução realmente ocorreu e continua ocorrendo. Sobre tal assunto, identifique e some o que for correto.

(01) Semelhança quase sempre sugere parentesco. Foi observando essa constante que o estudo intensivo da anatomia comparada acabou por reforçar a ideia da evolução.

(02) Órgãos que possuem a mesma origem evolutiva, embora suas funções sejam diferentes, são denominados homólogos. É o caso do esqueleto dos membros anteriores dos vertebrados.

(04) A Embriologia comparada evidencia a evolução quando se estudam embriões e percebe-se que quanto mais precoce a fase embrionária observada, mais parecidos são os embriões de grupos diferentes dentro de uma mesma classificação.

(08) Nas últimas décadas foram desenvolvidas algumas técnicas bioquímicas que permitem o estudo da evolução. Todos os métodos baseiam-se na ideia de que espécies muito próximas evolutivamente, que descendem de um ancestral comum, têm maior semelhança na sua composição química do que espécies mais distantes.

(16) Quanto maior a semelhança entre DNAs de espécies cujo parentesco evolutivo se quer determinar, mais relacionadas estarão as espécies. Um dos métodos mais simples de fazer essa comparação consiste em "hibridizar", em tubos de ensaio, as fitas isoladas de seus DNAs. Determina-se em que medida houve pareamento entre os DNAs diferentes. Quanto maior a taxa de pareamento, maior a semelhança entre as sequências do DNA e mais próximas, portanto, estarão as espécies em termos evolutivos.

5. (Uepa) Mesmo com o avanço da tecnologia em comunicação, o ser humano continua se debruçando sobre os registros fósseis para desvendar o mistério da criação do mundo e da notável biodiversidade, com milhões de espécies de seres vivendo nos mais variados ambientes que compõem a biosfera. A teoria da evolução biológica busca explicar o mecanismo que propiciou essa imensa variedade de seres vivos. Os principais argumentos científicos que explicam esse mecanismo são:

I. Órgãos vestigiais indicam a presença de um ancestral comum entre as espécies nas quais ocorrem.

II. A análise dos fósseis indica que a extinção de espécies faz parte do processo evolutivo.

III. Os fósseis permitem o estudo comparativo entre organismos ou estruturas de diferentes eras geológicas que demonstram mudanças ao longo do tempo.

IV. Desde Darwin, vários aspectos de sua teoria já foram revistos, o que demonstra sua falta de fundamentação.

V. Os órgãos homólogos indicam relações de parentesco entre espécies, por terem a mesma origem embrionária.

A alternativa que contém todas as afirmativas corretas é:

a) I, II, III e V.

b) I, III, IV e V.

c) II, III, IV e V.

d) II, III e IV.

e) I, II, III, IV e V.

6. (UFRGS) Quando são realizadas comparações entre espécies, constata-se que muitas características são compartilhadas. Considere as afirmações abaixo, sobre os processos evolutivos relacionados a esse fato.

I. Características homólogas são aquelas compartilhadas por diferentes espécies, herdadas de um ancestral comum.

II. As estruturas ósseas das asas de morcegos e aves são derivadas de um ancestral comum de quatro membros.

III. A evolução convergente refere-se a características similares que evoluíram, de forma independente, em diferentes espécies sujeitas a pressões seletivas semelhantes.

Quais estão corretas?

a) Apenas II.

b) Apenas III.

c) Apenas I e II.

d) Apenas I e III.

e) I, II e III.

Ricardo Azoury/
Pulsar Imagens

CAPÍTULO

45

HISTÓRIA DA VIDA E EVOLUÇÃO HUMANA

A serra da Capivara, no estado do Piauí, abriga sítios arqueológicos com pinturas e gravuras rupestres, além de outros vestígios da Pré-História no Brasil (São Raimundo Nonato-PI).

Para estudar a história do planeta, os cientistas a dividem em períodos marcados por grandes acontecimentos, como o aparecimento dos primeiros animais, ou as extinções em massa. Estima-se que a Terra tenha por volta de 4,5 bilhões de anos de idade, enquanto o primeiro hominídeo teria surgido há 7 milhões de anos. O esqueleto humano mais antigo do Brasil, encontrado em 1997 na serra da Capivara (PI), tem apenas cerca de 10 mil anos de idade e ainda não se sabe ao certo como foi que os humanos chegaram à América.

- Como começou a história da vida na Terra?
- Quais características diferenciam os seres humanos dos demais primatas, como os chimpanzés?
- Muitos filmes e outros meios de entretenimento mostram seres humanos convivendo com dinossauros. Você acredita que essa convivência existiu?

1. HISTÓRIA DA TERRA

Veja abaixo (**figura 45.1**) a linha do tempo desde a época em que a Terra se formou até a atual. Para sistematizar o estudo da evolução da vida, costuma-se dividir a história da Terra em **éons**, **eras**, **períodos** e **épocas**.

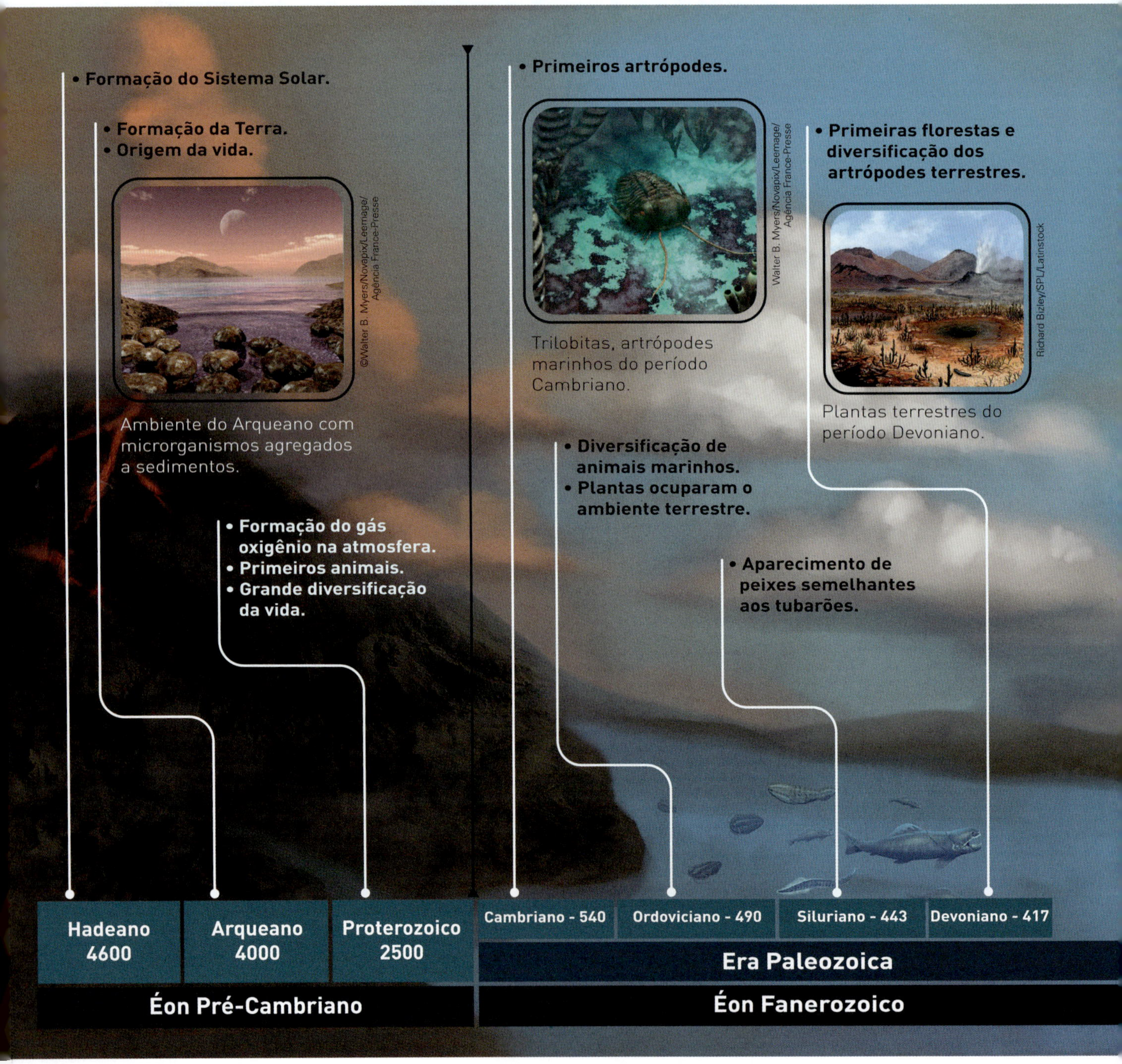

Ao longo da história da Terra, os movimentos das placas tectônicas que formam a crosta desencadearam erupções vulcânicas e terremotos que, com meteoritos vindos do espaço, contribuíram para alterar tanto ambientes terrestres quanto oceânicos. Isso tudo levou a transformações no ambiente e, consequentemente, nas formas de vida ao longo de milhões de anos.

Os fenômenos naturais que ocorreram no decorrer da história da Terra alteraram a distribuição das espécies no planeta e provocaram, em certos momentos, a extinção de grande número de espécies em um curto intervalo de tempo (em termos geológicos, curto significa entre 10 mil e 100 mil anos) – foram as chamadas **extinções em massa**.

Figura 45.1 Divisão da história da Terra. Vale lembrar que essa divisão engloba intervalos de tempo imensos, muito maiores do que aqueles estudados pela História. Os números em cada período indicam a contagem do tempo em milhões de anos.

Rodrigo Pascoal/Arquivo da editora

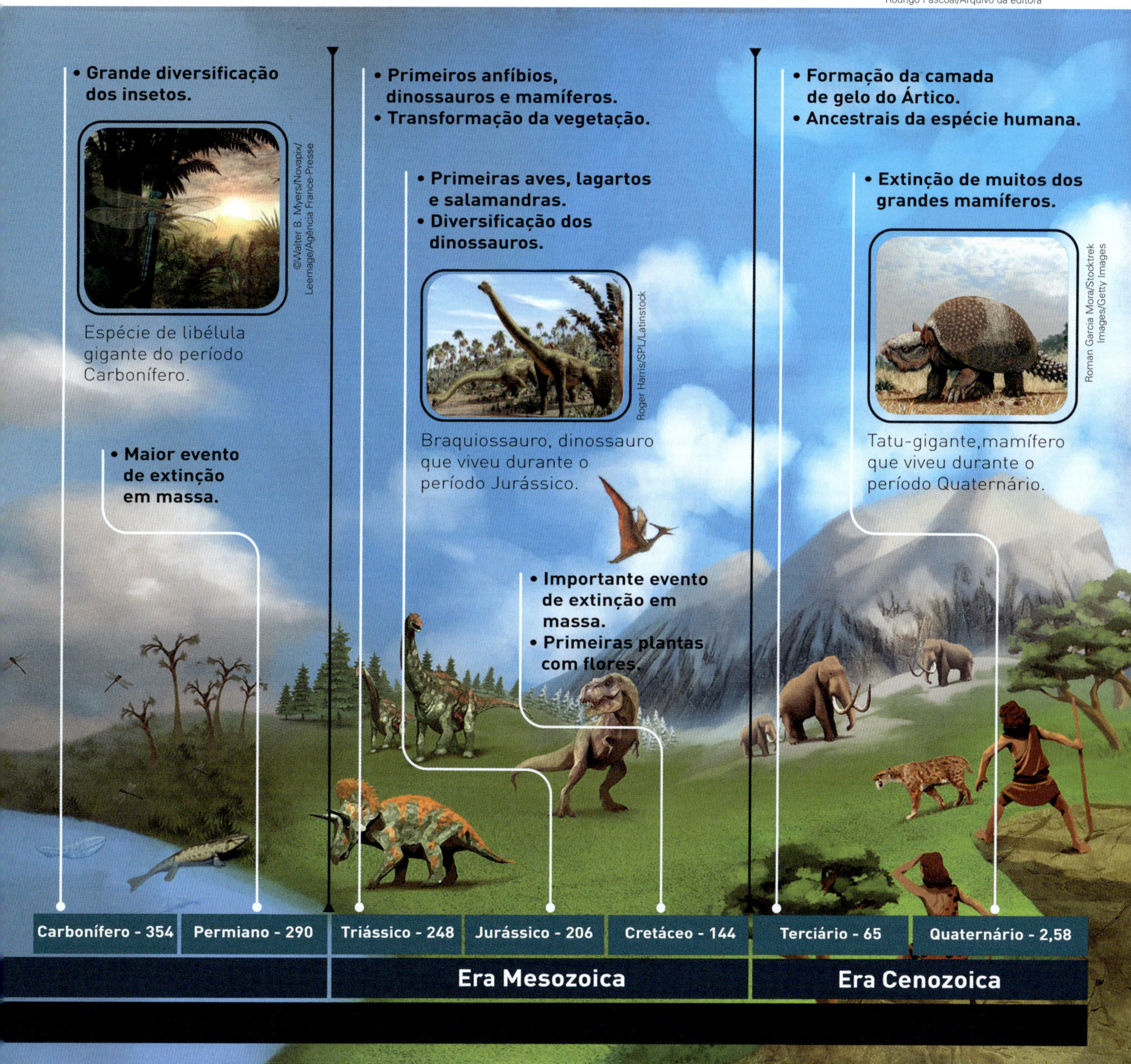

2. EVOLUÇÃO DA ESPÉCIE HUMANA

Estudos mostram que os chimpanzés são os parentes evolutivos atuais mais próximos da espécie humana. Assim como gorilas e orangotangos, nós e os chimpanzés fazemos parte da família Hominidae, dentro da ordem dos primatas (Primates).

Um dos aspectos mais importantes que diferencia o ser humano dos demais primatas é a capacidade humana de se apoiar e se locomover apenas sobre os membros posteriores durante períodos prolongados, o **bipedalismo** (**figura 45.2**).

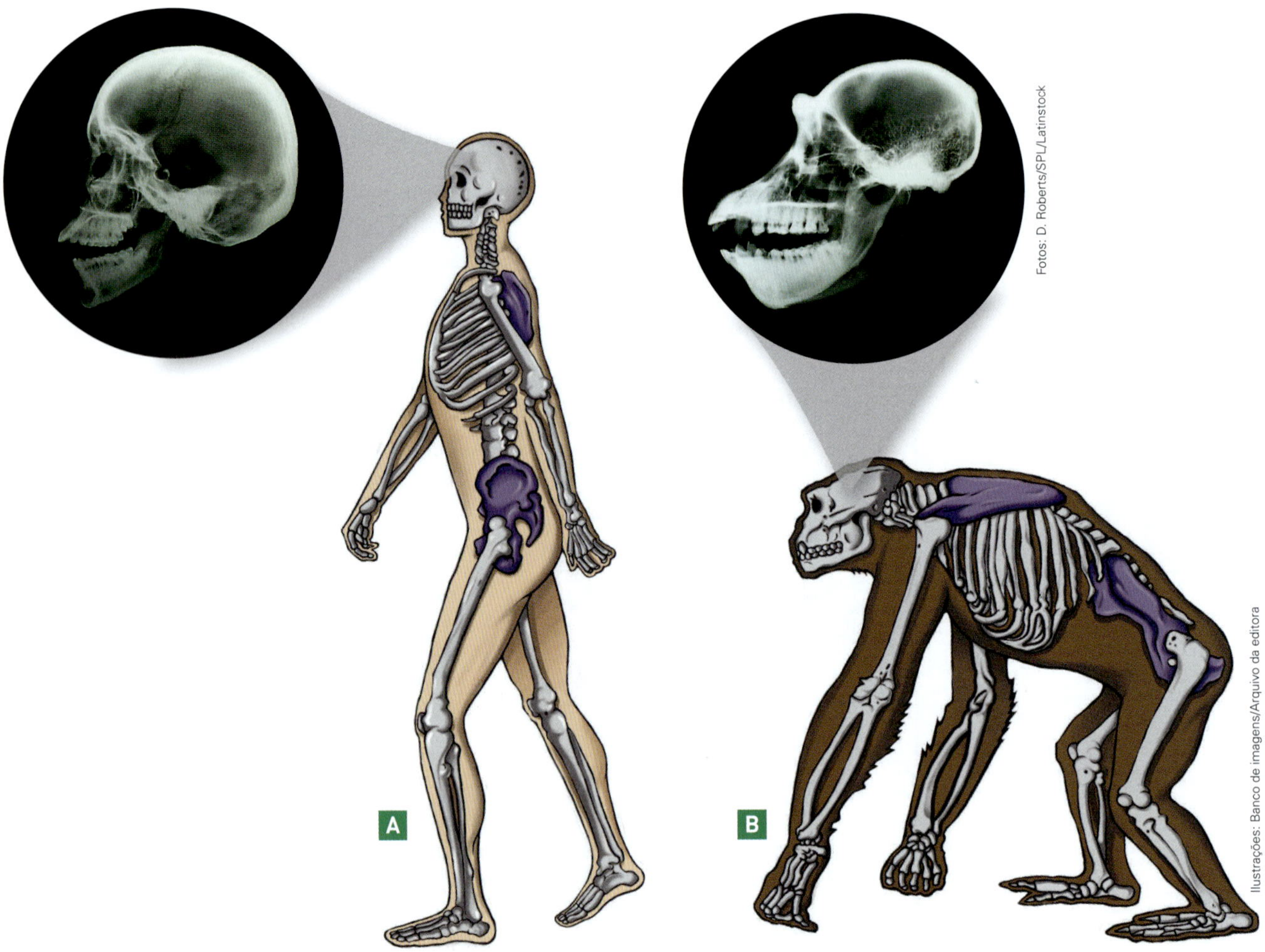

Figura 45.2 Esquema do corpo e radiografia de crânio de ser humano (**A**) e de chimpanzé (**B**). Nos seres humanos, a maneira como os ossos da perna se articulam com os ossos do quadril permite a postura ereta. O crânio do chimpanzé é bem menor que o do ser humano, e a mandíbula, maior (os elementos não estão na mesma escala; cores fantasia).

Essa capacidade possibilitou, por exemplo, que as mãos ficassem livres para segurar e manipular objetos, recolher e transportar alimentos, cuidar de crianças e manusear instrumentos delicados.

Ainda não sabemos ao certo o que favoreceu a **postura ereta** do ser humano. Uma hipótese é que o grupo de primatas que originou a espécie humana teria abandonado a floresta e ido viver nos campos ou nas savanas da África. Nesse sentido, a postura ereta pode ter facilitado a corrida nas savanas, além de ter deixado as mãos livres para a realização de diferentes atividades, como as mencionadas anteriormente. Pode ter favorecido também a observação de presas e predadores a distância por cima da grama alta. Alguns estudos mostram que a postura ereta proporciona ainda uma economia de energia no deslocamento. Além disso, as articulações dos braços permitem lançar objetos com boa velocidade, e o polegar em oposição aos outros dedos facilita a preensão e a manipulação de objetos.

ACESSE E SAIBA MAIS

Museu Virtual da Evolução Humana
<www.ib.usp.br/biologia/evolucaohumana/proposta/sinopse-da-evolucao-humana.html?showall=&limitstart=>
Acesso em: 31 jul. 2018.

O intenso desenvolvimento da inteligência na linhagem humana ainda é um assunto muito discutido, principalmente em relação às causas que podem ter contribuído para tal. Em uma comparação do encéfalo humano com os dos outros primatas, a espécie humana possui volume médio do crânio de 1 350 cm^3, enquanto o chimpanzé tem no máximo 500 cm^3 e o gorila, apesar de todo o seu tamanho, no máximo 750 cm^3 (reveja a **figura 45.2**). Além disso, na espécie humana, as circunvoluções (cavidades e saliências) do córtex cerebral são mais desenvolvidas, o que aumenta consideravelmente a área dessa parte do cérebro, envolvida em funções como o raciocínio e a linguagem.

Do grupo conhecido como hominídeos, fazem parte os seres humanos, seus ancestrais e outras espécies já extintas. Desses ancestrais, acredita-se que a espécie mais próxima ao homem e ao chimpanzé seja o *Sahelanthropus tchadensis* (o nome refere-se a Sahel e Chad, locais na África Central onde o fóssil foi descoberto), que remonta a cerca de 7 milhões de anos.

Entre outros fósseis antigos já descobertos, podemos citar o *Ardipithecus ramidus* (*Ardi* significa 'solo'; *pithecus*, 'macaco'; e *ramid*, 'raiz'), de 4,5 milhões a 4,3 milhões de anos. Com cerca de 1,2 m de altura, o *A. ramidus* tinha capacidade craniana semelhante à do chimpanzé, mas seus caninos superiores eram menores do que os dos chimpanzés atuais e mais parecidos com os dos humanos. A anatomia da pélvis e das mãos sugere que ele poderia andar ereto por distâncias curtas. O dedão do pé oposto aos outros dedos e os ossos longos dos dedos indicam que ele deveria passar parte do tempo deslocando-se nas árvores. Dos ancestrais mais conhecidos da linhagem dos hominídeos estão o gênero *Australopithecus* e outras espécies do gênero *Homo*.

AUSTRALOPITECOS

Os australopitecos são integrantes do gênero *Australopithecus* ('macaco do sul'). Eles viveram nas savanas africanas de 4,2 milhões a 1,4 milhão de anos atrás, mediam entre 1 m e 1,5 m de altura e pesavam entre 30 kg e 50 kg . Estudando a posição dos ossos da bacia e do joelho e as impressões de suas pegadas, deduziu-se que todos podiam andar sobre duas pernas e tinham postura ereta.

Em 1974, foi descoberto na Etiópia um fóssil com cerca de 3,2 milhões de anos. Era, possivelmente, um indivíduo do sexo feminino, com 30 kg, 1,07 m de altura e postura ereta; era formado por 52 ossos e o crânio tinha 420 cm^3. Foi batizado de Lucy (**figura 45.3**). Lucy pertence à espécie *Australopithecus afarensis*, que viveu entre 3,8 milhões e 2,9 milhões de anos atrás e tinha de 375 cm^3 a 550 cm^3 de crânio, semelhante ao do chimpanzé, mas com dentes e ossos da perna parecidos com os da espécie humana, além de ter postura ereta.

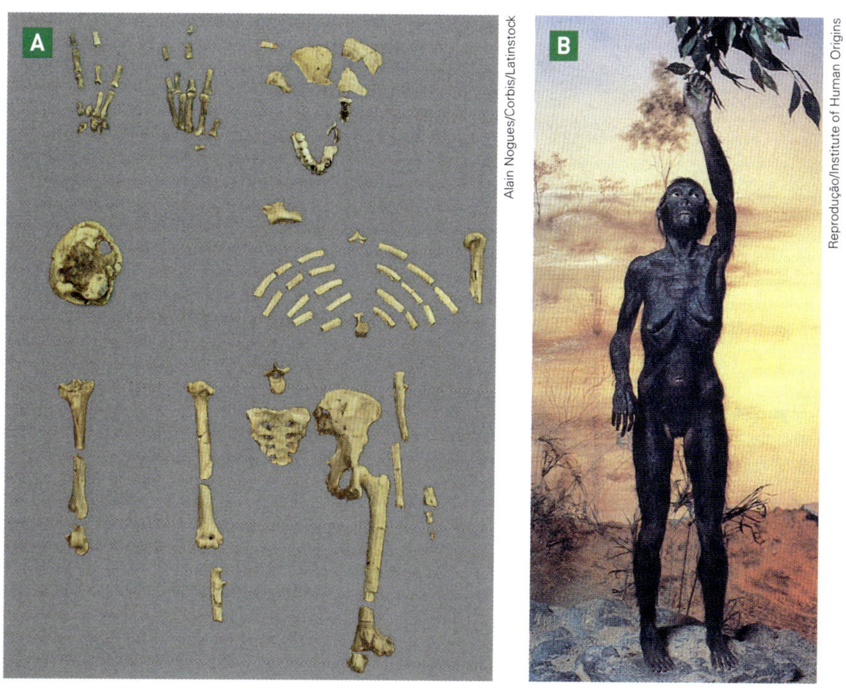

Figura 45.3 A: restos do esqueleto de Lucy e **B**: sua reconstituição (cores fantasia).

O GÊNERO *HOMO*

Figura 45.4 Reconstituição artística do *Homo habilis* (cerca de 1,5 m de altura) fabricando ferramenta de pedra.

Os primeiros representantes do gênero *Homo*, que tinham corpo e cérebro maiores, podem ter surgido da linhagem dos australopitecos. Entre eles estava o *Homo habilis* (**figura 45.4**). Embora os australopitecos já usassem pedaços de pedra ou ossos para cavar, pegar pequenos animais e se defender, o *Homo habilis* foi o primeiro a realmente fabricar ferramentas de **pedra lascada** (quebradas de modo a ficar com uma borda afiada), que deviam servir, por exemplo, para cortar a carne de animais. Dessa capacidade vem o nome da espécie: 'homem habilidoso'. Ele viveu entre 2,4 milhões e 4 milhões de anos atrás e seu cérebro era maior que o dos australopitecos. O volume do seu crânio variava de 500 cm^3 a 670 cm^3.

Evolutivamente, o *Homo erectus* surgiu depois do *Homo habilis*. Foi uma espécie que perdurou por mais de 1 milhão de anos (viveu entre 1,8 milhão e 500 mil anos atrás). Nesse período, seu crânio aumentou gradativamente para mais de 1 300 cm^3 (**figura 45.5**). Deve ter sido o primeiro a produzir e a usar o fogo; foram encontradas pilhas de carvão vegetal ao lado de ossos dessa espécie em cavernas, que poderiam ter servido para se aquecer, cozinhar a carne ou trabalhar melhor a pedra. É possível que o uso do fogo tenha facilitado sua capacidade de migração: foi o primeiro de nossos ancestrais distantes a sair da África.

Figura 45.5 **A**: crânio do *Homo erectus* com cerca de 960 cm^3; **B**: reconstituição do rosto com base no crânio; **C**: reconstituição dessa espécie em grupo (cerca de 1,70 m), usando o fogo e preparando lanças (cores fantasia).

Enquanto os australopitecos e o *Homo habilis* foram encontrados apenas na África, o *Homo erectus* foi encontrado também na Ásia e na Europa. As ferramentas que usava eram tecnicamente mais complexas que as anteriores e há indícios de que o *Homo erectus* caçava em grupos.

A partir de 500 mil anos atrás, há fósseis com crânios maiores que os do *Homo erectus* e menores que os da espécie humana atual. Eles foram classificados como formas muito antigas do *Homo sapiens*.

Entre 230 mil e 30 mil anos atrás – coexistindo, portanto, com o *Homo sapiens* – viveu outro hominídeo, que ficou conhecido como o homem de Neanderthal (**figura 45.6**), porque seus primeiros fósseis foram descobertos em uma caverna do vale de Neander, na Alemanha. É classificado atualmente como *Homo neanderthalensis*.

Seu crânio era maior que o da espécie humana atual – em média, 1 450 cm^3 contra 1 350 cm^3 –, mas essa diferença pode estar relacionada à sua forma mais robusta e não necessariamente a uma inteligência mais desenvolvida. As ferramentas e as armas eram mais desenvolvidas que as do *Homo erectus*. A descoberta de grãos de pólen junto a certos fósseis leva a crer que enterrava seus mortos e colocava flores nos túmulos.

ACESSE E SAIBA MAIS

Evolução humana
<www.youtube.com/watch?v=5PZFW-SICTA>
Acesso em: 31 jul. 2018.

Pascal Goetgheluck/SPL/Latinstock

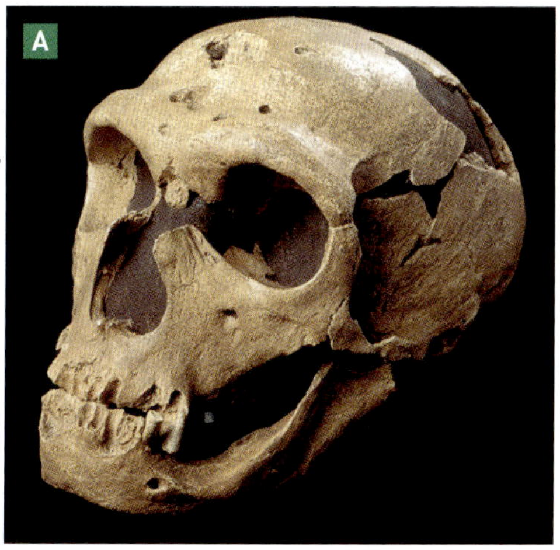

B Christopher/Alamy/Latinstock

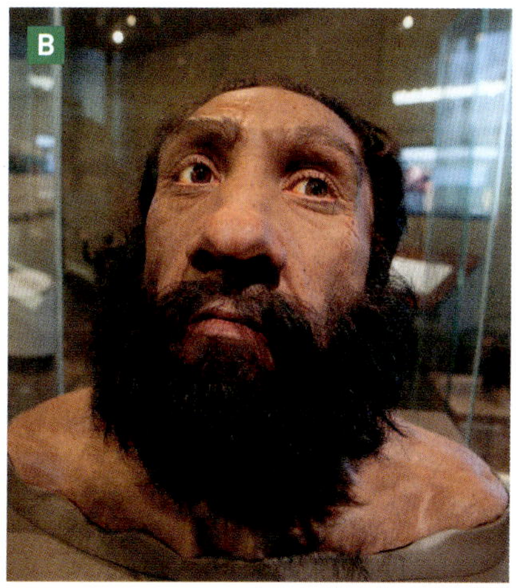

Figura 45.6 A: crânio do homem de Neanderthal (em média, 1 450 cm^3); **B**: reconstituição do rosto com base no crânio (Museu Nacional de História Natural de Washington D.C., EUA); **C**: representação de um grupo de indivíduos (adultos com cerca de 1,60 m de altura; cores fantasia).

Mauricio Anton/SPL/Latinstock

O homem de Neanderthal se extinguiu há cerca de 30 mil anos. Estudos sugerem que a competição com o *Homo sapiens* pode ter sido a principal causa da extinção.

O fóssil mais conhecido da espécie *Homo sapiens* é o homem de Cro-Magnon (em referência à região da França onde esse fóssil foi encontrado). Ele fabricava ferramentas eficientes e tinha certas habilidades artísticas; foram encontradas em cavernas pinturas que retratam diversas cenas de caça (**figura 45.7**).

Figura 45.7 A: reconstituição do rosto do homem de Cro-Magnon; **B:** pintura atribuída a ele em uma caverna de Lascaux, na França.

Há cerca de 12 mil anos, em um processo gradativo, grupos humanos passavam de caçadores-coletores a também agricultores, contribuindo para o surgimento das primeiras civilizações. Tal processo ficou conhecido como **Revolução neolítica**. A partir daí, supõe-se que a chamada **evolução cultural** tenha sido responsável pela rápida aceleração das transformações humanas. Para avaliar esse desenvolvimento mais intenso em tempo mais curto, é possível comparar as transformações ocorridas nos últimos 10 mil anos com as lentas transformações ocorridas no período desde seus ancestrais mais antigos até o *Homo sapiens* (**figura 45.8**).

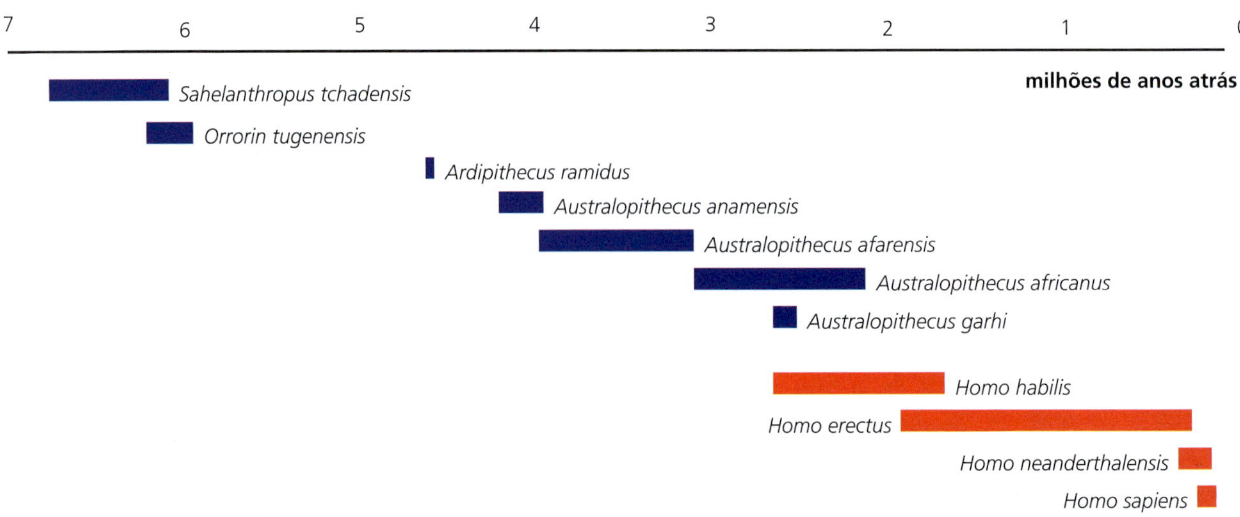

Figura 45.8 Alguns possíveis hominídeos e seus ancestrais (a cor vermelha indica o gênero *Homo*). A largura dos retângulos indica o período em que cada espécie viveu na Terra, em milhões de anos. A divergência entre a espécie humana e o chimpanzé deve ter ocorrido entre 7 milhões e 4 milhões de anos atrás. A partir do *Australopithecus anamensis*, todos passaram a ter postura ereta.

ATIVIDADES

Questões discursivas

1. Observe a figura abaixo e responda às questões.

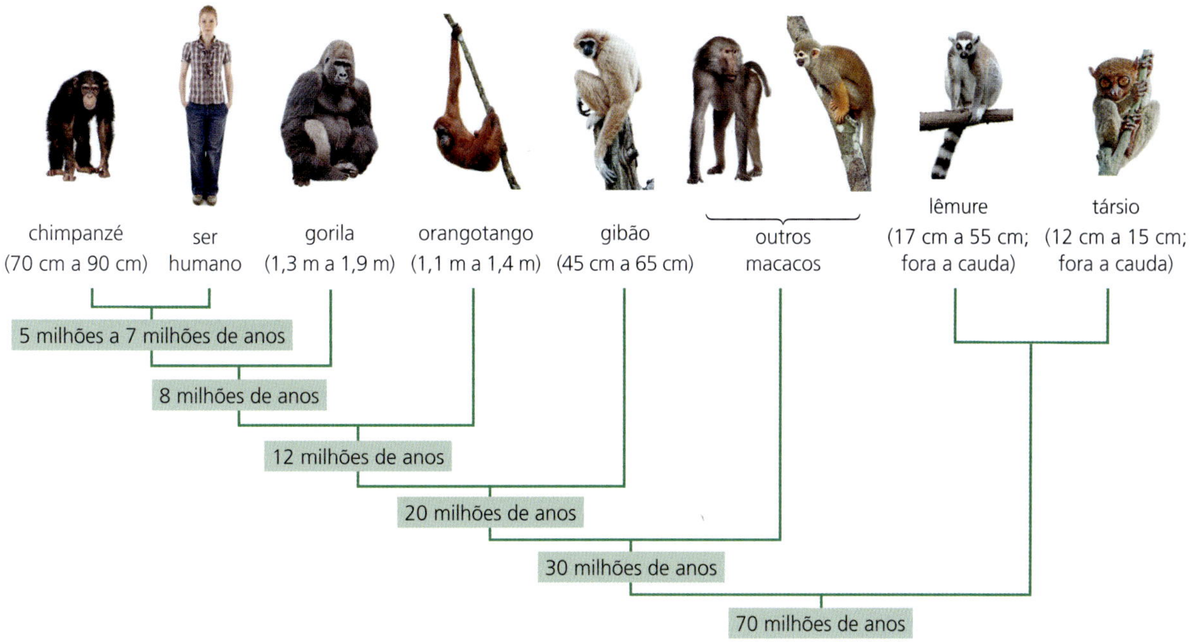

Árvore filogenética simplificada indicando o parentesco evolutivo entre a espécie humana e outros primatas. No grupo "outros macacos" estão representados o babuíno (cerca de 1 m) e o mico-de-cheiro (aproximadamente 35 cm). Observação: há duas espécies de chimpanzés: o chimpanzé comum (*Pan troglodytes*) e o bonobo (*Pan paniscus*) (as medidas indicam o comprimento do animal).

Da esquerda para a direita: Eric Isselee/Shutterstock; Iryna Rasko/Shutterstock; Sascha Preussner/Shutterstock; Matej Hudovernik/Shutterstock; tratong/Shutterstock; Eric Isselee/Shutterstock; Fabio Colombini/Acervo do fotógrafo; Volodymyr Burdiak/Shutterstock; Khoroshunova Olga/Shutterstock

a) Entre os primatas representados na figura, quais são os mais próximos da espécie humana e quais são os mais distantes?

b) Há alguns anos, um gorila chamado Ambam ficou famoso por um vídeo na internet no qual aparece caminhando sobre os dois pés, como os seres humanos. Ambam nasceu em 1990 e vive em um zoológico na Inglaterra. Apesar de existirem exceções como essa, o andar bípede é típico apenas dos primatas humanos. Como essa forma de se locomover influenciou no modo como a espécie humana evoluiu?

c) De acordo com o cladograma, há quantos anos surgiu a linhagem que originou os gorilas?

2. (Unesp-SP) Leia a transcrição da notícia dada pela apresentadora de um programa de variedades da televisão brasileira.

> No fim de semana passado uma criança caiu dentro da jaula de um gorila no zoológico de Cincinatti, nos Estados Unidos. Para salvar a criança, o animal foi morto com um tiro. [...] Apesar de trágico, o episódio trouxe à tona o interesse pelo comportamento desses ancestrais que são tão próximos dos humanos.
>
> http://g1.globo.com/fantástico, 05.06.2016.

Na frase que encerra essa notícia, a apresentadora faz duas afirmações: que os gorilas são ancestrais dos humanos e que há proximidade entre essas espécies.

A afirmação sobre os gorilas serem ancestrais dos humanos está correta? Justifique sua resposta, apresentando um argumento fundamentado na Biologia evolutiva que indique se está certa ou se está errada.

No que se refere à segunda afirmação, explique, considerando os dados sobre parentesco genético obtidos pela Biologia molecular, o que significa dizer que essas duas espécies são próximas.

3. (UFTM-MG) O desenho ilustra, em suas extremidades, chimpanzé e ser humano, ambos mamíferos primatas. Ele busca representar a evolução humana a partir da mudança de características morfológicas ao longo do tempo. Porém, tal representação é considerada incorreta, considerando as atuais premissas sobre evolução biológica e seus mecanismos.

Reprodução/UFTM-MG, 2012.

a) Explique por que o desenho é considerado incorreto pelo atual ponto de vista evolutivo.

b) Cite duas características morfológicas compartilhadas por chimpanzés e seres humanos.

Questões objetivas

1. (Enem-MEC) Pesquisas recentes estimam o seguinte perfil da concentração de oxigênio (O_2) atmosférico ao longo da história evolutiva da Terra:

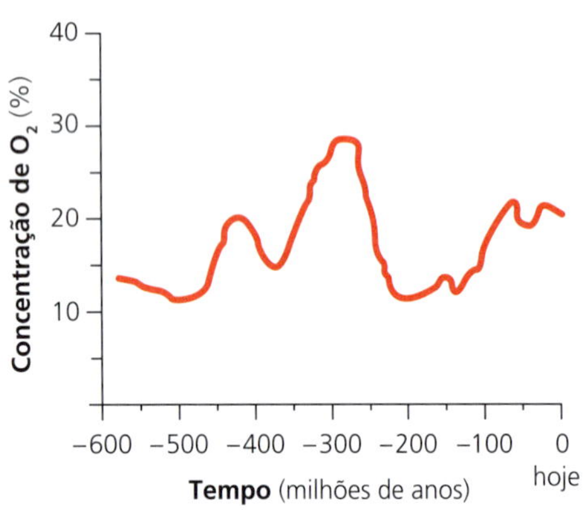

Reprodução/Enem.

No Período Carbonífero, entre aproximadamente 350 e 300 milhões de anos, houve uma ampla ocorrência de animais gigantes, como, por exemplo, insetos voadores de 45 cm e anfíbios de até 2 m de comprimento. No entanto, grande parte da vida na Terra foi extinta há cerca de 250 milhões de anos, durante o Período Permiano. Sabendo que o O_2 é um gás extremamente importante para os processos de obtenção de energia em sistemas biológicos, conclui-se que:

a) a concentração de nitrogênio atmosférico se manteve constante nos últimos 400 milhões de anos, possibilitando o surgimento de animais gigantes.

b) a produção de energia dos organismos fotossintéticos causou a extinção em massa no Período Permiano por aumentar a concentração de oxigênio atmosférico.

c) o surgimento de animais gigantes pode ser explicado pelo aumento da concentração de oxigênio atmosférico, o que possibilitou uma maior absorção de oxigênio por esses animais.

d) o aumento da concentração de gás carbônico (CO_2) atmosférico no Período Carbonífero causou mutações que permitiram o aparecimento de animais gigantes.

e) a redução da concentração de oxigênio atmosférico no Período Permiano permitiu um aumento da biodiversidade terrestre por meio da indução de processos de obtenção de energia.

2. (Vunesp-SP) A especiação do *Homo sapiens* tem pouca chance de ocorrer, considerando a atual condição da espécie humana. Assinale a afirmação que melhor sustenta essa hipótese.

a) A ciência moderna tem eliminado as mutações humanas.

b) Os medicamentos atuais diminuem a incidência de doenças.

c) Os postulados de Darwin não se aplicam à espécie humana.

d) As alterações ambientais que favorecem a especiação são cada vez menores.

e) Os meios modernos de locomoção e comunicação têm diminuído ou eliminado os isolamentos geográficos.

3. (Enem-MEC) Foi proposto um novo modelo de evolução dos primatas elaborado por matemáticos e biólogos. Nesse modelo o grupo de primatas pode ter tido origem quando os dinossauros ainda habitavam a Terra, e não há 65 milhões de anos, como é comumente aceito.

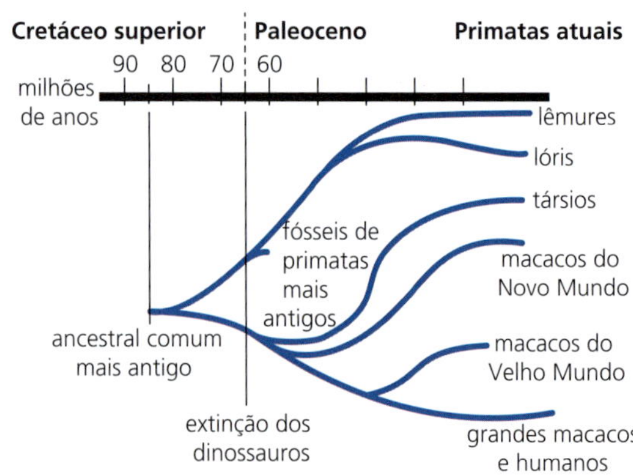

Reprodução/Enem.

Fonte: Raquel Aguiar, *Ciência Hoje On-line*, 13/5/2002.

Examinando essa árvore evolutiva, podemos dizer que a divergência entre os macacos do Velho Mundo e o grupo dos grandes macacos e de humanos ocorreu há aproximadamente:

a) 10 milhões de anos.

b) 40 milhões de anos.

c) 55 milhões de anos.

d) 65 milhões de anos.

e) 85 milhões de anos.

4. (PUC-RS)

Reprodução/PUC

"Venho tentando traçar meus ancestrais mas, depois de duas gerações, eles viram outra espécie."

Considerando o processo evolutivo que deu origem ao *Homo sapiens*, como espécie, a ordem correta de aparecimento dos grupos ancestrais, do mais antigo ao mais recente, foi

a) *Australopitecus afarensis*, *Homo habilis* e *Homo erectus*.

b) *Australopitecus afarensis*, *Homo erectus* e *Homo habilis*.

c) *Australopitecus anamensis*, *Homo erectus* e *Homo habilis*.

d) *Australopitecus anamensis*, *Homo neanderthalensis* e *Homo habilis*.

e) *Australopitecus anamensis*, *Homo neanderthalensis* e *Homo erectus*.

5. (Vunesp-SP) Há cerca de 40 000 anos, duas espécies do gênero *Homo* conviveram na área que hoje corresponde à Europa: *H. sapiens* e *H. neanderthalensis*. Há cerca de 30 000 anos, os neandertais se extinguiram, e tornamo-nos a única espécie do gênero.

No início de 2010, pesquisadores alemães anunciaram que, a partir de DNA extraído de ossos fossilizados, foi possível sequenciar cerca de 60% do genoma do neandertal. Ao comparar essas sequências com as sequências de populações modernas do *H. sapiens*, os pesquisadores concluíram que de 1% a 4% do genoma dos europeus e asiáticos é constituído por DNA de neandertais. Contudo, no genoma de populações africanas não há traços de DNA neandertal.

Isto significa que:

a) os *H. sapiens*, que teriam migrado da Europa e Ásia para a África, lá chegando entrecruzaram com os *H. neanderthalensis*.

b) os *H. sapiens*, que teriam migrado da África para a Europa, lá chegando entrecruzaram com os *H. neanderthalensis*.

c) o *H. sapiens* e o *H. neanderthalensis* não têm um ancestral em comum.

d) a origem do *H. sapiens* foi na Europa, e não na África, como se pensava.

e) a espécie *H. sapiens* surgiu independentemente na África, na Ásia e na Europa.

6. (UEM-PR) Darwin foi o primeiro a propor nossa relação de parentesco evolutivo com os grandes macacos, incluindo definitivamente a espécie humana no reino animal e, de certa forma, rebaixando-a do ponto mais alto da criação.

Nesse sentido, identifique e some o que for correto.

(01) Os resultados das análises comparativas mostraram que, de fato, os chimpanzés são mais semelhantes a nós, do ponto de vista molecular, que qualquer outro ser vivo.

(02) Os seres humanos fazem parte do filo Chordata, subfilo Vertebrata, classe Mammalia, ordem Primates, família Anthropoidea, gênero *Homo* e espécie *sapiens*.

(04) Os primatas desenvolveram, entre outros atributos, mãos dotadas de grande mobilidade e flexibilidade. As suas mãos apresentam o primeiro dedo oponível, funcionando como pinça para agarrar.

(08) Um grande avanço, na passagem evolutiva de australopiteco para a espécie humana atual, é o desenvolvimento do sistema nervoso e, consequentemente, da inteligência.

(16) Admite-se que o salto mais prodigioso da humanidade rumo ao conhecimento tenha sido o desenvolvimento da fala, que ocorreu há cinco mil anos. As gerações humanas passaram, desde então, a deixar, para as gerações futuras, informações sobre seu modo de vida e suas realizações.

UNIDADE 11

ECOLOGIA

Tartaruga-verde ou aruanã (*Chelonia mydas*, mede até 143 cm de comprimento) nadando com peixes em baía no México. Essa espécie está ameaçada de extinção, principalmente devido à pesca em seu *habitat*.

A poluição do ar e da água, a desertificação do solo, o esgotamento de recursos naturais, a excessiva produção de lixo e a diminuição da biodiversidade são alguns dos efeitos colaterais da ação do ser humano sobre o ambiente ao longo da História.

No estudo da Ecologia (*oikos* = casa e, por extensão, ambiente; *logos* = estudo), vamos analisar como é complexo e delicado o equilíbrio entre o meio ambiente e os seres vivos e indicar algumas alternativas para preservar e restaurar essa estabilidade.

Luis Javier Sandoval/VW Pics/UIG/Getty Images

Claire Leimbach/Robert Harding/Getty Images

CAPÍTULO

46

NÍVEIS DE ORGANIZAÇÃO E TEIAS ALIMENTARES

Todos os seres humanos causam alterações no ambiente para sobreviver. Enquanto algumas culturas provocam menos impacto, outras podem comprometer recursos fundamentais para a sobrevivência de inúmeros seres vivos.

Assim como os humanos, os demais seres vivos consomem recursos do ambiente. No entanto, nossa necessidade cada vez maior de consumir, sem levar em conta os impactos socioambientais dessa postura, tem afetado o meio ambiente de uma forma que pode ser irreversível. Para evitar que os recursos naturais sejam comprometidos, é preciso que a interferência humana no ambiente seja consciente e responsável. Nesse sentido, conhecer conceitos de Ecologia nos ajuda a tomar decisões que afetem positivamente o meio ambiente e a sociedade.

- Quais são os níveis de organização da vida?
- O que são fatores bióticos e abióticos? Como eles se relacionam em um ecossistema?
- Por que a energia obtida pelas plantas é tão importante não só para elas, mas também para todo o ecossistema?
- O que acontece com as plantas e os animais quando eles morrem?
- Você se alimenta de plantas e de animais? Ou apenas de plantas? Como a sua alimentação muda sua relação com os outros seres vivos?

1. NÍVEIS DE ORGANIZAÇÃO DA VIDA

Como já vimos no capítulo 1, os organismos podem ser formados por apenas uma **célula** (unicelulares) ou por grupos de células (pluricelulares) que podem ser especializados – os **tecidos** –, e se agruparem em **órgãos**. Estes estão integrados em unidades mais amplas – os **sistemas** –, reunidos no **organismo**.

A **Ecologia** preocupa-se com as relações que ocorrem a partir do organismo, ou seja, entre os seres vivos e o ambiente que habitam.

Organismos da mesma espécie que vivem em uma mesma área e mantêm relações entre si formam uma **população**.

Populações que habitam a mesma área e mantêm relações entre si formam um novo nível de organização, chamado **comunidade**, **biocenose** (*bios* = vida; *koinos* = em comum) ou **comunidade biótica**.

Os seres vivos de uma área podem ser chamados de **fatores bióticos** e interagem com os elementos físicos e químicos do ambiente, chamados **fatores abióticos** (*a* = sem; *bios* = vida). O conjunto dos fatores abióticos é chamado **biótopo** (*bio* = vida; *thopos* = lugar).

A reunião e a interação da comunidade com o ambiente físico formam um **sistema ecológico** ou **ecossistema**. O Cerrado, no interior do Brasil, é um ecossistema, assim como um lago, um oceano e até um simples aquário. Veja a **figura 46.1**.

O conjunto de florestas, campos, desertos e outros grandes ecossistemas forma a **biosfera** (*bios* = vida; *sphaîra* = esfera, globo). A biosfera pode ser definida como a região da Terra onde há vida. O termo é usado também como o conjunto de regiões do planeta em condições de sustentar a vida de modo permanente. A biosfera estende-se do topo das montanhas mais altas (cerca de 8 km de altitude) até o fundo dos oceanos (cerca de 11 km de profundidade).

ACESSE E SAIBA MAIS

Comunidades de microrganismos

<https://ed.ted.com/lessons/the-microbial-jungles-all-over-the-place-and-you-scott-chimileski-and-roberto-kolter>

Acesso em: 31 jul. 2018.

Marcos Amend/Pulsar Imagens

Figura 46.1 Piraputangas são peixes que formam uma das populações do Aquário Encantado. Esse ecossistema, formado também por outros seres vivos e pelo ambiente físico, está localizado em Nobres (MT).

BIOLOGIA E SOCIEDADE

A Ecologia e o conceito de sustentabilidade

A preocupação com a poluição do ar é algo antigo. Há registro de reclamações sobre os efeitos da poluição na saúde desde a Grécia antiga. Muito tempo depois, no século XVIII, durante a Revolução Industrial, ocorreu a primeira grande queda na qualidade do ar das cidades, principalmente na Inglaterra, na Alemanha e nos Estados Unidos. Nesses países, a queima de carvão começava a ser utilizada intensamente para mover as máquinas e aquecer as casas. Ainda assim, as leis criadas para controlar a emissão de fumaça não tinham peso algum. Isso só começou a mudar a partir da metade do século XX, quando ocorreu em Londres, no ano de 1952, um desastre conhecido como Grande Nevoeiro (*Great Smog*).

Na ocasião, a cidade de Londres ficou coberta por uma fumaça densa durante quatro dias e estima-se que 4 mil pessoas tenham morrido. Esse desastre foi causado por uma combinação de fatores ambientais: uma camada de ar frio cobriu a cidade e fez com que a fumaça produzida pelas fábricas e pelos sistemas de aquecimento das residências não conseguisse se dispersar (**figura 46.2**).

Assim, dentro de um contexto de protestos de cunho político e social que se desenhava na década de 1960, um grupo de ambientalistas, conhecido como Clube de Roma, se reuniu, em 1968, para discutir os impactos causados pelo desenvolvimento industrial. Eles publicaram um estudo chamado *Os limites do crescimento*, em que projetaram, por meio de modelos matemáticos, os efeitos do crescimento populacional no aumento da poluição e na disponibilidade dos recursos naturais. Esse estudo, embora apresentasse erros, contribuiu para um novo pensamento em relação aos impactos ambientais causados pelo desenvolvimento.

Outros problemas ambientais começaram a ser percebidos também após a metade do século XX, entre eles a chuva ácida e a diminuição da camada de ozônio.

A Organização das Nações Unidas (ONU), junto com os Estados e a comunidade científica, realizou a Primeira Conferência Mundial sobre o Homem e o Meio Ambiente, em junho de 1972. Também conhecida como Conferência de Estocolmo, essa foi a primeira grande reunião voltada para as questões ambientais e preservação do meio ambiente. Princípios e conceitos definidos na ocasião tornaram-se base para o desenvolvimento na área do meio ambiente e, a partir dessa conferência, foram levantadas questões que orientam até hoje o debate acerca do uso dos recursos naturais em processos sustentáveis de desenvolvimento, isto é, que considerem a preservação do ambiente para gerações futuras.

Fontes de pesquisa: <www.ambito-juridico.com.br/site/?n_link=revista_artigos_leitura&artigo_id=12292>, <www.theguardian.com/environment/gallery/2012/dec/05/60-years-great-smog-london-in-pictures>, <www.eolss.net/sample-chapters/c09/e6-156-15.pdf>. Acesso em: 16 mar. 2018.

Don Price/Hulton Archive/Getty Images

Figura 46.2 *Smog* fotoquímico em Londres, 1952. Por ser rica em compostos de enxofre, a fumaça era amarelada e limitava a visibilidade a menos de meio metro.

2. *HABITAT* E NICHO ECOLÓGICO

Em Ecologia, o ambiente físico em que vive uma espécie chama-se ***habitat***. O conjunto de relações que a espécie mantém com esse ambiente e com as outras espécies recebe o nome de **nicho ecológico** ou, simplesmente, **nicho**. Desse modo, para conhecer o nicho de uma espécie, precisamos saber do que ela se alimenta, onde e em que hora do dia obtém esse alimento, onde se reproduz e se abriga, como ela se defende de seus predadores, etc. O nicho corresponde ao modo de vida da espécie ou ao seu papel ecológico (atividades que a espécie realiza no ecossistema).

Por exemplo, o jacaré-do-pantanal e a capivara são encontrados no Pantanal Mato-Grossense (*habitat*); mas o jacaré é carnívoro e a capivara, herbívora. Portanto, essas duas espécies, embora vivam no mesmo *habitat*, têm nichos diferentes.

A onça é encontrada nas florestas tropicais, no Cerrado e no Pantanal. Com isso, referimo-nos aos seus *habitat*. Quando dizemos que ela é um grande predador, estamos nos referindo ao seu nicho ecológico.

3. CADEIAS E TEIAS ALIMENTARES

A matéria e a energia de um ecossistema passam de um ser vivo para outro por meio da **nutrição**. Veja este exemplo: o capim é comido pelo boi, que é comido pelo ser humano.

Essa sequência de seres vivos em que um serve de alimento para outro é chamada **cadeia alimentar**.

Os seres autotróficos são indispensáveis a qualquer comunidade ecológica, já que são os únicos capazes de transformar compostos inorgânicos em compostos orgânicos que servirão de alimento a todos os outros seres heterotróficos. Dizemos que os autotróficos são os **produtores** do ecossistema (ou produtores primários).

Para se alimentar, os animais herbívoros, como o gafanhoto, dependem diretamente dos vegetais; por isso são chamados **consumidores primários**. Eles servem de alimento aos animais carnívoros, que podem ser **consumidores secundários**, como o sapo, que se alimenta do gafanhoto, ou **consumidores terciários**, como a serpente, que se alimenta do sapo (**figura 46.3**).

Cada etapa da cadeia alimentar é chamada **nível trófico** (*trophé* = nutrição). As plantas ocupam o nível trófico dos produtores; os animais herbívoros ocupam o nível trófico dos consumidores primários; e assim por diante.

Figura 46.3 Exemplo de cadeia alimentar. As setas indicam que a transferência do alimento e da energia ocorre do produtor para os consumidores. Comprimento médio dos organismos: capim: 40 cm a 100 cm; gafanhoto: 1 cm a 8 cm; sapo: 14 cm a 18 cm; serpente, 3 m a 5 m (os elementos não estão na mesma escala).

Uma parte da matéria orgânica proveniente dos alimentos é quebrada e oxidada no corpo dos seres vivos para obtenção da energia necessária às suas atividades; outra parte da matéria orgânica ingerida é usada na construção do corpo do organismo: crescimento, reposição das partes gastas ou aumento do peso; e uma parte é eliminada do corpo na forma de urina e fezes, por exemplo.

A matéria contida nesses dejetos e o próprio organismo, após sua morte, retornam ao ambiente, principalmente por meio da ação de fungos e bactérias que vivem no solo e na água. Esses seres, chamados **decompositores**, quebram e oxidam resíduos e restos de organismos mortos para obter a energia e as substâncias necessárias ao funcionamento de seu organismo (**figura 46.4**). Os resíduos produzidos nesse processo são, entre outras substâncias, gás carbônico, água e amônia.

Como as substâncias produzidas pela decomposição podem ser utilizadas novamente pelos outros seres vivos, podemos compreender o papel fundamental dos decompositores ao promover a reciclagem da matéria orgânica.

Figura 46.4 Bactérias, fungos e outros decompositores transformam a matéria orgânica em substâncias minerais que serão utilizadas pelas plantas na fotossíntese (os elementos não estão na mesma escala; cores fantasia).

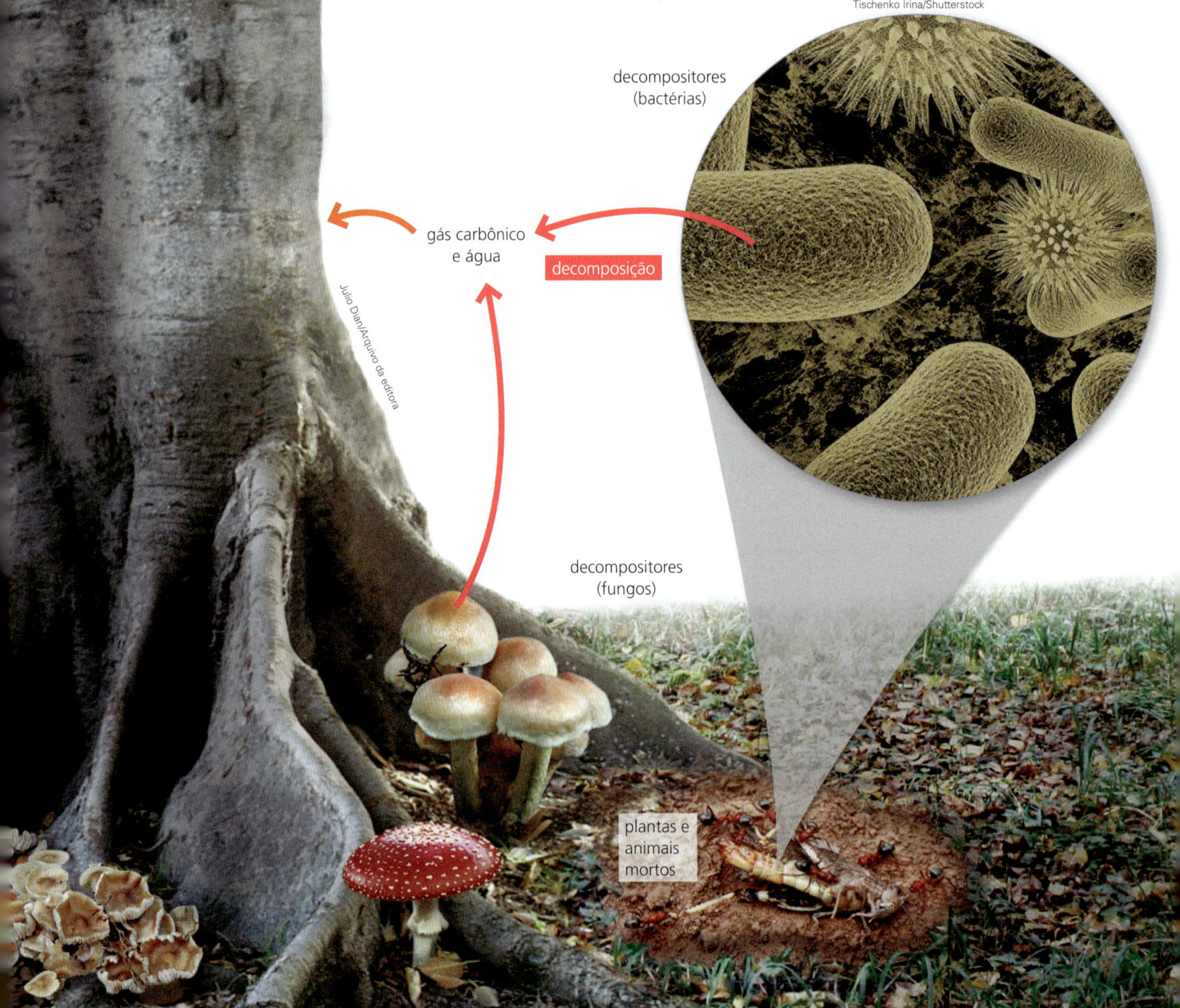

TEIA ALIMENTAR

Muitos animais têm alimentação variada, e outros servem de alimento a mais de uma espécie. Há também animais que, por se alimentarem de vegetais e de animais, podem ser consumidores primários, secundários ou terciários. São os animais **onívoros** (*omni* = tudo; *vorare* = devorar), como o ser humano. Portanto, em uma comunidade há cadeias interligadas, que formam uma **rede** ou **teia alimentar**.

Veja, por exemplo, o caso do gavião-real da **figura 46.5**. Quando ele come uma arara que se alimenta de frutas, ele é um consumidor secundário, já que a arara, nesse caso, é um consumidor primário. Ao comer uma jiboia que comeu um rato, ele é um consumidor terciário, pois a jiboia é um consumidor secundário e o rato, um consumidor primário.

As diferentes relações entre esses seres vivos estabelecem um delicado equilíbrio ecológico, no qual a eliminação de alguns organismos pode prejudicar vários outros seres vivos. Imagine, por exemplo, que o número de onças de uma das cadeias que compõem a teia alimentar representada abaixo diminuísse drasticamente. Isso faria com que o número de capivaras aumentasse e, consequentemente, o número de plantas diminuísse, o que seria prejudicial para todos os organismos desse ecossistema.

Luiz Iria/Arquivo da editora

Figura 46.5 Esquema de teia alimentar em uma região de floresta. Fungos e bactérias são decompositores e, portanto, recebem matéria orgânica de todos os seres vivos da teia (os elementos não estão na mesma escala; cores fantasia).

4. FLUXO DE ENERGIA E MATÉRIA NO ECOSSISTEMA

Boa parte dos compostos orgânicos produzidos na fotossíntese é consumida na respiração da própria planta e eliminada como gás carbônico e água. Desse modo, a planta obtém a energia necessária para seu metabolismo, parte da qual é liberada na forma de calor. O restante da matéria orgânica passa a fazer parte do corpo do organismo, do qual os consumidores retiram seu alimento. Do alimento, parte é retida no corpo e parte é eliminada (**figura 46.6**).

Figura 46.6 Gafanhotos comendo folha. Apenas uma parte da matéria orgânica consumida permanece na cadeia para o nível trófico seguinte; o restante é eliminado nas fezes e liberado pela respiração celular durante a produção de energia (o comprimento dos gafanhotos varia em torno de 1 cm a 8 cm, dependendo da espécie).

Esses processos se repetem em todos os níveis da cadeia alimentar. A partir do consumidor primário, parte da matéria e da energia do alimento não passa para o nível trófico seguinte e é liberada para o ambiente na forma de fezes, urina, gás carbônico, água e calor. Em média, apenas 10% da energia de um nível trófico passa para o nível seguinte (**figura 46.7**).

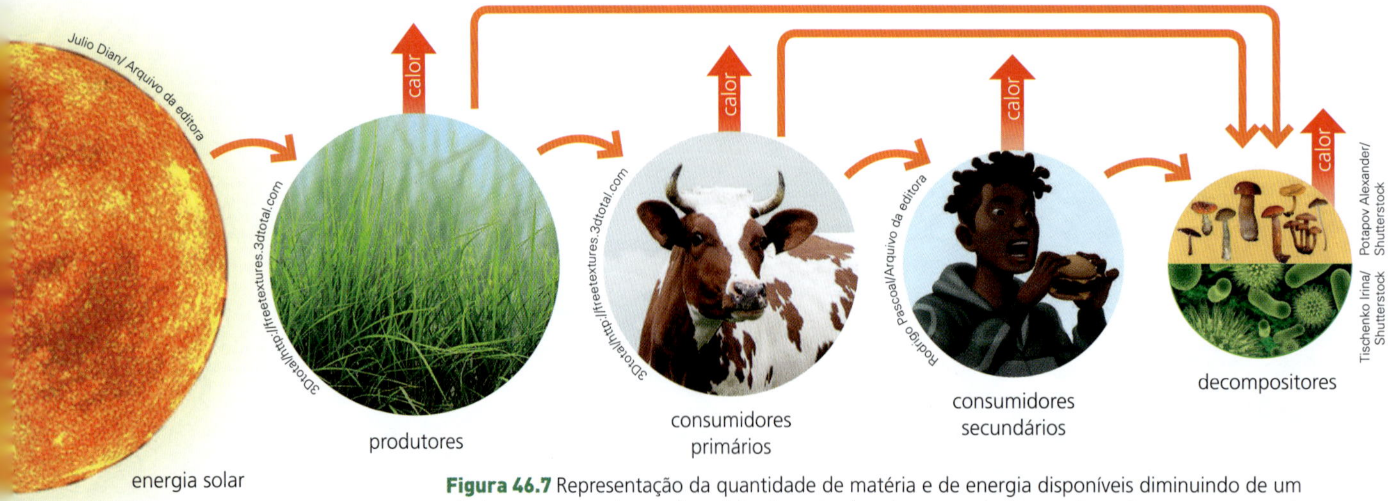

Figura 46.7 Representação da quantidade de matéria e de energia disponíveis diminuindo de um nível para outro ao longo da cadeia alimentar (os elementos da figura não estão na mesma escala; cores fantasia).

Como vimos, os resíduos de cada nível trófico são disponibilizados mais uma vez para os produtores, pela ação dos decompositores. Assim, podemos dizer que a matéria de um ecossistema está em permanente reciclagem (fluxo cíclico). No entanto, parte da energia é transformada em trabalho celular ou sai do corpo do organismo como calor – forma de energia que não pode ser reutilizada na fotossíntese. Por isso, o ecossistema precisa, constantemente, receber energia de fora e há um fluxo unidirecional de energia, que vai dos produtores para os consumidores.

A quantidade de matéria orgânica produzida pelas plantas de um ecossistema em certo intervalo de tempo e por determinada área ou determinado volume é chamada **produtividade primária bruta** (**PPB**). Se descontarmos a parte consumida pela própria planta na respiração (**R**), sobra a chamada **produtividade primária líquida** (**PPL**): PPB – R = PPL. A produtividade pode ser expressa em gramas ou quilogramas de matéria orgânica seca por metro quadrado por ano (ou por dia). Ela pode ser expressa também em função da energia absorvida ou transferida para determinado nível da cadeia e expressa em quilocalorias por metro quadrado por ano (ou por dia).

PIRÂMIDES ECOLÓGICAS

É possível representar os níveis tróficos de uma cadeia alimentar por meio de retângulos superpostos, que formam uma pirâmide ecológica (os decompositores não são incluídos nas pirâmides). Há três tipos de pirâmide: de número, de biomassa e de energia.

A **pirâmide de número** indica a quantidade de organismos que ocupam cada nível trófico. Veja uma dessas pirâmides na **figura 46.8**.

Como em cada nível da cadeia há perda da energia e da matéria disponíveis, apenas uma pequena fração da matéria e da energia chega aos últimos níveis. Isso explica por que, em algumas cadeias, o número de seres vivos mantidos por essa energia e por essa matéria diminui ao longo dos níveis tróficos. Por exemplo, milhares de pés de capim sustentam centenas de gafanhotos, que alimentam apenas dezenas de pássaros.

Figura 46.8 Pirâmide de número. A largura de cada retângulo é proporcional ao número de indivíduos (por metro quadrado) em cada nível trófico (os elementos não estão na mesma escala: gafanhotos têm cerca de 1 cm a 8 cm; o tamanho dos pássaros varia de acordo com a espécie; cores fantasia).

Em outros casos, como em uma cadeia com parasitas, ocorre o inverso. Basta pensar em uma árvore que sustenta vários pulgões, que são parasitados por grande número de protozoários. Nesse caso, forma-se uma pirâmide invertida, em que a base é menor que o ápice (**figura 46.9**).

Há, ainda, casos em que a base e o ápice da pirâmide ecológica são estreitos. É o que acontece quando algumas poucas árvores fornecem alimento suficiente para sustentar grande número de insetos e estes sustentam um número menor de pássaros.

A **biomassa** é a quantidade de matéria orgânica presente no corpo dos seres vivos de determinado nível trófico, em determinado momento. As plantas contêm 99% da biomassa terrestre. Com frequência, ela é expressa em peso seco (para descontar a água, que não é matéria orgânica) por unidade de área (g/m^2, por exemplo) ou de volume (g/m^3). Por causa da perda de matéria entre os níveis tróficos, em geral a biomassa diminui ao longo de uma cadeia.

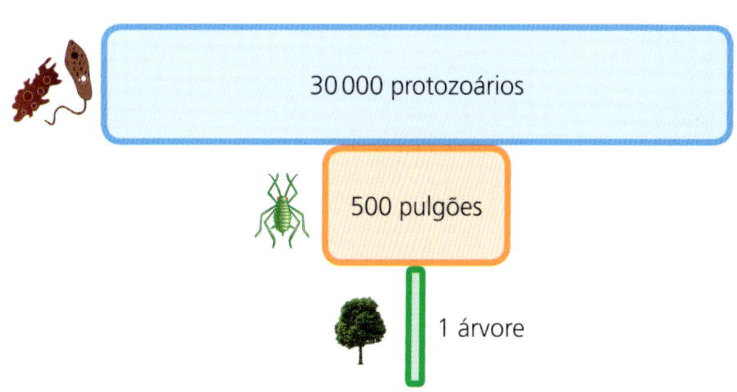

Figura 46.9 Pirâmide de número com aspecto invertido (os elementos não estão na mesma escala: protozoários, por exemplo, são microscópicos; pulgões têm cerca de 2 mm de comprimento; cores fantasia).

Veja na **figura 46.10** um exemplo de pirâmide de biomassa, descrito pelo ecologista estadunidense Eugene Odum (1913-2002). Ele calculou que, durante um ano, cerca de 8 toneladas de alfafa sustentam 1 tonelada de bezerros e estes alimentam um adolescente de 47 kg no mesmo período.

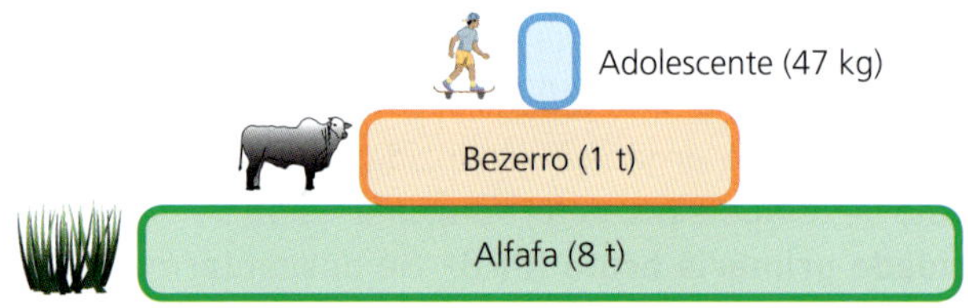

Figura 46.10 Pirâmide de biomassa. A largura de cada retângulo indica a quantidade de matéria orgânica, por hectare, em cada nível trófico em determinado momento (os elementos não estão na mesma escala; cores fantasia).

Como não considera a passagem do tempo, em algumas situações essa pirâmide também pode apresentar aspecto invertido. Por exemplo, em dado momento, a biomassa de algas microscópicas (fitoplâncton) pode ser menor que a de consumidores primários (zooplâncton) (**figura 46.11**). Isso ocorre porque a medição da biomassa não considera a taxa de renovação da matéria orgânica. Se considerarmos um período de tempo, veremos que, ao longo de um ano, por exemplo, a quantidade média de zooplâncton foi menor que a de fitoplâncton, cuja velocidade de reprodução permite uma rápida renovação.

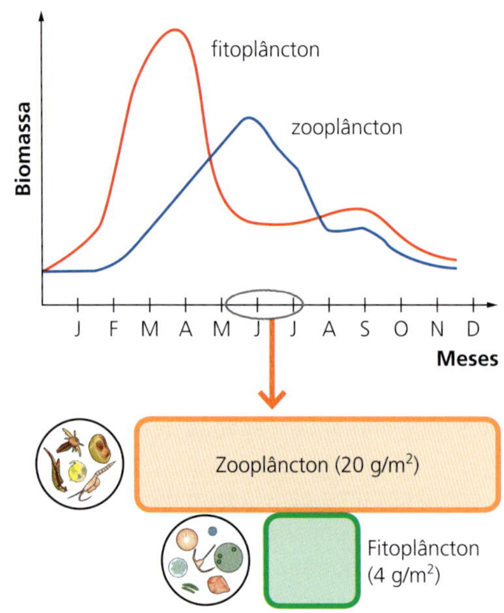

Ilustrações: Banco de imagens/Arquivo da editora

Figura 46.11 Observe no gráfico que, entre meados de maio e julho, a biomassa de zooplâncton era maior que a de fitoplâncton. Essa inversão ocorre por causa de mudanças na temperatura, na intensidade luminosa e nos nutrientes ao longo das estações do ano (os elementos não estão na mesma escala: fitoplâncton e zooplâncton são microscópicos; cores fantasia).

Na **pirâmide de energia**, representamos em cada nível trófico a quantidade de energia acumulada por unidade de área ou de volume e por unidade de tempo (kcal/m^2/ano ou kcal/m^3/ano). Como considera o fator tempo, a pirâmide de energia indica a produtividade de um ecossistema e, por isso, nunca fica invertida (**figura 46.12**).

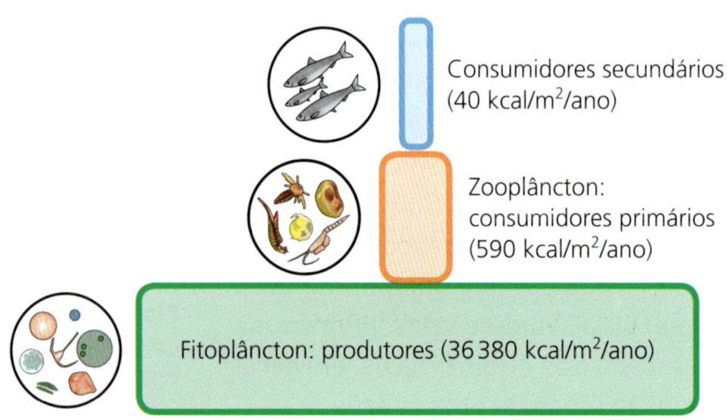

Figura 46.12 Exemplo de pirâmide de energia em um lago (os elementos não estão na mesma escala: fitoplâncton e zooplâncton são microscópicos; cores fantasia).

5. POLUIÇÃO E DESEQUILÍBRIO NAS CADEIAS ALIMENTARES

Poluição é uma alteração no ambiente provocada pelo acréscimo de produtos que ameaçam a saúde ou a sobrevivência dos seres vivos.

Quando esses produtos podem ser decompostos por microrganismos, como as bactérias e os fungos, dizemos que são **biodegradáveis** (*bios* = vida; *de* = retirada, *gradus* = grau), como a matéria orgânica do esgoto doméstico. Outros resíduos, como plásticos, são chamados **não biodegradáveis** porque não podem ser decompostos por bactérias e fungos e demoram dezenas – muitas vezes centenas – de anos para se decompor, sendo, por isso, também chamados **poluentes persistentes** ou **conservativos**.

Além de poluírem o ambiente, esses compostos não biodegradáveis podem se acumular em organismos, provocando doenças e até a morte. É o caso de metais como o mercúrio e o chumbo, ou mesmo de substâncias orgânicas (em geral sintéticas), como o inseticida DDT (letras tiradas do nome diclorodifeniltricloroetano). Veja a **figura 46.13**.

Por causa da redução da biomassa na passagem de um nível trófico para outro, a concentração do produto tóxico aumenta nos organismos ao longo da cadeia alimentar, e os organismos dos últimos níveis tróficos acabam absorvendo doses altas dessas substâncias prejudiciais à saúde. Esse fenômeno é conhecido como **magnificação trófica**, **biomagnificação** ou **amplificação biológica**.

Em certas regiões do Brasil, principalmente na Amazônia, os garimpeiros usam o mercúrio para separar o ouro das impurezas. Nesse processo, o garimpeiro pode se contaminar ao inalar os vapores tóxicos do mercúrio. Além disso, parte desse metal contamina o solo e as águas na forma de metilmercúrio, que é ingerido por peixes e outros animais.

Figura 46.13 Pesticidas são substâncias que podem ser tóxicas para vários seres vivos. Seu uso indiscriminado pode causar desequilíbrios nas cadeias alimentares.

Jonne Roriz/Agência Estado

Ricardo Teles/Pulsar Imagens

ATIVIDADES

Questões discursivas

1. Duas espécies de pássaros vivem na Mata Atlântica do Rio de Janeiro. Uma delas se alimenta do néctar das flores, a outra come insetos. Essas duas espécies possuem o mesmo *habitat*? Ocupam o mesmo nicho ecológico? Justifique suas respostas.

2. O tamanduá-bandeira (*Myrmecophaga tridactyla*) é encontrado nas florestas tropicais e nos campos (como o Cerrado), desde a Guatemala até a Argentina. É um animal de hábitos diurnos. Alimenta-se, principalmente, de cupins, localizados com seu longo focinho e olfato bem desenvolvido. Suas patas dianteiras possuem fortes garras, que usa para cavar a terra onde estão os cupinzeiros e formigueiros. Ele introduz no buraco o focinho e a língua pegajosa e comprida, na qual os insetos ficam presos, podendo, então, ser engolidos.
   a) Qual é o *habitat* do tamanduá-bandeira?
   b) Cite alguns trechos do texto que fazem referência ao nicho do tamanduá-bandeira.
   c) Parte da anatomia animal é uma adaptação ao seu nicho. Quais adaptações do tamanduá-bandeira são relativas à sua alimentação?

3. Em seu caderno, classifique os organismos abaixo de acordo com sua posição na teia. Lembre-se de que alguns seres podem ter mais de uma classificação.

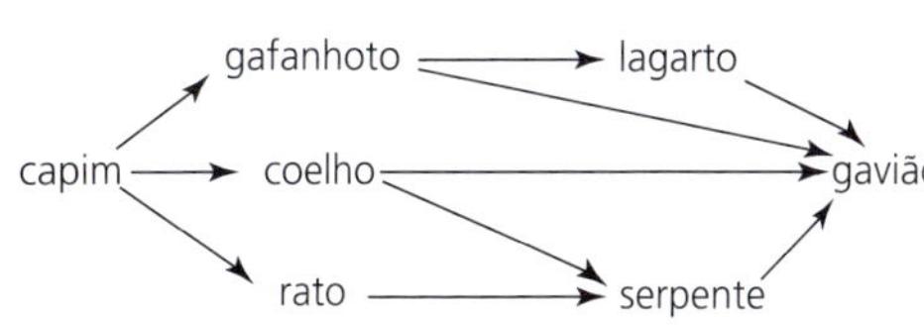

4. Quando o ser humano come arroz, que tipo de consumidor ele está representando na cadeia alimentar? E quando come um bife de carne de boi?

5. Um agricultor utilizou um agrotóxico persistente para eliminar insetos que atacavam sua plantação de algodão. Como você explica a presença desse agrotóxico no organismo de algumas espécies de aves, já que essas aves não comem plantas de algodão?

6. (Unicamp-SP) A figura abaixo representa relações existentes entre organismos vivos.

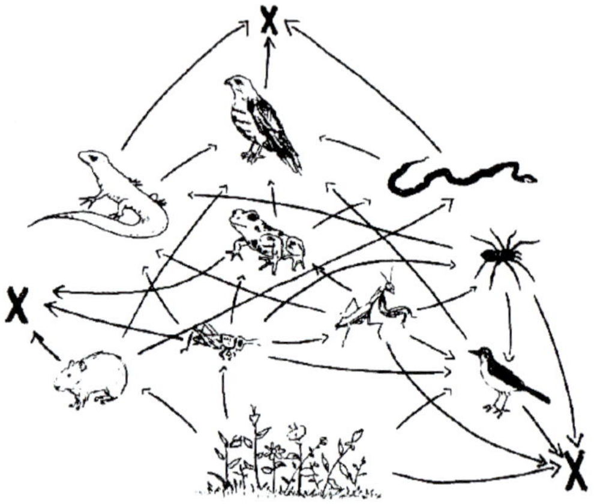

Reprodução/UNICAMP, 2015.

a) O que é representado na figura? Que tipo de organismo é representado por **X**?

b) Qual seria a consequência do desaparecimento das aves mostradas na figura acima? Qual seria a consequência do desaparecimento das plantas mostradas na figura acima?

7. (Vunesp) Considere a afirmação: "As populações daquele ambiente pertencem a diferentes espécies de animais e vegetais". Escreva que conceitos estão implícitos nessa frase levando em consideração:

a) somente o conjunto de populações;

b) o conjunto de populações mais o ambiente abiótico.

8. (Vunesp) A tabela mostra um exemplo de transferência de energia em um ecossistema, do qual se considerou uma cadeia alimentar de predadores.

Níveis tróficos	Quantidade de energia (kcal/m³/ano)		
	Total assimilado pelos organismos	Quantidade disponível para os níveis tróficos seguintes	Diferença
Produtores	21 000	9 000	12 000
Consumidores primários	11 000	4 800	6 200
Consumidores secundários	3 500	1 500	2 000
Consumidores terciários	500	100	400

Baseando-se nos dados da tabela, responda:

a) A que corresponde a quantidade de energia discriminada na coluna Diferença?

b) Dificilmente essa cadeia alimentar, cujo fluxo de energia está representado na tabela, apresentará consumidores quaternários. Por quê?

9. (Ufal) O mercúrio é um metal pesado que, acima de determinadas concentrações, é tóxico ao sistema nervoso central. Em regiões de garimpo de ouro na Amazônia, o mercúrio entra nas cadeias alimentares dos peixes. A tabela abaixo apresenta os hábitos alimentares dos peixes da região.

Peixe	Alimentação
tucunaré	peixe, camarão
traíra	peixe
pacu	frutas, plantas
piaba	frutas, inseto

Qual deles é mais aconselhado para a alimentação humana? Justifique sua resposta.

10. (Unifesp) As pirâmides ecológicas são utilizadas para representar os diferentes níveis tróficos de um ecossistema e podem ser de três tipos: número de indivíduos, biomassa ou energia. Elas são lidas de baixo para cima e o tamanho dos retângulos é proporcional à quantidade que expressam. Considere uma pirâmide com a seguinte estrutura:

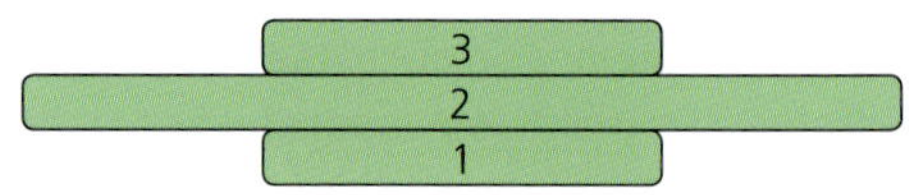

a) Que tipo de pirâmide, entre os três tipos citados no texto, não poderia ser representada por essa estrutura? Por quê?

b) Dê um exemplo de uma pirâmide que pode ser representada pela estrutura indicada. Substitua **1**, **2** e **3** por dados quantitativos e qualitativos que justifiquem essa estrutura de pirâmide.

Questões objetivas

1. (Udesc) Analise as proposições em relação à Ecologia.

I. As populações são formadas quando vários indivíduos da mesma espécie vivem em uma mesma área e mantêm relação entre si.

II. O *habitat* corresponde ao modo de vida ou ao papel ecológico que a espécie desempenha no ecossistema.

III. Comunidade ou biocenose são formadas por indivíduos da mesma espécie, que possuem pouca relação de interação entre si.

IV. Ecossistema é a reunião e a interação das comunidades com os fatores abióticos que atuam sobre essas comunidades.

Assinale a alternativa correta.

a) Somente as afirmativas II, III e IV são verdadeiras.

b) Somente as afirmativas I e II são verdadeiras.

c) Somente as afirmativas I e IV são verdadeiras.

d) Somente as afirmativas II e III são verdadeiras.

e) Todas as afirmativas são verdadeiras.

2. (Enem-MEC) Suponha que o chefe do departamento de administração de uma empresa tenha feito um discurso defendendo a ideia de que os funcionários deveriam cuidar do meio ambiente no espaço da empresa. Um dos funcionários levantou-se e comentou que o conceito de meio ambiente não era claro o suficiente para falar sobre esse assunto naquele lugar.

Considerando que o chefe do departamento de administração entende que a empresa é parte do meio ambiente, a definição que mais se aproxima dessa concepção é:

a) região que inclui somente cachoeiras, mananciais e florestas.
b) apenas locais onde é possível o contato direto com a natureza.
c) locais que servem de áreas de proteção onde fatores bióticos são preservados.
d) apenas os grandes biomas, por exemplo, Mata Atlântica, Mata Amazônica, Cerrado e Caatinga.
e) qualquer local em que haja relação entre fatores bióticos e abióticos, seja ele natural, seja urbano.

3. (Unirio-RJ) Durante o verão podem ser encontrados sobre as folhas de uma certa planta um tipo de gafanhoto verde ou "esperança" e um determinado tipo de louva-a-deus, também verde. O primeiro desses insetos alimenta-se de folhas da planta e enterra seus ovos no solo, enquanto o segundo é predador, alimenta-se de insetos e usa o caule da mesma planta para fixar seus ovos. Esses insetos apresentam:

a) mesmo *habitat* e mesmo nicho ecológico.
b) mesmo *habitat* e função de decompositores.
c) diferentes *habitat* e biocenoses iguais.
d) diferentes *habitat* e mesmo nicho ecológico.
e) mesmo *habitat* e diferentes nichos ecológicos.

4. (Fuvest-SP) O homem estará ocupando o nível trófico em que há maior aproveitamento de energia fixada pelos produtores quando escolher como cardápio:

a) carne com creme de leite.
b) peixe com camarão.
c) frango com toucinho.
d) pão com geleia de frutas.
e) ovos com queijo.

5. (UFC-CE) Em um pequeno experimento, um estudante montou algumas hortas contendo terra, folhas secas e madeira morta. Nestes locais ele plantou várias hortaliças. Com o passar do tempo, o estudante percebeu que pequenos cogumelos apareciam na madeira morta e nas folhas secas que estavam depositadas no chão. Temendo que isso pudesse matar as plantas, ele adicionou fungicida na horta matando apenas os fungos. Ao fazer isso, que consequência ocorrerá para as hortaliças?

a) A quantidade de herbívoros que se alimentam das hortaliças aumentará.
b) A disponibilidade de nutrientes para as hortaliças será menor.
c) A umidade do solo onde as hortaliças ocorrem reduzirá.
d) As folhas das hortaliças crescerão mais rapidamente.
e) As hortaliças adquirirão resistência a fungos.

6. (Unirio-RJ) As pirâmides ecológicas podem ser de número, de biomassa ou de energia.

Observando as pirâmides simplificadas representadas acima, podemos concluir que:

a) as três formas podem representar qualquer tipo de pirâmide, dependendo apenas das populações consideradas.
b) somente a pirâmide **I** pode ser de energia, porque, levando em conta o tempo, sua forma não pode se apresentar invertida.
c) a pirâmide **II** não pode ser de biomassa porque ocorre grande perda na transferência de um nível trófico para outro.
d) a pirâmide **III** poderia ser uma pirâmide de número cujos níveis tróficos seriam grama / zebras / carrapatos.
e) o nível trófico correspondente aos produtores é representado pelo retângulo de maior área, em quaisquer das três pirâmides.

7. (UFG-GO) Analise o diagrama a seguir.

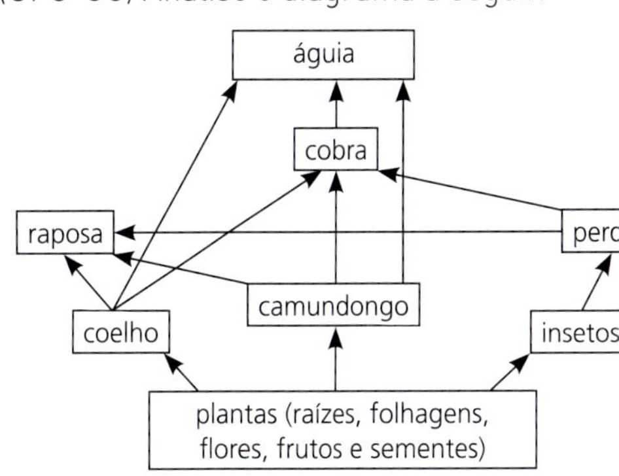

A teia alimentar representada evidencia as relações interespecíficas de uma comunidade que ocorre em vários ecossistemas. No caso da retirada dos consumidores secundários, espera-se inicialmente que a população de:

a) consumidores primários diminua.
b) consumidores terciários aumente.
c) produtores diminua.
d) consumidores quaternários aumente.
e) decompositores diminua.

8. (Fuvest-SP) Em relação ao fluxo de energia na biosfera, considere que

- **A** representa a energia captada pelos produtores;
- **B** representa a energia liberada (perdida) pelos seres vivos;
- **C** representa a energia retida (incorporada) pelos seres vivos.

A relação entre **A**, **B** e **C** na biosfera está representada em:

a) $A < B < C$
b) $A < C < B$
c) $A = B = C$
d) $A = B + C$
e) $A + C = B$

9. (Fuvest-SP) Num determinado lago, a quantidade dos organismos do fitoplâncton é controlada por um crustáceo do gênero *Artemia*, presente no zooplâncton. Graças a esse equilíbrio, a água permanece transparente. Depois de um ano muito chuvoso, a salinidade do lago diminuiu, o que permitiu o crescimento do número de insetos do gênero *Trichocorixa*, predadores de *Artemia*. A transparência da água do lago diminuiu.

Considere as afirmações:

I. A predação provocou o aumento da população dos produtores.

II. A predação provocou a diminuição da população dos consumidores secundários.

III. A predação provocou a diminuição da população dos consumidores primários.

Está correto o que se afirma apenas em

a) I.
b) II.
c) III.
d) I e III.
e) II e III.

10. (UFRN) A tirinha abaixo apresenta um exemplo de cadeia alimentar.

Reprodução/UFRN.

A respeito dessa cadeia alimentar, é correto afirmar:

a) Os fluxos de matéria e de energia variam de acordo com o tamanho do consumidor, por isso, quanto maior o tamanho do consumidor, maiores serão as quantidades de matéria e de energia nele presentes.

b) As quantidades de matéria e energia presentes em um nível trófico são sempre menores que aquelas presentes no nível trófico seguinte.

c) A energia e a matéria são conservadas ao longo da cadeia alimentar, e seus valores são equivalentes em cada um dos níveis tróficos representados.

d) Parte da matéria e parte da energia do alimento saem da cadeia alimentar na forma de fezes, urina, gás carbônico, água e calor, e, por isso, elas são menores no homem.

PESQUISEM E COMPARTILHEM

Em grupo, escolham um dos temas abaixo para pesquisar (em livros, CD-ROMs, internet, etc.), com o auxílio do professor de Biologia e de outras disciplinas.

Tema 1 Com auxílio do professor de Sociologia, expliquem o que são Organizações Não Governamentais (ONGs) e quais são seus objetivos e sua importância.

Tema 2 O que é a hipótese Gaia, quem a formulou e quando? Qual avaliação os cientistas fazem a respeito dessa teoria?

Tema 3 Quais os nomes e as fórmulas dos principais componentes dos plásticos mais comuns em nosso dia a dia? Expliquem também os problemas ambientais que o descarte de plásticos pode causar e que medidas podem ser tomadas para minimizar esses problemas. Se possível, peçam auxílio ao professor de Química.

Tema 4 Pesquisem a história e a influência social e ambiental da bióloga Rachel Carson (1907-1964) e de seu livro *Primavera silenciosa* (São Paulo: Melhoramentos, 1964). Se possível, peçam o auxílio dos professores de História, Sociologia e Filosofia.

Ivan Cruz/Futura Press

CAPÍTULO

47

Área de estiagem na região do lago de Sobradinho, no norte da Bahia, em janeiro de 2016. Nesse período, o lago apresentava apenas 3% de sua capacidade total de armazenamento.

CICLOS BIOGEOQUÍMICOS

A água é fundamental para os seres vivos, pois possibilita a ocorrência de reações químicas, ajuda a regular a temperatura e facilita o transporte de substâncias. O acesso à água potável é um dos direitos humanos. A garantia a esse direito, que é precária em algumas regiões do Brasil, está se tornando cada vez mais difícil até mesmo em regiões que, historicamente, não sofriam com a falta de água, como o Sudeste.

- Como os elementos químicos encontrados nos seres vivos circulam pela natureza?
- Que desequilíbrios o ser humano vem causando nos ciclos desses elementos?
- O que é efeito estufa?

1. CICLO DO CARBONO

A absorção do carbono atmosférico pelas plantas e outros seres autotróficos e sua transformação em substâncias orgânicas são chamadas **fixação do carbono** ou **sequestro do carbono**. A partir disso, o carbono passa a circular pela cadeia alimentar na forma de moléculas orgânicas. A devolução de gás carbônico ao ambiente físico se dá por meio da respiração e da decomposição dos seres vivos (**figura 47.1**).

Grande parte do carbono da Terra está nos compostos minerais – como os carbonatos presentes em depósitos de carapaças de organismos com concha ou esqueleto de carbonato de cálcio – e nos depósitos orgânicos fósseis – como o carvão mineral, o petróleo e o gás natural. Essas reservas de carbono voltam à atmosfera principalmente pela queima desses combustíveis fósseis (**figura 47.1**), realizada pelo ser humano.

Figura 47.1 Representação esquemática do ciclo do carbono. Pela respiração, pela decomposição e pela combustão, o gás carbônico é liberado na atmosfera. Pela fotossíntese, é retirado (os elementos não estão na mesma escala; cores fantasia).

EFEITO ESTUFA

Na **figura 47.2**, podemos ver uma horta crescendo dentro de uma estufa. A luz do Sol, junto com parte da **radiação infravermelha** ou **térmica**, passa pelo vidro e é absorvida pelas plantas e por outros objetos, que se aquecem e também emitem a radiação. Como essa radiação não atravessa o vidro tão bem como a luz, o calor fica preso, mantendo a estufa aquecida, contribuindo para a manutenção de certas plantas sensíveis a variações intensas de temperatura e umidade.

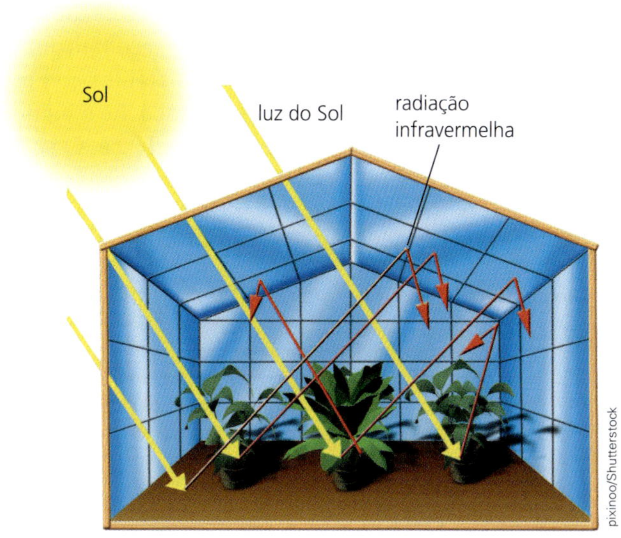

pixinoo/Shutterstock

Figura 47.2 A estufa mantém as plantas aquecidas porque a luz atravessa o vidro e parte da radiação infravermelha se mantém dentro da estufa.

De maneira semelhante ao que ocorre na estufa de plantas, as radiações do Sol passam pela atmosfera e esquentam a superfície do planeta, que reflete parte dessa energia. Após a reflexão, parte desses raios atravessa a atmosfera e vai para o espaço. Outra parte é absorvida por certos gases da atmosfera e irradiada de volta para a Terra. É desse modo que a atmosfera mantém a temperatura do planeta nos níveis que conhecemos hoje.

Esse efeito da atmosfera sobre a temperatura da Terra é chamado **efeito estufa**, pois lembra, em parte, o que acontece nas estufas de vidro. Veja a **figura 47.3**. Ele mantém a temperatura média da Terra em torno de 15 °C e, sem ele, o planeta estaria permanentemente coberto por uma camada de gelo e sua temperatura média estaria em torno de –18 °C.

Diversos gases na atmosfera colaboram para o efeito estufa, entre eles: o vapor de água, o gás carbônico (CO_2), o gás metano (CH_4), o dióxido de nitrogênio (NO_2) e os clorofluorcarbonos (CFCs). Além do vapor de água, o gás carbônico é o principal gás para o efeito estufa.

O gás metano é produzido na decomposição da matéria orgânica em condições anaeróbicas, como ocorre em regiões pantanosas, no cultivo de arroz em terras alagadas e na decomposição do lixo, do esgoto e de florestas submersas em represas. O metano é produzido também na fermentação da comida no intestino de cupins e ruminantes, como o gado. Já o dióxido de nitrogênio é produzido na combustão da matéria orgânica, e os clorofluorcarbonos são gases que tiveram aplicações industriais, como veremos adiante.

Figura 47.3 Efeito estufa (os elementos não estão na mesma escala; cores fantasia).

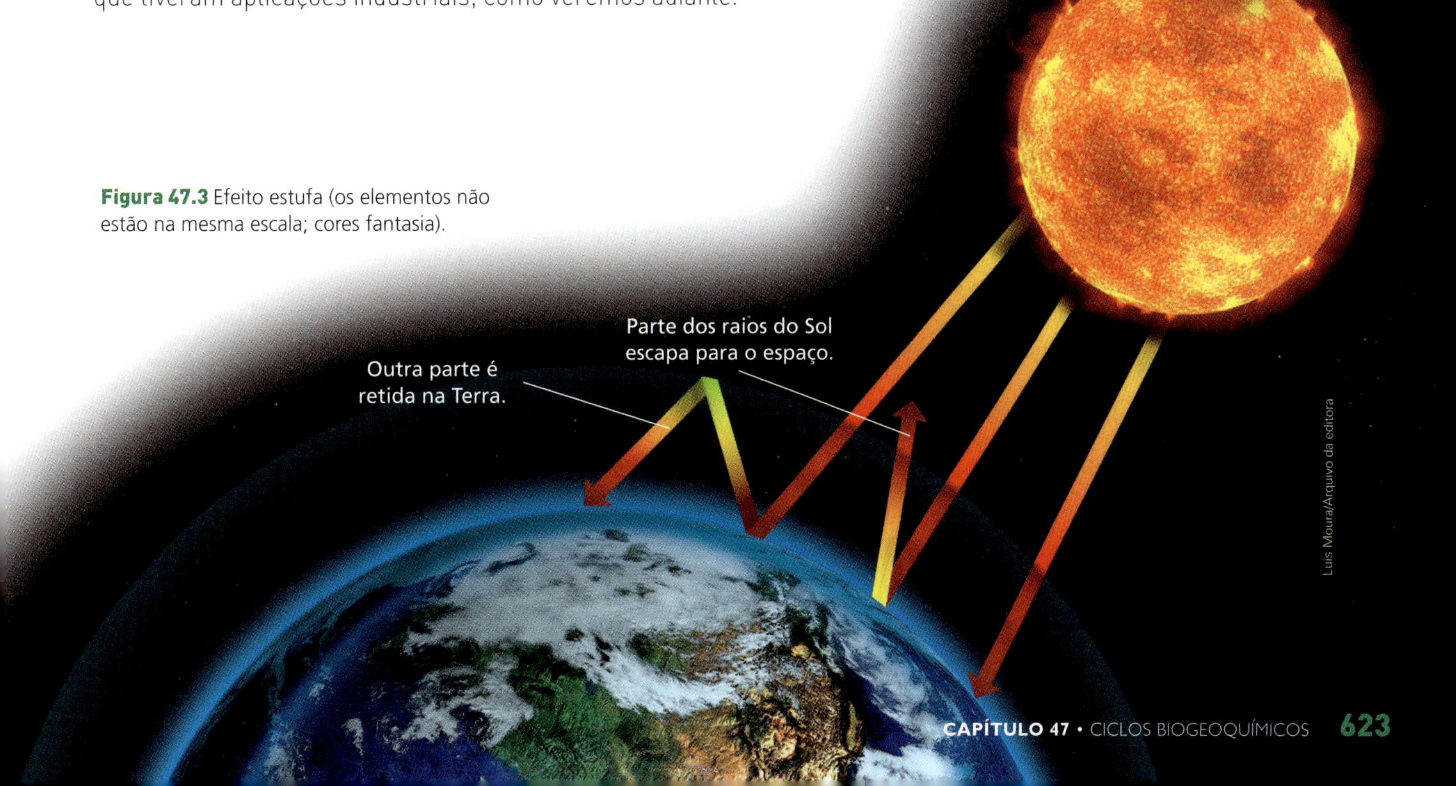

Luis Moura/Arquivo da editora

AQUECIMENTO GLOBAL

Nas últimas décadas, a temperatura média da Terra tem aumentado (**figura 47.4**). Cientistas acreditam que isso ocorra devido à intensificação do efeito estufa. Medidas feitas por satélites comprovam que cada vez menos radiação infravermelha escapa para o espaço. Ao mesmo tempo, vem aumentando a quantidade dessa radiação que volta para a Terra. Esse fenômeno é chamado **aquecimento global** e tem provocado diversas **mudanças climáticas** em várias regiões do planeta.

Há fortes evidências de que a intensificação do efeito estufa resulta principalmente do aumento da concentração de gás carbônico na atmosfera. A produção desse gás pela respiração e pela decomposição é naturalmente compensada pelo seu consumo na fotossíntese. No entanto, com o aumento da produção de gás carbônico – devido à queima de combustíveis fósseis e, em menor grau, pelas queimadas de florestas –, a concentração desse gás vem aumentando gradativamente. Veja nos gráficos da **figura 47.4** como o aumento da temperatura média do planeta acompanha o aumento da emissão de gás carbônico pelo ser humano e o aumento da concentração desse gás na atmosfera.

Em 2014, um relatório do Painel Intergovernamental sobre Mudança Climática (IPCC, do inglês *Intergovernmental Panel on Climate Change*) – elaborado por um comitê de especialistas de vários países – concluiu que o aquecimento global se deve principalmente ao aumento das emissões de gás carbônico provocadas pelo ser humano.

O aumento da temperatura pode provocar o degelo de parte das calotas polares e o derretimento do gelo das montanhas, o que pode elevar o nível dos mares. No século passado, o nível do mar subiu de 10 cm a 20 cm. Se esse aumento continuar, grandes áreas de litoral serão inundadas, muitas ilhas ficarão submersas e milhões de pessoas ficarão desabrigadas. Além disso, o avanço das águas salgadas pode contaminar os reservatórios de água doce mais próximos das regiões costeiras.

O aquecimento do planeta também poderá interferir nos caminhos das correntes de ar e de água e alterar o regime de chuvas, provocando mudanças climáticas em várias regiões.

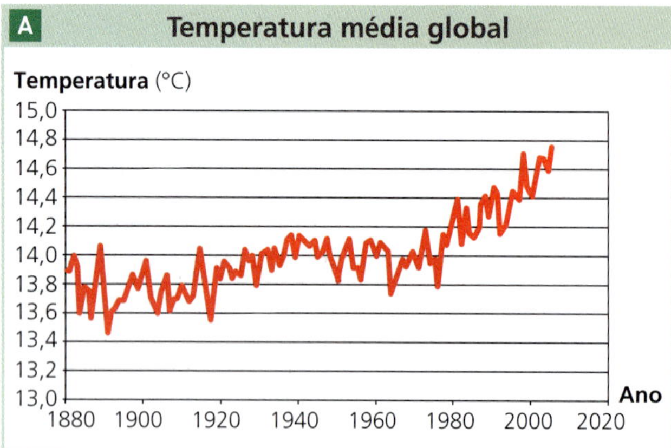

Banco de imagens/Arquivo da editora

Fonte: Giss/Nasa.

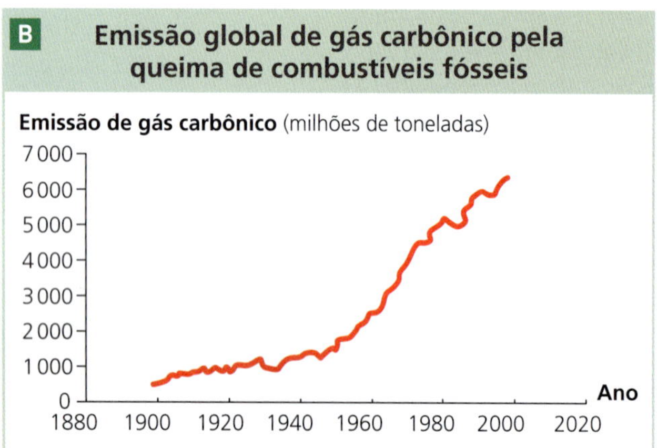

Banco de imagens/Arquivo da editora

Fonte: WWI.

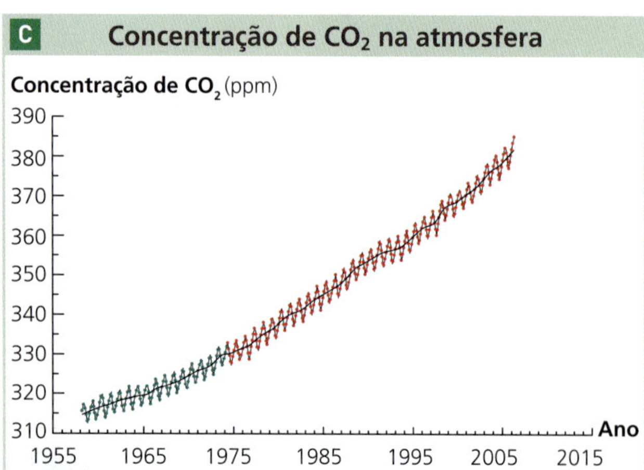

Banco de imagens/Arquivo da editora

Fonte: NOAA. Disponível em: <http://celebrating200years.noaa.gov/datasets/mauna/image3b.html>. Acesso em: 20 mar. 2018.

Figura 47.4 Observe a correlação entre o aumento da temperatura média do planeta (**A**), o aumento da emissão de gás carbônico pela queima de combustíveis fósseis (**B**) e o aumento da concentração de gás carbônico na atmosfera (**C**). A variação anual na concentração de gás carbônico deve-se à variação sazonal do crescimento das plantas.

Todas essas mudanças poderão prejudicar a agricultura, tanto por interferir no ciclo de vida das plantas, como por causar alterações no ciclo de vida de muitas espécies de insetos e outros seres vivos que interagem com elas. A seca, a falta de água e outros problemas com impactos no cultivo de alimentos poderão fazer com que milhões de pessoas sejam atingidas pela fome e pela desnutrição até o fim deste século. Outro fator negativo seria a proliferação de insetos que se reproduzem melhor em climas mais quentes e atacam plantações ou transmitem microrganismos patogênicos.

Há ainda riscos de declínio da biodiversidade. O IPCC calcula que entre 20% e 30% das espécies do planeta podem ser extintas caso as temperaturas globais aumentem até 2,5 °C. Em relação à Amazônia, estudos realizados pelo Instituto Nacional de Pesquisas Espaciais (INPE) indicam que o aumento de temperatura, somado ao desmatamento, transformaria parte da floresta em savana, o que, entre outros efeitos, levaria a uma considerável diminuição da biodiversidade, com perda de várias espécies.

Os recifes de corais já são diretamente atingidos pelo aumento da concentração de gás carbônico na atmosfera. Esse aumento provoca elevação da acidez da água, o que, em conjunto com o aumento de temperatura causado pelo aquecimento global, pode resultar na morte das algas associadas aos corais e consequente morte desses animais (**figura 47.5**).

Com o intuito de evitar ou diminuir as mudanças climáticas, em 2005, entrou em vigor o Protocolo de Kyoto (ou Quioto), em que cerca de 190 países apoiaram a redução da emissão de gás carbônico em uma média de 5,2%, em comparação com os níveis de 1990.

Em 2015, ocorreu um encontro (Cúpula do Clima de Paris – COP 21) em que foi aprovado um acordo para frear as emissões de gases do efeito estufa e lidar com os impactos das mudanças climáticas causadas pelo aquecimento global.

ACESSE E SAIBA MAIS

Clima na Terra
<https://ed.ted.com/lessons/climate-change-earth-s-giant-game-of-tetris-joss-fong>

Pegada ecológica
<www.wwf.org.br/natureza_brasileira/especiais/pegada_ecologica/sua_pegada/>

Conservação de corais
<https://ed.ted.com/lessons/conserving-our-spectacular-vulnerable-coral-reefs-joshua-drew>

Projeto Coral Vivo
<http://coralvivo.org.br/>
Acesso em: 31 jul. 2018.

Ethan Daniels/WaterFrame RM/Getty Images

Figura 47.5 Coral do gênero *Sinularia* (colônias com cerca de 15 cm de altura), no mar da Indonésia. No ambiente aquático, o ciclo do carbono sofre algumas modificações com o aumento da concentração do gás carbônico, pois este reage com a água e produz ácido carbônico, que se ioniza em íons bicarbonato (HCO_3^-) e carbonato (CO_3^{2-}). O branqueamento dos corais indica que as algas associadas a eles morreram.

BIOLOGIA E SOCIEDADE

Cúpula do Clima de Paris – COP 21

A Cúpula do Clima de Paris ocorreu em dezembro de 2015 e ficou conhecida como COP 21. Durante o evento, foi aprovado o primeiro acordo de extensão global para reduzir as emissões de gases do efeito estufa (GEE), como o CO_2. Atualmente, a concentração de CO_2 na atmosfera é maior do que em qualquer momento nos últimos 800 mil anos. O acordo visa lidar também com os impactos da mudança climática que já vêm sendo observados.

Os mais de 170 países que assinaram o documento se comprometeram a agir para que a temperatura média do planeta sofra uma elevação muito abaixo de 2 °C, reunindo esforços para que o aumento não ultrapasse 1,5 °C. Os especialistas entendem que, acima de 2 °C, os efeitos danosos das altas temperaturas serão irreversíveis, com o aumento de fenômenos climáticos extremos: ondas de forte calor, secas e inundações mais frequentes, ciclones tropicais e furacões mais intensos (**figura 47.6**), aumento de chuvas torrenciais nas latitudes mais extremas e menos chuvas nas áreas subtropicais.

O grande diferencial desse acordo em relação aos anteriores é que ele propõe a adoção, pelos países signatários, de um modelo de crescimento com impactos ambientais limitados. Os pontos do acordo serão revisados a cada cinco anos e cada país terá suas metas nacionais de redução na emissão de GEE, as chamadas INDCs (sigla que vem do inglês *Intended Nationally Determined Contributions*). As INDCs levam em conta o cenário social e econômico local de cada país. Assim, somente os países desenvolvidos devem cortar suas emissões de GEE em termos absolutos.

No Brasil, a meta é reduzir em 37% as emissões de gases de efeito estufa até 2025 e em 43% até 2030, alcançar 45% de energias renováveis (incluindo hidrelétricas), zerar o desmatamento ilegal em quinze anos e restaurar 12 milhões de hectares de florestas.

Além das medidas tomadas por governos e empresas, cada um de nós pode colaborar para a solução do problema por meio de algumas atitudes:

- diminuir o consumo direto de energia: apagando a luz de cômodos vazios, desligando aparelhos que não estejam em uso, optando por lâmpadas e aparelhos mais eficientes;
- utilizar, sempre que possível, transporte coletivo;
- manter motores bem regulados;
- reduzir o volume de lixo: diminuindo o consumo de eletrônicos, vestimenta e de produtos com muitas embalagens;
- reaproveitar e reciclar materiais, como papel, plástico, alumínio e vidro;
- economizar água: tomando banhos mais curtos, consertando vazamentos, fechando a torneira ao escovar os dentes e ao lavar a louça; reutilizando água.

Fontes de pesquisa: <http://g1.globo.com/natureza/noticia/2015/12/veja-repercussao-do-acordo-global-do-clima-aprovado-na-cop-21.html>; <www.bbc.com/portuguese/noticias/2015/12/151212_acordo_paris_tg_rb>; <www.observatoriodoclima.eco.br/brasil-registra-meta-para-paris/>. Acesso em: 9 abr. 2018.

Figura 47.6 Rua da cidade estadunidense de New Orleans após a passagem do furacão Katrina, em 2005. Ao todo, quase 2 mil pessoas morreram e 1 milhão ficaram desabrigadas. Estima-se que esse e outros desastres tenham sido agravados pelas mudanças climáticas.

gkgraphics/Ex/Getty Images

2. CICLO DO OXIGÊNIO

O gás oxigênio compõe 21% da atmosfera e é produzido durante a construção de moléculas orgânicas pela fotossíntese e consumido quando essas moléculas são oxidadas na respiração ou na combustão (**figura 47.7**).

Na estratosfera, parte do gás oxigênio é transformada em ozônio (O_3) pelos raios ultravioleta do Sol com comprimento de onda menor que 200 nm. Na reação inversa, o ozônio é transformado em oxigênio pelos raios ultravioleta com comprimento de onda entre 200 nm e 300 nm. Essas duas reações permitem que se mantenha na estratosfera uma camada de ozônio em equilíbrio, que funciona como um filtro protetor, retendo cerca de 80% de toda a radiação ultravioleta proveniente do Sol.

DESTRUIÇÃO DA CAMADA DE OZÔNIO

Devido, principalmente, à ação de clorofluorcarbonos (CFCs), grupo de gases usados na indústria, com destaque para $CF_2C\ell_2$ e $CFC\ell_3$, o equilíbrio da camada de ozônio já foi muito afetado, resultando em sua destruição.

Além de colaborar para o aumento do efeito estufa, os CFCs são compostos muito estáveis e sobem lentamente até a estratosfera. Sob ação dos raios ultravioleta, os CFCs liberam átomos de cloro, que reagem com o ozônio e o transformam em oxigênio. No fim da reação, os átomos de cloro são regenerados e destroem outras moléculas de ozônio. De forma simplificada, esse processo pode ser resumido por três equações químicas (**figura 47.7**).

Luís Moura/Arquivo da editora

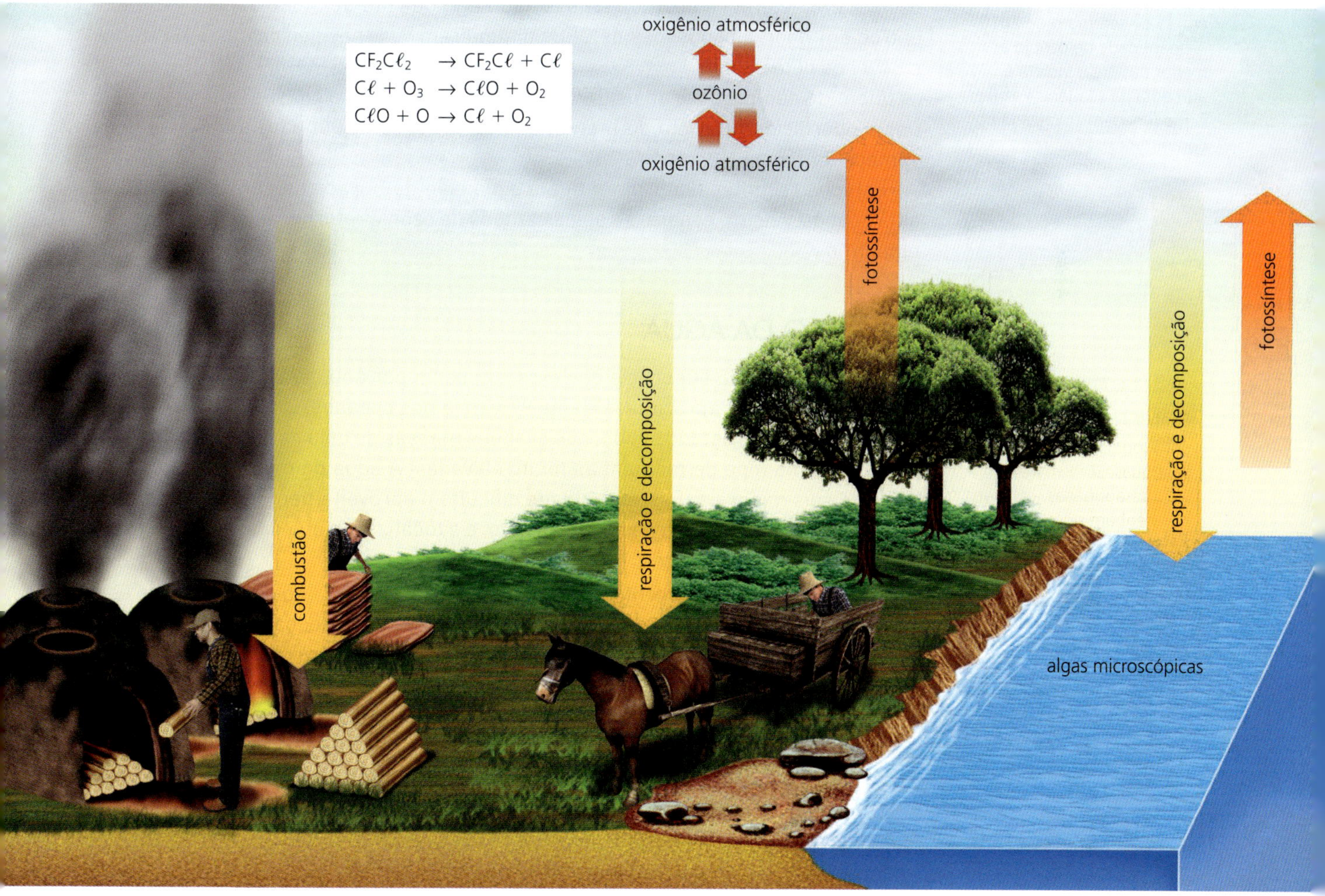

Figura 47.7 Ciclo do oxigênio, representando também as reações que ocorrem na camada de ozônio com um CFC (os elementos não estão na mesma escala; cores fantasia).

Nos anos 1930, os CFCs foram considerados extremamente práticos, pois eram inertes, não inflamáveis nem tóxicos ou corrosivos. Os CFCs passaram a ser utilizados para dar pressão em embalagens aerossóis, como gases de refrigeração em geladeiras e aparelhos de ar-condicionado; e na fabricação de espuma de plástico. Apenas nos anos 1970, ficou comprovada a ação danosa desses gases sobre a camada de ozônio.

Quando esses gases sobem para a atmosfera, provocam a formação de "buracos" na camada de ozônio, que correspondem a regiões em que essa camada é mais fina, pelas quais os raios ultravioleta passam em maior quantidade (**figura 47.8**).

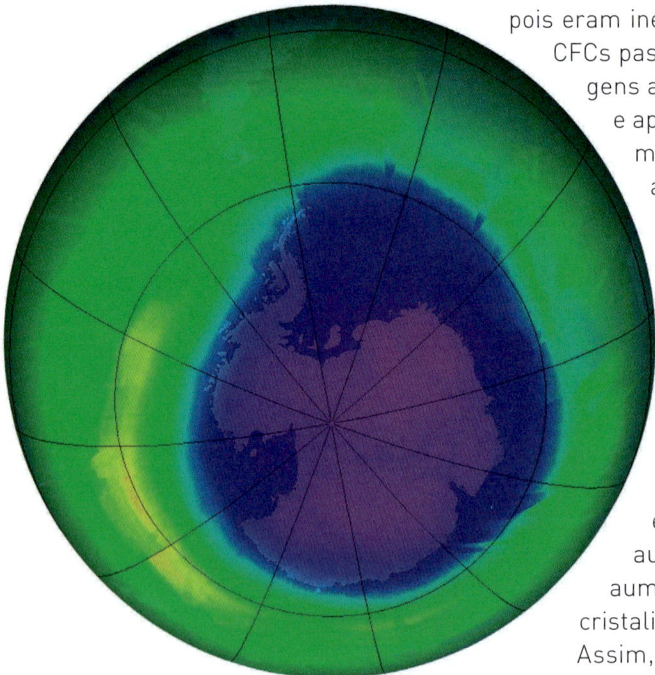

Nasa/SPL/Latinstock

Figura 47.8 Imagem de satélite do buraco na camada de ozônio sobre a Antártida em 25 de setembro de 2010. A quantidade de ozônio é menor nas áreas violeta e aumenta na sequência azul e verde (imagem colorizada por computador).

O aumento da passagem de radiação ultravioleta provocado pela progressiva destruição da camada de ozônio pode destruir o fitoplâncton e reduzir as taxas de fotossíntese, provocando desequilíbrios nos ecossistemas aquáticos. No ser humano, essa radiação aumenta a incidência de câncer de pele (por causa do aumento da taxa de mutações), de catarata (por lesões no cristalino) e de prejuízos ao sistema imunológico.

Assim, dada a gravidade do problema, foram feitas várias reuniões internacionais para decidir a redução da produção e do consumo de CFCs e sua substituição por gases que não atacam a camada de ozônio. Em setembro de 1987 foi assinado o Protocolo de Montreal e, desde que entrou em vigor, as emissões de CFCs diminuíram 97% nos países industrializados e 84% nos demais.

Além de não produzir mais CFCs, em 2007 o Brasil proibiu sua importação e o uso do herbicida brometo de metila, que também contribui para a destruição da camada de ozônio.

Estudos recentes confirmam que a expansão do buraco na camada de ozônio está contida. Assim, espera-se que a camada de ozônio retorne, aos poucos, ao seu equilíbrio.

3. CICLO DA ÁGUA

Cerca de 71% da superfície da Terra é coberta por água em estado líquido. Do total desse volume, aproximadamente 97% está nos oceanos. Cerca de 2% da água do planeta está no estado sólido, nas grandes massas de gelo nas regiões próximas aos polos e no topo de montanhas muito elevadas. A água do mar possui cerca de 3,5% de sais minerais. Essa salinidade dificulta o aproveitamento para o consumo humano. No caso da água na forma de gelo, é a localização que dificulta esse aproveitamento.

A água doce (com concentração de sais inferior a 0,5 g/L) no estado líquido está nos rios, nos lagos, nas represas e infiltrada no solo e nas rochas, e corresponde a menos de 1% do total de água do planeta. A água na atmosfera corresponde a cerca de 0,001% do total.

A energia solar desempenha papel importante no **ciclo da água** ou **ciclo hidrológico** (*hydro* = água; **figura 47.9**). Graças a ela, a água em estado líquido sofre constante evaporação e segue para a atmosfera em forma de vapor. Nas camadas mais altas e mais frias da atmosfera, o vapor de água se condensa e forma as nuvens. As gotas de água nas nuvens são tão pequenas que a turbulência e as correntes de ar mantêm-nas flutuando. Quando várias gotas se juntam, elas podem ficar muito pesadas para se manter no ar e se precipitam na forma de chuva, neve ou granizo, dependendo das condições climáticas.

ACESSE E SAIBA MAIS

Fontes de água doce
<https://ed.ted.com/lessons/where-we-get-our-fresh-water-christiana-z-peppard>

Escassez de água doce
<https://ed.ted.com/lessons/fresh-water-scarcity-an-introduction-to-the-problem-christiana-z-peppard>
Acesso em: 31 jul. 2018.

A água pode retornar diretamente aos oceanos ou pode, por escoamento superficial, formar rios e lagos e então voltar para o oceano. Pode também infiltrar-se no solo e formar os **lençóis subterrâneos** ou **freáticos**, ou imensos reservatórios subterrâneos de água, os **aquíferos**. Essa água passa aos poucos para rios, lagos e mares. Ela pode sair também em alguns pontos da superfície do solo e formar fontes de água, ou ser retirada pelas raízes das plantas ou dos poços cavados pelo ser humano.

Há dois tipos de ciclo da água:

- **curto** ou **pequeno** – que ocorre pela evaporação da água de oceanos, rios, mares e lagos e sua volta à superfície da Terra na forma de chuva e neve;
- **longo** ou **grande** – aquele em que a água passa pelo corpo dos seres vivos antes de voltar ao ambiente. Ela é retirada do solo pelas raízes dos vegetais e utilizada na fotossíntese e pode, pela cadeia alimentar, ser incorporada ao organismo dos animais. A água volta para a atmosfera por meio da transpiração ou da respiração e retorna ao solo por meio da urina, das fezes ou da decomposição das folhas e dos cadáveres. O conjunto de evaporação e transpiração é chamado de evapotranspiração.

O ser humano vem consumindo grandes quantidades de água doce de rios, lagos e lençóis subterrâneos, especialmente para usos industrial e agropecuário. Esse consumo excessivo, associado à poluição, diminuem ainda mais a disponibilidade de água limpa. Além disso, quando a vegetação natural é removida, o escoamento da água e a erosão do solo aumentam, e eleva-se o risco de inundações e deslizamentos de terra.

ACESSE E SAIBA MAIS

Aquífero Guarani
<www.youtube.com/watch?v=ZaReboTpPf4>
Acesso em: 31 jul. 2018.

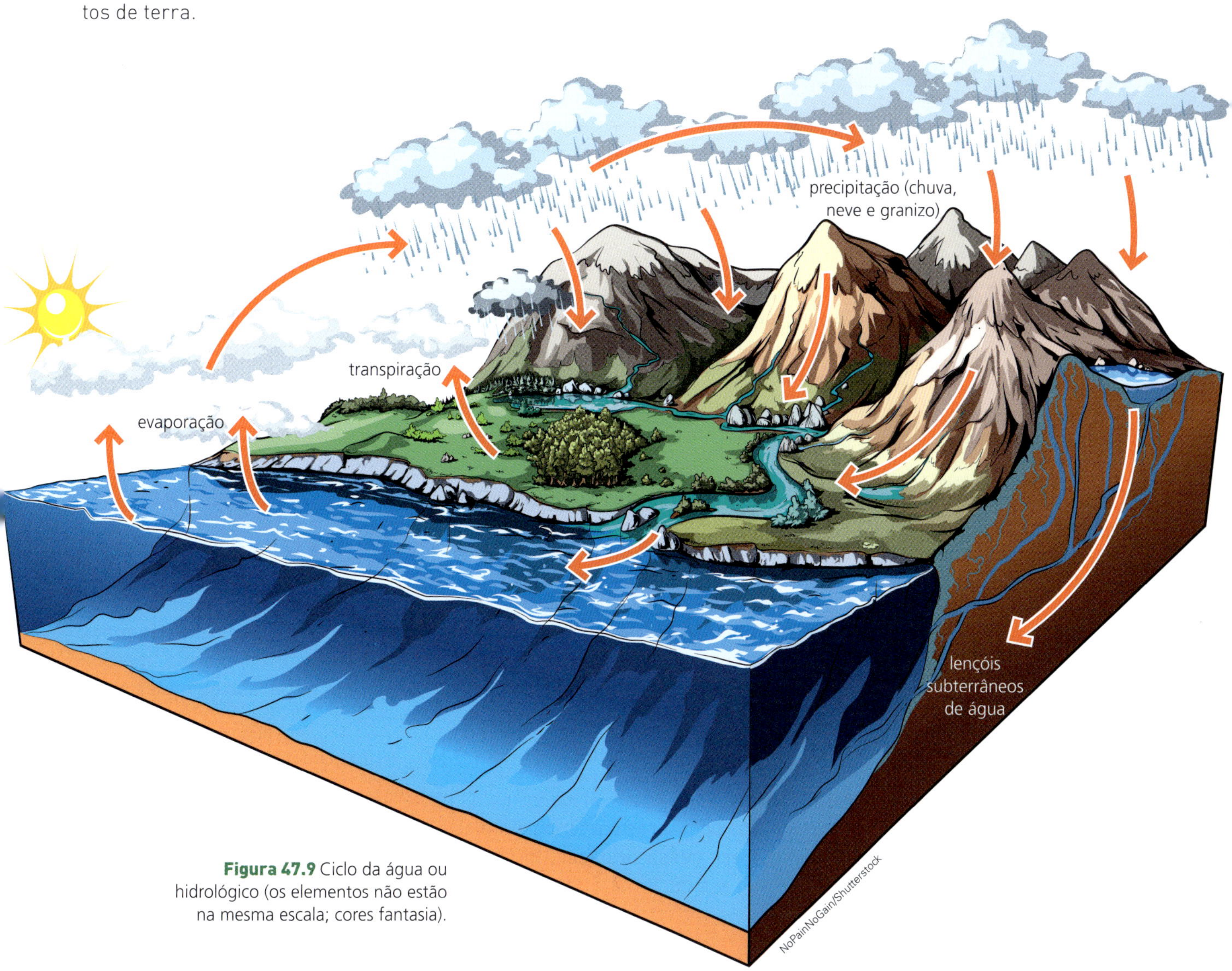

Figura 47.9 Ciclo da água ou hidrológico (os elementos não estão na mesma escala; cores fantasia).

4. CICLO DO NITROGÊNIO

O nitrogênio é um elemento químico fundamental para o ser vivo, pois entra na constituição de substâncias fundamentais, como as proteínas e os ácidos nucleicos. Entretanto, apesar de 78% da atmosfera ser constituída de gás nitrogênio (N_2), a maioria dos seres vivos não pode utilizá-lo diretamente. Os vegetais conseguem usá-lo principalmente na forma de amônia (NH_3) ou de nitrato (NO_3^-). Os animais aproveitam o nitrogênio na forma de aminoácidos.

Estudaremos o ciclo do nitrogênio dividido nas seguintes etapas: **fixação**, **amonificação**, **nitrificação** e **desnitrificação**.

FIXAÇÃO DO NITROGÊNIO

Wally Eberhart/Visuals Unlimited/Corbis/Latinstock

Figura 47.10 Nódulo na raiz de planta leguminosa (cada nódulo tem cerca de 1 mm de diâmetro). Entre as plantas desse grupo, podemos citar: o feijoeiro, a soja, a ervilha, o amendoim e a alfafa.

A transformação do gás nitrogênio em amônia é chamada **fixação do nitrogênio** (**figura 47.11**). Ela é feita por determinadas bactérias que conseguem utilizar o nitrogênio atmosférico na produção de amônia utilizando uma enzima especial: a **nitrogenase**. Esse processo, que envolve um custo energético muito alto, pode ser resumido pela seguinte equação química:

$$2\,N_2 + 6\,H_2O \rightarrow 4\,NH_3 + 3\,O_2$$

A amônia pode, então, ser incorporada às substâncias orgânicas ao combinar-se com o gás carbônico para formar aminoácidos.

As chamadas **bactérias fixadoras** podem ser encontradas no solo e na água. Há também as bactérias do gênero *Rhizobium*, que vivem nas raízes das plantas leguminosas (**figura 47.10**). Examinando essas raízes, encontramos pequenos nódulos com milhões de bactérias fixadoras. Uma parte do nitrogênio fixado é fornecida à leguminosa e o excesso é liberado no solo na forma de amônia.

AMONIFICAÇÃO

Uma parte da amônia do solo origina-se da fixação do nitrogênio. Outra parte é formada a partir da decomposição das proteínas, dos ácidos nucleicos e dos resíduos nitrogenados presentes em cadáveres e excretas. Realizado por bactérias, fungos e outros decompositores, esse processo é chamado **amonificação** (**figura 47.11**).

Essa decomposição é o processo pelo qual as bactérias e os fungos obtêm energia, ou seja, é consequência da respiração celular desses organismos.

NITRIFICAÇÃO E DESNITRIFICAÇÃO

O fenômeno de transformação da amônia em nitrato é chamado **nitrificação** e ocorre em duas etapas (**figura 47.11**):

- **nitrosação** – a maior parte da amônia não é absorvida pelas plantas, mas é oxidada em nitrito pelas **bactérias nitrosas**. Essas bactérias, que pertencem aos gêneros *Nitrosomonas*, *Nitrosococcus* e *Nitrosolobus*, usam a energia liberada nessa oxidação para produzir compostos orgânicos (ou seja, são quimiossintéticas). O processo pode ser resumido assim:

$$2\,NH_3 + 3\,O_2 \rightarrow 2\,H^+ + 2\,NO_2^- + 2\,H_2O + \text{energia}$$

- **nitratação** – os nitritos formados pelas bactérias nitrosas são liberados no solo e oxidados por outras bactérias quimiossintéticas chamadas **nítricas** (do gênero *Nitrobacter*); nessa oxidação, formam-se os nitratos. Esse processo pode ser resumido assim:

$$2\,NO_2^- + O_2 \rightarrow 2\,NO_3^- + \text{energia}$$

Os nitratos são absorvidos e utilizados pelas plantas na síntese de suas proteínas e de seus ácidos nucleicos. Pela cadeia alimentar, esses compostos passam para o corpo dos animais.

No solo, além das bactérias de nitrificação, existem outros tipos de bactéria, como a *Pseudomonas denitrificans*. Na ausência de oxigênio atmosférico, essas bactérias usam o nitrato para oxidar compostos orgânicos (respiração anaeróbia) e produzir energia. Por esse processo, chamado **desnitrificação** (**figura 47.11**), uma parte dos nitratos do solo é transformada novamente em gás nitrogênio e volta para a atmosfera; com isso, fecha-se o ciclo e estabiliza-se a taxa de nitrato do solo.

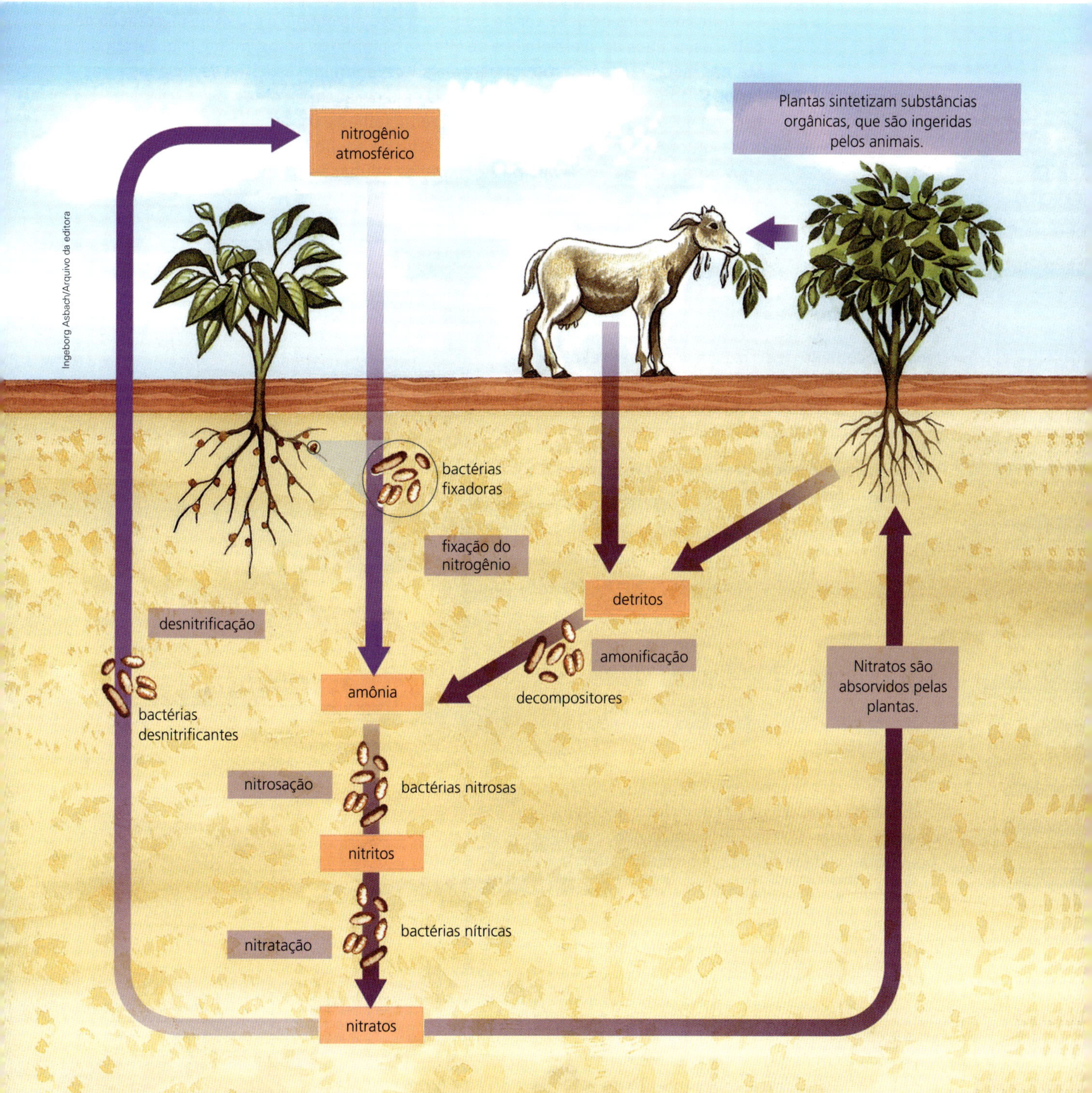

Figura 47.11 Ciclo do nitrogênio (os elementos não estão na mesma escala; cores fantasia).

ACESSE E SAIBA MAIS

Adubação verde com leguminosas

<www.embrapa.br/busca-de-solucoes-tecnologicas/-/produto-servico/90/adubacao-verde-com-leguminosas>

Acesso em: 31 jul. 2018.

FERTILIZAÇÃO DO SOLO

Embora no solo haja uma quantidade limitada de nitratos, sais de amônia e de outros minerais necessários às plantas, nos ecossistemas naturais (uma floresta, por exemplo) a morte e a decomposição dos organismos promovem a rápida reciclagem dessas substâncias.

Nas culturas agrícolas, os vegetais são constantemente retirados, impedindo a reciclagem dos minerais. Para compensar isso, são aplicados no solo adubos ou fertilizantes sintéticos ricos em nitrogênio, fósforo, potássio e outros elementos. Os fertilizantes à base de nitrogênio podem ser produzidos industrialmente por meio de uma fixação artificial, com a transformação do nitrogênio do ar em amônia.

Outra maneira de devolver ao solo os sais de nitrogênio é por meio da **rotação de culturas**, prática agrícola em que se alterna o plantio de arroz, milho, trigo, etc., com plantas leguminosas. Como vimos, as plantas leguminosas estão associadas a bactérias fixadoras, que ajudam a repor os sais de nitrogênio que os outros vegetais retiram do solo. Além disso, após a colheita, folhas e ramos das leguminosas, bem como outros restos orgânicos, podem servir de adubo natural (enriquecendo o solo com compostos nitrogenados). É a chamada **adubação verde**.

ATIVIDADES

Questões discursivas

1. Depois da colheita de arroz, um agricultor resolveu plantar feijão no mesmo terreno, como forma de melhorar a fertilidade do solo. Ele está agindo de maneira certa? Justifique sua resposta.

2. Por que se recomenda o reflorestamento como forma de diminuir o problema causado pela emissão de gás carbônico?

3. Em relação aos gases conhecidos pela sigla CFC, que afetam negativamente a atmosfera terrestre, responda:
   a) Como eles danificam a atmosfera?
   b) Como isso pode afetar a saúde humana? Por quê?
   c) Que importante medida foi tomada em relação a esse problema?

4. (UFG-GO) A ação inadequada do homem sobre o ecossistema pode prejudicar os ciclos biogeoquímicos de alguns elementos, como o nitrogênio, cuja disponibilidade é limitada no planeta Terra.
   a) Explique um mecanismo que permite a fixação biológica do nitrogênio.
   b) Apresente um exemplo dessa ação inadequada e explique sua consequência sobre o ciclo do nitrogênio.

5. (Unicamp-SP) O aquecimento global é assunto polêmico e tem sido associado à intensificação do efeito estufa. Diversos pesquisadores relacionam a intensificação desse efeito a várias atividades humanas, entre elas a queima de combustíveis fósseis pelos meios de transporte nos grandes centros urbanos.
   a) Explique que relação existe entre as figuras **A** e **B** e como elas estariam relacionadas com a intensificação do efeito estufa.

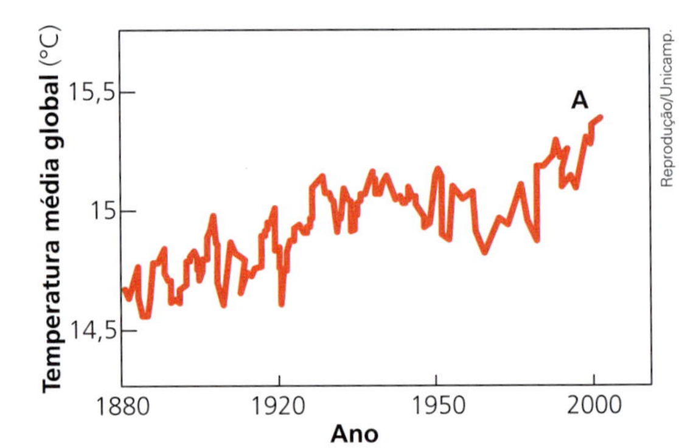

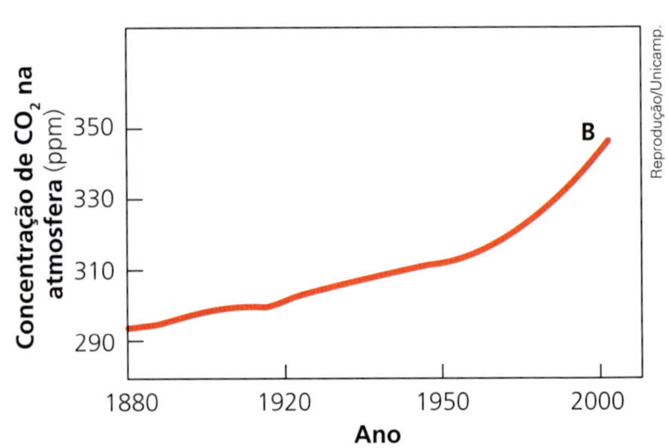

Figuras adaptadas de Karen Arms & Pamela S. Camp, Biology, Saunders College Publishing, 1995, p. 1 108.

b) Por que a intensificação do efeito estufa é considerada prejudicial para a Terra?

c) Indique uma outra atividade humana que também pode contribuir para a intensificação do efeito estufa. Justifique.

Questões objetivas

1. (Enem-MEC) O aquecimento global, ocasionado pelo aumento do efeito estufa, tem como uma de suas causas a disponibilização acelerada de átomos de carbono para a atmosfera. Essa disponibilização acontece, por exemplo, na queima de combustíveis fósseis, como a gasolina, os óleos e o carvão, que libera o gás carbônico (CO_2) para a atmosfera. Por outro lado, a produção de metano (CH_4), outro gás causador do efeito estufa, está associada à pecuária e à degradação de matéria orgânica em aterros sanitários.

   Apesar dos problemas causados pela disponibilização acelerada dos gases citados, eles são imprescindíveis à vida na Terra e importantes para a manutenção do equilíbrio ecológico, porque, por exemplo, o:

   a) metano é fonte de carbono para os organismos fotossintetizantes.

   b) metano é fonte de hidrogênio para os organismos fotossintetizantes.

   c) gás carbônico é fonte de energia para os organismos fotossintetizantes.

   d) gás carbônico é fonte de carbono inorgânico para os organismos fotossintetizantes.

   e) gás carbônico é fonte de oxigênio molecular para os organismos heterotróficos aeróbios.

2. (Fuvest-SP) O agravamento do efeito estufa pode estar sendo provocado pelo aumento da concentração de certos gases na atmosfera, principalmente do gás carbônico.

   Dentre as seguintes reações químicas:

   I. queima de combustíveis fósseis;

   II. fotossíntese;

   III. fermentação alcoólica;

   IV. saponificação de gorduras.

   Produzem gás carbônico, contribuindo para o agravamento do efeito estufa:

   a) I e II
   b) I e III
   c) I e IV
   d) II e III
   e) II e IV

3. (UEM-PR) Sobre os ciclos biogeoquímicos, identifique e some o que for correto.

   (01) A água que é incorporada nos tecidos dos vegetais e dos animais e que é devolvida ao ambiente, após a morte destes, faz parte do pequeno ciclo ou ciclo curto, uma vez que o deslocamento da água fica restrito à proximidade do solo.

   (02) A evaporação dos lagos, rios e mares e a transpiração oriunda dos seres vivos participam do ciclo hidrológico, e a água que retorna ao solo, em forma de chuva, terá imprescindível papel na formação do lençol freático.

   (04) O elemento químico carbono, presente nas moléculas orgânicas, é disponibilizado na atmosfera na forma de gás carbônico liberado pela respiração, decomposição de vegetais e animais mortos e pela queima dos combustíveis fósseis.

   (08) O método de fertilizar o solo com leguminosas aumenta a quantidade de nitrogênio fixado, porque a adubação verde estimula a atividade fotossintética pelo acréscimo de clorofila ao meio.

   (16) A atmosfera terrestre disponibiliza o gás oxigênio, o gás carbônico, o ozônio e o vapor de água como elementos participativos no ciclo do oxigênio.

4. (PUC-RS) Se o prefeito eleito de sua cidade prometeu desenvolver um programa com o objetivo de contribuir para a diminuição do efeito estufa em nível local, isso significa que ele pretende incentivar a adoção de medidas de controle da poluição atmosférica através da redução da emissão de ________ e ________ pelas atividades humanas.

   a) clorofluorcarbonetos e óxido sulfúrico

   b) clorofluorcarbonetos e monóxido de carbono

   c) dióxido de carbono e óxido sulfúrico

   d) dióxido de carbono e metano

   e) monóxido de carbono e metano

5. (Fatec-SP) Se forem reflorestadas várias áreas ao redor e dentro de grandes centros urbanos, podem-se combater os poluentes liberados pela queima de combustíveis fósseis. O dióxido de carbono é um dos poluentes mais abundantes, e sua remoção envolve a elaboração de um produto por um evento metabólico. Assinale a alternativa que apresenta, respectivamente, o produto e o fenômeno metabólico do processo descrito.

   a) Carboidrato e fotossíntese.

   b) Proteína e fermentação.

   c) Carboidrato e fermentação.

   d) Proteína e fotossíntese.

   e) Oxigênio e respiração aeróbica.

6. (Fuvest-SP) A recente descoberta de uma vasta região de mar descongelado no polo norte é um exemplo dos efeitos do aquecimento global pelo qual passa o planeta. Alarmados com a situação, alguns países industrializados elaboraram uma carta de intenções em que se comprometem a promover amplos reflorestamentos, como uma estratégia para reduzir o efeito estufa e conter o aquecimento global. Tal estratégia se baseia na hipótese de que o aumento das áreas de floresta promoverá maior:

a) liberação de gás oxigênio, com aumento da camada de ozônio e redução da radiação ultravioleta.

b) retenção do carbono na matéria orgânica das árvores, com diminuição do gás carbônico atmosférico responsável pelo efeito estufa.

c) disponibilidade de combustíveis renováveis e, consequentemente, menor queima de combustíveis fósseis, que liberam CFC (clorofluorcarbono).

d) absorção de CFC, gás responsável pela destruição da camada de ozônio.

e) sombreamento do solo, com resfriamento da superfície terrestre.

7. (Vunesp-SP) Dentre as várias formas de interferência do homem no ambiente natural, pode ser citada a destruição da camada de ozônio. Uma das consequências previsíveis advindas desse fenômeno para a humanidade seria:

a) o aumento da temperatura da Terra, o que derreteria as calotas polares, elevaria o nível dos oceanos, submergindo cidades costeiras.

b) o aumento da concentração de CO, que tem a propriedade de combinar-se com a hemoglobina do sangue de maneira estável, prejudicando assim o transporte de oxigênio.

c) o aumento da concentração de dióxido de enxofre, que, em contato com ar úmido, se oxida e se transforma em ácido sulfúrico, que ataca mármores, paredes de edifícios, carros, etc.

d) a ocorrência frequente de inversão térmica, levando a aumentos apreciáveis das taxas de poluentes do ar.

e) o aumento na incidência da radiação ultravioleta proveniente do Sol, o que provocaria, muito provavelmente, um acréscimo da taxa de mutação gênica e casos de câncer de pele.

8. (UnB-DF) Uma prática correta na agricultura é alternar a plantação de culturas que empobrecem o solo com plantações de soja ou de feijão. Isso porque as raízes dessas leguminosas se associam a bactérias do gênero *Rhizobium*, que fixam o N_2 do ar. A partir dessa informação, indique as opções corretas.

a) A participação do *Rhizobium* é importante porque as plantas não absorvem N_2 diretamente do ar.

b) O solo apresenta outras bactérias que o enriquecem, como as nitrificantes, que transformam nitrato em amônia.

c) A principal participação do metabolismo humano no ciclo do nitrogênio é representada pela absorção de compostos orgânicos nitrogenados e pela excreção de ureia.

d) Uma forma artificial de se aumentar a concentração de nitrogênio no solo é a adição de adubos químicos ricos em nitrato.

9. (PUC-RS) Considerando as informações acerca das alterações ambientais, foco do Protocolo de Kyoto:

I. A elevação da concentração de dióxido de carbono na atmosfera é uma das unidades de medida utilizadas na previsão da dimensão do efeito estufa no planeta.

II. O gás carbônico é considerado um dos principais poluentes responsáveis pelo aquecimento global, e sua concentração na atmosfera é cada vez mais elevada.

III. O aumento progressivo de CO_2 irá elevar a temperatura do planeta, preservando apenas as regiões polares.

IV. Com o crescimento das taxas de emissão de CO_2, haverá elevação da temperatura do planeta e, consequentemente, redução do nível do mar, causada pela evaporação.

Estão corretas apenas as afirmativas:

a) I e II.

b) I e III.

c) II e III.

d) II e IV.

e) III e IV.

10. (Unaerp-SP)

I. O CO_2 atmosférico é liberado pelos organismos animais e vegetais.

II. O CO_2 atmosférico é assimilado pelos organismos vegetais.

III. O carbono dos organismos animais e vegetais mortos é transferido para o CO_2 atmosférico.

IV. O carbono dos organismos vegetais passa a fazer parte dos organismos animais.

Os itens acima, referentes ao ciclo do carbono na natureza, correspondem, respectivamente, aos seguintes processos:

a) respiração, fotossíntese, decomposição e nutrição.

b) respiração, fotossíntese, nutrição e decomposição.

c) fotossíntese, respiração, decomposição e nutrição.

d) fotossíntese, respiração, nutrição e decomposição.

e) decomposição, fotossíntese, respiração e nutrição.

11. (UFPB) Em busca de uma sustentabilidade do planeta, procuram-se diferentes fontes de energia alternativas mais eficientes e menos poluentes, a exemplo da produção do etanol a partir da cana-de-açúcar. Essa produção de combustível está ligada diretamente a um dos ciclos biogeoquímicos, ilustrado na figura a seguir:

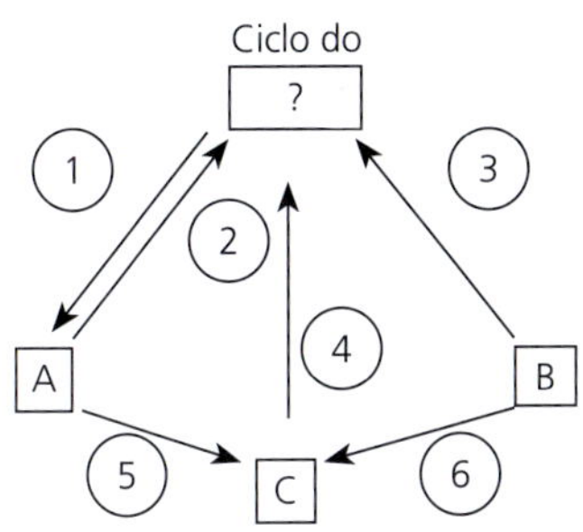

Reprodução/UFPB

Com base nessa figura, julgue os itens a seguir:

( ) O ciclo representado é o do oxigênio.

( ) A letra C representa os decompositores.

( ) A transpiração está representada na etapa 4.

( ) A respiração está representada nas etapas 2 e 3.

( ) O acúmulo do carboidrato utilizado na produção de etanol está relacionado à etapa 1.

12. (Fuvest-SP) O gráfico mostra a variação na concentração de gás carbônico atmosférico (CO_2), nos últimos 600 milhões de anos, estimada por diferentes métodos.

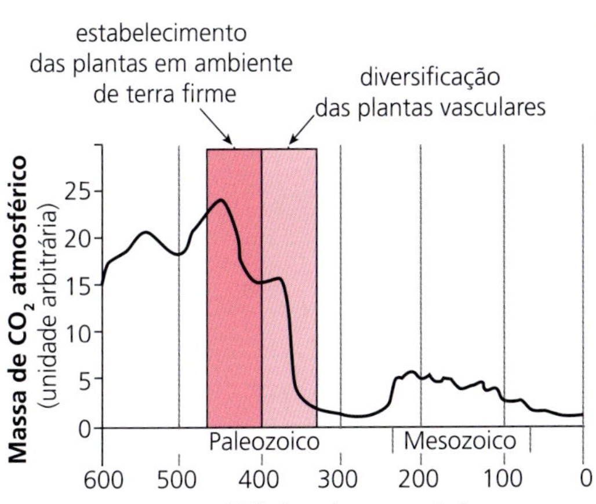

Reprodução/Fuvest, 2004.

A relação entre o declínio da concentração atmosférica de CO_2 e o estabelecimento e a diversificação das plantas pode ser explicada, pelo menos em parte, pelo fato de as plantas:

a) usarem o gás carbônico na respiração celular.

b) transformarem átomos de carbono em átomos de oxigênio.

c) resfriarem a atmosfera evitando o efeito estufa.

d) produzirem gás carbônico na degradação de moléculas de glicose.

e) imobilizarem carbono em polímeros orgânicos, como celulose e lignina.

13. (UFSC) O esquema abaixo mostra de maneira simplificada o ciclo do nitrogênio na natureza. As letras **A**, **B**, **C**, **D** e **E** indicam processos metabólicos que ocorrem neste ciclo.

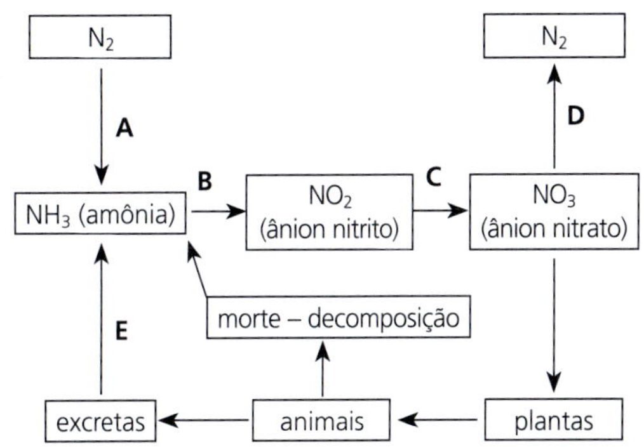

Reprodução/UFSC

Sobre este ciclo, identifique e some o que for correto.

(01) O processo mostrado em **A** é realizado somente por bactérias simbiontes que vivem no interior das raízes de leguminosas.

(02) As mesmas bactérias que realizam o processo **A**, realizam os processos **D** e **E**.

(04) O esquema mostra que produtos nitrogenados originados de animais ou vegetais podem ser reaproveitados no ciclo.

(08) O processo mostrado em **D** constitui uma etapa fundamental no ciclo, chamada de fixação do nitrogênio.

(16) As plantas podem se utilizar diretamente da amônia e não dependem do processo que ocorre em **C** para obter os produtos nitrogenados.

(32) O processo mostrado em **E** indica que os animais excretam a amônia.

(64) O nitrogênio é importante para os seres vivos, pois entra na composição molecular dos aminoácidos e dos ácidos nucleicos.

Kevin Elsby/Alamy/Fotoarena

Agrupamento de pinguins-reis (*Aptenodytes patagonicus*; cerca de 90 cm de altura).

CAPÍTULO

48

POPULAÇÕES E COMUNIDADES

Na foto, vemos uma população de pinguins-reis na Geórgia do Sul, na Antártida. Na época de reprodução, podem ser encontrados mais de cem mil pinguins nessa região. Quantos pinguins podem sobreviver em um dado lugar? Qual é o número máximo de seres humanos que podem habitar o planeta? O estudo das populações e das comunidades procura responder a essas e a outras perguntas, como veremos neste capítulo.

- **Que fatores influenciam o crescimento das populações?**
- **Você sabe o que significa a expressão "densidade populacional"?**
- **Como você imagina que devem ser as primeiras espécies a colonizar uma rocha, por exemplo?**

1. CRESCIMENTO DAS POPULAÇÕES

Para estudar uma população, é necessário conhecer certos conceitos, como o de **densidade de população** ou **densidade populacional** (**D**). Ele pode ser definido como o número de indivíduos (**N**) por unidade de área (**S**), no caso de espécies terrestres, ou por unidade de volume (**V**), para espécies aquáticas.

Por exemplo, em 2014 a densidade de população no Brasil era de 23,8 habitantes/km^2.

A densidade de uma população é afetada por quatro taxas:

- **natalidade** – número de indivíduos que nascem por unidade de tempo;
- **mortalidade** – número de indivíduos que morrem por unidade de tempo;
- **imigração** – número de indivíduos que entram na população vindos de outras áreas;
- **emigração** – número de indivíduos que saem da população para outras áreas.

As taxas de natalidade e de imigração tendem a aumentar a densidade; as de mortalidade e de emigração tendem a diminuí-la. O equilíbrio pode ser atingido pela diminuição da taxa de natalidade ou de imigração ou pelo aumento da taxa de mortalidade ou de emigração.

Para saber se uma população está aumentando ou diminuindo, é comum utilizar o chamado **índice de crescimento**, que é a razão entre a taxa de natalidade e a de mortalidade. Um índice de crescimento maior que 1 indica que a população está aumentando; um índice menor que 1, que está diminuindo.

ESTUDO EM LABORATÓRIO

As populações formam-se e crescem graças à sua capacidade de reprodução. Se não houvesse obstáculo a esse crescimento, o número de indivíduos aumentaria de forma exponencial, ou seja, em progressão geométrica. Por exemplo, em condições ideais, algumas espécies de bactérias reproduzem-se a cada 20 minutos (**figura 48.1**). Se esse ritmo fosse mantido, em 15 horas haveria, a partir de uma única bactéria, uma população com mais de 1 bilhão de indivíduos, em 24 horas haveria 5×10^{21} bactérias e, em 36 horas, a Terra toda ficaria coberta por uma camada de bactérias.

Entretanto, esse ritmo de crescimento não se mantém por muito tempo. Diversos fatores impedem que uma população de bactérias continue aumentando em progressão geométrica, levando-a a atingir o equilíbrio: a quantidade de alimento, o espaço disponível, a influência de predadores e parasitas, a competição com outras populações pelos mesmos recursos, etc.

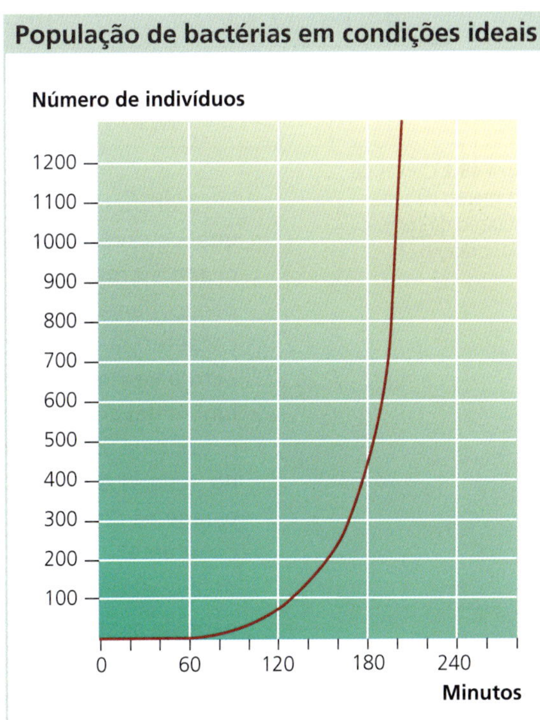

Banco de imagens/Arquivo da editora

Figura 48.1 Curva de crescimento exponencial de uma população de bactérias em condições ideais, sem atingir equilíbrio.

Chamamos **potencial biótico** ou **reprodutivo** a capacidade de uma população crescer em condições ideais (de espaço, alimento, temperatura, etc.) e longe da influência de predadores, parasitas e competidores. **Resistência ambiental** é o nome dado ao conjunto de fatores que se opõem a esse crescimento; ela pode ser indicada pela diferença entre o crescimento máximo possível (o potencial biótico) e o crescimento real da população nas condições naturais.

Vários cientistas estudaram populações de microrganismos em laboratório e observaram que, no início, o número de indivíduos crescia de forma exponencial. Depois, a partir de certo ponto, a velocidade de crescimento diminuía até a população parar de crescer, e o número de indivíduos permanecia aproximadamente constante dentro das mesmas condições (**figura 48.2**).

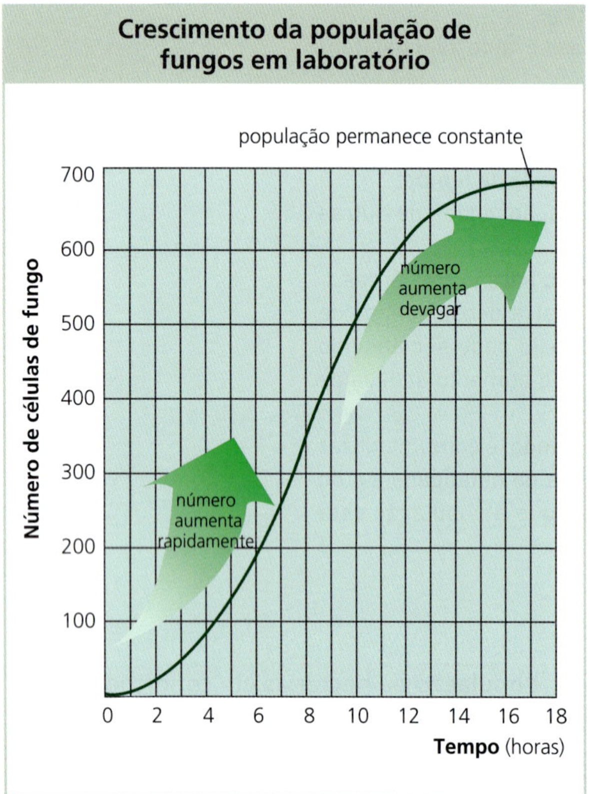

Banco de imagens/Arquivo da editora

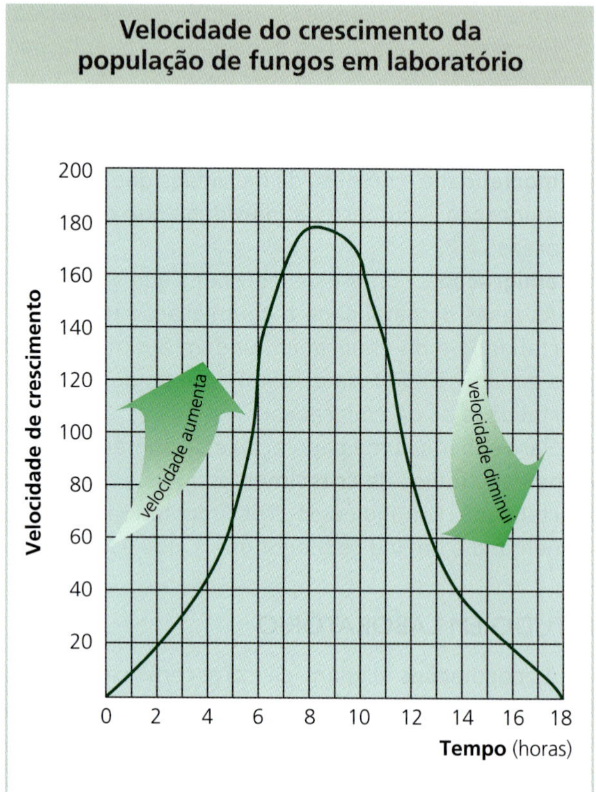

Banco de imagens/Arquivo da editora

Figura 48.2 Curvas de crescimento de uma população de fungos em laboratório.

O gráfico do número de indivíduos em função do tempo em uma situação na qual os recursos são limitados é chamado **curva em S**, **curva sigmoide** (da letra grega sigma) ou **curva logística**. Ele indica que as populações que estão em baixas densidades crescem inicialmente com velocidade cada vez maior (o que caracteriza o crescimento exponencial): a população está crescendo de acordo com o seu potencial biótico. À medida que a população aumenta, a resistência ambiental começa a interferir e a frear a velocidade de crescimento. A população continua a crescer, mas a uma velocidade cada vez menor. Quando a resistência do meio se equilibra com o potencial biótico, a população para de crescer (velocidade de crescimento nula) e se estabiliza (o número de indivíduos permanece constante).

Conclui-se então que há uma densidade máxima de indivíduos, chamada **capacidade de sustentação**, **capacidade de suporte** ou **carga biótica máxima**, que determinado ambiente pode sustentar. A partir daí a população permanece relativamente constante, flutuando em torno desse valor. Essa flutuação acontece porque os fatores da resistência ambiental variam ao longo do tempo.

ESTUDOS NA NATUREZA

Em alguns casos, o número de predadores e o de presas oscilam ao longo do tempo. Quando o número de presas aumenta, os predadores conseguem mais comida e seu número também cresce. Esse aumento provoca o crescimento da mortalidade das presas, que diminuem numericamente. Com isso, por causa da escassez de alimento, o número de predadores também diminui e volta ao ponto inicial.

O predador não é o único fator que influi nas oscilações periódicas dessas populações. No caso das populações de lebres e linces do Canadá, por exemplo, a queda no número de lebres (presas) deve-se ao aumento do número de linces e à diminuição na quantidade e na qualidade das plantas que lhes servem de alimento, fazendo com que muitos indivíduos morram. Além disso, com a perda de peso, pela falta de alimento, as lebres ficam mais vulneráveis à predação dos linces. A ação combinada da falta de alimento e da predação reduz o número de lebres, o que faz a população de linces diminuir, mas permite que a população de plantas se recupere. O ciclo recomeça com o aumento do número de lebres e de linces (**figura 48.3**).

ACESSE E SAIBA MAIS

Recuperação do Parque Nacional de Yellowstone
<http://ciclovivo.com.br/planeta/meio-ambiente/video-explica-como-os-lobos-mudaram-o-curso-dos-rios-no-parque-yellowstone/>
Acesso em: 1º ago. 2018.

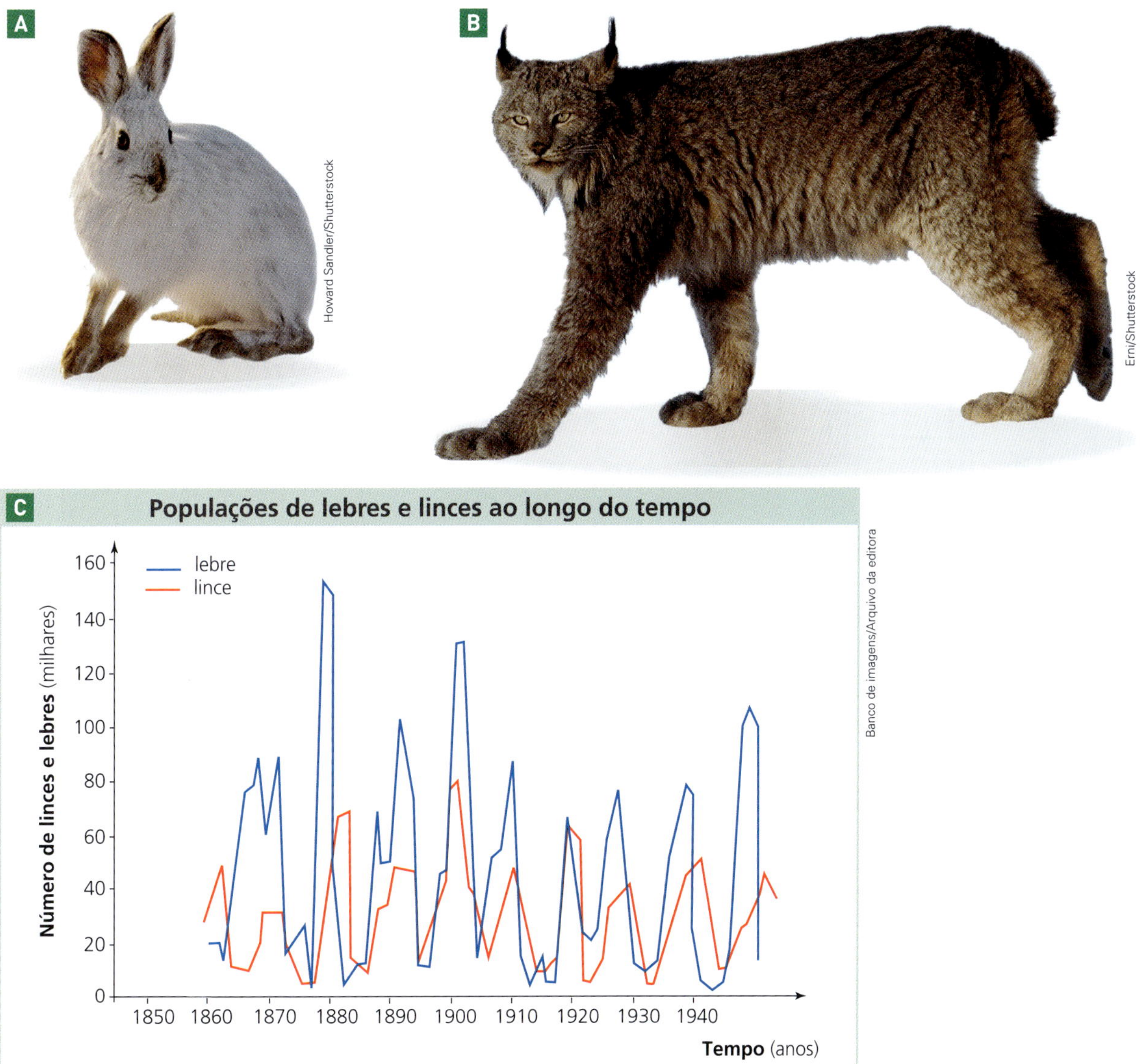

Figura 48.3 **A**: lebre (70 cm a 75 cm, fora a cauda); **B**: lince (0,8 m a 1,3 m, fora a cauda); **C**: oscilações das populações de lebres e de linces do Canadá ao longo dos anos. Observe, a partir de 1910, um padrão mais regular, em que cada ciclo dura cerca de dez anos, e o número de linces começa a diminuir cerca de um ano após o declínio do número de lebres.

ACESSE E SAIBA MAIS

Pirâmides populacionais
<https://ed.ted.com/lessons/population-pyramids-powerful-predictors-of-the-future-kim-preshoff>

Saneamento básico no Brasil
<www.childfundbrasil.org.br/blog/realidade-do-saneamento-basico-no-brasil/>
Acesso em: 1º ago. 2018.

O CRESCIMENTO DA POPULAÇÃO HUMANA

O aprimoramento das técnicas de produção e conservação de alimentos e o controle de doenças pela Medicina, pelo saneamento e pela vacinação propiciaram aumento na média de vida, queda na taxa de mortalidade e crescimento exponencial da população humana, chamado **explosão demográfica** (**figura 48.4**).

Entretanto, é importante considerar que, apesar desses avanços, nem todas as populações humanas têm condições adequadas de saneamento e saúde, o que pode resultar em altas taxas de mortalidade nesses locais.

No início de 2016, havia cerca de 7,4 bilhões de habitantes na Terra. Segundo a Organização das Nações Unidas (ONU), a população mundial deverá chegar a cerca de 9,3 bilhões em 2050. A taxa de crescimento, porém, vem diminuindo nas últimas décadas e deve cair de 1,13% (taxa atual) para 0,33%. A redução da taxa de fecundidade (uma estimativa do número médio de filhos que uma mulher tem até o fim de seu período reprodutivo) é um dos motivos da queda dessa taxa.

A elevação da qualidade de vida tende a contribuir para a conscientização da necessidade de um controle voluntário da natalidade, além de criar condições econômicas para realizar esse controle.

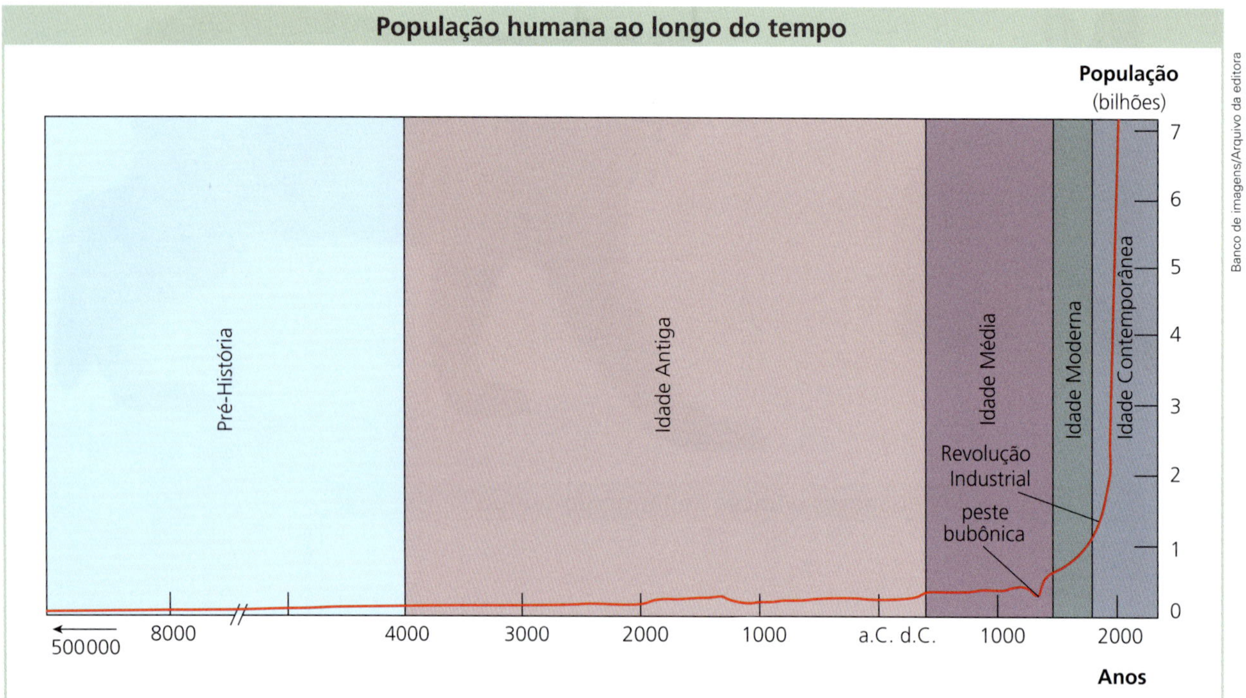

Figura 48.4 Observe o crescimento exponencial da população humana a partir da Revolução Industrial.

2. SUCESSÃO ECOLÓGICA

No ano de 1883, cerca de 75% da ilha de Krakatoa, na Indonésia, foi destruída por uma erupção vulcânica. As populações de todos os seres vivos da ilha foram dizimadas. De uma hora para outra, as condições para a sobrevivência de animais e vegetais nessa área se tornaram extremamente desfavoráveis: a iluminação direta provocava altas temperaturas; a fixação dos vegetais nas rochas era muito difícil; toda a água da chuva escorria ou evaporava.

Alguns anos depois, no solo do que restou da ilha, já podiam ser encontrados liquens, musgos e samambaias. Com o tempo, as primeiras plantas com flores e alguns insetos e aves colonizaram a ilha. A colonização de uma área por seres vivos e as diversas transformações que ocorrem ao longo do tempo na comunidade constituem uma sucessão ecológica.

Em ambientes inóspitos, os liquens costumam ser as primeiras formas de vida a se instalar. Eles apresentam grande capacidade de reter água e são relativamente autossuficientes, pois realizam fotossíntese e alguns fixam o nitrogênio atmosférico.

As primeiras espécies a se instalarem em um ambiente sem vida, como os liquens, são chamadas **pioneiras**. O conjunto de espécies pioneiras que coloniza um ambiente forma uma **comunidade pioneira**.

Aos poucos, a comunidade pioneira modifica as condições iniciais da região (**figura 48.5**). Continuando com o exemplo, os liquens produzem ácidos que dissolvem partes da rocha, e então se formam fendas, onde se acumulam liquens mortos, excretas dos fungos e minerais dissolvidos das rochas. Com isso, forma-se um solo no local. À medida que morrem, os seres pioneiros enriquecem o solo com matéria orgânica em decomposição (húmus). Desse modo, o terreno fica mais rico em sais minerais e aumenta a umidade.

Essas novas condições possibilitam a instalação de plantas de pequeno porte, que necessitam de poucos nutrientes para crescer e atingem rapidamente o período reprodutivo. É o caso, por exemplo, dos musgos, cujos esporos podem ser trazidos pelo vento ou pela água. Com o crescimento da população de musgos, aumentam a umidade no local e a camada de solo. Assim, as novas condições possibilitam a instalação e a sobrevivência de plantas herbáceas. O aumento de matéria orgânica permite o estabelecimento de animais, como as minhocas. Isso leva a novas modificações ambientais, que favorecem o desenvolvimento de plantas maiores e, aos poucos, mais animais também são atraídos e se estabelecem no local (**figura 48.5**).

Figura 48.5 Exemplo de sucessão ecológica em uma rocha nua. Fotografias tiradas em Ubatuba, SP.

Filipe Frazao/Shutterstock

Figura 48.6 Vista aérea da Floresta Amazônica.

Em alguns casos, pode-se chegar a uma comunidade relativamente estável, em equilíbrio com o ambiente físico, que é chamada **comunidade clímax**.

Em geral, ao longo da sucessão ecológica, ocorre um aumento da biomassa total (quantidade de matéria orgânica na comunidade). Também se observa inicialmente um aumento progressivo da biodiversidade, pois novas espécies chegam, novos nichos ecológicos são explorados e as teias alimentares tornam-se mais complexas. Mas esse aumento da diversidade é apenas uma tendência e não ocorre em todos os tipos de sucessão.

A comunidade formada depende do clima e de outros fatores físicos da região. Por exemplo, na Amazônia formou-se uma floresta tropical (**figura 48.6**); no Canadá, uma floresta temperada ou de pinheiros; no Nordeste do Brasil, a Caatinga. Às vezes, há uma região de transição entre duas comunidades (floresta e campo, por exemplo), em que ocorre uma mescla da flora e da fauna de ambas. Nessa região, há maior diversidade de plantas e de animais e maior competição por espaço e recursos, criando uma "tensão ecológica" entre as comunidades. Por isso, ela é chamada **ecótone** ou **ecótono** (*oíkos* = ambiente; *tonus* = tensão).

SUCESSÃO PRIMÁRIA E SECUNDÁRIA

A sucessão que ocorre em uma região totalmente desabitada (sem vida) é chamada **primária**. Ela ocorre, por exemplo, em terrenos cobertos por lava, rochas expostas por recuo de geleiras, ilhas vulcânicas ou dunas de areia em formação.

A sucessão que ocorre em locais já habitados, cujo equilíbrio foi rompido por alguma mudança ambiental, causada ou não pelo ser humano, é chamada **secundária**. Ela pode ocorrer em plantações abandonadas, matas destruídas por incêndios, lagos que secaram ou à beira de estradas. Nesses locais, a vegetação foi parcialmente ou mesmo completamente removida, mas o solo não foi destruído e ainda persistem sementes ou esporos. No ambiente do Cerrado, por exemplo, as regiões destruídas por incêndios ocasionais são logo recompostas pela sucessão ecológica (**figura 48.7**).

Entretanto, em muitos casos, essa recuperação pode demorar muito tempo. Estima-se que leve cerca de setenta anos para que uma floresta desmatada para uso agrícola se recupere. Por essa razão, é fundamental preservar áreas de comunidades complexas.

Figura 48.7 Após uma queimada ocasional, o Cerrado se recupera, passando pelo processo de sucessão ecológica secundária. Parque Nacional do Araguaia, TO.

Palê Zuppani/Pulsar Imagens

ATIVIDADES

Questões discursivas

1. Bactérias foram cultivadas em um frasco fechado com um meio nutritivo. Não houve reposição de nutrientes. O gráfico abaixo indica o número de bactérias ao longo do tempo. Explique o que ocorreu com a população de bactérias em cada trecho indicado. Que fatores podem estar influenciando o crescimento em cada trecho da curva?

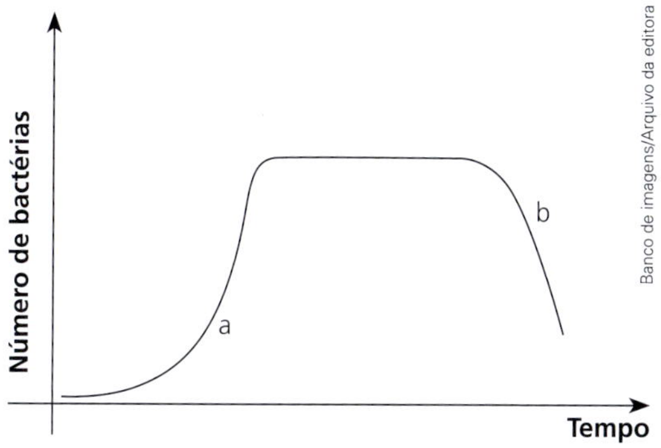

Banco de imagens/Arquivo da editora

2. A taxa de mortalidade da população humana diminuiu a partir do século XIX. Que fatores causaram essa queda na mortalidade?

3. (UFC-CE) No gráfico abaixo, está representada a variação no tamanho das populações de três organismos, ao longo de um período de tempo. As populações são de um herbívoro, da planta que lhe serve de alimento e de seu predador. Em determinado momento, a população de predadores começou a declinar devido a uma doença, o que refletiu no tamanho das duas outras populações.

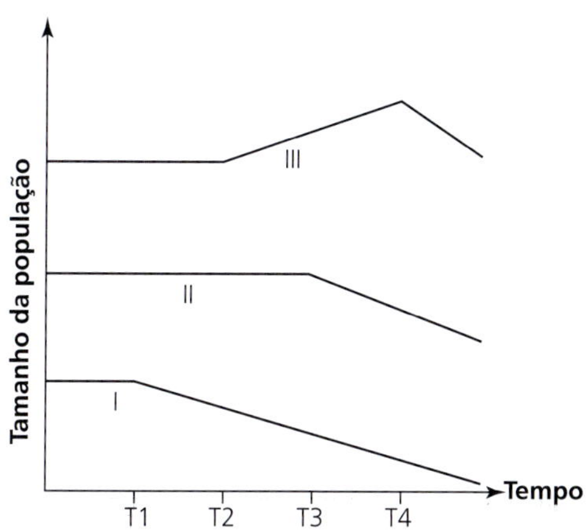

Reprodução/UFC-CE, 2010.

a) Quais populações estão representadas pela linha **II** e pela linha **III**?

b) O que provocou a mudança de trajetória da linha **III** no tempo T2?

c) O que provocou a mudança de trajetória da linha **II** no tempo T3?

d) O que provocou a mudança de trajetória da linha **III** no tempo T4?

4. (Fuvest-SP) O gráfico a seguir representa o crescimento de uma população de herbívoros e da população de seus predadores:

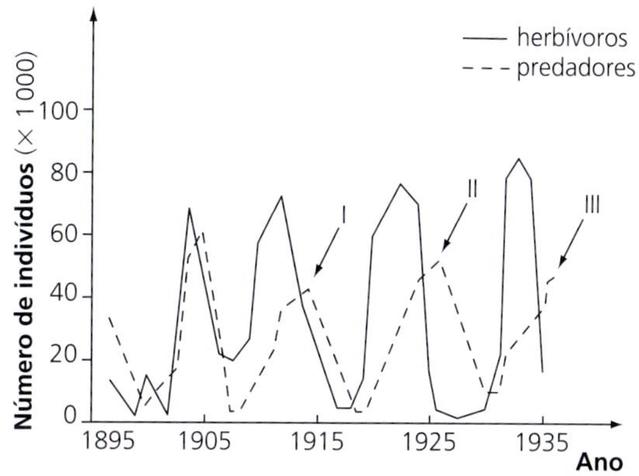

Reprodução/Fuvest, 2003.

a) Pela análise do gráfico, como se explica o elevado número de predadores nos pontos **I**, **II** e **III**? Justifique sua resposta.

b) Se, a partir de 1935, os predadores tivessem sido retirados da região, o que se esperaria que acontecesse com a população de herbívoros? Justifique sua resposta.

5. (Uerj) Uma pequena e isolada ilha tropical foi devastada por uma grande queimada, que destruiu todos os seres vivos ali existentes. Quatro anos depois, o solo da ilha apresentava uma cobertura de cianobactérias, briófitas, pteridófitas, além de algumas fanerógamas. Após dez anos, já existiam diferentes representantes de artrópodes e, após sessenta anos, a ilha estava novamente coberta por uma mata densa, abrigando um grande número de espécies animais, incluindo répteis, aves e mamíferos. Nomeie o fenômeno ecológico ocorrido na ilha ao longo desse período e explique a atuação dos primeiros organismos surgidos, após a queimada, na recuperação da biodiversidade local.

Questões objetivas

1. (Enem-MEC) Ao longo do século XX a taxa de variação na população do Brasil foi positiva (crescimento). Essa taxa leva em consideração o número de nascimentos (N), o número de mortes (M), o de emigrantes (E) e o de imigrantes (I)

por unidade de tempo. É correto afirmar que, no século XX:

a) M > I + E + N.

b) N + I > M + E.

c) N + E > M + I.

d) M + N < E + I.

e) N < M − I + E.

2. (Enem-MEC) O quadro abaixo mostra a taxa de crescimento natural da população brasileira no século XX.

Período	Taxa anual média de crescimento natural (%)
1920-1940	1,90
1940-1950	2,40
1950-1960	2,99
1960-1970	2,89
1970-1980	2,48
1980-1991	1,93
1991-2000	1,64

Fonte: IBGE. Anuários Estatísticos do Brasil.

Analisando os dados, podemos caracterizar o período entre:

a) 1920 e 1960 como de crescimento do planejamento familiar.

b) 1950 e 1970 como de nítida explosão demográfica.

c) 1960 e 1980 como de crescimento da taxa de fertilidade.

d) 1970 e 1990 como de decréscimo da densidade demográfica.

e) 1980 e 2000 como de estabilização do crescimento demográfico.

3. (Enem-MEC) Ainda com base na tabela da questão anterior, é correto afirmar que a população brasileira:

a) apresentou crescimento percentual menor nas últimas décadas.

b) apresentou crescimento percentual maior nas últimas décadas.

c) decresceu em valores absolutos nas cinco últimas décadas.

d) apresentou apenas uma pequena queda entre 1950 e 1980.

e) permaneceu praticamente inalterada desde 1950.

4. (Uerj) A biomassa de quatro tipos de seres vivos existentes em uma pequena lagoa foi medida uma vez por mês, durante o período de um ano. No gráfico abaixo estão mostrados os valores obtidos.

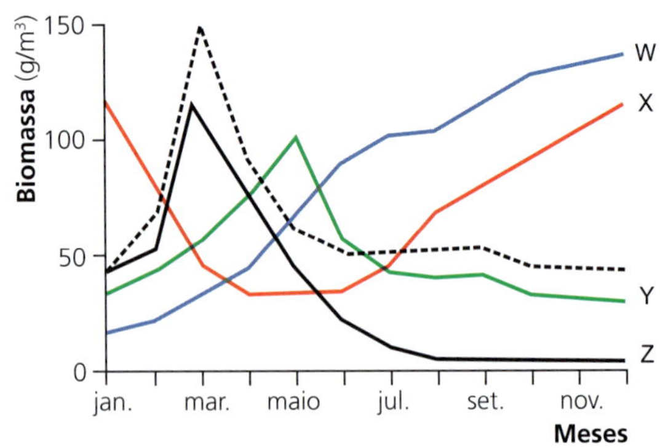

A curva pontilhada representa a variação da biomassa do fitoplâncton.

A variação da biomassa do zooplâncton está representada pela curva identificada por:

a) W.

b) X.

c) Y.

d) Z.

5. (Fuvest-SP) Em 1910, cerca de 50 indivíduos de uma espécie de mamíferos foram introduzidos numa determinada região. O gráfico abaixo mostra quantos indivíduos dessa população foram registrados a cada ano, desde 1910 até 1950.

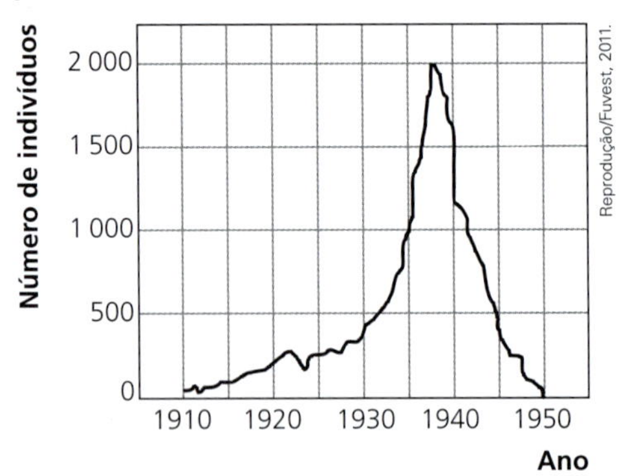

Fonte: *BSCS Biology* – An ecological approach. Kendal/Hunt Pub. Co., 5th ed. 2006. Adaptado.

Esse gráfico mostra que:

a) desde 1910 até 1940, a taxa de natalidade superou a de mortalidade em todos os anos.

b) a partir de 1938, a queda do número de indivíduos foi devida à emigração.

c) no período de 1920 a 1930, o número de nascimentos mais o de imigrantes foi equivalente ao número de mortes mais o de emigrantes.

d) no período de 1935 a 1940, o número de nascimentos mais o de imigrantes superou o número de mortes mais o de emigrantes.

e) no período de 1910 a 1950, o número de nascimentos mais o de imigrantes superou o número de mortes mais o de emigrantes.

6. (UFRGS-RS) Leia os itens a seguir, que contêm informações sobre a dinâmica de três populações.

I. Uma população humana com taxa de natalidade de 150 nascimentos/ano, taxa de mortalidade de 80 mortes/ano e iguais taxas de imigração e emigração.

II. Uma população de insetos com iguais taxas de natalidade e mortalidade, taxa de emigração de 45 indivíduos/ano e taxa de imigração de 15 indivíduos/ano.

III. Uma população de roedores com taxa de natalidade de 50 nascimentos/ano, taxa de mortalidade de 27 mortes/ano e taxas de imigração e emigração iguais a zero.

Quais das populações mencionadas estariam mais sujeitas ao desaparecimento?

a) Somente a dos humanos.
b) Somente a dos insetos.
c) Somente a dos roedores.
d) Somente a dos humanos e a dos roedores.
e) Somente a dos humanos e a dos insetos.

7. (Uerj) Traíras são predadores naturais dos lambaris. Acompanhou-se em uma pequena lagoa a evolução da densidade populacional dessas duas espécies de peixes. Tais populações, inicialmente em equilíbrio, sofreram notáveis alterações após o início da pesca predatória da traíra na mesma lagoa. Esse fato pode ser observado no gráfico a seguir, em que a curva 1 representa a variação da densidade populacional da traíra.

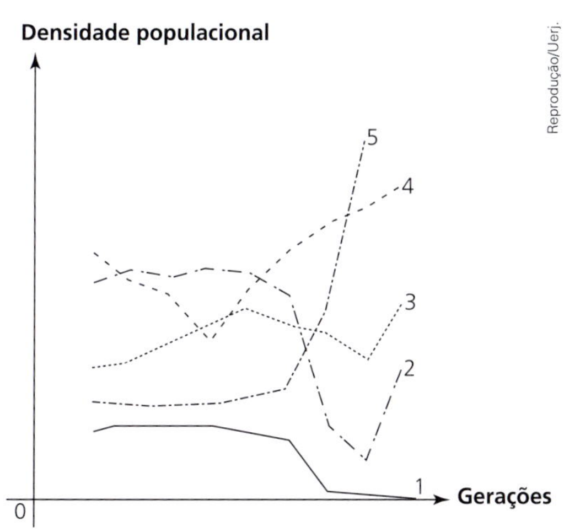

A curva que representa a variação da densidade populacional de lambaris é a de número:

a) 2.
b) 3.
c) 4.
d) 5.

8. (UFSM-RS) Na história humana, civilizações se ergueram e se extinguiram devido muitas vezes a processos naturais, que favoreciam a dinâmica dos povos, pelo menos em determinados períodos. Relevo, clima, migração, densidade populacional, competição, entre outros fatores, contribuíam para regular esses processos.

Sobre os processos ecológicos envolvidos nessa dinâmica, considere as afirmativas a seguir.

I. Densidade populacional se refere exclusivamente ao tamanho ou número de indivíduos de uma população.

II. Medidas de tamanho de uma população, tomadas em diferentes intervalos de tempo, informam se ela está em expansão, em declínio ou em estabilidade, o que permite fazer correlações com fatores como disponibilidade de alimento e clima.

III. Em uma representação gráfica, o crescimento de uma população a partir de poucos indivíduos iniciais descreve uma curva em forma de S (curva exponencial), que ascende até o limite máximo de indivíduos que o ambiente consegue suportar.

Está(ão) correta(s):

a) apenas I.
b) apenas II.
c) apenas III.
d) apenas I e II.
e) apenas II e III.

9. (Ufscar-SP) A substituição ordenada e gradual de uma comunidade por outra, até que se chegue a uma comunidade estável, é chamada sucessão ecológica. Nesse processo, pode-se dizer que o que ocorre é:

a) a constância de biomassa e de espécies.
b) a redução de biomassa e maior diversificação de espécies.
c) a redução de biomassa e menor diversificação de espécies.
d) o aumento de biomassa e menor diversificação de espécies.
e) o aumento de biomassa e maior diversificação de espécies.

CAPÍTULO

49

Peixe-palhaço (*Amphiprion* sp.; em torno de 5 cm a 10 cm de comprimento) entre tentáculos de anêmonas.

RELAÇÕES ENTRE OS SERES VIVOS

Todos os seres vivos se relacionam com o ambiente e entre si. Algumas dessas relações são mais diretas e podem trazer benefícios a determinadas espécies, como proteção contra predadores e obtenção de alimento. Um exemplo é o peixe-palhaço, que se protege vivendo entre tentáculos de anêmonas. Sua pele possui uma proteção especial, que impede que ele seja atingido pelo veneno dos tentáculos da anêmona. Esta se beneficia comendo restos de alimento do peixe-palhaço. Vamos conhecer agora outros tipos de relação entre os seres vivos.

- Você conhece exemplos de animais da mesma espécie que vivem juntos, cooperando entre si? E de espécies diferentes?
- Plantas podem ser parasitas?
- Por que alguns animais se confundem com a paisagem, enquanto outros se destacam e chamam atenção?

1. TIPOS DE RELAÇÕES

Em uma comunidade, há vários tipos de associações entre os seres vivos, como vimos em capítulos anteriores. Algumas ocorrem entre seres da mesma espécie: são as **relações intraespecíficas** (*intra* = dentro), como a competição por recursos em uma população; outras, entre seres de espécies diferentes: são as **relações interespecíficas** (*inter* = entre), como as relações encontradas em uma cadeia alimentar.

Em alguns casos, ambos os participantes da relação são beneficiados, ou seja, suas chances de sobrevivência e reprodução aumentam; em outros casos, um participante é beneficiado e o outro sofre algum prejuízo ou não tem nenhum benefício, mas também não sofre nenhum prejuízo. Quando há prejuízo para algum participante, trata-se de uma **relação negativa**; caso não haja prejuízo para nenhum dos associados, é uma **relação positiva**. Esses efeitos costumam ser representados por sinais: "+" quando houver benefícios para o participante; "–" quando houver prejuízo; "0" quando não houver benefício nem prejuízo para o participante. Veja abaixo os diversos tipos de associação.

- Relações em que não há prejuízo para nenhum participante
  - intraespecíficas
    - sociedade
    - colônia
  - interespecíficas
    - mutualismo obrigatório
    - protocooperação
    - comensalismo
- Relações em que há prejuízo para pelo menos um dos participantes
  - intraespecíficas
    - competição
  - interespecíficas
    - competição
    - predatismo e herbivoria
    - parasitismo
    - amensalismo

2. SOCIEDADES E COLÔNIAS

Existem muitos casos de indivíduos da mesma espécie que vivem em grupo, obtendo algumas vantagens. Em alguns desses casos, os indivíduos são unidos anatomicamente, formando **colônias**. Quando os indivíduos são fisicamente separados, mas realizam divisão do trabalho e há cooperação entre seus membros, formam-se **sociedades**. Elas são encontradas em alguns grupos de insetos (que, por isso, são chamados de insetos sociais: formigas, cupins e várias espécies de abelhas e vespas), nos castores, nos gorilas e na espécie humana, por exemplo.

ACESSE E SAIBA MAIS

Estrutura social das abelhas
<http://revistapesquisa.fapesp.br/2015/05/14/complexidade-genetica-esta-por-tras-de-estrutura-social-de-abelhas/>
Acesso em: 1º ago. 2018.

SOCIEDADES

Várias espécies de abelhas formam sociedades altamente organizadas. Nelas há grupos de indivíduos com características diferentes, fenômeno chamado **polimorfismo morfológico** (*polys* = muitos; *morphé* = forma); cada grupo diferente forma uma **casta** (**figura 49.1**). O trabalho é feito, exclusivamente, pelas **operárias**, fêmeas estéreis. Elas são as únicas que possuem especializações para a colheita do pólen, sendo encarregadas de colher também o néctar das flores, alimentar as larvas e produzir a cera para construir a colmeia.

Diyana Dimitrova/Shutterstock

Figura 49.1 Abelhas operárias (cerca de 2 cm de comprimento) e uma rainha (maior, no centro da foto) da espécie *Apis mellifera*.

Otto Hahn/Picture Press/Latinstock

Figura 49.2 Zangão (cerca de 2 cm) copulando com rainha em pleno voo.

Na maioria das colmeias, há apenas uma fêmea fértil, a **rainha**, cuja única função é botar ovos. Com alguns dias de idade, ela executa o **voo nupcial** e é fecundada por um ou mais zangões, os machos (**figura 49.2**).

Quando fecundados, os óvulos resultam em ovos, que originam as larvas femininas. Os óvulos não fecundados se desenvolvem por **partenogênese** e originam zangões, que são, portanto, haploides.

Todas as larvas que saem dos ovos são alimentadas pelas operárias durante os dois primeiros dias com **geleia real**, secreção glandular produzida pelas operárias jovens. As larvas que se desenvolverão em operárias e em zangões passam então a ser alimentadas com mel e pólen; aquelas que se desenvolverão em rainhas continuam recebendo geleia real.

Outro exemplo de organismos que formam uma sociedade são as formigas-saúvas (do gênero *Atta*). Nelas, há fêmeas férteis (rainhas ou **içás**; pode haver mais de uma rainha por formigueiro), machos férteis (reis ou **bitus**) e soldados e operárias estéreis. As operárias defendem a sociedade e coletam folhas para alimentar o fungo que lhes serve de alimento. Em certas épocas do ano, as rainhas e os machos, ambos dotados de asas, saem para o voo nupcial. Após a fecundação, os machos morrem e as rainhas vão fundar novos formigueiros. Há, aproximadamente, 20 mil espécies de formigas descritas.

Entre as sociedades de cupins, os operários são machos e fêmeas estéreis. Os soldados também são machos e fêmeas estéreis, mas que apresentam pernas e mandíbulas muito fortes, e são encarregados de defender a sociedade (**figura 49.3**).

Em certas épocas do ano, podemos ver machos e fêmeas alados, conhecidos como **siriris** ou **aleluias**, formando nuvens em torno das lâmpadas, mas o ato sexual realiza-se no solo, depois que ambos perdem as asas. Ao contrário dos zangões e dos machos de formiga, o cupim macho permanece com a rainha na câmara nupcial (cavidade feita na madeira pelo casal) e a fecunda periodicamente. A rainha pode botar milhares de ovos por dia, e seu abdome aumenta centenas de vezes.

Fotos: Fabio Colombini/Acervo do fotógrafo

Figura 49.3 Cupinzeiro no Parque Nacional das Emas, 2014. No detalhe, cupim imaturo (branco) e cupim soldado (cerca de 8 mm de comprimento) do gênero *Cornitermes* sp.

COLÔNIAS

As colônias podem ser de dois tipos:

- **homotípicas**, **homeomorfas** ou **isomorfas** (*homoios* = igual; *typos* = modelo; *morphé* = forma; *isos* = igual) – não há diferenças morfológicas entre seus membros, nem divisão de trabalho;
- **heterotípicas**, **heteromorfas** ou **polimorfas** (*hétero* = diferente; *polys* = muitos) – há diferenciação e divisão de trabalho entre os indivíduos.

Colônias homeomorfas costumam ocorrer em protozoários, algas e corais. Nesse caso, como são iguais, todos os indivíduos realizam o mesmo trabalho. Isso não acontece com alguns cnidários, como a caravela-portuguesa (*Physalia physalis*; **figura 49.4**). Nessa colônia, há indivíduos especializados na reprodução, na nutrição, na defesa e no ataque. Todos estão interligados e suspensos na água por uma bolsa de gás (pneumatóforo).

Peter Scoones/SPL/Latinstock

Figura 49.4 Caravela-portuguesa (*Physalia physalis*; a estrutura cheia de gás atinge cerca de 30 cm de altura e os tentáculos podem atingir 20 m de comprimento).

3. MUTUALISMO

O termo **mutualismo** pode ser usado em sentido amplo para qualquer associação em que os dois organismos de espécies diferentes sejam beneficiados (*mutuare* = trocar, dar e receber). Em sentido mais estrito, é usado apenas para indicar os casos em que há grande interdependência entre os organismos associados, envolvendo trocas de alimentos e de produtos do metabolismo com benefícios mútuos, em tal ordem que a vida em separado se torna impossível.

Os autores que usam o termo "mutualismo" em sentido amplo referem-se a esses casos como **mutualismo obrigatório** ou **simbiose mutualística**. Quando a dependência é menor, possibilitando que os organismos sobrevivam quando isolados, a associação é chamada **mutualismo facultativo**, **cooperação** ou **protocooperação** (*protos* = primitivo).

MUTUALISMO OBRIGATÓRIO

Vejamos alguns exemplos de mutualismo obrigatório.

Como vimos no capítulo 47, certas bactérias vivem nas raízes de plantas leguminosas e fornecem-lhes compostos nitrogenados (como a amônia), que serão utilizados na produção de proteínas. As leguminosas fornecem para as bactérias nutrientes e outros compostos.

Já no capítulo 19, vimos as associações entre cupins e protozoários, os liquens e as micorrizas. No intestino de cupins vivem protozoários que digerem a celulose ingerida, produzindo nutrientes que não poderiam ser absorvidos pelos cupins sem essa associação. Os protozoários quebram a celulose em glicose e, com a fermentação dessa molécula, obtêm a energia necessária às suas funções. A fermentação produz ácido acético, que é oxidado pelo cupim e usado como fonte de energia. Esse tipo de relação é encontrado também entre muitos mamíferos ruminantes (como o boi e a cabra) e bactérias que vivem em seu tubo digestório.

Os liquens são associações entre certos fungos e algas clorofíceas ou cianobactérias. Sendo autotrófica, a alga fornece ao fungo parte da matéria orgânica que produz e recebe dele proteção, umidade e sais minerais.

A micorriza ocorre entre plantas e certos fungos que crescem na superfície e no córtex das raízes delas (**figura 49.5**). O fungo facilita a absorção de sais minerais e a planta compartilha produtos orgânicos resultantes da fotossíntese. Uma prova dessa associação é que certas plantas não crescem – ou crescem mal – quando o fungo não está presente.

Eye Of Science/SPL/Latinstock

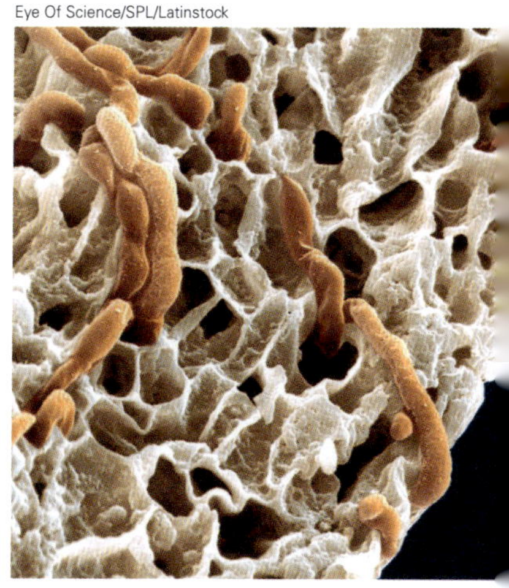

Figura 49.5 Micorriza vista ao microscópio eletrônico (aumento de cerca de 2 000 vezes; imagem colorizada por computador). Podem ser vistas as hifas do fungo (filamentos em laranja) no interior do córtex da raiz (em branco).

Noriaki Yamamoto/Minden Pictures/Latinstock

Figura 49.6 Protocooperação entre paguro (1,3 cm a 12 cm de comprimento, dependendo da espécie) e anêmonas.

PROTOCOOPERAÇÃO

Em muitos casos, indivíduos de espécies diferentes obtêm benefícios mútuos sem que haja dependência entre eles, diferente do que ocorre no mutualismo obrigatório. É o caso do peixe-palhaço e da anêmona, visto na abertura do capítulo. Vejamos outros exemplos.

O paguro é um caranguejo que costuma viver dentro de conchas vazias, conseguindo proteção para seu abdome longo e desprovido de carapaça. Sobre a concha, ele coloca uma ou mais anêmonas, que, por terem células urticantes, afugentam possíveis predadores e lhe conferem proteção. A anêmona beneficia-se porque tem seu campo de alimentação ampliado quando o paguro se locomove e pode também se alimentar dos restos dos alimentos do caranguejo (**figura 49.6**).

Certas aves alimentam-se de carrapatos e de outros parasitas que vivem no dorso de alguns mamíferos, como o boi, o búfalo, o rinoceronte, entre outros. Além desse benefício, os gritos e os movimentos das aves indicam quando há algum perigo por perto.

4. COMENSALISMO

Quando duas espécies se associam e apenas uma delas se beneficia, sem haver prejuízo para a outra, essa interação é chamada **comensalismo** (*cum* = com; *mensa* = mesa; *ismo* = costume).

O benefício pode ser de ordem alimentar, que ocorre quando, por exemplo, uma espécie usa os restos alimentares da outra (originalmente, a palavra "comensal" refere-se a cada uma das pessoas que comem à mesma mesa); pode ser também o transporte de uma espécie por outra, que recebe o nome especial de **foresia** ou **forésia** (*phoresis* = ação de levar); e pode ocorrer, ainda, quando uma espécie usa outra como abrigo, situação conhecida como **inquilinismo**, ou como suporte para fixação de uma planta – **epifitismo** (*epi* = sobre; *phyton* = planta) – ou de um animal – **epizoísmo** (*epi* = sobre; *zoon* = animal).

A rêmora ou peixe-piolho prende-se ao corpo de outros peixes, como o tubarão, por meio de uma nadadeira dorsal transformada em ventosa de fixação; com isso, obtém restos de comida e um eficiente meio de transporte (**figura 49.7**). Outros seres que estabelecem esse tipo de relação são, por exemplo, o peixe-piloto, que acompanha tubarões e aproveita os restos alimentares desses predadores.

Greg Amptman's Undersea Discoveries/Shutterstock

Michael Patrick O'Neill/Photo Researchers Inc./Latinstock

Figura 49.7 Rêmora (45 cm a 90 cm de comprimento) presa ao corpo de um tubarão-tigre (chega a mais de 5 m de comprimento) e detalhe de sua ventosa.

Alguns animais aquáticos, como as esponjas e as colônias de corais, servem de abrigo a diversos outros seres, chamados **inquilinos**. Estes não prejudicam de nenhum modo o animal que os abriga, pois eles têm até mesmo hábitos alimentares diferentes. É o que ocorre com o pepino-do-mar, um equinodermo em cujo interior o peixe-agulha, ou fierásfer, se refugia.

Entre os vegetais de pequeno porte, a competição pela energia luminosa favorece aqueles que vivem sobre árvores e conseguem, assim, uma posição privilegiada para captar a luz do Sol. As plantas que fazem outras de suporte são chamadas **epífitas**, como as orquídeas (**figura 49.8**) e as bromélias. As epífitas não devem ser confundidas com plantas parasitas, como o cipó-chumbo, pois não retiram nenhum alimento das árvores em que vivem.

Bianca Pontes/EyeEm/Getty Images

Figura 49.8 Orquídea em tronco de uma árvore, que lhe serve de suporte.

5. COMPETIÇÃO E AMENSALISMO

Os seres vivos competem por nutrientes e energia. Entre os vegetais, a competição se dá principalmente por luz, água e sais minerais. Entre os animais, ela é mais variada: há luta por matéria orgânica (alimento), espaço vital, parceiros para a reprodução, etc.

Quando seres vivos competem, há prejuízos para todos os indivíduos envolvidos, pois, mesmo para o vencedor, a competição custou parte de seu tempo e energia, que poderia ter sido usada para garantir sua sobrevivência e reprodução.

A **competição intraespecífica** é um dos fatores que controlam o tamanho das populações, pois provoca a morte ou afeta a reprodução de alguns indivíduos. Em aves e mamíferos, é comum o indivíduo estabelecer, pelo menos durante a época de reprodução, uma região ou um território em que não permite a entrada de estranhos. O território pode ser demarcado de várias maneiras. No caso de lobos e coelhos, a urina e as fezes possuem substâncias com cheiro característico, por exemplo.

Vamos ver agora o caso da competição entre espécies diferentes (**competição interespecífica**).

Em 1934, o cientista russo Georgy Gause (1910-1986) estudou o efeito da competição interespecífica em duas espécies do protozoário *Paramecium*: *P. aurelia* (de 40 µm a 130 µm de comprimento) e *P. caudatum* (menos de 0,25 µm de comprimento).

Em geral, criados separadamente, esses protozoários crescem até um nível que, aparentemente, equivale ao limite da capacidade de sustentação do ambiente. Quando as duas espécies foram cultivadas juntas, a de reprodução mais lenta – a *P. caudatum* – diminuía até se extinguir; a *P. aurelia* continuava a crescer até se estabilizar (**figura 49.9**).

Crescimento de populações de *P. aurelia* e *P. caudatum*

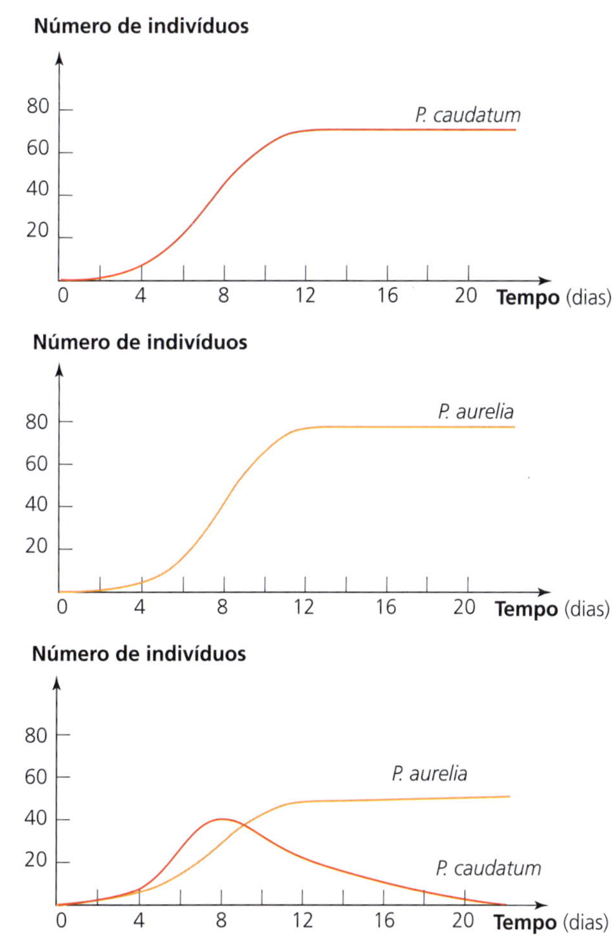

Gráficos elaborados para fins didáticos: Banco de imagens/Arquivo da editora

Figura 49.9 População de dois paramécios criados separadamente e competindo entre si pelos mesmos recursos em uma determinada área: uma das espécies é eliminada nesse caso.

Gause concluiu que duas espécies que competem pelos mesmos recursos não podem coexistir indefinidamente no mesmo *habitat*. Uma delas é mais eficiente na conquista desses recursos e tem maior sucesso reprodutivo; a outra é eliminada pela competição. Essa conclusão ficou conhecida como **princípio da exclusão competitiva** ou **princípio de Gause**.

Outra forma de enunciá-lo é: duas espécies não podem conviver no mesmo *habitat* e com o mesmo nicho indefinidamente, pois a competição será tão grande que apenas uma – a mais adaptada – sobreviverá. A outra é eliminada, emigra para outro *habitat* ou passa a ocupar outro nicho.

Na relação conhecida como **amensalismo**, uma espécie inibe ou impede o crescimento de outra. Algumas espécies de plantas, por exemplo, produzem substâncias que inibem o crescimento de outras plantas em locais próximos. Essa relação também pode ocorrer no caso do fungo do gênero *Penicillium*, que produz a penicilina, substância que impede o crescimento de espécies de bactérias.

6. PREDATISMO E HERBIVORIA

No **predatismo** ou **predação** (*praedaris* = caçar), um organismo (predador) mata outro (presa) para se alimentar. É um fenômeno muito frequente na natureza. Um caso bem conhecido ocorre entre animais carnívoros (predadores) e herbívoros (presas).

A **herbivoria** ou **herbivorismo** é uma relação semelhante ao predatismo, que ocorre entre um animal herbívoro e as plantas das quais se alimenta. É considerada, por alguns autores, como um tipo de predatismo.

Essa relação selecionou alguns tipos de adaptações em presas e predadores, como a camuflagem, a coloração de advertência e o mimetismo.

Na **camuflagem**, o animal confunde-se, no aspecto ou na cor, com o ambiente em que vive, o que dificulta sua visualização pelo predador ou pela presa. Para a presa, a camuflagem funciona como defesa; para o predador, a camuflagem facilita sua aproximação até que dê o ataque. O urutau (*Nyctibius griseus*), por exemplo, é uma ave encontrada no Pantanal Mato-Grossense. Esse animal se camufla ao dormir sobre a extremidade de uma árvore (**figura 49.10**).

Rick & Nora Bowers/Alamy/Latinstock

Artur Keunecke/Pulsar imagens

Figura 49.10 Camuflagem do urutau (cerca de 37 cm de comprimento).

Na **coloração de advertência**, também chamada **coloração aposemática** ou **aposematismo** (*apo* = afastado; *sema* = sinal), a presa possui uma cor ou um aspecto que funciona como um sinal para o predador de que ela possui defesas contra ele. Estas podem ter um gosto não palatável (desagradável ao paladar) ou a liberação de secreções irritantes ou certos tipos de veneno. A coloração de advertência permite que os predadores aprendam que essas defesas existem e passem a evitar esses animais (**figura 49.11**).

O **mimetismo** (*mimesis* = imitação) ocorre quando os animais de uma espécie se assemelham aos de outra espécie venenosa, não palatável ou perigosa para o predador.

Por exemplo, algumas borboletas não apresentam essas defesas mas apresentam a forma ou a cor daquelas que as têm. É também o caso de serpentes não peçonhentas, como algumas espécies de falsa-coral, que mimetizam o padrão de cor da coral-verdadeira, uma espécie de serpente peçonhenta (**figura 49.12**).

Danita Delimont/Getty Images

Figura 49.11 Anfíbios venenosos costumam ser bem coloridos, como se vê neste exemplar da espécie *Dendrobates azureus* (de 2,5 cm a 5 cm de comprimento).

Falsa-coral (*Oxyrhopus guibei*; até 1,20 m de comprimento).

Coral-verdadeira (*Micrurus coralinus*; 60 cm a 70 cm de comprimento).

Fotos: Fabio Colombini/Acervo do fotógrafo

Figura 49.12 A falsa-coral assemelha-se à coral-verdadeira, que é peçonhenta.

Essa semelhança acontece por meio de um processo evolutivo, em que um animal inofensivo, por mutação, pode assemelhar-se a outro (chamado animal-modelo) que é evitado pelo predador, ganhando uma vantagem seletiva e gerando mais descendentes na população. Esse tipo de mimetismo é chamado **mimetismo batesiano**, em homenagem ao seu descobridor, o naturalista inglês Henry Bates (1825-1892).

Outro caso de mimetismo ocorre quando várias espécies, todas protegidas contra predadores por alguma defesa, passam a apresentar a mesma aparência ao longo da evolução. Com isso, uma espécie é beneficiada pela experiência desagradável que o predador teve com outra espécie. Esse fenômeno foi descrito pelo zoólogo alemão Fritz Müller (1831-1897) e é chamado **mimetismo mülleriano**.

ACESSE E SAIBA MAIS

Como a lula escapa dos predadores
<https://ed.ted.com/lessons/how-squids-outsmart-their-predators-carly-anne-york>
Acesso em: 1º ago. 2018.

7. PARASITISMO

ACESSE E SAIBA MAIS

Vespa parasita

<www.bbc.com/portuguese/noticias/2011/06/110623_joaninha_vespa_parasita_fn>

Acesso em: 1º ago. 2018.

No caso do parasitismo, um ou vários organismos se instalam no corpo de outros seres para extrair alimento. Esses organismos são chamados **parasitas** (*para* = ao lado; *sitos* = alimento); os seres que lhes servem de moradia e dos quais extraem o alimento são conhecidos como **hospedeiros**.

Apesar de não causar a morte, pelo menos imediata, de seu hospedeiro, o parasita o enfraquece e prejudica suas funções orgânicas, sendo responsável por várias doenças.

Como estudado no capítulo 18, todos os vírus são parasitas. Além deles, há parasitas nos mais variados grupos de organismos, como bactérias, protozoários, fungos, animais e até mesmo alguns vegetais. Por exemplo, o cipó-chumbo é uma planta sem clorofila que retira as substâncias orgânicas de outro vegetal.

Apesar de clorofilada, a erva-de-passarinho precisa obter em outros vegetais a água e os sais minerais para realizar fotossíntese. Dizemos, por isso, que ela é **hemiparasita** (*hemi* = meio, pela metade), e, por comparação, que o cipó-chumbo (**figura 49.13**) é **holoparasita** (*holos* = inteiro).

Fabio Colombini/Acervo do fotógrafo

A semente do cipó-chumbo germina e origina um caule que se enrola em volta da planta hospedeira.

O caule desenvolve haustórios que extraem a seiva da planta.

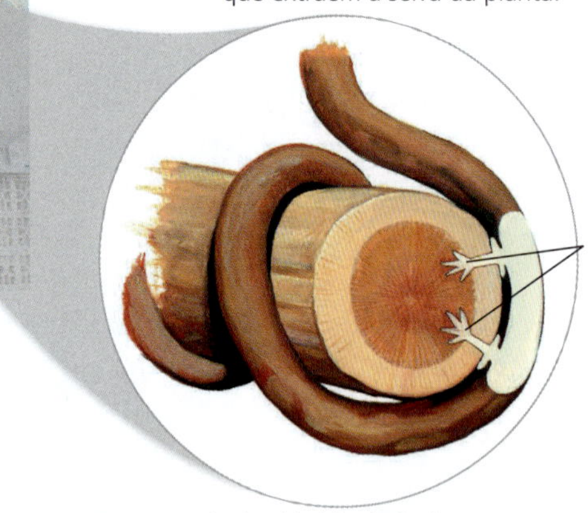

Figura 49.13 Cipó-chumbo (amarelo) sobre árvore hospedeira. No detalhe, representação dos haustórios dessa planta (os elementos não estão na mesma escala; cores fantasia).

Ingeborg Asbach/Arquivo da editora

ATIVIDADES

Questões discursivas

1. Os gráficos a seguir mostram o que acontece, ao longo do tempo, com a densidade populacional (número de indivíduos por metro quadrado) de duas espécies (A e B) vivendo isoladas uma da outra (gráfico 1) e vivendo juntas na mesma região (gráfico 2).
Responda: Que tipo de relação ecológica deve existir entre as duas espécies? Justifique sua resposta.

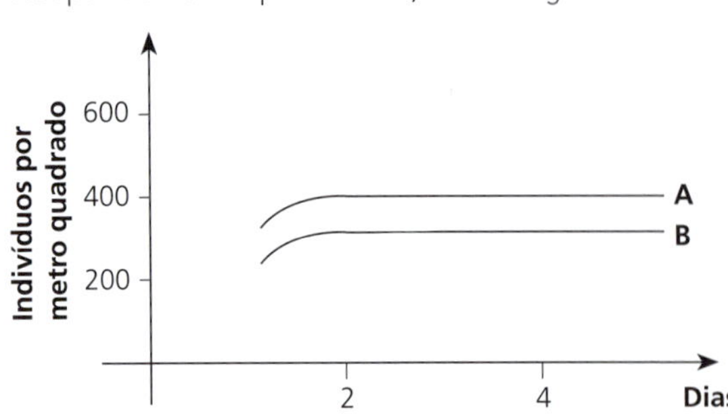

Gráfico 1

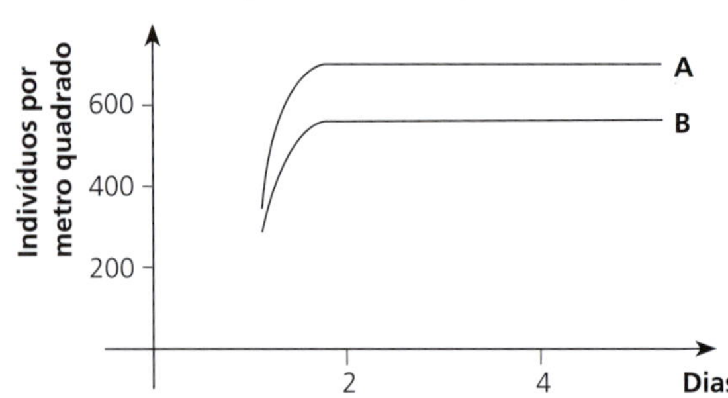

Gráfico 2

Banco de imagens/Arquivo da editora

2. Nas florestas de Bornéu, vive o besouro-tigre, predador agressivo e rápido (desenvolve velocidades de até 9 km/h), que, com suas mandíbulas, ataca as presas e se defende de possíveis predadores. Na mesma região, vive também um gafanhoto (gênero *Condylodera*), inseto herbívoro que tem aparência e tamanho semelhantes aos do besouro.
   a) Como se chama esse fenômeno? Qual a vantagem auferida pelo gafanhoto nesse exemplo?
   b) Utilizando os conceitos de "mutação" e "seleção natural", sugira uma hipótese para explicar como os gafanhotos dessa espécie se tornaram semelhantes ao besouro-tigre.

3. A malária é uma doença causada por um microrganismo chamado plasmódio, que é transmitido aos seres humanos pela picada de algumas espécies de mosquitos. Em certas regiões onde há malária, encontra-se um peixe, a tilápia, que se alimenta das larvas do mosquito.
   a) Quais são as relações ecológicas entre as tilápias e as larvas do mosquito e entre o plasmódio e o ser humano?
   b) Se nessa região for introduzido um peixe predador da tilápia, o que poderá acontecer com o número de casos de malária? Justifique sua resposta.

4. Embora a orquídea viva em cima das árvores, ela não é um parasita. O cipó-chumbo, que também vive nas árvores, é considerado um parasita. Por quê?

5. Você aprendeu neste capítulo que podemos usar sinais para caracterizar as relações entre seres vivos: "+", quando houver benefício para o participante; "–", quando houver prejuízo; "0", quando não houver benefício nem prejuízo para o participante. Por exemplo, a interação entre o parasita e seu hospedeiro é representada por "+ –". Reveja os exemplos do capítulo e aplique esses sinais para caracterizar as relações de mutualismo obrigatório, protocooperação, comensalismo, competição interespecífica e predatismo.

6. Em algumas regiões do Brasil o número de onças-pintadas está diminuindo por causa do ataque de caçadores e fazendeiros, e já podem ser encontradas, no mesmo território, onças-pardas. Ambas as espécies se alimentam de animais herbívoros, como pacas, capivaras e tatus.
   a) Qual a relação ecológica entre a onça-pintada e a onça-parda?
   b) A extinção das onças poderia interferir no número de herbívoros da região?

7. (Vunesp-SP) Um grupo de estudantes, em visita à zona rural, observou bois e gafanhotos alimentando-se de capim; orquídeas, liquens e erva-de-passarinho em troncos de árvores; lagartos caçando insetos e, no pasto, ao lado de vários cupinzeiros, anus retirando carrapatos do dorso dos bois.
   a) Identifique, entre as diferentes relações descritas no texto, dois exemplos de parasitismo.
   b) Entre as relações observadas pelos estudantes, cite uma relação interespecífica de benefício mútuo e uma estrutura que indique uma relação intraespecífica.

8. (UFSC) Em 2009, comemoraram-se 200 anos do nascimento de Charles Darwin e 150 anos da publicação de sua obra *A Origem das Espécies*. Para essa obra, o pensamento de Thomas Malthus, segundo o qual "a população de um território é limitada pela quantidade de alimentos nele disponível", foi muito importante, pois Darwin percebeu que este argumento, embora relacionado aos humanos, aplicava-se também, perfeitamente, ao mundo das plantas e dos animais.

   No caso dos animais o tamanho populacional é influenciado, além de outros fatores, pela predação.

   Sobre esse assunto, responda:
   a) O que é predação?
   b) Considerando um espaço territorial limitado, de que forma a predação pode influenciar no tamanho populacional de presas?
   c) Considerando um espaço territorial limitado, de que forma a predação pode influenciar no tamanho populacional de predadores?

Questões objetivas

1. (Enem-MEC) O controle biológico, técnica empregada no combate a espécies que causam danos e prejuízos aos seres humanos, é utilizado no combate à lagarta que se alimenta de folhas de algodoeiro. Algumas espécies de borboleta depositam seus ovos nessa cultura. A microvespa *Trichogramma* sp. introduz seus ovos nos ovos de outros insetos, incluindo os das borboletas em questão. Os embriões da vespa se alimentam do conteúdo desses ovos e impedem que as larvas de borboleta se desenvolvam. Assim, é possível reduzir a densidade populacional das borboletas até níveis que não prejudiquem a cultura. A técnica de controle biológico realizado pela microvespa *Trichogramma* sp. consiste na:
   a) introdução de um parasita no ambiente da espécie que se deseja combater.
   b) introdução de um gene letal nas borboletas para diminuir o número de indivíduos.

c) competição entre a borboleta e a microvespa para a obtenção de recursos.

d) modificação do ambiente para selecionar indivíduos melhor adaptados.

e) aplicação de inseticidas a fim de diminuir o número de indivíduos que se deseja combater.

2. (UFMG) O fungo *Penicillium*, por causar apodrecimento de laranjas, acarreta prejuízos pós-colheita.

Nesse caso, o controle biológico pode ser feito utilizando-se a levedura *Saccharomycopsis*, que mata esse fungo, após perfurar sua parede e absorver seus nutrientes.

É correto afirmar que esse tipo de interação é conhecido como:

a) comensalismo.
b) mutualismo.
c) parasitismo.
d) predatismo.

3. (Uerj) Bactérias de duas espécies foram cultivadas separadamente e em conjunto nas mesmas condições experimentais e com suprimento constante do mesmo tipo de alimento. No gráfico a seguir, as curvas mostram a variação da densidade populacional das bactérias estudadas em função do tempo de cultivo. As curvas 1 e 2 representam os resultados encontrados para as duas espécies quando cultivadas separadamente, e as curvas 3 e 4, quando cultivadas em conjunto.

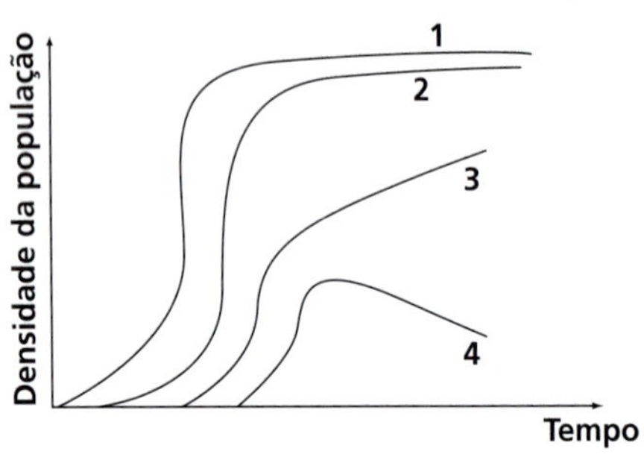

A relação ecológica estabelecida entre as bactérias que melhor explica os resultados encontrados é classificada como:

a) predação.
b) parasitismo.
c) competição.
d) comensalismo.

4. (UFPR) Para atrair potenciais polinizadores, as plantas comumente armazenam néctar nas suas flores em estruturas específicas chamadas de nectários. Contudo, várias espécies de plantas também podem apresentar nectários longe das flores, os chamados "nectários extraflorais". Essas estruturas podem ser encontradas em vários locais, como folhas e brotos. Durante a sua procura por alimento, formigas se deparam com esses nectários, passam a se alimentar do néctar produzido, a eles retornando repetidamente. Durante essa atividade, as formigas acabam patrulhando essas plantas e defendendo-as contra potenciais herbívoros, como lagartas e percevejos.

Esse tipo de interação entre formigas e plantas com nectários extraflorais pode ser categorizado como:

a) epifitismo.
b) mutualismo.
c) colonialismo.
d) predação.
e) parasitismo.

5. (UFMG) Observe os gráficos referentes às curvas de crescimento populacional de duas espécies. O gráfico I representa o crescimento populacional dessas espécies criadas isoladamente. O gráfico II representa o crescimento populacional dessas espécies reunidas em uma cultura.

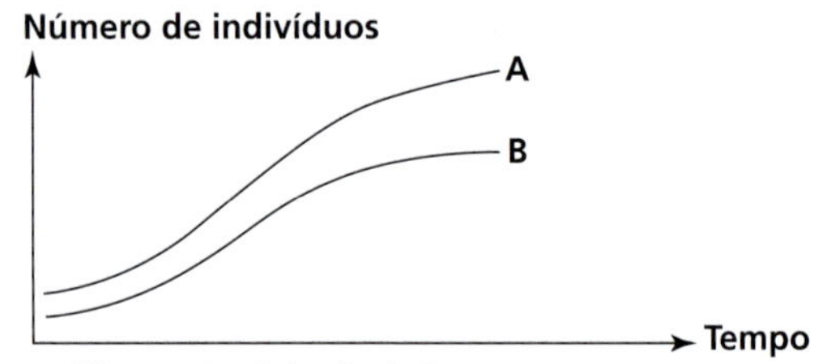

Gráfico I – Espécies isoladas

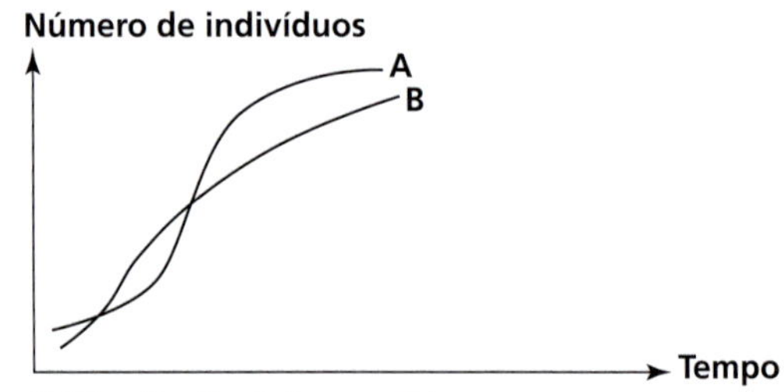

Gráfico II – Espécies reunidas

Com base na comparação dos dois gráficos, pode-se afirmar que a provável relação ecológica entre as duas espécies seria mais bem definida como:

a) inquilinismo.
b) competição.
c) protocooperação.
d) comensalismo.

6. (Vunesp-SP)

Um jornal de grande circulação comentou o alto faturamento em dólares de uma empresa que está exportando ovos de uma traça, parasitados por minúsculas vespas especializadas em atacar a broca de cana, a lagarta-cartucho do milho e pragas do tomateiro. Esses ovos vão para os EUA, Suíça, França, Holanda, Portugal, Espanha e Dinamarca, para serem usados para a reprodução das vespas. A empresa também vende casulos de outra pequena vespa que, liberada, vai colocar seus ovos e destruir lagartas que são pragas em lavouras.

O Estado de S. Paulo, 17/9/2003.

Pelo texto, pode-se afirmar que a reportagem refere-se:

a) ao controle de pragas na agricultura pela produção de insetos estéreis.

b) à produção de polinizadores a serem utilizados para a inseminação das plantas.

c) à produção de genes específicos para a utilização de técnicas de engenharia genética aplicadas à agricultura.

d) à produção de larvas de insetos a serem utilizadas como predadores de folhas atacadas por doenças.

e) à utilização das técnicas do controle biológico no combate a pragas agrícolas.

7. (PUC-SP) Em uma comunidade, viviam as espécies 1 e 2, herbívoras e competidoras entre si, que serviam de alimento para uma espécie 3. Nesse ambiente, introduziu-se uma espécie 4, desempenhando papel de consumidor secundário na mesma teia alimentar da qual faziam parte 1, 2 e 3. Com o passar do tempo, constatou-se uma redução no número de indivíduos das espécies 1, 2 e 3 e um aumento considerável na população da espécie 4. Dentre as alternativas abaixo, assinale a única que apresenta uma explicação plausível para o fato ocorrido.

a) A espécie 4 apresentou vantagem ao competir por alimento com as espécies 1, 2 e 3.

b) A espécie 4 apresentou vantagem ao competir por alimento com as espécies 1 e 2 e foi predadora da espécie 3.

c) A espécie 4 apresentou vantagem ao competir por alimento com as espécies 1 e 2 e foi presa da espécie 3.

d) A espécie 4 foi predadora das espécies 1 e 2 e apresentou vantagem ao competir por alimento com a espécie 3.

e) A espécie 4 foi predadora das espécies 1 e 2 e presa da espécie 3.

8. (Vunesp-SP)

Tudo começa com os cupins alados, conhecidos como aleluias ou siriris. Você já deve ter visto uma revoada deles na primavera. São atraídos por luz e calor e, quando caem no solo, perdem suas asas. Machos e fêmeas se encontram formando casais e partem em busca de um local onde vão construir os ninhos. São os reis e as rainhas. Dos ovos nascem as ninfas, que se diferenciam em soldados e operários. Estes últimos alimentam toda a população, passando a comida de boca em boca. Mas, como o alimento não é digerido, dependem de protozoários intestinais que transformam a celulose em glicose, para dela obterem a energia.

Mas do que se alimentam? Do tronco da árvore de seu jardim ou da madeira dos móveis e portas da sua casa?

Segundo os especialistas, existem dois tipos de residência: as que têm cupim e as que ainda terão.

(Texto extraído de um panfleto publicitário de uma empresa dedetizadora. Adaptado.)

No texto, além da relação que os cupins estabelecem com os seres humanos, podem ser identificadas três outras relações ecológicas. A sequência em que aparecem no texto é:

a) sociedade, mutualismo e parasitismo.

b) sociedade, comensalismo e predatismo.

c) sociedade, protocooperação e inquilinismo.

d) colônia, mutualismo e inquilinismo.

e) colônia, parasitismo e predatismo.

9. (FGV-SP) Um biólogo foi a um campo e cavou os ninhos de dois formigueiros distintos, porém da mesma espécie de formigas saúvas. Um dos formigueiros havia sido abandonado pelas formigas há pouco tempo, enquanto o outro formigueiro ainda estava ativo. No formigueiro ativo, observou a presença de uma única espécie de fungo, o qual era cultivado e utilizado pelas formigas como alimento. No formigueiro abandonado, o biólogo observou a presença de fungos de várias espécies, mas não daquela presente no formigueiro ativo. Ao estudar o assunto, verificou que essa espécie de fungo só ocorre quando em associação com essa espécie de formiga.

Sobre essa espécie de formiga e essa espécie de fungo, pode-se dizer que apresentam uma relação conhecida como:

a) mutualismo, no qual o fungo é prejudicado pela presença das formigas, mas estas não são afetadas pela presença do fungo.

b) parasitismo, em que as formigas são as parasitas e dependem do fungo para sua alimentação e reprodução.

c) inquilinismo, no qual os fungos beneficiam-se do ambiente e cuidados proporcionados pelo formigueiro, sem prejuízo às formigas.

d) mutualismo, em que tanto os fungos quanto as formigas dependem uns dos outros para a sobrevivência.

e) comensalismo, no qual as formigas, comensais, obtêm seu alimento da espécie associada, os fungos, sem que estes sejam prejudicados ou beneficiados.

10. (UFPR) Uma coruja caça durante a noite e captura um morcego. Ambos são capturados por uma rede armada por pesquisadores. Após análise cuidadosa da coruja e do morcego, os pesquisadores encontraram, sob as penas da coruja, ácaros e piolhos, e sob os pelos do morcego, moscas hematófagas. As interações interespecíficas entre a coruja e o morcego, entre os ácaros e os piolhos e entre as moscas hematófagas e o morcego são denominadas, respectivamente:

a) predação, parasitismo e inquilinismo.

b) predação, mutualismo e parasitismo.

c) parasitismo, competição e predação.

d) predação, competição e parasitismo.

e) competição, inquilinismo e parasitismo.

11. (UFU-MG) As relações/interações ecológicas estabelecidas entre duas espécies podem ser benéficas, prejudiciais ou neutras, e uma das formas de representação é o uso dos símbolos +, – e 0 respectivamente.

Observe as seguintes interações:

I. A fixação de nitrogênio por bactérias presentes nos nódulos das raízes de plantas leguminosas.

II. Uma cadeia alimentar na qual os gafanhotos se alimentam das plantas.

III. Os vermes que vivem no intestino de uma criança.

As interações descritas são representadas, respectivamente, por:

a) +/0; +/–; +/+ b) +/+; +/–; +/– c) +/+; +/0; +/– d) +/–; +/+; +/+

12. (PUC-SP) Em um certo ecossistema, roedores e formigas alimentam-se de sementes e, portanto, são potenciais competidores. Porém, enquanto os roedores preferem sementes grandes, as formigas têm predileção por sementes pequenas. Sabe-se, também, que nesse ecossistema as plantas de sementes grandes competem com as plantas de sementes pequenas por recursos do solo, havendo, nessa relação, uma nítida vantagem das primeiras sobre as segundas. Se os roedores forem removidos do ecossistema, espera-se que haja, em longo prazo,

a) redução do número de plantas de sementes grandes.

b) aumento do número de plantas de sementes pequenas.

c) redução do número de formigas.

d) aumento contínuo da população de formigas.

13. (Enem-MEC) Um pesquisador investigou o papel da predação por peixes na densidade e tamanho das presas, como possível controle de populações de espécies exóticas em costões rochosos. No experimento colocou uma tela sobre uma área da comunidade, impedindo o acesso dos peixes ao alimento, e comparou o resultado com uma área adjacente na qual os peixes tinham acesso livre. O quadro apresenta os resultados encontrados após 15 dias de experimento.

Espécie exótica	Área com tela		Área sem tela	
	Densidade (indivíduos/m^2)	Tamanho médio dos indivíduos (cm)	Densidade (indivíduos/m^2)	Tamanho médio dos indivíduos (cm)
Alga	100	15	110	18
Craca	300	2	150	1,5
Mexilhão	380	3	200	6
Ascídia	55	4	58	3,8

O pesquisador concluiu corretamente que os peixes controlam a densidade dos(as)

a) algas, estimulando seu crescimento.

b) cracas, predando especialmente animais pequenos.

c) mexilhões, predando especialmente animais pequenos.

d) quatro espécies testadas, predando indivíduos pequenos.

e) ascídias, apesar de não representarem os menores organismos.

Fabio Colombini/Acervo do fotógrafo

Tamanduá-mirim (*Tamandua tetradactyla*, cerca de 60 cm de comprimento, fora a cauda), Petrolina, PE.

CAPÍTULO

50

DISTRIBUIÇÃO DOS ORGANISMOS NA BIOSFERA

A ampla variação climática do planeta e o número de barreiras geográficas favoreceram a formação de novas espécies de organismos ao longo de milhões de anos. O que observamos hoje é uma enorme diversidade de espécies que ocorrem nos diferentes ecossistemas da Terra. Conhecer a forma como os organismos estão distribuídos na biosfera nos permite compreender uma série de fenômenos biológicos, como a evolução, e ainda nos ajuda a criar estratégias para preservar esse enorme patrimônio.

- Como você imagina que era a região onde você mora antes da ocupação humana?
- De que forma as condições ambientais influenciam os tipos de organismos encontrados em uma região?
- Você já esteve em alguma floresta? Além das florestas, que outros ecossistemas você conhece?

1. EPINOCICLO

Para facilitar o estudo, a biosfera pode ser dividida em três biociclos: epinociclo, talassociclo e limnociclo.

Correspondendo aproximadamente a 28% da área do globo terrestre, o **epinociclo** (*epi* = sobre; *naio* = habitar; *kiklos* = círculo) é o conjunto de ecossistemas terrestres, enquanto **talassociclo** e **limnociclo** correspondem aos ecossistemas aquáticos.

Os ecossistemas que compõem a biosfera podem ser, por sua vez, agrupados em **biomas** (*bios* = vida; *oma* = proliferação), caracterizados por uma série de fatores abióticos e bióticos, como clima, tipo de solo, fauna e, principalmente, pelo tipo de vegetação dominante.

A latitude das regiões influencia o clima: dos polos à linha do equador, ou seja, das regiões mais frias para as mais quentes, encontramos biomas diferentes, com fauna e flora adaptadas às condições climáticas de cada região. A altitude também influencia no clima: a temperatura tende a diminuir conforme aumenta a altitude e por isso podemos encontrar organismos típicos de regiões frias em áreas de grande altitude, mesmo próximo à linha do equador. O maior número de espécies é geralmente encontrado nas regiões tropicais e diminui gradativamente em direção às regiões temperadas e aos polos (**figura 50.1**). Os tipos de plantas, animais e outros organismos característicos de cada bioma são influenciados pelo tipo de solo e por fatores climáticos, principalmente a quantidade de chuva (pluviosidade) e a temperatura média anual.

Os principais biomas terrestres são a tundra, a taiga, as florestas temperadas, as florestas tropicais, os campos e os desertos (**figura 50.2**).

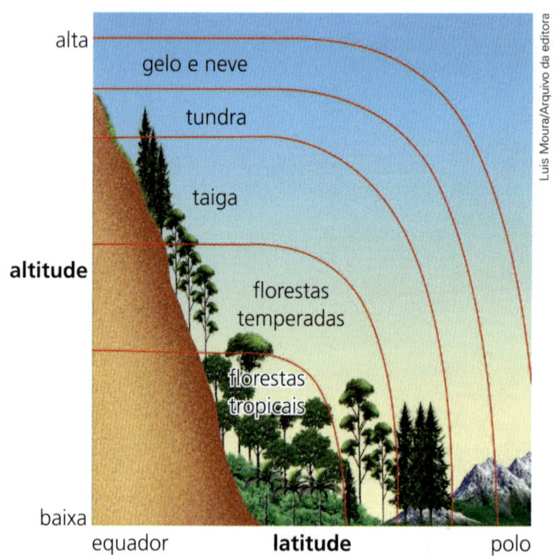

Figura 50.1 Variação da vegetação de acordo com a latitude e a altitude (os elementos não estão na mesma escala; cores fantasia).

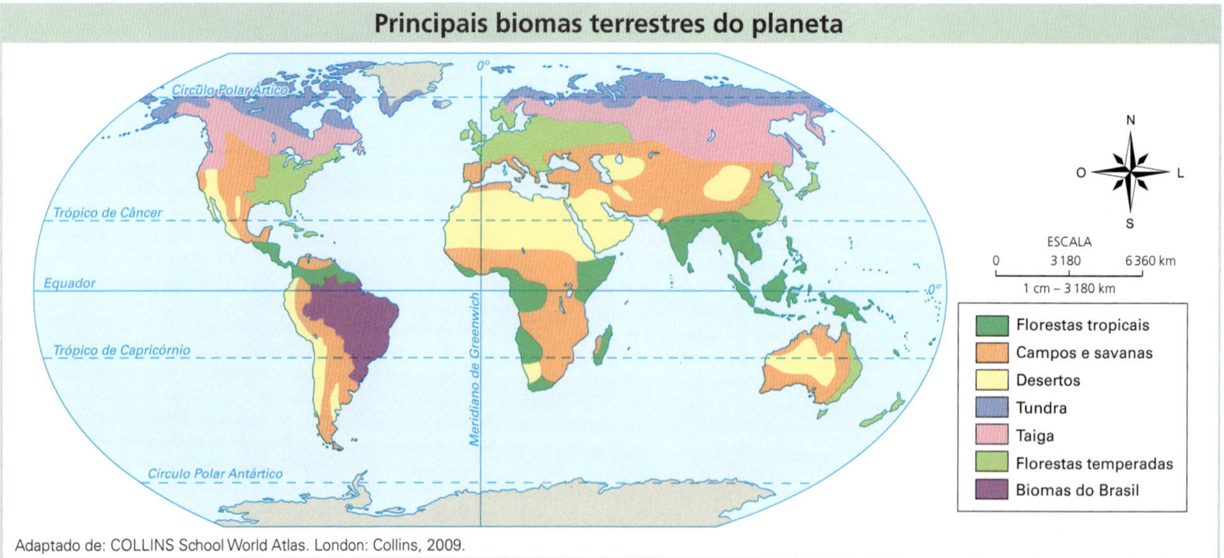

Figura 50.2 Mapa com os principais biomas do epinociclo. Os biomas brasileiros não estão representados e serão vistos em detalhes na figura 50.9.

TUNDRA

A **tundra** (*tunturia* = planície sem árvores) está presente ao redor do polo norte (tundra ártica) e no topo das montanhas mais altas (tundra alpina). É o bioma de menores temperaturas médias, apresentando também baixa precipitação, pouca luminosidade anual, e muito vento.

Nesse bioma, o solo permanece congelado a maior parte do tempo, dificultando a absorção da água do solo pelas plantas. Durante o curto verão, uma fina camada na superfície do solo descongela, e forma-se uma vegetação rasteira composta de musgos, liquens, capim e poucos e pequenos arbustos (**figura 50.3A**). Entre os animais, há insetos, pássaros, caribus (ou renas americanas; **figura 50.3B**), lemingues, lebre ártica, raposa polar, urso-polar e lobo ártico.

As mudanças climáticas provocadas pelo aquecimento global e a exploração de petróleo nas regiões de tundra ameaçam esse bioma.

Figura 50.3 A: tundra alpina, nos Andes (Peru); **B:** caribu (*Rangifer tarandus*,1,2 m a 2,2 m de comprimento, fora a cauda), no inverno, em paisagem de tundra na América do Norte (Alasca).

TAIGA

A **taiga** ('floresta alagada') é também chamada de **floresta de coníferas** ou **floresta boreal** (boreal = do lado norte). Localiza-se ao sul da tundra ártica, em áreas do Canadá, da Sibéria, do norte da Europa e dos Estados Unidos; é encontrada também em altitudes elevadas. Recebe maior quantidade de energia solar que a tundra e é constituída por florestas de coníferas (gimnospermas), como o pinheiro e o abeto (**figura 50.4A**).

A fauna é mais diversa que a da tundra, com insetos, aves, além de outros animais como lebres, marmotas, ratos silvestres, musaranhos, martas, linces, lobos e ursos-pardos (**figura 50.4B**).

Algumas regiões de taiga têm sido devastadas pela exploração de madeira e pela poluição do ar.

Figura 50.4 A: aspecto da vegetação de taiga (Canadá); **B**: urso-pardo (*Ursus arctos*, 2 m a 3 m de comprimento); no inverno.

FLORESTAS TEMPERADAS

As **florestas temperadas** localizam-se nas regiões de clima temperado, como algumas áreas da América do Norte, da Europa, da Ásia e da América do Sul e têm as quatro estações do ano bem definidas.

A maioria das florestas temperadas caracteriza-se pela perda das folhas das árvores no fim do outono, o que reduz a perda de água no inverno (**figura 50.5A**). Por isso, essas florestas são chamadas de **decíduas** ou **caducifólias** (*deciduus* ou *caducum* = que cai). As folhas voltam a crescer na primavera. Entre as árvores estão o carvalho, o bordo, a nogueira e a faia. Há também musgos, samambaias e arbustos.

Entre os animais, são comuns: ratos silvestres, marmotas, veados, ursos, gambás, pumas, lobos, raposas, gatos selvagens (**figura 50.5B**) e esquilos.

Figura 50.5 **A**: vista de floresta temperada no inverno, com árvores completamente sem folhas; **B**: gato selvagem europeu (*Felis silvestris*, 55 cm a 80 cm de comprimento, fora a cauda); ao anoitecer, caça esquilos, coelhos e ratos.

FLORESTAS TROPICAIS

As **florestas tropicais** localizam-se na região equatorial, na América Central, no norte e no leste da América do Sul, nas partes leste e oeste da África central (**figura 50.6**), no sul da Ásia, nas ilhas do Pacífico e no nordeste da Austrália. Nessas regiões, o clima é quente e úmido, com temperatura relativamente constante (em média 27 °C) e chuvas frequentes e abundantes (daí o nome de floresta pluvial tropical). A Floresta Amazônica é a maior floresta tropical do mundo (vamos conhecê-la melhor adiante).

Figura 50.6 **A**: vista aérea de rio em floresta na República Democrática do Congo; **B**: gorila-das-montanhas (*Gorilla beringei beringei*; o adulto tem cerca de 1,5 m de altura) com filhote.

Ocupando apenas 7% da superfície do planeta, as florestas tropicais contêm mais espécies de plantas e animais que todos os outros biomas juntos.

Há diversas plantas **latifoliadas** (*latus* = largo; *folia* = folha), ou seja, com folhas largas, o que aumenta a área de absorção de luz. São, em geral, **perenes** ou **perenifólias** (*perennis* = duradouro), isto é, mantêm a maioria das folhas durante todo o ano. A copa das árvores de grande porte intercepta boa parte da luz solar, o que afeta o desenvolvimento de plantas rasteiras. Estas também costumam ter folhas grandes, captando a pouca quantidade de luz que chega mais perto do solo. Sobre as árvores há grande número de cipós e epífitas, como orquídeas e bromélias.

Esse bioma está ameaçado pelo desmatamento e substituição por pastos e plantações, o que contribui para as alterações climáticas. Isso acontece porque a retirada da vegetação nativa reduz o volume de água disponível para as chuvas. A preservação das florestas é fundamental para o equilíbrio ecológico do planeta.

BIOLOGIA E AMBIENTE

O solo em florestas tropicais

O solo de muitas florestas tropicais é formado por uma massa de areia e argila, pobre em nutrientes minerais. Sobre ele, há apenas uma fina camada de húmus ou humo (*humus* = terra ou solo), uma terra escura fértil originada da decomposição de restos de plantas e animais. Então, como se explica a riqueza vegetal dessas florestas? No solo, à sombra das árvores e dispondo de muito calor e umidade o ano todo, as bactérias e os fungos se reproduzem rapidamente, o que otimiza a decomposição da matéria orgânica, formando os nutrientes minerais necessários às plantas.

Com o desmatamento da floresta, deixam de existir restos de vegetais e animais a serem decompostos. Além disso, os microrganismos decompositores são destruídos pelas queimadas ou perdem sua sombra protetora, que era formada pela copa das árvores. Sem reposição do húmus, o solo se esgota rapidamente.

A cobertura vegetal diminui a erosão do solo, provocada pela água, pelo vento e por outros fatores. A folhagem das plantas não deixa a chuva cair diretamente no solo, e as raízes ajudam a reter as partículas do solo. Por isso, quando as plantas são retiradas, a erosão acelera-se. Além disso, a chuva leva os sais minerais para o fundo do solo (lixiviação), em locais inacessíveis às plantas, e a terra levada pela erosão pode acumular-se no fundo dos rios (assoreamento), aumentando a ocorrência de inundações.

CAMPOS

Os **campos** geralmente localizam-se entre o deserto e a floresta em regiões tropicais e temperadas que recebem uma quantidade de chuvas intermediária. Isso dificulta o desenvolvimento de árvores de grande porte e facilita o surgimento de plantas pequenas, como as gramíneas. Nos campos das regiões tropicais – como a **savana**, na África (**figura 50.7A**) e na Austrália, e o **Cerrado**, na região Centro-Oeste brasileira –, além das gramíneas, há arbustos e árvores esparsas. Os campos das regiões temperadas – formados por vastas extensões de capim – recebem diferentes nomes: **estepes**, na Ásia e Europa; **pradarias**, na América do Norte (**figura 50.7B**); **Pampas**, no sul da América do Sul.

B

Steve Boice/Shutterstock

A

Alexey Goosev/Shutterstock

Figura 50.7 A: zebras (*Equus* sp., 2,5 m a 3 m de comprimento, fora a cauda) em savana africana (Reserva Nacional do Masai Mara, Quênia); **B**: bisão (*Bison bison,* 2 m a 3,5 m de comprimento, fora a cauda) numa pradaria estadunidense.

Nos campos, muitos animais herbívoros alimentam-se da vegetação rasteira. Nas savanas da África, por exemplo, há antílopes, girafas, zebras, gnus, rinocerontes, além de carnívoros como leões, guepardos, chacais e hienas (reveja a **figura 50.7A**).

A ocupação dos campos para a criação de gado e para a agricultura vem provocando a extinção de vários animais. Além disso, as frequentes queimadas e o pastoreio excessivo aceleram a erosão e o esgotamento do solo.

DESERTOS

Em geral, os **desertos** estão situados em torno de 30° de latitude, ao norte e ao sul da linha do equador, onde as correntes de ar que chegam à superfície terrestre são muito secas. Existem desertos em regiões da África, da Ásia, dos Estados Unidos, da América do Sul, do México e da Austrália. As chuvas são raras e o solo é árido.

Nos desertos quentes, o dia tem temperatura acima de 40 °C, podendo chegar a 54 °C. À noite a temperatura é muito fria, pois, com a falta de vapor de água, o calor escapa rapidamente do solo. Nos desertos frios, que ficam em latitudes altas, a variação diária de temperatura é menor.

Como há pouca disponibilidade de água, a vegetação é escassa e esparsa. As poucas plantas que existem estão adaptadas ao clima seco, como as plantas denominadas **xerófilas**, ou **xerófitas**, ou **xeromorfas** (*xerós* = seco; *philein* = amigo; *phyton* = planta; *morpho* = forma). Essas plantas apresentam características que contribuem para diminuir a perda de água por transpiração: epiderme com cutícula espessa, rica em ceras impermeabilizantes ou em tricomas (estruturas semelhantes a pelos) que retêm a umidade do ar; estômatos pequenos localizados no interior de cavidades da folha (criptas); raízes muito desenvolvidas, que aproveitam bem a água das eventuais chuvas; tecidos especiais que armazenam água (parênquimas aquíferos). Em alguns casos, como nos cactos, as folhas são modificadas em espinhos, reduzindo a superfície relativa da planta e, portanto, a perda de água por evaporação (**figura 50.8A**).

A fauna dos desertos, em geral, não tem grande número de espécies em comparação às florestas tropicais. Além de roedores (como o rato-canguru), há répteis (serpentes e lagartos; **figura 50.8B**), insetos (besouros, grilos), aracnídeos (escorpiões) e aves (corujas), entre outros animais.

Prisma by Dukas Presseagentur GmbH/Alamy/Fotoarena

B

A

Steve Allen/Shutterstock

Figura 50.8 A: cactos (o tamanho pode variar de 1 m a vários metros de altura) no deserto de Atacama, no Chile, um dos lugares mais secos do mundo; **B**: lagarto (*Liolaemus fabiani*; cerca de 6 cm de comprimento) que vive nas planícies de sal do Atacama.

2. BIOMAS BRASILEIROS

Com 8,5 milhões de quilômetros quadrados de território e grande variedade de domínios morfoclimáticos, o Brasil apresenta extraordinária diversidade de ecossistemas e abriga cerca de 20% de todas as espécies animais e vegetais do mundo. No entanto, todos os biomas sofreram com a ocupação humana ao longo do tempo e boa parte da vegetação original já foi destruída (**figura 50.9**).

ACESSE E SAIBA MAIS

Biomas do Brasil

<www.mma.gov.br/biomas>

Acesso em: 1º ago. 2018.

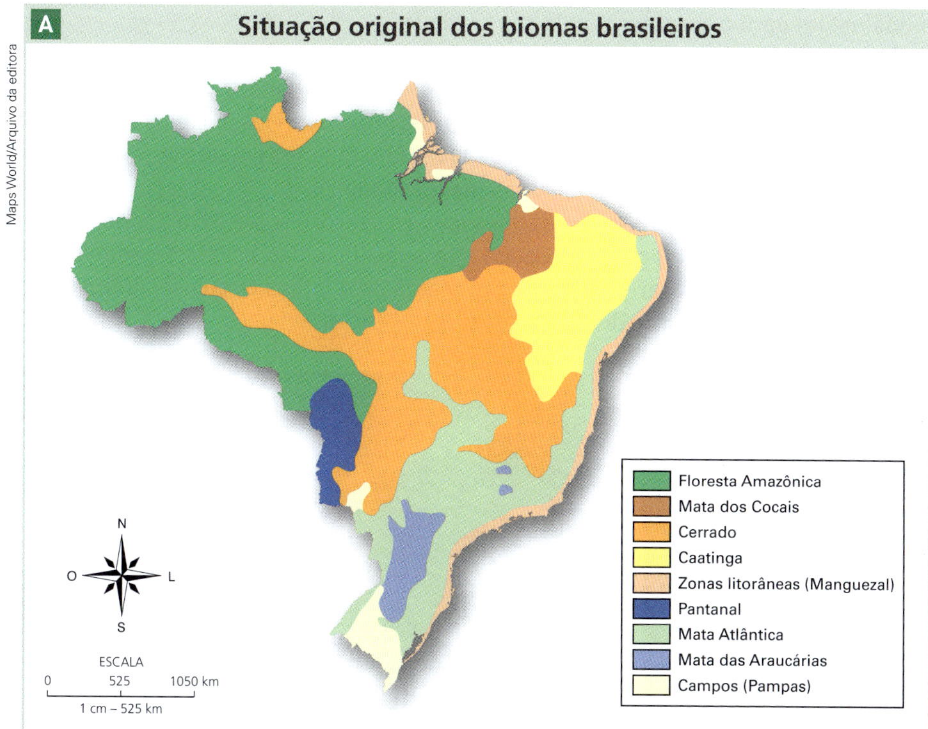

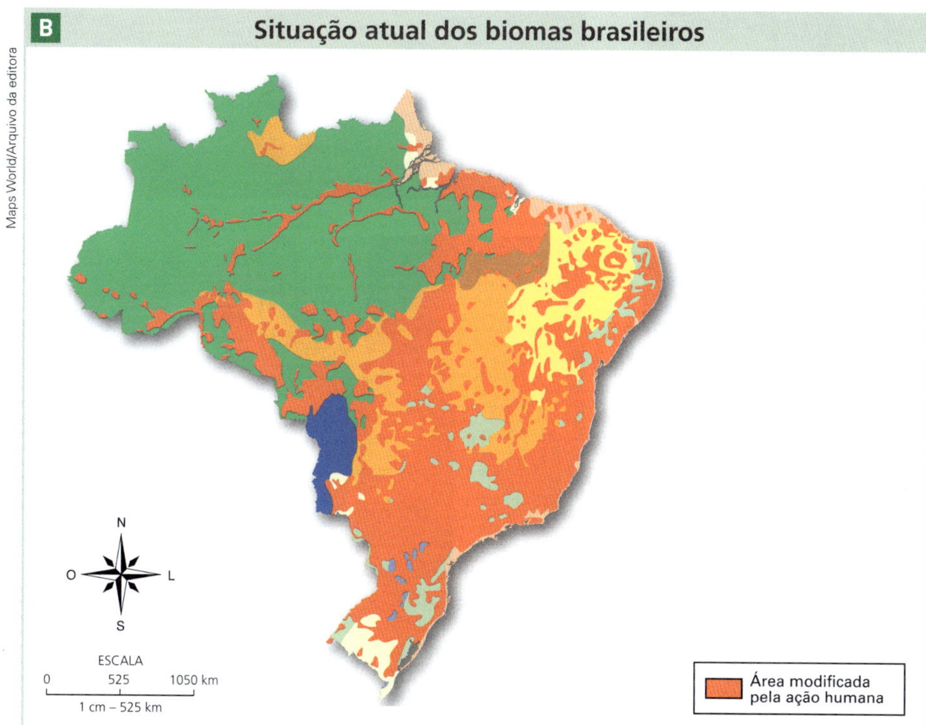

Fonte: ALMANAQUE Abril. São Paulo: Abril, 2009.

Figura 50.9 **A**: mapa da situação original dos biomas brasileiros; **B**: mapa que mostra as áreas modificadas pela ação humana.

FLORESTA AMAZÔNICA

A **Floresta Amazônica** (**figura 50.10A**) cobre a maior parte do território da região ao norte da América do Sul e é a maior floresta tropical pluvial do mundo. Apresenta clima quente e bastante úmido, com chuvas abundantes. Além do Brasil, essa floresta ocupa áreas do Peru, Colômbia, Bolívia, Equador, Suriname, Venezuela, Guiana e Guiana Francesa.

Como nas demais florestas tropicais, a rápida reciclagem da matéria orgânica é fundamental para a manutenção da comunidade.

Em linhas gerais, ela se divide em terra firme e alagada: as matas de terra firme localizam-se em regiões mais altas, onde não ocorrem inundações (**figura 50.10B**); as matas de igapó situam-se em terrenos baixos, próximo a rios, e, por isso, permanecem quase sempre inundadas (**figura 50.10C**). Há também as matas de várzea, que são apenas temporariamente inundadas (**figura 50.10D**).

Na mata de terra firme há árvores altas como o cedro, o açaizeiro e o jatobá, além de outras plantas, como o guaranazeiro. Na superfície das áreas tomadas pelas águas, é comum encontrar a vitória-régia, planta com folhas circulares flutuantes, que podem chegar a 2 m de diâmetro.

Figura 50.10 Vegetação da Floresta Amazônica: **A**: a copa das árvores dificulta a passagem da luz; **B**: mata de terra firme (Estação Científica Ferreira Penna, Melgaço, Pará); **C**: mata de igapó e vitórias-régias (*Victoria amazonica*) no rio Croa, AC; **D**: mata de várzea (Pará).

Entre os mamíferos, são comuns os primatas (guariba, barrigudo e outros), os carnívoros (onça-pintada, cachorro-vinagre, quati, furão, jaguatirica, suçuarana e ariranha), tamanduás (que se alimentam de cupins), preguiças (que comem brotos de embaúba), esquilos, veados (galheiro, mateiro e catingueiro), porcos-do-mato (queixada e caititu) e mamíferos aquáticos (como o peixe-boi). Há grande variedade de aves, como mutuns, tucanos, araras, papagaios, jacus e pássaros. Entre os répteis, há lagartos, jacarés, tartarugas e serpentes (como sucuri, jiboia, surucucu e jararaca). Existe também uma variada diversidade de anfíbios, peixes (pirarucu, tucunaré, pacu, tambaqui) e uma infinidade de invertebrados. Veja alguns exemplos da fauna amazônica na **figura 50.11**.

ACESSE E SAIBA MAIS

Macacos da Amazônia
<www.mamiraua.org.br/pt-br/comunicacao/noticias/2018/5/7/macacos-da-amazonia-conheca-algumas-especies-que-voce-so-encontra-aqui/>
Acesso em: 1º ago. 2018.

Fabio Colombini/Acervo do fotógrafo

Fabio Colombini/Acervo do fotógrafo

Stephen/Shutterstock

Figura 50.11 **A**: papa-cacau (*Amazona festiva*; até 35 cm de comprimento) comendo bacuri (cerca de 10 cm de diâmetro), uma fruta da região Norte; **B**: ariranha (*Pteronura brasiliensis*; até 1,5 m de comprimento, fora a cauda); **C**: uacari-vermelho (*Cacajao rubicundus*; 40 cm a 45 cm de comprimento, fora a cauda). Na Amazônia, encontra-se a maior variedade de espécies de aves, primatas, roedores, sapos, insetos, lagartos e peixes de água doce do mundo.

A região da Amazônia vem sendo destruída pelo desmatamento, que substitui a floresta pela agropecuária e o extrativismo de madeira e minérios. A caça predatória e a contaminação dos rios por mercúrio dos garimpos também contribuem para a degradação do bioma. A destruição das florestas tropicais coloca em risco ainda a sobrevivência de diversas comunidades que vivem na região, como as indígenas, que possuem direito sobre o território.

Um dos mecanismos para combinar benefícios econômicos e sociais com a preservação da floresta é a **certificação florestal**, que informa aos consumidores que o produto (madeira, papel, etc.) foi obtido de uma floresta manejada de forma ecologicamente adequada e não de exploração ilegal das florestas nativas. É necessário que haja conscientização do consumidor para que ele colabore com o processo de proteção ambiental. Além disso, fiscalizar e coibir o corte ilegal é incentivar o uso sustentável da floresta.

ACESSE E SAIBA MAIS

Conselho de Manejo Florestal (FSC Brasil)
<https://br.fsc.org/pt-br>
Acesso em: 1º ago. 2018.

Para preservar a Amazônia, várias medidas políticas e sociais devem ser tomadas. Entre elas: a geração de empregos formais para os que ainda vivem do desmatamento ilegal; o investimento em saúde e educação; a regularização e fiscalização das propriedades rurais; o aumento do número de guardas florestais; a ampliação do reflorestamento e estímulo financeiro para a preservação da floresta.

MATA ATLÂNTICA

> **ACESSE E SAIBA MAIS**
>
> **História da Mata Atlântica**
> <www.petropolis.rj.gov.br/sma/index.php/mata-atlantica/historia-da-mata-atlantica.html>
>
> **Aves da Mata Atlântica**
> <www.wwf.org.br/natureza_brasileira/areas_prioritarias/mata_atlantica/aves_do_brasil/>
> Acesso em: 1º ago. 2018.

A **Mata Atlântica** é uma floresta tropical, de clima quente e úmido, que atualmente se estende em fragmentos esparsos ao longo do litoral brasileiro.

Entre as árvores nativas, há o jequitibá-rosa, a quaresmeira, o ipê, a embaúba, a palmeira-juçara (da qual é extraído o palmito), a canela, o jacarandá, o cedro e a peroba. No interior da floresta, há grande variedade de trepadeiras, mata-paus e pteridófitas (**figura 50.12A**).

Nesse bioma, vivem diversos mamíferos: marsupiais (como o gambá e a cuíca-d'água), primatas (como o muriqui, o mico-leão, o sagui-preto e o macaco-prego), guaxinins (mão-pelada), quatis, onças-pintadas, gatos-do-mato, cachorros-vinagre, suçuaranas, ouriços-cacheiros (**figura 50.12B**), porcos-do-mato, tatus, pacas, antas e preguiças. Entre as aves, estão: macuco, inhambu, patos selvagens, gaviões, mutum, araponga, muitas espécies de beija-flor e saíra-sete-cores (**figura 50.12C**). Entre os anfíbios, podemos citar o sapo-pingo-de-ouro (**figura 50.12D**). Muitas das espécies da Mata Atlântica estão ameaçadas de extinção.

Atualmente, cerca de dois terços da população brasileira vivem em áreas originalmente ocupadas pela Mata Atlântica. Levando-se em conta os fragmentos de mata com no mínimo 3 hectares (30 mil metros quadrados), restam apenas 11,62% da vegetação original.

Junto com o Cerrado, a Mata Atlântica é o ecossistema mais ameaçado do mundo, ao mesmo tempo que é um dos 34 ***hotspots*** ("pontos quentes", em inglês) de biodiversidade, ou seja, regiões de grande biodiversidade e ameaçadas de extinção. Para ser considerado um *hotspot*, um ecossistema deve ter pelo menos 1 500 espécies endêmicas de plantas e ter perdido 70% ou mais de sua área original. Embora correspondam a menos de 3% da superfície do planeta, os *hotspots* abrigam cerca de metade de todas as espécies de plantas e 40% das espécies de vertebrados terrestres.

Fotos: Fabio Colombini/Acervo do fotógrafo

Figura 50.12 **A**: interior da Mata Atlântica (ilha do Cardoso, Cananeia, SP); **B**: ouriço-cacheiro (*Coendou villosus*); atinge, em média, 70 cm de comprimento); **C**: saíra-sete-cores (*Tangara seledon*; cerca de 15 cm de comprimento); **D**: sapo-pingo-de-ouro (*Brachycephalus ephippium*; cerca de 2 cm de comprimento).

CAATINGA

A **Caatinga** ocupa aproximadamente 1 milhão de quilômetros quadrados (pouco mais de 11% do território brasileiro) e se estende pelos estados do Nordeste e pelo norte de Minas Gerais. Trata-se de uma zona quente e seca, de clima semiárido, com baixo índice pluviométrico e períodos de seca prolongados.

Na época da seca, a maioria das árvores perde as folhas, e boa parte dos rios e lagoas secam. O aspecto árido, desbotado e sem folhas verdes deu nome a esse bioma: caatinga é um termo de origem tupi e significa 'mata branca', em referência às plantas sem folhas. Quando as chuvas retornam, as árvores se cobrem de folhas devido às reservas de matéria orgânica armazenadas no caule e nas raízes.

A vegetação está adaptada ao clima seco, com plantas xerófilas. É comum a família das cactáceas, como o mandacaru e o xiquexique. Destacam-se também o umbuzeiro (**figura 50.13A**) e os ipês.

Entre os vertebrados, há várias espécies de anfíbios; répteis como lagartos, serpentes, tartarugas e jabutis; e aves e mamíferos. Alguns exemplos de mamíferos são o sagui-do-nordeste, o macaco-prego, o tatupeba, o preá, o caititu, o veado-catingueiro e o tatu-bola (**figura 50.13C**). Entre as aves, estão o carcará, a gralha-canção, a ema e o periquito-da-caatinga (**figura 50.13B**).

O desmatamento, principalmente para exploração não sustentável de lenha, vem provocando, entre outros problemas, a degradação do solo, com ameaça de **desertificação**. No Brasil, ela ameaça 1 milhão de quilômetros quadrados no Nordeste, onde vivem aproximadamente 15 milhões de pessoas. As práticas agropecuárias inadequadas, o desmatamento e a mineração são suas principais causas. O resultado é que o solo fica sem proteção contra a erosão, perde sua camada fértil e torna-se arenoso e estéril.

Para reverter esse processo, é preciso promover o reflorestamento e a reconstituição da vegetação natural, investir em obras de captação de água e dar assistência técnica aos agricultores – estimulando práticas como o plantio em curvas de nível, a irrigação adequada e o manejo sustentável.

ACESSE E SAIBA MAIS

Agricultura familiar

<www.cerratinga.org.br/populacoes/agricultores-familiares/>

Acesso em: 1º ago. 2018.

B

A

C

Fotos: Fabio Colombini/Acervo do fotógrafo

Figura 50.13 A:umbuzeiro (*Spondias tuberosa*; até 6 m de altura); **B**: periquito-da--caatinga (*Aratinga cactorum*; aproximadamente 15 cm de comprimento); **C**: tatu-bola (*Tolypeutes tricinctus*; cerca de 50 cm de comprimento).

CERRADO

O **Cerrado**, também chamado de **campo cerrado**, é um bioma semelhante à Savana, com gramíneas, árvores e arbustos esparsos. O Cerrado ocupa cerca de 1,3 milhão de quilômetros quadrados do Brasil central, e localiza-se em parte dos estados de Mato Grosso, Mato Grosso do Sul, Maranhão, Minas Gerais, Goiás e Tocantins. Aparece também em São Paulo e no Paraná. Considerando as zonas esparsas no Norte, Nordeste e Sul, a extensão do Cerrado atinge cerca de 2 milhões de quilômetros quadrados, quase 25% do território nacional.

O clima é quente, com verão chuvoso e inverno seco. Na estação seca, a vegetação pode queimar espontaneamente e de forma periódica (o fogo pode ser causado por raios). Algumas plantas dependem do fogo para a reprodução, florescendo apenas após uma queimada. Após as cinzas esfriarem, novas plantas brotam do solo e os animais retornam à área queimada. As árvores permanecem vivas graças às raízes profundas e aos caules subterrâneos ou à presença de uma cutícula espessa, rica em súber (cortiça) no caule, que age como isolante térmico. No entanto, essa situação natural nada tem a ver com as queimadas provocadas pelo ser humano, que são mais intensas e descontroladas, além de mais frequentes, dificultando o crescimento das plantas.

Figura 50.14 A: vegetação do Cerrado com árvores de tronco retorcido e alguns animais encontrados no Cerrado; **B**: veado-campeiro (*Ozotoceros bezoarticus*; 1,1 m a 1,4 m de comprimento); **C**: lobo-guará (*Chrysocyon brachyurus*; cerca de 85 cm de altura).

Fotos: Fabio Colombini/Acervo do fotógrafo

Depois da Amazônia, o Cerrado é a área com maior biodiversidade no país. Estima-se que haja mais de 10 mil espécies de plantas no Cerrado; 44% delas são endêmicas. As árvores, em geral, têm no máximo 5 metros de altura; comumente, os caules são tortuosos e retorcidos, as folhas são coriáceas, e as raízes longas (algumas com 18 metros de comprimento) atingem as reservas de água subterrânea (**figura 50.14A**). Entre as plantas típicas, há o buriti, o pau-santo, o araçá, o pau-terra, a catuaba, o indaiá, o capim-flecha, o capim-barba-de-bode e o cajueiro-do-campo.

Em condições naturais, o solo é muito ácido, com baixo teor de cálcio e magnésio e grande quantidade de alumínio, o que dificulta a absorção de nutrientes pelas raízes. Durante a seca, algumas plantas perdem as folhas; outras perdem também os ramos e fica apenas o caule subterrâneo.

Entre os mamíferos, há o tamanduá-bandeira e o tatu-canastra, característicos da América do Sul e ameaçados de extinção. São encontrados ainda o quati, o macaco-prego, o sagui, a capivara (o maior roedor do mundo), o veado-campeiro (**figura 50.14B**) e o lobo-guará (**figura 50.14C**). Entre as aves, há a seriema, a gralha, a asa-branca, o socó, a ema (maior ave das Américas) e o carcará.

Quando tratado com fertilizantes e tendo a acidez corrigida com calcário, o solo do Cerrado é muito usado para a agricultura, principalmente para a produção de cana-de-açúcar, soja e milho; além de seu uso para a criação de gado. Ao longo dos anos, esse tipo de exploração excessiva tem levado ao esgotamento e à erosão do solo do Cerrado, que passou a sofrer risco de desertificação. Para combater sua destruição, é preciso, entre outras medidas, restaurar as áreas degradadas e manter as áreas de reservas naturais, como o Parque Nacional das Emas, em Goiás.

PAMPAS

Os **Pampas**, também chamados de **Campos sulinos**, localizam-se no extremo sul do país, principalmente no Rio Grande do Sul. A vegetação dominante é formada por gramíneas de pequeno porte, com poucos arbustos espalhados (**figura 50.15A**). Há poucas árvores, geralmente encontradas ao longo dos rios e na região litorânea; por isso, os Pampas são chamados também de campos limpos (enquanto o Cerrado é chamado de campo sujo, por apresentar vegetação arbórea e arbustiva).

É possível encontrar tocas cavadas, por exemplo, por tatus e roedores. Entre os mamíferos, há o gato-do-pampa, o zorrilho e o guaxinim (**figura 50.15B**). Entre as aves, encontram-se o marreco, o tachã e o quero-quero.

A região é utilizada na produção de trigo, arroz, milho e soja, além da pecuária. Essas atividades vêm provocando a erosão do solo.

Fotos: Fabio Colombini/Acervo do fotógrafo

Figura 50.15 A: aspecto de Pampa (Área de Proteção Ambiental do Ibirapuitã, em Santana do Livramento, RS); **B**: guaxinim (*Procyon cancrivorus*; 45 cm a 70 cm de comprimento).

PANTANAL

O **Pantanal** situa-se nos estados de Mato Grosso e Mato Grosso do Sul, estendendo-se até a Bolívia e o Paraguai. O verão é quente e úmido, e o inverno, seco. É a maior planície inundável do mundo: cerca de dois terços do Pantanal (100 000 km^2) ficam alagados na época das chuvas abundantes em razão das enchentes dos rios (**figura 50.16**). O solo recebe fertilizantes naturais vindos da água dos rios das regiões mais altas.

Nos meses restantes, permanecem na região várias lagoas que se formaram com as enchentes.

No Pantanal, há uma mistura de campos, florestas tropicais, cerrado e vegetação típica de áreas alagadas.

Figura 50.16 Aspectos do Pantanal: **A**: campo alagado e mata; **B**: brejo com palmeiras ao fundo.

Fotos: Fabio Colombini/Acervo do fotógrafo

A diversidade de aves é grande: garças, socós, colhereiros, tucanos, cabeças-secas, gaivotas, araras, patos, gaviões-reais, araras, papagaios, periquitos, mutuns, emas, seriemas, martins-pescadores e tuiuiús (símbolo do Pantanal). Entre os répteis, há o jacaré-do-pantanal, a sucuri e o sinimbu (um lagarto). Entre as mais de duzentas espécies de peixes, destacam-se o pintado, o dourado, o jaú, o pacu, o surubim, a traíra, o lambari e a piranha. Veja exemplos da fauna na **figura 50.17**.

A pecuária e as práticas agrícolas sem controle têm provocado a erosão do solo e o assoreamento de alguns rios, enquanto o garimpo de ouro vem poluindo alguns rios com mercúrio. A destruição da fauna pela caça clandestina e pela pesca sem controle é um dos maiores problemas da região.

Fotos: Fabio Colombini/Acervo do fotógrafo

Figura 50.17 Alguns representantes da fauna do Pantanal: **A**: tuiuiú (*Jabiru mycteria*; chega a 1,6 m de altura); **B**: filhotes de jacaré-do-pantanal (*Caiman crocodylus yacare*; 2,5 m a 3 m de comprimento); **C**: cervo-do-pantanal (*Blastocerus dichotomus*; 1,8 m a 1,9 m de comprimento, fora a cauda).

MATA DAS ARAUCÁRIAS

A **Mata das Araucárias** é um tipo de floresta de clima subtropical, que existe nos estados do Paraná, Santa Catarina e Rio Grande do Sul e também em regiões elevadas das serras do Mar e da Mantiqueira, ocupando cerca de 15% do território brasileiro.

A espécie vegetal predominante é o pinheiro-do-paraná, cujo nome científico, *Araucaria angustifolia*, deu origem ao nome desse bioma (**figura 50.18A**). Também há canela, imbuia, erva-mate, cedro, angico, gameleira, podocarpo e samambaiaçu.

Entre os animais, há várias espécies de insetos, de aves (como o sabiá e a gralha-azul; **figura 50.18B**) e de mamíferos (como o tatu), muitas das quais se alimentam do pinhão (a semente do pinheiro).

Aproximadamente, 98% da Mata das Araucárias foi devastada para a retirada de madeira e o cultivo de eucaliptos e pinheiros diferentes do pinheiro-do-paraná. Restam apenas, em média, 2% da vegetação original, principalmente em Unidades de Conservação.

Figura 50.18 **A**: aspecto da Mata das Araucárias (Parque Estadual de Campos do Jordão, São Paulo); **B**: gralha-azul (*Cyanocorax caeruleus*; cerca de 40 cm de comprimento).

Fotos: Fabio Colombini/Acervo do fotógrafo

MATA DOS COCAIS

Localizada nos estados do Maranhão, Piauí, Ceará e Rio Grande do Norte, em uma área de transição entre a Floresta Amazônica e a Caatinga, a **Mata dos Cocais** é formada por vários tipos de palmeira (**figura 50.19**): babaçu, carnaúba, oiticica e buriti. Das sementes do babaçu, extraem-se óleo – usado na culinária e na indústria –, fibras e outros produtos. Da carnaúba, são extraídas ceras utilizadas em produtos de polir e encerar; suas folhas também são usadas para tecelagem; e os troncos, na construção de moradias.

A Mata dos Cocais tem sido muito desmatada para a implantação de monoculturas, o que afeta o ambiente e as pessoas que dependem da comercialização sustentável dos produtos do babaçu e da carnaúba.

Fotos: Fabio Colombini/Acervo do fotógrafo

Figura 50.19 Mata dos Cocais (Açu, Rio Grande do Norte).

MANGUEZAL

O **Manguezal** situa-se em vários pontos da costa brasileira e é característico das regiões onde o mar se encontra com a água doce dos rios. Essa mistura de águas provoca um depósito de partículas orgânicas trazidas pela água doce e a formação de uma região alagada de fundo lodoso, salobro e mal arejado, condições que limitam bastante a variedade da vegetação (**figura 50.20**).

Figura 50.20 **A**: esquema de área de manguezal (os elementos não estão na mesma escala; cores fantasia); **B**: área de manguezal na ilha do Cardoso, litoral sul de São Paulo, em que aparece o mangue-vermelho (*Rhizophora mangle*; até 35 m de altura); **C**: gênero *Avicennia* (cerca de 10 cm de comprimento).

Banco de imagens/Arquivo da editora

ACESSE E SAIBA MAIS

A vida na lama
<http://revistapesquisa.fapesp.br/2007/04/01/a-vida-na-lama/>

Manguezal
<http://ecologia.ib.usp.br/portal/index.php?option=com_content&view=article&id=70&Itemid=409>
Acesso em: 1º ago. 2018.

As raízes-escoras (na realidade, a estrutura interna do tecido é de caule, não de raiz), encontradas na *Rhizophora mangle*, são exemplo de adaptações características das plantas dos manguezais. Elas partem de diversas alturas do caule, ramificam-se no solo lodoso e ajudam na sustentação da planta. Outra adaptação, encontrada em plantas do gênero *Avicennia*, são os pneumatóforos, ramificações verticais das raízes que afloram do solo e facilitam a absorção do oxigênio do ar por meio de poros, os pneumatódios (reveja a **figura 50.20**).

Nos manguezais, vivem moluscos, vermes poliquetos, crustáceos (camarões, caranguejo chama-maré, guaiamuns), peixes, aves (gaivotas, garças, socós, maçaricos, urubus, gaviões, flamingos), jacarés e mamíferos, como o guaxinim.

Alguns animais, como certos caranguejos e ostras, vivem permanentemente no manguezal. A maioria, entretanto, passa apenas uma fase da vida no manguezal, que funciona como um grande viveiro: há várias larvas de invertebrados marinhos e é onde muitos peixes se reproduzem e se desenvolvem. Os manguezais amortecem o impacto das marés e retêm sedimentos trazidos pelos rios, evitando o assoreamento das praias.

Devido à valorização das regiões onde em geral estão localizados, infelizmente, boa parte dos manguezais já foi degradada. Eles são geralmente aterrados e usados para a especulação imobiliária. Quando casas e prédios são construídos e ocupados, o mar acaba poluído pelo esgoto doméstico produzido. As áreas de manguezal que ainda permanecem sofrem com impactos como o lançamento de produtos químicos por indústrias do litoral, derramamento de petróleo, pesca sem controle e exploração de madeira.

Além do manguezal, encontramos nas zonas litorâneas a **restinga**, uma região arenosa com ervas, arbustos e árvores (**figura 50.21**).

Fabio Colombini/Acervo do fotógrafo

Figura 50.21 Vegetação de restinga na ilha do Cardoso, no estado de São Paulo.

3. ECOSSISTEMAS AQUÁTICOS

Os ecossistemas aquáticos compreendem os rios e riachos, os lagos e as lagoas, os estuários, os recifes de corais, a zona litorânea, a zona oceânica e a zona abissal, entre outros.

Entre os fatores que influenciam os tipos de vida encontrados nesses ecossistemas estão a profundidade, a salinidade (concentração de sais minerais dissolvidos na água), a luminosidade, a pressão, a temperatura e o conteúdo de oxigênio dissolvido na água.

Cobrindo aproximadamente 71% do globo terrestre, os oceanos e os mares formam o **talassociclo** (*thalassos* = mar), o maior biociclo. Na água, as condições climáticas estão menos sujeitas a mudanças, o que contribui para a distribuição mais uniforme dos constituintes químicos.

A **zona eufótica** ou **fótica** (*eu* = bem; *fotos* = luz) é uma região bem iluminada, que vai até cerca de 200 m de profundidade. Ela é rica em seres autotróficos (algas) que realizam fotossíntese. Consequentemente, é rica também em consumidores. Já na **zona afótica** (*a* = sem), que fica abaixo da zona fótica, a intensidade de luz é insuficiente para a realização da fotossíntese e não são encontradas algas. Os seres heterotróficos dessa região dependem da matéria orgânica vinda da zona eufótica, ou originada de organismos autotróficos não fotossintetizantes.

Em algumas regiões costeiras, existem correntes marítimas, chamadas **correntes de ressurgência**, que levam os sais minerais do fundo para a superfície iluminada. Esse fenômeno aumenta o número de produtores e, em consequência, de consumidores, o que torna a região rica em peixes, por exemplo. Veja também na **figura 50.22** como os organismos aquáticos podem ser divididos de acordo com a capacidade de deslocamento.

Outras regiões de grande produtividade são os recifes de corais, que se desenvolvem em águas quentes (acima de 20 °C) e pouco profundas das regiões tropicais e subtropicais.

Rios, córregos, lagos, lagoas, pântanos e brejos formam o **limnociclo** (*limnos* = de água doce) ou **biociclo das águas doces**. Como veremos no capítulo 51, a contaminação da água doce é um dos mais intensos problemas ecológicos causados pelo ser humano. Os rios estão sendo poluídos por lixo industrial, esgotos, agrotóxicos e resíduos de mineração, condenando à morte diversos seres e comprometendo a qualidade da água para o uso humano.

ACESSE E SAIBA MAIS

Como a vida começa no mar
<https://ed.ted.com/lessons/how-life-begins-in-the-deep-ocean>

Os peixes vão acabar?
<https://ed.ted.com/lessons/will-the-ocean-ever-run-out-of-fish-ayana-elizabeth-johnson-and-jennifer-jacquet>
Acesso em: 1 ago. 2018.

BIOLOGIA E AMBIENTE

Populações marinhas em perigo

Estima-se que, em média, um terço das espécies marinhas encontra-se ameaçada de extinção, principalmente em razão da pesca industrial, que utiliza grandes navios pesqueiros capazes de localizar os cardumes por satélite ou sonar e de fazer a captura com imensas redes de arrasto.

Essas redes, puxadas junto ao fundo do mar, acabam arrastando indiscriminadamente outros organismos como moluscos, tartarugas, crustáceos e peixes pequenos demais para o comércio, que, em sua maioria, morrem esmagados na própria rede ou no convés dos barcos, muito antes de serem devolvidos ao mar.

Apesar da imensa área marítima, os seres aquáticos estão concentrados em um número relativamente pequeno de "oásis": os recifes de corais, as zonas próximas ao litoral e as zonas de ressurgência. A pesca também se concentra nessas regiões, o que aumenta o risco de extinção das espécies. Alguns cientistas sugerem que a indústria de pesca diminui em 50% o número de peixes capturados por ano.

Além de aumentar o número de áreas protegidas, estão sendo estudados mecanismos legais para regular a exploração em águas internacionais. Apesar dos problemas a curto prazo, essa medida garantiria o futuro das reservas de peixes.

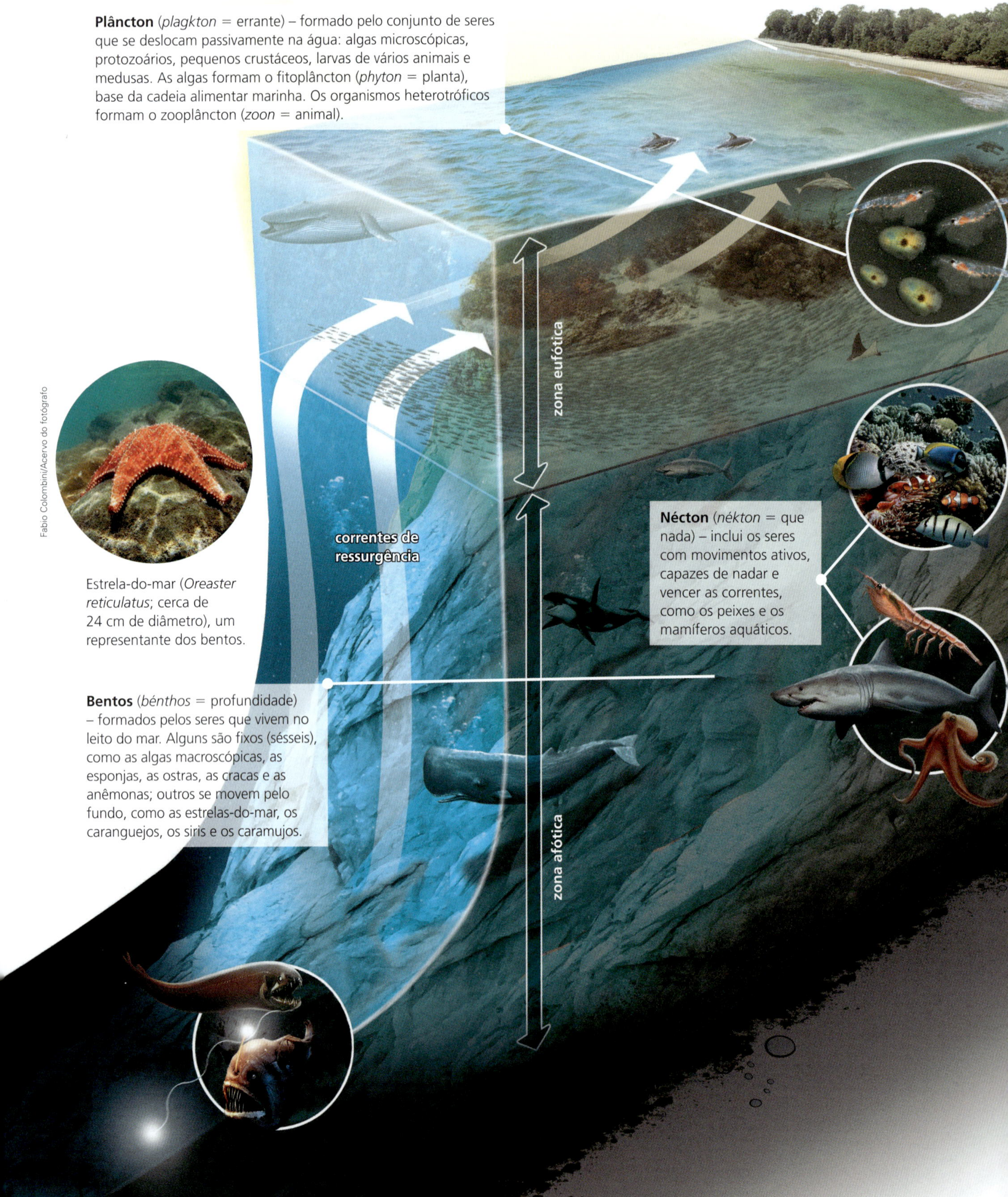

Figura 50.22 Correntes de ressurgência levam a água do fundo, rica em sais minerais, para a superfície. Observe no esquema alguns organismos que formam o plâncton, o nécton e os bentos (os elementos não estão na mesma escala; cores fantasia).

ATIVIDADES

Questões discursivas

1. Critique a seguinte afirmativa: "Os manguezais são regiões pantanosas, com mau cheiro e sem importância ecológica ou econômica. Por isso, devem ser aterrados e usados para a instalação de moradias ou de fábricas".

2. (Unicamp-SP) Mapas de vegetação, como o apresentado a seguir, fornecem a distribuição supostamente original das formações vegetais brasileiras. Identifique, através dos números, as regiões de Mata Atlântica, Cerrado e Caatinga, mencionando um aspecto da vegetação que caracteriza cada uma dessas formações.

Reprodução/Unicamp-SP.

3. (UFF-RJ) Na Música Popular Brasileira (MPB), podem ser encontrados alguns temas de Biologia, os quais não estão devidamente conceituados como, por exemplo, no fragmento da música "Spiro Gyro" de Jorge Ben Jor, transcrito a seguir:

   "Spiro Giro é Spyro Gyro"

   "É um bichinho bonito e verdinho que dá na água

   É um bichinho bonito e verdinho que dá na água

   Você sabe o que é um Plâncton

   Plâncton é uma alga

   De água doce ou de água salgada

   Mas Spiro Giro é doce, doce, doce, doce, doce

   De água doce...

   Mas Spiro Giro é doce, doce, doce, doce, doce

   De água doce..."

   O fragmento dessa música conceitua o plâncton como sendo uma comunidade formada apenas por algas de água doce ou de água salgada.

   a) Conceitue plâncton corretamente.

   b) Todos os tipos de algas são planctônicos? Explique.

   c) Cite outros dois exemplos de seres planctônicos.

4. (Unicamp-SP) Em florestas temperadas de coníferas, a serrapilheira (detritos vegetais particulados no chão) constitui 20% do total da biomassa vegetal, enquanto nas florestas tropicais úmidas constitui somente 1 a 2%. Há poucos nutrientes no solo das florestas tropicais úmidas em comparação com as florestas temperadas. Diz-se, frequentemente, que as queimadas e o desmatamento nas florestas tropicais úmidas levarão ao empobrecimento total do solo fazendo com que, em pouco tempo, as áreas assim desmatadas não sirvam nem para pastagem.

   a) Como se explica o fato de haver poucos nutrientes no solo das florestas tropicais úmidas em contraste com a exuberância dessas florestas?

   b) Explique por que o desmatamento e as queimadas poderão provocar o empobrecimento total do solo dessas áreas.

5. (UFTM-MG) Os manguezais são ecossistemas que se desenvolvem na transição entre o mar e a terra. Muitas plantas que vivem nessas regiões apresentam adaptações que plantas de outras regiões não possuem. A imagem a seguir ilustra uma dessas adaptações, os pneumatóforos saindo do solo.

Chad Zuber/Shutterstock

   a) Relacione a presença dessas estruturas vegetais com a característica do ambiente em que elas vivem.

   b) Explique, de acordo com a teoria sintética da evolução, como podem ter surgido plantas com pneumatóforos nos manguezais.

6. (Unifesp) Aparecera como um bicho, entocara-se como um bicho, mas criara raízes, estava plantado. Olhou as quipás, os mandacarus e os xiquexiques. Era mais forte que tudo isso, era como as catingueiras e as baraúnas. Ele, sinhá Vitória, os dois filhos e a cachorra Baleia estavam agarrados à terra.

   (Graciliano Ramos. *Vidas Secas*, 1996.)

O trecho menciona algumas árvores da Caatinga (catingueiras e baraúnas), local em que muitas plantas, durante longos períodos de seca, permanecem sem as folhas, que são os principais órgãos fotossintetizantes dos vegetais. No entanto, imediatamente após a primeira chuva, essas árvores rapidamente se cobrem de ramos e folhas verdes.

a) Considerando que tais plantas permanecem longos períodos sem folhas, de onde provém a energia necessária para a produção rápida de biomassa das folhas novas?

b) É válida a afirmação de que, com relação à pluviosidade, a Caatinga e o Cerrado apresentam os mesmos regimes de seca e de chuva ao longo do ano? Justifique.

Questões objetivas

1. (Enem-MEC) Sabe-se que uma área de quatro hectares de floresta na região tropical pode conter cerca de 375 espécies de plantas, enquanto uma área florestal do mesmo tamanho em região temperada pode apresentar entre 10 e 15 espécies. O notável padrão de diversidade das florestas tropicais se deve a vários fatores, entre os quais é possível citar:

a) altitudes elevadas e solos profundos.
b) a ainda pequena intervenção do ser humano.
c) sua transformação em áreas de preservação.
d) maior insolação e umidade e menor variação climática.
e) alternância de períodos de chuvas com secas prolongadas.

2. (Vunesp-SP) Assinale a alternativa que representa, em ordem crescente, os ecossistemas com maior diversidade de vida:

a) floresta tropical pluvial, tundra, taiga, floresta temperada caducifólia.
b) tundra, taiga, floresta tropical pluvial, floresta temperada caducifólia.
c) taiga, tundra, floresta tropical pluvial, floresta temperada caducifólia.
d) taiga, floresta temperada caducifólia, tundra, floresta tropical pluvial.
e) tundra, taiga, floresta temperada caducifólia, floresta tropical pluvial.

3. (UnB-DF) Das associações abaixo, todas mantêm o relacionamento correto de um bioma com o seu respectivo tipo de vegetação, exceto:

a) savana – araucárias.
b) deserto – xerófitas.
c) tundra – musgos, liquens.
d) taiga – coníferas.

4. (Enem-MEC) O gráfico abaixo representa o fluxo (quantidade de água em movimento) de um rio em três regiões distintas, após certo tempo de chuva.

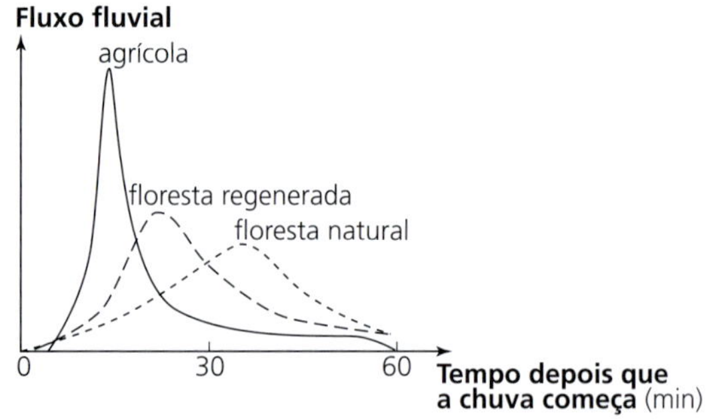

Comparando nas três regiões a interceptação da água da chuva pela cobertura vegetal, é correto afirmar que tal interceptação:

a) é maior no ambiente natural preservado.
b) independe da densidade e do tipo de vegetação.
c) é menor nas regiões de florestas.
d) aumenta quando aumenta o grau de intervenção humana.
e) diminui à medida que aumenta a densidade da vegetação.

5. (Enem-MEC) A análise de esporos de samambaias e de pólen fossilizados contidos em sedimentos pode fornecer pistas sobre as formações vegetais de outras épocas. No esquema a seguir, que ilustra a análise de uma amostra de camadas contínuas de sedimentos, as camadas mais antigas encontram-se mais distantes da superfície.

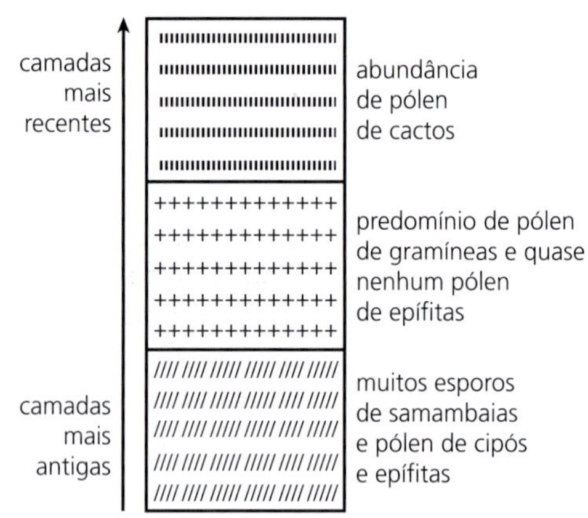

Essa análise permite supor que o local em que foi colhida a amostra deve ter sido ocupado, sucessivamente, por:

a) floresta úmida, campos cerrados e caatinga.
b) floresta úmida, floresta temperada e campos cerrados.
c) campos cerrados, caatinga e floresta úmida.
d) caatinga, floresta úmida e campos cerrados.
e) campos cerrados, caatinga e floresta temperada.

6. (Enem-MEC)

Apesar da riqueza das florestas tropicais, elas estão geralmente baseadas em solos inférteis e improdutivos. Grande parte dos nutrientes é armazenada nas folhas que caem sobre o solo, não no solo propriamente dito. Quando esse ambiente é intensamente modificado pelo ser humano, a vegetação desaparece, o ciclo dos nutrientes é alterado e a terra se torna rapidamente infértil.

(Walter H. Corson, *Manual global de Ecologia*, 1993.)

No texto anterior, pode parecer uma contradição a existência de florestas tropicais exuberantes sobre solos pobres. No entanto, esse fato é explicado pela:

a) profundidade do solo, pois, embora pobre, sua espessura garante a disponibilidade de nutrientes para a sustentação dos vegetais da região.

b) boa iluminação das regiões tropicais, uma vez que a duração regular do dia e da noite garante os ciclos dos nutrientes nas folhas dos vegetais da região.

c) existência de grande diversidade animal, com número expressivo de populações que, com seus dejetos, fertilizam o solo.

d) capacidade de produção abundante de oxigênio pelas plantas das florestas tropicais, consideradas os "pulmões" do mundo.

e) rápida reciclagem dos nutrientes, potencializada pelo calor e pela umidade das florestas tropicais, o que favorece a vida dos decompositores.

7. (Uece) A variedade de biomas existentes no Brasil reflete a riqueza de espécies vegetais e animais e, por este motivo, o nosso país é o principal dentre os chamados países megadiversos. Muitas das espécies encontradas aqui são endêmicas e muitas plantas, economicamente importantes, são brasileiras. Com relação à biodiversidade, coloque **V**, para as afirmações verdadeiras, e **F**, para as falsas.

( ) Atualmente, em virtude da conscientização ecológica, a diversidade biológica se constitui como base das atividades agrícolas no Brasil.

( ) Quanto maior o número de espécies menor a estabilidade dos ecossistemas devido às tensões resultantes da competição nesses ambientes.

( ) A diversidade biológica é mais elevada em áreas quentes e úmidas como acontece em regiões tropicais.

( ) Apesar de ser tipicamente brasileira, a Caatinga é um ecossistema pobre em diversidade e, por isso, um dos menos degradados do país.

( ) A introdução de espécies exóticas em um ambiente pode levar à extinção de outras espécies que nele ocorrem naturalmente.

Assinale a alternativa que contém a sequência correta, de cima pra baixo.

a) V, V, F, F, V

b) F, F, V, F, V

c) V, V, V, F, F

d) F, F, F, V, V

8. (Uerj) Em certos trechos de litoral, como na região do Cabo Frio, Rio de Janeiro, correntes marinhas profundas afloram à superfície. Esse fenômeno, denominado ressurgência, é consequência da disposição peculiar da região costeira e da direção dos ventos e correntes predominantes, proporcionando, nas proximidades da costa, uma maior produção de matéria orgânica por organismos autotróficos. Em relação às águas superficiais, as águas de correntes marinhas profundas apresentam a seguinte característica associada à elevação da produção primária da região de ressurgência:

a) baixa salinidade.

b) temperatura mais alta.

c) baixa taxa de iluminação.

d) maior teor de sais minerais.

9. (Enem-MEC)

Na região semiárida do Nordeste brasileiro, mesmo nos anos mais secos, chove pelo menos 200 milímetros por ano. Durante a seca, muitas pessoas, em geral as mães de família, têm de caminhar várias horas em busca de água, utilizando açudes compartilhados com animais e frequentemente contaminados. Sem tratamento, essa água é fonte de diarreias, parasitas intestinais, e uma das responsáveis pela elevada mortalidade infantil da região. Os açudes secam com frequência, tornando necessário o abastecimento das populações por carros-pipa, uma alternativa cara e que não traz solução definitiva ao abastecimento de água.

OSAVA, M. Chuva de beber: cisternas para 50 mil famílias. *Revista Eco21*, n. 96, nov. 2004 (adaptado).

Considerando o texto, a proposta mais eficaz para reduzir os impactos da falta de água na região seria

a) subsidiar a venda de água mineral nos estabelecimentos comerciais.

b) distribuir gratuitamente remédios contra parasitas e outras moléstias intestinais.

c) desenvolver carros-pipa maiores e mais econômicos, de forma a baratear o custo da água transportada.

d) captar água de chuva em cisternas, permitindo seu adequado tratamento e armazenamento para consumo.

e) promover a migração das famílias mais necessitadas para as regiões Sudeste e Sul, onde as chuvas são abundantes.

10. (Uece) Os organismos aquáticos que fazem parte dos ecossistemas marinhos e de água doce são classificados em três grupos de acordo com a sua capacidade de deslocamento. Considerando essa classificação, analise as colunas a seguir e numere a Coluna II (definição) de acordo com a classificação contida na Coluna I.

Coluna I CLASSIFICAÇÃO	Coluna II DEFINIÇÃO
1. Plâncton	( ) Conjunto de seres que têm um deslocamento passivo pela água, ou seja, são arrastados pelas correntes marinhas ou mesmo pelas ondas.
2. Nécton	( ) Organismos que vivem no fundo do mar e que podem ser sésseis (esponjas, algas macroscópicas, cracas, ostras, anêmona) ou locomoverem-se no substrato (siris, caranguejos, caramujos e estrelas-do-mar).
3. Bentos	( ) Seres dotados de movimento ativo e que são capazes de nadar e vencer as correntes. Os melhores exemplos são os peixes e os mamíferos aquáticos.

A sequência correta, de cima para baixo, é:

a) 2 - 3 - 1.
b) 1 - 2 - 3.
c) 1 - 3 - 2.
d) 2 - 1 - 3.

11. (UEPG-PR) Sobre biosfera, identifique e some o que for correto.

(01) Biosfera é o nome que se dá a todo globo terrestre, único planeta conhecido que apresenta condições favoráveis ao surgimento e à manutenção da vida.

(02) A biosfera é uma camada de pequena espessura, em relação ao tamanho do globo terrestre, constituída de mares, rios, lagos, solo (até poucos metros de profundidade) e atmosfera (a uma altitude de poucos quilômetros), ou seja, ela compreende apenas as partes do planeta que contêm vida.

(04) A biosfera é dividida em biomas, que são grandes ecossistemas com características bióticas e abióticas particulares.

(08) Um bioma pode se apresentar em mais de uma região do planeta, como exemplos: a floresta tropical, o deserto e a floresta de coníferas.

12. (UFRGS-RS) Plantas de deserto nem sempre apresentam adaptações estruturais para a retenção de água.

Considere as afirmações a seguir sobre as estratégias adaptativas dessas plantas.

I. Suas sementes apresentam longos períodos de dormência.
II. Elas germinam e crescem lentamente, após breve período de umidade no solo.
III. Elas cumprem seu ciclo de vida completo – de semente a semente – em um período de vários anos.

Quais estão corretas?

a) Apenas I.
b) Apenas II.
c) Apenas III.
d) Apenas I e II.
e) I, II e III.

13. (Fuvest-SP) Qual das alternativas indica corretamente o tipo de bioma que prevalece nas regiões assinaladas?

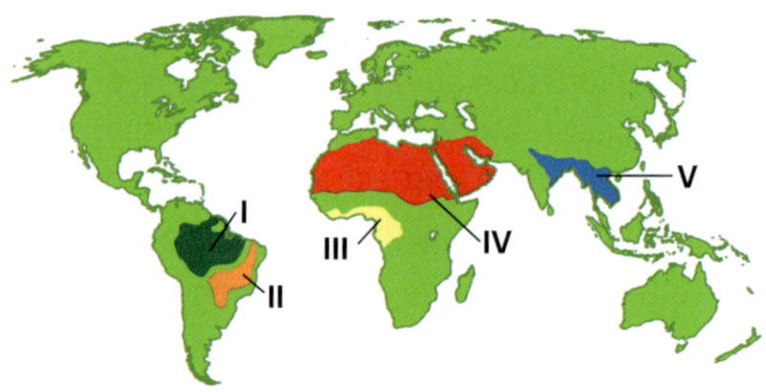

Reprodução/Fuvest, 2005.

a) Floresta tropical em I, III e IV.
b) Floresta tropical em I, III e V.
c) Savana em I, III e IV.
d) Savana em II, III e IV.
e) Savana em II, IV e V.

PESQUISEM E COMPARTILHEM

1. Formem grupos de até quatro alunos e escolham um dos biomas brasileiros estudados neste capítulo. Pesquisem as mudanças que vêm ocorrendo nesse bioma e como elas estão afetando animais (inclusive o ser humano) e plantas. Pesquisem e sugiram também medidas que devem ser tomadas para resolver os problemas ambientais e preservar o bioma escolhido. Se possível, peçam auxílio para os professores de Geografia e História. Finalmente, apresentem o resultado do trabalho para a classe e a comunidade escolar.

2. Verifiquem se, em sua região, existe alguma universidade, centro de pesquisa ou outra instituição que desenvolva trabalhos nas áreas de ecologia e conservação ambiental, e se é possível agendar uma visita ao local. Aproveitem a oportunidade para entrevistar pessoas que trabalhem no local a respeito do bioma escolhido por vocês.

Felipe Dana/Associated Press/ Glow Images

Resíduos flutuando em canal que deságua na baía de Guanabara, RJ.

CAPÍTULO

51

POLUIÇÃO

O desenvolvimento tecnológico e a urbanização trouxeram melhorias na qualidade de vida de muitas pessoas, como transporte eficiente, utensílios domésticos práticos e saneamento básico. No entanto, o crescimento descontrolado das cidades e da população humana sem preocupação com o meio ambiente trouxe consequências negativas, como a perda da biodiversidade, a destruição do solo e a poluição por materiais sintéticos. Vamos conhecer agora alguns desses prejuízos e pensar em formas de amenizá-los.

- Quais são as principais fontes de poluição do ar?
- Para onde vai o lixo que produzimos? E o esgoto que sai de nossas casas?
- Quais as consequências da poluição para a saúde dos seres vivos e para o ambiente? O que pode ser feito para diminuir esse problema?

1. POLUIÇÃO DO AR

Uma das principais causas da poluição do ar é a queima de combustíveis fósseis em fábricas e veículos motorizados, que lança uma série de produtos tóxicos no ar, além do dióxido de carbono, principal gás causador do aquecimento global.

Um desses produtos tóxicos é o **monóxido de carbono** (**CO**), gás formado quando a combustão é incompleta, encontrado também na fumaça do cigarro. O CO combina-se com a hemoglobina quando inalado, reduzindo o transporte de oxigênio pelas hemácias e dificultando a oxigenação dos tecidos. Em altas concentrações, o CO pode fazer uma pessoa perder a consciência e morrer asfixiada.

Gases com nitrogênio e enxofre, como o dióxido de nitrogênio (NO_2) e o dióxido de enxofre (SO_2), irritam os olhos e prejudicam as vias respiratórias e os pulmões. Esses gases, quando se combinam com o vapor de água, geram ácidos, como o nítrico (HNO_3) e o sulfúrico (H_2SO_4), provocando a formação de **chuva ácida**. A água da chuva sem esses poluentes já é ligeiramente ácida por causa do ácido carbônico, mas a chuva ácida tem o pH menor que 5,6 e por isso altera a composição da água e do solo, prejudicando plantações, florestas e a vida aquática, além de degradar prédios e monumentos (**figura 51.1**).

Os hidrocarbonetos são compostos de carbono e hidrogênio. Alguns, como o benzopireno, são mutagênicos e cancerígenos.

Há ainda os poluentes de material particulado, que ficam em suspensão na atmosfera na forma de poeira, fuligem, etc. Esse tipo de material pode irritar os olhos e causar ou agravar doenças respiratórias.

Os efeitos da poluição do ar podem ser agravados por um fenômeno conhecido como **inversão térmica**. Em situação normal, a temperatura do ar diminui com o aumento da altitude, uma vez que as camadas inferiores de ar são aquecidas pelo reflexo dos raios solares no solo. Com o aquecimento, o ar próximo ao solo fica menos denso que o ar mais frio das camadas superiores, o que faz surgir correntes de convecção. A convecção é uma forma de transmissão do calor que ocorre principalmente em líquidos e gases. Dessa forma, a camada de ar quente sobe e a de ar frio desce e substitui o ar que subiu, facilitando a dispersão dos poluentes (**figura 51.2**).

Gilbert S. Grant/Science Source/Fotoarena

Figura 51.1 Árvores mortas pela ação da chuva ácida em região montanhosa dos Estados Unidos.

Figura 51.2 Por causa da inversão térmica, os poluentes ficam junto ao ar frio, próximo do solo (os elementos não estão na mesma escala; cores fantasia).

Entretanto, em certas condições atmosféricas, como após a passagem de uma frente fria, uma camada de ar quente pode ficar sobre uma camada de ar frio próxima ao solo. Em cidades situadas em vales rodeados de montanhas, por exemplo, o ar próximo ao solo pode se tornar mais frio que o das camadas superiores. A inversão térmica ocorre com mais frequência no inverno: como os raios solares são mais fracos nessa estação do ano, eles não aquecem suficientemente o ar próximo ao solo para que se formem as correntes de convecção, dificultando a dispersão do ar frio das camadas em baixa altitude (100 a 300 metros), nas quais os poluentes estão sendo produzidos (reveja a **figura 51.2**). Com isso, a concentração de poluentes nessa região aumenta, agravando problemas respiratórios, entre outros prejuízos à saúde.

Vejamos algumas medidas para evitar ou diminuir a poluição do ar, sobretudo nas grandes cidades (**figura 51.3**).

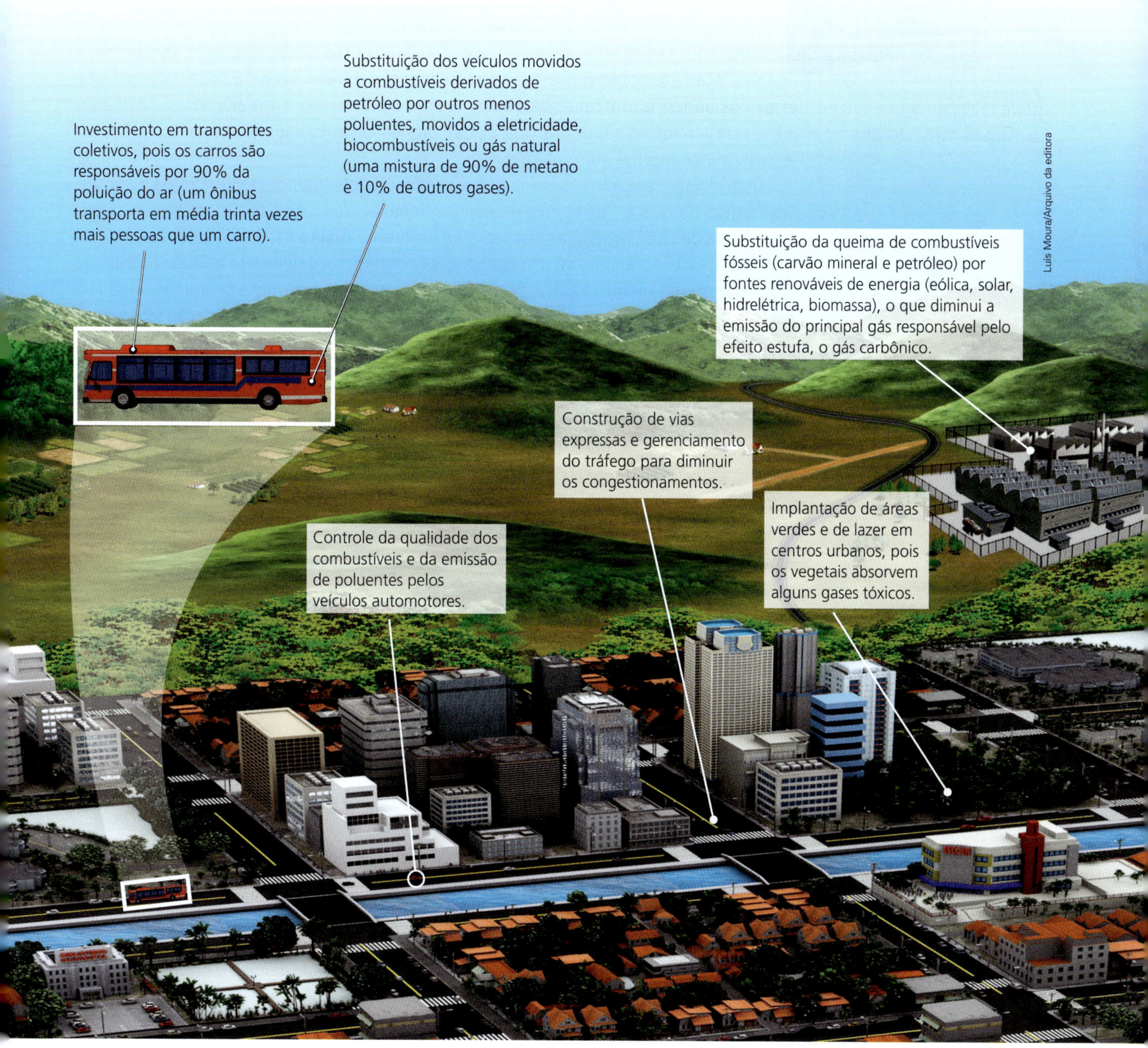

Figura 51.3 A poluição do ar é uma questão de saúde pública e exige atenção e acompanhamento por toda a sociedade. Na ilustração, algumas medidas que podem ser tomadas para a redução desse tipo de poluição nas grandes cidades (os elementos estão fora de escala; cores fantasia).

2. POLUIÇÃO DA ÁGUA

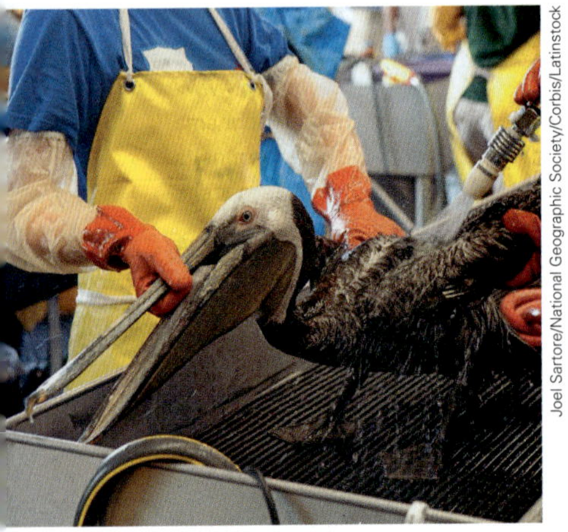

Figura 51.4 Limpeza de ave que foi atingida por derramamento de petróleo.

Um dos problemas mais sérios da poluição da água é o lançamento de substâncias não biodegradáveis, como metais pesados (chumbo, mercúrio, etc.) e poluentes persistentes, como a maioria dos plásticos e alguns agrotóxicos, que tendem a se concentrar ao longo das cadeias alimentares, aumentando a cada nível trófico. O despejo de outros tipos de poluentes também provoca problemas ambientais.

A **poluição por petróleo** pode ocorrer em todas as fases de exploração, refino, transporte e distribuição por navios, nas quais podem acontecer vazamentos e danos diretos ao ecossistema aquático. Veja a **figura 51.4**.

O petróleo liberado na água adere às brânquias dos peixes, impedindo sua respiração; também se prende às penas das aves e aos pelos dos mamíferos, eliminando o colchão de ar retido entre essas estruturas. O resultado é a perda da capacidade de isolamento térmico. Assim, o animal não consegue se proteger do frio e morre por uma queda da temperatura do corpo abaixo do normal (hipotermia).

Além disso, uma parte do petróleo pode espalhar-se pela superfície da água e formar uma fina película que diminui a passagem da luz e impede a troca de gases necessária à fotossíntese e à respiração dos seres aquáticos. Com isso, o plâncton é destruído e muitos animais morrem.

Quando são lançados esgotos domésticos, ou detergentes, fertilizantes e adubos nas águas de rios e mares, o excesso de minerais (nitratos, fosfatos, etc.) provoca uma série de consequências danosas ao ambiente (**figura 51.5**).

Esse processo, pelo qual um ecossistema aquático adquire alta taxa de nutrientes (principalmente fosfato e nitrato) e tem como consequência uma grande redução na taxa de oxigênio dissolvido na água, é chamado **eutrofização** ou **eutroficação** (*eu* = bem; *trophé* = desenvolvimento). Pode ser causado pela atividade humana ou por um processo natural (eutrofização natural), que ocorre lentamente (em geral ao longo de milhares de anos).

Em alguns casos, o excesso de nutrientes ou a variação de luminosidade leva à proliferação apenas de certas espécies de algas capazes de liberar substâncias que se concentram ao longo da cadeia, intoxicando peixes e mamíferos aquáticos. Como vimos no capítulo 19, esse fenômeno é conhecido como maré vermelha.

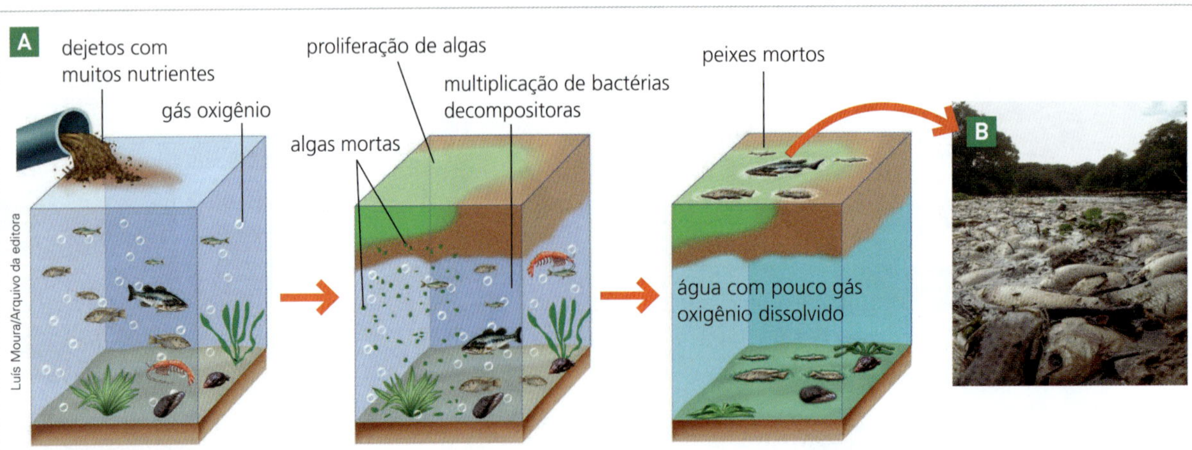

1. O excesso de nutrientes presentes no esgoto causa a proliferação de algas.

2. As algas formam uma camada densa na superfície, diminuindo a luminosidade que chega às algas abaixo da superfície. A morte das algas submersas provoca a multiplicação das bactérias decompositoras, o que aumenta o consumo de oxigênio.

3. Começa a faltar oxigênio na água e os organismos aeróbios morrem, subindo à superfície. Com a falta de oxigênio, a decomposição da matéria orgânica passa a ser anaeróbia, levando à produção de gases tóxicos, como o gás sulfídrico.

Figura 51.5 **A**: esquema simplificado do processo de eutrofização causado por despejo de esgoto não tratado na água (os elementos não estão em escala; cores fantasia). **B**: foto de peixes mortos em consequência da falta de oxigênio na água (Rio dos Sinos, RS, 2006).

A **poluição térmica** ocorre quando a água utilizada na refrigeração de usinas que geram eletricidade é lançada em um ecossistema aquático (**figura 51.6**).

Ainda que, com a evolução dos processos técnicos, seja possível a limpeza dos rios poluídos, esse processo pode ser demorado e caro. Por isso, o melhor é não poluir. Vejamos algumas medidas que podem ser adotadas.

- Construção de mais biodigestores, aparelhos fechados que decompõem a matéria orgânica do esgoto e do lixo, produzindo gás metano (biogás), que pode ser utilizado como combustível. O resíduo sólido pode ser aproveitado como adubo.
- Proibição do lançamento de produtos químicos na água, multando indústrias poluidoras. Metais pesados não devem ser lançados na água, mas armazenados e reaproveitados. É preciso também evitar que baterias com chumbo, mercúrio e cádmio sejam misturadas com o lixo comum. Por lei, os fabricantes têm de implantar um programa de coleta e transporte de pilhas e baterias usadas, e providenciar a armazenagem ou o reaproveitamento dos metais pesados.
- Controle da poluição nos garimpos, com a utilização de tecnologias mais modernas e de aparelhos que reaproveitam o mercúrio.
- Fiscalização da exploração, do transporte e da distribuição de petróleo. Em caso de vazamento, devem-se utilizar técnicas para conter o óleo, removê-lo por meio de barcos com aparelhos de sucção, usar materiais que absorvam o petróleo, etc.
- Melhoria do saneamento básico, aumentando a rede de esgoto.
- Uso correto de fertilizantes e adubos para diminuir a eutrofização da água.
- Desenvolvimento de energias alternativas para diminuir o consumo de petróleo.
- No caso de indústrias que geram eletricidade, dissipar o calor da água a ser descartada em poços artificiais.

Figura 51.6 A água usada no resfriamento das usinas nucleares Angra 1 e Angra 2 é captada na praia (à esquerda) e descartada no local indicado pela flecha. O aquecimento da água pode prejudicar os animais que não suportam grandes variações de temperatura. Além disso, a quantidade de oxigênio dissolvido na água diminui com o aumento de temperatura, o que pode causar a morte dos seres aeróbios.

TRATAMENTO DE ÁGUA

A água de lagos, rios e represas ou de lençóis subterrâneos – os chamados mananciais (**figura 51.7**), cujo entorno, por lei, não pode ser desmatado nem poluído – é levada para estações de tratamento. Depois de percorrer todas as etapas do processo, a água, agora potável, é levada para grandes reservatórios, de onde é distribuída para a população.

Na estação de tratamento (veja a **figura 51.8**), inicialmente, a água é colocada em grandes tanques de cimento, onde recebe determinados produtos químicos, como o sulfato de alumínio. Essas substâncias fazem com que as partículas finas de areia e de argila, presentes na água, se juntem e formem partículas maiores, os flocos. Por isso, essa etapa do tratamento é chamada **floculação**. Nesses tanques, também se adiciona hidróxido de cálcio (cal hidratada), que reduz a acidez da água.

A água é então transferida para tanques de decantação (etapa de **decantação**), nos quais os flocos vão, aos poucos, depositando-se no fundo. Desse modo, as impurezas sólidas maiores são retiradas da água.

Após algumas horas no tanque de decantação, a água passa por um filtro formado por várias camadas de cascalho e areia. No filtro, são retidas as partículas de areia ou de argila que não se depositaram no fundo do tanque anterior. Parte dos microrganismos que existem na água também é eliminada nessa etapa, denominada **filtração**.

Na etapa final do tratamento, a água recebe substâncias que contêm cloro (**processo de cloração**), para eliminar microrganismos que podem causar doenças, e substâncias que contêm flúor (**processo de fluoretação**), para auxiliar o fortalecimento do esmalte dos dentes, evitando doenças bucais como a cárie.

A água é então levada por encanamentos subterrâneos para grandes reservatórios nos pontos mais elevados da cidade, de onde é distribuída para as casas e outros edifícios.

Mauricio Simonetti/Pulsar Imagens

Figura 51.7 Nascente do rio Embu-Guaçu, que abastece o reservatório de Guarapiranga, São Paulo, SP.

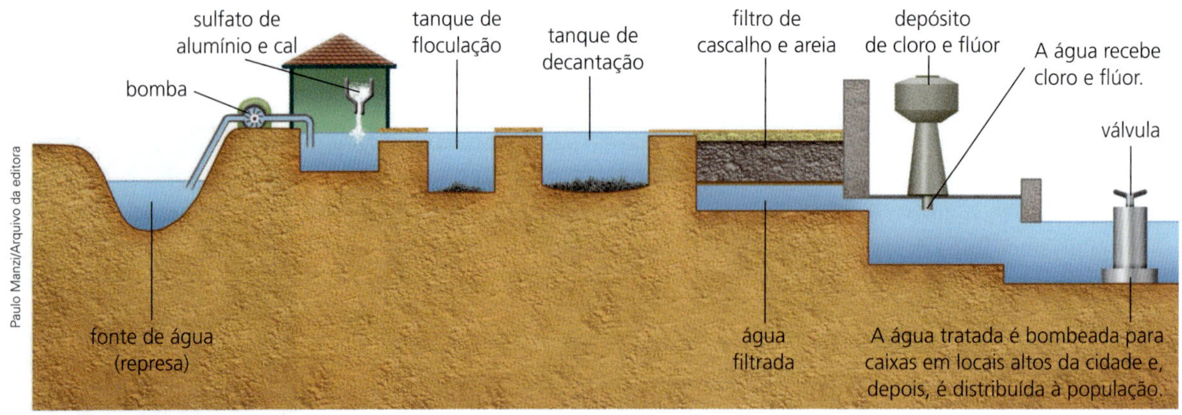

Figura 51.8 Esquema simplificado de uma estação de tratamento de água (os elementos não estão na mesma escala; cores fantasia).

Nos locais em que não há estações de tratamento, a água é obtida diretamente de rios, lagos, nascentes, represas ou poços. O tipo mais comum de poço é o raso, em que a água é encontrada a, no máximo, 20 m de profundidade. O poço deve ser construído longe das fontes de poluição e contaminação – a pelo menos 25 m de distância da fossa séptica (onde as fezes e os resíduos são despejados). Deve ter uma tampa impermeável, colocada cerca de 20 cm acima do solo, e deve ter os primeiros 3 metros abaixo impermeabilizados, para impedir a entrada de águas que escorrem pela superfície do solo. A água que se infiltra no solo a mais de 3 metros de profundidade e que entra no poço não representa problema, pois já sofreu um processo de filtração ao atravessar o solo. De todo modo, a água do poço deve passar por uma análise laboratorial para verificar sua potabilidade, ou seja, se ela é própria ou imprópria para o consumo. Ainda assim, é importante que toda a água a ser consumida seja filtrada.

Em certas situações, além da filtragem, a água para beber ou para lavar alimentos também precisa ser fervida ou tratada com produtos à base de cloro. Esse tratamento é obrigatório quando a água não vem de uma estação de tratamento, não foi analisada por um laboratório ou quando, na região, houver muitos casos de doenças transmitidas por água contaminada.

Figura 51.9 Esgoto sem tratamento despejado no rio Muriaé, no estado de Minas Gerais.

TRATAMENTO DE ESGOTO

Em muitos casos, as águas usadas em residências, indústrias e hospitais, ou as águas servidas, são levadas por uma rede de encanamentos (rede de esgotos) e despejadas diretamente em rios (**figura 51.9**), lagos ou no mar.

Isso, no entanto, nunca deveria acontecer: é muito importante que o esgoto, antes de ser despejado nos corpos de água, seja tratado, para evitar a poluição e a contaminação dos mananciais.

Em uma estação de tratamento de esgoto (**figura 51.10**), o material passa inicialmente por grades de metal, que funcionam como uma peneira, segurando latas, papéis, vidros, plásticos e outros objetos. Esses materiais são levados para os chamados aterros sanitários, onde o lixo é depositado.

Em seguida, o esgoto passa lentamente por reservatórios, no fundo dos quais a terra, a areia e outras partículas grandes se depositam. O material depositado é removido e levado para outros locais, onde é enterrado.

O esgoto mais líquido, que ficou na parte de cima dos reservatórios, ainda contém um material sólido mais fino, com partículas menores, como ovos de parasitas e matéria orgânica, que, por ser mais leve, demora mais tempo para se depositar. Por isso, o esgoto ainda precisa seguir bem lentamente por imensos tanques de decantação. No fundo desses tanques, forma-se, então, um lodo, rico em matéria orgânica.

O lodo do esgoto costuma ser levado para um biodigestor, onde bactérias anaeróbias fazem a decomposição da matéria orgânica e produzem o gás metano.

A parte líquida, que ficou acima do lodo, vai para um novo tanque. Nesse tanque, a matéria orgânica restante dissolvida na água é atacada por bactérias aeróbias, que decompõem a matéria orgânica e produzem gás carbônico, água e minerais. Se não houver oxigênio suficiente para as bactérias aeróbias, haverá decomposição anaeróbia, com a produção de gases tóxicos; por isso, para garantir a oxigenação do material, ele é agitado por meio de grandes hélices.

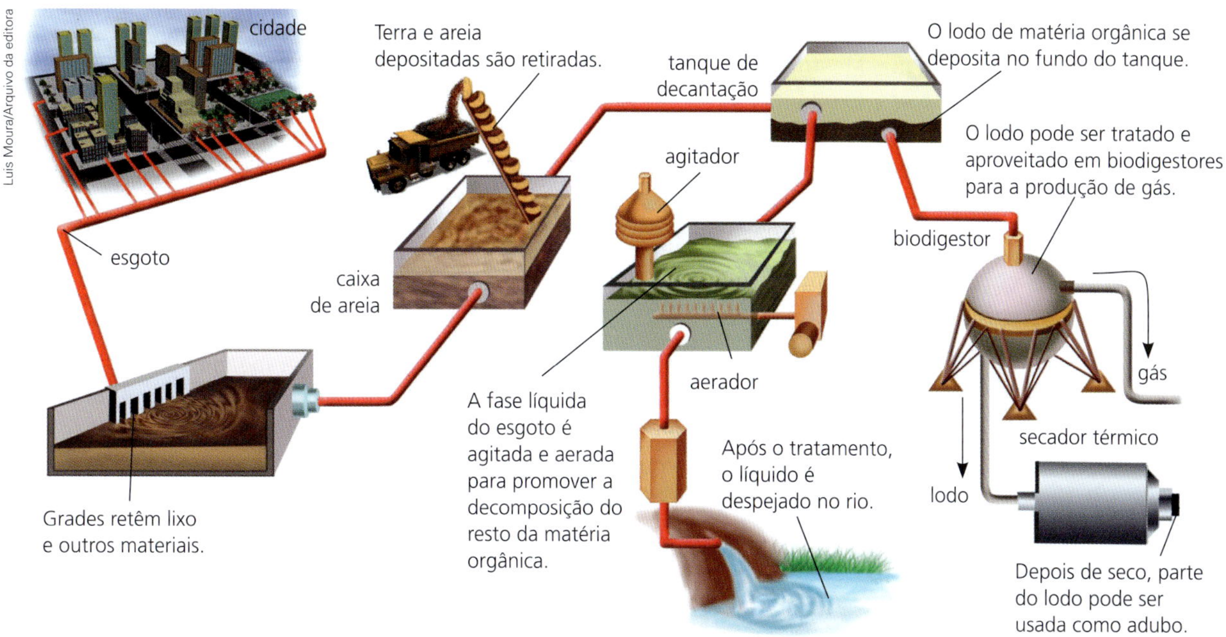

Figura 51.10 Esquema simplificado de uma estação de tratamento de esgoto (os elementos não estão na mesma escala; cores fantasia).

Os esgotos industriais precisam de tratamentos especiais para eliminar as substâncias tóxicas.

Em lugares sem rede de esgotos, é preciso encontrar soluções individuais para o descarte das águas servidas. Uma medida possível é a construção de fossas.

Antes, porém, de construir qualquer sistema para recolher dejetos, é importante procurar a prefeitura para saber qual o melhor tipo para cada situação. Além disso, qualquer vazamento de esgoto deve ser comunicado imediatamente ao serviço de água e esgotos da localidade.

A fossa seca é uma solução sanitária precária, usada em locais que não têm acesso a água encanada. Nessa fossa não são lançadas a água usada para lavar roupas e utensílios ou a água do banho ou de descarga. Vem daí o termo "fossa seca". São simples buracos no chão, de 2 m a 3 m de profundidade e 1 m de diâmetro, onde se podem lançar as fezes e a urina (**figura 51.11**). A fossa seca não deve ser muito funda para não contaminar o lençol de água subterrâneo.

Figura 51.11 Construção de uma fossa seca (os elementos não estão na mesma escala; cores fantasia).

Sobre o buraco, coloca-se um piso de madeira ou de concreto com uma abertura para a passagem das fezes e da urina, e sobre esse piso é colocado um assento com uma tampa. A tampa deve ser mantida fechada para impedir que moscas e outros animais entrem em contato com os resíduos e depois contaminem a água e os alimentos. Como abrigo da fossa, deve-se construir uma pequena casa de madeira ou cimento (reveja a **figura 51.11**).

A fossa deve ficar a pelo menos 25 m de distância do poço, em nível mais baixo que ele, e 1,5 m acima do nível do lençol subterrâneo, para evitar a contaminação da água. Mesmo assim, antes de consumir a água do poço, é preciso filtrá-la e depois clorá-la ou fervê-la.

Dentro da fossa, os resíduos sofrem decomposição pela ação das bactérias. Os líquidos se infiltram na terra e os gases saem pela abertura do assento. Para diminuir o mau cheiro, deve-se jogar periodicamente um pouco de terra misturada com cal sobre os resíduos. Após alguns anos, o buraco deverá ser tapado com terra, e outra fossa deve ser construída.

Uma solução melhor é a fossa séptica, onde se joga toda a água que foi usada na casa. A fossa não deve ser feita em locais em que, ao cavar o buraco, seja encontrada água. O papel usado na limpeza pessoal também deve ser jogado dentro da fossa.

Ela consiste em um tanque subterrâneo de concreto com mais de mil litros de volume. A parte sólida e orgânica do esgoto despejada na fossa vai, aos poucos, se decompondo, com a formação de um material líquido.

Por um cano, esse líquido passa para uma escavação um pouco maior, o sumidouro, que fica em nível mais baixo que o da fossa. O sumidouro tem paredes de concreto, mas o fundo é de terra ou de pedras, para permitir a absorção da parte líquida (**figura 51.12**).

A fossa séptica e o sumidouro devem ficar distantes da fonte de água potável para evitar sua contaminação. A construção, a limpeza periódica (pelo menos uma vez por ano) e a manutenção da fossa séptica devem ser feitas por pessoas especializadas.

Luis Moura/Arquivo da editora

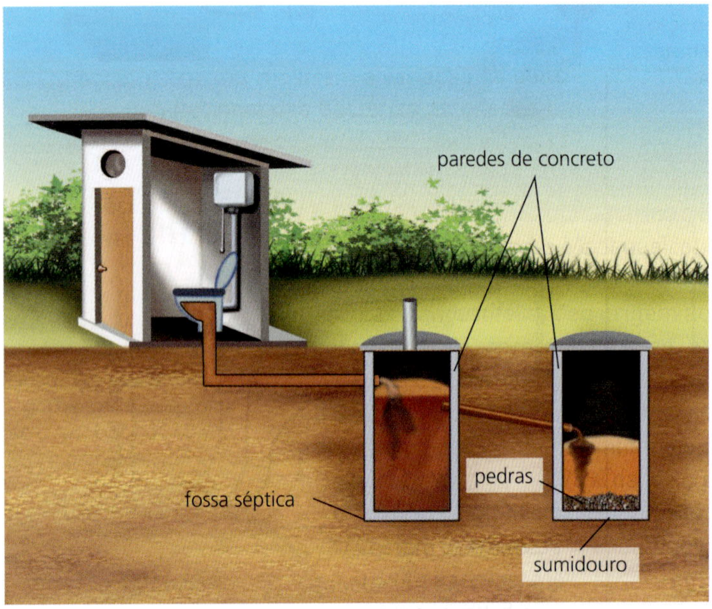

Figura 51.12 Esquema simplificado de uma fossa séptica (os elementos da ilustração não estão na mesma escala; cores fantasia).

3. DESTRUIÇÃO DOS SOLOS

O desgaste do solo ocorre por erosão, fenômeno natural e lento que ocorre quando o impacto das chuvas desagrega as partículas que formam a camada superficial e mais fértil do solo, facilitando seu transporte pela água das chuvas e pelos ventos de regiões mais altas para rios, lagos, oceanos e vales. Esse processo é em geral equilibrado pela desagregação natural das rochas.

Além disso, a cobertura vegetal protege o solo de várias maneiras. A copa das árvores impede que a chuva caia fortemente no solo e retire sua camada superficial; as raízes ajudam a reter as partículas do solo. Essa proteção também é importante para evitar a lixiviação, isto é, impedir que os sais minerais sejam levados pela água das chuvas para as camadas mais profundas do solo, onde as raízes não podem alcançá-los. As árvores impedem ainda a erosão do solo pela ação direta dos ventos (**figura 51.13**).

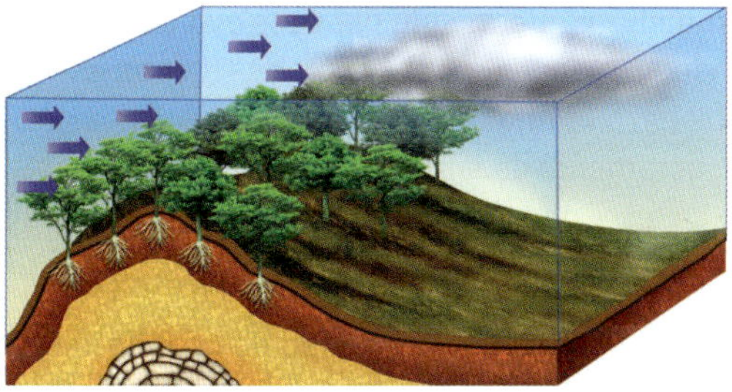

A

A vegetação natural protege o solo contra a ação dos ventos, do sol e das enxurradas.

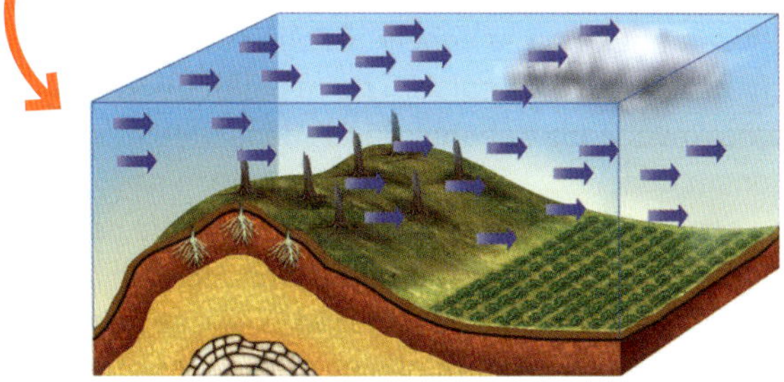

O desmatamento facilita o início da erosão: chuvas e ventos carregam a camada superficial do solo, empobrecendo-o.

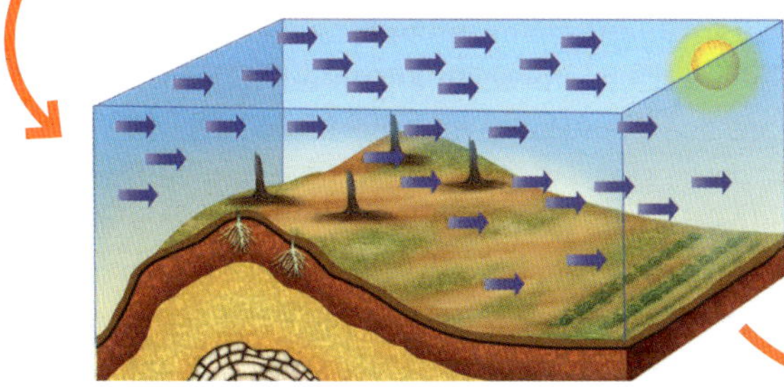

O solo é atingido pelos raios solares. Os ventos e as chuvas intensificam a erosão.

B

R-P/Kino.com.br

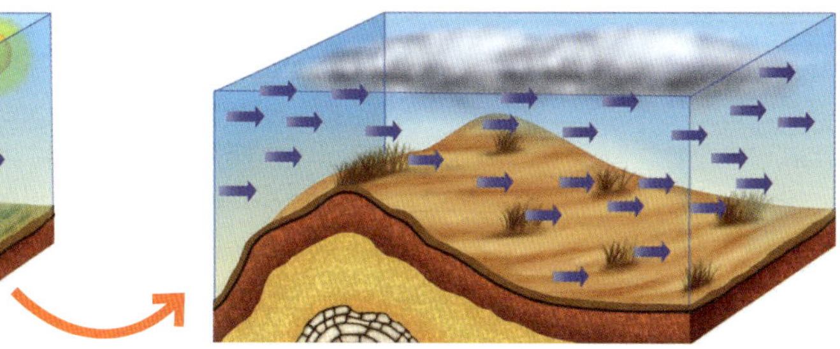

O solo fica parecido com o de um deserto, não oferecendo condições para a agricultura.

Ilustrações: Luis Moura/ Arquivo da editora

Figura 51.13 A: esquema simplificado das etapas do processo de erosão; **B**: foto de exemplo de solo desmatado e erodido pela ação das chuvas (os elementos não estão na mesma escala; cores fantasia).

A destruição progressiva da vegetação nativa pelo ser humano para a agricultura, para a obtenção de madeira e minérios, e para a urbanização diminui a proteção natural do solo contra a erosão, cujo processo é acelerado (**figura 51.13**). Ela pode provocar também o **assoreamento** dos rios, o que facilita transbordamento e inundações.

Quando a mata original é substituída por lavoura, o solo fica exposto boa parte do ano. As plantas cultivadas não fornecem a mesma proteção que a cobertura original: suas raízes são curtas e espaçadas, incapazes de reter bem o solo e de absorver os sais que foram levados para as camadas mais profundas depois do desmatamento.

Outro problema é que a reciclagem de nutrientes fica prejudicada nas plantações, pois o ser humano, ao fazer a colheita, retira os nutrientes do ambiente, impedindo que retornem ao solo.

O desmatamento por queimadas, prática realizada para preparar o terreno para a agricultura ou a pecuária, aumenta o aquecimento global e destrói os microrganismos decompositores responsáveis pela reciclagem dos nutrientes. Assim, a fertilidade inicial resultante dos sais minerais presentes nas cinzas é passageira. Sem a reciclagem e o depósito de folhas e animais mortos, o húmus se esgota em dois ou três anos. É crime ambiental derrubar matas ou promover queimadas em áreas preservadas por lei sem autorização.

Quando intensiva, a criação de gado também pode destruir o solo, visto que cada área só tem condições de manter determinado número de animais herbívoros. A pastagem e o pisoteio excessivos destroem a vegetação de tal forma que ela não consegue mais se regenerar, ocorrendo o esgotamento do solo e a erosão.

Quando prolongado, o mau uso da terra pode provocar em algumas regiões a formação ou a expansão das condições típicas dos desertos, processo chamado **desertificação** (reveja a **figura 51.13**). Com a retirada da vegetação, diminuem a transpiração, a formação de nuvens e a quantidade de chuvas na região, e o clima fica mais seco.

A vegetação nas margens de rios e lagos, chamada **mata ciliar** ou galeria, ajuda a segurar a terra. Se essa vegetação for retirada, a erosão provocará o acúmulo de sedimentos no fundo do rio, que fica mais raso e com menor capacidade de escoamento. Sem a cobertura da vegetação, as encostas dos morros correm risco maior de desmoronar, provocando desabamentos de terra com graves consequências.

Ernesto Reghran/Pulsar Imagens

Figura 51.14 Vista aérea de curvas de nível em propriedade rural em Bela Vista do Paraíso, PR.

Para combater os impactos no solo, ele deve ser cultivado de modo que diminua ao máximo a erosão e o esgotamento dos seus minerais com técnicas como a rotação de culturas, alternando, por exemplo, plantações de cereais e de leguminosas, que repõem no solo o nitrogênio retirado pelos cereais, como vimos no capítulo 47.

Em alguns casos, quando o solo está muito compacto e duro, é preciso arar a terra: ela é revolvida para que o solo fique mais poroso e permita a entrada do ar e da água. No entanto, o uso de trator em solos de países tropicais pode acelerar a erosão, porque nesses solos a camada fértil é pouco profunda. Nesse caso, o solo pode ser preparado com o mínimo de movimentação. Na técnica conhecida como plantio direto, não há aração e a semente é colocada em pequenos sulcos. Além disso, boa parte da superfície do solo deve ficar coberta com palha seca da plantação anterior, o que diminui o impacto da água da chuva no solo.

Nas encostas, onde a erosão é maior, as plantações podem ser feitas em degraus ou terraços, que reduzem a velocidade de escoamento da água e ajudam a retê-la. Em encostas não muito inclinadas, em vez de plantar as espécies no sentido do fluxo da água, deve-se formar fileiras em um mesmo nível do terreno, deixando espaço entre as carreiras. Cada linha onde ficam as plantas é chamada **curva de nível** (**figura 51.14**).

Outra técnica para minimizar a erosão é a cultura em faixas, em que fileiras de plantas que cobrem o solo completamente alternam-se com outras fileiras que deixam o solo mais exposto.

Ao lado de áreas destinadas a culturas, deve ser preservada uma região com vegetação natural, ocupando áreas críticas, como as encostas íngremes e as margens de rios e lagos. Além de evitar a erosão e o assoreamento, a vegetação natural contribui para a preservação das espécies selvagens e desvia a ação das pragas para plantas não produtivas.

DEFENSIVOS AGRÍCOLAS

Em geral, as culturas agrícolas são muito sensíveis ao ataque de pragas, o que é particularmente perigoso nas monoculturas, nas quais insetos e outros organismos parasitas (como fungos) se propagam com muita facilidade por causa da proximidade entre as plantas e da ausência de predadores naturais.

Para proteger as sementes, as plantações e os alimentos estocados contra o ataque de pragas, o ser humano desenvolveu diversos tipos de defensivos agrícolas, também chamados pesticidas ou agrotóxicos.

A degradação de alguns agrotóxicos, como os organoclorados, dos quais o diclorodifeniltricloroetano (DDT) é um exemplo, é lenta e eles tendem a se acumular ao longo das cadeias alimentares, como vimos no capítulo 46. Outro problema é o envenenamento do agricultor por absorção direta, através da pele, dos olhos e das vias respiratórias, caso não se proteja com equipamentos adequados, como máscara, luvas e macacão (**figura 51.15**). Na maioria dos países, incluído o Brasil, o uso do DDT e de outros organoclorados é proibido e utilizam-se outros grupos, como os organofosforados e os carbamatos, cuja degradação é mais rápida (entre uma e doze semanas). Mas esses produtos também podem ser tóxicos para quem os aplica se forem usados sem a devida proteção.

Os agrotóxicos destroem sem distinção vários tipos de insetos, até mesmo aqueles que se alimentam de pragas nocivas, como o louva-a-deus, as vespas e a joaninha. Eles matam também outros insetos como as abelhas e as borboletas, responsáveis pela polinização.

O uso prolongado de agrotóxicos favorece as linhagens que resistem naturalmente a seus efeitos. Com isso, as populações de insetos passam a ser formadas por grande número de indivíduos resistentes.

Os agrotóxicos, por lei, devem ser vendidos apenas mediante receita de um agrônomo e utilizados sob sua supervisão, para que sejam aplicadas doses mínimas do produto e na época adequada, respeitando o prazo da colheita e da comercialização do alimento. Além disso, eles devem ser usados de forma cuidadosa e seletiva mesclados a outras técnicas em um processo chamado **manejo integrado de pragas**. Nessa estratégia, são utilizadas práticas agrícolas, como o plantio direto e a rotação de culturas, barreiras físicas e armadilhas contra insetos, e o **combate** ou **controle biológico**, que consiste em atacar a praga com seus predadores ou parasitas naturais (ou com produtos produzidos pelos parasitas). Por exemplo: contra os pulgões, insetos que atacam o milho e o trigo, soltam-se joaninhas para comê-los (**figura 51.16**). Para destruir lagartas que atacam as folhas, pode-se usar certos besouros predadores. O combate biológico é muito eficiente com parasitas, pois muitos deles são altamente específicos.

Outra forma de combater parasitas consiste em produzir e soltar na natureza machos estéreis de insetos que atacam plantações. As fêmeas que copulam com esses machos depositam ovos não fecundados, que não se transformam em larvas. Uma empresa em Juazeiro (BA), por exemplo, produz machos estéreis da *Ceratitis capitata* (mosca-do-mediterrâneo), espécie que costuma causar prejuízos no cultivo de frutas do Vale do São Francisco.

Também podem ser usados os feromônios, substâncias eliminadas por um organismo que produzem mudanças de comportamento em outros da mesma espécie. Os feromônios podem ser usados para atrair para armadilhas insetos que atacam as plantações ou para atrair os predadores desses insetos. A vantagem é que, ao contrário dos pesticidas, o uso de feromônios não atinge outros animais nem traz risco para a saúde de consumidores e de agricultores.

Ricardo Azoury/Pulsar Imagens

Figura 51.15 Aplicação de agrotóxico. Observe que as pessoas estão devidamente protegidas.

Joseph Calev/Shutterstock

Figura 51.16 Joaninha (cerca de 10 mm de comprimento) alimentando-se de pulgão (cerca de 2 mm de comprimento): predatismo como controle biológico.

Fabio Colombini/Acervo do fotógrafo

Figura 51.17 Lixão em Poconé, MT, em 2013. Animais que se alimentam nesses depósitos de lixo, como urubus, ratos e insetos podem contribuir na proliferação de doenças.

4. RESÍDUOS SÓLIDOS

Uma das maiores agressões ao meio ambiente são os **resíduos sólidos** de áreas urbanas, popularmente chamados **lixo**.

Se não receber tratamento e destino adequados, os resíduos podem poluir e contaminar o solo e os ambientes aquáticos, provocando doenças. Pode também obstruir bueiros e cursos de água, provocando enchentes, entre outros problemas.

Quando acumulado em **lixões** (**figura 51.17**), terrenos onde o lixo fica ao ar livre sem nenhum cuidado, a matéria orgânica em decomposição atrai insetos, ratos, urubus e outros animais que podem se contaminar e transmitir doenças. Além disso, a decomposição da matéria orgânica do lixo produz um caldo malcheiroso, o **chorume**. No chorume podem ser encontrados, ainda, produtos tóxicos, como o chumbo e o mercúrio, que se originam de tintas, pilhas, lâmpadas fluorescentes, etc.

Quando o chorume é carregado pelas chuvas, pode contaminar os rios e a água subterrânea que abastecem os poços domésticos.

TRATAMENTO DO LIXO

Existem formas apropriadas de descartar o lixo, sendo a principal delas a construção de aterros sanitários. Formas alternativas ao descarte do lixo, como a reciclagem, são importantes para reduzir o volume enviado aos aterros.

No **aterro sanitário**, os resíduos sólidos são depositados em trincheiras abertas no solo. Essas valas são forradas com uma manta impermeável que protege o solo contra a contaminação (**figura 51.18**). O aterro também possui sistemas de escoamento do chorume e da água das chuvas, além de uma tubulação para a saída de gases — principalmente do gás metano, que pode servir de fonte de energia.

Um trator espalha e amassa o lixo, compactando-o. Depois, essa camada de lixo é coberta com terra – que também é compactada – ou com manta impermeável. Uma nova camada de resíduos pode então ser depositada sobre a primeira.

Se for bem construído, o aterro sanitário não polui o ambiente e sua camada impermeabilizante protege a água dos rios e o lençol freático. Dentre as desvantagens, ele necessita de áreas muito grandes, é mais caro que o lixão e tem capacidade de utilização limitada em torno de vinte anos.

Figura 51.18 Ilustração de como é formado um aterro sanitário (os elementos não estão na mesma escala; cores fantasia).

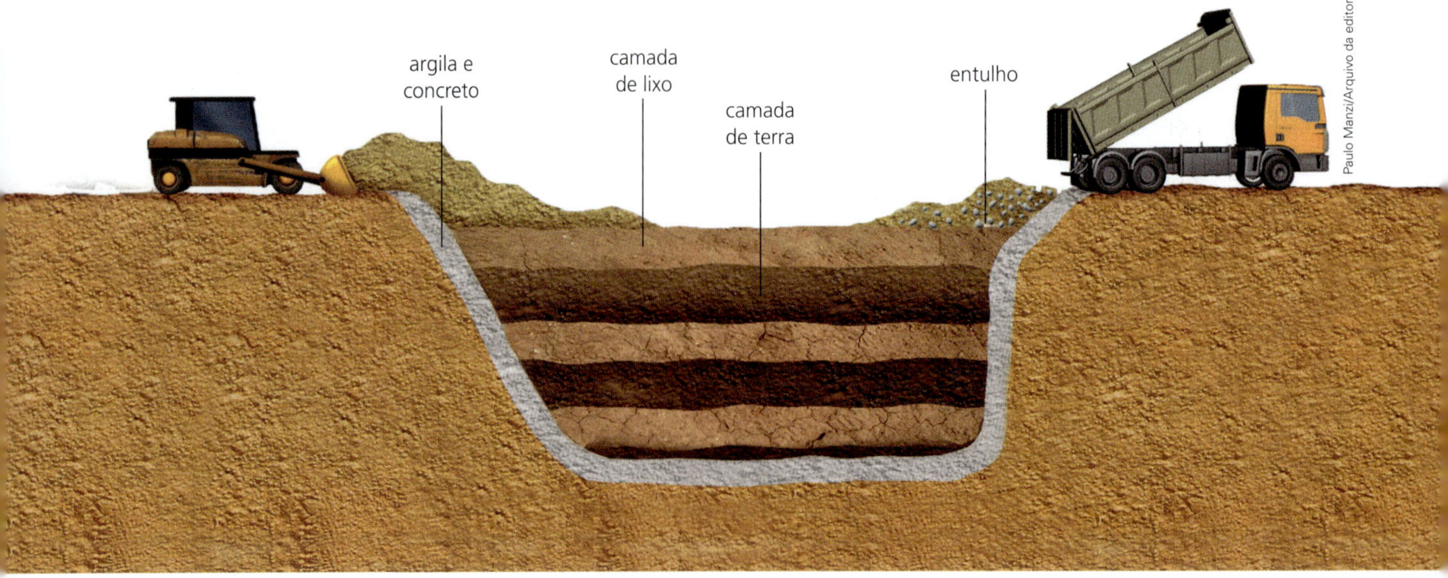

Paulo Manzi/Arquivo da editora

A **incineração** é a queima controlada do lixo em equipamentos especiais (**figura 51.19A**). Apresenta a vantagem de reduzir bastante o volume de resíduos, diminuindo também as áreas necessárias para aterro. Além disso, destrói os organismos que causam doenças.

Certos componentes do lixo, no entanto, produzem gases tóxicos ao serem queimados. Nesses casos, é necessário instalar equipamentos para evitar a poluição do ar, o que encarece o processo.

A **compostagem** é a transformação dos restos orgânicos do lixo em **composto**, matéria orgânica que pode ser utilizada como adubo. O composto resulta da decomposição aeróbia parcial da matéria orgânica em condições controladas em usinas de triagem e compostagem de lixo (**figura 51.19B**). É preciso retirar do lixo o material não orgânico, que não pode ser decomposto. O lixo orgânico é então triturado e levado para equipamentos que aceleram o processo de decomposição e produção do adubo. Porém, é preciso tomar cuidado e verificar se o lixo não está contaminado com produtos tóxicos.

A matéria orgânica também pode ser depositada em biodigestores, onde serão produzidos metano e fertilizantes.

A compostagem diminui o volume de lixo que vai para os aterros sanitários, mas é necessário que haja demanda para o composto, a fim de reduzir os custos do processo.

Reciclagem é o reaproveitamento pela indústria de materiais total ou parcialmente recuperáveis, como plásticos, papéis, metais e vidros. O material orgânico deve ser separado e encaminhado para usinas de compostagem.

O processo de reciclagem do papel gasta menos energia do que a produção de papel com a celulose de árvores. Ao reciclar o papel, evitamos que árvores sejam derrubadas e economizamos energia. Cada tonelada de papel reciclado contribui para preservar cerca de vinte árvores. Ainda assim, é preciso evitar o desperdício, usando papel apenas quando necessário.

A reciclagem de alumínio ocorre no Brasil desde a década de 1920, quando o país importava sucata para produzir os primeiros utensílios feitos com o material. Já na década de 1990, iniciou-se a produção de latas de alumínio no Brasil, intensificando a reciclagem do metal. Em 2014, o Brasil reciclou 540 mil toneladas de alumínio e se manteve no primeiro lugar em reciclagem desse material.

A produção de vidro reciclado economiza 75% de energia em relação à produção de vidro não reciclado, enquanto a produção de metal reciclado economiza 85%.

A reciclagem colabora para evitar a poluição do solo e da água, diminui o volume do lixo que vai para os aterros sanitários e gera postos de trabalho nas usinas de reciclagem, na coleta de materiais, etc.

Até o ano de 2014, 927 municípios brasileiros tinham algum programa de coleta seletiva. Nessas cidades, as pessoas devem separar os diversos tipos de material (papéis, metais, plásticos, vidros, sobras de alimentos) e colocar cada um em coletores específicos. O material a ser reciclado é recolhido e encaminhado para usinas de reciclagem (**figura 51.20**).

Jota Correia/Angular

Roosevelt Cássio/Folhapress

Figura 51.19 A: usina de incineração de lixo em São Vicente, SP; **B:** triagem de resíduos em usina de compostagem na Vila Leopoldina, em São Paulo, SP.

Banco de imagens/Arquivo da editora

Figura 51.20 Símbolos da reciclagem. O número 1 indica que se trata do plástico PET usado em garrafas de refrigerantes. Já o número 3, por exemplo, indicaria policloreto de vinila (PVC), usado em encanamentos, esquadrias, etc.

Andy Shaw/Bloomberg/Getty Images

Figura 51.21 Ao fazer compras, utilize sacolas que não sejam descartáveis ou caixas de papelão para transportar os produtos.

FAÇA A SUA PARTE

Para diminuir os prejuízos ao meio ambiente e, consequentemente, melhorar nossa qualidade de vida, é necessário que se tomem medidas que diminuam o volume de lixo e favoreçam o tratamento adequado dos resíduos. Cabe à sociedade pressionar o governo a criar e fiscalizar medidas voltadas à proteção do meio ambiente e da saúde da população.

Há ainda algumas ações que cada um de nós pode praticar no dia a dia:

- Evite usar sacolas plásticas fornecidas por estabelecimentos para carregar compras. Sempre que possível, utilize sua própria sacola (**figura 51.21**).
- Evite produtos descartáveis. Prefira toalhas de pano a toalhas de papel; ao guardar alimentos, utilize recipientes laváveis em vez de papel-filme ou papel-alumínio. Escolha os produtos com menos embalagens, ou pelo menos com embalagens recicláveis.
- Não jogue lixo na rua. Se estiver na praia, recolha seu lixo em sacos e jogue-o depois em um cesto. O lixo jogado na rua pode ser arrastado para os bueiros. Se ficarem entupidos, os bueiros deixam de escoar a água das chuvas, o que pode causar enchentes.
- Não jogue no lixo roupas, brinquedos antigos, utensílios de casa ou sapatos; em muitos casos, podem ser doados ou restaurados. Há entidades que aceitam doações desse tipo.
- Separe vidros, jornais, revistas e embalagens de papel para vender ou dar a catadores de material reciclável ou encaminhar para a coleta seletiva, se houver em sua cidade.
- Em algumas cidades, há empresas que coletam o óleo vegetal usado na cozinha e o utilizam para produzir sabão ou biodiesel. Pode-se armazenar o óleo em garrafas de plástico e entregar em postos de coleta.
- Participe de ações promovidas por associações de bairro e movimentos ecológicos para pressionar o governo em questões ligadas à proteção do meio ambiente.
- Reduza o consumo, economize energia e poupe recursos.

BIOLOGIA E AMBIENTE

Pilhas e baterias

Pilhas e baterias usadas não podem ser descartadas com os resíduos comuns. Tanto pilhas quanto baterias velhas devem ser entregues aos fabricantes, distribuidores, comerciantes, à rede de assistência técnica ou, ainda, em postos de coleta para serem encaminhadas à reciclagem.

Antes do descarte, devem ficar guardadas em potes com tampa, longe das crianças.

De acordo com a Política Nacional de Resíduos Sólidos, instituída pela lei n. 12305, de agosto de 2010, essa medida vale também para pneus, agrotóxicos e óleos lubrificantes, assim como seus resíduos e embalagens, produtos eletroeletrônicos e seus componentes e lâmpadas fluorescentes, de vapor de sódio e mercúrio e de luz mista.

5. POLUIÇÃO RADIOATIVA

Os testes nucleares e os acidentes nas usinas nucleares são uma fonte extra de radiação lançada no ambiente. Há também o problema do armazenamento dos resíduos radioativos (lixo atômico).

A radiação em um organismo pode danificar as células e afetar seu material genético, destruindo ou alterando seu material químico, originando as mutações. Algumas mutações podem causar câncer ou, se ocorrerem nas células reprodutoras, provocar mudanças que serão transmitidas às gerações seguintes. Doses muito altas de radiação podem matar em poucos dias.

Embora a maior parte dos produtos radioativos de uma usina seja reciclável, alguns são muito perigosos e precisam ser acondicionados em recipientes resistentes e duráveis, como contêineres de cimento ou aço, que são enterrados a grandes profundidades ou estocados em instalações especialmente construídas.

Os defensores da energia nuclear acreditam que vale a pena correr o risco de eventuais acidentes, especialmente no caso de países onde outras fontes energéticas não são suficientes. Eles argumentam ainda que a usina nuclear tem a vantagem de não poluir o ar, como as que queimam carvão e petróleo.

Outras pessoas pensam que os benefícios da energia atômica não compensam os riscos que ela representa (**figura 51.22**). Para elas, as usinas nucleares deveriam existir em número limitado e funcionar apenas para pesquisas, não para gerar energia.

Figura 51.22 Após o acidente na usina nuclear em Fukushima, no Japão (em 2011), uma enorme área ao redor foi evacuada e as plantações e criações de animais tiveram que ser abandonadas.

6. POLUIÇÃO SONORA

Os efeitos da poluição sonora dependem da intensidade do som, do tempo de exposição e da sensibilidade da pessoa, e podem variar de zumbidos e perda passageira da audição até a sua redução irreversível. Além disso, ela também é estressante, pois estimula a produção de adrenalina e de colesterol, favorecendo problemas cardíacos (hipertensão e infarto) e distúrbios emocionais.

A intensidade do som pode ser medida por meio da unidade decibel (dB). Em tom normal, a voz humana produz um som da ordem de 60 dB. O limite de tolerância a ruídos estabelecido pelo Ministério do Trabalho para ambientes industriais é de 85 dB durante oito horas diárias. Para intensidades maiores, o tempo de exposição tem de ser progressivamente reduzido e é necessário que sejam utilizados protetores auriculares. Há leis que limitam o número de horas que determinados profissionais podem trabalhar por dia em função da intensidade sonora a que ficam expostos.

7. DESTRUIÇÃO DA BIODIVERSIDADE

Uma das maiores preocupações ecológicas atuais é a destruição da biodiversidade, isto é, a redução drástica da variedade de seres vivos existentes em determinado lugar ou no planeta como um todo.

Exceto nos períodos de extinção em massa, provocada por grandes mudanças no ambiente – como aconteceu há cerca de 65 milhões de anos, quando os dinossauros e outros organismos desapareceram –, a extinção de espécies é um processo natural e lento. Contudo, alguns cálculos indicam que a taxa atual de extinção é cerca de duzentas vezes mais acelerada que o normal.

Além da destruição de *habitat*, a introdução de espécies invasoras (**figura 51.23**) é uma das causas para o comprometimento da biodiversidade. Espécies invasoras são aquelas que não estavam presentes em um ecossistema e que, por não terem inimigos naturais nas áreas aonde chegam, proliferam e atacam espécies nativas, competindo com elas por recursos naturais (veja, no capítulo 25, o boxe sobre espécies invasoras).

Figura 51.23 Caramujo--gigante-africano (*Achatina fulica*; pode atingir cerca de 15 cm de comprimento).

CONSEQUÊNCIAS E SOLUÇÕES

Na agricultura e na pecuária, o ser humano sempre selecionou e passou a cultivar apenas as espécies mais disponíveis e rentáveis. Essa uniformidade é perigosa, pois a sensibilidade ao ataque de pragas e as mudanças climáticas passam a ser maiores. É importante preservar as espécies selvagens nesse caso porque, quando as espécies cultivadas são cruzadas com elas, suas qualidades genéticas melhoram e passam a ser mais resistentes ou mais produtivas.

Para proteger a biodiversidade, é preciso preservar o ambiente natural das espécies selvagens. Nesse sentido, é fundamental criar e manter unidades de conservação, como parques nacionais e reservas biológicas. Esses locais ficam protegidos do desmatamento e do desenvolvimento de pastos e lavouras.

Há doze tipos de área de preservação previstos na legislação brasileira: cinco de preservação integral, que não podem sofrer nenhum tipo de exploração econômica, e sete de uso sustentável, que comportam exploração econômica, desde que de forma planejada e que preserve os recursos naturais. As áreas de preservação federais chegam a cerca de 10% do território brasileiro. Veja a **figura 51.24**.

É preciso também combater a **biopirataria**, ou seja, o envio ilegal de plantas e animais ao exterior para extração e pesquisa de medicamentos, cosméticos e outros produtos. São necessárias leis que regulem as ações de países desenvolvidos na exploração da biodiversidade de outros países. Além, é claro, de estimular as pesquisas e o desenvolvimento das indústrias de cada país nesse setor.

Andre Dib/Pulsar Imagens

Figura 51.24 Parque Nacional da Chapada dos Veadeiros, área de preservação integral localizada no estado de Goiás.

ATIVIDADES

Questões discursivas

1. Um ecologista afirmou que a morte de peixes em uma lagoa fora causada pelo lançamento de gases poluentes pelas chaminés de uma indústria da região, mas foi contestado pelo dono da indústria, segundo o qual os gases estariam poluindo "apenas" o ar e não poderiam afetar os peixes, que vivem em outro ambiente. Quem você acha que está com a razão? Justifique sua resposta.

2. A expressão "maré negra" é comumente usada para se referir à poluição do mar por petróleo. Quais os efeitos desse tipo de poluição sobre a vida aquática?

3. Um estudante afirmou, equivocadamente, que não há nenhum problema em caçar baleias, mesmo que se provoque a extinção desses animais, porque isso não afetaria o bem-estar da humanidade. Explique por que ele está errado.

4. (Uema)

Os cientistas avaliaram as mudanças climáticas em todo o mundo. No Brasil, o Painel Brasileiro de Mudanças Climáticas produziu o primeiro grande relatório dedicado exclusivamente a nossa realidade. Muitos impactos já são observados e poderão ficar mais intensos nos próximos 50 anos, a exemplo da redução da capacidade hídrica da Amazônia em até 40%, aumento de temperatura em até 6 °C, terras agricultáveis reduzidas e grandes enchentes.

Fonte: SPITZCOVSKY, Débora. O que diz o primeiro relatório sobre mudanças climáticas no Brasil. Disponível em: <www.viajeaqui.abril.com.br>. Acesso em: 20 nov. 2014.

Conhecendo que o solo interage com a atmosfera, com o clima, com as águas superficiais e subterrâneas,

a) indique um impacto humano sobre o solo.

b) explique como minimizar as consequências do referido impacto.

5. (UFMG) Em maio de 2012, o Governo Federal enviou ao Congresso uma Medida Provisória com uma série de alterações no Código Florestal Brasileiro. Algumas dessas alterações foram criticadas pela comunidade científica nacional, entre elas a possibilidade de utilização de espécies de plantas exóticas para recuperar Áreas de Preservação Permanente (APP) de margens de rios e a restauração da floresta na faixa de 5 metros a partir da margem de pequenos rios (mata ciliar).

A figura abaixo ilustra uma situação típica de uma propriedade rural na Mata Atlântica, com a APP degradada e alguns remanescentes de floresta isolados, nos quais sobrevive uma espécie de primata ameaçada de extinção.

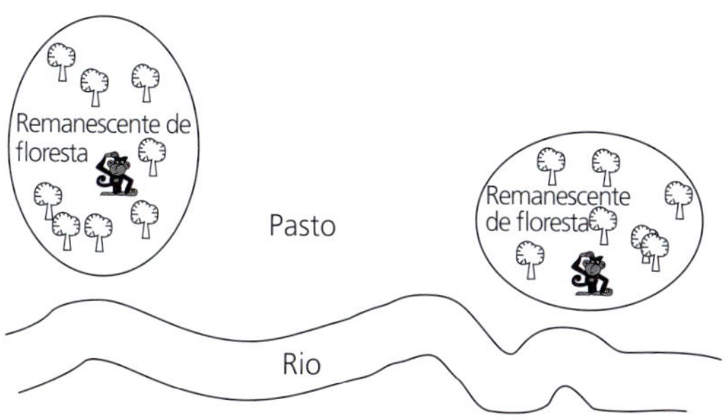

Reprodução/UFMG, 2013.

Considerando a figura e usando seus conhecimentos sobre o tema:

a) Explique a importância da mata ciliar para a qualidade da água e a integridade dos rios.

b) Cite duas razões que apoiam as críticas feitas pela comunidade científica sobre a utilização de plantas exóticas para a recuperação da mata ciliar.

c) Explique como a recuperação da mata ciliar pode contribuir para a diminuição da chance de extinção da espécie de primata ameaçada.

6. (UFRN) Em algumas cidades brasileiras, uma grande parte da área urbana não está saneada. Como consequência dessa situação, um problema sério é a contaminação de reservatórios naturais de água. Como diversos esgotos das cidades são lançados em locais que entram em contato com a água desses reservatórios, um grave problema de impacto ambiental que acontece é o fenômeno da eutrofização.

No gráfico a seguir, está representado o comportamento de quatro componentes que foram medidos em um reservatório natural: peixes, bactérias aeróbias, nutrientes e oxigênio. As variações da concentração desses componentes no tempo foram provocadas pela eutrofização.

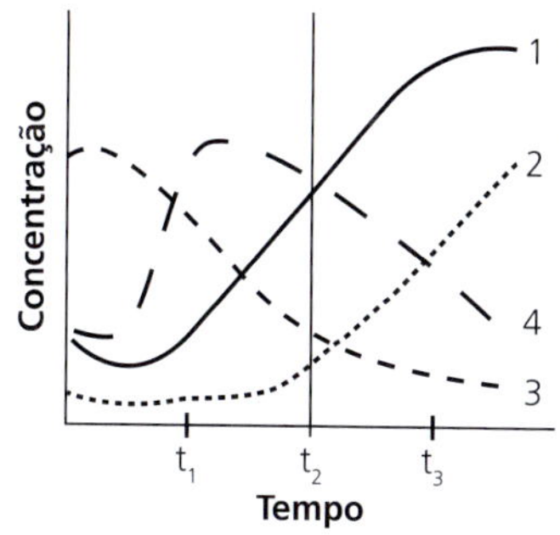

Reprodução/UFRN.

Considerando o gráfico:

a) Identifique os componentes 1, 2, 3 e 4.

b) Explique por que, a partir do tempo t_2, a concentração do componente 1 continua aumentando e a do componente 4 continua diminuindo.

Questões objetivas

1. (UEL-PR) A prática da queimada, utilizada por agricultores para facilitar o plantio, tem efeitos prejudiciais para o solo. Assinale a alternativa que apresenta corretamente o efeito da alta temperatura no solo durante a queimada.

a) Incorporação do carbono em compostos orgânicos produzidos em altas temperaturas.

b) Perda de nitrogênio causada pela sua incorporação em compostos insolúveis, formados pelas cinzas.

c) Aumento da concentração de íons hidrogênio, levando à acidez e à diminuição do oxigênio.

d) Eliminação de microrganismos responsáveis pelo processo de degradação da matéria orgânica.

e) Absorção de monóxido de carbono e compostos inorgânicos pelas bactérias nitrificantes, causando baixa fertilidade do solo.

2. (Enem-MEC) O potencial brasileiro para transformar lixo em energia permanece subutilizado — apenas pequena parte dos resíduos brasileiros é utilizada para gerar energia. Contudo, bons exemplos são os aterros sanitários, que utilizam a principal fonte de energia ali produzida. Alguns aterros vendem créditos de carbono com base no Mecanismo de Desenvolvimento Limpo (MDL), do Protocolo de Kyoto.

Essa fonte de energia subutilizada, citada no texto, é o

a) etanol, obtido a partir da decomposição da matéria orgânica por bactérias.

b) gás natural, formado pela ação de fungos decompositores da matéria orgânica.

c) óleo de xisto, obtido pela decomposição da matéria orgânica pelas bactérias anaeróbias.

d) gás metano, obtido pela atividade de bactérias anaeróbias na decomposição da matéria orgânica.

e) gás liquefeito de petróleo, obtido pela decomposição de vegetais presentes nos restos de comida.

3. (Enem-MEC) A indústria têxtil utiliza grande quantidade de corantes no processo de tingimento dos tecidos. O escurecimento das águas dos rios causado pelo despejo desses corantes pode desencadear uma série de problemas no ecossistema aquático.

Considerando esse escurecimento das águas, o impacto negativo inicial que ocorre é o (a)

a) eutrofização.

b) proliferação de algas.

c) inibição da fotossíntese.

d) fotodegradação da matéria orgânica.

e) aumento da quantidade de gases dissolvidos.

4. (Enem-MEC) Várias estratégias estão sendo consideradas para a recuperação da diversidade biológica de um ambiente degradado, dentre elas, a criação de vertebrados em cativeiro. Com esse objetivo, a iniciativa mais adequada, dentre as alternativas abaixo, seria criar:

a) machos de uma espécie e fêmeas de outra, para possibilitar o acasalamento entre eles e o surgimento de novas espécies.

b) muitos indivíduos da espécie mais representativa, de forma a manter a identidade e a diversidade do ecossistema.

c) muitos indivíduos de uma única espécie, para garantir uma população geneticamente heterogênea e mais resistente.

d) um número suficiente de indivíduos do maior número de espécies, que garanta a diversidade genética de cada uma delas.

e) vários indivíduos de poucas espécies, de modo a garantir, para cada espécie, uma população geneticamente homogênea.

5. (Enem-MEC)

No Brasil, cerca de 80% da energia elétrica advém de hidrelétricas, cuja construção implica o represamento de rios. A formação de um reservatório para esse fim, por sua vez, pode modificar a ictiofauna local. Um exemplo é o represamento do Rio Paraná, onde se observou o desaparecimento de peixes cascudos quase que simultaneamente ao aumento do número de peixes de espécies exóticas introduzidas, como o mapará e a corvina, as três espécies com nichos ecológicos semelhantes.

PETESSE, M. L.; PETRERE JR., M. *Ciência Hoje*, São Paulo, n. 293, v. 49, jun. 2012 (adaptado).

Nessa modificação da ictiofauna, o desaparecimento de cascudos é explicado pelo(a)

a) redução do fluxo gênico da espécie nativa.

b) diminuição da competição intraespecífica.

c) aumento da competição interespecífica.

d) isolamento geográfico dos peixes.

e) extinção de nichos ecológicos.

6. (Enem-MEC)

O lixo orgânico de casa – constituído de restos de verduras, frutas, legumes, cascas de ovo, aparas de grama, entre outros –, se for depositado nos lixões, pode contribuir para o aparecimento de animais e de odores indesejáveis.

Entretanto, sua reciclagem gera um excelente adubo orgânico, que pode ser usado no cultivo de hortaliças, frutíferas e plantas ornamentais. A produção do adubo ou composto orgânico se dá por meio da compostagem, um processo simples que requer alguns cuidados especiais. O material que é acumulado diariamente em recipientes próprios deve ser revirado com auxílio de ferramentas adequadas, semanalmente, de forma a homogeneizá-lo. É preciso também umedecê-lo periodicamente. O material de restos de capina pode ser intercalado entre uma camada e outra de lixo da cozinha. Por meio desse método, o adubo orgânico estará pronto em aproximadamente dois a três meses.

Como usar o lixo orgânico em casa? *Ciência Hoje*, v. 42, jun. 2008 (adaptado).

Suponha que uma pessoa, desejosa de fazer seu próprio adubo orgânico, tenha seguido o procedimento descrito no texto, exceto no que se refere ao umedecimento periódico do composto. Nessa situação,

a) o processo de compostagem iria produzir intenso mau cheiro.

b) o adubo formado seria pobre em matéria orgânica que não foi transformada em composto.

c) a falta de água no composto vai impedir que microrganismos decomponham a matéria orgânica.

d) a falta de água no composto iria elevar a temperatura da mistura, o que resultaria na perda de nutrientes essenciais.

e) apenas microrganismos que independem de oxigênio poderiam agir sobre a matéria orgânica e transformá-la em adubo.

7. (Fuvest-SP) Leia o texto e observe a ilustração.

O Programa de Despoluição da Baía de Guanabara – PDBG – foi concebido para melhorar as condições sanitárias e ambientais da Região Metropolitana do Rio de Janeiro. Verifique a distribuição, a situação e as fases de operação das Estações de Tratamento de Esgoto (ETEs) do PDBG.

Programa de Despoluição da Baía de Guanabara (PDBG) – Esquema simplificado

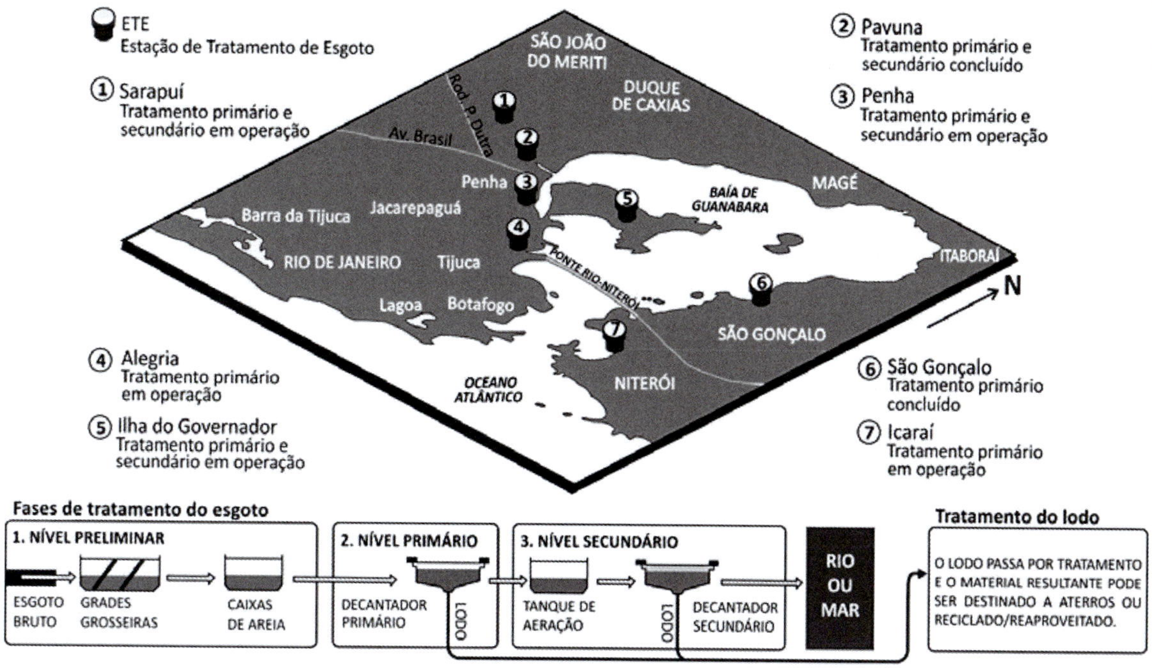

Relatório do PDBG, 2016. *O Estado de S. Paulo*. Entenda o Programa de Despoluição da Baía de Guanabara. 21/03/2012. Adaptados.

Considerando essas informações, é correto afirmar:

a) A área mais atendida em relação à mitigação da poluição encontra-se no sudeste da Baía de Guanabara, pois possui maior número de estações que atuam em todos os níveis de tratamento de esgoto.

b) O tratamento do esgoto objetiva a diminuição da poluição das águas, poluição essa causada pela introdução de substâncias artificiais ou pelo aumento da concentração de substâncias naturais no ambiente aquático existente.

c) A Baía de Guanabara encontra-se ainda poluída, em razão de as ETEs existentes reciclarem apenas o lodo proveniente dos dejetos, sendo os materiais do nível primário despejados sem tratamento no mar.

d) A elevada concentração de resíduos sólidos despejados na Baía de Guanabara, tais como plásticos, latas e óleos, acaba por provocar intensa eutrofização das águas, aumentando a taxa de oxigênio dissolvido na água.

e) O tratamento de esgoto existente concentra-se na eliminação dos fungos lançados no mar, principalmente aqueles gerados pelos dejetos de origem industrial.

8. (Enem-MEC)

Metade do volume de óleo de cozinha consumido anualmente no Brasil, cerca de dois bilhões de litros, é jogada incorretamente em ralos, pias e bueiros. Estima-se que cada litro de óleo descartado polua milhares de litros de água. O óleo no esgoto tende a criar uma barreira que impede a passagem da água, causa entupimentos e, consequentemente, enchentes. Além disso, ao contaminar os mananciais, resulta na mortandade de peixes. A reciclagem do óleo de cozinha, além de necessária, tem mercado na produção de biodiesel. Há uma demanda atual de 1,2 bilhões de litros de biodiesel no Brasil. Se houver planejamento na coleta, transporte e produção, estima-se que se possa pagar até R$ 1,00 por litro de óleo a ser reciclado.

Programa mostra caminho para uso do óleo de fritura na produção de biodiesel.

Disponível em: <www.nutrinews.com.br>. Acesso em: 22 abr. 2013.

De acordo com o texto, o destino inadequado do óleo de cozinha traz diversos problemas. Com o objetivo de contribuir para resolver esses problemas, deve-se:

a) utilizar o óleo para a produção de biocombustíveis, como etanol.

b) coletar o óleo devidamente e transportá-lo às empresas de produção de biodiesel.

c) limpar periodicamente os esgotos das cidades para evitar entupimentos e enchentes.

d) utilizar o óleo como alimento para os peixes, uma vez que preserva seu valor nutritivo após o descarte.

e) descartar o óleo diretamente em ralos, pias e bueiros, sem tratamento prévio com agentes dispersantes.

9. (Enem-MEC) Para se adequar às normas ambientais atuais, as construtoras precisam prever em suas obras a questão do uso de materiais de modo a minimizar os impactos causados no local. Entre esses materiais está o chamado concregrama ou pisograma, que é um tipo de revestimento composto por peças de concreto com áreas vazadas, preenchidas com solo gramado. As figuras apresentam essas duas formas de piso feitos de concreto.

Reprodução/Enem, 2017.

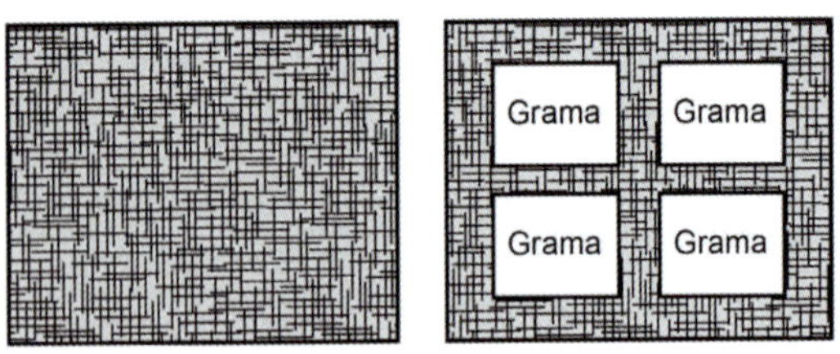

Piso tradicional de concreto | Piso concregrama

PONTES, K. L. F. Estudo de caso de um protótipo experimental [...]. Disponível em: http://monografias.poli.ufrj.br. Acesso em: 9 maio 2017 (adaptado).

A utilização desse tipo de piso em uma obra tem o objetivo de evitar, no solo, a

a) impermeabilização.

b) diminuição da temperatura.

c) acumulação de matéria orgânica.

d) alteração do pH.

e) salinização.

10. (Enem-MEC) A coleta das fezes dos animais domésticos em sacolas plásticas e o seu descarte em lixeiras convencionais podem criar condições de degradação que geram produtos prejudiciais ao meio ambiente (Figura 1).

Figura 1

Reprodução/Enem, 2016.

A Figura 2 ilustra o Projeto Park Spark, desenvolvido em Cambridge, MA (EUA), em que as fezes dos animais domésticos são recolhidas em sacolas biodegradáveis e jogadas em um biodigestor instalado em parques públicos; e os produtos são utilizados em equipamentos no próprio parque.

Figura 2

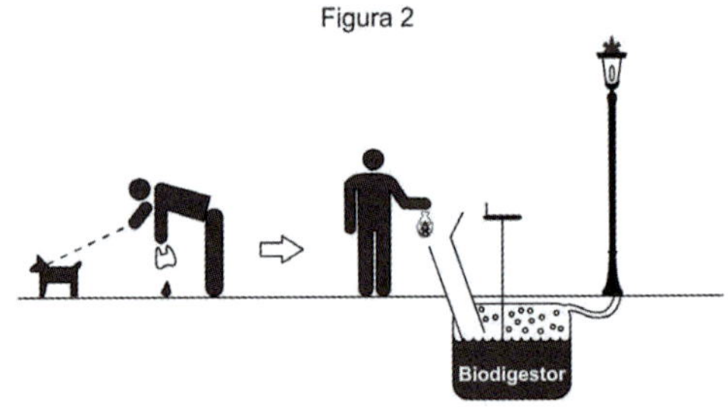

Reprodução/Enem, 2016.

Uma inovação desse projeto é possibilitar o(a)

a) queima de gás metano.

b) armazenamento de gás carbônico.

c) decomposição aeróbica das fezes.

d) uso mais eficiente de combustíveis fósseis.

e) fixação de carbono em moléculas orgânicas.

PESQUISEM E COMPARTILHEM

Em grupo, escolham um dos temas a seguir para pesquisar (em livros, na internet, etc.), com o apoio dos professores de Biologia, Química, Geografia e História. Depois, apresentem o resultado do trabalho para a classe e a comunidade escolar.

Tema 1 Como está a qualidade do ar nas grandes cidades do Brasil? Que tipos de poluente são lançados na atmosfera e o que está sendo feito para combater essa poluição? Com auxílio dos professores de Química, indiquem a que funções químicas correspondem esses poluentes. Como está o ar de sua cidade? Se está poluído, quais seriam as causas? Que medidas podem ser tomadas para melhorar essa situação? Pesquisem também quais as exigências do Programa de Controle da Poluição do Ar por Veículos Automotores.

Tema 2 Que tipos de poluentes vêm ameaçando os rios e as regiões costeiras do Brasil e o que está sendo feito para minimizar esse problema? Como está a água do rio, lago ou mar que banha sua cidade? Se está poluída, quais são as causas dessa poluição e o que deve ser feito para melhorar essa situação? Pesquisem também os pontos principais da legislação sobre as águas subterrâneas no Brasil (consultem, por exemplo, a Resolução n. 396 do Conselho Nacional do Meio Ambiente, entre outras a esse respeito).

Tema 3 Quais são as principais causas do desmatamento e da destruição do solo no Brasil? Obtenham dados atuais sobre o desmatamento e as áreas ameaçadas de desertificação. Quais são os projetos e programas que estão sendo desenvolvidos para resolver esses problemas? Que tipos de controle biológico vêm sendo utilizados e desenvolvidos no Brasil? Esses problemas estão afetando alguma área agrícola de sua cidade? O que pode ser feito para minimizar o problema? Pesquisem também em que condições podem ser autorizadas alterações na vegetação em uma "Área de Preservação Permanente (APP)" no Brasil (consultem, por exemplo, a Resolução n. 369 do Conselho Nacional do Meio Ambiente, entre outras a esse respeito).

Tema 4 Obtenham dados atualizados sobre a quantidade e o destino do lixo no Brasil. Que medidas devem ser tomadas para diminuir a quantidade de lixo? Em que cidades há coleta seletiva de lixo? Que medidas estão sendo tomadas para controlar esse problema e diminuir o impacto ambiental do lixo? Há coleta seletiva em sua cidade? Como ela é feita e qual o destino dado ao lixo? Pesquisem também o que a legislação brasileira diz a respeito do destino que se deve dar a pilhas e baterias usadas (consultem, por exemplo, a Resolução n. 401 do Conselho Nacional do Meio Ambiente ou outras mais recentes a esse respeito).

Tema 5 Pesquisem qual é a área de atuação, a duração dos cursos relacionados e outras características de profissões em que sejam necessários conhecimentos de Ecologia. Alguns exemplos dessas profissões: engenheiro ambiental, engenheiro-agrônomo (ou agrônomo), engenheiro florestal, engenheiro sanitarista, bacharel em Ecologia, tecnólogo em gestão ambiental, tecnólogo em saneamento ambiental, técnico em controle ambiental, técnico em meio ambiente, etc. Se possível, entrevistem profissionais dessas áreas.

Uma forma de apresentar os resultados da pesquisa é criar *blogs*, vídeos ou páginas em redes sociais na internet. Assim, é possível trocar ideias com pessoas dentro e fora da escola. Lembrem-se sempre de citar a fonte das informações expostas.

ATIVIDADE PRÁTICA

Para realizar esta atividade de reciclagem de papel, providencie o material necessário e siga as orientações.

Material

- bacia grande
- colher de pau
- jornais velhos
- liquidificador
- panos
- Papéis variados que seriam jogados no lixo: revistas, papel de embrulho, folhas de caderno, folhetos, caixas, envelopes, sobras de cartolina, cartões, etc. Não use papel de fax, papel-carbono, papel higiênico, papel plastificado ou papéis sujos ou engordurados.
- peneira redonda (de arame ou de plástico) que caiba na bacia

Procedimento

1. Pique os papéis e jogue-os na bacia com água. Misture com a colher de pau e deixe de molho por 24 horas.
2. Peça ao professor que bata uma xícara desse papel umedecido no liquidificador, acrescentando água até 3/4 do volume do copo do liquidificador (a própria água do "molho" pode ser aproveitada). A mistura deve ser batida até ficar bem homogênea.
3. Ponha água até a metade da bacia e despeje o papel batido nela. Agite a mistura com a colher de pau.
4. Mergulhe a peneira pela borda da bacia até o fundo e retire-a lentamente, recolhendo o papel batido nas malhas e deixando a água escorrer. Uma camada de papel se formará sobre a peneira.
5. Ponha a peneira sobre as folhas de jornal para que o excesso de água seja absorvido. Troque as folhas até que elas não fiquem mais molhadas.
6. Depois, cubra a peneira com um pano e aperte-o bem sobre a massa de papel para secá-la mais. Repita o procedimento com outros panos até que eles não fiquem mais molhados.
7. Vire a peneira sobre as folhas de jornal secas e, depois, bata várias vezes no fundo, até que a massa de papel se solte.
8. Ponha a massa (que agora já se tornou uma folha de papel) entre jornais secos e deixe-a secar até o dia seguinte.

Conclusão

Com o auxílio dos professores de Língua Portuguesa e Arte, use o papel para produzir textos e ilustrações sobre a importância da reciclagem no mundo de hoje.

RESPOSTAS DAS QUESTÕES OBJETIVAS

CAPÍTULO 1

1. a
2. d
3. b
4. a
5. b
6. a
7. d
8. c

CAPÍTULO 2

1. d
2. e
3. e
4. c
5. e
6. e
7. c
8. 01 + 02 + 04 + 08 + 16 + 64 = 95
9. e
10. a
11. V – F – F – V
12. a
13. d
14. a

CAPÍTULO 3

1. b
2. e
3. b
4. e
5. c
6. e
7. d
8. 01 + 02 + 04 = 07

CAPÍTULO 4

1. b
2. b
3. b
4. d
5. b
6. b

CAPÍTULO 5

1. a
2. b
3. b
4. e
5. e
6. c
7. c

CAPÍTULO 6

1. b
2. a
3. c
4. c
5. a
6. d
7. d
8. b

CAPÍTULO 7

1. a
2. c
3. e
4. d
5. d
6. d

CAPÍTULO 8

1. a
2. b
3. d
4. c
5. c
6. c

CAPÍTULO 9

1. d
2. c
3. a
4. b
5. b
6. d
7. b
8. b
9. c
10. d

CAPÍTULO 10

1. b
2. 4 + 8 + 32 = 44
3. e
4. d
5. b
6. b
7. c
8. c
9. e

CAPÍTULO 11

1. b
2. b
3. b
4. d
5. b
6. a
7. a
8. a
9. a
10. c
11. c
12. c
13. c
14. e
15. d
16. e

CAPÍTULO 12

1. c
2. e
3. e
4. d
5. b
6. d
7. e
8. c

CAPÍTULO 13

1. b
2. b
3. c
4. a
5. c

CAPÍTULO 14

1. b
2. d
3. 01 + 04 + 16 = 21
4. d
5. a
6. c
7. a
8. a
9. c
10. b
11. b

CAPÍTULO 15

1. a
2. a
3. c
4. a
5. b
6. d
7. a
8. e

CAPÍTULO 16

1. c
2. c
3. b
4. c
5. d
6. c
7. c

CAPÍTULO 17

1. c
2. a
3. a
4. e

CAPÍTULO 18

1. c
2. c
3. d
4. e
5. e
6. c
7. b
8. d
9. c

CAPÍTULO 19

1. a
2. c
3. d
4. c
5. 01 + 04 + 16 = 21
6. c
7. d
8. c
9. c

CAPÍTULO 20

1. a
2. b
3. c
4. d
5. c
6. c
7. c
8. e
9. d
10. c
11. e
12. 02 + 04 + 08 + 16 + 32 = 62
13. c
14. b
15. a
16. c

CAPÍTULO 21

1. c
2. b
3. b
4. d
5. b
6. e
7. b
8. b
9. a
10. d

CAPÍTULO 22

1. d
2. c
3. a
4. b
5. d
6. d
7. c
8. a

CAPÍTULO 23

1. d
2. d
3. a
4. c
5. e
6. c

CAPÍTULO 24

1. e
2. a
3. e
4. b
5. a
6. b
7. d
8. a
9. c
10. d
11. b
12. e
13. a
14. a

CAPÍTULO 25

1. e
2. a
3. d
4. e
5. e
6. e
7. d

CAPÍTULO 26

1. c
2. a
3. b
4. c
5. e
6. a
7. e

CAPÍTULO 27

1. e
2. c
3. a
4. d
5. d

CAPÍTULO 28

1. e
2. b
3. d
4. c
5. a
6. e
7. b
8. e
9. d
10. e

CAPÍTULO 29

1. a
2. d
3. d
4. a
5. b
6. d
7. e

CAPÍTULO 30

1. b
2. b
3. a
4. e
5. b
6. e

CAPÍTULO 31

1. e
2. e
3. b
4. d
5. d
6. c
7. d
8. e
9. c

CAPÍTULO 32

1. b
2. c
3. d
4. a
5. b
6. b
7. 02 + 04 + 08 + 16 = 30
8. a
9. a

CAPÍTULO 33

1. d
2. d
3. a
4. e
5. a
6. a
7. e
8. c

CAPÍTULO 34

1. b
2. c
3. b
4. a
5. e
6. c
7. d
8. b

CAPÍTULO 35

1. b
2. c
3. c
4. d
5. b
6. e
7. d
8. V – F – V – V – V
9. c
10. d

CAPÍTULO 36

1. a
2. c
3. 01 + 08 = 09
4. c
5. a
6. a
7. b
8. 02 + 08 + 16 = 26
9. a
10. c
11. b

CAPÍTULO 37

1. e
2. d
3. V – F – F – V – F
4. e
5. e
6. e
7. c
8. d
9. d
10. c

CAPÍTULO 38

1. a
2. a
3. a
4. a
5. a
6. b
7. e
8. b
9. 01 + 02 + 08 + 16 + 64 = 91

CAPÍTULO 39

1. b
2. c
3. e
4. b
5. d
6. e
7. c
8. c
9. e
10. c
11. e
12. a
13. b

CAPÍTULO 40

1. d
2. b
3. d
4. c
5. e
6. c
7. a
8. d
9. a
10. e
11. e

CAPÍTULO 41

1. c
2. c
3. b
4. a
5. d
6. d
7. d
8. d
9. d

CAPÍTULO 42

1. e
2. b
3. d
4. b
5. d
6. a
7. d
8. c
9. b
10. c
11. a
12. b
13. b
14. a
15. c
16. c

CAPÍTULO 43

1. c
2. d
3. a
4. d
5. c
6. e
7. c
8. b
9. 01 + 02 + 04 = 07

CAPÍTULO 44

1. d
2. d
3. d
4. 01 + 02 + 04 + 08 + 16 = 31
5. a
6. e

CAPÍTULO 45

1. c
2. e
3. b
4. a
5. b
6. 01 + 04 + 08 = 13

CAPÍTULO 46

1. c
2. e
3. e
4. d
5. b
6. b
7. c
8. d
9. d
10. d

CAPÍTULO 47

1. d
2. b
3. 02 + 04 + 16 = 22
4. d
5. a
6. b
7. e
8. a, c, d
9. a
10. a
11. F – V – F – V – V
12. e
13. 04 + 64 = 68

CAPÍTULO 48

1. b
2. b
3. a
4. c
5. d
6. b
7. d
8. b
9. e

CAPÍTULO 49

1. a
2. d
3. c
4. b
5. c
6. e
7. d
8. a
9. d
10. d
11. b
12. c
13. c

CAPÍTULO 50

1. d
2. e
3. a
4. a
5. a
6. e
7. b
8. d
9. d
10. c
11. 02 + 04 + 08 = 14
12. a
13. b

CAPÍTULO 51

1. d
2. d
3. c
4. d
5. c
6. c
7. b
8. b
9. a
10. a

SUGESTÕES PARA APROFUNDAMENTO

Visão geral da Biologia

Para ler

A evolução da vida na Terra. Ingrid Biesemeyer Bellinghausen. São Paulo: DCL, 2006.
Os 100 maiores cientistas da História. John Simmons. Rio de Janeiro: Difel, 2002.

Para acessar

Bioética: <www.bioetica.ufrgs.br/textos.htm#animal>
Estação Ciência: <www.eciencia.usp.br>
Pontociência: <www.pontociencia.org.br>
Representação da Unesco no Brasil: <www.unesco.org/new/pt/brasilia>

Citologia

Para ler

A água e os seres vivos. Massao Hara. São Paulo: Scipione, 1990.
Água. Sônia Salem. São Paulo: Ática, 2009.
Clonagem: benefícios e riscos. Danielle Cabral Bonfim. Rio de Janeiro: Interciência, 2005.

Para acessar

Anorexia nervosa e bulimia: <http://drauziovarella.com.br/entrevistas-2/anorexia-nervosa-e-bulimia>
Centro de Pesquisa sobre o Genoma Humano e Células-Tronco: <http://genoma.ib.usp.br>
Clonagem – aspectos biológicos e éticos: <www.ufrgs.br/bioetica/clone.htm>
Estrutura celular – Fundação Oswaldo Cruz: <www.invivo.fiocruz.br/celula/estrutura_celular.htm>
História da água engarrafada – Instituto Akatu: <www.akatu.org.br/temas/agua/posts/Agua-engarrafada-custa-2-mil-vezes-mais-que-agua-de-torneira>
Museu Invivo, Fundação Oswaldo Cruz – a célula: <www.invivo.fiocruz.br/celula>
Projeto Célula Interativa 3D: <http://3d.cl3ver.com/11VrPc>
Revista Biotecnologia, Ciência e desenvolvimento: <www.biotecnologia.com.br>
Segurança alimentar e nutricional: <http://cienciaecultura.bvs.br/scielo.php?pid=S0009-67252010000400012&script=sci_arttext>
Transtornos alimentares: <www.abpcomunidade.org.br/site/?p=271>
Uma célula, um ser vivo: <www.ib.usp.br/md>

Reprodução, desenvolvimento e tecidos

Para ler

A dinâmica do corpo humano. Cristina Leonardi. São Paulo: Atual, 2003.
A sexualidade e o uso de drogas na adolescência. Caio Feijó. São Paulo: Novo Século, 2007.

Para acessar

Aids: <www.aids.gov.br>
Anticoncepção de emergência: <http://bvsms.saude.gov.br/bvs/publicacoes/anticoncepcao_emergencia_perguntas_respostas_2ed.pdf>

Câncer de pele: <http://drauziovarella.com.br/cancer/cancer-de-pele>

Doenças sexualmente transmissíveis: <www.dive.sc.gov.br/conteudos/publicacoes/manuais_cartilhas/Cartilha_de_DST.pdf>

Fundação Pró-Sangue: <www.prosangue.sp.gov.br>

Laboratório Nacional de Células-Tronco Embrionárias (LaNCE-RJ): <www.lance-ufrj.org>

LGBT – Secretaria de Direitos Humanos: <www.sdh.gov.br/assuntos/lgbt>

Saúde do adolescente e do jovem: <http://portalsaude.saude.gov.br/index.php/o-ministerio/principal/secretarias/sas/saude-do-adolescente-e-do-jovem>

Transmissão do vírus zika: <https://nacoesunidas.org/oms-esclarece-duvidas-sobre-a-transmissao-do-virus-zika-por-relacoes-sexuais>

Para assistir

Colegas. Marcelo Galvão. Brasil, 2012. 99 minutos. Comédia que aborda coisas simples da vida pelo olhar de três jovens com síndrome de Down apaixonados por cinema.

Origem da vida e classificação dos seres vivos

Para ler

À beira d'água: macroevolução e a transformação da vida. Carl Zimmer. Rio de Janeiro: Jorge Zahar, 1999.

O livro de ouro da evolução: o triunfo de uma ideia. Carl Zimmer. Rio de Janeiro: Ediouro, 2003.

O planeta simbiótico: uma nova perspectiva da evolução. Lynn Margulis. Rio de Janeiro: Rocco, 2001.

O que é vida? Para entender a Biologia do século XXI. Antonio Augusto Passos Videira e Charbel Niño El-Hani. Rio de Janeiro: Relume Dumará, 2000.

O quinto milagre: em busca da origem da vida. Paul Davies. São Paulo: Companhia das Letras, 2000.

Para acessar

Aleksandr Ivanovic Oparin e a origem da vida – Revista eletrônica de ciências: <www.cdcc.sc.usp.br/ciencia/artigos/art_40/EraUmaVez.html>

Conceitos básicos de sistemática filogenética: <www.mzufba.ufba.br/WEB/Ensino_Arquivos/Mazzarolo_Apostila.pdf>

Origem da vida: <www.ib.usp.br/evosite/evo101/IIE2aOriginoflife.shtml>

Origens da vida e evolução: <www.scielo.br/pdf/ea/v21n59/a21v2159.pdf>

Origem da vida na Terra – Portal de Astronomia da UFMG: <www.observatorio.ufmg.br/pas37.htm>

Reinos e domínios na classificação: <http://simbiotica.org/reinos.htm>

Zoológico de São Paulo: <www.zoologico.com.br>

Para assistir

Cosmos – Uma voz na sinfonia cósmica. Carl Sagan e Ann Druyan. Episódio 2. Estados Unidos, 1980. 60 minutos.

Vírus e seres de organização mais simples

Para acessar

Febre chikungunya: <http://drauziovarella.com.br/letras/c/febre-chikungunya>

HIV – A última palavra em evolução: <www.ib.usp.br/evosite/relevance/IA2HIV.shtml>

Informações sobre a tuberculose: <www.saude.pr.gov.br/modules/conteudo/conteudo.php?conteudo=939>

Perguntas e respostas sobre o vírus zika: <http://portalsaude.saude.gov.br/index.php/perguntas-e-respostas-zika>

Portal sobre aids, doenças sexualmente transmissíveis e hepatites virais: <www.aids.gov.br>

***Site* da dengue**: <www.dengue.org.br>

Tuberculose: <http://portalsaude.saude.gov.br/index.php?option=com_content&view=article&id=11045&Itemid=674>

Plantas

Para ler

Árvores. David Burnie. São Paulo: Globo, 1991. (Aventura Visual).
A vida privada das plantas. David Attenborough. Lisboa: Gradiva, 1995.
Vida das plantas. Rio de Janeiro: Abril Coleções, 1996. (Ciência & Natureza).

Para acessar

Instituto de Botânica do Estado de São Paulo: <http://botanica.sp.gov.br>
Projeto Flora Brasiliensis: <http://florabrasiliensis.cria.org.br>

Para assistir

Um pé de quê? Canal Futura. Brasil, 2005. 300 minutos.

Animais

Para ler

Atlas dos animais. David Lambert. São Paulo: Moderna, 1995.
Insetos: manual de coleta e identificação. Alberto Fábio Carrano-Moreira. Rio de Janeiro: Technical, 2014.
O comportamento das aves. André C. A. dos Santos e Mario D. Domingos. São Paulo: Ática, 2002. (Investigando).

Para acessar

Associação Mico-leão-dourado: <www.micoleao.org.br>
Entomologia: <www.floresta.ufpr.br/alias/lpf/public_html//ind_entomologia.html>
Fundação Parque Zoológico de São Paulo: <www.zoologico.com.br>
Projeto Tamar: <www.projetotamar.com.br>
Wikiaves: <www.wikiaves.com.br>

Anatomia e fisiologia humanas

Para ler

Aids: informação e prevenção. Antônio A. Barone. 12. ed. São Paulo: Ática, 2004. (De Olho na Ciência).
Digestão nojenta. Nick Arnold. São Paulo: Melhoramentos, 2002.
Drogas: mitos e verdades. Beatriz Carlini Marlatt. São Paulo: Ática, 2004.
Humanidade sem raças? Sergio D. J. Pena. São Paulo: Publifolha, 2008.

Para acessar

Alimentação saudável: <www.alimentacaosaudavel.org>
Anorexia e bulimia nervosa: <www.endocrino.org.br/voce-sabe-diferenca-entre-anorexia-e-bulimia-nervosa>
Calendários de vacinação: <http://sbim.org.br/vacinacao>
Centro Brasileiro de Informações sobre Drogas Psicotrópicas: <www.cebrid.epm.br>
Instituto Oncoguia: <www.oncoguia.org.br/direitos-dos-pacientes>
Maconha e dependência química: <http://drauziovarella.com.br/dependencia-quimica/maconha>
Obesidade na adolescência: <www.fiocruz.br/biosseguranca/Bis/infantil/obesidade-infantil.htm>
Programa Nacional de Controle do Tabagismo: <www.inca.gov.br/tabagismo>
Tabagismo e dependência: <www.tabagismo.hu.usp.br/tratamento-e-dependencia-psicologica.html>

Para assistir

Meu país. André Ristum. Brasil, 2011. 90 minutos. Personagens com uma vida convencional se deparam com a realidade de ter um parente em uma clínica psiquiátrica.

Genética

Para ler

Clonagem: da ovelha Dolly às células-tronco. Lygia da Veiga Pereira. 2. ed. São Paulo: Moderna, 2005.

Decifrando o genoma. Kevin Davies. São Paulo: Companhia das Letras, 2001.

DNA, e eu com isso? Francisco M. Salzano. São Paulo: Oficina de Textos, 2005.

Fique por dentro da Genética. Martin Brookes. 2. ed. São Paulo: Cosac Naify, 2003.

Genética: o estudo da hereditariedade. Ian Graham. Tradução de Dinah de Abreu Azevedo. São Paulo: Melhoramentos, 2003.

O DNA. Marcelo Leite. São Paulo: Publifolha, 2003. (Coleção Folha Explica).

Watson & Crick: a história da descoberta da estrutura do DNA. Ricardo Ferreira. São Paulo: Odysseus, 2003.

Para acessar

Aconselhamento genético: <www.scielo.br/scielo.php?script=sci_arttext&pid=S1413-81232002000100009>

Biotecnologia: <www.biotecnologia.com.br>

Centro de Pesquisa sobre o Genoma Humano e Células-Tronco: <http://genoma.ib.usp.br>

Comissão Técnica Nacional de Biossegurança: <www.ctnbio.gov.br>

Genética básica *on-line*: <www.ufv.br/dbg/gbolhtm/gbol0.htm>

Genética e bioestatística (USP/Univesp): <http://eaulas.usp.br/portal/video.action?idItem=1964>

Laboratório de Ensino de Ciências e Tecnologia: <http://darwin.futuro.usp.br>

Noções de probabilidade: <www.ime.usp.br/~hbolfar/aula_2013/Aula%204%20-%20Probabilidade%20%20A12012.pdf>

Terapia gênica – o que é, o que não é e o que será: <www.scielo.br/scielo.php?script=sci_arttext&pid=S0103-40142010000300004>

Evolução

Para ler

Charles Darwin: a revolução da evolução. Rebecca Stefoff. São Paulo: Companhia das Letras, 2007.

Charles Darwin: em um futuro não tão distante. Maria Isabel Landim e Cristiano Rangel Moreira (Org.). São Paulo: Instituto Sangari, 2009.

Evolução: a adaptação e a sobrevivência dos seres vivos no planeta. David Burnie. São Paulo: Publifolha, 2008.

O polegar do panda: reflexões sobre História natural. Stephen Jay Gould. 2. ed. São Paulo: Martins Fontes, 2004.

Os humanos antes da humanidade: uma perspectiva evolucionista. Robert Foley. 2. ed. São Paulo: Ed. da Unesp, 2006.

Para acessar

Alfred Russel Wallace: <www.dec.ufcg.edu.br/biografias/AlfredRu.html>

A origem da vida e vida extraterreste: <http://astro.if.ufrgs.br/vida/index.htm>

Breve história da Terra: <www.cprm.gov.br/publique/Redes-Institucionais/Rede-de-Bibliotecas---Rede-Ametista/Canal-Escola/Breve-Historia-da-Terra-1094.html>

Entendendo a evolução: <www.ib.usp.br/evosite/evohome.html>

Evolucionismo.org: <http://evolucionismo.org>

História da Terra: <www.ufrgs.br/projetoamora/atividades-integradas/atividades-integradas-2011/um-pouco-da-historia-da-terra>

Museu Virtual da Evolução Humana: <www.ib.usp.br/biologia/evolucaohumana>

Passagem de Darwin pelo Brasil: <http://cienciaecultura.bvs.br/scielo.php?pid=S0009-67252008000300019&script=sci_arttext>

Para assistir

A guerra do fogo. Jean-Jacques Annaud. França/Canadá, 1981. 101 minutos. Na Pré-História, duas tribos de hominídeos, em estágios diferentes de domínio do fogo e da linguagem, encontram-se quando o fogo de uma das tribos é apagado.

Construindo o planeta Terra. National Geographic. Estados Unidos, 2011. 130 minutos. Documentário sobre a história do nosso planeta, desde sua formação até o surgimento dos seres humanos. Totalmente produzido por computação gráfica.

Ecologia

Para ler

Ecologia e cidadania. Elias Fajardo. São Paulo: Senac, 2003.

O aquecimento global. Claudio Angelo. São Paulo: Publifolha, 2008. (Coleção Folha Explica).

O atlas da mudança climática: o mapeamento completo do maior desafio do planeta. Kirstin Dow e Thomas E. Downing. São Paulo: Publifolha, 2007.

O desafio amazônico. Samuel Murgel Branco. 3. ed. São Paulo: Moderna, 2004. (Coleção Polêmica).

O meio ambiente em debate. Samuel Murgel Branco. 3. ed. São Paulo: Moderna, 2002. (Coleção Polêmica).

Poluição das águas. Luiz Roberto Magossi e Paulo Henrique Bonacella. 3. ed. São Paulo: Moderna, 2013.

Uma verdade inconveniente: o que devemos saber (e fazer) sobre o aquecimento global. Al Gore. Barueri: Manole, 2006.

Para acessar

Agência Nacional de Águas (ANA): <www.ana.gov.br>

Associação Brasileira do Alumínio: <www.abal.org.br/sustentabilidade/reciclagem/reciclagem-no-brasil>

Centro de Informações sobre Reciclagem e Meio Ambiente: <www.recicloteca.org.br>

Compromisso Empresarial para Reciclagem (Cempre): <www.cempre.org.br>

Departamento de Ecologia da Universidade de São Paulo: <www.ib.usp.br/ecologia>

Embrapa – controle biológico: <www.cnpma.embrapa.br/unidade/index.php3?id=224&func=pesq>

Instituto Brasileiro do Meio Ambiente e dos Recursos Naturais Renováveis (Ibama): <www.ibama.gov.br>

Ministério do Meio Ambiente: <www.mma.gov.br>

Pegada ecológica: <www.pegadaecologica.org.br/2015/index.php>

Sociedade de Ecologia do Brasil: <www.seb-ecologia.org.br/xiiceb/index.php>

SOS Mata Atlântica Brasil: <www.sosma.org.br>

Para assistir

À margem do lixo. Evaldo Mocarzel. Brasil, 2008. 83 minutos. O filme mostra a rotina de vida dos catadores de papel e materiais recicláveis na cidade de São Paulo.

Ilha das Flores. Jorge Furtado. Brasil, 1989. 90 minutos. Documentário que retrata a força do apelo consumista, o desperdício e o preço da liberdade do ser humano, responsável pela própria sobrevivência.

Lixo extraordinário. Lucy Walker. Brasil/Reino Unido, 2009. 99 minutos. O documentário acompanha o trabalho do artista plástico Vik Muniz em um dos maiores aterros sanitários do mundo: o Jardim Gramacho, na periferia da cidade do Rio de Janeiro (RJ).

Ouvir o rio: uma escultura sonora de Cildo Meireles. Marcela Lordy. Brasil, 2012. 79 minutos. Documentaristas viajaram de Foz do Iguaçu (PR) à foz do rio São Francisco, entre Alagoas e Sergipe, passando pela Pororoca de Macapá (AP) e pela Estação Ecológica Águas Emendadas, no Distrito Federal, discutindo a relação do ser humano com a água e a preservação desse recurso.

Xingu. Cao Hamburger. Brasil, 2011. 102 minutos. Três irmãos trocam a cidade pela aventura de viver nas matas. Para isso, resolvem se alistar no programa de expansão na região central do Brasil, incentivado pelo governo. Criando afinidade com os habitantes da floresta, os três se tornam referência nas relações com os povos indígenas.

Todos os *sites* foram acessados em: 6 ago. 2018.

BIBLIOGRAFIA

ABBAS, A. K.; LICHTMAN, A. H.; PILLAI, S. H. I. V. *Imunologia celular e molecular*. 7. ed. Rio de Janeiro: Elsevier, 2012.

ALBERTS, B. et al. *Fundamentos da Biologia celular*. 3. ed. Porto Alegre: Artmed, 2011.

ALTERTHUM, F.; TRABULSI, L. R. *Microbiologia*. 5. ed. São Paulo: Atheneu, 2008.

AMORIM, D. de S. *Fundamentos de sistemática filogenética*. Ribeirão Preto: Holos, 2002.

ARAGÃO, F. J. L. *Organismos transgênicos*: explicando e discutindo a tecnologia. Barueri: Manole, 2002.

ART, H. W. (Ed.). *Dicionário de Ecologia e ciências ambientais*. 2. ed. São Paulo: Ed. da Unesp/Melhoramentos, 2001.

BAIRD, C. *Química ambiental*. 4. ed. São Paulo: Bookman, 2011.

BARNES, R. S. K.; CALOW, P.; OLIVE, P. J. W. *Os invertebrados*: uma síntese. 2. ed. São Paulo: Atheneu, 2007.

BARTON, N. H. et al. *Evolution*. New York: Cold Spring Harbor, 2007.

BEGON, M.; TOWNSEND, C. R.; HARPER, J. L. *Ecologia*: de indivíduos a ecossistemas. 4. ed. Porto Alegre: Artmed, 2007.

BELDA JR., W. *Doenças sexualmente transmissíveis*. 2. ed. São Paulo: Atheneu, 2009.

BIZZO, N. *Ciências*: fácil ou difícil? São Paulo: Ática, 1998.

BONFIM, D. C. *Clonagem*: benefícios e riscos. Rio de Janeiro: Interciência, 2005.

BORGES-OSÓRIO, M. R.; WANYCE, M. R. *Genética humana*. 3. ed. Porto Alegre: Artmed, 2013.

BRAGA, B. et al. *Introdução à engenharia ambiental*: o desafio do desenvolvimento sustentável. 2. ed. São Paulo: Prentice Hall, 2005.

BRASIL. Ministério da Educação. *PCN Ensino Médio*: orientações educacionais complementares aos Parâmetros Curriculares Nacionais – Ciências da Natureza, Matemática e suas Tecnologias. Brasília, 2002.

______. *Orientações Curriculares para o Ensino Médio*: Ciências da Natureza, Matemática e suas Tecnologias. Brasília, 2006.

______. *Parâmetros Curriculares Nacionais para o Ensino Médio*: Ciências da Natureza, Matemática e suas Tecnologias. Brasília, 1999.

BRUSCA, G. J.; BRUSCA, R. C. *Invertebrados*. 2. ed. Rio de Janeiro: Guanabara Koogan, 2007.

CAMDESSUS, M. *Água*. São Paulo: Bertrand Brasil, 2006.

CAMPBELL, M. K. *Bioquímica*. 3. ed. Porto Alegre: Artmed, 2001.

CAMPBELL, N. A. et al. *Biology*. 8. ed. Boston: Addison Wesley/Pearson, 2007.

CARROLL, S. B. *Infinitas formas de grande beleza*: como a evolução forjou a grande quantidade de criaturas que habitam o nosso planeta. Rio de Janeiro: Jorge Zahar, 2006.

______. *The Making of the Fittest*: DNA and the Ultimate Forensic Record of Evolution. New York: W. W. Norton, 2007.

CIMERMAN, B.; CIMERMAN, S. *Parasitologia humana e seus fundamentos gerais*. 2. ed. São Paulo: Atheneu, 2005.

CONSTANZO, L. S. *Fisiologia*. 5. ed. Rio de Janeiro: Guanabara Koogan, 2014.

COSTA, V. R. da; COSTA, E. V. da (Org.). *Biologia*: Ensino Médio. Brasília: Ministério da Educação, Secretaria de Educação Básica, 2006. v. 6. (Coleção Explorando o Ensino).

COVAS, D. T.; ZAGO, M. A. (Org.). *Células-tronco*: a nova fronteira da Medicina. São Paulo: Atheneu, 2006.

DAJOZ, R. *Princípios de Ecologia*. 7. ed. Porto Alegre: Artmed, 2005.

DASHEFSKY, H. S. *Dicionário de ciência ambiental*. 2. ed. São Paulo: Gaia, 2001.

DE ROBERTIS, E. M. F.; HIB, J. *Bases da Biologia celular e molecular*. 4. ed. Rio de Janeiro: Guanabara Koogan, 2006.

DEVLIN, T. M. *Manual de Bioquímica com correlações clínicas*. São Paulo: Edgard Blücher, 2003.

DRLICA, K. A. *Compreendendo o DNA e a clonagem gênica*. 4. ed. Rio de Janeiro: Guanabara Koogan, 2005.

EL-HAHNI, C. N.; VIDEIRA, A. A. P. (Org.). *O que é vida?*: para entender a Biologia do século XXI. Rio de Janeiro: Relume Dumará, 2000.

FARAH, S. B. *DNA*: segredos e mistérios. 2. ed. São Paulo: Sarvier, 2007.

FOOD AND AGRICULTURE ORGANIZATION OF THE UNITED NATIONS (FAO). *The State of Food and Agriculture 2003-2004*: Agricultural Biotechnology – Meeting the Needs of the Poor?. Rome: FAO/WHO, 2004.

FORTEY, R. *Vida*: uma biografia não autorizada. São Paulo: Record, 2001.

FRANCO, G. *Tabela de composição química dos alimentos*. 9. ed. São Paulo: Atheneu, 1999.

FRANÇOSO, L. A.; GEJER, D.; REATO, F. N. de. *Sexualidade e saúde reprodutiva na adolescência*. São Paulo: Atheneu, 2001.

FREEMAN, S.; HERRON, J. C. *Evolutionary Analysis*. 5. ed. Menlo Park: Benjamin Cummings, 2013.

FUNKE, B. R.; CASE, C. L. *Microbiologia*. 10. ed. Porto Alegre: Artmed, 2013.

FUTUYMA, D. *Evolution*. 3. ed. Sunderland: Sinauer, 2013.

GARCIA, S. M. L. de; FERNÁNDEZ, C. G. *Embriologia*. 3. ed. Porto Alegre: Artmed, 2012.

GARTNER, L. P.; HIATT, J. L. *Tratado de Histologia em cores*. 2. ed. Rio de Janeiro: Guanabara Koogan, 2003.

GOODENOUGH, J.; MCGUIRE, B. *Biology of Humans*: Concepts, Applications and Issues. 5. ed. San Francisco: Pearson, 2013.

GOULD, S. J. *A galinha e seus dentes e outras reflexões sobre história natural*. Rio de Janeiro: Paz e Terra, 1992.

______. *Darwin e os grandes enigmas da vida*. São Paulo: Martins Fontes, 1999.

______. *O sorriso do flamingo*: reflexões sobre história natural. São Paulo: Martins Fontes, 2004.

______. *The Book of Life*: an Illustrated History of Life on Earth. New York: W. W. Norton, 1993.

______. *Viva o brontossauro*. São Paulo: Companhia das Letras, 1992.

GRIFFITHS, A. J. F. et al. *Introdução à Genética*. 10. ed. Rio de Janeiro: Guanabara Koogan, 2013.

GUYTON, A. C.; HALL, J. E. *Tratado de fisiologia médica*. 12. ed. Rio de Janeiro: Elsevier, 2011.

HARTL, D. L. *Princípios de genética de populações*. 4. ed. Porto Alegre: Artmed, 2010.

HILDEBRAND, M.; GOSLOW JR., G. E. *Análise da estrutura dos vertebrados*. 2. ed. São Paulo: Atheneu, 2006.

HILL, M. K. *Understanding Environmental Pollution*. 3. ed. Cambridge: Cambridge University Press, 2010.

JOHNSON, G. B.; LOSOS, J. B.; SINGER, S. R. *Biology*. 7. ed. Boston: McGraw-Hill, 2005.

JORDE, L. B. et al. *Genética médica*. 4. ed. Rio de Janeiro: Elsevier, 2010.

JUNQUEIRA, L. C. V.; CARNEIRO, J. *Biologia celular e molecular*. 9. ed. Rio de Janeiro: Guanabara Koogan, 2012.

______. *Histologia básica*. 12. ed. Rio de Janeiro: Elsevier, 2013.

KERBAUY, G. B. *Fisiologia vegetal*. 2 ed. Rio de Janeiro: Guanabara Koogan, 2012.

KRASILCHIK, M. *Prática de ensino de Biologia*. 4. ed. São Paulo: Edusp, 2008.

KREUZER, H.; MASSEY, A. *Engenharia genética e biotecnologia*. 2. ed. Porto Alegre: Artmed, 2002.

KROGH, D. *Biology*: a Guide to the Natural World. 4. ed. Menlo Park: Benjamin Cummings, 2008.

LOWE, J. N.; STEVENS, A. *Histologia humana*. 2. ed. Barueri: Manole, 2001.

MAJERUS, M. E. N. *Melanism*: Evolution in Action. Oxford: Oxford University Press, 1998.

MALAJOVICH, M. A. *Biotecnologia*. Rio de Janeiro: Axcel Books, 2004.

MARGULIS, L.; KARLENE, V. S. *Five Kingdoms*: an Illustrated Guide to the Phyla of Life on Earth. 3. ed. New York: W. H. F. Freeman and Company, 1998.

MAUSETH, J. D. *Botany*: an Introduction to Plant Biology. Sudbury: Jones & Bartlett, 2008.

MEYER, D.; EL-HANI, C. N. *Evolução*: o sentido da Biologia. São Paulo: Ed. da Unesp, 2005.

MILLER, J. H. et al. *Introdução à Genética*. 8. ed. Rio de Janeiro: Guanabara Koogan, 2006.

MILLER, K. R.; LEVINE, J. L. *Biology*. 5. ed. New Jersey: Prentice Hall, 2000.

MOLLES JR., M. C. *Ecology*: Concepts and Applications. Boston: McGraw-Hill, 2012.

MOORE, J. *Uma introdução aos invertebrados*. 2. ed. São Paulo: Santos, 2011.

MOORE, K. L.; PERSAUD, T. V. N. *Embriologia clínica*. 8. ed. Rio de Janeiro: Elsevier, 2008.

MOTA, S. *Introdução à engenharia ambiental*. 2. ed. Rio de Janeiro: Abes, 2005.

MOTTA, P. A. *Genética humana aplicada à Psicologia e toda a área biomédica*. 2. ed. Rio de Janeiro: Guanabara Koogan, 2005.

NATIONAL ACADEMY PRESS. *Teaching about Evolution and the Nature of Science*. Washington: National Academy Press, 1998.

NELSON, D. L.; COX, M. M. *Princípios de Bioquímica de Lehninger*. 6. ed. Porto Alegre: Artmed, 2014.

NEVES, D. P. et al. *Parasitologia humana*. 12. ed. São Paulo: Atheneu, 2011.

NULTSCH, W. *Botânica geral*. 10. ed. Porto Alegre: Artmed, 2000.

PASSOS, M. R. L.; ALMEIDA, G. *Atlas de DST e diagnóstico diferencial*. Rio de Janeiro: Revinter, 2002.

PENA, S. D. J. *Humanidade sem raças?* São Paulo: Publifolha, 2008.

PFALLER, M. A.; MURRAY, P. R. *Microbiologia médica*. 6. ed. São Paulo: Elsevier, 2010.

PIERCE, B. A. *Genética*: um enfoque conceitual. Rio de Janeiro: Guanabara Koogan, 2004.

PINTO-COELHO, R. M. *Fundamentos em Ecologia*. 2. ed. Porto Alegre: Artmed, 2006.

POUGH, F. H.; JANIS, C. M.; HEISER, J. B. *A vida dos vertebrados*. 4. ed. São Paulo: Atheneu, 2008.

PROTHERO, D. R. *Evolution*: What the Fossils Say and Why it Matters. New York: Columbia University, 2007.

PURVES, W. K. et al. *Vida*: a ciência da Biologia. 6. ed. Porto Alegre: Artmed, 2005. 3 v.

RAVEN, P. H.; EVERT, R. F.; EICHHORN, S. E. *Biologia vegetal*. 8. ed. Rio de Janeiro: Guanabara Koogan, 2014.

RAVEN, P. H. et al. *Biology*. 7. ed. Boston: McGraw-Hill, 2005.

REECE, J. B. et al. *Biologia de Campbell*. 10. ed. Porto Alegre: Artmed, 2015.

REY, L. *Parasitologia*: parasitas e doenças parasitárias do homem nos trópicos ocidentais. 4. ed. Rio de Janeiro: Guanabara Koogan, 2008.

RICKLEFS, R. E. *A economia da natureza*. 6. ed. Rio de Janeiro: Guanabara Koogan, 2010.

RIDLEY, M. *Evolução*. 3. ed. Porto Alegre: Artmed, 2006.

RINGO, J. *Genética básica*. Rio de Janeiro: Guanabara Koogan, 2005.

ROITT, I. M.; MALE, D.; BROSTOFF, J. *Imunologia*. 6. ed. Barueri: Manole, 2002.

RUMJANEK, F. D. *Introdução à Biologia molecular*. Rio de Janeiro: Âmbito Cultural, 2001.

RUPPERT, E.; FOX, R. S. E.; BARNES, R. D. *Zoologia dos invertebrados*. 7. ed. São Paulo: Roca, 2005.

SADAVA, D. et al. *Vida*: a ciência da Biologia, volume 1: célula e hereditariedade. 8. ed. Porto Alegre: Artmed, 2011.

______. *Vida*: a ciência da Biologia, volume 2: evolução, diversidade e Ecologia. 8. ed. Porto Alegre: Artmed, 2009.

______. *Vida*: a ciência da Biologia, volume 3: plantas e animais. 8. ed. Porto Alegre: Artmed, 2009.

SADLER, T. W. *Langman*: Embriologia Médica. 9. ed. Rio de Janeiro: Guanabara Koogan, 2005.

SCHMIDT-NIELSEN, K. *Fisiologia animal*: adaptação e meio ambiente. 5. ed. São Paulo: Santos, 2002.

SHUBIN, N. *A história de quando éramos peixes*: uma revolucionária teoria sobre a origem do corpo humano. Rio de Janeiro: Elsevier, 2008.

SNUSTAD, D. P.; SIMMONS, M. J. *Fundamentos de Genética*. 6. ed. Rio de Janeiro: Guanabara Koogan, 2013.

SOLOMON, E. P.; BERG, L. R.; MARTIN C.; MARTIN, D. W. *Biology*. 10. ed. Belmont: Brooks Cole, 2014.

STARR, C.; TAGGART, R. *Biology*: the Unity and Diversity of Life. 13. ed. Belmont: Wadsworth, 2012.

STEARNS, S. C.; HOEKSTRA, R. F. *Evolução*: uma introdução. São Paulo: Atheneu, 2003.

TIRAPEGUI, J. *Nutrição*: fundamentos e aspectos atuais. 3. ed. São Paulo: Atheneu, 2013.

TORTORA, G. J. *Corpo humano*: fundamentos de Anatomia e Fisiologia. 8. ed. Porto Alegre: Artmed, 2012.

TUNDISI, José Galizia. *Água no século XXI*: enfrentando a escassez. 3. ed. São Carlos: Rima, 2009.

WIENER, J. *O bico do tentilhão*: uma história da evolução no nosso tempo. Rio de Janeiro: Rocco, 1995.

WILMUT, I.; CAMPBELL, K.; TUDGE, C. *Dolly, a segunda criação e a era do controle*. Rio de Janeiro: Objetiva, 2000.

ZIMMER, C. *À beira d'água*: macroevolução e a transformação da vida. Rio de Janeiro: Jorge Zahar, 1999.

______. *O livro de ouro da evolução*: o triunfo de uma ideia. Rio de Janeiro: Ediouro, 2003.